全国高等学校自动化专业系列教材
教育部高等学校自动化专业教学指导分委员会牵头规划
普通高等教育“十一五”国家级规划教材
“十二五”普通高等教育本科国家级规划教材

Process Control Systems

过程控制系统

黄德先　王京春　金以慧　编著
Huang Dexian　Wang Jingchun　Jin Yihui

清华大学出版社
北京

内容简介

本书是作者在清华大学自动化专业多年教学和科研的总结，是在1993年出版的教材《过程控制》(金以慧主编，清华大学出版社)的基础上重新编写而成的。

全书系统地阐述了简单和复杂控制系统的结构、原理、设计、分析与评价，并深入剖析了两个典型生产过程控制的实例，力图从生产过程特点出发，对控制系统进行综合设计和优选。在此基础上还讨论了过程计算机控制系统，进一步介绍了几种先进控制策略，并增加了诸如间歇过程控制、整厂控制、实时最优化、过程监控等学科前沿的内容，力求反映近年来过程控制的新发展。全书从数学和物理的基本概念着手，阐述过程控制问题的本质和特点，并添加了思考题、自学部分以及自己设计实验等内容，为培养自学能力、创新思维等提供了较大的空间。

本书是面向研究型大学本科生的教材，因而更强调理论与实际的结合，培养学生分析问题和解决问题的能力，注重对前沿学科发展的理解和分析。本书可作为高等院校自动控制类和相关专业的教材，并供有关科技人员参考。

图书在版编目(CIP)数据

过程控制系统/黄德先，王京春，金以慧编著. --2版. --北京：清华大学出版社，2011.5
(2024.9重印)
(全国高等学校自动化专业系列教材)
ISBN 978-7-302-24291-8

Ⅰ.①过… Ⅱ.①黄… ②王… ③金… Ⅲ.①过程控制—自动控制系统—高等学校—教材 Ⅳ.①TP273

中国版本图书馆CIP数据核字(2010)第252111号

责任编辑：王一玲
责任校对：焦丽丽
责任印制：曹婉颖

出版发行：清华大学出版社
　　网　　址：https://www.tup.com.cn，https://www.wqxuetang.com
　　地　　址：北京清华大学学研大厦A座　　**邮　　编**：100084
　　社 总 机：010-83470000　　**邮　　购**：010-62786544
　　投稿与读者服务：010-62776969，c-service@tup.tsinghua.edu.cn
　　质 量 反 馈：010-62772015，zhiliang@tup.tsinghua.edu.cn
印 装 者：三河市龙大印装有限公司
经　　销：全国新华书店
开　　本：175mm×245mm　　**印　　张**：41.5　　**字　　数**：874千字
版　　次：2011年5月第1版　　**印　　次**：2024年9月第13次印刷
定　　价：109.00元

产品编号：017419-04

出版说明

《全国高等学校自动化专业系列教材》

为适应我国对高等学校自动化专业人才培养的需要，配合各高校教学改革的进程，创建一套符合自动化专业培养目标和教学改革要求的新型自动化专业系列教材，“教育部高等学校自动化专业教学指导分委员会”（简称“教指委”）联合了“中国自动化学会教育工作委员会”、“中国电工技术学会高校工业自动化教育专业委员会”、“中国系统仿真学会教育工作委员会”和“中国机械工业教育协会电气工程及自动化学科委员会”四个委员会，以教学创新为指导思想，以教材带动教学改革为方针，设立专项资助基金，采用全国公开招标方式，组织编写出版一套自动化专业系列教材——《全国高等学校自动化专业系列教材》。

本系列教材主要面向本科生，同时兼顾研究生；覆盖面包括专业基础课、专业核心课、专业选修课、实践环节课和专业综合训练课；重点突出自动化专业基础理论和前沿技术；以文字教材为主，适当包括多媒体教材；以主教材为主，适当包括习题集、实验指导书、教师参考书、多媒体课件、网络课程脚本等辅助教材；力求做到符合自动化专业培养目标、反映自动化专业教育改革方向、满足自动化专业教学需要；努力创造使之成为具有先进性、创新性、适用性和系统性的特色品牌教材。

本系列教材在“教指委”的领导下，从 2004 年起，通过招标机制，计划用 3～4 年时间出版 50 本左右教材，2006 年开始陆续出版问世。为满足多层面、多类型的教学需求，同类教材可能出版多种版本。

本系列教材的主要读者群是自动化专业及相关专业的大学生和研究生，以及相关领域和部门的科学工作者和工程技术人员。我们希望本系列教材既能为在校大学生和研究生的学习提供内容先进、论述系统和适于教学的教材或参考书，也能为广大科学工作者和工程技术人员的知识更新与继续学习提供适合的参考资料。感谢使用本系列教材的广大教师、学生和科技工作者的热情支持，并欢迎提出批评和意见。

《全国高等学校自动化专业系列教材》编审委员会

2005 年 10 月于北京

序

FOREWORD

自动化学科有着光荣的历史和重要的地位，20 世纪 50 年代我国政府就十分重视自动化学科的发展和自动化专业人才的培养。五十多年来，自动化科学技术在众多领域发挥了重大作用，如航空、航天等，两弹一星的伟大工程就包含了许多自动化科学技术的成果。自动化科学技术也改变了我国工业整体的面貌，不论是石油化工、电力、钢铁，还是轻工、建材、医药等领域都要用到自动化手段，在国防工业中自动化的作用更是巨大的。现在，世界上有很多非常活跃的领域都离不开自动化技术，比如机器人、月球车等。另外，自动化学科对一些交叉学科的发展同样起到了积极的促进作用，例如网络控制、量子控制、流媒体控制、生物信息学、系统生物学等学科就是在系统论、控制论、信息论的影响下得到不断的发展。在整个世界已经进入信息时代的背景下，中国要完成工业化的任务还很重，或者说我们正处在后工业化的阶段。因此，国家提出走新型工业化的道路和"信息化带动工业化，工业化促进信息化"的科学发展观，这对自动化科学技术的发展是一个前所未有的战略机遇。

机遇难得，人才更难得。要发展自动化学科，人才是基础、是关键。高等学校是人才培养的基地，或者说人才培养是高等学校的根本。作为高等学校的领导和教师始终要把人才培养放在第一位，具体对自动化系或自动化学院的领导和教师来说，要时刻想着为国家关键行业和战线培养和输送优秀的自动化技术人才。

影响人才培养的因素很多，涉及教学改革的方方面面，包括如何拓宽专业口径、优化教学计划、增强教学柔性、强化通识教育、提高知识起点、降低专业重心、加强基础知识、强调专业实践等，其中构建融会贯通、紧密配合、有机联系的课程体系，编写有利于促进学生个性发展、培养学生创新能力的教材尤为重要。清华大学吴澄院士领导的《全国高等学校自动化专业系列教材》编审委员会，根据自动化学科对自动化技术人才素质与能力的需求，充分吸取国外自动化教材的优势与特点，在全国范围内，以招标方式，组织编写了这套自动化专业系列教材，这对推动高等学校自动化专业发展与人才培养具有重要的意义。这套系列教材的建设有新思路、新机制，适应了高等学校教学改革与发展的新形势，立足创建精品教材，重视实践性环节在人才培养中的作用，采用了竞争机制，以激励和推动教材建设。在此，我谨向参与本系列教材规划、组织、编写的老师致以诚挚的感谢，并希望该系列教材在全国高等学校自动化专业人才培养中发挥应有的作用。

吴启迪教授

2005年10月于教育部

序

FOREWORD

《全国高等学校自动化专业系列教材》编审委员会在对国内外部分大学有关自动化专业的教材做深入调研的基础上，广泛听取了各方面的意见，以招标方式，组织编写了一套面向全国本科生（兼顾研究生）、体现自动化专业教材整体规划和课程体系、强调专业基础和理论联系实际的系列教材，自2006年起将陆续面世。全套系列教材共50多本，涵盖了自动化学科的主要知识领域，大部分教材都配置了包括电子教案、多媒体课件、习题辅导、课程实验指导书等立体化教材配件。此外，为强调落实"加强实践教育，培养创新人才"的教学改革思想，还特别规划了一组专业实验教程，包括《自动控制原理实验教程》、《运动控制实验教程》、《过程控制实验教程》、《检测技术实验教程》和《计算机控制系统实验教程》等。

自动化科学技术是一门应用性很强的学科，面对的是各种各样错综复杂的系统，控制对象可能是确定性的，也可能是随机性的；控制方法可能是常规控制，也可能需要优化控制。这样的学科专业人才应该具有什么样的知识结构，又应该如何通过专业教材来体现，这正是"系列教材编审委员会"规划系列教材时所面临的问题。为此，设立了《自动化专业课程体系结构研究》专项研究课题，成立了由清华大学萧德云教授负责，包括清华大学、上海交通大学、西安交通大学和东北大学等多所院校参与的联合研究小组，对自动化专业课程体系结构进行深入的研究，提出了按"控制理论与工程、控制系统与技术、系统理论与工程、信息处理与分析、计算机与网络、软件基础与工程、专业课程实验"等知识板块构建的课程体系结构。以此为基础，组织规划了一套涵盖几十门自动化专业基础课程和专业课程的系列教材。从基础理论到控制技术，从系统理论到工程实践，从计算机技术到信号处理，从设计分析到课程实验，涉及的知识单元多达数百个、知识点几千个，介入的学校50多所，参与的教授120多人，是一项庞大的系统工程。从编制招标要求、公布招标公告，到组织投标和评审，最后商定教材大纲，凝聚着全国百余名教授的心血，为的是编写出版一套具有一定规模、富有特色的、既考虑研究型大学又考虑应用型大学的自动化专业创新型系列教材。

然而，如何进一步构建完善的自动化专业教材体系结构？如何建设基础知识与最新知识有机融合的教材？如何充分利用现代技术，适应现代大学生的接受习惯，改变教材单一形态，建设数字化、电子化、网络化等多元形态、开放性的"广义教材"？等等，这些都还有待我们进行更深入的研究。

本套系列教材的出版，对更新自动化专业的知识体系、改善教学条件、创造个性化的教学环境，一定会起到积极的作用。但是由于受各方面条件所限，本套教材从整体结构到每本书的知识组成都可能存在许多不当甚至谬误之处，还望使用本套教材的广大教师、学生及各界人士不吝批评指正。

吴澄 院士

2005年10月于清华大学

前言

PREFACE

“过程控制系统”是一门与实际生产过程联系十分密切的课程。随着科学技术的飞速前进，过程控制也在日新月异地发展。面对当前全球的能源危机和环境污染问题，在电子技术和计算机网络等强大工具的支持下，它不仅在传统工业的运行和改建中起到了提高质量、节约原材料和能源、减少环境污染等不可替代的重要作用，而且正在成为新建的规模大、参数多、结构复杂的工业生产过程中不可或缺的组成部分，发挥着重要的作用。

“过程控制系统”是清华大学自动化专业几十年来为本科高年级学生开设的一门主干课。本书是在 1993 年出版的《过程控制》基础上重新编写成的，其中反映了作者及本专业同事们在过程控制领域中的新近科研成果。可以说，这本教材凝聚着我们几十年教学和科研的心血。

本书共分六篇。金以慧编写了本教材的大纲，确定了各个章节的详细范围和内容，还写了本书的绪论以及各篇的小结，最后审核了全书的内容。本书第一篇和第二篇是由王京春博士编写的，这是过程控制最基本的内容，也是当前在工业实践中得到最广泛应用的内容。第三篇先进控制系统共分五章，其中第 8、9、12 等三章由黄德先教授编写，第 10、11 章分别由熊智华博士、吕宁博士和陈嵘博士编写，本篇的内容讨论了当前过程控制发展的几个热点。第四篇由王京春博士编写，主要介绍了用于过程控制的计算机和计算机网络等重要工具。第五篇典型装置的控制系统有第 16、17 两章，分别由黄德先教授和熊智华博士以及吕宁博士编写，本篇详细剖析了精馏塔和发酵过程这两个典型的控制系统，可以作为第一到第四篇的应用实例。第六篇控制系统的设计与实现是由黄德先教授和陈嵘博士编写的，本篇涉及到过程系统的监控以及系统的设计和实现艺术，是以前此类教材中较少涉及但又十分重要的内容。

本书在写作上注意深入浅出，讲清基本概念，同时力求反映近年来过程控制的最新研究成果与发展，着重于启发和培养学生从实际中提炼出问题，应用已掌握的理论知识来加以解决的能力。通过课堂讨论、实验以及大习题等教学环节提供给学生以更多的思考和探索的空间。

由于内容较多，在讲授本课程时，可以按篇来组合，例如第三篇可以作为“先进控制”专题课单独讲授，第四篇可以单独构成“过程计算机控制系统”专题课，这要视前期课程的安排来选择、组合。

本书在编写过程中，一直得到清华大学自动化系过程控制工程研究所领导和同仁们的关心和支持，也得到本研究所创始人方崇智教授的支持和指导，在此表示诚挚的感谢。由于作者水平有限，缺点和不足之处在所难免，恳请读者批评指正。

金以慧

2010年8月于清华园

主要符号表

α	比例系数，比值系数，传热系数
δ	比例带
δ_{cr}	临界比例带
$\delta(t)$	脉冲函数
ε	飞升速度，误差
η	效率
θ	温度
$\boldsymbol{\Lambda}$	相对增益矩阵
λ	相对增益，导热系数
ψ	衰减率
μ	阀门开度，执行器的输出，调节量
ζ	阻尼比
$\xi(t)$	随机噪声
ρ	密度，液相密度
τ	迟延时间，时滞时间
τ_d	纯迟延时间
τ_c	容积迟延时间
φ	角度
$\varphi(\omega)$	相频特性
ω	角频率
ω_{cr}	临界频率
ω_d	系统工作频率(阻尼自然频率)
ω_n	系统自然频率(无阻尼自然频率)
Δ	增量，不灵敏区
$\boldsymbol{A},\boldsymbol{B},\boldsymbol{C},\boldsymbol{D}$	状态空间模型的系数矩阵
c_p	比热容
C	电容，热容
CV	被控变量，被控量
D	调节器的微分作用，系统干扰
DV	干扰变量，干扰量
$\boldsymbol{E}$	偏差矩阵

$e(t)$	偏差
f	频率
$\boldsymbol{G}$	传递函数矩阵
$G(\mathrm{j}\omega)$，$G(s)$，$G(z)$	频率特性，传递函数，脉冲传递函数
$G_{\mathrm{p}}(s)$，$G_{\mathrm{r}}(s)$	对象和执行器的传递函数
$G_{\mathrm{c}}(s)$，$G_{\mathrm{m}}(s)$，$G_{\mathrm{d}}(s)$	控制器，测量传感器和干扰通道传递函数
$g(k)$，$g(t)$	离散、连续脉冲响应
$\boldsymbol{H}$	变送器输出传递矩阵
h	液相热焓
H	汽相热焓
$\boldsymbol{I}$	单位矩阵
I	调节器积分作用，积分准则指标
K	系统或对象的静态增益
K_{C}	控制器比例增益
K_{I}	控制器积分增益
K_{D}	控制器微分增益
K_{v}	控制阀静态增益
K_{m}	传感器静态增益
K	采样序号
MV	操作量，操作变量，控制量
$M(\omega)$	幅频特性
m_{p}	最大超调量
N_{V}	过程变量的总数
N_{E}	独立方程数
N_{F}	自由度
N_{FC}	控制自由度
P	控制器比例作用
R	阻力，调节阀可调范围，理想气体常数
$R(s)$，$r(t)$	设定值
R_{xx}	x 的自相关函数
R_{xy}	x 与 y 的互相关函数
T	温度，时间常数
T_{a}	飞升时间
T_{I}	控制器的积分时间
T_{D}	控制器的微分时间
T_{d}	系统工作周期
T_{cr}	临界周期

t_p	拐点时间,峰值时间
t_s	调节时间
T_s	采样周期
$\boldsymbol{u}$	控制向量
u	控制器输出,控制量,控制变量
$U(s)$	输入变量的拉氏变换
$w(t)$	过程输出侧白噪声
$W(\mathrm{j}\omega),W(s),W(z)$	系统开环频率特性,开环传递函数,开环脉冲传递函数
$W_c(\mathrm{j}\omega),W_c(s),W_c(z)$	系统闭环频率特性,闭环传递函数,闭环脉冲传递函数
$\boldsymbol{X}$	状态向量
x	状态变量
$\boldsymbol{Y}$	输出向量
$y(t)$	输出量,被控量
$y_m(t)$	输出量或被控量的测量信号
$y(t_p)$	最大动态偏差
$Y(s)$	输出变量的拉氏变换

目录

CONTENTS

第二篇 复杂控制系统

第三篇 先进控制系统

第四篇 过程计算机控制系统

第五篇 典型装置的控制系统

第六篇 控制系统的设计与实现

绪论

0.1 生产过程自动化的发展概况和趋势

自20世纪30年代以来，对自动化技术的应用获得了惊人的成就，自动化技术已在工业生产和科学发展中起着关键的作用。当前，自动化装置已成为大型设备不可分割的重要组成部分。可以说，如果不配置合适的自动控制系统，大型生产过程就根本无法运行。实际上，生产过程自动化的程度已成为衡量工业企业现代化水平的一个重要标志。

回顾自动化技术发展的历史，可以看到它与生产过程本身的发展有着密切的联系，是一个从简单形式到复杂形式、从局部自动化到全局自动化、从低级智能到高级智能的发展过程。自动化在工业生产中的作用，大致经历了四个发展阶段。

20世纪50年代以前可以归结为自动化发展的第一阶段。在这一时期中，其理论基础是基于传递函数的数学描述，以根轨迹法和频率法作为分析和综合系统基本方法的经典控制理论，因而带有明显的依靠手工和经验进行分析和综合的色彩。在设计过程中，一般是将复杂的生产过程人为地分解为若干个易于控制的简单过程，最终实现如图0.1所示的单输入单输出的控制系统。其控制目标也就只能满足于保持生产的平稳和安全，属于局部自动化的范畴。当时，也出现了一些如串级、均匀等十分有效的多回路系统，相应的控制仪表也从基地式发展到单元组合式。但总的说来，自动化水平处于低级阶段。

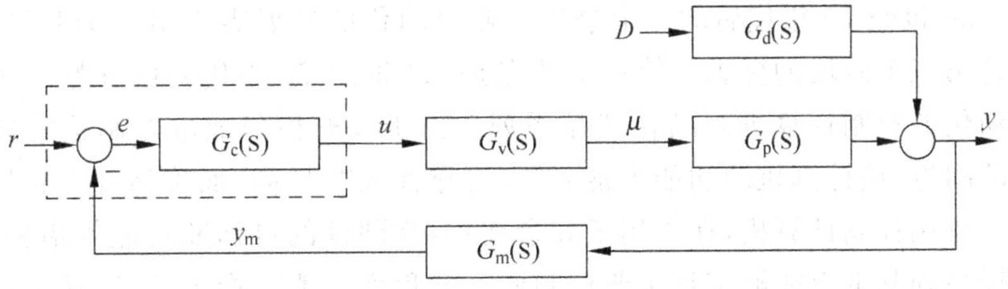

图0.1 单回路控制系统

图 0.1 中，$G_c(s)$为控制器传递函数；$G_v(s)$为执行器传递函数；$G_p(s)$为对象控制通道传递函数；$G_d(s)$为对象干扰通道传递函数；$G_m(s)$为检测变送器传递函数；r 为设定值；y 为**被控量**(controlled variable，CV)，又称输出量；y_m 为被控量的测量信号；μ 为执行器输出，被称为**操作量**(manipulated variable，MV)；D 为干扰(disturbance variable，DV)；u 为控制器输出；e 为误差，$e=r-y_m$。

20 世纪 60 年代后的 10 年，可以认为是工业自动化发展的第二个阶段。20 世纪 50 年代末，由于生产过程迅速向着大型化、连续化的方向发展，工业过程的非线性、耦合性和时变性等特点十分突出，原有的简单控制系统已经不能满足要求，自动控制面临着工业生产的严重挑战。幸运的是，为适应空间探索的需要而发展起来的现代控制理论已经逐渐成熟，并已在某些尖端技术领域，如航空、航天等工业，取得了惊人的成就。现代控制理论是以状态空间分析方法为出发点，内容包括了以最小二乘法为基础的系统辨识，以极大值原理和动态规划为主要方法的最优控制和以卡尔曼滤波理论为核心的最优估计等三部分。值得注意的是，现代控制理论在综合和分析系统时，已经从外部现象深入到揭示系统内在的规律性，从局部控制进入到在一定意义下的全局控制，而且在结构上已从单环控制扩展到适应环、学习环等复杂控制。可以说，现代控制理论是人们对控制技术在认识上的一次质的飞跃，为实现高水平的自动化奠定了理论基础。与此同时，电子计算机的飞速发展和普及为现代控制理论的应用开辟了一条宽广的道路，为实现工业自动化提供了十分重要的技术手段和工具。在 20 世纪 60 年代中期，已出现了如图 0.2 所示的用计算机代替模拟调节器的直接数字控制(direct digital control，DDC)和由计算机确定模拟控制器或 DDC 回路最优设定值的监督控制(supervisory computer control，SCC)，并有一些成功应用实例的报导。20 世纪 60 年代初，国外曾试图用一台计算机顶替全部模拟仪表，实现“全盘计算机控制”。在我国，也曾在发电厂和炼油厂进行过计算机控制的试点研究。当时由于电子计算机不但体积大，价格昂贵，而且在可靠性和功能方面还存在不少问题，计算机控制始终停留在试验阶段。此外，现代控制理论与工程实际应用之间存在着很大的鸿沟。这主要是由于生产过程机理复杂，建模困难，性能指标不易确定，控制策略十分缺乏等原因，使得现代控制理论一时还难以应用于生产过程。尽管如此，在这一阶段中，无论在现代控制理论的移植应用，还是计算机在工业过程应用方面，都有了良好的开端和尝试。

20 世纪 70 年代后的二十余年工业自动化的发展表现出两个明显的特点，它们正是第三个阶段的标志。第一个特点是，20 世纪 70 年代初已开始出现了适合工业自动化的控制计算机商品化产品系列。由于大规模集成电路制造的成功和微处理器的问世，使计算机的功能丰富多彩，可靠性大为提高，而价格却大幅度下降。尤其是工业用控制计算机，在采用了冗余技术，软硬件的自诊断功能等措施后，其可靠性已提高到基本上能够满足工业控制要求的程度。值得指出的是，从 20 世纪 70 年代中期开始，针对工业生产规模大、过程参数和控制回路众多的特点，为满足工业用计算机应具有高度可靠性和灵活性的要求，出现了一种分布式控制系统(distributed

control systems,DCS),又称集散系统,如图 0.3 所示。它是集计算机技术、控制技术、通信技术和图形显示等技术于一体的计算机系统,一经问世,就受到工业界的青睐。目前世界上已有近百余家公司先后推出各自开发的系统[1],我国目前也已生产出可用于大型企业的集散系统。这种系统在结构上的分散,即将计算机分布到车间或装置一级,不仅使系统危险分散,消除了全局性的故障节点,增加了系统的可靠性,而且可以灵活方便地实现各种新型控制规律和算法,便于系统的分批调试和投运。显然,这种分布式系统的出现,为实现高水平自动化提供了强有力的技术工具,给生产过程自动化的发展带来深远的影响。可以说,从 20 世纪 70 年代开始,工业生产自动化已进入计算机时代。

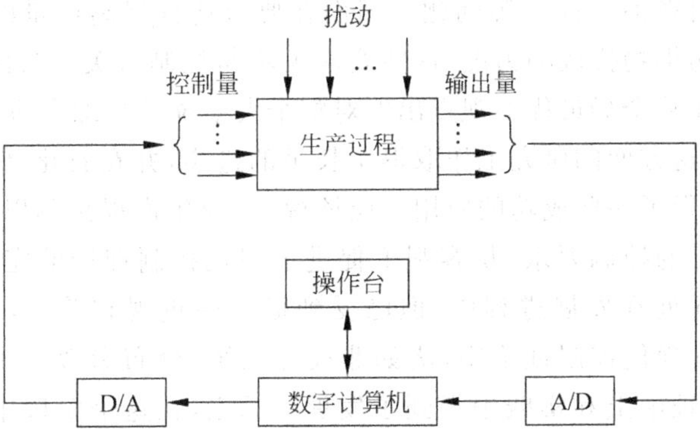

(a) 直接数字控制系统

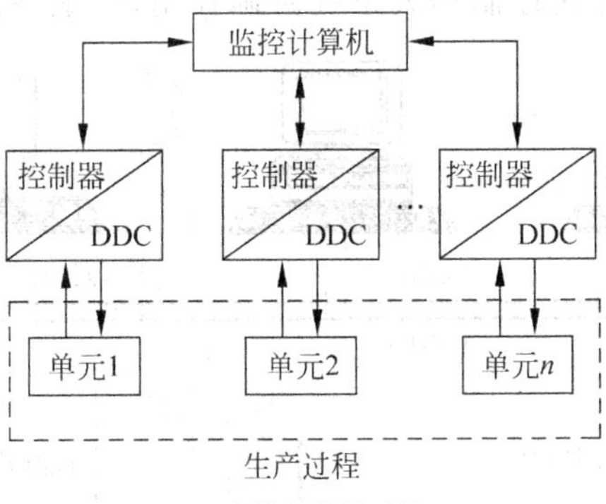

(b) 计算机监控系统

图 0.2　直接数字控制

第二个特点是控制理论与其他学科相互交叉,互相渗透,向着纵深方向发展,从而开始形成了所谓的大系统理论和智能控制理论。众所周知,一类复杂的工业过程,如反应过程、冶炼过程和生化过程等,本身机理就十分复杂,还没有被人们充分认识和掌握,而且这类过程往往还受到众多随机因素的干扰和影响,因而难以建立精确的数学模型来满足闭环最优控制的要求。同时,这类过程的控制策略也有待进一步研究。目前已有的策略或是过于复杂,难以实行在线控制,或是过于粗糙,不能满足高水平的控制要求。解决这类问题的重要途径之一就是将人工智能、控制理论和运筹学三者相结合的智能控制。这一方向已受到国内外控制界的极大重视，并已有在化工、冶金和能源工业中成功应用的报导[2~4]。在国内外，已出现了利用知识和推理的实时专家系统进行诊断、预报和控制的实例。另外，20 世纪 70 年代以来，由于能源危机、市场竞争和技术进步，工业生产规模更趋庞大，如火力发电站每套机组的功率已经从 300MW 发展到 1000MW，石化工业中年产 1000 万吨级甚至更大的炼油装置，以及大型的乙烯、合成氨等工厂也大批建成。设备的更新换代，极大地提高了生产率，显然也相应地提出了对控制的更高要求。同时由于出现全球严重环境污染问题，大量的 CO_2、SO_2 等污染气体引发了气候变暖，而且我国生产中还存在着能源效率低下、原材料浪费惊人等问题。因而在要求达到提高产量的同时，必须加强节能降耗、减少污染物排放的力度，这些要求无不与控制有关。为此，在分散控制的基础上，应进一步从全局最优的观点出发对整个大系统进行综合协调。20 世纪八九十年代国内外在这方面的研究工作取得了长足的进步，并在石化、钢铁、冶金和造纸等工业系统中获得了一些成功的应用。应该说，工业生产提出的以优质、高产、低消耗、低污染为目标的控制要求，从客观上促进了现代控制理论的完善和发展。尽管到目前为止，它还处在发展进程中，但已受到极大的重视和关注，并取得很大的进展。与此同时，在现代控制理论中，诸如非线性系统、分布参数系统、随机控制以及容错控制等也在理论上和实践中得到了发展。总之，在这个阶段中，工业自动化正在发生着巨大的变革，它已突破局部控制的模式，进入到全局控制，既包含若干子系统的闭环控制，又有最优化控制和大系统协调控制，以最终满足全局优质高产低消

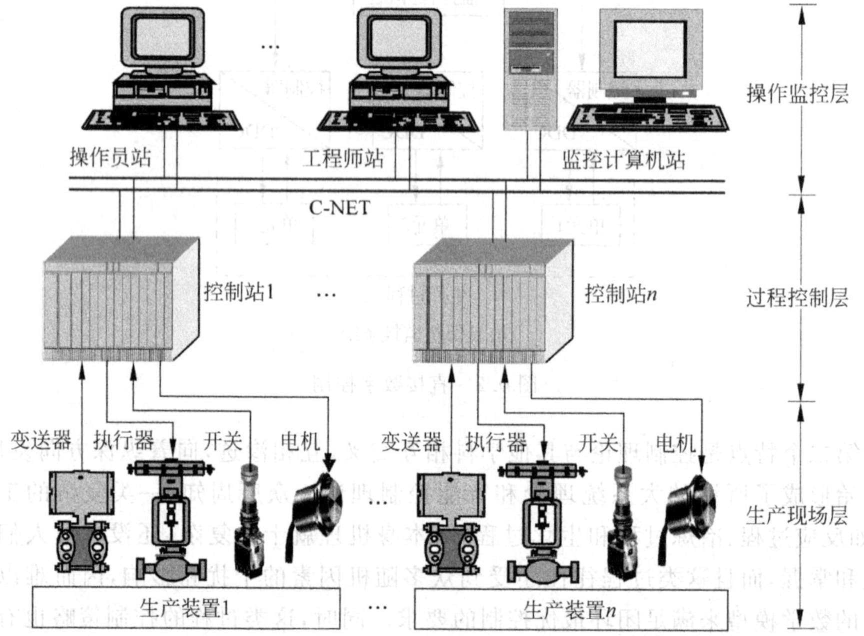

图 0.3 集散控制系统

耗低污染的控制要求。

进入21世纪,人们称之为信息时代或知识时代,新的理论,知识与技术对自动化发展产生了更深远的影响,学科间的交叉和计算机,通信等各种技术的应用与集成使得自动化发生了质的飞跃,已完全突破了传统自动化的范畴,将控制论、信息论和系统论相结合,并在计算机技术、通信技术和网络技术等的支持下,形成了更为广泛的综合自动化系统,表明此时的自动化已由制造过程的控制延伸到生产管理、经营管理和决策等过程,它标志着自动化进入了第四阶段,即综合自动化阶段。综合自动化涉及到信息集成与共享、建模与控制、系统优化与协调、生产计划与调度、资源规划与调度、生产管理与营销决策管理等方面,已经从简单的参数控制扩展到包括多变量控制、优化控制、操作优化、计划与调度、资源优化、供应链协调、电子商务等功能。之所以把这些功能都归纳入广泛的综合自动化,其原因如下:一是这些功能的实现最终将依靠基础自动化来保证,即要求依靠对生产过程的控制来进行柔性生产,才可能跟踪与实现各类控制指令和管理的指令,这就需要在控制与其他功能之间进行融合与协调;二是各种综合自动化功能往往需要控制论、信息论和系统论等理论的指导,这些正是自动化人员必须掌握的基本概念和知识。应该说实现综合自动化必须有自动化人员的参与和主持,才能保证其最终的实现和长期持续地运行。综合自动化的构架可以用图0.4来加以说明[5]。从图中可以看到,综合自动化可以分为过程控制系统(process control system,PCS)、制造执行系统(manufacturing execusion system,MES)和经营计划系统(business planning system,BPS,此层又被称为企业资源规划层,即 enterprise resourse planning,ERP)等三层结构,其中**过程控制系统**主要包括过程的数据采集与处理、简单控制系统、复杂控制系统、基本数据的统计与分析等;**经营计划系统**含有包括资产管理、财务管理和人力资源在内的生产企业资源计划、产品和工艺设计、供应链管理、电子商务以及销售服务管理等涉及经营与生产管理的内容;其中间层**制造执行系统**主要完成:①全流程价值链分析,给出产量、质量、消耗、成本及效益等有关的综合生产指标的目标值;②生产计划与调度,在满足各种约束条件下编制产量、质量、成本、消耗、设备运行等生产计划,并提出不同时间尺度的生产计划分解以及相应的生产调度计划;③综合生产指标优化,根据全流程模型和约束条件,求解出最优工艺操作指标和工艺约束范围;④生产运作管理,给出生产质量、物耗等作业标准、操作允许限等,指挥生产过程的进行和资源的供应和配送。同时还要对生产设备进行动态管理,包括设备的故障诊断与预报维修等;⑤先进控制与操作优化,通过先进的控制策略和对优化模型的求解,保证各项生产指标的实现,使生产运作在最优状态;⑥生产过程的实时监控,对整个生产过程进行检测,并不断与各种必须保证的标准和指标进行比较和分析,对异常工况进行监督、报警和提示。所以MES层既执行生产的实时控制与操作管理,又实现了与BPS和与PCS这两层的连接,起到了承上启下的作用。此层解决了具有生产与管理双重性质的信息等难以处理的问题,实现生产与管理的综合集成以及信息流、物质流和资金流的集成等,使得生产与管理不再脱节,而能在一个环境中加以统一处理,即实现有人称之为管理控制一体化的模式。可以说,PCS层是实现以产品质量和工艺要求为指标的先进控制技术,MES层是执行以生产综合指标为目标的生产过程优化运行、优化控制与优化管理技术,BPS层则是实施以财务分析决策为核心的整体资源优化技术。这三层之间则是由基于知识链的具有BPS/MES/PCS三层结构的现代制造系统集成技术来加以综合集成,使之成为一个协调统一的整体。这种模式已经得到社会的认可,无论是国外著名的控制公司,还是我国各大集团公司都在向着这个方向迈进。我国有些企业已经部分地实现了这种模式并已获得十分显著的经济和社会效益。当然,要完全实现综合自动化还需时日,需要对理论、方法和技术的进一步研究,例如,长期有效运行的具有很强鲁棒性的先进控制(如多变量控制、非线性控制、分布式控制等),装置或装置群的在线操作优化(如大规模优化问题、建模问题、大系统信息反馈问题等),生产计划的优化(如混合规划优化求解、核心装置产能与效能的预测与评价等),动态调度的实现(如实时动态调度算法、在线柔性调度等),故障诊断与预报维修(如设备故障诊断及自修复理论、可预测性维修技术、安全性评估技术等),人力与资源的优化(如系统建模、约束条件的处理等),供

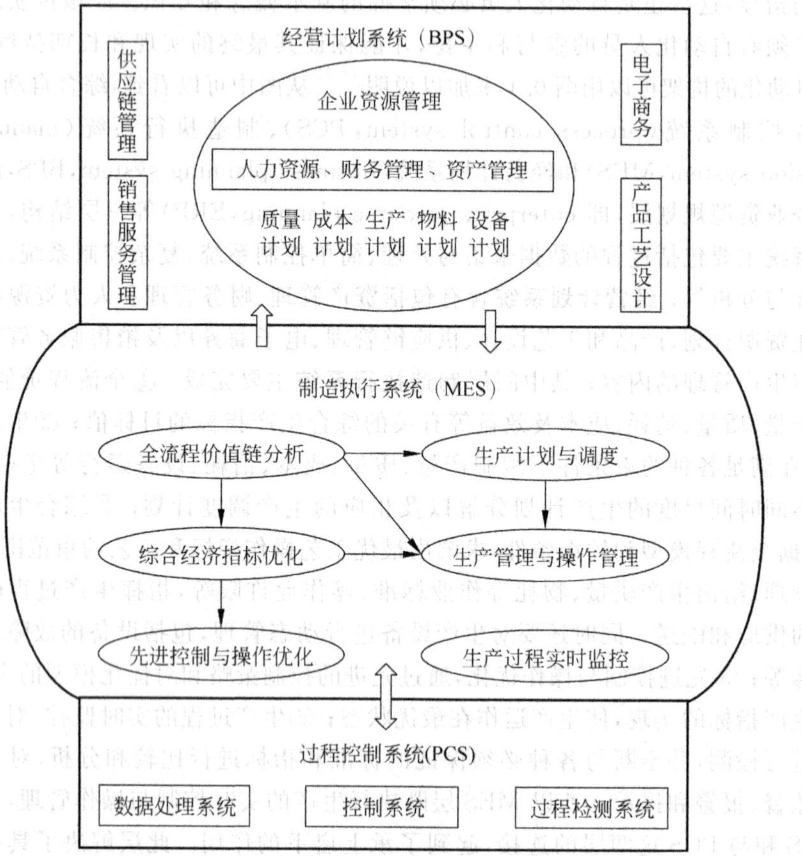

图0.4 综合自动化体系结构图

应链的协调与优化(如供应链系统的建模、大系统的分解与协调)等。同样,在实现的硬件环境方面也有很多技术需要研究开发,例如现场总线技术的标准化,以太网的实时性,工业网络的通信能力与安全性等。总之,要完全实现综合自动化还需要相当一段时间的艰苦努力,但其带来的产能提高、降耗节能、保护环境、优化生产等效果是毋庸置疑的。

从工业自动化发展的进程和发展趋势,可以得到如下结论。

(1) 工业自动化的发展与工业生产过程本身的发展有着极为密切的联系。工业生产自身的发展,诸如工艺流程的变革、设备的更新换代、生产规模的不断扩大等,都会对自动化提出越来越高的要求。这些正是自动化发展的催化剂和促进剂,起到加速推动自动化发展进程的作用。可以说发展到现阶段,如果不熟悉、不掌握与工业过程本身的有关理论与知识想要对之进行控制几乎是不可能的。同样,工业生产过程的发展更需要自动化技术的支持与保障。可以说,没有自动化系统的现代化生产是不可能实现的。当前,由于控制理论和技术工具方面层出不穷的新成就使得工业生产不仅能够安全平稳地运行,而且正在逐步达到"卡边"运行,也就是说,使生产设备在其最优状况下运行,使之充分发挥设备的潜力,趋近于最高的生产效率,并能最快地适应全球化市场的需求,在激烈竞争中获取最大的经济和社会效益。

(2) 工业自动化已进入信息化时代,信息时代的特点之一就是学科和技术的交叉与融合,实际问题的解决几乎没有不涉及多学科的理论与方法。例如,石化工业中反应器的控制问题,其解决就需要对工艺实质的透彻分析与掌握,需要对海量数据的处理与挖掘,需要现代控制理论和非线性理论的发展与运用,需要专家知识的总结提炼,需要计算机技术的支持等,因而它涉及到各种工艺学、信息学、控制理论、人工智能以及计算机科学与通信技术等。但是,遗憾的是,无论是计算机网络等技术,还是各种先进理论,当前都难以满足实际的需求,缺乏行之有效的控制与管理方法。因此,加强控制理论与生产实际的密切结合,注意引入各种相关学科,逐步形成各种既简练又实用的控制与管理的理论和方法,是今后过程控制的主要研究内容。

0.2 过程控制的任务和要求

工业自动化涉及的范围极广,过程控制是其中最重要的一个分支,它覆盖了许多工业部门,例如石油、化工、电力、冶金、轻工、纺织等。因而,过程控制在国民经济中占有极其重要的地位。在过程控制中,最简单的控制系统如前面图 0.1 所示。其中被控量主要是针对所谓六大参数,即温度、压力、流量、液位(或物位)、成分和物性等参数的控制问题。但进入 20 世纪 90 年代后,随着工业的发展和相关科学技术的前进,过程控制已经发展到多变量控制,正如 0.1 节所讨论的那样,控制的目标再也不局限在传统的六大参数,尤其是复杂工业控制系统,它们往往把生产中最关心的诸如产品质量、工艺要求、废物排放等作为控制指标来进行控制。工业生产对过程控制的要求是多方面的,但最终可以归纳为三项要求,即**安全性**、**经济性**和**稳定性**。

安全性是指在整个生产过程中，确保人身和设备的安全，这是最重要的也是最基本的要求。通常是采用参数越限报警、事故报警和连锁保护等措施加以保证。现在，由于工业企业发展到高度连续化和大型化，运行的约束条件增多，各种限制更为苛刻，因而其安全性被提到更高的高度。为此，提出了在线故障预测和诊断，可预测维修等要求，以进一步提高运行的安全性。这里还应特别指出，随着环境污染日趋严重，生态平衡屡遭破坏，现代企业必须把符合国家制定的环境保护法视为生产安全性的重要组成部分，保证各种三废排放指标在允许范围内。**经济性**，指在生产同样质量和数量产品所消耗的能量和原材料最少，需要花费的各项生产和管理的开支最少，也就是要求生产成本最低而生产效率最高。近年来，随着市场竞争加剧和世界能源的匮乏，经济性已受到过去从未有过的重视。生产过程局部或整体最优化问题已经提上议事日程，成为急需解决的迫切任务。最后一项**稳定性**的要求，是指系统具有抑制各种干扰，保持生产过程长期稳定运行的能力。众所周知，工业生产环境不是固定不变的，例如原材料成分改变或供应量变化、反应器中催化剂活性的衰减、换热器传热面沾污，还有市场需求量的起落等都是客观存在的，它们会或多或少地影响生产的稳定性。当然，简单控制系统稳定性的判断方法已很成熟，但对大型、复杂大系统稳定性的分析就困难得多。随着生产的发展，安全性、经济性和稳定性的具体内容也在不断改变，要求也越来越高。为了满足上述三项要求，在理论上和实践上都还有许多课题有待研究。

过程控制的任务就是在了解、掌握工艺流程和生产过程的静态和动态特性的基础上，根据上述三项要求，应用相关理论对控制系统进行分析和综合，最后采用适宜的技术手段加以实现。值得指出的是，为适应当前工业生产对控制的要求愈来愈高的趋势，必须充分注意现代控制技术在过程控制中的应用，其中过程模型化的研究起着举足轻重的作用，因为现代控制技术的应用在很大程度上取决于对过程静态和动态特性认识和掌握的广度和深度。因此可以说，过程控制是控制理论、工艺知识、计算机技术和仪器仪表等知识相结合而构成的一门应用科学[6~9]。有人认为在研究探索的实践中，可能会形成一门更适合工业过程控制特点的新的控制理论，从而使过程控制迅速提高到一个新的水平，这不是没有道理的。

过程控制的任务是由控制系统的设计和实现来完成的。现在以一个较为简单的再沸油加热炉的控制实例加以说明。图 0.5 所示加热炉的设计和实现有如下步骤。

1. 确定控制目标

对于给定的被控过程，可以根据具体情况提出各种不同的控制目标。这里以加热炉为例，可以有以下几个不同的目标。

(1) 在安全运行条件下，保证热油出口温度稳定；

(2) 在安全运行条件下，保证热油出口温度和烟气含氧量稳定；

(3) 在安全运行条件下，保证热油出口温度稳定，而且加热炉热效率最高。

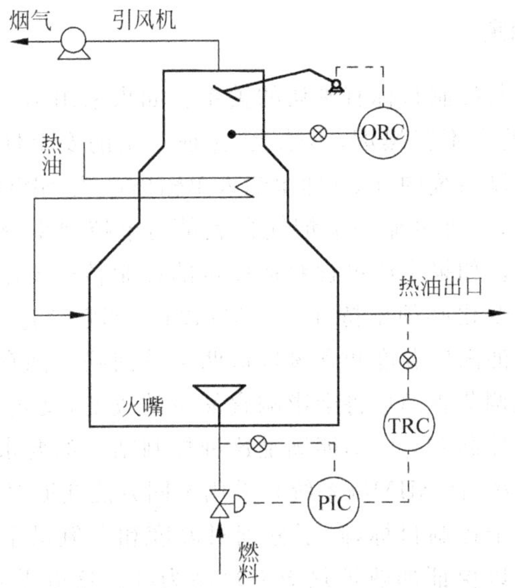

图 0.5 燃油加热炉控制概要图

显然，为实现不同的控制目标就应有不同的控制方案。

2. 选择测量参数(即被控变量 CV)

无论采用什么控制方案，都需要通过某些参数的测量来控制和监视整个生产过程。在加热炉中，热油出口温度、烟气含氧量、燃料油压力、炉膛负压等均为需要测量的参数，这些参数就是图 0.1 中所示的被控量 y。在确定了需要检测的参数后，就应选择合适的测量元件和变送器。应该注意，有些参数可能因某些原因不能直接测量，则应通过测量与之成一定线性关系的另一参数(又称为间接参数)来获取，或者利用参数估计的方法来得到。当然，有些控制目标只能通过计算得到，比如加热炉中的热效率就是排烟温度、烟气中含氧量和一氧化碳含量等参数的函数，必须分别测量这些参数并进行综合计算才能得到。蒸馏塔中回流比也属于这一类参数。

3. 操作量的选择(即 MV)

操作量的选择指图 0.1 中操作量 μ 的选择。一般情况下，操作量都是流量，而且是由工艺规定的，在控制系统设计中没有多大选择余地。但是在有多个操作量和被控量的情况下，用哪个操作量去控制哪个被控量还是要认真加以选择和设计的。例如在耦合多变量系统中，必须就操作量和被控量如何配对问题做出抉择。在上述加热炉控制中，以燃油量作为操作量来控制热油出口温度，用烟道挡板改变烟气流量来保证烟气中含氧量，这些都是由工艺规定的。但是，如果除了烟道挡板外，设备中还装有炉膛入口处的送风挡板，那么用哪个挡板来调节烟气含氧量还有选择余地。

4. 控制方案的确定

控制方案的确定与控制目标有密切的关系。如果采用第一个控制目标，只要对炉子进行人工调整，使之不冒黑烟，不熄火，保证一定的安全性和经济性，然后采用热油出口温度简单控制系统的方案(即单输入单输出系统，SISO 系统)就可以满足要求。对于第二个目标，只要再加一个烟气含氧量简单控制系统，用这样两个单回路就可以完成控制任务。如果生产过程对被控量的控制精度要求很高，例如温度变化不超过±2℃，含氧量变化必须维持在±0.5%以内，那就应进一步分析过程的特点来加以解决。由于热油出口温度和含氧量这两个单回路之间存在着耦合因素，即为保证热油温度稳定而调节燃油量将会影响含氧量的改变，反之亦然。所以只用两个单输入单输出系统的控制方案已不能满足这种控制精度的要求，而要把加热炉看作一个多输入多输出系统(即 MIMO 系统)，采用不同方法获取对象的数学模型再来进一步设计。对于第三个控制目标，除了分别对温度和含氧量采用定值控制外，含氧量设定值的确定还应以保证加热炉热效率最高为准。这就需要建立燃烧过程数学模型，使之在不同负荷、不同燃料下，均能依靠调整含氧量设定值保持加热炉热效率最高。可以看到，控制策略是随控制目标和控制精度要求而不同的，它是整个设计过程中的关键步骤。

5. 选择控制算法

控制方案决定了控制算法。在很多情况下，只需采用商品化的常规调节器进行比例积分微分(简称 PID)控制即可达到目的。对于需要应用先进过程控制算法的情况，如内模控制、推理控制、预测控制、解耦控制以及最优控制等，它们都涉及到较多的计算，只能借助于计算机才能实现。控制方案和控制策略构成了本书最核心的内容。

6. 执行器的选择

在确定了控制方案和控制算法以后，就要选择执行器。目前可供选择的商品化执行器只有调节阀。少数情况下也有用调速电机的。好在调节阀能满足大多数控制系统的要求。因此，只要根据操作量的工艺条件和对调节阀流量特性的要求来选择合适的调节阀就可以了。可是这一步骤往往被忽视，不是调节阀的规格选得过大或过小，就是流量特性不匹配，以致使控制系统不能达到预期的性能指标，有的甚至会使系统根本无法运行。因此，应该引起充分重视。

7. 设计报警和连锁保护系统

对于关键参数，应根据工艺要求规定其高低报警限。当参数超出报警值时，应立即进行越限报警。例如加热炉热油出口温度的设定值为 300℃，如工艺要求其高、低限分别为 305℃和 295℃。报警系统的作用在于当温度超出上下限时，能及时提醒操作人员密切注意监视生产状况，以便采取措施减少事故的发生。连锁保护系统是指当生产出现严重事故时，为保证人身和设备的安全，使各个设备按一定次序紧急停止运转的系统。例如在加热炉运行中出现严重事故必须紧急停止运行时，连锁保护系统将首先停止燃油泵，然后关掉燃油阀，让引风机继续工作，经过一定时间后，停止引风机，最后再切断热油阀。这一套连锁程序可避免事故的发生，因为在忙乱中操作人员可能错误地先关热油阀以致烧坏热油管，或者先停引风机，而使炉内积累大量燃油气，以致使再次点炉时出现爆炸事故，损坏炉体。这些针对生产过程而设计的报警和连锁保护系统是保证生产安全性的重要措施。

8. 控制系统的调试和投运

控制系统安装完毕以后，就应进行现场调试和试运行，按控制要求检查和调整各控制仪表和设备的工作状况，包括调节器参数的整定等，依次将全部控制系统投入运行，并经过一段时间的试运行，以考验控制系统的正确性、合理性等。

以上只是简单地描述了自动控制系统从设计到实现的全过程。由此可以看到，对一个从事过程控制的人员来说，除了掌握控制理论、计算机、仪器仪表知识以及现代控制技术之外，还要十分熟悉生产过程的工艺流程，从控制的角度理解被控对象的静态和动态特性，这一点是怎么强调也不会过分的，因为这些都是设计和实现一个控制系统的必要基础。著名的控制界学者 K. J. Åström 曾指出，掌握生产过程特性知识越多，则设计的控制系统就越好，这是不言而喻的。当然，在设计过程中，还应对控制方案和实现方案所需经费进行比较和分析，采用既能满足要求又能在较短时间内收回成本的方案，这里不再赘述。

0.3 控制系统的组成、分类与性能指标

简单的控制系统正如 0.1 节所介绍的，它一般是由如图 0.1 所示四大部分组成的。也就是说，这四部分是最基本的组成单元。如果形象地以人来作比喻，其中过程就像是身体，是受控主体；控制器就像大脑，是控制全身的总指挥部；传感器和变送器就如人的感官系统，用以测量和感知外界的变化情况，并将情况上报指挥部；而执行器就如人的手脚，用来执行控制指令，对受控主体进行控制。上面讨论的是简单控制系统，但由于实际被控过程是复杂的，往往只采用简单控制系统难以奏效，因而在此基础上发展了更为复杂的系统。例如，多回路系统，多变量系统，甚至发展到带有协调器的多个多变量控制系统等。但是无论怎样变化，在各种不同的复杂控制系统中总能提炼出简单控制系统的构架，换句话说，简单控制系统应该是过程控制的基础，它体现着反馈控制的本质。所以，本教材将用一定的篇幅来讨论简单控制系统。

控制系统名目繁多，但基本可以分为过程控制与运动控制两大类。运动控制主要指那些以位移、速度、加速度等为控制目标的一类控制系统，例如机械工业中的机床控制，钢铁工业中轧钢生产控制等；过程控制则是指流程工业中温度、压力、流量、

液位(或物料)、成分、物性等参数的控制，当然，随着工业的发展，在6大参数控制的基础上，突出了对质量、反应率、熔融指数、分子量分布等生产中关键的物性指标的控制要求。这两类控制系统虽然基于相同的控制理论，但因控制过程的性质、特征、控制要求等的不同，带来了控制思路、控制策略和方法上的区别。即使在过程控制中还存在着连续过程和间歇过程两种过程形式。连续过程是指整个生产过程是连续不间断地进行，一方面原料连续供应，另一方面产品源源不断地输出，例如，电力工业中电能的生产，石化工业中汽油、煤油等石化产品的生产等。一个典型的连续生产过程—化学反应器如图0.6所示，它是一个不断改变试剂的大小来控制连续进料溶液所具有pH值的反应器。至于间歇过程形式，无论其原料或者产品都是一批一批地加入或输出，所以又称为批量生产，例如，土霉素、金霉素等抗菌素的生产，精细化工原料的生产等，图0.7描述了一个生产土霉素的间歇发酵装置，生产前先将培养液和菌种放入发酵罐，然后根据生产工艺在不同阶段添加各种葡萄糖、玉米粉等营养素，期间由于发酵前需要用蒸汽加热促进培养液升温发酵，一旦发酵条件具备，则罐内液体升温，为避免过度发酵需要加入冷却液降温，并保持罐内液体温度维持在某个合适的值，待罐内液体中效价等指标达到要求，生产过程结束，将罐液全部流

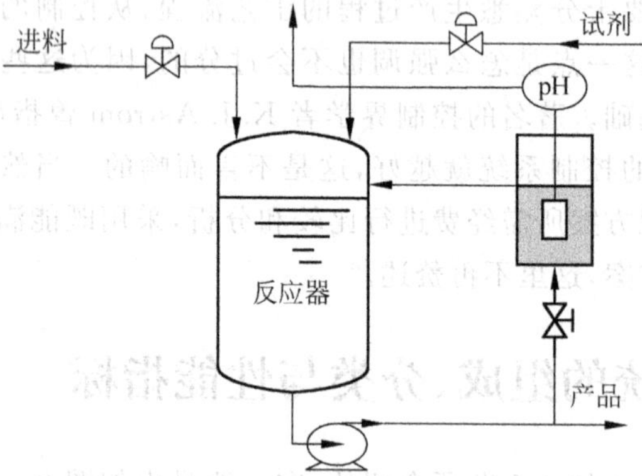

图0.6 保持连续进料溶液酸度的反应器

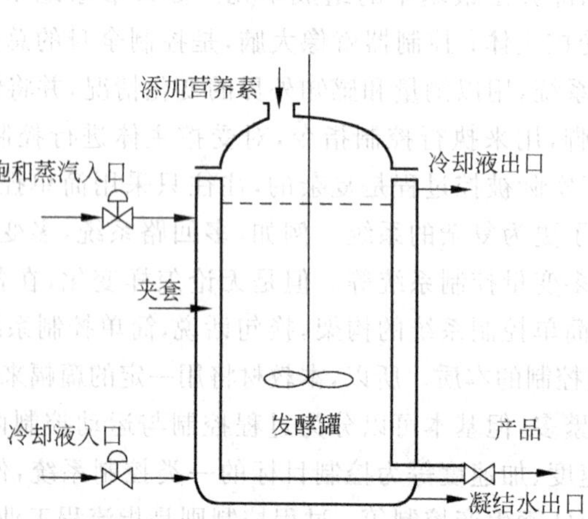

图0.7 间歇生产土霉素发酵过程

出，完成此罐的生产。间歇生产的特点是生产产品数量小，品种繁多，切换频繁，也即在生产过程中需要不断地切换操作，而且利用同一个装置却要生产出多种产品。所以，间歇过程的控制不仅需要不同的控制策略，也需要一系列逻辑操作工序来加以保证。后面将有专门章节介绍间歇过程的特点和控制。在本书中主要讨论与过程控制系统有关的内容，运动控制将在其他有关的课程中讨论[10]。

控制系统的性能指标。既然控制系统是用来保证生产过程的稳定性、经济性和安全性，那么如何来评价控制系统的优劣呢？也就是说，系统的性能评价指标应该是什么呢？在讨论之前，先来看看过程控制系统的运行状态。在运行中系统有两种状态。一种是稳态，此时系统没有受到任何外来干扰，同时设定值保持不变，因而被控变量不会随时间而变化，整个系统处于稳定平衡的工况。另一种是动态，当系统受到外来干扰的影响或者设定值发生了改变，使得原来的稳态遭到破坏，系统中各组成部分的输入输出量都相继发生变化，被控变量也将偏离原来的稳态值而随时间变化，这时就称系统处于动态过程。经过一段调整时间后，如果系统是稳定的，被控变量将会重新回到稳态值，或者到达新的设定值，系统又恢复到稳定平衡工况。这种从一个稳态到达另一个稳态的历程称为过渡过程。由于被控对象总是不断受到各种外来干扰的影响，因此，系统所处的稳态是相对的、暂时的，而动态则是绝对的、永恒的。也就是说，系统经常处于动态过程，而设置控制系统的目的也正是为了对付这种动态的情况。显然，要评价一个过程控制系统的工作质量，只看稳态是不够的，主要应该考核它在动态过程中被控变量随时间变化的情况是否满足生产过程的要求。当然，不同的控制要求应有不同的评价指标，在本节中主要讨论简单控制系统的评价指标。

1. 单项控制性能指标

评价控制系统的性能指标应根据工业生产过程对控制的要求来制定，这种要求可概括为稳定性、准确性和快速性，这三方面的要求在时域上体现为若干性能指标。图 0.8 表示一个闭环控制系统在设定值变化下被控变量的阶跃响应。该曲线的形态可以用一系列单项性能指标来描述，它们是衰减比（或衰减率）、最大动态偏差（或超调量）、残余偏差（或稳态偏差）、调节时间（或振荡频率）等。下面分别讨论这些评价指标。

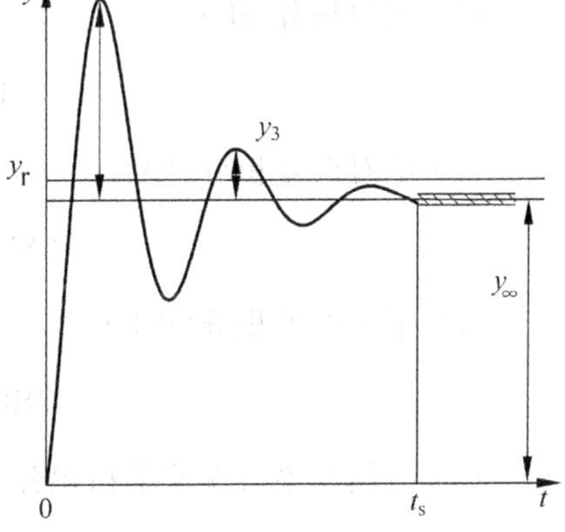

图 0.8 闭环控制系统在设定值阶跃扰动下的响应

(1) 衰减比和衰减率。它们是衡量一个振荡过程衰减程度的指标，衰减比 n 是阶跃响应曲线上两个相邻的同向波峰值（见图 0.8）之比，即衰减比 $n=y_1/y_3$。衡量振荡过程衰减程度的另一种指标是衰减率，它是指每经过一个周期以后，波动幅度衰减的百分数，即衰减率

$\psi=(y_1-y_3)/y_1$。n 为 4∶1 就相当于衰减率 $\psi=0.75$。为了保证控制系统有一定的稳定裕度，在过程控制中一般要求衰减比为 4∶1 到 10∶1，这相当于衰减率为 75% 到 90%。这样，大约经过两个周期以后系统就趋于稳态，看不出振荡了。

（2）最大动态偏差和超调量。最大动态偏差 y_P 是指设定值发生阶跃变化下，过渡过程在 $t>0$ 后第一个波峰超过其新稳态值的幅度，如图 0.8 中的 y_1，即为 y_p。最大动态偏差占被控变量稳态变化幅度的百分数称为超调量。对于二阶振荡过程而言，可以证明，超调量与衰减率之间有严格的对应关系。一般说来，图 0.8 所示的阶跃响应并不是典型的二阶振荡过程，因此超调量只能近似地反映过渡过程的衰减程度。最大动态偏差更能直接反映在被控变量的生产运行记录曲线上，因此它是控制系统动态准确性的一种衡量指标。

（3）残余偏差。残余偏差是指过渡过程结束后，被控变量新的稳态值 y_∞ 与设定值 y_r 之间的差值，它是控制系统稳态准确性的衡量指标。

（4）调节时间和振荡频率。调节时间是从过渡过程开始到结束所需的时间。理论上它需要无限长的时间，但一般认为当被控变量已进入其稳态值的 ±5% 范围内，就可以认为过渡过程已经结束。因此，调节时间就是从扰动开始到被控变量进入新稳态值的 ±5% 范围内的这段时间，在图 0.8 中以 t_s 表示。调节时间是衡量控制系统快速性的一个指标。过渡过程的振荡频率也可以作为衡量控制系统快速性的指标。

2. 误差积分性能指标

以上列举的都是单项性能指标。根据实际的需要，还有一种误差积分指标，可以用来衡量控制系统性能的优良程度。它是过渡过程中被控变量偏离其新稳态值的误差沿时间轴的积分（注意：这里用 $e(t)$ 来表示这种偏差，但其与前面 0.1 节中所说的误差 e 是不同的。如果不特指是在讨论积分性能指标，一般 e 都是指误差 $e=r-y_m$）。

无论是偏差幅度大或是时间拖长都会使误差积分增大，因此它是一类综合指标，希望它愈小愈好。误差积分有几种不同的形式，常用的有以下几种。

（1）误差积分（IE）

$$\mathrm{IE}=\int_0^\infty e(t)\,\mathrm{d}t \tag{0-1}$$

（2）绝对误差积分（IAE）

$$\mathrm{IAE}=\int_0^\infty |\,e(t)\,|\,\mathrm{d}t \tag{0-2}$$

（3）平方误差积分（ISE）

$$\mathrm{ISE}=\int_0^\infty e^2(t)\,\mathrm{d}(t) \tag{0-3}$$

（4）时间与绝对误差乘积积分（ITAE）

$$\mathrm{ITAE}=\int_0^\infty t\,|\,e(t)\,|\,\mathrm{d}t \tag{0-4}$$

以上各式中，$e(t)=y(t)-y(\infty)$，见图 0.8。

采用不同的积分公式意味着估计整个过渡过程优良程度时的侧重点不同。例如 ISE 着重于抑制过渡过程中的大误差，而 ITAE 则着重惩罚过渡过程拖得过长。人们可以根据生产过程的要求，特别是结合经济效益的考虑加以选用。

误差积分指标有一个缺点，它不能保证控制系统具有合适的衰减率，而后者则是人们首先关注的。特别是，一个等幅振荡过程是人们不能接受的，然而它的 IE 却等于零。如果用来评价过程的控制性能，显然极不合理。为此，通常的做法是首先保证衰减率的要求。在这个前提下，系统仍然可能有一些灵活的余地，这时再考虑使误差积分为最小。

以上讨论的评价控制系统性能指标在以后章节中会得到进一步的阐述，以加深理解。

0.4 本书的结构与教学安排

本书是面向研究型大学本科生的教材，注重理论与实际的结合以及分析问题、解决问题能力的培养。因而在课程的安排中将压缩常规控制系统的内容，增加学科前沿的内容；压缩叙述性内容，增加理论分析的分量。注意从掌握本课程基本内容着手，注重提高对前沿学科的理解和分析。本教材将引入本领域中新的研究成果，其中包括融入我们自己的科研成果，例如，PID 鲁棒自整定、多变量鲁棒控制、操作最优化、综合自动化以及在生产实际中应用成功的案例等。本教材将在《过程控制》第 1 版的基础上增加控制系统中的计算机网络、间歇过程控制、整厂控制系统、实时最优化等新内容。为加强培养动手能力和解决实际问题的能力，本教材还增加了实验内容，添加了自选实验和自己设计的实验等项目，为有余力的学生提供了主动学习的空间。我们增加了在流程模拟软件上进行过程建模与多变量控制的实验；又新增了在计算机网络上进行实验等新的内容。

本书将由如图 0.9 所示的六篇组成。从图 0.9 的体系结构可以清楚地看到，在绪论之后，本课程是以最基本的反馈控制系统、较为复杂的多回路控制系统和正在受到关注的先进控制系统三篇为主线展开的。第一篇和第二篇虽然是以经典控制理论为基础的控制系统，但其揭示了负反馈这个重要的基本原理，而且也是一种应用十分广泛并具有强鲁棒性的基本控制系统。第三篇则是反映学科前沿的内容，不仅涉及许多新知识，而且有很多至今仍需研究的问题，这有利于激发读者的学习热情和参与研究的兴趣。至于第四篇计算机控制系统则是当前控制系统不可或缺的部分，但此篇可以列入个案处理。如果在教学计划中不开设“计算机控制系统”课时[11]，则可以讲解此篇；否则可以跳过。第五篇重点在于将所学内容在典型装置上加以解剖，强化学生融会贯通的能力，达到举一反三的目的。同时也将在此篇中加入一些其他很实用且有效的控制方法，例如分程控制、超驰控制等内容。从我们几十年讲课的实践中体会到，控制系统的设计和实现往往被人们所忽视，认为只要有了仪表和计算机，无需设计和现场考验，控制系统就将一蹴而就了。实际上，一个控制系统往往就是因为缺乏合理的设计和耐心而细致的实施，使得功亏一篑。因而，我们增加了第六篇，重点在强调设计和实施中的关键问题。本书每一篇自成一体，在教学中可以根据需要自由选择和自由组合，而不失其连贯性。

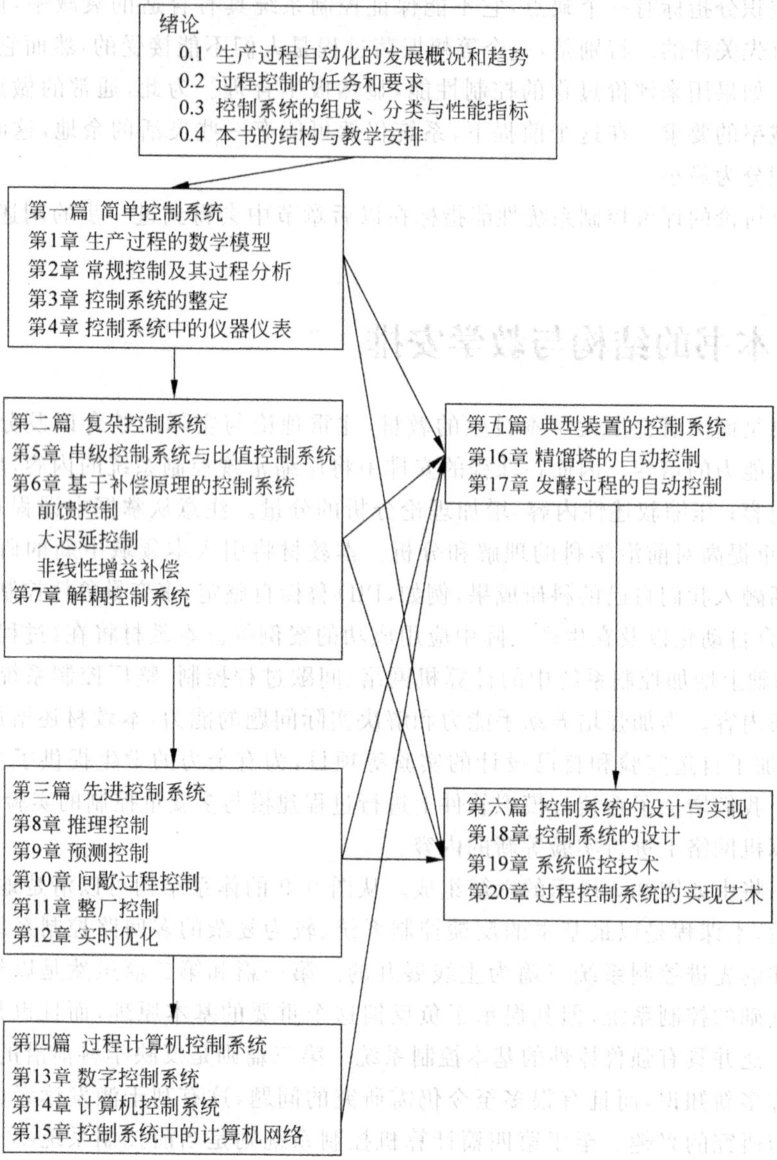

图 0.9 本书的体系结构

思考题与习题

0.1 从过程控制的发展历史中你能得出什么有益的结论？

0.2 你对过程控制的发展趋势有什么自己的看法？

0.3 试举出 2～3 个过程控制的例子，并分别指出它们的被控量和操作量。

0.4 为什么说反馈控制是最基本的控制策略？它有什么特点和优点？

0.5 试为题图 0.1 所示的热交换器设计一个简单的控制系统，其控制目标是保证被加热流体的出口温度跟踪设定值，其可操作手段是加热蒸汽流量（即用调节阀改变蒸汽流量）。请说明其被控量（CV）、操作量（MV）和干扰量（DV），并在题图 0.1 上划出如绪论中图 0.5 所示的控制系统概要图。

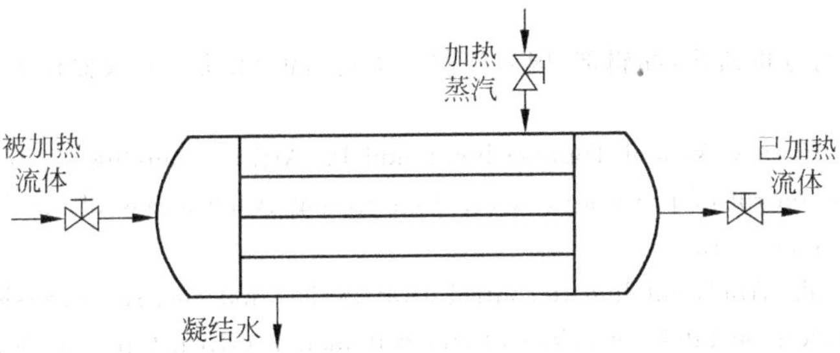

题图 0.1 习题 0.5 的图

0.6 试为题图 0.2 所示放热反应器设计一个简单的控制系统，假定器内流体搅拌均匀，因而器内流体温度一致。其控制目标是使反应器内流体的反应温度保持在设定值上。其可操作手段为反应器夹套中的冷却液流量。请划出其控制系统的概要图，并分别标明其中的 CV、MV。另外，请分析指出系统中可能的几个干扰来源 DV，并对其控制效果进行评估。

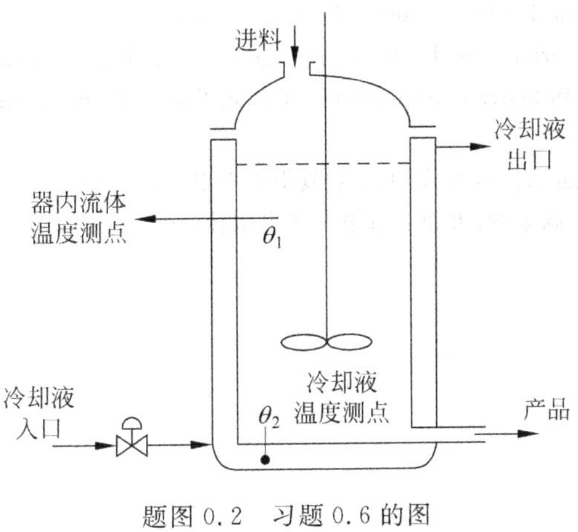

题图 0.2 习题 0.6 的图

0.7 试为图 0.6 所示 pH 反应器设计一个简单的控制系统，假定反应器内流体搅拌均匀，因而反应器内流体酸度一致。其控制目标是使反应器内流体的酸度保持在设定值上。其可操作手段为加入反应器的试剂流量。请划出其控制系统的概要图，并分别标明其中的 CV、MV。如有可能，请分析控制系统的效果。

0.8 试为图 0.7 所示间歇发酵罐设计一个简单的温度控制系统，设计时先不考虑其间歇性。假定罐内流体搅拌均匀,故可视罐内流体的温度一致。其控制目标是使发酵罐内流体的温度保持在设定值上。其可操作手段为罐的夹套中的冷却液流量或加热蒸汽流量。请划出其控制系统的概要图,并分别标明其中的CV、MV。另外,请分析这个控制系统有什么控制上的难点,对此你有什么建议。

参考文献

[1] 《仪器仪表与分析监测》编辑部.国外集散系统资料汇编.北京:仪器仪表与分析监测杂志社,1986

[2] Uraikul V, Chan C W and Tontiwachwuthikul P. Artificial intelligence for monitoring and supervisory control of process systems. Engineering Applications of Artificial Intelligence, 2007,20(2):115～131

[3] Yang J, et al. Apply intelligent control strategy in wind energy conversion system. Fifth World Congress on Intelligent Control and Automation (IEEE Cat. No. 04EX788),2004,6:15～19

[4] 蔡自兴.智能控制.第2版.北京:电子工业出版社,2004

[5] 柴天佑,等.基于三层结构的流程工业现代集成制造系统.控制工程,2002.9(3)

[6] 吕勇哉.工业过程模型化及计算机控制.北京:化学工业出版社,1986

[7] Johnson M and Kirkley J R. Towards a distributed control architecture for CIM. 1990,Publ by Natl Inst of Standards & Technology: Gaithersburg,MD,USA. 166～176

[8] IsabelleL and Andre L. Quantitative prediction of microbial behaviour during food processing using an integrated modelling approach: a review. International Journal of Refrigeration-Revue Internationale Du Froid,2006. 29(6):968～984

[9] Williams T J. Reference model for computer integrated manufacturing, A Description from the viewpoint of industrial automation. Proceedings of the 11th Triennial IFAC World Congress,1990

[10] 尔桂花,窦曰轩.运动控制系统.北京:清华大学出版社,2002

[11] 王锦标.计算机控制系统.北京:清华大学出版社,2004

第一篇　简单控制系统

正如前面介绍的，简单控制系统是指那些只有一个被控量、一个操作量，只用一个控制器和一个调节阀所组成的控制回路。简单控制系统只有一个闭合回路，它是过程控制系统中最基本的环节，约占目前工业控制系统的 80%以上。即使是复杂控制系统也是在简单控制系统的基础上发展起来的。至于高级过程控制系统，往往把它作为最基础的控制系统，例如多变量预测控制系统就是以简单控制系统为基础，协调多个控制回路之间的相互关系。因此，学习和掌握简单控制系统是学习过程控制的基础，是十分重要的。

本篇分四章，第 1 章讨论生产过程的动态特性、数学模型及建模的方法；第 2 章主要分析广泛采用的比例、积分、微分调节规律及其调节过程；第 3 章阐述简单控制系统中控制器的参数整定方法，包括衰减频率特性法及各种工程整定方法；第 4 章讨论简单控制系统其他组成部分以及它们在过程控制中所涉及的有关问题。

第1章 生产过程的数学模型

研究控制系统的主要目的是为了控制生产过程,以满足生产要求。在构成控制系统之前,首先应该了解要控制的生产过程,即被控对象。可以说,要求对生产过程的充分理解与掌握是怎么强调也不会过分的。一般情况下,生产过程在不同的工作状态下具有不同的运行特性,而要描述生产过程的特性就需要采用定性和定量两种方式进行描述,即一般所说的过程模型。

本章分为两节,首先介绍被控对象的动态特性及其特点,并给出一些常见的简单生产过程的动态特性分析方法及数学描述。其次给出过程模型的表达形式、建立方法及应用实例。

1.1 被控对象的动态特性

正如绪论中讨论过的,被控对象在运行过程中有两种状态。一种是稳态,一种是动态,而且动态是绝对存在的,稳态则是相对的。显然,要评价一个过程控制系统的工作质量,只看稳态是不够的,首先应该考核它在动态过程中被控变量随时间变化的情况。

1.1.1 基本概念

在实现生产过程自动化时,一般是由设计人员或工艺人员提出对被控对象的控制要求。控制人员的任务则是设计出合理的控制系统以满足这些要求。此时,他考虑问题的主要依据就是被控对象的动态特性,因为它是决定控制系统过渡过程的关键因素。

被控对象动态特性的重要性是不难理解的。例如,人们知道有些被控对象很容易控制而有些又很难控制,为什么会有这些差别?为什么有些调节过程进行得很快而有些又进行得非常慢?归根结底,这些问题的关键都在于被控对象本身,在于它们的动态特性。控制系统中的其他环节例如控制器等当然都起作用,但是不要忘记,它们的存在和特性在很大程度上取决于被控对象的特性和要求。控制系统的设计方案都是依据被控对象的控制要求和动态特性进行的。特别是，控制器参数的整定也是根据对象的动态特性进行的。

在过程控制中，被控对象是工业生产过程中的各种装置和设备，例如换热器、工业加热炉、蒸汽锅炉、精馏塔、反应器等；被控量通常是温度、压力、液位、流量、成分等。被控对象内部所进行的物理、化学过程可以是各式各样的，但是从控制的观点看，它们在本质上是相同的，即可以用相似的数学方程来表达，这一点将在下面详细讨论。

过程控制中所涉及的被控对象，它们所进行的过程几乎都离不开物质或能量的流动，可以把被控对象视为一个独立的隔离体，从外部流入对象内部的物质或能量流量称为流入量，从对象内部流出的物质或能量流量称为流出量。显然，只有流入量与流出量保持平衡时，对象才会处于稳定平衡的工况。平衡关系一旦遭到破坏，就必然会反映在某一个量的变化上。例如液位变化就反映流入和流出物质的平衡关系遭到破坏，温度变化则反映流入和流出热量的平衡遭到破坏，转速变化可以反映流入和流出动量的平衡遭到破坏等等。在工业生产中，这种平衡关系的破坏是经常发生、难以避免的。如果生产工艺要求把那些诸如温度、压力、液位等标志平衡关系的量保持在它们的设定值上，就必须随时对流入量或流出量进行控制。在通常情况下，实施这种控制的执行器(见图 1.1)就是调节阀。它不但适用于流入、流出量等属于物质流的情况，也适用于流入、流出量属于能量流的情况。这是因为能量往往以某种流体作为它的载体，改变了作为载体的物质流也就改变了能量流。因此，在过程控制系统中几乎离不开调节阀，用它控制某种流体的流量，只有很少情况(例如需要控制的是电功率或转速时)是例外。

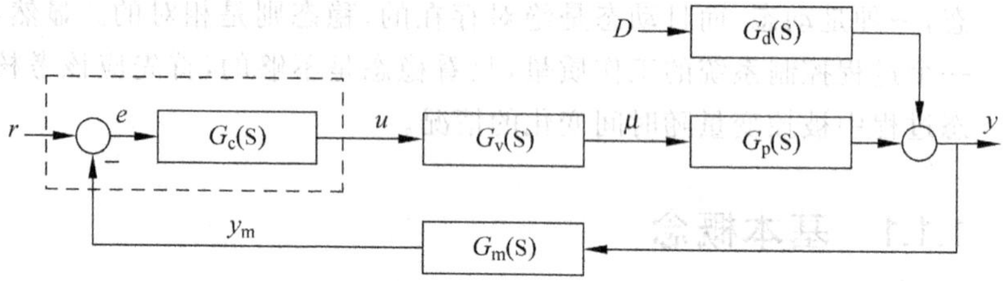

图 1.1　简单控制系统方框图

过程控制中被控对象的另一个特点是，它们大多属于慢过程，就是说被控量的变化十分缓慢，时间尺度往往以若干分钟甚至若干小时计。这是因为，过程控制中的被控对象往往具有很大的储蓄容积，而流入、流出量的差额只能是有限值的缘故。例如，对于一个被控量为温度的对象，流入、流出的热流量差额累积起来可以储存在对象中，表现为对象平均温度水平的升高(如果流入量大于流出量)，此时，对象的储蓄容积就是它的热容量。储蓄容积很大就意味着温度的变化过程不可能很快。对于其他以压力、液位、成分等为被控量的对象，也可以进行类似的分析，当然，压力和流量的变化速度要比温度快。

由此可见，在过程控制中，流入量和流出量是非常重要的概念，通过这些概念才能正确理解被控对象动态特性的实质。同时要注意，不要把流入、流出量的概念与输入、输出量混淆起来。在控制系统方框图中，无论是流入量或流出量，它们作为引起被控量变化的原因，大多应看作是被控对象的输入量。

被控对象动态特性的另一个因素是纯迟延，即传输迟延。它是信号传输途中出现的迟延。例如，在物料输送中，当要求增加(或减小)物料的信号到达后，尽管物料已经增加(或减小)，但要通过很长的管道才能影响到对象的输入或输出。也就是说，从信号产生到实际物理量的变化需要一段时间，这就是过程控制中的纯迟延现象。它的存在往往会使控制作用不及时，而使系统性能变坏，有时甚至会引起系统的不稳定。当然，在可能的条件下人们应该设法尽可能地减少纯迟延，以改善控制系统的性能。例如，在设计温度控制系统时，如果能将温度计安装在紧靠换热器的出口，就可以减少不必要的纯迟延。

1.1.2 若干简单被控对象的动态特性

以上对于被控对象的动态特性进行了简要的定性分析。下面将通过几个简单的例子进行具体分析，以使这些概念更为明确。

例 1-1 单容水槽。

单容水槽如图 1.2 所示。不断有水流入槽内，同时也有水不断由槽中流出。水流入量 Q_i 由调节阀开度 μ 加以控制，流出量 Q_o 则由用户根据需要通过负载阀 R 来改变。被调量为水位 H，它反映水的流入与流出量之间的平衡关系。现在分析水位在调节阀开度扰动下的动态特性。显然，在任何时刻水位的变化均满足下述物料平衡方程

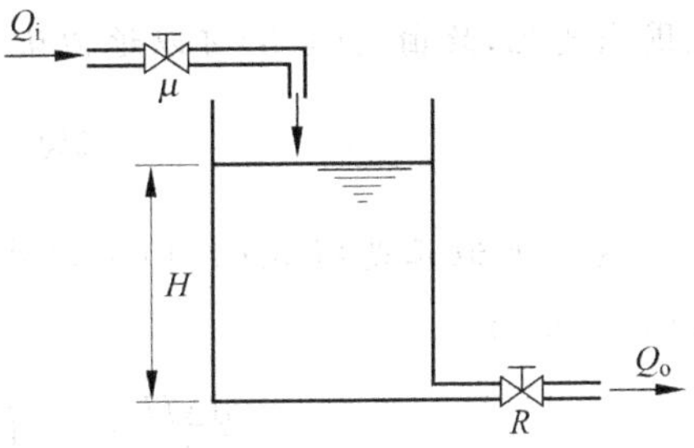

图 1.2 单容水槽

$$\frac{dH}{dt} = \frac{1}{F}(Q_i - Q_o) \tag{1-1}$$

其中

$$Q_i = k_\mu \mu \tag{1-2}$$

$$Q_o = k\sqrt{H} \tag{1-3}$$

F 为水槽的横截面积；k_μ 是决定于阀门特性的系数，可以假定它是常数；k 是与负载阀开度有关的系数，在固定不变的开度下，k 可视为常数。

将式(1-2)和式(1-3)代入式(1-1)得

$$\frac{dH}{dt} = \frac{1}{F}(k_\mu \mu - k\sqrt{H}) \tag{1-4}$$

很显然，式(1-4)是一个非线性微分方程，这种非线性给下一步的分析带来很大

的困难，应该在条件允许的情况下尽量避免。如果水位始终在其稳态值附近很小的范围内变化，就可以将式(1-4)加以线性化。为此，首先要把原始的平衡方程改写成增量形式，其方法如下。

在过程控制中，描述各种动态环节的动态特性最常用的方式是采用阶跃输入信号，这意味着在扰动发生以前，该环节原就处于稳定平衡工况。对于上述水槽而言，在起始的稳定平衡工况下，平衡方程式(1-1)变为

$$0=\frac{1}{F}(Q_{i0}-Q_{o0}) \tag{1-5}$$

式(1-5)只是说明在起始的稳定平衡工况下，因流入量 Q_{i0} 必然等于流出量 Q_{o0}，故水位变化速度为零。

将式(1-1)和式(1-5)两式相减，并以增量形式表示各个量偏离其起始稳态值的程度，即

$$\Delta H=H-H_0,\quad \Delta Q_i=Q_i-Q_{i0},\quad \Delta Q_o=Q_o-Q_{o0}$$

那么就得到

$$\frac{\mathrm{d}\Delta H}{\mathrm{d}t}=\frac{1}{F}(\Delta Q_i-\Delta Q_o) \tag{1-6}$$

式(1-6)就是动态平衡方程式(1-1)的增量形式。考虑水位只在其稳态值附近的小范围内变化，故由式(1-3)可以近似认为

$$\Delta Q_o=\frac{k}{2\sqrt{H_0}}\Delta H \tag{1-7}$$

这个近似正是将式(1-4)加以线性化的关键一步。另外有 $\Delta Q_i=k_\mu\Delta\mu$，结果式(1-6)变为

$$\frac{\mathrm{d}\Delta H}{\mathrm{d}t}=\frac{1}{F}\left(k_\mu\Delta\mu-\frac{k}{2\sqrt{H_0}}\Delta H\right)$$

或

$$\frac{2\sqrt{H_0}}{k}F\frac{\mathrm{d}\Delta H}{\mathrm{d}t}+\Delta H=k_\mu\frac{2\sqrt{H_0}}{k}\Delta\mu$$

如果各变量都以自己的稳态值为起算点，即 $H_0=\mu_0=0$。则可去掉上式中的增量符号，直接写成

$$\frac{2\sqrt{H_0}}{k}F\frac{\mathrm{d}H}{\mathrm{d}t}+H=k_\mu\frac{2\sqrt{H_0}}{k}\mu \tag{1-8}$$

■

不难看出，式(1-8)是最常见的一阶系统，它的阶跃响应是指数曲线，如图 1.3 所示，与电容充电过程相同。实际上如果把水槽的充水过程与 RC 回路(见图 1.4)的充电过程加以比较，就会发现两者虽不完全相似，但在物理概念上具有可类比之处。例如，在电学中，电阻 R 和电容 C 是这样定义的

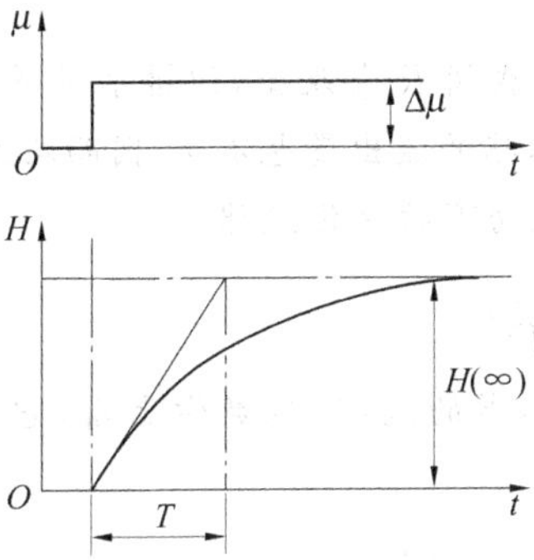

图 1.3　单容水槽水位阶跃响应

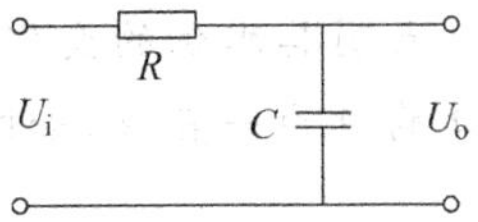

图 1.4　RC 充电回路

$$i=\frac{u}{R},\quad \frac{\mathrm{d}u}{\mathrm{d}t}=\frac{i}{C}$$

在水槽中，水位相似于电压，水流量相似于电流。根据类比关系，不难由式(1-6)和式(1-7)分别看出，对于水槽而言

水容　　$C=F$

水阻　　$R=\frac{2\sqrt{H_0}}{k}$

不同的是，在图 1.2 中，水阻出现在流出侧，而图 1.4 中的电阻则出现在流入侧(它只有流入量，没有流出量)。此外，式(1-8)还表明，水槽的时间常数是

$$T=\frac{2\sqrt{H_0}}{k}F=(\text{水阻 }R)\times(\text{水容 }C)$$

这与 RC 回路的时间常数 $T=RC$ 没有区别。

凡是只具有一个容积和一个阻力的被控对象(简称单容对象)都具有相似的动态特性，单容水槽只是一个典型的代表。图 1.5 中的储气罐(a)、电加热槽(b)和混合槽(c)都属于这一类被控对象。图中还给出了它们的容积和阻力的分布情况。

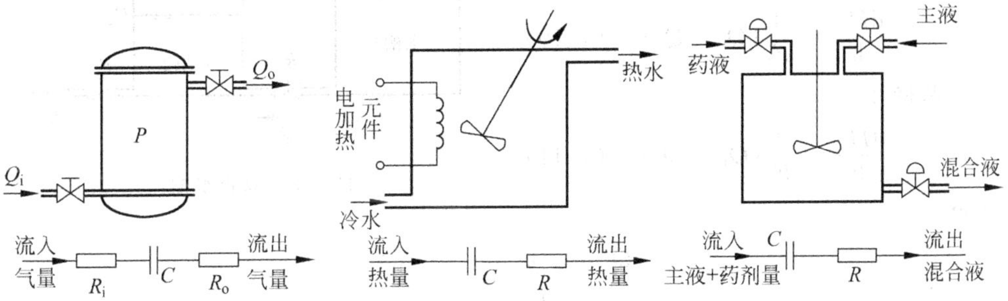

(a) 储气罐　(b) 电加热槽　(c) 混合槽

图 1.5　其他单容对象

例 1-2　单容积分水槽。

这种水槽如图 1.6 所示，它与例 1-1 中的单容水槽只有一个区别，在它的流出侧

装有一只排水泵。

在图 1.6 中，水泵的排水量仍然可以用负载阀 R 来改变，但排水量并不随水位高低而变化。这样，当负载阀开度固定不变时，水槽的流出量也不变，因而在式(1-6)中有 $\Delta Q_o=0$。由此可以得到水位在调节阀开度扰动下的变化规律为

$$\frac{\mathrm{d}H}{\mathrm{d}t}=\frac{k_\mu}{F}\mu \tag{1-9}$$

式(1-9)表明其水位的变化是一个逐渐积累的过程，从数学上看，它是一个积分环节，其阶跃响应为一直线，如图 1.7 所示。 ■

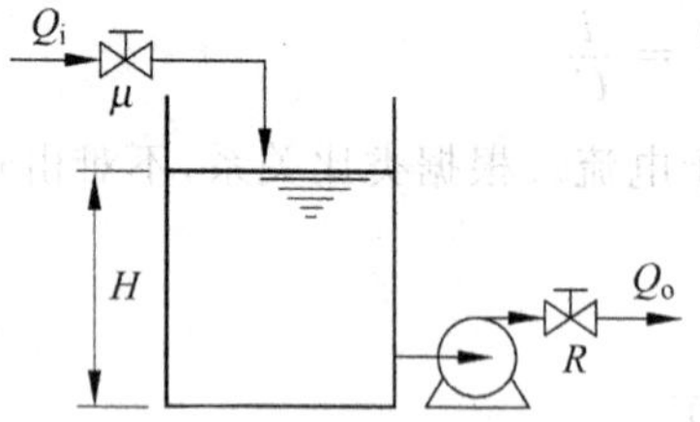

图 1.6 单容积分水槽

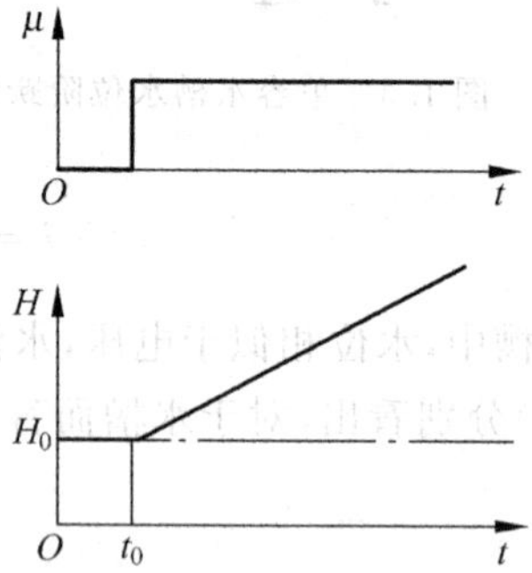

图 1.7 单容积分水槽的阶跃响应

例 1-3 双容水槽。

双容水槽如图 1.8 所示，它有两个串联在一起的水槽，它们之间的连通管具有阻力，因此两者的水位是不同的。来水首先进入水槽 1，然后再通过水槽 2 流出。水流入量 Q_i 由调节阀控制，流出量 Q_o 由用户根据需要改变，被调量是水槽 2 的水位 H_2。下面将分析 H_2 在调节阀开度扰动下的动态特性。

根据图 1.8 可写出两个水槽的物料平衡方程

水槽 1

$$\frac{\mathrm{d}H_1}{\mathrm{d}t}=\frac{1}{F_1}(Q_i-Q_1) \tag{1-10}$$

水槽 2

$$\frac{\mathrm{d}H_2}{\mathrm{d}t}=\frac{1}{F_2}(Q_1-Q_o) \tag{1-11}$$

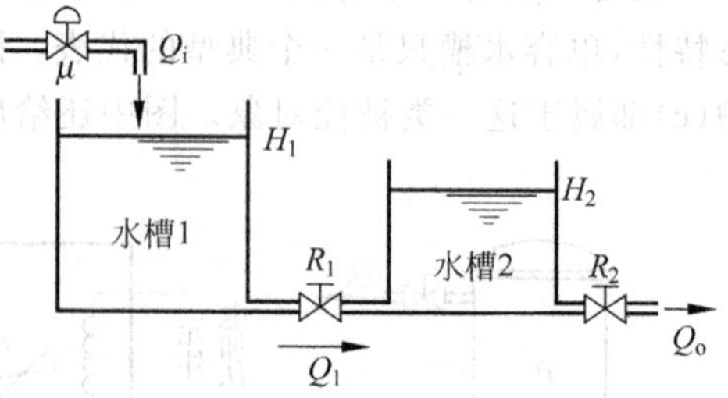

图 1.8 双容水槽

其中

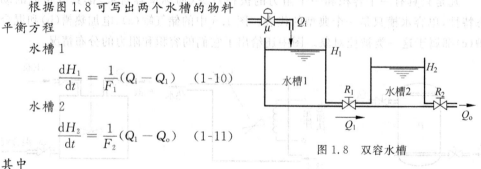

$$\left.\begin{aligned}Q_i&=k_\mu\mu\\Q_1&=\frac{1}{R_1}(H_1-H_2)\\Q_o&=\frac{1}{R_2}H_2\end{aligned}\right\} \tag{1-12}$$

F_1,F_2 为两水槽的截面积，R_1 和 R_2 代表线性化水阻。Q,H 和 μ 等均以各个量的稳态值为起算点。

将式(1-12)代入式(1-10)和式(1-11)并整理后得

$$T_1\frac{dH_1}{dt}+H_1-H_2=k_{\mu}R_1\mu \tag{1-13}$$

$$T_2\frac{dH_2}{dt}+H_2-rH_1=0 \tag{1-14}$$

其中

$$T_1=F_1R_1,\quad T_2=F_2\frac{R_1R_2}{R_1+R_2},\quad r=\frac{R_2}{R_1+R_2}$$

从式(1-13)和式(1-14)中消去 H_1 得

$$T_1T_2\frac{d^2H_2}{dt^2}+(T_1+T_2)\frac{dH_2}{dt}+(1-r)H_2=rk_{\mu}R_1\mu \tag{1-15}$$

式(1-15)就是水位 H_2 的动态平衡方程，即其运动方程。它是一个二阶微分方程，这是被控对象中含有两个串联容积的反映。H_2 的阶跃响应画在图 1.9 中，它不是指数曲线，而是呈 S 形。■

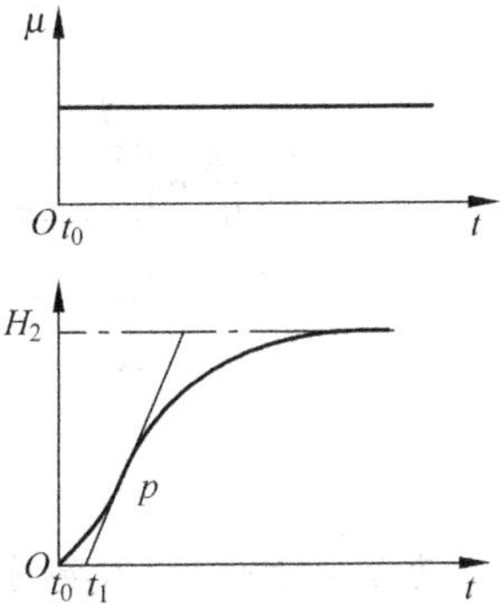

图 1.9　双容水槽的阶跃响应

双容水槽的阶跃响应在起始阶段与单容水槽(见图 1.3)有很大差别。从图 1.9 中可以看出，在调节阀突然开大后的瞬间，水位 H_1 只有一定的变化速度，而其变化量本身却为零，因此 Q_1 暂时尚无变化，这使 H_2 的起始变化速度也为零。由此可见，由于增加了一个容积，就使得被控量的响应在时间上落后一步。在图 1.9 中，从拐点 p 画一条切线，它在时间轴上截出一段距离 $\overline{t_0t_1}$，这段时间可以大致衡量由于多加了一个储蓄容积而使阶跃响应向后推迟的程度。这种由于多容积的存在而引起被控量的滞后称为容积迟延。在此提醒一下，这种容积迟延与前面提到的传输迟延具有不同的物理本质。不难想象，系统中串联的容积越多和越大，容积迟延也越大，这往往也是有些工业过程难以控制的原因。

利用上述概念可以分析类似的工业过程。图 1.10 是一个加热器[1]，它用饱和蒸汽通入容器中加热盘管中的冷水。在蒸汽入口处装有调节阀以便控制热水温度。这里，流入、流出量都是热流量。有两个可以储蓄热量的容积：盘管的金属管壁 C_1 和盘管中的水 C_2。图 1.11 表示这个被控对象的热量流动路线以及容积和阻力的分布情况。利用相应的热阻、热容的概念同样可以写出加热器的运动方程。

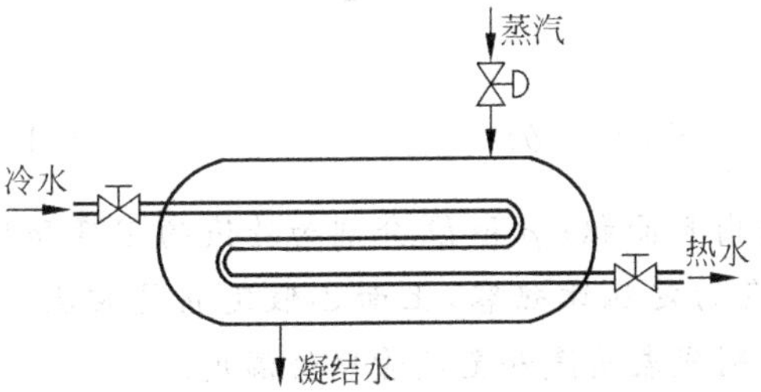

图 1.10　加热器

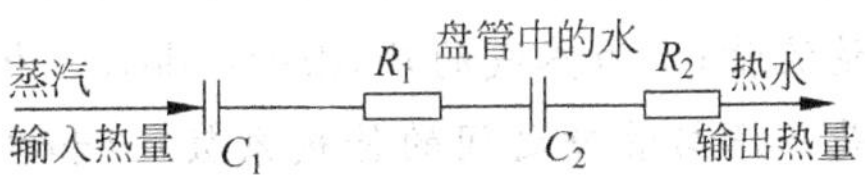

图 1.11　加热器的容积和阻力分布

例 1-4 过热器。

过热器是蒸汽锅炉设备的主要被控对象之一。图 1.12 是过热器单根受热管段的示意图。蒸汽在管内流动的过程中受到管外烟气的加热。过热器管道具有管道长和金属管壁厚的特点，因此在它的动态特性分析中出现一些复杂的情况。储蓄热量的容积有两个，即管内蒸汽和管壁金属。但由于管道较长，不能忽视各处蒸汽和管壁金属的温度都随着该点离入口的距离 l 连续变化而变化的实际情况。而且在动态过程中，它们的温度也是时间 t 的函数。这一类被控对象称为"分布参数对象"，不同于前面列举的称为"集中参数对象"的单容水槽、双容水槽等。在分析分布参数对象的动态特性时，基本的物质和能量平衡方程仍起主导作用，但由于其变量是管道长度和时间的函数，故需要在一个微分单元的范围内加以考虑。

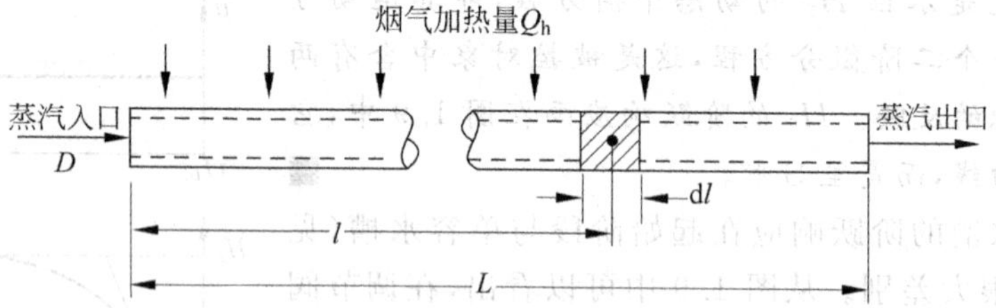

图 1.12 过热器单根受热管段

为了便于分析，需要对图 1.12 中的受热管段作一些合理的简化假设：

(1) 在整个管长中，管内蒸汽的各种物性参数均为常数，按出口、入口处两者的平均汽温取值。若管道太长则可分段进行分析。

(2) 蒸汽在整个管长内压降很小，因而蒸汽的压缩性可以忽略不计。

(3) 烟气加热负荷沿管长均匀分布，且不受管壁温度的影响。

(4) 忽略沿管壁金属轴向热传导，而在其他方向则假定完全导热。

(5) 管壁与蒸汽之间的传热系数 α 沿管长方向为常数，但可考虑蒸汽流速对 α 的影响。

在上述简化假定条件下，可列出距入口 l 处的微分管段 $\mathrm{d}l$ 中在单位时间内的热量平衡方程如下：

蒸汽热量平衡方程为

$$\rho f\,\mathrm{d}l\,\frac{\partial i}{\partial t}=ab\,\mathrm{d}l(\theta_{\mathrm{m}}-\theta)-D\left[\left(i+\frac{\partial i}{\partial l}\mathrm{d}l\right)-i\right]$$

上式整理后得

$$\rho f\,\frac{\partial i}{\partial t}+D\,\frac{\partial i}{\partial l}=ab(\theta_{\mathrm{m}}-\theta) \tag{1-16}$$

式中，f 是管道内截面积；b 是单位管长的内表面积；ρ 和 D 分别为蒸汽的密度和质量流量；i 为蒸汽的焓，$\mathrm{d}i=c_p\mathrm{d}\theta$，$c_p$ 为蒸汽的定压比热容，上面已假定它是常数；α 是蒸汽与管壁之间的传热系数；θ 和 θ_{m} 分别代表蒸汽和金属管壁的温度。

管壁金属热量平衡方程为

$$g_m c_m \frac{\partial \theta_m}{\partial t} = Q_h - ab(\theta_m - \theta) \tag{1-17}$$

式中，Q_h 是单位长度管段上的烟气加热负荷；g_m 是单位长度管段的金属重量；c_m 是金属的比热。

在图 1.12 中，引起过热器出口蒸汽温度变化的原因可以来自入口汽温，烟气加热负荷或者蒸汽流量的变化。不同干扰通道下，过热器表现的动态特性是不同的。现在先分析其中最简单的情况，即入口汽温扰动下的动态特性，此时上述热量平衡方程中的 Q_h，D 和 α 均为常数。将式(1-16)和式(1-17)写为增量形式得

$$T\frac{\partial \Delta\theta}{\partial t} + L\zeta\frac{\partial \Delta\theta}{\partial t} + \Delta\theta = \Delta\theta_m \tag{1-18}$$

和

$$T_m\frac{\partial \Delta\theta_m}{\partial t} + \Delta\theta_m = \Delta\theta \tag{1-19}$$

式中

$$T = \frac{Gc_p}{\alpha B}$$

其中，$G = \rho f L$，为整个管道中容纳的蒸汽总重量；L 为管道总长度；$B = Lb$，为管道的全部内表面积。

$$T_m = \frac{G_m c_m}{\alpha B}$$

其中 $G_m = Lg_m$，为管道的金属管壁总质量。

$$\zeta = Dc_p/\alpha B$$

由此可见，T、T_m 和 ζ 是决定过热器动态特性的重要参数，它们的物理含义分别为

$$T = \frac{\text{管道中容纳的全部蒸汽的温度每升高 1℃ 所需热量}}{\text{单位时间内管壁与蒸汽的温度每差 1℃ 时通过整个管道内表面的传热量}}$$

$$T_m = \frac{\text{管道的全部管壁金属的温度每升高 1℃ 所需热量}}{\text{单位时间内管壁与蒸汽的温度每差 1℃ 时通过整个管道内表面的传热量}}$$

$$\zeta = \frac{\text{单位时间内流量为 } D \text{ 的蒸汽的温度每升高 1℃ 所需热量}}{\text{单位时间内管壁与蒸汽的温度每差 1℃ 时通过整个管道内表面的传热量}}$$

对式(1-18)和式(1-19)进行二元函数拉氏变换，并消去中间变量 $\Delta\theta_m(l,s)$ 后得

$$L\zeta\frac{\partial \Delta\theta(l,s)}{\partial l} + \frac{TT_m s^2 + (T+T_m)s}{T_m s + 1}\Delta\theta(l,s) = 0$$

上式的解为

$$\Delta\theta(l,s) = C(s)\exp\left\{-\frac{TT_m s^2 + (T+T_m)s}{(T_m s+1)\zeta}\cdot\frac{l}{L}\right\}$$

其中 $C(s)$ 可由边界条件定出

$$C(s) = \Delta\theta(0,s)$$

最后得到

$$G_\theta(s) \overset{\text{def}}{=\!=} \frac{\Delta\theta(l,s)}{\Delta\theta(0,s)} = \exp\left\{-\frac{TT_{\text{m}}s^2+(T+T_{\text{m}})s}{(T_{\text{m}}s+1)\zeta}\right\}$$
$$= \exp\left\{-\tau s - \frac{T_{\text{m}}s}{(T_{\text{m}}s+1)\zeta}\right\} \tag{1-20}$$

式中，$\tau = T/\zeta = G/D$，即蒸汽从入口流到出口所需的时间。

可以看出，$G_\theta(s)$不是s的有理函数，而是s的超越函数，这正是分布参数系统的特点。

类似地，可以得到加热量Q_{h}和蒸汽流量D扰动下的传递函数分别为

$$G_{Q_{\text{h}}}(s) \overset{\text{def}}{=\!=} \frac{\Delta\theta(l,s)}{\Delta Q_{\text{h}}(s)} = \frac{1}{TT_{\text{m}}s^2+(T+T_{\text{m}})s}[1-G_\theta(s)] \tag{1-21}$$

$$G_{\text{D}}(s) \overset{\text{def}}{=\!=} \frac{\Delta\theta(l,s)}{\Delta D(s)} = -\frac{(1-n)T_{\text{m}}s+1}{TT_{\text{m}}s^2+(T+T_{\text{m}})s}[1-G_\theta(s)] \tag{1-22}$$

其中n是一个指数，用以考虑蒸汽流速对α的影响：α与流速的n次幂成正比。一般可取$n=0.8$。 ■

控制过热器出口汽温的方式很多，它们的控制通道传递函数互不相同。图1.13表示最常用的喷水减温控制方式。减温水调节阀动作的结果，主要改变了过热器入口汽温，但附带也改变了蒸汽流量，因此这时控制通道的传递函数既与上面得到的$G_\theta(s)$有关，也与$G_{\text{D}}(s)$有关，如图1.14所示。图1.15是喷水量阶跃扰动下的汽温响应。

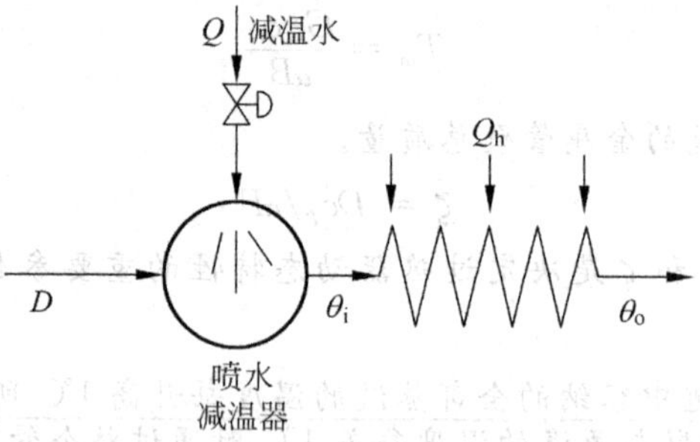

图1.13 喷水减温控制方式

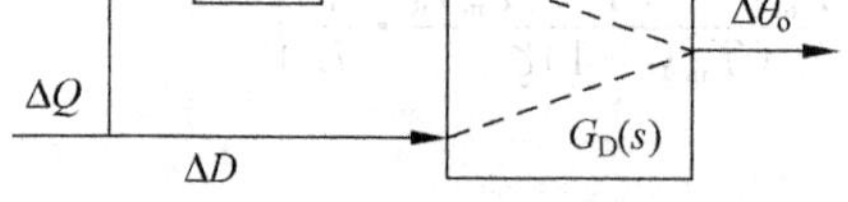

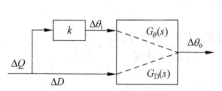

图1.14 采用喷水减温控制方式时，控制通道传递函数

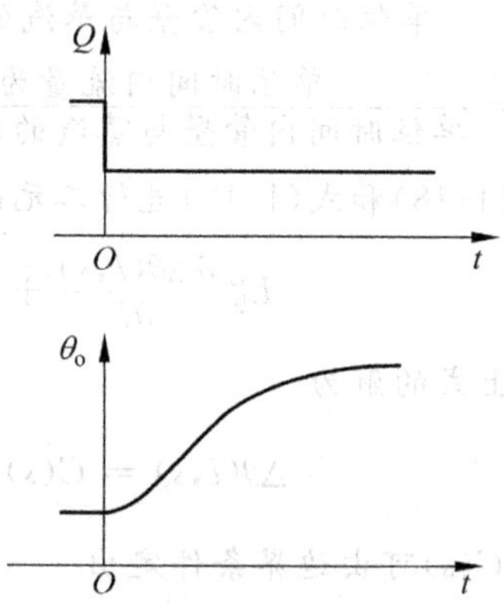

图1.15 喷水量阶跃扰动下的汽温响应

1.1.3 工业过程自由度分析

在分析过程的稳态特性或者动态特性时，经常采用的一个方法就是列写过程的稳态方程或者动态方程，即给出过程的模型。可以采用过程自由度的概念对模型的确定性进行分析[2]。所谓自由度是指过程所涉及到的各类变量与描述这些变量之间关系的方程数目之差，是过程确定性程度的一个定量描述。

对于大规模复杂的稳态或动态过程的模型需要采用较多的变量和多个方程。判断模型的确定性，即方程的可解性是不容易的。为了使方程组有唯一解，未知变量数必须等于独立的模型方程数。同样地，所有可以得到的自由度必须加以利用。自由度 N_F 可以由下述方程计算得到

$$N_F = N_V - N_E$$

其中 N_V 是过程变量的总数；N_E 是独立方程数。根据下述各类情况，可以利用自由度分析对建模问题进行分类。

(1) $N_F=0$，过程模型是完全确定的。如果 $N_F=0$，则方程数等于过程变量数，方程组有解(当然，对于一组非线性方程解可能不是唯一的)。

(2) $N_F>0$ 过程是欠确定的。如果 $N_F>0$，即 $N_V>N_E$，那么过程变量数多于方程数。N_E 个方程会有无穷多解，因为 N_F 个过程变量可以任意确定。

(3) $N_F<0$ 过程模型是过确定的。$N_F<0$，则过程变量数少于方程数，因而方程组无解。

注意到 $N_F=0$ 是唯一令人满意的情况。如果 $N_F>0$，多余的输入变量就不会赋予数值。如果 $N_F<0$，则必须建立附加的独立方程式，以使模型有一个正确的解。

结构化建模方法包含了确定自由度的系统分析方法。确定自由度的步骤可以归纳如下：

(1) 根据设备尺寸、已知物理特性等，列出模型中所有已知常数(或者能确定的参数)。

(2) 确定方程数 N_E 和过程变量数 N_V。注意，作为过程变量不考虑时间 t，因为它既不是过程输入，也不是过程输出。

(3) 按 $N_F=N_V-N_E$ 计算出自由度。

(4) 通过求解过程模型，给出 N_E 个输出变量。

(5) 为了可以利用自由度，给出 N_F 个输入变量，并指明它们是干扰量或操作量。

在步骤(4)中的输出变量包含了常微分方程组中的非独立变量。步骤(5)中，干扰变量和操作变量的 N_F 个总输入量就是自由度 N_F。一般说来，干扰变量是来自其他过程单元和周围环境。环境温度和由上游过程运行所决定的进料量是典型的干扰变量。可以认为干扰变量 d 是随时间而变的，而且它是独立于另外 N_V-1 个过程变量的。如果模型方程组需要求解的话，干扰变量必须是确定的。这样一来，规定

了一个干扰量为一个过程变量，就使 N_E 加上 1，则 N_F 将减 1。

一般说来，当一个过程变量是由控制器来控制的操作量时，也要用到自由度。此时，要引入一个新的控制律方程，它描述了操作变量是如何被控制的。同样，再利用自由度公式可知 N_E 增加 1，N_F 减少 1。

下面用两个例子来说明自由度分析法。

例 1-5 单容水槽。

分析如式(1-1)所示单容水槽的自由度。

解 此例中有

1 个参数 F

3 个变量($N_V = 3$)H, Q_i, Q_o

1 个方程($N_E = 1$) 式(1-1)

其自由度 $N_F = 3 - 1 = 2$。为了得到唯一解，必须给出 2 个是时间函数的输入变量。显然在这个简单例子中应选择非独立变量 H 为输出变量。因而有

1 个输出变量 H

2 个输入变量 Q_i, Q_o

可以认为只有单容水槽的入水流量 Q_i 为可控制量，而出水流量 Q_o 为干扰变量，则 2 个自由度可以利用如下

1 个干扰量 Q_o

1 个操作量 Q_i

因为用了所有自由度后，该方程已经被确定，就可以求解了。 ■

例 1-6 双容水槽。

分析如式(1-12)所示双容水槽模型的自由度。

解 为分析自由度，给出

3 个参数 k_μ, R_1, R_2

6 个变量($N_V = 6$)$Q_i, Q_o, Q_1, H_1, H_2, \mu$

3 个方程($N_E = 3$) 式(1-12)

自由度 $N_F = 6 - 3 = 3$。非独立变量 H_1, H_2, Q_i 是模型的输出，剩下的 3 个变量应选作输入量。这样，有

3 个输出 H_1, H_2, Q_i

3 个输入 Q_o, Q_1, μ

因为正好有 3 个方程 3 个输入变量，没有多余的自由度。因此系统是完全确定的，而且可解。 ■

1.1.4 工业过程动态特性的特点

从以上的分析中可以看到，过程控制涉及的被控对象大多具有下述特点。

1. 对象的动态特性大多是不振荡的

对象的阶跃响应通常是单调曲线，被控量的变化比较缓慢（与机械系统、电系统相比）。工业对象的幅频特性 $M(\omega)$ 和相频特性 $\varphi(\omega)$，随着频率的增高都向下倾斜，如图 1.16 所示。

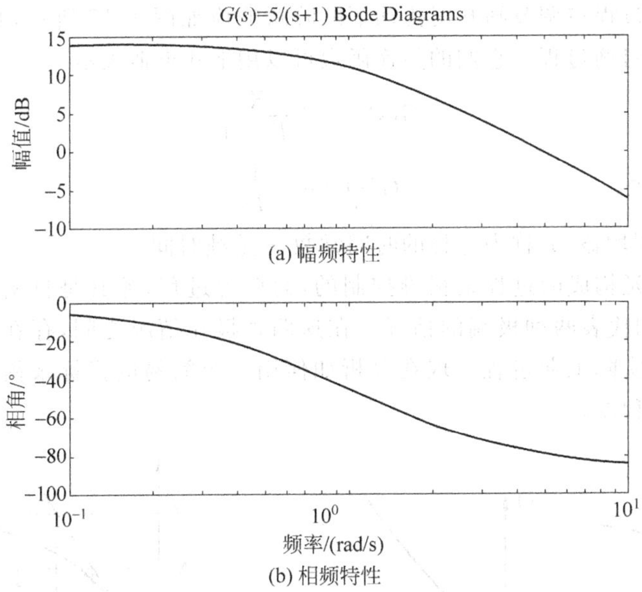

图 1.16 工业对象的幅频和相频特性

2. 对象动态特性大多具有迟延特性

因为调节阀动作的效果往往需要经过一段迟延时间后才会在被控量上表现出来。迟延的主要来源是多个容积的存在，容积的数目可能有几个直至几十个。分布参数系统具有无穷多个微分容积。容积越大或数目越多，容积迟延时间越长。有些被控对象还具有传输迟延。

3. 被控对象本身是稳定的或中性稳定的

有些被控对象，例如图 1.2 中的单容水槽，当调节阀开度改变致使原来的物质或能量平衡关系遭到破坏后，随着被控量的变化不平衡量越来越小，因而被控量能够自动地稳定在新的水平上。这种特性称为自平衡，具有这种特性的被控对象称为自衡过程。如果对于同样大的调节阀开度变化，被控量只需稍改变一点就能重新恢复平衡，就说该过程的自平衡能力强。自平衡能力的大小用对象静态增益 K 的倒数衡量，称为自平衡率，自平衡率

$$\rho = 1/K$$

也有一些被控对象，例如图 1.6 中的单容积分水槽，当调节阀开度改变致使物质或能量平衡关系破坏后，不平衡量不因被控量的变化而改变，因而被控量将以固定

的速度一直变化下去而不会自动地在新的水平上恢复平衡。这种对象不具有自平衡特性，称为非自衡过程。它是中性稳定的，就是说，它需要很长的时间，被控量才会有很大的变化。

不稳定的过程是指原来的平衡一旦被破坏后，被控量在很短的时间内就发生很大的变化。这一类过程是比较少见的，某些化学反应器就属于这一类。

典型工业过程在调节阀开度扰动下的阶跃响应如图 1.17 所示，其中(a)为自衡过程，(b)为非自衡过程。它们的传递函数可以用下式近似表示

自衡过程 $$G(s)=\mathrm{e}^{-\tau s}\frac{K}{Ts+1}$$

非自衡过程 $$G(s)=\mathrm{e}^{-\tau s}\frac{1}{Ts}$$

其中，K 是过程增益，T 称为过程的时间常数，τ 是纯时间。

单纯由迟延构成的过程是很难控制的，而单容过程，尤其是自衡的单容过程则极易控制，它们代表两种极端的情况。在这两种极端情况之间，存在一系列控制难易程度不等的实际工业过程。现在分析如何用一个简易的指标来衡量实际工业过程控制的难易程度。

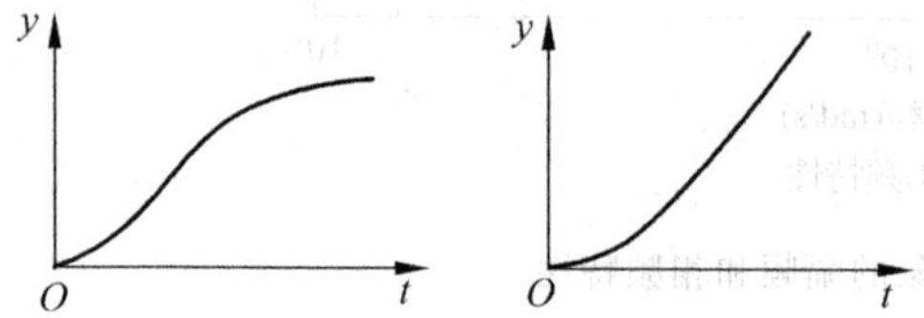

图 1.17 典型工业过程在调节阀开度扰动下的阶跃响应

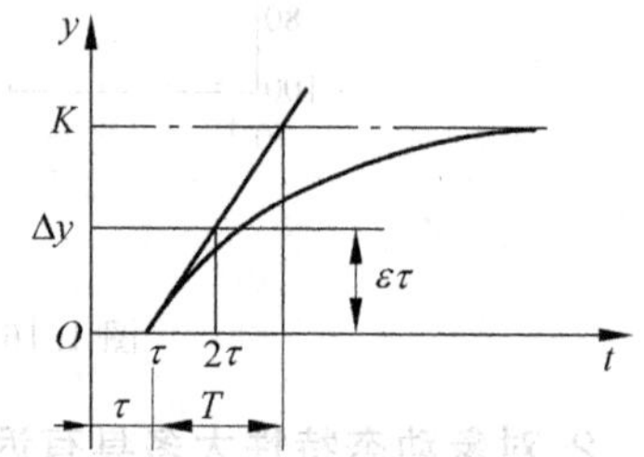

图 1.18 自衡过程在基本扰动下的阶跃响应的起始阶段

图 1.18 表示自衡过程在调节阀开度单位阶跃扰动下响应的初期情况。为了便于在相同的基础上对各种被控对象进行比较，这里输入、输出量都用相对值表示，即阀门开度以全行程的百分数表示，被控量则以相对于测量仪表全量程的百分数表示。这样，上述式中的 K 为无量纲数，T 的量纲是时间。经过一段迟延时间 τ 后，被控量开始以某个速度变化，这个起始速度称为响应速度(也称飞升特性)，以 ε 表示，显然有

$$\varepsilon = K/T \quad (\text{适用于自衡过程}) \tag{1-23}$$

再经过 τ 时间后，被控量的变化量近似为

$$\Delta y = \varepsilon\tau \tag{1-24}$$

如图 1.18 所示，$\varepsilon\tau$ 值越大，则过程越接近一个纯迟延过程，因此该过程就属难控之列。反之，$\varepsilon\tau$ 值越小，或者 K 极小，则过程的自平衡能力极强；τ/T 比值极小，此时它接近一个自衡单容过程。这两种情况都意味着该过程属于易控之列。一般，当 τ/T 大于 0.3 则被认为是难控过程。因此，可以用 $\varepsilon\tau$ 的大小作为衡量被控对象控制

难易程度的简易指标。这个概念是符合实际的。在第3章根据被控对象的阶跃响应整定控制器时，将会看到比例带也正是与 $\varepsilon\tau$ 成正比，而在过程控制中，比例带一向被认为是从另一角度衡量控制难易程度的标志。

对于非自衡过程也可以做类似的分析，此时式(1-24)是准确成立的，其中

$$\varepsilon = 1/T \quad (适用于非自衡过程) \tag{1-25}$$

4. 被控对象往往具有非线性特性

严格来说，几乎所有被控对象的动态特性都呈现非线性特性，只是程度上不同而已。例如许多被控对象的增益就不是常数。现在以图1.19所示列管换热器为例来加以说明。可以列写换热器热量平衡方程为

$$Q_h = DH_s = Qc_p(T_2 - T_1) \tag{1-26}$$

式中，Q_h 为热流量；D 和 H_s 分别为加热蒸汽的流量和汽化热；Q 和 c_p 分别为被加热物料的流量和定压比热容；T_1，T_2 分别为物料的进、出口温度。

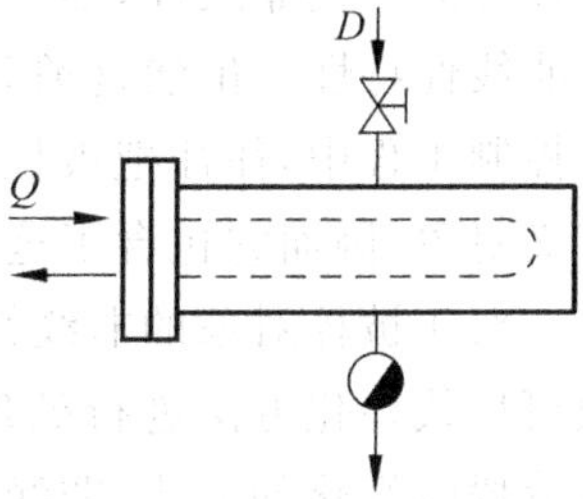

图1.19 列管式换热器

如果以蒸汽流量为控制量，物料出口温度为被控量，那么列管式换热器温度对象的增益为

$$K = \frac{\mathrm{d}T_2}{\mathrm{d}D} = \frac{H_s}{Qc_p} \tag{1-27}$$

式(1-27)表明，换热器温度对象增益与其负荷成反比，呈现出非线性特性。

中和反应器是另一个典型的变增益对象。图1.20表示这类反应器及其静特性，其中被控量为生成物的pH值；控制量为中和用的酸液摩尔数。由图可见，在pH=7附近，对象增益极高，而在远离此点的大范围内，其数值急剧减小。对象的这种非线性特性将会给控制带来极大的困难。

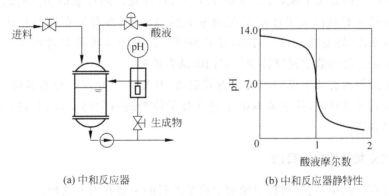

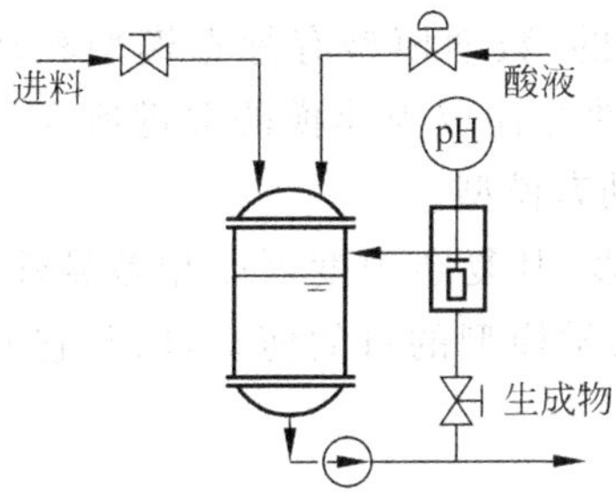

(a) 中和反应器

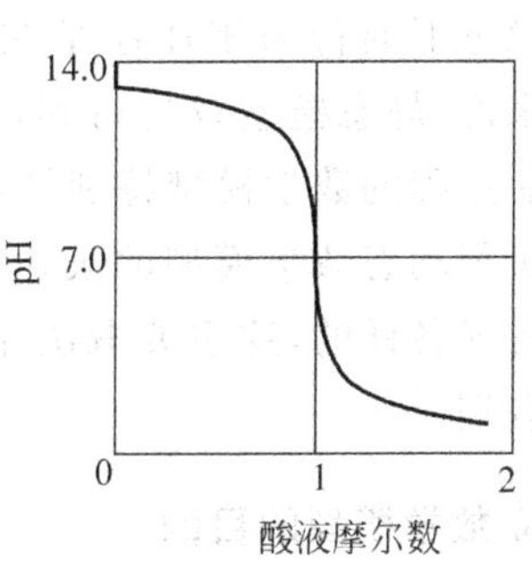

(b) 中和反应器静特性

图1.20 中和反应器及其静特性

不仅如此，有些对象的动态参数还表现非线性特性。例如图1.2所示单容水槽，由于其负载阀流量方程式(1-3)为非线性的，因而单容水槽的动态方程就是如式(1-4)所示的一阶非线性微分方程，即

$$F\frac{\mathrm{d}H}{\mathrm{d}t}+k\sqrt{H}=k_{\mu}\mu$$

线性化后单容水槽的动态方程为

$$RF\frac{\mathrm{d}\Delta H}{\mathrm{d}t}+\Delta H=Rk_{\mu}\Delta\mu \tag{1-28}$$

其中水阻 $R=2\sqrt{H_0}/k$，只有在工作点 H_0 附近才可近似为常数。当负荷变化时水槽工作点随之改变，而负载阀在不同工作点上的水阻 R 不同。由式(1-28)可知，此时对象的增益和时间常数均呈现非线性。

以上所讨论的只是存在于对象内部的连续非线性特性。实际上，在控制系统中还存有另一类非线性，如控制器、调节阀、继电器等元件的饱和、死区和滞环等典型的非线性特性。虽然这类非线性通常并不是被控对象本身所固有的，但考虑到在过程控制工程中，往往把被控对象、测量变送单元和调节阀三部分串联在一起统称为广义对象，因而它包含了这部分非线性特性。

对于被控对象的非线性特性，如果控制精度要求不高或者负荷变化不大，则一般可用线性化方法进行处理。但是如果非线性不可忽略时，必须采用其他方法，例如分段线性化的方法、非线性补偿器的方法或者利用非线性控制理论来进行系统的分析和设计。

1.2 过程数学模型及其建立方法

1.2.1 过程数学模型的表达形式与对模型的要求

从最广泛的意义上说，数学模型乃是事物行为规律的数学描述。根据所描述的是事物在稳态下的行为规律还是在动态下的，数学模型有静态模型和动态模型之分。一般来说，静态模型较易得到，动态特性往往成为建模的关键所在。这里只限于讨论工业过程的数学模型特别是它们的动态模型。

工业过程动态数学模型的表达方式很多，其复杂程度可以相差悬殊，对它们的要求也是各式各样的，这主要取决于建立数学模型的目的何在，以及它们将以何种方式加以利用。

1. 建立数学模型的目的

在过程控制中，建立被控对象数学模型的目的主要有以下几种：

(1) 制订工业过程优化操作方案。

(2) 制订控制系统的设计方案，为此，有时还需要利用数学模型进行仿真研究。

(3) 进行控制系统的调试和控制器参数的整定。

(4) 设计工业过程的故障检测与诊断系统。

(5) 制订大型设备启动和停车的操作方案。

(6) 设计工业过程运行人员培训系统，等等。

2. 被控对象数学模型的表达形式

众所熟知，被控对象的数学模型可以采取各种不同的表达形式，主要可以从以下几个观点加以划分：

(1) 按系统的连续性划分为连续系统模型、离散系统模型和混杂系统模型。

(2) 按模型的结构划分为输入输出模型和状态空间模型。

(3) 输入输出模型又可按论域划分为时域表达——阶跃响应，脉冲响应；频域表达——传递函数。

在控制系统的设计中，所需的被控对象数学模型在表达方式上是因情况而异的。各种控制算法无不要求过程模型以某种特定形式表达出来，例如，一般的 PID 控制要求过程模型用传递函数表达；最优控制要求用状态空间表达式；基于参数估计的自适应控制通常要求用脉冲传递函数表达；预测控制要求用阶跃响应或脉冲响应表达，等等。

3. 被控对象数学模型的利用方式

被控对象数学模型的利用有离线和在线两种方式。

以往，被控对象数学模型只是在进行控制系统的设计研究时或在控制系统的调试整定阶段中发挥作用。这种利用方式一般是离线的。

近十多年来，由于计算机的发展和普及，相继推出一类新型控制系统，其特点是要求把被控对象的数学模型作为一个组成部分嵌入控制系统中，预测控制系统即是一个例子。这种利用方式是在线的，它要求数学模型具有实时性。

4. 对被控对象数学模型的要求

作为数学模型，首先是要求它准确可靠，但这并不意味着越准确越好。应根据实际应用情况提出适当的要求。超过实际需要的准确性要求必然造成不必要的浪费。在线运用的数学模型还有实时性的要求，它与准确性要求往往是矛盾的。

一般说，用于控制的数学模型并不要求非常准确。闭环控制本身具有一定的鲁棒性，因为模型的误差可以视为扰动，而闭环控制在某种程度上具有自动消除扰动影响的能力。

实际生产过程的动态特性是非常复杂的，控制人员在建立其数学模型时，不得不突出主要因素，忽略次要因素，否则就得不到可用的模型。为此往往需要做很多近似处理，例如线性化、分布参数系统集总化和模型降阶处理等。在这方面有时很难得到工艺人员的理解。从工艺人员看来，有些近似处理简直是难以接受的，但它却能满足控制的要求。

1.2.2 建立过程数学模型的基本方法

建立过程数学模型的基本方法有两个，即机理法和实验法。

1. 机理法建模

用机理法建模就是根据生产过程中实际发生的变化机理，写出各种有关的平衡方程如：物质平衡方程，能量平衡方程，动量平衡方程，相平衡方程，反映物体运动、传热、传质、化学反应等基本规律的运动方程，物性参数方程和某些设备的特性方程等，从中获得所需的数学模型。

由此可见，用机理法建模的首要条件是生产过程的机理必须已经为人们充分掌握，并且可以比较确切地加以数学描述。其次，很显然，除非是非常简单的被控对象，如 1.1.2 小节中列举的若干例子，否则很难得到以紧凑的数学形式表达的模型。正因为如此，在计算机尚未得到普及应用以前，几乎无法用机理法建立实际工业过程的数学模型。

近几十年来，随着电子计算机的普及使用和数值分析方法的发展，工业过程数学模型的研究有了迅速的发展。可以说，只要机理清楚，就可以利用计算机求解几乎任何复杂系统的数学模型。根据对模型的要求，合理的近似假定总是必不可少的。模型应该尽量简单，同时保证达到合理的精度。有时还需考虑实时性的问题。

用机理法建模时，有时也会出现模型中有某些系数或参数难以确定的情况。这时可以用实验拟合方法或过程辨识方法把这些未知量估计出来。

2. 实验法建模

实验法一般只用于建立输入输出模型。它是根据工业过程的输入和输出的实测数据进行某种数学处理后得到的模型。它的主要特点是把被研究的工业过程视为一个黑匣子，完全从外特性上测试和描述它的动态性质，因此不需要深入掌握其内部机理。然而，这并不意味着可以对内部机理毫无所知。

过程的动态特性只有当它处于变动状态下才会表现出来，在稳态下是表现不出来的。因此为了获得动态特性，必须使被研究的过程处于被激励的状态，例如人为施加一个阶跃扰动或脉冲扰动等。为了有效地进行这种动态特性测试，仍然有必要对过程内部的机理有明确的定性了解，例如究竟有哪些主要因素在起作用，它们之间的因果关系如何等等。丰富的验前知识无疑会有助于成功地用实验法建立数学模型。那些内部机理尚未被人们充分了解的过程是难以用实验法建立其准确动态数学模型的。

用实验法建模一般比用机理法要简单和省力，尤其是对于那些复杂的工业过程更为明显。如果两者都能达到同样的目的，一般都采用实验法建模。

实验法建模又可分为经典辨识法和现代辨识法两大类，它们大致可以按是否必须利用计算机进行数据处理为分界限。

经典辨识法不考虑测试数据中偶然性误差的影响，它只需对少量的测试数据进行比较简单的数学处理，计算工作量一般很小，可以不用计算机。

现代辨识法的特点是可以消除测试数据中的偶然性误差即噪声的影响，为此就需要处理大量的测试数据，计算机是不可缺少的工具。它所涉及的内容很丰富，已形成一个专门的学科分支。

下面将主要介绍几个常用的经典辨识法。

1.2.3　常用的辨识建模方法

通过比较简单的实验就可以获得被控对象的阶跃响应，当然有时还需要进一步把它拟合成近似的传递函数。

如果需要的话，也可以通过实验测试直接获得被控对象的近似的脉冲响应。

下面分别讨论这些方法。

1. 阶跃响应法[3,4]

(1) 阶跃响应的获取

测取阶跃响应的原理很简单，但在实际工业过程中进行这种测试会遇到许多实际问题，例如不能因测试使正常生产受到严重干扰，还要尽量设法减少其他随机干扰的影响以及考虑系统中非线性因素等。为了得到可靠的测试结果，应注意以下事项：

① 合理选择阶跃扰动信号的幅度。过小的阶跃扰动幅度可能使干扰信号或噪声淹没了有用的信号而不能保证测试结果的可靠性，而过大的扰动幅度则会使正常生产受到严重扰动甚至危及生产安全。

② 试验开始前确保被控对象处于某一选定的稳定工况。试验期间应设法避免发生偶然性的其他扰动。

③ 考虑到实际被控对象的非线性，应选取不同负荷，在被控量的不同设定值下，进行多次测试。即使在同一负荷和被控量的同一设定值下，也要在正向和反向扰动下重复测试，以求全面掌握对象的动态特性。

为了能够施加比较大的扰动幅度而又不至于严重干扰正常生产，可以用矩形脉冲输入代替通常的阶跃输入，即大幅度的阶跃扰动施加一小段时间后立即将它切除。这样得到的矩形脉冲响应当然不同于正规的阶跃响应，但两者之间有密切关系，可以从中求出所需的阶跃响应，如图 1.21 所示。

在图 1.21 中，矩形脉冲输入 $u(t)$ 可视为两个阶跃扰动 $u_1(t)$ 和 $u_2(t)$ 的叠加，它们的幅度相等但方向相反且开始作用的时间不同，因此

$$u(t) = u_1(t) + u_2(t) \tag{1-29}$$

其中

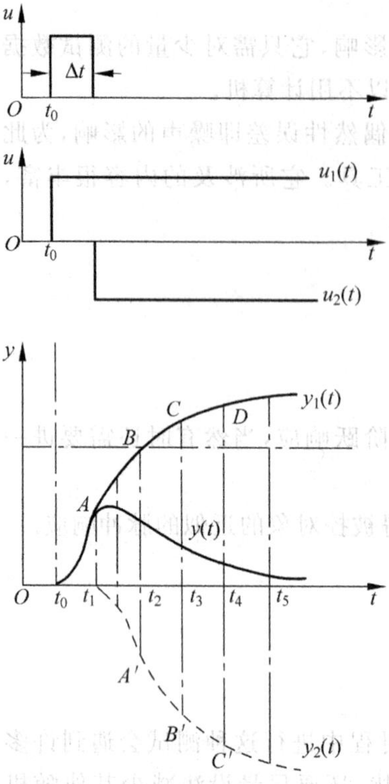

图 1.21　由矩形脉冲响应确定阶跃响应

$$u_2(t) = -u_1(t-\Delta t) \tag{1-30}$$

假定对象无明显非线性，则矩形脉冲响应就是两个阶跃响应之和，即

$$y(t) = y_1(t) + y_2(t) = y_1(t) - y_1(t-\Delta t) \tag{1-31}$$

所需的阶跃响应即为

$$y_1(t) = y(t) + y_1(t-\Delta t) \tag{1-32}$$

根据式(1-32)可以用逐段递推的作图方法得到阶跃响应 $y_1(t)$，如图 1.21 所示。

(2) 由阶跃响应确定近似传递函数

根据测定到的阶跃响应，可以把它拟合成近似的传递函数，而其传递函数的形式也是各式各样的。

用测试法建立被控对象的数学模型，首要的问题就是选定模型的结构。通过长期实践的积累，可以获得如下一般典型的工业过程的近似传递函数：

① 一阶惯性环节加纯迟延

$$G(s) = \frac{K\mathrm{e}^{-\tau s}}{Ts+1} \tag{1-33}$$

② 二阶或 n 阶惯性环节加纯迟延

$$G(s) = \frac{K\mathrm{e}^{-\tau s}}{(T_1 s+1)(T_2 s+1)} \tag{1-34}$$

或

$$G(s) = \frac{K\mathrm{e}^{-\tau s}}{(Ts+1)^n} \tag{1-35}$$

③ 用有理分式表示的传递函数

$$G(s) = \frac{b_m s^m + \cdots + b_1 s + b_0}{a_n s^n + \cdots + a_1 s + a_0}\mathrm{e}^{-\tau s}, \quad n > m \tag{1-36}$$

注意，式(1-33)～式(1-35)只适用于自衡过程。对于非自衡过程，其传递函数应含有一个积分环节，例如将式(1-33)和式(1-34)分别改为

$$G(s) = \frac{1}{T_{\mathrm{a}} s}\mathrm{e}^{-\tau s} \tag{1-37}$$

和

$$G(s) = \frac{1}{T_{\mathrm{a}} s(Ts+1)}\mathrm{e}^{-\tau s} \tag{1-38}$$

传递函数形式的选用取决于：

① 关于被控对象的验前知识；

② 建立数学模型的目的，从中可以对模型的准确性提出合理要求。

确定了传递函数的形式以后,下一步的问题就是如何确定其中的各个参数使之能拟合测试出的阶跃响应。各种不同形式的传递函数中所包含的参数数目不同。一般说,参数越多,就可以拟合得更完美,但计算工作量也越大。考虑到传递函数的可靠性受到其原始资料即阶跃响应的可靠性的限制,而后者一般是难以测试准确的,因此没有必要过分追求拟合的完美程度。所幸的是,闭环控制尤其是最常用的PID控制并不要求非常准确的被控对象数学模型。

下面给出几个确定传递函数参数的方法。

(1) 确定式(1-33)中参数 K,T 和 τ 的作图法

如果阶跃响应是一条如图1.22所示的S形的单调曲线,就可以用式(1-33)去拟合。增益 K 可以由输入输出的稳态值直接算出,而 τ 和 T 则可以用作图法确定。为此,在曲线的拐点 P 作切线,它与时间轴交于 A 点,与曲线的稳态渐近线交于 B 点,这样就确定了 τ 和 T 的数值如图所示。

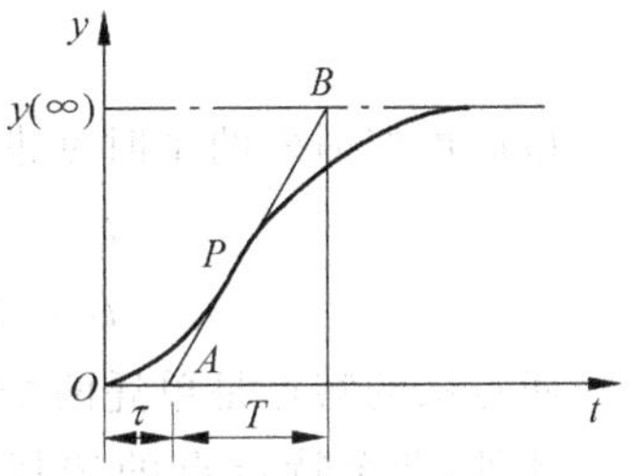

图1.22 用作图法确定参数 T、τ

显然,这种作图法的拟合程度一般是很差的。首先,与式(1-33)所对应的阶跃响应是一条向后平移了 τ 时刻的指数曲线,它不可能完美地拟合一条S形曲线。其次,在作图中,切线的画法也有较大的随意性,这直接关系到 τ 和 T 的取值。然而,作图法十分简单,而且实践证明它已成功地应用于PID控制器的参数整定(详见3.3节)。它是J. G. Ziegler和N. B. Nichols早在1942年提出的,至今仍然得到广泛的应用。

(2) 确定式(1-33)中参数 K,T 和 τ 的两点法

所谓两点法就是利用阶跃响应 $y(t)$ 上两个点的数据去计算 T 和 τ。增益 K 仍按输入输出的稳态值计算,计算同前。

首先需要把 $y(t)$ 转换成它的无量纲形式 $y^*(t)$,即

$$y^*(t)=\frac{y(t)}{y(\infty)}$$

其中 $y(\infty)$ 为 $y(t)$ 的稳态值(见图1.22)。

与式(1-33)相对应的阶跃响应无量纲形式为

$$y^*(t)=\begin{cases}0 & t<\tau\\ 1-\exp\left(-\dfrac{t-\tau}{T}\right) & t\geqslant\tau\end{cases}\tag{1-39}$$

式(1-39)中只有两个参数即 τ 和 T,因此只能根据两个点的测试数据进行拟合。为此先选定两个时刻 t_1 和 t_2,其中 $t_2>t_1\geqslant\tau$,从测试结果中读出 $y^*(t_1)$ 和 $y^*(t_2)$ 并写出下述联立方程

$$\left.\begin{aligned}y^*(t_1)&=1-\exp\left(-\frac{t_1-\tau}{T}\right)\\ y^*(t_2)&=1-\exp\left(-\frac{t_2-\tau}{T}\right)\end{aligned}\right\}\tag{1-40}$$

由式(1-40)可以解出

$$\left.\begin{aligned}T&=\frac{t_2-t_1}{\ln[1-y^*(t_1)]-\ln[1-y^*(t_2)]}\\\tau&=\frac{t_2\ln[1-y^*(t_1)]-t_1\ln[1-y^*(t_2)]}{\ln[1-y^*(t_1)]-\ln[1-y^*(t_2)]}\end{aligned}\right\}\tag{1-41}$$

为了计算方便，取 $y^*(t_1)=0.39$，$y^*(t_2)=0.63$，则可得

$$\left.\begin{aligned}T&=2(t_2-t_1)\\\tau&=2t_1-t_2\end{aligned}\right\}\tag{1-42}$$

最后可取另外两个时刻进行校验，即

$$\left.\begin{aligned}t_3&=0.8T+\tau,\quad y^*(t_3)=0.55\\t_4&=2T+\tau,\quad y^*(t_4)=0.87\end{aligned}\right\}\tag{1-43}$$

两点法的特点是单凭两个孤立点的数据进行拟合，而不顾及整个测试曲线的形态。此外，两个特定点的选择也具有某种随意性，因此所得到的结果只能是一种近似。

(3) 确定式(1-34)中参数 K,τ,T_1,T_2 的方法

如果阶跃响应是一条如图 1.22 所示的 S 形的单调曲线，它也可以用式(1-34)去拟合。由于其中包含两个一阶惯性环节，因此可以指望拟合得更好。

增益 K 同前，仍由输入输出稳态值确定。再根据阶跃响应曲线脱离起始的毫无反应的阶段，开始出现变化的时刻，就可以确定参数 τ。此后剩下的问题就是用式(1-44)传递函数去拟合已截去纯迟延部分并已化为无量纲形式的阶跃响应 $y^*(t)$

$$G(s)=\frac{1}{(T_1s+1)(T_2s+1)},\quad T_1\geqslant T_2\tag{1-44}$$

与式(1-44)对应的阶跃响应应为

$$y^*(t)=1-\frac{T_1}{T_1-T_2}e^{-\frac{t}{T_1}}+\frac{T_2}{T_1-T_2}e^{-\frac{t}{T_2}}$$

或

$$1-y^*(t)=\frac{T_1}{T_1-T_2}e^{-\frac{t}{T_1}}-\frac{T_2}{T_1-T_2}e^{-\frac{t}{T_2}}\tag{1-45}$$

根据式(1-45)，就可以利用阶跃响应上两个点的数据 $[t_1,y^*(t_1)]$ 和 $[t_2,y^*(t_2)]$ 确定参数 T_1 和 T_2。例如，可以取 $y^*(t)$ 分别等于 0.4 和 0.8，从曲线上定出 t_1 和 t_2 如图 1.23 所示，就可以得到下述联立方程

$$\left.\begin{aligned}\frac{T_1}{T_1-T_2}e^{-\frac{t_1}{T_1}}-\frac{T_2}{T_1-T_2}e^{-\frac{t_1}{T_2}}&=0.6\\\frac{T_1}{T_1-T_2}e^{-\frac{t_2}{T_1}}-\frac{T_2}{T_1-T_2}e^{-\frac{t_2}{T_2}}&=0.2\end{aligned}\right\}\tag{1-46}$$

式(1-46)的近似解为

$$T_1+T_2\approx\frac{1}{2.16}(t_1+t_2)\tag{1-47}$$

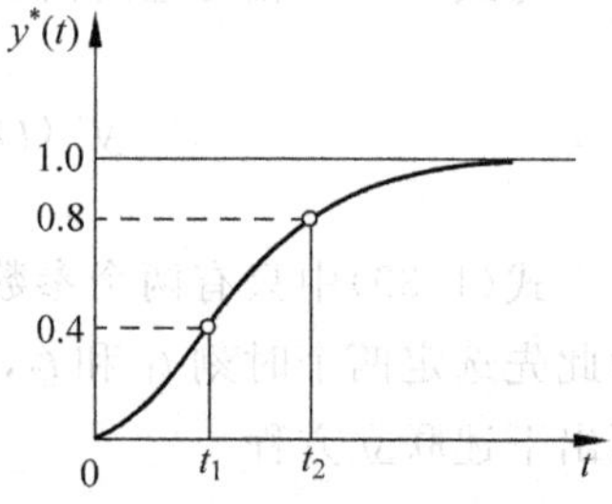

图 1.23 根据阶跃响应曲线上两个点的数据确定 T_1 和 T_2

$$\frac{T_1 T_2}{T_1 + T_2} \approx \left(1.74\frac{t_1}{t_2} - 0.55\right) \tag{1-48}$$

对于用式(1-44)表示的二阶对象，应有

$$0.32 < \frac{t_1}{t_2} \leqslant 0.46 \tag{1-49}$$

上述结果的正确性可验证如下。易知，当 $T_2=0$ 时，式(1-44)变为一阶对象，而对于一阶对象阶跃响应则应有

$$t_1/t_2 = 0.32$$

与式(1-48)相等；以及

$$t_1 + t_2 = 2.12T_1$$

与式(1-47)大致相符。

当 $T_2=T_1$ 即式(1-44)中的两个时间常数相等时，根据它的阶跃响应解析式可知

$$t_1/t_2 = 0.46$$

与式(1-48)相符；以及

$$t_1 + t_2 = 2.18 \times 2T_1$$

与式(1-47)大致相符。

如果 $t_1/t_2>0.46$，则说明该阶跃响应需要用更高阶的传递函数才能拟合得更好，例如可取为式(1-35)。此时，仍根据 $y^*(t)=0.4$ 和 0.8 分别定出 t_1 和 t_2，然后再根据比值 t_1/t_2 利用表1.1查出 n 值，最后再用下式计算式(1-35)中的时间常数 T

$$nT \approx \frac{t_1 + t_2}{2.16} \tag{1-50}$$

表1.1　高阶惯性对象 $1/(Ts+1)^n$ 中阶数 n 与比值 t_1/t_2 的关系

n	t_1/t_2	n	t_1/t_2
1	0.32	8	0.685
2	0.46	9	
3	0.53	10	0.71
4	0.58	11	
5	0.62	12	0.735
6	0.65	13	
7	0.67	14	0.75

(4) 确定式(1-36)中有理分式的方法

在截去纯迟延部分后，被控对象的单位阶跃响应 $h(t)$ 假定如图1.24所示。现在要用下述传递函数去拟合

$$G(s) = \frac{b_m s^m + b_{m-1} s^{m-1} + \cdots + b_1 s + b_0}{a_n s^n + a_{n-1} s^{n-1} + \cdots + a_1 s + 1}, \quad n > m \tag{1-51}$$

根据拉氏变换的终值定理，可知

$$K_0 \overset{\text{def}}{=} \lim_{t\to\infty} h(t) = \lim_{s\to 0} sG(s)\frac{1}{s} = b_0 \tag{1-52}$$

现定义

$$h_1(t) \overset{\text{def}}{=} \int_0^t [K_0 - h(\tau)]\mathrm{d}\tau \tag{1-53}$$

则根据拉氏变换的积分定理，有

$$\mathcal{L}\{h_1(t)\} = \frac{1}{s^2}[K_0 - G(s)] \overset{\text{def}}{=} \frac{G_1(s)}{s} \tag{1-54}$$

因此又有

$$K_1 \overset{\text{def}}{=} \lim_{t\to\infty} h_1(t) = \lim_{s\to 0} sG_1(s) = K_0 a_1 - b_1 \tag{1-55}$$

同理，定义

$$h_2(t) \overset{\text{def}}{=} \int_0^t [K_1 - h_1(\tau)]\mathrm{d}\tau \tag{1-56}$$

则

$$\mathcal{L}\{h_2(t)\} = \frac{1}{s^2}[K_1 - G_1(s)] \overset{\text{def}}{=} \frac{G_2(s)}{s} \tag{1-57}$$

且

$$\begin{aligned} K_2 &\overset{\text{def}}{=} \lim_{t\to\infty} h_2(t) = \lim_{s\to 0} sG_2(s) \\ &= K_1 a_1 - K_0 a_2 + b_2 \end{aligned} \tag{1-58}$$

依此类推，可得

$$\begin{aligned} K_r &\overset{\text{def}}{=} \lim_{t\to\infty} h_r(t) = K_{r-1}a_1 - K_{r-2}a_2 + \cdots \\ &+ (-1)^{r-1}K_0 a_r + (-1)^r b_r \end{aligned} \tag{1-59}$$

其中

$$h_r(t) \overset{\text{def}}{=} \int_0^t [K_{r-1} - h_{r-1}(\tau)]\mathrm{d}\tau \tag{1-60}$$

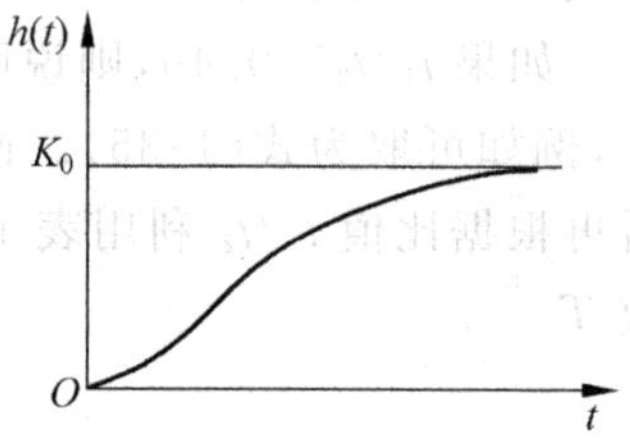

图 1.24 截去迟延部分后的单位阶跃响应 $h(t)$

于是得到一个线性方程组

$$\left.\begin{aligned} K &= b_0 \\ K_1 &= K_0 a_1 - b_1 \\ K_2 &= K_1 a_1 - K_0 a_2 + b_2 \\ &\vdots \\ K_r &= K_{r-1}a_1 - K_{r-2}a_2 + \cdots + (-1)^{r-1}K_0 a_r + (-1)^r b_r \end{aligned}\right\} \tag{1-61}$$

其中 $b_0, b_1 \cdots, b_m$ 和 $a_0, a_1 \cdots, a_n$ 为未知系数，共 $(n+m+1)$ 个；$K_r, r = 0,1,\cdots,(n+m)$ 分别是 $h(t), h_r(t), r = 1,2,\cdots,(n+m)$ 的稳态值。解式(1-61)方程组需要 $(n+m+1)$ 个方程。

这个方法的关键在于确定各 K_r 之值，这需要进行多次积分，不但计算量大，而且精度越来越低。因此，本方法只宜于用在传递函数阶数比较低，例如 $(n+m)$ 不超过 3 的情况。与前述的两点法相比，本方法不是只凭阶跃响应曲线上的两个孤立点的数据进行拟合，而是根据整个曲线的态势进行拟合的，因此，即使采取较低的阶数，也可以指望得到较好的拟合结果，当然作为代价，计算量的增大也是显然的。

2. 脉冲响应法

(1) 脉冲响应的获取

被控对象的脉冲响应是它在脉冲函数输入下的响应。单位脉冲函数的定义是

$$\delta(t)=\lim_{\varepsilon\to 0}\delta_{\varepsilon}(t) \tag{1-62}$$

式中，$\delta_{\varepsilon}(t)$是一个短暂的矩形脉冲，其中矩形面积为 1，如图 1.25 所示。

理想的脉冲函数是极限的概念，只能近似地实现。在测定脉冲响应时，脉冲的持续时间应尽量短，幅度则应尽量大，而且保持在被控对象线性工作区内。实际的矩形面积称为脉冲强度，脉冲响应的幅度与脉冲强度成正比。这种直接测取的方法比较简单，但可靠性较低。

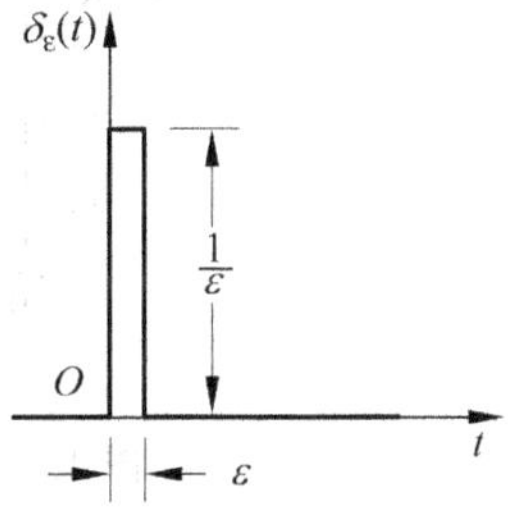

图 1.25　一个短暂的矩形脉冲

用相关分析法测取脉冲响应可以滤去随机干扰的影响，结果比较可靠。它是根据被控对象在随机输入下的输出数据进行估计的。此方法的理论依据是 Wiener-Hopf 方程

$$R_{uy}(\tau)=\int_0^{\infty}\hat{g}(t)R_u(t-\tau)\mathrm{d}t \tag{1-63}$$

式中，$\hat{g}(t)$为脉冲响应的最优估计；$R_u(\cdot)$为随机输入 $u(t)$的自相关函数；$R_{uy}(\cdot)$为输入 $u(t)$与输出 $y(t)$的互相关函数。

当输入 $u(t)$是均值为零、方差为 σ_u^2 的白噪声时，有

$$R_u(\tau)=\sigma_u^2\delta(\tau) \tag{1-64}$$

此时，根据卷积定理，式(1-63)的等号右侧成为

$$\int_0^{\infty}\hat{g}(t)\sigma_u^2\delta(t-\tau)\mathrm{d}t=\sigma_u^2\,\hat{g}(\tau)$$

从而得

$$\hat{g}(\tau)=\frac{1}{\sigma_u^2}R_{uy}(\tau) \tag{1-65}$$

式(1-65)中的输入输出互相关函数 $R_{uy}(\tau)$的计算量较大，需要由计算机来完成。

(2) 由脉冲响应求取近似传递函数

① 一阶被控对象。对于被控对象的传递函数是一阶的情况，$G(s)=\frac{K}{Ts+1}$，则传递函数的两个参数 K 和 T 可以通过对象的脉冲响应曲线近似获得。如图 1.26 所示，脉冲响应曲线与零时刻纵坐标的交点即为 K/T，而响应曲线在纵坐标为 $0.37K/T$ 时所对应的横坐标即是系统的时间常数 T。由图 1.26 可知，$K/T=0.2$，$0.37K/T$ 所对应的横坐标为 5，因此 $K=1$，$T=5$。

② 二阶被控对象。对于被控对象的传递函数是二阶的情况

$$G(s)=\frac{\omega_0^2}{s^2+2\zeta\omega_0 s+\omega_0^2},\quad 0<\zeta<1$$

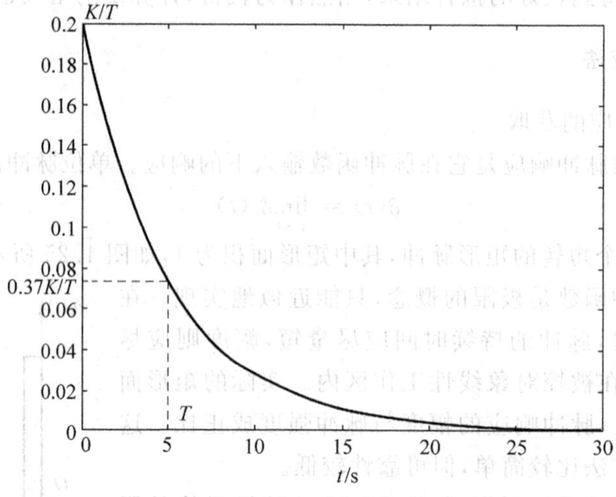

图 1.26 一阶系统脉冲响应与传递函数参数之间的关系

则传递函数的两个参数 ζ 和 ω_0 可以通过对象的脉冲响应曲线近似获得。如图 1.27 所示，脉冲响应曲线与时间坐标所围成的面积分别记为 A^+ 和 A^-，则

$$\left.\begin{aligned}\zeta &= \lg(A^+/A^-)/\sqrt{\pi^2+[\lg(A^+/A^-)]^2}\\ \omega_0 &= 2\pi/T\sqrt{1-\zeta^2}\end{aligned}\right\}$$

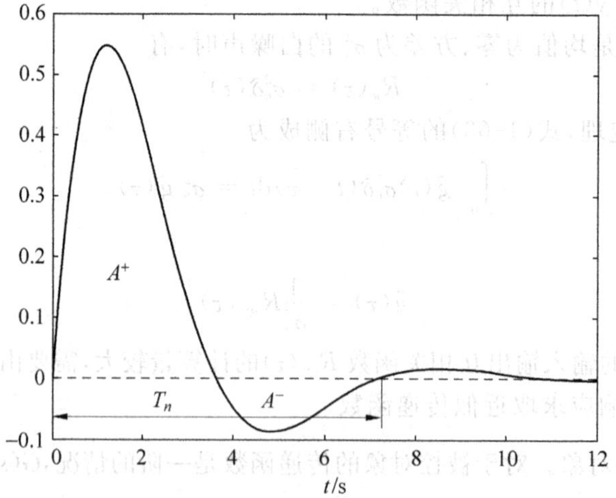

图 1.27 二阶系统$\frac{1}{s^2+s+1}$脉冲响应与传递函数参数之间的关系

3. 伪随机信号法[3]

(1) 伪随机信号的获取

目前在工业实际中，尤其在多变量控制系统的建模过程中更多的是采用一种实

用实验信号。众所周知，对于一个生产过程的辨识必须有“好的”实验信号作为生产过程的输入，这样才能获得过程的全部信息。所谓“好的”实验信号是指输入信号要具有充分激励的特性，且信号的频带带宽要足够宽，这样才能保证所获得的过程输出信号具有可辨识性。从工程实际的角度看，对于过程辨识的输入信号应有以下几方面的要求：

① 输入信号的幅度不应过大，以免使过程进入非线性区或影响生产；

② 输入信号对过程的扰动应该尽量小，即在施加正向扰动后应该很快加入反向扰动，以消除辨识实验对过程稳态工作点的影响；

③ 输入信号的变化不宜过度频繁，如白噪声输入在工程上一般就不易接受；

④ 输入信号在工程上易于实现、成本低。

通过长期的研究与实践，发现伪随机二进制序列(PRBS)既可以满足理论上对于系统充分激励的要求，也可以满足实际系统对于信号的一系列工程要求。PRBS是根据确定的数学公式产生的一组性质接近随机序列的二进制序列。它的自相关函数接近脉冲函数，具有周期性。因此只要 PRBS 的周期选择得足够长，就可以认为它就是一组随机序列。M 序列就是一个典型的伪随机序列。但如果考虑到工程实验的时间限制，伪随机序列往往也是不可接受的。因为一般的伪随机序列也需要至少几十个周期的变化才能获得满意的实验结果，这对于生产过程的扰动也相对较大。

在实践中，工程技术人员提出了一种介于伪随机信号和简单的阶跃响应、脉冲响应之间的一种实验信号，并辅助以适当的辨识方法从而获得生产过程的模型。这种信号是由多个上升或者下降的阶跃信号连续构成，每次上升和下降的持续时间大致为 1～5 倍的过程时间常数。信号从某个数值开始，最终回到该数值，并保持一段时间，使得信号对于生产过程的影响尽量达到最小，如图 1.28 所示。

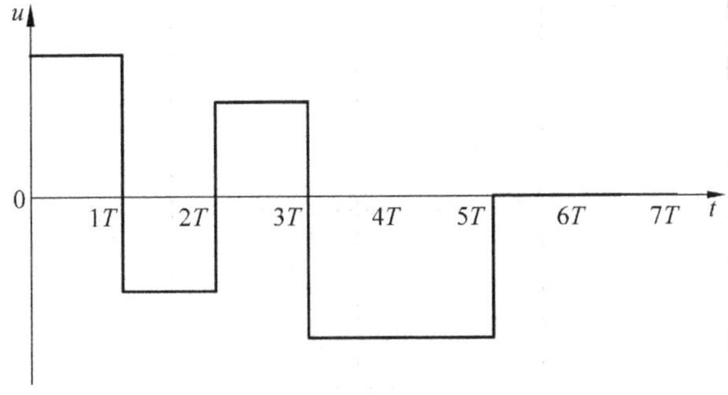

图 1.28　连续阶跃信号

该信号也可以看做是不同宽度的单脉冲、双脉冲和阶跃信号的不同组合。在实际建模过程中，可以根据实际情况(如现场装置的运行情况、生产运行对实验持续时间的制约等)对连续阶跃信号进行灵活的组合，然后再通过适当的算法对系统参数进行辨识。

（2）由伪随机信号求取近似传递函数

对于获得的生产过程的响应数据，可以采用多种辨识算法进行模型辨识，如相关分析法、最小二乘法和N4SID（子空间）算法等。相关分析法可以得到脉冲响应函数的估计值，其优点是即使在有色噪声的干扰下也可以得到无偏估计，但缺点是辨识结果的方差比较大。相关分析法有两种基本思路，一种是以伪随机序列为输入，利用伪随机序列的自相关函数得到Wiener-Hopf方程的解，另一种是以普通信号为输入，然后利用预白化滤波器将其变成白噪声，最后求解基于白噪声输入的Wiener-Hopf方程。最小二乘法是一种传统的参数估计方法，可以利用其估计参数模型，也可以利用其估计非参数模型（如脉冲响应模型）。N4SID算法可以辨识多变量系统的状态空间模型。该方法的特点是：①对于多输入多输出系统的辨识，不会出现传统辨识方法所存在的数值计算的病态问题；②对于高阶多变量系统的辨识，无需传统方法所需的很多先验知识，如能观性指数等；③由于N4SID方法是非迭代的，因此不会出现典型迭代算法所存在的收敛性和局部极小点问题；④与传统状态空间辨识方法相比，N4SID方法不需要区分零初始状态和非零初始状态。如果要了解上述各类算法，可以参考有关参考文献。下面列举一个我们在生产实际中采用伪随机信号建模的实例减压装置的模型辨识。[5]

图1.29是某炼油厂减压塔装置1999年3月22日的一组现场测试数据。图下部曲线MV1 FIC204_SP表示输入信号，是近似伪随机信号；图上部曲线CV1 AIC204_PV表示过程参数的响应信号。图中阴影部分表示辨识时选取的数据段。我们采用N4SID算法对过程进行辨识，所得动态响应曲线及传递函数如图1.30。

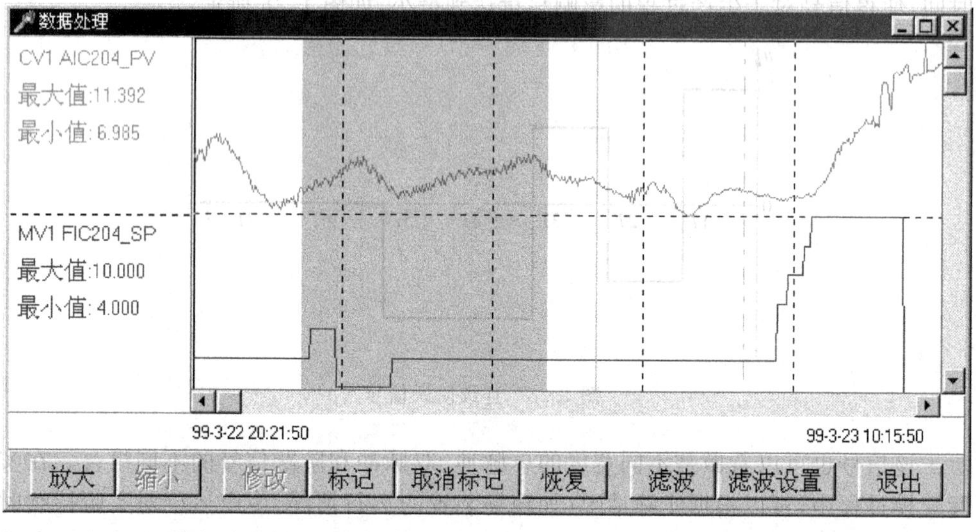

图1.29 连续阶跃信号激励下的过程响应

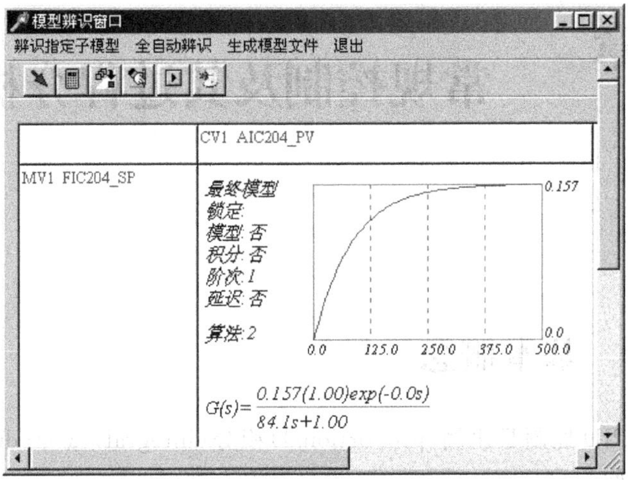

图 1.30 减压塔装置的一个过程模型辨识结果

1.3 小结

本章介绍了生产过程的动态特性及其描述方法。首先，介绍了过程动态特性的基本概念，通过机理分析方法对一阶、二阶生产过程的动态特性进行了数学推导和分析，建立了相应的模型；同时，讨论了生产过程自由度的概念，以及动态特性的特点。在此基础上，阐述了过程动态特性的数学模型描述方法，说明了建立数学模型的目的、形式、要求和应用条件，给出了两种基本的数学模型建立方法——机理分析和实验测试法。最后具体介绍了阶跃响应法、脉冲响应法和伪随机信号法建立过程数学模型的方法和具体步骤。通过本章的学习，希望读者能够掌握建立过程动态特性的各种方法，以及过程数学模型的表达形式和过程模型的常用辨识方法等。

第2章 常规控制及其过程分析

2.1 基本概念

PID控制是比例(proportional)积分(integral)微分(differential)控制的简称。

在生产过程自动控制的发展历程中,PID控制是历史最久、生命力最强的基本控制方式。在20世纪40年代,除在最简单的情况下可采用开关控制外,它是唯一的控制方式。此后,随着科学技术的发展特别是电子计算机的诞生和发展,涌现出许多新的控制方法。然而直到现在,PID控制由于它自身的优点仍然是得到最广泛应用的基本控制方式。

PID控制具有以下优点:

(1) 原理简单,使用方便。

(2) 适应性强,可以广泛应用于化工、热工、冶金、炼油以及造纸、建材等各种生产部门。按PID控制进行工作的控制器早已商品化。在具体实现上它们经历了机械式、液动式、气动式、电子式等发展阶段,但始终没有脱离PID控制的范畴。即使目前最新式的过程控制计算机,其基本的控制功能也仍然是PID控制。

(3) 鲁棒性强,即其控制品质对被控对象特性的变化不大敏感。

由于具有这些优点,在过程控制中,人们首先想到的总是PID控制。一个大型的现代化生产装置的控制回路可能多达一二百甚至更多,其中绝大部分都采用PID控制。例外的情况有两种:一种是被控对象易于控制而控制要求又不高的,可以采用更简单的例如开关控制或位式控制等方式;另一种是被控对象难以控制而控制要求又特别高的情况,这时采用PID控制难以达到生产要求,就需要考虑采用更先进的控制方法。

由此可见,在过程控制中,PID控制的重要性是明显的。它的基本原理却比较简单,学过控制理论的读者很容易理解它。本章将比较详细地讨论PID控制,目的在于帮助读者结合实际从实质上掌握它的基本内容,而不是仅仅停留在抽象的数学关系上的理解。这有助于提高控制工程师的洞察力,从而可以在实际工作中保持清醒的头脑。

PID控制是一种负反馈控制。在介绍它以前,有必要先明确什么是负反馈，以及如何才能正确体现负反馈的效果。

在反馈控制系统中，控制器和被控对象构成一个闭合回路。在连接成闭合回路时，可能出现两种情况：正反馈和负反馈。正反馈作用加剧被控对象流入量流出量的不平衡，从而导致控制系统不稳定；负反馈作用则是抑制对象中的不平衡，这样才能正确地达到自动控制的目的。

图 2.1 是一个生产过程的简单控制系统方框图，其中被控对象 $G_p(s)$、控制阀 $G_v(s)$、测量变送元件 $G_m(s)$ 组合在一起成为广义被控对象；$G_d(s)$ 为干扰通道的传递函数；虚线框内部分是控制器 $G_c(s)$。进入控制器运算部分的误差信号 e 定义为

$$e \stackrel{\text{def}}{=\!=} r - y_m \tag{2-1}$$

式中，r 为设定值，y_m 为被控量的实测值。

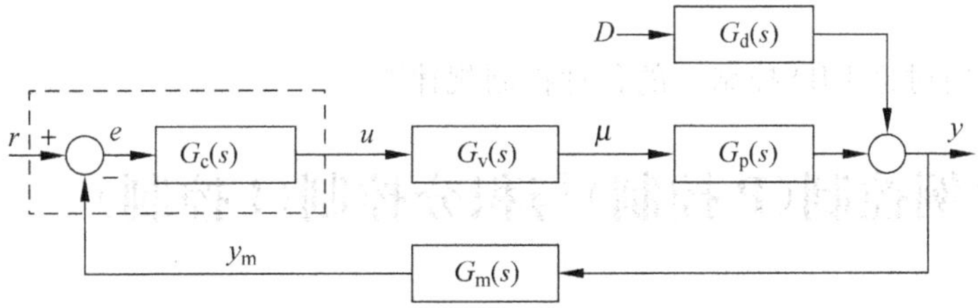

图 2.1　简单控制系统方框图

注意，在控制系统方框图 2.1 中的汇交点上，y_m 是带“－”号的。

为了适应不同被控对象实现负反馈控制的需要，工业控制器都设置有正、反作用开关，以便根据需要将控制器置于正作用或者反作用方式。所谓正作用方式是指控制器的输出信号 u 随着被调量 y 的增大而增大，此时称整个控制器的增益为“＋”，而控制器传递函数的增益却为“－”。当处于反作用方式下，u 随着被调量 y 的增大而减小，整个控制器的增益为“－”，控制器传递函数的增益为“＋”。这样，可以通过正确选择控制器的作用方式来实现负反馈控制。对于一个具体给定的广义被控对象，这个选择只是一个简单的常识问题。

假定被控对象是一个加热过程，即利用蒸汽加热某种介质使之自动保持在某一设定温度上。如果蒸汽控制阀的开度随着控制信号 u 的加大而加大，那么就广义被控对象看，显然介质温度 y 将会随着信号 u 的加大而升高。如果介质温度 y 降低了，控制器就应加大其输出信号 u 才能正确地起负反馈控制作用，因此控制器应置于反作用方式下。但要注意，此时控制器的传递函数却是正的。

反之，如果被控对象是一个冷却过程，并假定冷却剂控制阀的开度随着 u 信号的加大而加大，那么被冷却介质温度将随着信号 u 的加大而降低。在这个应用中，控制器应置于正作用方式下。但要注意，此时控制器的传递函数却是负的。

此外，控制器的正、反作用也可以借助于控制系统方框图加以确定。当控制系统中包含很多串联环节时，这个方法更为简便。在方框图中，各个环节的增益有正有负，负反馈要求闭合回路上所有环节（包括控制器的运算部分在内）的增益之乘积

是正数。图 2.2 中画出了上述加热器温度控制系统方框图，其中 K，K_v 和 K_m 分别代表被控过程、控制阀和测量变送装置的增益，K_c 代表控制器运算部分的增益，μ 为控制阀的开度，y_m 为被控量 y 的测量值。已知，控制器置于正作用方式时，K_c 为负，反之 K_c 为正。在该例子中，K、K_v 和 K_m 都是正数，因此负反馈要求 K_c 为正，即要求控制器置于反作用方式。

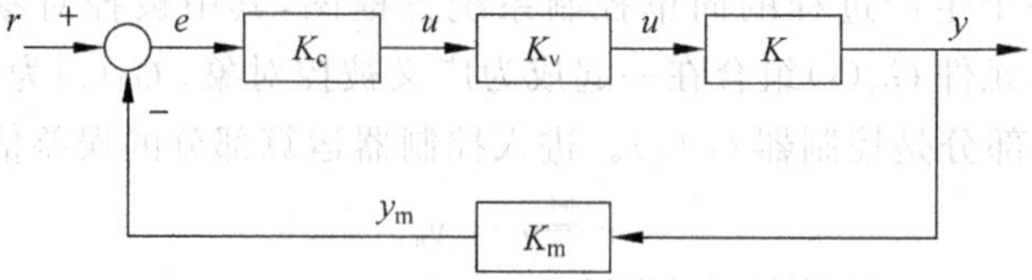

图 2.2 根据控制系统方框图确定控制器正反作用

下面分别讨论 PID 控制中的各种控制规律[6~8]。

2.2 比例控制(P 控制)与积分控制(I 控制)

2.2.1 比例控制、积分控制的动作规律

1. 比例控制的动作规律

在比例控制中，控制器的输出信号 u 与误差信号 e 成比例，即

$$u = K_c e \tag{2-2}$$

式中，K_c 称为比例增益(视情况可设置为正或负)。

需要注意的是，式(2-2)中的控制器输出 u 实际上是对其起始值 u_0 的增量。因此，当误差 e 为零因而 $u = 0$ 时，并不意味着控制器没有输出，而是其增量为零，它说明此时已有 $u = u_0$。u_0 的大小是可以通过调整控制器的工作点加以改变的。

在过程控制中习惯用增益的倒数表示控制器输入与输出之间的比例关系

$$u = \frac{1}{\delta} e \tag{2-3}$$

其中 δ 称为比例带。δ 具有重要的物理意义。如果 u 直接代表控制阀开度的变化量，那么从式(2-3)可以看出，δ 就代表使控制阀开度改变 100%即从全关到全开时所需要的被调量的变化范围。只有当被调量处在这个范围以内，控制阀的开度(变化)才与误差成比例。超出这个"比例带"以外，控制阀已处于全关或全开的饱和状态，此时控制器的输入与输出已不再保持比例关系，而控制器暂时会失去其控制作用。

实际上，控制器的比例带 δ 习惯用它相对于被控量测量仪表的量程的百分数表示。例如，若测量仪表的量程为 100℃，则 $\delta = 50\%$ 就表示被控量需要改变 50℃才能使控制阀从全关到全开。

根据比例控制器的输入输出测试数据，很容易确定它的比例带的大小。

2. 积分控制的动作规律

在积分控制中，控制器输出信号的变化速度 du/dt 与误差信号 e 成正比，即

$$\frac{du}{dt}=S_0e \tag{2-4}$$

或

$$u=S_0\int_0^t e\mathrm{d}t \tag{2-5}$$

式中，S_0 称为积分速度，可根据控制器的正反作用要求取正值或负值。式(2-5)表明，控制器的输出与误差信号的积分成正比。

图 2.3 所示的自力式气压控制阀就是一个简单的积分控制器。管道压力 p 是被控量，它通过针形阀 R 与控制阀膜头的上部空腔相通，而膜头的下部空腔则与大气相通。重锤 W 的重力使上部空腔产生一个恒定的压力 p_0。p_0 就是被调量的设定值，它可以通过改变杠杆比 l_1/l_2 或重锤 W 加以调整。

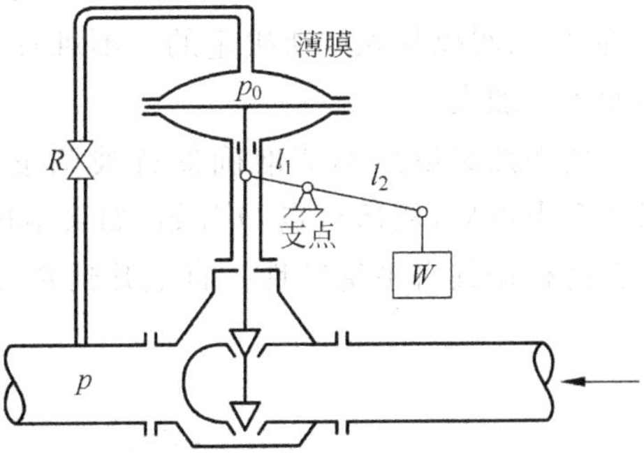

图 2.3 自力式气压控制阀

当管道压力 p 等于设定值 p_0 时，没有气流通过针形阀 R，因此膜片以及与它连接在一起的阀杆静止不动。只要 p 不等于其设定值 p_0，就会有气流以正向或反向流过针形阀，使膜片带动阀杆上下移动。假定 R 是线性气阻，那么流过它的气量就与被控量误差成比例，因此阀杆的移动速度也就与被控量误差成正比，如式(2-5)所表明的关系。改变针形阀的开度就可改变积分速度 S_0 的大小。

2.2.2 比例控制和积分控制的特点

1. 比例控制的特点

比例控制的显著特点就是有差控制。工业过程在运行中经常会发生负荷变化。所谓负荷是指外界所需物料流或能量流的大小。处于自动控制下的被控过程在进入稳态后，流入量与流出量之间总是达到平衡的。因此，人们常常根据控制阀的开度来衡量负荷的大小。

如果采用比例控制，则在负荷干扰下的控制过程结束后，被控量不可能与设定值准确相等，它们之间一定有残差。下面举例说明。图 2.4 是一个水加热器的出口水温控制系统。在这个控制系统中，热水温度 θ 是由传感器 θT 获取信号并送到控制器 θC 的，控制器控制加热蒸汽的控制阀开度以保持出口水温恒定，加热器的热负荷既决定于热水流量 Q 也决定于热水温度 θ。假定现在采用比例控制器，并将控制阀

开度 μ 直接视为控制器的输出。图 2.5 中的直线 1 是比例控制器的静特性，即控制阀开度随水温变化的情况。水温越高，控制器应把控制阀开得越小，因此它在图中是左高右低的直线，比例带越大，则直线的斜率越大。图中曲线 2 和曲线 3 分别代表加热器在不同的热水流量下的静特性。它们表示加热器在没有控制器控制时，在不同的热水流量下的稳态出口水温与控制阀开度之间的关系，可以通过单独对加热器进行的一系列实验得到。直线 1 与曲线 2 的交点 O 代表在热水流量为 Q_O，已投入自动控制并假定控制系统是稳定的情况下，最终要达到的稳态运行点，那时的出口水温为 θ_O，控制阀开度为 μ_O。如果假定 θ_O 就是水温的设定值(这可以通过调整控制器的工作点做到)，从这个运行点开始，如果热水流量减小为 Q_1，那么在控制过程结束后，新的稳态运行点将移到直线 1 与曲线 3 的交点 A。这就出现了被调量残差 $\theta_A - \theta_O$，它是比例控制规律所决定的。不难看出，残差既随着流量变化幅度也随着比例带的加大而加大。

比例控制虽然不能准确保持被调量恒定，但效果还是比不加自动控制好。在图 2.5 中可见，从运行点 O 开始，如果不进行自动控制，那么热水流量减小为 Q_1 后，水温将根据其自平衡特性一直上升到 θ_B 为止。

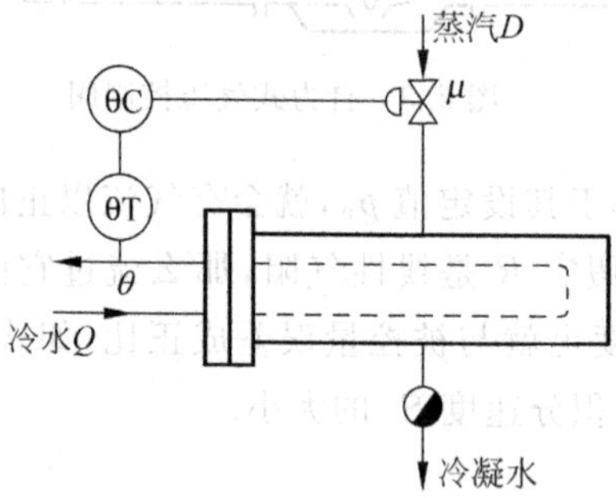

图 2.4 加热器出口水温控制系统

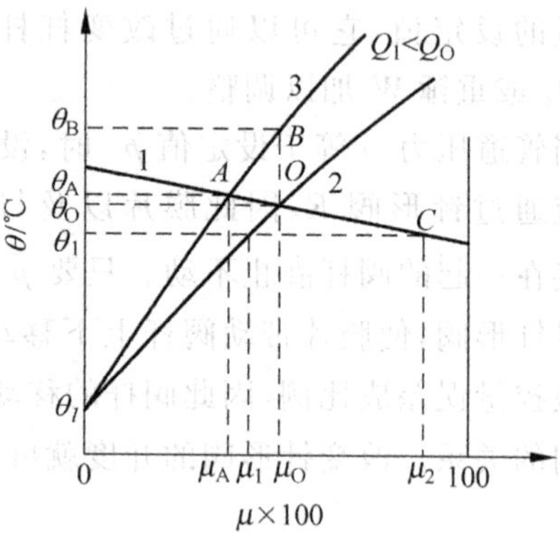

图 2.5 比例控制是有差控制

从热量平衡观点看，在加热器中，蒸汽带入的热量是流入量，热水带走的热量是流出量。在稳态下，流出量与流入量保持平衡。无论是热水流量还是热水温度的改变，都意味着流出量的改变，此时必须相应地改变流入量才能重建平衡关系。因此，蒸汽控制阀开度必须有相应的改变。从比例控制器看，此时控制阀必须产生位移，这正是由水温的残差来得到的。所以说，比例控制一定存在残差。

加热器是具有自衡特性的工业过程，另有一类过程则不具有自衡特性，工业锅炉的水位控制就是一个典型例子。这种非自衡过程本身没有所谓的静特性，但仍可以根据流入、流出量的平衡关系进行有无残差的分析。例如为了保持水位稳定，给水量必须与蒸汽负荷取得平衡。一旦失去平衡关系，水位就会一直变化下去。因此当蒸汽负荷改变后，给水控制阀开度必须有相应的改变，才能保持水位稳定。如果采用比例控制器，这就意味着在新的稳态下，水位将在一个新的位置，即存在着水位的残差。

以上的结论都可以很容易地根据控制理论加以验证。

2. 积分控制的特点

积分控制的特点是无差控制，与比例控制的有差控制形成鲜明对比。式(2-4)表明，只有当被控量误差 e 为零时，积分控制器的输出才会保持不变。然而与此同时，控制器的输出却可以停在任何数值上。这意味着被控对象在负荷干扰下的控制过程结束后，被控量没有残差，而控制阀则可以停在新的负荷所要求的开度上。

采用积分控制的控制系统，其控制阀开度与当时被控量的数值本身没有直接关系，因此积分控制也称为浮动控制。

积分控制的另一特点是它的稳定作用比比例控制差。例如，根据奈奎斯特稳定判据可知，对于非自衡的被控对象采用比例控制时，只要加大比例带总可以使系统稳定(除非被控对象含有一个以上的积分环节)；如果只采用积分控制则有可能得不到稳定的系统。

对于同一个被控对象，采用积分控制时其控制过程的进行总比采用比例控制时缓慢，表现在振荡频率较低。把它们各自在稳定边界上的振荡频率加以比较就可以知道，在稳定边界上若采用比例控制被控对象须提供 180°相角滞后。若采用积分控制则被控对象只须提供 90°相角滞后。这就说明为什么用积分控制取代比例控制会降低系统的振荡频率。

2.2.3　比例带和积分速度对控制过程的影响

1. 比例带对控制过程的影响

上面已经介绍，比例控制的残差随着比例带的加大而加大。从这一方面考虑，人们希望尽量减小比例带。然而，减小比例带就等于加大控制系统的开环增益，其后果将是导致系统激烈振荡甚至不稳定。稳定性是任何闭环控制系统的首要要求，比例带的设置必须保证系统具有一定的稳定裕度。此时，如果残差过大，则需通过其他的途径解决。为了进一步说明比例带对控制过程的影响，以图 2.6 所示系统及参数为例进行了仿真，得到图 2.7 所示曲线。从图 2.7 中可以清楚地看到不同比例带下控制过程的变化。δ 很大意味着控制阀的动作幅度很小，因此被控量的变化比较平稳，甚至可以没有超调，但残差很大，控制时间也很长。减小 δ 就加大了控制阀的动作幅度，引起被控量来回波动，但系统仍可能是稳定的，残差相应减小。δ 具有一个临界值，此时系统处于稳定边界的情况，进一步减小 δ 系统就不稳定了。δ 的临界值 δ_{cr} 可以通过试验测定出来；如果被控对象的数学模型已知，则不难根据控制理论计算出来。

由于比例控制器只是一个简单的比例环节，因此不难理解 δ_{cr} 的大小只取决于被控对象的动态特性。根据奈奎斯特稳定判据可知，在稳定边界上有

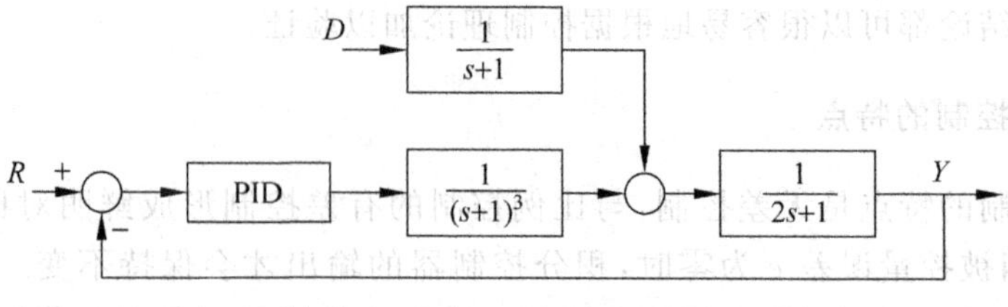

图 2.6 简单控制系统例图

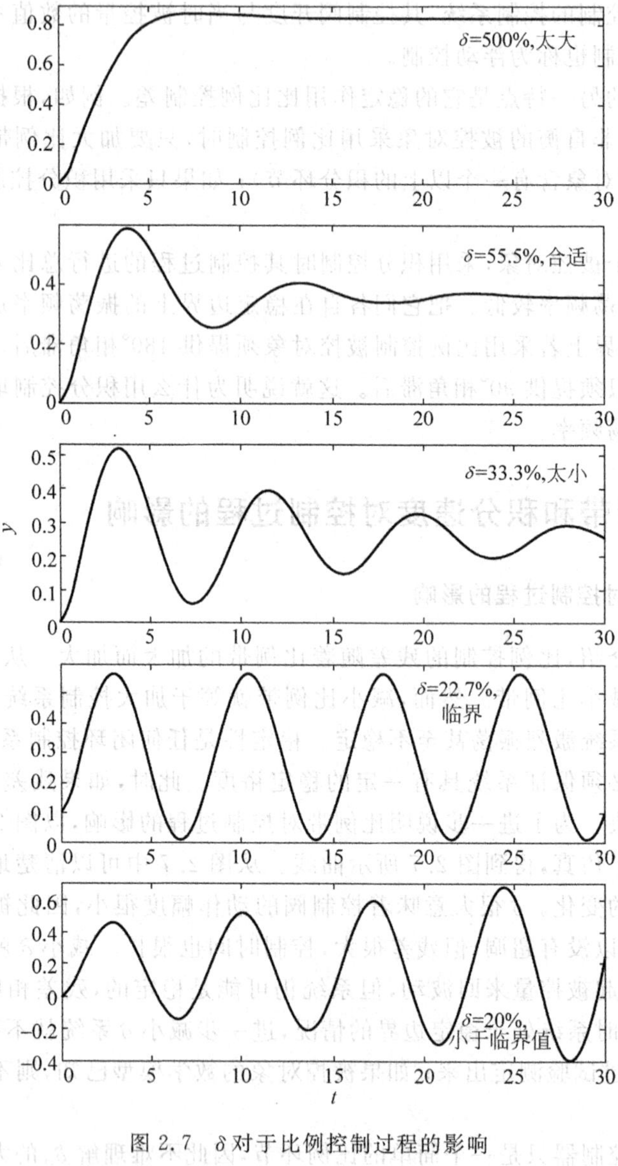

图 2.7 δ 对于比例控制过程的影响

$$\frac{1}{\delta_{cr}}K_{cr} = 1, \quad 即\ \delta_{cr} = K_{cr} \tag{2-6}$$

其中 K_{cr} 为广义被控对象在临界频率下的增益。比例控制器的相角为零，因此被控对象在临界频率 ω_{cr} 下必须提供 $-180°$ 相角，由此可以计算出临界频率。δ_{cr} 和 ω_{cr} 可认为是被控对象动态特性的频域指标。

2. 积分速度对于控制过程的影响

采用积分控制时，控制系统的开环增益与积分速度 S_0 成正比。因此，增大积分速度将会降低控制系统的稳定程度，直到最后出现发散的振荡过程，如图 2.8 所示。这从直观上也是不难理解的，因为 S_0 越大，则控制阀的动作越快，就越容易引起和加剧振荡。但与此同时，振荡频率将越来越高，而最大动态偏差则越来越小。被控量最后都没有残差，这是积分控制的特点。

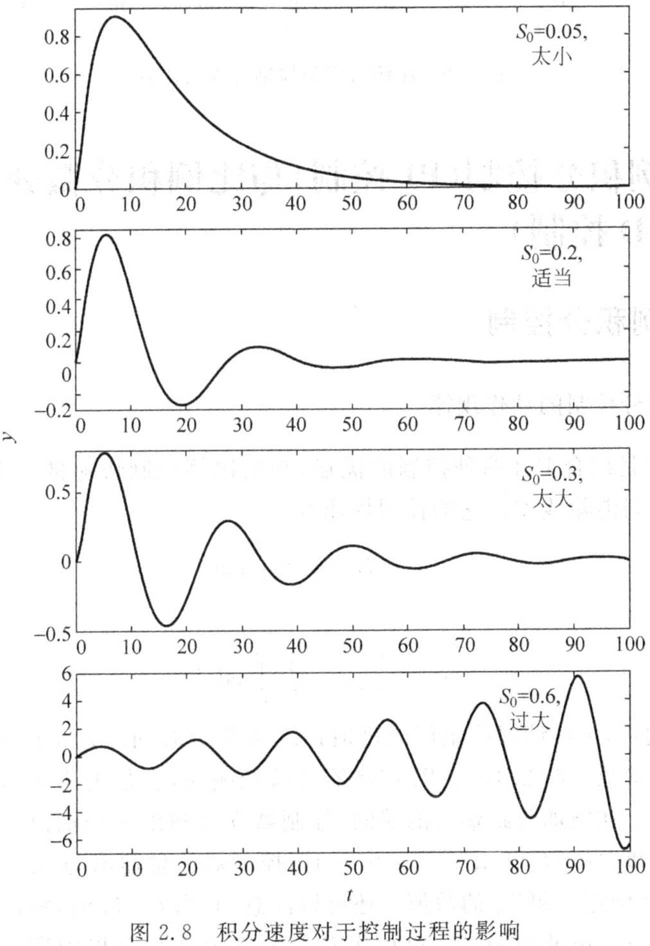

图 2.8　积分速度对于控制过程的影响

对于同一被控对象若分别采用比例控制和积分控制，并调整到相同的衰减率 $\psi = 0.75$，则它们在负荷干扰下的控制过程如图 2.9 中曲线 P 和 I 所示，其中 $T_I =$

0.2，K_c＝1.8。它们清楚地显示出两种控制规律的不同特点。

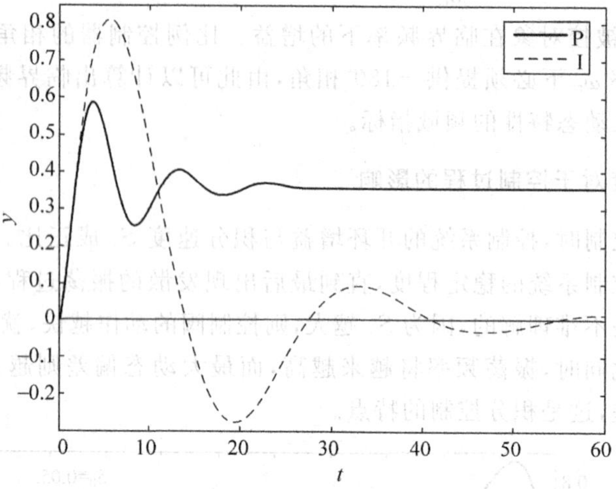

图 2.9 比例与积分控制过程的比较

2.3 比例积分控制（PI 控制）与比例积分微分控制（PID 控制）

2.3.1 比例积分控制

1. 比例积分控制的动作规律

PI 控制就是综合 P、I 两种控制的优点，利用比例控制快速抵消干扰的影响，同时利用积分控制消除残差。它的控制规律为

$$u = K_c e + S_0 \int_0^t e \mathrm{d}t \tag{2-7}$$

或

$$u = \frac{1}{\delta}\left(e + \frac{1}{T_I}\int_0^t e \mathrm{d}t\right) \tag{2-8}$$

式中，δ 为比例带，可视情况取正值或负值；T_I 为积分时间。δ 和 T_I 是 PI 控制器的两个重要调整参数。图 2.10 是 PI 控制器的阶跃响应，它是由比例动作和积分动作两部分组成的。在施加阶跃输入的瞬间，控制器立即输出一个幅值为 $\Delta e/\delta$ 的阶跃，然后以固定速度 $\Delta e/\delta T_I$ 变化。当 $t = T_I$ 时，控制器的总输出为 $2\Delta e/\delta$。这样，就可以根据图 2.10 确定 δ 和 T_I 的数值。还可以注意到，当 $t = T_I$ 时，输出的积分部分正好等于比例部分。由此可见，T_I 可以衡量积分部分在总输出中所占的比重，T_I 越小，积分部分所占的比重越大。

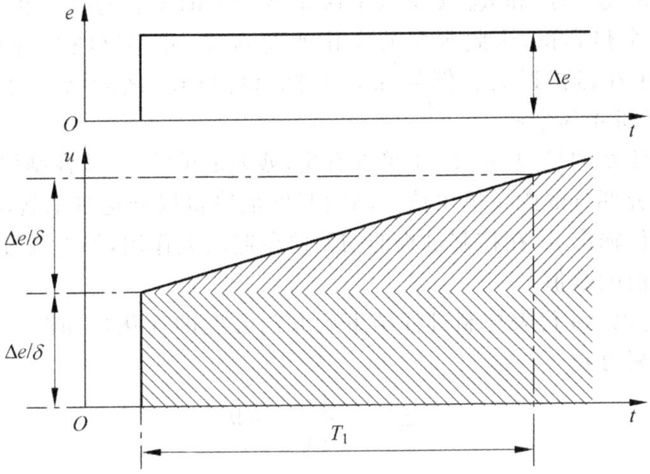

图 2.10　PI 控制器的阶跃响应

2. 比例积分控制过程

现在仍以图 2.3 中的热水加热器为例，分析 PI 控制过程的进行情况。图 2.11 给出了热水流量阶跃减小后的控制过程，它显示出各个量之间的相互关系。其仿真系统如图 2.6 所示，参数分别是 $T_I=0.4$，$K_c=1.8$。现在可从出口水温 θ 开始观察，假定它的变化曲线如图 2.11 所示。μ_P 是 PI 控制器阀位输出中的比例部分，它与 θ 曲线成镜面对称，因为控制器应置于反作用方式下。μ_I 是控制器阀位输出的积分部分，它是 θ 曲线的积分曲线。控制器阀位总输出 μ_{PI} 是 μ_P 和 μ_I 的叠加。Q_{h1} 是蒸汽带入的热流入量，其变化情况决定于 μ_{PI}，并可假定它们之间成正比关系。Q_{h2} 是热水带走的热流出量，其变化情况决定于水流量和热水温度。在水流量阶跃变化

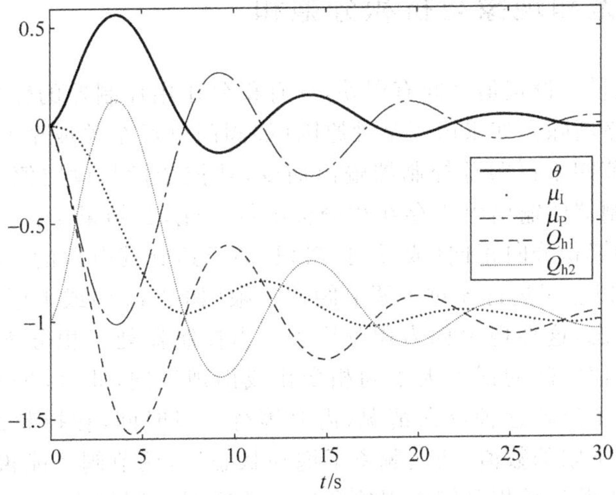

图 2.11　加热器水温 PI 控制系统在热水流量阶跃扰动下的控制过程

后，Q_{h2}与θ成正比。Q_{h1}和Q_{h2}又反过来决定水温θ的变化过程。由于加热盘管的金属壁也是一个热容积，因此水温的变化速度$d\theta/dt$并不反映当时Q_{h1}与Q_{h2}的差额，这中间存在着容积迟延。例如在t_1瞬间，Q_{h1}与Q_{h2}之间已取得平衡，但$d\theta/dt$却要拖到t_2瞬间才等于零。

特别值得注意的是，从图2.11可以看出，残差的消除是PI控制器中积分动作的结果。正是积分部分的阀位输出使控制阀开度最终得以到达抵消扰动所需的位置。比例部分的阀位输出μ_p在控制过程的初始阶段起较大作用，但控制过程结束后又返回到扰动发生前的数值。

此外，假定以$\Delta\mu$代表控制过程结束后阀门开度的变化量如图2.11所示，那么根据以上的分析可知

$$\Delta\mu = \frac{1}{\delta T_I}\int_0^{\infty} e\mathrm{d}t \tag{2-9}$$

或

$$\int_0^{\infty} e\mathrm{d}t = \delta T_I \Delta\mu \tag{2-10}$$

在式(2-10)中，$\Delta\mu$可视为被控对象负荷变化的幅度，而公式等号左侧则是评价控制过程品质的积分指标IE。式(2-10)表明，IE除与负荷变化幅度成正比外，还与PI控制器参数的乘积δT_I成正比。这使IE成为非常易于计算的评价指标。

应当指出，PI控制引入积分动作带来消除系统残差之好处的同时，却降低了原有系统的稳定性。为保持控制系统原来的衰减率，PI控制器比例带必须适当加大。所以PI控制是稍微牺牲控制系统的动态品质以换取较好的稳态性能。

在比例带不变的情况下，减小积分时间T_I，将使控制系统稳定性降低、振荡加剧、控制过程加快、振荡频率升高。图2.12表示控制系统在$K_c=1.8$而积分时间不同时的响应过程。

2.3.2 积分饱和现象与抗积分饱和

只要被控变量与设定值之间有误差，具有积分作用控制器的输出就不会停止变化，直到误差最终消除。如果由于某种原因（如阀门已经全关或全开、泵等执行设备存在故障等）调节阀不再跟踪控制器输出而变，被控变量与设定值之间的误差也无法消除，此时控制器的输出由于存在积分会继续变化，其结果是：经过一段时间后，控制器的输出持续积分向正向（或反向）累积，甚至达到其电源的上限（如24mA）或下限（如0mA），以至于远远超过了调节阀的上限（如20mA）或下限（如4mA），即进入了深度饱和状态，这种现象称为积分饱和。当控制器处于积分饱和状态时，一旦被控变量与设定值之间的误差大幅同相变化或出现反向，此时，进入深度积分饱和的调节阀不能马上反映这种反向情况，需要等待一段时间，在控制器输出作用抵消了超出调节阀上下限的数值，使之脱离了饱和状态后，调节阀才能再次动作，恢复正常的调节作用，因此这种积分饱和现象会极大地削弱控制作用。下面举例说明这种积分饱和现象的危害。

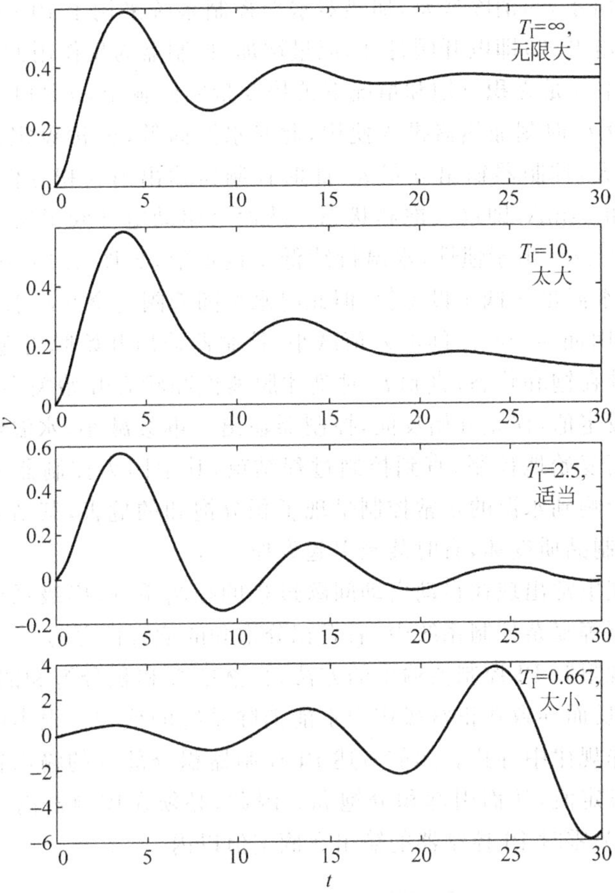

图 2.12 PI 控制系统不同积分时间的响应过程

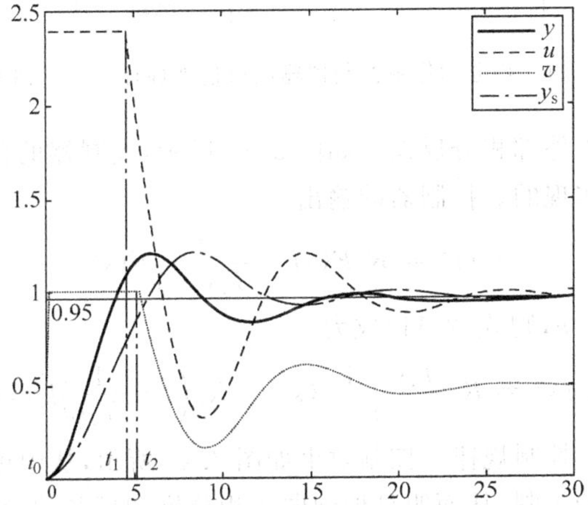

图 2.13 比例积分控制系统积分饱和现象

如图 2.13 所示，为消除残差，加热器水温控制系统采用了 PI 控制器，调节阀选用电动阀，且为电开式，即电开阀打开，流量增加，控制器为反作用方式，其中 y_s 是被控变量实际输出，y 是无积分饱和情况下被控变量实际输出，v 是电开阀阀门位置，u 是控制变量。设 t_0 时刻加热器投入使用，此时水温尚低，y_s 离设定值 y_{sp} 为 0.95 较远，正向误差较大，控制器输出 u 很大，此时控制器输出因为积分作用而很快上升，逐渐达到上限如 24mA，即进入饱和状态。从而会驱动电开阀很快也达到其全开状态，即开度为 100%。由于惯性，水温持续低于设定值，见图 2.13 中的 $t_0 \sim t_1$ 部分。在 $t_1 \sim t_2$ 阶段，水温虽然低于设定值，但此时水温随着阀门全开冷水流量很大而减缓了上升的速度，因而 y_{sp} 与 y_s 间的差值减小，控制器输出开始脱离饱和区而回落，但调节阀仍然还处在饱和状态，直到 t_2 时刻才脱离饱和状态开始关小。在 t_2 时刻后，水温逐渐达到设定值，误差开始反向，控制器输出 u 继续减小，水温继续上升，……，对水温进行周而复始地控制，直到控制过程结束，其中因为控制器和调节阀输出受到饱和限制而影响到水温的正常控制呈现了积分饱和的危害，其结果可使水温持续超出设定值，控制品质变坏，有时甚至引起失控。

积分饱和现象常出现在自动启动间歇过程的控制系统、串级系统中的主控制器以及选择性控制等复杂控制系统中，后者积分饱和的危害性更为严重。

简单地实现限制 PI 控制器输出的方法，虽然能缓和积分饱和的影响，但并不能真正解决问题，反而导致在正常操作中不能消除系统的残差。根本的解决办法还得从比例积分动作规律中寻找。如前所述 PI 控制器积分部分的输出在误差长期存在时会超过输出额定值，从而引起积分饱和。因此，必须在控制器内部限制这部分的输出，使得误差为零时 PI 控制器的输出在额定值以内[9,10]。

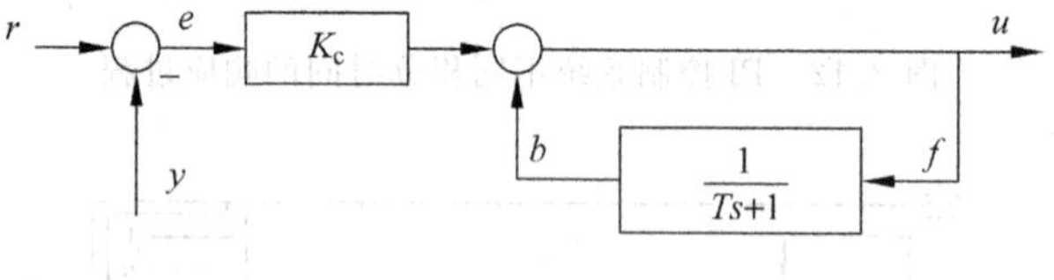

图 2.14　积分动作由控制器输出通过惯性环节正反馈实现

办法之一是接入外部积分反馈。如图 2.14 所示，控制器的积分动作是通过一阶惯性环节的正反馈实现的。控制器的输出

$$U(s) = K_c E(s) + \frac{1}{T_I s + 1} F(s) \tag{2-11}$$

正常情况下，$f=u$，则式(2-11)成为

$$U(s) = K_c \frac{T_I s + 1}{T_I s} E(s) = K_c \left(1 + \frac{1}{T_I s}\right) E(s) \tag{2-12}$$

这就是比例积分控制规律。控制效果如图 2.15 所示，从中可以看出由于控制器输出 u 得到了一定的限制，从而明显地削弱了积分饱和环节的影响。其中 y_a 是被控变量实际输出，y 是无积分饱和情况下被控变量实际输出，v 是阀门位置，u 是控制变量。

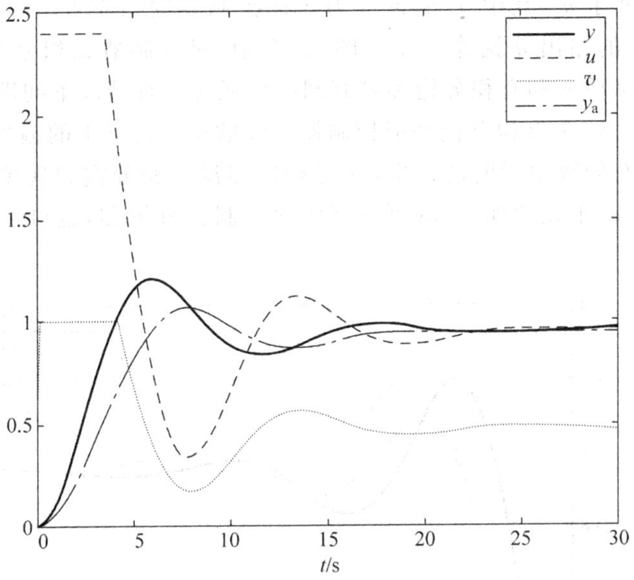

图 2.15　抗积分饱和控制效果

如果在正反馈回路中加入一个间隙单元，如图 2.16 所示，在正常操作时，u 低于输出高限值 u_h，在这种情况下，放大器 K 的输出 u_a 增大，经低值选择器 LS 在 u 和 u_a 中优先选择较低的 u 信号，正反馈信号 $f=u$，这就是正常的积分动作。一旦出现积分饱和，控制器输出 u 达到高限值 u_h 时，高增益放大器 K 输出 u_a 减小，低值选择器 LS 优先接受较低的 u_a 信号，从而使得正反馈信号 $f=u_a$，控制器的输出输入关系将成为

$$U(s)=K_cE(s)+\frac{1}{T_1s+1}U_a(s) \tag{2-13}$$

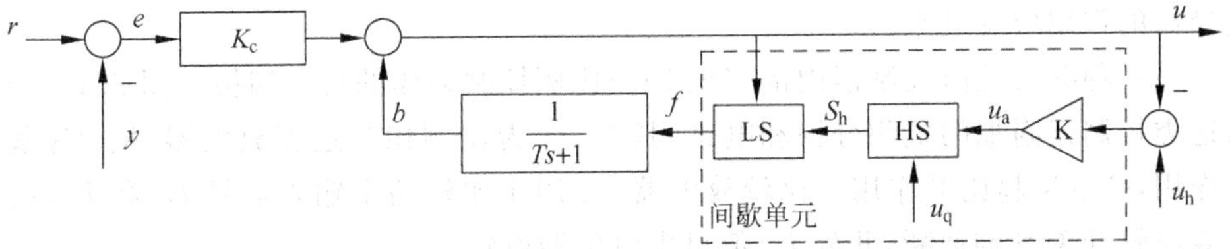

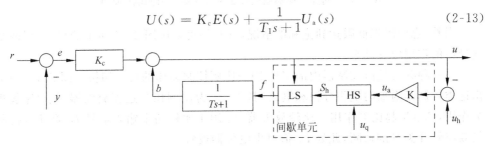

图 2.16　利用间歇单元抗积分饱和

控制器切换成比例作用，防止了积分饱和现象的出现。

以上分析是在预置负荷 $u_q=0$，即无高值选择器 HS 的情况。在这种情况下，当控制器出现很大误差时，u_a 会相当小，间隙单元可能把 f 一直驱动到饱和的低限仍不能使控制器的输出保持在高限值 u_h 上。因而，当误差 e 减小时，u 可以在零以下持续很长的一段时间，其结果正好与积分饱和相反，使得被调量极其缓慢地趋向设定值。为避免这种情况出现，可以限制间隙单元中低值选择器 LS 的输入

S_h，使 S_h 不致低于 u_q，其中 u_q 的值应为比例控制器的工作点。此时，如果误差 e 回到零，控制器的输出 u 就等于 u_q。图 2.17 中，对控制器无积分饱和影响、有积分饱和但无间歇单元和有积分饱和且有间歇单元等三种情况下间歇反应器的温度控制进行比较。y_s 是有积分饱和但控制器无间歇单元情况下的输出；y_a 是有积分饱和且控制器有间歇单元时的输出；y 是控制器没有积分饱和现象时的输出。可以看出，通过间歇单元的加入，既可以有效地控制积分饱和，也可以提高控制系统品质。

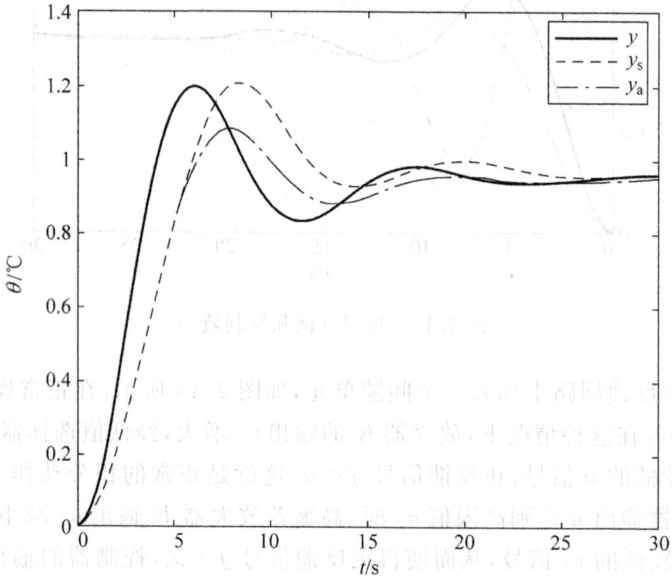

图 2.17 间隙反应器温度控制系统对设定值的响应曲线

当然，也会出现低限达到饱和的情况，这时仍可采用图 2.15 所示的形式，但两个选择器的作用应反过来。

另一种办法是由控制器内部实现 PI→比例控制动作的自动切换。图 2.18(a)给出这类控制器附加的抗积分饱和电路，其中 A_8 为比例积分运算放大器，R_1、C_2 起积分作用，C_1、C_2 起比例作用。比较放大器 A_h 用于比较两个输入信号 E_o 和 E_h，控制场效应管开关 S 的通断，此处 E_h 值可由电位器设置。

开关 S 断开时，电路进行正常的比例积分运算。如输入一个负的阶跃电压 E_i，输出电压 E_o 变化如图 2.18(b)实线所示。当 E_o 增大到 E_h 以后，比较放大器 A_h 的输出使开关 S 闭合。此时 R_1 和 R_1、C 并联，R_2 与 C_2 并联。由于 R_1、R_2 阻值很小，且 $R_1=R_2$，所以电路成为 1∶1 的反相器。这时输出 E_o 立刻减小到与 E_i 相等的数值，如图中虚线所示。一旦输出降低到 E_h 以下，开关 S 重新断开，积分作用又将使 E_o 增大，如此反复交替。宏观看来 E_o 维持在 E_h 不变。

关于串级系统的主控制器的抗积分饱和办法见第二篇第 5 章。

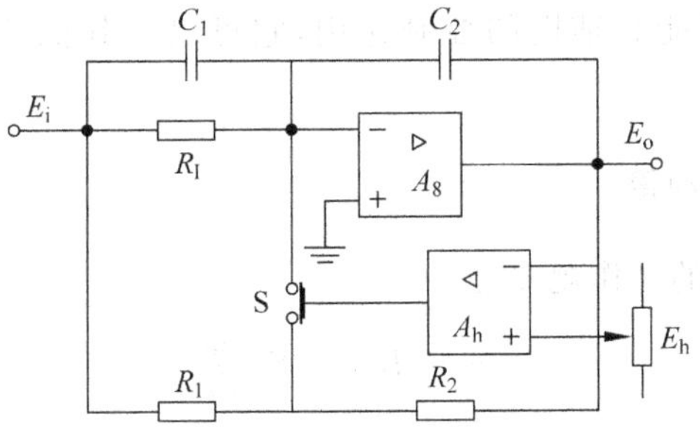

(a) 电路原理

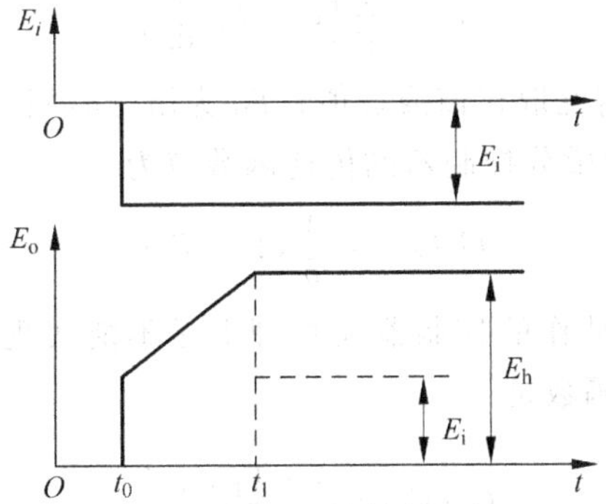

(b) 输出电压阶跃响应

图 2.18 某类控制器抗积分饱和电路

2.3.3 比例微分控制

1. 微分控制的特点

以上讨论的比例控制和积分控制都是根据当时误差的方向和大小进行控制的，不管那时被控对象中流入量与流出量之间有多大的不平衡，而这个不平衡将决定此后被控量将如何变化的趋势。由于被控量的变化速度(包括其大小和方向)可以反映当时或稍前一些时间流入、流出量间的不平衡程度，因此，如果控制器能够根据被控量的变化速度来移动控制阀，而不要等到被控量已经出现较大误差后才开始动作，那么控制的效果将会更好，这等于赋予控制器以某种程度的预见性，这种控制动作称为微分控制。此时控制器的输出与被控量或其误差对于时间的导数成正比，即

$$u = S_2 \frac{\mathrm{d}e}{\mathrm{d}t} \tag{2-14}$$

然而，单纯按上述规律动作的控制器是不能工作的。这是因为实际的控制器都有一定的失灵区，如果被控对象的流入、流出量只相差很少且被控量只以控制器不能察觉的速度缓慢变化时，控制器并不会动作。但是经过相当长时间以后，被控量的误差却可以积累到相当大的数字而得不到校正。这种情况当然是不能容许的。

因此微分控制只能起辅助的控制作用，它可以与其他控制动作结合成 PD 或 PID 控制动作。

2. 比例微分控制规律

比例微分控制器的动作规律是

$$u = K_c e + S_2 \frac{\mathrm{d}e}{\mathrm{d}t} \tag{2-15}$$

或

$$u = \frac{1}{\delta}\left(e + T_D \frac{\mathrm{d}e}{\mathrm{d}t}\right) \tag{2-16}$$

式中，δ 为比例带，可视情况取正值或负值；T_D 为微分时间。

按照式(2-16)，比例微分控制器的传递函数应为

$$G_c(s) = \frac{1}{\delta}(1 + T_D s) \tag{2-17}$$

但严格按式(2-17)动作的控制器在物理上是不能实现的。工业上实际采用的比例微分控制器的传递函数是

$$G_c(s) = \frac{1}{\delta}\left(\frac{T_D s + 1}{\frac{T_D}{K_D}s + 1}\right) \tag{2-18}$$

式中，K_D 称为微分增益。工业控制器的微分增益一般在 5～10 范围内。与式(2-18)相对应的单位阶跃响应为

$$u = \frac{1}{\delta} + \frac{1}{\delta}(K_D - 1)\exp\left(-\frac{t}{T_D/K_D}\right) \tag{2-19}$$

图 2.19 给出了相应的响应曲线。式(2-18)中共有 δ, K_D, T_D 等三个参数，它们都可以从图 2.19 中的阶跃响应确定出来。

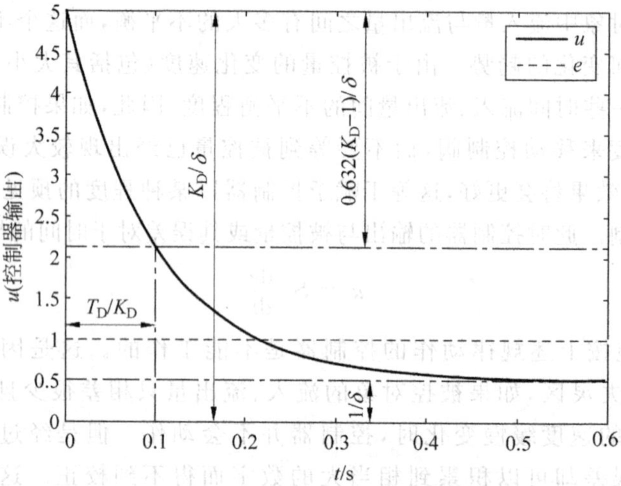

图 2.19 比例微分控制器的单位阶跃响应

根据比例微分控制器的斜坡响应也可以单独测定它的微分时间 T_D，如图 2.20 所示，如果 $T_D=0$ 即没有微分动作，那么输出 u 将按虚线变化。可见，微分动作的引入使输出的变化提前一段时间发生，而这段时间就等于 T_D。因此也可以说，比例微分控制器有导前作用，其导前时间即是微分时间 T_D。

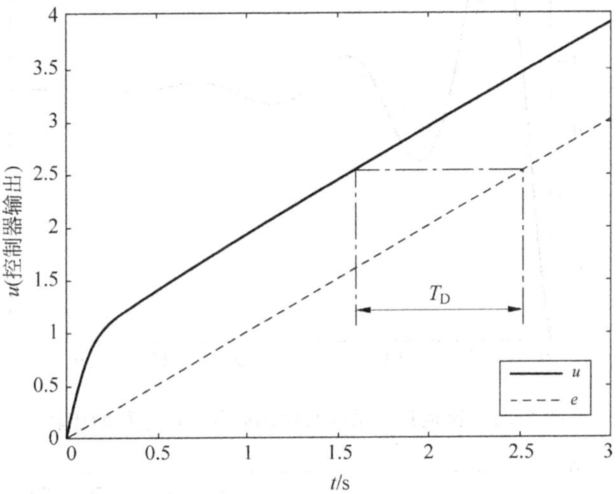

图 2.20　比例微分控制器的斜坡响应

最后可以指出，虽然工业比例微分控制器的传递函数严格说应该是式(2-18)，但由于微分增益 K_D 数值较大，该式分母中的时间常数实际上很小。因此为简单计，在分析控制系统的性能时，通常都忽略较小的时间常数，直接取式(2-17)为比例微分控制器的传递函数。

3. 比例微分控制的特点

在稳态下，$de/dt=0$，比例微分控制器的微分部分输出为零，因此比例微分控制也是有差控制，与比例控制相同。

式(2-14)表明，微分控制动作总是力图抑制被控量的振荡，它有提高控制系统稳定性的作用。适度引入微分动作可以允许稍许减小比例带，同时保持衰减率不变。图 2.21 表示同一被控对象分别采用比例控制器和比例微分控制器并整定到相同的衰减率时，两者阶跃响应的比较，所用仿真系统如图 2.6 所示。从中可以看到，适度引入微分动作后，由于可以采用较小的比例带，结果不但减小了残差，而且也减小了短期最大偏差，提高了振荡频率。微分控制动作也有一些不利之处。首先，微分动作太强容易导致控制阀开度向两端饱和，因此在比例微分控制中总是以比例动作为主，微分动作只是起辅助控制作用。其次，比例微分控制器的抗扰动能力很差，因而一般只应用于被控量的变化非常平稳的过程，例如不用于流量和液位控制系统。最后，微分控制动作对于纯迟延过程显然是无效的。

应当特别指出，引入微分动作要适度。这是因为大多数比例微分控制系统随着微

分时间 T_D 增大，其稳定性提高，但某些特殊系统也有例外，当 T_D 超出某一上限值后，系统反而变得不稳定了。图 2.22 表示控制系统在不同微分时间的响应过程，其中 $K_c=1.8$。

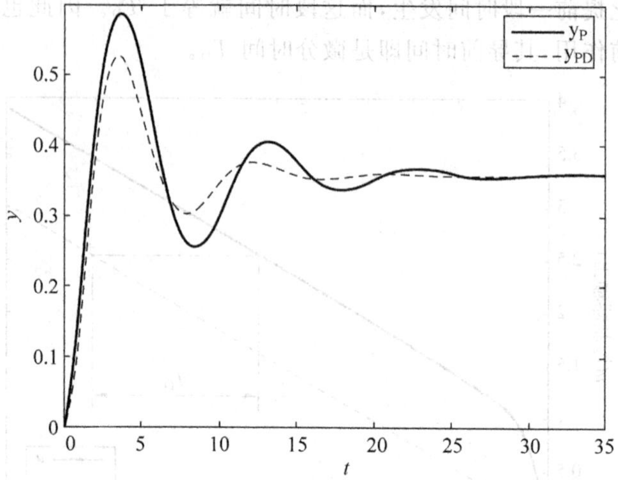

图 2.21 比例控制系统与比例微分控制过程的比较

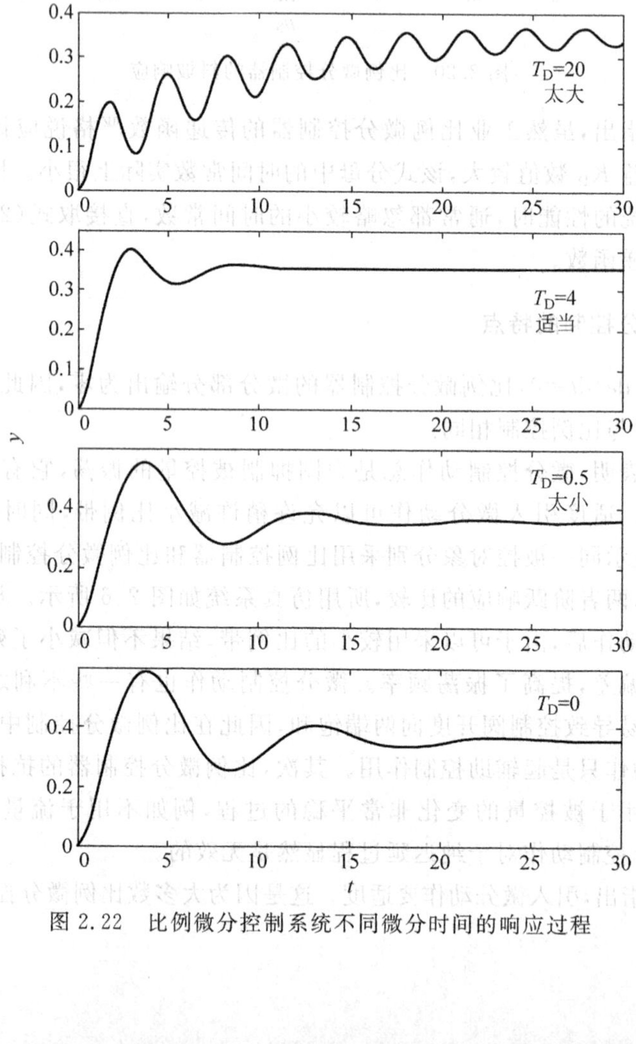

图 2.22 比例微分控制系统不同微分时间的响应过程

2.3.4 比例积分微分控制规律及特点

PID 控制器的动作规律是

$$u = K_c e + S_0 \int_0^t e \mathrm{d}t + S_2 \frac{\mathrm{d}e}{\mathrm{d}t} \tag{2-20}$$

或

$$u = \frac{1}{\delta}\left(e + \frac{1}{T_I}\int_0^t e \mathrm{d}t + T_D \frac{\mathrm{d}e}{\mathrm{d}t}\right) \tag{2-21}$$

式中 δ,T_I 和 T_D 参数的意义与 PI、PD 控制器同。

PID 控制器的传递函数为

$$G_c(s) = \frac{1}{\delta}\left(1 + \frac{1}{T_I s} + T_D s\right) \tag{2-22}$$

不难看出,由式(2-22)表示的控制器动作规律在物理上也是不能实现的。工业上实际采用的 PID 控制器如 DDZ 型控制器,其传递函数为

$$G_c(s) = K_c^* \frac{1 + \frac{1}{T_I^* s} + T_D^* s}{1 + \frac{1}{K_I T_I s} + \frac{T_D}{K_D} s} \tag{2-23}$$

其中

$$K_c^* = FK_c; \quad T_I^* = FT_I; \quad T_D^* = \frac{T_D}{F}$$

式中带 * 的量为控制器参数的实际值,不带 * 者为参数的刻度值。F 称为相互干扰系数;K_I 为积分增益。

图 2.23 给出工业 PID 控制器的响应曲线,其中阴影部分面积代表微分作用的强弱。

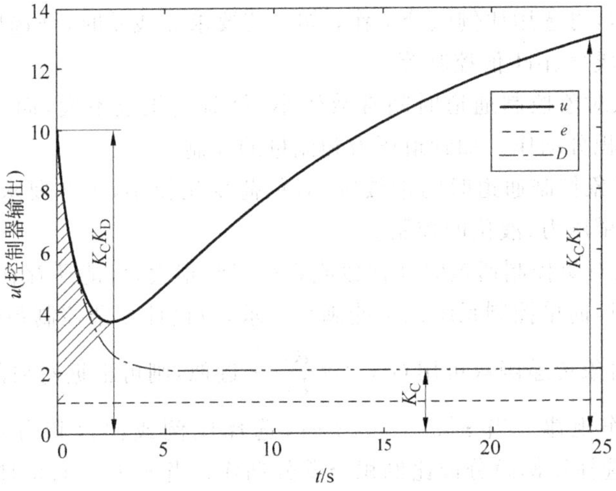

图 2.23 工业 PID 控制器单位阶跃响应 $K_D=5, K_C=2, K_I=8, T_I=2, T_D=5$

此外，为了对各种动作规律进行比较，图 2.24 表示同一对象在相同阶跃干扰下，采用不同控制动作时具有同样衰减率的响应过程。仿真系统如图 2.6 所示，参数分别是 $K_c=1, T_I=0.4, T_D=1$。显然，PID 三作用时控制效果最佳，但这并不意味着，在任何情况下采用三作用控制都是合理的。何况三作用控制器有 3 个需要整定的参数，如果这些参数整定不合适，则不仅不能发挥各种控制动作应有的作用，反而适得其反。

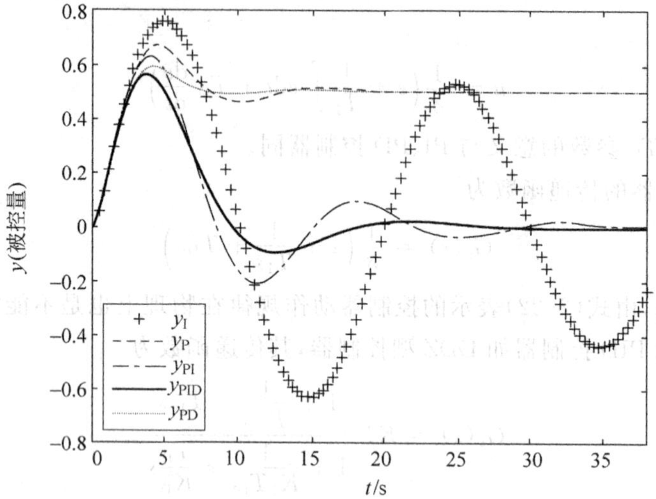

图 2.24　各种控制动作对应的响应过程

事实上，选择什么样动作规律的控制器与具体对象相匹配，是一个比较复杂的问题，需要综合考虑多种因素方能获得合理解决。

通常，选择控制器动作规律时应根据对象特性、负荷变化、主要扰动和系统控制要求等具体情况，同时还应考虑系统的经济性以及系统投用方便等。

(1) 广义对象控制通道时间常数较大或容积迟延较大时，应引入微分动作。如工艺容许有残差，可选用比例微分动作；如工艺要求无残差时，则选用比例积分微分动作。如温度、成分、pH 值控制等。

(2) 当广义对象控制通道时间常数较小，负荷变化也不大，而工艺要求无残差时，可选择比例积分动作。如管道压力和流量的控制。

(3) 广义对象控制通道时间常数较小，负荷变化较小，工艺要求不高时，可选择比例动作，如储罐压力、液位的控制。

(4) 当广义对象控制通道时间常数或容积迟延很大，可能还存在着纯迟延，而负荷变化亦很大时，简单控制系统已不能满足要求，应设计复杂控制系统。

如果被控对象传递函数可用 $G_p(s)=\dfrac{Ke^{-\tau s}}{Ts+1}$ 近似，则可根据对象的可控比 τ/T 选择控制器的动作规律。当 $\tau/T<0.2$ 时，选择比例或比例积分动作；当 $0.2<\tau/T\leqslant 1.0$ 时，选择比例微分或比例积分微分动作；当 $\tau/T>1.0$ 时，采用简单控制系统往往不能满足控制要求，应选用如串级、前馈等复杂控制系统。

2.4　小结

本章介绍了比例、积分和微分控制作用的特点，分析了三种控制作用对于被控对象的作用规律，并进一步分析了 PI 控制作用、PD 控制作用以及 PID 控制作用的特点。在此基础上，分析了积分饱和作用对于控制系统的影响，并给出了抗积分饱和的措施。分析过程中，针对不同控制作用参数给出了多种仿真结果，以更加清楚地说明控制效果。通过本章的学习，希望读者能够掌握比例、积分和微分控制作用的基本概念、整定参数对控制系统的影响和各自的作用特点以及使用条件等；并能够根据系统的要求，选择适当的控制作用。

第3章 控制系统的整定

3.1 控制系统整定的基本要求

简单控制系统是由广义对象和控制器构成的，其控制品质的决定性因素是被控对象的动态特性，与此相比其他都是次要的。当系统安装好以后，系统能否在最佳状态下工作，则主要取决于控制器各参数的设置是否得当。

过程控制通常都是选用工业成批生产的不同类型的控制器，这些控制器都有一个或几个整定参数和调整这些参数的相应机构（如旋钮、开关等）。系统整定的实质，就是通过调整控制器的这些参数使其特性与被控对象特性相匹配，以达到最佳的控制效果。人们常把这种整定称作"最佳整定"，这时的控制器参数叫做"最佳整定参数"。

应当指出，控制系统的整定是一个很重要的工作，但它只能在一定范围内起作用，决不能误认为控制器参数的整定是"万能"的。如果设计方案不合理、仪表选择不当、安装质量不高、被控对象特性不好……，要想通过控制器参数的整定来满足工艺生产要求也是不可能的。所以，只有在系统设计合理、仪表选择得当和安装正确条件下，控制器参数整定才有意义。

衡量控制器参数是否最佳，需要规定一个明确的统一反映控制系统质量的性能指标。在绪论中已经讨论过控制系统的性能指标问题，其中所提的性能指标是各式各样的，如要求最大动态偏差尽可能小、调节时间最短、调节过程系统输出的误差积分指标最小等。然而，这些指标之间往往存在着矛盾，例如，改变控制器参数可能使某些指标得到改善，而同时又会使其他的指标恶化。此外，不同生产过程对系统性能指标的要求也不一样，因此系统整定时性能指标的选择有一定灵活性。作为系统整定的性能指标，它必须能综合反映系统控制质量，而同时又要便于分析和计算。目前，系统整定中采用的性能指标大致分为单项性能指标和误差积分性能指标两大类。

3.1.1 单项性能指标

绪论 0.3 节讨论过基于系统闭环响应的某些特性的单项性能指标，它是利用响应曲线上的一些点的指标。这类指标简单、直观、意义明确，但它们往往只是比较笼统的概念，难以准确衡量。常用的有：衰减率(或衰减比)、最大动态偏差、残余偏差、调节时间(又称回复时间)或振荡周期。

必须指出，单项的特性并不足以描述所希望的动态响应。人们往往要求满足更多的指标，例如同时希望最大动态偏差和调节时间都最小。显然，多个指标不可能同时都得到满足。所以，整定时必须权衡轻重，兼顾系统偏差、调节时间方面的要求。

在各种单项性能指标中，应用最广的是衰减率，$\psi=0.75$(即 1/4 衰减比)，它一方面反应了控制系统的稳定裕度，同时又是对系统偏差和调节时间的一个合理的折中。当然，还应根据生产过程的具体特点确定衰减率的数值。例如，锅炉燃烧过程的燃料量和送风量的控制不宜有过大幅度的波动，衰减率应取较大数值，如 $\psi\approx 1$(或略小于 1)；对于惯性较大的恒温控制系统，如果它要求温度控制精度高，温度动态偏差小而调节量又允许有较大幅度的波动，则衰减率可取较小值，如 $\psi=0.65$ 或更小。

很多控制器具有两个以上的整定参数，它们可以有各种不同的搭配，都能满足给定的衰减率。这时，还应采用其他性能指标，以便从中选择最佳的一组整定参数。

3.1.2 误差积分性能指标

绪论 0.3 节中还提到误差积分性能指标，如 IE、IAE、ISE、ITAE，与上述只利用系统动态响应单个特性的单项指标不同，这一类指标是基于从时间 $t=0$ 直到稳定为止整个响应曲线的形态定义的，因此比较全面，但使用起来比较麻烦。

采用误差积分指标作为系统整定的性能指标时，系统的整定就归结为计算控制系统中待定参数，以使上述各类积分数值极小，例如

$$\left.\begin{aligned} \mathrm{IAE} &= \int_0^{\infty} |e(t)|\,\mathrm{d}t = \min \\ \mathrm{ISE} &= \int_0^{\infty} e^2(t)\,\mathrm{d}t = \min \\ \mathrm{ITAE} &= \int_0^{\infty} |e(t)|\,t\,\mathrm{d}t = \min \end{aligned}\right\} \tag{3-1}$$

按不同积分指标整定的控制器参数，其对应的系统响应也不同，如图 3.1 所示。

一般来说，对抑制大的误差，ISE 比 IAE 好；而抑制小误差，IAE 比 ISE 好；ITAE 能较好地抑制长时间存在的误差。因此，ISE 指标对应的系统响应，其最大动态偏差较小，调节时间较长；与 ITAE 指标对应的系统响应调节时间最短，但最大动态偏差最大。误差积分指标往往与其他指标并用，很少作为系统整定的单一指标。

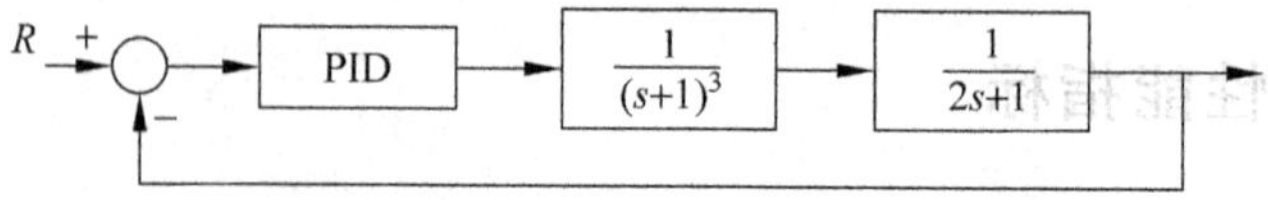

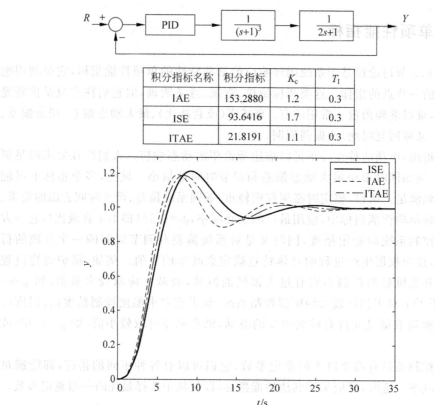

积分指标名称	积分指标	K_c	T_I
IAE	153.2880	1.2	0.3
ISE	93.6416	1.7	0.3
ITAE	21.8191	1.1	0.3

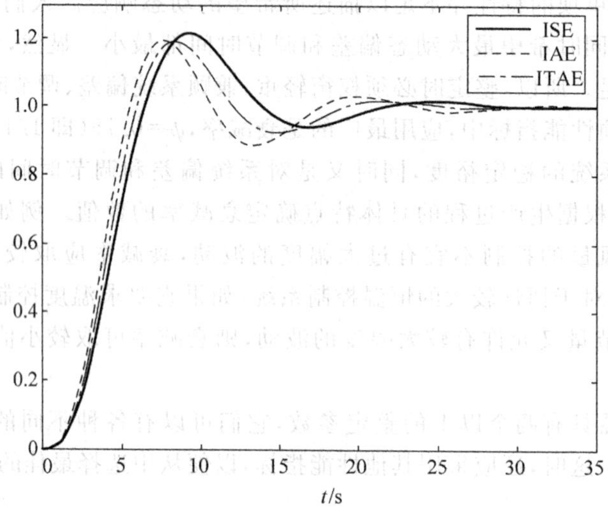

图 3.1　不同误差积分指标对应的闭环响应曲线

在实际系统整定过程中，一般先改变控制器的某些参数(通常是比例带)使系统响应获得规定的衰减率，即首先保证系统的稳定性，然后再改变另外一些参数，最后经过综合反复调整所有参数，以期在规定的衰减率下使选定的某一误差积分指标最小，从而获得控制器最佳整定参数。当然，如果系统只有一个可供整定的参数，就不必进行积分指标的计算了。

系统整定方法很多，但可归纳为两大类。一类是理论计算整定法，如根轨迹法、频率特性法等。这类整定方法基于被控对象数学模型(如传递函数、频率特性)，通过计算方法直接求得控制器整定参数。由第 1 章可知，无论采用机理分析法还是测试法，由于忽略了某些因素，它们所得的对象数学模型是近似的，此外，实际控制器的动态特性与理想的控制器动作规律也有差别。所以，在过程控制系统中，理论计算求得的整定参数并不准确，只可作为调整参数的初值。另外，理论计算整定法往往比较复杂、烦琐，使用不十分方便。

在工程实际中最流行的是另一类，称为工程整定法，其中有一些是基于对象的阶跃响应曲线，有些则直接在闭环系统中进行，方法简单，易于掌握。它们都是早先的科学家和工程师根据他们长期的工作经验积累和在一定的理论计算基础上总结而得。虽然它们是一种近似的经验方法，但相当实用。

这并不是说理论计算整定法就没有价值了，恰恰相反，理论计算整定法有助于人们深入理解问题的实质，它所导出的一些结果正是工程整定法的理论依据。正因为如此，本章先介绍一种整定系统参数的理论计算法——衰减频率特性法，然后再介绍几种常用参数工程整定法[11~13]。

3.2 衰减频率特性法

衰减频率特性法就是通过改变系统的整定参数使控制系统的开环频率特性变成具有规定相对稳定度的衰减频率特性，从而使闭环系统响应满足规定衰减率的一种系统整定方法。

3.2.1 稳定度判据

从控制理论得知，对于一个典型的二阶系统，其特征方程有一对共轭复根 s_1 和 s_2，即

$$s_{1,2} = -\alpha \pm j\omega$$

式中 α 和 ω 分别为特征方程根的实部和虚部。而且控制系统响应的衰减率 ψ 可以表示为

$$\psi = 1 - e^{-2\pi m} \tag{3-2}$$

式中，$m=\alpha/\omega$ 称为系统的相对稳定度，它就是特征方程根的实部与虚部之比值。

式(3-2)表明，系统响应的衰减率 ψ 与系统特征方程的根在复平面上的位置存在对应关系。图 3.2 示出系统特征方程共轭复根的位置与衰减率之间存在的对应关系。这些根正好落在对称于负实轴的两条斜线 OA 和 OB 上。斜线与虚轴的夹角

$$\beta = \arctan(\alpha/\omega) = \arctan(m) \tag{3-3}$$

显然，ψ 值越大（m 值也越大），夹角 β 也越大。特征方程的共轭复根 $s_{1,2}$ 也可表示为

$$s_{1,2} = -m\omega \pm j\omega \tag{3-4}$$

高阶系统响应包含若干个与系统特征方程根相对应的振荡分量，每个振荡分量的衰减率取决于各共轭复根的 β 角值。其中主导复根所对应的振荡分量衰减最慢，因此高阶系统响应的衰减率由它决定。由此可见，要使一个系统响应的衰减率不低于某一规定值 ψ_s，只需系统特征方程的全部根都落在图 3.3 所示复平面的 $OBCAO$ 周界之外，其中 $\beta=\arctan(m_s)$，m_s 是规定的相对稳定度，与 ψ_s 相对应，例如，当 ψ_s 分别为 0.75，0.90 时，m_s 为 0.221，0.366。

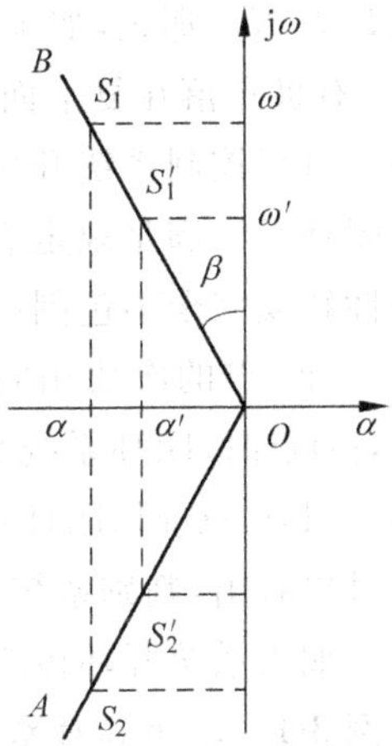

图 3.2　系统特征方程共轭复根的位置与衰减率之间存在的对应关系

讨论了方程根在频域中的分布，下面的问题是，用什么办法判别系统特征方程根的分布能满足图3.3规定的范围。由控制理论可知，奈奎斯特稳定性判据是通过系统开环频率特性 $W_o(j\omega)$ 在 ω 从 $-\infty$ 到 $+\infty$ 变化时的轨线与临界点 $(-1,j0)$ 间的相互关系来判别闭环系统特征方程的根分布在复平面虚轴 $(j\omega)$ 两侧的数目，从而确定闭环系统的稳定性。可以设想，如果以图3.3中 AOB 折线代替虚轴 $j\omega$ 作为判别的界限，则奈奎斯特稳定性判据的基本方法也同样适用。这时，AOB 折线上的任一点可以表示为

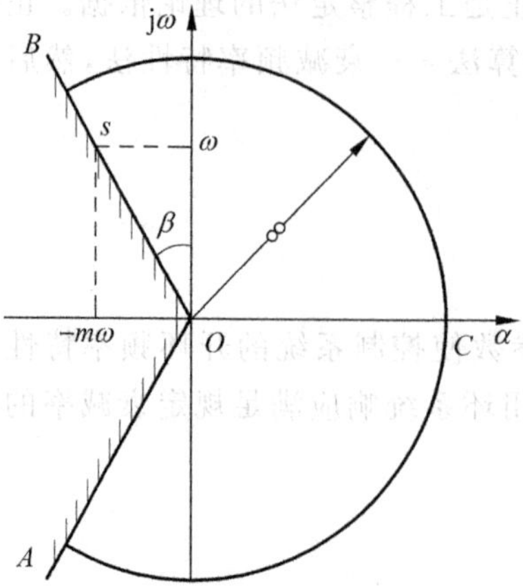

图3.3 具有规定衰减率 ψ_s 的系统特征方程根的分布范围

$$s = -|m\omega| \pm j\omega \tag{3-5}$$

这里 m 应为与规定衰减率 ψ_s 相对应的值。

令式(3-5)的 s 值代入系统开环传递函数 $W_o(s)$，便得到系统开环衰减频率特性 $W_o(m,j\omega)$。它是相对稳定度 m 和频率 ω 的复变函数。如果 ω 从 $-\infty$ 到 $+\infty$ 变化，就得到对应于某一 m 值的 $W_o(m,j\omega)$ 轨线，该轨线与系统开环频率特性 $W_o(j\omega)$ 轨线既相似又有所区别。利用系统开环衰减频率特性 $W_o(m,j\omega)$ 判别闭环系统稳定度的推广奈奎斯特稳定判据，特别称为稳定度判据，以示区别。稳定度判据叙述如下。

设系统开环传递函数 $W_o(s)$ 在复平面 AOB 折线右侧有 p 个极点，又假设当 ω 从 $-\infty$ 到 $+\infty$ 变化时，系统开环衰减频率特性 $W_o(m,j\omega)$ 轨线逆时针包围 $(-1,j0)$ 点的次数为 N。那么，如果 $N=p$，则闭环系统衰减率满足规定要求，即 $\psi>\psi_s$。假如 $W_o(s)$ 有极点落在复平面坐标原点处，则图3.3中 $OBCAO$ 周线应把原点本身排除在外。过程控制系统开环传递函数 $W_o(s)$ 的极点通常在复平面负实轴上，即 $p=0$，此时闭环系统满足规定衰减率 ψ_s 的条件是 $N=0$。也就是说，只要系统开环衰减频率特性轨线完全不包围 $(-1,j0)$ 点，或者逆时针包围 $(-1,j0)$ 点的次数与顺时针包围 $(-1,j0)$ 点的次数相同，则闭环系统衰减率高于规定值。当 $W_o(m,j\omega)$ 轨线通过 $(-1,j0)$ 点时，闭环系统衰减率正好等于规定值 ψ_s。反之，当 $W_o(m,j\omega)$ 轨线顺时针包围 $(-1,j0)$ 点时，闭环系统具有低于规定值 ψ_s 的衰减率。

可以看出，判别系统是否具有规定的衰减率关键在于求得该系统开环衰减频率特性。如果系统开环传递函数 $W_o(s)$ 已知，这个问题是不难解决的。下面举例说明。

例3-1 求单容对象积分控制系统开环衰减频率特性 $W_o(m,j\omega)$。

已知系统开环传递函数为

$$W_o(s) = \frac{K}{Ts+1} \cdot \frac{S_0}{s} \tag{3-6}$$

以 $s=-m\omega \pm j\omega$ 代入式(3-6)，得其衰减频率特性的第一分支，即

$$W_o(m,j\omega)=\frac{K}{T(-m\omega+j\omega)+1}\cdot\frac{S_0}{(-m\omega+j\omega)}$$
$$=\frac{KS_0}{\omega\sqrt{1+m^2}\sqrt{(1-m\omega T)^2+\omega^2T^2}}e^{j\left(\pi+\arctan\frac{1}{m}-\arctan\frac{\omega T}{1-m\omega T}\right)} \qquad (3\text{-}7)$$

在复平面上，该衰减频率特性 $W_o(m,j\omega)$ 如图 3.4(a)所示。图中 3 条特性曲线分别对应 m 的 3 个不同数值，其中 $m=0$ 对应的特性曲线就是普通的开环频率特性。在图 3.4(b)中给出双容对象比例控制系统 3 个不同 m 值对应的开环衰减频率特性曲线。绘制图 3.4(a)中曲线的条件是 $K=1, T=2, S_0=1, \omega=0.01\sim10$，间隔 0.01。绘制图 3.4(b)中曲线的条件是 $K=1, T_1=2, T_2=5, K_c=1, \omega=0.001\sim100$，间隔 0.001。 ■

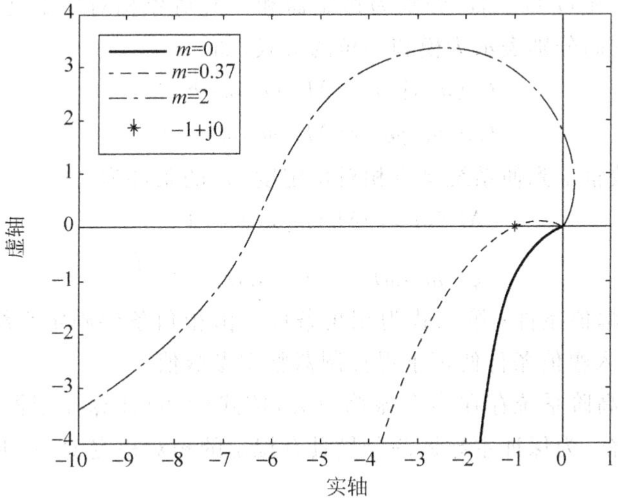

(a) 单容对象积分控制系统 $W_o(m,j\omega)$

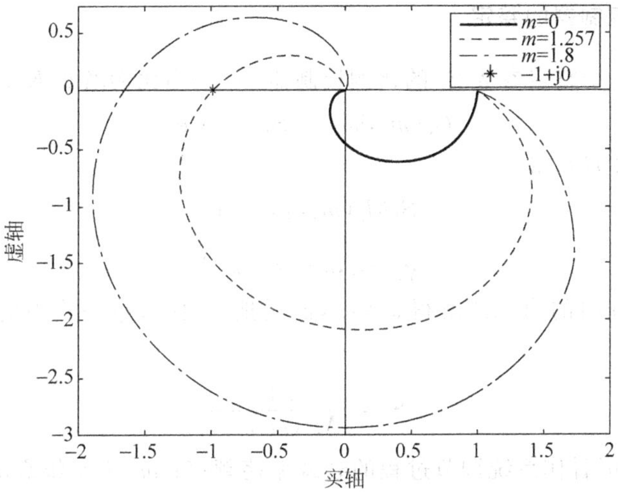

(b) 双容对象比例控制系统 $W_o(m,j\omega)$

图 3.4　不同 m 值对应的衰减频率特性

如果试验测得系统的频率特性曲线 $W_o(j\omega)$，则可用图解方法由 $W_o(j\omega)$ 直接画得相应的衰减频率特性 $W_o(m,j\omega)$。具体做法可参阅文献[14]。

3.2.2 频率特性法整定控制器参数

如上所述，由控制器和广义对象组成的过程控制系统，其绝大多数开环传递函数 $W_o(s)$ 的极点都落在负实轴上。根据稳定度判据，要使系统响应具有规定的衰减率 ψ_s（相对稳定度 m_s），只需选择控制器参数，令其开环衰减频率特性 $W_o(m,j\omega)$ 轨线通过 $(-1,j0)$ 点。用数学公式表示为

$$W_o(m,j\omega)=G_c(m_s,j\omega)\cdot G_p(m_s,j\omega)=-1=1e^{j(-\pi)} \tag{3-8}$$

式中，$G_c(m_s,j\omega)$ 和 $G_p(m_s,j\omega)$ 分别为控制器和广义对象相对稳定度为 m_s 的衰减频率特性。如果它们分别表示为模和相角的形式，如

$$G_c(m_s,j\omega)=M_c(m_s,\omega)e^{j\varphi_c(m_s,\omega)}$$

$$G_p(m_s,j\omega)=M_p(m_s,\omega)e^{j\varphi_p(m_s,\omega)}$$

那么控制器参数整定到使系统具有相对稳定度 m_s 的条件为

$$\left.\begin{aligned}M_c(m_s,\omega)M_p(m_s,\omega)&=1\\ \varphi_c(m_s,\omega)+\varphi_c(m_s,\omega)&=-\pi\end{aligned}\right\} \tag{3-9}$$

其中，第一式为幅值条件；第二式为相角条件。由相角条件确定系统主导振荡分量频率 ω 以后，代入幅值条件便可求得控制器整定参数值。

注意，由于高阶系统存在多个振荡成分，按式(3-9)计算控制器整定参数时，可能出现若干组解。为保证主导振荡分量具有规定的相对稳定度 m_s，应选择其中频率最低的一组解。

1. 单参数控制器的整定

对于只有一个整定参数 S_1 的比例控制器（S_1 即为比例增益 K_c），因为

$$G_c(m_s,j\omega)=S_1=S_1e^{j0} \tag{3-10}$$

代入式(3-9)后，得

$$\left.\begin{aligned}S_1M_p(m_s,\omega)&=1\\ \varphi_p(m_s,\omega)&=-\pi\end{aligned}\right\} \tag{3-11}$$

由上述方程组的第二式解得 $\omega=\omega_s$，然后把 ω_s 代入第一式中的 ω，得控制器参数为

$$S_1=\frac{1}{M_p(m_s,\omega_s)} \tag{3-12}$$

事实上 ω_s 可看作系统调节过程的衰减振荡频率；m_s 为系统衰减最慢的振荡分量的相对稳定度。

同理，对于只有整定参数积分速度 S_0 的积分控制器，其衰减频率特性为

$$G_c(m_s,j\omega)=\frac{S_0}{-m_s\omega+j\omega}=\frac{S_0}{\omega\sqrt{1+m_s^2}}\exp\left[-j\left(\frac{\pi}{2}+\arctan m_s\right)\right] \tag{3-13}$$

代入式(3-9)后,可得

$$\left.\begin{aligned}S_0&=\frac{\omega\sqrt{1+m_s^2}}{M_p(m_s,\omega)}\\ \varphi_p(m_s,\omega)&=-\frac{\pi}{2}+\arctan m_s\end{aligned}\right\} \tag{3-14}$$

图 3.5 表示同一被控对象在不同 m 值(分别为 0、0.221 和 0.366)时的衰减相频特性。采用比例动作控制器时系统振荡频率分别为 ω_1、ω_2 和 ω_3,而采用积分动作控制器时,它们分别为 ω_4、ω_5 和 ω_6。由图可见,系统整定到相同的 m 值时,比例控制系统的衰减频率总是高于积分控制系统,即 $\omega_1>\omega_4$;$\omega_2>\omega_5$;$\omega_3>\omega_6$。

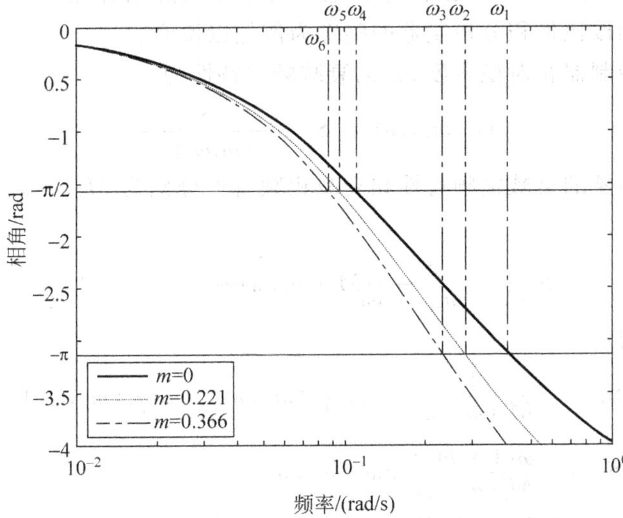

图 3.5　控制系统在不同 m 值时的振荡频率

例 3-2　用衰减频率特性法整定比例控制器参数。规定系统的衰减率 $\psi_s=0.75$ ($m_s=0.221$)。

设被控对象是一个迟延时间为 τ 的纯迟延环节,其衰减频率特性为

$$\begin{aligned}G_p(m_s,j\omega)&=\exp[-\tau(-m_s\omega+j\omega)]\\&=\exp[m_s\tau\omega-j\tau\omega]\end{aligned}$$

即

$$\left.\begin{aligned}M_p(m_s,\omega)&=\exp(m_s,\tau\omega)\\ \varphi_p(m_s,\omega)&=-\tau\omega\end{aligned}\right\}$$

代入式(3-11)得

$$\tau\omega=\pi$$

即

$$\omega_s = \frac{\pi}{\tau} \tag{3-15}$$

因而比例控制系统振荡周期 $T_s = 2\tau$。将 ω_s 值代入式(3-11)幅值条件，则控制器比例带为

$$\delta = \frac{1}{S_1} = e^{\pi m_s} \tag{3-16}$$

以 $m_s = 0.221$ 代入上式后得 $\delta = 200\%$。■

2. 双参数控制器的整定

对于具有一个以上整定参数的控制器，只规定 m_s 值，式(3-9)的解是不确定的。这就是说，这类控制器可以有无穷多组整定参数均能使控制系统满足规定的衰减率。为此，应采用如误差积分指标等其他性能指标来加以补充，从中选择最佳一组整定参数。下面以比例积分控制器的整定为例加以说明。

比例积分控制器相对稳定度 m_s 的衰减频率特性为

$$G_c(m_s, j\omega) = S_1 + \frac{S_0}{-m_s\omega + j\omega} \tag{3-17}$$

如果被控对象的衰减幅频特性和衰减相频特性分别为 $M_p(m_s, \omega)$ 和 $\varphi_p(m_s, \omega)$，根据式(3-8)有

$$S_1 + \frac{S_0}{-m_s\omega + j\omega} M_p(m_s, \omega) e^{j\varphi_p(m_s, \omega)} = -1$$

由上式可得

$$\left.\begin{aligned} S_1 &= -\frac{1}{M_p(m_s, \omega)}[m_s \sin\varphi_p(m_s, \omega) + \cos\varphi_p(m_s, \omega)] \\ S_0 &= -\frac{\omega(1 + m_s^2)}{M_p(m_s, \omega)} \sin\varphi_p(m_s, \omega) \end{aligned}\right\} \tag{3-18}$$

以 ω 为参变量，S_1 和 S_0 分别为横坐标和纵坐标，式(3-18)表示的控制器整定参数之间的关系可以画成如图 3.6 所示的等衰减曲线图。图中每条曲线代表某一规定的衰减率 ψ_s，等衰减曲线上的每一点的坐标代表控制器的一组整定参数，在每一点处标有该组整定参数下系统响应的振荡频率。在等衰减曲线 ψ_s 与横轴所包围的区域内的点，控制器参数对应的系统衰减率均大于 ψ_s。

例 3-3 用衰减频率特性法整定比例积分控制器，规定衰减率为 ψ_s，相应的稳定度为 m_s。

假设被控对象为带纯迟延的一阶惯性环节，其传递函数为

$$G_p(s) = \frac{K}{Ts + 1} e^{-\tau s}$$

相应的衰减幅频特性 $M_p(m_s, \omega)$ 和衰减相频特性 $\varphi_p(m_s, \omega)$ 分别为

$$\left.\begin{aligned} M_p(m_s, \omega) &= \frac{K e^{m_s \tau\omega}}{\sqrt{\omega^2 T^2 + (m_s\omega T - 1)^2}} \\ \varphi_p(m_s, \omega) &= -\tau\omega - \pi + \arctan\frac{\omega T}{m_s\omega T - 1} \end{aligned}\right\} \tag{3-19}$$

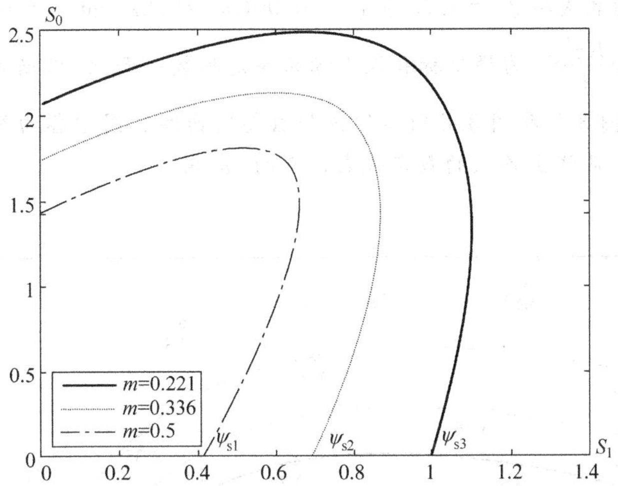

(a) 被控对象为自衡过程

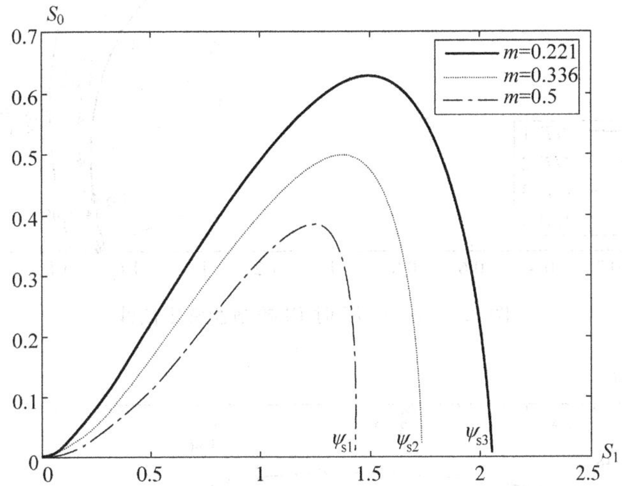

(b) 被控对象为非自衡过程

图 3.6　比例积分控制系统的等衰减曲线图

将式(3-19)代入式(3-18)得

$$\left.\begin{aligned} S_1 &= -\frac{1}{K\mathrm{e}^{m_s\tau\omega}}[(2m_s\omega T-1)\cos\tau\omega+(\omega T-m_s^2\omega T+m_s)\sin\tau\omega] \\ S_0 &= -\frac{\omega(1+m_s^2)}{K\mathrm{e}^{m_s\tau\omega}}[\omega T\cos\tau\omega-(m_s\omega T-1)\sin\tau\omega] \end{aligned}\right\} \quad (3\text{-}20)$$

或写成无量纲形式，即

$$\left.\begin{aligned} \frac{K\tau}{T}S_1 &= -\frac{1}{\mathrm{e}^{m_s\tau\omega}}\left[\left(2m_s\tau\omega-\frac{\tau}{T}\right)\cos\tau\omega+\left(\tau\omega-m_s^2\tau\omega+m_s\,\frac{\tau}{T}\right)\sin\tau\omega\right] \\ \frac{K\tau^2}{T}S_0 &= -\frac{\tau\omega(1+m_s^2)}{\mathrm{e}^{m_s\tau\omega}}\left[\tau\omega\cos\tau\omega-\left(m_s\tau\omega-\frac{\tau}{T}\right)\sin\tau\omega\right. \end{aligned}\right\} \quad (3\text{-}21)$$

对于规定的衰减率 $\psi_{s1}=0.75$ 和 $\psi_{s2}=0.90$（$m_s=0.221$ 和 $m_s=0.366$）这两种情况，在以 $\frac{K\tau}{T}S_1$ 和 $\frac{K\tau^2}{T}S_0$ 为横坐标和纵坐标的整定参数平面上，根据式(3-21)的计算结果，可以画出图3.7和图3.8所示的控制器整定曲线。图中各曲线对应被控对象不同的 τ/T 值。曲线上各点的数值代表该点的 $\tau\omega$ 值。

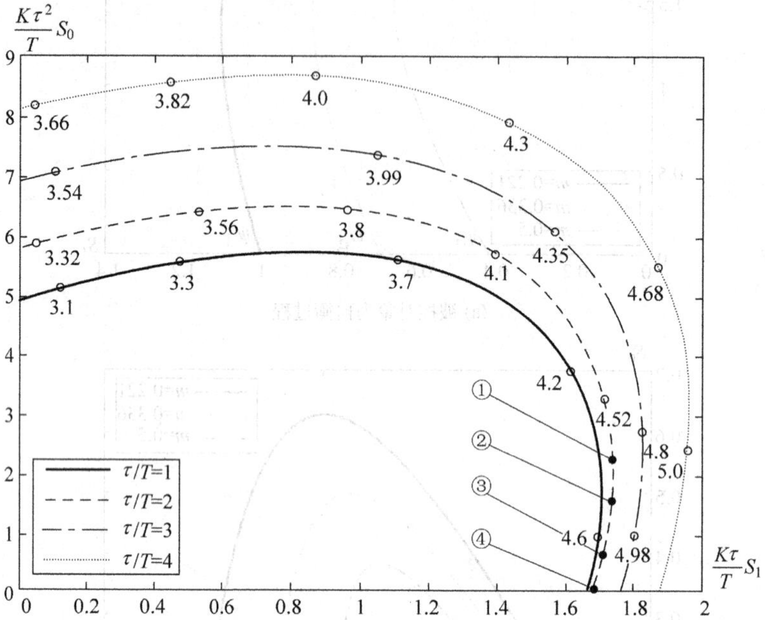

图 3.7 $\psi=0.75$ 时 PI 控制器整定曲线

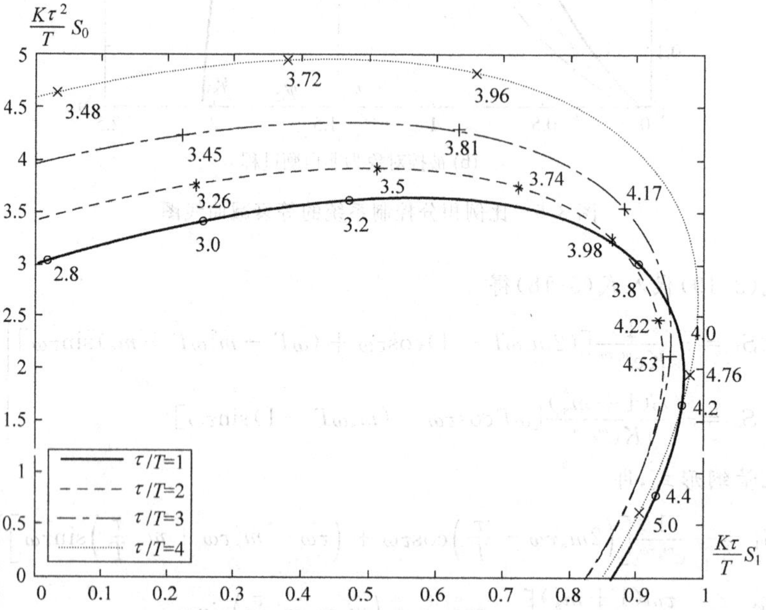

图 3.8 $\psi=0.90$ 时 PI 控制器整定曲线

	$\frac{K\tau}{T}S_1$	$\frac{K\tau^2}{T}S_0$	K_c	T_I
①	1.74	2.15	0.87	1.62
②	1.74	1.50	0.87	2.31
③	1.71	0.61	0.86	5.64
④	1.69	0.02	0.84	225.19

图 3.7 中，$\tau/T=2$ 整定曲线上点①、②、③和④代表四种情况，它们的各类参数值如上表所示，其对应的响应曲线如图 3.9 所示。整定曲线左端点($S_1=0$)对应积分调节过程，而右端点④($S_0=0$)则对应比例调节过程。因此，点①比较接近积分调节过程，它的振荡频率低，最大动态偏差较大；点③接近比例调节过程，因而振荡频率较高，最大动态偏差较小。由于积分作用弱，响应返回稳态值时间长。从误差积分指标看，点①和③代表的两组整定参数均不是最佳的。控制器最佳的一组整定参数应在点②附近的区域。

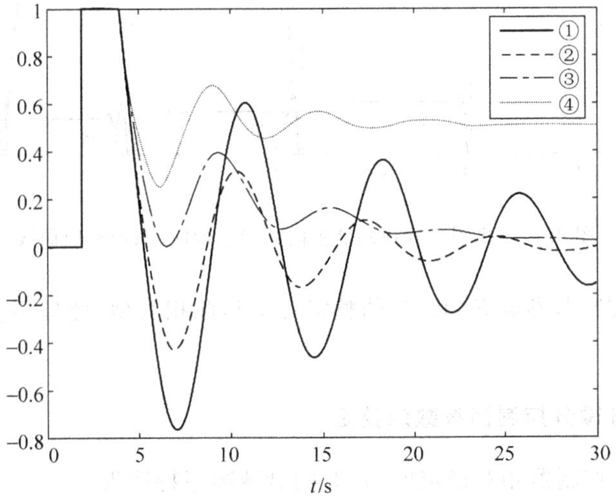

图 3.9　图 3.7 整定曲线上点①、②、③和④对应的调节过程

如果控制器整定参数用比例带 δ 和积分时间 T_I 表示，与点②相应的坐标值分别为

$$\frac{K\tau^2}{T}S_0=1.5;\qquad \frac{K\tau}{T}S_1=1.74$$

$$\left.\begin{aligned}\delta&=\frac{1}{S_1}=0.67K\frac{\tau}{T}\\ T_I&=\frac{S_1}{S_0}=0.94\tau\end{aligned}\right\}\tag{3-22}$$

由式(3-22)可见，比例积分控制器整定参数中的比例带 δ 与被控对象的特性参数 K 和 τ/T 有关；而积分时间 T_I 只与 τ 有关。实际上，上述结论也适用于参数平面(例如图 3.8)中的任何一点。

图 3.10 表示带纯迟延的一阶惯性对象($\tau/T=1$)，当比例积分控制器整定参数在参数平面较大范围变化时，系统的不同响应曲线。 ■

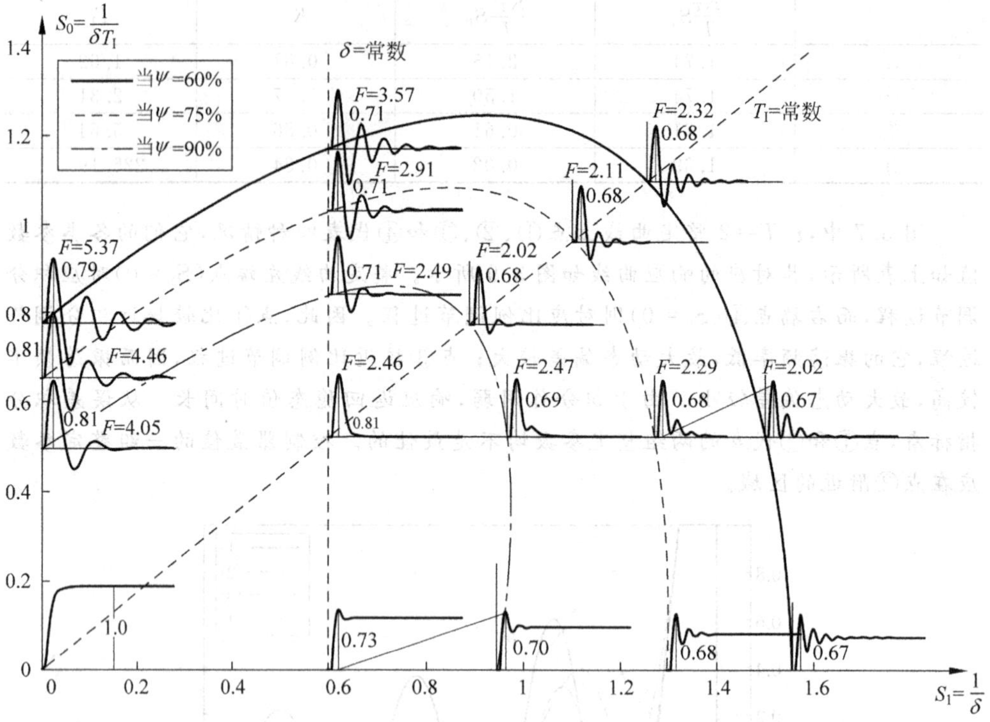

图 3.10 比例积分控制器不同整定参数时，系统响应曲线

比例微分控制器参数 S_1 和 S_2 的整定方法与此相类似，此处不作讨论。读者可参阅文献[14]。

3. 比例积分微分控制器参数的整定

PID 三作用控制器相对稳定度 m_s 时的衰减频率特性为

$$G_c(m_s, jm) = \left[S_1 - \frac{m_s}{\omega(1+m_s)}S_0 - m_s\omega S_2\right] + j\left[\frac{S_0}{\omega(1+m_s)} - \omega S_2\right] \tag{3-23}$$

将式(3-23)代入式(3-8)，并以 S_2 为变量，可得

$$\left.\begin{aligned} S_1 &= -\frac{1}{M_p(m_s,\omega)}[m_s\sin\varphi_p(m_s,\omega) + \cos\varphi_p(m_s,\omega)] + 2m_s\omega S_2 \\ S_0 &= \omega(1+m_s^2)\left[-\frac{1}{M_p(m_s,\omega)}\sin\varphi_p(m_s,\omega) + \omega S_2\right] \end{aligned}\right\} \tag{3-24}$$

式(3-24)共有 S_0、S_1、S_2 和 ω 等四个变量。如果以 ω 为参变量，S_0、S_1 和 S_2 为坐标，那么式(3-24)的计算结果，可构成一个 PID 控制器整定参数空间。

对于工业用的 PID 控制器，通常取

$$\frac{T_D}{T_I} = \frac{1}{8} \sim \frac{1}{4} \tag{3-25}$$

这样，PID 控制器参数整定便可简化为双参数控制器的整定，使参数整定工作量大为

缩减。

综上所述，用衰减频率特性法整定控制器参数，除单参数控制器外，计算工作量相当大，实用价值不高。但是，如式(3-22)表示那样，通过它可建立控制器整定参数与被控对象动态特性参数之间的关系，为工程整定法的经验公式提供理论依据。

3.3　工程整定法

如上所述，衰减频率特性法整定控制器参数是以对象的传递函数为基础，计算工作量很大，计算的结果还需通过现场试验加以修正，所以在工程上大都不直接采用。

在工程实际中常采用工程整定法，它们是在理论基础上通过实践总结出来的。这些方法通过并不复杂的试验，便能迅速获得控制器的近似最佳整定参数，因而在工程中得到广泛应用。下面介绍几种最常用的整定方法。

3.3.1　特性参数法

特性参数法是一种以被控对象控制通道的阶跃响应为依据，通过一些经验公式求取控制器最佳参数整定值的开环整定方法。这种方法是由齐格勒(Ziegler)和尼科尔斯(Nichols)于 1942 年首先提出的[15]，计算控制器整定参数的公式如表 3.1。

表 3.1　Z-N 控制器参数整定公式

	δ	T_I	T_D
P	$\varepsilon\tau$		
PI	$1.1\varepsilon\tau$	3.3τ	
PID	$0.85\varepsilon\tau$	2.0τ	0.5τ

后来经过不少改进，总结出相应的计算控制器最佳参数整定公式。这些公式均以衰减率($\psi=0.75$)为系统的性能指标，其中广为流行的是柯恩-库恩(Cohen-Coon)整定公式：

(1) 比例控制器

$$K_cK = (\tau/T)^{-1} + 0.333 \tag{3-26}$$

(2) 比例积分控制器

$$\left.\begin{aligned} K_cK &= 0.9(\tau/T)^{-1} + 0.082 \\ T_I/T &= [3.33(\tau/T) + 0.3(\tau/T)^2]/[1 + 2.2(\tau/T)] \end{aligned}\right\} \tag{3-27}$$

(3) 比例积分微分控制器

$$\left.\begin{aligned} K_cK &= 1.35(\tau/T)^{-1} + 0.27 \\ T_I/T &= [2.5(\tau/T) + 0.5(\tau/T)^2]/[1 + 0.6(\tau/T)] \\ T_D/T &= 0.37(\tau/T)/[1 + 0.2(\tau/T)] \end{aligned}\right\} \tag{3-28}$$

其中 K,T,τ 为对象动态特性参数。

随着仿真技术的发展，又提出了以各种误差积分值为系统性能指标的控制器最佳参数整定公式，如表 3.2 所示。为便于比较，表中列入最初的 Z-N 计算公式[15]。

表 3.2 Z-N 及 IAE、ISE、ITAE 指标的控制器参数整定公式

控制器动作规律 $u(t)=K_c[1+1/T_I s+T_D s]e(t)$

整定公式

$$KK_c=A(\tau/T)^{-B}$$

$$T_I/T=C(\tau/T)^D$$

$$T_D/T=E(\tau/T)^F$$

定值系统时公式中常数

性能指标	调节规律	A	B	C	D	E	F
Z-N	P	1.000	1.000				
IAE		0.902	0.985				
ISE		1.411	0.917				
ITAE		0.904	1.084				
Z-N	PI	0.900	1.000	3.333	1.000		
IAE		0.984	0.986	1.644	0.707		
ISE		1.305	0.959	2.033	0.739		
ITAE		0.859	0.977	1.484	0.680		
Z-N	PID	1.200	1.000	2.000	1.000	0.500	1.000
IAE		1.435	0.921	1.139	0.749	0.482	1.137
ISE		1.495	0.945	0.917	0.771	0.560	1.006
ITAE		1.357	0.947	1.176	0.738	0.381	0.995

用上述公式计算控制器参数整定值的前提是，广义对象的阶跃响应曲线可用一阶惯性环节加纯迟延来近似，即 $G(s)=Ke^{-\tau s}/(Ts+1)$，否则由公式计算得到的整定参数只能作初步估计值。

3.3.2 稳定边界法

稳定边界法是一种闭环的整定方法。它基于纯比例控制系统临界振荡试验所得数据，即临界比例带 δ_{cr} 和临界振荡周期 T_{cr}，利用一些经验公式，求取控制器最佳参数值。其整定计算公式如表 3.3 所示。具体步骤如下：

表 3.3 稳定边界法参数整定计算公式

调节规律 \ 整定参数	δ	T_I	T_D
P	$2\delta_{cr}$		
PI	$2.2\delta_{cr}$	$0.85T_{cr}$	
PID	$1.67\delta_{cr}$	$0.50T_{cr}$	$0.125T_{cr}$

(1) 置控制器积分时间 T_I 到最大值($T_I=\infty$),微分时间 T_D 为零($T_D=0$),比例带 δ 置较大值,使控制系统投入运行。

(2) 待系统运行稳定后,逐渐减小比例带,直到系统出现如图 3.11 所示的等幅振荡,即所谓临界振荡过程。记录下此时的比例带 δ_{cr}(临界比例带),并计算两个波峰间的时间 T_{cr}(临界振荡周期)。

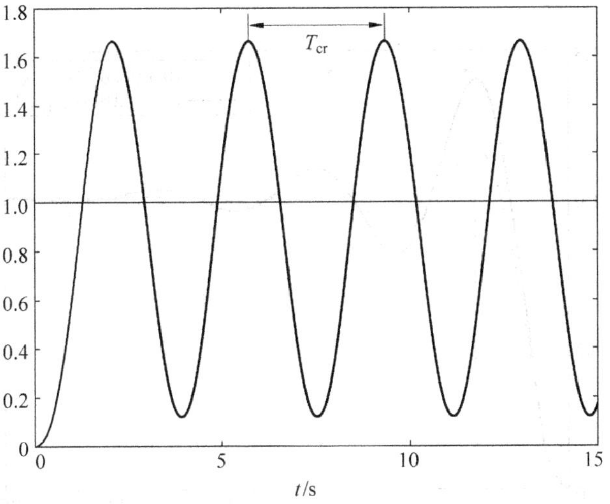

图 3.11　系统的临界振荡过程

(3) 利用 δ_{cr} 和 T_{cr} 值,按表 3.3 给出的相应计算公式,求控制器各整定参数 δ、T_I 和 T_D 的数值。

注意,在采用这种方法时,控制系统应工作在线性区,否则得到的持续振荡曲线可能是极限环,不能依据此时的数据来计算整定参数。

应当指出,由于被控对象特性的不同,按上述经验公式求得的控制器整定参数不一定都能获得满意的结果。实践证明,对于无自平衡特性的对象,用稳定边界法求得的控制器参数往往使系统响应的衰减率偏大($\psi>0.75$);而对于有自平衡特性的高阶等容对象,用此法整定控制器参数,系统响应的衰减率大多偏小($\psi<0.75$)。为此,上述求得的控制器参数,需要针对具体系统在实际运行过程中做在线校正。

稳定边界法适用于许多过程控制系统。但对于如锅炉水位控制系统那样的不允许进行稳定边界试验的系统,或者某些时间常数较大的单容对象,采用纯比例控制时系统本质稳定。对于这些系统是无法用稳定边界法来进行参数整定的。

3.3.3 衰减曲线法

与稳定边界法类似,不同的只是本法采用某衰减比(通常为 4∶1 或 10∶1)时设定值干扰的衰减振荡试验数据,然后利用一些经验公式,求取控制器相应的整定参数。对于 4∶1 衰减曲线法的具体步骤如下:

(1) 置控制器积分时间 T_I 为最大值($T_I=\infty$),微分时间 T_D 为零($T_D=0$),比例带 δ 为较大值,并将系统投入运行。

(2) 待系统稳定后,让设定值作阶跃变化,并观察系统的响应。若系统响应衰减太快,则减小比例带;反之,系统响应衰减过慢,应增大比例带。如此反复,直到系统出现如图 3.12 所示的 4∶1 衰减振荡过程。记下此时的比例带 δ_s 和振荡周期 T_s 数值。

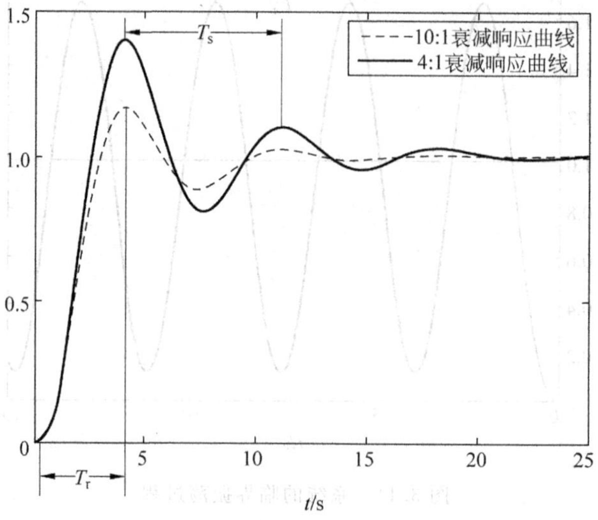

图 3.12 系统衰减振荡曲线

(3) 利用 δ_s 和 T_s 值,按表 3.4 给出的经验公式,求控制器整定参数 δ、T_I 和 T_D 数值。

表 3.4 衰减曲线法整定计算公式

衰减率 ψ	整定参数 / 调节规律	δ	T_I	T_D
0.75	P	δ_s		
	PI	$1.2\delta_s$	$0.5T_s$	
	PID	$0.8\delta_s$	$0.3T_s$	$0.1T_s$
0.90	P	δ_s		
	PI	$1.2\delta_s$	$2T_r$	
	PID	$0.8\delta_s$	$1.2T_r$	$0.4T_r$

对于扰动频繁,过程进行较快的控制系统,要准确地确定系统响应的衰减程度比较困难,往往只能根据控制器输出摆动次数加以判断。对于 4∶1 衰减过程,控制器输出应来回摆动两次后稳定。摆动一次所需时间即为 T_s。显然,这样测得的 T_s 和 δ_s 值,会给控制器参数整定带来误差。

衰减曲线法也可以根据实际需要,在衰减比为 $n=10:1$ 的情况下进行。此时要以图 3.12 中的上升时间 T_r 为准,按表 3.4 给出的公式计算。

以上介绍的几种系统参数工程整定法有各自的优缺点和适用范围，要善于针对具体系统的特点和生产要求，选择适当的整定方法。不管用哪种方法，所得控制器整定参数都需要通过现场试验，反复调整，直到取得满意的效果为止。

例 3-4　用动态特性参数法和稳定边界法整定控制器。已知被控对象为二阶惯性环节，其传递函数为

$$G(s)=\frac{1}{(5s+1)(2s+1)}$$

测量装置和调节阀的特性为

$$G_{\mathrm{m}}(s)=\frac{1}{10s+1},\quad G_{\mathrm{v}}(s)=1.0$$

广义对象的传递函数为

$$G_{\mathrm{p}}(s)=G_{\mathrm{v}}(s)G(s)G_{\mathrm{m}}(s)=\frac{1}{(5s+1)(2s+1)(10s+1)}\tag{3-29}$$

图 3.13 表示其阶跃响应曲线。

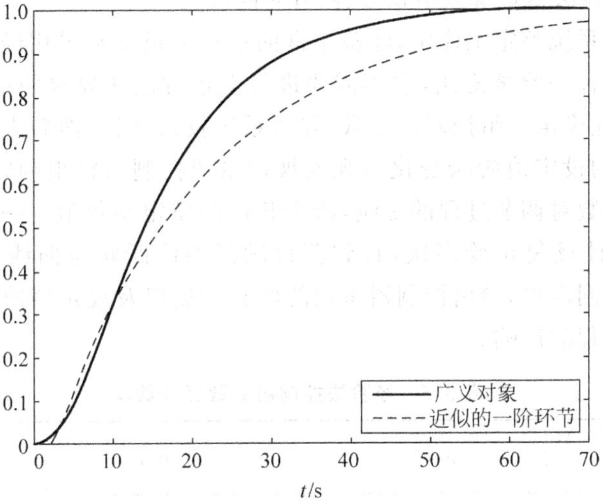

图 3.13　例 3-4 广义对象阶跃响应曲线 1 和近似的带纯迟延的一阶环节的阶跃响应曲线 2

由阶跃响应曲线可以得到近似的带纯迟延的一阶环节特性为

$$G_{\mathrm{p}}'(s)=\frac{1}{20s+1}\mathrm{e}^{-2.5s}\tag{3-30}$$

利用柯恩-库恩参数整定公式，求得

对于比例控制器　$K_{\mathrm{c}}=8.3$

对于比例积分控制器　$K_{\mathrm{c}}=7.3, T_{\mathrm{I}}=6.6$

对于比例积分微分控制器　$K_{\mathrm{c}}=10.9, T_{\mathrm{I}}=5.85, T_{\mathrm{D}}=0.89$

下面用稳定边界法整定控制器参数。首先令控制器为比例作用，比例带从大到小改变，直到系统呈现等幅振荡，此时的比例带为 δ_{cr}，同时由曲线测得临界振荡周期 T_{cr}。按表 3.3 给出的整定参数计算公式，计算得控制器整定参数值为

比例控制器 $K_c=6.3$

比例积分控制器 $K_c=5.7, T_I=12.62$

比例积分微分控制器 $K_c=7.4, T_I=7.57, T_D=1.89$ ■

其实，在对象传递函数已知的情况下，可以直接计算出 δ_{cr} 和 T_{cr}。例如对式(3-29)表示的对象，在纯比例控制器作用的情况，由式

$$\arctan(-5\omega_{cr})+\arctan(-2\omega_{cr})+\arctan(-10\omega_{cr})=-\pi$$

可直接求得临界振荡频率 $\omega_{cr}=0.415$，且临界振荡周期 $T_{cr}=2\pi/\omega_{cr}=15.14$。

另外，由式

$$\frac{K_{cr}}{\sqrt{(5\omega_{cr})^2+1}\sqrt{(2\omega_{cr})^2+1}\sqrt{(10\omega_{cr})^2+1}}=1$$

求得临界比例增益 $K_{cr}=12.6$。

对这两种工程整定法得出的整定参数比较，可见：

(1) 柯恩-库恩整定公式求得的比例增益稍大。

(2) 稳定边界法整定参数中积分、微分时间较大。

在现场控制系统整定工作中，经验丰富的运行人员常常采用经验整定法。这种方法实质上是一种经验试凑法，它不需要进行上述方法所要求的试验和计算，而是根据运行经验，先确定一组控制器参数，并将系统投入运行，然后人为加入阶跃扰动(通常为控制器的设定值阶跃变化)，观察被控量或控制器输出的阶跃响应曲线，并依照控制器各参数对调节过程的影响，改变相应的整定参数值。一般先改变 δ 后改变 T_I 和 T_D，如此反复试验多次，直到获得满意的阶跃响应曲线为止。表 3.5 和表 3.6 分别就不同对象，给出控制器参数的经验数据以及设定值阶跃变化下控制器各参数对调节过程的影响。

表 3.5 经验法控制器参数经验数据

被控对象 \ 整定参数	$\delta\times100$	T_I/min	T_D/min
温度	20～60	3～10	0.5～3
压力	30～70	0.4～3	
流量	40～100	0.1～1	
液位	20～80		

表 3.6 设定值扰动下整定参数对调节过程的影响

性能指标 \ 整定参数	$\delta\downarrow$	$T_I\downarrow$	$T_D\downarrow$
最大动态偏差	↑	↑	↓
残差	↓		
衰减率	↓	↓	↑
振荡频率	↑	↑	↑

这种方法使用得当，同样可以获得满意的控制器参数，取得最佳的控制效果。而且此方法省时，对生产影响小。

最后讨论广义被控对象和等效控制器问题。动态特性参数法整定计算时，常常把简单控制系统简化为控制器和被控对象两大环节，分别称为等效控制器和广义被控对象。它们之间如何划分会直接影响实际控制器参数与等效控制器参数之间的关系。图3.14是由几个独立环节组成的简单控制系统，图中 $G_p(s)$，$G_m(s)$，$G_v(s)$ 和 $G_c(s)$ 分别为被控对象、测量变送装置、调节阀（包括执行机构和阀两部分）和控制器的传递函数。

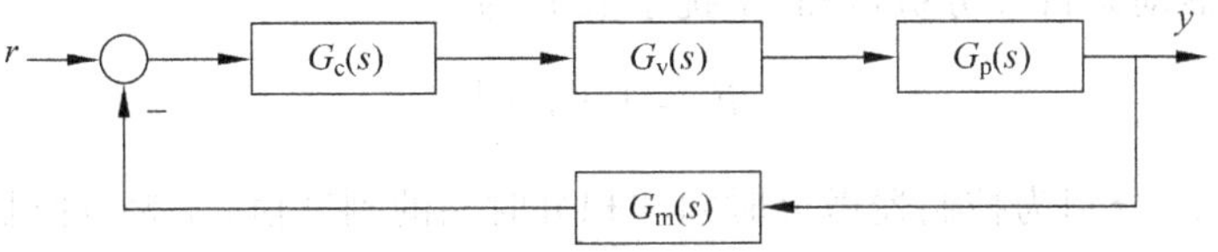

图3.14　简单控制系统的组成环节

在通过试验测取动态特性时，如果调节阀并未考虑在被控对象的范围之内，则设广义被控对象的传递函数

$$G'_p(s) = G(s)G_m(s) \tag{3-31}$$

此时设等效控制器的传递函数

$$G_c^*(s) = G_c(s)G_v(s) \tag{3-32}$$

由于调节阀 $G_v(s)$ 可近似视为比例环节，即 $G_v(s)=K_v$，因此，当控制器为PID作用时，等效PID控制器的传递函数为

$$G_c^*(s) = K_c K_v \frac{1}{\delta}\left(1+\frac{1}{T_I s}+T_D s\right)=\frac{1}{\delta'}\left(1+\frac{1}{T_I s}+T_D s\right) \tag{3-33}$$

式中，$\delta'=\delta/K_v$ 等效比例带。

如果试验测取的广义对象动态特性已包括调节阀，即

$$G'_p(s) = G_v(s)G_p(s)G_m(s) \tag{3-34}$$

则等效控制器就是控制器本身，即

$$G_c^*(s) = G_c(s) = \frac{1}{\delta}\left(1+\frac{1}{T_I s}+T_D s\right) \tag{3-35}$$

当然，如果用机理法求得被控对象动态特性为 $G_p(s)$，那么等效控制器的传递函数必须包括其他几个环节，即

$$G_c^*(s) = G_c(s)G_v(s)G_m(s) = \frac{1}{\delta'}\left(1+\frac{1}{T_I s}+T_D s\right) \tag{3-36}$$

式中，$\delta'=\delta/K_vK_m$ 为等效比例带，其中 K_m 为测量变送装置的转换系数。

上述不论是控制器参数理论计算方法还是工程整定法中的动态特性参数法，都是以图3.15所示的由广义被控对象 $G'_p(s)$ 和等效控制器 $G_c^*(s)$ 组成的简单控制系统为基础的。这样，整定计算所得的均为等效控制器的等效比例带，必须经过换算后才得到控制器的比例带。

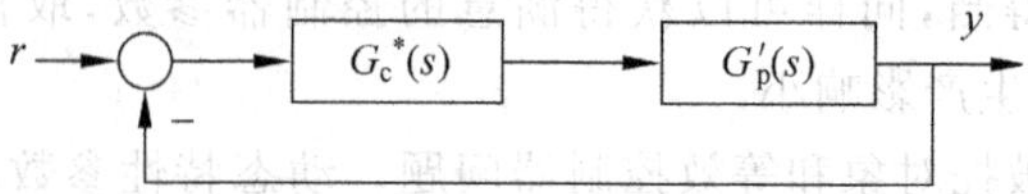

图 3.15 由 $G'_p(s)$ 和 $G_c^*(s)$ 组成的简单控制系统

即使如此,整定计算得到的是控制器各参数的实际值。对于工业 PID 电子控制器来说,由于 δ、T_I 和 T_D 各参数之间存在相互干扰,必须考虑控制器各参数实际值与刻度值之间的转换关系。

由控制器动态特性分析可知,干扰系数 F 为

$$F = 1 + \alpha \frac{T_D}{T_I} \tag{3-37}$$

式中,T_D 和 T_I 分别为控制器微分时间和积分时间的刻度值;α 为与控制器结构有关的系数。

对于不同类型的控制器,系数 α 各不相同,且随 T_D 和 T_I 取值不同而变化。通过分析可知,控制器整定参数的实际值、刻度值与干扰系数 F 之间关系如下

$$\delta = F\delta^*, \quad T_I = \frac{1}{F}T_I^*, \quad T_D = FT_D^* \tag{3-38}$$

式中,δ^*,T_I^*,T_D^* 分别为控制器比例带、积分时间、微分时间的实际值;δ、T_I 和 T_D 分别为控制器比例带、积分时间、微分时间的刻度值。

控制器处于 P、PI 和 PD 工作状态时,$F \approx 1$,可近似地认为控制器参数的刻度值和实际值是一致的。但是,当处于 PID 工作状态时,$F > 1$,且为 T_D/T_I 的函数。所以,在整定 PID 控制器各参数时,必须按式(3-37)和式(3-38),由它的实际值计算控制器参数的刻度值。当然,对于数字式控制器,不存在控制器参数之间的干扰,故不用进行此种修正。

例 3-5 某温度控制系统采用 PI 控制器。在调节阀扰动量 $\Delta\mu = 20\%$ 时,测得温度控制通道阶跃响应特性参数:稳定时温度变化 $\Delta\theta(\infty) = 60℃$;时间常数 $T = 300s$;纯迟延时间 $\tau = 10s$。温度变送器量程为 0~100℃,且温度变送器和控制器均为 DDZ-Ⅲ型仪表。试求控制器 δ、T_I 的刻度值。

采用动态特性参数法,按 Z-N 公式

$$KK'_c = 0.900(\tau/T)^{-1.000}$$

计算等效控制器的等效比例增益,即

$$K'_c = \frac{0.900}{60/20}\left(\frac{10}{300}\right)^{-1.000} = 9\%/℃$$

因为等效控制器由控制器、变送器和调节阀组成,因此

$$K'_c = K_c K_m K_{v_1}$$

其中变送器转换系数 $K_m = \frac{20-4}{100-0}$ mA/℃;调节阀的转换系数 $K_{v_1} = \frac{100-0}{20-4}$ %/mA。这样,控制器的比例增益实际值为

$$K_c = \frac{K'_c}{K_m K_{v_1}} = \frac{9}{\frac{20-4}{100-0} \times \frac{100-0}{20-4}} = 9$$

相应的比例带 $\delta = \frac{1}{K_c} = \frac{1}{9} = 11\%$。

控制器积分时间 T_I 的实际值，由公式 $T_I/T = 3.33(\tau/T)^{1.00}$ 得

$$T_I = 3.33\tau = 3.33 \times 10 = 33.3\text{s}$$

因为控制器为 PI 工作方式，参数的实际值就是它的刻度值。■

3.3.4 其他整定方法

前面给出了几种最基本的控制器整定方法及参考公式。随着控制理论与技术的发展，近几年又出现了一些新的参数整定方法，下面给出其中几种参数整定方法的设计公式。

1. 基于 ITAE 性能指标控制器整定方法[16]

这种方法是针对等效对象为 $\frac{K}{Ts+1}e^{-\tau s}$ 和控制器为 $G_c = K_c\left(1 + \frac{1}{T_I s} + T_D s\right)$ 的控制系统。

表 3.7 给出了上述基于 ITAE 积分指标的 PID 参数结果，不同的 PID 参数结果因控制器类型不同而有区别，其中 $Y = A(\tau/T)B$，对于比例作用、积分作用以及微分作用时，Y 分别为 KK_c、T/T_I 和 T_D/T。在设定值变化时对积分作用的设计公式是 $T/T_I = A + B(\tau/T)$。

表 3.7　基于 ITAE 积分指标的设计公式

输入类型	控制器类型	控制作用	A	B
扰动	PI	P	0.859	−0.977
		I	0.674	−0.680
	PID	P	1.357	−0.947
		I	0.842	−0.738
		D	0.381	0.995
设定值	PI	P	0.586	−0.916
		I	1.03*	−0.165*
	PID	P	0.965	−0.85
		I	0.796*	−0.1465*
		D	0.308	0.929

2. 鲁棒性和控制性能之间折中的整定方法

文献[2]提出了一种服从一个鲁棒性约束而最大化性能指标的 PI 控制器整定公式。给出的两种常见模型的整定公式如表 3.8[17] 中所示。提出了另外两种过程模型

的整定公式如表 3.9[18]所示。它们是针对整定后的闭环系统的时间常数为 τ 而推导得到的。

表 3.8 PI 控制器参数设定

$G(s)$	K_c	T_I
$\frac{K}{s}e^{-\tau s}$	$0.35/(K\tau)$	7τ
$\frac{K}{Ts+1}e^{-\tau s}$	$0.14/K+0.28T/(K\tau)$	$0.33\tau+0.28T\tau/(10\tau+T)$

表 3.9 对象为 $G(s)=\frac{K}{(T_1s+1)(T_2s+1)}e^{-\tau s}$ 时的控制器参数设定

条件	K_c	T_I	T_D
$T_1\leqslant 8\tau$	$0.5(T_1+T_2)/(K\tau)$	T_1+T_2	$T_1T_2/(T_1+T_2)$
$T_1\geqslant 8\tau$	$\frac{0.5T_1}{K\tau}\left(\frac{8\tau+T_2}{8\tau}\right)$	$8\tau+T_2$	$8\tau T_2/(8\tau+T_2)$

对于前面所给出的基于不同性能指标的设计和整定公式，可以得到如下一般性的结论：

(1) 控制器增益 K_c 应该和反馈回路中其他增益的积成反比(也就是：$K_c\propto 1/K$，其中 $K=K_vK_pK_m$)。

(2) K_c 应该随着迟延和主导时间常数的比值 τ/T 的增大而减小。一般说来，控制质量将随着 τ/T 的增大而降低，因为 τ/T 的增大将导致更长的过渡过程时间以及与设定值有更大的最大偏差。

(3) T_I 和 T_D 都应该随着 τ/T 的增大而减小。对于很多控制器整定公式，比值 T_D/T_I 处于 0.1 与 0.3 之间。通常地，$T_D/T_I=0.25$ 可以作为初始值。

(4) 当添加积分作用到纯比例作用的控制器中时，应该减小 K_c。进一步增加微分作用将允许 K_c 采用比纯比例控制时更大一些的值。

对于基于频率响应准则的控制系统设计方法，也可以得到类似的结论。

3.4 控制器参数的自整定

如上所述，大多数生产过程是非线性的，因此，控制器参数与系统所处的稳态工况有关。显然，工况改变时，控制器参数的“最佳”值就不同。此外，大多数生产过程的特性随时间变化，而控制器参数是根据过程参数的公称值整定的，一般来说，过程特性的变化将导致控制性能的恶化。上述两点都意味着，需要适时地调整控制器参数。

传统的 PID 控制器参数是采用试验加试凑的方法由人工整定。这种整定工作不仅需要熟练的技巧，而且往往还相当费时。更为重要的是，当被控对象特性发生变化需要控制器参数做相应调整时，PID 控制器没有这种“自适应”能力，只能依靠人工重新整定参数。由于生产过程的连续性以及参数整定所需的时间，这种重新整定实际很难进行。如前所述，控制器的整定参数与系统控制质量是直接有关的，而控制质量往往意味着显著的经济效益。因此，近年来控制器参数的自整定成为过程控制的热门课题，众多专家为此做了许多工作并取得一定成果。目前，市场上已出现若干工业自适应/自整定控制器，如 Foxboro 公司的 Exact 和 Honeywell 的 VDC5000 等。许多计算机控制系统中也具有实现参数自整定的功能模块。

研究控制器参数自整定的目的是寻找一种对象先验知识不需要很多，而又简单、鲁棒性又好的整定方法。图 3.16 所示的自校正控制器是调整控制器参数的一种方法。它由两个回路组成，内回路包括被控对象和一个具有可变参数的普通线性反馈控制器；外回路用来调整控制器参数，它由递推式参数估计器和控制器参数调整机构两部分组成。参数估计器假定对象为一阶线性模型

$$\frac{Y(s)}{U(s)}=\frac{K_{\mathrm{p}}\mathrm{e}^{-\tau s}}{Ts+1} \tag{3-39}$$

然后，利用控制量 u 及被控量 y 的测量值，应用最小二乘估计法对被控对象参数 K_{p}、T 和 τ 值进行估计。一旦求出对象参数 K_{p}、T 和 τ 值，调整机构就能按照既定的整定规则（根据规定的闭环系统性能指标建立的对象参数与控制器参数的“最佳”值间的关系），求出控制器参数“最佳”值，修改控制器参数。

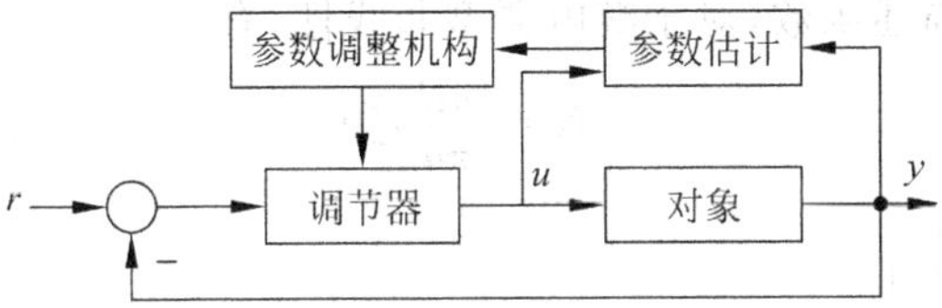

图 3.16 自校正控制器

自校正控制器需要相当多的被控对象的先验知识，特别是有关对象时间常数的数量级，以便选择合适的采样周期或数字滤波器的时间常数。此外，参数估计器和调整机构均涉及大量计算，只有借助于数字计算机，该方法才能实现。自适应控制方法请参阅文献[13]。

本节内容只限于控制器“PID 参数”的自整定。目前，有两种方法在实践中效果较好。其一是基于继电器型反馈的极限环法。另一种是由布里斯托（Bristol E. H.）首先提出的模式识别法（pattern recognition）[19]。鲁棒 PID 控制是从另外一个角度来解决同样的问题，在 3.4.3 节中将给予介绍。

3.4.1 极限环法

临界频率，即开环系统相角滞后 180°时的频率，是整定 PID 控制器的一个关键参数。在齐格勒和尼柯尔斯提出的人工整定控制器参数的稳定边界法的整定规则（表 3.3）中，这一频率是这样确定的：首先控制器置成纯比例作用，然后增大控制器

比例增益，直到闭环系统处于稳定边界，此时系统的振荡频率即为临界频率 $\omega_{cr}\left(\omega_{cr}=\dfrac{2\pi}{T_{cr}}\right)$。这种试验有时很容易做，但是对于具有显著扰动的慢过程，这样的试验既费时又困难。为此，文献[12,20]利用引入非线性因素使系统出现极限环，从而获得 ω_{cr}。采用极限环法具有继电器型反馈的自动整定器原理如图 3.17 所示。使用整定器时，先通过人工控制使系统进入稳定工况，然后按下整定按钮，开关 S 接通 T，获得极限环，最后根据极限环的幅值和振荡周期 T_{cr} 计算出控制器参数值，继而控制器自动切至 PID 控制。

为防止由于噪声产生的颤动，继电器应有滞环，同时反馈系统应使极限环振荡保持在规定的范围内。临界频率由系统输出过零的时间确定，而临界增益 $K_{cr}(1/\delta_{cr})$ 则由振荡的峰值确定。比较各个相隔半周期的输出测量值，就可以确认系统是否已获得稳定的不衰减振荡。这也是防止负荷干扰，判别系统进入稳定边界的一种简单的方法。极限环法必须提供的唯一的先验知识就是继电器特性幅值 d 的初始值。继电器滞环的宽度 h 由测量噪声来确定。这种整定方法也可能因负荷干扰太大，不存在稳定的极限环，导致整定失败，此时会产生一个信号通知操作人员。

利用非线性元件的描述函数不难说明图 3.18 具有继电器型非线性系统存在极限环的条件，以及确定振动的振幅和频率 ω_{cr}。图中 $G(s)$ 为广义对象的传递函数，N 表示非线性元件的描述函数，对于继电器型非线性，有

$$N=\frac{4d}{\pi a}\angle 0 \tag{3-40}$$

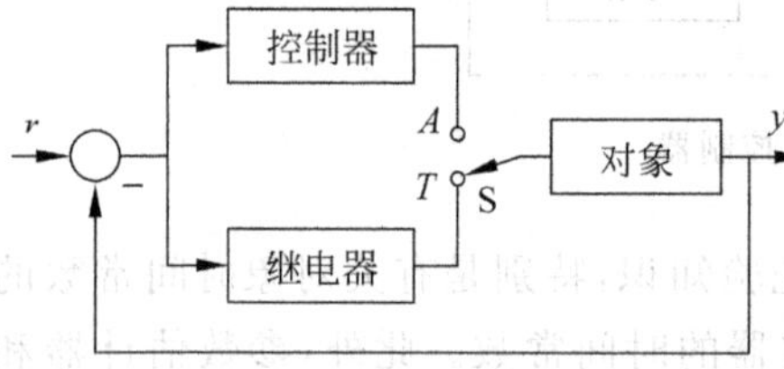

图 3.17　继电器型自动整定器原理

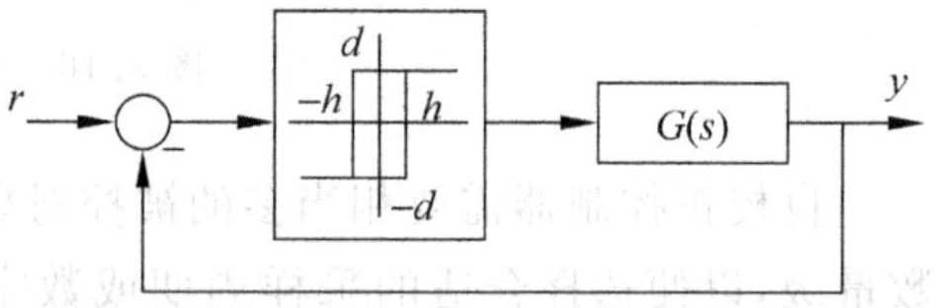

图 3.18　具有继电器型非线性的控制系统

对于具有滞环的继电器非线性，有

$$N=\frac{4d}{\pi a}\angle -\arcsin\left(\frac{h}{a}\right) \tag{3-41}$$

式中，d 为继电器型非线性特性的幅值；h 为滞环的宽度；a 为继电器型非线性环节输入的一次谐波振幅。

只要满足方程

$$G(\mathrm{j}\omega)=-\frac{1}{N} \tag{3-42}$$

则系统输出将出现极限环。也就是说，如果 $-1/N$ 轨线和 $G(\mathrm{j}\omega)$ 轨线相交，那么系统的输出可能出现极限环。极限环用交点处 $-1/N$ 轨线上的 a 值和 $G(\mathrm{j}\omega)$ 轨线上的 ω_{cr} 值表征，如图 3.19 所示。

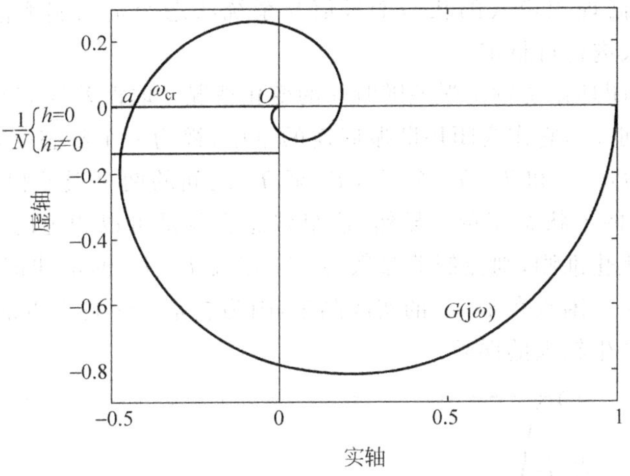

图 3.19　图 3.18 所示系统的 $-1/N$ 和 $G(j\omega)$ 轨线图

临界增益为

$$K_{cr} = \frac{4d}{\pi a} \tag{3-43}$$

临界振荡周期 T_{cr} 如前所述，通过直接测量相邻两个输出过零的时间值确定。

极限环法的优点是概念清楚、方法简单。但是，系统极限环是通过比较输出采样值加以判别的，而高频噪声等干扰会对采样值测量带来误差，这些都影响 K_{cr}，T_{cr} 值的精度。这是这种方法的不足之处，但仍不失为一种较好的控制器参数初步整定方法。

3.4.2　模式识别法

模式识别法又称图像识别法。图 3.20 是布里斯托用模式识别法实现控制器参数自整定的结构图[19,21]。PID 控制器与被控对象相连组成闭环系统，观察系统对设定值阶跃响应或干扰的响应，根据实测的响应模式与理想的响应模式的差别调整控制器参数。具体调整步骤则模仿有经验的过程控制工程师。

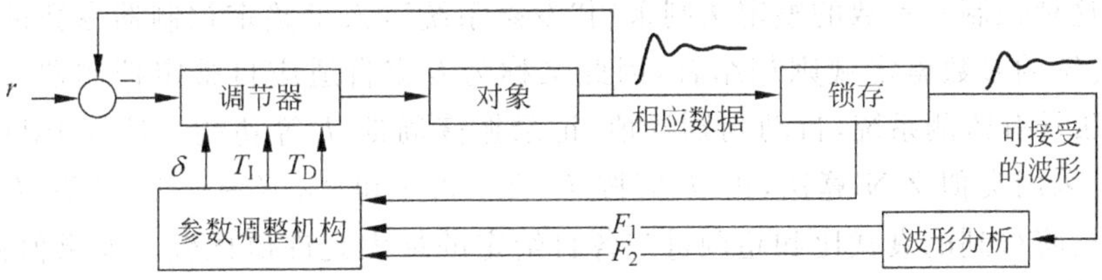

图 3.20　模式识别法实现控制器参数自整定

这个方法包括以下几方面工作：(1)按照一定的准则将闭环系统在一定输入下的响应分为若干种模式，如欠阻尼振荡和过阻尼振荡两种模式；(2)提取每种模式的特征量，称之为“状态变量”；(3)确定理想模式的状态变量值，建立模式状态变量的表达式；(4)根据理想模式的状态变量值与系统状态变量的实测值之间的差别对PID控制器参数进行自整定。

图3.21为闭环系统输出误差随时间的变化情况。取误差从75%到25%的变化时间为恢复时间 T_L，它作为闭环谐振周期的量度，视为一个状态变量。假定误差与时间轴交点为 T_1、T_2 和 T_3，T_1 至 T_2，T_2 至 T_3 之间的两个误差积分值分别为 F_1，F_2，作为另外的两个状态变量。显然，这组状态变量是可以测定的，而且十分直观。如果给出一个优化准则，则控制器参数与 T_L，以及 F_1、F_2 的最佳值 F_1^*，F_2^* 有确定的一一对应关系。困难在于 T_L 的实际测量，因为它是基于特定点的值来判定的，在噪声环境下将产生较大的误差。

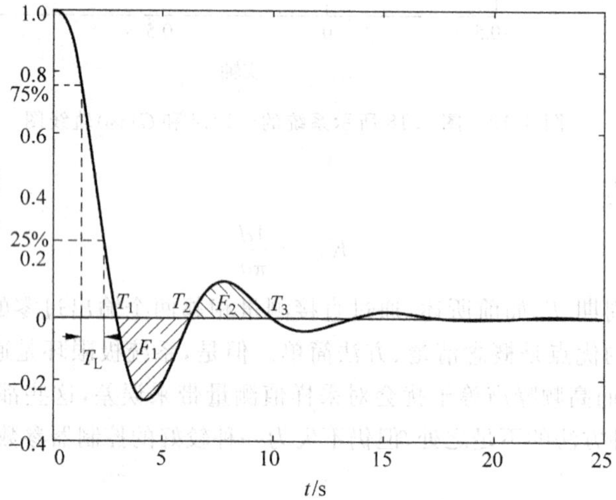

图3.21　模式识别法的"状态变量"

Foxboro公司于1983年推出的PID自整定控制器Exact是模式识别法自整定控制器的一个具体实例。它引入超调量、衰减比和振荡周期 T 作为模式的"状态变量"，如图3.22所示，其中超调量为 $-E_2/E_1$；衰减比为 E_3-E_2/E_1-E_2，振荡周期为两个同向相邻波峰间的时间。可见，它们与我们在第1章中系统性能指标的定义不一样。这种控制器参数的整定法则采用"专家系统"(人工整定控制器参数的经验法则)与传统的参数整定规则相结合，因此又称为专家自适应自整定控制器。控制器PID算法具有监测系统，自动判别峰值，记录振荡周期 T 等功能。计算PID参数的第一步，采用类似Z-N算法，由 T 值按 $T_I/T=0.5$ 和 $T_D/T=0.12$ 估算 T_I，T_D 初值。然后将得到的衰减比和超调量与各自给定的最大允许值比较。如果值偏小，则减小比例带 δ，减小量的多少取决于最大允许衰减比与其实测值之差，以及最大允许超调量与其实测值之差。如果系统运行过程中未检测出峰值，则PID控制器参数 δ、T_I，T_D 均要减小。它们的减小量取决于最大允许的衰减比或超调量。

模式识别法的优点是，不需要假定对象的数学模型，因而不存在辨识问题。此外，如果系统运行中自然扰动是规则的或者不相关的，那么，可利用系统的运行记录，无需另加专门的扰动信号便可实现模式识别。否则，这种方法不适用，就需要另外加专门的测试信号，将对系统造成人为的干扰，这是本法的缺点。

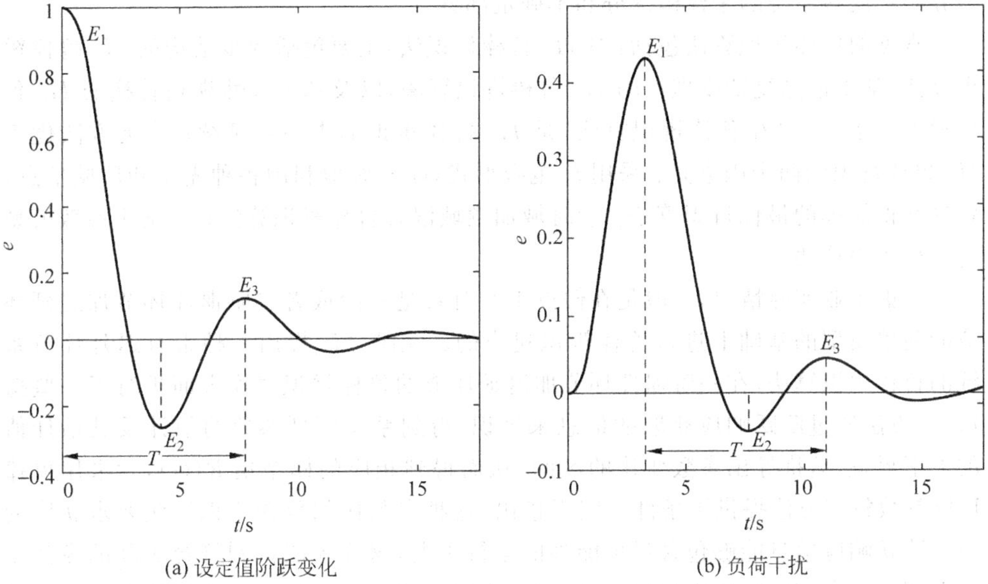

图 3.22 Exact 控制器采用的状态变量

3.4.3 鲁棒 PID 参数整定法

常规 PID 控制器的传统整定方法往往是技巧多于理论。整定参数的选择取决于多种因素，如被控过程的动态性能、控制目标以及操作人员对过程的理解等，回路整定比较费时费力。事实上，过程特性及操作条件总是频繁的变化着，初始整定的参数往往不能适应这种变化而引起回路控制性能的下降，有时甚至只能切换到手动操作。在这种背景下，鲁棒 PID 控制器及其自整定方法便应运而生。一般情况下，鲁棒 PID 控制包括鲁棒辨识、鲁棒 PID 控制器及其控制参数整定。本节将讨论一种鲁棒 PID 控制器参数整定法[22~24]。

1. 鲁棒辨识

工业对象由于①系统的实际阶次很高，而描述对象采用的模型阶次往往都很低；②实际的过程噪声不可避免，辨识用的数据往往被污染，不能准确反映真实系统特性，所以很难实现准确建模；③实际过程总是存在着不同程度的非线性，如过程特性随生产负荷变化(即控制回路的工作点发生变化)，导致真实过程的模型参数会随着负荷在一定范围内变化。所以在传统的辨识方法上发展起了鲁棒辨识方法，即鲁棒辨识模型集的估计。传统的辨识问题，模型结构通常事先给定，待确定的只是模型的参数，而不直接考虑系统的不确定性，辨识结果是某一准则下最优的单一模型。

鲁棒辨识则是通过试验数据和先验信息辨识出系统的模型集 $R(G)$，使得真实的系统存在于这个模型集中。通常模型集的形式表现为名义模型加上模型的误差界，误差界则是反映系统的未建模部分和不确定部分。

常见的鲁棒辨识算法包括：①H_∞ 鲁棒辨识法，主要包括两步结构的 H_∞ 鲁棒辨识算法，基于信息复杂度理论的 H_∞ 鲁棒辨识算法，以及基于线性规划转换的 H_∞ 鲁棒辨识算法等；②l_1 鲁棒辨识算法，是 H_∞ 鲁棒辨识的进一步延续；该类方法优于 H_∞ 鲁棒辨识的两个因素是：采用 l_1 范数形式，能较好地利用各种先验和后验信息；较易获得简单的最优辨识算法；③时域加频域混合鲁棒辨识算法；④基于参数模型的鲁棒辨识算法。

考虑工业实际情况，一般是在假设工业对象是一阶或者二阶惯性环节加迟延环节的简单模型的基础上进行鲁棒辨识建模的。文献[25]提出一种带有迟延环节系统的鲁棒辨识算法，在一阶惯性环节加迟延环节的鲁棒辨识建模方面进行了一些探讨，该方法通过阶跃响应获取的信息来辨识，得到系统模型参数的估计及其估计值的上下界，然后推导出参数变化的区间，从而得到相应的模型集 $R(G)$，为采用鲁棒PID参数整定方法提供了条件。应当指出，这种参数区间鲁棒辨识算法要求获取的系统阶跃响应信息能够包含尽可能多的运行工况，这样才能得到符合实际的参数变化区间。这在实际应用中很难满足，因而往往与控制工程师的先验知识和经验相结合来加速寻找系统参数变化的区间[26]。

2. 鲁棒 PID 控制器及其控制参数整定

我们称在 PID 控制算法基础上采用了其他措施以提高系统鲁棒性和抗扰动能力的控制器为鲁棒 PID 控制器。本小节讨论两种鲁棒 PID 控制器及其参数整定。

(1) 采用内模控制的鲁棒 PID 控制器

考虑到内模控制与 PID 控制存在一定的对应关系，于是将 PID 控制器设计转化到在内模控制框架下进行，并且可以得到明确的解析结果，从而降低参数设计的复杂性和随机性。这种控制器不仅具有 IMC 控制器的一切优点，而且它的 PID 形式易为广大工程人员所接受，并有利于对原有的 PID 反馈控制系统进行改造和易于用控制硬件来实现。

内模控制是 Garcia 和 Marari 在 20 世纪 80 年代初提出的[27]，它的产生主要有两个背景：一是为了对当时提出的两种基于非最小化和非参数模型预测控制算法——模型算法控制(MAC)和动态矩阵控制(DMC)进行系统分析；二是作为 Smith 预估器的一种扩展，使设计更为简便，鲁棒性及抗干扰性大为改善。内模控制包括三个部分：①用于预测操作变量对输出影响的内部模型；②使系统达到一定鲁棒性的滤波器；③计算操作变量未来值的控制算法，以便保证输出跟踪设定值。

内模控制是一种基于过程数学模型进行控制器设计的新型控制策略，如图 3.23 所示。其中 $G_C(s)$ 为内模控制器，$G_P(s)$ 为被控过程，$G_M(s)$ 为过程模型，$R(s)$、$Y(s)$、

$D(s)$分别为系统的输入、输出和干扰。内模控制器的设计思路是将对象模型与实际对象相并联，控制器则逼近模型的动态逆。对单变量而言内模控制器取为模型最小相位部分的逆，并通过附加低通滤波器以增强系统的鲁棒性。与传统的反馈控制相比，它能够清楚地表明调节参数和闭环响应及鲁棒性的关系，从而兼顾控制性能和鲁棒性。它不仅是一种实用的先进控制算法，也是研究预测控制等基于模型的控制策略的重要理论基础，也是提高常规控制系统设计水平的有力工具，目前已受到工业控制界的广泛关注。

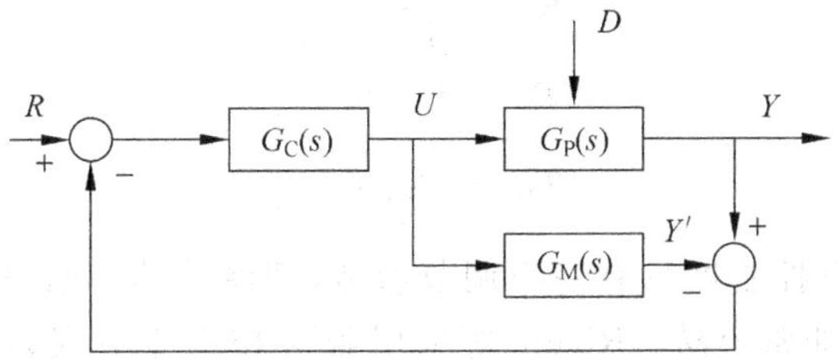

图3.23 内模控制系统框图

根据内模控制设计过程，过程模型可以分解为

$$G_M(s) = G_{M+}(s)G_{M-}(s) \tag{3-44}$$

式中，$G_{M+}(s)$和$G_{M-}(s)$分别为过程模型的可逆与不可逆部分，$G_{M+}(s)$通常为非最小相位且包含迟延环节和右半平面零点，而$G_{M-}(s)$则是稳定的最小相位，内模控制器$G_C(s)$可按下式进行设计

$$G_C(s) = G_{M-}(s)^{-1}f(s) \tag{3-45}$$

式中，$f(s)$为低通滤波器，通常采用以下形式

$$f(s) = \frac{1}{(\beta s+1)^r} \tag{3-46}$$

式中，r应选择足够大以保证$G_C(s)$的可实现性，β为滤波器时间常数。

Rivera等人首先将内模控制的思想引入PID控制器设计，并建立了滤波器参数与PID控制器参数的关系，提出了基于内模原理的PID控制器(IMC-PID)[28]。其基本想法是首先建立IMC系统，并根据内模控制原理获得相应的滤波器系数及控制器解析表达式。最后，根据选取的PID控制器形式，确定内模控制器与之相对应的关系式，从而获得PID控制器的整定公式。

以一阶加迟延系统为例，IMC的等效控制器为

$$G_{等效}(s) = \frac{G_C(s)}{1-G_M(s)G_C(s)} \tag{3-47}$$

$$G_M(s) = \frac{e^{-\tau s}}{Ts+1} \approx \frac{1}{Ts+1}\frac{1-0.5\tau s}{1+0.5\tau s} \tag{3-48}$$

$$f(s) = \frac{1}{\beta s+1} \tag{3-48a}$$

则得IMC控制器如下

$$G_C(s)=G_{M-}^{-1}(s)f(s)=\frac{0.5T\tau s^2+(0.5\tau+T)s+1}{(\beta+0.5\tau)s} \tag{3-49}$$

PID 控制器形式如下

$$G_{PID}(s)=K_P\left(1+\frac{1}{T_I s}+T_D s\right)=\frac{K_P(T_I T_D s^2+T_I s+1)}{T_I s} \tag{3-50}$$

比较式(3-47)和式(3-50)，则 PID 控制器的 K_P，T_I 和 T_D 分别可以根据下式求出

$$\left.\begin{aligned} K_P &= \frac{T_I}{\beta+0.5\tau} \\ T_I &= T+0.5\tau \\ T_D &= \frac{0.5T\tau}{T_I} \end{aligned}\right\} \tag{3-51}$$

此时，IMC-PID 控制器只有一个调节参数，即滤波器常数 β。这使得 IMC-PID 控制器的在线整定非常容易。Rivera 等采用兼顾 ISE(平方误差积分值)值和 M 值的方法来整定滤波器常数。ISE 值用来表征系统的控制性能，ISE 值越小，系统控制性能越好；而 M 值是互补灵敏度函数的模在频域的最大值，用来表征鲁棒性，M 值越小，鲁棒性越好。

IMC-PID 控制器不仅具有 IMC 控制器的一切优点，而且它的 PID 形式易为广大工程人员所接受，并有利于对原有的 PID 反馈控制系统进行改造和易于用现代控制硬件来实现。

(2) 采用极大极小原理的鲁棒 PID 参数整定

极大极小(min-max)原理是用来解决鲁棒 PID 参数整定的一种常用方法[29]，其原理是从控制器参数优化设计入手，在被控对象模型集 $R(G)$ 中寻求一组鲁棒 PID 参数，使得被控过程的控制模型参数在一定的范围内变化时，甚至在模型参数变化最大的情况下还能满足控制系统性能指标。利用极大极小原理求取鲁棒 PID 参数的步骤如下：

① 首先要由前面介绍的鲁棒辨识方法得到被控系统的模型集 $R(G)$，同时求出使 $R(G)$ 闭环稳定的 PID 参数的区间 $R(C)$。

② 选定拟采用的闭环系统性能指标(如 ISE)，在 PID 参数的区间 $R(C)$ 中任选一组 PID 参数 PID_j，在遍历模型集 $R(G)$ 范围内寻找 ISE 的最大值，即 $ISE_{max}=\max\limits_{G(s)\in R(G)} ISE$，记下此时每个模型的 ISE 值以及相应的 PID_j，分别记作 $ISE_{(max)i}$ 和 $PID_{(ISEmax)j}$ $(i=1,2,\cdots,n)$。

③ 不断选取 $R(C)$ 中的其他 PID 参数，重复步骤②，使之遍历 $R(G)$，同样记下所有 ISE 和 PID 值，记作 $ISE_{(max)i,j}$ 和 $PID_{(ISEmax)j}$，其中 $i=1,2,\cdots,n$，n 为模型集 $R(G)$ 内包含的模型数；$j=1,2,\cdots,m$，m 是指 PID 参数改变的次数。

④ 对所有 $ISE_{(max)i,j}$ 进行最小化计算，取它们中间的最小值，这个最小值所对应的 PID 参数就是所求得的鲁棒 PID_{best} 参数，采用这个 PID_{best} 作为控制器的整定参数。

通过这个整定过程所得到的控制器参数，使得即使在对象特性发生变化的情况

下依然能得到满意的控制效果。利用极大极小原理求取鲁棒 PID 参数是对于模型的不确定性取一个全局的次优解过程,它的优点在于算法简单。缺点是计算量大,但是随着现代计算机技术的发展,计算速度越来越快,这个缺点是可以被克服的。

3.5 小结

本章主要介绍简单控制回路的整定方法。首先,本章在控制系统的整定指标,包括单一性能指标和综合指标的基础上讨论了通过衰减频率特性法获得控制器参数整定的方法,其中包括系统的衰减频率特性和稳定度判据,以及如何利用衰减频率特性获得控制器参数的方法。然后介绍了三种控制器参数的工程整定方法,包括动态特性参数法、稳定边界法和衰减曲线法。最后,本章介绍了多种 PID 控制器参数自整定方法,包括极限环法和模式识别法,以及近几年提出的鲁棒 PID 参数整定技术。应该说,由于基于 PID 的控制回路在生产现场仍然占有主要位置,其整定方法的研究仍然受到关注。

第4章 控制系统中的仪器仪表

基本控制系统是由被控对象、控制器、检测变送仪表和执行器四部分组成，它们在系统中的作用可以形象化地来说，检测变送仪表是系统中的"眼睛"，控制器(或其他控制装置)是"大脑"，执行器是系统中的"手脚"，被控对象则是控制系统的主体。前面几章中已经讨论了与被控对象和控制器有关的内容，本章主要讨论控制系统中其他两个部分。这两部分涉及的是组成控制系统的必要仪器仪表。检测变送仪表是要及时地向系统提供被控对象需要加以控制的各种参数，以便控制器进行计算并发出控制指令。执行器则是在获得控制指令后去改变操作变量，以调节和控制被控变量继续保持在所期望的数值上。看上去似乎这些仪器仪表不是关键部分，但是它们的作用不容忽视。它们出现的任何缺陷和故障都会使控制系统功亏一篑，完全失去控制作用。据统计，如果控制系统出现故障，一般来说大约70%是出在执行器上。因此，在设计和实现控制系统时绝不能对这些仪器仪表掉以轻心[30~38]。

4.1 检测变送仪表

控制系统中被控变量的变化情况是通过检测仪表测量的。检测仪表相当于控制系统的五官，完成被控系统中被控变量的感知。只有检测仪表的输出才是控制系统所能够真正获得的被控对象的信息，控制器也只能根据检测的输出数值进行控制量的计算来指挥执行器，使得控制系统稳定，实现控制目标。

一般过程控制系统中常见的被控变量是温度、压力、流量、液位、成分和物性，检测仪表就要完成对于这些变量的测量工作。通常人们将检测仪表分为两个部分，一部分用来将被控变量的变化转化为更容易处理的另外一类物理量的变化，从而使得后续的处理工作相对简单，也便于信号的传输与放大，这部分被称为传感器，也被称为一次仪表。另外一部分将传感器所获得的物理量进行放大、变换和传输，从而使得控制系统能够使用，构成闭环控制回路或者供显示使用，这部分被称为变送器。例如对于温度的测量，首先，需要将温度的变化通过例如热电偶转化成为弱的直流电信号。

由于热电偶自身的特性所决定，温度信号在转换成为电信号后，只有毫伏量级，无法进行远传和供给控制器使用，甚至是供给显示仪表使用。所以，为了使得该信号能够实用，还需要通过变送器将该毫伏信号变换成为直流 1～5V 的电压信号或者直流 4～20mA 的电流信号，从而为控制器的使用提供一个行业内规定的标准信号；或者直接通过一系列的放大电路及显示模块实现对该信号的就地显示或远传，从而构成一个显示仪表，也称为二次仪表。

4.1.1　传感器

作为传感器，首先需要能够尽可能真实地反映被测量物理量的当前值；其次传感器的存在不能对被测量变量的测量特性产生显著的影响。因此传感器的时间常数要足够小，对于被测量物理量要反应快；同时传感器所产生的不同类型的物理信号又要能够被变送器所感知和处理。下面简单介绍这几类物理量的测量原理。

1. 温度测量

温度主要是反映物体的冷热程度的，是物体分子所具备的平均动能水平的一种反映，通常用 t 表示。对于物体温度的测量是以热平衡现象为基础，利用不同的传热过程完成的。常用的主要温度测量方法及分类如表 4.1 所示。

表 4.1　温度测量方法及分类

测温方法	类　别	原　　理	典型仪表	测温范围/℃
接触式测温	膨胀类	利用液体气体的热膨胀及物质的蒸汽压变化	玻璃液体温度计	−100～600
			压力式温度计	−100～500
		利用两种金属的热膨胀差	双金属温度计	−80～600
	热电类	利用热电效应	热电偶	−200～1800
	电阻类	固体材料的电阻随温度而变化	铂热电阻	−260～850
			铜热电阻	−50～150
			热敏电阻	−50～300
	其他电学类	半导体器件的温度效应	集成温度传感器	−50～150
		晶体固有的频率随温度而变化	石英晶体温度计	−50～120
非接触式测温	光纤类	利用光纤的温度特性或作为传光介质	光纤温度传感器	−50～400
			光纤辐射温度计	200～4000
	辐射类	利用普朗克定律	光电高温计	800～3200
			辐射传感器	400～2000
			比色温度计	500～3200

过程控制系统中比较常见的传感器是热电偶。热电偶测温的基本原理是利用两种金属的热电效应不同，从而在两种金属构成的回路中，当温度变化时产生一定的电势，进而反映所测物体的温度变化。热电偶具有测温范围宽，性能稳定，精度能够满足工业需求，结构简单和动态特性好等特点。

温度测量过程中另外一个需要注意的问题就是温标问题，即温度的标尺。目前国际上使用的温标有三类，一是摄氏温标，二是华氏温标，三是国际实用温标。摄氏温标是以水的冰点为0℃，水的沸点为100℃，两者之间均匀划分100等份。华氏温标是以水的冰点为32℉，水的沸点为212℉，两者之间均匀划分180等份。国际实用温标的符号是T，单位是开尔文，记为K，1K的定义为水三相点热力学温度的1/273.16。所以摄氏温标与国际实用温标之间的换算关系可以表示如下

$$t = T - 273.16$$

2. 压力测量

过程控制中的压力是指垂直均匀地作用于单位面积上的力，通常用p表示。由于所选用的面积单位和力的单位不同，因此在实际使用过程中，经常见到的压力单位比较多，如国际单位制中的帕斯卡，工程大气压，物理大气压，毫米汞柱，毫米水柱等。

在实际使用过程中还会由于参考点不同，出现以下几种说法：

(1) 差压，又称压差，即两个压力之间的相对差值。

(2) 绝对压力，即相对于零压力(绝对真空)所测得的压力。

(3) 表压力，即绝对压力与当地大气压之差。

(4) 负压，又称真空表压力，即当绝对压力小于大气压时的大气压与绝对压力之差。

(5) 大气压，即地球表面空气质量所产生的压力，大气压随当地的海拔高度、纬度和气象情况而变化。

压力测量的种类及应用场合可以归纳如表4.2所示。

表4.2 压力测量的种类、特点及应用场合

类别	测量原理	主要特点	应用场合
液柱式压力表	根据流体静力学原理，把被测压力转换成液柱高度。如单管压力计、U形管压力计及斜管压力计等	1) 结构简单，使用方便； 2) 测量精度要受工作液毛细管作用、密度及视差等影响； 3) 测压范围较窄，只能测量低压与微压； 4) 若用水银为工作液则易造成环境污染。	用于测量低压与真空度，用于作为标准计量仪器
弹性式压力表	根据弹性元件受力变形的原理，将被测压力转换成位移。如弹簧管式压力表、膜片(或膜盒式)压力表、波纹管式压力表等	1) 测压范围宽，可测高压、中压、低压、微压、真空度； 2) 使用范围广，若添加记录机构、控制元件或电气转换装置，则可制成压力记录仪、电接点压力表、压力控制报警器和远传压力表等，供记录、指示、远传之用等； 3) 结构简单、使用方便、价格低廉，但有弹性滞后现象。	用于测量压力或真空度，可就地指示、远传、记录、报警和控制。还可测易结晶与腐蚀性介质的压力与真空度

续表

类别	测量原理	主要特点	应用场合
活塞式压力表	根据液压机传递压力的原理，将被测压力转换成活塞上所加平衡砝码的重量。通常作为标准仪器对弹性压力表进行校验与刻度	1）测量精度高，可以达到 0.05%～0.02%； 2）结构复杂，价格较高； 3）测量精度受温度、浮力与重力加速度的影响，故使用时应进行修正。	作为标准计量仪器用于检定低一级活塞式压力表或检验精密压力表
电气式压力表	将被测压力转换成电势、电容、电阻等电量的变化来间接测量压力。如应变片式压力计、霍尔片式压力计、热电式真空计等	1）按作用原理不同，除前述种类外，还有振频式、压电式、压阻式、电容式等压力表； 2）根据不同形式，输出信号可以是电阻、电流、电压或频率等； 3）测压范围宽。	用于远传与自动控制，与其他仪表连用可构成自动控制系统，广泛应用于生产过程自动化，可测压力变化快、脉动压力、高真空与超高压等场合

3. 流量测量

过程控制中流量测量是指单位时间内流过管道截面积的流体的数量，也即瞬时流量。一段时间内流过管道截面积的流体总和，称为累计流量。流体的数量既可以用体积表示，也可以用质量表示，因此流量又分为体积流量和质量流量。在工程中，很多流体习惯采用重量流量表示，对体积流量进行重度、温度、压力等修正和计算后，可得出重量流量。按照流量的测量原理不同，流量仪表可以按照表 4.3 进行分类。

表 4.3　流量仪表分类

类别		仪表名称
体积流量计	容积式流量计	椭圆齿轮流量计、腰轮流量计、皮膜式流量计等
	差压式流量计	节流式流量计、均速管流量计、弯管流量计、靶式流量计、浮子流量计等
	速度式流量计	涡轮流量计、涡街流量计、电磁流量计、超声波流量计等
质量流量计	推导式质量流量计	体积流量经密度补偿或温度、压力补偿求得质量流量等
	直接式质量流量计	科里奥利流量计、热式流量计、冲量式流量计等

4. 物位测量

过程控制中物位的概念是一个统称，指容器中所装有的物质的量。具体说，对于容器中所储存物质为单一液体的，称为液位；容器中储存着多种相互不溶解的液体之间的界面称为界位；而容器中固体粉末或颗粒界面，则称为料位。

根据不同的应用背景，物位测量可以分为连续测量和定点测量。所谓连续测量是指测量仪表可以连续地显示物位的任何变化。由于容器的物理尺寸是已知和固定的，因此在这种情况下，对于物位的测量等于间接地获得了物质的总量。而事实上，在这种情况下物位的测量也主要是为了获得物质的瞬时总量。所谓定点测量是指测量物位是否达到某个规定的位置。一般用于限定物质总量的上限、下限或者某个特定需求的总量。定点测量仪表一般与物位开关联合使用。

物位测量的原理很多，一般可以分为直读式、静压式、浮力式、机械式、电气式，以及其他可以用于物位检测的方式。常见的物位检测仪表分类和主要特性见表 4.4。

表 4.4 物位检测仪表分类和主要特性

类别		原理	适用对象	测量方式
直读式	玻璃管式	采用侧壁开窗口或者旁通管方式，直接显示物位高度	液位	连续
	玻璃板式		液位	连续
静压式	压力式	基于流体静力学原理，容器内液位的高度与液体所形成的静压力成正比关系	液位	连续
	吹气式		液位	连续
	差压式		液位、界位	连续
浮力式	浮子式	基于阿基米德定律，浮于液体表面的浮子或者浸于液体中间的浮筒的位置会随液位变化而变化	液位	连续、定点
	浮筒式		液位、界位	连续
	翻板式		液位	连续
机械接触式	重锤式	通过测量物位探头与物料面接触时的机械力实现物位的测量	料位、界位	连续、断续
	旋翼式		液位	定点
	音叉式		液位、界位	定点
电气式	电阻式	将对物位敏感的电气元件置于被测量介质中，根据电气参数的变化获得物位信息	液位、界位	连续、定点
	电容式		液位、界位	连续、定点
其他形式	超声式	利用界面或者液面对于超声波、微波或射线的反射作用进行测量	液位、界位	连续、定点
	微波式		液位、界位	连续
	辐射式	根据被测介质的重量及容器几何尺寸获得介质物位	液位、界位	连续、定点
	称重式		液位、界位	连续

5. 成分测量

在工业生产过程中，需要测量的物理量不仅仅是前面提到的温度、压力、物位、流量等，物质的成分也往往是一个更为重要的量，因为它直接反映了产品的质量。过程控制中成分测量一般有两种途径实现，一种是在实验室采用相对较为精密的仪表实现的；另外一种则是通过在线的成分分析仪表实现的。所谓在线分析仪表是指直接安装于生产线或者生产工艺流程中的仪表，可以在相对较短或者瞬时完成对于被测物质的成分测量。根据成分分析原理，常用的成分分析仪表可以按照表 4.5 进行分类。

表 4.5 成分分析仪表的原理及分类

类别	原 理	仪 表
热学式	根据不同组分的热学特性不同进行测量，如电导率不同	热导式分析仪表，热化学式分析仪表，差热式分析仪表
磁力式	物质在外磁场作用下具有不同程度的磁化率	热磁式分析仪表，磁力机械式分析仪表
光学式	根据不同组分的光学特性不同而进行测量，如红外吸收式分析仪表是利用不同气体对于红外线的选择性吸收进行测量的	光电比色分析仪表，红外吸收式分析仪表，紫外吸收式分析仪表，光干涉式分析仪表，光散射式分析仪表，光度式分析仪表，分光光度分析仪表，激光分析仪表，化学发光式分析仪表
射线式	利用辐射与物质的相互作用及发生的吸收、散射或电离、激发等效应，取得有关物质的宏观、微观信息	X 射线分析仪表，电光学式分析仪表，辐射式分析仪表，微波式分析仪表
电化学式	不同物质不同浓度下具有不同的电化学特性	电导式分析仪表，电量式分析仪表，电位式分析仪表，电解式分析仪表，极谱仪、酸度计、离子浓度计
色谱仪	不同物质在固定相和流动相所构成的体系即色谱柱中具有不同的分配体系	气相色谱仪，液相色谱仪
质谱仪	根据不同物质成分的离子质量与电荷之比，即质荷比不同，利用磁场对运动电荷的作用，对离子按质荷比或质量进行分离	静态质谱仪，动态质谱仪
波谱仪	根据不同元素不同线系特征 X 射线具有不同的波长	核磁共振波谱仪，电子顺磁共振波谱仪，λ 共振波谱仪
物性仪	因所测物性不同而采用的原理不同	温度计，水分计，黏度计，密度计，浓度计，尘量计
其他		晶体振荡分析仪表，蒸馏及分离分析仪表，气敏式分析仪表，化学变色式分析仪表

4.1.2 变送器

由于技术的原因，为了保证安全性，在 1960 年之前，过程工业的仪表大多是统一使用气(压力)信号进行测量和控制信息的传递。这些器件使用机械的力平衡部件产生范围在 20～100kPa 的信号，这是当时的工业标准。大约从 20 世纪 60 年代，电子仪表得到广泛应用，并先后产生了直流 1～5mA，4～20mA，10～50mA，0～5V，±10V，以及其他一些信号范围，并在一定时间和一定范围内得到应用。现在国际和国内的模拟仪表行业标准基本上遵循 4～20mA 的信号范围，但通常作为产品的控制器和变送器一般会具有多种信号输出范围，例如直流 4～20mA 和直流 1～5V，以适应不同的应用场合。

所谓变送器就是将一次仪表，或者变送器所测量到的信号转换为其他仪表或控制器能够识别和使用的信号。例如温度变送器可以将热电偶所产生的毫伏温度信号，根据所测量的温度范围，进行适当的变换，形成直流 4～20mA 信号，或者直流 1～5V 信号，供控制器和其他显示仪表使用。

变送器通常设计为正作用，即变送器的输出随着被测变量的增加而增加。另外，多数的传感器产品都具有一个可调整的输入范围（或量程）。例如，一个温度变送器的输入范围可以调整为 100～600℃，以适用于铂电阻温度传感器；或者 50～150℃，以适应铜电阻温度传感器。在这种情况下，可以得到如下的对应关系

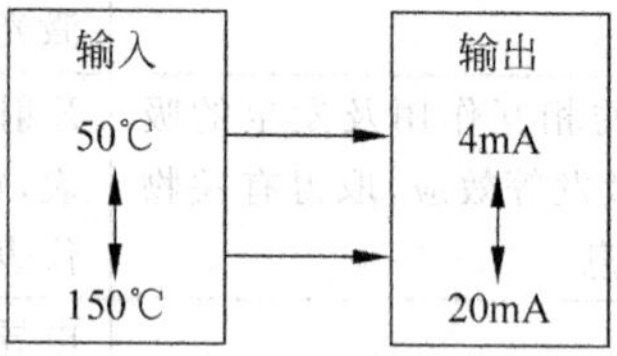

即变送器具有 50℃下限或者零点，150℃的上限，上限与下限的差 100℃即为量程。如果温度与测量信号之间的关系是线性的，则输入温度（℃）与输出的电信号（mA）之间可以用如下表达式计算

$$T_m = \frac{20-4}{150-50} \times (T-50) + 4(\text{mA})$$

变送器在工作过程中如果出现故障，例如仪表断电，或者测量值超出正常范围，则变送器的输出变为 0mA 或超过上限值；为防止控制器出现不安全的动作，往往将变送器的输出限定为变送器的最高值或者最低值，即 20mA 或者 4mA。

对于由传感器和变送器共同组成的线性测量仪表的增益，可以表示为

$$K_m = \frac{\text{仪表的输出范围}}{\text{仪表的输入范围}} \tag{4-1}$$

前面所举铜热电阻的例子，其仪表的增益是 0.16mA/℃。

所谓非线性仪表是指不同区段的输入值与输出值之间的关系不能用统一的线性表达式表示，即在不同的工作点，即使输入变化相同的范围，输出的变化也不一定相同，如图 4.1 所示。对于非线性仪表，任何一个工作点的增益都是该仪表输入输出关系特性曲线在该点的切线。请注意，非线性特性仪表的增益会因工作点改变而改变。K_m 会随量程改变而变化，但不会随零点变化而变化。由于单片机及嵌入式系统技术的飞速发展，在传感器中可以增加复杂的非线性补偿环节，或者校正环节，从而使得非线性仪表具有近似的线性特性。同时由于采用了嵌入式系统，也使得传感器具有更多的功能和灵活性。

大多数变送器的响应速度很快。如果传感器的响应速度也很快，与过程自身的动态过程相比，测量环节的动态过程可以忽略。Riggs(2001)给出了很多传感器的典型响应时间。

目前的过程控制领域中几乎不再需要采用气信号了。因此变送器基本上都是

由电子元件构成的。个别场合如果需要采用气信号，则需要在热电偶和放大器之后增加一个电流到压力（I/P）或者电压到压力（E/P）的传感器，以便获得合适的压力范围，从而输出 20～100kPa 的气信号。但是，这种混合结构可能会比采用一种专门为气动仪表设计的传感器技术更为昂贵，例如，具有压力输出的压力泡。

气动仪表统一地采用物理显示方式来显示测量结果，例如采用移动的曲线，而且它们是本质安全的。尽管气动仪表还在很多工业应用中继续使用，但无论是模拟仪表还是数字仪表都提供了更多特性（功能），更多灵活性，更加精确，因而应用更为广泛。

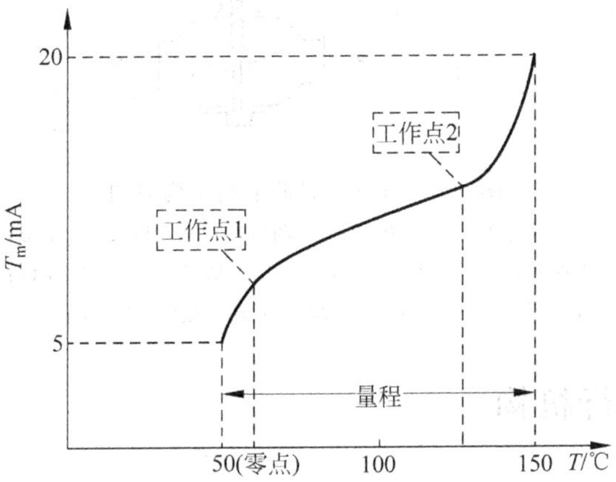

图 4.1 非线性仪表增益是工作点的函数

4.2 执行器——气动调节阀

对于过程控制系统，执行器主要是由各种各样的调节阀来构成。调节阀的作用是接受控制器送来的控制信号，调节管道中介质的流量（即改变调节量），从而实现生产过程自动化。

调节阀按其所用能源可分为气动、电动和液动三类。它们有各自的优缺点和适用场合。气动调节阀以压缩空气为能源，由于其结构简单，动作可靠，维修方便，价格低廉，特别适用于防火防爆场所，因而广泛应用于化工、石油、冶金等工业部门。本节将以气动调节阀为例介绍执行器的有关内容。

气动调节阀由执行机构和阀（或称阀体组件）两部分组成。图 4.2 是气动薄膜调节阀的结构原理图。执行机构按照控制信号的大小产生相应的输出力，带动阀杆移动。阀直接与介质接触，通过改变阀芯与阀座间的节流面积调节流体介质的流量。有时为改善调节阀的性能，在其执行机构上装有阀门定位器，见图 4.2 左边部分。阀门定位器与调节阀配套使用，组成闭环系统，利用反馈原理提高阀的灵敏度，并实现阀的准确定位。

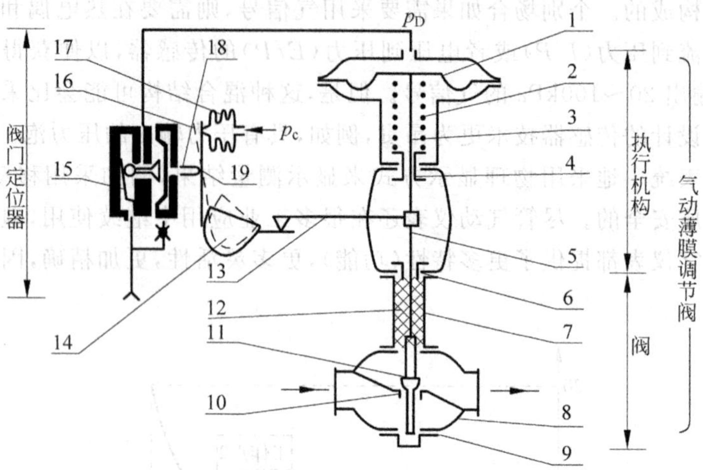

图 4.2 气动薄膜调节阀结构简图

1—波纹膜片；2—压缩弹簧；3—推杆；4—调节件；5—阀杆；6—压板；7—上阀盖；8—阀体；9—下阀盖；10—阀座；11—阀芯；12—填料；13—反馈连杆；14—反馈凸轮；15—气动放大器；16—托板；17—波纹管；18—喷嘴；19—挡板

4.2.1 气动执行机构

气动执行机构有薄膜式和活塞式两种。常见的气动执行机构均属薄膜式，它的特点是结构简单、价廉，但输出的行程较小，只能直接带动阀杆。活塞式的特点是长行程，价昂，只用于有特殊需要的场合。

气动薄膜执行机构有正作用和反作用两种形式。信号压力增加时，推杆向下移动的叫正作用。反之，信号压力增大时，推杆向上移动的为反作用，如图 4.3 所示。当然，如果对其结构稍加改造就可以把正、反作用倒过来。

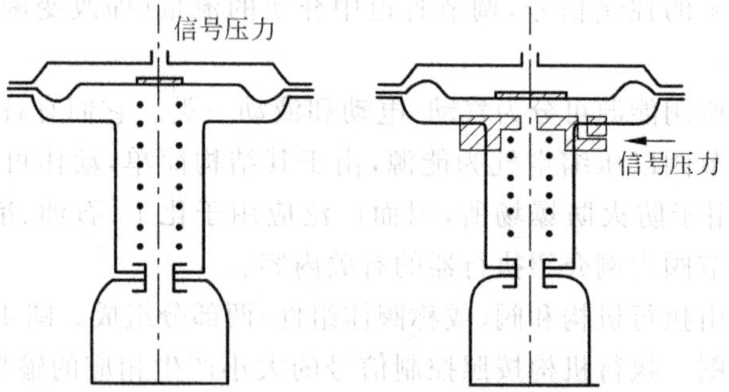

(a) 正作用执行机构　　(b) 反作用执行机构

图 4.3 气动薄膜执行机构的正反作用

阀（或称阀体组件）是一个局部阻力可变的节流元件。它由阀体、上阀盖组件、下阀盖组件和阀内件组成。上阀盖组件包括上阀盖和填料。阀内件是指阀体内部与介质接触的零部件。对普通阀而言，包括阀芯、阀座和阀杆等。

阀按结构形式分为直通单座阀、双座阀、角形阀、蝶阀、三通阀、隔膜阀等，如图 4.4 所示。一般阀为单座阀。双座阀所需推动力较小，动作灵敏，但结构也较为复杂。

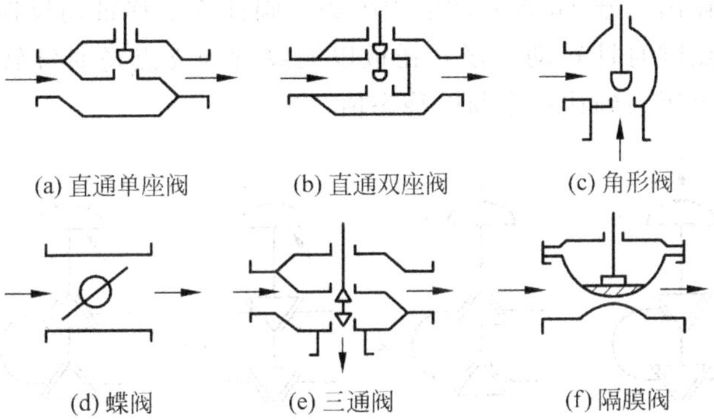

图 4.4　常用调节阀结构类型

根据流体通过阀门时对阀芯作用的方向又可分为流开阀和流闭阀，如图 4.5 所示。流体流出阀时使得阀芯离开阀座的称为流开阀，反之为流闭阀。

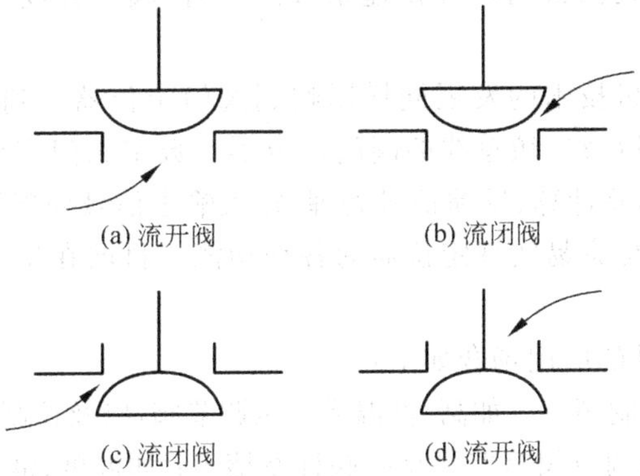

图 4.5　两种不同流向的调节阀

4.2.2　调节阀与阀门定位器

气动调节阀又可分为气开、气关两种作用方式。所谓气开式，即信号压力 $p>0.02$MPa 时，阀开始打开，也就是说“有气”时阀开；气关式则相反，信号压力增大阀反而关小。

根据执行机构正、反作用形式以及阀芯的正装、反装，实现气动调节阀气开、气关作用方式可有四种不同的组合，如图 4.6 所示。

气动阀门定位器是一种辅助装置，根据控制器来的气动信号控制气动调节阀的阀门部件，使阀开度处于精确位置。如图 4.2 中所示的典型阀门定位器，它是按位移平衡原理工作的。来自控制器的信号 p_c 进入波纹管 17，托板 16 以反馈凸轮 14 为支点逆时针转动。固定在托板上的挡板 19 靠近喷嘴 18，喷嘴背压升高，经气动放大器 15 放大后的输出信号 p_D 进入调节阀膜头。阀杆 5 下移带动反馈连杆 13 和凸轮 14，后者绕其支点顺时针转动。接着托板以波纹管为支点逆时针转动，使挡板稍离喷嘴，最终使输出压力到达一个新的稳态值。

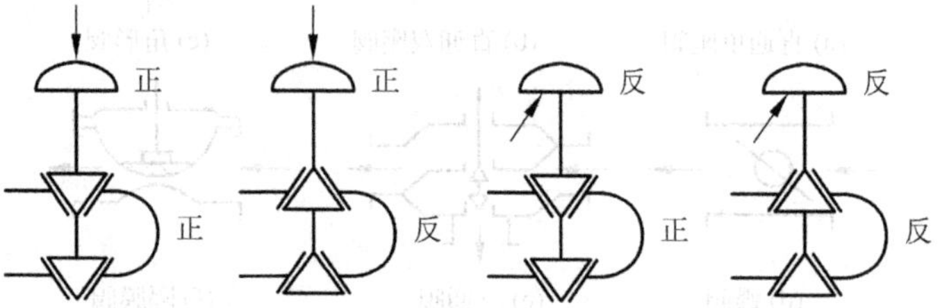

图 4.6　气开、气关调节阀组合方式

可以证明，当波纹管有效面积、波纹管等测量组件的刚度以及波纹管到挡板间位移传递系数、阀杆到挡板间位移传递系数固定时，阀门开度与调节器的控制信号成正比。

需要注意，计算机技术的发展同样影响到阀门定位器。到目前为止，已经由气动、电动发展到数字以及区域总线的阀门定位器。数字阀门定位器与模拟阀门定位器的主要区别是：偏差计算、反馈信号处理、输入输出信号处理等采用了数字集成电路和微处理器，因而更容易实现定位器的各种功能。目前在生产现场中这两种阀门定位器均有应用。

阀门定位器常见的应用场合如下：

(1) 提高系统控制精度。如高、低温或高压调节阀，以及控制易于在阀门零件挂胶或固结的工艺流体的调节阀等需要克服阀杆摩擦力；如温度、液位和成分等参数的缓慢控制过程需要提高调节阀的响应速度；如 $D_g \geqslant 25$mm 单座阀，$D_g > 100$mm 双座阀或者前后压降 $\Delta p > 1$MPa，阀前压力 $p_1 > 10$MPa 等需要增加执行机构输出力和切断力。

(2) 系统需要改变调节阀的流量特性。

(3) 组成分程控制系统。

最近的研究表明，并不是任何情况下采用阀门定位器都是合理的。对于液体压力和流量这样的快速控制过程，使用阀门定位器可能对控制质量有害；而对于大多数传热系统、液位和一些大容积的气体压力等慢过程，阀门定位器将改善控制质量。

4.2.3　调节阀的流量系数与流量特性

前面讨论过，调节阀是在接受控制器发来的控制信号后，改变调节阀阀座与阀芯的相对位置，即改变流体流动的阻力，以调节管道中的介质流量，从而起到控制的作用。所以讨论调节阀，实际上就是研究阀门调节流量的一些性质。其中，流量系数和流量特性便是首先要讨论的问题[39~43]。

1. 调节阀的流量系数

调节阀流量系数 C 是用来表示调节阀在某些特定条件下，单位时间内通过流体的体积或重量。为了使各类调节阀在比较时有共同的基础，我国规定的流量系数 C 的定义为：在给定行程下，阀两端压差为 0.1MPa，水的密度为 $1g/cm^3$ 时，流经调节阀的水的流量，以 m^3/h 表示。阀全开时(即开度为 100%)的流量系数称为阀全开流量系数，以 C_{100} 表示。C_{100} 是表示阀流通能力的参数，它作为每种调节阀的基本参数，由阀门制造厂提供给用户，如表 4.6 所示。C_{max} 则表示管内流量为系统中最大流量以及处于最大流量下阀压差时的流量系数，称为最大流量系数，在后面 4.2.4 小节气动调节阀选型中需要用到。

表 4.6 调节阀流量系数 C_{100}[41]

公称直径 D_g/mm		19.15(3/4″)						20				25
阀座直径 d_g/mm		3	4	5	6	7	8	10	12	15	20	25
额定流量系数 C_{100}	单座阀	0.08	0.12	0.20	0.32	0.50	0.80	1.2	2.0	3.2	5.0	8
	双座阀											10
公称直径 D_g/mm		32	40	50	65	80	100	125	150	200	250	300
阀座直径 d_g/mm		32	40	50	65	80	100	125	150	200	250	300
额定流量系数 C_{100}	单座阀	12	20	32	56	80	120	200	280	450		
	双座阀	16	25	40	63	100	160	250	400	630	1000	1000

例如一台额定流量系数 C_{100} 为 32 的调节阀，表示阀全开且其两端的压差为 0.1MPa 时，每小时最多能通过 $32m^3$ 的水量。

调节阀是一个局部阻力可变的节流元件。对于不可压缩流体，由能量守恒原理可知，调节阀上的压力损失为

$$h = \frac{p_1 - p_2}{\rho g} = \zeta_v \frac{w^2}{2g} \tag{4-2}$$

式中，ζ_v 为调节阀阻力系数；g 为重力加速度；ρ 为流体密度；p_1、p_2 为调节阀前、后压力；w 为流体平均速度。一般将$(p_1 - p_2)$表为压差 Δp。

又有

$$w = \frac{Q}{F} \tag{4-3}$$

式中，Q 为流体体积流量；F 为调节阀流通截面积。

由式(4-2)和式(4-3)，可得调节阀流量方程

$$Q = \frac{AF}{\sqrt{\zeta_v}} \sqrt{\frac{p_1 - p_2}{\rho}} \tag{4-4}$$

式中,A 为与单位制有关的常数。举一例来说明[42]:

如果 F 用 cm^2,ρ 用 g/cm^3,Δp 用 100kPa,Q 用 m^3/h 等单位来表示,则

$$Q=\frac{AF}{\sqrt{\zeta_v}}\sqrt{\frac{p_1-p_2}{\rho}}=\frac{3600}{10^6}\sqrt{\frac{20}{10^{-5}}}\frac{F}{\sqrt{\zeta_v}}\sqrt{\frac{\Delta p}{\rho}}=5.09\frac{F}{\sqrt{\zeta_v}}\sqrt{\frac{\Delta p}{\rho}}\quad (m^3/h)$$

上式表明计算时采用上述物理单位后得到的单位常数 A 为 5.09。

式(4-4)表明,当 $(p_1-p_2)/\rho$ 不变时,ζ_v 减小,流量 Q 增大;反之,ζ_v 增大,Q 减小。调节阀就是按照输入信号通过改变阀芯行程来改变阻力系数,从而达到调节流量的目的。

根据 C 的定义,在式(4-4)中令 $p_1-p_2=1$,$\rho=1$ 可得

$$C=A\frac{F}{\sqrt{\zeta_v}}$$

因此,对于其他的阀前后压差和介质密度,则有

$$C=\frac{Q}{\sqrt{(p_1-p_2)/\rho}}\tag{4-5}$$

注意,流量系数 C 不仅与流通截面积 F(或阀公称直径 D_g)有关,而且还与阻力系数 ζ_v 有关。同类结构的调节阀在相同的开度下具有相近的阻力系数,因此口径越大流量系数也随之增大;而口径相同类型不同的调节阀,阻力系数不同,因而流量系数就各不一样。

流量系数的计算是选定调节阀口径的最主要的理论依据,但其计算方法目前国内外尚未统一。近 20 多年来,国外对调节阀流量系数进行了大量研究,并取得重大进展。国外几家主要调节阀制造厂相继推出各自计算流量系数的新公式。一般对于不同的液体、气体和蒸汽等,所采用的流体系数 C 值的计算公式是不同的,表 4.7 列举了它们的常用流体系数 C 值的计算公式[31],请注意,对于两相混合流体,可采用美国仪表学会推荐的有效比容法计算 C 值。

表 4.7 各式中,Q_L 为液体体积流量,m^3/h;p_1、p_2 为阀前后绝对压力,kPa(SI),kgf/cm^2(MKS);p_v 为阀门入口温度下液体饱和蒸气压,kPa(SI),kgf/cm^2(MKS);ρ_L 为液体密度,g/cm^3;F_L 为压力恢复系数;F_F 为液体临界压力比系数;ρ_H 为气体密度(标准状态:273K,0.1MPa),kg/m^3;Q_g 为标准气体体积流量,m^3/h;T_1 为阀入口处流体温度,K;x 为压差比,$(p_1-p_2)/p_1$;Y 为膨胀系数;Z 为气体压缩系数;k 为气体绝热指数(等熵指数);F_K 为比热比系数;x_T 为临界压差比;W_s 为蒸汽质量流量,kg/h;ρ_s 为阀入口压力、温度下蒸汽密度,kg/m^3。

表 4.7 流量系数 C 的计算公式

流体	阻塞流判别式	计算公式	
		国际单位制(SI)	工程单位制(MKS)
液体	$\Delta p<F_L^2(p_1-F_F p_v)$	$C=10Q_L\sqrt{\rho_L/(p_1-p_2)}$	$C=Q_L\sqrt{\rho_L/(p_1-p_2)}$
	$\Delta p\geqslant F_L^2(p_1-F_F p_v)$	$C=10Q_L\sqrt{\rho_L/F_L^2(p_1-F_F p_v)}$	$C=Q_L\sqrt{\rho_L/F_L^2(p_1-F_F p_v)}$

续表

流体	阻塞流判别式	计算公式	
		国际单位制(SI)	工程单位制(MKS)
气体	$x<F_K x_T$	$C=\frac{Q_g}{5.19p_1Y}\sqrt{\frac{T_1\rho_H Z}{x}}$	$C=\frac{Q_g}{519p_1Y}\sqrt{\frac{T_1\rho_H Z}{x}}$
	$x\geqslant F_K x_T$	$C=\frac{Q_g}{2.9p_1}\sqrt{\frac{T_1\rho_H Z}{kx_T}}$	$C=\frac{Q_g}{290p_1}\sqrt{\frac{T_1\rho_H Z}{kx_T}}$
蒸汽	$x<F_K x_T$	$C=\frac{W_s}{3.16Y}\sqrt{\frac{1}{xp_1\rho_s}}$	$C=\frac{W_s}{31.6Y}\sqrt{\frac{1}{xp_1\rho_s}}$
	$x\geqslant F_K x_T$	$C=\frac{W_s}{1.78}\sqrt{\frac{1}{kx_Tp_1\rho_s}}$	$C=\frac{W_s}{17.8}\sqrt{\frac{1}{kx_Tp_1\rho_s}}$

以上讨论的流量系数计算公式都是在比较简单流动情况下得到的，实际生产中却存在着各种复杂工作流情况，例如存在阻塞流、湍流、闪蒸、可压缩流体等，此时需要根据不同情况做不同的处理。一般采用的方法是：在表 4.7 所示公式的基础上加以修正，得到符合实际工作流的流量系数。下面以阻塞流和可压缩流体对流量系数计算的影响作为例子来加以讨论。

所谓阻塞流是指，当阀前压力 p_1 保持恒定而逐步降低阀后压力 p_2 时，流经调节阀的流量会增加到一个最大极限值，若再继续降低 p_2 流量也不再增加，此极限流量称为阻塞流。此时，调节阀的流量与阀前后压差 $\Delta p = p_1 - p_2$ 的关系已不再遵循式(4-5)的规律。从图 4.7 中，当阀压差大于 $\sqrt{\Delta p_{cr}}$ 时，就会出现阻塞流，此时按式(4-5)计算出的流量会大大超过阻塞流 Q_{max}。因此，在计算 C 值时首先要确定调节阀是否处于阻塞流情况。为此，对于气体、蒸汽等可压缩流体，引入一个系数 x 称为压差比，$x=\Delta p/p_1$。大量实验表明，若以空气为实验流体，对于一个给定的调节阀，产生阻塞流时其压差比为一固定常数，称为临界压差比 x_T。对于空气以外的其他可压缩流体。产生阻塞流的临界条件是 x_T 乘以比热比系数 F_K，即 $x\geqslant F_K x_T$。F_K 定义为可压缩流体绝热指数 k 与空气绝热指数 k_{air}(=1.4)之比。x_T 值只取决于调节阀的结构。常用的调节阀 x_T 值见表 4.8[43]。

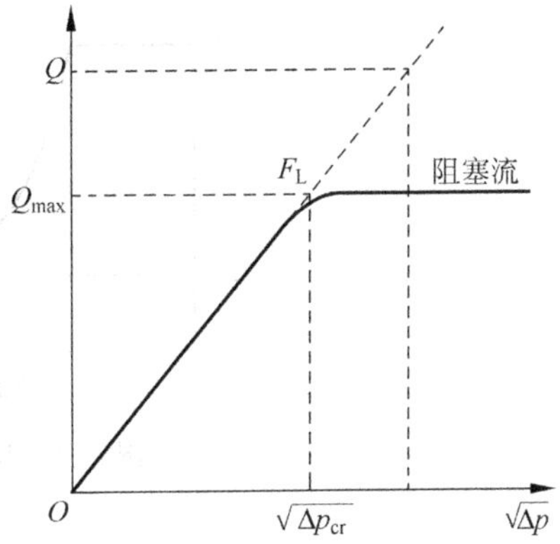

图 4.7　p_1 恒定时 Q 与 Δp 的关系

阻塞流不仅发生在介质为气体或蒸汽等可压缩流体的情况，对于不可压缩液体，液体压力在阀内变化情况如图 4.8 所示。流速最大而静压最低处称为缩流处，此处压力以 p_{vc} 表示。当 p_{vc} 小于入口温度下流体介质饱和蒸汽压 p_v 时，部分液体发生相变，形成汽泡，产生闪蒸。继续降低 p_{vc}，流体便形成阻塞流。产生阻塞流时的 p_{vc} 值用 p_{vcr} 表示。该值与液体介质的物理性质有关。有

表 4.8 常用的调节阀 F_L 和 x_T 值

调节阀形式	单座阀					双座阀		角形阀				球阀	蝶阀	
阀内组件	柱塞形		套筒形		V形	柱塞形	V形	套筒形		柱塞形		标准O型	90°全开	60°全开
流向	流开	流闭	流开	流闭	任意	任意	任意	流开	流闭	流开	流闭	任意	任意	任意
F_L	0.9	0.8	0.9	0.8	0.9	0.85	0.9	0.85	0.80	0.90	0.80	0.55	0.55	0.68
x_T	0.72	0.55	0.75	0.7	0.75	0.70	0.75	0.65	0.60	0.72	0.65	0.15	0.20	0.38

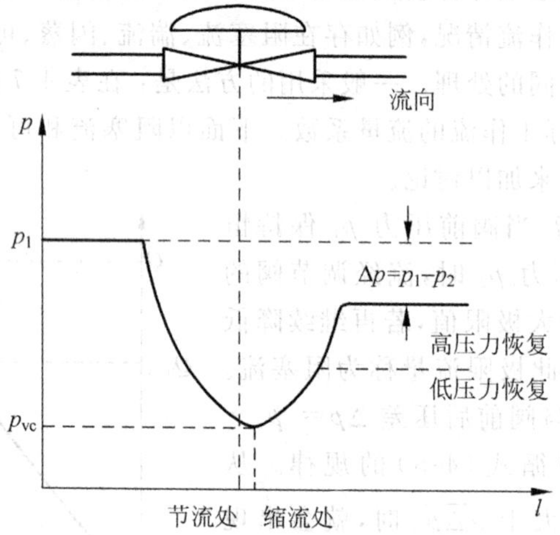

图 4.8 调节阀内流体压力梯度图

$$p_{vcr} = F_F p_v \tag{4-6}$$

式中，F_F 为液体临界压力比系数。它是 p_v 与液体临界压力 p_c 之比的函数，可由图 4.9 或下式近似确定[9]

$$F_F = 0.96 - 0.28\sqrt{p_v/p_c} \tag{4-7}$$

在计算液体的 C 值时要首先判断调节阀是否处于阻塞流情况。为此，要确定产生阻塞流时的阀压降 Δp_{cr}，引入一个压力恢复系数 F_L，其定义为

$$F_L = \sqrt{\Delta p_{cr}/\Delta p_{vcr}} = \sqrt{\frac{(p_1 - p_2)_{cr}}{p_1 - p_{vcr}}} \tag{4-8}$$

也即

$$\Delta p_{cr} = F_L^2(p_1 - p_{vcr}) = F_L^2(p_1 - F_F p_v)$$

实验表明，对于一个给定的调节阀，F_L 为一固定常数。它只与阀结构、流路形式有关，而与阀口径大小无关。表 4.8 中也列出了常用调节阀的 F_L 值。在液流体介质下，如果存在下式

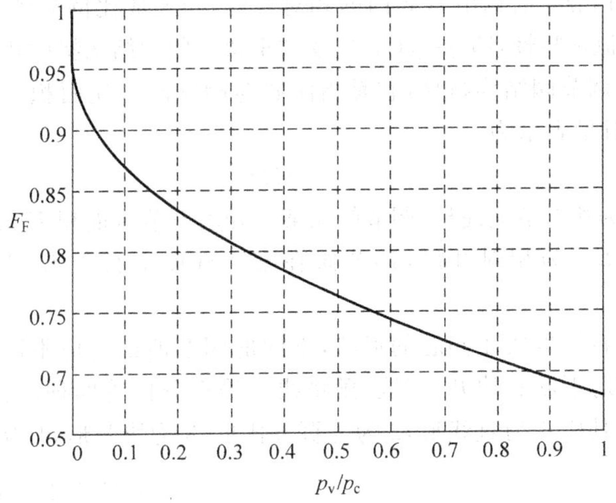

图 4.9 液体临界压力比系数 F_F

$$\Delta p \geqslant F_L^2(p_1 - F_F p_v) \tag{4-9}$$

则流体处于阻塞流的情况，其中，Δp 是阀门前后的压差。

因此，当欲计算流量系数时，首先应当判断工作流的阻塞流状况，然后按照其是否阻塞流从表 4.7 中选择相应的公式，以获得流量系数。

显然，如果流体为气体或蒸汽时，因为具有可压缩性，随着压力的变化阀前后的密度不同，因而必须对这种可压缩效应作必要的修正。目前推荐采用膨胀系数修正法，其实质就是引入一个膨胀系数 Y，以修正气体密度的变化。Y 可以按下式计算

$$Y = 1 - \frac{x}{3F_K x_T} \tag{4-10}$$

至于湍流、闪蒸、低雷诺数等其他情况对计算流量系数的影响则因篇幅有限在此从略，读者可参阅有关文献，如文献[31,42]等。

2. 调节阀结构特性和流量特性

调节阀总是安装在工艺管道上的，其信号联系如图 4.10 所示。

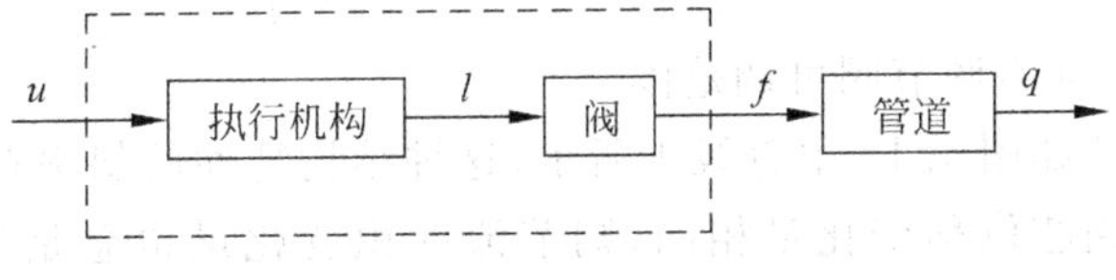

图 4.10 调节阀与管道连接方框图

调节阀的静态特性 $K_v = \mathrm{d}q/\mathrm{d}u$，其中 u 是控制器输出的控制信号，q 是被控介质流过阀门的相对流量。其符号由调节阀的作用方式决定，气开式调节阀 K_v 为“+”，气关式调节阀 K_v 为“−”。

因为执行机构静态时输出 l(阀门的相对开度)与 u 成比例关系，所以调节阀静态特性又称调节阀流量特性，即 $q=f(l)$，它主要取决于阀的结构特性和工艺配管情况。

首先来讨论调节阀结构特性，它是指阀芯与阀座间节流面积与阀门开度之间的关系，通常用相对量表示为

$$f=\varphi(l) \tag{4-11}$$

式中，$f=F/F_{100}$ 为相对节流面积，调节阀在某一开度下节流面积 F 与全开时节流面积 F_{100} 之比；$l=L/L_{100}$ 为相对开度，调节阀在某一开度下行程 L 与全开时行程 L_{100} 之比。

调节阀结构特性取决于阀芯的形状，不同的阀芯曲面对应不同的结构特性。如图 4.11 所示，阀芯形状有快开、直线、抛物线和等百分比等四种，其对应的结构特性如图 4.12 所示，其中 1 为直线形，2 为等百分比形，3 为快开形，4 为抛物线形。

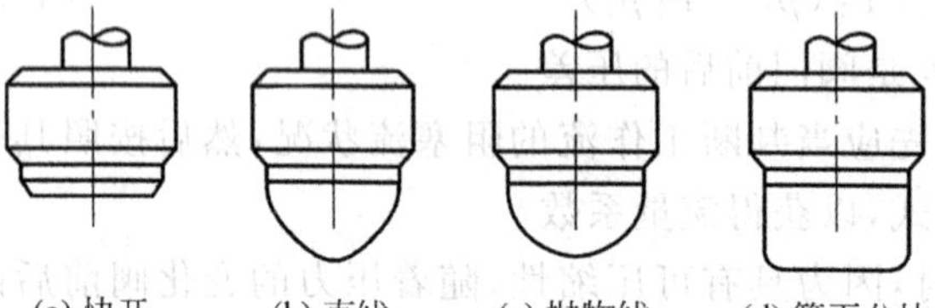

图 4.11 阀芯曲面形状

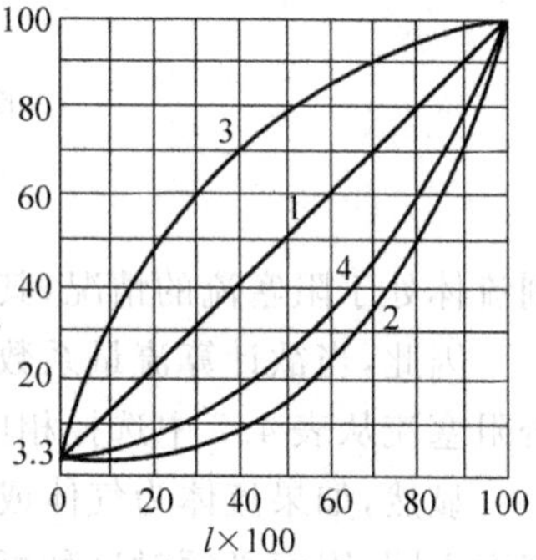

图 4.12 调节阀结构特性

阀门结构特性的求取是，先对各种阀门所对应的公式(4-11)进行积分，然后代入边界条件，所得到的四种阀门结构特性分别为

$$\left.\begin{array}{ll}\text{直线} & f=\dfrac{1}{R}[1+(R-1)k_l l] \\ \text{等百分比} & f=R^{(l-1)} \\ \text{快开} & f=1-\left(1-\dfrac{1}{R}\right)(1-l)^2 \\ \text{抛物线} & f=\dfrac{1}{R}[1+(R^{\frac{1}{2}}-1)l]^2\end{array}\right\} \tag{4-12}$$

其中，$R=F_{100}/F_0$ 称为调节阀可调范围。

直线结构特性如图 4.12 中直线 1 所示，这种结构特性的斜率在全行程范围内是一个常数。只要阀芯位移变化量相同，则节流面积变化量也总是相同的。因此，对于同样大的阀芯位移，小开度时的节流面积相对变化量大；大开度时的节流面积相对变化量小。这种结构特性的缺点是它在小开度时调节灵敏度过高，而在大开度时调节又不够灵敏。

等百分比结构特性如图 4.12 中曲线 2，这种特性又称为对数特性。这种特性的调节阀，小开度时节流面积变化平缓；大开度时节流面积变化加快，可保证在各种开

度下的调节灵敏度都一样。

快开结构特性的特点是结构特别简单，如图 4.12 中曲线 3 所示。从调节灵敏度看，这种特性比直线结构还要差，因此很少用作调节阀。

抛物线结构特性是指阀的节流面积与开度成抛物线关系，它的特性很接近等百分比特性，如图 4.12 曲线 4 所示。

在讨论了阀门的结构特性后，再来讨论调节阀的流量特性，它是指流体流过阀门的流量与阀门开度之间的关系，可用相对量表示为

$$q = f(l) \tag{4-13}$$

式中，$q=Q/Q_{100}$ 为相对流量，即调节阀某一开度流量 Q 与全开流量 Q_{100} 之比。

值得注意的是，调节阀一旦制成以后，它的结构特性就确定不变了。但流过调节阀的流量不仅决定于阀的开度，而且也决定于阀前后的压差和它所在的整个管路系统的工作情况。下面先讨论理想流量特性。

在调节阀前后压差固定（$\Delta p=$常数）情况下得到的流量特性称为理想流量特性。

假设调节阀流量系数与阀节流面积成线性关系，即

$$C = C_{100} f$$

式中，C、C_{100} 分别为调节阀流量系数和额定流量系数。

由式(4-5)可知，通过调节阀的流量为

$$Q = C\sqrt{\frac{\Delta p}{\rho}} = C_{100} f \sqrt{\frac{\Delta p}{\rho}} \tag{4-14}$$

调节阀全开时，$f=1$，$Q=Q_{100}$，式(4-14)变为

$$Q_{100} = C_{100}\sqrt{\frac{\Delta p}{\rho}} \tag{4-15}$$

当 $\Delta p=$常数时，由式(4-14)和式(4-15)得

$$q = f \tag{4-16}$$

式(4-16)表明，若调节阀流量系数与节流面积成线性关系，那么调节阀的结构特性就是理想流量特性。

应当指出，由于 C 与 f 的关系并不是严格线性的，因此上述结论只是大致正确。

由于调节阀一般都不处在理想状况，所以在实际使用条件下，其流量与开度之间的关系不再满足理想特性，而称为调节阀工作流量特性。根据调节阀所在的管道情况，可以分串联管系和并联管系来分别讨论。

当调节阀与工艺设备串联工作时，阀上的压差只是管道系统总压差的一部分。假设设备和管道上的压力损失为 $\sum \Delta p_e$，它与通过的流量成平方关系，当总压差 $\sum \Delta p$ 一定时，随着阀开度增大，管道流量增加，调节阀上压差 Δp 将逐渐减小，如图 4.13 所示。这样，在相同的阀芯位移下，实际的流量比调节阀上压差保持不变的理想情况要小。

若以 S_{100} 表示调节阀全开时的压差 Δp_{100} 与系统总压差 $\sum \Delta p$ 之比，并称之为全开阀阻比，即

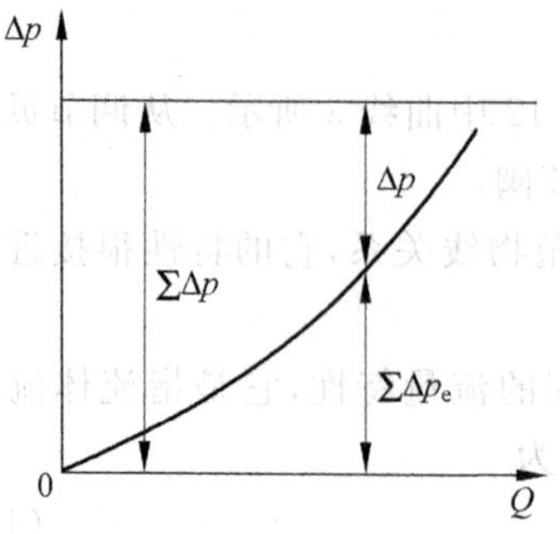

图 4.13 串联管系调节阀上压降的变化

$$S_{100}=\frac{\Delta p_{100}}{\sum\Delta p}=\frac{\Delta p_{100}}{\Delta p_{100}+\sum\Delta p_e}\tag{4-17}$$

式中，$\sum\Delta p_e$ 为管道系统中除调节阀外其余各部分压差之和。

阀阻比 S_{100} 是表示串联管系中配管状况的一个重要参数。

由式(4-14)可得

$$Q^2=C_{100}^2f^2\frac{\Delta p}{\rho}$$

经过推导，可以得到串联管系中调节阀相对流量为

$$q=\frac{Q}{Q_{100}}=f\sqrt{1\Big/\left[\left(\frac{1}{S_{100}}-1\right)f^2+1\right]}\tag{4-18}$$

式中，Q_{100} 为理想情况下 $\sum\Delta p_e=0$ 时阀全开时流量。以 $f=\varphi(l)$ 代入式(4-18)，可得如图 4.14 所示的以 Q_{100} 为参比值的调节阀工作流量特性。

从图 4.14(a)可以看到，对于直线结构特性调节阀，由于串联管道阻力的影响，直线的理想流量特性畸变成一组斜率越来越小的曲线。对于等百分比结构特性调节阀如图 4.14(b)所示，得到情况相似的结果，随着 S_{100} 值减小，流量特性将畸变为直线特性。在实际使用中，S_{100} 值一般不希望低于 0.3～0.5。

下面讨论并联管系调节阀的工作流量特性。在实际使用中，调节阀一般都装有旁路阀，以备手动操作和维护调节阀之用。产量提高或其他原因使介质流量不能满足工艺生产要求时，可以把旁路打开一些，以应生产所需。

令 S'_{100} 为并联管系中调节阀全开流量 Q_{100} 与总管最大流量 $Q_{\Sigma\max}$ 之比，称 S'_{100} 为阀全开流量比。即

$$S'_{100}=\frac{Q_{100}}{Q_{\Sigma\max}}=\frac{C_{100}}{C_{100}+C_e}\tag{4-19}$$

其中，C_e 是指单位压差下通过管道的流体体积流量。S'_{100} 是表征并联管系配管状况的一个重要参数。

显然，并联管路的总流量是调节阀流量与旁路流量之和，即

$$Q_\Sigma=Q+Q_e=C_{100}f\sqrt{\frac{\Delta p}{\rho}}+C_e\sqrt{\frac{\Delta p}{\rho}}\tag{4-20}$$

调节阀全开时，管路的总流量最大，即调节阀全开时流量 Q_{100} 与旁路流量 Q_e 之和，即

$$Q_{\Sigma\max}=Q_{100}+Q_e=(C_{100}+C_e)\sqrt{\frac{\Delta p}{\rho}}$$

这样，并联管道工作流量特性为

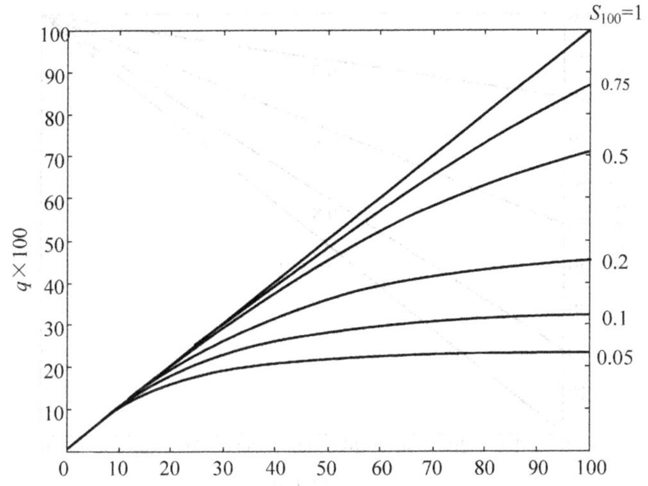

(a) 直线结构特性

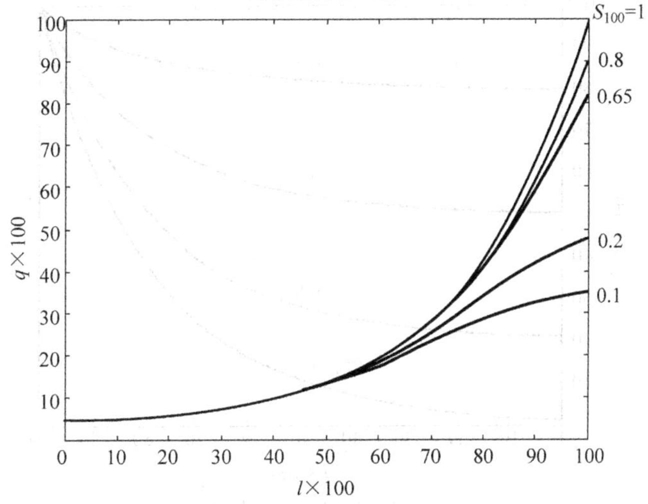

(b) 等百分比结构特性

图 4.14　串联管系中调节阀工作流量特性

$$\frac{Q_{\Sigma}}{Q_{\Sigma\max}} = S_{100} f + (1 - S'_{100}) \tag{4-21}$$

以各种阀门的 $f=\varphi(l)$ 代入式(4-21)，可以得到如图 4.15 所示的在不同 S'_{100} 时，并联管道中调节阀的工作流量特性。

由图 4.15 可见，当 $S'_{100}=1$ 时，旁路关闭，并联管道工作流量特性就是调节阀的理想流量特性。随着 S'_{100} 值的减小，即旁路阀逐渐开大，尽管调节阀本身流量特性无变化，但管道系统的调节范围却大为下降，这将使管系中可控的流量减小，严重时甚至会使并联管系中调节阀失去控制作用，所以，在流量不足时以为打开旁路阀就能增加流量实际上是适得其反。因而，一般在并联使用时，要求 $S'_{100}>0.8$，也就是说，

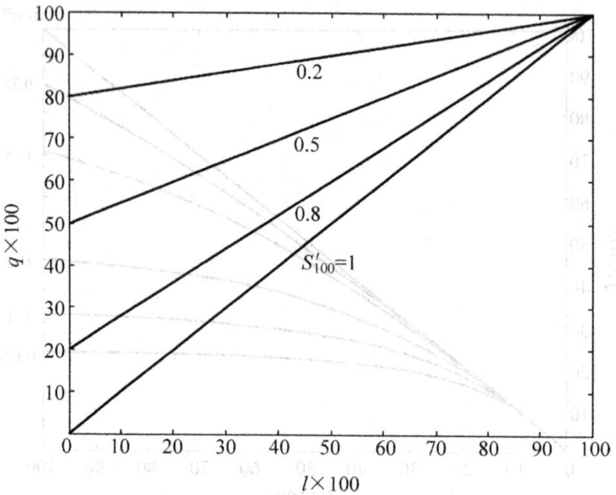

(a) 直线结构特性

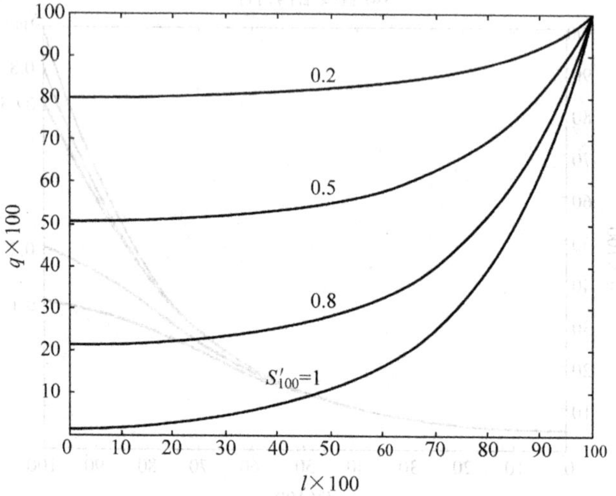

(b) 等百分比结构特性

图 4.15 并联管系中调节阀工作流量特性

旁路流量只能占管道总流量的百分之十几。

在实际使用中，调节阀既有旁路又有串联设备，因此它的理想流量特性一定会发生畸变，管道系统可调范围下降更严重，有时调节阀甚至起不了调节作用。表 4.9 对调节阀在串、并联管系的工作情况作了比较。

表 4.9 串、并联管系中调节阀工作情况比较

调节阀使用场合	流量特性	可调比	最大流量	静态增益
串联管系	畸变严重	降低较小	减小	小开度时增大、大开度时减小
并联管系	畸变较轻	降低较大	增大	均减小

4.2.4 气动调节阀选型

调节阀是自动控制系统的控制仪表之一。其选型的正确与否对系统工作好坏关系很大。调节阀选型中，一般应考虑以下几点：

(1) 根据工艺条件，选择合适的调节阀的结构形式和材质；

(2) 根据工艺对象的特点，选择合理的流量特性；

(3) 根据工艺参数，计算出流量系数，选择合理的阀门口径。

下面仅就上述提出的问题作简要的论述。

1. 调节阀结构形式的选择

图 4.4 中不同结构的调节阀有各自的特点，适应不同的需要。在选用时，要根据工艺介质的种类，腐蚀性和黏性，流体介质的温度、入口和出口压力、比重，流经阀的最大、最小流量，正常流量以及正常流量时阀上的压差等因素来选择。

各种调节阀门特性的比较可参考相关的文献。

2. 调节阀气开、气关形式的选择

阀气开、气关形式选择原则主要从工艺生产的安全出发。当仪表供气系统故障或控制信号突然中断，调节阀阀芯应处于使生产装置安全的状态。例如，进入工艺设备的流体易燃易爆，为防止爆炸，调节阀应选气开式。如果流体容易结晶，调节阀应选气关式，以防堵塞。

3. 调节阀流量特性的选择

目前国产调节阀流量特性有直线、等百分比和快开三种。它们基本上能满足绝大多数控制系统的要求。快开特性适用于双位控制和程序控制系统。调节阀流量特性的选择实际上是指直线和等百分比特性的选择。

选择方法在工程设计中大多采用经验准则，即从控制系统特性、负荷变化和 S 值大小三个方面综合考虑，选择调节阀流量特性。根据我国国家行业标准[40]，可以从额定流量下调节阀两端的压差 Δp_n 和管道系统总压降 $\sum\Delta p$ 来选择调节阀流量特性，如表 4.10 所示。另外，从配管状况，即 S_{100} 值的大小也可以用来选择流量特性。因为调节阀总是与设备、管道串联使用，其工作流量特性不同于调节阀理想流量特性，必须首先根据控制系统的要求选择希望的工作流量特性，然后考虑工艺配管状况，最后确定调节阀流量特性。表 4.11 可供选用时参考。

表 4.10 调节阀理想流量特性选择原则

特性 / S值	直线特性	等百分比特性
$S_n=\dfrac{\Delta p_n}{\sum\Delta p}>0.75$	(1) 液位定值控制系统 (2) 主要扰动为设定值的流量、温度控制系统	(1) 流量、压力、温度定值控制系统 (2) 主要扰动为设定值的压力控制系统
$S_n=\dfrac{\Delta p_n}{\sum\Delta p}\leqslant 0.75$		各种控制系统

注：Δp_n——额定流量下的阀压降；$\sum\Delta p$——管道系统总压差；S_n——额定阀阻比。

表 4.11 配管状况与阀工作流量特性关系

配管状况	$S_{100}=1\sim0.6$		$S_{100}=0.6\sim0.3$		$S_{100}<0.3$
阀工作流量特性	直线	等百分比	直线	等百分比	不适宜控制
阀流量特性	直线	等百分比	等百分比	等百分比	

4. 调节阀口径的确定

确定调节阀口径是调节阀选择中的一个主要内容，它直接影响工艺生产的正常进行、控制质量以及生产的经济效果。

调节阀口径选定的具体步骤如下：

(1) 确定主要计算数据

主要计算数据有额定流量 Q_n、额定流量下的阀压差 Δp_n、额定阀阻比 S_n 和计算最大流量 Q_{max}。

显然，Q_n 就是工艺装置在额定工况下稳定运行时流经调节阀的流量，用来计算阀额定流量系数 C_n；Δp_n 是指额定流量时调节阀两端的压差；S_n 则为额定阀压差与管道系统总压差之比，即 $S_n=\Delta p_n/\sum\Delta p$。

至于计算最大流量 Q_{max}，通常为工艺装置运行中可能出现的最大稳定流量的 1.15～1.5 倍。计算最大流量与额定流量之比 n（$n=Q_{max}/Q_n$）不应小于 1.25。当然，也可以由工艺装置的最大生产能力直接确定 Q_{max}。

(2) 求调节阀应具有的最大流量系数 C_{max}

$$C_{max}=mC_n \tag{4-22}$$

式中，m 称为流量系数放大倍数，它由下式确定

$$m=n\sqrt{S_n/S_{max}} \tag{4-23}$$

式中，S_{max} 为计算最大流量时的阀阻比。

对于调节阀上下游均有恒压点的场合

$$S_{max}=1-n^2(1-S_n) \tag{4-24}$$

如果工艺能提供 Q_{max} 和在计算最大流量时阀压差 Δp_{max} 等数据时，则可直接按表 4.7 中公式计算 C_{max} 值。根据选定的调节阀类型，在该系列调节阀的各个额定流

量系数中，选取不小于并最接近 C_{max} 的一个，作为最终选定的流量系数，即 C_{100}。

(3) 选定调节阀口径

与上述确定的 C_{100} 值相对应的调节阀口径 D_g 和 d_g，即为最终选定的调节阀公称直径和阀座直径。

在实际工程设计中往往还需要进行调节阀相对开度的验算，阀门可调比的验算等，这里不再赘述。

下面举例以了解调节阀口径计算的过程。

例 4-1　某控制系统拟选用一台直线特性气动柱塞形单座调节阀(流开型)。

已知流体为液氨，且液体流动呈湍流状态(即勿需作低雷诺数修正)。最大计算流量条件下的计算数据为 $p_1=26\ 200\text{kPa}$；$\Delta p=24\ 500\text{kPa}$；$t_1=313\text{K}$；$W_L=6300\text{kg/h}$；$\rho_L=0.58\text{g/cm}^3$；$\nu=0.1964\times10^{-6}\text{m}^2/\text{s}$；管道直径为 $D_1=D_2=20\text{mm}$。

计算

(1) 阻塞流判别

由表 4.8 查得 $F_L=0.9$；由液体理化数据手册查得液氨的 $p_c=11\ 378\text{kPa}$，$p_v=1621\text{kPa}$，由公式(4-7)可以计算得

$$F_F=0.96-0.28\sqrt{\frac{1621}{11\ 378}}=0.85$$

产生阻塞流最小压差由式(4-8)得到

$$\Delta p_{cr}=F_L^2(p_1-F_F p_v)=(0.9)^2(26\ 200-0.85\times1621)=20\ 106\text{kPa}$$

$$\Delta p=24\ 500\text{kPa}>20\ 106\text{kPa}$$

由于 $\Delta p\geqslant\Delta p_{cr}$，故为阻塞流。

(2) C_{max} 值计算

根据表 4.7 可得到相应的流量系数计算公式

$$\begin{aligned}C_{max}&=10Q_L/\sqrt{\rho_L/F_L^2(p-F_F p_v)}\\&=10(W_L/\rho_L)/\sqrt{\rho_L/F_L^2(p-F_F p_v)}\\&=63/\sqrt{0.58\times20\ 106}=0.583\end{aligned}$$

(3) 初选 C_{100} 值

查调节阀产品手册表 4.6 得知，比 0.583 大且最接近的一个 $C_{100}=0.80$，调节阀公称通径 $D_g=3/4''$，阀座直径 $d_g=8\text{mm}$。■

例 4-2　某蒸汽厂选择气动单座柱塞形调节阀(流开型)。

已知流体为过热蒸汽。额定流量条件下的计算数据为：$p_1=1.5\text{MPa}$；$\Delta p=0.1\text{MPa}$；$S_n=0.48$；$t_1=368℃$；$W_s=4000\text{kg/h}$；$n=1.25$；管道直径为 $D_1=D_2=50\text{mm}$；$Q_{max}/Q_{min}=10$。

(1) 阻塞流判别

由表 4.8 查得 $x_T=0.72$；由气体理化数据手册查得 $k=1.29$，则

$$F_K=\frac{k}{1.4}=\frac{1.29}{1.4}=0.92$$

$$F_K x_T = 0.92 \times 0.72 = 0.66$$

$$x = \Delta p / p_1 = 1/15 = 0.067$$

因 $x < F_K x_T$，故为非阻塞流。

(2) C_n 值计算

根据式(4-10)和表4.7可以分别求得膨胀系数 Y 和额定流量系数 C_n，从文献[30]可以得到阀门入口压力下过热蒸汽的密度为 $\rho_s = 5.09\text{kg/m}^3$。则

$$Y = 1 - \frac{x}{3F_K x_T} = 1 - \frac{0.067}{3 \times 0.66} = 0.97$$

$$C_n = \frac{W_s}{31.6Y}\sqrt{\frac{1}{xp_1\rho_s}} = \frac{4000}{31.6 \times 0.97}\sqrt{\frac{1}{0.067 \times 1500 \times 5.09}} = 5.77$$

(3) C_{max} 值计算

已知 $n = 1.25, S_n = 0.48$，则有

$$S_{max} = 1 - n^2(1 - S_n) = 1 - (1.25)^2(1 - 0.48) = 0.1875$$

$$m = n\sqrt{\frac{S_n}{S_{max}}} = 1.25\sqrt{\frac{0.48}{0.1875}} = 2$$

$$C_{max} = mC_n = 2 \times 5.77 = 11.54$$

(4) 口径选定

由表4.6选取 $C_{100} = 12$，调节阀公称通径 $D_g = d_g = 32\text{mm}$。

注意：在调节阀的选择中所需要的各种流体的物理常数可以参阅有关资料，例如，文献[30,31]中就有一些可供查用。 ■

4.3 安全栅

过程控制所应用的对象和系统往往会有一定的危险性，如容易产生爆炸或者产生燃烧而导致火灾。那么在面对这样的系统或者对象时，除了要求在易燃易爆的环境中所使用的控制器和变送器必须满足一定的安全要求，同时还要求在易燃易爆的环境和安全环境之间增加称之为安全栅的隔离装置。本节将简单介绍有关安全栅的相关知识[44~46]。

4.3.1 危险区域的分类

根据1987年底我国劳动人事部、公安部、国家机械委员会、煤炭工业部、化学工业部、石油工业部、纺织工业部、轻工业部等联合颁布的《中华人民共和国爆炸危险场所电气安全规程(试行)》，爆炸性物质分为三类：Ⅰ类：矿井甲烷；Ⅱ类：爆炸性气体、蒸汽；Ⅲ类：爆炸性粉尘、纤维。爆炸性气体(含蒸汽和薄雾)在标准试验条件下，按其最大试验安全间隙和最小点燃电流比分级，按其引燃温度分组，共分T1、T2、T3、T4、T5、T6六组。示例见表4.12。

表 4.12 爆炸性气体的分类、分级、分组举例表

类和级	最大试验安全间隙 MESG/mm	最小点燃电流比 MICR	引燃温度(℃)与组别					
			T1	T2	T3	T4	T5	T6
			T>450	450≥T>300	300≥T>200	200≥T>135	135≥T>100	100≥T>85
Ⅰ	MESG=1.14	MICR=1.0	甲烷					
$Ⅱ_A$	0.9<MESG<1.14	0.8<MICR<1.0	乙烷、丙烷、丙酮、苯乙烯、氯乙烯、氨苯、甲苯、苯、氨、甲醇、一氧化碳、乙酸丁酯、乙酸、丙烯腈	丁烷、乙醇丙烯、丁醇、乙酸丁酯、乙酸戊酯、乙酸酐	戊烷、己烷、庚烷、癸烷、辛烷、汽油、硫化氢、环已烷	乙醚、乙醛		亚硝酸、乙酯
$Ⅱ_B$	0.5<MESG≤0.9	0.45<MICR≤0.8	二甲醚、民用煤气、环丙烷	环氧乙烷、环氧丙烷、丁二烯、乙烯				
$Ⅱ_C$	MESG≤0.5	MICR≤0.45	水煤气、氢、焦炉煤气	乙炔			二硫化碳	硝酸乙酯

注：最大试验安全间隙与最小点燃电流比在分级上的关系只是近似相等。

爆炸性粉尘(含纤维和火炸药，下同)分级，按其引燃温度分组，共分 T1-1、T1-2、T1-3 三组。示例见表 4.13。

表 4.13 爆炸性粉尘的分级、分组举例表

组别		T1-1	T1-2	T1-3
引燃温度/℃		T>270	270≥T>200	200≥T>140
类和级	粉尘物质			
$Ⅲ_A$	非导电性可燃纤维	木棉纤维、烟草纤维、纸纤维、亚硫酸盐纤维素、人造毛短纤维、亚麻	木质纤维	
	非导电性爆炸性粉尘	小麦、玉米、砂糖、橡胶、染料、聚乙烯、苯酚树脂	可可、米糖	
$Ⅲ_B$	导电性爆炸性粉尘	镁、铝、铝青铜、锌、钛、焦炭、炭黑	铝(含油)、铁、煤	
	火炸药粉尘		黑火药 TTN	硝化棉、吸收药、黑索金、特屈儿、泰安

爆炸危险场所按爆炸性物质的物态，分为气体爆炸危险场所和粉尘爆炸危险场所两类。

爆炸危险场所的分级原则是按爆炸性物质出现的频度、持续时间和危险程度而划分为不同危险等级的区域，示例见表4.14。

表4.14 危险区分类说明

类别	级别	说明
气体爆炸危险场所	0区	在正常情况下，爆炸性气体混合物，连续地、短时间频繁地出现或长时间存在的场所。
	1区	在正常情况下，爆炸性气体混合物有可能出现的场所。
	2区	在正常情况下，爆炸性气体混合物不能出现，仅在不正常情况下偶尔短时间出现的场所。
粉尘爆炸危险场所	10区	在正常情况下，爆炸性粉尘或可燃纤维与空气的混合物，可能连续地、短时间频繁地出现或长时间存在的场所。
	11区	在正常情况下，爆炸性粉尘或可燃纤维与空气的混合物不能出现，仅在不正常情况下偶尔短时间出现的场所。

注：正常情况是指设备的正常启动、停止、正常运行和维修。不正常情况是指有可能发生设备故障或误操作。

4.3.2 防爆仪表的分类、分级和分组

爆炸危险场所使用的电气设备，在运行过程中，必须具备不引燃周围爆炸性混合物的性能。满足上述要求的电气设备可制成隔爆型、增安型、本质安全型、正压型、充油型、充砂型、无火花型、防爆特殊型和粉尘防爆型等类型；防爆电气设备的分类、分级、分组与爆炸性物质的分类、分级、分组方法相同，其等级参数及符号亦相同。本质安全型电气设备及关联设备还可根据故障条件，细分为ia和ib两级。下面选择其中三种防爆电气设备说明其基本要求[44]：

(1) 隔爆型电气设备(d)

具有隔爆外壳的电气设备，是指把能点燃爆炸性混合物的部件封闭在一个外壳内，该外壳能承受内部爆炸性混合物的爆炸压力并阻止向周围的爆炸性混合物传爆的电气设备。

(2) 本质安全型电气设备(i)

在正常运行或在标准试验条件下所产生的火花或热效应均不能点燃爆炸性混合物的电气设备。

(3) 正压型电气设备(p)

具有保护外壳，且壳内充有保护气体，其压力保持高于周围爆炸性混合物气体的压力，以避免外部爆炸性混合物进入外壳内部的电气设备。

(4) 无火花型电气设备(n)

在正常运行条件下不产生电弧或火花，也不产生能够点燃周围爆炸性混合物的

高温表面或灼热点，且一般不会发生有点燃作用的故障的电气设备。

(5) 粉尘防爆型

为防止爆炸粉尘进入设备内部，外壳的接合面应紧固严密，并须加密封垫圈，转动轴与轴孔间要加防尘密封。粉尘沉积有增温引燃作用，要求设备的外壳表面光滑、无裂缝、无凹坑或沟槽，并具有足够的强度。

防爆电气设备的选型原则是安全可靠，经济合理。防爆电气设备应根据爆炸危险区域的等级和爆炸危险物质的类别、级别、组别选型。在0级区域只准许选用ia级本质安全型设备和其他特别为0级区域设计的电气设备(特殊型)。

气体爆炸危险场所防爆电气设备的选型按表4.15进行。

表4.15　气体爆炸危险场所用电气设备防爆类型选型表

爆炸危险区域	适用的防护型式	
	电气设备类型	符号
0区	① 本质安全型(ia级)	ia
	② 其他特别为0区设计的控制器及传感器(特殊型)	s
1区	① 适用于0区的防护类型 ② 隔爆型 ③ 增安型 ④ 本质安全型(ib级) ⑤ 充油型 ⑥ 正压型 ⑦ 充砂型 ⑧ 其他特别为1区设计的控制器及传感器(特殊型)	a e ib o p q s
2区	① 适用于0区或1区的防护类型 ② 无火花型	n

4.3.3 防爆安全栅

对于具有爆炸危险区域的控制系统可以分为两个部分，一部分是安装在安全区控制室内的非防爆型仪表，另一部分是安装在危险区的安全防爆仪表，如电动仪表中的变送器、执行器、电气转换器等。但是仅在危险区域采用安全防爆仪表并不能保证整个系统的安全防爆性能。因为位于安全区域的非防爆型仪表在故障情况下，可能将高能量通过与现场仪表连接的信号线和电源线传入危险区域。因此，仅由危险区的安全防爆仪表和安全区控制室内的非防爆型仪表所构成的控制系统并不是本质安全的。所以一般为了保证非防爆性仪表部分的危险能量不传入危险区域，在两部分仪表之间还需要安装防爆安全栅，简称安全栅。

安全栅安装在安全场所，作为控制室仪表和现场仪表之间的串联设备。一方面传输信号，另一方面将流入危险场所的能量控制在爆炸性气体或混合物的点火能量以下，当本安防爆系统的本安仪表发生故障时，安全栅能将串入到故障仪表的能量限制在安全值以内，从而确保现场设备、人员和生产的安全。

各个国家常见的安全栅根据不同的原理可以分为以下5种类型。

1. 齐纳式安全栅

齐纳式安全栅是通过快速熔断丝和限压、限流电路实现能量限制作用，使得在本安防爆系统中，不论现场本安仪表发生任何故障，都能保证传输到现场(危险区)的能量处于一个安全值内(不会点燃规定的分级、分组爆炸性气体的混合物)，从而保证现场安全。它主要包括三个部分，一是电流限制回路：它能在危险区或者称本安侧接地、短路或一般元器件损坏等故障情况下，把输出电流限制在安全数值之内。二是电压限制回路：由齐纳二极管组成，当安全区或者称非本安侧电压超过额定工作电压时，齐纳二极管导通，使快速熔断器熔断，起限制电压作用。三是快速熔断器：用来保护齐纳管不被损坏，因此要求快速熔断器的熔断时间快于齐纳二极管的短路时间十倍以上，快于齐纳二极管开路时间千倍以上。图4.16是齐纳式安全栅的示意图。

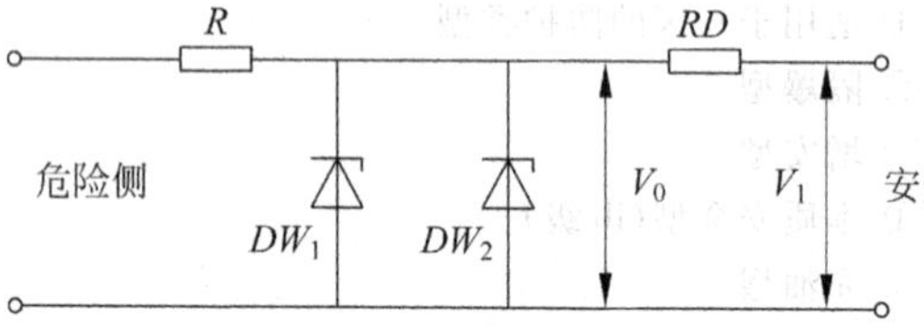

图4.16 齐纳式安全栅

一般来讲，齐纳安全栅选型容易，不易损坏，对原系统结构要求改动的地方比较少，优点比较明显。齐纳安全栅的防爆原理是用齐纳二极管控制输出电压，用电阻限制输出电流，电路相对简单。在正常工作时，齐纳安全栅相当于两个电阻串入电路，因此对系统结构无须作改动。另外，齐纳安全栅由于无信号的转变，对原信号精度也没有影响。下面将要介绍的隔离安全栅是以高频作为基波，将信号进行调制解调，信号有了变动，精度会受到安全栅电路的影响。隔离安全栅由于具有高频振荡电路，将产生出射频干扰，对系统不利，而且隔离安全栅也比较容易损坏。但隔离安全栅不需要本安接地，这是它比齐纳安全栅优越的地方。价格方面，齐纳安全栅要比隔离安全栅便宜很多，这在需要使用很多安全栅的场合，齐纳安全栅的价格优势明显体现了出来。

2. 隔离式安全栅

隔离式安全栅分输入式安全栅(从现场到控制室)和输出式安全栅(从控制室到现场)两种。

隔离式安全栅中使用较多的是隔离变压器式安全栅，如图4.17所示。输入电源经DC/AC变换器变成交流方波，再经电源耦合、整流滤波得到直流稳压电源，通过电流、电压限制电路，提供给现场的隔离电源。

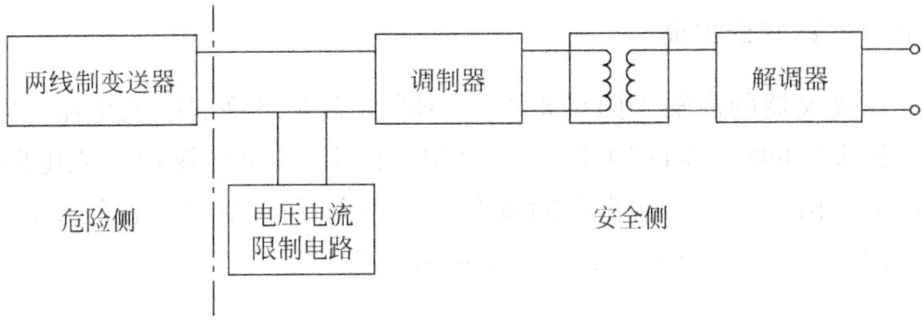

图 4.17　变压器输出隔离式安全栅

输入隔离式安全栅，接受变送器的输出电流，经调制变成交流方波信号，通过信号变压器耦合到安全侧，经解调放大还原为直流信号输出，实现电源隔离和危险侧输入信号与安全侧输出信号隔离。

输出隔离式安全栅，安全侧的输入直流信号通过调制变成交流方波信号，经信号变压器耦合到危险侧，送入解调放大器，输出直流信号，实现安全侧输入信号与危险侧输出信号之间的隔离。在危险侧输入（或输出）信号端通过快速熔丝、限压电路、限流电路组成齐纳式限压限流电路，把通往现场的电压和电流限制在一个安全值内，以确保现场安全。

与齐纳式安全栅相比，隔离式安全栅具有如下突出优点：

(1) 通用性强，使用时不需要特别本安接地，系统可以在危险区或安全区认为合适的任何一方接地，使用十分方便；

(2) 隔离式安全栅的电源、信号输入、信号输出均通过变压器耦合，实现信号的输入、输出完全隔离，使安全栅的工作更加安全可靠；

(3) 隔离式安全栅由于信号完全浮空，大大增强信号的抗干扰能力，提高了控制系统正常运行的可靠性。

3. 电阻式安全栅

电阻式安全栅是利用电阻的限制作用，把流入危险场所的能量限制在临界值以下，从而达到防爆目的。电阻式安全栅具有精确、可靠、小型和便宜等优点，缺点是防爆额定电压低。每个安全栅的限流电阻要逐个计算，数值太大会影响回路原有的性能，数值太小则又不能达到防爆要求。图 4.18 为电阻式安全栅示意图。

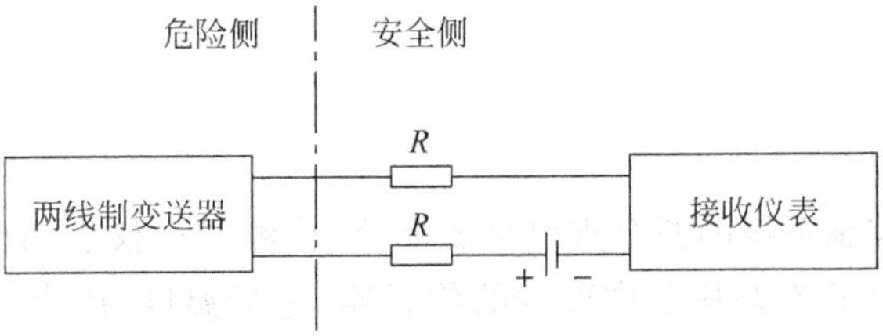

图 4.18　电阻式安全栅

4. 中继放大器式安全栅

利用运算放大器的高输入阻抗来增大串联在输入回路的限流电阻，以实现安全防爆。运算放大器的输入阻抗可以达到 10MΩ 以上，安全防爆用限流电阻可以提高至 10KΩ 以上。由于输入和输出之间没有信号隔离，所以其可靠性较差，信号传输精度也较差。图 4.19 为中继放大器式安全栅示意图。

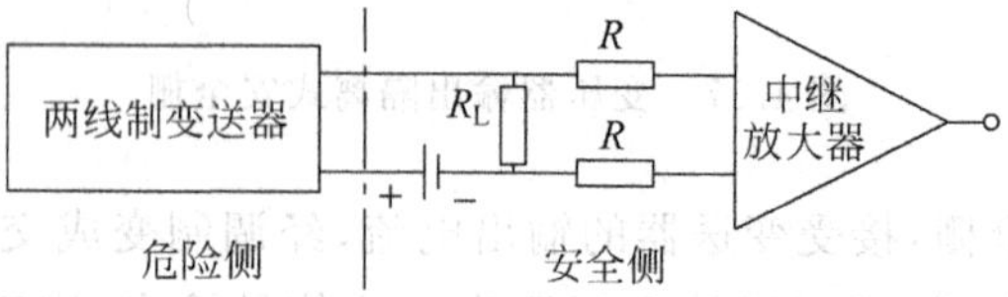

图 4.19 中继放大器式安全栅

5. 光电隔离式安全栅

光电隔离式安全栅由光耦合器件、电流/频率转换器、频率/电流转换器和限流、限压电路等组成。其原理是通过电流/频率转换器将安全栅一端的电信号转换成为频率信号，然后通过光耦合器进行传输，最后再通过频率/电流转换器将光频率信号再还原成为电信号继续传输。由于光耦合器件具有上千伏以上的高隔离电压，危险区域与安全区域之间只有频率信号耦合，而没有电信号联系，因此即便在安全区域产生高电压，也不会传输到危险区域。光电隔离式安全栅还可以为两线制变送器提供电源。因此，光电隔离式安全栅是一种理想的能应用于任何危险场所的安全栅，具有良好的重复性、高线性度和低漂移的性能。图 4.20 为光电隔离式安全栅示意图。

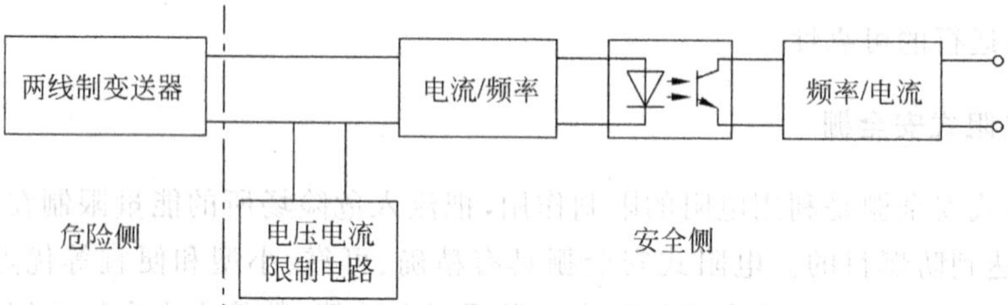

图 4.20 光电隔离式安全栅

4.4 小结

本章介绍了控制系统的两个重要组成部分，检测变送仪表和执行器。在检测变送仪表中主要介绍了各类基本物理量的传感器，包括温度、压力、流量、物位和成分等物理量，以及相应的变送器。执行器主要介绍了气动阀门，着重讨论了阀门的各个组成部分，阀门流量特性以及阀门的串联和并联等不同的使用方式对于系统的影响，并说明了如何计算阀门流量系数以及调节阀门的选择。最后，针对过程控制系统所面临的防爆问题，介绍了一类特殊的器件——安全栅。分析了不同防爆等级环境对于防爆仪表的要求，以及不同类型安全栅的工作原理和适应的环境。通过本章的学习，希望读者能够全面掌握控制系统的各个组成部分，了解相关仪表的工作原理和基本选型原则与方法，为能够独立构造完整的控制系统奠定基础。

第一篇小结

简单控制系统是由被控对象、测量变送装置、控制器和调节阀等基本环节组成的。在本篇中分别讨论了对象的动态特性、控制器特性、变送器与传感器的基本原理、危险环境下防爆仪表选择、气动调节阀特性及其计算选择等，并且介绍了控制系统的整定。在这个基础上，就可以进行简单过程控制系统的设计。众所周知，不同生产过程对控制的要求是不同的，因而要设计一个高质量的控制系统，最主要的是应该深入了解整个生产过程中所需控制的变量以及掌握这些变量所对应的被控对象的静、动态特性，从而可以正确地提出控制的目标和要求，然后针对控制目标进行具体设计。包括选定被控量、操作量，设计调节阀，选择控制器，组成一个控制系统，最后进行系统控制参数的整定等。可以看到，控制系统设计的过程就是把一个实际生产的控制问题提炼抽象的过程，这不仅需要控制理论、过程控制、检测仪表等理论和知识，更主要的是掌握实际生产知识和经验，这就需要设计者深入生产实际，不断实践、积累和总结。本篇只是为过程控制系统的设计打下基础。

思考题与习题

第 1 章

1.1　常用的评价控制系统动态性能的单项性能指标有哪些？它与误差积分指标各有何特点？

1.2　什么是对象的动态特性？为什么要研究对象的动态特性？

1.3　通常描述对象动态特性的方法有哪些？

1.4　过程控制中被控对象动态特性有哪些特点？

1.5　某水槽如题图 1.1 所示。其中 F 为槽的截面积，R_1、R_2 和 R_3 均为线性水阻，Q_1 为流入量，Q_2 和 Q_3 为流出量。要求：

(1) 写出以水位 H 为输出量，Q_1 为输入量的对象动态方程；

(2) 写出对象的传递函数 $G(s)$，并指出其增益 K 和时间常数 T 的数值。

1.6　已知题图 1.2 中气罐的容积为 V，入口处气体压力 p_1 和气罐内气体温度 T 均为常数。入口处阀门气阻 R_1 在进气量 Q_1 变化不大时可近似看作线性气阻。求以流出气量 Q_2 为输入量，气罐压力 p 为输出量时对象的动态方程。

1.7　A、B 两种物料在题图 1.3 所示的混合器中混合后，由进入夹套的蒸汽加热。已知混合器容积 $V=500\text{L}$，加热蒸汽的汽化热 $\lambda=2268\text{kJ}$。A 物料流量 $Q_A=$

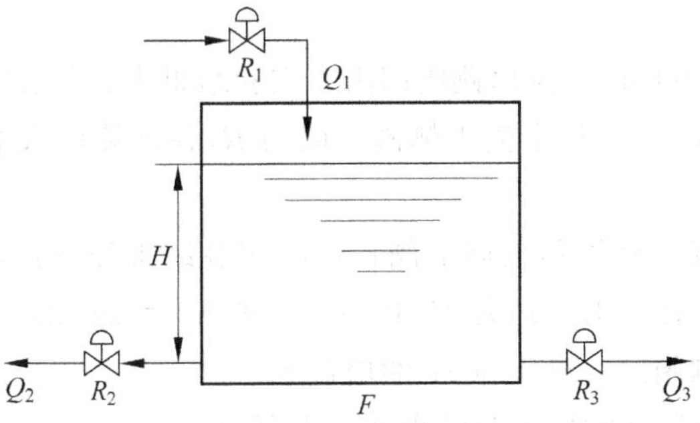

题图 1.1　习题 1.5 的图

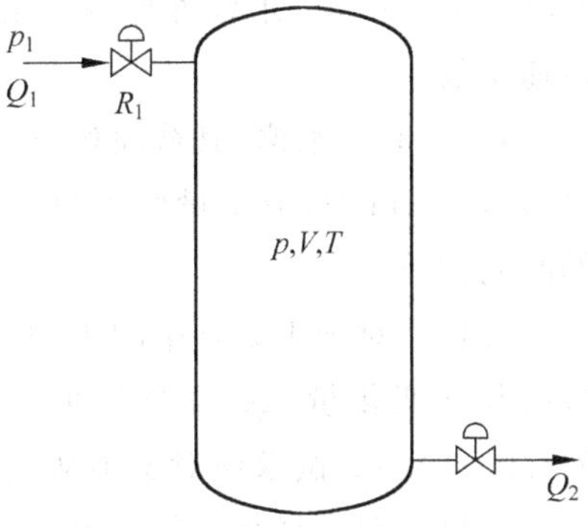

题图 1.2　习题 1.6 的图

20kg/min，入口温度 $\theta_A=20$℃（恒定）；B 物料流量 $Q_B=80$kg/min，入口温度 $\theta_B=20\pm10$℃。A、B 两物料的密度相同，均为 1kg/L。

假设：(1) 在温度变化不大范围内，A、B 物料的比热容与其混合物的比热容相同，均为 4.2kJ/kg·K；

(2) 混合器壁薄，导热性能好，可忽略其蓄热能力和热传导阻力；

(3) 蒸汽夹套绝热良好，可忽略其向外的散热损失。

试写出输出量为混合器出口温度 θ、输入量为蒸汽流量 D 和 θ_B 时对象的动态方程以及控制通道和干扰通道的传递函数。

1.8　在题图 1.4 所示加热器中，假设加热量 Q_h 为常量。已知容积中水的热容量 $C_w=50$kJ/℃，加热器壁热容量 $C_m=16$kJ/℃。进出口水流量相等，均为 3kg/min。加热器内壁与水的对流传热量 $Q_i=5$kJ/(℃·min)；加热器外壁对外界空气的散热 $Q_o=$

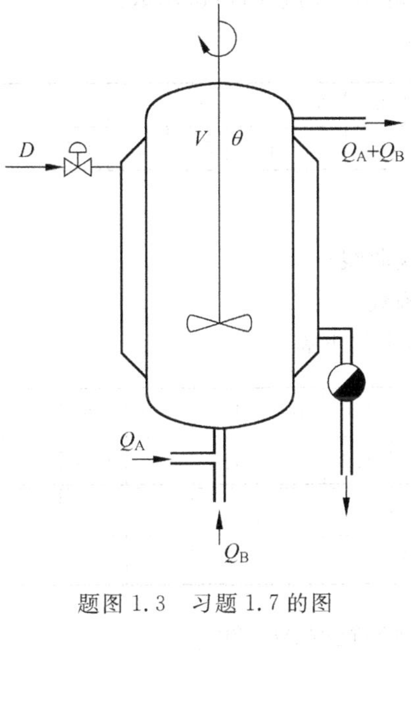

题图 1.3　习题 1.7 的图

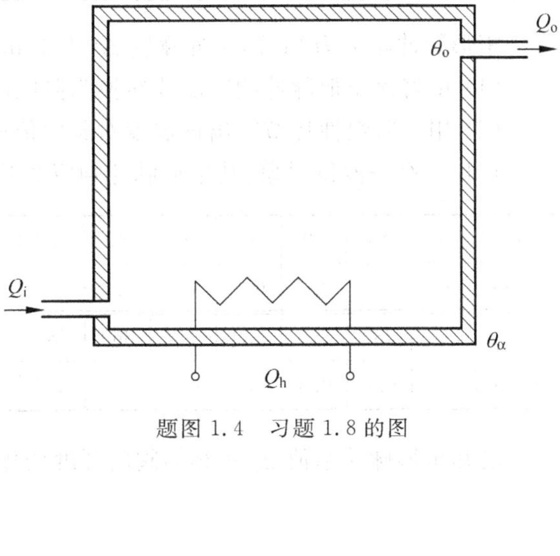

题图 1.4　习题 1.8 的图

0.5kJ/℃·min。求以外界空气温度 θ_a 为输入量，出口水温 θ_o 为输出量的温度对象传递函数。

1.9　有一水槽，其截面积 F 为 5000cm^2。流出侧阀门阻力实验结果为：当水位 H 变化 20cm 时，流出量变化为 $1000\text{cm}^3/\text{s}$。试求流出侧阀门阻力 R，并计算该水槽的时间常数 T。

1.10　对于 1.9 题中的水槽，其流入侧管路上调节阀特性的实验结果如下：当阀门开度变化量 $\Delta\mu$ 为 20% 时，流入量变化 Δq_i 为 $1000\text{cm}^3/\text{s}$，则 $K_\mu=\Delta q_i/\Delta\mu=50\text{cm}^3/\text{s}(\%)$。试求该对象中从流入侧阀门 μ 到水位 H 的增益 K。

1.11　有一复杂液位对象，其液位阶跃响应实验结果如下表所示：

t/s	0	10	20	40	60	80	100	140	180	250	300	400	500	600
h/mm	0	0	0.2	0.8	2.0	3.6	5.4	8.8	11.8	14.4	16.6	18.4	19.2	19.6

(1) 画出液位的阶跃响应曲线；

(2) 若该对象用带纯迟延的一阶惯性环节近似，试用作图法确定纯迟延时间 τ 和时间常数 T。

(3) 定出该对象增益 K 和响应速度 ε。设阶跃扰动量 $\Delta\mu=20\%$。

1.12　已知温度对象阶跃响应实验结果如下表：

t/s	0	10	20	30	40	50	60	70	80	90	100	150
θ/℃	0	0.16	0.65	11.5	1.52	1.75	1.88	1.94	1.97	1.99	2.00	2.00

阶跃扰动量 $\Delta q=1\text{t/h}$。试用二阶或 n 阶惯性环节写出它的传递函数。

1.13　某温度对象矩形脉冲响应实验如下表：

t/min	1	3	4	5	8	10	15	16.5	20	25	30	40	50	60	70	80
θ/℃	0.46	1.7	3.7	9.0	19.0	26.4	36	37.5	33.5	27.2	21	10.4	5.1	2.8	1.1	0.5

矩形脉冲幅值为 2t/h，脉冲宽度 Δt 为 10min。

(1) 试将该矩形脉冲响应曲线转换为阶跃响应曲线；

(2) 用二阶惯性环节写出该温度对象的传递函数。

1.14　有一液位对象，其矩形脉冲响应实验结果如下表：

t/s	0	10	20	40	60	80	100	120	140	160	180	200	220	240
h/cm	0	0	0.2	0.6	1.2	1.6	1.8	2.0	1.9	1.7	1.6	1	0.8	0.7
t/s	260	280	300	320	340	360	380	400						
h/cm	0.7	0.6	0.6	0.4	0.2	0.2	0.15	0.15						

已知矩形脉冲幅值 $\Delta\mu=20\%$ 阀门开度变化，脉冲宽度 $\Delta t=20\text{s}$。

(1) 试将该矩形脉冲响应曲线转换为阶跃响应曲线；

(2) 若将它近似为带纯迟延的一阶惯性对象，试用不同方法确定其特性参数 K、T 和 τ 的数值，并对结果加以评论。

第 2 章

2.1 试确定题图 2.1 中各系统调节器的正、反作用方式。已知燃料调节阀为气开式，给水调节阀为气关式。

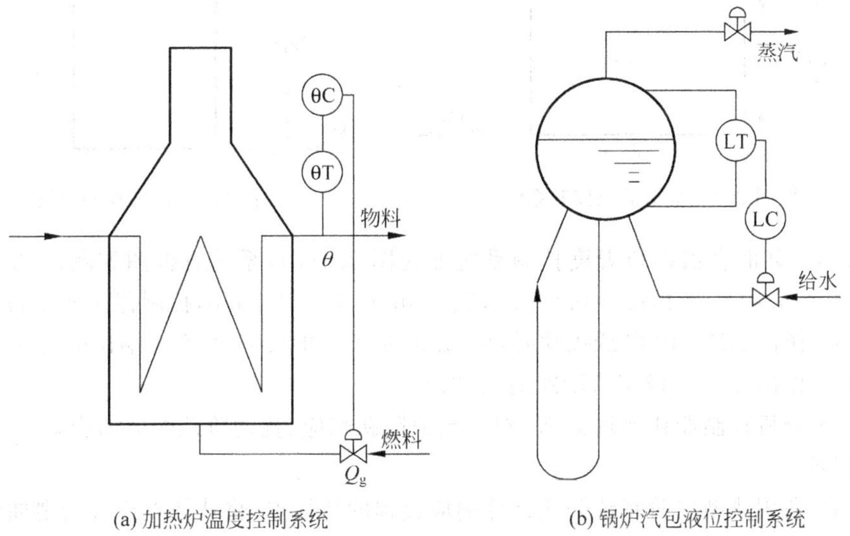

题图 2.1 习题 2.1 的控制系统

2.2 什么是控制器的动作规律？P、I、D 控制规律各有何特点？

2.3 某电动比例控制器的测量范围为 100～200℃，其输出为 0～10mA。当温度从 140℃变化到 160℃时，测得控制器的输出从 3mA 变化到 7mA。试求该控制器的比例带。

2.4 某水槽液位控制系统如题图 2.2 所示。已知：$F=1000\text{cm}^2$，$R=0.03\text{s/cm}^2$，调节阀为气关式，其静态增益 $|K_v|=28\text{cm}^3/\text{s}\cdot\text{mA}$，液位变送器静态增益 $K_m=1\text{mA/cm}$。

(1) 画出该系统的传递方框图；

(2) 控制器为比例控制器，比例带 $\delta=40\%$，试分别求出扰动 $\Delta Q_d=56\text{cm}^3/\text{s}$ 以及定值阶跃变化 $\Delta r=0.5\text{mA}$ 时，被控量 h 的残差。

(3) 若 δ 改为 120%，其他条件不变，h 的残差又是多少？比较(2)、(3)计算结果，总结 δ 值对系统残差的影响。

(4) 液位控制器改用 PI 控制器后，h 的残差又是多少？

2.5 某气罐压力控制系统如题图 2.3 所示。其中压力对象传递函数 $G_p(s)=$

0.003/(30s+1) MPa/1%，调节阀转换系数 K_v=10%/mA。采用 DDZ-Ⅱ电动单元组合仪表，压力变送器量程为 0～2MPa，控制器为比例作用。若 δ=20%，试求扰动 ΔD=50%时被调量 p 的残差？如果气罐压力允许波动范围为±0.2MPa，问该系统能否满足控制要求。

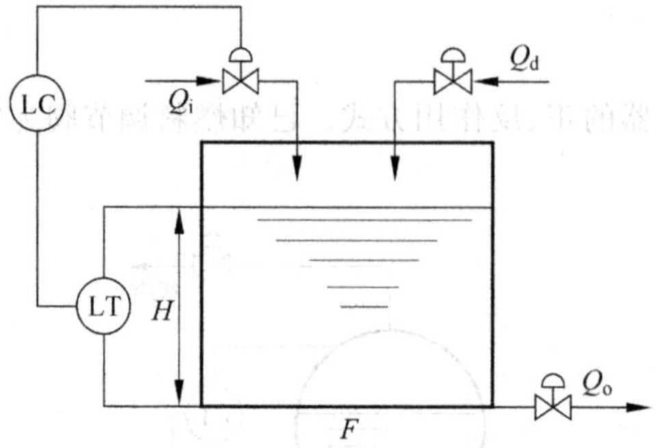

题图 2.2　水槽液位控制系统

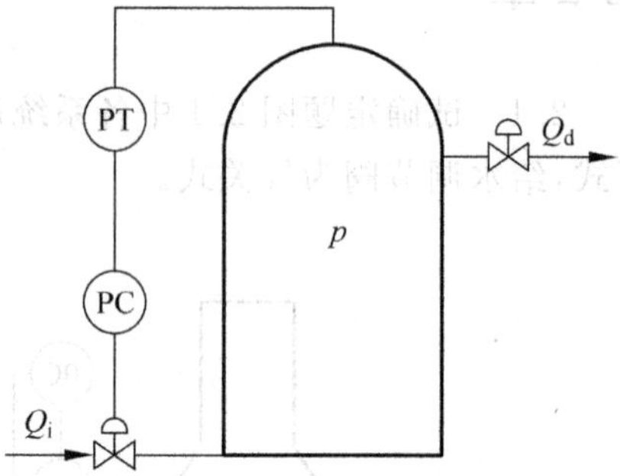

题图 2.3　压力控制系统

2.6　某混合器出口温度控制系统如题图 2.4(a)，系统方框图如题图 2.4(b)。其中 K_1=5.4，K_2=1，K_d=0.8/5.4，T_1=5min，T_2=2.5min，控制器比例增益 K_c。

(1) 作出 ΔD=10 阶跃扰动时，K_c 分别为 2.4 和 0.48 时系统输出响应 $\theta(t)$。

(2) 作出 Δr=2 设定值阶跃响应 $\theta(t)$。

(3) 分析控制器比例增益 K_c 对设定值阶跃响应、扰动阶跃响应的影响。

提示：

(1) 利用典型二阶系统公式计算响应过程的特征点，将特征点连成光滑曲线；

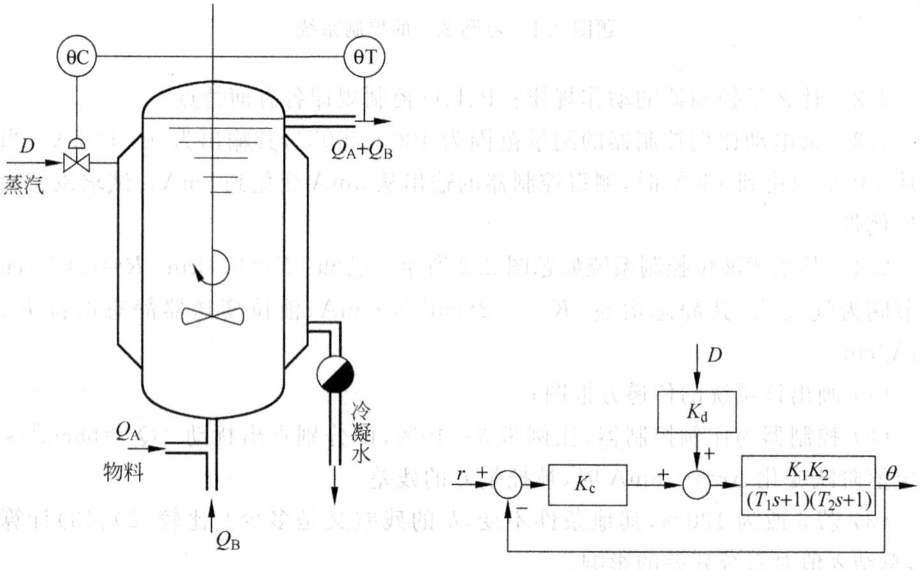

(a) 控制系统　　(b) 方框图

题图 2.4　混合器温度控制系统及方框图

(2) 编制系统数字仿真程序，由计算机直接打出结果。

2.7 某温度控制系统方框图如题图 2.5，其中 $K_1=5.4$，$K_d=0.8/5.4$，$T_1=5\text{min}$。

(1) 作出积分速度 S_0 分别为 0.21 和 0.92 时 $\Delta D=10$ 的系统阶跃响应 $\theta(t)$；

(2) 作出相应的 $\Delta r=2$ 的设定值阶跃响应；

(3) 分析控制器积分速度 S_0 对设定值阶跃响应和扰动阶跃响应的影响；

(4) 比较比例控制系统、积分控制系统各自的特点。

提示：可用计算或系统数字仿真求解。

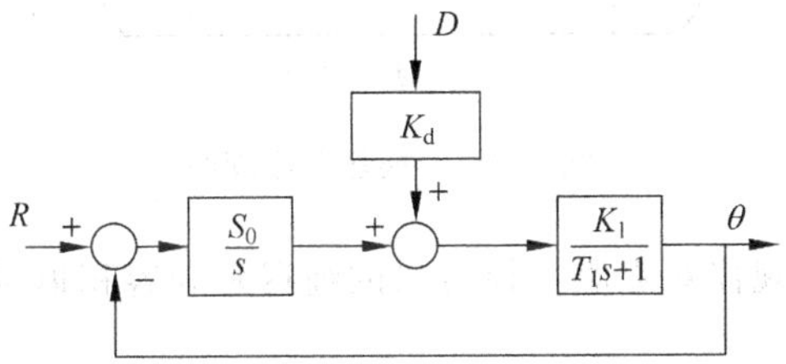

题图 2.5 温度控制系统方框图

2.8 被控对象传递函数为 $G(s)=K/s(Ts+1)$，如采用积分控制器，证明积分速度 S_0 无论为何值，系统均不能稳定。

2.9 已知比例积分控制器阶跃响应如题图 2.6。

(1) 在图上标出 δ 和 T_I 的数值；

(2) 若同时把 δ 放大 4 倍，T_I 缩小 1 倍，其输出 u 的阶跃响应作何变化？把 $u(t)\sim t$ 曲线画在同一坐标系中，并标出新的 δ' 和 T_I' 值；

(3) 指出此时控制器的比例作用、积分作用是增强还是减弱？说明 PI 控制器中影响比例作用、积分作用强弱的因素。

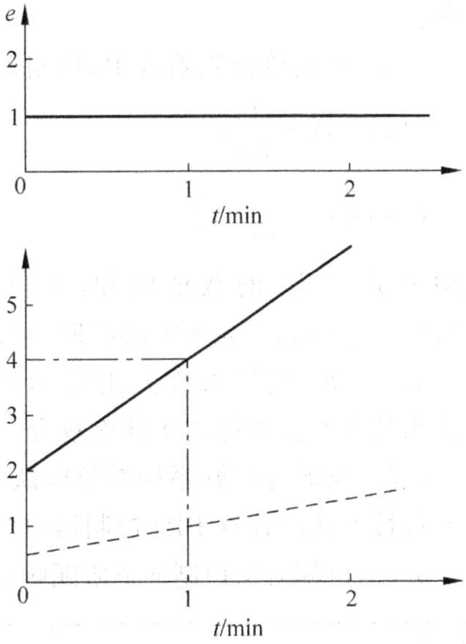

题图 2.6 比例积分控制器阶跃响应

2.10 一个自动控制系统，在比例控制的基础上分别增加：①适当的积分作用；②适当的微分作用。试问：

(1) 这两种情况对系统的稳定性、最大动态偏差、残差分别有何影响？

(2) 为了得到相同的系统稳定性，应如何调整控制器的比例带 δ？并说明理由。

2.11 比例微分控制系统的残差为什么比纯比例控制系统的小？

2.12 试总结控制器 P、PI 和 PD 动作规律对系统控制质量的影响。

2.13 一个如题图 2.7 所示的换热器，用蒸汽将进入其中的冷水加热到一定温度，生产工艺要求热水温度维持恒定（$\Delta\theta \leqslant \pm 1℃$）。试设计一简单温度控制系统，指出控制器的类型。

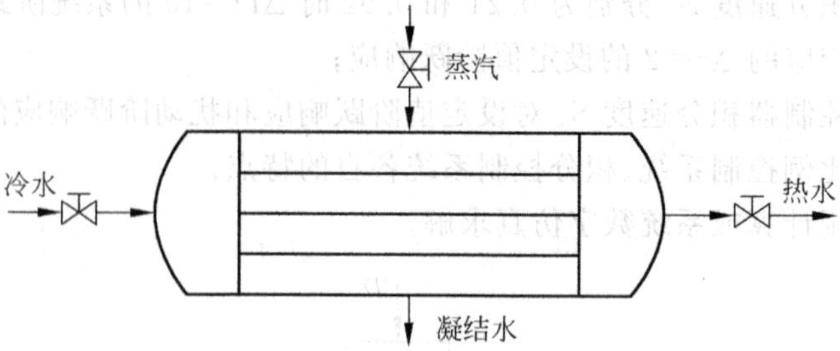

题图 2.7　换热器原理图

2.14　微分动作规律对克服被控对象的纯迟延和容积迟延的效果如何？

第 3 章

3.1　为什么要对控制系统进行整定？整定的实质是什么？

3.2　正确选择系统整定的最佳性能指标有什么意义？目前常用的性能指标有哪些？

3.3　在简单控制系统中，控制器为比例动作。广义被控对象的传递函数已知为

(1) $G(s)=\frac{1}{T_a s}e^{-\tau s}$

(2) $G(s)=\frac{0.8}{(1+Ts)^5}$

其中 τ、T 和 T_a 的数值已知，单位为 s。用衰减频率特性法求 $\psi=0.75(m=0.221)$ 和 $\psi=0.90(m=0.366)$ 时，控制器的整定参数。

3.4　动态特性参数法、稳定边界法、衰减曲线法是怎样确定控制器参数的？各有什么特点？分别适用于什么场合？

3.5　某温度控制系统对象阶跃响应中测得 $K=10$，$T=2\text{min}$，$\tau=0.1\text{min}$，应用动态特性参数法计算 PID 控制器整定参数。

3.6　已知对象控制通道阶跃响应曲线数据如下表所示，控制量阶跃变化 $\Delta u=50$。

时间/min	0	0.2	0.4	0.6	0.8	1.0	1.2
被控量	200.1	201.1	204.0	227.0	251.0	280.0	302.5
时间/min	1.4	1.6	1.8	2.0	2.2	2.4	
被控量	318.0	329.5	336.0	339.0	340.5	341.0	

(1) 用一阶惯性环节加纯迟延近似对象，求出 K、T 和 τ 值。

(2) 应用动态特性参数法选择 PI 控制器参数，并与稳定边界法求得的控制器参

数比较。

3.7 已知对象控制通道阶跃响应曲线数据如下表所示，控制量阶跃变化 $\Delta u=5$。

时间/min	0	5	10	15	20	25
被控量	0.650	0.651	0.652	0.668	0.735	0.817
时间/min	30	35	40	45	50	55
被控量	0.881	0.979	1.075	1.151	1.213	1.239
时间/min	60	65	70	75	80	85
被控量	1.262	1.311	1.329	1.338	1.350	1.351

(1) 用一阶惯性环节加纯迟延近似对象，求出 K、T 和 τ 值。

(2) 应用动态特性参数法选择 PID 控制器参数。

3.8 对某温度控制系统要求用稳定边界法整定 PID 控制器参数 δ，T_{I}，T_{D}。已知 $\delta_{\mathrm{cr}}=30\%$，$T_{\mathrm{cr}}=60\mathrm{s}$。

3.9 对象传递函数 $G(s)=\dfrac{8\mathrm{e}^{-\tau s}}{Ts+1}$，其中 $\tau=3\mathrm{min}$，$T=6\mathrm{min}$，控制器采用 PI 动作。试用稳定边界法估算控制器的整定参数。

3.10 已知对象传递函数 $G(s)=\dfrac{10}{s(s+2)(2s+1)}$，试用稳定边界法整定比例控制器的参数。

3.11 对题图 3.1 所示的控制系统中的调节器，试用稳定边界法整定参数。

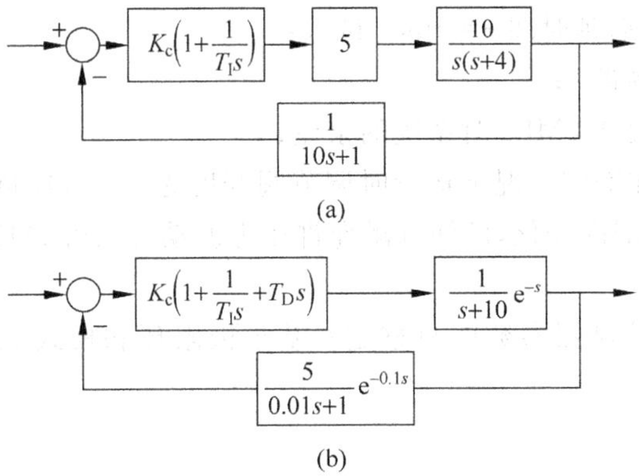

题图 3.1 控制系统方框图

3.12 某控制系统广义对象传递函数为 $G(s)=\dfrac{50}{s(s+5)(s+10)}$，时间常数以 min 为单位。控制器为 PI 作用。

(1) 试用稳定边界概念确定临界比例带 δ_{cr} 和临界振荡周期 T_{cr}；

(2) 试用稳定边界法计算控制器整定参数。

3.13 某温度对象可用以下传递函数近似：$G(s)=\frac{Ke^{-\tau s}}{(Ts+1)^2}$，其中 $K=1℃/(kg\cdot min^{-1})$，$T=0.5min$，$\tau=\pi/4min$。控制器为 PID 作用。

(1) 试用稳定边界概念求 δ_{cr} 和 T_{cr} 值；

(2) 试用稳定边界法整定控制器参数。

3.14 某液位控制系统采用气动 PI 控制器控制。液位变送器量程为 0～100mm(即液位 H 由零变到 100mm 时，变送器输出气压由 0.02 到 0.1MPa)。当控制器输出气压变化 $\Delta p_c=0.02MPa$ 时，测得液位变化如下表。

t/s	0	10	20	40	60	80	100	140	180	250	300	350
ΔH/mm	0	0	0.5	2	5	9	13.5	22	29.5	36	39	39.5

试问：(1) 控制器整定参数 δ、T_I 各为多少。

(2) 如液位变送器量程改为 0～50mm，为保持衰减率 ψ 不变，需要改变控制器哪一个参数？如何变？

3.15 换热器温度控制系统采用电动 DDZ 比例积分控制器，温度测量仪表量程为 50～100℃。温度对象在输入电流为 5mA DC 时，温度为 85℃。当输入电流从 5mA DC 跃变至 6mA DC，待温度重新稳定时，测得为 89℃；同时求得对象时间常数 T=2.3min，迟延时间 $\tau=1.2min$。试整定 PI 控制器的参数。

3.16 气罐压力控制系统采用比例控制器控制。压力变送器量程为 0～2MPa。已知气压对象控制通道特性为调节阀开度变化 $\Delta\mu=15\%$，压力变化 $\Delta p=0.6MPa$；时间常数 $T=100s$，迟延时间 $\tau=10s$。试求：

(1) 控制器比例带 δ；

(2) 设定值增大 0.2MPa 时系统的余差；

(3) 如果系统在额定工况下运行时调节阀开度为 65%，在负荷干扰下调节阀开度在 40%～90%范围内变化，已知气罐允许压力波动为±0.1MPa，该压力系统能否满足要求？

3.17 什么叫控制器参数的自整定？基于极限环和模式识别的两种自整定方法各有哪些优缺点？

第 4 章

4.1 请分别说明常用的温度、压力、液位、物料、成分的测量原理，测量方法和适用场合，列举相关仪表。

4.2 请说明我国先后采用的 DDZ Ⅱ和Ⅲ表所使用的信号制，说明各类信号制的优缺点，以及适合应用的场合。

4.3 试说明传感器非线性对于变送器的影响，非线性仪表的含义是什么？

4.4 气动调节阀执行机构的正、反作用形式是如何定义的？在结构上有何不同？

4.5 试说明气动阀门定位器的工作原理及其适用场合。

4.6 调节阀流量系数 C 是什么含义？应如何根据 C 选择调节阀口径？

4.7 调节阀的气开、气关形式是如何实现的？在使用时应根据什么原则来加以选择？

4.8 换热器温度控制系统如题图 4.1 所示。试选择该系统中调节阀的气开、气关形式。已知：

(1) 如被加热流体出口温度过高会引起分解、自聚或结焦；

(2) 被加热流体出口温度过低会引起结晶、凝固等现象；

(3) 如果调节阀是调节冷却水，该地区冬季最低气温为 0℃以下。

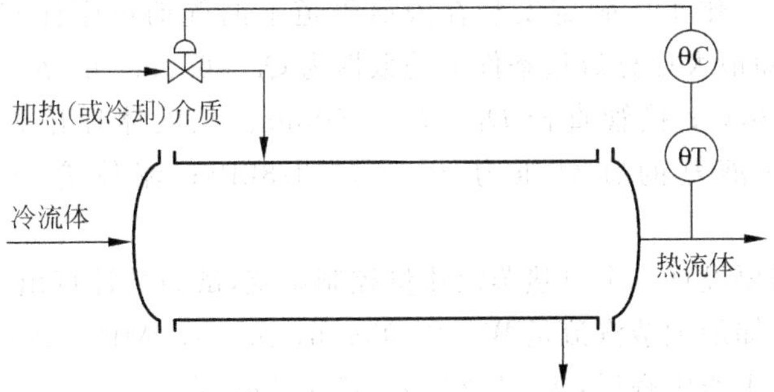

题图 4.1 换热器温度控制系统

4.9 在如题图 4.2 所示锅炉控制系统中，试确定

(1) 汽包液位控制系统中给水调节阀气开、气关型式；

(2) 汽包压力控制系统中蒸汽调节阀气开、气关型式。

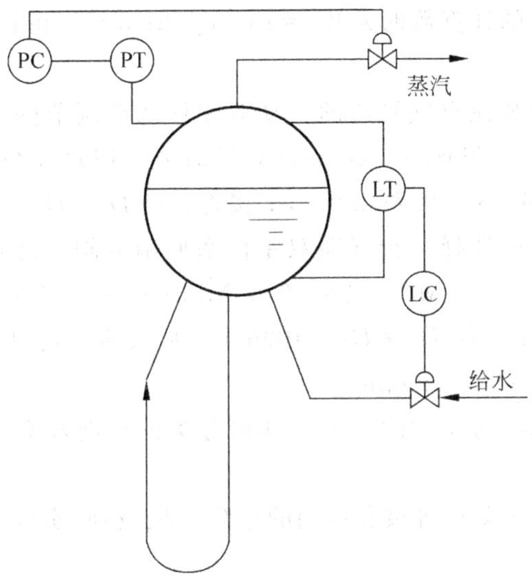

题图 4.2 锅炉汽包液位、压力控制系统

4.10 什么是调节阀的结构特性、理想流量特性和工作流量特性？

4.11 试说明当调节阀与工艺管道串联使用时，直线结构特性和等百分比结构特性的调节阀工作流量特性会发生什么变化？它们随此系统中哪个参数发生变化？为什么？

4.12 试说明当调节阀与工艺管道并联使用时，直线结构特性和等百分比结构特性的调节阀工作流量特性会发生什么变化？它们随此系统中哪个参数发生变化？为什么？

4.13 试为一个汽油流量自动控制系统选择调节阀的 C_{max}。已知流体为非阻塞流。最大流量条件下的计算数据为 $W_L=25t/h$；$\Delta p=0.08MPa$；$\rho_L=735kg/m^3$。

4.14 试为一化工厂确定安装在液氨管道上的气动单座柱塞形调节阀(流开形)的 C_{max}。已知最大计算流量条件下的数据为 $Q_L=6.8m^3/h$；$p_1=5.2MPa$；$\Delta p=0.07MPa$；$t_1=38℃$；接管直径 $D_1=D_2=50mm$。从液体理化数据手册上查得：$\rho_L=0.58kg/m^3$；液氨的临界压力 $P_c=11\ 378kPa$；流体介质饱和蒸汽压力 $P_v=1621kPa$。

4.15 现需要设计一个过热蒸汽流量控制系统，试为其计算出 V 形单座调节阀的流量系数。已知最大蒸汽流量 $W_s=360kg/h$；$p_1=1.4MPa$；$p_2=1.2MPa$。从相关蒸汽物理特性手册中查得：$k=1.29$；$\rho_s=5.09kg/m^3$。

4.16 试为一个压力控制系统选择合适的调节阀口径，此调节阀为 V 形单座阀。已知管内介质为甲烷气。最大流量条件下的计算数据为 $Q_g=250m^3/h$；$p_1=0.2MPa$；$p_2=0.12MPa$；$t_1=50℃$。从石化基础数据手册[30]上查得：$k=1.3$；$\rho_H=0.717kg/m^3$；$Z\approx1$。

4.17 试确定安装在干饱和蒸汽管上的调节阀口径(调节阀为流开形单座阀)。已知最大流量条件下的计算数据为 $W_s=1000kg/h$；$\rho_s=9.09kg/m^3$；$p_1=2.1MPa$；$p_2=1.3MPa$。

4.18 试确定安装在空气管道的气动双座柱塞形调节阀口径。已知额定流量条件下的数据为 $p_1=2.76MPa$；$\Delta p=0.01MPa$；$t_1=165℃$；$Q_g=12000m^3/h$；$\rho_H=1.293kg/m^3$；$Z\approx1.6$；$S_n=0.7$；n=1.3；接管直径 $D_1=D_2=250mm$。

4.19 试为某水厂选择一台气动双座柱塞形调节阀。已知流体为水。额定流量条件下的数据为 $p_1=1.5MPa$；$\Delta p=0.05MPa$；$t_1=170℃$；$Q_L=100m^3/h$；$S_n=0.65$；$n=1.25$；接管直径 $D_1=D_2=100mm$。从文献[30]上查得：$p_v=791kPa$；$p_c=21966.5kPa$；$\rho_L=897.6kg/m^3$。

4.20 试说明我国对于危险区域是如何分类的？进入不同程度的危险区域需要注意的问题。

4.21 试说明仪表防爆等级和适用的危险区域级别，实现防爆仪表防爆等级的方法有哪些？

4.22 简述具有爆炸危险区域为什么要安装安全栅，根据不同的工作原理，常见的安全栅有哪几种类型？

参考文献

[1] 林来兴. 热工调节对象动态特性译文集. 北京：科学出版社，1965

[2] Seborg D E, Edgar T F, Mellichamp D A. 过程的动态特性与控制(Process Dynamics, Control). 第二版. 北京：电子工业出版社，2006

[3] 方崇智，萧德云. 过程辨识. 北京，清华大学出版社，1988

[4] Rake H. Step response, frequency-response methods. Automatica, 1980, 16(5)：519～526

[5] 北京清大同飞优化控制技术有限责任公司. 鲁棒先进多变量预估控制器. 北京：中华人民共和国国家版权局，2003

[6] 陈来九. 热工过程自动调节原理和应用. 北京：水利电力出版社，1982

[7] Stephanopulos G. 化工过程控制——理论与工程. 北京：化学工业出版社，1988

[8] 蒋慰孙，俞金寿. 过程控制工程. 北京：烃加工出版社，1988

[9] Shinskey F G. 方崇智译. 过程控制系统. 第二版. 北京：化学工业出版社，1982

[10] Shinskey F G. 萧德云，吕伯明译. 过程控制系统——应用、设计与整定. 第三版. 北京：清华大学出版社，2004

[11] Lopez A M, et al. Tuning controllers with error-integralcriteria. Instrumentation Technology, 1967, 14(11)：57～62

[12] Åström K J. Toward intelligent control. IEEE Control Systems Magazine, 1989, 9(3)：10.1109/37.24813

[13] Åström K J. Ziegler Nichols Auto Tuners, Report TFRT 3167, Department of Automatic Control, Lund Inst. of Tech. Lund, Sweden

[14] П C E. 陈汝钢等译. 热力过程调节器整定计算原理. 北京：中国工业出版社，1965

[15] Ziegler J G, Nichols N B. Optimum settings for automatic controllers. Transactions of the ASME|Transactions of the ASME, 1942, 759～768

[16] Smith C A, Corripio A B. Principles, Practice of Automatic Process Control. 2nd edition. New York：John Wiley, 1997

[17] Hagglund T, Åström K J. Revisiting the Ziegler-Nichols tuning rules for PI control. Asian Journal of Control, 2002, 4(4)：364～80

[18] Skogestad S. Simple analytic rules for model reduction, PID controller tuning. Journal of Process Control, 2003, 13(4)：291～309

[19] Bristol E H, Inaloglu G F, Steadman J F. Adaptive process control by pattern recognition. Instruments & Control Systems, 1970, 43(3)：101～105

[20] Åström K J, Wittenma B. Self-tuning regulators. Automatica, 1973, 9(2)：185～199

[21] Bristol E H. Pattern-recognition-alternative to parameter identification in adaptive-control. Automatica, 1977, 13(2)：197～202

[22] 李田鹏. 工业过程鲁棒 PID 整定及多变量预测控制研究. 浙江大学硕士学位论文，2005

[23] 冯少辉，钱锋. 鲁棒 PID 参数整定方法. 华东理工大学学报(自然科学版)，2005, 31(4)：4

[24] 姜景杰等. 基于 OPC 和 IMC 的先进控制及其应用. 北京化工大学学报，2007, 34(1)：4

[25] 李超，黄德先，金以慧. 利用阶跃响应求解一阶加纯滞后系统参数区间的鲁棒辨识算法. 化工自动化及仪表，2003, 30(5)：25～27

[26] 邹芳云. 基于闭环辨识的鲁棒内模 PID 优化整定及应用. 北京化工大学硕士学位论文，2008

[27] Garcia C E, Morari M. Internal model control . 1. A unifying review, some new results.

Industrial & Engineering Chemistry Process Design, Development, 1982, 21(2), 308～323
[28] Rivera D E, Morari M, Skogestad S. Internal model control. 4. PID controller-design. Industrial & Engineering Chemistry Process Design, Development, 1986, 25(1), 252～265
[29] 李超. 鲁棒辨识、鲁棒 PID 参数整定算法研究及软件实现. 清华大学硕士论文, 2004
[30] 王松汉. 石油化工基础数据，石油化工设计手册. 第 1 卷. 北京：化学工业出版社，2002
[31] 陆德民. 石油化工自控设计手册. 第二版. 北京：化学工业出版社，1988
[32] 王家桢. 电动显示调节仪表. 北京：清华大学出版社，1987
[33] 吴勤勤. 控制仪表及装置. 北京：化学工业出版社，1997
[34] 李邓化，彭书华，许晓飞. 智能检测技术及仪表. 北京：科学出版社，2007
[35] 王再英，刘淮霞，陈毅静. 过程控制系统与仪表. 北京：机械工业出版社，2006
[36] 李保健. 过程检测仪表. 北京：化学工业出版社，2006
[37] 施仁等. 自动化仪表与过程控制. 北京：电子工业出版社，2009
[38] 陶珍东等. 工业仪表与工程测试. 北京：国防工业出版社，2008
[39] 上海工业自动化仪表研究所编. 流量测量节流装置的设计安装和使用 GB2624-81. 国家仪器仪表工业总局，标准化研究室出版，1981
[40] 中国石化集团北京石油化工工程公司. 石油化工自动化仪表选型设计规范，中华人民共和国行业标准，1999，国家石油和化学工业局，47
[41] 施俊良. 调节阀的选择. 北京：中国建筑工业出版社，1986
[42] 吴国熙. 调节阀使用与维护. 北京：化学工业出版社，1999
[43] 费希尔控制设备国际有限公司. 控制阀手册. 第三版. 1999
[44] 中华人民共和国爆炸危险场所电气安全规程(试行). 劳人护(87)36 号文，劳动人事部，1987 年 12 月 16 日
[45] 阳宪惠，郭海涛. 安全仪表系统的功能安全. 北京：清华大学出版社，2007
[46] 陈夕松，汪木兰. 过程控制系统. 北京：科学出版社，2005

第二篇　复杂控制系统

在第一篇中，只讨论了最简单的控制系统——单回路控制系统，也就是说系统中只用了一个控制器，控制器也只有一个输入信号。从系统方框图看，只有一个闭环。这种简单系统在大多数情况下能够满足工艺生产的要求，是一种最基本的、使用最广泛的控制系统。但是也有另外一些情况，譬如被控对象的动态特性决定了它很难控制，而工艺对控制质量的要求又很高；或者被控对象的动态特性虽然并不复杂，但控制的任务却比较特殊，则单回路控制系统就无能为力了。另外还应看到，随着生产过程向着大型、连续和强化方向发展，对操作条件要求更加严格，参数间相互关系更加复杂，对控制系统的精度和功能提出许多新的要求，对能源消耗和环境污染也有明确的限制。为此，需要在单回路的基础上，采取其他措施，组成复杂控制系统，也称为多回路系统。在这种系统中，或是由多个测量值、多个控制器；或者由多个测量值、一个控制器、一个补偿器或一个解耦器等组成多个回路的控制系统。本篇将从原理、结构和应用等方面讨论目前已在生产过程中采用的串级控制系统、带有补偿器的控制系统以及解耦系统等复杂控制系统[1~4]。

第5章 串级控制系统与比值控制系统

5.1 串级控制系统的概念

串级控制是改善控制过程极为有效的方法，并且得到了广泛的应用。什么叫串级控制，它是怎样提出来的呢？现在结合几个具体例子来说明[5]。

例 5-1 连续槽反应器温度控制。

图 5.1 表示一个连续槽反应器，物料自顶部连续进入槽中，经反应后从底部排出。反应产生的热量由冷却夹套中的冷却水带走。为了保证产品质量，必须严格控制反应温度 θ_1，为此采用调节阀来改变冷却水流量，被控对象具有三个热容积，即夹套中的冷却水、槽壁和槽中的物料。为简单起见，在图 5.2 中，把这三个容积画成了串联的形式，即忽略了它们之间的相互作用（容积之间的相互作用有助于改善被控对象的控制性能）。引起温度 θ_1 变化的扰动因素来自两个方面：在物料方面有它的流量、入口温度和物料化学组分；在冷却水方面有它的入口温度以及调节阀前的压力。在图 5.2 中，用 D_1 和 D_2 分别代表来自物料方面和冷却水方面的扰动，它们的作用地点不同，因此对于温度 θ_1 的影响也不一样。

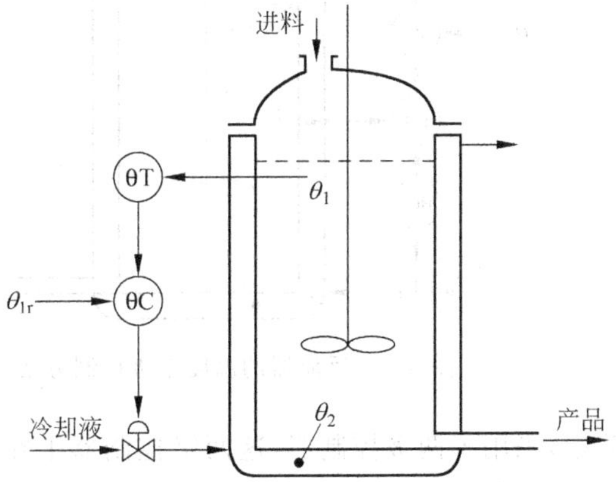

图 5.1 反应器的温度控制

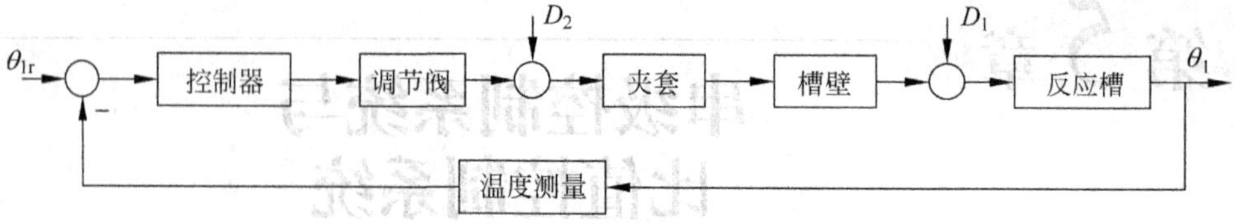

图 5.2 反应器简单温度控制系统

现在假定先采用简单的控制系统如图 5.2 所示。当冷却水方面发生扰动，例如冷却水入口温度突然增高时，它需要相继通过三个容积以后才会使反应温度 θ_1 升高，而只有这时控制器才开始动作，把冷却水加大。很明显，图 5.2 反应器简单温度控制系统从扰动开始到控制器动作，这中间白白浪费了一段时间。在这段时间里，夹套冷却水温度的升高已使温度 θ_1 出现很大偏差。如果能把这段时间争取过来，让控制器提前动作，那么控制的效果就改善了。由于冷却水方面的扰动 D_2 很快就会在夹套温度 θ_2 上表现出来，因此，如果把 θ_2 这个温度测量出来并送入控制器 θC_2（图 5.3），让它来控制调节阀，那么控制动作就提前了很多，失去的时间就会争取过来，从而加快了控制速度。但是又不能简单地仅仅依靠这一个控制器 θC_2 来代替图 5.1 中的控制器 θC 的全部作用。图 5.3 反应器的温度串级控制方案是因为最后的目标是要保持温度 θ_1 不变，控制器 θC_2 只能起稳定温度 θ_2 的作用，而在发生物料方面的扰动 D_1 的情况下，并不能保证温度 θ_1 符合要求。为了解决这个问题，可以设想用人工来改变控制器 θC_2 的给定值 θ_{2r}，通过它来改变夹套温度 θ_2，这样就可以在物料方面发生扰动的情况下，也能把温度 θ_1 调节到所需要的数值上。实际上，这个工作当然不是用人工而是由另一个自动控制器 θC_1 来完成的。它的主要任务就是根据温度 θ_1 相对它的给定值 θ_{1r}的偏差来改变控制器 θC_2 的给定值 θ_{2r}，这就是串级调节的基本思想。

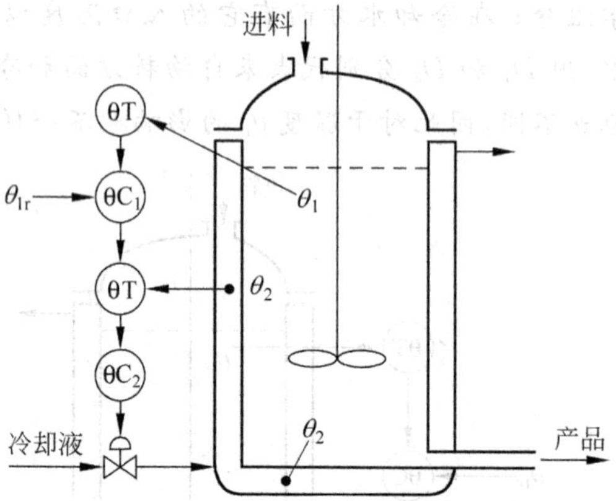

图 5.3 反应器的温度串级控制方案 ■

在串级调节中，采用了两级控制器，这两级控制器串在一起工作，各有其特殊任务。调节阀直接受控制器 θC_2 的控制，而控制器 θC_2 的设定值则受控制器 θC_1 的控制，θC_1 称为主控制器，θC_2 称为副控制器。串级控制的方框图如图 5.4 所示。

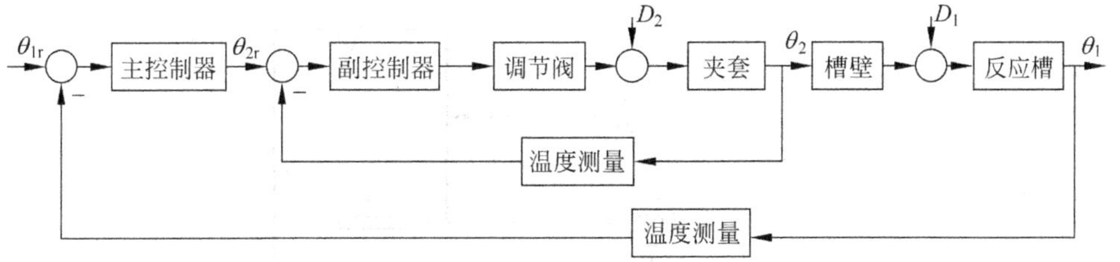

图 5.4　反应器温度控制系统

例 5-2　精馏塔提馏段的温度控制。

图 5.5 是精馏塔底部示意图。在再沸器中，用蒸汽加热塔釜液产生蒸汽，然后在塔釜中与下降物料流进行传热传质。为了保证生产过程顺利进行，需要使提馏段温度 θ 保持恒定。为此，在蒸汽管路上装一个调节阀，用它来调节加热蒸汽流量，从而保证 θ 维持在设定值上。从调节阀动作到温度 θ 发生变化，需要相继通过很多热容积。实践证明，加热蒸汽压力的波动对温度 θ 的影响很大。此外，还有来自液相加料方面的各种扰动，包括它的流量、温度和组分等，它们通过提馏段的传热传质过程，以及再沸器中的传热条件(塔釜温度、再沸器液面等)，最后也会影响到温度 θ。当加热蒸汽压力波动较大时，如果采用图 5.5 所示的简单控制系统，控制品质一般都不能满足生产要求。如果采用一个附加的蒸汽压力控制系统(图 5.6)，把蒸汽压力的干扰克服在入塔前，这样也就提高了温度控制的品质，但这样就需要增加一只调节阀并且增加了蒸汽管路的压力损失，在经济上很不合理，而且这两个回路之间又是相互影响的。

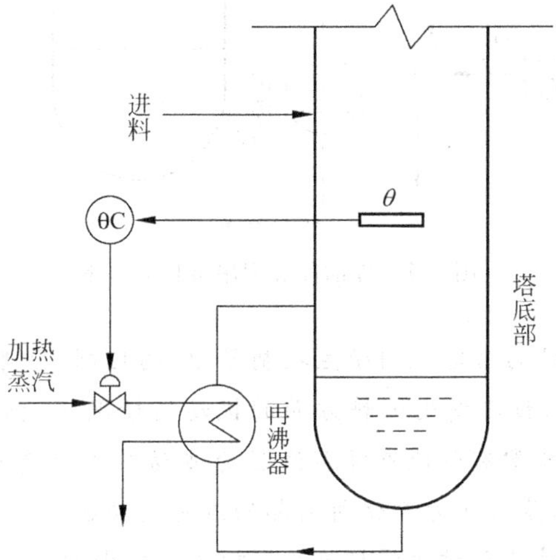

图 5.5　精馏塔提馏段温度控制方案(简单控制系统)

比较好的方法是采用串级控制，如图 5.7 所示。副控制器 QC 根据加热蒸汽流量信号控制调节阀，这样就可以在加热蒸汽压力波动的情况下，仍能保持蒸汽流量

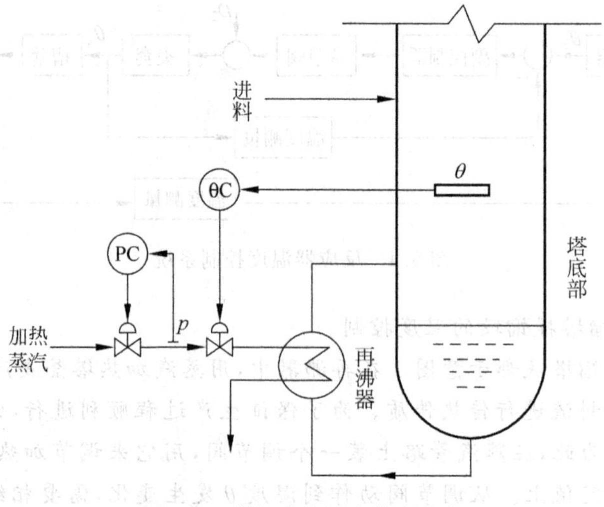

图 5.6　附加蒸汽压力控制方案

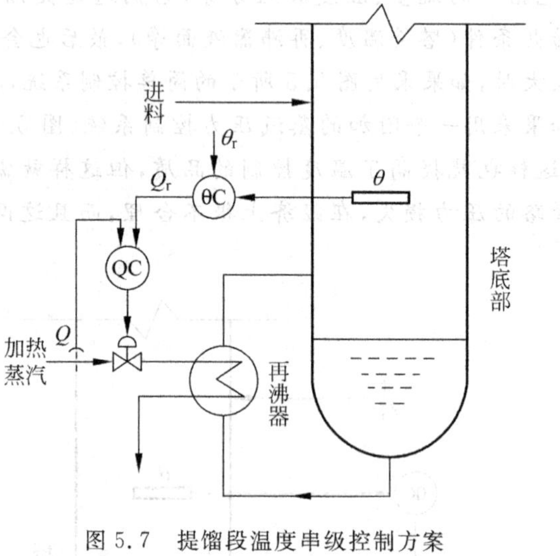

图 5.7　提馏段温度串级控制方案

稳定。但副控制器 QC 的给定值则受主控制器 θC 的控制，后者根据温度 θ 改变蒸汽流量给定值 Q_r，从而保证在发生进料方面的扰动的情况下，仍能保持温度 θ 满足要求。用这个方法可以非常有效地克服蒸汽压力波动对于温度 θ 的影响，因为流量自稳定系统的动作很快，蒸汽压力变化所引起的流量波动在 2～3s 以内就消除了，而这样短暂时间的蒸汽流量波动对于温度 θ 的影响是很微小的。对于来自进料方面的扰动来说，这种串级方案则并不一定能带来很显著的好处（下面将要进一步分析这一点）。

串级控制系统方框图如图 5.8 所示，它有两个闭环系统：副环是流量自稳定系统，主环是温度控制系统。

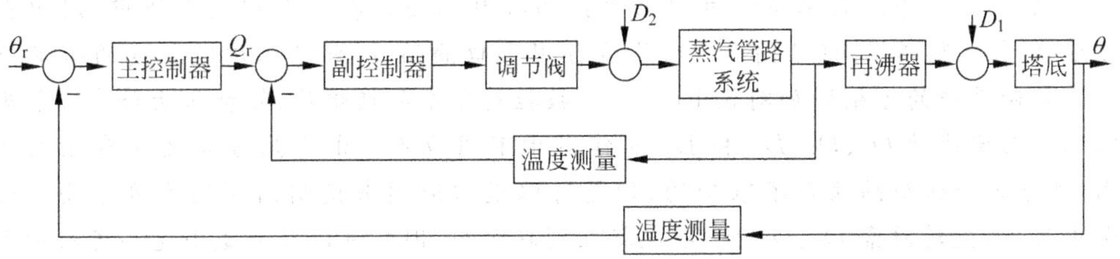

图 5.8 提馏段温度串级控制系统 ■

例 5-3 炼油厂管式加热炉温度控制。

管式加热炉是石油工业中的重要装置之一，它的任务是把原油或重油加热到一定温度，以保证下一道工序(分馏或裂解)的顺利进行。加热炉的工艺过程如图 5.9 所示。燃料油经过蒸汽雾化后在炉膛中燃烧，被加热油料流过炉膛四周的排管后，被加热到出口温度 θ_1。在单回路情况下，只需在燃料油管道上装设一个调节阀，用它来控制燃油量以达到控制温度 θ_1 的目的。

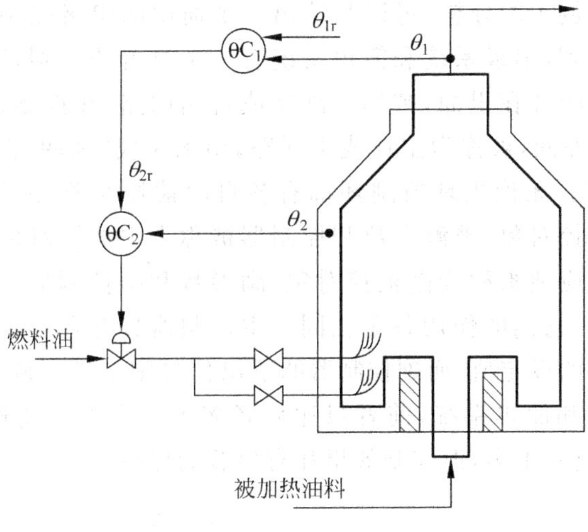

图 5.9 管式加热炉的温度控制

但是引起温度 θ_1 改变的扰动因素很多，主要有：

(1) 燃料油方面(它的组分和调节阀前的油压)的扰动 D_2；

(2) 喷油用的过热蒸汽压力波动 D_4；

(3) 被加热油料方面(它的流量和入口温度)的扰动 D_1；

(4) 配风、炉膛漏风和大气温度方面的扰动 D_3。

其中燃料油压力和过热蒸汽压力都可以用专门的控制器保持其稳定，以便把扰动因素减少到最低限度。从调节阀动作到温度 θ_1 改变，这中间需要相继通过炉膛、管壁和被加热油料所代表的热容积，因而反应很缓慢。工艺上对出口温度 θ_1 要求又很高，一般希望波动范围不超过±(1～2)%。实践证明，采用简单的控制系统是达不到这个要求的。

然而，采用串级控制系统可以大大提高控制品质。在这个控制系统中，用炉膛温度 θ_2 来控制调节阀（见图 5.9），然后再用出口油温 θ_1 来修正炉膛温度的给定值 θ_{2r}。控制系统的方框图如图 5.10 所示。被控对象中包括炉膛、管壁和油料等三个热容积。而诸扰动 D_1、D_2、D_3 和 D_4 则作用于不同地点。由于热容积之间有相互作用，严格说来这个画法是不准确的，但是可以近似地用来说明问题的主流方面。从图中可见，扰动因素 D_2、D_3 和 D_4 包括在副环之内，因此可以大大减小这些扰动对于出口油温 θ_1 的影响。对于被加热油料方面的扰动 D_1，采用串级被控也可以收到一定的效果，但效果并不那么显著。

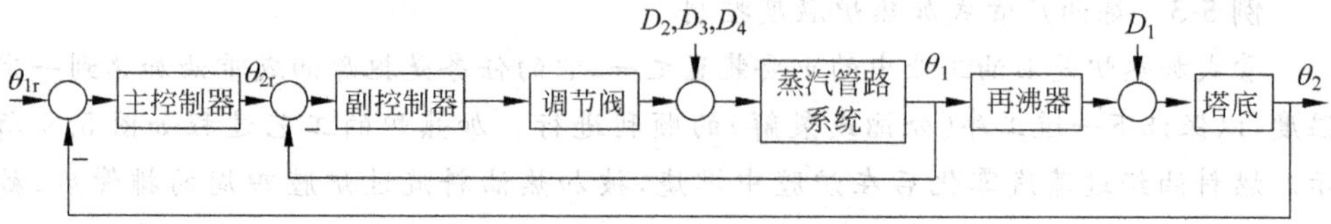

图 5.10 加热炉温度串级控制系统 ■

通过上述几个例子的分析，可以归纳出一个通用的串级控制系统如图 5.11 所示。从图中可以看到，串级系统和简单系统有一个显著的区别，即其在结构上形成了两个闭环。一个闭环在里面，被称为副环或者副回路，在控制过程中起着“粗调”的作用；一个环在外面，被称为主环或主回路，用来完成“细调”任务，以最终保证被控量满足工艺要求。无论主环或副环都有各自的被控对象、测量变送元件和控制器。在主环内的被控对象，被测参数和控制器被称为主被控对象，主参数和主控制器。在副环内则相应地被称为副被控对象，副参数和副控制器。应该指出，系统中尽管有两个控制器，它们的作用各不相同。主控制器具有自己独立的设定值，它的输出作为副控制器的设定值，而副控制器的输出信号则是送到调节阀去控制生产过程。比较串级系统和简单系统，前者只比后者多了一个测量变送元件和一个控制器，增加的仪表投资并不多，但控制效果却有显著的提高。

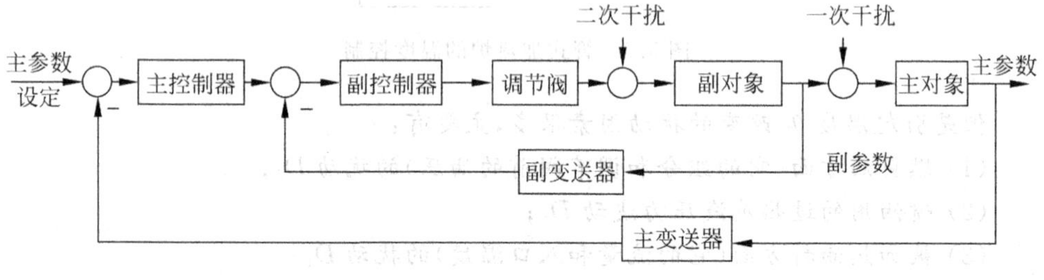

图 5.11 一般串级控制系统

5.2 串级控制系统的分析

在分析串级控制系统之前，先把扰动以其作用位置的不同分为两类，一般把包括在副回路内的扰动称为二次干扰，而把作用于副环之外的扰动称为一次干扰（参见图 5.11）。这两类扰动对串级控制效果有本质的差别。

串级控制系统只是在结构上增加了一个内回路，为什么会收到如此明显的效果呢？

首先是内环具有快速作用，它能够有效地克服二次干扰的影响。可以说串级系统主要是用来克服进入副回路的二次干扰的。现在对图 5.12 所示方框图进行分析，可进一步揭示问题的本质。图中 $G_{c1}(s)$、$G_{c2}(s)$是主、副控制器传递函数；$G_{p1}(s)$、$G_{p2}(s)$是主、副对象传递函数；$G_{m1}(s)$、$G_{m2}(s)$是主、副变送器传递函数，$G_{v}(s)$是调节阀传递函数。$G_{d2}(s)$是二次扰动通道的传递函数。

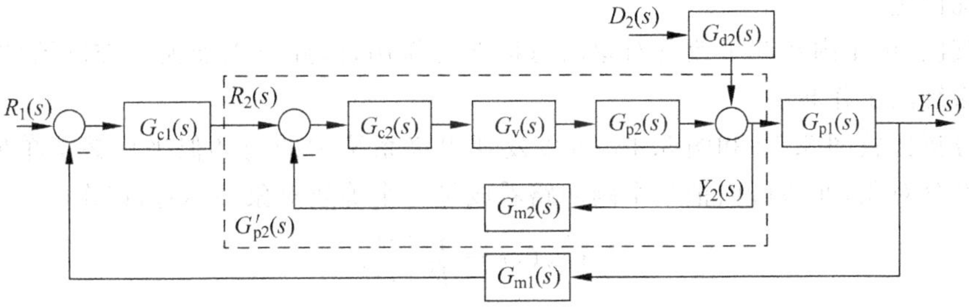

图 5.12　串级控制系统的方框图

当二次干扰经过干扰通道环节 $G_{d2}(s)$后，进入副环，首先影响副参数 y_2，于是副控制器立即动作，力图削弱扰动对 y_2 的影响。显然，扰动经过副环的抑制后再进入主环，对 y_1 的影响将有较大的减弱。按图 5.12 所示串级系统，可以写出二次干扰 D_2 至主参数 y_1 的传递函数是

$$\frac{Y_1(s)}{D_2(s)}=\frac{\dfrac{G_{d2}(s)G_{p1}(s)}{1+G_{c2}(s)G_{v}(s)G_{p2}(s)G_{m2}(s)}}{1+G_{c1}(s)G_{m1}(s)G_{p1}(s)\dfrac{G_{c2}(s)G_{v}(s)G_{p2}(s)}{1+G_{c2}(s)G_{v}(s)G_{p2}(s)G_{m2}(s)}}$$

$$=\frac{G_{d2}(s)G_{p1}(s)}{1+G_{c2}(s)G_{v}(s)G_{p2}(s)G_{m2}(s)+G_{c1}(s)G_{m1}(s)G_{p1}(s)G_{c2}(s)G_{v}(s)G_{p2}(s)}\tag{5-1}$$

为了与一个简单回路控制系统相比较，由图 5.13 可以很容易地得到单回路控制下 D_2 至 y_1 的传递函数为

$$\frac{Y_1(s)}{D_2(s)_{单}}=\frac{G_{d2}(s)G_{p1}(s)}{1+G_{c}(s)G_{v}(s)G_{p1}(s)G_{p2}(s)G_{m}(s)}\tag{5-2}$$

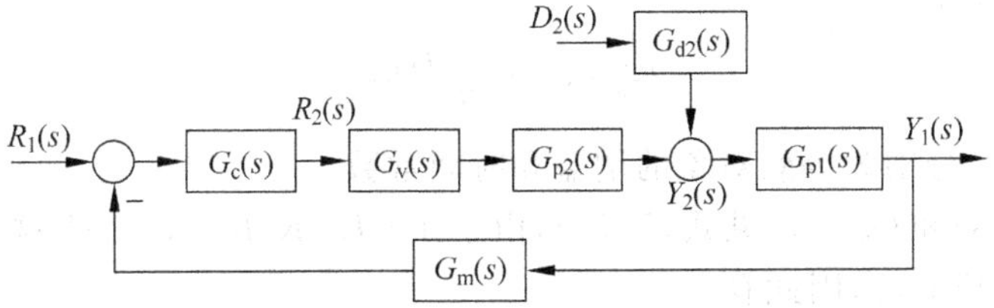

图 5.13　单回路控制系统方框图

比较式(5-1)和式(5-2)。先假定 $G_c(s)=G_{c1}(s)$，且注意到单回路系统中的 $G_m(s)$ 就是串级系统中的 $G_{m1}(s)$，可以看到，串级中 $Y_1(s)/D_2(s)$ 的分母中多了一项，即 $G_{c2}(s)G_v(s)G_{p2}(s)G_{m2}(s)$。在主环工作频率下，这项乘积的数值一般是比较大的，而且随着副控制器比例增益的增大而加大；另外式(5-1)的分母中第三项比式(5-2)分母中第二项多了一个 $G_{c2}(s)$。一般情况下，副控制器的比例增益是大于1的。因此可以说，串级控制系统的结构使二次干扰 D_2 对主参数 y_1 这一通道的动态增益明显减小。当二次干扰出现时，很快就被副控制器所克服。与单回路控制系统相比，被调量受二次干扰的影响往往可以减小到10%～1%，这要视主环与副环中容积分布情况而定。

其次，由于内环起了改善对象动态特性的作用，因此可以加大主控制器的增益，提高系统的工作频率。

分析比较图5.12和图5.13，可以发现串级系统中的内环似乎代替了单回路中的一部分对象，亦即可以把整个副回路看成是一个等效对象 $G'_{p2}(s)$，记作

$$G'_{p2}(s)=\frac{Y_2(s)}{R_2(s)} \tag{5-3}$$

假设副回路中各环节传递函数为

$$G_{p2}(s)=\frac{K_{p2}}{T_{p2}s+1},\quad G_{c2}(s)=K_{c2}$$

$$G_v(s)=K_v,\quad G_{m2}(s)=K_{m2}$$

将上述各式代入式(5-3)，可得

$$G'_{p2}(s)=\frac{Y_2(s)}{R_2(s)}=\frac{K_{c2}K_v\dfrac{K_{p2}}{T_{p2}s+1}}{1+K_{c2}K_vK_{m2}\dfrac{K_{p2}}{T_{p2}s+1}}$$

$$=\frac{\dfrac{K_{c2}K_vK_{p2}}{1+K_{c2}K_vK_{m2}K_{p2}}}{1+\dfrac{T_{p2}s}{1+K_{c2}K_vK_{m2}K_{p2}}} \tag{5-4}$$

若令

$$K'_{p2}=\frac{K_{c2}K_vK_{p2}}{1+K_{c2}K_vK_{m2}K_{p2}} \tag{5-5}$$

$$T'_{p2}=\frac{T_{p2}}{1+K_{c2}K_vK_{m2}K_{p2}} \tag{5-6}$$

则式(5-4)改写为

$$G'_{p2}(s)=\frac{K'_{p2}}{T'_{p2}s+1} \tag{5-7}$$

式中，K'_{p2} 和 T'_{p2} 分别为等效对象的增益和时间常数。

比较 $G_{p2}(s)$ 和 $G'_{p2}(s)$（见式(5-7)），由于 $1+K_{c2}K_vK_{p2}K_{m2}>1$ 这个不等式在任何情况下都是成立的，因此有

$$T'_{p2}<T_{p2} \tag{5-8}$$

这就表明，由于副回路的存在，起到改善动态特性的作用。等效对象的时间常数缩小了$(1+K_{c2}K_vK_{p2}K_{m2})$倍，而且随着副控制器比例增益的增大而减小。通常情况下，副对象是单容或双容对象，因此副控制器的比例增益可以取得很大，这样，等效时间常数就可以减到很小的数值，从而加快了副环的响应速度，提高了系统的工作频率。现举一例来进一步说明[3]。

例 5-4　副回路对于系统动态特性的改善。

副回路中包括了一个积分环节加纯迟延的对象和一个比例控制器，其开环频率特性为

$$W_2(j\omega)=\frac{100}{\delta}\cdot\frac{K_{p2}}{T_{p2}\omega}\cdot\exp\left[-j\left(\frac{\pi}{2}+\omega\tau_d\right)\right] \tag{5-9}$$

将副回路整定到4∶1振幅衰减，且考虑到内环接受主控制器的输出信号，可以得到副回路相对T_{d1}/T_{d2}的开环频率特性为

$$W_2(j\omega)=\frac{1}{2}\cdot\frac{T_{d1}}{T_{d2}}\cdot\exp\left[-j\left(\frac{\pi}{2}+\frac{\pi T_{d2}}{2T_{d1}}\right)\right] \tag{5-10}$$

其中T_{d1}和T_{d2}分别为主回路和副回路的阻尼自然振荡周期。

由式(5-10)可以很容易导出副回路的闭环频率特性$W_{c2}(j\omega)$，即

$$W_{c2}(j\omega)=\frac{1}{1+2\cdot\dfrac{T_{d2}}{T_{d1}}\cdot\exp\left[j\left(\dfrac{\pi}{2}+\dfrac{\pi T_{d2}}{2T_{d1}}\right)\right]} \tag{5-11}$$

根据式(5-10)和式(5-11)，将副回路在开环和闭环下的频率特性绘于图5.14(a)，图中$|W_2|$、φ_2和$|W_{c2}|$、φ_{c2}是副回路分别在开环和闭环下的幅频相频特性。从图中可以看到，闭环副回路的相角滞后总是小于开环时的相角滞后，因此组成串级系统后就自然地提高了工作频率，使控制品质得到改善。

由图5.14(a)可见，闭环副回路的增益可能大于或小于开环时的增益，这取决于输入信号的周期。当T_{d1}/T_{d2}较大时，闭环副回路增益将小于开环时的增益。此时若组成串级系统，可以加大主控制器的增益。应当指出，在$T_{d1}/T_{d2}>5$以后，闭环副回路增益接近1，相角接近0°，这就是说当T_{d1}足够大时，可以把副回路等效成为一个增益为1的放大环节，形成1∶1的随动系统。然而在T_{d1}减小时，闭环副回路的增益增加而开环时的增益却要下降，此时若闭合副回路，主控制器的增益就不得不减少，在这种情况下组成串级控制系统将会降低系统的性能。因此，在串级系统中要避免闭环副回路的高增益区，即主、副回路自然振动周期比$T_{d1}/T_{d2}=1\sim3$的区域。此外，为避免主、副回路之间的“共振”现象，也要求主、副回路的周期成一定的比例，这一点将在串级系统的设计中加以讨论。

如果控制器采用PI控制器，积分时间需要整定到$4T_{d2}$，则控制器相对T_{d1}/T_{d2}的开环频率特性为

$$|W_c|=\frac{T_p}{1.05K_pT_{d2}}\cdot\frac{1}{\cos\varphi_c},\quad \varphi_c=-\arctan\left(\frac{T_{d1}}{8\pi T_{d2}}\right)$$

副回路的闭环频率特性$W_{c2}(j\omega)$，即

$$W_{c2}(j\omega)=\frac{1}{1+2.1\pi\cdot\frac{T_{d2}}{T_{d1}}\cdot\cos(\varphi_c)\cdot\exp\left[j\left(\varphi_c+\frac{\pi}{2}+\frac{2\pi T_{d2}}{T_{d1}}\right)\right]}$$

实际上,对于一个非自衡过程的设定值响应是不需要积分作用的。当有积分作用时,被控量在向设定值逼近的过程中,它们的误差会被积分,而超过设定值以后又要进行反向积分,这就引起了超调。因此,对非自衡过程来说,采用 PI 控制器时,设定值周期性变化所形成的谐振峰,要比采用比例控制器时更高、更宽。图 5.14(b)中上面那条曲线正说明这一结果。可见,副控制器中的积分动作会降低主回路的性能,因此如果可能的话,则应该尽量避免采用积分动作。

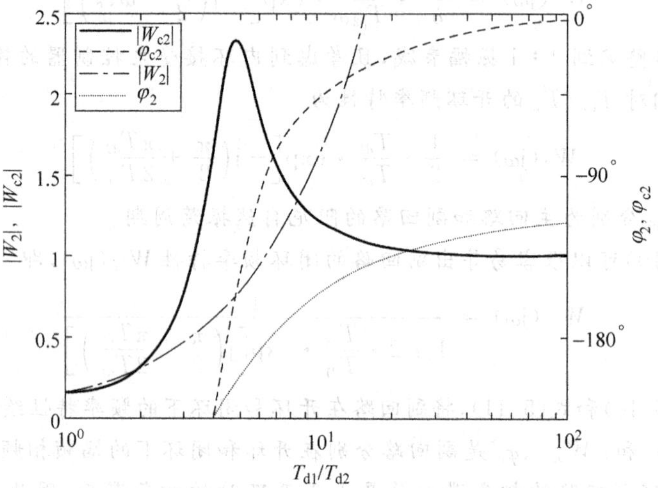

(a) 非自衡过程采用P控制时，副回路的开环和闭环幅频、相频特性

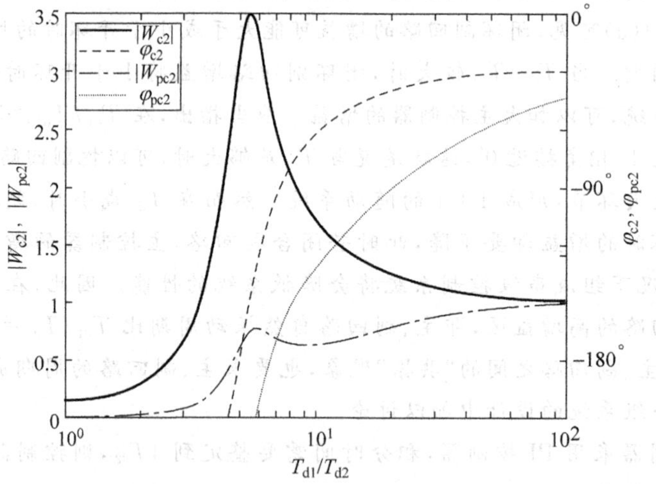

(b) 非自衡过程采用PI控制时，副回路的开环和闭环幅频、相频特性

图 5.14 副回路开环、闭环幅频、相频特性比较

如果必须采用 PI 控制器，那么可以让副控制器的比例增益只作用于被控量，则在设定值阶跃变化下避免超调，但却要花更多的时间到达设定值。图 5.14(b)也能证实这一点，在所有的周期下，增益曲线都抑制在 1.0 以下，然而相位滞后却明显增加了。因为这种控制相当于在常规的 PI 控制器的设定值上加一个一阶惯性环节，其时间常数等于控制器积分时间。

对于比例增益只作用于被控量的情况，所增加的一阶惯性环节相对 T_{d1}/T_{d2} 的开环频率特性为

$$|W_1| = \frac{1}{\cos\varphi_1}, \quad \varphi_1 = -\arctan\left(\frac{T_{d1}}{8\pi T_{d2}}\right)$$

则副回路的闭环频率特性 $W_{pc2}(j\omega)$，即

$$W_{pc2}(j\omega) = \frac{\exp\left[-j\arctan\left(\frac{T_{d1}}{8\pi T_{d2}}\right)\right] / \cos\left[-\arctan\left(\frac{T_{d1}}{8\pi T_{d2}}\right)\right]}{1 + 2.1\pi \cdot \frac{T_{d2}}{T_{d1}} \cdot \cos(\varphi_c) \cdot \exp\left[j\left(\varphi_c + \frac{\pi}{2} + \frac{2\pi T_{d2}}{T_{d1}}\right)\right]}$$

最后一个特点是由于内环的存在，使串级系统有一定的自适应能力。

众所周知，生产过程往往包含一些非线性因素。因此，在一定负荷下，即在确定的工作点情况下，按一定控制质量指标整定的控制器参数只适应于工作点附近的一个小范围。如果负荷变化过大，超出这个范围，那么控制质量就会下降，在单回路控制中若不采取其他措施是难以解决的。但在串级系统中情况就不同了，负荷变化引起副回路内各环节参数的变化，可以较少影响或不影响系统的控制质量。一方面可以用式(5-5)所表示的等效副对象的增益公式来说明，等效对象的增益为

$$K'_{p2} = \frac{K_{c2}K_vK_{p2}}{1 + K_{c2}K_vK_{m2}K_{p2}}$$

一般情况下，$K_{c2}K_vK_{p2}K_{m2} \gg 1$，因此，如果副对象增益或调节阀的特性随负荷变化时，对等效增益 K'_{p2} 的影响不大，因而在不改变控制器整定参数的情况下，系统的副回路能自动地克服非线性因素的影响，保持或接近原有的控制质量；从另一方面看，由于副回路通常是一个流量随动系统，当系统操作条件或负荷改变时，主控制器将改变其输出值，副回路能快速及时地跟踪而又精确地控制流量，从而保证系统的控制品质。从上述两个方面看，串级控制系统对负荷的变化有一定自适应能力。

综上所述，可以将串级控制系统具有较好的控制性能的原因归纳为：

① 对二次干扰有很强的克服能力，这正是串级系统最突出的优点；

② 改善了对象的动态特性，提高了系统的工作频率；

③ 对负荷或操作条件的变化有一定自适应能力。

为了对串级控制系统的控制效果有一定量的概念，下面用频率法来估算一个实例。

例 5-5　频率法估算串级控制系统的控制效果。

设串级系统的方框图如图 5.15 所示，其中主、副对象的传递函数分别为

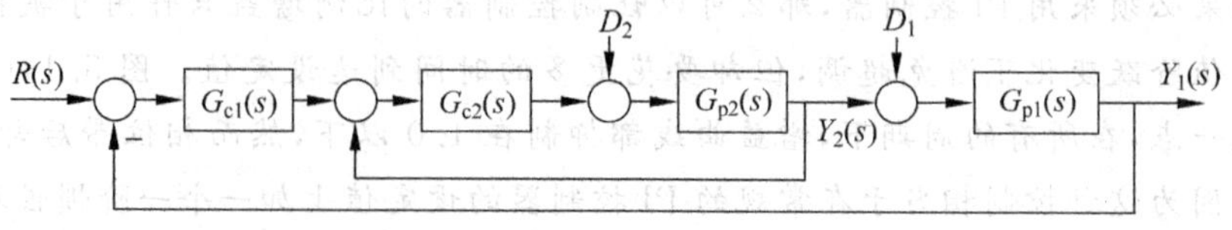

图 5.15　串级控制系统实例方框图

$$G_{p1}(s)=\frac{1}{(30s+1)(3s+1)}$$

$$G_{p2}(s)=\frac{1}{(10s+1)(s+1)^2}$$

主、副控制器的传递函数分别为

$$G_{c1}(s)=K_{c1}\left(1+\frac{1}{T_I s}\right)$$

$$G_{c2}(s)=K_{c2}$$

估算结果如表 5.1 所示。

表 5.1　串级控制的效果

控制品质指标	简单控制系统	串级控制系统
	$K_{c1}=3.7$ $T_I=38$	$K_{c2}=10$ $K_{c1}=8.4$ $T_I=12.8$
衰减率	0.75	0.75
残偏差	0	0
系统工作频率	0.087	0.23
二次扰动下的短期最大偏差	0.24	0.011
一次扰动下的短期最大偏差	0.3	0.11

从表中可以看到，由于采用了串级控制，系统工作频率由单回路的 0.087 增加到 0.23，加快了 26 倍；二次扰动下的短期最大偏差由单回路控制时的 0.24 减小到 0.011，仅为原来偏差的 4.6%；即使是在一次扰动下，短期最大偏差也由单回路控制时的 0.3 减小到 0.11，约为原数值的 1/3 左右。可见串级系统对控制效果的改善是十分明显的。但是必须指出，上述估算结果没有考虑非线性因素的影响。实际上，由于串级系统的副控制器增益往往很大，调节阀的动作幅度也相应增大，有时可能处于饱和状态，因此串级控制系统的实际效果要比表 5.1 中估算的结果略为差一些。■

5.3　串级控制系统设计中的几个问题

如果把串级系统中整个闭环副回路作为一个等效对象来考虑，可以看到主回路与一般单回路控制系统没有什么区别，无须特殊讨论。但是副回路应该怎样设计，副参数又如何选择，主、副回路之间又有什么关系，一个系统中有两个控制器会产生什么问题等等，这些正是系统设计和实施中应予以考虑的问题。

5.3.1　副回路的设计

从 5.2 节分析可知，串级系统的种种特点都是因为增加了副回路的缘故。可以说，副回路的设计质量是保证发挥串级系统优点的关键所在。从结构上看，副回路也是一个单回路，问题的实质在于如何从整个对象中选取一部分作为副对象，然后组成一个副控制回路，这也可以归纳为如何选择副参数。下面是有关副回路设计的几个原则。

(1) 副参数的选择应使副回路的时间常数小，控制通道短，反应灵敏。

通常串级系统被用来克服对象的容积迟延和纯迟延。也就说，总是这样来选择副参数，使得副回路时间常数小，控制通道短，从而使等效对象的时间常数大大减小，提高系统的工作频率，加速反应速度，缩短控制时间，最终改善系统的控制品质。如 5.1 节中所举的几个例子，它们的共同点就是对象容积迟延比较大。如例 5-1 反应器的反应温度控制中，在组成串级系统时，选择夹套温度作为副参数时，副对象是一个一阶对象，它可以迅速反映冷水侧方面的干扰，然后加以克服。例 5-2 精馏塔提馏段温度控制中，选择加热蒸汽流量为副参数，此时副回路几乎没有什么容积迟延，可以立即克服蒸汽侧的干扰。又例如例 5-3 加热炉温度控制中，副参数是炉膛温度，它也是一个一阶对象，对燃料侧扰动有较强的克服作用。总之，它们都设法找到一个反应灵敏的副参数，使得在扰动影响主参数之前就得到克服，副回路的这种超前控制作用，必然使控制质量有很大提高。

(2) 副回路应包含被控对象所受到的主要扰动。

串级系统对二次干扰有较强的克服能力。为了发挥这一特殊作用，在系统设计时，副参数的选择应使得副环尽可能多地包括一些扰动。当然也不能走极端，试图把所有扰动都包括进去，这样将使主控制器失去作用，也就不称其为串级控制了。因此，在要求副回路控制通道短、反应快与尽可能多地纳入扰动这两者之间存在着矛盾，应在设计中加以协调。现在以例 5-2 为例来说明。图 5.7 所示为提馏段温度控制方案，它是以加热蒸汽量为副参数的。副控制器实际上是保持流量计孔板压差稳定，目的是保持加热量 Q_1 的稳定，这是一种常用的方案，如图 5.16 中的作用线 1 所示。但它也不是唯一可行的。当加热蒸汽供汽压力变化时，仅仅保持孔板压差稳定并不能完全保证加热量稳定。加热量的大小可以更好地表现在蒸汽管壁的温度上，因为蒸汽凝结放热的热阻很小，即管壁温度与管内蒸汽饱和温度之间的差别很小，因此如果把调节阀后的蒸汽压力 p 选作副参数来进行串级控制，如图 5.16 中作用线 2 所示，那么就可以把加热蒸汽侧的扰动完全包括在副环之内，与控制蒸汽流量串级方案相比，副环中包括了更大一些的时间常数，因而也有助于改善主环的控制性能。

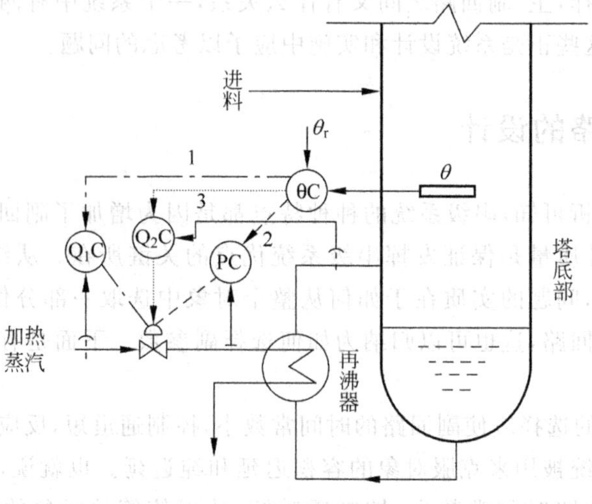

图 5.16 精馏塔提馏段温度控制的不同串级方案

如果以再沸器的蒸发量 Q_2 作为副参数如图 5.16 中作用线 3 所示，那么就可以进一步把再沸器釜液侧的扰动包括在副环内（包括再沸器液位、塔釜液温度等）。整个被控对象的最大惯性是在塔底部分，所以这样也有助于改善主环的控制性能。但是这样一来副环的控制性能就要降低一些，对于克服加热蒸汽方面的扰动就不能那样迅速了。

在具体情况下，副环的范围应当多大，决定于整个对象的容积分布情况以及各种扰动影响的大小。副环的范围也不是越大越好，太大了，副环本身的控制性能就差，同时还可能使主环的控制性能恶化。一般应使副环的频率比主环的频率高得多。当副环的时间常数加在一起超过了主环时，采用串级控制没有什么效果。

5.3.2 主、副回路工作频率的选择

从例 5-4 看到，为了保持串级控制系统的控制性能，应避免副环进入高增益区，即主回路周期 T_{d1} 为 $(1\sim3)T_{d2}$ 的区域。换句话说，应该使主回路周期小于 T_{d2} 或大于 3 倍的 T_{d2}。考虑到副环总是一个快速、灵敏的回路，T_{d1} 不可能小于 T_{d2}，因此上述条件可以用下列不等式来描述，即

$$T_{d1} > 3T_{d2} \tag{5-12}$$

这个结论是从发挥串级系统特点的角度得到的。此外，还应根据主、副回路之间的动态关系来分析。由于主、副回路是两个相互独立又密切相关的回路，在一定条件下，如果受到某种扰动的作用，主参数的变化进入副环时会引起副环中副参数波动振幅的增加，而副参数的变化传送到主环后，又迫使主参数的变化幅度增加，如此循环往复，就会使主、副参数长时间地大幅度地波动，这就是所谓串级系统的共振现象。一旦发生了共振，系统就失去控制，不仅使控制品质恶化，如不及时处理，甚至可能导致生产事故，引起严重后果。

为了弄清楚串级系统产生共振的条件，首先从分析二阶系统着手。当系统阻尼比 $\zeta<0.707$ 时，二阶系统的幅频特性呈现一个峰值。如果外界扰动信号的频率等于共振频率，则系统进入谐振，或称为共振，这是二阶系统所具有的特性。可以证明，共振频率 ω_r 与系统自然频率 ω_n 之间有一定的关系，即

$$\omega_r=\omega_n\sqrt{1-2\zeta^2} \tag{5-13}$$

如果写出二阶系统的幅频特性 $M(\omega)$ 与 ω/ω_r 的关系，则有

$$M\left(\frac{\omega}{\omega_r}\right)=\frac{1}{\sqrt{\left[1-(1-2\zeta^2)\left(\frac{\omega}{\omega_r}\right)^2\right]^2+4\zeta^2(1-2\zeta^2)\left(\frac{\omega}{\omega_r}\right)^2}} \tag{5-14}$$

这个关系曲线如图 5.17 所示。从图中可以看出，除了当 $\omega=\omega_r$ 时有一个峰值点外，二阶振荡系统还有一个增幅区域，即在共振频率的一定区域内，系统的幅值将有明显的增大，可以称这个区域为广义共振区。这个共振区的频率范围是

$$\frac{1}{3}<\frac{\omega}{\omega_r}<\sqrt{2} \tag{5-15}$$

也就是说，当外界扰动频率在这个区域之外时，系统增幅是很小的，甚至没有增幅。式(5-15)是二阶振荡系统的广义共振频率条件。

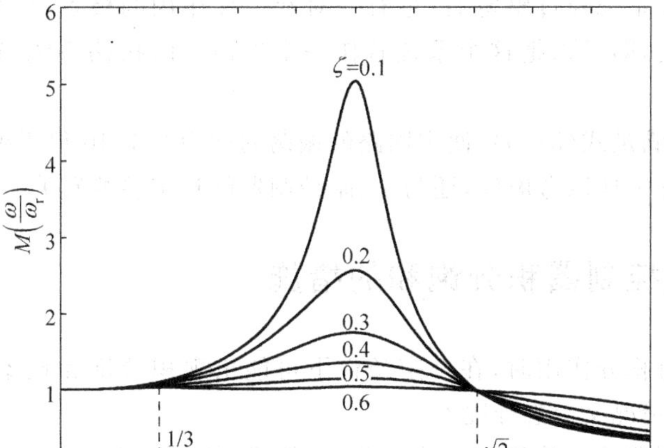

图 5.17 二阶振荡系统的幅频特性

现在来分析串级系统的共振条件。先假定其主、副回路都是二阶系统，而且都按 4∶1 衰减曲线的要求进行整定，即系统阻尼比 $\zeta=0.216$。从副回路看，主控制器无时无刻地向副回路输送信号，相当于副回路一直受到从主回路来的一个连续性扰动。如果要避免副回路进入共振区，则主环的工作频率 ω_{d1} 与副环的共振频率 ω_{r2} 必须满足下式

$$\frac{1}{3}>\frac{\omega_{d1}}{\omega_{r2}} \quad 或 \quad \frac{\omega_{d1}}{\omega_{r2}}>\sqrt{2} \tag{5-16}$$

已知系统工作频率 ω_d 与自然振荡频率 ω_n 之间有一定关系，即 $\omega_d=\omega_n\sqrt{1-\zeta^2}$，与式(5-13)比较，可以认为在 $\zeta=0.216$ 时，ω_r 与 ω_d 十分接近，对副回路则有 $\omega_{d2}\approx\omega_{r2}$，则式(5-16)可以写成

$$\frac{1}{3}>\frac{\omega_{d1}}{\omega_{d2}} \quad 或 \quad \frac{\omega_{d1}}{\omega_{d2}}>\sqrt{2} \tag{5-17}$$

同样，从主回路看，副回路的输出对主环也相当于是一个持续作用的扰动，也可以写出避免主回路进入共振区的条件是

$$\frac{1}{3}>\frac{\omega_{d2}}{\omega_{d1}} \quad 或 \quad \frac{\omega_{d2}}{\omega_{d1}}>\sqrt{2} \tag{5-18}$$

考虑到副回路通常是快速回路，其工作频率总是高于主回路工作频率，为了保证主、副回路均避免进入共振区，从式(5-17)和式(5-18)可以得到的条件是

$$\omega_{d2}>3\omega_{d1} \quad 或 \quad T_{d1}>3T_{d2}$$

上述结论与例 5-4 所得结论是一致的。为确保串级系统不受共振现象的威胁，一般取

$$T_{d1}=(3\sim 10)T_{d2} \tag{5-19}$$

上述结论虽然是在假定主、副回路均是二阶系统的前提下得到的，但也不失其一般性。原因是系统经过整定后，总有一对起主导作用的极点，整个回路的工作频率由它们来决定，即可以把这个系统看作一个近似二阶振荡系统(这部分内容可参看文献[5])。

当然，为了满足式(5-19)，使主回路的振荡周期为 3 至 10 倍于副回路的周期，除了在副回路设计中加以考虑外，还与主、副控制器的整定参数有关。

5.3.3 防止控制器积分饱和的措施

控制器具有积分作用时，在一定条件下可能出现积分饱和现象，在串级系统中有两个控制器，情况又会怎样呢？

如果副控制器是 P 作用而主控制器是 PI 或 PID 作用时，出现积分饱和的条件与单回路控制系统相同，只要在主控制器反馈回路中加一个间歇单元就可以有效地防止积分饱和。但是如果主、副控制器均具有积分作用，就存在两个控制器输出分别达到极限值的可能，此时，积分饱和的情况显然比单回路系统要严重得多。虽然利用间歇单元可以防止副控制器的积分饱和，但对主控制器却无所助益。如果由于任何原因副控制器不能对主控制器的输出变化做出响应，主控制器将会出现积分饱和。同样，当副控制器逐渐地到达饱和，那么主控制器的输出无需到达极限，主回路就会开环，在这种情况下，必须采取其他抗积分饱和措施[3]。图 5.18 所示为根据副回路的偏差来防止主控制器积分饱和的方案。它是采用副参数 y_2 作为主控制器的外部反馈信号。在动态过程中，主控制器的输出为

$$R_2(s)=K_{c1}E_1(s)+\frac{1}{T_{I1}s+1}Y_2(s)$$

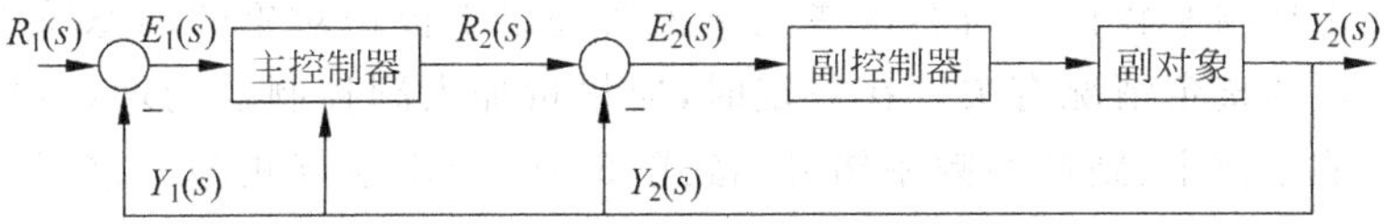

图 5.18　串级系统的抗积分饱和原理

在系统工作正常时，应不断跟踪 R_2，即有 $Y_2(s)=R_2(s)$，此时主控制器输出可以写成

$$R_2(s)=K_{c1}\left(1+\frac{1}{T_{I1}s}\right)E_1(s)$$

从上式可以看到，主控制器实现比例积分动作，与通常采用 R_2 作为正反馈信号时相同。当副回路受到某种约束而出现长期偏差，即 $Y_2(s)\neq R_2(s)$，则主控制器的输出 R_2 与输入 E_1 之间存在比例关系，而由 Y_2 决定其偏置项。此时主控制器失去积分作用，在稳态时有

$$r_2=K_{c1}e_1+y_2$$

显然，r_2 不会因副回路偏差的长期存在而发生积分饱和。

这种方案的另一个特点是将副回路包围在主控制器的正反馈回路之中，实现了补偿反馈，这必定会改善主回路的性能。

在串级系统的设计和实施中，除了上述讨论的几个问题外，还有一点必须加以说明：在控制器正反作用选择时，应当考虑有些生产过程要求控制系统既可以进行串级控制又可由主控制器单独控制，在这两种方式进行切换时，有可能要改变主控制器的作用方向。如果副控制器是反作用的，则主控制器在串级和单回路控制时的作用方向一致，无需改变。反之，若副控制器是正作用的，则主控制器在两种不同控制方式下作用方向不同，在实施中要特别注意。

5.4　控制器的选型和整定方法

在串级控制系统中，主控制器和副控制器的任务不同，对于它们的选型即控制动作规律的选择也有不同考虑。副控制器的任务是要快动作以迅速抵消落在副环内的二次扰动，而副参数则并不要求无差，所以一般都选 P 控制器，也可以采用 PD 控制器，但这增加了系统的复杂性，而效果并不很大。在一般情况下，采用 P 控制器就足够了。如主、副环的频率相差很大，也可以考虑采用 PI 控制器。

主控制器的任务是准确保持被控量符合生产要求。凡是需要采用串级控制的场合，工艺上对控制品质的要求总是很高的，不允许被控量存在偏差，因此，主控制器都必须具有积分作用，一般都采用 PI 控制器。如果副环外面的容积数目较多，同时有主要扰动落在副环外面的话，就可以考虑采用 PID 控制器。

串级系统的整定要比简单系统复杂些。因为两个控制器串在一起，在一个系统中工作，互相之间或多或少有些影响。在运行中，主环和副环的波动频率不同，副环

频率较高,主环频率较低。当然这些频率主要决定于被控对象的动态特性,但也与主、副控制器的整定情况有关。在整定时,应尽量加大副控制器的增益以提高副环的频率,目的是使主、副环的频率错开,按式(5-19)要求最好相差三倍以上,以减少相互之间的影响。

在运行中,有时会把主环从自动切换到手动操作,副控制器的整定要考虑到这个情况,它自己应能很好地独立工作。

在一般情况下,既然主、副环的频率相差很多,互相之间的影响不大,这时就可以首先在主环开路的情况下,按通常整定简单控制系统的方法整定副控制器。然后,在投入副控制器的情况下,再按通常方法把主控制器整定好。

由于受到副参数选择的限制,主、副环的频率比较接近时,它们之间的影响就比较大了。在这种情况下,就需要在主、副环之间反复进行试凑,才能达到最佳的整定。这样的反复试凑是很麻烦的。这里介绍两种串级系统整定的方法。

5.4.1 逐步逼近法

逐步逼近法是一种依次整定主环、副环,然后循环进行,逐步接近主、副环的最佳整定的一种方法,其步骤如下:

(1) 首先整定副环。此时断开主环,按照单回路整定方法,求取副控制器的整定参数,得到第一次整定值,记作$[G_{c2}]_1$。

(2) 整定主环。把刚整定好的副环作为主环中的一个环节,仍按单回路整定方法,求取主控制器的整定参数,记作$[G_{c1}]_1$。

(3) 再次整定副环,注意此时副回路、主回路都已闭合。在主控制器的整定参数为$[G_{c1}]_1$的条件下,按单回路整定方法,重新求取副控制器的整定参数为$[G_{c2}]_2$。至此已完成一个循环的整定。

(4) 重新整定主环。同样是在两个回路闭合、副控制器整定参数为$[G_{c2}]_2$的情况下,重新整定主控制器,得到$[G_{c1}]_2$。

(5) 如果控制过程仍未达到品质要求,按上面(3)、(4)步继续进行,直到控制效果满意为止。一般情况下,完成第(3)步甚至只要完成第(2)步就已满足品质要求,无需继续进行。这种方法往往费时较多。

5.4.2 两步整定法

两步整定法是一种先整定副环,后整定主环的方法,具体步骤是:

(1) 先整定副环。在主、副环均闭合,主、副控制器都置于纯比例作用条件下,将主控制器的比例带δ放在100%处,按单回路整定法整定副环,这时得到副控制器的衰减率$\psi=0.75$时的比例带δ_{2s}和副参数振荡周期T_{20}。

(2) 整定主环。主、副环仍然闭合,副控制器置于δ_{2s}值上,用同样方法整定主控制器，得到主控制器在 $\psi=0.75$ 下的比例带 δ_{1s} 值和被控量的振荡周期 T_{10}。

(3) 依据上面两次整定得到的 δ_{1s}、δ_{2s} 和 T_{10} 与 T_{20}，按所选控制器的类型，利用“衰减曲线法”的计算公式，分别求出控制器的整定参数值。

当然，按计算出来的整定参数进行投运，不一定能满足要求，仍需继续试验，适当修正，直到符合要求。

5.5 比值控制系统

在各种生产过程中，时常需要保持两种物料的流量成一定比例关系，如果一旦比例失调，就会影响产品的质量，严重的甚至会造成生产事故。例如送入尿素合成塔的二氧化碳压缩气与液氨的流量要保持一定比例；再如聚乙烯醇生产中，树脂和氢氧化钠必须以一定比例混合，否则树脂将会自聚而影响生产；又如锅炉或任何加热炉的燃烧过程中，需要保持燃料量和空气量按一定比例进入炉膛，才能保持燃烧的经济性和安全性。这种自动保持两个或多个参数之间的比例关系的控制系统就是比值控制所要完成的任务。

例 5-6　合成塔比值控制系统。

图 5.19 所示是一个合成塔比值控制系统。工艺上要求 A、B 两种物料的流量保持一定的比例，其中物料 B 的流量 Q_B 是不可控制的，当它改变时，就由控制器 Q_AC 控制调节阀，使物料 A 的流量 Q_A 随之成比例地变化。为此，在 A、B 管路上都安装了节流元件。压差 Δp_A 经过变送器 DT 转换成信号 I_A，再传送到控制器 Q_AC。压差 Δp_B 同样经变送器 DT 变成信号 I_B，再经过比值器 R 变成信号 I_B^*，然后作为设定值传送到控制器 Q_AC。当然 Q_AC 是比例积分作用，它通过调节 A 物料流量 Q_A 以保持信号 I_A 与 I_B 相等，从而达到配比的目的。

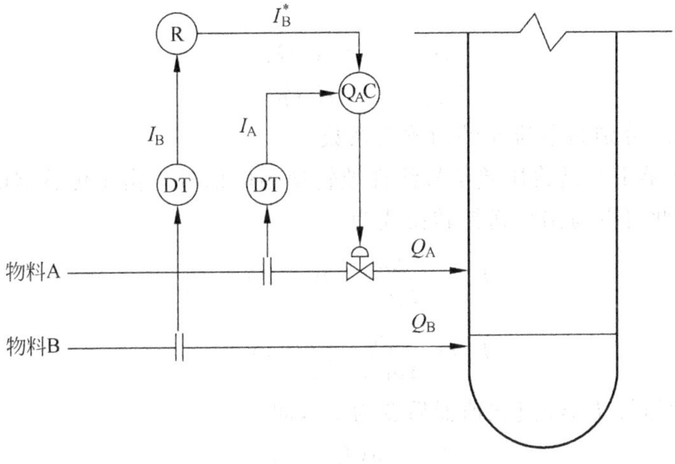

图 5.19　合成塔的比值控制系统

上述的比值控制系统的方框图如图 5.20 所示。可以看到，简单的比值控制系统就是一个单回路控制，而且是一个流量自稳定系统。不同的是它的设定值不再是定值，而是一个与流量 Q_B 成一定比例的变量，不妨称 Q_B 为主流量，Q_A 为副流量。

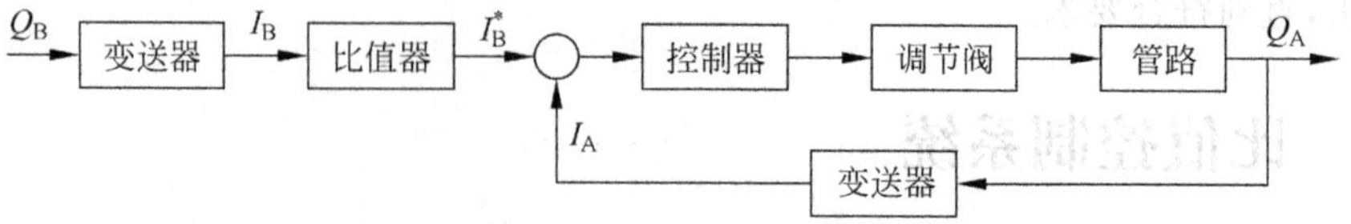

图 5.20 合成塔比值控制系统方框图

由于比值系统不是很复杂，这里只需讨论几个比值控制中的特殊问题。

5.5.1 比值系数的计算

若工艺生产中要求两个物料流量之比为 K，如何在系统中实现这个比例，这与系统中采用哪种类型仪表装置有关。实质上是代表各流量的信号之间的静态配合问题。下面假定采用输出信号是在 4～20mA 范围内的传感器，并结合例 5-6，分两种情况来讨论。

1. 流量与其测量信号之间是非线性关系

对于节流元件来说，压差与流量的平方成正比。对 A、B 两条管路上的节流元件可以分别写为

$$\left.\begin{aligned}\Delta p_A &= K_A Q_A^2 \\ \Delta p_B &= K_B Q_B^2\end{aligned}\right\} \tag{5-20}$$

显然

$$\left.\begin{aligned}\Delta p_{Amax} &= K_A Q_{Amax}^2 \\ \Delta p_{Bmax} &= K_B Q_{Bmax}^2\end{aligned}\right\} \tag{5-21}$$

其中 K_A 和 K_B 分别为节流元件的放大系数。

压差变送器 DT 是将压差信号线性地转换为电信号。由于传感器的信号范围为 4～20mA，因此可以写出变送器转换式为

$$\left.\begin{aligned}I_A &= \frac{\Delta p_A}{\Delta p_{Amax}}(20-4)+4 \\ I_B &= \frac{\Delta p_B}{\Delta p_{Bmax}}(20-4)+4\end{aligned}\right\} \tag{5-22}$$

B 物料的流量信号 I_B，经过比值器后变为 I_B^*，即

$$I_B^* = \alpha(I_B - 4) + 4 \tag{5-23}$$

其中 α 是比值器 R 的比值系数，它就是要根据 Q_A 与 Q_B 之比值来计算确定的系数。

把式(5-20)～式(5-23)等式合并起来就得到

$$\left.\begin{aligned} I_A &= 16\times\left(\frac{Q_A}{Q_{Amax}}\right)^2+4 \\ I_B^* &= \alpha\times16\times\left(\frac{Q_B}{Q_{Bmax}}\right)^2+4 \end{aligned}\right\} \tag{5-24}$$

由于控制器 QC 是 PI 作用的，在稳态下应保持它的测量信号 I_A 与设定值 I_B^* 相等，即可得到

$$\alpha=\left(\frac{Q_A}{Q_B}\cdot\frac{Q_{Bmax}}{Q_{Amax}}\right)^2 \tag{5-25}$$

假设工艺要求主流量与副流量之比为

$$\frac{Q_A}{Q_B}=K \tag{5-26}$$

将式(5-26)代入式(5-25)得

$$\alpha=K^2\left(\frac{Q_{Bmax}}{Q_{Amax}}\right)^2 \tag{5-27}$$

式(5-27)就是所需的比值系数，该式说明，虽然流量与其测量信号成非线性关系，但是比值系数却是一个常数，它只与测量流量的最大量程有关，与负荷大小无关。

2. 流量与其测量信号之间呈线性关系

在有些系统中，在变送器后又加上开方器，使流量与测量信号之间不再是非线性关系，此时构成的系统如图 5.21 所示。

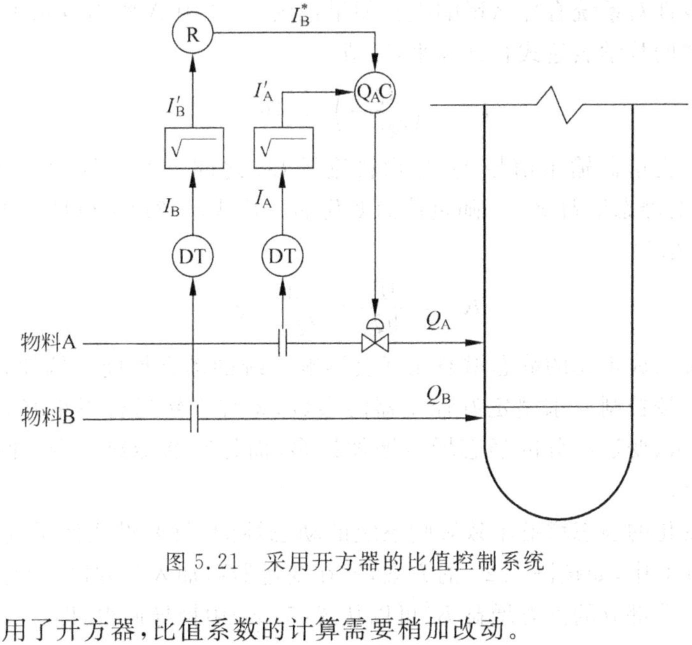

图 5.21　采用开方器的比值控制系统

由于采用了开方器，比值系数的计算需要稍加改动。

从压差变送器输出的信号仍为 I_A 和 I_B，它们经过开方器后得到

$$\left.\begin{aligned}I'_{\mathrm{A}}&=\sqrt{I_{\mathrm{A}}-4}+4\\I'_{\mathrm{B}}&=\sqrt{I_{\mathrm{B}}-4}+4\end{aligned}\right\}\tag{5-28}$$

同样，I'_{B}经过比值器后得到

$$I'^{*}_{\mathrm{B}}=\alpha(I'_{\mathrm{B}}-4)+4\tag{5-29}$$

同样，经过合并，并使 $I'_{\mathrm{A}}=I'^{*}_{\mathrm{B}}$，最后得到

$$\alpha=\frac{Q_{\mathrm{A}}}{Q_{\mathrm{B}}}\cdot\frac{Q_{\mathrm{Bmax}}}{Q_{\mathrm{Amax}}}=K\frac{Q_{\mathrm{Bmax}}}{Q_{\mathrm{Amax}}}\tag{5-30}$$

通过比值系数的计算可以看到，在比值系统中，各种仪表的零点调整非常重要。否则名为比值控制，实际上这个比值却随着负荷改变，不能达到比值的目的。

上述讨论中，比值器是采用比率设定器。但也有用分流器、比值器、配比器、除法器等仪表来完成比值功能的，此时比值系数的计算方法基本相同，只需将相应的比值器输入和输出关系式代入就可以了，这里不再详细讨论。

5.5.2 比值系统中的非线性特性

所谓非线性特性，这里是指系统的静态增益不是一个定值而是随负荷变化的。在比值控制系统中应特别注意。

现在仍以例 5-6 来进行分析。通过比值系数的计算可以得出结论，在流量和其测量信号之间呈线性或非线性关系两种情况下，比值系数均为常数，与负荷大小无关。也就是说，当负荷变化时，有无开方器对系统的静态比值没有影响。那么，流量测量中的非线性对系统有什么影响呢？如果把图 5.19 中 A 物料管道上的节流元件和压差变送器的数学表达式合并起来，写成

$$I_{\mathrm{A}}=\left(\frac{Q_{\mathrm{A}}}{Q_{\mathrm{Amax}}}\right)^{2}\times16+4\tag{5-31}$$

可见压差变送器输出信号 I_{A} 与物料流量 Q_{A} 之间是非线性的。这就是说，测量、变送部分的静态增益 K_{p} 是随负荷而变化的。从式(5-31)可以推导出增益 K_{p} 与流量 Q_{A} 的关系为

$$K_{\mathrm{p}}=\frac{\mathrm{d}I_{\mathrm{A}}}{\mathrm{d}Q_{\mathrm{A}}}=\frac{32}{Q^{2}_{\mathrm{Amax}}}Q_{\mathrm{A}}\tag{5-32}$$

这个与负荷成正比的静态增益无疑会影响系统的动态性能。例如，当系统在某个较小负荷下按控制要求整定好控制器的参数，系统当然运行得很好，一旦负荷增大时，由于测量、变送部分的静态增益增加许多，而控制器参数未变，此时系统控制品质就会恶化。

为了使变化的静态增益不致影响系统的动态性能，就要设法使系统的总增益接近常数。例 5-6 中，如按图 5.21 的方案，即在变送器后加入开方器，此时，测量元件、变送器和开方器部分的静态增益 K'_{p}可以从式(5-30)中推导而得，即

$$K'_{\mathrm{p}}=\frac{\mathrm{d}I'_{\mathrm{A}}}{\mathrm{d}Q_{\mathrm{A}}}=\frac{4}{Q_{\mathrm{Amax}}}\tag{5-33}$$

与式(5-32)相比，K'_p已不再是负荷 Q_A 的函数。也就是说，加入开方器后，即可消除非线性影响，使系统的增益为定值，系统的动态品质不再受负荷的影响。但是，如果系统中调节阀的流量特性是向下弯曲的，即阀门的增益随着负荷的增加而减小的话，则可利用调节阀的非线性特性补偿反馈回路中测量、变送部分的非线性，从而使开环总增益接近不变，克服了非线性对系统性能的影响。若此时再加入开方器反而给系统增加了新的非线性因素。

从上面分析可知，由于比值控制是指自动保持两种或两种以上物料成一定比例的控制方式，无论从测量、变送的关系式，还是从物料成比例的公式，都与平方、乘除等运算有关，很容易引进非线性因素，因此，在实施比值控制系统时要特别注意。

5.5.3 比值控制系统的整定

简单的比值系统实际上是一个单回路系统，它的动态整定比较简单，只是要注意，比值系统的闭环实际上是一个流量随动系统，即要求被控量按一定比例随主流量作相应的变化，在例 5-6 中就是物料 A 的流量按某个比例跟踪物料 B 的流量。显然，这就要求控制回路跟踪得越快越好。另外，考虑到工艺上要求流量变化尽可能平稳，不希望它在控制过程中上下波动。因此，在整定时应把系统的衰减率 ψ 调整得很大，使控制过程处于振荡和不振荡之间的临界情况。此时，控制过程既无波动而又动作迅速，能够满足生产要求。在整定过程中，一般先把控制器 Q_AC 的积分时间 T_I 放在最大，然后从大到小逐渐减小比例带 δ，直到被控流量在主流量阶跃扰动下的过渡过程处于振荡与不振荡的临界情况，如图 5.22 中曲线 b 所示。图中曲线 c 代表较大比例带时的过渡过程，显然它的控制过程太慢。在确定好比例带以后，再逐步减小 T_I，直到控制过程中被控量稍有一点过调，如图中曲线 a 所示。

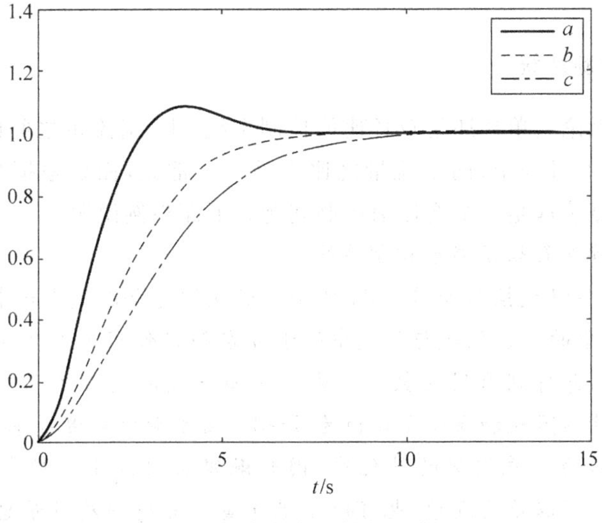

图 5.22　比值控制系统的过渡过程

5.5.4 常见比值控制系统

前面所讨论的比值系统都是属于单环比值系统。也就是用一个控制器控制副流量，使它按比例跟随主流量。这种系统的特点是简单，而且还可以克服单环内的各种扰动对比值系统的影响。因此这种方案已大量地在生产中得到应用。应当指出，单环比值系统一般只用于负荷变化不大的场合。原因是该方案中主流量不是确定值，它是随系统负荷升降或受扰动的作用而任意变化的。因此当主流量出现大幅度波动时，副流量难以跟踪，主、副流量的比值会较大地偏离工艺的要求。如果工艺对保持流量比的要求较高，而主流量仍然是不可控制的，则只能采用单环比值系统。不过可以利用动态补偿等方式来弥补流量比的动态偏差（另有章节讨论补偿原理，这里不再详述）。下面再介绍两种实现复杂比值控制的方案。

1. 双闭环比值控制系统

在比值控制精度要求较高而主流量又允许控制的场合下，很自然地就想到对主流量也进行定值控制，这就形成了双闭环比值系统，如图 5.23 所示。由图可知，它和单环比值系统的区别仅在于增加了主流量控制回路。显然，由于实现了主流量的定值控制，克服了扰动的影响，使主流量变化平稳。当然与之成比例的副流量也将比较平稳。当系统需要升降负荷时，只要改变主流量的设定值，主、副流量就会按比例同时增加或减小，从而克服上述单环比值系统的缺点。

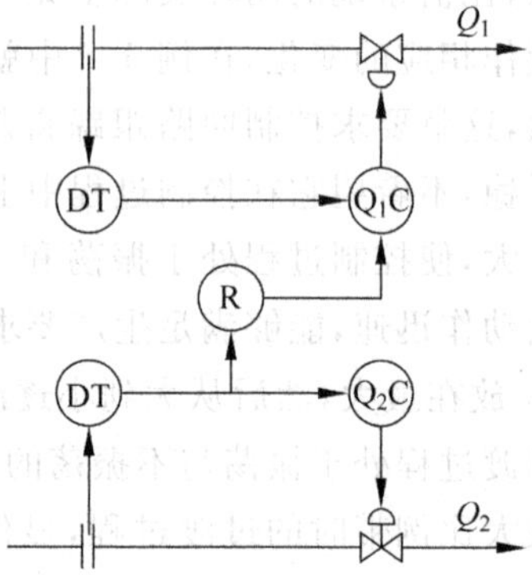

图 5.23 双闭环比值控制系统

2. 变比值控制系统

不难发现，无论是单环还是双环比值控制系统，主、副流量之间的比值都是确定的。但在有些生产过程中，两个流量之比不是一个常数，而要根据另一个参数的变化来不断修正，显然这是一个变比值控制问题。下面举例说明。

例 5-7 变换炉触媒层温度控制系统。

变换炉触媒层温度控制如图 5.24 所示。变换炉是合成氨生产中的关键设备，它的任务是使煤气中的一氧化碳与蒸汽中的水分在触媒作用下发生反应，将一氧化碳转化为二氧化碳，并得到有用的氢气。为了增加一氧化碳的转化率，总是使水蒸气过量，一般要保持水蒸气和煤气之比值为 5～8。由于触媒层温度不仅影响触媒本身的寿命，而且还影响一氧化碳的转化率，因此触媒层温度是关键参数，应选作被控量。至于操作量，可以是蒸汽量，也可以是煤气量。考虑到蒸汽量总是大于煤气量，故蒸汽量的变化对反应过程影响不大，但其带走热量的多少却直接影响触媒层温度，因此，可以选蒸汽量为操作量，以改变煤气和水蒸气之比值来控制触媒层温度，组成控制系统。

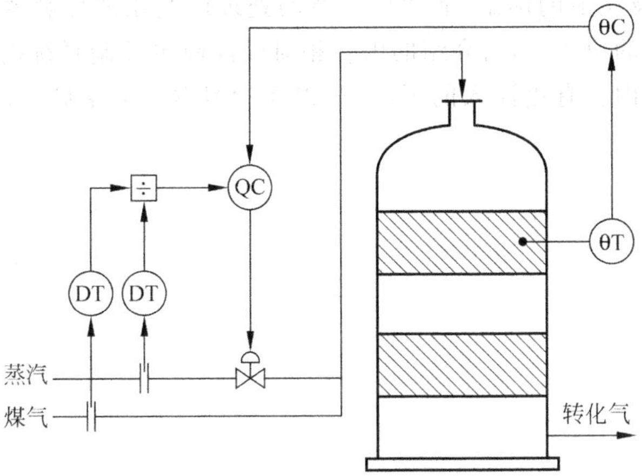

图 5.24 变换炉触媒层温度控制方案 ■

图 5.25 是例 5-7 的变比值控制方框图。从图可见，这个方案实际上是一个串级比值控制系统。它的副回路是一个单环比值系统，其比值由除法器来实现。在两个流量受到某种扰动作用发生变化时，副回路可以很快动作，使两者的比例维持常数。当主参数即触媒层温度受某种扰动偏离设定值时，主控制器将会改变副控制器的设定值 r_2，即改变两个流量的比值，增大或减小水蒸气量，从而使温度回到设定值。

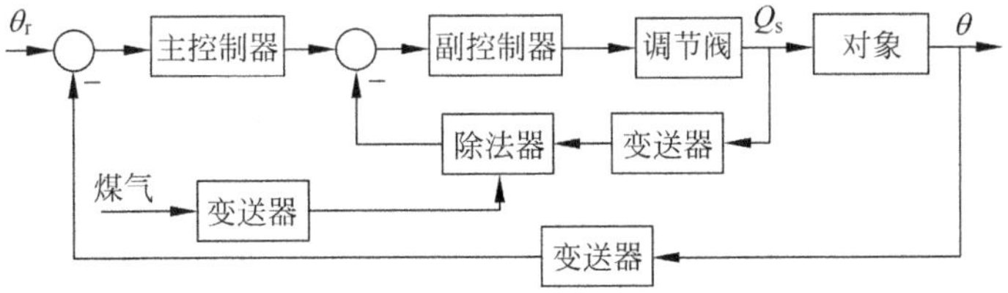

图 5.25 变换炉触媒层温度串级比值控制系统

应当指出，在变比值控制系统中，主参数往往是选择衡量质量的最终指标，因此，这种系统，由于它具有按主参数反馈自动校正比值的优点，将会随质量仪表的发展在生产中得到较广泛的应用。

5.6 小结

本章主要讨论了串级控制系统及比值控制系统。首先，本章介绍了串级控制系统的基本概念，包括串级系统的基本组成，串级系统的应用实例。其次，介绍了串级控制系统的分析方法，给出了串级控制系统与普通单回路控制系统的性能比较，指出了串级控制系统的稳定条件等。然后介绍了串级控制系统的设计与实施，控制器的选择与整定方法等。最后，作为一种特殊的串级控制系统，介绍了比值控制系统的基本组成，以及比值的确定、非线性环节的处理以及比值控制器的整定等。本章是复杂控制系统的第 1 章，所介绍的内容相对前面简单控制系统而言更为复杂。如果读者欲对本章内容有更深入的了解，可以在学习本书的基础上，参考其他相关的文献。

第6章 基于补偿原理的控制系统

6.1 概述

随着生产过程的强化和设备的大型化,对自动控制提出越来越高的要求,虽然反馈控制能满足大多数控制对象的要求,但是在对象特性呈现大迟延(包括容积迟延和纯迟延)、多扰动等难以控制的特性,而又希望得到较好的过程响应时,反馈控制系统往往会令人失望。原因可归纳为:①反馈控制的性质意味着存在一个可以测量出来的偏差,并且用以产生一个控制作用,从而达到闭环控制的目的。这就是说系统在控制过程中必定存在着偏差,因此不能得到完善的控制效果。②反馈控制器不能事先规定它的输出值,而只是改变它的输出值直到被控量与设定值一致为止,所以可以说反馈控制是依靠尝试法来进行控制的。显然这是一种原始的控制方法。为了适应更高的控制要求,各种特殊控制规律和措施便应运而生。控制理论中提出来的不变性原理在这个发展过程中得到较充分的应用。所谓不变性原理就是指控制系统的被控量与扰动量绝对无关或者在一定准确度下无关,也即被控量完全独立或基本独立。设被控对象受到扰动 $D_i(t)$ 的作用如图 6.1 所示。则被控量 $y(t)$ 的不变性可表示为

$$\text{当 } D_i(t) \neq 0 \text{ 时,则 } y(t) = 0 \quad i = 1,2,\cdots,n$$

即被控量 $y(t)$ 与扰动 $D_i(t)$ 独立无关。

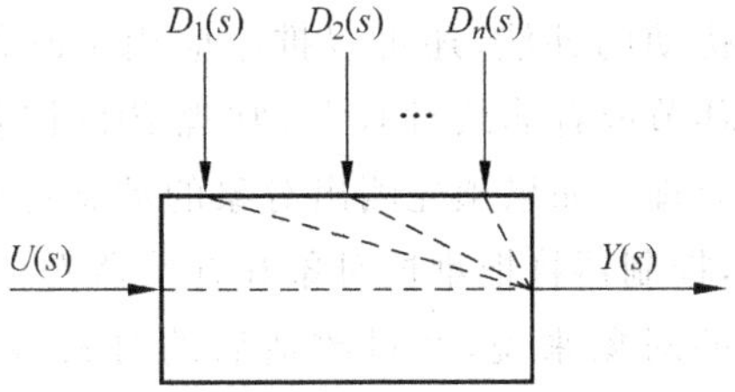

图 6.1 被控对象中的扰动

在应用不变性原理时,由于各种原因,不可能完全实现上式所规定的 $y(t)$ 与 $D_i(t)$ 独立无关,因此就被控量与扰动量之间的不变性程度,提出了几种不变性。

1. 绝对不变性

绝对不变性是指对象在扰动 $D_i(t)$作用下，被控量 $y(t)$在整个过渡过程中始终保持不变，即控制过程的动态偏差和稳态偏差均为零。

由于对被控对象的动态特性描述精度的限制和实现扰动补偿装置的困难等原因，在工程上实现绝对不变性是非常困难的。它往往是指一种理想的控制标准。

2. 误差不变性

误差不变性实际上是指准确度有一定限制的不变性，或说与绝对不变性存在一定误差 ε 的不变性，又称为 ε 不变性，可表示为

$$\text{当 } D_i(t)\neq 0 \text{ 时，} |y(t)| < \varepsilon$$

误差不变性在工程上具有现实意义，例如反馈控制从理论上说应该属于 ε 不变性。由于它允许存在一定的误差，工程上容易实现，而且生产实际也无绝对不变之要求，因此得到广泛的应用。

3. 稳态不变性

稳态不变性是指被控量在稳态工况下与扰动量无关，即在扰动 $D_i(t)$作用下，被控量的动态偏差不等于零，而其稳态偏差为零。在一般控制要求不特别高的场合，往往实现稳态不变性就能满足要求。

4. 选择不变性

被控量往往受到若干个扰动的作用，若系统采用了被控量对其中几个主要的干扰实现不变性就称为选择不变性。这种方法既能减少补偿装置、节省投资又能达到对主要扰动的不变性，是一种有发展前途的方法。

基于不变性原理组成的自动控制系统称为前馈控制系统，它实现了系统对全部扰动或部分扰动的不变性，实质上是一种按照扰动进行补偿的开环系统。这种补偿原理不仅仅用于对扰动的补偿，还可以推广应用于改善对象的动态特性，例如被控对象存在着大迟延环节或者非线性环节，常规 PID 控制往往难以驾驭，解决的办法之一就是采用补偿原理。如果预先测出对象的动态特性，按照希望的易控对象特性设计出一个补偿器，控制器将把难控对象和补偿器看作一个新的对象进行控制。对于具有大迟延环节的对象来说，经过改造后的对象将会把被控量超前反映到控制器，从而克服了大迟延环节的影响，使控制系统的品质得到很大的改善，达到满意的效果。

本章将就补偿原理在过程控制中应用的三种系统——前馈控制系统、大迟延系统和非线性增益补偿系统，进行比较详细的讨论。

6.2　前馈控制

6.2.1　基本概念

前馈控制是以不变性原理为理论基础的一种控制方法，在原理上完全不同于反馈控制系统[3]。那么它是怎样提出来的呢？现在举一个简单的例子来加以说明。

例 6-1　锅筒锅炉的水位控制。

图 6.2 是一个供汽锅筒锅炉的示意图，给水 G 经过蒸汽锅筒受热产生蒸汽 D 供给用户。为了维持锅筒水位 H 一定，采用了液位-给水流量串级系统。对于供水侧的扰动如给水压力扰动等，串级系统能达到较好的控制效果。如有其他因素影响了水位，正如上一章所分析的那样，也能通过串级控制收到一定的效果。由于工业供汽锅炉主要是负荷干扰，即外界用户的需要随时改变负荷的大小。当负荷 D 发生扰动时，锅筒水位就会偏离设定值。液位控制器接受偏差信号，运算后经加法器改变流量控制器的设定值，流量控制器响应设定值的变化，改变调节阀的阀位，从而改变给水流量来适应负荷 D 的要求。如果 D 的变化幅度大而且十分频繁，那么这个系统是难于满足要求的，水位 H 将会有较大的波动。另外，由于负荷对水位的影响还存在着"假水位"现象，控制过程会产生更大的动态偏差，控制过程也会加长。此时，如果由一个熟练工人来调整的话，他可以根据外界负荷的变化先行调节给水量，使得给水量紧紧地跟随负荷量，而不需要像反馈系统那样，一直等到水位变化后再进行调节。如果操作得当，使得锅筒锅炉中，给水和负荷之间一直保持着物质平衡，水位可以控制到几乎不偏离设定值，这是反馈控制器无法达到的控制效果。可以用一种装置(如图 6.2 中的虚线框内的部分)来模拟操作员的控制，图 6.2 中加法器 $\sum 1$ 实现了下述方程

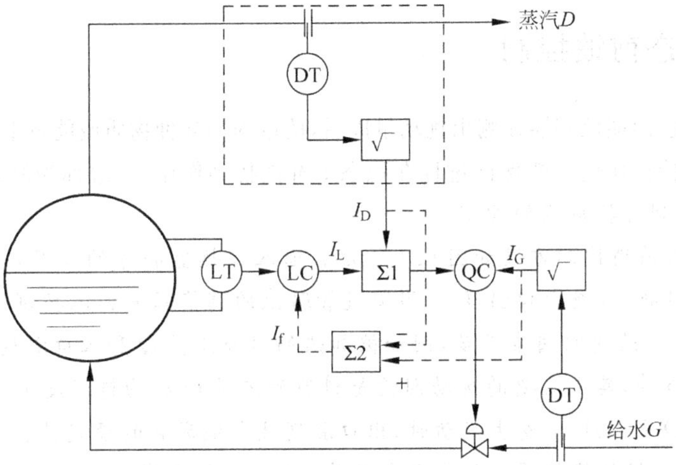

图 6.2　锅筒锅炉的水位控制系统

$$I_G^* = I_D + I_L - 5.0$$

其中 I_G^* 是给水流量的设定值，I_D 是蒸汽的质量流量，I_L 为液位控制器的输出，一般等于5.0。由上式可以看到，加法器的作用就是使给水的设定值一直跟随负荷 I_D，从而保持锅炉水位系统的物质平衡。这样就从根本上消除了由于物质不平衡所引起的水位偏差，这就是前馈控制。 ■

图6.2中，除了前馈运算之外，还用虚线表示了送给液位控制器的外部反馈信号 I_f。它是将蒸汽流量和给水流量信号经加法器∑2运算后得到的，可以表述为 $I_f = 5.0 + I_G - I_D$ 当给水流量控制回路无偏差时，即 $I_G = I_G^*$，那么就有 $I_f = I_L$，液位控制器进行正常积分作用。如果由于某种原因给水流量出现偏差时，液位控制器只保持纯比例作用。显然，反馈信号 I_f 引入的目的是为了防止液位控制器的积分饱和。

由水位控制的例子可以看到，反馈控制对于变化幅度较大而且十分频繁的负荷干扰往往是不能满足要求的。而前馈控制却能把影响过程的主要扰动因素预先测量出来，再根据对象的物质(或能量)平衡条件，计算出适应该扰动的控制量然后进行控制。所以，无论何时，只要扰动出现，就立即进行校正，使得在它影响被控量之前就被抵消掉。因此，即使对难控过程，在理论上，前馈控制也可以做到尽善尽美。当然，事实上前馈控制受到测量和计算准确性的影响，一般情况下不可能达到理想控制效果。

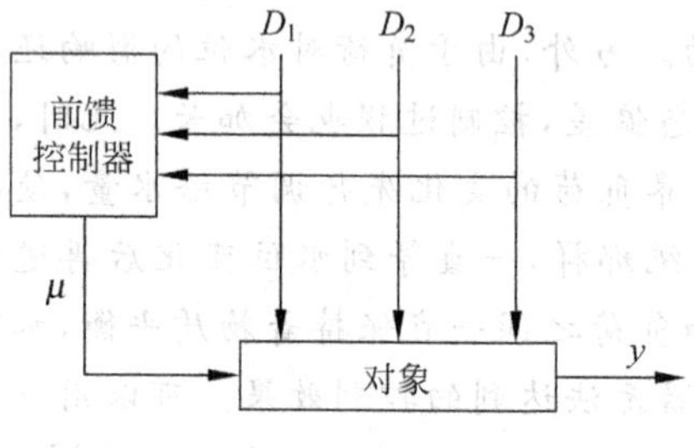

图6.3 前馈控制系统

图6.3是前馈控制系统的方框图。它的特点是信号向前流动，系统中的被控量没有像反馈控制那样用来进行控制，只是将负荷干扰测出送入前馈控制器。十分明显，前馈控制与反馈控制之间存在着一个根本的差别，即前馈控制是开环控制而不是闭环控制，它的控制效果将不通过反馈来加以检验；而反馈控制是闭环控制，它的控制效果却要通过反馈来加以检验。

6.2.2 静态前馈控制

如前所述，前馈控制器在测出扰动量以后，按过程的某种物质或能量平衡条件计算出校正值，这种校正作用只能保证过程在稳态下补偿扰动作用，一般称为静态前馈[3]。

例 6-2 列管换热器的控制。

它的静态前馈控制方案如图6.4所示。通入换热器壳体的蒸汽，用来加热从列管中流过的料液，料液出口温度 θ_2 用蒸汽管路上的调节阀来加以控制。在这个系统中，引起温度 θ_2 改变的因素很多，例如被加热的料液流量 Q 和入口温度 θ_1，调节阀前的蒸汽压力 p 等，其中主要的扰动因素是料液的流量 Q 和物料温度 θ_1。

当流量 Q 或温度 θ_1 发生扰动时，出口温度就会偏离它的设定值。为了实现静态前馈控制，可以根据换热器的热量平衡关系，列出静态前馈控制方程，换热器的热量平衡关系(忽略其热损失)可表示为

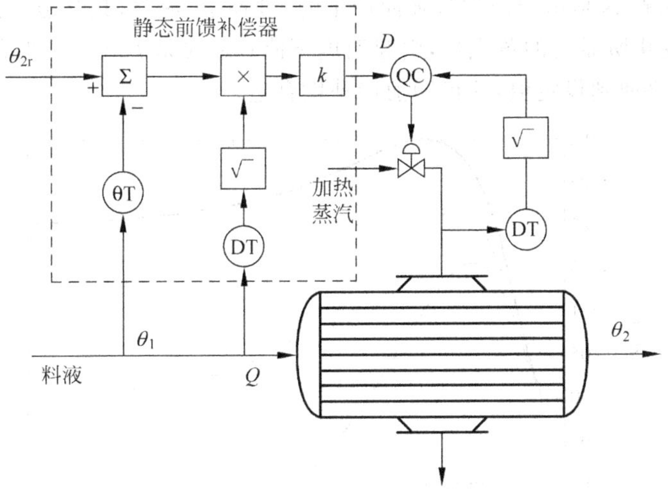

图 6.4　列管换热器的前馈控制

$$Qc_p(\theta_{2r}-\theta_1)=DH_s \tag{6-1}$$

式中，c_p 为被加热料液的定压比热容；D 为蒸汽流量；H_s 为蒸汽的汽化潜热；θ_{2r} 为物料出口温度设定值。从式(6-1)可以看到前馈控制方程

$$D=kQ(\theta_{2r}-\theta_1) \tag{6-2}$$

其中 $k=c_p/H_s=$常数。

式(6-2)表明，为了把料液加热到设定温度 θ_{2r} 所需要的蒸汽量是可以通过简单的计算来确定的。图 6.4 中虚线框内的装置就是用来实施式(6-2)所示的静态前馈控制装置，它的输入量是 Q、θ_1 和 θ_{2r}，输出量是 D。从本质上讲，前馈控制算法就是被控对象的数学模型。区别在于输入量和输出量的选择，换热器的数学模型中输入量是 Q、θ_1 和 D，输出是 θ_{2r}。图 6.5 表示了两者的关系。

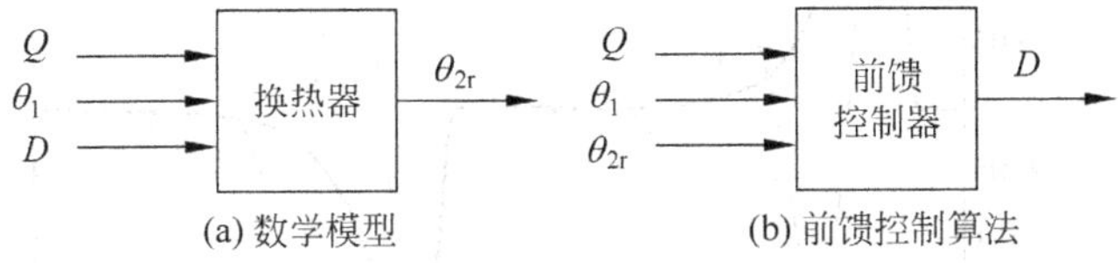

图 6.5　前馈控制装置与对象数学模型的关系　■

从图 6.4 前馈装置上看到，无论是料液流量或是设定值 θ_{2r} 的增大，蒸汽流量都会自动增大，因为它与两者的乘积成正比。若出口温度不能达到设定值，这就表明蒸汽流量对料液流量的比值关系是不正确的。此时，不必细加追究，只要调整 k 值就可以加以校正，直到残差被消除。

图 6.6 表示当料液流量 Q 减少时，静态前馈控制器中 k 取不同值时，前馈控制的不同作用，其中实线是 $k=0.74$ 时的情况，它表示前馈作用太弱，蒸汽流量减少量不足以抵消料液流量的变化，此时温度会上升，这种情况称为“欠补偿”；点划线是

$k=1.74$ 的情况，这是由于前馈过强而产生的"过补偿"现象，此时蒸汽流量的减少超过料液流量变化所需要的蒸汽量，引起温度下降；虚线是 $k=1.25$ 时的情况，在 ΔQ 作用下，θ_2 最终回到设定值，这说明前馈补偿合适。

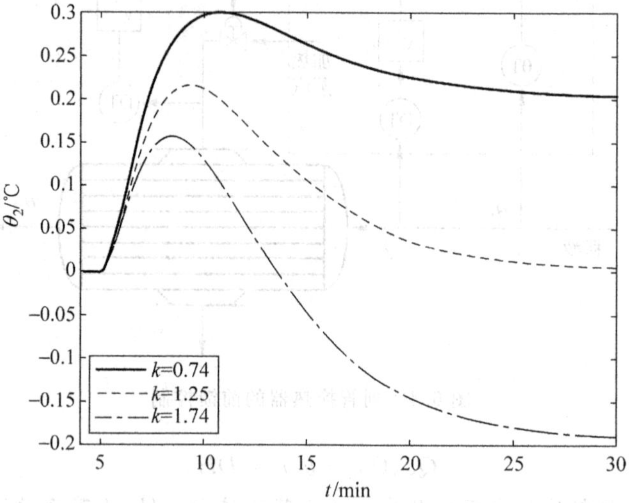

图 6.6 不同 k 值下换热器静态调节过程

对于列管换热器，采用图 6.4 所示静态前馈装置和采用常规 PID 控制器分别进行控制，在负荷 Q 的扰动下，相应的调节过程如图 6.7 所示。比较图中曲线可以清楚地看到，应用静态前馈控制，显著地减小了被控量 θ_2 的偏差，提高了系统的控制精度。

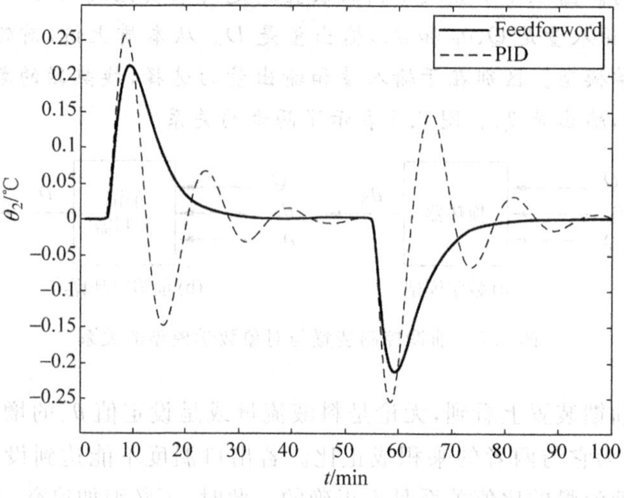

图 6.7 在不同控制器作用时换热器温度控制效果对比

料液流量 Q 在 $t=0$ 时刻减少了 40%，在 $t=30$ 时刻又恢复了原始流量

这种前馈控制除了有较高的控制精度外，还具有固有的稳定性和很强的自身平衡倾向。例如由于任何原因料液流量没有了，此时蒸汽流量会自动截断。

上述这种以物质和能量平衡为基础的控制计算的重要性是怎么强调也不过分的。首先,对于一个生产过程来说它们的静态方程是最容易写出来的,而且通常只包含最少的未知变量。其次,它们不随时间而变。例如,为了写出它们的控制方程,不必要知道传热面积、传热系数或者传热器管子上的温度梯度,其中传热系数肯定会随着流速以及管壁玷污情况等的变化而有所不同,然而即使传热系数改变了,控制作用也不会受到影响。如果传热系数减小了,就可能需要把蒸汽阀门开得大一些以提高壳体的压力,可是与热平衡方程相符的蒸汽流量仍保持一定。另外,这种静态前馈系统实施起来相当方便,不需要特殊仪表,一般的比值器,比例控制器均可用作静态前馈装置,而且能满足相当多工业对象的要求。

但是必须注意静态前馈控制的两个缺点:①每一次负荷变化都伴随着一段动态不平衡过程,它以瞬时温度误差的形式表现出来。②如果负荷情况与当初调整系统时的情况不同,那么就有可能出现残差。图 6.8 表示上述静态前馈系统在料液流量 Q 突然减小后发生的情况。图中点划线 1 代表流量 Q 减小所引起的温度 θ_2 的开环响应,虚线 2 代表当只按控制器要求减小蒸汽量 D 时将引起的温度 θ_2 的开环响应。两者之差即为静态前馈时温度的最终响应曲线,如图中实线 3 所示。虽然出口温度最后仍然稳定在设定值上,但从实线可见 θ_2 却出现了一段时间较小的偏差,这是由于干扰通道和控制通道之间对象动态特性不同所引起的动态偏差。这种偏差是静态前馈补偿所不能解决的。

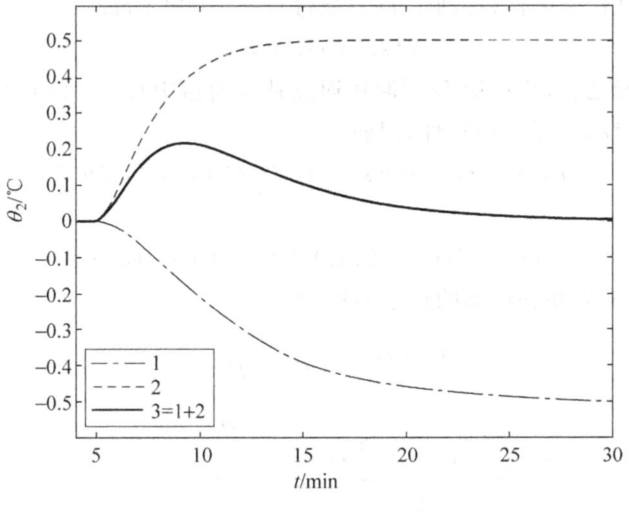

图 6.8 料液流量 Q 减少了 40%后静态前馈控制中出口温度呈现的动态偏差

6.2.3 动态前馈控制

图 6.4 中的静态前馈装置是按照热平衡方程式(6-2)进行设计的。显然该热平衡方程只考虑各个量之间的静态关系,也就是说该前馈控制装置是按照对象的静态

模型设计的。从理论上说，按静态模型设计的前馈控制装置可以保证静态偏差为零，但无法防止动态偏差的发生。例如换热器中负荷 Q 突然变大，就要求传热表面有较大的温度梯度。而现在被控量是料液的温度，那么蒸汽的温度就必须随负荷变大而增高，但是换热器壳体中的蒸汽是饱和的，所以只有提高压力才能增加温度，而压力又取决于蒸汽的数量，因此在传热率增大以前，壳体内必须容纳比以前更多的蒸汽。简而言之，为了提高能量传递速度，必须首先提高能量水平。假如不设法增加额外数量的蒸汽促使能量水平提高的话，那么它就会用暂时减少能量输出的办法自发地提高能量水平，这就是为什么负荷增加，出口温度就要下降的原因。反之，如负荷减少了，就必须在保持稳态平衡所需的蒸汽流量的基础上再暂时减少一些蒸汽流量来降低过程的能量水平，要不然，能量将被释放从而使料液温度瞬时增高。为了校正这种动态偏差，必须使蒸汽流量领先料液流量发生变化。这种校正瞬间动态不平衡的方法称为动态补偿或动态前馈，完成这种功能的控制器称为动态补偿器[3]。

1. 动态补偿器的设计

在理想情况下，可以把补偿器设计到完全补偿，即在所考虑的扰动下被控量始终保持不变。那么应该怎样设计才能使补偿器做到完全补偿呢？在图 6.9 中，Y 和 D 分别代表被控量和扰动量，$G_p(s)$ 和 $G_d(s)$ 分别代表被控对象不同通道的传递函数。如果没有补偿器的话，扰动量 D 只通过 $G_d(s)$ 影响 Y，即

$$Y(s) = G_d(s)D(s)$$

但在有了补偿器之后，扰动量 D 同时还通过补偿通道中 $G_{ff}(s)G_v(s)G_p(s)$ 来影响被控量 Y，其中的 $G_v(s)$ 是阀门特性，因而

$$Y(s) = G_d(s)D(s) + G_{ff}(s)G_v(s)G_p(s)D(s)$$

或者写为

$$Y(s)/D(s) = G_d(s) + G_{ff}(s)G_v(s)G_p(s)$$

根据上式，如果使补偿器的传递函数为

$$G_{ff}(s) = -\frac{G_d(s)}{G_v(s)G_p(s)} \tag{6-3}$$

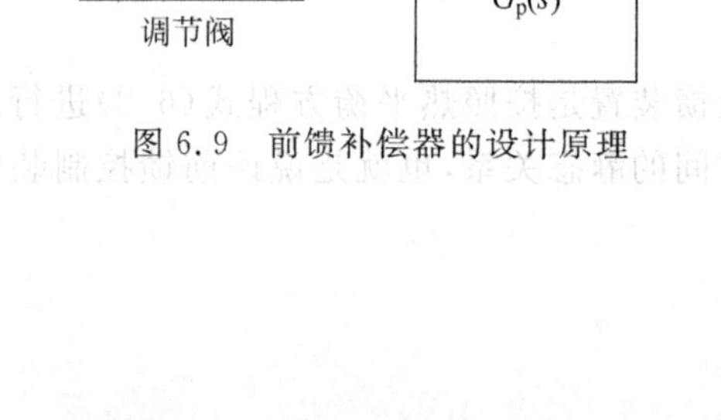

图 6.9 前馈补偿器的设计原理

那么扰动 D 对于被控量 Y 的影响将为零，从而实现了完全补偿。这就是“不变性”原理。

为了进一步了解动态补偿的实质，先研究一种最简单的情况，即假定干扰通道和控制通道的传递函数仅仅是纯迟延，它们分别是 τ_d 和 τ_p，且 $\tau_d > \tau_p$。阀门特性 $G_v(s)$ 设为一个常数 K_v。若在负荷 D 干扰下，进行静态前馈控制，则静态前馈装置只要是一个比值器，实现 $G_{ff}(s) = -1/k_v$ 即可。此时被控量将有以下变化规律，即

$$y(t) = -D(t-\tau_d) + D(t-\tau_p) \tag{6-4}$$

图 6.10 所示即是无动态补偿器时被控量对扰动 D 的响应曲线。可见负荷 D 的变化引起了一个持续时间为$(\tau_d - \tau_p)$的瞬变过程。

所以，如果要进行动态补偿，只需要把前馈信号推迟$(\tau_d - \tau_p)$。当然，如果 $\tau_p > \tau_d$，要产生领先的信号是不可能的，此时前馈补偿也无能为力了。

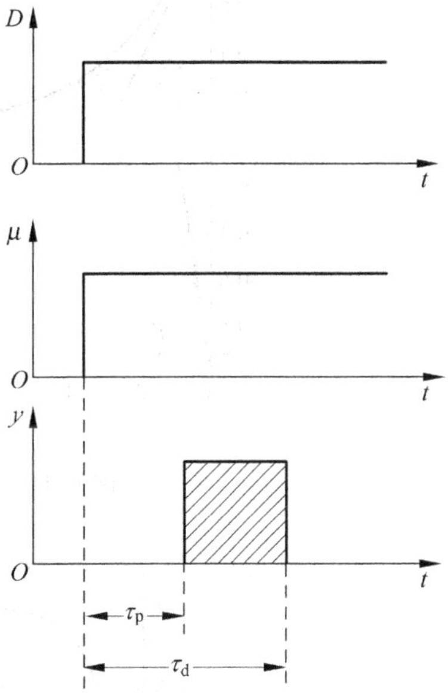

图 6.10　没有动态补偿时的过渡过程

虽然利用纯迟延可以很好地说明为什么要进行动态补偿，但毕竟它很少单独出现在过程中，实际上最经常碰到的是多级惯性环节，但一般情况下，过程中每一通道总有一个主要的惯性环节，它是需要加以补偿的。如在图 6.9 中，假定 $G_d(s)$ 和 $G_p(s)$分别是时间常数为 T_d 和 T_p 的一阶惯性环节，仍然设置静态前馈控制，使 $G_{ff}(s) = -1/k_v$，此时就有

$$y(t) = D(e^{-t/T_d} - e^{-t/T_p}) \tag{6-5}$$

图 6.11 给出了式(6-5)所描述的负荷响应曲线，这里假定 $T_d > T_p$，显然，由于两个通道时间常数不同，出现了动态偏差(图中阴影部分)。

把两个开环响应曲线加以比较，就可以对动态补偿的必要性做一个定性的评价。因为增大控制量所起的作用与负荷增大时所起的作用相反，它们各自的阶跃曲线是背道而驰的，如果把其中一条响应曲线倒过来，使它们互相叠加，如图 6.12 所示那样，那么可以清楚地看到，在没有动态补偿的静态前馈控制作用下，这个过程综合的响应曲线表现为两条曲线之间的差值，而且可以看出，在此过程中动态前馈的作用必须使调节通道的动作更加缓慢。

如果两条曲线不相互交叉，那么未经动态补偿的前馈回路的响应将全部在设定值的一边，如图 6.11 所示。至于在设定值的哪一边则取决于干扰通道和控制通道响应曲线之差是正还是负。如果两条曲线互相交叉，那么未经动态补偿的前馈回路的过渡过程将穿过设定值。

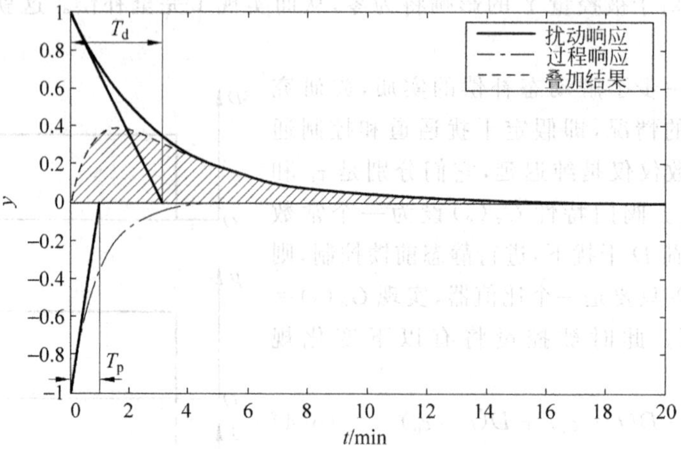

图 6.11 没有动态补偿时的过渡过程

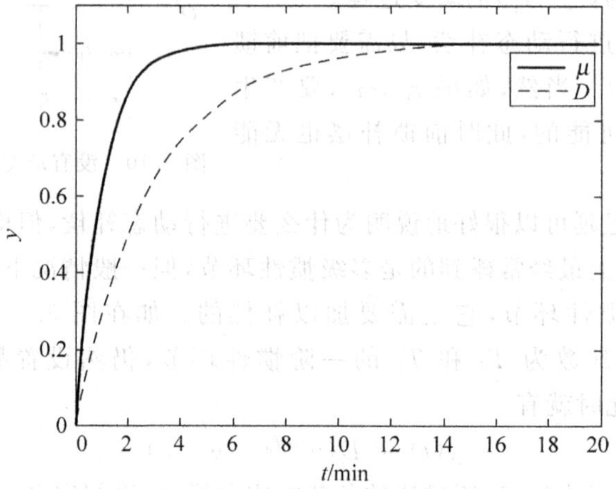

图 6.12 被控量 y 对 μ 的响应曲线和 y 对 D 的反向开环响应曲线

2. 简单的动态补偿器：导前-滞后环节

按不变性原理实现完全补偿在很多情况下只有理论意义，实际上是做不到的。一方面是因为过程的动态特性很难测得准确，而且一般也具有不可忽视的非线性，特别是在不同负荷下动态特性变化很大。因此，用一般的线性补偿器就无法满足不同负荷下的要求；另一方面，写出了补偿器的传递函数并不等于能够实现它。如果 $G_p(s)$ 中包含的迟延时间比 $G_d(s)$ 中的迟延时间大。那就没有实现完全补偿的可能。

实际上可以采用前馈控制的大部分过程，其干扰通道和控制通道的传递函数在性质上和数量上都是相近的。虽然在两者中还可能碰到纯迟延，但是它们的数值一般也比较接近。所以在大多数情况下，只需要考虑主要的惯性环节，也就是实现部

分补偿。通常采用简单的导前-滞后装置作为动态补偿器也就能够满足要求了。它的传递函数是

$$G_{\mathrm{ff}}(s)=\frac{\tau_1 s+1}{\tau_2 s+1} \tag{6-6}$$

这种补偿器的增益为 1,它只起动态补偿作用,而前述按照过程的静态模型设计的静态前馈控制装置则保持静态准确性。如导前-滞后环节的输出是 $m(t)$,当输入为阶跃 m 时,则

$$m(t)=m\left(1+\frac{\tau_1-\tau_2}{\tau_2}\mathrm{e}^{-\frac{t}{\tau_2}}\right) \tag{6-7}$$

此处 τ_1 是导前时间,τ_2 是滞后时间,其中 τ_1 可以比 τ_2 大,也可以比 τ_2 小,因而可以出现超调或欠调,如图 6.13 所示。动态补偿器的阶跃响应曲线表明,它有一个瞬时增益为 τ_1/τ_2,而恢复到稳态值的 63%所需要的时间为 τ_2。

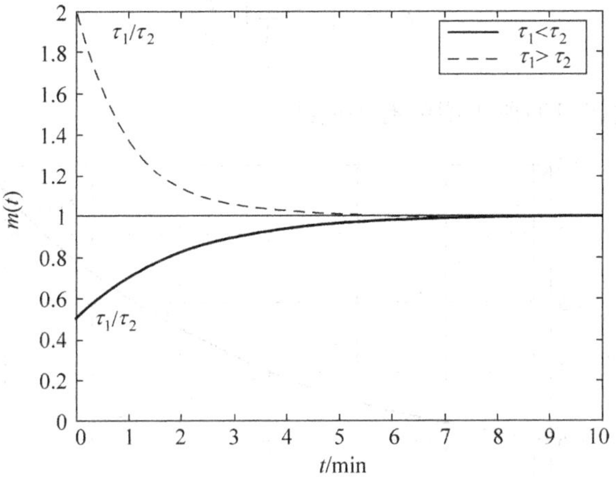

图 6.13　导前-滞后环节的响应曲线

导前-滞后环节最重要的性能是静态精度。如果在静态下不能准确地覆现输入,导前-滞后环节就要降低前馈回路的性能。因此作为动态补偿器,在线性、复现性和没有滞环特性等方面的要求比对常规控制器的要求还要高。另外,导前和滞后时间必须是可以调整的,以便与大多数过程的时间常数相匹配。

利用导前-滞后补偿器进行前馈控制时,当负荷发生变化,补偿器能通过控制通道给过程输入比较多(或比较少)的能量或物质,以改变过程的能量水平。在它的输入和输出函数间的累积面积应该与未经补偿的过程响应曲线中的面积相匹配。如果那样做了,那么响应曲线之净增面积将是零。

导前-滞后环节的输入和输出之间累积面积可由式(6-7)求得。先把输入和输出之间的差值除以输入幅值,使之规范化,得

$$\frac{m(t)-m}{m}=\frac{\tau_1-\tau_2}{\tau_2}\mathrm{e}^{-\frac{t}{\tau_2}}$$

在零与无穷大之间进行积分后得到

$$\int_0^\infty \frac{m(t)-m}{m}\mathrm{d}t = \tau_1 - \tau_2 \tag{6-8}$$

对式(6-5)所表示的未经补偿的回路响应曲线，经规范化后的累积面积为

$$\int_0^\infty (\mathrm{e}^{-t/T_\mathrm{d}} - \mathrm{e}^{-t/T_\mathrm{p}})\mathrm{d}t = T_\mathrm{p} - T_\mathrm{d} \tag{6-9}$$

式(6-8)和式(6-9)说明，如要使响应曲线净增面积为零，则 τ_1 应调整为等于 T_p，τ_2 应调整为等于 T_d。

但是应该注意到，衡量补偿是否得当，只看面积是不够的。一个导前 10min 和滞后 9min 的环节所产生的面积与导前 2min 和滞后 1min 的面积相同，但是面积的分布却不相同。未经补偿的过程响应曲线的峰值位置对估计 τ_1 和 τ_2 的实际值是有帮助的。首先用 τ_1 和 τ_2 代替前面式(6-5)中的 T_p 和 T_d，然后进行微分并令其为零，可以找到出现最大值(或最小值)的时间 t_p，即

$$t_\mathrm{p} = \frac{1}{\dfrac{1}{\tau_2} - \dfrac{1}{\tau_1}} \ln \frac{\tau_1}{\tau_2} \tag{6-10}$$

图 6.14 给出了式(6-10)所表明的有关曲线。

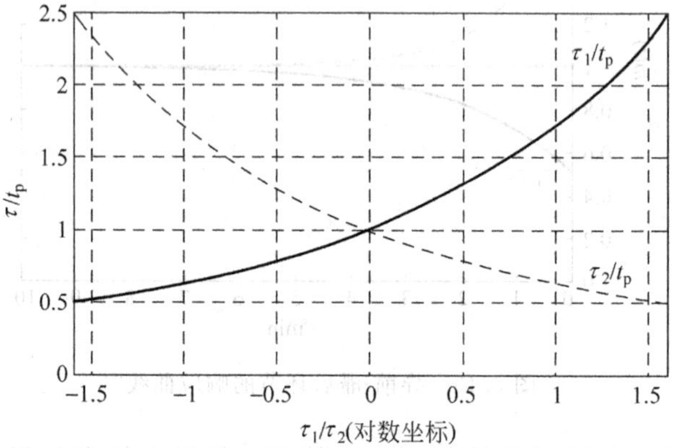

图 6.14 未经补偿的过程响应曲线的峰值位置与 τ_1、τ_2 的关系

根据式(6-10)可以作出一些对初步调整很有用的明确结论：①假如根据未经补偿的过程响应所指示的方向，τ_1 必须超过 τ_2 的话，τ_2 可以放心地设置在 $0.7t_\mathrm{p}$ 附近。如果 τ_1 必须小于 τ_2，则 τ_2 大约为 $1.5t_\mathrm{p}$。②在第一种情况下，τ_1 开始可以设置在 $2\tau_2$ 附近，在后一种情况下可设置在 $0.5\tau_2$ 附近。

在完成这些初步调整后，就应该做负荷干扰，进行最后的调整。

图 6.15 是针对过程对象为 $\dfrac{1}{3s+1}$，干扰通道为 $\dfrac{s+1}{4s^2+8s+1}$ 的系统设计的前馈控制器的控制结果。图中把过程未经补偿的响应曲线和带有不同程度补偿的负荷响应曲线进行了比较。最终采用的导前-滞后补偿器为 $-\dfrac{3.532s+1}{7.532s+1}$。鉴于干扰通道的等效时间常数为 7，可以计算出如果采用静态补偿器，根据式(6-10)可以获得最大峰

值在时刻 5 左右出现。而通过仿真也可以看到，采用$-\frac{3.532s+1}{7.532s+1}$作为导前-滞后补偿器时，系统的响应曲线也的确是在时刻 5 左右通过 0 点。

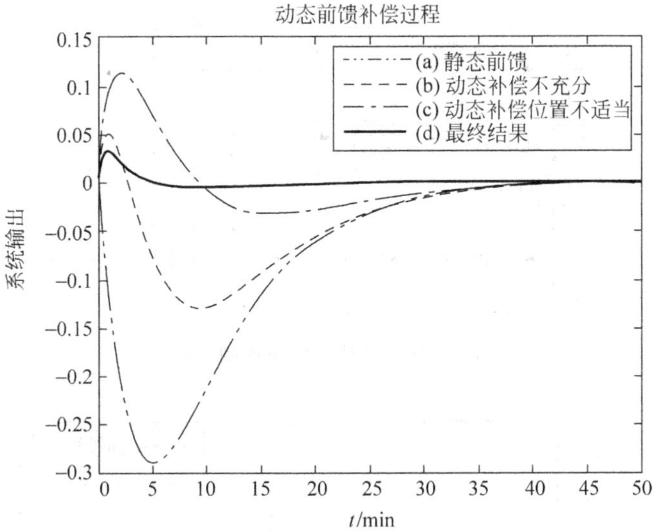

图 6.15　调整 τ_1 和 τ_2 使得过程得到不同效果的补偿

在图 6.15 中，图中的曲线(b)是面积补偿得不够充分；图中的曲线(c)说明在面积上得到了合适的补偿，因为它在设定值两侧的分布大致相等。此时 τ_1 和 τ_2 的差值是正确的，但是它们各自的值并不正确。一旦在面积上达到正确的补偿后，τ_1 和 τ_2 就应在同方向上一起调整以保持它们的差值。在图 6.15 曲线(c)中的 τ_1 和 τ_2 都需要增大，这样将使它们的比值减小，从而使导前-滞后环节的面积之重心向右移动。当调整 $\tau_2=7.532$，$\tau_1=3.532$ 时，补偿恰到好处，图中的曲线(d)就是这种调整的结果，它大约在 t_p 时穿过设定值。表 6.1 给出了对应图 6.15 中不同曲线的 τ_1、τ_2 取值及动态前馈补偿情况。

表 6.1　不同动态前馈系数所对应的系统响应曲线

	τ_1	τ_2	对应图 6.15 中曲线
无动态前馈	0	0	(a)
动态补偿不充分	1	3	(b)
动态位置不合适	1	5	(c)
最终结果	3.532	7.532	(d)

如例 6-2 所示换热器，应用导前-滞后环节对料液流量扰动进行动态补偿后，得到前馈控制系统如图 6.16 所示。将换热器出口温度在动态前馈控制下的负荷响应曲线与在反馈控制下的负荷响应曲线在图 6.17 中进行比较，从图中两条曲线可以看到，当干扰量——进料流量发生变化时，静态前馈将使出口温度 θ_2 的静态偏差为零，动

态偏差也可以补偿到很小的数值，几乎可以说 θ_2 基本上保持不变，控制效果显然优于反馈控制。应该指出，对入口温度 θ_1 也可以进行动态补偿，只是由于入口温度变化缓慢，通常无需考虑。

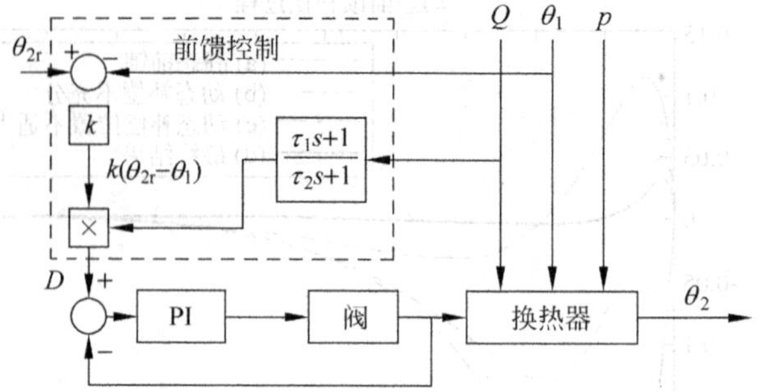

图 6.16　换热器前馈控制系统

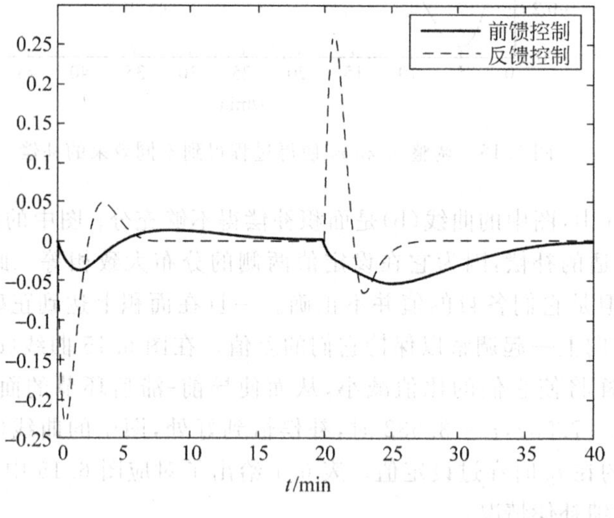

图 6.17　换热器在进料流量发生变化下采用前馈控制和反馈控制下的响应曲线

从以上描述中可以看出前馈控制的优越性，与反馈控制相比不但控制质量好，而且不出现闭环控制系统中所存在的稳定性问题。在前馈控制系统中甚至不需要被控量的测量信号，这种情况有时使得前馈控制成为唯一可行的控制方案。

6.2.4 前馈-反馈控制系统

前馈控制系统虽然具有很突出的优点，但是它也有不足之处。首先是静态准确性问题。要达到高度的静态准确性，既要求有准确的数学模型，也要求测量仪表和计算装置非常准确。这在实际系统中是难以满足的。例如模型中的系数（如式(6-2)中的 k）就可能随运行条件的改变而变化，使静态准确性受到一定的限制。其次，前馈控制是针对具体的扰动进行补偿的。在实际工业对象中,扰动因素往往很多,其中有一些甚至是无法测量的,例如换热器中的散热损失。人们不可能针对所有扰动加以补偿,最多也只能就一两个主要扰动进行前馈控制,这当然不能补偿其他扰动引起的被控量的变化。

因此前馈控制往往需要与反馈控制结合起来,构成前馈-反馈控制系统。这样既发挥了前馈控制作用及时的优点,又保持了反馈控制能克服多个扰动和具有对被控量实行反馈检验的长处。因此前馈-反馈控制是适合于过程控制的一种很好的控制方式。

一个典型的前馈-反馈控制系统如图 6.18 所示。系统的校正作用是反馈控制器 $G_c(s)$ 的输出和前馈补偿器 $G_{ff}(s)$ 的输出的叠加,因此实质上是一种偏差控制和扰动控制的结合,有时也称为复合控制系统。

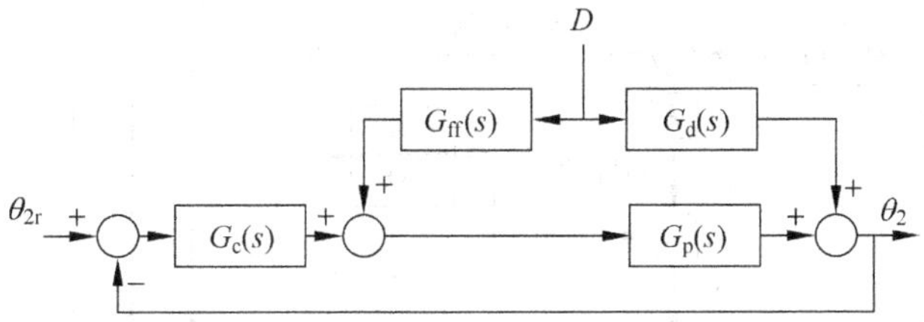

图 6.18　前馈-反馈控制系统方框图

很明显,前馈-反馈控制系统对扰动完全补偿的条件与前馈控制时完全相同,而反馈回路中加进了前馈控制也不会对反馈控制器所需要整定的参数带来多大的变化。只是反馈控制器所需完成的工作量显著地减小了。

图 6.19 表示在换热器中实现前馈-反馈控制[3]。当负荷干扰 Q 或入口温度 θ_1 变化时,则由前馈通道改变蒸汽量 D 进行控制,除此以外的其他各种扰动的影响以及前馈通道补偿的不准确带来的偏差,均由反馈控制器来校正。例如,它可以用来校正热损失,也就是要求在所有负荷下都给过程增添一些热量,这好像对前馈控制起了调零的作用;又例如反馈控制器可以校正和控制诸如加热蒸汽压力的变化等其他扰动的作用。因此可以说,在前馈-反馈系统中,前馈回路和反馈回路在控制过程中起着相辅相成、取长补短的作用。应该指出,图 6.19 所示方案并不是引入反馈控制的唯一方案。

图 6.20 所示就是在换热器上实现前馈-反馈控制的另一种方案。从图中可以看到,由于前馈回路包含了一个反馈信号,它就能够通过这个反馈信号控制那些未加以测量的扰动。同样,前馈系统也反过来使反馈回路能适应过程增益的变化。从图 6.17 所示换热器在反馈控制下的负荷响应可以看到,随着负荷增加,过渡过程衰减很快;随着负荷减小,过渡过程振幅变大,衰减变慢。这表明过程的增益与料液流量成反比,过程呈现出非线性特性。如果使反馈控制器的增益与流量成正比,则将弥补此非线性特性,使系统增益不随负荷变化。图 6.20 中的方案恰好能做到这一点。反馈回路把 θ_2 作为输入信号,把 D 作为输出。但是在回路的内部,反馈控制

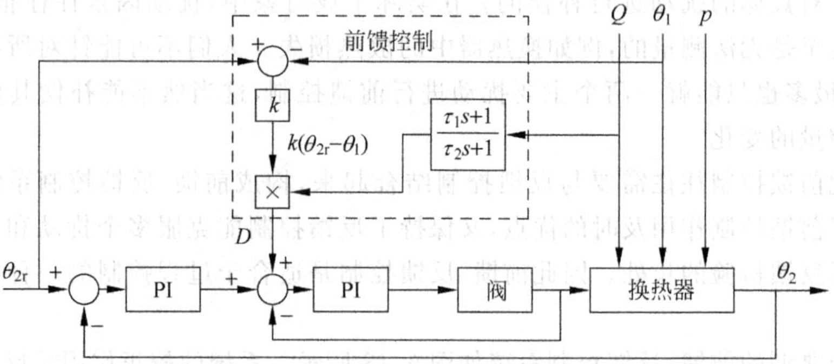

图 6.19 换热器前馈-反馈控制系统

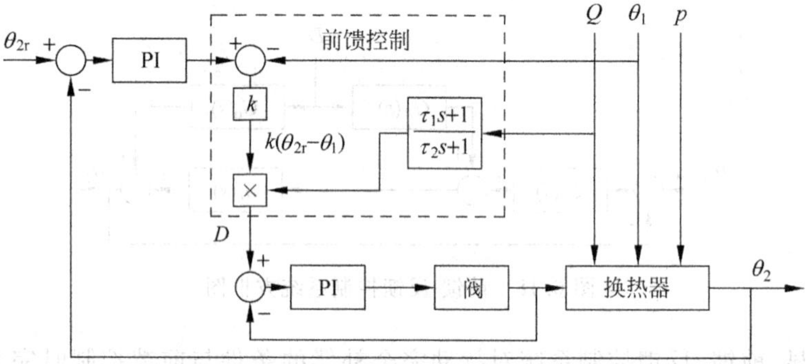

图 6.20 换热器中以反馈控制器来设置前馈系统设定值的前馈-反馈控制系统

器的输出值要先减去 θ_1，然后再乘以 Q。其中减法是线性运算，但乘法却是非线性运算，它使反馈回路的开环增益与流量成正比，正好抵消了换热器本身增益的变化。

由上例可以看到，前馈和反馈回路之间，前馈是快的，有智能的和敏感的，但是它不准确；反馈是慢的但是细致的、准确的，而且在负荷条件不明的情况下还有控制能力。这两种回路的相互补充，相互适应构成了一种十分有效的控制方案。

毫无疑问，为了控制难控的过程，在所有一切方法中前馈是最有力的方法。某些反馈方式如补偿反馈，采样和非线性环节等，可能把单位负荷变化下的累积误差减小两倍左右，而前馈控制却可能成百倍地改善。一个与反馈系统相结合的前馈系统，只需要模型精确到±10%就可以改善十倍。

实现前馈当然也需要代价，这就是要求精确地掌握过程的数学模型，这一点正妨碍了前馈系统的广泛采用。

虽然前馈回路承担着大部分负荷，但反馈回路在应用中仍然十分重要。最后一个换热器控制系统已是一个三重串级的了。主反馈控制器调整前馈回路的设定值，前馈回路又转而控制一个串级流量回路。在实践中，前馈-反馈控制系统正越来越多地得到采用，而且收到十分显著的控制效果。

6.3 大迟延控制

6.3.1 概述

在工业生产过程中，被控对象除了具有容积迟延外，往往不同程度地存在着纯迟延。例如在热交换器中，被控量是被加热物料的出口温度，而控制量是载热介质，当改变载热介质流量后，对物料出口温度的影响必然要滞后一个时间，即介质流经管道所需的时间。此外，如反应器、管道混合、皮带传送、轧辊传输、多容量、多个设备串联以及用分析仪表测量流体的成分等过程都存在着较大的纯迟延。在这些过程中，由于纯迟延的存在，使得被控量不能及时反映系统所承受的扰动，即使测量信号到达控制器，调节机关接受控制信号后立即动作，也需要经过纯迟延时间 τ 以后，才波及被控量，使之受到控制。因此，这样的过程必然会产生较明显的超调量和较长的调节时间。所以，具有纯迟延的过程被公认为是较难控制的过程，其难控程度将随着纯迟延 τ 占整个动态过程的份额的增加而增加。一般认为纯迟延时间 τ 与过程的时间常数 T 之比大于 0.3 则说该过程是具有大迟延的工艺过程。当 τ/T 增加，过程中的相位滞后增加，使上述现象更为突出，有时甚至会因为超调严重而在某些装置上出现聚爆、结焦等停产事故；有时则可能引起系统的不稳定，被控量超过安全限，从而危及设备及人身安全。因此大迟延系统一直受到人们的关注，成为重要的研究课题之一。

解决的方法很多，最简单的是利用常规控制器适应性强、调整方便的特点，经过仔细个别地调整，在控制要求不太苛刻的情况下，满足生产过程的要求。当对系统进行特别整定后还不能获得满意结果时，还可以在常规控制的基础上稍加改动。图 6.21 是微分先行控制方案，即将微分作用移到反馈回路，以加强微分作用，达到减小超调量的效果。图 6.22 是中间反馈控制方案，即适当配置零极点以改善控制品质，这里需要说明一点，为了突出对象包含了纯迟延，本节中凡涉及对象特性均用 $K_P g_P(s) e^{-\tau_D s}$，其中 $g_P(s)$ 是指除去纯迟延环节和静态增益后剩下的动态特性的数学描述。为进一步讨论，对于 $K_P=2, T_P=4, \tau_D=4$ 的一阶带纯迟延对象，分别用 PID，微分先行和中间反馈三种方法进行控制。图 6.23 和表 6.2 为其数字仿真的结果。

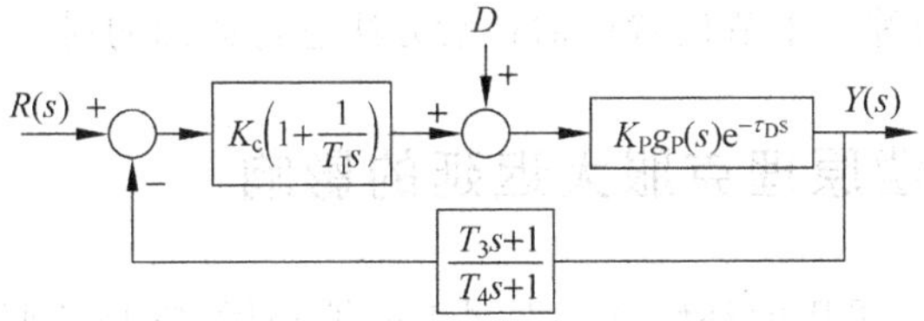

图 6.21　微分先行控制方案

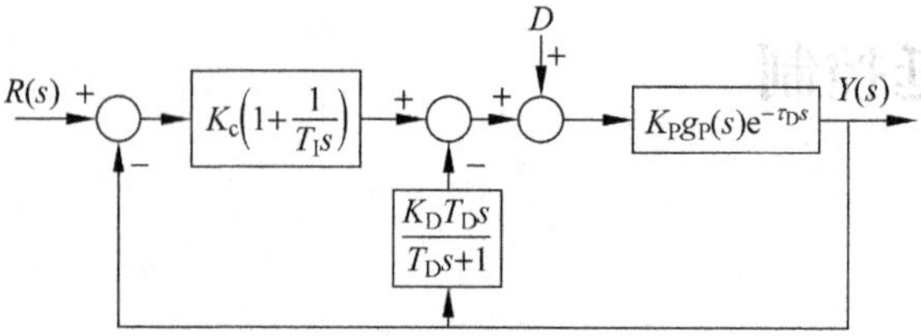

图 6.22 中间反馈控制方案

表 6.2 不同控制方案处理纯迟延系统的效果对比

方案	整 定 参 数	超调量	调节时间
PID	$K_c=0.3, T_I=10, T_D=0$	1.3252	42min
微分先行	$K_c=0.3, T_I=10, T_3=1.4, T_4=1$	1.2628	33min
中间反馈	$K_c=0.3, T_I=10, K_D=2, T_D=0.1$	1.2862	37min

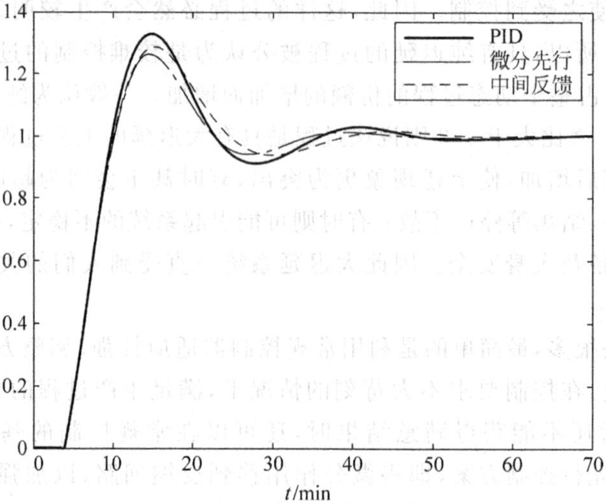

图 6.23 PID、微分先行、中间反馈三种控制方案在定值阶跃变化下的过渡过程

可以看到，微分先行和中间反馈控制都能有效地克服超调现象，缩短调节时间，而且无需特殊设备，因此有一定实用价值。

由图 6.23 还可以看到，不管上述哪种方案，被调量无一例外地存在较大的超调，且响应速度很慢，如果在控制精度要求很高的场合，则需要采取其他控制手段，例如补偿控制，采样控制等。本节仅就预估补偿方法进行详细的讨论。

6.3.2 采用补偿原理克服大迟延的影响

在大迟延系统中采用的补偿方法不同于前馈补偿，它是按照过程的特性设想出一种模型加入到反馈控制系统中，以补偿过程的动态特性。这种补偿反馈也因其构成模型的方法不同而形成不同的方案。

史密斯(Smith)预估补偿方法[6]是得到广泛应用的方案之一。它的特点是预先估计出过程在基本扰动下的动态特性，然后由预估器进行补偿，力图使被迟延了 τ 的被控量超前反映到控制器，使控制器提前动作，从而明显地加速控制过程并减小超调量。其控制系统原理图如图 6.24 所示。该方案的基本原理如下。

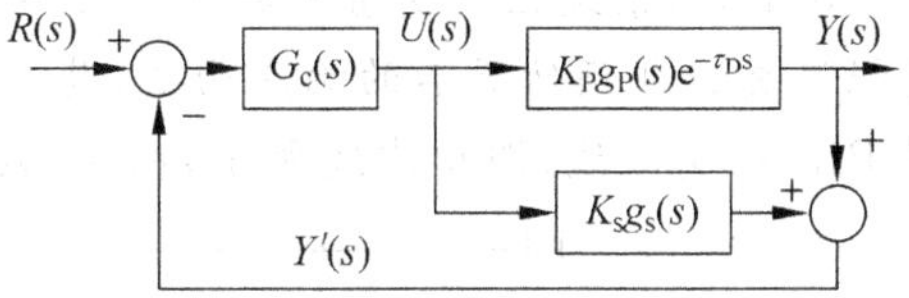

图 6.24　史密斯预估补偿控制原理图

图 6.24 中，$K_P g_P(s)$是对象除去纯迟延环节 $e^{-\tau_D s}$以后的传递函数，$K_s g_s(s)$是史密斯预估补偿器的传递函数。假若系统中无此补偿器，则由控制器输出 $U(s)$ 到被调量 $Y(s)$之间的传递函数为

$$\frac{Y(s)}{U(s)} = K_P g_P(s) e^{-\tau_D s} \qquad (6\text{-}11)$$

式(6-11)表明，受到控制作用之后的被控量要经过纯迟延 τ_D 之后才能返回到控制器。若系统采用预估补偿器，则控制量 $U(s)$与反馈到控制器的信号 $Y'(s)$之间的传递函数是两个并联通道之和，即

$$\frac{Y'(s)}{U(s)} = K_P g_P(s) e^{-\tau_D s} + K_s g_s(s) \qquad (6\text{-}12)$$

为使控制器采集的信号 $Y'(s)$不被迟延 τ_D，则要求式(6-12)为

$$\frac{Y'(s)}{U(s)} = K_P g_P(s) e^{-\tau_D s} + K_s g_s(s) = K_P g_P(s)$$

从上式便可得到预估补偿器的传递函数

$$K_s g_s(s) = K_P g_P(s)(1 - e^{-\tau_D s}) \qquad (6\text{-}13)$$

一般称式(6-13)表示的预估器为史密斯预估器，其实施框图如图 6.25 所示，只要一个与对象除去纯迟延环节后的传递函数 $K_P g_P(s)$相同的环节和一个迟延时间等于 τ_D 的纯迟延环节就可以组成史密斯预估模型，它将消除大迟延对系统过渡过程的影响，使控制过程的品质与过程无纯迟延环节时的情况一样，只是在时间坐标上向后推迟了一个时间 τ_D。从图 6.25 可以推导出系统的闭环传递函数为

$$\frac{Y(s)}{R(s)} = \frac{\dfrac{K_P G_c(s) g_P(s) e^{-\tau_D s}}{1 + K_P G_c(s) g_P(s)(1 - e^{-\tau_D s})}}{1 + \dfrac{K_P G_c(s) g_P(s) e^{-\tau_D s}}{1 + K_P G_c(s) g_P(s)(1 - e^{-\tau_D s})}} = \frac{K_P G_c(s) g_P(s) e^{-\tau_D s}}{1 + K_P G_c(s) g_P(s)}$$

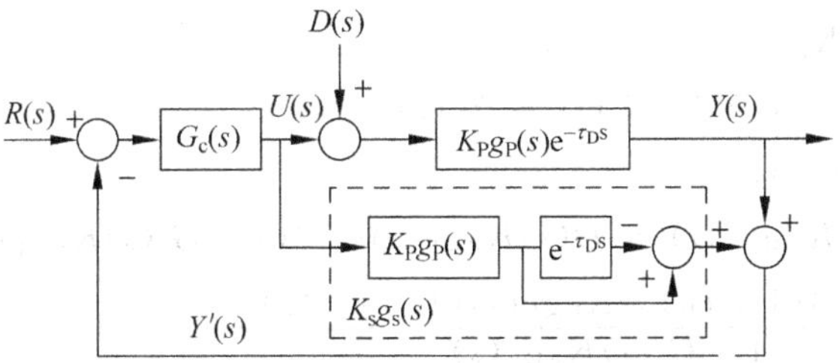

图 6.25　史密斯补偿系统方框图

很显然,此时在系统的特征方程中,已不包含 $e^{-\tau_D s}$ 项。这就是说,这个系统已经消除了纯滞后对系统控制品质的影响。当然闭环传递函数分子上的 $e^{-\tau_D s}$ 说明被调量 $y(t)$ 的响应还比设定值滞后 τ_D 时间。

例 6-3 对一阶惯性加纯延迟的对象进行单回路控制和加入史密斯预估器进行控制的数字仿真。设对象参数 $K_p=2, T_p=4, \tau_d=4$。当控制器参数为 $K_c=0.3$, $T_I=0.1$ 时,系统在设定值阶跃变化($r=1$)下的响应曲线如图 6.26 所示。其中实线是经过史密斯预估器后的响应曲线,其超调量仅 0.0119,调节时间缩短到 8s,与单回路 PID 控制曲线(图中虚线所示)相比,效果十分显著。

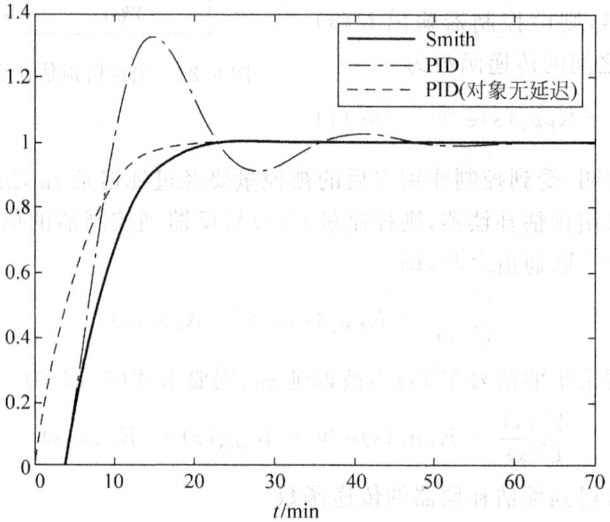

图 6.26 系统在设定值阶跃变化($r=1$)下的过渡过程 ■

遗憾的是史密斯预估器对系统受到的负荷干扰的控制效果却不像设定值阶跃变化的控制效果好。例如在例 6-3 的系统中,假定控制器的整定参数不变,在扰动 $D=1$ 的情况进行数字仿真,其仿真结果如图 6.27 所示。从响应曲线可知,当采用史密斯预估器后,系统的控制效果只是比 PID 控制略好。

通过以下分析,可以得到干扰通道的传递函数如式(6-14)所示,虽然与设定值扰动类似,在系统的特征方程中,已不包含 $e^{-\tau_d s}$ 项,但是,传递函数的分子中仍然包含有纯迟延项,从而导致系统的控制品质只是得到了部分的改善。当扰动加大,有时甚至会出现系统不稳定的情况。

$$\left.\begin{aligned}
&(U(s)+D(s))K_P g_P(s)e^{-\tau_D s}=Y(s)\\
&U(s)K_P g_P(s)(1-e^{-\tau_D s})+Y(s)=Y'(s)\\
&-Y'(s)G_c(s)=U(s)\\
&Y(s)(1+G_c(s)K_P g_P(s))=D(s)K_P g_P(s)e^{-\tau_D s}(1+G_c(s)K_P g_P(s)(1-e^{-\tau_D s}))\\
&\frac{Y(s)}{D(s)}=\frac{K_P g_P(s)(1+G_c(s)K_P g_P(s)(1-e^{-\tau_D s}))}{1+G_c(s)K_P g_P(s)}e^{-\tau_D s}
\end{aligned}\right\}\tag{6-14}$$

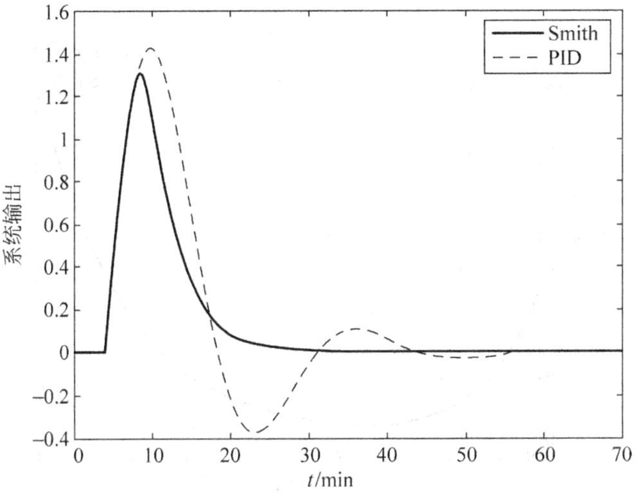

图 6.27　系统在负荷干扰($D=1$)下的过渡过程

值得注意的是,虽然采用史密斯补偿器在一定条件下会产生理想的效果,但是从史密斯补偿原理来看,预估器模型无一不是与所掌握过程特性的精度有关。因此,无论是模型的精度或者运行条件的变化都将影响控制效果。为了分析这种影响,分别对 PID 控制系统和带有史密斯预估器的控制系统进行数字仿真。系统中对象的传递函数为

$$G_P(s)=\frac{K_P e^{-\tau_D s}}{(T_P s+1)^2}=\frac{10e^{-20s}}{(10s+1)^2}$$

可以求得史密斯预估器的传递函数为

$$K_s G_s(s)=\frac{K_m}{(T_m s+1)^2}(1-e^{-\tau_m s})=\frac{10}{(10s+1)^2}(1-e^{-20s})$$

在仿真过程中,逐个改变对象的参数分别得到两个控制系统的三组被控量响应曲线和它们的时间乘绝对误差积分指标 ITAE。为了便于比较,在图 6.28 中表示了对象各个参数变化下 ITAE 的变化趋势,图中横坐标分别为 $\Delta\tau=(\tau_m-\tau_d)/T_s$,其中 T_s 为采样时间,$\Delta T=T_m-T_P$,$\Delta K=K_m-K_P$。由图可以看到,尽管在对象模型精确时,PID 系统的积分指标 J_{PID}大于带有预估器系统的积分指标 J_{sp},但是应该注意到 J_{PID}的变化趋势比 J_{sp}要平缓得多。这就是说,PID 控制系统承受对象参数变化的能力要强于带有史密斯预估器的系统。

图 6.29 给出了对象参数变化时,带有史密斯预估器控制系统在设定值阶跃变化下的响应曲线。作为对比,图中还给出了 PID 控制器在相同条件下的控制效果。其中标注为 Smith 的曲线为带有史密斯预估器的控制效果,标注为 PID 的曲线为单纯用 PID 控制器的控制效果。标注带有"—p"的表示改变对象各参数(K_P 从 10 增加到 14,T_P 从 10 改变为 12,τ_D 从 20 减小到 10)时的响应曲线。可以看到同时改变对象参数时,采用史密斯预估器的系统的控制品质明显变坏;而采用单纯 PID 控制器的系统因为对象的各个参数变化反而取得了更好的控制效果。总之,这些仿真结果说明:史密斯补偿方案对过程动态特性的精确度要求很高这一点是毋庸置疑的了。

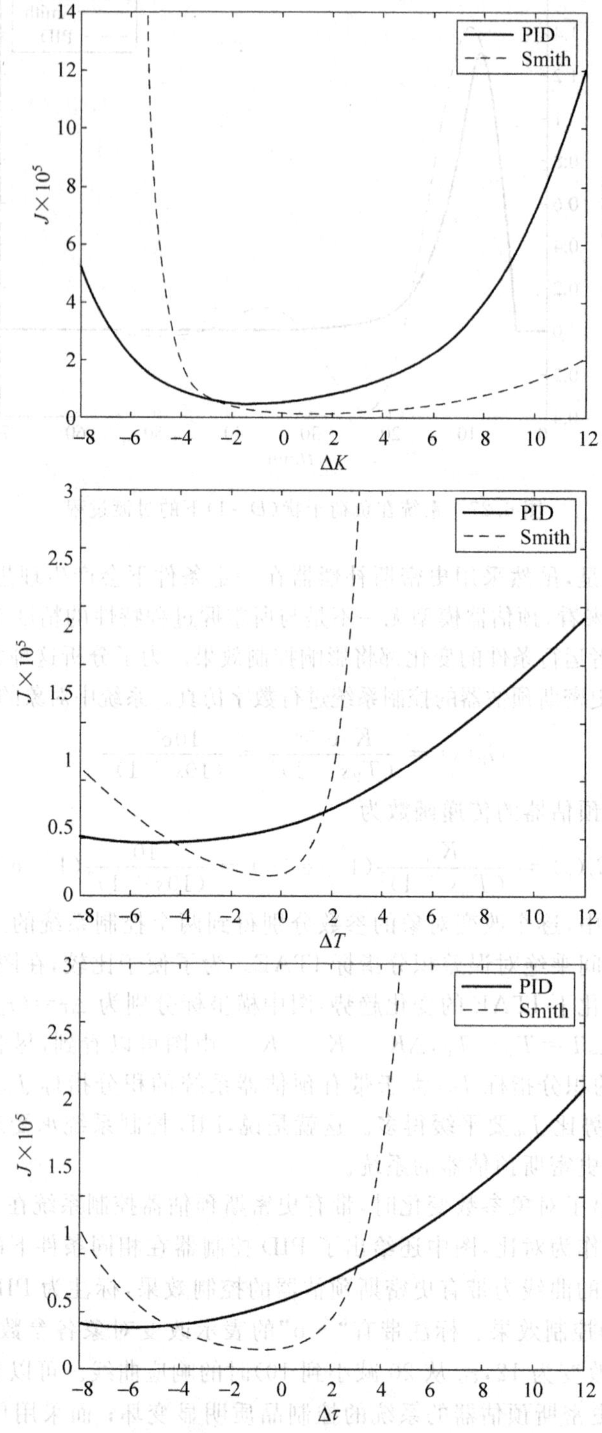

图 6.28 对象参数 K、T、τ 变化时被控量响应曲线的积分指标 ITAE 的变化趋势

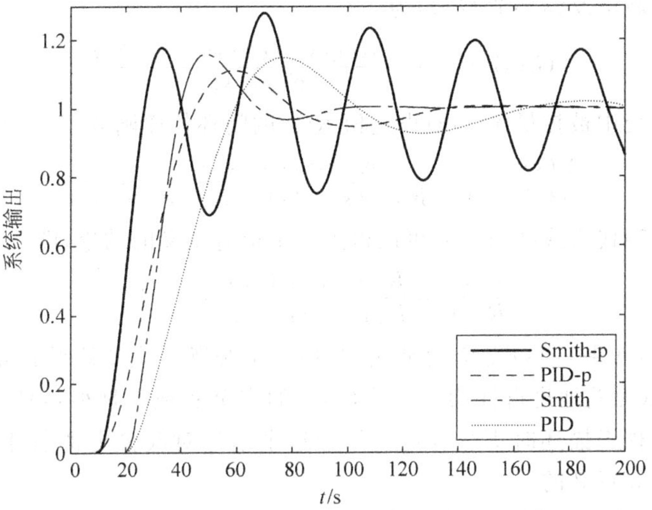

图 6.29　对象参数变化时，史密斯补偿系统的响应曲线（$r=1$）

6.3.3　史密斯预估器的几种改进方案

由于史密斯预估器对模型的误差十分敏感，因而难于在工业中广泛应用。对于如何改善史密斯预估器的性能至今仍是研究的课题之一，现仅就几种改进方案进行讨论。

如果在史密斯补偿回路中增加一个反馈环节 $G_f(s)$ 如图 6.30 所示，则系统可以达到完全抗扰动的目的[7]。由图可以写出被控量 $Y(s)$ 对扰动 $D(s)$ 的闭环传递函数为（此时假设模型完全准确，即 $K_P=K_m, g_P=g_m$）

$$\frac{Y(s)}{D(s)}=\frac{K_P g_P(s)e^{-\tau_D s}}{1+\dfrac{K_P g_P(s)G_c(s)e^{-\tau_D s}}{1+K_P g_P(s)G_f(s)+K_P g_P(s)G_c(s)(1-e^{-\tau_D s})}}$$

$$=\frac{[1+K_P g_P(s)G_f(s)+K_P g_P(s)G_c(s)(1-e^{-\tau_D s})]K_P g_P(s)e^{-\tau_D s}}{1+K_P g_P(s)G_f(s)+K_P g_P(s)G_c(s)}$$

若要系统完全不受干扰 $D(s)$ 的影响，则只要上式中分子为零，即

$$1+K_P g_P(s)G_f(s)+K_P g_P(s)G_c(s)(1-e^{-\tau_D s})=0$$

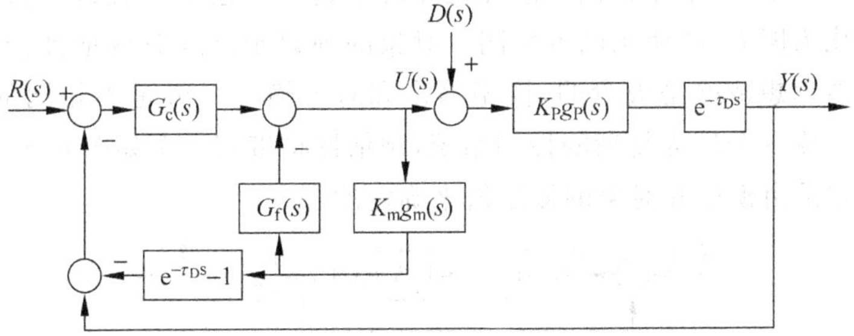

图 6.30　实现完全抗干扰的史密斯补偿器

由此可以得到新增反馈环节 $G_f(s)$ 为

$$G_f(s)=-\frac{1+K_Pg_P(s)G_c(s)(1-e^{-\tau_D s})}{K_Pg_P(s)} \tag{6-15}$$

再写出上述系统中被控量 $Y(s)$ 对设定值 $R(s)$ 的闭环传递函数

$$\frac{Y(s)}{R(s)}=\frac{K_Pg_P(s)G_c(s)e^{-\tau_D s}}{1+K_Pg_P(s)G_f(s)+K_Pg_P(s)G_c(s)} \tag{6-16}$$

将式(6-15)代入式(6-16)后可以得到一个很有意义的结论，即

$$\frac{Y(s)}{R(s)}=\frac{K_Pg_P(s)G_c(s)e^{-\tau_D s}}{K_Pg_P(s)G_c(s)e^{-\tau_D s}}=1 \tag{6-17}$$

这就是说，如果 $G_f(s)$ 完全满足式(6-15)，系统既可完全跟踪设定值，而且对干扰 $D(s)$ 还可以无差地进行补偿。只是 $G_f(s)$ 的完全实现不是很容易，尤其在对象是用高阶微分方程来描述时更是如此。但是这个结论对改善史密斯补偿器的抗干扰能力还是有指导意义的。

另外，1977 年贾尔斯和巴特利(R F Giles 和 T M Bartley)在史密斯方法的基础上提出了增益自适应补偿方案(gain-adaptive dead time compensation，GAC)，其方框图如图 6.31 所示[8]。它在史密斯补偿模型之外加了一个除法器，一个导前微分环节和一个乘法器。除法器是将过程的输出值除以模型的输出值。导前微分环节中的 $T_D=\tau_D$，它将使过程与模型输出之比提前进入乘法器。乘法器是将预估器的输出乘以导前微分环节的输出，然后送到控制器。这三个环节的作用是要根据模型和过程输出信号之间的比值来提供一个自动校正预估器增益的信号。

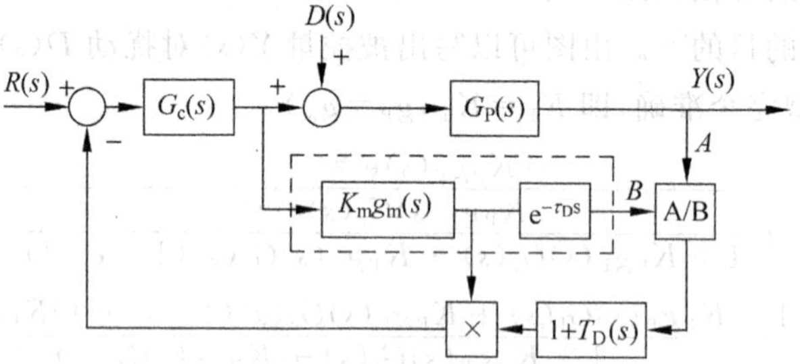

图 6.31　增益自适应补偿方案

在理想情况下，由于预估模型准确地复现了过程的输出，除法器的输出不变，则此方案可简化为图 6.32 所示的方框图。对象的纯迟延已经有效地被排除在控制回路之外。当然理想情况是极少的，模型输出和对象输出一般是不相同的，此时增益自适应系统变成一个较为复杂的控制系统，预估器将带有一个如图 6.33 所示的变增益环节 K_s，它是由模型和对象的输出值来确定的。

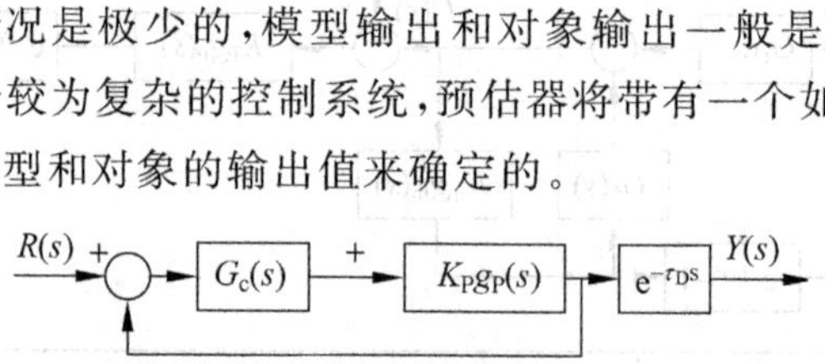

图 6.32　理想情况下的增益自适应补偿方案

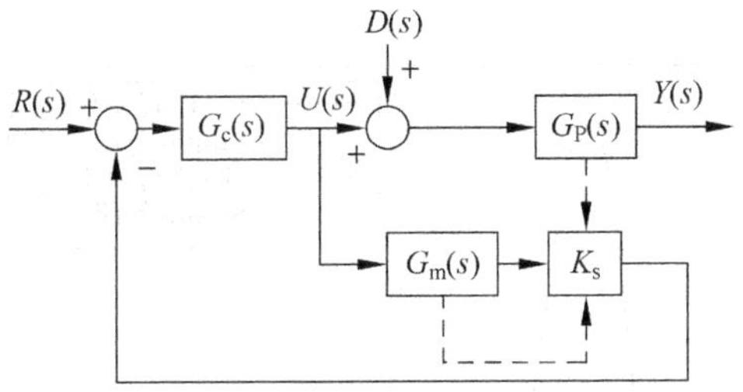

图 6.33　带有可变增益的预估补偿器

为了与史密斯方案进行比较，作者进行了大量的仿真实验。模拟对象的传递函数是

$$G_P(s)=\frac{K_P e^{-\tau_P s}}{(T_P s+1)^2}=\frac{10e^{-20s}}{(10s+1)^2}$$

考虑到物理可实现性，导前微分环节采用的传递函数是

$$\frac{T_D s+1}{\frac{T_D}{K_D}s+1}=\frac{5s+1}{0.01s+1}$$

其中 T_D 没有取对象的迟延时间，而是根据整定需要，令 $T_D=5$。对象的增益变化后取值为 8。

部分实验结果如图 6.34 所示，从图中响应曲线可以看到，增益自适应方案(GAC)在对象增益没有变化且模型准确时与史密斯方案是一样的。当对象增益产生变化时，对象的增益从 10 变化至 8，增益自适应方案具有较小的波动和较短的调节时间。

最后讨论一种由 Hang 等提出的改进型史密斯预估器[9]，它比原方案多了一个控制器，其方框图如图 6.35 所示，图中设 $K_p=1$。从图中可以看到，它与史密斯补偿器方案的区别在于主反馈回路，其反馈通道传递函数不是 1 而是 $G_f(s)$，即

$$G_f(s)=\frac{G_{c2}(s)g_m(s)}{1+G_{c2}(s)g_m(s)} \tag{6-18}$$

通过理论分析可以证明改进型方案的稳定性优于原史密斯补偿方案，且其对模型精度的要求明显降低，有利于改善系统的控制性能。

尽管改进型史密斯预估器方案中多了一个控制器，其参数整定还比较简单。为了保证系统输出响应无余差，要求两个控制器均为 PI 控制器。其中主控制器 $G_{c1}(s)$ 只需按模型完全准确的情况进行整定。至于辅助控制器 $G_{c2}(s)$ 的整定似乎要复杂一些，但经分析发现，辅助控制器是在反馈通道上，且与模型传递函数 $g_m(s)$ 一起构成了 $G_f(s)$。如果假设 $g_m(s)$ 是一阶环节，且设 $T_{I2}=T_m$，即使控制器的积分时间等于模型的时间常数，则 $G_f(s)$ 可以简化为

$$G_f(s)=\frac{1}{\frac{T_m}{K_{C2}K_m}s+1}=\frac{1}{T_f s+1}$$

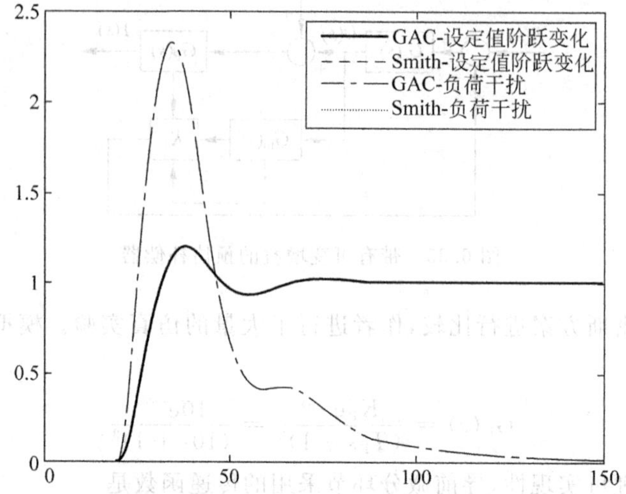

(a) 模型准确时，增益自适应方案与史密斯方案控制曲线重合

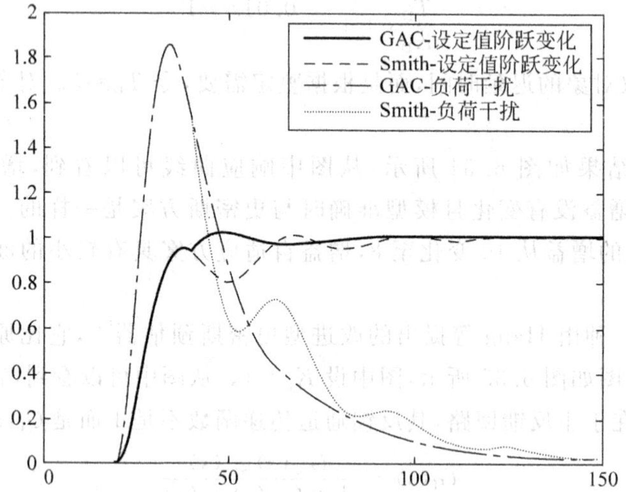

(b) 对象具有变增益时，增益自适应方案具有较小的波动和较短的调节时间

图 6.34　Smith 方案与 GAC 方案的响应曲线

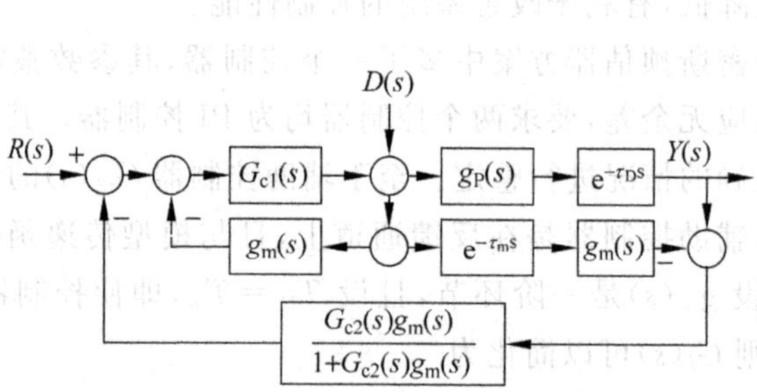

图 6.35　改进型史密斯预估器方框图

如上式所示，反馈回路上出现了一个一阶滤波器，其中只有一个整定参数 T_f，实质上只有 $G_{c2}(s)$中的比例增益 K_{c2}需要整定，它是比较容易在线调整的。为了进一步了解 $G_{c2}(s)$的整定及其对系统控制性能的影响，对改进型方案进行了数字仿真。假设对象的传递函数、模型以及滤波器的传递函数分别为

$$G_P(s)=\frac{10}{(10s+1)^2}e^{-20s},\quad G_m(s)=\frac{10}{(10s+1)^2}e^{-30s},\quad G_f(s)=\frac{0.1}{5s+1}$$

即模型的纯迟延大于对象的纯迟延。此时分别用原史密斯预估器和改进型方案进行控制，仿真结果如图 6.36 所示。可见无论在设定值阶跃变化或在负荷干扰下，史密斯预估器对模型精度十分敏感，而改进型方案却有相当好的适应能力，是一种有希望的史密斯改进方案。

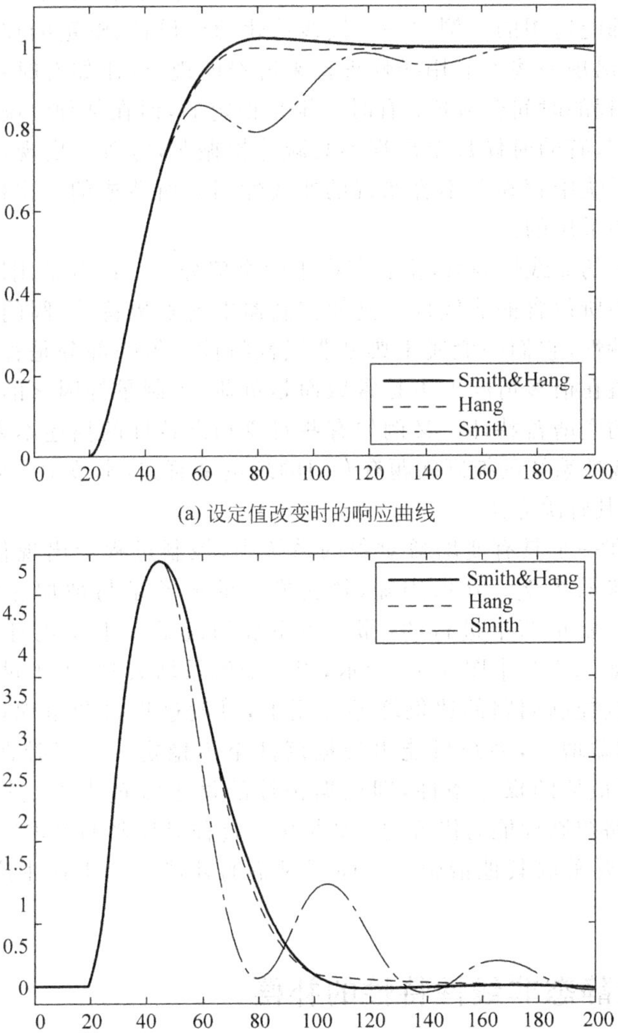

(a) 设定值改变时的响应曲线

(b) 负荷干扰时的响应曲线

图 6.36　史密斯控制与改进型史密斯控制方案的比较

近年来,在史密斯预估器基础上,出现了不少克服大迟延的方案,有的已经推广到多变量系统[10],但至今仍无一个通用的行之有效的方法,关于克服大迟延的控制策略仍在研究发展之中。

6.4 非线性增益补偿

6.4.1 概述

到目前为止,所讨论的都是线性系统,但是实际系统往往不完全是线性的,只是做了一些合理的假定以后把它们当成一个线性系统来处理,可是这种线性方法不是在一切情况下都能适用的。例如一个按线性化理论设计、整定的控制系统,在付诸实现时,有时会出现一些不能用线性理论来解释的现象,比如有时系统的动态品质会变坏,过渡过程的时间会拖长;有时系统是稳定的,但在某种情况下,系统突然从稳定变成不稳定,有的时候甚至出现不衰减等幅振荡,等等。出现这些现象往往可以推断是由于系统中存在着不容忽视的非线性因素所造成的。这种控制系统在工程上是绝对不能采用的。

至于系统中的非线性因素,主要存在于两个部分。一部分是用以实现控制的仪表或执行机构中所包含的非线性。例如控制器中的限幅特性,阀门的等百分比、抛物线和快开等特性,它们一般属于典型非线性特性。另一部分是存在于对象本身,例如对象的增益在很多情况下不是常数而是负荷、控制量等因素的非线性函数,通常称之为对象的变增益特性。又例如有些对象动态特性的描述本来就是用非线性方程。关于非线性系统的控制问题有专门的理论来研究,本节中主要是针对变增益对象特性,介绍其解决方法。

首先讨论在一个具有变增益对象的系统中,控制过程会出现什么问题。这里以常用的热交换器为例。众所周知,热交换器的增益是与被加热流量成反比的。如果整定是在正常负荷下进行的,那么当系统的流量发生变化时,就会有不同的响应曲线。例如6.2节中图6.17所示,当料液流量增大时,由于过程增益变小,在已整定好的温度控制回路的比例增益作用下,过渡过程将会呈现过阻尼;而在小流量下,过程增益增大,系统可能出现振荡甚至不稳定。为了控制回路能正常工作,就必须根据最坏的操作条件,即根据预计的最小流量来整定控制器。当然这是要以降低回路控制性能为代价的。如果生产过程对控制的要求较高,不允许降低控制性能时,就要采取其他措施。下面要讨论的补偿法是工业中广泛采用的方法之一。

6.4.2 对象静态非线性特性的补偿

严格地说,大部分工业过程的静态特性都具有非线性特性。也就是说,对象的增益是随着诸如被控量、控制量、负荷等变化的。在非线性影响严重时,采用固定增益的控制器就很难适应。补偿原理就是设法使系统中某一环节具有与对象增益相反的非线性特性，使之与原来非线性特性相补偿，最后使系统的开环增益保持不变，校正成为一个线性系统。

非线性特性的补偿可以用许多方法来实现，例如用阀门特性或用变增益的控制器或采用函数变换器等，下面就几个实例来分别加以说明。

1. 采用阀门特性

第 4 章中已经提到，调节阀门有各种不同的工作特性可供选择，而且在配置阀门定位器后，通过采用不同形状的反馈凸轮片可以得到所需要的阀门特性。因此，对不同对象的静态非线性，选择相应的阀门特性就可以补偿。现以图 6.37 所示换热器为例，换热器的热平衡方程式可以写成

$$DH_s = Qc_p(\theta_2 - \theta_1) \tag{6-19}$$

式中，D 为蒸汽的质量流量；H_s 为蒸汽的汽化潜热；Q 为被加热介质的流量；c_p 为被加热介质的定压比热容；θ_1，θ_2 为被加热介质的进出口温度。

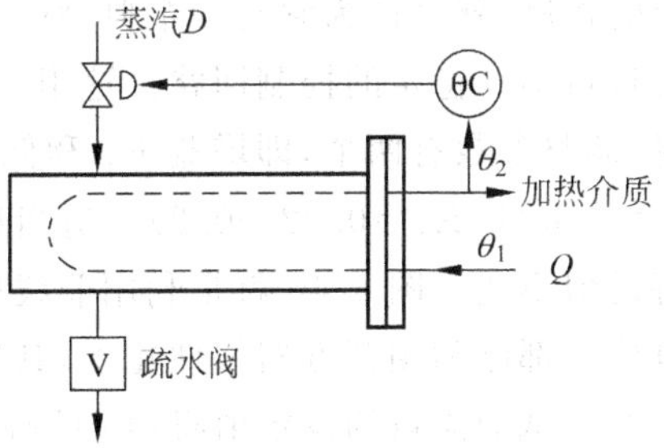

图 6.37　增益随流量变化的换热器

换热器的增益就是被调量 θ_2 对蒸汽流量的导数。

$$K_P = \frac{d\theta_2}{dD} = \frac{H_s}{Qc_p} \tag{6-20}$$

可以看到，换热器的增益是与介质流量成反比的。在温度和成分回路中都有这个特性。

在第 4 章讨论过阀门增益 K_v，对于具有等百分比特性的阀门，其增益为

$$K_v = \frac{dQ}{dL} = \ln R \frac{D}{L_{max}D_{max}} \tag{6-21}$$

由式(6-21)可知，等百分比阀的静态增益正好与流过阀门的流量 D 成正比。在换热器中，如采用等百分比阀调节蒸汽，则 K_v 与蒸汽流量 D 成正比。此时，系统的开环增益 K 为

$$K = K_cK_vK_P = K_c\left(\ln R \frac{D}{L_{max}D_{max}}\right)\frac{H_s}{Qc_p} \tag{6-22}$$

而 D 与 Q 的静态关系可由式(6-19)推导而得，只是要用介质出口温度的设定值 θ_r 代替 θ_2，则

$$Q = \frac{H_s}{(\theta_r - \theta_1)c_p}D$$

代入式(6-22)就可以得到 K 与负荷 D 无关的结论，从而补偿了对象的非线性特性。其中开环增益 K 为

$$K = \frac{K_c\ln R}{L_{max}D_{max}}(\theta_r - \theta_1) \tag{6-23}$$

同样，可用阀门定位器来实现补偿，它比用阀门特性补偿更为灵活。

2. 利用变增益控制器

在化工生产中，酸碱的反应是常见的。但是要控制反应的酸碱度(pH 值)是一件不容易的事，原因就在于此类反应的静态特性。图 6.38 描述了这种反应的特性曲线。它是 pH 值相对于所加的酸性试剂与流入流量之比的关系曲线。首先要注意横坐标是一个比值，它表明过程的增益(即单位酸性流量所引起的 pH 值的变化)是要随着要处理的流入液体的流量而变化的。从图可以明显地看到，在中和点附近，即 pH=7 左右，加入酸性试剂的量对 pH 值的影响非常灵敏，以致极微小的试剂量都会造成 pH 值的偏差。而当离中和点较远时，灵敏度却大大降低。因此只要提及 pH 值的控制，就公认为它是一个典型的非线性严重的控制系统。用一般常规的控制方法将得不到稳定的控制回路。这里用图 6.39 所示的变增益控制器来进行控制。此时，调整参数有两个，即增益 K_Z 和低增益区的宽度 Z(在有的非线性控制器中，参数 $Z=\pm30\%$，$K_Z=0.02\sim0.2$)。适当地调整 K_Z 和 Z 以补偿 pH 值的非线性，使之保持近似不变。图 6.40 就是利用非线性控制器 PHC 来控制 pH 值的系统图，其中流量信号都已利用开方器线性化了，其目的在于保持回路增益在流量的全部范围内均不变。试剂流量的设定值将由 pH 控制器的输出与物料进料量的乘积来决定，pH 值的非线性则由非线性控制器的变增益来进行补偿。这个系统在控制很多种溶液的 pH 值方面取得了良好的效果[3]。

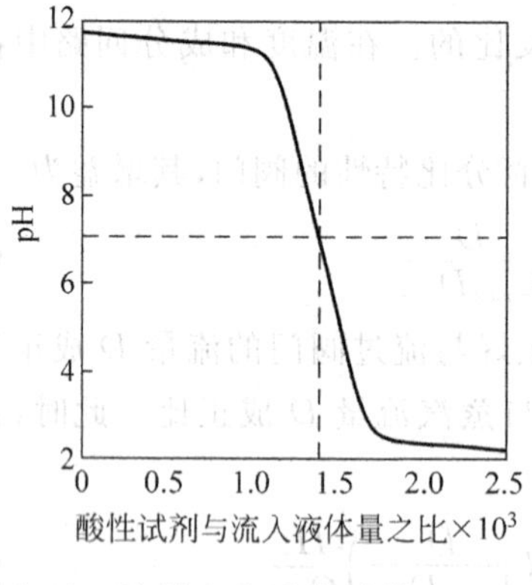

图 6.38 酸碱中和反应过程中，pH 值的过程增益变化曲线

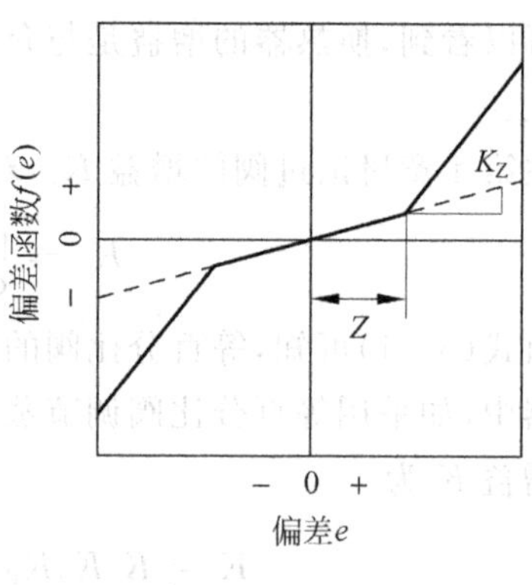

图 6.39 具有可调宽度为 Z，低增益为 K_Z 的控制器特性曲线

3. 利用函数变换器及各种运算单元

对于变化多端的非线性特性，只用图 6.39 所示的变增益控制器来补偿还是比较粗糙的，因为它只有两个可调参数，对于控制要求比较高的系统，恐怕很难得到满意的效果。函数变换器和各种运算单元经过计算，调整和组合可以实现各种复杂形状的曲线，因而能够较精确地进行补偿。例如一个希望获得高精度 pH 值的控制系统，

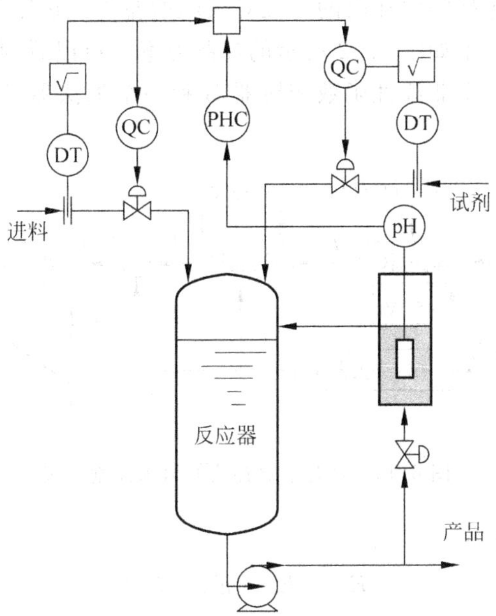

图 6.40　采用非线性控制器控制 pH 的方案

如果将函数变换器置于 pH 变送器与线性控制器之间，根据过程的静特性曲线（如图 6.38 所示）计算并调整函数变换器的输出曲线，使之与过程静特性正好抵消，最终如图 6.41 所示，将非线性系统转化为线性系统。

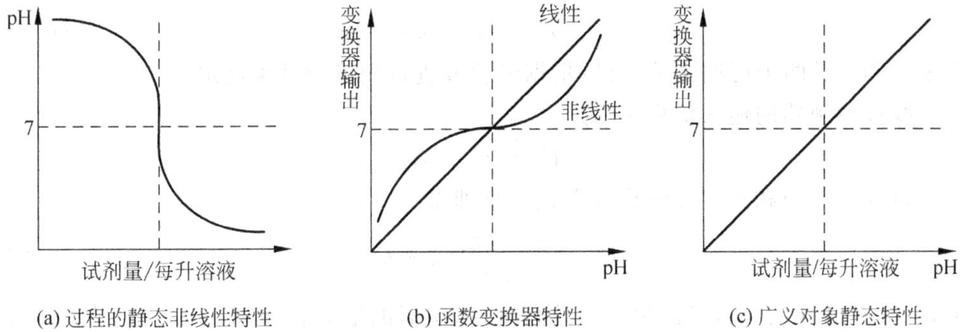

(a) 过程的静态非线性特性　(b) 函数变换器特性　(c) 广义对象静态特性

图 6.41　用函数变换器补偿对象非线性特性

如果说设计和调整函数变换器十分麻烦，那么单元组合插件式仪表中越来越丰富的运算单元将是十分便于使用和调整的。比如某电厂单元机组的控制系统就多次利用这些运算单元进行增益补偿[3]。以它的锅炉给水全程控制系统为例，当锅炉起停或运行在低负荷（小于满负荷的 25%）情况下，采用单冲量控制系统。此时，因汽包压力变化幅度很大，亦即给水调节阀管路两侧的压差 $\Delta p = p_{给水泵} - p_{汽包}$ 变化很大，即使调节阀的开度不变，通过阀门的给水流量却会随着汽包压力而变化。当汽包压力 p_d 升高时，通过调节阀的给水量会自动减少，这相当于阀门的增益与汽包压力成反比，也就是说包括阀门在内的广义对象的增益与汽包压力 p_d 成反比。为了补偿此非线性特性，采用了如图 6.42 所示的控制方案。可以看到单冲量控制系统中增加了一个乘除器 A，一个非线性函数变换器 B 和一个加法器 C。此处电压信号用 E 来表示。

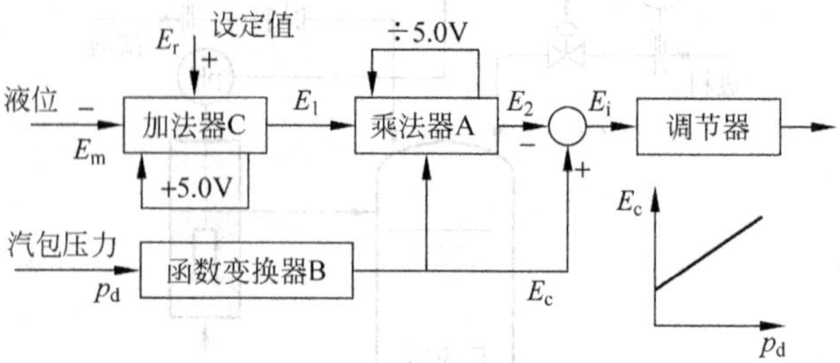

图 6.42　具有增益补偿的给水控制系统

其中加法器 C 的输出为

$$E_1 = E_r - E_m + 5.0 \tag{6-24}$$

乘除器 A 的输出为

$$E_2 = E_1 E_c / 5.0$$

将式(6-24)代入上式得到

$$E_2 = \frac{(E_r - E_m + 5.0)E_c}{5.0} \tag{6-25}$$

线性函数变换器 B 的输出是

$$E_c = a + bp_d \tag{6-26}$$

其中 a 和 b 是两个可调常数，可以根据经验或进行现场调试来确定。

线性控制器的输入信号 E_i 为

$$E_i = E_c - E_2$$

将式(6-25)和式(6-26)代入上式并整理得

$$E_i = \frac{E_m - E_r}{5.0}(a + bp_d) \tag{6-27}$$

由式(6-27)可以看到，当汽包压力升高时，控制器的输入信号增加，相当于控制器的比例增益增大了，这正好可以抵消汽包压力对阀门增益的影响。只要适当地调节 a 和 b 两个系数就可以使回路总增益近似保持不变，从而提高了系统的控制品质。

可以看到，虽然上例中补偿只是近似的，但是它的实现和调整都十分方便，尤其在使用单元组合仪表时，这种补偿既灵活又有效，现已逐步得到广泛的应用。到此为止，本章详细讨论了补偿原理在过程控制中的应用，无论是对扰动进行补偿还是对难控对象特性进行补偿都收到明显的控制效果，在工业生产过程中受到越来越多的关注。但同时应注意到，为了实现补偿往往要采用较多的运算单元，诸如加法器、乘法器、函数变换器等，因此给调试和应用带来一定的困难。随着生产的发展和技术的更新，运算单元、组合仪表中的运算模块等品种增多并逐步配套，这些将有利于复杂控制系统的进一步发展和应用。

随着计算机和微处理机的不断发展和更新，各种接口设备的逐步完善，更由于它们可靠性的增加和价格的不断下降，计算机正在大量地引入控制系统。显然利用计算机来实现补偿是易如反掌的，只需改动应用程序，就可方便地实现各种运算规律。计算机的可靠性和灵活性将给控制系统带来质的飞跃。可以相信，随着控制工具的发展和完善，将会开发出更多的适用于生产过程自动化的方案和系统，将自动控制水平提到一个新的高度。

6.5 小结

本章以补偿原理为基础，讨论了前馈控制系统、大迟延系统以及非线性增益补偿系统。首先，本章介绍了前馈控制系统的基本概念，讨论了静态前馈和动态前馈控制系统的设计与整定，以及前馈-反馈控制系统的结构。其次，介绍了含有大迟延环节系统的控制方法——微分先行、中间反馈以及史密斯补偿器等，分析了史密斯补偿器的原理、优势以及存在的问题，并给出了多种史密斯补偿器的改进方案。最后，针对含有非线性增益的系统给出了相应处理方法，包括采用阀门特性、变增益控制器以及函数变换器或者运算单元等环节进行非线性补偿。总之，补偿原理的应用将随着计算机的引入而具有更大的优势，可以达到事半功倍的效果。

第7章 解耦控制系统

直到现在为止,讨论还局限于具有单个控制量的控制系统,而且只允许独立地控制一个被控量。事实上,大多数生产过程都不可能仅在一个单回路控制系统作用下进行工作。

如果在一个生产过程中采用了两个控制回路,就会产生这样的问题:哪个阀门应该由哪个测量值来控制?对于有的工艺过程,回答是明显的。但是有时却不然,必须有某种依据才能作出正确的决定。值得指出的是这些被控量、控制量之间往往还存在着某种程度的相互影响,它将妨碍各变量的独自控制作用,有时甚至会破坏各系统的正常工作,使之不能投入运行。这种关联性质完全取决于被控对象。因此如果对工艺生产不了解,那么设计的控制方案不可能是完善的和有效的。

研究生产过程中诸控制量、被控制量之间的相互耦合和相互影响,就把讨论的范围扩展到了多变量系统。对于这种系统之间的耦合,有些可以采用被控量和控制量之间的适当匹配或重新整定控制器的方法来加以克服。在实际生产中已有不少成功的例子[3]。至于那些关联严重,上述方法已不能奏效的情况,目前一般采用附加补偿装置,用以解除系统中各输入量和输出量之间的耦合关系。这种方法在生产中也得到了实际应用。当然,如果应用多变量理论,从生产过程的全局出发,进行多变量系统的设计,不仅可使各变量之间解除耦合,而且还可达到某一预先规定的指标,使系统达到更高的控制水平。关于多变量系统在本书第9章预测控制中有所涉及。

为了研究系统的耦合性质,本章介绍了一个重要概念——相对增益。通过计算相对增益,可以确定过程中每个被控量相对每个控制量的响应特性,并以此为依据去构成控制系统。另外,相对增益还可以指出过程关联的程度和类型,以及对回路控制性能的影响。在本章最后提出一些工程方法,用来对关联严重的变量进行解耦,同时给出估计其效果的方法。

7.1 相对增益

对于单回路控制系统进行分析或整定,首先要计算其开环增益。同样,在多变量系统中也是如此,但是要更复杂一些。对于具有两个被控量和两个控制量的过程，需要考虑四个开环增益。尽管从外表上看只有两个增益闭合在回路中，但是还必须就如何匹配作出选择。至于对一个具有三对变量的过程进行设计就更加困难。因此必须在设计之前，对过程中的耦合性质及耦合程度有充分的了解。下面主要介绍一种利用相对增益作为衡量多变量系统性能尺度的方法，人们称之为布里斯托尔-欣斯基方法[11]；另外，考虑到奇异值分析这个强大的工具对解决系统耦合问题所具有的优势，在本节也稍作介绍。

7.1.1　相对增益的定义

相对增益是一个尺度，用来衡量一个预先选定的控制量 μ_j 对一个特定的被控量 y_i 的影响。当然它是相对于过程中其他控制量对该被控量 y_i 的影响而言的。显然，只计算在所有其他控制量都固定不变的情况下的开环增益是不够的，因为在关联过程中，每个控制量不只影响一个被控量。因此，特定的被控量 y_i 对选定的控制量的响应将取决于其他控制量处于何种状况。

对于一个多变量系统，假设 $\boldsymbol{y}$ 是包含系统所有被控量 y_i 的列向量，$\boldsymbol{\mu}$ 是包含所有控制量 μ_j 的列向量。为了衡量系统的关联性质首先在所有其他回路均为开环，即所有其他控制量都保持不变的情况下，得到开环增益矩阵 $\boldsymbol{P}$。这里记作

$$\boldsymbol{y}=\boldsymbol{P}\boldsymbol{\mu} \tag{7-1}$$

其中，矩阵 $\boldsymbol{P}$ 的元素 p_{ij} 的静态值称为 μ_j 到 y_i 通道的第一放大系数。它是指控制量 μ_j 改变了一个 $\Delta\mu$ 时，其他控制量 $\mu_r(r\neq j)$ 均不变的情况下，μ_j 与 y_i 之间通道的开环增益。显然它就是除 μ_j 到 y_i 通道以外，其他通道全部断开时所得到的 μ_j 到 y_i 通道的静态增益，可表为

$$p_{ij}=\left.\frac{\partial y_i}{\partial \mu_j}\right|_{\mu_r} \tag{7-2}$$

然后，在所有其他回路均闭合，即保持其他被控量都不变的情况下，找出各通道的开环增益，记作矩阵 $\boldsymbol{Q}$。它的元素 q_{ij} 的静态值称为 μ_j 到 y_i 通道的第二放大系数。它是指利用闭合回路固定其他被控量时，μ_j 到 y_i 的开环增益。q_{ij} 可以表为

$$q_{ij}=\left.\frac{\partial y_i}{\partial \mu_j}\right|_{y_r} \tag{7-3}$$

有了矩阵 $\boldsymbol{P}$ 和 $\boldsymbol{Q}$，取它们相应元素的比值构成新的矩阵 $\boldsymbol{\Lambda}$。元素 λ_{ij} 可以写作

$$\lambda_{ij}=\frac{p_{ij}}{q_{ij}}=\frac{\left.\dfrac{\partial y_i}{\partial \mu_j}\right|_{\mu_r}}{\left.\dfrac{\partial y_i}{\partial \mu_j}\right|_{y_r}} \tag{7-4}$$

式(7-4)即为 μ_j 到 y_i 这个通道的相对增益，矩阵 $\boldsymbol{\Lambda}$ 则称为相对增益矩阵。

如果在上述两种情况下，开环增益没有变化，即相对增益 $\lambda_{ij}=1$，这就表明由 y_i 和 μ_j 组成的控制回路与其他回路之间没有关联。这是因为无论其他回路闭合与否

都不影响 μ_j 到 y_i 通道的开环增益。如果当其他控制量都保持不变时 y_i 不受 μ_j 的影响,那么 λ_{ij} 为零,因而就不能用 μ_j 来控制 y_i。如果存在某种关联,则 μ_j 的改变将不但影响 y_i,而且还影响其他被控量 $y_r(r\neq i)$。因此,在确定第二放大系数时,使其他回路闭环,被控量 y_r 保持不变,则其余的控制量 $\mu_r(r\neq j)$ 必然会改变。其结果在两个放大系数之间就会出现差异,以致 λ_{ij} 既不是零,也不是 1。另外,还有一种极端情况,当式(7-4)中分母趋于零,则其他闭合回路的存在使得 y_i 不受 μ_j 的影响,此时 λ_{ij} 趋于无穷大。关于相对增益具有不同数值时的含义将在下面关于相对增益性质中予以讨论。

通常,过程一般都用静态增益和动态增益来描述,所以相对增益也同样包含这两个分量。然而,在大多数情况下,可以发现静态分量具有更大的重要性,而且容易求取和处理。因此暂时只分析静态增益,而它的动态分量将留待后面再考虑。

为了便于讨论,一般将相对增益排成一个矩阵,可以方便地称之为相对增益矩阵(relative gain array,RGA),用$\boldsymbol{\Lambda}$来表示

$$\boldsymbol{\Lambda}=\begin{array}{c} \\ y_1 \\ y_2 \\ \vdots \\ y_i \\ \vdots \\ y_6 \end{array}\begin{array}{c} \begin{array}{cccccc} \mu_1 & \mu_2 & \cdots & \mu_j & \cdots & \mu_n \end{array} \\ \begin{bmatrix} \lambda_{11} & \lambda_{12} & \cdots & \lambda_{1j} & \cdots & \lambda_{1n} \\ \lambda_{21} & \lambda_{22} & \cdots & \lambda_{2j} & \cdots & \lambda_{2n} \\ \vdots & \vdots & & \vdots & & \vdots \\ \lambda_{i1} & \lambda_{i2} & \cdots & \lambda_{ij} & \cdots & \lambda_{in} \\ \vdots & \vdots & & \vdots & & \vdots \\ \lambda_{n1} & \lambda_{n2} & \cdots & \lambda_{nj} & \cdots & \lambda_{nn} \end{bmatrix} \end{array} \tag{7-5}$$

7.1.2 求取相对增益的方法

目前已经研究出多种求取相对增益的方法。最基本的方法是按定义对过程的参数表达式进行微分,分别计算出第一和第二放大系数,最后得到相对增益矩阵$\boldsymbol{\Lambda}$。无论是什么方法,求导是必需的,因此应该对过程模型尽可能地简化。相对增益不受非线性和一般因子的影响,这是一个可以利用的方便条件。

求导是一种精确的方法,而增量法就差一些。如果必须使用增量法时,应该使增量小一些,并把工作点包括进去,或者使增量值均匀分布在工作点的两侧,否则计算出来的相对增益可能会有显著的误差。

现以一个用两个串联的阀门来控制压力和流量的系统为例来说明。

例 7-1 对图 7.1 所示压力-流量过程,利用下述简化方法来表示压差 h 和被控压力 p_1 之间的关系,从而推导出相对增益矩阵。

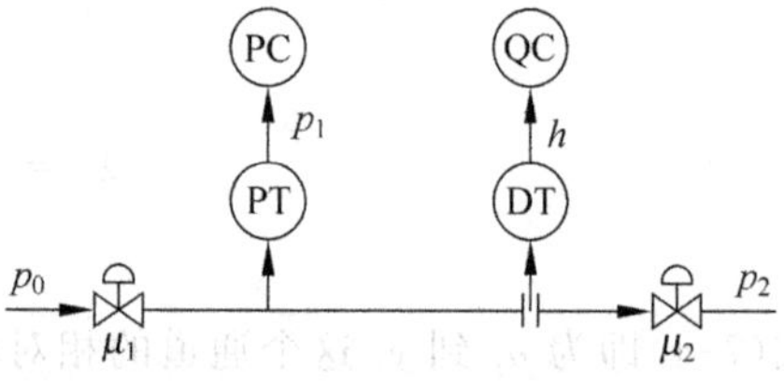

图 7.1 压力和流量由两个阀门来控制的系统

压力-流量系统可以描述为

$$h=\mu_1(p_0-p_1)=\mu_0(p_1-p_2)=\frac{\mu_1\mu_2(p_0-p_2)}{\mu_1+\mu_2} \tag{7-6}$$

两个回路都处于开环下，被控量 h 对 μ_1 的增益即第一放大系数是

$$\left.\frac{\partial h}{\partial \mu_1}\right|_{\mu_2}=\left(\frac{\mu_2}{\mu_1+\mu_2}\right)^2(p_0-p_2) \tag{7-7}$$

压力回路闭合时，h 对 μ_1 的偏导数即第二放大系数是

$$\left.\frac{\partial h}{\partial \mu_1}\right|_{p_2}=p_0-p_1=\frac{\mu_2}{\mu_1+\mu_2}(p_0-p_2) \tag{7-8}$$

根据相对增益定义有

$$\lambda_{h_1}=\frac{\mu_2}{\mu_1+\mu_2}$$

从式(7-6)中解出 μ_1 和 μ_2 并代入上式，就可以用压力来表示增益，即

$$\lambda_{h_1}=\frac{p_0-p_1}{p_0-p_2} \tag{7-9}$$

同样可以求出 μ_2 对压差 h 通道的相对增益 λ_{h2}

$$\lambda_{h_2}=\frac{p_1-p_2}{p_0-p_2}$$

如果改用 p_1 来描述此压力-流量系统，即

$$p_1=p_0-\frac{h}{\mu_1}=p_2+\frac{h}{\mu_2}=\frac{\mu_1p_0+\mu_2p_2}{\mu_1+\mu_2} \tag{7-10}$$

则可确定另一增益。对式(7-10)求偏导数，就可分别推导出 μ_1、μ_2 对 p_1 的两个通道的相对增益。最后，压力-流量系统的相对增益矩阵可写作

$$\boldsymbol{\Lambda}=\begin{bmatrix}\lambda_{11} & \lambda_{12}\\ \lambda_{21} & \lambda_{22}\end{bmatrix}=\begin{matrix} & \mu_1 & \mu_2 \\ h & \frac{p_0-p_1}{p_0-p_2} & \frac{p_1-p_2}{p_0-p_2} \\ p_1 & \frac{p_1-p_2}{p_0-p_2} & \frac{p_0-p_1}{p_0-p_2}\end{matrix} \tag{7-11}$$

■

从式(7-11)可以得到一个十分有意思的结果，即

$$\lambda_{11}+\lambda_{12}=1$$
$$\lambda_{21}+\lambda_{22}=1$$
$$\lambda_{11}+\lambda_{21}=1$$
$$\lambda_{12}+\lambda_{22}=1$$

这个结果并非特例，以后还会讨论到它是带有共性的结论。

从例 7-1 的求解过程说明，即使对一个十分简单的系统，要想得到相对增益矩阵也要经过若干数学运算。倘若系统比较复杂而且具有两个以上变量时，计算过程就十分繁杂。另外，从式(7-2)和式(7-3)的定义可知，第一放大系数就是在其余通道开路情况下该通道的静态增益，这是比较容易得到的。第二放大系数则不然，它要在其他回路开环增益为无穷大的情况下才能测得，这不是在任何情况下都能达到的。因此，是否可以由第一放大系数经过计算得到第二放大系数从而得到相对增益

矩阵，或者说，是否可能找到一个通用而简便的方法呢？现在先从一个 2×2 系统着手。图 7.2 所示是一个普通 2×2 系统方框图。其中环节的静态增益用 K_{ij} 表示，g_{ij} 代表其动态向量。

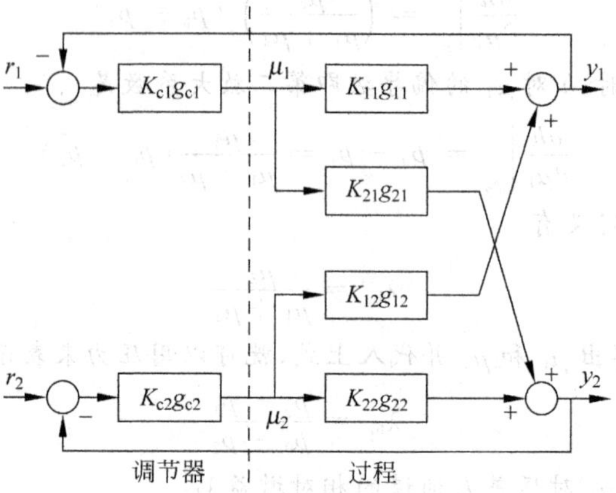

图 7.2　2×2 关联过程的普遍表示法

按式(7-2)，从图 7.2 可以很容易地得到第一放大系数

$$p_{ij} = \left.\frac{\partial y_i}{\partial \mu_j}\right|_{\mu_r} = K_{ij}$$

当 $\boldsymbol{y}$ 和 $\boldsymbol{\mu}$ 列向量为二维时，展开式(7-1)，并代入图 7.2 中所示系数，则有

$$y_1 = K_{11}\mu_1 + K_{12}\mu_2 \tag{7-12}$$

$$y_2 = K_{21}\mu_1 + K_{22}\mu_2 \tag{7-13}$$

但是在求第二放大系数时，必须把 y_1 表示为 μ_1 和 y_2 的函数，为此可在式(7-12)和式(7-13)中消去 μ_2，得到

$$y_1 = K_{11}\mu_1 + K_{12}\frac{y_2 - K_{21}\mu_1}{K_{22}}$$

根据式(7-3)可得

$$q_{11} = \left.\frac{\partial y_1}{\partial \mu_1}\right|_{y_2} = K_{11} - \frac{K_{12}K_{21}}{K_{22}}$$

因而

$$\lambda_{11} = \frac{K_{11}}{K_{11} - \frac{K_{12}K_{21}}{K_{22}}} = \frac{K_{11}K_{22}}{K_{11}K_{22} - K_{12}K_{21}} \tag{7-14}$$

同理可得

$$\left.\begin{aligned} \lambda_{12} &= \frac{-K_{12}K_{21}}{K_{11}K_{22} - K_{12}K_{21}} \\ \lambda_{21} &= \frac{-K_{12}K_{21}}{K_{11}K_{22} - K_{12}K_{21}} \\ \lambda_{22} &= \frac{K_{11}K_{22}}{K_{11}K_{22} - K_{12}K_{21}} \end{aligned}\right\} \tag{7-15}$$

从上例可以看到，只要知道第一放大系数，就可以求得第二放大系数，进而得到相对增益。既然如此，各放大系数之间的内在关系是什么呢？为此，先假设有一个矩阵 $\boldsymbol{H}$，它与第二放大系数矩阵 $\boldsymbol{Q}$ 有如下关系

$$h_{ji} = \frac{1}{q_{ij}} \tag{7-16}$$

根据式(7-16)和式(7-3)，有

$$h_{ji} = \left.\frac{\partial \mu_j}{\partial y_i}\right|_{y_r} \tag{7-17}$$

此时，换一种形式写出过程的方程，使控制量表示为被控量的函数，则有

$$\left.\begin{aligned} \mu_1 &= h_{11} y_1 + h_{12} y_2 \\ \mu_2 &= h_{21} y_1 + h_{22} y_2 \end{aligned}\right\} \tag{7-18}$$

对于用式(7-18)描述的系统，只要知道一组 h_{ij} 的数值，仍然可以用前面的方法求取相对增益，例如

$$\left.\frac{\partial \mu_1}{\partial y_1}\right|_{y_2} = h_{11}$$

整理式(7-18)，消去 y_2，用 y_1 和 μ_2 来表示 μ_1，则有

$$\mu_1 = h_{11} y_1 + h_{12} \frac{\mu_2 - h_{21} y_1}{h_{22}}$$

$$\left.\frac{\partial \mu_1}{\partial y_1}\right|_{\mu_2} = h_{11} - \frac{h_{12} h_{21}}{h_{22}}$$

由式(7-4)和式(7-16)可得

$$\lambda_{ij} = \frac{p_{ij}}{q_{ij}} = p_{ij} h_{ji} \tag{7-19}$$

因此

$$\lambda_{11} = \frac{\left.\dfrac{\partial \mu_1}{\partial y_1}\right|_{y_2}}{\left.\dfrac{\partial \mu_1}{\partial y_1}\right|_{\mu_2}} = \frac{h_{11} h_{22}}{h_{11} h_{22} - h_{12} h_{21}} \tag{7-20}$$

可以看到式(7-20)的形式与式(7-14)相同。从这里可以得到一点启示：相对增益既可用 p_{ij} 来表示，也可以用 h_{ji} 来表示。也就是说，在这两者之间存在着相互转换的关系。是否可以由此得到一种通用的相对增益计算方法呢？为此，先把以上方法扩展到高阶多变量系统，将式(7-12)和式(7-13)用矩阵符号表示为

$$\boldsymbol{y} = \boldsymbol{P} \boldsymbol{\mu} \tag{7-21}$$

同样将式(7-18)写成矩阵形式，为

$$\boldsymbol{\mu} = \boldsymbol{H} \boldsymbol{y} \tag{7-22}$$

从式(7-21)和式(7-22)不难看出，矩阵 $\boldsymbol{P}$ 是矩阵 $\boldsymbol{H}$ 的逆，即

$$\boldsymbol{P} = \boldsymbol{H}^{-1} \quad \boldsymbol{H} = \boldsymbol{P}^{-1} \tag{7-23}$$

式(7-19)把相对增益表示为矩阵 $\boldsymbol{P}$ 中每个元素与 $\boldsymbol{H}$ 的转置矩阵中相应元素的

乘积(注意 h_{ji} 元素下标要颠倒)。因此,相对增益矩阵$\boldsymbol{\Lambda}$ 可表示成矩阵 $\boldsymbol{P}$ 中每个元素与逆矩阵 $\boldsymbol{P}^{-1}$ 的转置矩阵中相应元素的乘积(点积),即

$$\boldsymbol{\Lambda} = \boldsymbol{P} * (\boldsymbol{P}^{-1})^{\mathrm{T}} \tag{7-24}$$

如果只有矩阵 $\boldsymbol{H}$ 是已知的,则式(7-24)可改写为

$$\boldsymbol{\Lambda} = \boldsymbol{H}^{-1} * \boldsymbol{H}^{\mathrm{T}} \tag{7-25}$$

为计算方便,将式(7-24)改写成

$$\lambda_{ij} = p_{ij}\ \frac{P_{ij}}{\det \boldsymbol{P}} \tag{7-26}$$

式中,det$\boldsymbol{P}$ 是矩阵 $\boldsymbol{P}$ 的行列式;P_{ij} 是矩阵 $\boldsymbol{P}$ 的代数余子式。式(7-26)是利用各通道静态增益来计算相对增益的一般公式。下面举一例来加以说明。

例 7-2 已知三维系统各通道静态增益矩阵 $\boldsymbol{K}$,则开环增益矩阵 $\boldsymbol{P}$ 为

$$\boldsymbol{P} = \boldsymbol{K} = \begin{bmatrix} K_{11} & K_{12} & K_{13} \\ K_{21} & K_{22} & K_{23} \\ K_{31} & K_{32} & K_{33} \end{bmatrix}$$

为求相对增益矩阵,应先计算出 $\boldsymbol{P}$ 矩阵的行列式 det$\boldsymbol{P}$,有

$$\det\boldsymbol{P} = K_{11}K_{22}K_{33} + K_{13}K_{21}K_{32} + K_{12}K_{23}K_{31} - K_{11}K_{23}K_{32} - K_{13}K_{22}K_{31} - K_{12}K_{21}K_{33}$$

$\boldsymbol{P}$ 的逆矩阵可记为

$$\boldsymbol{P}^{-1} = \boldsymbol{H} = \begin{bmatrix} h_{11} & h_{12} & h_{13} \\ h_{21} & h_{22} & h_{23} \\ h_{31} & h_{32} & h_{33} \end{bmatrix}$$

现只求出其中四个元素

$$h_{11} = \frac{K_{22}K_{33} - K_{23}K_{32}}{\det \boldsymbol{P}}$$

$$h_{22} = \frac{K_{11}K_{33} - K_{13}K_{31}}{\det \boldsymbol{P}}$$

$$h_{33} = \frac{K_{11}K_{22} - K_{12}K_{21}}{\det \boldsymbol{P}}$$

$$h_{12} = \frac{K_{13}K_{32} - K_{12}K_{33}}{\det \boldsymbol{P}}$$

根据式(7-19),利用上述各式计算出相应的相对增益如下

$$\left.\begin{aligned} \lambda_{11} &= K_{11}h_{11} \\ \lambda_{22} &= K_{22}h_{22} \\ \lambda_{33} &= K_{33}h_{33} \\ \lambda_{21} &= K_{21}h_{12} \end{aligned}\right\} \tag{7-27}$$

由此可见,式(7-24)~式(7-26)是利用系统开环增益来计算相对增益的一般公式。■

还有一种利用斜率求取相对增益的方法。例如,对于 2×2 系统,所有回路均为开环时,求取相对增益的方法可以改变成以下形式。回路 2 开环,即 μ_2 不变时,对回

路 1 施加扰动，然后观察被控变量的变化。它们变化的比值$(\partial y_1/\partial y_2)\mu_2$就是回路$\mu_2$不变时，$y_1$对$y_2$的曲线的斜率。再保持回路 1 开环，即$\mu_1$不变时，对回路 2 施加扰动，计算出另外一条曲线的斜率$(\partial y_1/\partial y_2)\mu_1$。

这两个斜率就是相应的比值K_{11}/K_{21}和K_{12}/K_{22}，把他们代入式(7-14)便可以得到相对增益为

$$\lambda_{11}=\frac{1}{1-(\partial y_1/\partial y_2)_{\mu_1}/(\partial y_1/\partial y_2)_{\mu_2}}$$

这个公式特别适用于精馏塔，式中y_1和y_2是产品的成分，并能计算出几种控制量的斜率，如回流量、回流比、产品流量等。

7.1.3 相对增益矩阵特性

由式(7-26)可得

$$\lambda_{ij}=p_{ij}\frac{P_{ij}}{\det\boldsymbol{P}}$$

即

$$\boldsymbol{\Lambda}=\begin{bmatrix}p_{11} & p_{12} & \cdots & p_{1n}\\ \vdots & \vdots & & \vdots\\ p_{n1} & p_{n2} & \cdots & p_{nn}\end{bmatrix}*\begin{bmatrix}P_{11} & P_{12} & \cdots & P_{1n}\\ \vdots & \vdots & & \vdots\\ P_{n1} & P_{n2} & \cdots & P_{nn}\end{bmatrix}\frac{1}{\det\boldsymbol{P}} \tag{7-28}$$

由式(7-28)可以十分方便地求出系统的相对增益λ_{ij}。那么怎么利用相对增益来分析多变量系统的耦合情况呢？这要从分析相对增益的性质入手。由例 7-1 的讨论中已经提出了相对增益所具有的一个十分重要的性质，即

$$\left.\begin{aligned}\lambda_{11}+\lambda_{12}&=1\\ \lambda_{11}+\lambda_{21}&=1\\ \lambda_{12}+\lambda_{22}&=1\\ \lambda_{21}+\lambda_{22}&=1\end{aligned}\right\} \tag{7-29}$$

这就是说，在一个双变量系统中，它的相对增益矩阵内同一行诸元素之和为 1，同一列诸元素之和也为 1。现在来看，是否在多变量系统中也具有这个性质。

从式(7-28)可以写出第i行λ_{ij}元素之和是

$$\sum_{j=1}^{n}\lambda_{ij}=\sum_{j=1}^{n}p_{ij}\frac{P_{ij}}{\det\boldsymbol{P}}=\frac{1}{\det\boldsymbol{P}}\sum_{j=1}^{n}p_{ij}P_{ij}=\frac{\det\boldsymbol{P}}{\det\boldsymbol{P}}=1 \tag{7-30}$$

同样对第j列有

$$\sum_{i=1}^{n}\lambda_{ij}=\sum_{i=1}^{n}p_{ij}\frac{P_{ij}}{\det\boldsymbol{P}}=\frac{\det\boldsymbol{P}}{\det\boldsymbol{P}}=1 \tag{7-31}$$

这就证明了在多维系统中，同样具有这个重要的性质，即$\boldsymbol{\Lambda}$中每行或每列的相对增益的总和都是 1。这样一来，为求出整个矩阵所需要计算的元素就减少了。例如对一个 2×2 系统，只需求出λ_{11}，因为$\lambda_{11}=\lambda_{22}$，而其余只是它对 1 的补数。在 3×3 矩阵中，只需计算出四个相对增益，如式(7-27)所示，其余元素可以利用上述矩阵性

质来求取。

因此,利用相对增益矩阵的这一特性,简化了求取相对增益的过程,减少了计算量。但是更重要的是这个性质表明相对增益各元素之间存在着一定的组合关系,例如在一个给定的行或列中,所有元素都在 0 和 1 之间,如果出现一个比 1 大的数,则在同一行或列中就必有一个负数。由此可见,相对增益可以在从负数到正数的一个很大范围内变化。显然,不同的相对增益正好反映了系统中不同的耦合程度。下面以图 7.2 所示的双变量系统为例来加以说明。从式(7-15)已知,该系统中 μ_1 对变量 y_1 之间的相对增益为

$$\lambda_{11}=\frac{K_{11}K_{22}}{K_{11}K_{22}-K_{12}K_{21}}$$

其中 K_{12} 和 K_{21} 分别代表 μ_2 对 y_1 和 μ_1 对 y_2 的耦合通道静态增益。假如 K_{12} 和 K_{21} 都很小,表明这两个回路之间的耦合作用很弱。如果 K_{12} 和 K_{21} 都为零,则两个回路彼此独立,没有任何关联。此时 μ_1 对 y_1 通道的相对增益 λ_{11} 就等于 1。当然 λ_{22} 也等于 1。这就是说,某回路相对增益越接近于 1,则该回路受其他回路的影响越小。换句话说,两个回路之间无耦合关系时,回路各自的相对增益都是 1。根据相对增益特性可知,无耦合系统的相对增益矩阵必为单位矩阵。这个结论也适用于多维系统。例如式(7-27)所给出的三维系统,当系统间无耦合时,其相对增益阵也是一个单位矩阵。不过这里需要特别说明一点,系统的相对增益矩阵为单位矩阵时,系统中还可能有某种耦合。例如上述双变量系统中,假如 K_{12} 和 K_{21} 中只有一个为零。设 $K_{12}\neq 0, K_{21}=0$。由式(7-14)和式(7-15)可知,系统的相对增益矩阵仍然是单位矩阵。但此时系统中确实还存在着耦合,即 μ_2 的作用仍然影响 y_1。不过只要注意到 μ_2 对 y_1 的影响绝不会再返回到 y_2 的这种单方向关联现象,就完全可以把 μ_2 对 y_1 的影响看作一个外来的干扰,从而把两个回路分解成相互独立的回路。

式(7-14)是一个双变量系统中 λ_{11} 的一般解。从它还可以得出另一个有意义的结论,即根据各个第一放大系数的符号就可以预测 λ_{ij} 的范围。如果第一放大系数为正值的个数是奇数,则 λ_{ij} 必定落在 0 与 1 之间;如果是偶数,那么 λ_{ij} 就落在 0 与 1 之外。这个关系可以用图 7.1 所示的过程来加以说明。开大阀门 1,会加大流量和提高压力,而开大阀门 2 则加大流量和降低压力。在四个开环增益中有三个是正的,即只有 μ_2 对 p_1 通道的第一放大系数是负值。这也可以对式(7-10)求偏导得到

$$\left.\frac{\partial p_1}{\partial \mu_2}\right|_{\mu_1}=\frac{\mu_1(p_2-p_0)}{(\mu_1+\mu_2)^2}=-\frac{\mu_1(p_0-p_2)}{(\mu_1+\mu_2)^2}$$

因此所有的相对增益都落在 0 与 1 之间。当过程中具有不相似的操作量或者具有不相似的被控量时,情形就是这样。图 7.1 所示过程中,具有压力和流量两个不相似被控量,因而相对增益在 0 与 1 之间。显然,相对增益的绝对值越小,则耦合作用越弱。当相对增益为 0.5 左右时,表明两个回路间耦合严重。当 λ_{ij} 趋近于 1,则完全无耦合。这可以从式(7-11)来加以说明。由于矩阵

$$\Lambda = \begin{array}{c} \\ h \\ p_1 \end{array}\begin{array}{c} \begin{array}{cc} \mu_1 & \mu_2 \end{array} \\ \begin{bmatrix} \dfrac{p_0-p_1}{p_0-p_2} & \dfrac{p_1-p_2}{p_0-p_2} \\ \dfrac{p_1-p_2}{p_0-p_2} & \dfrac{p_0-p_1}{p_0-p_2} \end{bmatrix} \end{array}$$

其中 $p_0>p_1>p_2$，所以各元素的分母总是大于分子，相对增益都在 0 与 1 之间。当 $(p_0-p_1)\ll(p_1-p_2)$时，说明 μ_1 对 h 的耦合和 μ_2 对 p_1 的耦合很弱；当 $p_1=p_2$，即 $p_0-p_1=p_0-p_2$ 时，Λ 阵变成单位矩阵，$\lambda_{11}=\lambda_{22}=1$，系统间完全独立，无耦合关系；当 $p_0-p_1=p_1-p_2$ 则 $\lambda_{11}=\lambda_{22}=\lambda_{12}=\lambda_{21}=0.5$，这说明 μ_1 对 h 和 p_1 的作用相同，μ_2 对 h 和 p_1 的作用也一样。显然这是最严重的耦合情况。

上面讨论的是第一放大系数符号为正的个数是奇数时的情形。若它的符号为正的个数是偶数，则相对增益有的大于 1，有的小于零。当系统中具有相似操作变量和相似控制变量时就属于这种情况。下面研究一个例子。

例 7-3　一条母管上有两个并联支路的系统如图 7.3 所示。各支路均有流量控制，流经两管的总流量是不变的。假如两管道情况相同，它们的增益也相同。

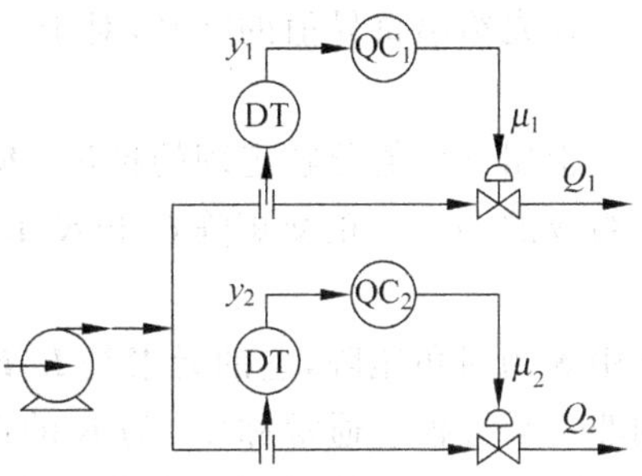

图 7.3　并联管道过程的耦合情况

当回路开环时，μ_1 的任何增加将导致 Q_1 的增加及 Q_2 的减少，所以有

$$Q_1 = K_{11}\mu_1 - K_{12}\mu_2$$
$$Q_2 = K_{22}\mu_2 - K_{21}\mu_1$$

可见，第一放大系数中，有两个为正，两个为负，即正符号的个数是偶数。同时还可以看到两个操作变量是相似的，两个被控量也是相似的。它们的相对增益

$$\lambda_{11} = \lambda_{22} = \frac{K_{11}^2}{K_{11}^2 - K_{12}^2} = \frac{1}{1-\left(\dfrac{K_{12}}{K_{11}}\right)^2} \tag{7-32}$$

假设 $K_{11}>K_{12}$，则

$$\left.\begin{aligned} \lambda_{11} = \lambda_{22} > 1 \\ \lambda_{21} = \lambda_{12} < 0 \end{aligned}\right\} \tag{7-33}$$

相对增益落在 0 到 1 的范围之外。而 λ_{21} 为负值的含义是：当用 μ_1 控制 Q_2 时，μ_1 越大，则 Q_2 越小，即调节阀向实际控制要求的相反方向动作，以致全开。这就是说，负相对增益实际上引起了一个不稳定的控制过程。那么 $\lambda_{11}>1$ 是否说明这个通道的控制作用很好呢？恰恰相反，当 $\lambda_{11}>1$ 时，λ_{11} 的值越大，意味着 μ_1 对 Q_1 的控制作用相对来说很弱。从相对增益的定义可以来说明这个现象

$$\lambda_{11} = \frac{\left.\dfrac{\partial Q_1}{\partial \mu_1}\right|_{\mu_2}}{\left.\dfrac{\partial Q_1}{\partial \mu_1}\right|_{Q_2}}$$

λ_{11}越大，则表明分母越小，也就是说μ_1对Q_1的控制作用在全部$\mu_j(j\neq 1)$的作用中占的比例越小。 ■

综上所述，可以对相对增益所反映的耦合特性作如下小结：

(1) 一般来说，当通道的相对增益接近于1，例如$0.8<\lambda<1.2$，则表明其他通道对该通道的关联作用很小。不必采取特别的解耦措施。

(2) 当相对增益小于零或接近于零时，说明使用本通道控制器不能得到良好的控制效果。换句话说，这个通道的变量选配不恰当，应重新选择。

(3) 当相对增益在0.3～0.7之间或者大于1.5时，则表明系统中存在着非常严重的耦合，解耦设计是必需的。

7.1.4 奇异值分析法

奇异值分析法是将奇异值分解(single valiable decompose，SVD)和条件数等矩阵特征用于稳态增益的计算和分析[2]。

首先给出奇异值的定义，对于一个线性系统

$$\boldsymbol{y}=\boldsymbol{K}\boldsymbol{u}$$

根据奇异值分解定理的推论：$\boldsymbol{K}$为$m\times n$阶实矩阵，则存在由$\boldsymbol{K}\boldsymbol{K}^{\mathrm{T}}$的特征向量所组成的$m\times m$正交矩阵$\boldsymbol{U}$和$\boldsymbol{K}^{\mathrm{T}}\boldsymbol{K}$的特征向量所组成的$n\times n$阶正交矩阵$\boldsymbol{V}$，使得

$$\boldsymbol{K}=\boldsymbol{U}\boldsymbol{S}\boldsymbol{V}^{\mathrm{T}}$$

其中$\boldsymbol{S}$为对角矩阵，它的元素是$\boldsymbol{K}^{\mathrm{T}}\boldsymbol{K}$的特征值$\{\sigma_i\}$，$\sigma_i>0(i=1,\cdots,r)$，$r=\mathrm{rank}(\boldsymbol{K})$的非负平方根。通常称$\{\sigma_i\}$为$\boldsymbol{K}$的奇异值(且一般按递减次序排列)。

$\boldsymbol{U}$，$\boldsymbol{S}$，$\boldsymbol{V}$三个矩阵可以很方便地通过软件工具MATLAB获得。

条件数(condition number，CN)是指，如果矩阵是非奇异的，那么矩阵的条件数定义为该矩阵的最大奇异值与最小奇异值之比；如果矩阵是奇异的，则它是病态的，条件数定义为无穷大。

$$CN=\frac{\sigma_1}{\sigma_r}$$

由于奇异值和条件数的求取过程与系统的输入、输出的尺度或者是否归一化相关，因此在使用条件数概念时，首先要对系统的输入进行归一。

采用条件数分析时，可以提供对于矩阵是否病态以及是否存在潜在的灵敏度问题进行更为深入的分析，其效果优于行列式分析。条件数大则说明系统的控制性能差，且对于矩阵元素的变化敏感。

例如，对于如下矩阵

$$\boldsymbol{K}=\begin{bmatrix}1 & k_{12}\\ 10 & 1\end{bmatrix}$$

可以很容易地知道，当$k_{12}=0$时，矩阵行列式的值为1，相对增益阵是单位矩阵，而$\boldsymbol{K}$的奇异值分别为10.1和0.1，因此条件数是101；当$k_{12}=0.1$时，矩阵行列式的值为0，相对增益阵不存在，条件数则为无穷大。由此可知，该矩阵所代表的系统在

$k_{12}=0$ 时，虽然没有耦合，控制变量与被控变量匹配合适，但系统的大条件数说明其控制性能很差，且当 k_{12} 产生微小变化时(从 0 变化为 0.1)会导致系统性能变化剧烈。

7.2　耦合系统中的变量匹配和控制参数整定

一个耦合系统在进行控制系统设计之前，必须首先决定哪个被控量应该由哪个操作量来控制，这就是系统中各变量的配对问题。有时会发生这样的情况，每个控制回路的设计、调试都是正确的，可是当它们都投入运行时，由于回路间耦合严重，系统不能正常工作。此时如将变量重新配对、调试，整个系统就能工作了。这说明正确的变量配对是进行良好控制的必要条件。除此以外还应看到，有时系统之间互相耦合还可能隐藏着使系统不稳定的反馈回路。尽管每个回路本身的控制性能合格，但当最后一个控制器投入自动时，系统可能完全失去控制。如果把其中的一个或同时把几个控制器重新加以整定，就有可能使系统恢复稳定，虽然这需要以降低控制性能为代价。下面将讨论，根据系统变量间耦合的情况，如何应用被控量和操作量之间的匹配和重新整定控制器的方法来克服或削弱这种耦合作用[3,7]。

7.2.1　变量之间的配对

7.1 节例 7-1 中讨论的压力流量系统，其相对增益矩阵是

$$\boldsymbol{\Lambda}=\begin{array}{c} \\ h \\ p_1 \end{array}\begin{array}{c}\begin{array}{cc}\mu_1 & \mu_2\end{array}\\ \begin{bmatrix}\dfrac{p_0-p_1}{p_0-p_2} & \dfrac{p_1-p_2}{p_0-p_2}\\[2ex] \dfrac{p_1-p_2}{p_0-p_2} & \dfrac{p_0-p_1}{p_0-p_2}\end{bmatrix}\end{array}$$

如果系统中 p_1 接近 p_2，则$\boldsymbol{\Lambda}$ 阵就十分接近单位矩阵，说明用阀 1 去控制流量，用阀 2 去控制压力 p_1 是合适的，而且相互之间耦合也不严重。如果系统中 p_1 接近 p_0，则情况就大不相同了，此时应把变量的配置颠倒一下，即用阀 1 去控制压力 p_1，而用阀 2 去控制流量。可以看到，同样一个系统，因为其压力分布情况不同，就需要有不同的变量配对。相对增益矩阵表明，应该用压降大的阀门去控制对应的被控量。当然，如果 p_1 正好是系统压力(p_0-p_2)的中点，那么矩阵中所有元素均为 0.5，这时变量怎么配对也无济于事，这是一个耦合严重的系统，应采用其他方法来解耦。为了进一步说明变量匹配问题，这里举一个混合系统的例子。

例 7-4　图 7.4 是一个三种流量混合的例子，设经 μ_1 与 μ_3 通过温度为 100℃的流体。而经 μ_2 通过温度为 200℃的流体。假定系统的管道配置完全对称、阀门都是线性阀、阀门系数 $K_{v1}=K_{v2}=K_{v3}=1$、压力和比热容也相同，且比热容 $c_1=c_2=c_3=1$。通过 μ_1 和 μ_3 的流体和通过 μ_2 的流体在两边管中进行混合。要求控制混合后流体的温度(即控制热量)以及总流量。

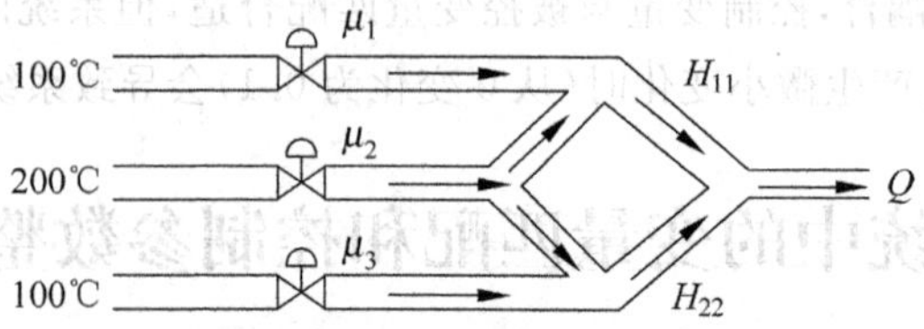

图 7.4 三种流体混合的系统

两边管中流体的热量来自两方面，以 H_{11} 为例，可以表示为

$$H_{11}=K_{v1}\times\frac{\mu_1}{100}\times c_1\times 100+\frac{1}{2}K_{v2}\times\frac{\mu_2}{100}\times c_2\times 200$$
$$=\mu_1+\mu_2 \tag{7-34}$$

同样，H_{22} 也可表为

$$H_{22}=K_{v3}\times\frac{\mu_3}{100}\times c_3\times 100+\frac{1}{2}K_{v2}\times\frac{\mu_2}{100}\times c_2\times 200$$
$$=\mu_3+\mu_2 \tag{7-35}$$

总流量 Q 显然是三路流量之和，即

$$Q=\left(K_{v1}\times\frac{\mu_1}{100}+K_{v2}\times\frac{\mu_2}{100}+K_{v3}\times\frac{\mu_3}{100}\right)\times 100$$
$$=\mu_1+\mu_2+\mu_3 \tag{7-36}$$

在这个系统中，有三个被控量 H_{11}，H_{22} 和 Q，三个控制量 μ_1，μ_2 和 μ_3。这就是说，有 6 种变量配对的可能性。根据习惯往往会考虑系统的对称性而采用如图 7.5 所示的对称匹配的控制方案。这是不是最好的控制方案呢？为此，首先从分析相对增益入手。

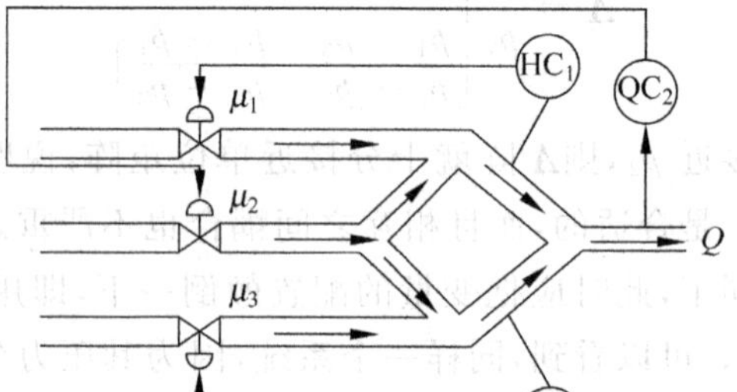

图 7.5 混合系统对称变量匹配控制方案

系统的第一放大系数矩阵可由式(7-34)～式(7-36)得到

$$\boldsymbol{K}=\begin{bmatrix}\dfrac{\partial H_{11}}{\partial\mu_1} & \dfrac{\partial H_{11}}{\partial\mu_2} & \dfrac{\partial H_{11}}{\partial\mu_3}\\ \dfrac{\partial Q}{\partial\mu_1} & \dfrac{\partial Q}{\partial\mu_2} & \dfrac{\partial Q}{\partial\mu_3}\\ \dfrac{\partial H_{22}}{\partial\mu_1} & \dfrac{\partial H_{22}}{\partial\mu_2} & \dfrac{\partial H_{22}}{\partial\mu_3}\end{bmatrix} \tag{7-37}$$

$$
\boldsymbol{K}^{-1}=\begin{bmatrix}0 & 1 & -1\\ 1 & -1 & 1\\ -1 & 1 & 0\end{bmatrix}
$$

$$
[\boldsymbol{K}^{-1}]^{\mathrm{T}}=\begin{bmatrix}0 & 1 & -1\\ 1 & -1 & 1\\ -1 & 1 & 0\end{bmatrix}
$$

根据式(7-24)就可以计算出系统的相对增益为

$$
\boldsymbol{\Lambda}=\boldsymbol{K}\cdot[\boldsymbol{K}^{-1}]^{\mathrm{T}}=\begin{matrix} \\ H_{11}\\ Q\\ H_{22}\end{matrix}\begin{matrix}\mu_1 & \mu_2 & \mu_3\\ \left[\begin{matrix}0\\1\\0\end{matrix}\right. & \begin{matrix}1\\-1\\1\end{matrix} & \left.\begin{matrix}0\\1\\0\end{matrix}\right]\end{matrix} \tag{7-38}
$$

现在分析图 7.5 所示方案，即选 μ_1 控制 H_{11}，选 μ_3 控制 H_{22}，而由 μ_2 控制总流量 Q。在这种情况下有

	μ_1	μ_2	μ_3
H_{11}	0		
Q		−1	
H_{22}			0

显然，这是一种使系统不稳定的方案。事实上，分析这种方案的物理过程就不难得到上述结论。假如 μ_2 有一个增量 $\Delta\mu_2$ 时，将引起 H_{11} 和 H_{22} 上升，从而控制器 HC_1 和 HC_3 将使 μ_1 和 μ_3 关小。由于 μ_1 和 μ_3 同时关小的结果使得 Q 减少，则通过控制器 QC_2 又要使 μ_2 开大。这就形成了一个不稳定过程。如果根据式(7-38)来确定变量匹配，则可能有两个方案：

	μ_1	μ_2	μ_3
H_{11}	0		
Q			1
H_{22}		1	

或

	μ_1	μ_2	μ_3
H_{11}		1	
Q			1
H_{22}	0		

即用 μ_3 控制总流量，用 μ_2 控制 H_{22} 或 H_{11}，形成比较简单而又可行的控制方案。■

从例 7-4 可知,对一些多变量系统,用相对增益分析能够揭示出其内在的控制特性,指导被控量和控制量之间的正确配对。

为了进一步揭示相对增益与变量匹配之间的本质,下面再举一个料液混合系统的例子。

例 7-5 在图 7.6 中两种料液 Q_1 和 Q_2 经均匀混合后送出,要求对混合液的流量 Q 和成分 A 进行控制。为了得到正确的变量配对,应先求出系统的相对增益矩阵。由于该系统的传递函数还不知道,无法直接用静态增益来求取相对增益。但是系统的静态关系十分清楚,因此可以由相对增益的定义直接求取。由图 7.6 写出系统静态关系式为

$$\left.\begin{aligned} Q &= Q_1 + Q_2 \\ A &= \frac{Q_1}{Q_1 + Q_2} \end{aligned}\right\} \tag{7-39}$$

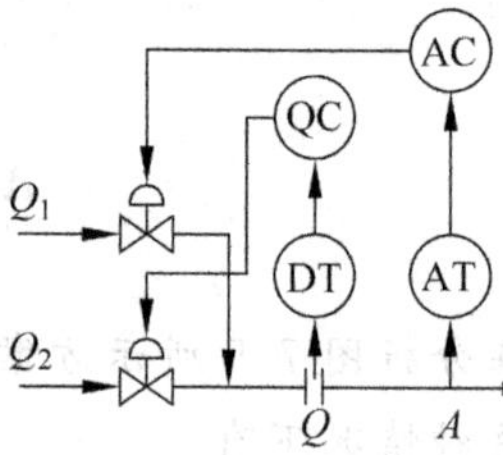

图 7.6 料液混合系统

假设用流量 Q_1 控制成分 A,用流量 Q_2 控制总流量 Q,并且设控制量 $\mu_1 = Q_1, \mu_2 = Q_2$;被控量 $y_1 = A, y_2 = Q$,则式(7-39)可以写成

$$\left.\begin{aligned} y_1 &= \frac{\mu_1}{\mu_1 + \mu_2} \\ y_2 &= \mu_1 + \mu_2 \end{aligned}\right\} \tag{7-40}$$

根据相对增益的定义,先求取 μ_1 到 y_1 通道的第一和第二放大系数

$$p_{11} = \left.\frac{\partial y_1}{\partial \mu_1}\right|_{\mu_2} = \frac{\mu_2}{(\mu_1 + \mu_2)^2} = \frac{1 - y_1}{y_2}$$

$$q_{11} = \left.\frac{\partial y_1}{\partial \mu_1}\right|_{y_2} = \frac{1}{y_2}$$

因此可以得到

$$\lambda_{11} = \frac{p_{11}}{q_{11}} = 1 - y_1$$

由相对增益的性质可以得到相对增益矩阵为

$$\boldsymbol{\Lambda} = \begin{bmatrix} \lambda_{11} & \lambda_{12} \\ \lambda_{21} & \lambda_{22} \end{bmatrix} = \begin{matrix} & \mu_1 & \mu_2 \\ y_1 & 1 - y_1 & y_1 \\ y_2 & y_1 & 1 - y_1 \end{matrix} \tag{7-41}$$

由式(7-41)可知,系统的相对增益取决于系统的混合液成分 A。当然如果 $A = 0.5$,则如何配对都不能奏效。现在假设 $A = 0.2$,则相对增益矩阵为

$$\boldsymbol{\Lambda} = \begin{matrix} & Q_1 & Q_2 \\ A & \lambda_{11} & \lambda_{12} \\ Q & \lambda_{21} & \lambda_{22} \end{matrix} = \begin{matrix} & Q_1 & Q_2 \\ A & 0.8 & 0.2 \\ Q & 0.2 & 0.8 \end{matrix} \tag{7-42}$$

说明当 $A = 0.2$ 时,用 Q_1 控制成分 A,用 Q_2 控制流量 Q 的选择是合理的。回路间的耦合也不严重。从下面的分析可以看出,经过几个运行周期后,耦合作用是逐

步衰减的。例如成分 A 因某种干扰作用有 0.8 个单位的变化，则成分控制器将改变 Q_1 来进行补偿。根据式(7-42)可以算出 ΔQ_{10} 为

$$\Delta Q_{10}=\frac{\Delta A}{\lambda_{11}}=\frac{0.8}{0.8}=1$$

但是 1 个单位 ΔQ_{10} 的变化同时还将引起 0.2 个单位 Q 的变化。为了维持流量 Q 不变，流量控制器又要改变 0.8 个单位的 Q_2，Q_2 的变化量可以从式(7-42)推算出来

$$\Delta Q_{20}=\Delta Q_{10}\left(\frac{\lambda_{21}}{\lambda_{22}}\right)=\frac{1}{4}$$

至此，在成分 A 变化后经过一系列调节，完成了第一个循环。其中 Q_1 和 Q_2 的变化量的下角码"0"表示在此循环中的变化量。然而 Q_2 的变化又会引起 A 的再次变化，即耦合作用进入第二个循环。A 的变化又引起成分控制器的动作，相应的 Q_1 改变量为

$$\Delta Q_{11}=\Delta Q_{10}\left(\frac{\lambda_{21}}{\lambda_{22}}\right)\left(\frac{\lambda_{12}}{\lambda_{11}}\right)=\frac{1}{16}$$

同样，Q_1 的变化又会引起 Q 的改变，流量控制器又要动作，此时可以算出 Q_2 的变化，即

$$\Delta Q_{21}=\Delta Q_{11}\left(\frac{\lambda_{21}}{\lambda_{22}}\right)=\frac{1}{64}$$

至此可以清楚地看到，经过两个循环后，ΔQ_1 的变化从 1 个单位到 1/16 个单位，ΔQ_2 的变化从 1/4 个单位到 1/64 个单位，是一个衰减的耦合过程。

如果改变变量的配对关系，对式(7-42)所示耦合系统，用 Q_2 控制 A，用 Q_1 控制 Q，得到的相对增益矩阵为

$$\boldsymbol{\Lambda}=\begin{matrix} & Q_2 & Q_1 \\ A & \lambda'_{11} & \lambda'_{12} \\ Q & \lambda'_{21} & \lambda'_{22}\end{matrix}=\begin{matrix} & Q_2 & Q_1 \\ A & 0.2 & 0.8 \\ Q & 0.8 & 0.2\end{matrix}\tag{7-43}$$

此时耦合情况又会怎样呢？首先假设因某种原因成分改变了 0.2 个单位，为了维持 A 不变，Q_2 必作如下改变

$$\Delta Q_{20}=\frac{\Delta A}{\lambda'_{11}}=\frac{0.2}{0.2}=1$$

同理可以推算 Q_1 的变化是

$$\Delta Q_{10}=\Delta Q_{20}\left(\frac{\lambda'_{21}}{\lambda'_{22}}\right)=\frac{0.8}{0.2}=4$$

经过第二个循环后有

$$\Delta Q_{21}=\Delta Q_{10}\left(\frac{\lambda'_{12}}{\lambda'_{11}}\right)=\Delta Q_{20}\left(\frac{\lambda'_{21}}{\lambda'_{22}}\right)\left(\frac{\lambda'_{12}}{\lambda'_{11}}\right)=16$$

改变了变量配对后，ΔQ_2 从第一循环的 1 个单位增加到 16 个单位，ΔQ_1 则从第一循环的 4 个单位增加到 64 个单位。说明整个耦合过程是渐扩的，也就是不稳定的。 ■

从例 7-5 可以看到，无论系统收敛或者发散都是按等比级数进行的。文献[7]称此等比级数的公因子为耦合指标 D，它表明了耦合的结果是发散还是收敛。对于双变量系统来说，则有

$$D=\frac{\lambda_{21}}{\lambda_{22}}=\frac{\lambda_{12}}{\lambda_{11}} \tag{7-44}$$

显然可以得出结论：

$0<D<1$，耦合过程收敛，系统稳定；

$D>1$，耦合过程发散，系统不稳定。

因此在选择变量匹配时，必须保证 $0<D<1$，也即要求配对通道的相对增益尽可能接近 1，一般要求这个增益至少大于 0.8。因此，在分析多变量控制系统的变量配对关系时，耦合指标是一个重要的考虑因素。

例 7-5 还给我们一个启发，就是对于一个 2×2 的系统，不仅可以按照传统的方法进行变量匹配，成分控制器控制流量 Q_1，流量控制器控制流量 Q_2，也可以用成分控制器控制流量 Q_1，而用流量控制器控制两个流量的比值 Q_1/Q_2。这样使得一个 2×2 的系统可以有四种被控变量的选择，与控制器组合后可以得到 12 种变量匹配方案，根据相对增益的情况，可以从中选择关联最小的一组作为最终的变量匹配方案。

同样，对于一个 3×3 的系统，就可以有包括 3 个比值和 3 个和在内的 9 个被控量，共计 84 种组合方案，除去其中只涉及到了 2 个基本变量的 12 种组合，那么一共有 72 种组合方案可供选择。这样，再与 3 个控制器进行组合，则一共可以得到 432 种变量匹配方案。采用这样的方案选择方法，可以大大提高变量匹配的选择范围，从而获得更好的变量匹配结果，更好的解耦控制效果。

通过相对增益矩阵的求取进行控制变量配对之后，还可以通过开环增益矩阵的另外一个特性——条件数，对变量匹配情况进行进一步的分析。

通过奇异值分析和条件数计算，在控制系统变量匹配过程中，可以首先忽略一些被控变量和控制变量，然后在新的矩阵结构下讨论系统的相对增益矩阵和条件数，从而获得更好的变量匹配结果(条件数最小的增益矩阵)。

7.2.2 控制回路之间的耦合影响及其整定

计算相对增益是在假定所论及的回路中，其他变量均不控制或完全控制这两种极端情况下进行的。这些极端情况对于描述过程的关联程度是必需的，但是它们还不足以说明问题的全部情况。例如置于自动的控制器对所研究回路的影响不仅取决于过程的增益和动态环节，而且取决于它们的整定情况。现在以图 7.2 所示方框图来进一步估计这种影响。

如果控制器 2 是置于手动位置，则

$$\frac{\mathrm{d}y_1}{\mathrm{d}\mu_1}=K_{11}g_{11} \tag{7-45}$$

如果控制器 2 是置于自动，则 μ_1 将影响 y_2，这又使 μ_2 重新进行调节，而它又反

过来影响 y_1，这个第二回路要加到第一回路上去，得到

$$\frac{\mathrm{d}y_1}{\mathrm{d}\mu_1}=K_{11}g_{11}-\frac{K_{21}g_{21}K_{12}g_{12}}{K_{22}g_{22}+1/K_{c2}g_{c2}} \tag{7-46}$$

式(7-46)理论上就是式(7-4)中的分母。

现在研究例 7-5 所示过程，其中 g_{11} 和 g_{12} 一般是彼此相等的、时间常数较大的环节，而 g_{21} 和 g_{22} 的时间常数较小，可以预料成分回路的自然周期较慢，因此，在成分回路自然周期下，g_{21} 和 g_{22} 接近 1。而且控制器 2 由于它的积分时间很短，因而在成分回路自然周期下增益极高，所以 $1/K_{c2}g_{c2}$ 这一项将趋近零。此时，式(7-46)可简化为

$$\frac{\mathrm{d}y_1}{\mathrm{d}\mu_1}\approx g_{11}\left(K_{11}-\frac{K_{21}K_{12}}{K_{22}}\right)=\frac{K_{11}g_{11}}{\lambda_{11}}$$

由上式可知，如果成分控制器是在流量控制器处于手动的情况下进行整定的，那么当流量控制器置于自动时，它的比例带必须增大 $1/\lambda_{11}$ 倍才能使系统具有相同的稳定性。如果 λ_{11} 接近 1，就不需要重调了，但如果 λ_{11} 接近零，那么为了恢复稳定性，就必须大幅度增加比例带，这就表明这种配对并不合适。如果 λ_{11} 接近零，而 λ_{12} 接近 1，那么，A 就应该由 μ_2 即 Q_2 来控制。由此可知，对上述情况只要根据相对增益的情况，或者重调控制器或者重新匹配就可以使系统克服相互干扰，恢复原来的稳定度。

再研究另一种情况。以图 7.2 所示过程为例，假设所有动态环节都相同，且 $K_{11}=K_{22}$，此时，当另一个控制器置于手动时，两个控制器的整定参数都应该相等。现在需要研究当两个控制器都置于自动时，为了还能保持同样程度的稳定性，相对增益对整定参数产生多大的影响。首先将式(7-46)乘以控制器 1 的增益，按照使系统达到 1/4 振幅衰减的要求，令其增益乘积为 -0.5，即

$$K_{c1}g_{c1}\left(K_{11}g_{11}-\frac{K_{21}K_{12}g_{21}g_{12}}{K_{22}g_{22}+1/K_{c1}g_{c1}}\right)=-0.5$$

然后，根据上述假定，令两个控制器的增益相等，且令所有动态矢量都等于 g_{11}，则

$$K_{c1}g_{c1}\left(K_{11}g_{11}-\frac{K_{21}K_{12}g_{11}g_{11}}{K_{22}g_{11}+1/K_{c1}g_{c1}}\right)=-0.5$$

如果用这个表达式来求取单回路增益乘积，那么就得到一个二次方程式

$$\frac{(K_{c1}g_{c1}K_{11}g_{11})^2}{\lambda_{11}}+1.5(K_{c1}g_{c1}K_{11}g_{11})-0.5=0$$

其解为

$$K_{c1}g_{c1}K_{11}g_{11}=\frac{-1.5\pm\sqrt{2.25-\dfrac{2}{\lambda_{11}}}}{\dfrac{2}{\lambda_{11}}} \tag{7-47}$$

若 λ_{11} 处于 0 与 2/2.25(或 0.889)之间，就会出现虚根，这表明回路的相角并不是 $-180°$，在这个范围内，耦合改变了回路的周期；如 λ_{11} 在这个范围以上，则所有的根都是负数，这表明耦合对回路周期并没有影响；若低于这个范围，即相对增益是负的，则方程的一个根是正数，而另一个根是负数。表 7.1 针对若干选定的相对增益列

出了方程的解。需要分别对每个范围进行分析。

表 7.1 单回路增益乘积与相对增益的函数关系

λ_{11}	$K_{c1}g_{c1}K_{11}g_{11}$	
−2.0	−0.302	+3.30
−1.0	−0.280	+1.78
−0.5	−0.250	+1.00
−0.2	−0.200	+0.500
0.2	0.316∠−118.3°	0.316∠−241.7°
0.5	0.500∠−138.6°	0.500∠−221.4°
0.7	0.592∠−152.5°	0.592∠−207.5°
0.8	0.632∠−161.7°	0.632∠−198.3°
0.889	−0.667	−0.667
1.0	−0.500	−1.000
1.2	−0.442	−1.358
1.5	−0.406	−1.843
2.0	−0.382	−2.618
5.0	−0.350	−7.150

1. 相对增益在 0 到 1 范围内的情况

为了了解表 7.1 中数据的意义，先分析相对增益为 0.5 的两个回路。假定控制器 1 的整定情况为：当控制器 2 置于手动时，$K_{c1}g_{c1}K_{11}g_{11}$ 为 0.5∠−180°。表 7.1 中指出，当控制器 2 以同样整定参数投入自动时，$K_{c1}g_{c1}K_{11}g_{11}$ 必须重新调整到 0.5∠−138.6°或 0.5∠−221.4°，才能保持 1/4 振幅衰减。由于两个回路将以相同的周期振荡，因此只能有一个相角。对上述系统进行了模拟实验，其结果如图 7.7 所示。图中纵坐标是被控量 y_1，其中曲线 1 为回路 1 闭环，回路 2 开环时，回路 1 设定值变化量为 1 时的系统中 y_1 响应曲线；曲线 2 为回路 1 和 2 都闭环时，回路 1 设定值改变数值为 1 时的系统中 y_1 响应曲线；曲线 3 为回路 1 和 2 都开环时，控制量 μ_1 变为 1 时的系统中 y_1 响应曲线；图中曲线 4 为回路 1 开环，而回路 2 闭环时，控制量 μ_1 变为 1 时的系统中 y_1 响应曲线。该图表明，耦合的存在增大了回路周期；因此，应重新整定到 0.5∠−138.6°。

耦合回路的周期 T_d 不同于无耦合回路的周期 T_0，其比值与相角减小的数字 41.4°有关。

$$\frac{T_d}{T_0}=\frac{\varphi_d}{\varphi_d+41.4°} \tag{7-48}$$

其中 φ_d 是 g_{11} 中的纯迟延在 T_0 下产生的相位移。

如果 g_{11} 是纯迟延，而 g_{c1} 为 PI 控制器，其相位滞后为 30°，则 φ_d 将是 −150°，而 $T_d/T_0=1.38$，这就说明，耦合将使回路周期增加 38%。为了保持两个控制器相角为 −30°，当这两个控制器置于自动时，其积分时间也应该增加 38%。在这种情况下，

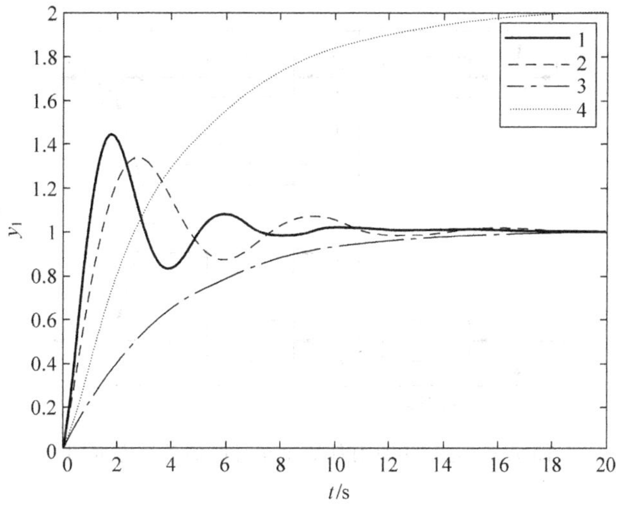

图 7.7 $\lambda_{11}=0.5$ 时，两个动态增益相同的 2×2 系统的开环与闭环阶跃响应

不需要重新调整比例带，因为回路增益仍是 0.5，而过程增益不随周期变化。

如果 g_{11} 是纯迟延加容积，g_{c1} 调整到相位滞后为 30°，那么 φ_d 将是 −60°，因而 $T_d/T_0=3.23$。两个控制器的积分时间必须按照这个比例增大，此时比例带也要加以调整，因为容积的增益是随周期而增大的。如果控制器是纯比例的，则 $T_d/T_0=1.85$，这与现场调整时所得结果是一致的。

相对增益在其他值时，回路增益不是 0.5，因此就需要重新调整比例带，即便是纯迟延过程也是如此。例如，$\lambda_{11}=0.7$ 时，回路增益增加到 0.592，如果过程增益不变化，则比例带可减小 0.5/0.592 倍，在 $\lambda_{11}=0.889$ 时，耦合对回路的周期没有影响，因此过程增益保持不变，并且控制器的比例带也可减小 0.5/0.667 倍，这种轻微的关联看来似乎是有利的。

2. 相对增益在 0 与 1 范围之外的情况

如果 λ_{11} 超过 1，则过程中的 K 值必然有偶数个是正的，如图 7.8 所示。在这种情况下，从 μ_1 通过回路 2 到 y_1 的第三个反馈回路，在方向上是正的，因此，它不会影响负反馈回路的相位滞后，回路周期不会受耦合的影响。图 7.9 表示了 $\lambda_{11}=2.0$ 时两个回路的模拟实验结果，图中曲线含义与图 7.7 一致。耦合后周期不变，但是设定值响应还是受到耦合的影响。

对于这种情况，整定控制器的经验说明，当两个回路都闭合时，比例带总是要增大一些才能恢复系统的稳定性。因此，必须舍弃表 7.1 中较大的根，而采用较小的根。在 $\lambda_{11}=2.0$ 时，比例带应增加 0.5/0.382，实践中，这个数字可能还要大一些。

在 2×2 的过程中，如果有一对大于 1.0 的相对增益，就必然有一对小于 0 的相对增益。如果把这些回路连接起来，也就是说如果 $\lambda_{11}<0$，那么交叉耦合环节的乘积 $K_{12}K_{21}$ 将超过所选定的环节的乘积 $K_{11}K_{22}$。这时，由交叉耦合环节构成的正反馈回

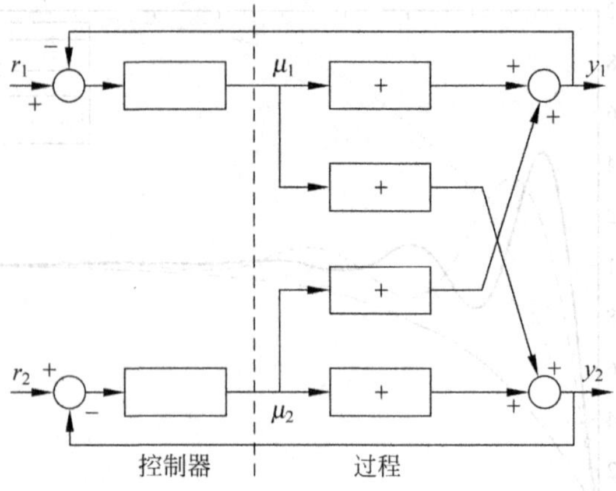

图 7.8 过程中具有偶数个正号时的系统方框图

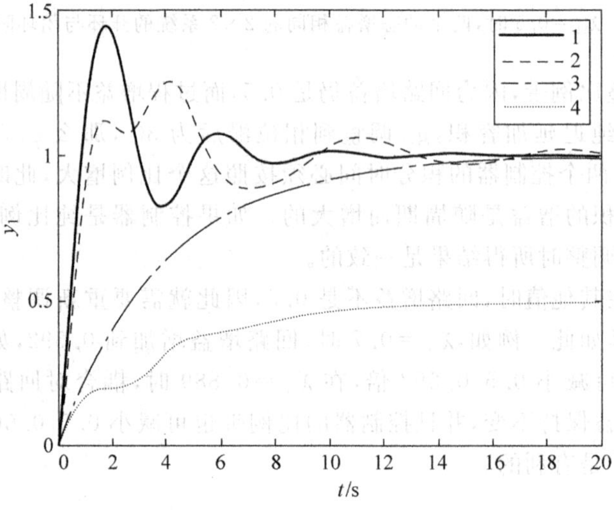

图 7.9 在 $\lambda_{11}=2.0$ 且动态环节相同的条件下 2×2 系统的开环及闭环阶跃响应曲线

路的增益将超过负反馈回路，因而系统将完全失控。

当 λ_{ij} 为负值时，y_i 对 μ_j 的响应在其他回路闭合时将会反向。这就是说，如果其他回路断开时，由 y_i 和 μ_j 组成的回路可以工作的话，那么只要其他回路一闭合，这个本来稳定的回路马上就不稳定，这种情况称之为条件稳定回路。在表 7.1 中可以看到，当 λ_{11} 为负值时，$K_{c1}g_{c1}K_{11}g_{11}$ 有两个符号不同的实根。也就是说，如果把回路中的一个控制器动作方向反过来，则第三反馈回路变成负的。虽然带有动作反了向的控制器的回路变成正的，但此时系统却能恢复稳定。由表 7.1 可知，负反馈控制器的增益必须减小，而正反馈控制器的增益必须增大。显然，这是一种很不安全的情况，因为如果负反馈控制器置于手动或受到约束，剩下的回路就是正反馈了。因此对于这种条件稳定性回路，应避免将相对增益为负值的变量配成一对。图 7.10 表示

$\lambda_{11}=-1.0$ 的响应曲线,图中曲线含义与图 7.7 一致。当回路 2 开路时,可以得到普通的单调阶跃响应。但当回路 2 闭合时,它的控制器对 μ_1 阶跃扰动的响应是以相反方向驱动 y_1,因而是负相对增益。由于回路 2 的闭合而引起的这种开环特性称为反向特性。

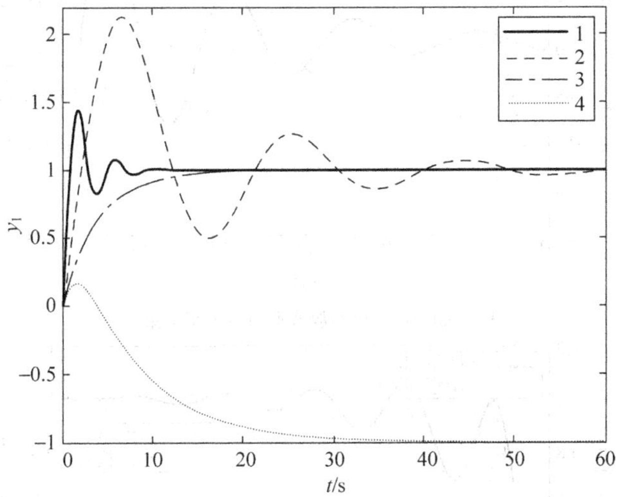

图 7.10　在 $\lambda_{11}=-1.0$ 且动态环节相同条件下 2×2 系统的开环及闭环阶跃响应曲线

在讨论了利用重新整定控制器参数的方法来削弱耦合回路间的相互影响后,下面用一个仿真实验结果来进一步说明。

例 7-6　假设一个 2×2 耦合系统的对象传递函数为

$$g_{11}(s)=g_{12}(s)=g_{21}(s)=g_{22}(s)=\frac{1}{(s+1)^3}$$

改变静态增益 K_{12} 之值,使相对增益 λ_{11} 分别为 0.5,2 和 −1。控制器均采用比例积分控制规律。

根据式(7-14)可知,当取 $K_{12}=-1$ 时,$\lambda_{11}=0.5$; $K_{12}=0.5$ 时,$\lambda_{11}=2.0$; $K_{12}=2$ 时,$\lambda_{11}=-1$。

首先按 4∶1 振幅衰减计算出耦合断开时两个控制器的整定参数,显然,在无耦合下,两个回路完全相同,两个控制器具有相同的参数,即 $\delta_0=61.3\%$,$T_{I_0}=1.452$。然后根据耦合的不同情况,按表 7.1 的数值计算出应该重新设置的控制器参数(见表 7.2),并进行适当调整。在模拟了不同 K_{12} 值下的三个不同耦合情况的系统,得到了 $\lambda_{11}=0.5$,2.0 和 −1,当 r_1 设定值有单位阶跃变化时,解耦前(即不改变控制器参数)和解耦后两种阶跃响应曲线如图 7.11 所示,请注意,由于解耦前后的曲线幅值不同,所以解耦前曲线的幅值见图左纵坐标标注值,而解耦后的曲线幅值见图右纵坐标标注值。由图可见,重新整定控制器是一种简单易行的解耦方法,在双变量系统中可以很方便地实现。应该指出的是,当 $\lambda_{11}=-1$,系统中存在着反向耦合特性,则

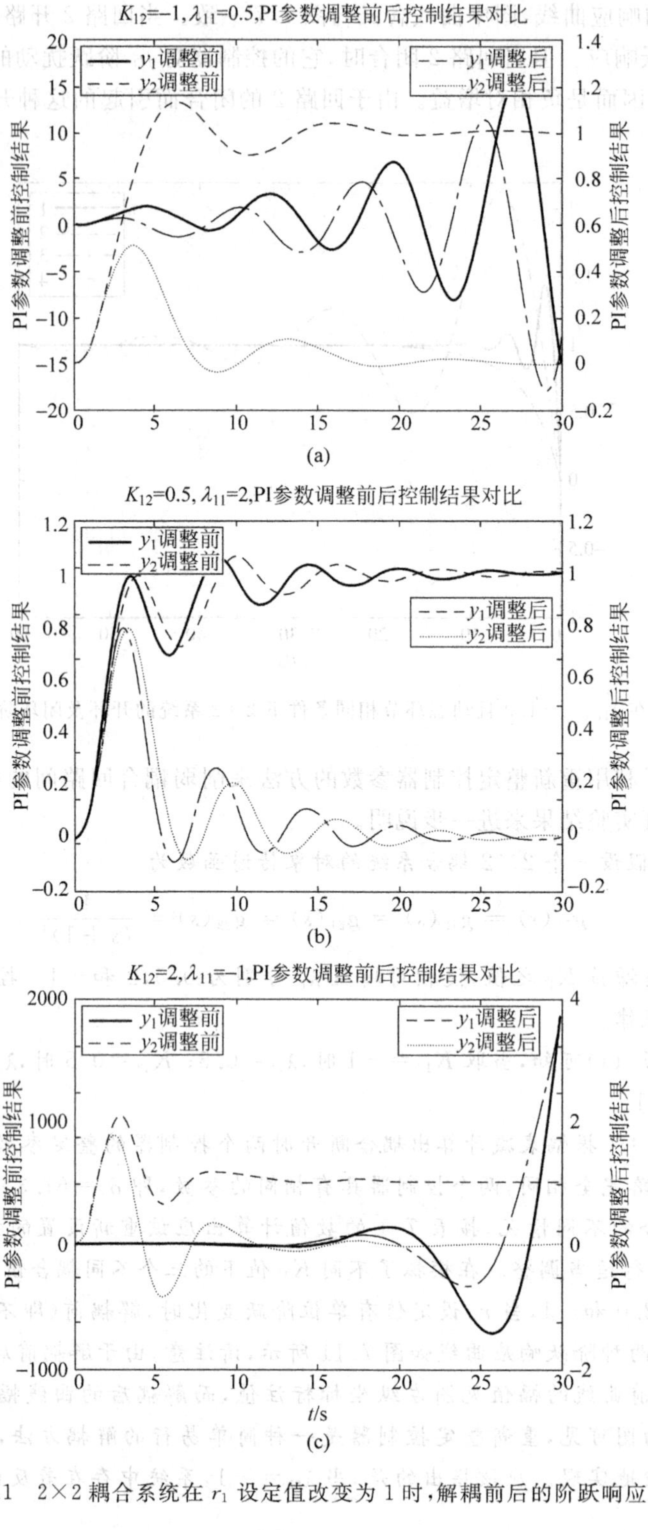

图 7.11　2×2 耦合系统在 r_1 设定值改变为 1 时，解耦前后的阶跃响应曲线

解耦时必须将其中一个控制器反向，显然这种方法是不可取的。仿真过程中控制器参数见表 7.3。■

表 7.2 重新整定控制器参数

λ_{11}	控制器 1		控制器 2	
	比例带	积分时间	比例带	积分时间
0.5	$1.96\delta_0$	$1.628T_{I_0}$	$1.96\delta_0$	$1.628T_{I_0}$
2.0	$1.31\delta_0$	T_{I_0}	$1.31\delta_0$	T_{I_0}
−1	$-0.28\delta_0$	T_{I_0}	$1.78\delta_0$	T_{I_0}

注：δ_0，T_{I_0} 为耦合断开时控制器的参数。

表 7.3 MATLAB 中使用的调节器参数

λ_{11}	控制器 1		控制器 2	
	比例增益	积分时间	比例增益	积分时间
1	1.6313	0.6887	1.6313	0.6887
0.5	0.8323	0.2	0.8323	0.2
2.0	1.2453	0.6887	1.2453	0.6887
−1	5.8261	0.6887	0.9165	0.6887/2

7.2.3 回路间动态耦合的影响

上面只讨论了静态相对增益的问题，那么在动态情况下相对增益是什么，它们对变量间的配对又有什么影响呢？现分析一个 2×2 系统（如图 7.12）来探讨动态耦合问题。设系统开环情况下，输入、输出关系为

$$\left.\begin{aligned} Y_1(s) &= \mu_1 K_{11}(s) + \mu_2 K_{12}(s) \\ Y_2(s) &= \mu_1 K_{21}(s) + \mu_2 K_{22}(s) \end{aligned}\right\} \quad (7\text{-}49)$$

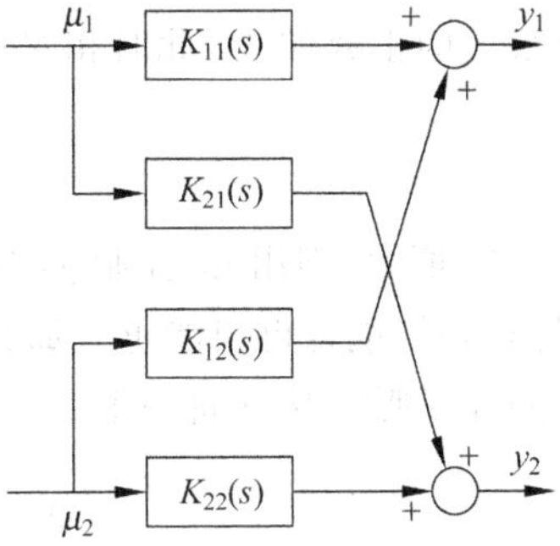

图 7.12 2×2 系统方框图

同样，可以按式(7-4)定义动态相对增益

$$\lambda_{11} = \left.\frac{\partial Y_1(s)}{\partial \mu_1}\right|_{s,\mu_2=0} \Bigg/ \left.\frac{\partial Y_1(s)}{\partial \mu_1}\right|_{s,y_2=0} \quad (7\text{-}50)$$

这里将 s 看作是一个常数。μ_2，y_2 分别取零，即相当于这个量的稳态值，因为控制问题总是在一个稳态值附近的微变小区间进行。由式(7-49)和式(7-50)得到动态相对增益为

$$\lambda_{11} = \frac{K_{11}(s)}{K_{11}(s) - \dfrac{K_{12}(s)K_{21}(s)}{K_{22}(s)}} = \frac{1}{1 - \dfrac{K_{12}(s)K_{21}(s)}{K_{11}(s)K_{22}(s)}} \quad (7\text{-}51)$$

若记式(7-51)中

$$\frac{K_{12}(s)K_{21}(s)}{K_{11}(s)K_{22}(s)} = P(s) \quad (7\text{-}52)$$

则

$$\lambda_{11}=\frac{1}{1-P(s)} \tag{7-53}$$

同样可以得其他几个动态相对增益，最后得到

$$\boldsymbol{\Lambda}=\begin{array}{c} \\ y_1 \\ y_2 \end{array}\begin{array}{c} \mu_1 \qquad \mu_2 \\ \begin{bmatrix} \dfrac{1}{1-P(s)} & \dfrac{-P(s)}{1-P(s)} \\ \dfrac{-P(s)}{1-P(s)} & \dfrac{1}{1-P(s)} \end{bmatrix} \end{array}$$

可以看到，和稳态相对增益矩阵一样，在动态增益矩阵中，任一列元素之和为 1，任一行元素之和也为 1。

但是动态相对矩阵在令 $s=\mathrm{j}\omega$ 时，可以看到它是既有幅值又有相角的复频矩阵。从幅值来看，它与静态相对增益系数一样是一个比值，但这个比值是在一定频率下，在特定条件下的值。例如上面 2×2 系统中，λ_{11} 幅值就是在某一频率下，在 $\mu_2=0$ 和 $y_2=0$ 的两种情况下，调节量 μ_1 对被控量 y_1 的两个开环增益之比。这同样反映了 μ_1 与 y_1 的关联程度。至于动态相对增益的相角，它是一个滞后相角。实际上表明干扰从一个通道传到另一个通道所需时间。在一定程度上它也是耦合效果的一种非直接度量。

现在讨论 λ_{11} 的幅值取不同值时会发生什么情况，显然，若 $\lambda_{11}=1$，则同样表明两通道无耦合，因此 $P=0$，那么 K_{21} 与 K_{21} 的模至少有一个等于零，虽然此时单方向的耦合可能存在。$\lambda_{11}=0.5$ 表明耦合最严重。

值得指出的是，λ_{11} 也可能大于 1，当 P 的模从 0.5 趋于 1 时，λ_{11} 就趋近于一个数值很大的正数如 M，此时相对增益矩阵为

$$\boldsymbol{\Lambda}=\begin{bmatrix} M & 1-M \\ 1-M & M \end{bmatrix}$$

λ_{11} 值大，则用 μ_1 控制 y_1 的相对能力就很弱。所以大的 λ_{11} 意味着 μ_1 对 y_1 的控制作用弱，耦合也很严重。那么究竟用静态相对增益还是用动态相对增益来选择变量的配对呢？从下面一个 2×2 系统的例子来分析。设

$$y_1=\frac{K_{11}\mathrm{e}^{-\tau_{11}s}}{T_{11}s+1}\mu_1+\frac{K_{12}\mathrm{e}^{-\tau_{12}s}}{T_{12}s+1}\mu_2$$

$$y_2=\frac{K_{21}\mathrm{e}^{-\tau_{21}s}}{T_{21}s+1}\mu_1+\frac{K_{22}\mathrm{e}^{-\tau_{22}s}}{T_{22}s+1}\mu_2$$

根据式(7-52)可以得到

$$P(s)=\frac{K_{12}(s)K_{21}(s)}{K_{11}(s)K_{22}(s)}=\frac{K_{12}K_{21}}{K_{11}K_{22}}\frac{(T_{11}s+1)(T_{22}s+1)}{(T_{12}s+1)(T_{21}s+1)}\mathrm{e}^{-(\tau_{12}+\tau_{21}-\tau_{11}-\tau_{22})s}$$

显然，$P(s)$ 与 K_{ij}，T_{ij} 和 τ_{ij} 这三个量均有关。也就是说这些对象的动态和静态参数都影响耦合程度。其中纯迟延 τ 是不会影响复数的模，也就是说它的存在不影响系统的耦合程度，但它反映了耦合从一个通道传到另一个通道的时间。一般来

说，当$(\tau_{12}+\tau_{21}-\tau_{11}-\tau_{22})$的值较大时，耦合的结果总是有害的。为了分析$\lambda_{11}$随频率$\omega$变化的情况，现假设

$$K_{11}(s)=K_{22}(s)=\frac{2e^{-2s}}{20s+1}$$

$$K_{12}(s)=K_{21}(s)=\frac{0.5e^{-s}}{4.5s+1}$$

对于不同的频率将有不同的$P(j\omega)$的模和λ_{11}值，如表 7.4 所示。

表 7.4 不同频率下 $P(j\omega)$ 的模和 λ_{11} 值

ω	$\lvert P(j\omega)\rvert$	λ_{11}	ω	$\lvert P(j\omega)\rvert$	λ_{11}
0	0.0625	1.066	0.3	0.819	5.52
0.1	0.259	1.349	0.4	0.958	23.8
0.2	0.587	2.42	0.5	1.04	−25

现在如果对上述系统用静态相对增益来进行解耦设计，则有如下静态增益矩阵，即

$$\boldsymbol{\Lambda}=\begin{bmatrix}1.066 & -0.066\\ -0.066 & 1.066\end{bmatrix}$$

很明显，按静态相对增益，用μ_1控制y_1，以μ_2控制y_2是最合理的方案。但是从动态相对增益来看，这种变量配对在高频下不仅有严重的耦合，甚至还会出现反向耦合。如果系统工作在高频范围则必须重新配对或者进行解耦设计。由此可见，一个系统的解耦设计，不但与变量配对有关，而且也与系统工作频率有关。当然这是一个比较困难的问题。所幸的是在很多情况下，只考虑静态解耦就可以收到明显的效果。但这并不是说研究动态耦合没有意义，要视被控对象的具体情况而定。例如文献[3]中讨论过的造纸机网前箱总压头的控制问题，就是根据该通道动态相对增益λ_{11}接近 1，优先考虑采用空气阀来控制总压头的方案，而实际上这个通道的静态相对增益却等于零。

7.3 解耦控制系统的设计

在关联非常严重的情况下，即使采用最好的回路匹配也得不到满意的控制效果。两个特性相同的回路尤其麻烦，因为它们之间具有共振的动态响应。如果都是快速回路（例如流量回路），把一个或更多的控制器加以特殊的整定就可以克服相互影响；但这并不适用于都是慢速回路（如成分回路）的情况。因此，对于关联严重的系统需要进行解耦，否则系统不可能稳定。

解耦的本质在于设置一个计算网络，用它去抵消过程中的关联，以保证各个单回路控制系统能独立地工作。对多变量耦合系统的解耦，目前，用得较多的有下述三种方法。

7.3.1 前馈补偿法

前馈补偿是自动控制中最早出现的一种克服干扰的方法，同样适用于解耦控制系统。图 7.13 所示为应用前馈补偿器来解除系统间耦合的方法。假定从 μ_1 到 μ_{c2} 通路中的补偿器为 D_{21}，从 μ_2 到 μ_{c1} 通路中的补偿器为 D_{12}，利用补偿原理得到

$$K_{21}g_{21}+D_{21}K_{22}g_{22}=0$$

$$K_{12}g_{12}+D_{12}K_{11}g_{11}=0$$

由上两式可分别解出补偿器的数学模型

$$D_{21}=-\frac{K_{21}g_{21}}{K_{22}g_{22}} \tag{7-54}$$

$$D_{12}=-\frac{K_{12}g_{12}}{K_{11}g_{11}} \tag{7-55}$$

这种方法与前馈控制系统所论及的方法一样，在此不再赘述。

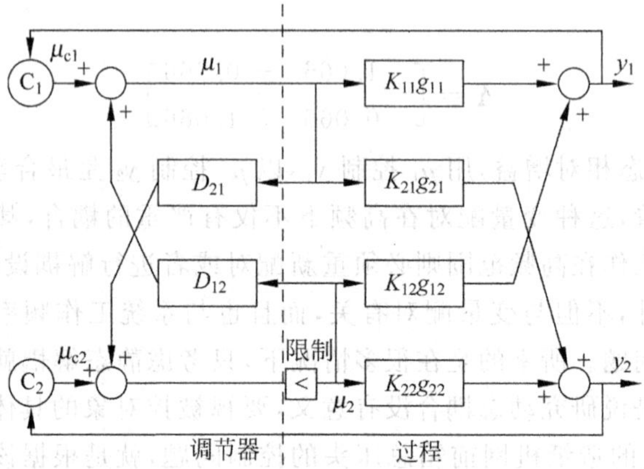

图 7.13 应用前馈补偿法进行解耦

7.3.2 对角矩阵法

现研究双变量控制系统如图 7.14 所示。设 $G_{11}(s)$，$G_{21}(s)$，$G_{12}(s)$，$G_{22}(s)$分别为 $K_{11}g_{11}$，$K_{21}g_{21}$，$K_{12}g_{12}$ 和 $K_{22}g_{22}$，而 $D_{11}(s)$，$D_{21}(s)$，$D_{12}(s)$，$D_{22}(s)$均为解耦器。为了计算出解耦器的数学模型，先写出该系统的传递矩阵 $\boldsymbol{G}_s$。被控量 y_i 和调节量 μ_i 之间的矩阵为

$$\begin{bmatrix} Y_1(s) \\ Y_2(s) \end{bmatrix}=\begin{bmatrix} G_{11}(s) & G_{12}(s) \\ G_{21}(s) & G_{22}(s) \end{bmatrix}\begin{bmatrix} M_1(s) \\ M_2(s) \end{bmatrix} \tag{7-56}$$

调节量 $M_i(s)$与控制器输出 $M_{ci}(s)$之间的矩阵为

$$\begin{bmatrix} M_1(s) \\ M_2(s) \end{bmatrix}=\begin{bmatrix} D_{11}(s) & D_{12}(s) \\ D_{21}(s) & D_{22}(s) \end{bmatrix}\begin{bmatrix} M_{c1}(s) \\ M_{c2}(s) \end{bmatrix} \tag{7-57}$$

将式(7-57)代入式(7-56)得到系统输入、输出关系为

$$\begin{bmatrix} Y_1(s) \\ Y_2(s) \end{bmatrix} = \begin{bmatrix} G_{11}(s) & G_{12}(s) \\ G_{21}(s) & G_{22}(s) \end{bmatrix} \begin{bmatrix} D_{11}(s) & D_{12}(s) \\ D_{21}(s) & D_{22}(s) \end{bmatrix} \begin{bmatrix} M_{c1}(s) \\ M_{c2}(s) \end{bmatrix} \tag{7-58}$$

对角矩阵综合法即要使系统传递矩阵成为如下形式

$$\begin{bmatrix} Y_1(s) \\ Y_2(s) \end{bmatrix} = \begin{bmatrix} G_{11}(s) & 0 \\ 0 & G_{22}(s) \end{bmatrix} \begin{bmatrix} M_{c1}(s) \\ M_{c2}(s) \end{bmatrix} \tag{7-59}$$

将式(7-58)和式(7-59)相比较可知，欲使传递矩阵成为对角矩阵，则要使

$$\begin{bmatrix} G_{11}(s) & G_{12}(s) \\ G_{21}(s) & G_{22}(s) \end{bmatrix} \begin{bmatrix} D_{11}(s) & D_{12}(s) \\ D_{21}(s) & D_{22}(s) \end{bmatrix} = \begin{bmatrix} G_{11}(s) & 0 \\ 0 & G_{22}(s) \end{bmatrix} \tag{7-60}$$

如果传递矩阵 $\boldsymbol{G}(s)$ 的逆存在，则将式(7-60)两边左乘 $\boldsymbol{G}(s)$ 矩阵之逆矩阵得到解耦器数学模型为

$$\begin{aligned} \begin{bmatrix} D_{11}(s) & D_{12}(s) \\ D_{21}(s) & D_{22}(s) \end{bmatrix} &= \begin{bmatrix} G_{11}(s) & G_{12}(s) \\ G_{21}(s) & G_{22}(s) \end{bmatrix}^{-1} \begin{bmatrix} G_{11}(s) & 0 \\ 0 & G_{22}(s) \end{bmatrix} \\ &= \frac{1}{G_{11}(s)G_{22}(s) - G_{12}(s)G_{21}(s)} \begin{bmatrix} G_{22}(s) & -G_{12}(s) \\ -G_{21}(s) & G_{11}(s) \end{bmatrix} \begin{bmatrix} G_{11}(s) & 0 \\ 0 & G_{22}(s) \end{bmatrix} \\ &= \frac{1}{G_{11}(s)G_{22}(s) - G_{12}(s)G_{21}(s)} \begin{bmatrix} G_{22}(s)G_{11}(s) & -G_{12}(s)G_{22}(s) \\ -G_{21}(s)G_{11}(s) & G_{11}(s)G_{22}(s) \end{bmatrix} \\ &= \frac{1}{K_{11}g_{11}K_{22}g_{22} - K_{12}g_{12}K_{21}g_{21}} \begin{bmatrix} K_{22}g_{22}K_{11}g_{11} & -K_{12}g_{12}K_{22}g_{22} \\ -K_{21}g_{21}K_{11}g_{11} & K_{11}g_{11}K_{22}g_{22} \end{bmatrix} \end{aligned} \tag{7-61}$$

按式(7-61)就可以组成图 7.14 所示的解耦控制系统。

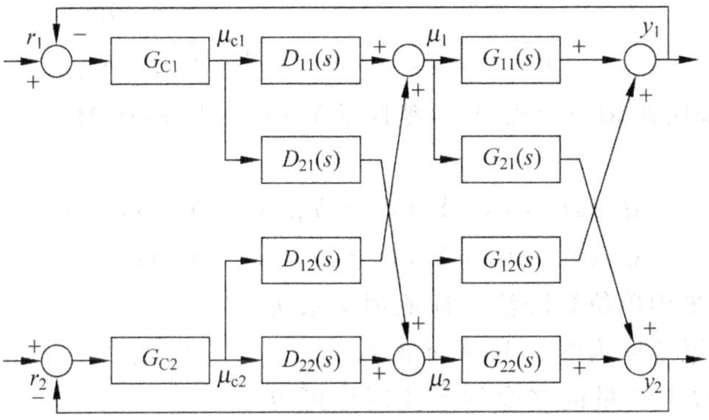

图 7.14　解耦控制系统

显然，用式(7-61)所得到的解耦器进行解耦，将使 y_1，y_2 两个系统完全独立，因此时组成 y_1 的两个分量 y_{11} 和 y_{12} 受到 μ_{c2} 的影响将是

$$Y_1(s) = Y_{11}(s) + Y_{12}(s) = [D_{12}(s)G_{11}(s) + D_{22}(s)G_{12}(s)]M_{c2}(s)$$

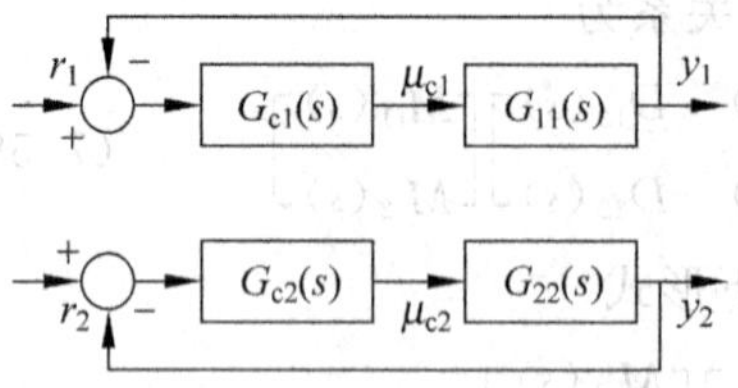

图 7.15 利用对角矩阵法解耦得到的两个彼此独立的系统

将式(7-61)中 $D_{12}(s)$ 和 $D_{22}(s)$ 代入,可以看到上式中这两项数值相等,而符号相反。同样 μ_{c1} 对 y_2 的影响亦是如此,所以可以将图 7.14 所示系统等效为图 7.15 所示形式,从而达到解耦的目的。

对于两个变量以上的多变量系统,经过矩阵运算都可以方便地求得解耦器的数学模型,只是解耦器越来越复杂,如果不予以简化难以实现。

7.3.3 单位矩阵法

应用单位矩阵综合法求取解耦器的数学模型将使系统传递矩阵式(7-58)成为如下形式

$$\begin{bmatrix} Y_1(s) \\ Y_2(s) \end{bmatrix} = \begin{bmatrix} 1 & 0 \\ 0 & 1 \end{bmatrix} \begin{bmatrix} M_{c1}(s) \\ M_{c2}(s) \end{bmatrix} \tag{7-62}$$

也即

$$\begin{bmatrix} G_{11}(s) & G_{12}(s) \\ G_{21}(s) & G_{22}(s) \end{bmatrix} \begin{bmatrix} D_{11}(s) & D_{12}(s) \\ D_{21}(s) & D_{22}(s) \end{bmatrix} = \begin{bmatrix} 1 & 0 \\ 0 & 1 \end{bmatrix} \tag{7-63}$$

经过矩阵运算可以得到解耦器数学模型为

$$\begin{aligned} \begin{bmatrix} D_{11}(s) & D_{12}(s) \\ D_{21}(s) & D_{22}(s) \end{bmatrix} &= \begin{bmatrix} G_{11}(s) & G_{12}(s) \\ G_{21}(s) & G_{22}(s) \end{bmatrix}^{-1} \\ &= \frac{1}{G_{11}(s)G_{22}(s) - G_{12}(s)G_{21}(s)} \begin{bmatrix} G_{22}(s) & -G_{12}(s) \\ -G_{21}(s) & G_{11}(s) \end{bmatrix} \\ &= \frac{1}{K_{11}g_{11}K_{22}g_{22} - K_{12}g_{12}K_{21}g_{21}} \begin{bmatrix} K_{22}g_{22} & -K_{12}g_{12} \\ -K_{21}g_{21} & K_{11}g_{11} \end{bmatrix} \end{aligned}$$

同样可以证明在 $M_{c1}(s)$ 扰动下,被控量 $Y_2(s)$ 等于零,在 $M_{c2}(s)$ 扰动下,$Y_1(s)$ 亦为零,即

$$M_{c2}(s) \neq 0, \quad Y_1(s) = Y_{11}(s) + Y_{12}(s) = 0$$
$$M_{c1}(s) \neq 0, \quad Y_2(s) = Y_{21}(s) + Y_{22}(s) = 0$$

这就是说,采用单位矩阵法一样能消除系统间相互关联,使系统成为图 7.16 所示的形式。

对于两个以上变量的多变量系统同样可以用上述方法求得解耦的数学模型。

综上所述,可以知道应用不同的综合方法都能达到解耦的目的,但是应用单位矩阵法的优点更为突出。这是由于单位矩阵法进行解耦必然使广义对象特性变为 1,即被控量 1∶1 地快速跟

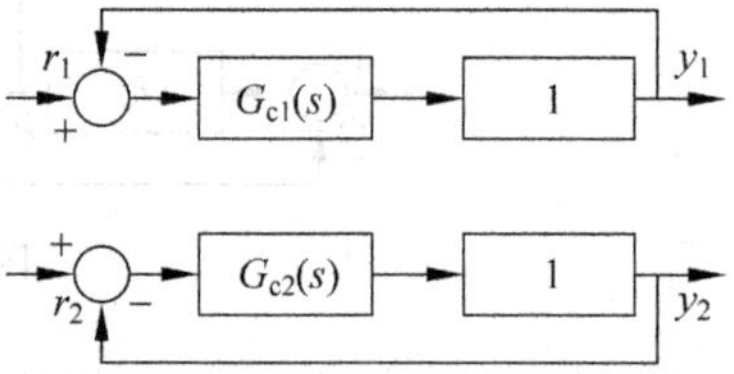

图 7.16 利用单位矩阵法解耦得到两个过程为 1 的相互独立的系统

踪调节量的变化，从而改善了动态特性的缘故。由于对象特性为 1，则大大提高了系统稳定度，无论是用比例控制，比例积分控制还是比例微分控制，无论各调整参数取什么值，系统都是稳定的。理论上无论 K_c 多么大，系统都是稳定的。因此，K_c 可以置于较大的值，而使过渡过程的最大偏差和过渡时间大为减小，系统过渡过程的积分指标可以很小，因而得到较为理想的过渡过程。除此以外，因为广义对象特性为 1，而以 1 为对象的控制回路具有很强的校正能力，因此对于外界各种干扰也有较强的解耦效果和较高的控制质量。

应该指出，虽然单位矩阵法具有稳定性强，过程积分指标小和克服扰动能力强的优点，但是要实现它的解耦器也将会比其他方法更为困难。例如对于具有单容性的相互关联过程，利用单位矩阵法求解所得的解耦器将是一阶微分环节，而应用其他的两种方法却得到具有比例特性的解耦器。如耦合过程具有更复杂的动态特性时，单位矩阵法求出的解耦器可能比用其他方法求出的解耦器更难以实现。

对例 7-6 的 2×2 耦合系统，当 $\lambda_{11}=0.5$ 时，应用对角矩阵法进行解耦，可以得到解耦器矩阵为

$$\begin{bmatrix} D_{11} & D_{12} \\ D_{21} & D_{22} \end{bmatrix} = \begin{bmatrix} \frac{1}{2} & \frac{1}{2} \\ \frac{1}{2} & \frac{1}{2} \end{bmatrix}$$

在设定值变化时，解耦后的阶跃响应曲线如图 7.17 所示。与图 7.11 的响应曲线相比较可以看到，对角矩阵可以得到完全的解耦。当然这是一个十分特殊的例子。

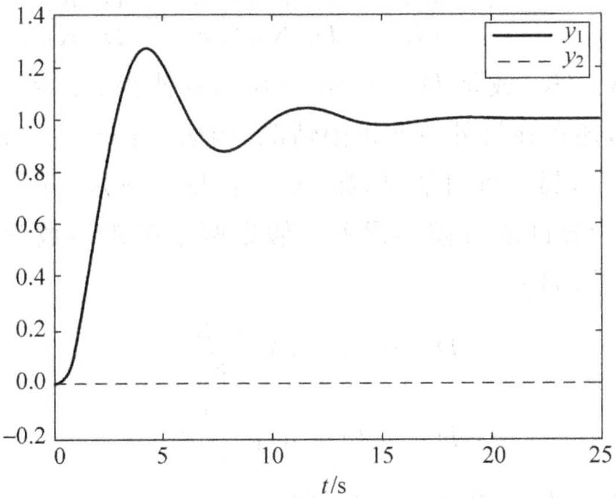

图 7.17　用对角矩阵对 2×2 系统进行解耦后，在 r_1 变化时系统的阶跃响应曲线

7.4　设计解耦控制系统中的问题

求出解耦补偿器的数学模型并不等于实现了解耦。实际上解耦器一般比较复杂，由于它要用来补偿过程的容积迟延或纯迟延，往往需要超前，有时甚至是高阶微分环节，而后者是不可能实现的。因此，在解决了关联系统综合方法后，需进一步研

究解耦系统的实现问题,例如稳定性、部分解耦以及系统的简化等问题,才能使这种系统得到广泛应用。

7.4.1 解耦系统的稳定性

虽然确定解耦器的数学模型是十分容易的,但要获得并保持它们的理想值就完全是另外一回事了。过程通常是非线性的和时变的,因此,对于绝大多数情况来说,解耦器的增益不应该是常数。如果要达到最优化,则解耦器必须是非线性的,甚至是自适应性的。如果解耦器是线性和定常的,那么可以预料解耦将是不完善的。在某些情况下解耦器的误差可能引起不稳定。为了研究发生这种情况的可能性,需要推导出解耦过程的相对增益。为简单起见,在下面的推导中,省略了动态矢量,但必要时动态矢量也可以加进去,就加在与它相应的静态增益出现的地方。

在图7.13中,有

$$\mu_1 = \mu_{c1} + D_{12}\mu_2 \tag{7-64}$$

$$\mu_2 = \mu_{c2} + D_{21}\mu_1 \tag{7-65}$$

式中,D_{12}和D_{21}是两个解耦器的静态增益,它们可以设置在理想值上,也可以不是。把式(7-64)和式(7-65)与过程静态方程联立起来,就能求出y_1相对于μ_{c1}的相对增益。它就是解耦过程的相对增益,以λ_{11d}代表之,有

$$\lambda_{11d} = \frac{1}{1-\dfrac{(K_{11}+D_{21}K_{22})(K_{12}+D_{12}K_{11})}{(K_{22}+D_{12}K_{21})(K_{11}+D_{21}K_{12})}} \tag{7-66}$$

无论$D_{21}=-K_{21}/K_{22}$或是$D_{12}=-K_{12}/K_{11}$,都使得$\lambda_{11d}=1.0$,这时系统就被有效地解耦了。然而,还存在另外一些极限情况,例如,当$D_{12}=-K_{22}/K_{21}$,或是$D_{21}=-K_{11}/K_{12}$,则$\lambda_{11d}=0$,另一种可能是,如$D_{12}=1/D_{21}$,则$\lambda_{11d}\to\infty$。

现在计算过程所容许的解耦器误差。假定两个解耦器数学模型都与理想值有一个共同的偏离因子δ,即

$$D_{12} = (1+\delta)\left(\frac{-K_{12}}{K_{11}}\right)$$

$$D_{21} = (1+\delta)\left(\frac{-K_{21}}{K_{22}}\right)$$

那么就可以把λ_{11d}表示为λ_{11}和δ的函数,即

$$\lambda_{11d} = \frac{[1-(\lambda_{11}-1)\delta]^2}{1-(\lambda_{11}-1)\delta(\delta+2)} \tag{7-67}$$

其中λ_{11}是双变量系统的相对增益。对于λ_{11d}为零和无穷大这两种极限情况,式(7-67)的分子和分母必须分别等于零,因而

当$\delta=\dfrac{1}{\lambda_{11}-1}$时

$$\lambda_{11d} = 0 \tag{7-68}$$

当 $\delta=\sqrt{\frac{\lambda_{11}}{\lambda_{11}-1}}-1$ 时

$$\lambda_{11d}\rightarrow\infty \tag{7-69}$$

图 7.18 画出了不同 λ_{11} 下的解耦相对增益与解耦器误差之间的关系曲线，若解耦器误差 δ 为负值，即解耦不充分，将使具有正相对增益回路的相对增益离开 1，这个结果是显而易见的。然而，对于相对增益为负值的回路，解耦器误差将使 λ_{11d} 趋于无穷大，即当其他回路闭合后，μ_{c1} 将不能再控制被控量 y_1。这就是说，此时解耦器误差的存在将引起回路的不稳定。同样，正解耦误差对于那些相对增益超过 1 的回路也是如此。值得注意的是，对于相对增益在 0 和 1 之间的回路，无论解耦器误差多大都不会降低回路的性能。因此，如果是相对增益可以在大于或小于 1 之间进行选择的多回路过程，那么结论是很明显的。

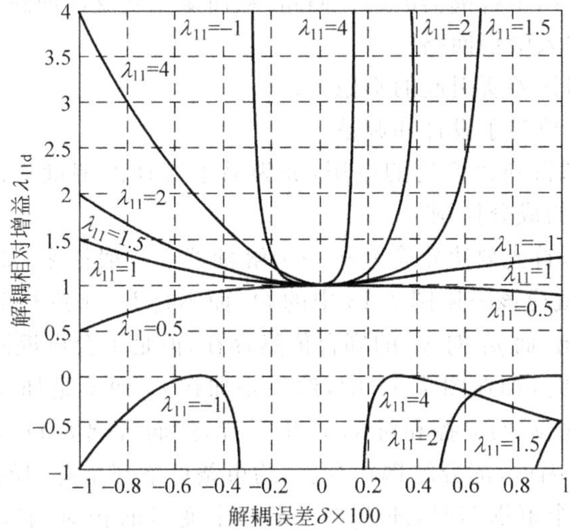

图 7.18　不同 λ_{11} 值下，解耦相对增益与解耦器误差之间的关系曲线

为了避免系统中出现不稳定回路，弄清它的容许极限误差是十分必要的，表 7.5 给出了按式(7-69)计算出来的 λ_{11} 与误差极限 δ_∞ 之间的对应关系。由表可知，随着 λ_{11} 的增加，容许极限误差是减小的。这些结论对于设计者来说是十分有益的。

表 7.5　使相对增益趋于无穷大的解耦器误差

相对增益	误差	相对增益	误差
λ_{11}	$\delta_\infty\times100$	λ_{11}	$\delta_\infty\times100$
−5	−8.7	2	41.4
−2	−18.4	4	15.5
−1	−29.3	8	6.9
1.5	73.2	16	3.3

由于过程的增益很少是常数，所以在设计解耦器时，一定要考虑容许极限误差。如果过程增益随着被控量的大小改变，而解耦器的增益是固定的，那么解耦器的误

差就要变化。因此，即使在设定点上解耦是完善的，那么随着被控量的变化所产生的偏差就可能导致系统的不稳定，这是设计时需要特别注意的。

7.4.2 部分解耦

当系统中出现相对增益 $\lambda_{11}>1$ 时，就必然存在着小于零的增益。如前所述，一个小于零的相对增益意味着系统存在着不稳定回路。此时若采用部分解耦，即只采用一部分解耦器，解除部分系统的关联，就可能切断第三反馈回路，从而消除系统的不稳定性。此外，还可以防止第一个回路的干扰进入第二个回路，虽然第二个回路的干扰仍然可以传到第一个回路，但是决不会再返回到第二个回路。

由于部分解耦具有以下优点：

① 切断了经过两个解耦器的第三回路，从而避免此反馈回路出现不稳定；

② 阻止干扰进入解耦回路；

③ 避免解耦器误差所引起的不稳定；

④ 比完全解耦更易于设计和调整。

因此，部分解耦得到较广泛的应用，成为易于实现的解耦方法之一。例如已成功地应用于精馏塔的成分控制[3]。

实现部分解耦，首先要决定舍弃哪一个解耦器。一般说来，如果控制 y_1 比控制 y_2 更为重要，那么就应该采用图 7.13 中的 D_{12} 而不是 D_{21} 来进行解耦，这样就补偿了 μ_2 对 y_1 之关联影响，而 μ_1 对 y_2 的耦合依然存在，但是不会再返回到 y_1 回路。如果系统存在约束条件时，如在图 7.13 中，约束是加在 μ_2 而不是加在 μ_1 上。在这种情况下，约束可能引起 y_2 的失控和对 y_1 产生干扰，然而解耦器 D_{12} 可由前馈通道防止约束条件影响 y_1。因此，部分解耦在有、无约束条件下都是有用的。

在选择采用哪个解耦器时，还需要考虑两个变量的相对响应速度，即考虑各个关联回路中对象的动态特性。如果 y_2 对 μ_1 和 μ_2 的响应都比 y_1 快，例如图 7.6 所示的混合过程，则 y_2 受另一个控制器的干扰影响较小。因此，当两个回路频率错开时也就不需要 y_2 对 μ_1 的解耦。但是响应较慢的混合成分 A 对 μ_2 的解耦则是非常重要的。图 7.19 所示即为此混合成分系统的局部解耦方案。它只采取了 A 对 μ_2 的解耦，而且由于过程增益是随控制量改变的，因此用了一个非线性环节——乘法器，它可以使解耦误差带来的不利影响尽可能减到最小。

由图 7.19 可以看到，在两种流量的成分以及混合液成分 A 之设定值不变的情况下，系统将始终保持两个流量的比值恒定。因为对于 μ_2 的扰动，流量控制器将很快自行消除，而几乎不影响成分回路。而 μ_1 侧扰动则将经过解耦器最终调回原来的流量比值，也不影响成分。当各种流体的成分或混合物成分设定值改变，系统就会调整 μ_1 和 μ_2 的比值使偏差回到零。显然，在新的流量比值下，以后再发生流量扰动也就不再会影响成分了。如果要求流量的精度高于阀门特性所能提供的精度，就可以采用两个流量计，如图 7.20 所示。这个控制系统的方案与图 7.19 是一样的，所不同的是控制流量的精度提高了。

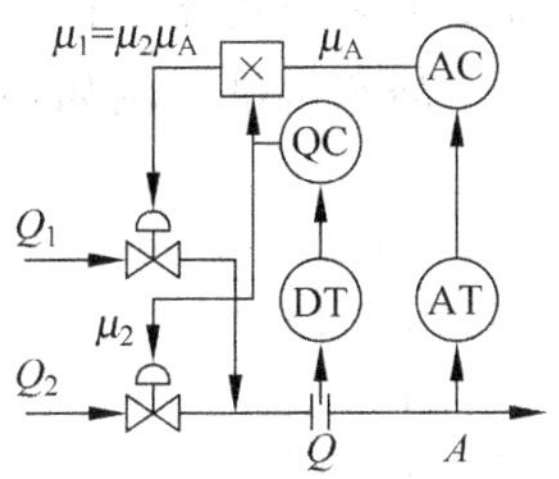

图 7.19　成分-流量系统中仅对成分回路进行解耦的方案

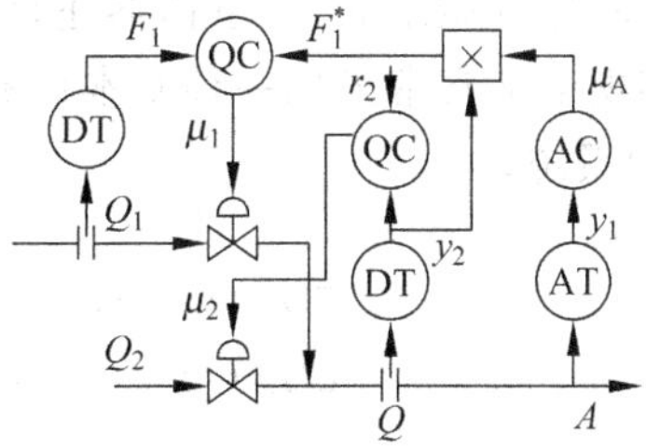

图 7.20　利用 y_2 进行解耦以提高流量控制的精度

7.4.3　解耦系统的简化

由解耦系统的各种综合方法可知，它们都是以获得过程数学模型为前提的，而工业过程千变万化，影响因素众多，要想得到精确的数学模型相当困难，即使采用机理分析方法或实验方法得到了数学模型，利用它们来设计的解耦器往往也非常复杂、难以实现。因此必须对过程的数学模型进行简化。简化的方法很多，但从解耦的目的出发，可以有一些简单的处理方法，例如过程各通道的时间常数不等，如果最大的时间常数与最小的时间常数相差甚多，则可忽略最小的时间常数；如各时间常数虽然不等但相差不多，则可让它们相等。例如一个三变量控制系统的过程传递矩阵为

$$\boldsymbol{\Lambda}=\begin{bmatrix}G_{11}(s) & G_{12}(s) & G_{13}(s)\\ G_{21}(s) & G_{22}(s) & G_{23}(s)\\ G_{31}(s) & G_{32}(s) & G_{33}(s)\end{bmatrix}$$

$$=\begin{matrix}y_1\\ y_2\\ y_3\end{matrix}\overset{\qquad\mu_1\qquad\qquad\qquad\mu_2\qquad\qquad\qquad\mu_3}{\begin{bmatrix}\dfrac{2.6}{(2.7s+1)(0.3s+1)} & \dfrac{-1.6}{(2.7s+1)(0.2s+1)} & 0\\ \dfrac{1}{3.8s+1} & \dfrac{1}{4.5s+1} & 0\\ \dfrac{2.74}{0.2s+1} & \dfrac{2.6}{0.18s+1} & \dfrac{-0.87}{0.25s+1}\end{bmatrix}}$$

根据上面提到的处理方法，将 $G_{11}(s)$ 和 $G_{12}(s)$ 简化为一阶惯性环节；将 $G_{31}(s)$，$G_{32}(s)$ 和 $G_{33}(s)$ 的时间常数忽略而成为比例环节。再根据机理分析，发现 μ_1 和 μ_2 对 y_2 的影响应当是一样的。最终将上述传递矩阵简化为

$$\begin{bmatrix}G_{11}(s) & G_{12}(s) & G_{13}(s)\\ G_{21}(s) & G_{22}(s) & G_{23}(s)\\ G_{31}(s) & G_{32}(s) & G_{33}(s)\end{bmatrix}=\begin{bmatrix}\dfrac{2.6}{2.7s+1} & \dfrac{-1.6}{2.7s+1} & 0\\ \dfrac{1}{4.5s+1} & \dfrac{1}{4.5s+1} & 0\\ 2.74 & 2.6 & -0.87\end{bmatrix}$$

利用对角矩阵法和单位矩阵法，将简化后的传递矩阵代入，求出解耦器，在实验中得到的解耦效果是令人满意的。

有时尽管做了简化，解耦器还是十分复杂，往往需要十多个功能部件来组成，因此在实现中又常常采用一种基本而有效的补偿方法——静态解耦。例如，对于一个2×2的系统，

$$\begin{bmatrix} G_{11}(s) & G_{12}(s) \\ G_{21}(s) & G_{22}(s) \end{bmatrix} = \begin{bmatrix} \dfrac{2}{4.5s+1} & \dfrac{-1}{2.7s+1} \\ \dfrac{2}{4.5s+1} & \dfrac{1}{2.7s+1} \end{bmatrix}$$

解出解耦器的传递矩阵为

$$\begin{bmatrix} D_{11}(s) & D_{12}(s) \\ D_{21}(s) & D_{22}(s) \end{bmatrix} = \begin{bmatrix} 0.25(2.7s+1) & 0.25(4.5s+1) \\ -0.5(2.7s+1) & 0.5(4.5s+1) \end{bmatrix}$$

如只采用静态解耦，就可以省去四个微分器。经过实验，得到如图7.21所示的解耦效果。可见静态解耦可以大幅度地减小被控量的变化，取得良好的解耦效果。

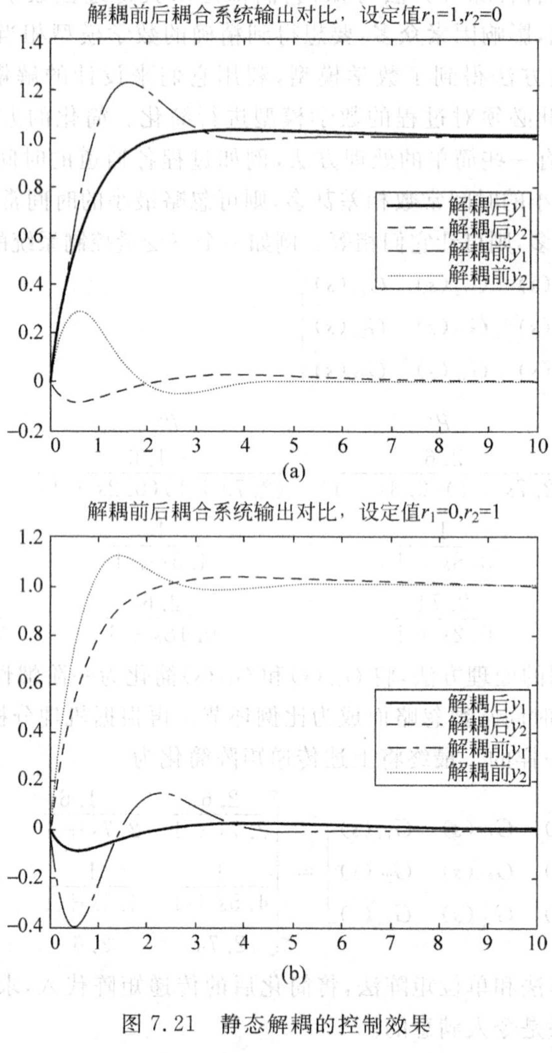

图7.21 静态解耦的控制效果

对于某些系统，如果动态解耦是必需的，那么一般也像前馈控制系统一样，只采用导前-滞后环节来进行不完全动态解耦，这样可以不需花费太大而又取得较大的收益。当然，如果有条件利用计算机来进行解耦，就不会受到算法实现的种种限制，解耦器可以复杂得多，但也不是越复杂效果越好。

7.5　小结

本章从相对增益的概念引出了耦合系统的概念及解耦控制系统的设计与整定等。首先，本章讨论了如何通过相对增益矩阵的计算以及如何应用相对增益矩阵对系统的耦合程度进行判断，并说明了解耦条件，其中还简单介绍了一种利用奇异值分析方法来讨论耦合情况的方法。其次，介绍了耦合系统的控制方法，包括采用变量匹配、参数再整定以及解耦等。最后，讨论了解耦控制系统的设计方法，包括前馈补偿法、对角矩阵法以及单位矩阵法等。对于解耦系统的稳定性、部分解耦以及耦合系统的简化等问题，本章也进行了简单的讨论。

第二篇小结

本篇讨论了多回路控制方法和多变量系统的解耦。其中串级、比值和前馈控制系统由于满足了更高的控制精度，已在实际生产中得到广泛应用；史密斯补偿原理至今还是控制大迟延过程的基本手段；至于解耦控制则是使本来耦合的多变量系统分解为由多个独立回路组成的系统，从而得到较好的控制效果。它们的原理和应用已在各章中分别作了详细的讨论。这里将以讨论实际生产过程的设计原则来作为本篇的小结。

众所周知，大多数生产过程都是多输入多输出的多变量系统，也就是说有多个被控量和多个调节量。其中每个被控量都同时受到几个调节量的影响，而每个调节量又都同时对几个被控量施加影响。例如加热器、反应器、精馏塔、工业锅炉等等本质上都属于多变量系统。由于被控对象内部的相互关联、相互影响给自动控制系统的设计和分析带来很大困难，用经典控制理论难以奏效。尽管多变量系统的理论已有了不少研究，但还处在实验研究阶段。值得指出的是，20 世纪 90 年代发展起来的一种预测控制理论与方法可以解决多变量间的耦合问题(在本书第三篇里将要讨论)，但是这种方法主要应用于复杂对象的控制，对那些控制要求不是很高，或只有少量被控变量时就无需采用这种先进的控制方法。本章讨论的就是上述这种对象的控制问题。目前普遍采用的方法是：首先具体分析生产过程的特点和要求，在单回路控制系统为主的设计基础上，考虑多变量系统的特点加以补充修正。下面仅将这类被控对象控制方法的原则加以归纳总结。

1. 自治的原则

在多变量对象中，调节量和被控量之间的联系不都是等量的，也就是说对一个具体对象而言，在众多的传递函数中，对某一个被控量可能只有一个通道对它有较重要的影响，其他通道的影响相对主通道可以忽略。基于这个基本分析，就有可能在一个多变量对象中划出几个接近于单变量的对象，从而组织起几个相对独立的单回路控制系统。下面举一个工业锅炉为例。图 1 是一个工业锅炉的示意图。从图可以看到，要求控制的被控量一共有 5 个，蒸汽压力 p_T 和汽温 θ 是锅炉产品蒸汽的质量指标。汽包水位 H 和炉膛负压 p_v 是锅炉安全运行的指标，而过量空气系数 α 则是锅炉的经济性指标。显然，为保证锅炉安全有效地生产出合格的蒸汽就必须控制这些被控量。对象中可作控制的手段也有 5 个，给水流量 W，喷水量 W_s，燃料量 B，送风量 AF 以及引风量 EG。对生产过程具体分析或进行动态特性实验可以发现，给水流量 W 主要影响水位 H，对其他被控量没有影响或影响甚微，所以可以构成给水-水位单回路控制系统；由于喷水量 W_s 只占总蒸汽量的很小部分，它的变动对汽压 p_T 影响很小，因而可以组成喷水-汽温单回路系统。基于同样的分析，又构成了燃料量-汽压，送风量-过量空气系数 α，引风量-炉膛负压等三个单回路系统。由锅炉这个例子可以看到，任何多变量对象都有可能分解成多个近似单回路，由这些相互独立的单回路组成一个多变量对象的控制系统，如图 2 实线所示。因此，利用自治原理把多变量控制系统的设计问题变成了单回路控制的设计，使问题大为简化。

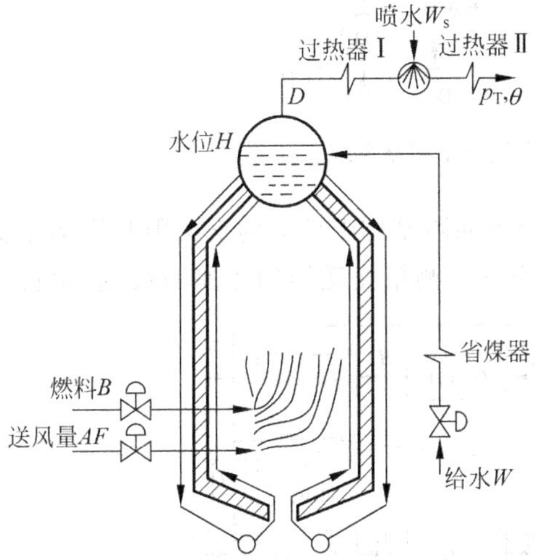

图 1　工业锅炉生产流程示意图

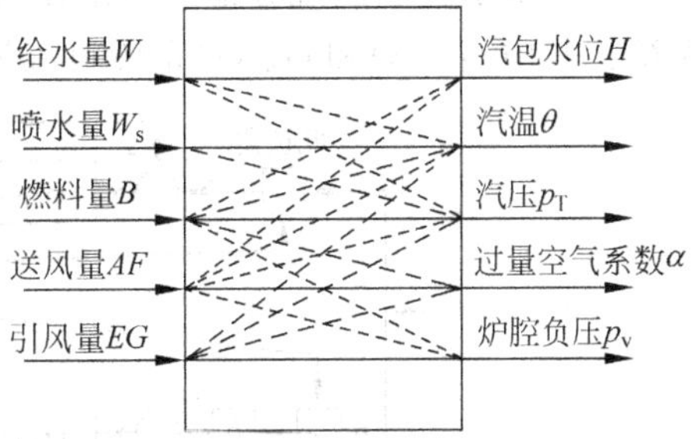

图 2　一个多变量对象可划分出几个近似单变量对象

2. 协调跟踪的原则

不少多变量系统可以利用自治原则来进行简化，但并不等于说分解成多个单回路控制系统后，问题就全部解决。因为各单回路之间往往还存在着联系和要求，必须在设计中加以考虑。协调跟踪的原则就是在多个单回路基础上，建立回路之间相互协调和跟踪的关系，以弥补用几个近似单变量对象来代替时所忽略的变量之间的关联。下面举例说明。

图 3 所示为一个钢厂的线材加热炉。由于需加热的线材品种和数量不同，要求炉子能提供不同的热负荷，而热负荷是由燃料油和空气来保证的。因此按自治原则组成了以热负荷信号 I_Q 为设定值的燃料油和空气两个单回路系统。但是为了保证燃料能充分的燃烧，在燃料量与空气量之间还存在两方面的联系：(1)燃料量与空气量应成一定比例，也就是说要求空气量要略大于燃料量，它们之间存在着一个最佳配比，称之为最佳空燃比，可表为

$$\alpha_{最佳空燃比} = AF_{空气量}/B_{燃料量}$$

一般情况下，$\alpha>1$；(2)为了保持在任何时刻都有足够的空气以实现完全燃烧，例如热负荷增大时，应先增加空气，后增加燃料油；若热负荷减小时，则应先减少燃料油，再减少空气量。因此必须在燃料油和空气两个单回路之间进行协调，以满足上述要

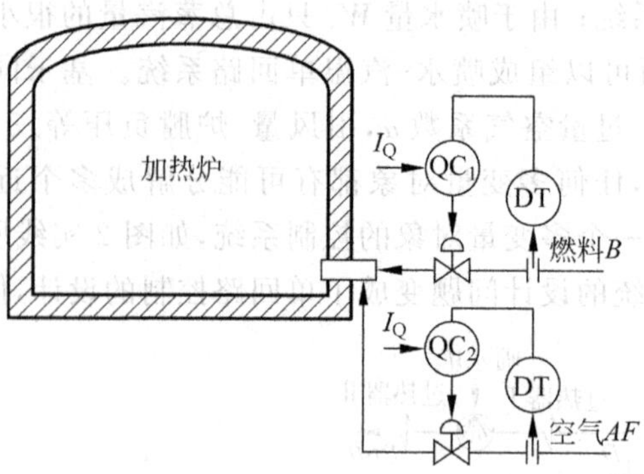

图 3 加热炉燃料、空气量单回路系统

求。图 4 所示控制系统方框图就是在这两个单回路基础上建立的交叉限制协调控制系统。其中 $G_{m1}(s)$ 和 $G_{m2}(s)$ 是燃料流量和空气量测量变送器的传递函数，假设它们

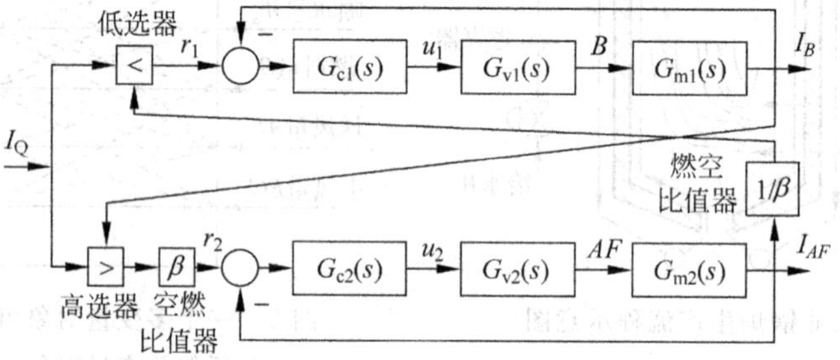

图 4 带交叉协调的最佳空燃比控制系统方框图

都是比例环节，则

$$G_{m1}(s) = K_1$$
$$G_{m2}(s) = K_2$$

由此可以得到最佳空燃比与空气量和燃料量测量信号 I_{AF} 和 I_B 之间的关系如下

$$\alpha = \frac{AF}{B} = \frac{I_{AF}/K_2}{I_B/K_1} = \frac{K_1}{K_2}\frac{I_{AF}}{I_B}$$

设 $\alpha\dfrac{K_2}{K_1}=\beta$，则有

$$\frac{I_{AF}}{I_B} = \alpha\frac{K_2}{K_1} = \beta$$

现在分别研究上述系统在稳态和动态时的工作情况。假设钢材所需热负荷的信号为 I_Q。当系统处于稳态时，则有

设定值

$$r_1 = I_Q = I_{AF}/\beta = I_B$$

设定值

$$r_2 = \beta I_Q = \beta I_B = I_{AF}$$

即

$$I_Q = I_B, \quad I_{AF} = \beta I_B$$

表明系统的燃料量适应热负荷的要求，而且达到最佳空燃比。当系统处于动态时，假如热负荷突然增加，对空气量控制系统而言，高选器的两个输入信号中，I_Q 突然增大，则 $I_Q > I_B$，所以增加的 I_Q 信号通过高选器，在乘以 β 后作为设定值送入控制器 G_{c2}，显然，该控制器将使 u_2 增加，空气阀门开大，空气量增大，即 I_{AF} 增加。对燃料量控制系统来说，尽管 I_Q 增大，但是在此瞬间，I_{AF} 还来不及改变，所以低选器的输入信号 $I_{AF} < I_Q$，低选器输出不变，$r_1 = I_{AF}/\beta$ 不变，此时燃料量 B 维持不变。只有在空气量开始增加以后，即 I_{AF} 变大，低选器的输出才随着 I_{AF} 的增大而增加，即 r_1 随之加大，这时燃料量阀门才开大，燃料量加多。反之，在热负荷信号减少时，则通过低选器先减少燃料量，待 I_B 减少后，空气量才开始随高选器的输出减小而减小，从而保证在动态时满足上述第(2)项要求，始终保持完全燃烧。从此例可以看到，在采用自治原则设计了燃油和空气两个单回路后，为达到炉膛燃料的充分燃烧，这两个回路之间还应保持一定的联系，此时就需要利用协调跟踪的原则加以实现。

3. 解耦原则

根据自治原则将多变量对象分解成多个近似单变量对象时，是忽略了变量之间的关联。事实上，变量之间的耦合通过对象影响其他单回路系统的工作。

变量之间的相互影响有时是有利于单回路控制的，但有的则会使系统相互扰动，频繁动作，有时甚至可能会出现正反馈，破坏单回路控制系统的稳定性。因此，对那些于控制不利的关联因素应通过简单解耦控制进行解耦。

4. 补偿原则

尽管利用自治原则简化了简单多变量对象的控制系统设计问题，但有的时候用单回路系统来控制复杂的多输入多输出对象往往不能满足要求。例如被控对象是多容对象，变量反应迟缓，利用单回路控制时，不仅超调量大而且调节时间长；又如有的被控对象包含了纯迟延，非线性等环节，不但控制质量变坏，有时甚至会导致系统不稳定；有的多变量对象存在着变化较大的扰动，尽管调节阀频繁的动作，也难于维持被控量的平稳。因此，利用补偿原理，设计相应的补偿器或快速回路，可有效地改善对象的动态特性，从而构成多回路系统，有时会使系统的控制品质产生质的飞跃，满足多变量系统的设计要求。

利用上述原则，可以着手进行简单多变量控制系统的设计。应该指出，在目前工业生产实际中，大多数还是单回路控制系统，只有在那些控制精度要求高，被控量是产品质量参数或直接涉及到生产设备经济、安全运行时，才从多变量对象的角度来进行设计。例如近年来我国建成的 100 万吨乙烯装置中有上百个控制回路，其中属于复杂控制系统的回路约占总系统的 1/4 强。由此可见，采用自治原则可将复杂系统分解为许多相对独立的单回路，其中大部分只需利用 PID 控制就可以满足要求，至于那些比较难控的过程或回路间关联不可忽视的情况就可应用其他原则分别加以解决。当然后面这些情况一般指的是关键参数的控制回路，它的控制精度不仅影响整个生产过程，而且还是过程控制水平的标志，因而受到人们的极大关注。随着科学发展和技术进步，新的过程控制理论和方法应运而生，它们将极大地提高生产过程自动化的水平，在本书第三篇将要予以讨论。

思考题与习题

第5章

5.1 根据串级系统的特点，试分析串级控制系统的应用场合，即分析在生产过程具有什么特点时，采用串级控制系统最能发挥它的作用。

5.2 在生产过程中，为什么大多数副回路都是流量控制回路？

5.3 如果系统中主、副回路的工作周期十分接近，例如分别为3min和2min，也就是说正好运行在共振区内，应采取什么措施来避免系统的共振，这种措施对控制系统的性能有什么影响？

5.4 图5.9为管式加热炉温度-温度串级系统。工艺安全条件是：一旦发生重大事故，立即切断燃料油的供应。试确定：

(1) 调节阀的作用形式；

(2) 主、副控制器的正反作用。

5.5 某串级系统的方框图如图5.11所示，已知各环节的传递函数如下

对象特性

$$G_{p1}(s)=\frac{1}{(30s+1)(3s+1)}$$

$$G_{p2}(s)=\frac{1}{(s+1)^2(10s+1)}$$

控制器

$$G_{c1}(s)=K_{c1}\left(1+\frac{1}{T_1 s}\right)$$

$$G_{c2}(s)=K_{c2}$$

调节阀

$$G_v(s)=K_v=1$$

变送器

$$G_{m1}(s)=G_{m2}(s)=1$$

(1) 用稳定边界法先对副控制器进行整定，求得K_{c2}，然后对主控制器进行整定，求出主控制器参数K_{c1}和T_1。

(2) 若主控制器亦采用纯比例作用，求二类干扰D_2和一类干扰D_1在单位阶跃变化时主参数的余差各是多少？从中可得出什么结论？

(3) 若采用简单控制系统,控制器为比例作用,用工程整定法求得控制器的比例增益 $K_c=5.4$,试分别求出 D_2 和 D_1 作单位阶跃扰动时主参数的余差,并与串级系统比较,分析两者的区别。

5.6 已知题图 5.1 中除法器的运算关系式如下

若采用气动仪表

$$p_d = 0.1\left[0.8\times\frac{p_a-0.2}{p_b-0.2}+0.2\right]\text{MPa}$$

若采用电动仪表

$$I_d = 10\times\frac{I_a}{I_b}\text{mA}$$

(1) 写出采用两种不同仪表时比值控制系统中比值系数 α 的计算公式。如在流量变送器后加入开方器,比值系数的计算有什么变化?

(2) 如果比值 $K=Q_A/Q_B=3$,$Q_{A\max}=6\times10^3$ kg/h,$Q_{B\max}=2\times10^3$ kg/h,流量测量时不加开方器,试求出比值系数 α。这时系统会出现什么问题?应该如何解决?

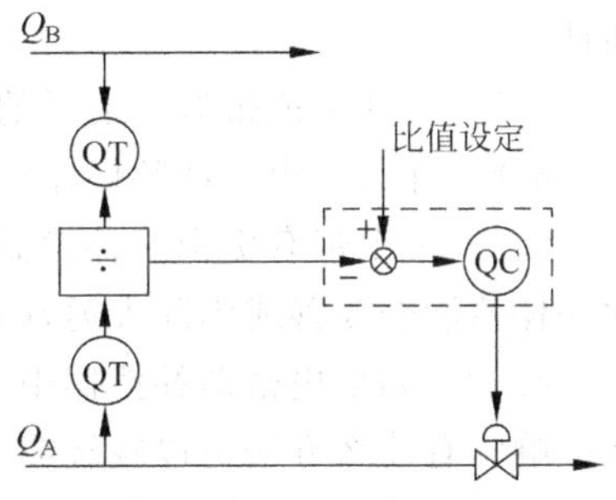

题图 5.1 两种比值控制系统

第 6 章

6.1 前馈控制和反馈控制各有什么特点?为什么采用前馈-反馈复合系统将能较大地改善系统的控制品质?

6.2 在什么条件下,静态前馈和动态前馈在克服干扰影响方面具有相同的效果?

6.3 试为下述过程设计一个前馈控制系统。已知过程的传递函数为

$$G_p(s)=\frac{Y(s)}{\mu(s)}=\frac{(s+1)}{(s+2)(2s+3)}$$

$$G_d(s)=\frac{Y(s)}{D(s)}=\frac{5}{(s+2)}$$

要求该前馈系统能够克服扰动 D 对系统的影响。

6.4 为 6.3 题中的过程设计一个前馈-反馈复合系统,假设反馈控制器是采用比例动作,写出此系统的稳定条件,并分析这个复合系统应怎样进行整定。

6.5 已知一过程中控制通道和干扰通道都是一阶惯性环节。增益 $K_p=K_d=1$,时间常数分别为 $T_p=3\text{min}$,$T_d=1\text{min}$,已设计了一个静态前馈补偿器,$G_{ff}=-1$,试求出未经动态前馈补偿时,每单位负荷变化下被控量响应的累积面积;如果采用导前时间是 2.5min,滞后时间是 1min 的导前-滞后补偿环节进行动态前馈补偿,每单位负荷变化下被控量响应的累积面积又是多少?

6.6 在第 5 章例 5-2 精馏塔提馏段温度串级控制系统(见图 5.7)中,由于塔的

进料量 F 波动较大，试设计一个前馈-串级复合系统来改善系统的控制品质。已知系统中传递函数为

主对象 $$G_{p1}(s)=\frac{K_{p1}e^{-\tau_p s}}{(T_{p1}s+1)(T_{p2}s+1)}$$

副对象 $$G_{p2}(s)=K_{p2}$$

扰动对象 $$G_{pD}(s)=\frac{K_{pD}e^{-\tau_{pD}s}}{T_{pD}s+1}$$

画出此复合系统的传递函数方框图；写出前馈补偿器传递函数并分析其实现的可能性。

6.7 为什么说带有大迟延的过程是难控过程？举例加以分析。

6.8 什么是史密斯补偿器？为什么又称它为预估器？

6.9 一个带有史密斯补偿器的系统如图 6.25 所示，在负荷 $D(s)$ 发生变化时，此补偿器能否改善或消除大迟延对系统的影响？为什么？

6.10 如果史密斯补偿器中采用了不准确的对象数学模型，将会对系统产生什么影响？有什么方法可以减轻或克服这种模型精度的影响，请举出两种方法。

6.11 试举例说明对象增益非线性对系统的影响。

6.12 合成氨厂中，变换炉一段温度串级比值控制系统的方框图如题图 6.1 所示，注意到变换炉是一个非线性环节，即在不同煤气负荷下，蒸汽量对变换温度的影响不同，可以认为其增益大致与煤气负荷成反比。试讨论该控制方案中除法器的作用。

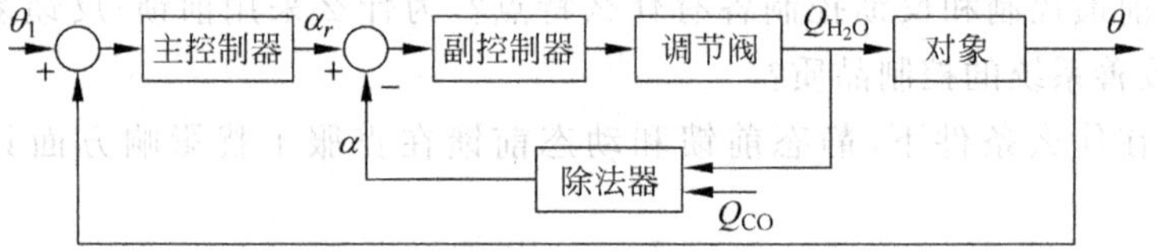

题图 6.1 温度串级比值控制方框图

第 7 章

7.1 试推导出图 7.6 所示物料混合系统的相对增益矩阵和过程静态增益矩阵。假设 μ_1 和 μ_2 分别是两种物料的质量流量，它们各自的成分用 A_1 和 A_2 来表示。系统的被控量是混合液成分 A 和总流量 Q，要求用成分 A_1 和 A_2 来表示相对增益。

7.2 在所有回路均为开环时，某一过程的开环增益矩阵为

$$\boldsymbol{K}=\begin{bmatrix}0.58 & -0.36 & -0.36\\ 0.73 & -0.61 & 0\\ 1 & 1 & 1\end{bmatrix}$$

试推导出相对增益矩阵，并选出最好的控制回路。分析此过程是否需要解耦。

7.3 设有一个三种液体混合的系统，其中一种是水。混合液流量为 Q，系统被

控量是混合液的密度 ρ 和黏度 ν。已知它们之间有下列关系，即

$$\rho = \frac{A\mu_1 + B\mu_2}{Q}$$

$$\nu = \frac{C\mu_1 + D\mu_2}{Q}$$

其中 A,B,C,D 为物理常数，μ_1 和 μ_2 为两个可控流量。请求出该系统的相对增益矩阵。若设 $A=B=C=0.5, D=1.0$，则相对增益是什么？并对计算结果进行分析。

7.4 利用重新调整控制器的方法可以克服或削弱系统中回路间的耦合作用。现有一个 2×2 的系统，其对象传递函数均为

$$G_p(s) = \frac{1}{T_p s}e^{-\tau_p s}$$

控制器分别为纯比例控制或比例积分控制。已知控制器各个参数与相对增益之间的关系如式(7-47)所示。试求出当 λ_{11} 为 0.7 时，为使系统获得同样程度的稳定性，比例带和积分时间应重新整定的数值。

7.5 请画出题图 7.1 所示部分解耦系统的方框图，其中 μ_1 和 μ_2 所对应的流体成分分别为 A_1 和 A_2，并假设与它们相应的阀门系数 k_{v1} 和 k_{v2} 均为 1，试计算出其部分解耦后的相对增益 λ_{11d}，并对结果进行分析。

7.6 试为题图 7.1 所示过程设计一个部分解耦器。假设流量是一个比较重要的变量，此系统还需要动态补偿吗？

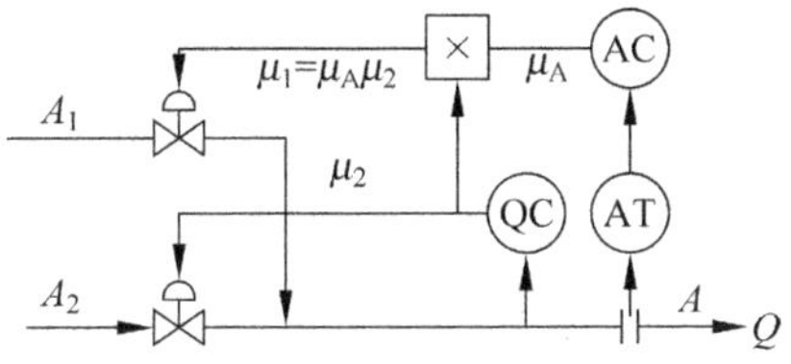

题图 7.1

参考文献

[1] 吕勇哉. 工业过程模型化及计算机控制. 北京：化学工业出版社，1986

[2] Seborg D E, Edgar T F, and Mellichamp D A. 过程的动态特性与控制(Process Dynamics and Control). 第二版. 北京：电子工业出版社，2006

[3] Shinskey F G. 过程控制系统. 第二版. 北京：化学工业出版社，1982

[4] Shinskey F G. 过程控制系统——应用、设计与整定. 第三版. 北京：清华大学出版社，2004

[5] 周庆海等. 串级及比值调节. 北京：化学工业出版社，1982

[6] Smith O J H. A Controller to Overcome Dead Time. ISA. J.，1958(2)：28～33

[7] 刘晨辉. 多变量过程控制系统解耦理论. 北京：水利电力出版社，1984

[8] Giles R F and Bartley T M. Gain-Adaptive dead Time Compensation. ISA, Trans.，1977. 16(1)：59～64

[9] Hang C C, Tan C H and Chan W P. A performance study of control-systems with dead time.

IEEE Transactions on Industrial Electronics and Control Instrumentation, 1980. 27(3): 234～241

[10] Jerome N F and Ray W H. High-performance multivariable control strategies for systems having time delays. Aiche Journal, 1986. 32(6): 914～931

[11] Bristol E H. On a new measure of interaction for multivariable process control. Ieee Transactions on Automatic Control, 1966. AC11(1): 133～134

第三篇　先进控制系统

第8章 推理控制

8.1 推理控制问题的提出

本书第6章介绍的前馈控制系统能有效地克服过程可测扰动对输出的影响，在过程控制中得到广泛的应用。但在工业过程中，存在这样一类情况，即过程的扰动甚至过程的输出无法测量或难以测量（测量仪表价值昂贵，性能不可靠，或测量迟延很大等），如精馏塔塔顶、塔底产品的组分，聚合反应中聚合物的平均分子量的测量等均属于这种情况。对于这样一类过程的控制，由于干扰量或输出量不能测量，就无法用前馈补偿的办法进行扰动补偿或用反馈控制来抑制扰动。对于输出可测的过程，虽然可以用状态观测器先估计出干扰量，然后进行前馈补偿，但这种方法计算量大，使用起来有一定的局限性。对于扰动和输出均不可测量的过程，不得不采用控制二次输出的方法间接控制过程的主要输出，如图8.1所示。图中，$Y(s)$，$Y_s(s)$分别为过程的主要输出和二次输出，例如对于一个精馏塔的产品质量控制问题，其主要输出是塔顶产品纯度，二次输出是塔顶温度；$G_p(s)$，$G_{ps}(s)$为控制通道的传递函数；$R(s)$为设定值；$D(s)$为过程的不可测扰动；$A(s)$，$B(s)$为干扰通道的传递函数。

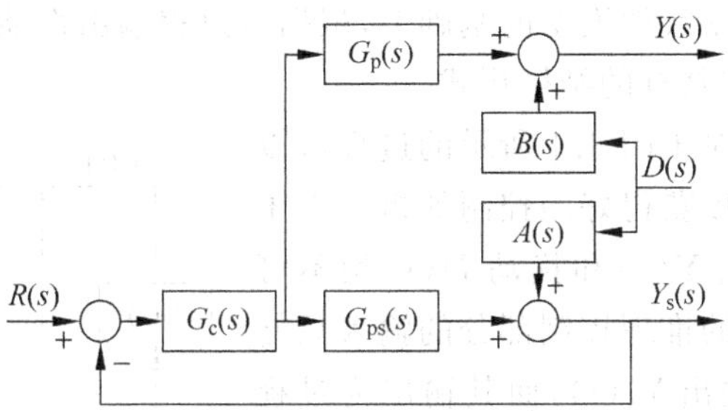

图8.1 常规控制系统

在常规调节器的作用下，系统的输出分别为

$$Y(s)=\frac{G_c(s)G_p(s)}{1+G_c(s)G_{ps}(s)}R(s)+\left[B(s)-\frac{A(s)G_c(s)G_p(s)}{1+G_c(s)G_{ps}(s)}\right]D(s)$$

$$Y_s(s)=\frac{G_c(s)G_{ps}(s)}{1+G_c(s)G_{ps}(s)}R(s)+\frac{A(s)}{1+G_c(s)G_{ps}(s)}D(s)$$

若采用 PI 控制器，即 $G_c(s)=K_c\left(1+\frac{1}{T_I s}\right)$，则在设定值阶跃扰动作用下，系统输出的稳态偏差分别为

$$R(0)-Y(0)=\left[1-\frac{G_p(0)}{G_{ps}(0)}\right]R(0)$$

$$R(0)-Y_s(0)=0$$

在不可测阶跃扰动作用下，系统输出的稳态偏差分别为

$$Y(0)=\left[B(0)-\frac{A(0)G_p(0)}{G_{ps}(0)}\right]D(0)$$

$$Y_s(0)=0$$

式中，$Y(0)$ 和 $Y_s(0)$ 表示输出的稳态值①，而 $G_p(0)$，$G_{ps}(0)$，$A(0)$ 和 $B(0)$ 分别表示控制通道和干扰通道的静态增益。

分析表明，对于上述系统，当采用比例积分控制时，在设定值阶跃扰动和不可测阶跃扰动作用下，系统二次输出的稳态值是无偏差的，但系统主要输出的稳态值是有差的。

推理控制就是针对上述过程控制中所存在的问题提出来的一种改进的控制算法。

8.2 推理控制系统

8.2.1 推理控制系统的组成

推理控制(inferential control)是美国 Coleman Brosilow 和 Martin Tong 提出来的[1]，他们在建立数学模型的基础上，根据对过程输出性能的要求，通过数学推理，导出控制系统所应具有的结构形式。

前面说过，对于图 8.1 所示的过程可以采用推理控制，以获得好的控制效果。由于过程的主要输出 $Y(s)$ 和扰动 $D(s)$ 均不可测量，所要设计的推理控制部分的输入只能是过程的二次输出 $Y_s(s)$，而其输出为过程的输入 $U(s)$。在图 8.2 所示的推理控制系统框图中，$G(s)$ 就代表尚待确定的推理控制部分的传递函数。

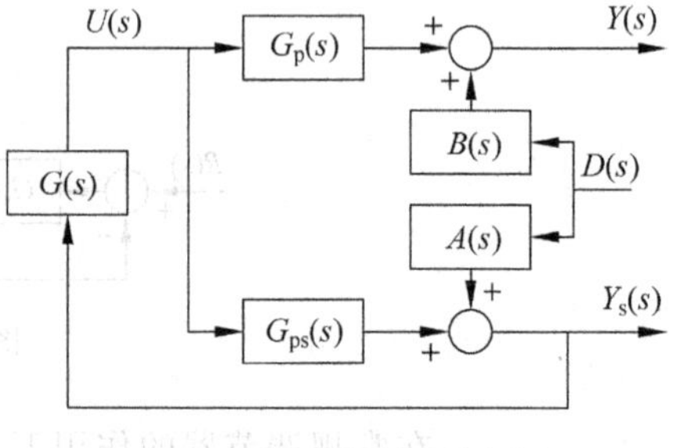

图 8.2 推理控制系统框图

---

① 习惯上，输出 $u(t)$，输出 $y(t)$ 和 $y_s(t)$ 的稳态值用 $u(\infty)$ 和 $y(\infty)$，$y_s(\infty)$ 表示，但在本章中，因始终采用频域分析方法，相应的稳态值用 $U(0)$ 和 $Y(0)$，$Y_s(0)$ 表示。其他量亦如此，恕不一一说明。

下面将要分析，为了克服不可测扰动的影响，推理控制部分的传递函数应具有什么样的结构形式。

由图 8.2 可得

$$Y_s(s) = A(s)D(s) + G_{ps}(s)G(s)Y_s(s)$$

或

$$Y_s(s) = \frac{A(s)}{1 - G_{ps}(s)G(s)}D(s) \tag{8-1}$$

另

$$Y(s) = B(s)D(s) + G_p(s)G(s)Y_s(s) \tag{8-2}$$

将式(8-1)代入式(8-2)得

$$Y(s) = B(s)D(s) + \frac{G_p(s)G(s)A(s)}{1 - G_{ps}(s)G(s)}D(s)$$

定义

$$E(s) \stackrel{\text{def}}{=} \frac{G_{ps}(s)G(s)}{1 - G_{ps}(s)G(s)} \tag{8-3a}$$

则

$$Y(s) = [B(s) - A(s)E(s)]D(s)$$

若取

$$E(s) = \frac{B(s)}{A(s)} \tag{8-3b}$$

则可完全消除不可测扰动 $D(s)$对输出 $Y(s)$的影响。由此可得推理控制部分的传递函数应为

$$G(s) = \frac{E(s)}{G_{ps}(s)E(s) - G_p(s)} \tag{8-4a}$$

式中，$E(s)$满足式(8-3b)。

式(8-4a)表明，推理控制部分的传递函数 $G(s)$决定于被控过程的动态特性，$G(s)$的实现只能通过建立过程各通道的数学模型来完成。为避免混淆，过程各通道的数学模型均冠以∧符号以区别于过程本身。为此，式(8-4a)应改写为

$$G(s) = \frac{\hat{E}(s)}{\hat{G}_{ps}(s)\hat{E}(s) - \hat{G}_p(s)} \tag{8-4b}$$

式中

$$\hat{E}(s) = \hat{B}(s)/\hat{A}(s)$$

推理部分的输出则为

$$U(s) = G(s)Y_s(s) = \frac{\hat{E}(s)}{\hat{G}_{ps}(s)\hat{E}(s) - \hat{G}_p(s)}Y_s(s) \tag{8-5a}$$

为便于分析 $G(s)$具有怎样的结构，将式(8-5a)改写为

$$U(s) = -\frac{1}{\hat{G}_p(s)}[Y_s(s) - \hat{G}_{ps}(s)U(s)]\hat{E}(s) \tag{8-5b}$$

由式(8-5b)不难画出图8.3中虚线左侧部分所示的推理控制的框图。图中，$G_i(s)=1/\hat{G}_p(s)$，称为推理控制器，它需要适当改造才能实现(详见8.2.2小节)。$\hat{E}(s)$称为估计器，其作用将在下面加以分析。

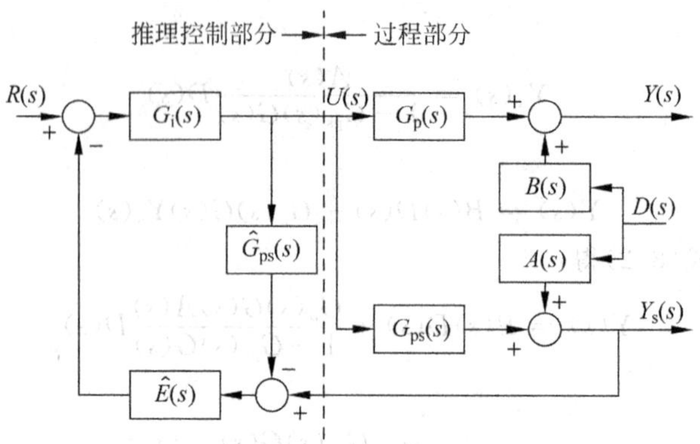

图8.3 推理控制系统的组成

通过对图8.3中推理控制部分的考察，不难看出，推理控制由三个基本部分组成：

(1) 信号分离

由于引入了控制通道的数学模型$\hat{G}_{ps}(s)$，当$\hat{G}_{ps}(s)=G_{ps}(s)$时，由图8.3可得

$$Y_s(s)-\hat{G}_{ps}(s)U(s)=A(s)D(s)$$

实现了将不可测扰动$D(s)$对$Y_s(s)$的影响从$Y_s(s)$中分离出来的目的。

(2) 估计器$\hat{E}(s)$

已知估计器$\hat{E}(s)=\hat{B}(s)/\hat{A}(s)$，由图8.3可知，当$\hat{G}_{ps}(s)=G_{ps}(s)$，且$\hat{A}(s)=A(s)$，$\hat{B}(s)=B(s)$时，其输出为$B(s)D(s)$。可见，估计器的作用是估计不可测扰动$D(s)$对过程主要输出的影响。

估计器$\hat{E}(s)=\hat{B}(s)/\hat{A}(s)$必须是可实现的，在扰动$D(s)$的来源确定后，选择过程的二次输出时应考虑到这一点。

(3) 推理控制器$G_i(s)$

为抵消不可测扰动对主要输出的影响，可设计推理控制器$G_i(s)=1/\hat{G}_p(s)$。若所有模型都准确，则在设定值变化下的过程输出为

$$Y(s)=R(s)$$

在不可测扰动$D(s)$作用下的过程主要输出

$$Y(s)=0$$

可见，在模型准确的条件下，推理控制系统对设定值变化具有良好的跟踪性能，而对于所选定的不可测扰动的影响能起到完全补偿的作用。

8.2.2 推理控制器的设计

上面已经证明，理论上，推理控制器应为 $G_i(s)=1/\hat{G}_p(s)$，但这样的结构一般来说是无法实现的。为此，需串联一个滤波器 $G_f(s)$，使 $G_i(s)=G_f(s)/\hat{G}_p(s)$。若$\hat{G}_p(s)$具有下面的形式，即

$$\hat{G}_p(s)=\hat{G}_{p+}(s)\hat{G}_{p-}(s)e^{-\hat{\tau}s}$$

式中

$$\hat{G}_{P+}(s)=\prod_{i=1}^{m}(\hat{T}_i s-1)$$

包含了$\hat{G}_p(s)$中全部右半 s 平面上的零点。则滤波器可设计为

$$G_f(s)=\frac{\hat{G}_{p+}(s)e^{-\hat{\tau}s}}{\hat{G}_{p+}(0)(T_f s+1)^n} \tag{8-6}$$

式中，$\hat{G}_{p+}(0)$为$\hat{G}_{p+}(s)$的静态增益，n 为$\hat{G}_{p-}(s)$的分母与分子 s 多项式的阶次之差，T_f 为滤波器时间常数。

考虑了滤波器以后的实际推理控制器就成为

$$G_i(s)=\frac{1}{\hat{G}_{p+}(0)\hat{G}_{p-}(s)(T_f s+1)^n} \tag{8-7}$$

由图 8.3 可以得到在实际推理控制器的作用下，系统输出为

$$Y(s)=B(s)D(s)+G_p(s)G_i(s)\left[R(s)-\frac{\hat{B}(s)}{\hat{A}(s)}A(s)D(s)\right]$$

在所有模型都准确的条件下

$$Y(s)=G_f(s)R(s)+[1-G_f(s)]B(s)D(s) \tag{8-8}$$

由式(8-8)可见，在实际的推理控制系统中，即使所有的模型都准确，系统主要输出也不可能实现阶跃扰动作用下的完全动态跟踪和不可测扰动作用下的完全动态补偿。输出 $Y(s)$的动态响应主要取决于滤波器的特性。

值得一提的是，式(8-6)所示的滤波器的稳态增益为 1，因而，在设定值阶跃扰动作用下，系统输出的稳态偏差

$$R(0)-Y(0)=0$$

在不可测阶跃扰动作用下，输出的稳态偏差

$$Y(0)=0$$

系统仍具有很好的稳态性能。

在式(8-6)所示的滤波器传递函数中，$\hat{G}_{p+}(s)$和 $e^{-\hat{\tau}s}$是由控制通道的模型$\hat{G}_p(s)$决定的，只有滤波器时间常数 T_f 可以人为地选择。对一个实际系统，应如何选择 T_f 呢？从式(8-6)和式(8-8)不难看出，T_f 的大小直接影响系统输出响应的快慢。T_f

大，则输出响应缓慢，反之，则输出响应快。因而可以根据对输出响应的要求去选择T_f。一般来说，总是希望滤波器时间常数T_f选得小一些，但T_f太小，在高频扰动的作用下，系统会出现振荡。

滤波器时间常数的选择还应考虑模型的准确性。下一节将要讨论，模型本身的误差将会不同程度地影响系统的输出性能，甚至会使系统变得不稳定。当模型比较准确时，T_f可选得小一些，而若模型精度比较差，T_f就应选得大一些。

8.2.3 模型误差对系统性能的影响

前面已经分析了模型准确情况下的系统输出性能，但在实际中，模型总不可避免地存在误差。模型误差的存在对系统性能到底有什么影响？下面将分别予以讨论。

1. 干扰通道模型存在误差

已知$\hat{E}(s)=\hat{B}(s)/\hat{A}(s)$，若$\hat{A}(s)$和$\hat{B}(s)$存在误差，则$A(s)\hat{E}(s)\neq B(s)$，令

$$\Delta(s) = A(s)\,\hat{E}(s) - B(s)$$

$\Delta(s)$称为误差传递函数。在其他模型均准确的条件下，由图8.3可得

$$U(s) = G_i(s)\{R(s) - [B(s) + \Delta(s)]D(s)\}$$

$$Y(s) = G_f(s)R(s) + [1 - G_f(s)]B(s)D(s) - G_f(s)\Delta(s)D(s) \tag{8-9}$$

显然，干扰通道模型的误差不影响设定值变化下的系统输出。

在阶跃不可测扰动作用下，系统输出的稳态偏差为

$$Y(0) = -\left[A(0)\frac{\hat{B}(0)}{\hat{A}(0)} - B(0)\right]D(0)$$

模型静态增益的误差会使系统主要输出产生稳态偏差，其大小不仅与静态增益误差有关，且与干扰通道$B(s)$的静态增益$B(0)$有关。$B(0)$大，则偏差大。

2. 控制通道模型存在误差

1) $\hat{G}_p(s)$存在误差

假定$\hat{G}_p(s)$存在误差而其他模型均准确，则系统主要输出为

$$Y(s) = \frac{G_f(s)G_p(s)}{\hat{G}_p(s)}R(s) + \left[1 - \frac{G_f(s)G_p(s)}{\hat{G}_p(s)}\right]B(s)D(s) \tag{8-10}$$

分析表明，模型$\hat{G}_p(s)$的误差不会使系统产生不稳定极点。

在设定值阶跃变化下，系统主要输出的稳态偏差为

$$R(0) - Y(0) = [1 - G_p(0)/\hat{G}_p(0)]R(0)$$

稳态偏差仅与模型静态增益误差有关。

在阶跃不可测扰动作用下，系统主要输出的稳态偏差为

$$Y(0)=B(0)[1-G_{\rm p}(0)/\hat{G}_{\rm p}(0)]D(0)$$

稳态偏差不仅与模型$\hat{G}_{\rm p}(s)$的静态增益误差有关，且与干扰通道$B(s)$的静态增益有关。

2) $\hat{G}_{\rm ps}(s)$存在误差

若模型$\hat{G}_{\rm ps}(s)$存在误差，其他模型均准确，则系统主要输出

$$Y(s)=\frac{G_{\rm i}(s)G_{\rm p}(s)}{1+G_{\rm i}(s)\hat{E}(s)[G_{\rm ps}(s)-\hat{G}_{\rm ps}(s)]}R(s)+\left\{1-\frac{G_{\rm i}(s)\hat{E}(s)G_{\rm p}(s)A(s)/B(s)}{1+G_{\rm i}(s)\hat{E}(s)[G_{\rm ps}(s)-\hat{G}_{\rm ps}(s)]}\right\}B(s)D(s) \tag{8-11}$$

定义

$$\Delta K_{\rm ps}\overset{\rm def}{=}G_{\rm ps}(0)-\hat{G}_{\rm ps}(0)$$

$$K=\frac{\hat{B}(0)}{\hat{A}(0)\hat{G}_{\rm p}(0)}$$

则在设定值阶跃扰动作用下，系统主要输出的稳态偏差为

$$R(0)-Y(0)=\left[1-\frac{1}{1+K\Delta K_{\rm ps}}\right]R(0)$$

在阶跃不可测扰动作用下，系统主要输出的稳态偏差为

$$Y(0)=\left[1-\frac{1}{1+K\Delta K_{\rm ps}}\right]B(0)D(0)$$

系统主要输出的稳态偏差与$K\Delta K_{\rm ps}$的关系示于图 8.4。由图 8.4 可以看出：

① 模型的稳态增益误差$\Delta K_{\rm ps}$越大，则主要输出的稳态偏差也越大。

② 当K为正时，模型增益误差$\Delta K_{\rm ps}<0$，远比$\Delta K_{\rm ps}>0$对主要输出稳态性能的影响要大，这一点在建模时要予以重视。

③ 当$K\Delta K_{\rm ps}\leqslant -1$时，系统变得不稳定。这一结论也可以很容易从图 8.3 中得出。若K为正，则当$G_{\rm ps}(0)<\hat{G}_{\rm ps}(0)$（即$\Delta K_{\rm ps}<0$）时，推理控制部分形成正反馈。当$K$足够大时，就会引起系统不稳定。

④ 在模型精度一定的条件下，K大会使系统主要输出的稳态偏差增大，甚至引起系统的不稳定。这一点在选择二次输出量$Y_{\rm s}(s)$时要给予充分的重视。在扰动来源确定的情况下，二次输出量的选择应使扰动通道$A(s)$具有尽可能大的静态增益$\hat{A}(0)$，即应该选择能够更敏感地反映不可测扰动$D(s)$的可测变

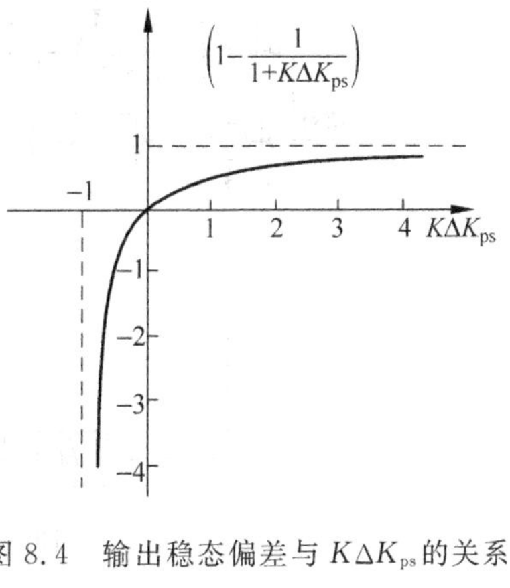

图 8.4 输出稳态偏差与$K\Delta K_{\rm ps}$的关系

量作为二次输出量。

3. 推理-反馈控制系统

图 8.3 所示的推理控制系统是一个主要由特定的不可测扰动驱动的开环控制系统，它没有考虑其他可能存在的扰动。而且，即使对于该特定的不可测扰动而言，当模型稳态增益存在误差时，系统主要输出总不可避免地存在稳态偏差。为了消除主要输出的稳态偏差，应尽可能引入反馈，构成推理-反馈控制系统，如图 8.5 所示。图中，$G_m(s)$为主要输出量的测量环节，其时间迟延可能相当大。$G_c(s)$为反馈控制器，一般可采用 PI 控制器。由于主要输出测量迟延很大，$G_c(s)$宜采用大的积分时间和小的比例增益，或采用纯积分作用。由于反馈回路的引入，当 $G_l(s)=1$ 时，可保证主要输出 $Y(s)$是稳态无差的。但 $G_l(s)$一般不取为 1，而要适当选择。选择 $G_l(s)$的原则是：假定模型准确，反馈回路的引入不应改变原来推理控制系统的响应。就是说，假定模型准确，在设定值变化下，推理、反馈控制系统的主要输出仍应具有下面的形式

$$Y(s)=G_f(s)R(s)$$

为此，要求在模型准确时，反馈控制器 $G_c(s)$不起作用，即令反馈控制器 $G_c(s)$的输入信号为

$$G_l(s)R(s)-G_m(s)G_f(s)R(s)=0$$

由此得

$$G_l(s)=G_m(s)G_f(s) \tag{8-12}$$

实际情况下，在设定值扰动作用下，有

$$\begin{aligned}U(s)&=G_i(s)R(s)+G_c(s)[G_l(s)R(s)-G_m(s)Y(s)]\\Y(s)&=G_p(s)U(s)\\&=[G_i(s)+G_c(s)G_l(s)]G_p(s)R(s)-G_p(s)G_c(s)G_m(s)Y(s)\end{aligned}$$

或

$$Y(s)=\frac{G_p(s)[G_i(s)+G_c(s)G_l(s)]}{1+G_p(s)G_c(s)G_m(s)}R(s)$$

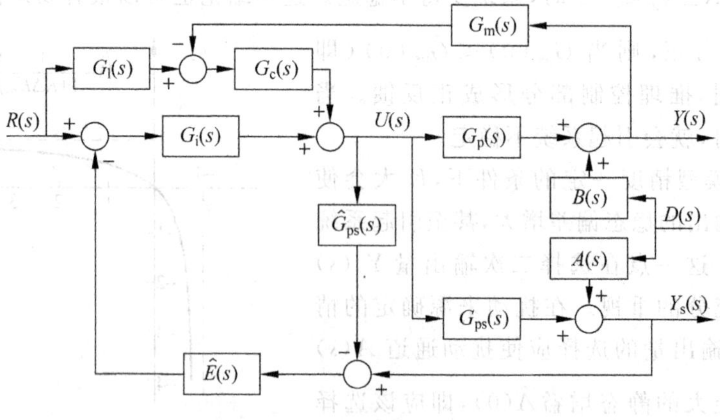

图 8.5 推理-反馈控制系统

$$= \frac{G_f(s)[G_p(s)/\hat{G}_p(s) + G_p(s)G_c(s)G_m(s)]}{1 + G_p(s)G_c(s)G_m(s)} R(s)$$

由于反馈控制器采用了积分作用，因而，即便$\hat{G}_p(s) \neq G_p(s)$，也能保证主要输出的稳态跟踪。

类似的分析表明，即便模型有误差或存在其他扰动，推理-反馈控制系统的主要输出是稳态无偏的。

8.3　多变量推理控制系统

本节将以图 8.6 所示的 2×2 系统为例讨论多变量推理控制系统的设计方法。

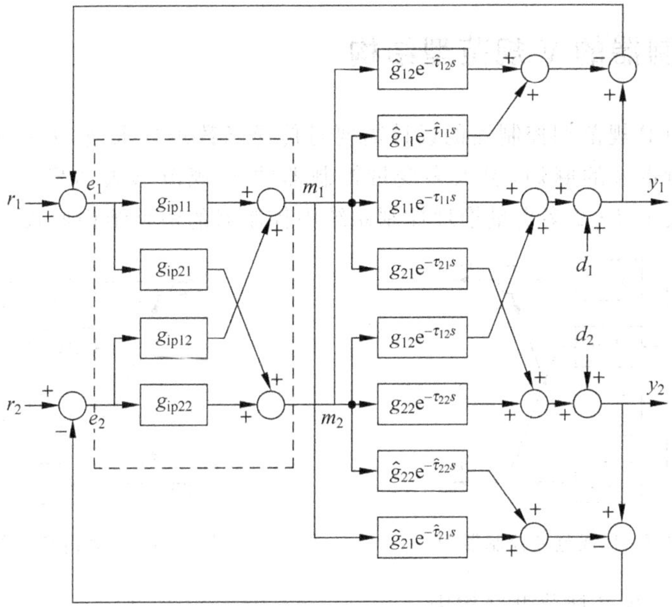

图 8.6　多变量推理控制系统

假定对象的传递函数矩阵为

$$\boldsymbol{G}(s) = \begin{bmatrix} g_{11}(s)e^{-\tau_{11}s} & g_{12}(s)e^{-\tau_{12}s} \\ g_{21}(s)e^{-\tau_{21}s} & g_{22}(s)e^{-\tau_{22}s} \end{bmatrix} \tag{8-13}$$

与单变量推理控制系统的设计相类似，引入对象的数学模型

$$\hat{\boldsymbol{G}}(s) = \begin{bmatrix} \hat{g}_{11}(s)e^{-\hat{\tau}_{11}s} & \hat{g}_{12}(s)e^{-\hat{\tau}_{12}s} \\ \hat{g}_{21}(s)e^{-\hat{\tau}_{21}s} & \hat{g}_{22}(s)e^{-\hat{\tau}_{22}s} \end{bmatrix}$$

以实现将负荷干扰 d_1 和 d_2 从输出 y_1 和 y_2 中分离出来的目的。设计多变量推理控制器

$$G_{ip}(s)=\begin{bmatrix} g_{ip11}(s) & g_{ip12}(s) \\ g_{ip21}(s) & g_{ip22}(s) \end{bmatrix}=\hat{G}^{-1}(s)$$

控制器的这样一种结构形式称为多变量控制器的P规范型结构[2]。系统输出为

$$Y(s)=\begin{bmatrix} Y_1(s) \\ Y_2(s) \end{bmatrix}=G(s)G_{ip}(s)e(s)+d(s)$$

当 $G_{ip}(s)=\hat{G}^{-1}(s)$ 时，$Y(s)=r(s)$。这样设计的控制系统不仅实现了变量之间的解耦，而且可以实现设定值变化的完全跟踪和不可测负荷干扰的完全补偿。需要指出，在多变量推理控制系统设计中，不仅遇到类似于单变量推理控制系统设计中的控制器可实现性问题，而且遇到传递函数矩阵的求逆问题。下面将围绕这两个问题进行讨论。

8.3.1 控制器的V规范型结构

图8.6中P规范型控制器的设计需要对传递函数矩阵求逆，为避免一般传递函数矩阵求逆所带来的麻烦，引入多变量控制器的V规范型表达形式[2]。图8.7和图8.8分别表示2×2多变量推理控制系统中控制器的两种结构形式。

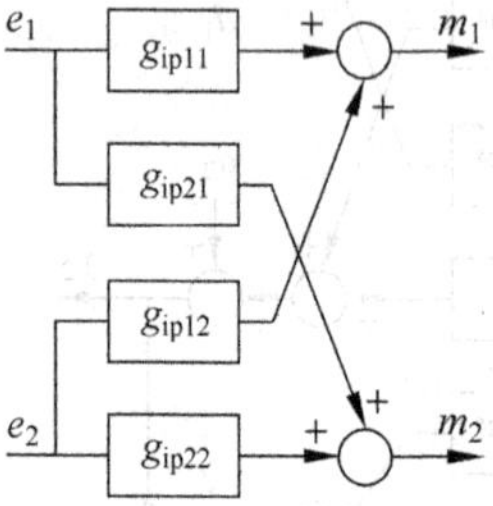

图8.7 P规范型控制器图

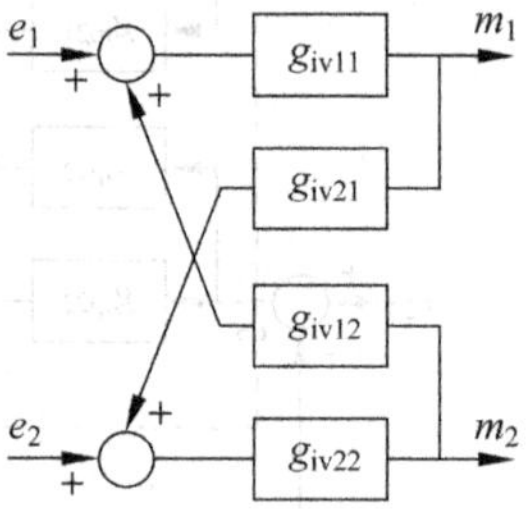

图8.8 V规范型控制器

不难看出，在P规范型结构中

$$\begin{bmatrix} m_1(s) \\ m_2(s) \end{bmatrix}=\begin{bmatrix} g_{ip11}(s) & g_{ip12}(s) \\ g_{ip21}(s) & g_{ip22}(s) \end{bmatrix}\begin{bmatrix} e_1(s) \\ e_2(s) \end{bmatrix}\overset{\text{def}}{=}G_{ip}(s)e(s)$$

而在V规范型结构中

$$\left.\begin{aligned} e_1(s)+m_2(s)g_{iv12}(s) &= m_1(s)g_{iv11}^{-1}(s) \\ e_2(s)+m_1(s)g_{iv21}(s) &= m_2(s)g_{iv22}^{-1}(s) \end{aligned}\right\}$$

即

$$\begin{bmatrix} m_1(s) \\ m_2(s) \end{bmatrix}=\begin{bmatrix} g_{iv11}^{-1}(s) & -g_{iv12}(s) \\ -g_{iv21}(s) & g_{iv22}^{-1}(s) \end{bmatrix}^{-1}\begin{bmatrix} e_1(s) \\ e_2(s) \end{bmatrix}\overset{\text{def}}{=}G_{iv}(s)e(s)$$

式中

$$G_{iv}(s)\overset{\text{def}}{=}\begin{bmatrix} g_{iv11}^{-1}(s) & -g_{iv12}(s) \\ -g_{iv21}(s) & g_{iv22}^{-1}(s) \end{bmatrix}$$

为 V 规范型控制器的传递函数矩阵。显然，$\boldsymbol{G}_{\mathrm{iv}}(s)=\boldsymbol{G}_{\mathrm{ip}}^{-1}(s)=\hat{\boldsymbol{G}}(s)$，避免了对传递矩阵 $\hat{\boldsymbol{G}}(s)$ 求逆。采用 V 规范型控制器的多变量推理控制系统如图 8.9 所示。

推理控制系统由 $\boldsymbol{G}_{\mathrm{iv}}(s)=\hat{\boldsymbol{G}}(s)$ 得到①

$$\left.\begin{aligned} g_{\mathrm{iv}11}(s) &= 1/g_{11}(s)\mathrm{e}^{-\tau_{11}s} \\ g_{\mathrm{iv}12}(s) &= -g_{12}(s)\mathrm{e}^{-\tau_{12}s} \\ g_{\mathrm{iv}21}(s) &= -g_{21}(s)\mathrm{e}^{-\tau_{21}s} \\ g_{\mathrm{iv}22}(s) &= 1/g_{22}(s)\mathrm{e}^{-\tau_{22}s} \end{aligned}\right\} \tag{8-14}$$

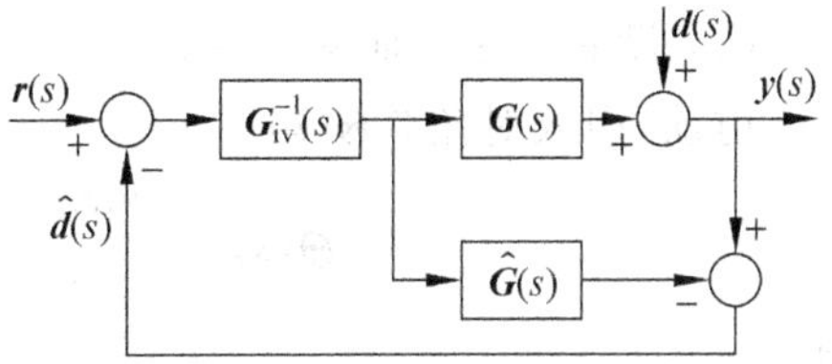

图 8.9　采用 V 规范型控制器的多变量

可见，引入 V 规范型结构后，避免了传递函数矩阵的求逆，使控制器的设计变得简单。然而，当对象具有时间迟延或高阶动态特性时，控制器存在可实现性问题。当对象具有右半平面的零点时，控制器存在稳定性问题。因而，多变量控制器的设计不能简单地取 $\boldsymbol{G}_{\mathrm{iv}}(s)=\hat{\boldsymbol{G}}(s)$，而要根据具体情况进行设计。

8.3.2　V 规范型控制器的设计

由式(8-14)可以看出，当 $\tau_{11},\tau_{22}\neq 0$ 时，控制器 $g_{\mathrm{iv}11}(s)$ 和 $g_{\mathrm{iv}22}(s)$ 中出现预测项。为此，必须设法消除控制器中的预测项，同时使系统具有解耦功能。下面分几种情况进行讨论。

1）主通道的时间迟延小于或等于耦合通道的时间迟延(称 $\boldsymbol{G}(s)$ 满足重构检验)

在 2×2 系统中，若 $\tau_{11}\leqslant\tau_{12},\tau_{22}\leqslant\tau_{21}$，则可引入对角矩阵 $\boldsymbol{\Theta}(s)$

$$\boldsymbol{\Theta}(s)=\begin{bmatrix}\mathrm{e}^{\theta_1 s} & 0\\ 0 & \mathrm{e}^{\theta_2 s}\end{bmatrix},\quad \theta_i=\min_j(\tau_{ij}) \tag{8-15}$$

设计控制器

$$\boldsymbol{G}_{\mathrm{iv}}(s)=\boldsymbol{\Theta}(s)\hat{\boldsymbol{G}}(s)=\begin{bmatrix}g_{11}(s) & g_{12}(s)\mathrm{e}^{-(\tau_{12}-\tau_{11})s}\\ g_{21}(s)\mathrm{e}^{-(\tau_{21}-\tau_{22})s} & g_{22}(s)\end{bmatrix} \tag{8-16}$$

控制器 $\boldsymbol{G}_{\mathrm{iv}}(s)$ 成为可实现的。

系统的输出响应为

$$\boldsymbol{y}(s)=\boldsymbol{G}(s)\boldsymbol{G}_{\mathrm{iv}}^{-1}(s)\boldsymbol{e}(s)+\boldsymbol{d}(s)$$

当 $\hat{\boldsymbol{G}}(s)=\boldsymbol{G}(s)$ 时

$$\boldsymbol{y}(s)=\boldsymbol{\Theta}^{-1}(s)\boldsymbol{r}(s)+[\boldsymbol{I}-\boldsymbol{\Theta}^{-1}(s)]\boldsymbol{d}(s) \tag{8-17}$$

式中

$$\boldsymbol{\Theta}^{-1}(s)=\begin{bmatrix}\mathrm{e}^{-\tau_{11}s} & 0\\ 0 & \mathrm{e}^{-\tau_{22}s}\end{bmatrix}$$

---

① 在讨论多变量推理控制系统设计方法时，始终假定 $\hat{\boldsymbol{G}}(s)=\boldsymbol{G}(s)$。为简便起见，除符号 $\hat{\boldsymbol{G}}(s)$ 外，模型 $\hat{\boldsymbol{G}}(s)$ 中的各元素均不再冠以“^”。

系统实现了动态解耦。输出对设定值变化的响应时间即主通道的迟延时间。

2）主通道的时间迟延大于耦合通道的时间迟延（$\boldsymbol{G}(s)$不满足重构检验）

又可以分下述几种情况：

(1) 设 $\tau_{11}>\tau_{12}$，而 $\tau_{22}\leqslant\tau_{21}$

仿前，引入对角阵$\boldsymbol{\Theta}(s)$

$$\boldsymbol{\Theta}(s)=\begin{bmatrix} e^{\theta_1 s} & 0 \\ 0 & e^{\theta_2 s} \end{bmatrix},\quad \theta_i=\min_j(\tau_{ij})$$

则

$$\boldsymbol{G}_{iv}(s)=\boldsymbol{\Theta}(s)\hat{\boldsymbol{G}}(s)=\begin{bmatrix} g_{11}(s)e^{-(\tau_{11}-\tau_{12})s} & g_{12}(s) \\ g_{21}(s)e^{-(\tau_{21}-\tau_{22})s} & g_{22}(s) \end{bmatrix}$$

由于 $\tau_{11}-\tau_{12}>0$，因而控制器 $g_{iv11}(s)=1/g_{11}(s)e^{-(\tau_{11}-\tau_{12})s}$ 中出现预测项。为此，需将对象 $\boldsymbol{G}(s)$加以改造，选择对角阵

$$\boldsymbol{D}(s)=\begin{bmatrix} 1 & 0 \\ 0 & e^{-ds} \end{bmatrix}$$

使改造后的对象 $\boldsymbol{G}(s)\boldsymbol{D}(s)$（称为视在对象）满足重构检验条件，即主通道的时间迟延最小。视在对象的多变量推理控制系统如图 8.10 所示。图中

$$\boldsymbol{G}(s)\boldsymbol{D}(s)=\begin{bmatrix} g_{11}(s)e^{-\tau_{11}s} & g_{12}(s)e^{-(\tau_{12}+d)s} \\ g_{21}(s)e^{-\tau_{21}s} & g_{22}(s)e^{-(\tau_{22}+d)s} \end{bmatrix} \tag{8-18}$$

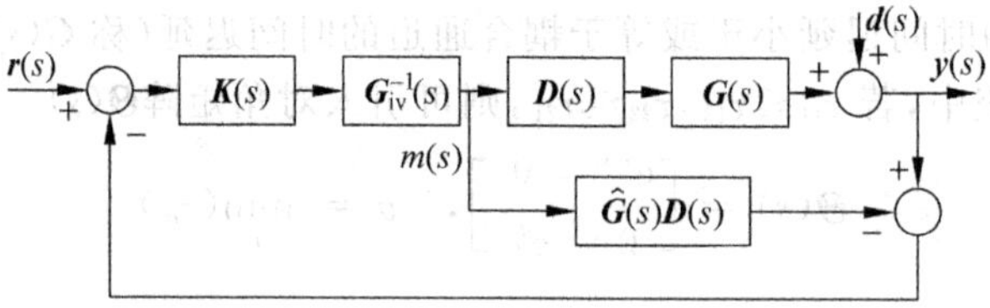

图 8.10 视在对象的多变量推理控制系统

为使对角线上的时间迟延最小，d 应作如下选择：

① 若 $\tau_{11}-\tau_{12}<\tau_{21}-\tau_{22}$，则 d 应满足条件

$$\tau_{11}-\tau_{12}\leqslant d<\tau_{21}-\tau_{22}$$

取

$$d=\min\{\tau_{11}-\tau_{12},\tau_{21}-\tau_{22}\}=\tau_{11}-\tau_{12}$$

则 $\boldsymbol{G}(s)\boldsymbol{D}(s)$主对角线上的迟延最小。以 $\boldsymbol{G}(s)\boldsymbol{D}(s)$为对象，按(1)中所述方法设计控制器 $\boldsymbol{G}_{iv}(s)=\boldsymbol{\Theta}(s)\hat{\boldsymbol{G}}(s)\boldsymbol{D}(s)$。这时，对角阵$\boldsymbol{\Theta}(s)$不是根据对象 $\boldsymbol{G}(s)$而是根据视在对象 $\boldsymbol{G}(s)\boldsymbol{D}(s)$来选取

$$\boldsymbol{\Theta}(s)=\begin{bmatrix} e^{\theta_1 s} & 0 \\ 0 & e^{\theta_2 s} \end{bmatrix}=\begin{bmatrix} e^{\tau_{11}s} & 0 \\ 0 & e^{(\tau_{22}+d)s} \end{bmatrix}$$

$$\boldsymbol{G}_{iv}(s)=\boldsymbol{\Theta}(s)\hat{\boldsymbol{G}}(s)\boldsymbol{D}(s)=\begin{bmatrix} g_{11}(s) & g_{12}(s)e^{-(\tau_{12}-\tau_{11}+d)s} \\ g_{21}(s)e^{-(\tau_{21}-\tau_{22}-d)s} & g_{22}(s) \end{bmatrix} \tag{8-19}$$

$\boldsymbol{G}_{iv}(s)$中不出现预测项。

系统的输出响应为

$$\boldsymbol{y}(s)=\boldsymbol{G}(s)\boldsymbol{D}(s)\boldsymbol{G}_{iv}^{-1}(s)\boldsymbol{e}(s)+\boldsymbol{d}(s)$$

当$\hat{\boldsymbol{G}}(s)=\boldsymbol{G}(s)$时

$$\boldsymbol{y}(s)=\boldsymbol{\Theta}^{-1}(s)\boldsymbol{r}(s)+[\boldsymbol{I}-\boldsymbol{\Theta}^{-1}(s)]\boldsymbol{d}(s) \tag{8-20}$$

式中，$\boldsymbol{\Theta}^{-1}(s)=\mathrm{diag}(\mathrm{e}^{-\tau_{11}s}\quad \mathrm{e}^{-(\tau_{22}+d)s})$。

由上可见，通过将 $\boldsymbol{G}(s)$改造为 $\boldsymbol{G}(s)\boldsymbol{D}(s)$，使多变量控制器中不出现预测项，同时实现了解耦。

② 若 $\tau_{11}-\tau_{12}>\tau_{21}-\tau_{22}$，如仍选

$$\boldsymbol{D}(s)=\begin{bmatrix}1 & 0\\ 0 & \mathrm{e}^{-ds}\end{bmatrix},\quad d=\min\{\tau_{11}-\tau_{12},\tau_{21}-\tau_{22}\}=\tau_{21}-\tau_{22}$$

由式(8-18)可见，$\boldsymbol{G}(s)\boldsymbol{D}(s)$的第一行中，最小时间迟延不出现在对角线上，因而视在对象 $\boldsymbol{G}(s)\boldsymbol{D}(s)$也不满足重构检验。我们注意到，如将 $\boldsymbol{G}(s)$中的第一行与第二行交换(也可将列与列交换)，得到

$$\boldsymbol{G}'(s)=\begin{bmatrix}g_{21}(s)\mathrm{e}^{-\tau_{21}s} & g_{22}(s)\mathrm{e}^{-\tau_{22}s}\\ g_{11}(s)\mathrm{e}^{-\tau_{11}s} & g_{12}(s)\mathrm{e}^{-\tau_{12}s}\end{bmatrix}$$

仍选 $d=\tau_{21}-\tau_{22}$，$\boldsymbol{D}(s)=\mathrm{diag}[1\quad \mathrm{e}^{-ds}]$则

$$\boldsymbol{G}'(s)\boldsymbol{D}(s)=\begin{bmatrix}g_{21}(s)\mathrm{e}^{-\tau_{21}s} & g_{22}(s)\mathrm{e}^{-(\tau_{22}+d)s}\\ g_{11}(s)\mathrm{e}^{-\tau_{11}s} & g_{12}(s)\mathrm{e}^{-(\tau_{12}+d)s}\end{bmatrix} \tag{8-21}$$

满足重构检验，因而可按(1)中所述方法设计控制器。选择对角阵

$$\boldsymbol{\Theta}(s)=\begin{bmatrix}\mathrm{e}^{\tau_{21}s} & 0\\ 0 & \mathrm{e}^{(\tau_{12}+d)s}\end{bmatrix}$$

则控制器 $\boldsymbol{G}_{iv}(s)$为

$$\boldsymbol{G}_{iv}(s)=\boldsymbol{\Theta}(s)\hat{\boldsymbol{G}}'(s)\boldsymbol{D}(s)=\begin{bmatrix}g_{21}(s) & g_{22}(s)\mathrm{e}^{-(\tau_{22}+d-\tau_{21})s}\\ g_{11}(s)\mathrm{e}^{-(\tau_{11}-\tau_{12}-d)s} & g_{12}(s)\end{bmatrix}$$

即

$$\left.\begin{aligned}g_{iv11}(s)&=\frac{1}{g_{21}(s)}\\ g_{iv21}(s)&=-g_{11}(s)\mathrm{e}^{-(\tau_{11}-d-\tau_{12})s}\\ g_{iv12}(s)&=-g_{22}(s)\mathrm{e}^{-(\tau_{22}+d-\tau_{21})s}\\ g_{iv22}(s)&=\frac{1}{g_{12}(s)}\end{aligned}\right\} \tag{8-22}$$

与式(8-19)所示的控制器显然不一样。

需要指出，当对象的传递函数矩阵 $\boldsymbol{G}(s)$进行行与行(或列与列)交换后，所设计出来的控制器不同，因而系统输入输出关系上发生了某些变化。下面就来分析这个问题，并提出解决办法。

由图 8.10 知

$$\begin{bmatrix} y_1(s) \\ y_2(s) \end{bmatrix} = \boldsymbol{G}(s)\boldsymbol{D}(s)\begin{bmatrix} m_1(s) \\ m_2(s) \end{bmatrix} + \begin{bmatrix} d_1(s) \\ d_2(s) \end{bmatrix}$$

当 $\boldsymbol{G}(s)$变换成 $\boldsymbol{G}'(s)$后，为保持系统中 $\boldsymbol{m}(s)$和 $\boldsymbol{y}(s)$之间的关系，则有

$$\begin{bmatrix} y_2(s) \\ y_1(s) \end{bmatrix} = \boldsymbol{G}'(s)\boldsymbol{D}(s)\begin{bmatrix} m_1(s) \\ m_2(s) \end{bmatrix} + \begin{bmatrix} d_2(s) \\ d_1(s) \end{bmatrix}$$

而

$$\begin{bmatrix} m_1(s) \\ m_2(s) \end{bmatrix} = \boldsymbol{G}_{\mathrm{iv}}^{-1}(s)\begin{bmatrix} e_1(s) \\ e_2(s) \end{bmatrix}$$

所以

$$\begin{aligned}\begin{bmatrix} y_2(s) \\ y_1(s) \end{bmatrix} &= \boldsymbol{G}'(s)\boldsymbol{D}(s)\boldsymbol{G}_{\mathrm{iv}}^{-1}(s)\begin{bmatrix} e_1(s) \\ e_2(s) \end{bmatrix} + \begin{bmatrix} d_2(s) \\ d_1(s) \end{bmatrix} \\ &= \boldsymbol{G}'(s)\boldsymbol{D}(s)[\boldsymbol{\theta}(s)\hat{\boldsymbol{G}}'(s)\boldsymbol{D}(s)]^{-1}\begin{bmatrix} e_1(s) \\ e_2(s) \end{bmatrix} + \begin{bmatrix} d_2(s) \\ d_1(s) \end{bmatrix}\end{aligned}$$

当$\hat{\boldsymbol{G}}(s)=\boldsymbol{G}'(s)$时

$$\begin{bmatrix} y_2(s) \\ y_1(s) \end{bmatrix} = \boldsymbol{\Theta}^{-1}(s)\begin{bmatrix} e_1(s) \\ e_2(s) \end{bmatrix} + \begin{bmatrix} d_2(s) \\ d_1(s) \end{bmatrix}$$

当 $\boldsymbol{d}(s)=0$ 时

$$\begin{bmatrix} y_2(s) \\ y_1(s) \end{bmatrix} = \boldsymbol{\Theta}^{-1}(s)\begin{bmatrix} r_1(s) \\ r_2(s) \end{bmatrix}$$

出现输出与设定值之间的交叉跟踪现象。为克服 $y_1(s)$，$y_2(s)$与 $e_2(s)$，$e_1(s)$之间的交叉跟踪现象，可使偏差信号 $e(s)$经传递函数为 $\boldsymbol{K}(s)$的校正环节再送到控制器去。一般情况下，取 $\boldsymbol{K}(s)=\boldsymbol{I}$，而当 $\boldsymbol{G}(s)$需进行行与行(或列与列)交换时，则取

$$\boldsymbol{K}(s) = \begin{bmatrix} 0 & 1 \\ 1 & 0 \end{bmatrix}$$

这时，系统的输出响应为

$$\begin{bmatrix} y_2(s) \\ y_1(s) \end{bmatrix} = \boldsymbol{\Theta}^{-1}(s)\boldsymbol{K}(s)\begin{bmatrix} e_1(s) \\ e_2(s) \end{bmatrix} + \begin{bmatrix} d_2(s) \\ d_1(s) \end{bmatrix} = \boldsymbol{\Theta}^{-1}(s)\begin{bmatrix} e_2(s) \\ e_1(s) \end{bmatrix} + \begin{bmatrix} d_2(s) \\ d_1(s) \end{bmatrix}$$

当模型准确时

$$\begin{bmatrix} y_2(s) \\ y_1(s) \end{bmatrix} = \boldsymbol{\Theta}^{-1}(s)\begin{bmatrix} r_2(s) \\ r_1(s) \end{bmatrix} + [\boldsymbol{I} - \boldsymbol{\Theta}^{-1}(s)]\begin{bmatrix} d_2(s) \\ d_1(s) \end{bmatrix} \tag{8-23}$$

不再出现交叉跟踪现象。

(2) 若 $\tau_{11} \leqslant \tau_{12}$，而 $\tau_{22} > \tau_{21}$

与情况(1)类似，首先必须将对象 $\boldsymbol{G}(s)$加以改造，以满足重构检验。它又可分两种情况：

① $\tau_{12} - \tau_{11} > \tau_{22} - \tau_{21}$ 选对角阵

$$\boldsymbol{D}(s) = \begin{bmatrix} \mathrm{e}^{-ds} & 0 \\ 0 & 1 \end{bmatrix}$$

d 应满足条件 $\tau_{22}-\tau_{21}\leqslant d<\tau_{12}-\tau_{11}$。选取

$$d=\min\{\tau_{12}-\tau_{11},\tau_{22}-\tau_{21}\}=\tau_{22}-\tau_{21}$$

则

$$\boldsymbol{G}(s)\boldsymbol{D}(s)=\begin{bmatrix} g_{11}(s)\mathrm{e}^{-(\tau_{11}+d)s} & g_{12}(s)\mathrm{e}^{-\tau_{12}s} \\ g_{21}(s)\mathrm{e}^{-(\tau_{21}+d)s} & g_{22}(s)\mathrm{e}^{-\tau_{22}s} \end{bmatrix}$$

最小时间迟延出现在 $\boldsymbol{G}(s)\boldsymbol{D}(s)$ 的对角线上，因而满足重构检验，可按情况(1)设计控制器。选对角阵

$$\boldsymbol{\Theta}(s)=\begin{bmatrix} \mathrm{e}^{(\tau_{11}+d)s} & 0 \\ 0 & \mathrm{e}^{\tau_{22}s} \end{bmatrix}$$

设计控制器

$$\boldsymbol{G}_{\mathrm{iv}}(s)=\boldsymbol{\Theta}(s)\,\hat{\boldsymbol{G}}(s)\boldsymbol{D}(s)=\begin{bmatrix} g_{11}(s) & g_{12}(s)\mathrm{e}^{-(\tau_{12}-\tau_{11}-d)s} \\ g_{21}(s)\mathrm{e}^{-(\tau_{21}-\tau_{22}+d)s} & g_{22}(s) \end{bmatrix} \tag{8-24}$$

系统输出响应为

$$\begin{aligned} \boldsymbol{y}(s) &= \boldsymbol{G}(s)\boldsymbol{D}(s)\,\hat{\boldsymbol{G}}_{\mathrm{iv}}^{-1}(s)e(s)+\begin{bmatrix} d_1(s) \\ d_2(s) \end{bmatrix} \\ &= \boldsymbol{\Theta}^{-1}(s)r(s)+[I-\boldsymbol{\Theta}^{-1}(s)]d(s) \end{aligned} \tag{8-25}$$

式中

$$\boldsymbol{\Theta}^{-1}(s)=\begin{bmatrix} \mathrm{e}^{-(\tau_{11}+d)s} & 0 \\ 0 & \mathrm{e}^{-\tau_{22}s} \end{bmatrix}$$

② $\tau_{12}-\tau_{11}<\tau_{22}-\tau_{21}$ 与情况(1)中的②相类似，先将 $\boldsymbol{G}(s)$ 中的第一行与第二行进行交换，得到

$$\boldsymbol{G}'(s)=\begin{bmatrix} g_{21}(s)\mathrm{e}^{-\tau_{21}s} & g_{22}(s)\mathrm{e}^{-\tau_{22}s} \\ g_{11}(s)\mathrm{e}^{-\tau_{11}s} & g_{12}(s)\mathrm{e}^{-\tau_{12}s} \end{bmatrix}$$

然后，选择对角阵

$$\boldsymbol{D}(s)=\begin{bmatrix} \mathrm{e}^{-ds} & 0 \\ 0 & 1 \end{bmatrix}$$

d 应满足条件 $\tau_{12}-\tau_{11}\leqslant d<\tau_{22}-\tau_{21}$，取

$$d=\min\{\tau_{12}-\tau_{11},\tau_{22}-\tau_{21}\}=\tau_{12}-\tau_{11}$$

则改造过的对象为

$$\boldsymbol{G}'(s)\boldsymbol{D}(s)=\begin{bmatrix} g_{21}(s)\mathrm{e}^{-(\tau_{21}+d)s} & g_{22}(s)\mathrm{e}^{-\tau_{22}s} \\ g_{11}(s)\mathrm{e}^{-(\tau_{11}+d)s} & g_{12}(s)\mathrm{e}^{-\tau_{12}s} \end{bmatrix}$$

$\boldsymbol{G}'(s)\boldsymbol{D}(s)$ 满足重构检验，因而可按情况(1)所述原则设计控制器。令

$$\boldsymbol{\Theta}(s)=\begin{bmatrix} \mathrm{e}^{(\tau_{21}+d)s} & 0 \\ 0 & \mathrm{e}^{\tau_{12}s} \end{bmatrix}$$

则控制器

$$\boldsymbol{G}_{\mathrm{iv}}(s)=\boldsymbol{\Theta}(s)\,\hat{\boldsymbol{G}}'(s)\boldsymbol{D}(s)=\begin{bmatrix} g_{21}(s) & g_{22}(s)\mathrm{e}^{-(\tau_{22}-d-\tau_{21})s} \\ g_{11}(s)\mathrm{e}^{-(\tau_{11}-\tau_{12}+d)s}0 & g_{12}(s) \end{bmatrix}$$

即

$$\left.\begin{aligned}g_{iv11}(s)&=\frac{1}{g_{21}(s)}\\g_{iv21}(s)&=-g_{11}(s)\mathrm{e}^{-(\tau_{11}+d-\tau_{12})s}\\g_{iv12}(s)&=-g_{22}(s)\mathrm{e}^{-(\tau_{22}-d-\tau_{21})s}\\g_{iv22}(s)&=\frac{1}{g_{12}(s)}\end{aligned}\right\}\tag{8-26}$$

与情况(1)中的②相类似，为克服因 $\boldsymbol{G}(s)$ 的行与行(或列与列)交换所带来的输出输入交叉跟踪的现象，同样需加校正环节 $\boldsymbol{K}(s)$，校正后的系统输出响应为

$$\begin{bmatrix}y_2(s)\\y_1(s)\end{bmatrix}=\boldsymbol{\Theta}^{-1}(s)\begin{bmatrix}r_2(s)\\r_1(s)\end{bmatrix}+[\boldsymbol{I}-\boldsymbol{\Theta}^{-1}(s)]\begin{bmatrix}d_2(s)\\d_1(s)\end{bmatrix}\tag{8-27}$$

式中

$$\boldsymbol{\Theta}^{-1}(s)=\begin{bmatrix}\mathrm{e}^{-(\tau_{21}+d)s}&0\\0&\mathrm{e}^{-\tau_{12}s}\end{bmatrix}$$

3) 主通道的时延全大于耦合通道的时延

若 $\tau_{11}>\tau_{12},\tau_{22}>\tau_{21}$，$\boldsymbol{G}(s)$ 同样不满足重构检验，但在这种情况下，无需将对象加以改造，而只需直接将 $\boldsymbol{G}(s)$ 的行与行(或列与列)进行交换，得到

$$\boldsymbol{G}'(s)=\begin{bmatrix}g_{21}(s)\mathrm{e}^{-\tau_{21}s}&g_{22}(s)\mathrm{e}^{-\tau_{22}s}\\g_{11}(s)\mathrm{e}^{-\tau_{11}s}&g_{12}(s)\mathrm{e}^{-\tau_{12}s}\end{bmatrix}$$

选择对角阵

$$\boldsymbol{\Theta}(s)=\mathrm{diag}(\mathrm{e}^{\tau_{21}s},\mathrm{e}^{\tau_{12}s})$$

设计控制器

$$\boldsymbol{G}_{iv}(s)=\boldsymbol{\Theta}(s)\hat{\boldsymbol{G}}'(s)=\begin{bmatrix}g_{21}(s)&g_{22}(s)\mathrm{e}^{-(\tau_{22}-\tau_{21})s}\\g_{11}(s)\mathrm{e}^{-(\tau_{11}-\tau_{12})s}&g_{12}(s)\end{bmatrix}$$

在这种情况下，同样会出现系统输出与设定值之间的交叉跟踪现象，校正办法同前。校正后的系统输出为

$$\begin{bmatrix}y_2(s)\\y_1(s)\end{bmatrix}=\boldsymbol{\Theta}^{-1}(s)\begin{bmatrix}r_2(s)\\r_1(s)\end{bmatrix}+[\boldsymbol{I}-\boldsymbol{\Theta}^{-1}(s)]\begin{bmatrix}d_2(s)\\d_1(s)\end{bmatrix}$$

式中

$$\boldsymbol{\Theta}^{-1}(s)=\begin{bmatrix}\mathrm{e}^{-\tau_{21}s}&0\\0&\mathrm{e}^{-\tau_{12}s}\end{bmatrix}$$

8.3.3 滤波阵的选择

前面讨论了当对象存在时间迟延时，如何设计控制器才能实现系统解耦而控制器中又不出现因时间迟延而产生的预测项。讨论中，我们暂时忽略了一点，即传递函数矩阵 $\boldsymbol{G}(s)$ 中的 $g_{11}(s)$，$g_{12}(s)$，$g_{21}(s)$ 和 $g_{22}(s)$ 为高阶惯性环节时，控制器中会

出现高阶微分项(见式(8-16)),这同样使控制器不能实现。即使是一阶惯性环节,如不采取适当措施,在存在频繁剧烈扰动的情况下,系统也可能不稳定。解决这个问题的办法与单变量推理控制相类似,可以引进惯性滤波阵 $\boldsymbol{F}(s)$。$\boldsymbol{F}(s)$一般取对角阵

$$\boldsymbol{F}(s)=\begin{bmatrix} f_1^{-1}(s) & 0 \\ 0 & f_2^{-1}(s) \end{bmatrix}$$

引入滤波阵后的控制器就成为

$$\boldsymbol{G}_{\mathrm{iv}}(s)=\boldsymbol{F}(s)\boldsymbol{\Theta}(s)\hat{\boldsymbol{G}}(s)\boldsymbol{D}(s)$$

或

$$\boldsymbol{G}_{\mathrm{iv}}(s)=\boldsymbol{F}(s)\boldsymbol{\Theta}(s)\hat{\boldsymbol{G}}'(s)\boldsymbol{D}(s)$$

下面以第一种情况为例(即主通道的时间迟延小于或等于耦合通道的时间迟延),说明滤波阵 $\boldsymbol{F}(s)$ 的选取和对系统性能的影响。此时,控制器(参见式(8-16))为

$$\boldsymbol{G}_{\mathrm{iv}}=\boldsymbol{F}(s)\boldsymbol{\Theta}(s)\hat{\boldsymbol{G}}(s)=\begin{bmatrix} f_1^{-1}(s)g_{11}(s) & f_1^{-1}(s)g_{12}(s)\mathrm{e}^{-(\tau_{12}-\tau_{11})s} \\ f_2^{-1}(s)g_{21}(s)\mathrm{e}^{-(\tau_{21}-\tau_{22})s} & f_2^{-1}(s)g_{22}(s) \end{bmatrix}$$

即

$$\left.\begin{aligned} g_{\mathrm{iv11}}(s) &= f_1(s)/g_{11}(s) \\ g_{\mathrm{iv12}}(s) &= -g_{12}(s)\mathrm{e}^{-(\tau_{12}-\tau_{11})s}/f_1(s) \\ g_{\mathrm{iv21}}(s) &= -g_{21}(s)\mathrm{e}^{-(\tau_{21}-\tau_{22})s}/f_2(s) \\ g_{\mathrm{iv22}}(s) &= f_2(s)/g_{22}(s) \end{aligned}\right\} \tag{8-28}$$

若 $g_{11}(s)$和 $g_{12}(s)$具有相同的阶次 m,$g_{21}(s)$和 $g_{22}(s)$具有相同的阶次 n,则取

$$f_1(s)=\frac{1}{(T_{\mathrm{f1}}s+1)^m}$$

$$f_2(s)=\frac{1}{(T_{\mathrm{f2}}s+1)^n}$$

此时,系统的输出响应为

$$\boldsymbol{y}(s)=\boldsymbol{G}(s)\boldsymbol{G}_{\mathrm{iv}}^{-1}(s)\boldsymbol{K}(s)\boldsymbol{e}(s)+\boldsymbol{d}(s)$$

当$\hat{\boldsymbol{G}}(s)=\boldsymbol{G}(s)$时

$$\boldsymbol{y}(s)=\boldsymbol{\Theta}^{-1}(s)\boldsymbol{F}^{-1}(s)\boldsymbol{r}(s)+[\boldsymbol{I}-\boldsymbol{\Theta}^{-1}(s)\boldsymbol{F}^{-1}(s)]\boldsymbol{d}(s) \tag{8-29}$$

式中

$$\boldsymbol{\Theta}^{-1}(s)\boldsymbol{F}^{-1}(s)=\begin{bmatrix} f_1(s)\mathrm{e}^{-\tau_{11}s} & 0 \\ 0 & f_2(s)\mathrm{e}^{-\tau_{22}s} \end{bmatrix}$$

可以看出,加入滤波阵后,仍能实现系统的动态解耦。由于滤波阵的静态增益阵为单位阵,因而设定值变化下的输出稳态偏差为零。

当 $g_{11}(s)$和 $g_{12}(s)$具有不同的阶次,滤波器 $f_1(s)$的选取稍微复杂一些。若 $g_{11}(s)$的阶次比 $g_{12}(s)$低,则 $f_1(s)$应与 $g_{11}(s)$同阶;若 $g_{11}(s)$的阶次比 $g_{12}(s)$高,则

无论 $f_1(s)$ 的阶次如何选，$g_{\mathrm{iv11}}(s)$ 和 $g_{\mathrm{iv12}}(s)$ 中总有一个不可避免地出现微分项。当 $g_{21}(s)$ 和 $g_{22}(s)$ 的阶次不等时，$f_2(s)$ 的选取与前类似。

8.4 应用举例

由于推理控制可以有效地克服不可测扰动的影响，因而具有很大的实际应用价值。文献[3～5]中介绍了推理控制在精馏塔塔顶(底)产品组分、工业用高压釜中心温度、聚合反应器内反应物平均分子量和放热催化反应器产品组分控制方面的研究成果。下面以丁烷精馏塔塔顶产品组分的控制为例介绍推理控制的应用及其应用中的实际问题。

8.4.1 丁烷精馏塔及其近似传递函数

丁烷精馏塔共有 16 层塔板，塔的进料为包括丁烷在内的 5 种组分的混合气体。塔顶产品为丁烷，丁烷的纯度需要进行控制。塔在运行过程中的主要扰动为进料量。塔顶产品丁烷的纯度可以用成分分析仪表进行分析。但现有的分析仪表不仅价格昂贵，而且测量迟延比较大，很难满足实时控制的要求。因而丁烷纯度属难以测量的输出量。精馏塔的总进料量虽然可测，但由于进料是一种混合物，各种组分的进料干扰量的测量又变成了对混合进料的组分分析。因而进料中各组分的进料干扰量实际上是一种不可测量的扰动。对于这样一种输出和扰动均属不可测量的过程，文献[3]的作者采用推理控制的方法进行了试验研究。他们选择第 14 块塔板处的温度作为二次输出量，选择塔的回流量作为控制量。经过试验，获得塔的控制通道和干扰通道的模型如表 8.1 和表 8.2 所示。这里，精馏塔的进料扰动为进料中 5 种不同组分的进料扰动，因而是一个多输入-单输出系统。干扰通道的传递函数 $\hat{a}_i(s)$ 和 $\hat{b}_i(s)$ 分别对应于不同的进料组分。对于这类多输入-单输出系统，定义

$$\boldsymbol{a}(s)=\begin{bmatrix}\hat{a}_1(s)\\ \hat{a}_2(s)\\ \vdots\\ \hat{a}_5(s)\end{bmatrix},\quad \boldsymbol{b}(s)=\begin{bmatrix}\hat{b}_1(s)\\ \hat{b}_2(s)\\ \vdots\\ \hat{b}_5(s)\end{bmatrix},\quad \boldsymbol{d}(s)=\begin{bmatrix}\hat{d}_1(s)\\ \hat{d}_2(s)\\ \vdots\\ \hat{d}_5(s)\end{bmatrix}$$

表 8.1 以丁烷纯度为输出的控制通道和干扰通道的传递函数

$\hat{b}_1(s)$	$\hat{b}_2(s)$	$\hat{b}_3(s)$	$\hat{b}_4(s)$	$\hat{b}_5(s)$	$G_p(s)$
$\dfrac{-0.188}{72s+1}$	$\dfrac{-0.163}{72s+1}$	$\dfrac{-0.0199}{70s+1}$	$\dfrac{0.0043}{70s+1}$	$\dfrac{0.002}{85s+1}$	$\dfrac{-0.173}{70s+1}$

表 8.2 以第 14 层塔板温度为输出的控制通道和干扰通道的传递函数

$\hat{a}_1(s)$	$\hat{a}_2(s)$	$\hat{a}_3(s)$	$\hat{a}_4(s)$	$\hat{a}_5(s)$	$\hat{G}_{ps}(s)$
$\frac{-42.02}{50s+1}$	$\frac{-35.92}{70s+1}$	$\frac{4.45}{65s+1}$	$\frac{1.10}{70s+1}$	$\frac{0.46}{75s+1}$	$\frac{36}{65s+1}$

尽管 $\boldsymbol{d}(s)$ 为向量，但它对主要输出 $Y(s)$ 和二次输出 $Y_s(s)$ 的影响仍表现为标量的形式 $\boldsymbol{b}^{\mathrm{T}}(s)\boldsymbol{d}(s)$ 和 $\boldsymbol{a}^{\mathrm{T}}(s)\boldsymbol{d}(s)$，即

$$Y(s)=\boldsymbol{b}^{\mathrm{T}}(s)\boldsymbol{d}(s)+G_p(s)U(s)$$
$$Y_s(s)=\boldsymbol{a}^{\mathrm{T}}(s)\boldsymbol{d}(s)+G_{ps}(s)U(s)$$

设计估计器 $\hat{E}(s)$，其输入为扰动 $\boldsymbol{d}(s)$ 中的各分量对二次输出的影响的综合 $\boldsymbol{a}^{\mathrm{T}}(s)\boldsymbol{d}(s)$，估计器 $\hat{E}(s)$ 是标量传递函数，它不可能分别估计出扰动各分量对输出的影响，它所估计出的是扰动 $\boldsymbol{d}(s)$ 中各分量对输出影响的总和 $\boldsymbol{b}^{\mathrm{T}}(s)\boldsymbol{d}(s)$。估计器应满足下式

$$\hat{E}(s)\boldsymbol{a}^{\mathrm{T}}(s)\boldsymbol{d}(s)=\boldsymbol{b}^{\mathrm{T}}(s)\boldsymbol{d}(s)$$

由此可得

$$\hat{E}(s)=\boldsymbol{b}^{\mathrm{T}}(s)\boldsymbol{d}(s)[\boldsymbol{a}^{\mathrm{T}}(s)\boldsymbol{d}(s)]^{-1}$$

按图 8.3 所示结构即可构成以精馏塔塔顶产品纯度为输出的推理控制系统，所不同的是这里 $\boldsymbol{a}(s)$，$\boldsymbol{b}(s)$ 为传递函数向量。

对于这样一种多输入单输出系统，也可以根据具体情况将其简化为单输入单输出系统。从表 8.1 和表 8.2 可以看到，传递函数 $\hat{a}_1\sim\hat{a}_5$ 中的时间常数相差不大，而 $\hat{b}_1\sim\hat{b}_5$ 的时间常数也很相近。新构成传递函数 $a(s)$ 和 $b(s)$，其增益和时间常数分别为 $\hat{a}_i(s)$ 和 $\hat{b}_i(s)$ 的算术平均值

$$a(s)=\frac{-14.02}{66s+1},\quad b(s)=\frac{-0.06496}{76s+1}$$

以 $a(s)$ 和 $b(s)$ 分别代替 $\hat{a}_i(s)$ 和 $\hat{b}_i(s)$，则得单输入，单输出系统的输出和二次输出为

$$Y(s)=b(s)d(s)+G_p(s)U(s)$$
$$Y_s(s)=a(s)d(s)+G_{ps}(s)U(s)$$

注意，式中 $d(s)=d_1(s)+d_2(s)+d_3(s)+d_4(s)+d_5(s)$。设计估计器

$$E(s)=\frac{b(s)}{a(s)}=0.0046\,\frac{66s+1}{77s+1}$$

已知 $\hat{G}_p(s)=-\dfrac{0.173}{70s+1}$，设计滤波器 $G_f(s)=\dfrac{1}{10s+1}$，则可得推理控制器为

$$G_i(s)=G_f(s)/\hat{G}_p(s)=-5.78\left(\frac{70s+1}{10s+1}\right)$$

以此构成的推理控制系统，在进料丁烷流量产生 10% 阶跃变化时，塔顶丁烷纯度的响应如图 8.11 中的曲线 1 所示。曲线 2 是在同样扰动下，以 14 层塔板的温度

为被控量所构成的常规控制系统时，塔顶丁烷纯度的响应。曲线 3 则是以塔顶丁烷纯度为反馈量，采用常规控制所得到的响应。不难看出，推理控制的效果优于其他两种控制方案。

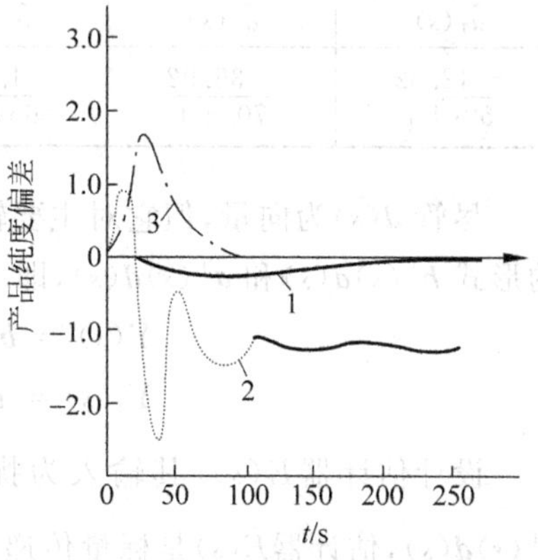

图 8.11 塔顶丁烷纯度响应曲线

8.4.2 二次输出量的选择

系统的主要输出为系统的被控量，当主要输出不可测量时，必须选择二次输出量，通过它得到控制所必需的信息。二次输出量的选择应考虑以下几个因素：

(1) 首先，二次输出量必须是可测的。

(2) 负荷干扰与二次输出量之间存在唯一的、确定的扰动通道。

(3) 要求二次输出量能非常灵敏地反映扰动的影响。在 8.2.3 小节中已经分析过，$K \overset{\text{def}}{=} \hat{B}(0)/\hat{A}(0)\hat{G}_p(0)$越大，则因模型静态增益的误差而引起的系统输出的稳态偏差也越大，一定条件下，甚至会使系统变得不稳定。在实际过程中，扰动源一旦确定，干扰通道 $B(s)$就确定了。而干扰通道 $A(s)$与二次输出量的选择有关，$A(s)$的静态增益$\hat{A}(0)$越大，则 K 越小，二次输出量的变化越能灵敏地反映主要输出的变化。前面所举的丁烷塔推理控制系统的例子中，选择第 14 层塔板的温度作为二次输出量就是出于这样的考虑。

(4) 为使图 8.3 所示系统中的估计器$\hat{E}(s)$是可实现的，要求扰动与二次输出量之间的通道 $A(s)$尽量短，时间迟延尽可能小。上述丁烷塔推理控制系统的例子也体现了这一点。

8.4.3 控制作用的限幅

在图 8.5 所示系统中，推理控制部分的作用类似于积分器的作用，即使模型存在误差，系统也能消除稳态偏差。就是说，只要系统输出存在偏差，控制器就要产生控制作用。但必须指出，上述分析均基于这样的条件：对象和模型接受同样大小的输出信号。在实际中，这样的条件并不是总能得到满足的。例如实际对象所接受到的输入幅值受到阀门开度的限制，而推理控制器的输出作用则不受此限制，出现对象的实际输入与模型输入不等的情况，结果使输出稳态偏差得不到消除。在偏差的作用下，推理控制器的输出将无限地增大，出现一种与常规控制器中的积分饱和相类似但又不尽相同的现象。为避免这种现象的出现，可在控制器的输出端加一个限幅器，经过限幅以后的信号再分别送入对象和模型，如图 8.12 所示。限幅器的加入将大大地改善了系统的性能。

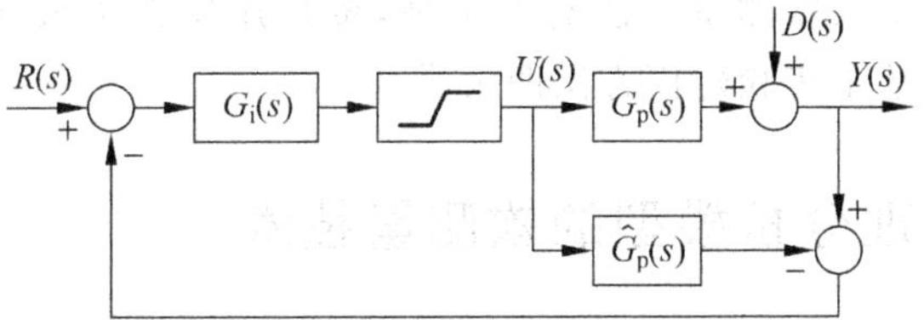

图 8.12 控制作用限幅器

8.5 软测量

软测量(soft-sensor)也称之为软仪表(soft-instrument)。它是对一些难以测量或暂时不能测量的重要变量,选择另外一些容易测量而又与之相关的变量构成某种数学关系,然后利用计算机来推断和估计,从而代替测量仪表的功能。实际上软测量与一般的测量仪表相比,原理上并无本质的区别。例如,流量变送器将压力传感器测量信号通过变送器内的电子元件或气动元件转换为流量输出信号;早期通过单元组合仪表实现分馏塔的内回流的计算,也是利用类似的方法得到不能直接测量的变量。它们的区别在于前者是利用测量仪表内的传感元件以及模拟计算元件或模拟单元组合仪表来实现简单的计算,而软测量则是采用模型、测量信号和计算机来加以推理计算实现的。现在对软测量较为普遍的定义为:软测量就是选择与被估计变量相关的一组可测变量,构造某种以可测变量为输入、被估计变量为输出的数学模型,用计算机软件实现重要过程变量的估计。

对软测量进行研究是源于前面介绍的推理控制的基本思想和方法,即采集过程中比较容易测量的二次输出变量(secondary variable),构造推理估计器来估计并克服扰动和测量噪声对过程主要输出变量(primary variable)的影响。如前所述,推理控制策略包括估计器和控制器的设计,而近期发展起来的软测量技术就体现了其中估计器的特点。这是推理控制策略给我们带来的另一个间接的贡献——软测量技术。

随着生产技术的发展和生产过程的日益复杂,提出了确保生产装置安全、保证产品质量和卡边优化等新的要求,这就推动了产品质量的直接闭环控制、质量约束和安全约束控制等新技术的广泛应用。因而对于那些产品质量指标等目前尚不可测的生产装置提出了实时测量重要过程变量的迫切需求。由于技术或经济上的原因,许多生产装置的这类重要过程变量大部分很难通过传感器进行测量,如催化裂化装置的催化剂循环量、精馏塔的产品组分浓度,生物发酵罐的菌体浓度等。为了解决这些问题,逐步形成了软测量方法及其应用技术。特别是基于装置级的先进控制和优化的普遍应用以来,软测量技术得到了更为广泛的发展和应用。

软测量的工作原理,就是在常规检测的基础上,利用辅助变量与主导变量的关系,通过计算机估算推理,得到主导变量的测量值。构造软测量的实质,就是建立辅助变量与主导变量之间的数学关系。归根结底，这就是一个建模问题。

现在研究和应用的软测量方法有许多种，按其建模方法来分，同样可以分为基于机理建模方法和基于实验建模方法两大类。

8.5.1 基于机理分析模型的软测量技术

由于工程背景明确，与一般工艺设计和计算关系密切，相应的软测量模型也较为简单，便于应用，因此基于工艺机理分析的软测量是工程中一种常用的方法，同时也是工程界最容易接受的软测量方法。在工艺机理较为清晰的应用场合，基于该方法的软测量往往能取得较好的效果，较容易处理动态、静态等状态和非线性等各种因素的影响，有较大的适用范围，对操作条件的变化也可以类推。缺点是建模的代价较高，对于某些复杂的过程难以建模，且难以形成通用的软测量技术，一般都是以针对某个具体生产单元计算包的形式出现。

8.5.2 基于实验建模的软测量技术

这是软测量技术得到系统研究和能够形成通用的软测量技术的一种途径，因此该类型的软测量技术受到较多的研究，下面仅介绍在化工过程获得较为广泛应用的两种的方法[6]。

1. 基于回归分析方法

多线性回归方法(multi-linear regression，MLR)是最早在化工过程中得到应用的方法，它也是基于最小二乘法参数估计的方法。采用统计回归方法建立软测量估计模型，只要能够将输入输出归纳成 $\boldsymbol{y}=\boldsymbol{x}\boldsymbol{b}$ 线性方程形式($\boldsymbol{x}$ 为输入数据空间，$\boldsymbol{y}$ 为输出数据空间，$\boldsymbol{b}$ 为回归模型参数向量)，就可以用最小二乘估计方法得到 $\boldsymbol{b}=(\boldsymbol{x}^{\mathrm{T}}\boldsymbol{x})^{\mathrm{T}}\boldsymbol{x}^{\mathrm{T}}\boldsymbol{y}$，从而可以利用 $\boldsymbol{y}=\boldsymbol{x}\boldsymbol{b}$ 来进行软测量估算。

但特别需要注意：多线性回归问题是否有解则取决于 $(\boldsymbol{x}^{\mathrm{T}}\boldsymbol{x})^{-1}$ 是否存在。当 $\boldsymbol{x}$ 中存在线性相关的变量时，$\boldsymbol{x}$ 为病态矩阵，$(\boldsymbol{x}^{\mathrm{T}}\boldsymbol{x})^{-1}$ 不存在，此时不能采用最小二乘法求解，只能采用主元回归法(principal component regression，PCR)或偏最小二乘法(partial least squares，PLS)。它们都是基于如下主元分析(principal component analysis，PCA)，即将处于高维数据空间的 $\boldsymbol{x}$ 矩阵投影到低维特征空间，特征空间的主元素保留了原始数据的特征信息而忽略了冗余信息，且它们之间是两两互不相关的。

PCR 方法是对输入数据空间进行主元分析，得到能反映输入数据空间主要信息的主元，完全去除了线性相关数据的影响。建立主元与输出 $\boldsymbol{y}$ 的回归关系，实现由输入变量对输出变量的估计。PLS 方法不仅对输入数据空间进行主元分析，也对输出数据空间进行主元分析，并得到输入输出间的回归关系，并保证二者的主元相关性最大，实现输入变量对输出变量的最佳估计。因而 PLS 是一种比较优异的统计分析方法，在软测量应用中占有重要位置。

2. 基于神经网络模型的方法

基于人工神经网络的软测量方法是当前工业领域中备受关注的热点。它的特点是无需掌握对象的先验知识，只需根据对象的输入输出数据直接建模，在解决高度非线性方面具有很大的潜力。常用人工神经网络的结构和学习算法如下。

(1) 多层前向网络(multilayer feed-forword networks, MFN)

多层前向网络提供了能够逼近广泛非线性函数的模型结构，事实上只要允许有足够多的神经元，任何非线性连续函数都可由一个三层前向网络以任意精度来逼近。最早用于该种网络的学习算法是 BP(back propagation)算法，也是应用最多的学习算法，是一种非线性迭代寻优算法。该网络模型是最广泛应用于软测量计算的，而且目前已有许多改进学习算法可供选择。

(2) RBF(radical basis functions)网络

RBF 网络是一个两层的前向网络，输入数目等于所研究问题的独立变量数，中间层选取基函数作为转移函数，输出层为一个线性组合器。理论上 RBF 网络具有广泛的非线性适应能力，与 BP 算法相比，RBF 网络的学习算法不存在学习的局部最优问题，且由于参数调整是线性的，可望获得较快的收敛速度。相比 MFN，其神经元函数是局部性函数，有更高的逼近精度和学习速度，但对同样规模的问题需要更多的神经元。

当然各种软测量技术的结合也产生了一些改进方法，如神经网络和 PLS 相结合的非线性 PLS、神经网络和模糊技术相结合的模糊神经网络，都丰富和改进了软测量技术。

8.6　小结

对于一些过程存在着被控量或干扰量不能测量的问题，无法用前面讨论过的控制方法来进行控制，例如利用前馈补偿的办法来进行扰动补偿或用反馈控制来抑制扰动，当然也无法直接对被控量进行控制。这个问题的解决途径就是采用推理控制，它是由信号分离、估计器和推理控制器三个基本部分组成，即过程的被控量或扰动变量是通过数学模型来得到(有时称它为软测量)，然后由推理控制系统来实现对不可测被控量的间接控制，或对扰动的抑制。到目前为止，推理控制已经在实践中得到广泛应用。尤其是由此推出的软测量，因它是对一些难于测量或暂时不能测量的重要变量，选择另外一些容易测量而又与之相关的二次变量构成某种数学关系进行推断和估计，代替了测量仪表的功能，因而不仅用于推理控制，更被广泛地应用于被控量或干扰量难以测量的其他各种控制或优化的场合，发挥了重要的作用。

第9章 预测控制

9.1 预测控制问题的提出

虽然现代控制理论已经成熟，并在航天航空等领域获得卓有成效的应用，但由于它需要较高精度的对象数学模型，因而在工业的实际应用中却很难收到预期的效果。为了克服理论和应用之间的不协调，20世纪70年代以来，人们设想从工业过程的特点出发，寻找对模型精度要求不高而同样能实现高质量控制性能的方法。预测控制就是在这种背景下发展起来的一种新型控制算法。预测控制不是某种统一理论的产物，而是在工业实践过程中独立发展起来的算法。它是由美国和法国几家公司在20世纪70年代先后提出的，而且一经问世，就在石油、电力和航空等工业中得到十分成功的应用。随后又相继出现了各种其他相近的算法。当前预测控制的主要算法有：模型预测启发控制（model predictive heuristic control，MPHC）[7]、动态矩阵控制（dynamic matrix control，DMC）[8]、模型算法控制（model algorithm control，MAC）[9]以及预测控制（PC）等算法[10]，分别由 Richalet、Cutler 和 Rouhani 等人提出。虽然这些算法的表达形式和控制方案各不相同，但基本思想非常类似，都是采用工业过程中较易得到的对象脉冲响应或阶跃响应曲线，把它们在采样时刻的一系列数值作为描述对象动态特性的信息，从而构成预测模型。这样就可以确定一个控制量的时间序列，使未来一段时间中被控量与经过“柔化”后的期望轨迹之间的误差最小。上述优化过程的反复在线进行，构成了预测控制的基本思想。可以看到，这类算法是基于非参数模型的优化控制算法，因而可以把它们统一称为预测控制。

从预测控制的基本原理来看，这类方法具有下列明显的优点：

(1) 建模方便。过程的描述可以通过简单的实验获得，不需要深入了解过程的内部机理。

(2) 采用了非最小化描述的离散卷积和模型，信息冗余量大，有利于提高系统的鲁棒性。

(3) 采用了滚动优化策略，即在线反复进行优化计算，滚动实施，使模型失配、畸变、扰动等引起的不确定性及时得到弥补，从而得到较好的动态控制性能。

(4) 可在不增加任何理论困难的情况下，将这类算法推广到有约束条件、大迟延、非最小相位以及非线性等过程，并获得较好的控制效果。

这类预测控制算法的实际应用表明，尽管它们需要预先得到预测模型，且控制算法也比较复杂，但在算法的实施中并不涉及现代控制理论中常用的矩阵和线性方程组，便于工业实现。另外，与 PID 控制算法相比，这种控制方法可获得较好的控制质量。20 世纪 70 年代末期，这类控制算法已在热力发电厂、精馏塔和催化裂化等装置上得到推广应用，其理论基础和系统设计方法也随之得到了深入的探讨和研究。本章将就预测控制最基本的概念和一般算法进行讨论。

9.2 预测控制系统

9.2.1 预测控制的基本原理

预测控制的基本原理可以用图 9.1 说明。图中 y_{sp} 代表设定值，$y_r(k)$ 代表输出的期望值曲线。$k=0$ 为当前时刻，0 时刻左边的曲线代表过去的输出与控制。根据已知的对象模型可以预测出对象在未来 P 个时刻的输出 $y_M(k)(k=1,2,\cdots,P)$。预测控制算法就是要按照预测输出 $y_m(k)$ 与期望输出 $y_r(k)$ 的差 $e(k)$，计算当前及未来 L 个时刻的控制量 $u(k)(k=0,1,\cdots,L-1)$，而要达到 $e(k)$ 最小。这里，P 称为预测步长，L 称为控制步长。

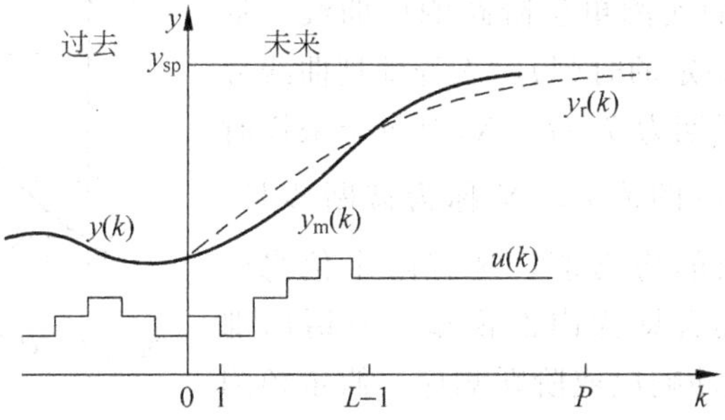

图 9.1 预测控制原理示意图

预测控制是直接在工业过程领域出现的一类基于模型的计算机优化控制算法。它的产生，首先是工业实践的需要，它是在对生产过程及其特点的深入研究和认识的基础上提出来的。构成预测控制的基本要素有三个：(1)预测模型：用模型来预测未来时刻被控对象的运动和误差，以其作为确定当前控制作用的依据，使控制策略适应被控对象的存储性、因果性和滞后性，可得到较好的控制效果。(2)反馈修正：利用可测信息，在每个采样时刻对预测值进行修正，抑制模型失配和扰动带来的误差。用修正后的预测值作为计算最优控制的依据，使控制系统的鲁棒性得到明显提高。(3)滚动优化：预测控制是一种最优控制策略，其目标是使某项性能指标最小,控制作用序列采用预测偏差计算,但只有当前的控制作用是实际予以执行的。在每一个采样时刻都要根据当前的预估偏差重新计算控制作用序列,这样计算一步、执行一步的优化控制被称为滚动优化。预测控制的三个基本特征,是控制论中模型、控制、反馈概念的具体体现。它继承了最优的思想,提高了鲁棒性,可处理多种目标及约束,符合工业过程的实际要求,在理论和应用中发展十分迅速。

9.2.2 预测控制算法

下面以基于对象非参数模型控制算法为例来介绍预测控制的控制算法。

1. 预测模型

基于输入输出模型的预测控制是应用于渐近稳定对象的算法。对于非自平衡的被控对象,可通过常规控制方法,例如 PID 控制器,首先使对象特性稳定,然后再应用这一控制算法。因此,这里只讨论渐近稳定对象的模型。利用这一模型,可由系统的输入量直接预测其输出。现以单输入单输出系统为例加以说明。

对于一个线性系统,可以通过各种实验方法测定它的脉冲响应或阶跃响应,分别以$\hat{h}(t)$和$\hat{a}(t)$表示。显然它们与真实对象的响应是有区别的,为此,真实的响应分别用$h(t)$和$a(t)$表示。图 9.2 为某一渐近稳定对象的实测单位阶跃响应曲线。从$t=0$到变化已趋向稳定的时刻t_N,人为地把曲线分割成N段,设采样周期为$T=t_N/N$,对每个采样时刻jT,就有一个相应的值$\hat{a}_j$。N称为截断步长。图中$\hat{a}_s$为响应曲线的稳态值。这有限个信息$\hat{a}_j$ $(j=1,2,\cdots,N)$的集合即为内部模型。所谓内部模型,即指对象的脉冲响应或阶跃响应。假定预测步长为P,且$P\leqslant N$,预测模型的输出为y_m,则可根据内部模型计算得到从k时刻起预测到P步的输出$y_m(k+i)$

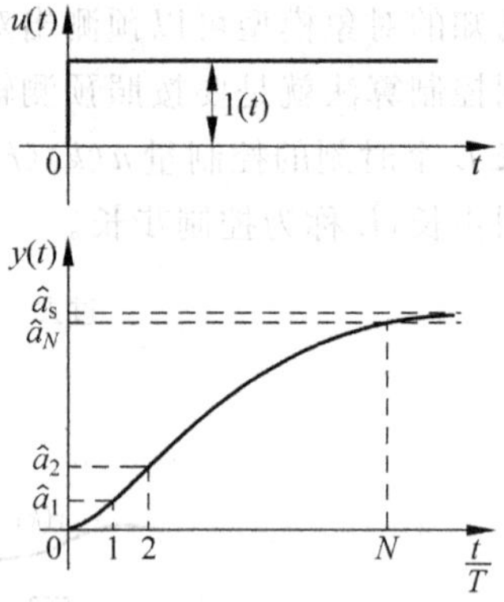

图 9.2 对象的单位阶跃响应曲线

$$\begin{aligned} y_m(k+i) &= \hat{a}_s u(k-N+i-1) + \sum_{j=1}^{N} \hat{a}_j \Delta u(k-j+i) \\ &= \hat{a}_s u(k-N+i-1) + \sum_{j=1}^{N} \hat{a}_j \Delta u(k-j+i)\big|_{i<j} \\ &\quad + \sum_{j=1}^{N} \hat{a}_j \Delta u(k-j+i)\big|_{i\geqslant j} \quad i=1,2,\cdots,P \end{aligned} \tag{9-1}$$

式中,$\Delta u(k-j+i)=u(k-j+i)-u(k-j+i-1)$。很明显,式(9-1)中第一、二项相加就是$k$时刻以前输入变化序列对输出量$y_m$作用的预测,第三项则是$k$时刻以后输入序列对输出量的作用，也就是对输出量受到未来输入序列影响的预测。

为简单起见，可将式(9-1)用向量形式表出为

$$\boldsymbol{y}_{\mathrm{m}}(k+1)=\hat{a}_{\mathrm{s}}\boldsymbol{u}(k)+\boldsymbol{A}_1\Delta\boldsymbol{u}_1(k)+\boldsymbol{A}_2\Delta\boldsymbol{u}_2(k+1) \tag{9-2}$$

其中 $\boldsymbol{y}_{\mathrm{m}}(k+1)=[y_{\mathrm{m}}(k+1),y_{\mathrm{m}}(k+2),\cdots,y_{\mathrm{m}}(k+P)]^{\mathrm{T}}$

$\boldsymbol{u}(k)=[u(k-N),u(k-N+1),\cdots,u(k-N+P-1)]^{\mathrm{T}}$

$\Delta\boldsymbol{u}_1(k)=[\Delta u(k-N+1),\Delta u(k-N+2),\cdots,\Delta u(k-1)]^{\mathrm{T}}$

$\Delta\boldsymbol{u}_2(k+1)=[\Delta u(k),\Delta u(k+1),\cdots,\Delta u(k+P-1)]^{\mathrm{T}}$

$$\boldsymbol{A}_1=\begin{bmatrix}\hat{a}_N & \hat{a}_{N-1} & \cdots & \hat{a}_2\\ & & \cdots & \hat{a}_3\\ & & \ddots & \\ 0 & & \hat{a}_N\cdots & \hat{a}_{P+1}\end{bmatrix}_{P\times(N-1)}\qquad \boldsymbol{A}_2=\begin{bmatrix}\hat{a}_1 & & \\ \hat{a}_2 & \hat{a}_1 & 0\\ \vdots & \vdots & \ddots & \\ \hat{a}_P & \hat{a}_{P-1} & \cdots & \hat{a}_1\end{bmatrix}_{P\times P}$$

如果得到的是如图 9.3 所示的脉冲响应曲线 $\hat{h}(t)$，则可得到预测到 P 步的模型输出

$$y_{\mathrm{m}}(k+i)=\sum_{j=1}^{N}\hat{h}_j u(k+i-j)\quad i=1,2,\cdots,P \tag{9-3}$$

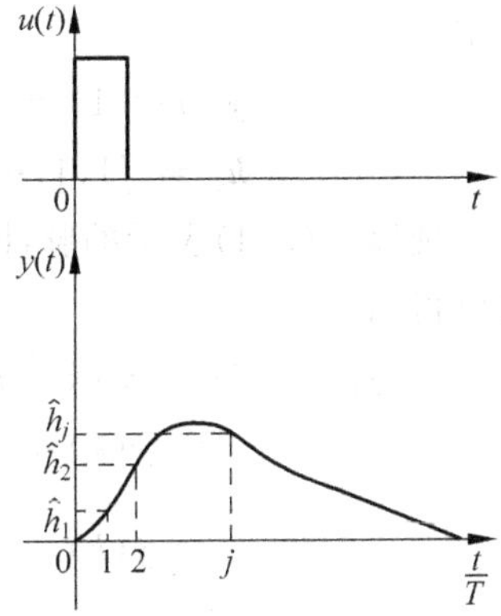

图 9.3　对象的脉冲响应曲线

如果将式(9-3)写成控制增量形式，只需再写出 k 时刻预测到 $P-1$ 步的模型输出

$$y_{\mathrm{m}}(k+i-1)=\sum_{j=1}^{N}\hat{h}_j u(k+i-j-1)$$

$$i=1,2,\cdots,P$$

并与式(9-3)相减，得到

$$y_{\mathrm{m}}(k+i)=y_{\mathrm{m}}(k+i-1)+\sum_{j=1}^{N}\hat{h}_j\Delta u(k+i-j) \tag{9-4}$$

式中，$\Delta u(k+i-j)=u(k+i-j)-u(k+i-j-1)$。

同样，式(9-3)也可用向量形式表示为

$$\boldsymbol{y}_{\mathrm{m}}(k+1)=\boldsymbol{H}_1\boldsymbol{u}_1(k)+\boldsymbol{H}_2\boldsymbol{u}_2(k+1) \tag{9-5}$$

其中

$\boldsymbol{y}_{\mathrm{m}}(k+1)=[y_{\mathrm{m}}(k+1),y_{\mathrm{m}}(k+2),\cdots,y_{\mathrm{m}}(k+P)]^{\mathrm{T}}$

$\boldsymbol{u}_1(k)=[u(k-N+1),u(k-N+2),\cdots,u(k-1)]^{\mathrm{T}}$

$\boldsymbol{u}_2(k+1)=[u(k),u(k+1),\cdots,u(k+P-1)]^{\mathrm{T}}$

$$\boldsymbol{H}_1=\begin{bmatrix}\hat{h}_N & \hat{h}_{N-1} & \cdots & \hat{h}_2\\ & \hat{h}_N & \cdots & \hat{h}_3\\ & & \ddots & \\ 0 & & \hat{h}_N\cdots & \hat{h}_{P+1}\end{bmatrix}_{P\times(N-1)}\qquad \boldsymbol{H}_2=\begin{bmatrix}\hat{h}_1 & & \\ \hat{h}_2 & \hat{h}_1 & 0\\ \vdots & \vdots & \ddots & \\ \hat{h}_P & \hat{h}_{P-1} & \cdots & \hat{h}_1\end{bmatrix}_{P\times P}$$

2. 反馈修正

式(9-2)和式(9-5)是分别根据阶跃响应和脉冲响应得到的在 k 时刻的预测模型。它们完全依赖于内部预测模型，而与对象在 k 时刻的实际输出无关，因而称它们为开环预测模型。考虑到实际对象中存在着时变或非线性等因素，或多或少地存在着模型误差，加上系统中的各种随机干扰，使得预测模型不可能与实际对象的输出完全符合，因此需要对上述开环模型进行修正。修正的方法很多，例如对随机干扰可以采用滤波器或状态观测器等方法。在预测控制中常用一种反馈修正方法，即闭环预测。具体做法是，将第 k 步实际对象的输出测量值与预测模型输出之间的误差附加到模型的预测输出 $\boldsymbol{y}_{\mathrm{m}}(k+i)$ 上，得到闭环预测模型，用 $\boldsymbol{y}_{\mathrm{p}}(k+1)$ 表示

$$\boldsymbol{y}_{\mathrm{p}}(k+1)=\boldsymbol{y}_{\mathrm{m}}(k+1)+\boldsymbol{h}_0[y(k)-y_{\mathrm{m}}(k)] \tag{9-6}$$

其中

$$\boldsymbol{y}_{\mathrm{p}}(k+1)=[y_{\mathrm{p}}(k+1),y_{\mathrm{p}}(k+2),\cdots,y_{\mathrm{p}}(k+P)]^{\mathrm{T}}$$
$$\boldsymbol{h}_0=[1,1,\cdots,1]^{\mathrm{T}}$$

现以式(9-4)表示的脉冲响应预测模型为例，写出其闭环预测模型。由式(9-6)可以得出

$$\begin{aligned}y_{\mathrm{p}}(k+i)&=y_{\mathrm{m}}(k+i)+[y(k)-y_{\mathrm{m}}(k)]\\&=y(k)+[y_{\mathrm{m}}(k+i)-y_{\mathrm{m}}(k)]\\&=y(k)+\sum_{j=1}^{N}\hat{h}_j[\Delta u(k+i-j)+\Delta u(k+i-j-1)+\cdots\\&\quad+\Delta u(k+2-j)+\Delta u(k+1-j)]\quad i=1,2,\cdots,P\end{aligned} \tag{9-7}$$

考虑到脉冲响应和阶跃响应系数之间有如下关系

$$\hat{a}_i=\sum_{j=1}^{i}\hat{h}_j \tag{9-8}$$

并假设

$$\left.\begin{aligned}S_1&=\sum_{j=2}^{N}\hat{h}_j\Delta u(k+1-j)\\S_2&=\sum_{j=3}^{N}\hat{h}_j\Delta u(k+2-j)\\&\vdots\\S_P&=\sum_{j=P+1}^{N}\hat{h}_j\Delta u(k+P-j)\\P_j&=\sum_{i=1}^{j}S_i\end{aligned}\right\} \tag{9-9}$$

展开式(9-7)并稍加整理，然后将式(9-8)，式(9-9)代入，可以得到闭环预测模型为

$$\boldsymbol{y}_{\mathrm{p}}(k+1)=\boldsymbol{h}_0\boldsymbol{y}(k)+\boldsymbol{p}+\boldsymbol{A}\Delta\boldsymbol{u}(k+1) \tag{9-10}$$

其中

$$\boldsymbol{y}_{\mathrm{p}}(k+1)=[y_{\mathrm{p}}(k+1),y_{\mathrm{p}}(k+2),\cdots,y_{\mathrm{p}}(k+P)]^{\mathrm{T}}$$

$$\boldsymbol{h}_0=[1,1,\cdots,1]^{\mathrm{T}}$$

$$\boldsymbol{p}=[p_1,p_2,\cdots,p_P]^{\mathrm{T}}$$

$$\Delta\boldsymbol{u}(k+1)=[\Delta u(k),\Delta u(k+1),\cdots,\Delta u(k+P-1)]^{\mathrm{T}}$$

$$\boldsymbol{A}=\begin{bmatrix}\hat{a}_1 & & & \\ \hat{a}_2 & \hat{a}_1 & & 0 \\ \hat{a}_3 & \hat{a}_2 & \hat{a}_1 & \\ \vdots & \vdots & & \ddots \\ \hat{a}_P & \hat{a}_{P-1} & \cdots & & \hat{a}_1\end{bmatrix}$$

式(9-10)就是动态矩阵控制(即 DMC)算法所用的闭环预测模型。

从式(9-6)可以看到，由于每个预测时刻都引入当时实际对象的输出和模型输出的偏差，使闭环预测模型不断得到修正，显然这种方法可以有效地克服模型的不精确性和系统中存在的不确定性。

3. 滚动优化

预测控制的目的是使系统的输出变量 $y(t)$ 沿着一条事先规定的曲线逐渐到达设定值 y_{sp}。这条指定的曲线称为参考轨迹 y_{r}。通常，参考轨迹采用从现在时刻实际输出值出发的一阶指数形式。它在未来 P 个时刻的值为

$$\left.\begin{aligned}&y_{\mathrm{r}}(k+i)=\alpha^i y(k)+(1-\alpha^i)y_{\mathrm{sp}}\quad i=1,2,\cdots,P\\&y_{\mathrm{r}}(k)=y(k)\end{aligned}\right\} \tag{9-11}$$

其中 $\alpha=\exp(-T/\tau)$，T 为采样周期，τ 为参考轨迹的时间常数。从式(9-11)可以看到，采用这种形式的参考轨迹，将减小过量的控制作用，使系统的输出能平滑地达到设定值。同时，从理论上也可以证明，参考轨迹的时间常数越大(α 越大)，系统的“柔性”越好，鲁棒性也越强，但控制的快速性却变差。因此，应在两者兼顾的原则下预先设计和在线调整 α 值。

控制算法就是求解出一组 L 个控制量 $\boldsymbol{u}(k)=[u(k),u(k+1),\cdots,u(k+L-1)]^{\mathrm{T}}$ 使得所选定的目标函数最优，此处 L 称为控制步长。目标函数可以采取各种不同的形式，例如可以选取

$$J=\sum_{i=1}^{P}[y_{\mathrm{p}}(k+i)-y_{\mathrm{r}}(k+i)]^2\omega_i \tag{9-12}$$

式中，ω_i 为非负权系数，用来调整未来各采样时刻误差在品质指标 J 中所占份额的大小。

图 9.1 也表示了在最优化策略下的参考轨线与模型预测输出。在这类算法中，由于参考轨迹已经确定，完全可以用通常的优化方法，如最小二乘法、梯度法、二次

规划等来求解。这里需要强调的一点是，预测控制所具有的独特的优化模式——滚动优化模式。它不是采取一个不变的全局优化目标，而是采取滚动式的有限时域优化策略。其优化过程不是一次离线进行，而是反复在线进行的。尽管它只能得到全局的次优解，但由于采用闭环校正、迭代计算和滚动实施，始终把优化建立在实际的基础上，使控制结果达到实际上的最优。这一点对工业应用有着十分重要的意义。

4. 控制算法举例

预测控制算法的原理图如图 9.4 所示。为了具体了解这种算法，下面举两个例子加以说明。

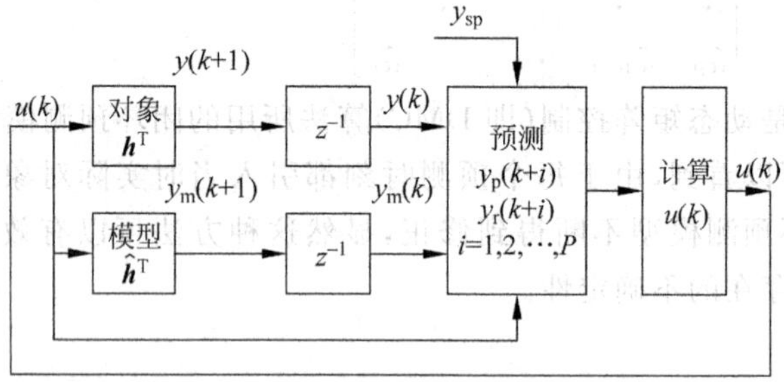

图 9.4 预测控制算法原理图

(1) 模型算法控制(MAC)

假设对象实际脉冲响应为 $\boldsymbol{h}=[h_1,h_2,\cdots,h_N]^{\mathrm{T}}$

预测模型脉冲响应为 $\hat{\boldsymbol{h}}=[\hat{h}_1,\hat{h}_2,\cdots,\hat{h}_N]^{\mathrm{T}}$

已知开环预测模型为

$$y_m(k+i)=\sum_{j=1}^{N}\hat{h}_j u(k-j+i) \tag{9-13}$$

为使问题简化，这里假设预测步长 $P=1$，控制步长 $L=1$，这就是单步预测、单步控制问题。实现最优时，应有 $y_r(k+1)=y_m(k+1)$，将开环预测模型式(9-13)代入，则有

$$\begin{aligned} y_r(k+1) &= y_m(k+1) \\ &= \sum_{j=2}^{N}\hat{h}_j u(k+1-j)+\hat{h}_1 u(k) \end{aligned}$$

由上式可以解得

$$u(k)=\frac{1}{\hat{h}_1}\left[y_r(k+1)-\sum_{j=2}^{N}\hat{h}_j u(k+1-j)\right]$$

假设

$$y_r(k+1)=\alpha y(k)+(1-\alpha)y_{sp}$$

$$\boldsymbol{u}(k-1)=[u(k-1),u(k-2),\cdots,u(k+1-N),u(k-N)]^{\mathrm{T}}$$

$$\boldsymbol{\phi} = [\boldsymbol{e}_2, \boldsymbol{e}_3, \cdots, \boldsymbol{e}_N, 0]$$

其中 $\boldsymbol{e}_i = [0,0,\cdots,1,0,\cdots,0]^{\mathrm{T}}$ 为 N 维向量

（1 为第 i 项）

则单步控制

$$u(k) = \frac{1}{\hat{h}_1}\{(1-\alpha)y_{\mathrm{sp}} + (\alpha\boldsymbol{h}^{\mathrm{T}} - \hat{\boldsymbol{h}}^{\mathrm{T}}\boldsymbol{\phi})\boldsymbol{u}(k-1)\} \tag{9-14}$$

若考虑闭环预测控制，只要用闭环预测模型代替式(9-13)，就可以得到闭环下的单步控制 $u(k)$ 为

$$u(k) = \frac{1}{\hat{h}_1}\{y_{\mathrm{r}}(k+1) - [y(k) - y_{\mathrm{m}}(k)] - \sum_{j=2}^{N}\hat{h}_j u(k+1-j)\}$$

在做同样假设后，有

$$u(k) = \frac{1}{\hat{h}_1}\{(1-\alpha)y_{\mathrm{sp}} + [\hat{\boldsymbol{h}}^{\mathrm{T}}(\boldsymbol{I} - \boldsymbol{\Phi}) - \boldsymbol{h}^{\mathrm{T}}(1-\alpha)]u(k-1)\} \tag{9-15}$$

上面讨论的是单步预测单步控制下的 MAC 算法。至于更一般情况下的 MAC 控制律可推导如下。

已知对象预测模型和闭环校正预测模型分别为

$$\boldsymbol{y}_{\mathrm{m}}(k+1) = \hat{a}_{\mathrm{s}}\boldsymbol{u}(k) + \boldsymbol{A}_1\Delta\boldsymbol{u}_1(k) + \boldsymbol{A}_2\Delta\boldsymbol{u}_2(k+1)$$

$$\boldsymbol{y}_{\mathrm{p}}(k+1) = \boldsymbol{y}_{\mathrm{m}}(k+1) + \boldsymbol{h}_0[y(k) - y_{\mathrm{m}}(k)]$$

输出参考轨迹为 $\boldsymbol{y}_{\mathrm{r}}(k+1)$，设系统误差方程为

$$\boldsymbol{e}(k+1) = \boldsymbol{y}_{\mathrm{r}}(k+1) - \boldsymbol{y}_{\mathrm{p}}(k+1)$$

若选取目标函数 J 为

$$J = \boldsymbol{e}^{\mathrm{T}}\boldsymbol{Q}\boldsymbol{e} + \Delta\boldsymbol{u}_2^{\mathrm{T}}\boldsymbol{R}\Delta\boldsymbol{u}_2$$

其中，$\boldsymbol{Q}$ 为非负定加权对称矩阵，$\boldsymbol{R}$ 为正定控制加权对称矩阵。

使上述目标函数最小，可求得最优控制量 $\Delta\boldsymbol{u}_2$ 为

$$\Delta\boldsymbol{u}_2 = [\boldsymbol{A}_2^{\mathrm{T}}\boldsymbol{Q}\boldsymbol{A}_2 + \boldsymbol{R}]^{-1}\boldsymbol{A}_2^{\mathrm{T}}\boldsymbol{Q}\boldsymbol{e}' \tag{9-16}$$

其中 $\boldsymbol{e}'$ 为参考轨迹与在零输入响应下闭环预测输出之差，表为

$$\boldsymbol{e}'(k+1) = \boldsymbol{y}_{\mathrm{r}}(k+1) - \{\hat{a}_{\mathrm{s}}\boldsymbol{u}(k) + \boldsymbol{A}_1\Delta\boldsymbol{u}_1(k) + \boldsymbol{h}_0[y(k) - y_{\mathrm{m}}(k)]\}$$

(2) 动态矩阵控制(DMC)

式(9-10)是 DMC 算法中的离散卷积模型

$$\boldsymbol{y}_{\mathrm{p}} = \boldsymbol{A}\Delta\boldsymbol{u} + \boldsymbol{h}_0 y(k) + \boldsymbol{p}$$

通常情况下，预测步长 P 不同于控制步长 L，取 $L<P$，则式(9-10)中的 $\boldsymbol{A}\Delta\boldsymbol{u}$ 项应表为

$$\Delta\boldsymbol{u} = [\Delta u(k), \Delta u(k+1), \cdots, \Delta u(k+L-1)]^{\mathrm{T}}$$

$$\boldsymbol{A} = \begin{bmatrix} \hat{a}_1 & & & \\ \hat{a}_2 & \hat{a}_1 & & 0 \\ \vdots & \vdots & \ddots & \\ \hat{a}_L & \hat{a}_{L-1} & \cdots & \hat{a}_1 \\ \vdots & \vdots & & \\ \hat{a}_P & \hat{a}_{P-1} & \cdots & \hat{a}_{P-L+1} \end{bmatrix}_{P\times L}$$

系统的误差方程为参考轨迹与预测模型之差，若采用式(9-11)所示参考轨迹，则有

$$\boldsymbol{e} = \boldsymbol{y}_{\mathrm{r}} - \boldsymbol{y} = \begin{bmatrix} 1-\alpha \\ 1-\alpha^2 \\ \vdots \\ 1-\alpha^P \end{bmatrix} [y_{\mathrm{sp}} - y(k)] - \boldsymbol{A}\Delta\boldsymbol{u} - \boldsymbol{p}$$

令

$$\boldsymbol{e}' = \begin{bmatrix} (1-\alpha)e_k - p_1 \\ (1-\alpha^2)e_k - p_2 \\ \vdots \\ (1-\alpha^P)e_k - p_P \end{bmatrix}$$

其中

$$e_k = y_{\mathrm{sp}} - y(k)$$

则上式可以改写为

$$\boldsymbol{e} = -\boldsymbol{A}\Delta\boldsymbol{u} + \boldsymbol{e}' \tag{9-17}$$

以上式中，$\boldsymbol{e}$ 表示参考轨迹与闭环预测值之差；$\boldsymbol{e}'$ 表示参考轨迹与零输入下闭环预测值之差；e_k 则是 k 时刻设定值与系统实际输出值之差。若取优化目标函数为

$$J = \boldsymbol{e}^{\mathrm{T}}\boldsymbol{e}$$

将式(9-17)代入上式，可以得到无约束情况下目标函数最小时的最优控制量 $\Delta\boldsymbol{u}$ 为

$$\Delta\boldsymbol{u} = (\boldsymbol{A}^{\mathrm{T}}\boldsymbol{A})^{-1}\boldsymbol{A}^{\mathrm{T}}\boldsymbol{e}' \tag{9-18}$$

如果预测步长 P 与控制步长 L 相等，则可求得控制向量的精确解为

$$\Delta\boldsymbol{u} = \boldsymbol{A}^{-1}\boldsymbol{e}' \tag{9-19}$$

这里需要说明一点，在通常情况下，虽然计算出最优控制量 $\Delta\boldsymbol{u}$ 序列，但往往只是把第一项 $\Delta u(k)$ 输送到实际系统，到下一采样时刻再重新计算 $\Delta\boldsymbol{u}$ 序列，并输出该序列中的第一个 Δu 值，周而复始。在有些情况下，为了减少计算量，也可以实施前面几个控制值。此时要注意，如果模型不准确，将会使系统的动态性能变差。

以上从预测控制的三个基本要素讨论了预测控制的基本原理。它们之间的相互联系可以用图 9.5 加以概括。预测控制的三个基本要素是控制论中模型、控制、反馈概念的具体体现，这三要素构成了预测控制的本质特性。反馈校正模型正是应用了控制理论中的反馈原理。在预测模型的每一步计算中，都将实际系统的信息叠加

到预测模型,使模型不断得到在线校正。采用滚动优化策略,使系统在控制的每一步实现静态参数的优化,而在控制的全过程中表现为动态优化,增加了优化控制的可实现性。正是这些基本特性,使预测控制在众多的高等过程控制策略中异军突起,受到人们的重视。

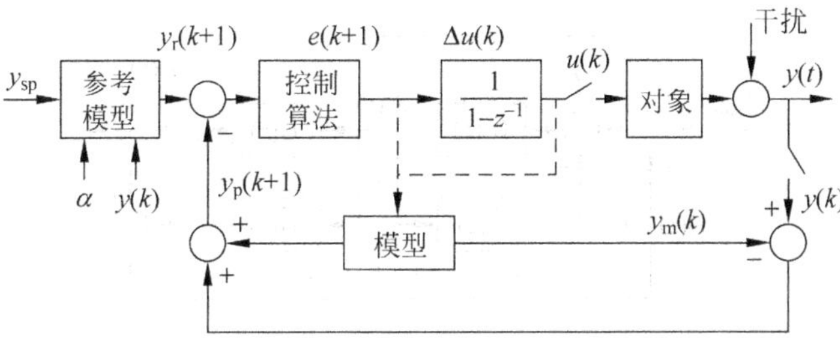

图 9.5 预测控制系统框图

9.2.3 预测控制的机理分析

由于预测控制采用了离散卷积模型,滚动优化指标和隐含的系统设计参数,要对它进行理论分析十分困难。本节将从两个不同的方面对预测控制的机理进行初步的探讨。

1. 内模控制结构法

内模控制的概念是由 Garcia 等人于 1982 年提出来的[11]。为了用它来分析预测控制的机理,首先应讨论内模控制的基本思想。

图 9.6 是最常见的反馈控制系统,其中 $G(z)$和 $G_c(z)$是对象和控制器的脉冲传递函数,$Y(z)$,$Y_{sp}(z)$和 $D(z)$分别为输出、设定值和不可测扰动。反馈系统是将过程的输出作为反馈,这就使得不可测扰动对输出的影响在反馈量中与其他因素混在一起,有时会被淹没而得不到及时的补偿。

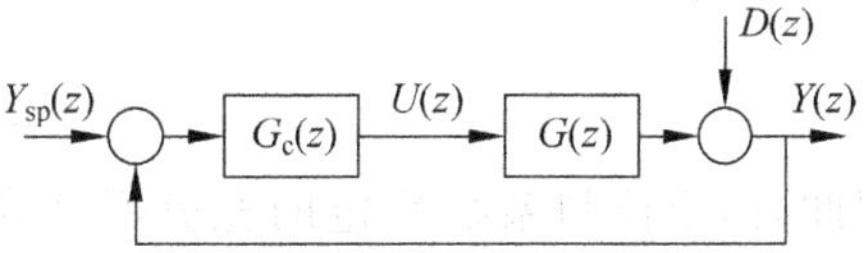

图 9.6 反馈控制系统图

图 9.6 可以等效地变换成内模控制系统的形式如图 9.7 所示。其中$\hat{G}(z)$是对象 $G(z)$的数学模型,又称内部模型。若用 $C(z)$表示图中虚线框内的闭环,则有

$$C(z)=\frac{G_c(z)}{1+\hat{G}(z)G_c(z)} \tag{9-20}$$

或

$$G_c(z)=\frac{C(z)}{1-C(z)\hat{G}(z)}$$

与图 9.6 相比可以看到,在内模控制系统中,由于引入了内部模型,反馈量

已由原来的输出全反馈变为扰动估计量的反馈，而且控制器的设计也变得十分容易。当模型$\hat{G}(z)$不能精确地描述对象时，扰动估计量$\hat{D}(z)$将包含模型失配的某些信息，从而有利于系统鲁棒性的设计。下面将就内模控制具有的特性进行详细讨论。

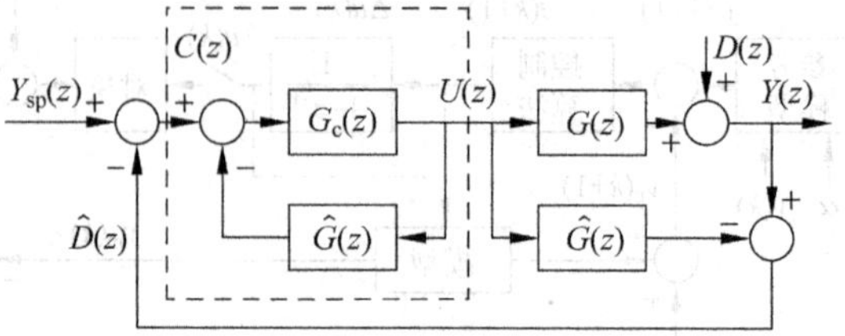

图 9.7 内模控制系统图

(1) 对偶稳定性

由图 9.7 可以得到系统的传递函数为

$$Y(z)=\frac{G(z)C(z)}{1+C(z)[G(z)-\hat{G}(z)]}[Y_{sp}(z)-D(z)]+D(z) \tag{9-21}$$

由此可知，内模控制系统的特征方程是

$$1+C(z)[G(z)-\hat{G}(z)]=0$$

或

$$\frac{1}{C(z)G(z)}+1-\frac{\hat{G}(z)}{G(z)}=0$$

如果对象模型是精确的，即$\hat{G}(z)=G(z)$，则上式简化为

$$\frac{1}{C(z)G(z)}=0 \tag{9-22}$$

因此，内模控制系统稳定的充分必要条件是上式的根全部位于单位圆内。若对象$G(z)$是稳定的，则其特征方程

$$\frac{1}{C(z)}=0 \tag{9-23}$$

的根应全部位于单位圆内。同样，若图 9.7 中控制器$C(z)$是稳定的，则其特征方程

$$\frac{1}{G(z)}=0 \tag{9-24}$$

的根也应全部位于单位圆内。由式(9-22)可见，内模控制系统的根由两部分构成，一部分是式(9-23)的根，一部分是式(9-24)的根，此外没有其他的根。这就导出了内模控制的对偶稳定性：在对象模型精确的条件下，当控制器$C(z)$和对象$G(z)$都稳定时，内模控制系统的闭环也一定是稳定的。

在工业过程中，大多数对象是开环稳定的，因而在设计内模控制系统时，只要设计的控制器开环稳定，整个系统就必然是稳定的。所以内模控制解决了控制系统设计中分析稳定性的困难。当然，如果某些对象不具有开环稳定性时，不妨先组成反馈控制系统使之稳定，然后再采用内模控制。

(2) 理想控制器

假定对象模型精确，即$\hat{G}(z)=G(z)$，如果设计$C(z)=\hat{G}^{-1}(z)$，且模型的逆$\hat{G}^{-1}(z)$存在，并且可以实现，那么，由式(9-21)可以得到

$$Y(z)=G(z)C(z)[Y_{sp}(z)-D(z)]+D(z)=\begin{cases}Y_{sp}(z)\\0\end{cases}$$

显然，$C(z)$是一个理想的控制器。

应该注意到特性(2)有一个先决条件，即$G^{-1}(z)$存在而且可以实现。然而，对一般对象来说，$G(z)$往往会有纯迟延，有时$G(z)$还有单位圆外的零点。在这种情况下，$C(z)$是不可实现的或不稳定的。此时，不能直接采用理想控制器。同时还应注意到，当采用理想控制器时，系统对模型误差将会十分敏感。

(3) 无稳态偏差

只要控制器的增益为模型稳态增益的倒数，即

$$C(1)=\hat{G}^{-1}(1)$$

且模型准确，闭环系统稳定，则根据终值定理，在设定值作单位阶跃变化时，由式(9-21)得到系统输出$y(t)$的稳态值为

$$y(\infty)=\lim_{t\to\infty}y(t)=\frac{G(1)\hat{G}^{-1}(1)}{1+\hat{G}^{-1}(1)[G(1)-\hat{G}(1)]}[1-D(1)]+D(1)=1$$

上式表明内模控制系统不存在稳态偏差。

(4) 鲁棒性

应该看到，内模控制的对偶稳定性是在假定对象模型$\hat{G}(z)$准确的情况下得到的。这个条件在实际中很难保证。因此，在模型与对象失配时，即使对象和内模控制器都稳定，闭环系统还有可能不稳定，需要考虑如何使控制系统具有足够的鲁棒性。在内模控制系统中，是通过在控制器前附加一个滤波器来实现的。从图 9.8 的方框图中，可以写出加入滤波器$F(z)$以后系统的特征方程为

$$\frac{1}{C(z)}+F(z)[G(z)-\hat{G}(z)]=0 \tag{9-25}$$

当模型与对象失配而系统不稳定时，可以通过设计$F(z)$使式(9-25)的全部特征

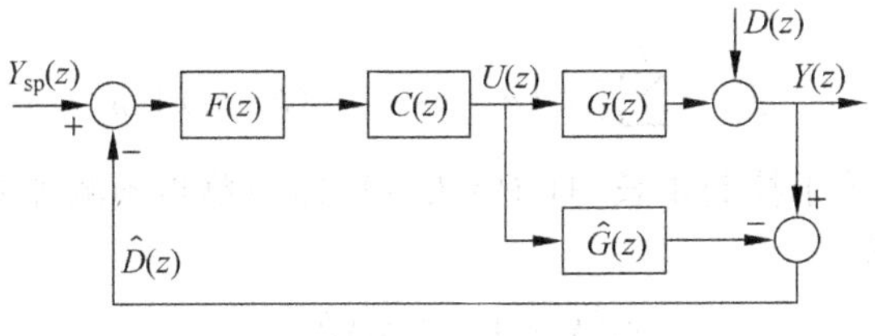

图 9.8　带有滤波器的内模控制系统

根位于单位圆内。$F(z)$的设计方法依对象特性而有所不同。现举例加以说明。

假设对象和模型的脉冲传递函数如下

$$G(z)=(z^{-2}+z^{-1})H(z)$$

$$\hat{G}(z)=2z^{-1}H(z)$$

其中 $H(z)$为脉冲传递函数中不含纯迟延且其所有极点、零点均在单位圆内的部分。此时，取控制器 $C(z)=H^{-1}(z)$，将它代入系统特征方程式(9-25)，则有

$$H(z)[1+F(z)(z^{-2}-z^{-1})]=0 \tag{9-26}$$

若 $F(z)=1$，则式(9-26)有两个根位于单位圆上，系统会出现持续的振荡。如果选择一个一阶环节作为滤波器，即

$$F(z)=\frac{1-\alpha}{1-\alpha z^{-1}} \quad 0<\alpha<1$$

则式(9-26)中原来两个持续振荡的根变为

$$z_1,z_2=\frac{1}{2}\pm\frac{1}{2}\sqrt{4\alpha-3}$$

对任何 α 值($0<\alpha<1$)，此两根都在单位圆内，从而保持了系统的稳定。显然，加入滤波器后将会使系统的动态响应变得柔和一些，同时也提高了系统的鲁棒性。

事实上，模型与对象的失配情况，往往难以用数学方程来表达，因此，滤波系数 α 一般可以根据对控制品质的要求在线整定。

上面从四个方面讨论了内模控制的特性，那么它与预测控制又有什么内在联系呢？为此，可以从设计它们的控制器入手来分析比较。

特性(2)中已经说明，内模控制器 $C(z)=\hat{G}^{-1}(z)$是一个理想控制器，但只有当$\hat{G}^{-1}(z)$存在并可实现时才有现实意义。如果上述条件不满足，可以寻找一个$\hat{G}^{-1}(z)$的近似解，实现内模控制。预测控制中的控制器在 9.2.2 小节中已经讨论过，图 9.4 表示了这种算法控制的原理图。为了写出其控制器的表达式，现列出与之有关的几个公式[式(9-7)、式(9-11)、式(9-12)]。

闭环预测输出方程

$$y_{\mathrm{p}}(k+i)=y_{\mathrm{m}}(k+i)+[y(k)-y_{\mathrm{m}}(k)]$$

参考轨迹方程

$$\begin{cases} y_{\mathrm{r}}(k+i)=\alpha^{i}y(k)+(1-\alpha^{i})y_{\mathrm{sp}} \\ y_{\mathrm{r}}(k)=y(k) \end{cases}$$

优化目标函数

$$J=\sum_{j=1}^{P}[y_{\mathrm{p}}(k+i)-y_{\mathrm{r}}(k+i)]^{2}\omega_{i}$$

假设预测步长等于控制步长，且 $P=L=1$，即为单步预测控制，则求解式(9-12)就十分容易，只需令

$$y_{\mathrm{p}}(k+1)=y_{\mathrm{r}}(k+1)$$

将式(9-7)、式(9-11)代入上式，有

$$(1-\alpha)y_{sp}=(1-\alpha)y(k)+y_m(k+1)-y_m(k)$$

对上式进行 z 变换得

$$(1-\alpha)Y_{sp}(z)=(1-\alpha)Y(z)+(z-1)Y_m(z) \tag{9-27}$$

假设已知对象及其模型分别为

$$zY(z)=H(z)U(z)$$

$$zY_m(z)=\hat{H}(z)U(z)$$

将上两式代入式(9-27)并经整理可得

$$\left.\begin{aligned}\frac{U(z)}{Y_{sp}(z)}&=\frac{(1-\alpha)}{z^{-1}(1-\alpha)H(z)+(1-z^{-1})\hat{H}(z)}\\\frac{Y(z)}{Y_{sp}(z)}&\equiv\frac{(1-\alpha)(z^{-1}H(z))}{z^{-1}(1-\alpha)H(z)+(1-z^{-1})\hat{H}(z)}\end{aligned}\right\} \tag{9-28}$$

图 9.9 即为上述闭环脉冲传递函数的方框图。若将前向通道和反馈通道中的 $(1-\alpha)$ 移入控制器 $1/(1-z^{-1})\hat{H}(z)$ 中,并令

$$F(z)=\frac{1-\alpha}{1-z^{-1}}$$

$$G_c(z)=\hat{H}^{-1}(z)$$

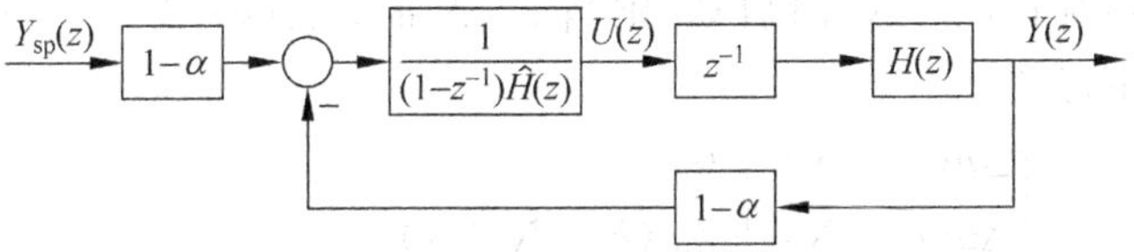

图 9.9 预测控制在 $P=L=1$ 时的系统结构

如果把 $F(z)$ 看成是内模控制中的滤波器,则单步预测时的控制器 $G_c(z)$ 与内模控制器 $C(z)$ 一样,即控制器为对象模型的逆。内模控制在 $P=L=1$ 时也有如式(9-14)所示的预测控制规律。因此可以说,单步预测控制是内模控制的一个特例。

同样,对于预测控制中的 DMC 动态矩阵算法而言,式(9-19)表述了在预测步长 P 和控制步长 L 相等时 DMC 算法的控制律,即

$$\Delta\boldsymbol{u}=\boldsymbol{A}^{-1}\boldsymbol{e}'$$

显然,上述结果与内模控制规律相同,即控制器为对象模型的逆。在内模控制系统中,当取 $P=L$,也有式(9-19)中的结果。因此,可以说 DMC 动态矩阵算法就是内模控制 $P=L$ 时的特殊情况。

以上的分析比较,证明了 MAC 和 DMC 算法均是内模控制的特殊形式,说明内模控制是带有普遍性的一般原理。由于其机理清楚,理论分析比较成熟,因而可以借助于内模控制理论来了解预测控制的机理和特点。

2. 状态空间表示法

如果把预测控制算法转换为状态空间描述形式,就可用现代控制理论来分析研

究预测控制系统。文献[12]做了这种尝试，提出了一种改进的 MAC 算法。下面介绍这种状态空间表达形式。

假设预测长度 P 等于阶跃响应的截断长度 N，且 $\hat{a}_N=\hat{a}_S$，则在 $(k-1)$ 时刻的预测模型为

$$\begin{bmatrix} y_m(k) \\ y_m(k+1) \\ \vdots \\ y_m(k+N-1) \end{bmatrix} = \hat{a}_N \begin{bmatrix} u(k-N) \\ u(k-N+1) \\ \vdots \\ u(k-1) \end{bmatrix} + \begin{bmatrix} 0 & \hat{a}_{N-1} & \hat{a}_{N-2} & \cdots & \hat{a}_1 \\ & 0 & \hat{a}_{N-1} & \cdots & \hat{a}_2 \\ & & \ddots & & \vdots \\ & 0 & & & \hat{a}_{N-1} \\ & & & & 0 \end{bmatrix} \begin{bmatrix} \Delta u(k-N) \\ \Delta u(k-N+1) \\ \vdots \\ \Delta u(k-1) \end{bmatrix} \tag{9-29}$$

式中

$$u(k-i) = \sum_{j=1}^{k-i} \Delta u(k-i-j) \quad i = N, N-1, \cdots, 1$$

如果假定系统在 $(k-N)$ 时启动，则当 $i>N$ 时，$\Delta u(k-i)=0$，式(9-29)中第一项可展开成如下形式

$$\hat{a}_N \begin{bmatrix} \Delta u(k-N) + 0 \\ \Delta u(k-N) + \Delta u(k-N+1) + 0 \\ \vdots \\ \Delta u(k-N) + \Delta u(k-N+1) + \cdots + \Delta u(k-1) \end{bmatrix}$$

$$= \begin{bmatrix} \hat{a}_N & & & \\ \hat{a}_N & \hat{a}_N & & 0 \\ \hat{a}_N & \hat{a}_N & \hat{a}_N & \\ \vdots & & & \ddots \\ \hat{a}_N & \cdots & & \hat{a}_N \end{bmatrix} \begin{bmatrix} \Delta u(k-N) \\ \Delta u(k-N+1) \\ \vdots \\ \Delta u(k-1) \end{bmatrix}$$

将上式代入式(9-29)，并将两项合并，则有

$$\begin{bmatrix} y_m(k) \\ y_m(k+1) \\ \vdots \\ y_m(k+N-1) \end{bmatrix} = \begin{bmatrix} \hat{a}_N & \hat{a}_{N-1} & & \cdots & \hat{a}_1 \\ \hat{a}_N & \hat{a}_N & \hat{a}_N & \cdots & \hat{a}_2 \\ \vdots & & & \ddots & \vdots \\ \hat{a}_N & \hat{a}_N & & \cdots & \hat{a}_N \end{bmatrix} \begin{bmatrix} \Delta u(k-N) \\ \Delta u(k-N+1) \\ \vdots \\ \Delta u(k-1) \end{bmatrix}$$

若定义 $x_i(k)=y_m(k+i-1)$ 为系统的状态变量，其中 $i=1,2,\cdots,N$，经过一定的推导，可以得到系统状态空间表达式为

$$\left.\begin{aligned} \boldsymbol{x}(k+1) &= \boldsymbol{G}\boldsymbol{x}(k)+\boldsymbol{a}\Delta u(k) \\ y_{\mathrm{m}}(k) &= \boldsymbol{c}\boldsymbol{x}(k) \end{aligned}\right\} \tag{9-30}$$

其中

$$\boldsymbol{x}(k+1)=[x_1(k+1),x_2(k+1),\cdots,x_N(k+1)]^{\mathrm{T}}$$

$$\boldsymbol{G}=\begin{bmatrix} 0 & 1 & 0 & & \cdots & 0 \\ 0 & 0 & 1 & 0 & \cdots & 0 \\ & & & & \ddots & \\ & & \ddots & & \ddots & 0 \\ & & & & & 1 \\ 0 & 0 & & \cdots & & 1 \end{bmatrix} \quad \boldsymbol{a}=\begin{bmatrix} a_1 \\ a_2 \\ \vdots \\ a_N \end{bmatrix}$$

$$\boldsymbol{c}=[1,0,0,\cdots,0]$$

系统的开环预测方程可表示为

$$\boldsymbol{y}_{\mathrm{p}}(k)=\boldsymbol{C}_{\mathrm{p}}\boldsymbol{x}(k) \tag{9-31}$$

其中

$$\boldsymbol{C}_{\mathrm{p}}=[\boldsymbol{I}_P \mid \boldsymbol{O}_{P\times(N-P)}]_{P\times N}$$

$\boldsymbol{I}_P$ 为 P 阶单位阵。

从式(9-30)所表示的输出方程很容易得到系统的可观测矩阵为

$$\boldsymbol{O}=\begin{bmatrix} \boldsymbol{c} \\ \boldsymbol{cG} \\ \vdots \\ \boldsymbol{cG}^{N-1} \end{bmatrix}=\boldsymbol{I}_N$$

这说明上述系统总是可观测的，因而其状态也是完全可以重构的。由于系统中状态向量的各分量 $x_i(k)$，$i=1,2,\cdots,N$，是 k 时刻及其以后的输出变量预测值，大多是不可直接测量的，只能用观测器来构造，即根据输出 y 和输入 Δu 的线性组合来观测。下面从这个观点出发来研究预测控制的结构。

从前面式(9-6)、式(9-11)、式(9-16)、式(9-30)和式(9-31)各方程式可以构成如图 9.10 所示预测控制系统结构图，这些公式是

$$\begin{aligned}
&\boldsymbol{y}_{\mathrm{p}}(k+1)=\boldsymbol{C}_{\mathrm{p}}\boldsymbol{x}(k+1)+\boldsymbol{h}_0[y(k)-y_{\mathrm{m}}(k)] \\
&\boldsymbol{y}_{\mathrm{r}}(k+1)=\boldsymbol{\alpha}\,y(k)+\boldsymbol{\alpha}'y_{\mathrm{sp}} \\
&\boldsymbol{e}(k+1)=\boldsymbol{y}_{\mathrm{r}}(k+1)-\boldsymbol{y}_{\mathrm{p}}(k+1) \\
&\boldsymbol{e}'(k+1)=\boldsymbol{y}_{\mathrm{r}}(k+1)-\boldsymbol{y}_{\mathrm{p}}(k+1\mid k) \\
&\Delta\boldsymbol{u}(k)=[\boldsymbol{A}_2^{\mathrm{T}}\boldsymbol{Q}\boldsymbol{A}_2+\boldsymbol{R}]^{-1}\boldsymbol{A}_2^{\mathrm{T}}\boldsymbol{Q}\boldsymbol{e}'=\boldsymbol{A}^*\boldsymbol{e}' \\
&\boldsymbol{x}(k+1)=\boldsymbol{G}\boldsymbol{x}(k)+a\Delta\boldsymbol{u}(k) \\
&\boldsymbol{y}_{\mathrm{m}}(k)=\boldsymbol{c}\boldsymbol{x}(k) \\
&\boldsymbol{y}_{\mathrm{p}}(k)=\boldsymbol{C}_{\mathrm{p}}\boldsymbol{x}(k)
\end{aligned}$$

其中

$$\boldsymbol{\alpha}=[\alpha^1,\alpha^2,\cdots,\alpha^i,\cdots]^{\mathrm{T}} \quad i=1,2,\cdots,P$$

$$\boldsymbol{\alpha}' = [1-\alpha^1, 1-\alpha^2, \cdots, 1-\alpha^i, \cdots]^{\mathrm{T}} \quad i = 1,2,\cdots,P$$

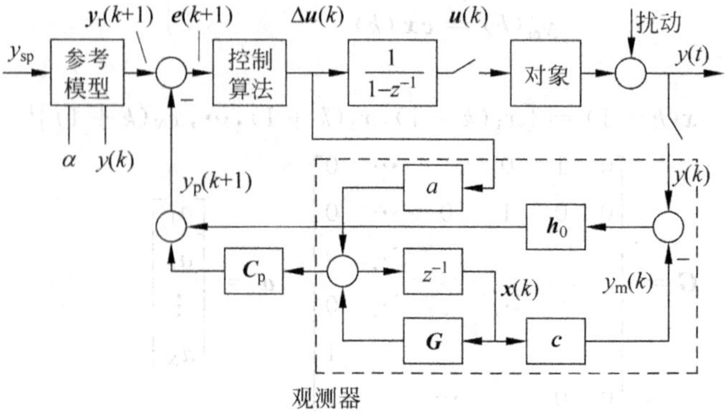

图 9.10 MAC 预测控制系统结构图

可以看到，图 9.10 虚线框内的结构好像是一种简单的观测器，其等效的状态空间表达式为

$$\boldsymbol{x}(k+1) = \boldsymbol{G}\boldsymbol{x}(k) + \boldsymbol{a}\Delta \boldsymbol{u}(k)$$

$$\boldsymbol{y}_{\mathrm{p}}(k+1) = \boldsymbol{C}_{\mathrm{p}}\boldsymbol{x}(k+1) + \boldsymbol{h}_0[y(k) - \boldsymbol{c}\boldsymbol{x}(k)]$$

显然，这是一种开环观测器。利用状态空间表示方法对 MAC 控制算法的分析，可以进一步了解预测控制的本质。它是利用系统的可观测性构造的一种观测器，实现对系统未来输出的预测，从而增加了系统的信息量，提高了系统的控制品质。

如果把上述开环观测器改为闭环观测器，那么就可以进一步改善性能。图 9.11 即为改进后的 MAC 控制系统结构。其闭环观测器方程如下

$$\boldsymbol{x}(k+1) = \boldsymbol{G}\boldsymbol{x}(k) + \boldsymbol{a}\Delta \boldsymbol{u}(k) + \boldsymbol{k}[y(k) - \boldsymbol{c}\boldsymbol{x}(k)]$$

$$\boldsymbol{y}_{\mathrm{p}}(k+1) = \boldsymbol{C}_{\mathrm{p}}\boldsymbol{x}(k+1)$$

其中 $\boldsymbol{k}$ 为观测器增益，需要适当选择以便保证观测器的稳定性，同时特征值负实部要足够大，使估计值能较快地跟上实际值。上面从两个方面分析和解剖了预测控制算法的结构和机理，这有助于进一步了解其本质。但是对预测控制的理论研究还有待深入和完善，这已成为它能否在实际中得到广泛应用和推广的关键。

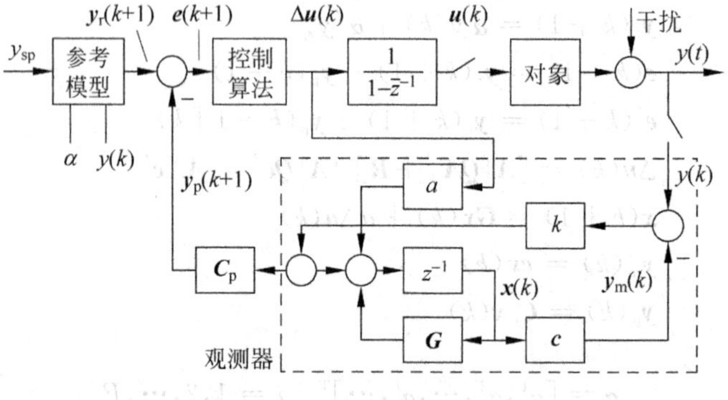

图 9.11 具有闭环状态观测器的 MAC 系统结构图

文献[13]报导了直接从状态方程模型出发，提出了基于状态空间模型的状态反馈预测控制算法(state feedback model predictive control，SFPC)，它使预测控制突破了内模控制(IMC)的框架，可用于不稳定的被控过程，抑制干扰的能力也得到提高。基于该算法开发的先进控制软件，在 1988 年成功应用于催化裂化装置的反应过程的反应深度控制，在文献[14]中进行了总结和理论分析，给出的有关闭环系统稳定的必要和充分条件，将稳定性与预估长度联系起来，成为闭环系统参数整定的指导。

9.3 预测控制中的几个问题

9.3.1 系统的稳定性和鲁棒性

在 9.2 节中曾经讨论了在单步预测控制下控制系统的结构(图 9.9)，相应的系统闭环脉冲传递函数为

$$\frac{Y(z)}{Y_{\text{sp}}(z)} = \frac{(1-\alpha)[z^{-1}H(z)]}{z^{-1}(1-\alpha)H(z)+(1-z^{-1})\hat{H}(z)}$$

系统的特征方程为

$$z^{-1}(1-\alpha)H(z)+(1-z^{-1})\hat{H}(z)=0$$

如果要判断此闭环系统是否稳定，只需检验上式中是否有在单位圆以外的根。

假设系统的模型十分精确，即 $H(z)=\hat{H}(z)$，则上式可化简化为

$$\frac{Y(z)}{Y_{\text{sp}}(z)} = \frac{1-\alpha}{z-\alpha}$$

在这种情况，只要参考轨迹中的滤波系数 $\alpha<1$，则系统满足稳定条件。也就是说，系统的稳定性与参考模型的设计有关。显然，α 越大，则系统越稳定，响应曲线越“柔和”。这个结论虽然简单明了，但它是在单步预测条件下推导的结果。至于在多步预测等其他情况下的稳定性分析就比较复杂，还有待进一步探讨。现在已有一些关于整定参数对稳定性影响方面的结论。例如文献[11]提出，对于具有单调阶跃响应的对象，在预测模型的截断步长 N 等于预测步长 P 的假设下，只要控制步长 L 选择足够小，则系统稳定。图 9.12 给出了对象传递函数为

$$G(s)=\mathrm{e}^{-20s}/(100s^2+12s+1)$$

的系统在设定值阶跃变化下的响应曲线，其中取 $P=N=10$，且 L 分别取为 10、2 和 1。从图中可以看到，当 L 减少到 2 和 1 时，动态响应曲线的波动明显减弱，系统的稳定性相应增加。这些结论对于预测控制的设计和调整无疑是很有益的。

应当指出，上述关于稳定性的结论是在假定对象模型十分准确的情况下得到的。事实上，准确的数学模型是很难得到的，更何况在工业应用环境中，系统运行工作点的偏移，部件的老化以及原料成分的变化等都将引起数学模型的偏差。因此，需要研究系统在数学模型与实际过程失配时的稳定性，即使系统性能仍保持在允许范围内的能力，通常称之为系统的鲁棒性。显然，系统的鲁棒性是评价控制质量的

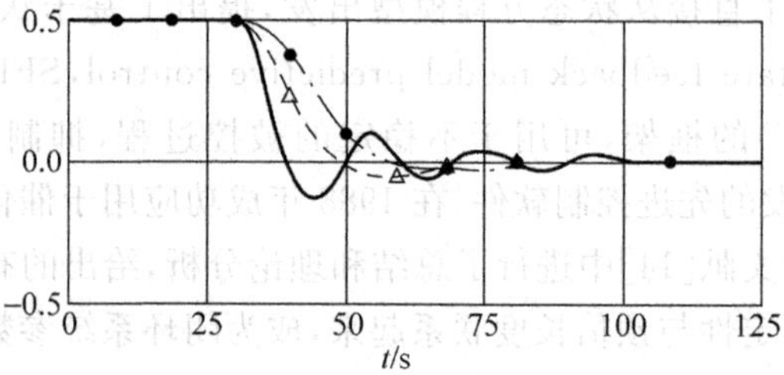

图 9.12 控制步长 L 对系统设定值阶跃响应的影响

$P=N=10$：—，$L=10$ 时；---，$L=2$ 时；-·-，$L=1$ 时

一个重要指标。实践证明，预测控制有较强的鲁棒性，而且易于在线调整。遗憾的是预测控制产生鲁棒性的机理至今尚未从理论上得到完善的分析。这里只对简单情况下的模型失配进行鲁棒性的讨论[15]。

假设系统只存在模型增益的失配，可表为

$$h_i = \hat{h}_i q, \quad i = 1,2,3,\cdots,N$$

其中，q 为标量。也即

$$H(z) = \hat{H}(z)q$$

将上式代入式(9-28)，有

$$\begin{aligned}\frac{Y(z)}{Y_{\mathrm{sp}}(z)} &= \frac{(1-\alpha)[z^{-1}H(z)]}{z^{-1}(1-\alpha)H(z)+(1-z^{-1})\hat{H}(z)} \\ &= \frac{(1-\alpha)[z^{-1}\hat{H}(z)q]}{z^{-1}(1-\alpha)\hat{H}(z)q+(1-z^{-1})\hat{H}(z)} \\ &= \frac{(1-\alpha)q}{z-[1-(1-\alpha)q]}\end{aligned}$$

从上式可以看到如要系统仍然稳定，则只要极点$[1-(1-\alpha)q]$在单位圆内。换句话说，只要模型失配偏差满足不等式

$$0 < q < 2/(1-\alpha)$$

可以看到，无论系统的稳定性还是鲁棒性都与参考轨迹的滤波系数 α 有关。图 9.13 是一个仿真实例。被控对象是催化裂化装置中的反应器，经辨识已得其脉冲传递函数为

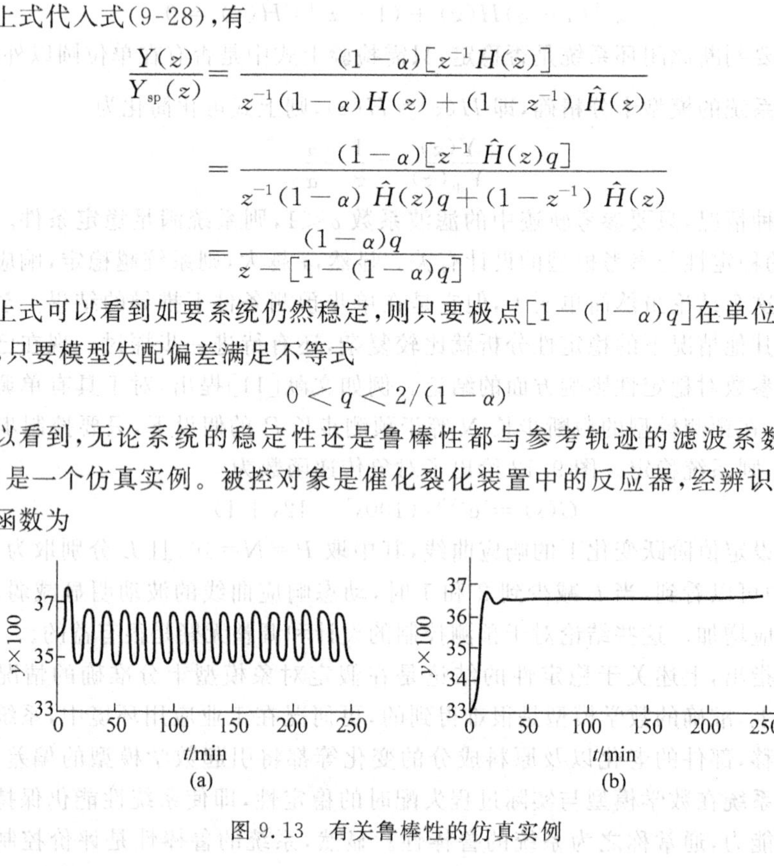

图 9.13 有关鲁棒性的仿真实例

$$G(z)=\frac{0.01-0.0085z^{-1}}{1-1.87z^{-1}+1.09z^{-2}+0.165z^{-3}}z^{-5}$$

为研究系统的鲁棒性，将其数学模型改为

$$\hat{G}(z)=\frac{0.1-0.085z^{-1}}{1-1.5z^{-1}+z^{-2}+0.4z^{-3}}z^{-5}$$

当 α 取为零，即参考轨迹 $y_r=y_{sp}$，此时裂化气中汽油组分百分比含量 y 呈现等幅振荡，如图(a)所示。不断增大 α，系统逐渐趋于稳定，当 $\alpha=0.8$ 时，系统的设定值响应曲线如图(b)所示。可以看到，参考模型的选择在预测控制系统的稳定性和鲁棒性中起着举足轻重的作用。选择得合理与否直接影响到系统对环境不确定性的抵抗能力。一般说来，一个响应慢的参考轨迹将会增强系统的鲁棒性。

9.3.2　非最小相位系统中的预测控制

由于在各种实际控制系统中，具有非最小相位特征的对象相继出现，引起了人们对非最小相位系统的关注。现在分析如果把预测控制应用到这类系统，会产生什么问题。

这里首先引用前面讨论过的系统，其脉冲传递函数如式(9-28)所示，即

$$\frac{U(z)}{Y_{sp}(z)}=\frac{(1-\alpha)}{z^{-1}(1-\alpha)H(z)+(1-z^{-1})\hat{H}(z)}$$

$$\frac{Y(z)}{Y_{sp}(z)}=\frac{(1-\alpha)(z^{-1}H(z))}{z^{-1}(1-\alpha)H(z)+(1-z^{-1})\hat{H}(z)}$$

当数学模型准确时，式(9-28)变成下列形式

$$\left.\begin{aligned}\frac{U(z)}{Y_{sp}(z)}&=\frac{z(1-\alpha)}{(z-\alpha)H(z)}\\ \frac{Y(z)}{Y_{sp}(z)}&=\frac{1-\alpha}{z-\alpha}\end{aligned}\right\}\tag{9-32}$$

可以看到，实际对象脉冲传递函数 $H(z)$没有出现在 $Y(z)/Y_{sp}(z)$中，只要 $\alpha<1$，系统的输出将跟踪参考轨迹。但是 $H(z)$却出现在 $U(z)/Y_{sp}(z)$中，而且 $H(z)$的零点变成系统输入脉冲传递函数的极点。假如对象具有非最小相位特性，也就是说它可能有零点落在单位圆之外，此时，由式(9-32)可以清楚地看到系统的输入 $u(t)$将是发散的。对系统输出来说，只要 $H(z)$中的不稳定零点不受到激励，输出量 $y(t)$仍保持有界而且继续跟踪参考轨迹。但事实上，实际系统中物理元件的饱和或调节量的限幅等都将迫使输入量 $u(t)$受到限制，一旦 $u(t)$受到上、下限的制约，式(9-32)中 $Y(z)/Y_{sp}(z)$ 分子分母上的 $H(z)$不能完全相消，此时输出量 $y(t)$将脱离参考轨迹而发散，这就说明，不经过特殊处理，预测控制将难以应用到非最小相位系统。

从以上分析可以看到，若为最小相位系统设计预测控制器时，只要数学模型 $\hat{H}(z)$与真实对象的 $H(z)$相同或相近，系统就是稳定的；若为非最小相位系统进行设计，情况就不同了，需要根据使特征方程$(z-1)\hat{H}(z)+(1-\alpha)H(z)$的全部根都落

在单位圆内的原则来选择$\hat{H}(z)$，从而使$y(t)$能较好的跟踪y_{sp}。显然，满足这种选择原则的$\hat{H}(z)$不是唯一的。设计中往往需要借助于其他准则，因而就有不同的处理方法，文献[16]提出了线性二次型控制、极点配置、带有加权因子的性能指标以及在预测步长内取输入控制量为常数等方法。这里只介绍前面两种方法。

(1) 线性二次型控制方法

为了应用这种方法，必须先将预测模型转换为适于二次型控制的状态方程表达形式。首先假设$y_{sp}=0$，这样既使问题简化又不失一般性。从预测控制(MAC)一步预测时的表述可以得到等式

$$y_p(k+1) = y_r(k+1)$$

即

$$y_m(k+1) - y_m(k) + (1-\alpha)y(k) = 0$$

已知$y(k) = \sum_{j=1}^{N} h_j u(k-j)$，将$y(k)$和式(9-3)代入上式可得

$$\begin{aligned}\hat{h}_1 u(k) = &[\hat{h}_1 - \hat{h}_2 - (1-\alpha)h_1]u(k-1) + \cdots \\ &+ [\hat{h}_{N-1} - \hat{h}_N - (1-\alpha)h_{N-1}]u(k-N+1) \\ &+ [\hat{h}_N - (1-\alpha)h_N]u(k-N)\end{aligned} \tag{9-33}$$

假设参考轨迹与对象输出之间的误差为$e(k)$，则

$$e(k) = y(k) - y_r(k) = y(k) - \alpha y(k-1)$$

将上式展开为

$$\begin{aligned}e(k) &= [h_1, h_2 - \alpha h_1, \cdots, h_N - \alpha h_{N-1}, -\alpha h_N]\begin{bmatrix} u(k-1) \\ u(k-2) \\ \vdots \\ u(k-N) \\ u(k-N-1) \end{bmatrix} \\ &= \boldsymbol{q}^{\mathrm{T}} \boldsymbol{\xi}(k-1)\end{aligned} \tag{9-34}$$

其中

$$\boldsymbol{q} = [h_1, h_2 - \alpha h_1, \cdots, h_N - \alpha h_{N-1}, -\alpha h_N]^{\mathrm{T}}$$

$$\boldsymbol{\xi}(k-1) = \begin{bmatrix} u(k-1) \\ u(k-2) \\ \vdots \\ u(k-N) \\ u(k-N-1) \end{bmatrix}$$

考虑到

$$\boldsymbol{\xi}(k) - \boldsymbol{H}\boldsymbol{\xi}(k-1) = \boldsymbol{u}(k)$$

其中

$$
\boldsymbol{H}=\begin{bmatrix}0&0&0&\cdots&0&0\\1&0&0&\cdots&0&0\\0&1&0&\cdots&0&0\\&&&\ddots&&\\0&0&0&\cdots&1&0\end{bmatrix}_{(N+1)\times(N+1)}
$$

将式(9-33)代入上式消去 $\boldsymbol{u}(k)$，有

$$
\begin{aligned}
\boldsymbol{\xi}(k)&=\boldsymbol{H}\boldsymbol{\xi}(k-1)+\boldsymbol{b}[\boldsymbol{L}^{\mathrm{T}}\mid 0]\boldsymbol{\xi}(k-1)\\
&=\boldsymbol{H}\boldsymbol{\xi}(k-1)+\boldsymbol{b}\boldsymbol{\beta}(k-1)
\end{aligned}\tag{9-35}
$$

其中

$$
\left.\begin{aligned}
&\boldsymbol{b}=[1,0,\cdots,0]^{\mathrm{T}}\\
&\boldsymbol{L}=\frac{1}{h_1}[\hat{h}_1+\hat{h}_2-(1-\alpha)h_1,\cdots,\hat{h}_{N-1}+\hat{h}_N-(1-\alpha)h_{N-1},\hat{h}_N-(1-\alpha)h_N]^{\mathrm{T}}\\
&\boldsymbol{\beta}(k-1)=[\boldsymbol{L}\mid 0]\boldsymbol{\xi}(k-1)
\end{aligned}\right\}\tag{9-36}
$$

到此已将上述预测控制转化为状态方程表达式。

为了求解其最优控制律，采用了二次型最优目标，即

$$
J=\frac{1}{2}\sum_{j=1}^{\infty}e^2(j)=\frac{1}{2}\sum_{j=1}^{\infty}[\boldsymbol{\xi}^{\mathrm{T}}(j)\boldsymbol{q}\boldsymbol{q}^{\mathrm{T}}\boldsymbol{\xi}(j)]
$$

将有关 $\boldsymbol{\xi}(k)$ 和 $\boldsymbol{q}$ 的公式代入，求得二次型最优解为

$$
\boldsymbol{\beta}(k)=-[(\boldsymbol{b}^{\mathrm{T}}\boldsymbol{P}\boldsymbol{b})^{-1}\boldsymbol{b}^{\mathrm{T}}\boldsymbol{P}\boldsymbol{H}]\boldsymbol{\xi}(k)=\hat{\boldsymbol{L}}\boldsymbol{\xi}(k)\tag{9-37}
$$

其中 $\boldsymbol{P}$ 是黎卡提方程的稳态解。可以看到，最优控制 $\boldsymbol{\beta}(k)$ 是状态向量 $\boldsymbol{\xi}(k)$ 的线性函数。注意，式(9-37)中 $\boldsymbol{\beta}(k)$ 的表达式不同于式(9-36)，这是因为可以证明 $\boldsymbol{\beta}(k)$ 是与 $\boldsymbol{\xi}(k)$ 的最后一个元素无关的。从最优解式(9-37)便能得到一个在 $y(k)$ 和 $y_{\mathrm{r}}(k)$ 的方差最小意义下的 $\hat{\boldsymbol{h}}$ 的最优选择，并使系统特征多项式的所有根均落在单位圆内。

显然，上述求解过程是通过离线求解黎卡提方式来求取 $\hat{\boldsymbol{h}}$。但解 $\hat{\boldsymbol{h}}$ 需要知道真实对象的 $\boldsymbol{h}$，因此，特征方程对 $\hat{H}(z)$ 的摄动和失配的灵敏度分析是十分重要的，还待进一步研究。另外，黎卡提方程的解与 $\boldsymbol{h}$ 及参考轨迹有关，如果要实现在线控制，则需要每步解一次黎卡提方程，这是难以实现的，尚需进一步改进。

(2) 极点配置方法

众所周知，采用极点配置设计方法的基本点都在于选择 $\hat{H}(z)$，使之尽可能接近 $H(z)$。但对于非最小相位系统，如果对象脉冲传递函数中有不稳定的根，在应用极点配置法时，应首先将它分成两部分

$$
H(z)=P_{\mathrm{s}}(z)P_{\mathrm{u}}(z)
$$

其中 $P_{\mathrm{s}}(z)$ 包含了 $H(z)$ 中的全部稳定的根，$P_{\mathrm{u}}(z)$ 则包含不稳定的根。同时，让数学模型 $\hat{H}(z)$ 也相应地分成两部分。

$$
\hat{H}(z)=P_{\mathrm{s}}(z)P_{\mathrm{ms}}(z)
$$

其中 $P_{ms}(z)$ 正是要用极点配置法加以确定的部分。将上两式代入系统特征方程，则有

$$P_s(z)[P_u(z)(1-\alpha)+(z-1)P_{ms}(z)]=0$$

显然，$P_{ms}(z)$ 是在保证上式稳定的条件下进行选择。如果让 $P_u(z)(1-\alpha)+(z-1)P_{ms}(z)$ 的根都在原点，则输出 $y(t)$ 收敛较快；若使上式的根一部分在原点，另一部分在单位圆内，则 $y(t)$ 响应比较平滑。

采用这种方法的困难在于如何决定系统极点的最佳位置。另外，由于在 $P_s(z)$ 中有可能包含接近 1 的极点，如果出现对 $H(z)$ 很小的摄动，系统就有可能出现不稳定。

从上面讨论的两种处理非最小相位系统的方法来看，预测控制(MAC)在做了较小的变动后可以适用于非最小相位系统，但具体方法还有待于进一步研究。

9.3.3 大迟延系统中的预测控制

大迟延系统在工业生产过程中是较常见的但又是难于控制的，一直是过程控制界关注的研究方向。现在来讨论预测控制在大迟延系统中的应用问题。

为简便起见，仍以 MAC 单步预测控制为例进行分析。其控制律为

$$u(k)=\frac{1}{\hat{h}_1}\{(1-\alpha)y_{sp}+[\hat{\boldsymbol{h}}^T(\boldsymbol{I}-\boldsymbol{\Phi})-\boldsymbol{h}^T(1-\alpha)]\boldsymbol{u}(k-1)\}$$

对于大迟延系统，显然 $\hat{h}_1=0$，所以上式所示控制律不能实现，必须加以修改，排除 $\hat{\boldsymbol{h}}^T$ 中的零元素。

假设

$$\hat{\boldsymbol{h}}=[\underbrace{0,0,\cdots,0}_{l_m},\hat{h}_1,\hat{h}_2,\cdots,\hat{h}_{N-l_m}]^T$$

将 l_m 个零元素移到后面，构成新的向量 $\hat{\boldsymbol{h}}_\tau$

$$\hat{\boldsymbol{h}}_\tau=[\hat{h}_1,\hat{h}_2,\cdots,\hat{h}_{N-l_m},\underbrace{0,0,\cdots,0}_{l_m}]^T$$

其中 $\hat{h}_1\neq 0$，此时得到的模型输出为

$$y_m(k+1)=\hat{\boldsymbol{h}}^T\boldsymbol{u}(k)=\hat{\boldsymbol{h}}_\tau^T\boldsymbol{u}(k-l_m)$$

为求解 $u(k)$，必须预测未来 l_m+1 时刻的输出值

$$y_p(k+l_m+1)=\hat{\boldsymbol{h}}_\tau^T\boldsymbol{u}(k)+y(k)-y_m(k)$$

如选择参考轨迹为

$$y_r(k+l_m+1)=\alpha y(k)+(1-\alpha)y_{sp}$$

在无约束条件下的最优控制律可由式

$$y_r(k+l_m+1)=y_p(k+l_m+1)$$

求取。将上面有关公式代入，有

$$(1-\alpha)[y_{sp}-y(k)]=\hat{\boldsymbol{h}}_{\tau}^{T}\boldsymbol{u}(k)-\hat{\boldsymbol{h}}_{\tau}^{T}\boldsymbol{u}(k-l_m-1) \tag{9-38}$$

从上式可以解得最优控制量 $u(k)$

$$u(k)=u(k-l_m-1)$$
$$+\frac{1}{\hat{h}_1}\left\{(1-\alpha)[y_{sp}-y(k)]-(\hat{h}_2,\cdots,\hat{h}_{N-l_m})\begin{bmatrix}u(k-1)-u(k-l_m-2)\\ \vdots\\ u(k-N+l_m+1)-u(k-N)\end{bmatrix}\right\}$$

将上式与式(9-15)对照,可知在大迟延情况下它所表示的控制律是可实现的,$u(k)$将不会发散。但应当指出其控制效果并不好,因系统输出响应具有阶梯性质。这一点可以由如下分析得到。从式(9-38)推导出系统的脉冲传递函数为

$$\frac{U(z)}{Y_{sp}(z)}=\frac{(1-\alpha)}{(1-\alpha)H(z)+(z^{l_m+1}-1)\hat{H}(z)}$$
$$\frac{Y(z)}{Y_{sp}(z)}=\frac{(1-\alpha)H(z)}{(z^{l_m+1}-1)\hat{H}(z)+(1-\alpha)H(z)}$$

其中

$$\hat{H}(z)=\hat{h}_1z^{-l_m-1}+\hat{h}_2z^{-l_m-2}+\cdots+\hat{h}_{N-l_m}z^{-N}$$
$$H(z)=h_1z^{-l_m-1}+h_2z^{-l_m-2}+\cdots+h_{N-l_m}z^{-N}$$

当模型精确时,系统的脉冲传递函数可以简化为

$$\frac{Y(z)}{Y_{sp}(z)}=\frac{1-\alpha}{z^{l_m+1}-\alpha}$$

从上式可以得到如下阶梯形输出响应

$$y(k)=\begin{cases}0 & k<l_m+1\\ (1-\alpha)y_{sp} & l_m+1\leqslant k<2(l_m+1)\\ (1-\alpha)(1+\alpha)y_{sp} & 2(l_m+1)\leqslant k<3(l_m+1)\\ \vdots & \vdots\\ (1-\alpha)(1+\alpha+\cdots+\alpha^{N-1})y_{sp} & N(l_m+1)\leqslant k\leqslant(N+1)(l_m+1)\end{cases}$$

当 $k\to\infty$时

$$y(\infty)=\lim_{N\to\infty}(1-\alpha^N)y_{sp}=y_{sp}$$

如果模型失配,则 $y(k)$的阶梯响应更为严重。纯迟延越大,阶梯越宽。因此,简单地用$\hat{\boldsymbol{h}}_{\tau}^{T}$ 来代替$\hat{\boldsymbol{h}}^{T}$ 的方法并不能得到满意的结果。参考史密斯预报的思想,文献[17]提出了采用 DMC 预报控制的方法。9.2.2 小节中已推导出 DMC 控制的有关公式,其预测模型由式(9-10)表出,即

$$\boldsymbol{y}_p=\boldsymbol{A}\Delta\boldsymbol{u}+\boldsymbol{p}+\boldsymbol{h}_0y(k)$$

控制律见式(9-18)为

$$\Delta\boldsymbol{u}=(\boldsymbol{A}^T\boldsymbol{A})^{-1}\boldsymbol{A}^T\boldsymbol{e}'$$

为了克服大迟延,需要重新构造动态矩阵 $\boldsymbol{A}$,即剔除阶跃响应中数值为零的部

分。将 $t>\tau$(纯迟延)以后的响应分割为 N 段,得到 $a_1, a_2, \cdots, a_N$,进而构成没有迟延部分的动态矩阵,即

$$\boldsymbol{A}' = \begin{bmatrix} \hat{a}_1 & & & \\ \hat{a}_2 & \hat{a}_1 & 0 & \\ \vdots & & \ddots & \\ \vdots & & & \hat{a}_1 \\ & & & \vdots \\ \hat{a}_P & \hat{a}_{P-1} & \cdots & \hat{a}_{P-L+1} \end{bmatrix}_{P\times L}$$

以 $\boldsymbol{A}'$代替 $\boldsymbol{A}$ 代入式(9-10)中,得到的输出预报值已消除了纯迟延的影响,把它反馈给控制器后计算出的控制向量将能产生较好的控制效果。图 9.14 为 DMC 预报及控制的原理图,其中校正回路是为了防止模型误差以及提高抗扰动能力而设置的。经过对 4 个具有不同情况的大迟延系统进行仿真,结果表明它的预测输出的确提前了 τ,而且控制系统能够及时跟踪设定值的变动和克服系统中的外部扰动,较好地解决了大迟延系统的控制难题。应当指出,当动态矩阵中开始几个元素 a_1, a_2 等数值较小时,控制器的输出会出现明显的振铃现象。还需要采取其他方法,例如可在目标函数中增加一个带有加权约束阵的控制向量项来加以克服。

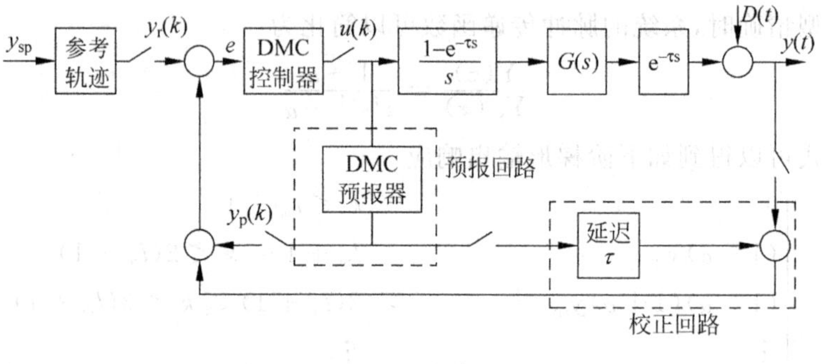

图 9.14 DMC 预报控制原理图

另外,还值得介绍一种基于预测偏差的模型算法控制(简称 PEBMAC)[18]如图 9.15 所示,它也是一种单步预测控制,但着眼于实际稳态值与参考值之间的偏差。这种方法开拓了单步预测控制难以应用的领域,它既保持了 MAC 的主要优点,又能直接用于大迟延系统。为了表述 PEBMAC 方法,先对预测稳态差的含义作一规定。

定义系统设定值 y_{sp} 与系统某环节在恒值 u 激励下所产生响应的稳态值之差为该环节在 u 激励下的预测稳态差,用 ε_p 表示。

在上述定义下,可以叙述这种方法的基本原理。

(1) 预测模型。仍然采用过程脉冲响应序列$\{\hat{h}_i\}$。该模型在输入 u 的作用下,其预测稳态差为

$$\varepsilon_p(k+1) = y_{sp} - k_m u(k) \tag{9-39}$$

其中

$$k_m = \sum_{i=1}^{N} \hat{h}_i$$

(2) 参考轨迹。对 PEBMAC 来说,应建立过程预测稳态差的参考轨迹。这里取

$$\varepsilon_r(k+1) = \alpha\varepsilon_p(k) + (1-\alpha)e(k) \tag{9-40}$$

其中,$e(k)=y(k)-y_m(k)$,而 α 称为参考轨迹的斜率。

(3) 控制算法。控制律则应满足下述准则

$$J = \min_u \mid \varepsilon_p(k+1) - \varepsilon_r(k+1) \mid \tag{9-41}$$

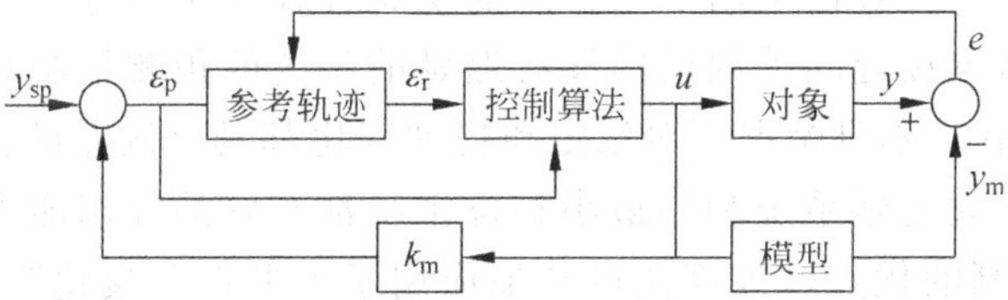

图 9.15 基于预测偏差的模型算法控制框图

在控制量无约束时,由式(9-39)~式(9-41)可以求出

$$\frac{U(z)}{Y_{sp}(z)} = \frac{\beta}{1-\alpha z^{-1}+\beta[H(z)-\hat{H}(z)]}$$

$$\frac{Y(z)}{Y_{sp}(z)} = \frac{\beta H(z)}{1-\alpha z^{-1}+\beta[H(z)-\hat{H}(z)]} \tag{9-42}$$

其中 $\beta=(1-\alpha)/k_m$。

可以证明,对于采用 PEBMAC 的系统,只要过程参数的摄动仍能保证系统极点位于单位圆内,则系统输出对设定值的变化和扰动的响应都是稳态无差的。

前面曾讨论过在采用 MAC 的大迟延系统中,虽然对控制律进行了修正使控制量不致发散,但系统的输出会出现阶梯形响应,而且迟延越大,阶梯越宽。但在采用 PEBMAC 的系统中,预测的是系统稳态时的偏差,与纯迟延无关,因而可以避免上述阶梯情况的发生,其实际响应类似于史密斯补偿。也就是说,这种方法能比较简单地解决用多步 MAC 才能解决的迟延问题。仿真研究证明 PEBMAC 可以得到较好的控制效果。在模型准确时,它的控制性能与史密斯补偿器接近,当模型有误差时,例如时间常数缩小 40%,迟延时间减小 20%,PEBMAC 方法比史密斯补偿器要好。

值得指出的是,PEBMAC 不仅可以用于大迟延系统,同样适用于非最小相位系统。因为在采用 MAC 方法的情况下,对象脉冲传递函数的零点会变成控制量 $U(z)$ 表示式中的极点。在用于非最小相位时,会使 $u(k)$ 发散。但采用了 PEBMAC 方法时,若模型无差,式(9-42)就成为

$$\frac{U(z)}{Y_{sp}(z)} = \frac{\beta}{1-\alpha z^{-1}}$$

$$\frac{Y(z)}{Y_{sp}(z)}=\frac{\beta H(z)}{1-\alpha z^{-1}}$$

可见 $u(k)$ 和 $y(k)$ 都是收敛的。一般情况下对象 $H(z)$ 的零点也不会成为 $U(z)/Y_{sp}(z)$ 的极点。而且这种方法明显地比文献[16]中介绍的方法要简单,易于推广应用。

文献[19]基于状态反馈预测控制算法,提出了针对大迟延系统的预测控制算法,通过将有状态迟延的状态方程模型进行状态扩展,对于大迟延系统,转化为基于状态反馈预测控制算法的标准形式,再利用扩展状态方程模型的特殊性,通过分块矩阵计算,实现了一种直接采用原未扩展的状态方程模型的等价简化算法,使计算量大幅度降低,基本接近同等规模的没有迟延的系统的预测控制算法的计算量,并且这种控制算法在大迟延情况下对给定和扰动变化都具有满意的控制效果,鲁棒性也大大增强了,对大迟延系统和非最小相位系统都有好的控制能力,综合了预测控制和状态反馈控制的优点。该算法成功地应用于大型催化裂化装置反应器的反应深度控制,取得了非常满意的应用效果。

通过上述讨论可以看到,由于预测控制方法本身具有预报输出的功能,很容易实现史密斯补偿原理,从而为解决大迟延控制的难题开辟了一条新的途径。本节仅对预测控制的稳定性、鲁棒性,以及在非最小相位系统和大迟延系统应用中的若干问题进行了粗浅的讨论。至于带有约束条件的系统、非线性系统和多变量系统等的预测控制问题,可以在基本控制算法的基础上加以扩展[20],当然还有不少问题需要研究解决,这里不再讨论。

9.4 应用举例

在列举工业过程中采用预测控制的实例之前,先讨论利用 DMC 方法,对一个工业用再沸油加热炉进行仿真研究的实例。

图 9.16 是加热炉的工艺流程图。从生产要求看,必须保证被加热油的出口温度 T。从节能的角度看,应该控制尾气氧含量以提高加热炉的热效率。经现场试验获得各通道的传递函数,发现两个控制回路之间有明显的耦合,因而是一个双变量系统。为此,必须将预测控制方法首先推广到多变量系统。如采用 DMC 方法,其单变量时的预测模型、目标函数和控制律分别为

$$\boldsymbol{y}_p=\boldsymbol{h}_0 y(k)+\boldsymbol{p}+\boldsymbol{A}\Delta\boldsymbol{u}$$

$$\boldsymbol{J}=\boldsymbol{e}^T\boldsymbol{e}$$

$$\Delta\boldsymbol{u}=(\boldsymbol{A}^T\boldsymbol{A})^{-1}\boldsymbol{A}^T\boldsymbol{e}'$$

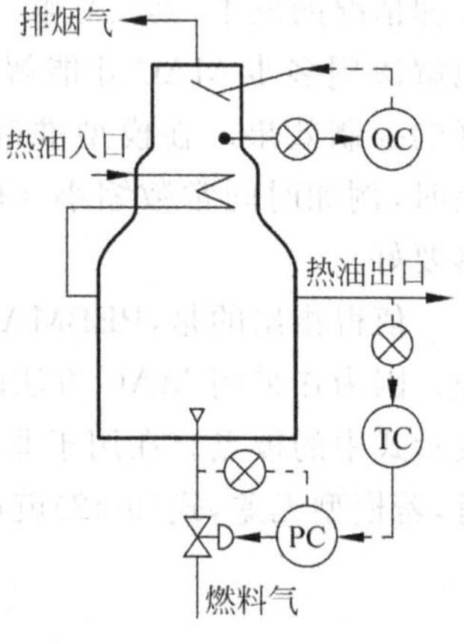

图 9.16 加热炉工艺流程简图

考虑到所示控制量在实际系统中往往受到限制而

难以实现，为此可以把目标函数修改为

$$J = \boldsymbol{e}^{\mathrm{T}}\boldsymbol{Q}\boldsymbol{e} + \Delta\boldsymbol{u}^{\mathrm{T}}\boldsymbol{R}\Delta\boldsymbol{u} \tag{9-43}$$

其中，$\boldsymbol{Q}$ 为正半定加权对称矩阵，$\boldsymbol{R}$ 为正定控制加权对称矩阵。式(9-43)的解为

$$\Delta\boldsymbol{u} = (\boldsymbol{A}^{\mathrm{T}}\boldsymbol{Q}\boldsymbol{A} + \boldsymbol{R})^{-1}\boldsymbol{A}^{\mathrm{T}}\boldsymbol{Q}\,\hat{\boldsymbol{e}}' \tag{9-44}$$

实际控制时，施加于系统的控制量只是 $\Delta\boldsymbol{u}$ 中的第一个分量 $\Delta u(k)$。

将上述结果推广到多变量系统并无理论上的困难，只需将动态矩阵扩大。对于双变量系统，则有

$$\begin{bmatrix} y_{\mathrm{p}}^1(k+1) \\ y_{\mathrm{p}}^1(k+2) \\ \vdots \\ y_{\mathrm{p}}^1(k+p) \\ y_{\mathrm{p}}^2(k+1) \\ y_{\mathrm{p}}^2(k+2) \\ \vdots \\ y_{\mathrm{p}}^2(k+p) \end{bmatrix} = \begin{bmatrix} a_1^1 & \cdots & 0 & a_1^2 & \cdots & 0 \\ a_2^1 & a_1^1 & & a_2^2 & a_1^2 & \\ & \ddots & \vdots & & \ddots & \vdots \\ \vdots & & a_1^1 & \vdots & & a_1^2 \\ & & \vdots & & & \vdots \\ a_p^1 & \cdots & a_{p-L+1}^1 & a_p^2 & \cdots & a_{p-L+1}^2 \\ b_1^1 & & & b_1^2 & & \\ b_2^1 & b_1^1 & & b_2^2 & b_1^2 & \\ & \ddots & & & \ddots & \\ \vdots & & b_1^1 & \vdots & & b_1^2 \\ & & \vdots & & & \vdots \\ b_p^1 & \cdots & b_{p-L+1}^1 & b_p^2 & \cdots & b_{p-L+1}^2 \end{bmatrix} \begin{bmatrix} \Delta u^1(k) \\ \Delta u^1(k+1) \\ \vdots \\ \Delta u^1(k+L-1) \\ \Delta u^2(k) \\ \Delta u^2(k+1) \\ \vdots \\ \Delta u^2(k+L-1) \end{bmatrix} + \begin{bmatrix} y^1(k)+P_1^1 \\ y^1(k)+P_2^1 \\ \vdots \\ y^1(k)+P_p^1 \\ y^2(k)+P_1^2 \\ y^2(k)+P_2^2 \\ \vdots \\ y^2(k)+P_p^2 \end{bmatrix} \tag{9-45}$$

相应有

$$P_i^n = \sum_{m=1}^{i} S_m^n \qquad n = 1,2$$

$$a_i^n = \sum_{j=1}^{i} \hat{h}_j^n \qquad n = 1,2$$

$$\hat{b}_i^n = \sum_{j=1}^{i} \hat{g}_j^n \qquad n = 1,2$$

$$S_m^1 = \sum_{n=1}^{2} \sum_{i=m+1}^{N} \hat{h}_i^n \Delta u(k+m-i)$$

$$S_m^2 = \sum_{n=1}^{2} \sum_{i=m+1}^{N} \hat{g}_i^n \Delta u(k+m-i)$$

其中 h_j 和 g_i 是第一被控量和第二被控量在 j 时刻的脉冲响应值。与单输入单输出系统一样，式(9-45)可以写成

$$\boldsymbol{y}_{\mathrm{p}} = \boldsymbol{A}\Delta\boldsymbol{u} + \boldsymbol{h}_0[y(k) + \boldsymbol{P}] \tag{9-46}$$

仍然采用式(9-43)所表示的目标函数，同样可以解出控制量 $\Delta\boldsymbol{u}$，其形式同式(9-44)。在实施时，只要取 $\Delta\boldsymbol{u}$ 向量中的第 1 行和第 $p+1$ 行。如果将式(9-45)按两个变量分开，可以写成

$$\begin{bmatrix} \boldsymbol{y}^1 \\ \boldsymbol{y}^2 \end{bmatrix} = \begin{bmatrix} \boldsymbol{A}_1 & \boldsymbol{A}_2 \\ \boldsymbol{B}_2 & \boldsymbol{B}_2 \end{bmatrix} \begin{bmatrix} \Delta\boldsymbol{u}^1 \\ \Delta\boldsymbol{u}^2 \end{bmatrix} + \begin{bmatrix} y^1(k) + \boldsymbol{P}^1 \\ y^2(k) + \boldsymbol{P}^2 \end{bmatrix}$$

可以看到，$\boldsymbol{y}^1$ 和 $\boldsymbol{y}^2$ 均处在 $\Delta\boldsymbol{u}^1$ 和 $\Delta\boldsymbol{u}^2$ 的共同作用之下，对它们之间的相互关联也能起到一定的解耦作用。

上述双变量系统的仿真是在截断步长 $N=20$，预测步长 $P=7$，控制步长 $L=5$，采样时间 $T_s=20\mathrm{s}$，$\boldsymbol{Q}=\boldsymbol{I}$(单位阵)，$\boldsymbol{R}=0.2\boldsymbol{I}$ 的条件下进行的。图 9.17 和图 9.18 分别表示 $y_{\mathrm{sp}}^1=1, y_{\mathrm{sp}}^2=0$ 和 $y_{\mathrm{sp}}^1=0, y_{\mathrm{sp}}^2=1$ 情况下该双变量系统的阶跃响应曲线。从图中可以看到，系统不但有较快的动态响应，而且有一定程度的解耦。

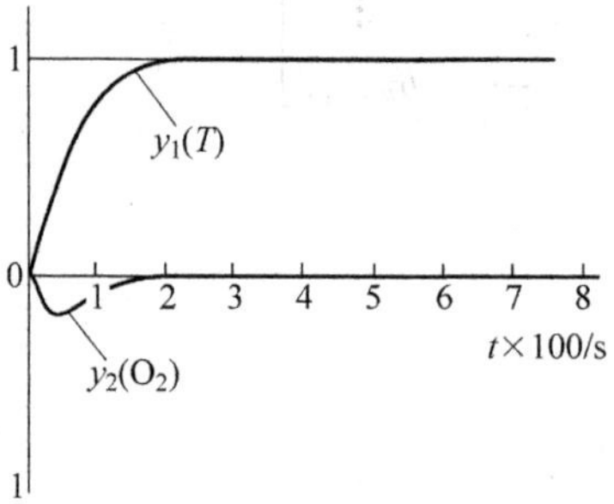

图 9.17 热油出口温度 T 在设定值单位阶跃变化下的响应曲线

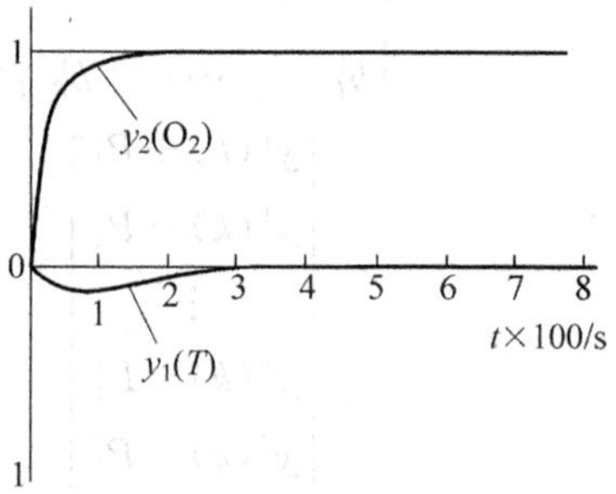

图 9.18 尾气氧含量 O_2 在设定值单位阶跃变化下的响应曲线

预测控制方法问世不久，便在航空、石油工业中得到成功的应用。尤其是文献[7]提出的基于 MPHC 原理的控制算法软件包 IDCOM(identification-command)，文献[8]提出的基于 DMC 原理的 DMC-plus，近 30 年来已经在反应器、精馏塔、电站锅炉、石油加氢裂化、再生器等装置上得到成功应用，并获得明显的经济效益。图 9.19 给出了利用 DCS 和 IDCOM 软件包控制精馏塔的输出响应曲线。图 9.20 给出了延迟焦化炉出口温度控制投用常规 PID 控制和预测控制的对比控制效果，该预测控制利用基于状态空间模型的状态反馈预测控制算法，并根据操作区域的变化在线更新控制模型[21]。从图 9.19 和图 9.20 中明显地看到模型预测控制与常规 PID 控制的区别。显然前者的控制性能比后者优越得多。

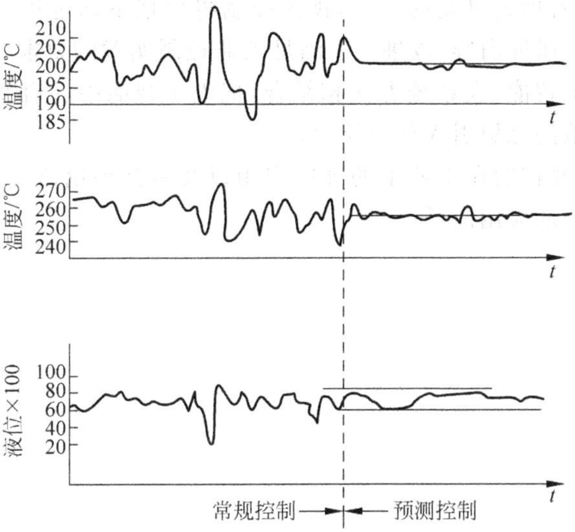

图 9.19 催化裂化装置中精馏塔的预测控制效果

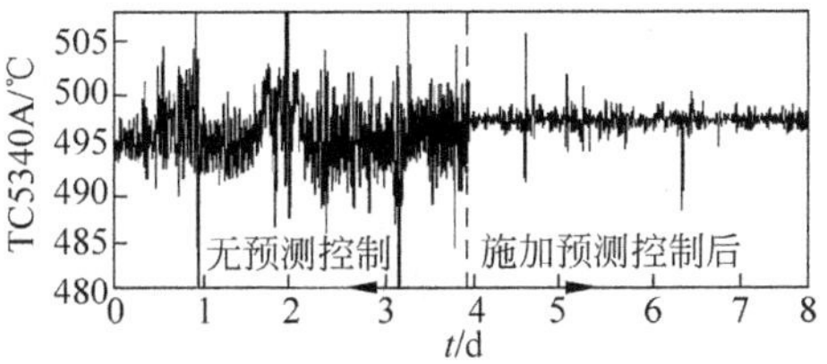

图 9.20 延迟焦化炉出口温度控制投用预测控制前后的对比控制效果

9.5 小结

经过二十多年的研究和应用，预测控制已有较大的发展。在模型的获取上，已不限于非参数模型的结构形式，例如采用了 CARIMA 模型广义预测控制 (generalized predictive control，GPC)[22]，基于状态空间模型的状态反馈预测控制算法(state feedback model predictive control，SFPC)[13,14]和基于系统矩阵模型的通用预测控制算法(unified predictive control，UPC)[23]。即使是非参数模型，也有人提出了建立模糊模型、表格模型、规则集模型的可能。这种基于信息的集合，不拘于模型结构类型的建模思想不仅促进了预测控制的迅速发展，而且对高等过程控制的发展也具有重要意义。另外，从控制算法看，也不同于初始的单一算法，根据各种不同的性能指标，如误差的二次函数目标、线性目标、无穷范数目标或带状目标等，可以导出不同的控制算法。同时在算法的模式上也有所突破，开始与自适应控制、鲁棒控制、非线性控制等结合起来。例如有一类自适应远程预测控制算法[24]，它们以长时段多步优化取代了经典最小方差控制中的一步预测优化，从而可以方便地应用于大迟延和非最小相位系统，提高了系统的鲁棒性，改善了控制性能。

可以预见，随着理论研究的深入，预测控制将会把不确定描述、多目标优化、专家系统等作为基本研究内容，以进一步满足工业控制实践的要求。文献[25]还提出预测控制应与人工智能、大系统方法相结合，把人工智能中的启发式方法和大系统控制中分层次决策的思想引入预测控制。

总之，随着预测控制在工业中的推广应用以及对其理论研究的深入，这种控制方法将会有更广泛的应用前景。

第10章 间歇过程控制

10.1 间歇过程控制系统

10.1.1 间歇过程概述

工业生产根据工艺流程特点及产品输出方式可以粗略地分为连续生产和间歇生产。间歇生产过程因其具有灵活多变的特性,能够适应小批量、多品种、多规格、快速、高质量生产的要求,被广泛应用于生化产品和药物、特殊化学品、金属、电子材料、陶瓷、聚合材料、食品和农业产品,以及复合材料等非常广泛的领域[26],因而在工业生产加工中所占的比重不断扩大。在ISA(Instrument Society of America,美国仪表学会)颁布的间歇控制标准SP88中,间歇过程定义为:将有限量的物质,按规定的加工顺序、在一个或多个加工设备中加工,以获得有限量产品的加工过程。如果需要更多的产品则必须重复整个过程[27]。

在连续生产过程中,原料经过各专用设备转化为连续输出产品,各工艺流程都运行在稳定工作状态。相对而言,间歇过程依据事先制订的任务,确定生产设备的组成和操作条件,并分配各设备单元的生产任务,进而安排、协调、实施生产,它主要有如下的特点[27]。

(1) 周期性批量生产

间歇生产是周期性生产过程,并且它要求按生产配方规定的生产顺序、时间段和操作参数来组织生产。例如,假定某间歇反应过程的批量生产由进料、预热、升温升压、恒温恒压反应、降压冷却、卸料、清洗操作等步骤构成,其周期性操作循环如图10.1所示。

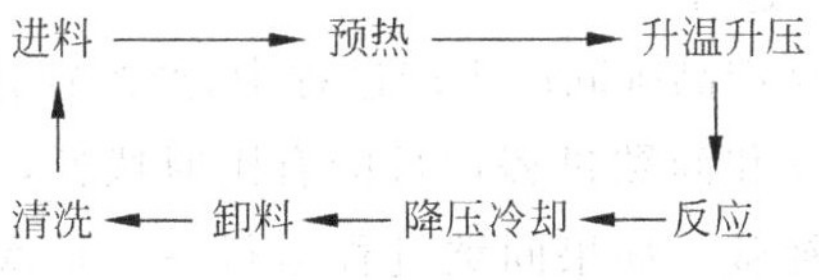

图10.1 间歇反应过程的周期性操作循环

(2) 物料状态和操作参数保持动态变化

动态特性是间歇过程的本质。在间歇生产过程中，一般来说，系统的状态以及温度、压力、加热量或冷却量等操作参数均会随着时间而变化，因此间歇生产过程除了保温操作外往往不存在稳态操作点。

(3) 柔性生产能力较强

间歇过程中，一个设备可以根据不同的配方、采用不同的原料和操作参数来完成不同的工艺操作过程，这样有利于生产多品种、小批量的产品。这种间歇生产所具有的强柔性将可用的生产设备与原材料相匹配，从而满足生产一系列不同产品的目的。

(4) 工艺控制要求高

由柔性生产特点可知，间歇过程工艺条件的变化往往非常显著，过程复杂，一些参数的控制要求很高。另外，在生产操作中开关量应用较多，包含有二进制逻辑和离散事件分析，有些参数的控制甚至还需要人工干预。

(5) 生产能力较低

与连续过程相比，间歇过程具有生产能力低、能耗大的特点。

10.1.2 间歇过程控制的特点和要求

由于间歇过程所具有的按配方操作批量生产、生产中工艺参数动态变化等特性，使得间歇过程的控制具有如下的特点[26,28]。

(1) 时变性和非线性

间歇生产过程中物料状态和操作参数是动态变化的，一些重要的过程特性参数如静态增益、时间常数和纯迟延时间等也随时间变化，甚至生产过程中不同批次的内部特性都会发生变化，过程中的化学特性也会发生缓慢变化，因而难以用类似连续过程的控制系统来进行设计。

间歇生产过程往往还具有较强的非线性，例如反应过程在较宽范围的操作条件下运行，不可能把模型在某单一操作点附近线性化来进行控制系统的设计和优化。对于某些间歇过程，其机理模型很难得到，尤其在一些特种化学品、生物制品和聚合物的间歇生产中，参与主要反应的物质数量有时都难以确定，更不用提化学计量学或反应动力学模型了，这些都限制了间歇过程控制器的设计。

(2) 过程的不可逆性

在聚合物或结晶产品等间歇生产过程中，产品往往与历史操作相关。由于间歇生产过程的不可逆性和间歇过程运行的有限时段性，一旦生产出不合格产品，往往难以采取措施进行补救。如果间歇过程运行一个批次后，产品质量出现偏差，该批产品只能作为次品或废品处理。而连续过程在一次操作产生波动后，可以采取适当的控制作用使其回到希望的稳定状态。

(3) 重复性

由于间歇过程特有的重复运行特性，每次运行的结果都对下一批次的优化运行提供了有用的信息，可以通过控制策略提高后续的批次运行效果，因此出现了间歇生产过程的批次优化控制的研究。

(4) 慢速过程

大多数生物和化学转化过程要么非常快要么相对较慢。对较慢速的转化过程而言，过程的主要时间常数相对较大，因此有足够的时间去在线处理过程信息，进行较复杂的计算，从而实现间歇过程的优化控制。

间歇过程的时变性和非线性、不可逆性的特点往往使得间歇过程的最优操作和控制难以实现，而间歇过程重复性和慢速变化的特点，则对间歇过程的最优操作和控制有帮助。

由于上述特点，使得间歇生产过程控制系统除了要满足与连续生产过程相同的安全生产、设备工艺指标和产品质量指标、环保法规、经济指标等基本要求外，还需要具备如下主要的控制功能[27]。

(1) 顺序控制功能

间歇生产过程是根据生产配方预先规定的生产操作步骤按批次去执行，所以要求间歇过程的控制系统能够驱动生产过程按顺序一步一步地执行不同的生产操作。

(2) 离散控制功能

间歇生产过程中大量地使用位式控制设备，如泵、位式阀门等，这些设备的控制信号，以及顺序操作状态标志和时间等大量信号均是离散的开关量和数字信号。因而间歇过程控制系统必需很好地传输和处理这些离散信号。

(3) 逻辑控制功能

逻辑控制就是根据某些条件的“与”、“或”、“非”等逻辑关系来决定其控制作用，包括组合逻辑和顺序逻辑。组合逻辑适用于安全互锁机制或者操作许可权的判断，顺序逻辑用于保证间歇过程能按照正确的操作步骤和时间顺序来变换状态。

(4) 调节控制功能

在间歇生产过程中同样需要采用与连续生产过程控制相同的控制方法来控制温度、压力、流量、液位、组分等工艺参数，要求被控变量跟踪预设轨线。

10.1.3 间歇过程控制模型

为了定义间歇生产过程的各种功能，间歇控制标准 SP88 提出了一个间歇生产模型，如图 10.2[27](a)所示，其中最下面四层统称为过程控制层，主要执行生产过程的实时监测、控制和安全连锁等任务[27]。

过程控制层的详细功能可由图 10.2(b)所示的控制模型来描述，各个部分的功能如下所述[27]。

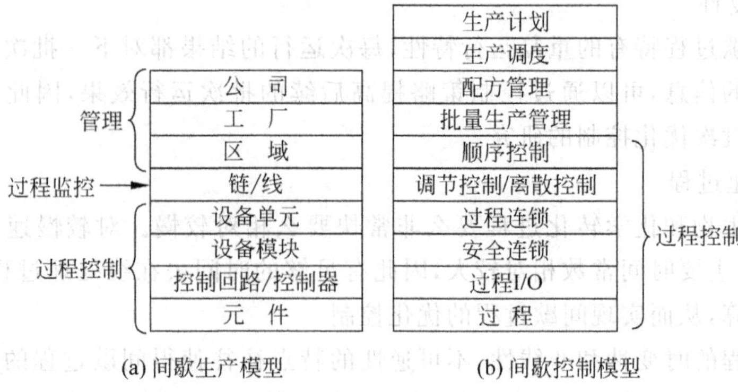

图 10.2 间歇过程生产与控制模型

(1) 过程

该部分用来描述间歇过程本身的特点,不执行任何控制功能,如系统各单元的功能、尺寸、连接特点及原料、产品的物理化学性能等。

(2) 过程 I/O

由现场的传感器产生描述过程运行现状的模拟和数字信号,如热电偶等测量元件的模拟信号,限位开关、电机启停的开关信号,智能变送器的数字信号等。现场的执行器则接收控制系统的输出信号,执行相应的操作指令。

(3) 连锁

该部分又包括安全连锁和过程连锁。安全连锁是一个保护人员、设备安全的控制系统,该系统相对独立,不受其他控制回路或控制信号的影响。过程连锁的功能是保证间歇过程按生产配方规定的顺序实施加工生产,避免产生误动作而影响生产进行和产品质量。

(4) 调节控制/离散控制

该部分实施对生产过程的实时控制,包括三种控制方式:手动控制、基本的调节控制/离散控制、复杂的调节控制/离散控制。手动控制方式主要用于操作人员对间歇过程的干预,替代自动控制系统、以手动方式对间歇生产进行操作。基本的调节控制/离散控制方式用于实现各控制回路的自动操作,按生产配方的要求来控制过程变量。复杂调节控制/离散控制方式通过组合多个控制回路构成串级、前馈和智能控制等先进控制系统,具有协调间歇过程各单元设备和实现设备优化操作的功能。

(5) 顺序控制

该部分的作用是保证间歇过程按生产配方预定的时间和顺序进入不同的操作工序,与其他控制子系统共同完成配方规定的生产任务。它的功能主要包括判断过程时间、过程状态,适时发出转换指令,修正必要的状态和操作参数等。

间歇控制模型除了上述过程控制层的几部分之外,还应该包括批量生产管理、配方管理、生产调度等部分。它们的主要功能是根据生产计划选择并确定最优的生产调度方案,协调间歇过程各批次生产的顺序、时间、设备连接等关系;建立、编辑各种生产配方并适时优化；根据过程控制配方，调配生产所需的资源，协调安排共享资源的使用方式；采集和管理生产数据，监视生产过程等。

10.2　顺序控制和逻辑控制

10.2.1　典型的间歇操作顺序

间歇过程中一个批次的生产应按照一定的操作顺序来进行，在此以图 10.3 所示的一个典型的反应器操作流程[29]来说明间歇过程的操作顺序。该过程包括如下步骤：

(1) 按启动钮，打开进料阀 V1，向反应器中注入反应物料 1，并用流量表 F1 计物料量。

(2) 打开进料阀 V2，向反应器中注入反应物料 2，并用流量表 F2 计物料量。

(3) 当 F1 和 F2 达到预定流量时，关闭进料阀 V1 和 V2。

(4) 启动搅拌器 M，开蒸汽阀 V3 用蒸汽加热反应器，同时启动定时器 T1。

(5) 当 T1 到 300s 时，关搅拌器 M、关蒸汽阀 V3，并开出料阀 V4。

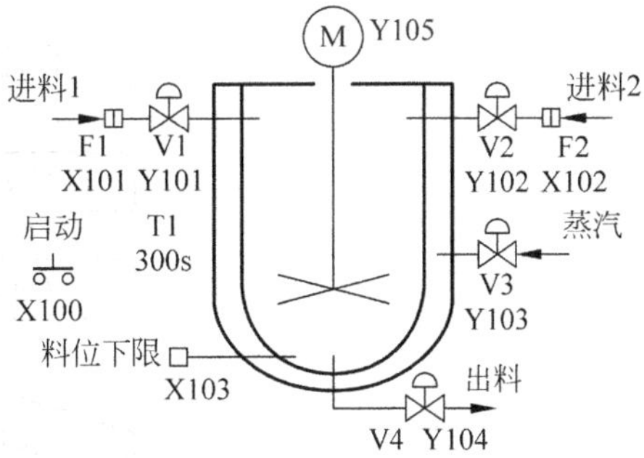

图 10.3　反应器示意图

(6) 当反应器内物料到达下限时，关出料阀 V4，至此反应器的一个批次生产过程结束。

在上述的每一步操作中，通常用二进制的逻辑量(0 或 1)来表示带有离散行为特点的设备处于某一特定的状态，例如，逻辑量 0 表示阀门状态为关闭、搅拌机状态为停止等，逻辑量 1 表示阀门状态为开启、搅拌机状态为运行等。这些用来表示设备状态的顺序逻辑决定了间歇过程从当前的操作条件转移到下一个操作条件的时间。

10.2.2　间歇过程的顺序逻辑表达方式

描述间歇过程操作的顺序逻辑的方法有很多种，其中图形方法较为常用。本节简要介绍两种源于过程的表达方式，信息流图(information flow diagram)和顺序功能图(sequential function chart，SFC)；然后介绍两种数字逻辑图方法：梯形逻辑图(ladder logic diagram)和二进制逻辑图(binary logic diagram)[29]。

1. 信息流图

信息流图由决策点、过程操作、输入输出结构以及生产顺序的符号所构成。

图 10.4 描述了 10.2.1 节中反应器反应过程的控制步骤信息流图。

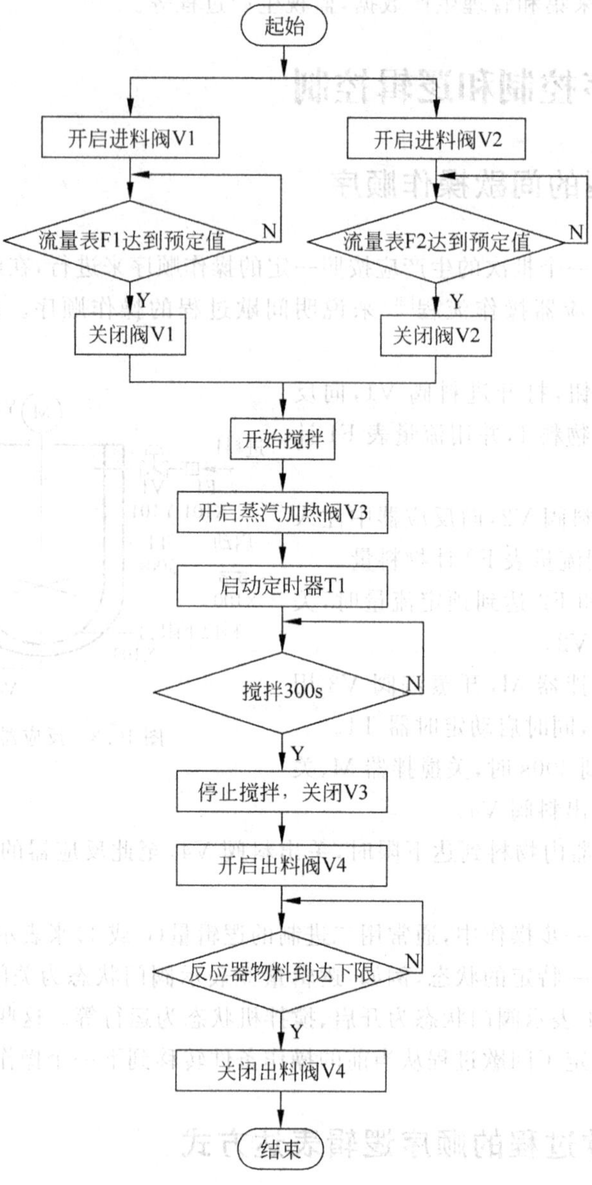

图 10.4 反应器反应控制步骤的信息流图

2. 顺序功能图

顺序功能图是对顺序控制系统的过程、功能和特性用一种图形符号和文字叙述相结合来描述的方法。

顺序功能图是从 Petri Net 和 Grafcet 发展而来，被国际电工委员会(IEC)列为标准编程语言之一[29]。它类似于程序框图，采用从上到下、从左到右的图形网络结构,用方框图表示步(step)和命令(command),步框和命令框内分别写步号和命令,步框和命令框之间用短水平线连接。步框之间用垂直线连接,在垂直线上用短水平线表示转换,其旁写转换条件,用逻辑式表示。

顺序功能图的基本元素是步和转换。当步处于活动(active)状态时,执行相应的命令;反之,当步处于非活动(inactive)状态时,则停止相应的命令。步的激活或解除(活动或非活动)取决于转换条件的状态(true 或 false,1 或 0),当转换条件为 true 时,停止原先活动的前驱步,并激活相邻的后继步;当转换条件为 false 时,步状态不变。

10.2.1 节中反应器控制的顺序功能图如图 10.5 所示。

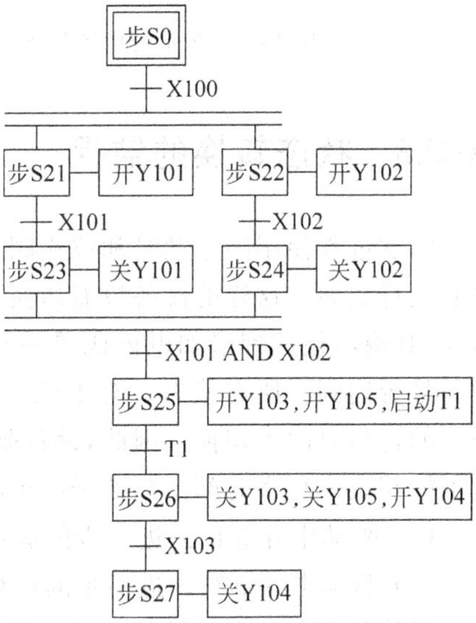

图 10.5 反应器控制的顺序功能图

3. 梯形逻辑图

梯形逻辑图和二进制逻辑图都是逻辑函数的图形化表达方式,可以用来表示与、或、与非、或非等二进制逻辑运算的结果。

梯形逻辑图是可编程逻辑控制器(PLC)使用最多的图形编程语言,可以称为是 PLC 的第一标准编程语言。梯形逻辑图是在电器控制系统中常用的接触器、继电器电路图基础上演变而来的,与电器控制系统的电路图很相似,具有直观、易懂的优点,很容易被工厂电气人员掌握,特别适用于开关量的逻辑控制。

梯形逻辑图包含有两条垂直的母线和众多代表母线间不同路径的水平线,水平线上有输入接点和输出接点。梯形图由多个梯级组成,每个输出接点可构成一个梯级,每个梯级可由多个支路组成,最右边的元素必须是输出接点。在用梯形图编程时,只有在一个梯级编制完整后才能继续后面的程序编制。PLC 的梯形图从上至下按行绘制,每一行从左至右,左侧总是安排输入接点,并且把并联接点多的支路靠近最左端。输入接点不论是外部的按钮、行程开关,还是继电器触点,在图形符号上都只用常开接点和常闭接点表示,而不计及其物理属性。其具体形式如图 10.6 所示,该图表示的逻辑关系为 $D=A+(B\cdot\bar{C})$。

4. 二进制逻辑图

二进制逻辑图是指采用只存在"0"和"1"两种逻辑状态的元件图形符号,来描述数字电路工作原理、逻辑关系、转换关系的一种简图,是数字电路产品的安装、调试、维修、使用中必不可少的一种设计文件。图 10.7 就是图 10.6 所对应的二进制逻辑图。

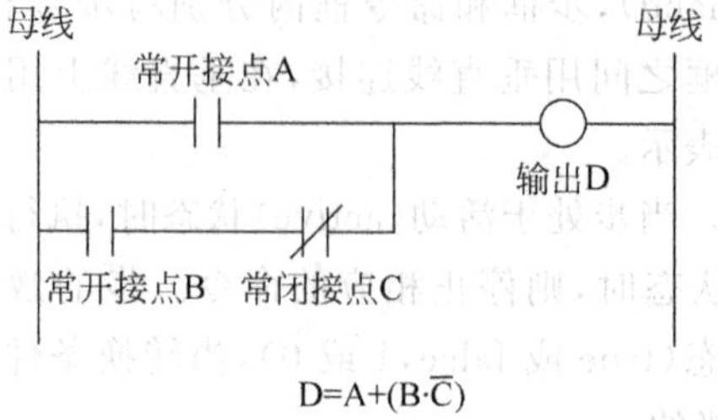

图 10.6 梯形逻辑图举例

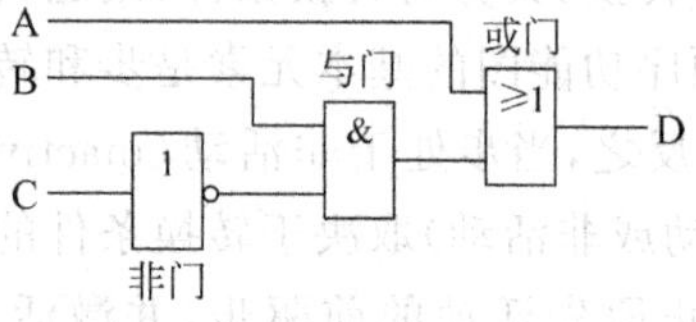

图 10.7 二进制逻辑图举例

10.2.3 状态转换的监视

间歇过程使用顺序逻辑和位式阀门、开关等带有离散行为特点的设备来改变过程的运行状态。这样的设备只能切换于两种状态(开启或关闭),一般由顺序逻辑来驱动,其输出被送到诸如电磁阀等一类的设备,并通过监测过程测量值来确认这些设备是否达到了所需状态。对于位式阀门来说,一般不会马上改变其状态,而需要一定的行程时间来切换。因此,设备驱动程序内的处理逻辑必须让用户对每个现场设备能够设定行程时间。当处于两个状态转移之间时,系统可以处理为[26]:

(1) 驱动中并等待。进一步的运算必须延迟到设备到达所需状态后再进行。

(2) 驱动中并继续。进一步的运算也许执行,尽管设备仍处于状态切换中。

尽管具有双状态的设备是最普遍的,但有时候也需要具有 3 个或 3 个以上状态的设备。例如,一个搅拌器可以具有高速挡、低速挡和停止状态。因此,间歇控制软件包需要通过计算机来完成以下任务:

(1) 产生必要的指令来驱动每个设备,使之到达合适的状态。

(2) 监测每个设备的状态,以确定所有设备都到达了所需状态。

(3) 继续监测每个设备的状态,以保证其保持在所需状态上。

如果任意一个设备没有到达所需状态,就应执行故障处理逻辑。

10.3 间歇生产过程的控制

间歇生产过程是根据生产配方预先规定的生产操作步骤按顺序按批次地进行,但是对于有些过程,如间歇蒸馏过程、间歇反应过程、快速热处理过程等,在间歇生产过程中还需要增加与连续生产过程相同的控制方法来控制温度、压力、流量、液位、组分等操作参数,要求被控变量跟踪其设定值的预设轨线。因此,在间歇过程中,既要根据生产要求按顺序对各类设备、阀门、开关等执行各种命令来启动或停止,也要根据不同生产要求在一段时间内连续控制不同的参数。下面针对间歇反应器、快速热处理这两种典型的间歇过程,在已完成启动或停止等顺序控制之后,讨论它们在运行中的控制问题。

10.3.1　间歇反应器的控制

如前所述，间歇反应器往往具有时变、非线性以及大迟延等特点，使得其控制一直被认为是过程工业中的一项困难和具有挑战性的课题。目前许多工业间歇过程仍然使用开环控制或是传统的 PID 反馈控制，有时加上简单的增益调度。另一方面，由于间歇过程周期性时变的特点，也可以将其作为周期时变线性系统对象进行先进控制方面的研究，因为其独有的特点如设定轨线已知、运行重复性等都可以被先进控制策略加以利用。从理论上讲，已有的对周期时变线性系统控制的研究成果大多可以推广到间歇反应器的控制中。

图 10.8 是一个典型的放热间歇反应器及其控制系统的示意图[26]。放热反应所产生的热量由冷却系统带走，此外，由于反应器需要加热来达到初始反应的温度条件，所以反应器加热功能也是必要的。因此，加热和冷却回路中的阀门使用了分程控制。累加器在填料过程中用来确定停止填料的时间。

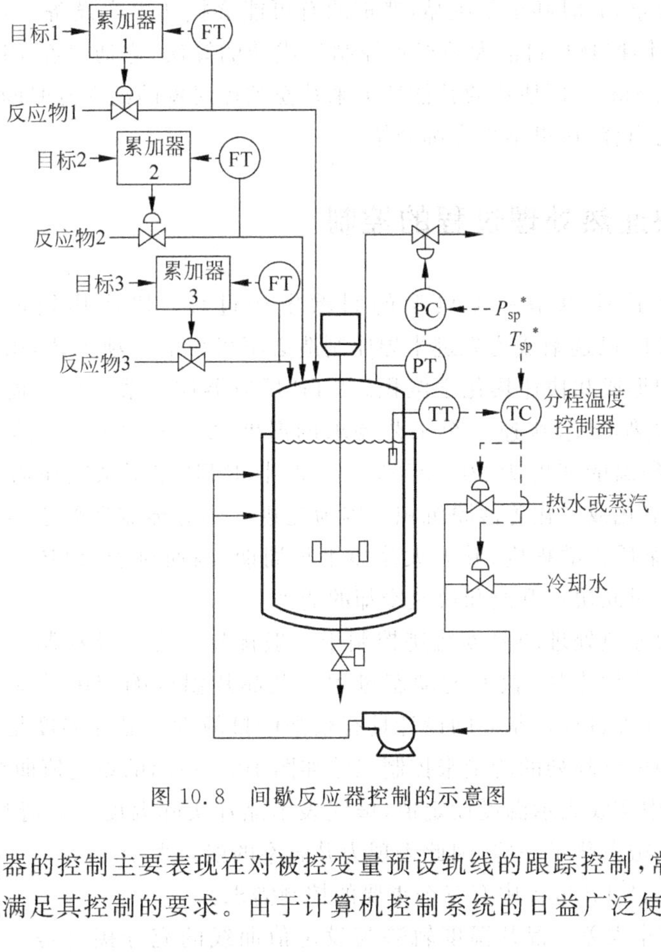

图 10.8　间歇反应器控制的示意图

间歇反应器的控制主要表现在对被控变量预设轨线的跟踪控制，常用的 PID 控制算法就可能满足其控制的要求。由于计算机控制系统的日益广泛使用，用计算机实现的数字 PID 控制逐步取代模拟 PID 控制器，根据相邻采样时刻的偏差值来计算控制量。

积分饱和是间歇过程控制中经常遇见的问题。在普通的 PID 控制算法中，引入积分环节的目的主要是为了消除静差，提高控制精度。但在间歇过程的启动、停机或大幅度增减设定值时，短时间内系统的输出有很大的偏差，因而这种"积分饱和"现象在间歇过程中显得十分突出，受到极大的关注。众所周知，消除积分饱和的关键在于不能使积分项过大，目前采用的方法有积分分离法、超限削弱积分法、变速积分 PID 算法、有效偏差法等。例如，对于某些间歇反应器，要求被控变量如反应温度尽快达到设定值，有益于反应产物的生成，这时为了消除积分饱和现象，可以将一个开关控制器和一个 PID 控制器结合起来实现这个目标，即先利用开关控制器进行最大程度的加热，当被控变量(温度)进入距离设定值一定的范围时，再切除开关控制器采用 PID 控制器，使得被控变量平缓达到设定值。

此外，较大的纯迟延时间也是间歇过程控制中经常遇到的问题。由于时间的存在，会使控制作用不及时，引起超调或是振荡，影响系统的控制精度，导致生产出的产品达不到要求，有时甚至是废品，严重的有可能会损坏生产设备。对于这一问题，Smith 预估补偿控制是目前大纯迟延控制最成功的算法，它通过在 PID 控制回路中并联一个称为 Smith 预估器的补偿环节来补偿被控对象的纯迟延时间。具体内容请参看第 9 章的内容，这里不再详细介绍。

10.3.2 快速热处理过程的控制

半导体制造业也是一类典型的间歇生产过程。快速热处理(rapid thermal processing，RTP)已逐渐成为先进半导体制造必不可少的一项工艺，用于氧化、退火、金属硅化物的形成和快速热化学沉积。RTP 反应器控制系统采用辐射热源加热器对晶片进行加热，要求快速升至工艺要求的温度(200～1300℃)，然后要求快速冷却，通常升(降)温的速度为 20～250℃/s；此外，RTP 控制系统还需要控制工艺气体，进行晶片氧化或氮化等薄膜沉积。因为先进的半导体制造要求尽可能缩短热处理时间、限制杂质扩散程度，并大大缩短生长周期，因而对于 RTP 的控制系统要求具有很强的短时间快速升温和快速冷却的能力。

在晶片快速热处理的温度轨迹控制中一般优先考虑反馈控制。由于辐射等热传递现象的非线性本质、快速的动态过程以及晶片温度响应中其他限制条件的影响，使快速热处理过程控制器的设计具有很强的挑战性。晶片温度是通过调节位于晶片上下方的射灯阵列的能量来控制跟踪如图 10.9 所示的设定值曲线的[26]。

图 10.9 中实线表示温度设定值，虚线表示晶片实际温度。为清楚起见，晶片的实际温度响应被右移了一些，因此表现为升温率的误差大于 10℃。

归纳起来，RTP 过程中有三个重要的控制需求：

(1) 升温率误差。晶片温度轨迹与设定值曲线的充分接近是十分重要的。因此，一个重要的控制性能指标是升温率误差，其定义为在升温阶段的任一时间内设定值与晶片温度之差，它要求小于 10℃。

（2）拐角区间。晶片温度到达恒温值的速度越快越好。拐角区间是在快速热处理过程从升温阶段过渡到恒温阶段时（也就是温度轨迹拐弯时）衡量控制性能的一个指标。拐角区间定义为所期望的晶片温度轨迹与恒温值之间的闭合区间，它应该被最小化。

（3）超调量。晶片温度轨迹不应该出现超调情况。

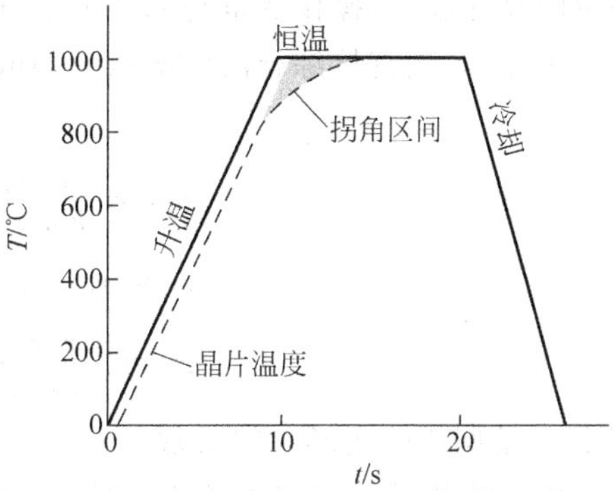

图 10.9　快速热处理中的温度设定值变化

这里简要介绍一种针对快速热处理反应器的基于模型的控制方法[30]，被控变量是 RTP 反应器中的温度，其控制结构如图 10.10 所示。

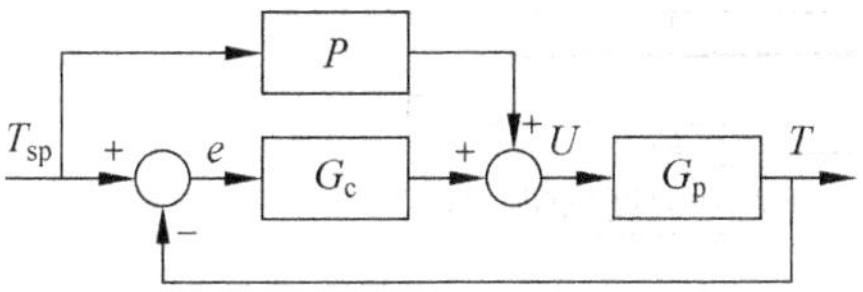

图 10.10　控制结构图

在图 10.10 中，T_{sp}是温度的设定值，G_c是 PID 控制器的传递函数，G_p 是快速热处理过程的传递函数，T 是反应器的温度，$e=T_{sp}-T$ 是偏差项。P 是一个基于物理热传递模型的预测器，用来提供开环功率(open-loop power)以获得特定的稳态温度和升温率，可以看作是暂态项和稳态项的函数，如式(10-1)所示。

$$P_0 = f\left(\frac{\mathrm{d}T_w}{\mathrm{d}t}, T_w^4\right) \tag{10-1}$$

其中，T_w 是晶片温度，T_w^4是晶片温度的稳态值。作为预载项的预测器提供了跟踪轨线所需要的大部分的功率，因此 PID 控制器只用来消除模型的误差。于是，PID 控制器可以表示为

$$P_{PID} = \bar{P} + K_C \times e_t + K_I \times \sum_{i=1}^{N}(\Delta t \times e_i) + K_D \times \frac{e_t - e_{t-1}}{\Delta t} \tag{10-2}$$

其中，$\bar{P}$ 代表当前状态的偏差，e_t 代表 t 时刻的真实值与设定点的差值。K_C、K_I 和 K_D 分别代表比例、积分和微分增益，并且满足

$$K_I = K_C \times \frac{\Delta t}{\tau_I}$$

$$K_D = K_C \times \frac{\tau_D}{\Delta t} \tag{10-3}$$

其中，τ_I 是积分时间常数，τ_D 是微分时间常数，确定这三个参数就可以得到所需的 PID 控制器。

该 RTP 热过程的基本热传递模型可以用一个二阶传递函数来近似

$$G(s) = \frac{K_P}{(\tau_w s + 1)(\tau_L s + 1)} \tag{10-4}$$

其中 τ_w 是晶片加热时间常数，τ_L 是加热射灯时间常数，且有 $\tau_L \ll \tau_w$。输出变量是可测量的晶片温度，操作变量是晶片上下方的加热射灯的功率百分比。

于是，利用直接综合法(direct synthesis method)[31]可以得到如下 PID 控制器参数

$$\left.\begin{aligned} K_C &= \frac{1}{K_P}\frac{\tau_w+\tau_L}{\tau_{cl}} \approx \frac{\tau_w}{\tau_{cl}K_P} \\ \tau_I &= \tau_w+\tau_L \approx \tau_w \\ \tau_D &= \frac{\tau_w\tau_L}{\tau_w+\tau_L} \approx \tau_L \end{aligned}\right\} \tag{10-5}$$

其中 τ_{cl} 是期望的闭环时间常数。

由于传热过程模型的增益和时间常数是随温度变化的，实际控制过程中在室温和 1100℃之间划分了 7 个增益变化区间，在控制算法中利用直接综合法根据模型的参数来确定变增益 PID 控制器的参数，从而取得较好的控制效果。图 10.11 给出了稳态温度在 850℃时的控制结果，该控制效果可以满足快速升温的要求[30]。

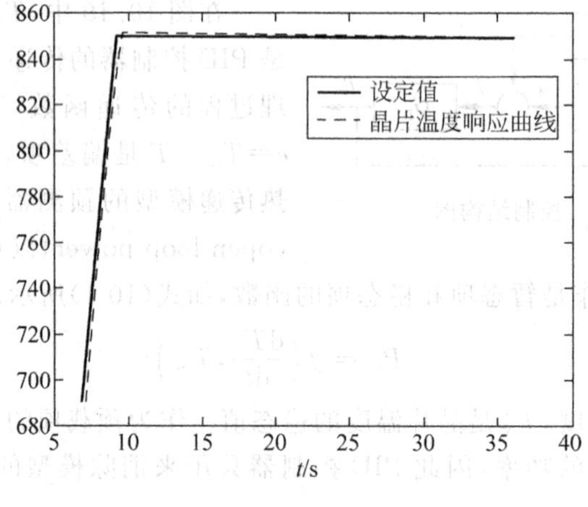

图 10.11 晶片在 850℃时的温度控制响应曲线

10.4 间歇过程的先进控制

间歇过程适合用于生产高附加值产品，如特种高分子产品、医药产品以及生化产品等。在过程生产领域，敏捷制造通常由间歇过程来实现。间歇过程可以用来灵活地生产不同种类和不同规格的产品。与连续过程相比，间歇过程具有非线性强、过程一直运行在暂态状态(即不存在稳态运行点)等特点。间歇过程所具有的重复性和慢速变化的特点，对间歇过程的最优操作和控制有所裨益。

间歇过程的先进控制表现为当最优轨线已知时，如何在操作条件约束的情况下完成对设定轨线的准确、快速地跟踪问题。间歇过程的产品质量往往要求很高，扰动因素很多，例如聚合反应器，其产品质量与温度、反应物加入量等之间往往呈现非

线性关系。另外，产品质量指标一般很难在线测量，通常只能在过程结束后通过实验室分析得到。因而在满足安全运行的条件下，间歇过程控制的重点在于产品质量，因此在计算最优控制策略时，要求所用的过程模型能准确地预报过程结束时的产品质量，即需要模型能提供精确可靠的长期预报。这些特性决定了间歇过程控制要比连续过程控制复杂，需要采用更为先进的控制技术。

目前研究较多的间歇过程先进控制方法主要有：自适应控制，如PID参数自整定自适应控制、模型参考自适应控制等；模型预测控制(model predictive control, MPC)，如多模型预测控制(multiple model predictive control, MMPC)、基于特定非线性模型的预测控制等；智能控制，如模糊控制、人工神经网络控制等；Run-to-Run控制，迭代学习控制(iterative learning control, ILC)等。其中后两种方法近半年来在间歇过程控制中研究和应用较多，下面进行详细介绍。

10.4.1 Run-to-Run控制

在许多间歇过程中，往往对生产中产品的一些重要质量指标(如半导体生产中的薄膜厚度、电子特性等)缺少在线测量手段，无法对产品质量进行实时监控，产品质量需要通过在实验室中进行化验分析来确定。同时，生产设备的特性也会随着时间推移而发生漂移，如反应器壁结垢等，因此，如果采用固定的方案进行生产控制，往往会导致不同批次间的产品质量存在较大差异。针对这些问题，研究人员提出了一种间歇过程的优化控制方法——Run-to-Run控制[32]。

Run-to-Run控制最早是在半导体生产过程控制中提出的，它的基本思想是：虽然无法获得当前批次的某些实时测量数据，但是可以利用以前批次的信息来指导当前批次的生产，即利用以前批次的信息计算补偿值，在下一批次生产前更新设备的生产工艺和过程模型。

Run-to-Run控制有很多的形式，但是基本结构都是一样的。图10.12给出了Run-to-Run控制器的典型结构，其中虚线框中的过程模型、状态观测器、控制律等三个部分构成了Run-to-Run控制器的基本结构[33]。

(1) 过程模型。Run-to-Run控制是基于模型的控制方法，模型主要用来关联可测参数与无法在线测量的指标参数，给控制律提供更新方案的依据。准确的模型是Run-to-Run控制能够成功的基础，目前最常用的是采用输入输出数据建立回归模型。

(2) 状态观测器。由于历史批次反馈得到的信息包含各种噪声，为了确保输出噪声不被放大，需要通过滤波器来尽可能地获取过程的真实状态。观测器的构造方法也有很多种，简单的如一个指数加权滑动平均(exponentially weighted moving-average, EWMA)矩阵，复杂的如卡尔曼滤波器。

(3) 控制律。控制律是Run-to-Run控制器用来调整方案的算法。控制算法的选择对整个控制器极为重要，最简单的控制律是对模型进行逆运算，复杂的如非线

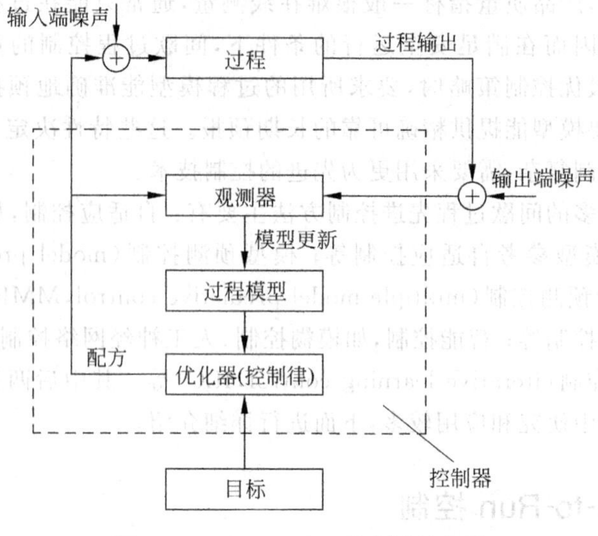

图 10.12 Run-to-Run 控制器结构图

性优化估计等。

不同的建模方法、观测器设计和控制算法构成了不同的 Run-to-Run 控制器，这些控制器的适用对象、复杂程度各不相同[32]。目前已经提出了多种 Run-to-Run 控制器，根据控制算法的不同，有指数加权滑动平均控制器(EWMA)、优化自适应品质控制器(optimizing adaptive quality controller，OAQC)、模型预测控制器(model predictive controller，MPC)、Set-value 控制器、基于神经网络的 Run-to-Run 控制器、基于内模控制的 Run-to-Run 控制器等[32]。下面介绍应用较多的 EWMA 控制器、OAQC 控制器和模型预测控制器。

1. 指数加权滑动平均(EWMA)控制器

EWMA 控制器是使用最广泛的 Run-to-Run 控制器，采用如下的线性模型来描述过程[33]：

$$\boldsymbol{y}_k = \boldsymbol{A}\boldsymbol{u}_k + \boldsymbol{b}_k \tag{10-6}$$

其中，k 为批次序列，$\boldsymbol{y}_k \in R^{p\times 1}$ 为模型输出向量，$\boldsymbol{A}\in R^{p\times q}$ 为定常增益矩阵，$\boldsymbol{u}_k \in R^{q\times 1}$ 为输入向量，$\boldsymbol{b}_k \in R^{p\times 1}$ 为模型失配向量或扰动序列。

EWMA 控制器只更新模型中的扰动序列

$$\hat{\boldsymbol{b}}_{k+1} = (\boldsymbol{I}-\boldsymbol{W})\hat{\boldsymbol{b}}_k + \boldsymbol{W}(\boldsymbol{y}_k - \boldsymbol{A}\boldsymbol{u}_k) \tag{10-7}$$

其中，$\boldsymbol{W}$ 为指数加权因子矩阵，$\boldsymbol{I}$ 为单位阵。

EWMA 控制器的控制策略可以表述为

$$\boldsymbol{u}_{k+1} = [\boldsymbol{y}_{\mathrm{sp}} - \hat{\boldsymbol{b}}_{k+1}]\boldsymbol{A}^{-1} \tag{10-8}$$

其中，$\boldsymbol{y}_{\mathrm{sp}}$ 为过程设定值。

EWMA 控制器可以有效地补偿半导体生产过程的光滑漂移和扰动。

2. 优化自适应品质控制器(OAQC)

OAQC 控制器本质上是基于最小二乘估计(least square estimation, LSE)方法的典型代表,它利用一个二阶模型来估计过程[33]

$$\hat{\boldsymbol{y}}_k = \hat{\boldsymbol{N}}_k \boldsymbol{z}_k + \hat{\boldsymbol{M}}_k \boldsymbol{T}_k + \hat{\boldsymbol{b}}_k \tag{10-9}$$

其中,$\hat{\boldsymbol{N}}_k \in R^{p\times[2q+q(q-1)/2]}$ 和 $\hat{\boldsymbol{M}}_k \in R^{p\times l}$ 为参数矩阵,$\boldsymbol{z}_k^{\mathrm{T}} = [u_k, u_k^2, u_{i,k}u_{j,k}](i<j)$ 为 $2q+q(q-1)/2$ 维的向量,$\boldsymbol{T}_k$ 为 l 维的时间序列,$\hat{\boldsymbol{b}}_k$ 为 p 维的扰动时间序列。在各个批次之间,参数 $\hat{\boldsymbol{N}}_k$、$\hat{\boldsymbol{M}}_k$ 和 $\hat{\boldsymbol{b}}_k$ 都可以通过 LSE 方法自动整定。OAQC 控制器具有较强的跟踪性能,对于非线性过程也具有较好的性能。

3. 模型预测控制器(MPC)

模型预测控制的基本思想是:以某种模型为基础,利用过去的输入输出数据来预测未来某段时间内的输出,再通过对某一性能指标的最优化,例如具有控制约束和预测误差的二次目标函数的极小化,得到当前的和未来几个采样周期的最优控制规律。在下一采样周期,利用最新数据,重复这一优化计算过程。

正如第 9 章讨论过的,模型预测控制算法都是建立在预测模型、滚动优化和反馈校正等三项基本原理基础上的。

正是借鉴了 MPC 中的预测模型、滚动优化和反馈校正的思想,基于 MPC 的 Run-to-Run 控制可以提供更好的控制品质。这里以基于线性模型预测控制(linear model predictive control, LMPC)的 Run-to-Run 控制方法[34]为例来进行简要介绍。

LMPC 采用了一个线性状态空间模型

$$\begin{aligned} \boldsymbol{x}_{k+1} &= \boldsymbol{A}\boldsymbol{x}_k + \boldsymbol{B}\boldsymbol{u}_k \\ \boldsymbol{y}_k &= \boldsymbol{C}\boldsymbol{x}_k \end{aligned} \tag{10-10}$$

式中,k 为批次序列,$\boldsymbol{A}$、$\boldsymbol{B}$ 和 $\boldsymbol{C}$ 为系统的常系数矩阵。

于是,设计优化的目标函数是

$$J = \min_{\boldsymbol{u}^N} \sum_{j=0}^{N} (\boldsymbol{y}_{k+j}^{\mathrm{T}} \boldsymbol{Q} \boldsymbol{y}_{k+j} + \boldsymbol{u}_{k+j}^{\mathrm{T}} \boldsymbol{R} \boldsymbol{u}_{k+j} + \Delta \boldsymbol{u}_{k+j}^{\mathrm{T}} \boldsymbol{S} \Delta \boldsymbol{u}_{k+j}) \tag{10-11}$$

其中,$\boldsymbol{u}^N = [u_k, u_{k+1}, \cdots, u_{k+N-1}]$,$N$ 为预测步长,$\boldsymbol{Q}$、$\boldsymbol{S}$ 为对称的半正定加权矩阵,$\boldsymbol{R}$ 为对称的正定加权矩阵。控制输入 $\boldsymbol{u}^N$ 通过目标函数求得。

文献[34]以 AMD 公司晶圆制造厂光刻(lithography)过程为例,应用 LMPC 控制方法监控光刻时层叠(overlap)的性能,并给出控制前后的效果对比,分别如图 10.13 和图 10.14 所示。图 10.13 说明了未使用 LMPC 方法控制前的生产数据趋势变化情况。从图中可知,该过程中存在着三个较大的阶跃扰动,使得层叠产生很大的误差。使用 LMPC 控制方法后,生产数据趋势变化情况如图 10.14 所示,层叠的性能得到了很大的改进,通常经过大约 5 个批次后就能将阶跃扰动消除,使得层叠的误差满足生产的要求。

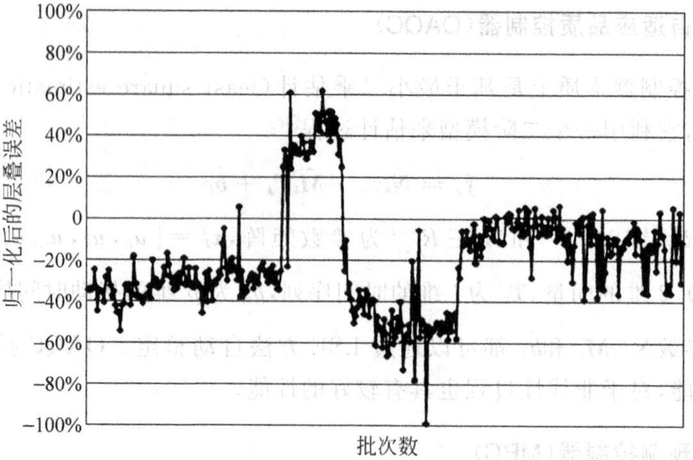

图 10.13 未使用线性模型预测控制前的数据变化趋势

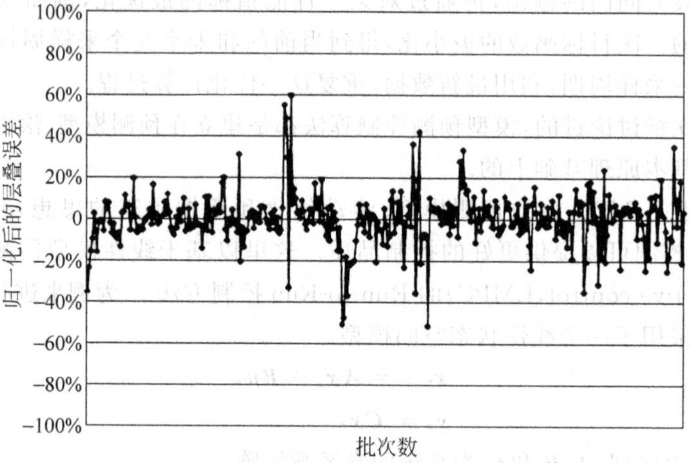

图 10.14 使用线性模型预测控制后的数据变化趋势

10.4.2 迭代学习控制

间歇过程与连续过程的主要区别是生产按批次重复进行的，并且是重复执行相同的任务，两个批次之间还存在一定的间歇时间。间歇过程的批次间控制问题本质上是一个跟踪控制问题，即通过设计合理的控制变量轨迹来跟踪输出变量的参考轨迹。如果让控制器本身具有某种学习能力，使它在重复运行的过程中能够不断地利用以前批次的运行结果来进行自我修正和完善，则可以使得控制效果越来越好。因此研究人员将迭代学习控制(iterative learning control，ILC)方法应用于间歇过程的控制，取得了较好的效果。

1. 迭代学习控制方法

迭代学习控制最早是在工业机器人的快速跟踪控制的研究中提出的，经过二十多年的发展，迭代学习控制的理论与方法不断地完善，目前已经成为智能控制的一个重要分支。

迭代学习控制的基本思想[35]就是利用控制系统先前的控制经验，根据测量系统的实际输出信号和期望输出信号的误差来寻找一个理想的输入信号以修正当前的控制作用，这样随着控制过程的反复进行，控制策略不断地修正完善，最终可以获得高精度、高性能的控制效果，使被控对象的输出尽可能收敛于事先给定的期望输出信号。

设具有重复运行特性的受控对象状态方程可以表示为[36]

$$\begin{aligned}\dot{\boldsymbol{x}}_k(t) &= \boldsymbol{f}(\boldsymbol{x}_k(t),\boldsymbol{u}_k(t),t)\\ \boldsymbol{y}_k(t) &= \boldsymbol{g}(\boldsymbol{x}_k(t),\boldsymbol{u}_k(t),t)\end{aligned} \tag{10-12}$$

其中，系统在有限时间区间 $t\in[0,T]$上重复运行，$\boldsymbol{x}_k\in R^n$、$\boldsymbol{y}_k\in R^m$ 和 $\boldsymbol{u}_k\in R^r$ 分别表示系统第 k 次运行的状态、输出和控制变量，$\boldsymbol{f}$、$\boldsymbol{g}$ 为相应维数的函数。

系统的期望输出即参考轨迹设为 $\boldsymbol{y}_{\mathrm{d}}(t)$，输出跟踪误差定义为

$$\boldsymbol{e}_k(t) = \boldsymbol{y}_{\mathrm{d}}(t) - \boldsymbol{y}_k(t) \tag{10-13}$$

迭代学习控制的目的就是在系统运行若干个批次之后使得系统实际输出与期望输出尽可能接近，即输出跟踪误差 $\boldsymbol{e}_{\mathrm{k}}(t)$尽可能小，满足

$$\lim_{k\to\infty}\|\boldsymbol{e}_k(t)\| \leqslant \varepsilon \tag{10-14}$$

其中 ε 为一个预先设置的很小的常数。

迭代学习控制是利用前一批次的输出误差来修正下一批次的控制，因此其学习律的基本形式为

$$u_{k+1}(t) = u_k(t) + L(e_k(t),t) \tag{10-15}$$

其中，$e_k(t)=y_{\mathrm{d}}(t)-y_k(t)$，$L(\cdot)$为线性或非线性算子。$u_k(t)$实际上可以被看作是前 k 次学习积累下来的控制经验，而 $L(e_{k(t)},t)$则是利用第 k 次迭代时获得的输出误差信息修正前 k 次的控制经验 $u_k(t)$。$u_{k+1}(t)$需要存储在记忆单元中，并作为下一批次的控制输入，其结构如图 10.15 所示。

在每一批次操作结束时，需要检验停止条件。若停止条件成立，则停止迭代运行。常用的停止条件为 $\|\boldsymbol{e}_k(t)\|<\varepsilon$，式中 ε 为系统给定的允许跟踪精度。另外，停止条件也可以通过限定最大迭代次数给出。

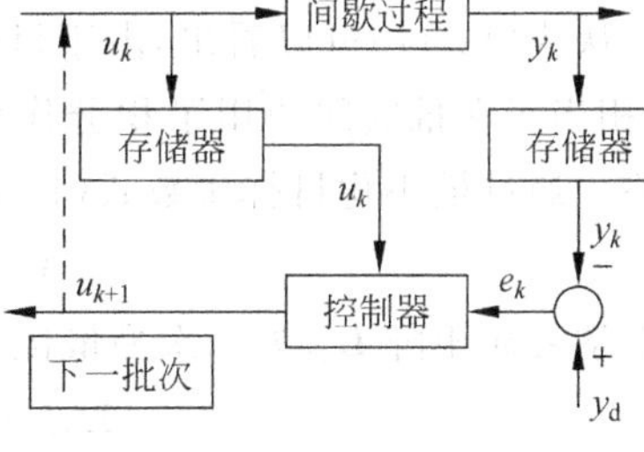

图 10.15　迭代学习控制的基本结构

迭代学习控制算法流程可总结为以下步骤[35]：

(1) 置 $k=0$，给定初始控制 $u_0(t)$和期望轨迹 $y_{\mathrm{d}}(t)$；

(2) 将控制输入序列 $u_k(t)$施加于被控对象，得到输出 $y_k(t)$，并进行存储；

(3) 当第 k 批次操作结束时，计算输出误差 $e_k(t)=y_d(t)-y_k(t)$，然后由学习律计算得到下一批次的控制输入 $u_{k+1}(t)$，并存储；

(4) 检查迭代停止条件。若满足条件则停止运行；否则置 $k=k+1$，转到步骤(2)。

迭代学习控制的核心问题是如何选择一种学习律，使得系统既有良好的稳定性又有较快的收敛速度，这是迭代学习控制研究的热点问题之一。研究人员已经提出了 P 型学习律、D 型学习律、PD 型学习律、PID 型学习律、高阶学习律以及结合其他智能控制方法的学习律等算法，目前应用最广泛最成熟的是 PID 型迭代学习律，它的算法可以描述为[35]

$$u_{k+1}(t)=u_k(t)+L(t)e_k(t)+\Psi(t)\int_0^t e_k(\tau)\,\mathrm{d}\tau+\Gamma(t)\,\dot{e}_k(t) \tag{10-16}$$

它由第 k 批次控制量加上第 k 批次输出误差的 PID 校正项构成，其中 $L(t)$、$\Psi(t)$、$\Gamma(t)$分别代表开环 PID 学习增益。它的算法结构和传统的 PID 控制算法极为相似，参数的整定规律也与 PID 控制算法相同。

2. 二次型最优迭代学习控制算法

间歇生产过程的重复性使其具备了实施迭代学习控制的基本条件，二次型最优迭代学习控制(quadratic iterative learning control，Q-ILC)[37]是其中一种更为有效的迭代学习律的方法。该方法实质上是以迭代学习控制作为一种控制框架，融合了模型预测控制。它充分利用模型预测控制的滚动优化及系统处理多变量约束问题的能力，以及迭代学习控制的跟踪性能这两者的优点。

Q-ILC 采用二次型目标函数来构建迭代学习控制算法，使其满足某种优化条件下的跟踪误差最小化，并通过对目标函数的优化计算来推导得到迭代学习律。通过在二次型最优迭代学习控制的目标函数中包含控制变量增量的范数，可以有效消除随批次进行而出现的跟踪误差，同时保证控制变量满足过程的约束。二次型最优迭代学习控制的目标函数为

$$J_{k+1}(\boldsymbol{U}_{k+1})=\boldsymbol{E}_{k+1}^{\mathrm{T}}\boldsymbol{Q}\boldsymbol{E}_{k+1}+(\Delta\boldsymbol{U}_{k+1})^{\mathrm{T}}\boldsymbol{R}\Delta\boldsymbol{U}_{k+1} \tag{10-17}$$

其中，$\boldsymbol{Q}$ 是 $N\times N$ 维的正定阵，$\boldsymbol{R}$ 是 $N\times N$ 维的半正定阵，$\Delta\boldsymbol{U}_{k+1}=\boldsymbol{U}_{k+1}-\boldsymbol{U}_k$ 为下一批次与当前批次之间的控制变量增量。

从式(10-17)可以看出，由于目标函数中包含了控制变量沿批次方向的增量的范数，相当于在批次间使用了积分作用，因此可以有效消除随批次进行而出现的跟踪误差。通过最小化目标函数式(10-17)，可得到如下的二次型最优迭代学习控制算法

$$\boldsymbol{U}_{k+1}=\boldsymbol{U}_k+\boldsymbol{L}_{\mathrm{opt}}\boldsymbol{E}_k \tag{10-18}$$

其中学习律矩阵 $\boldsymbol{L}_{\mathrm{opt}}$ 为二次型最优学习律矩阵

$$\boldsymbol{L}_{\mathrm{opt}}=(\boldsymbol{P}^{\mathrm{T}}\boldsymbol{Q}\boldsymbol{P}+\boldsymbol{R})^{-1}\boldsymbol{P}^{\mathrm{T}}\boldsymbol{Q} \tag{10-19}$$

由式(10-18)和式(10-19)两式可知二次型最优迭代学习控制算法的学习律 $\boldsymbol{L}_{\mathrm{opt}}$

也满足迭代学习控制算法的一般形式(式10-15)。通过调节权重矩阵$\boldsymbol{Q}$与$\boldsymbol{R}$,可在收敛速度、过渡性能及鲁棒性能之间进行适当的折中。

间歇过程的控制对象往往还受到多种约束,例如控制阀的开度,输出变化的限幅等,在常见的学习控制算法中通常不能系统地兼顾上述两个方面,Q-ILC方法则可以较好地解决这两个问题。文献[38]针对间歇反应器的温度控制,提出了基于跟踪误差传递模型的Q-ILC方法,将跟踪误差作为被控量进行控制,得到了收敛速度较快的学习律,取得了一定的效果。针对质量控制,则在原有的Q-ILC算法基础上提出了一种改进的框架,能够同时处理质量指标变量和可测量输出的反馈,使得间歇反应器的产品质量控制效果得到了改善。

3. 基于线性时变偏扰模型的迭代学习控制

间歇过程通常由非线性动态模型来描述,还可以用一个非线性稳态模型来描述产品质量与整个控制变量轨线的关系。为了消除过程主要的非线性,可以将过程运行轨线减去选定的过程常规操作轨线来得到过程输入输出的偏差,称之为偏扰值。进而在常规轨线附近对非线性对象进行线性化后,得到线性时变偏扰模型(linear time-varying perturbation,LTVP)。迭代学习控制的目的就是,设计一种基于线性时变偏扰模型的迭代学习控制律来确定控制轨线,使得产品质量轨线沿批次方向实现对参考轨迹的跟踪[39]。

考虑间歇过程满足如下条件:批次时间长度t_f固定,包含N个采样时刻;所有批次的初始运行条件都相同。将t时刻的产品质量描述为从批次开始时刻到t时刻的控制变量的非线性关系,即

$$\bar{y}_k(t)=f_t(\bar{\boldsymbol{U}}_k(t))+v_k(t) \tag{10-20}$$

其中k代表批次,一个批次运行时间为t_f,它包含N个采样时间,$t=1,2,\cdots,N$,$\bar{\boldsymbol{U}}_k(t)=[\bar{u}_k(0),\bar{u}_k(1),\cdots,\bar{u}_k(t-1)]^{\mathrm{T}}$,$\bar{y}_k(t)$为$t$时刻的产品质量,$\bar{y}_k(0)=\bar{y}_0$,$f_t(\cdot)$代表$\bar{\boldsymbol{U}}_k(t)$和$\bar{y}_k(t)$间的非线性函数关系,$v_k(t)$代表$t$时刻的测量噪声。式(10-20)可写成矩阵形式

$$\bar{\boldsymbol{Y}}_k=\boldsymbol{F}(\bar{\boldsymbol{U}}_k)+\boldsymbol{v}_k \tag{10-21}$$

其中$\bar{\boldsymbol{U}}_k=[\bar{u}_k(0),\bar{u}_k(1),\cdots,\bar{u}_k(N-1)]^{\mathrm{T}}$为第$k$个批次的控制变量轨线,$\bar{\boldsymbol{Y}}_k=[\bar{y}_k(1),\bar{y}_k(2),\cdots,\bar{y}_k(N)]^{\mathrm{T}}$为第$k$个批次的产品质量轨线,$\boldsymbol{F}(\cdot)$代表在不同时刻$\bar{\boldsymbol{U}}_k(t)$和$\bar{\boldsymbol{y}}_k(t)$间的非线性函数,$\boldsymbol{v}_k=[v_k(0),v_k(1),\cdots,v_k(N-1)]^{\mathrm{T}}$是测量噪声。

定义间歇过程的常规控制变量及相应的产品质量的轨线为

$$\left.\begin{aligned}\bar{\boldsymbol{U}}_s&=[\bar{u}_s(0),\bar{u}_s(1),\cdots,\bar{u}_s(N-1)]^{\mathrm{T}}\\ \bar{\boldsymbol{Y}}_s&=[\bar{y}_s(1),\bar{y}_s(2),\cdots,\bar{y}_s(N)]^{\mathrm{T}}\end{aligned}\right\} \tag{10-22}$$

在常规轨线$(\bar{\boldsymbol{U}}_s,\bar{\boldsymbol{Y}}_s)$附近,将式(10-21)中的非线性过程对控制变量进行线性化,可得到下式

$$\bar{\boldsymbol{Y}}_k=\bar{\boldsymbol{Y}}_s+\left.\frac{\partial \boldsymbol{F}(\bar{\boldsymbol{U}}_k)}{\partial \bar{\boldsymbol{U}}_k}\right|_{\bar{U}_s}(\bar{\boldsymbol{U}}_k-\bar{\boldsymbol{U}}_s)+\boldsymbol{d}_k \tag{10-23}$$

其中 $\boldsymbol{d}_k$ 包含扰动和线性化误差(即忽略高次项)。定义线性化模型 $\boldsymbol{G}_s$ 为

$$\boldsymbol{G}_s = \left.\frac{\partial \boldsymbol{F}(\overline{\boldsymbol{U}}_k)}{\partial \overline{\boldsymbol{U}}_k}\right|_{\overline{\boldsymbol{U}}_s} \tag{10-24}$$

定义控制变量及相应的产品质量的偏扰变量为

$$\begin{aligned}\boldsymbol{U}_k &= \overline{\boldsymbol{U}}_k - \overline{\boldsymbol{U}}_s \\ \boldsymbol{Y}_k &= \overline{\boldsymbol{Y}}_k - \overline{\boldsymbol{Y}}_s\end{aligned} \tag{10-25}$$

则由式(10-23),可得如下的线性时变偏扰模型(LTVP)

$$\boldsymbol{Y}_k = \boldsymbol{G}_k \boldsymbol{U}_k + \boldsymbol{d}_k \tag{10-26}$$

考虑控制输入与产品质量输出之间的因果性(即 t 时刻的产品质量只能是 t 时刻之前的控制输入的函数),$\boldsymbol{G}_s$ 为下三角阵的形式

$$\boldsymbol{G}_s = \begin{bmatrix} g_{10} & 0 & \cdots & 0 \\ g_{20} & g_{21} & \cdots & 0 \\ \vdots & \vdots & & \vdots \\ g_{N0} & g_{N1} & \cdots & g_{NN-1} \end{bmatrix} \tag{10-27}$$

其中 $g_{ij} \in R^n$。当过程的非线性模型已知时,LTVP 模型 $\boldsymbol{G}_s$ 可以通过对非线性模型沿常规轨线进行线性化得到;此外,也可以直接由过程运行数据进行辨识得到。辨识 $\boldsymbol{G}_s$ 的方法包括线性回归,如最小二乘法、偏最小二乘法(PLS)以及扩展卡尔曼滤波(EKF)等方法。为了使线性化的模型能适应当前过程运行状态,每运行完一个批次后将这个批次的数据加入过程运行历史数据,并用这个批次作为参考批次重新辨识过程模型。从这个意义上说,所得到的模型为线性时变偏扰模型。

由于存在模型误差及过程中的未知扰动,离线计算的最优控制策略在实际过程上往往并不是最优的。利用间歇过程重复运行的特性,可以用以前批次的过程信息来改进将来过程的运行。为了进一步克服模型与过程间的误差,可以将前一批次的预测误差值直接加入当前批次来修正模型预测值。

定义第 k 批次的 LTVP 模型预报值$\hat{\boldsymbol{Y}}_k$ 和第 $k+1$ 批次修正的模型预报值$\widetilde{\boldsymbol{Y}}_{k+1}$分别为

$$\left.\begin{aligned}\hat{\boldsymbol{Y}}_k &= \hat{\boldsymbol{G}}_s \boldsymbol{U}_k \\ \widetilde{\boldsymbol{Y}}_{k+1} &= \hat{\boldsymbol{Y}}_{k+1} + \boldsymbol{\varepsilon}_k\end{aligned}\right\} \tag{10-28}$$

其中$\hat{\boldsymbol{G}}_s$ 为 LTVP 模型 $\boldsymbol{G}_s$ 的估计值,$\boldsymbol{\varepsilon}_k = \boldsymbol{Y}_k - \hat{\boldsymbol{Y}}_k$ 为模型预测误差。

定义输出跟踪误差 $\boldsymbol{e}_k$、模型跟踪误差$\hat{\boldsymbol{e}}_k$、修正后的模型跟踪误差$\tilde{\boldsymbol{e}}_k$ 分别为

$$\begin{aligned}\boldsymbol{e}_k &= \boldsymbol{Y}_d - \boldsymbol{Y}_k \\ \hat{\boldsymbol{e}}_k &= \boldsymbol{Y}_d - \hat{\boldsymbol{Y}}_k \\ \tilde{\boldsymbol{e}}_k &= \boldsymbol{Y}_d - \widetilde{\boldsymbol{Y}}_k\end{aligned} \tag{10-29}$$

其中 $\boldsymbol{Y}_d = \overline{\boldsymbol{Y}}_d - \overline{\boldsymbol{Y}}_s$,$\overline{\boldsymbol{Y}}_d$ 为给定的参考轨线。

由式(10-29)可以推导得到如下误差沿批次方向的传递模型

$$\left.\begin{aligned}\hat{\boldsymbol{e}}_{k+1} &= \hat{\boldsymbol{e}}_k - \hat{\boldsymbol{G}}_s \Delta \boldsymbol{U}_{k+1} \\ \tilde{\boldsymbol{e}}_{k+1} &= \hat{\boldsymbol{e}}_{k+1} - (\hat{\boldsymbol{e}}_k - \boldsymbol{e}_k) = \boldsymbol{e}_k - \hat{\boldsymbol{G}}_s \Delta \boldsymbol{U}_{k+1} \\ \Delta \boldsymbol{U}_{k+1} &= \boldsymbol{U}_{k+1} - \boldsymbol{U}_k\end{aligned}\right\} \tag{10-30}$$

迭代学习控制的目标是设计合适的学习控制算法来调整控制轨线，以使产品质量轨线随批次数的增加而渐近逼近参考轨线。依据确定性等价法则，可以考虑如下的二次型最优目标函数，以使在第 k 个批次结束之后依据修正模型预测误差来更新第 $k+1$ 批次的控制轨线[39]

$$J_{k+1} = \min_{\Delta \boldsymbol{U}_{k+1}} \frac{1}{2}[\tilde{\boldsymbol{e}}_{k+1}^{\mathrm{T}} \boldsymbol{Q} \tilde{\boldsymbol{e}}_{k+1} + \Delta \boldsymbol{U}_{k+1}^{\mathrm{T}} \boldsymbol{R} \Delta \boldsymbol{U}_{k+1}] \tag{10-31}$$

其中 $\boldsymbol{Q}$ 是对产品质量控制误差的权重，$\boldsymbol{R}$ 是对控制作用的权重。

设 $\dfrac{\partial J}{\partial \Delta U_{k+1}} = 0$，那么迭代学习控制的更新律可以表示为

$$\left.\begin{aligned}\Delta \boldsymbol{U}_{k+1} &= \tilde{\boldsymbol{K}} \boldsymbol{e}_k \\ \boldsymbol{U}_{k+1} &= \boldsymbol{U}_k + \tilde{\boldsymbol{K}} \boldsymbol{e}_k\end{aligned}\right\} \tag{10-32}$$

其中 $\tilde{\boldsymbol{K}} = [\hat{\boldsymbol{G}}_s^{\mathrm{T}} \boldsymbol{Q} \hat{\boldsymbol{G}}_s + \boldsymbol{R}]^{-1} \hat{\boldsymbol{G}}_s^{\mathrm{T}} \boldsymbol{Q}$。进而可得第 $k+1$ 个批次的控制序列为

$$\bar{\boldsymbol{U}}_{k+1} = \boldsymbol{U}_{k+1} + \bar{\boldsymbol{U}}_s \tag{10-33}$$

由于 LTVP 的估计模型与实际过程之间通常会存在误差，经过理论分析，可知当 $k \to \infty$ 时输出跟踪误差 $\boldsymbol{e}_{k+1}$ 会趋于一个较小的正实数。

下面以一个温度为控制变量、产品浓度为被控变量的典型非线性间歇反应器为例，来验证上述 ILC 方法。该间歇反应器的反应机理为：$A \xrightarrow{k_1} B \xrightarrow{k_2} C$。反应温度为操作变量，反应器的运行目标是在给定运行时间内获得最大量产品 B。描述该反应过程的数学模型为

$$\left.\begin{aligned}\frac{\mathrm{d}x_1}{\mathrm{d}t} &= -k_1 \exp\left(-\frac{E_1}{uT_{\mathrm{ref}}}\right) x_1^2 \\ \frac{\mathrm{d}x_2}{\mathrm{d}t} &= k_1 \exp\left(-\frac{E_1}{uT_{\mathrm{ref}}}\right) x_1^2 - k_2 \exp\left(-\frac{E_2}{uT_{\mathrm{ref}}}\right) x_2\end{aligned}\right\} \tag{10-34}$$

其中 x_1 和 x_2 分别为反应产物 A 和 B 的浓度(无量纲)，$u = T/T_{\mathrm{ref}}$ 为反应器温度(无量纲)，T_{ref} 为参考温度。模型参数为 $k_1 = 4.0 \times 10^3$，$k_2 = 6.2 \times 10^5$，$E_1 = 2.5 \times 10^3$，$E_2 = 5.0 \times 10^3$，$T_{\mathrm{ref}} = 348\mathrm{K}$。初始条件为 $x_1(0) = 1$、$x_2(0) = 0$，反应器温度受到的限制为 $298\mathrm{K} \leqslant T \leqslant 398\mathrm{K}$。批次运行时间为 1 小时，采样次数为 $N = 10$。根据反应器运行情况，确定了输出参考轨线 $\bar{\boldsymbol{Y}}_d$，以及常规控制温度轨线 $\bar{\boldsymbol{U}}_s$。

由于反应器的目标为使产品质量 B 最大，故只需建立 $\bar{y} = x_2$ 与 u 之间的线性时变偏扰(LTVP)模型，并基于过程运行数据和选取的 $\bar{\boldsymbol{U}}_s$ 和 $\bar{\boldsymbol{Y}}_s$，通过最小二乘辨识法得到了 LTVP 模型。ILC 学习律中参数选为 $\boldsymbol{Q} = \boldsymbol{I}_{10}$ 及 $\boldsymbol{R} = 0.01\boldsymbol{I}_{10}$。

图 10.16 和图 10.17 显示了对应的控制输入轨线 $\bar{\boldsymbol{U}}_k = \boldsymbol{U}_k + \bar{\boldsymbol{U}}_s$ 和产品质量输出

轨线 $\bar{\boldsymbol{Y}}_k=\boldsymbol{Y}_k+\bar{\boldsymbol{Y}}_s$ 随批次数变化的情况。可以看出，运行大约 5 个批次之后，输出轨线 $\bar{\boldsymbol{Y}}_k$ 已基本实现了对参考轨线 $\bar{\boldsymbol{Y}}_d$ 的跟踪。跟踪误差 $\boldsymbol{e}_k$ 的误差均方根(RMSE)经过大约 5 个批次基本上收敛了，如图 10.18 所示。

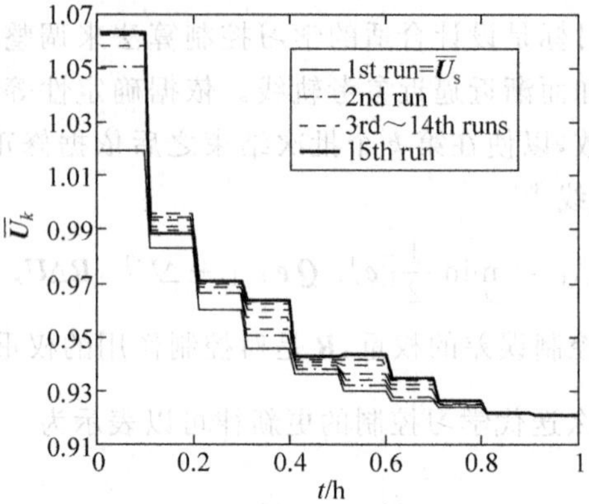

图 10.16　控制轨线 $\bar{\boldsymbol{U}}_k=\boldsymbol{U}_k+\bar{\boldsymbol{U}}_s$ 随批次数增加的变化情况

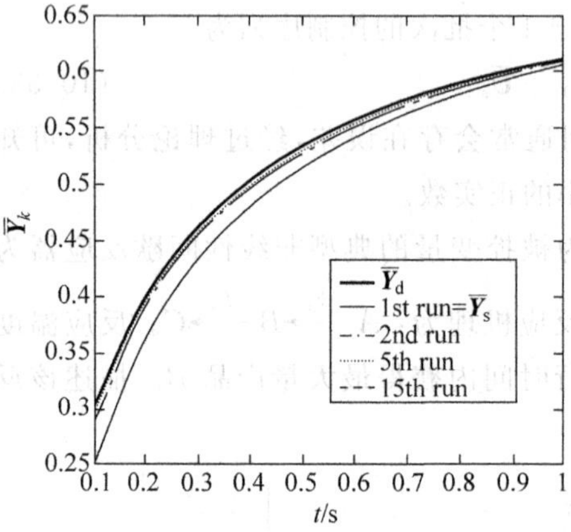

图 10.17　产品质量轨线 $\bar{\boldsymbol{Y}}_k=\boldsymbol{Y}_k+\bar{\boldsymbol{Y}}_s$ 随批次数增加的变化情况

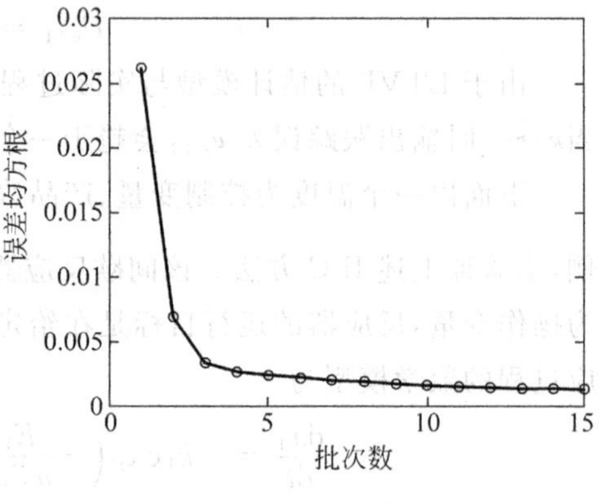

图 10.18　间歇反应器输出轨线的误差 RMSE

10.5　间歇生产过程的管理

间歇过程的柔性操作使得多种产品共同分享生产时间和资源，生产过程中必须协调原料、中间产品和成品的存储以及可用的设备、水、电、气等公用生产资料，因此间歇过程的全部生产活动及其经济效益在很大程度上依赖于生产的计划和调度。间歇生产的计划、调度、控制共同构成了间歇生产过程的管理系统，而间歇过程的柔性操作必然增加了管理的难度。前面章节已经讨论过有关控制的部分，本节将简要介绍间歇生产过程的计划与调度。

车间是企业内部组织生产的基本生产单位，是企业日常生产活动的具体执行机构，因而良好的车间生产作业计划是整个企业完好运转的重要保证，因此本节重点介绍车间作业的计划与调度。车间作业计划与调度问题也称为车间作业排序问题。设有 n 个作业，每个作业都由一组工序组成，有 m 台可用设备，则该问题可以描述为：在指定的时间内，将 n 个作业按照一定的原则或算法分配到 m 台可用的设备上进行加工，以满足一个或多个预定的性能指标。工序的加工必须按照可行的工艺次序进行，每个工序的完成都要占用一定数量的设备时间、人员及工装等相关加工资源。常用的性能指标有：满足交货日期，极小化工序准备时间或成本，极小化产品的库存，极大化设备和劳动力的利用率等等。

车间作业调度问题非常复杂，一般情况下是一类 NP 完备的组合优化问题，随着规模的增加，问题的解空间也呈非线性剧增。对于生产车间多台设备的排序问题，按照工件加工路线的特征，又可以分成单件加工车间(job-shop)排序问题和流水加工车间(flow-shop)排序问题。如果所有工件的加工路线完全相同，则是流水车间排序问题；如果工件的加工路线不同，则是单件车间排序问题，它是最一般的排序问题，也是最复杂的排序问题。近年来，随着各种新的相关学科与优化技术的发展，在车间调度领域也出现了许多新的方法，使得车间调度问题的研究方法向多元化方向发展。下面简要介绍一些主要的车间调度方法[40]。

(1) 基于运筹学的方法

这类方法大多针对传统的调度问题，即研究如何安排处理顺序和处理时刻以使某个目标函数最小的优化问题，可以用混合整数线性规划或动态规划法等方法来求解这一优化问题。

(2) 基于启发式规则的调度方法

启发式算法是一种基于直观或经验构造的算法，在可接受的花费(时间、占用空间等)下给出待解决组合优化问题每一个实例的一个可行解。从实用的角度来看，启发式算法因其易于实现、计算复杂度低等原因，在实际中得到了比较广泛的应用，并且不断涌现出许多新的调度规则与算法。

(3) 控制理论方法

控制理论方法比较适合用模型定量地定义调度的基本问题，但目前还没有形成一套有效的调度模型表达、分析设计的技术。由于对模型描述的能力有限，建模时不得不对真实环境进行大量的简化，求得最优解的时间是随着问题规模增大而呈指数规律增长，因而这种方法只适合对小规模的系统求解。

(4) 基于人工智能的方法

它主要利用启发式规则来引导搜索并提供有效的搜索程序去寻求复杂问题的次优解，主要包括启发式图搜索法、专家系统方法等。

(5) 基于 DEDS 的解析模型方法

由于加工系统是一类典型的离散事件系统，因此可以用离散事件系统的解析模型和方法去探讨车间调度问题，诸如排队论、极大极小代数模型、Petri 网等。

(6) 基于仿真的方法

由于加工系统的复杂性,很难用一个精确的解析模型来进行描述分析,而通过对仿真模型的运行收集数据,并以此对实际系统进行性能、状态方面的分析,从而能对系统采用合适的控制调度方法。

(7) 神经网络的方法

神经网络用于车间调度主要有三类方式:利用其并行计算能力求解优化调度问题;利用其学习能力从优化轨线中提取调度知识;描述调度约束或调度策略,以实现对生产过程的可行或次优调度。

(8) 其他方法

由于调度问题的紧迫性,这方面的研究受到诸多学者的关注,因而很多方法都应运而生,例如基于模糊数学理论的方法、拉氏松弛法、具有计算智能的局域搜索法等。其中拉氏松弛法由于其在可行的时间里能对复杂的规划问题提供好的次优解,并能对解的次优性进行定量评估,近年来已成为解决复杂车间调度问题的重要方法之一。至于局域搜索法,由于这种方法具有普遍适用性和较低的复杂性等优点,得到了广泛的重视和应用。它们是对传统搜索方法的一种改进,主要包括遗传算法、演化规划、禁忌搜索、模拟退火、差分进化等。

此外,各种算法的组合应用也成为解决优化调度问题很有前途的方法,可以弥补各自的缺点,发挥各自的优势,达到高度次优化的目标。

这里我们以一个例子[26]来说明作业的调度情况。考虑在一个多产品间歇工厂中用一系列的批次(一个批量)来生产4种产品(p_1,p_2,p_3,p_4)。工厂有3个间歇反应器,按图10.19来连接。每个反应器和每个产品的处理时间在表10.1中列出,并假设在过程装置之间没有缓存罐,且假设把产品从一个装置转移到另一个装置的时间与过程处理时间相比是可以忽略不计的。如果在某个时刻一个批次在第k个装置处理完毕,而第$k+1$个装置还因为在处理上一个批次而没有空出来时,这个批次必须留在第k个装置中直到第$k+1$个装置腾空。例如,产品p_1必须停留在第1个单元装置中直到第2个单元装置处理完了产品p_3。当某个产品在第3个单元装置处理结束后,它必须马上送到存储罐中。

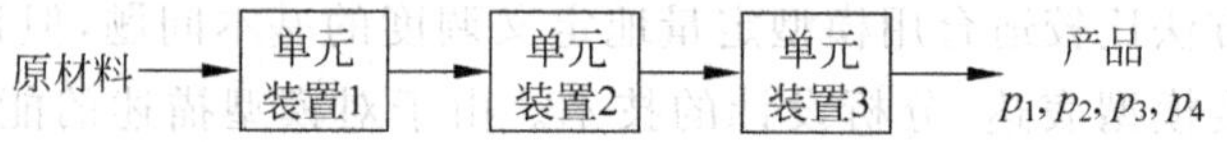

图10.19 多产品间歇工厂

表10.1 产品的处理时间 单位:时

单元	产品			
	p_1	p_2	p_3	p_4
1	3.5	4.0	3.5	12.0
2	4.3	5.5	7.5	3.5
3	8.7	3.5	6.0	8.0

假设对每个产品生产一个批次，采用优化方法可以确定生产每个批次的最优时间顺序以达到总的生产时间最短。图 10.20 利用甘特图描述了这个最佳生产顺序，并且显示了图中每个单元装置在不同时间下的状态。例如，单元装置 1 在第 0 到第 3.5 小时之间处理产品 p_1。当 p_1 在第 3.5 小时离开单元装置 1 后，单元装置 1 开始处理 p_3。单元装置 1 在第 3.5 到第 7 小时之间处理 p_3。然而，从甘特图中可以看到，在第 7 小时 p_3 无法被马上转移到单元装置 2 中，因为单元装置 2 还正在处理 p_1。因此，p_3 在第 7 到第 7.8 小时之间仍停留在单元装置 1 中。当单元装置 2 在 7.8 小时处理完 p_1 后开始处理 p_3，在等待到第 16.5 小时时把 p_3 转移到单元装置 3 时，单元装置 1 仍然在处理 p_4，因此单元装置 2 在第 16.5 到第 19.8 小时之间处于空闲状态。在间歇工厂中，由于下游设备忙而堵塞或者由于上游设备忙而空闲的情况是经常出现的。这是因为处理时间随设备和产品的不同而不同。产品 p_1，p_3，p_4 和 p_2 的结束时间分别为 16.5，23.3，31.3 和 34.8 小时。过程的最小总制造时间为 34.8 小时。

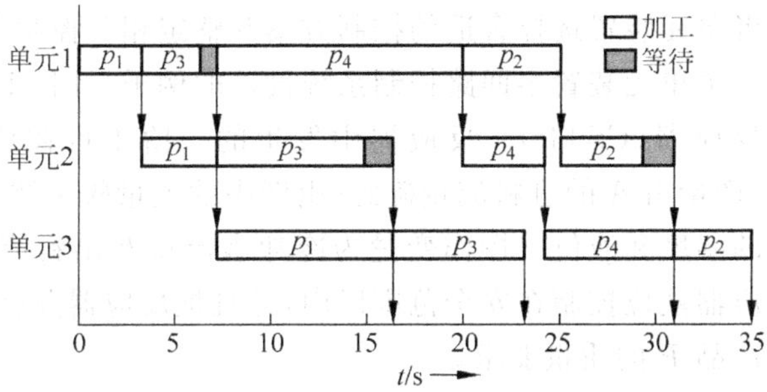

图 10.20　多种产品优化调度的甘特图

从上例可以看到优化调度对于间歇过程而言是十分重要的，它可以使生产过程达到某种优化指标，例如节省加工时间、或节省能源、或节约成本、或设备利用极大化等，以最终提高整个加工过程的经济效益。

10.6　小结

间歇生产过程因其具有灵活多变的特性，最适合小批量、多品种、多规格、快速高质量生产的要求，被广泛应用于化学工业、电子工业、制药业等领域，在工业生产加工中所占的比重不断扩大。本章从间歇过程控制的角度出发，深入剖析了间歇生产过程的特点，特别介绍了一些间歇过程控制特有的技术，例如顺序控制和逻辑控制，讨论了二进制逻辑图、梯形逻辑图、顺序功能图等特殊工具。由于间歇生产过程往往具有时变、非线性以及大迟延等特点，使得其控制一直被认为是过程工业中的一项困难和具有挑战性的课题。为此，本章进一步讨论了针对间歇过程的多种控制方法，除了传统的 PID 控制以外，重点介绍了 Run-to-Run 控制、迭代学习控制等先进控制方法。此外，对间歇生产过程管理系统中的生产计划和调度的问题也在本章最后进行了相应的讨论。

第11章 整厂控制

11.1 概述

前面章节中讨论了单变量和多变量控制系统，它们解决的主要问题是在给定控制系统的操作变量和被控变量以及控制目标的情况下，如何为单回路或者单元装置选择合适的控制方案并整定相关控制器的参数。

举一个单元装置多回路控制系统设计的例子。图 11.1 是一个连续搅拌釜式反应器(CSTR)。反应器中发生的一阶不可逆放热化学反应为：$A \rightarrow P$。产量由 A 的进料流量确定(由图中的流量阀来调节)。被控变量为反应器的温度和液位。操作变量为冷却水流量及出料流量。控制目标包括把反应器液位控制在安全范围以内，并且把反应器温度控制在设计值上以满足产品 P 的质量要求。

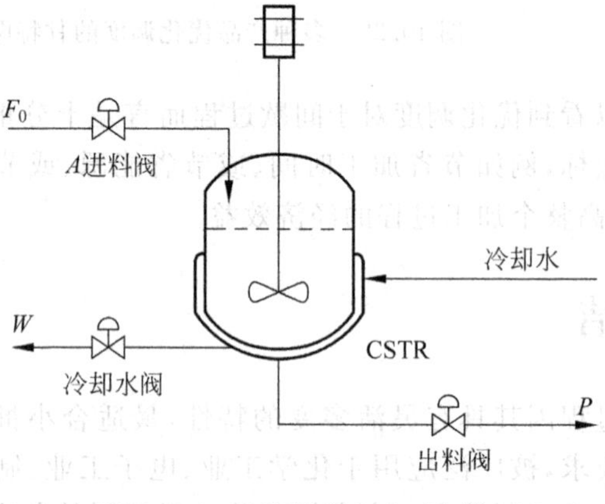

图 11.1　连续搅拌釜式反应器

在这个两回路控制系统设计中，首先可以确定要使用冷却水阀来控制反应器的温度，因为冷却水流量的改变只对反应器温度有影响。在设计这个单回路时要考虑的因素包括是否需要用串级控制，是否需要加入前馈补偿器，是使用 PI 还是 PID 控制器，以及如何整定控制器参数等。系统中另一个回路是用出料阀来控制反应器液位。在满足安全生产的前提下，希望把反应器液位尽可能控制在最大容积处以提高反应转换率，如图 11.2 所示。

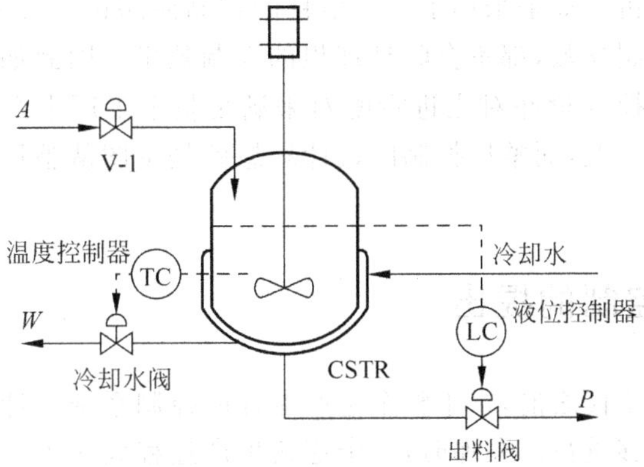

图 11.2　连续搅拌釜式反应器的多回路控制

现在把反应器放到整个化工流程中来看。假设这个反应器是一个反应-分离-再循环工厂的一部分[41]。由于反应是不彻底的，反应器的出料流中会含有 A 和 P。通过精馏塔对 A 和 P 进行分离，塔顶馏分（主要含有 A）被再循环送回反应器中，而塔底馏分（主要含有 P）成为最终产品。图 11.3 描述了一种为整个工厂设计的常规多回路控制方案。

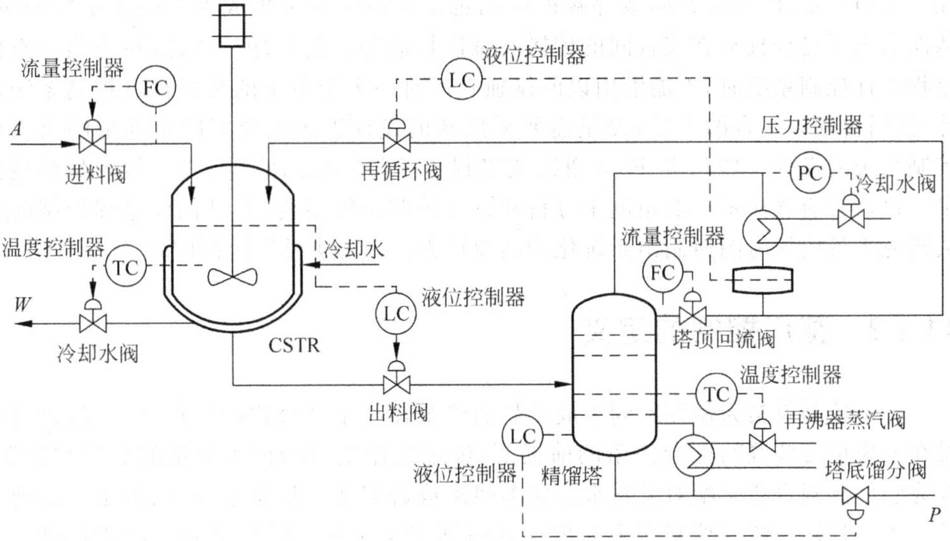

图 11.3　反应-分离-再循环工厂的一种控制方案

设计这个控制方案时的出发点就是先对每个单元生产装置分别进行控制系统设计，然后把它们组合起来。本例中，反应器采用了图 11.2 中介绍的控制方案，而对精馏塔采用了简单的单塔板温度控制设计方案。

那么图 11.3 中的多回路控制方案是否能够充分克服各种过程扰动，是否拥有最优的静态和动态过程响应，这种基于单元装置的全厂控制系统设计思路是否合理，都需要作进一步分析。如果采用了一个糟糕的控制回路设计方案，那么无论采用什么样的控制器和控制参数，都不会收到理想的控制效果。因此如何从全厂的角度来确定操作变量和被控变量并对之进行配对来满足整个工厂生产目标是一个重要的控制系统结构设计问题，而整厂控制的设计思想就是试图从整厂的角度系统地解决这些问题。

11.1.1 整厂控制的提出

在 20 世纪 80 年代之前，基于整个生产流程的控制系统设计问题并没有引起工业界和学术界的足够重视。在那时，一个连续生产过程大多由多个单元装置串联而成，很少出现从下游装置到上游装置的物料再循环以及装置间热交换管道的设计，而且装置间经常装有缓存罐来削弱过程扰动（尤其是高频扰动部分）在装置之间的传播。因此，控制系统设计者通常先对每个单元装置进行独立的控制系统设计，然后再把它们组合起来。如果发现有冲突，比如出现同一个阀门被两个控制回路所使用，或者同一个过程变量被两个回路所控制的情况时，再重新设计加以解决。进入 20 世纪 80 年代后，全球化的市场竞争对提高质量和降低成本的要求日益增长，越来越多的石化企业使用了物料再循环来提高产品品质，并且采用了热集成来降低能耗。在新厂设计中，装置间缓存罐的应用也由于投资和维护成本太高而不断减少，从而引发了过程扰动在装置间的传播而难以控制等新的问题。为此，在为当今石化过程设计控制系统时，不能沿用以前仅独立地对一个个单个的装置进行控制系统设计，然后再加以组合的方法，而是需要采用新的设计思想从全厂的角度来解决整厂控制系统的设计。1973 年 Foss 首次明确提出了整厂控制的概念[42]，他预见性地指出了设计者应该从整厂的角度来分析和设计控制系统结构，并且倡议过程控制的相关研究人员应该力图研制出系统化的新设计方法来解决整厂控制问题。

11.1.2 整厂控制的定义

整厂控制就是为从原料到生成产品的整个连续生产过程设计控制系统，也就是说在考虑单元装置间耦合关系的前提下，确定操作变量和被控变量的数量和位置，并为它们找到合适的配对关系来组成多回路或者多变量控制系统，以满足一系列的整厂生产目标。整厂控制研究对象往往包括多个相互关联的单元生产装置以及一系列为安全、环保、稳产和高效益而制定的生产目标；整厂控制研究重点在于对控制变量和被控变量的选择以及整个控制系统结构的设计，通常并不涉及以前讨论过的具体的单变量或者多变量控制器设计及其参数整定等后续工作。

11.1.3 整厂控制的内容

Foss 在提出整厂控制系统的设计问题时把它归结为以下几个步骤[42]：(1)根据

整厂控制目标确定被控变量；(2)为被控变量选择测量位置；(3)确定操作变量；(4)设计整厂控制结构。在第(4)步中，需要先确定控制方案：是采用多回路控制、多变量控制，还是混合型控制方案。如果采用多回路控制方案，还需要进一步考虑回路间的耦合并完成操作变量和被控变量的匹配设计。

本章 11.2 节将介绍整厂控制设计中经常遇到的现代工艺过程呈现的特点；11.3 节将重点分析物料再循环和热集成对过程静态和动态特性产生的影响以及如何在整厂控制设计中有针对性地加以考虑；11.4 节将介绍当前关于整厂控制综合设计的主要方法，并且以反应-分离-再循环工厂为例讨论整厂控制设计方法；11.5 节将对整厂控制进行总结。

11.2　整厂控制问题的描述

整厂控制研究的对象一般指从原料到成品的整个生产流程。对于石化企业来讲，它将包括诸如反应、分离、热交换等多个工艺环节。这些环节之间的关联程度将直接决定整厂控制设计问题的难度。对整厂控制影响最大的两个新的工艺设计是物料再循环和热集成的使用。在本节中，将从工艺角度出发来讨论为什么要在生产中使用物料再循环和热集成。然后将讨论整厂控制中可能用到的过程模型以及控制自由度的概念，并以一个在整厂控制研究中十分典型的装置群为例，讨论整厂控制设计，包括设计过程，以及过程的输入(过程知识)和输出(设计结果)。

11.2.1　物料再循环

一个典型的化工过程一般都会包括一个化学反应器。通常，反应器越大其转换率就越高。现在来讨论通过简化得到的一个包括反应器和精馏塔的静态工艺流程图，如图 11.4 所示。

反应器中发生的一阶不可逆放热化学反应为：$A \rightarrow P$。假设反应器进料流 F_0 中只含有反应物 A，而且经过精馏塔后分离过程是完全的，也就是说塔顶馏出 D 中只含有 A，塔底馏出 B 中只含有 P。产量 B 由下式决定

$$B = k \cdot M \cdot z \tag{11-1}$$

其中 k 是反应常数，M 是反应器滞留量(反应器中混合液的存储量，单位是摩尔)，z 是反应器中 A 的摩尔比。

在稳态时工厂的整体转换率 γ 为

$$\gamma = \frac{B}{F_0} = \frac{k \cdot M}{F_0 + k \cdot M} \tag{11-2}$$

当 M 足够大时，γ 趋近于 1。

把整体转换率 γ 对 M 求导可以得到

$$\frac{d\gamma}{dM} = \frac{k \cdot F_0}{(F_0 + k \cdot M)^2} > 0 \tag{11-3}$$

所以反应器滞留量 M 越大，其整体转换率 γ 越高。如果假设 M 为 300mol，k 为 0.5/h，F_0 为 100mol/h，从式(11-2)可以得到其整体转换率 γ 为 60%。

对于石化生产而言，整体转换率越高意味着产量越大。由于工艺条件所限，现实中反应器温度和容积液位总是有上限的，因此不能通过增加反应常数 k 或者滞留量 M 的方法来提高整体转换率 γ。根据式(11-1)，剩下的途径就是增加 A 在反应器中的摩尔比 z。增加 z 最直接的方法就是用物料再循环，即把没有参加反应的 A 重新送到反应器中，如图 11.5 所示。

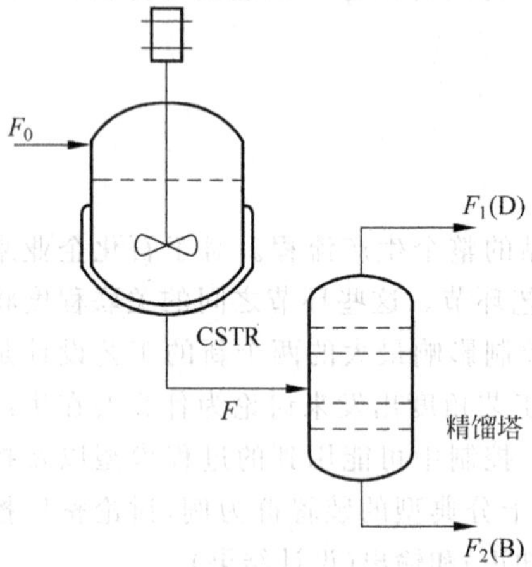

图 11.4 一个反应-分离工厂

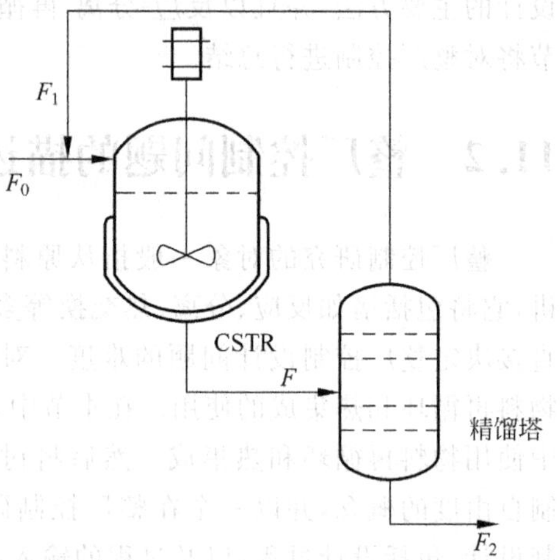

图 11.5 一个反应-分离-再循环工厂

仍然假设 B 只含有 P，由于在稳态时 $B=F_0$，那么工厂的整体转换率 γ 为 100%，达到了最理想的效果。通过计算可以得到这时需要的再循环流量 D 为 200mol/h。这样，z 由图 11.4 中的 40%增加到了图 11.5 中的 66.7%，工厂的整体转换率 γ 也从 60%上升到了 100%。

为提高整体转换率所付出的代价是增加了固定投资成本（再循环设备）以及分离装置的能耗成本（分离装置的进料流 F 由 100mol/h 增加到 300mol/h）。一般而言，使用小型反应器加上物料再循环要比使用大型反应器更经济一些，但是物料再循环的存在为整厂控制的设计增加了难度。在 11.3 节将重点分析物料再循环对过程静态和动态特性的影响。

11.2.2 热集成

石化企业通常是能源消耗的大户，其能源费可以占到生产成本的 40%。随着全球能源供应的日益紧张及其价格的不断上涨，综合利用石化过程中所产生的热量可以减少在加热或冷却过程中对能源的需求量。在现代工艺流程中，热交换器经常被用于需要被加热和需要被冷却的物料流之间，其相关的温度控制系统可以保证物料在出口处达到所需要的温度。下面举几个常见的热交换设计例子[43]。

在图 11.6 的热交换器中，热流用来加热物料流。热流可以是蒸汽等辅助能源。物料流的输出温度由一个温度控制器来控制，其操作量是未被加热的冷物料流经过旁路的流量，由旁路阀来控制。这种控制设计的好处是闭合回路的动态响应是很快的，缺点是一旦控制器饱和后，即阀门全开或者全闭后，系统就会失去一个控制自由度。

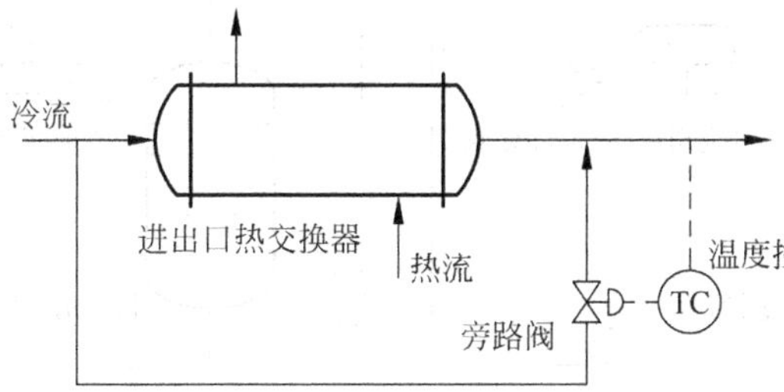

图 11.6 带有冷流旁路的热交换设计

图 11.7 是另外一个例子。这个热交换器是把绝热平推流型(PFR)反应器的出料流作为加热流来使用，这样就构成一个典型的反应器热集成例子：进料/出料热交换过程。它的优点是既利用了化学反应产生的热量预热了反应器原料，又利用反应器原料冷却了生成物，从而减少了能源的消耗。其缺点是增加了反应器中的过程扰动，比如出口温度或流量的变化，将直接影响热交换过程。在 11.3.3 小节将分析这种热交换设计可能给系统带来的不稳定性。

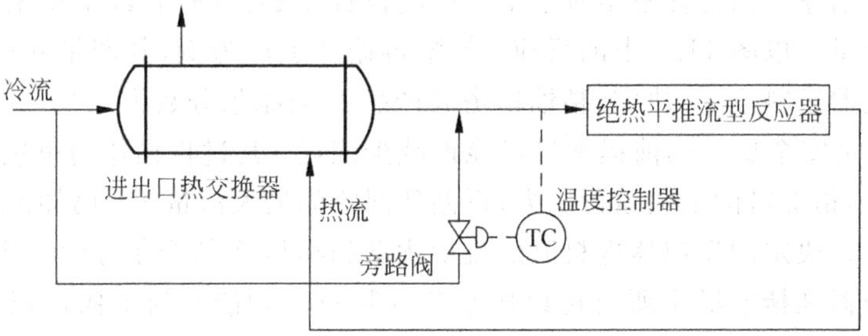

图 11.7 进料出料热交换设计

另一类常见的热集成设计是图 11.8 中所示的多个精馏塔中冷凝器和再沸器的耦合设计。高压精馏塔的顶部馏分被用来加热低压精馏塔的底部馏分。显然这种耦合设计减少了两个精馏塔的总体能耗，那么所付出的代价是什么呢？在常规精馏塔设计中，高压精馏塔的冷凝器的冷却水流量和低压精馏塔的再沸器的蒸汽流量代表两个控制自由度。高压精馏塔的冷凝器的冷却水流量通常被用来控制精馏塔的压力，而低压精馏塔再沸器的蒸汽流量通常被用来控制塔釜的温度或者组分。在热集成耦合设计中，这两个控制自由度被冷凝器和再沸器之间的热交换面积 A 所代替。可以通过调节 A 的大小来控制热流和冷流间的热交换量。为此付出的代价包括增加了装置间的耦合程度而且损失了一个控制自由度。如果在实际应用中，A 被固定在其最大设计值上以达到最佳的热交换效果，那么将损失掉两个控制自由度。

在失去了两个控制自由度以后，必然要放弃两个常规控制回路。如何挑选被放弃的两个被控变量也就成为整厂控制设计任务的一部分。

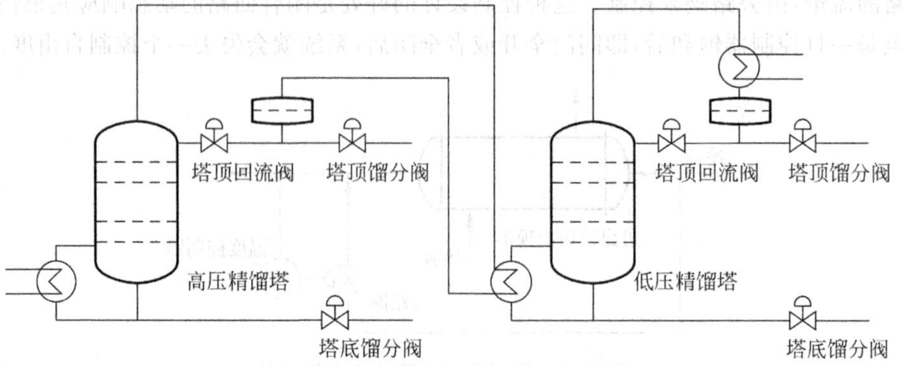

图 11.8 冷凝器和再沸器的耦合设计

11.2.3 整厂控制的数学模型

整厂控制中使用什么样的数学模型取决于在每个设计步骤中具体使用的方法，它们大体可分成三类：描述性模型，稳态模型和动态模型。描述性模型定量给出了产量和质量要求，经济优化目标，过程操作约束，已知的过程扰动，以及可以使用的操作变量等信息。描述性模型对于整厂控制设计是必需的，它经常用来确定被控变量和操作变量。以图 11.5 中的反应-分离-再循环工厂为例，其产量和质量要求为：产量由反应器进料流 F_0 决定，精馏塔塔底产品 P 的摩尔分数为 0.9；其经济优化目标为：在满足安全稳产的前提下尽可能地减少能耗；其过程操作约束包括反应器的最大滞留量，精馏塔的最大运行压力，再循环回路的最大流量等；已知的过程扰动包括由上游装置决定的反应器进料流的流量扰动和物料 A 的摩尔分数变化；操作变量则包括反应器和精馏塔中所有可以用来改变物料流和能量流的阀门以及它们的位置和设计参数。

过程的稳态模型指的是当工厂运行于某个工作点时过程变量间的静态关系。过程的稳态模型可以根据物料平衡和热平衡原理分析得到。当模型中的某些变量为描述性模型所规定的设计值，或者是控制系统的设定值时，则其他变量的稳态值就可以根据平衡关系推导出来。以图 11.5 中的反应-分离-再循环工厂为例，其稳态模型为

$$\left.\begin{aligned}F_0 &= B\\ F &= B + D\\ F\cdot z &= D\cdot x_D + B\cdot x_B\\ F_0 + D\cdot x_D &= F\cdot z + k\cdot M\cdot z\end{aligned}\right\}\tag{11-4}$$

其中 x_D 和 x_B 分别为塔顶流量中含有的 A 组分和塔底流量中含有的 A 组分。

过程的动态模型是指定量地描述过程变量间的动态关系。动态模型可以是线性的(比如通过辨识方法得到的线性时不变模型)或者非线性的(比如通过反应和分

离原理得到的机理模型)，也可以是时域的或者频域的。所有的模型往往都存在着一定的模型误差。以图11.5中的反应-分离-再循环工厂为例，其反应器部分的非线性动态模型为

$$\left.\begin{aligned}\frac{\mathrm{d}M}{\mathrm{d}t}&=F_0+D-F\\\frac{\mathrm{d}(Mz)}{\mathrm{d}t}&=F_0+Dx_\mathrm{D}-Fz-kMz\end{aligned}\right\}\tag{11-5}$$

其中 M 是反应器滞留量(反应器中混合液的存储量，单位是 mol)，z 是反应器中 A 的摩尔比。

动态模型通常用于测量仪表的选址和基于数量化方法的整厂控制结构设计。当然，对于一个有丰富经验的控制系统设计者来讲，过程动态模型可能在整厂设计中不是必需的，但是基于动态模型的仿真试验可以帮助检验和挑选整厂控制系统的设计方案。

11.2.4 控制自由度

简而言之，控制自由度就是过程中存在的可操作变量，比如控制阀门的流量，电子设备的输出功率等。当工艺流程设计完成后，操作变量的所在位置、规格、种类和特性一般来说就已经确定了。在整厂控制设计中，不是所有的操作变量都是一个控制自由度。例如连续搅拌反应罐中的搅拌速度，虽然它是可调的，但是从优化反应转换率的角度考虑，它往往被设定在最大值上。这时它就成为一个过程扰动变量，而不能作为一个控制自由度在整厂控制设计中加以考虑了。以图11.3中的反应-分离-再循环工厂为例，其控制自由度包括：反应器进料阀，反应器出料阀，反应器冷却水阀，精馏塔塔顶馏分阀(即再循环阀)，精馏塔塔顶回流阀，精馏塔塔底馏分阀，精馏塔再沸器蒸汽阀，精馏塔冷凝器冷却水阀等。应该说，分析和确定系统的控制自由度是设计控制系统的基础。

11.2.5 一个整厂控制的典型案例

整厂控制问题中遇到的连续过程一般都带有物料(气态或液态)再循环和热集成环节。另外在装置间也很少会有缓冲罐存在。一个典型的例子是甲苯临氢脱脘(HDA)工厂如图11.9所示[44]。这是一个用甲苯 C_7H_8 和氢 H_2 来制造苯 C_6H_6 的生产过程，在整厂控制研究中经常被作为典型的研究对象。

整个工厂包括以下生产单元：进料：纯度为99.98%的甲苯 C_7H_8，纯度为96%的氢(含有4%的甲烷 CH_4)；

进料/出料热交换器：利用热集成技术来节约能源；

反应器进料加热炉：把反应原料继续加热到设定温度；

气态PFR反应器：主反应为 $C_7H_8+H_2\longrightarrow C_6H_6+CH_4$

副反应为 $2C_6H_6 \longrightarrow C_{12}H_{10}+H_2$

闪蒸装置进料冷凝器：把反应器的出料冷却到露点以下以达到汽液平衡；

绝热闪蒸装置：把氢与其他物质分离；

气体压缩机：把过量的氢再循环送到反应器，一般工作在最大功率处；

甲烷塔：获得副产品甲烷 CH_4；

苯塔：获得主产品苯 C_6H_6；

联苯 C_7H_8 塔：获得副产品联苯 $C_{12}H_{10}$，同时把未反应的甲苯再循环给反应器。

生产过程的要求包括：

(1) 按照设计的生产率生产纯度为 99.98%的苯；

(2) 为防止出现结焦情况，反应器进料口的氢占 84%以上；

(3) 反应器进料口的压力要略小于 500lbf/in^2；

(4) 反应器进料口的温度不低于 1150℉；

(5) 反应器出料口的温度不高于 1300℉；

(6) 反应器出料流必须马上被降温到 1150℉，以防止二度反应发生。

从图 11.10 中可以看出，整个生产流程有 22 个控制自由度(阀门 V1 到 V22)。假设要确定用多回路控制方案，那么整厂控制问题就可以归纳为先根据生产要求来确

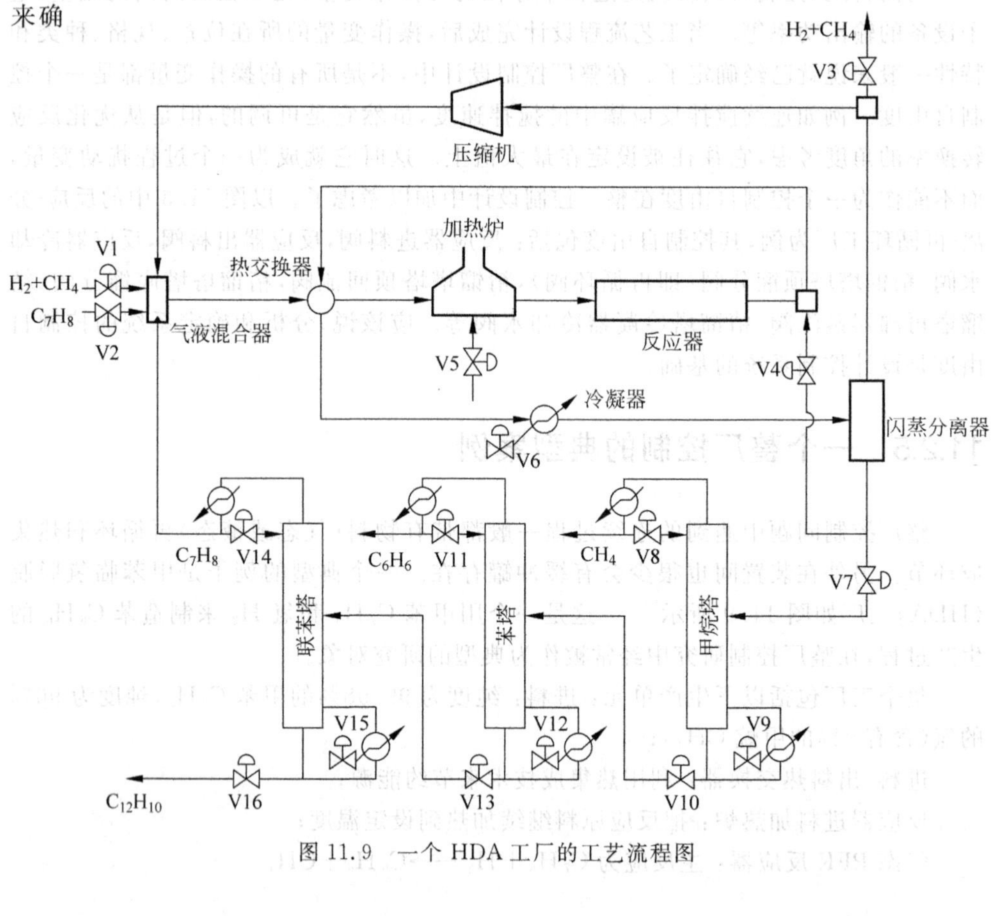

图 11.9 一个 HDA 工厂的工艺流程图

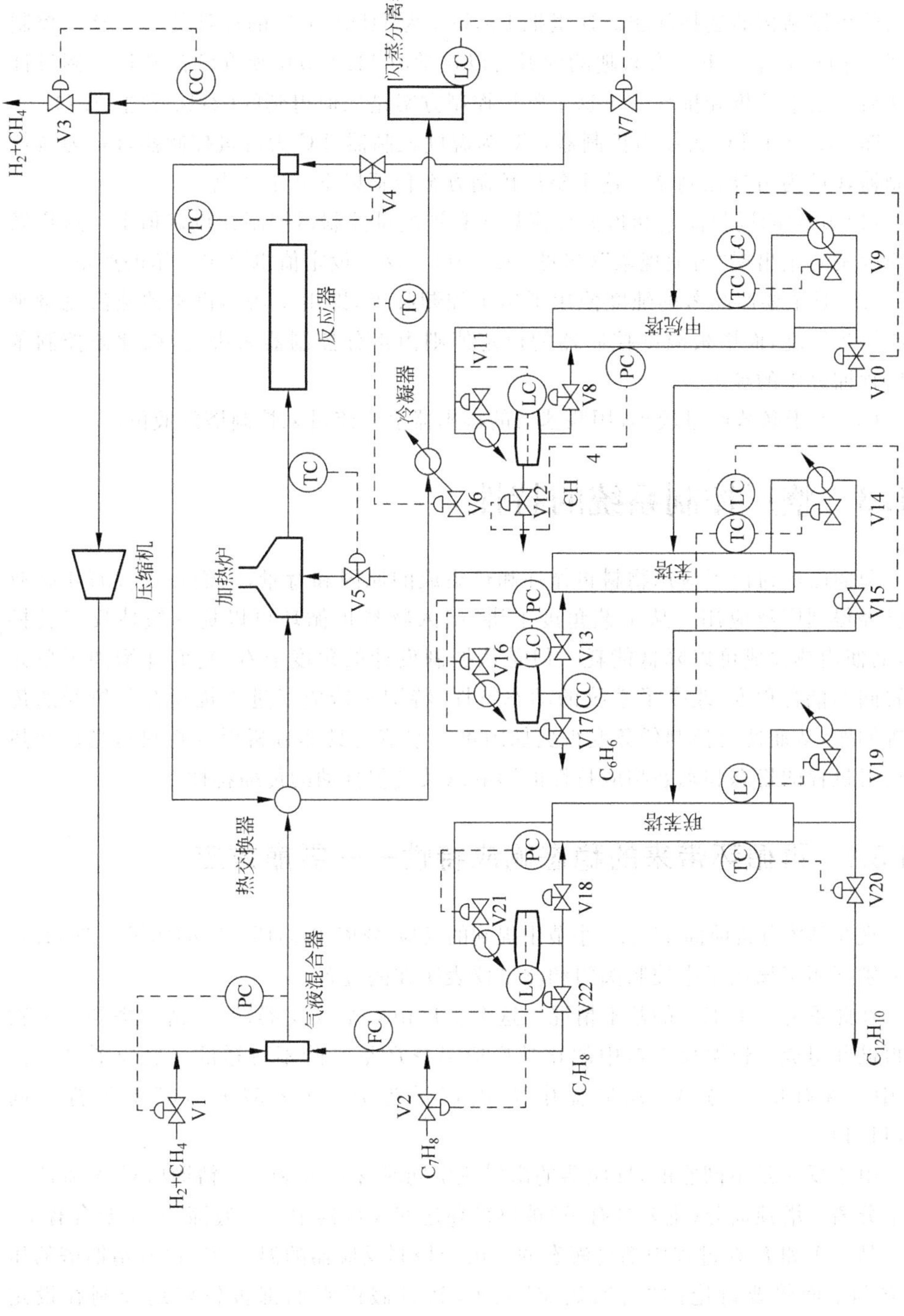

图 11.10　HDA 工厂的一个整厂控制方案

定被控变量及其测量位置，然后系统地为这些变量找到配对的操作变量。如果还有多余的操作变量，可以根据经验或者使用优化方法来完成剩余的回路匹配工作。应该指出，整厂控制设计的实质是如何解决由再循环和热集成这两个工艺设计特点所引发的控制结构的选择问题。这里把 Luyben 为 HDA 工厂的设计的一个整厂控制方案[44]简单介绍一下。有兴趣的读者可以在学习 11.4 节中所介绍的整厂控制设计方法后自己来分析和推导一下这个整厂控制方案是如何得到的(参见习题 11.7)。

图 11.10 中 PC 为压力控制器，TC 为温度控制器，FC 为流量控制器，LC 为液位控制器，CC 为组分控制器。这个整厂控制方案包括以下几个特点：

(1) 甲苯的进料流量和再循环流量之和被流量控制器控制在设定值上。这样做的原因是防止出现“雪崩现象”(参见 11.3 节)。这个设定值也决定了苯的产量。

(2) 对主要产品苯的纯度使用了串级控制技术，即由苯塔的再沸器蒸汽流量来控制塔板温度，而塔板温度控制器的设定值则由组分控制器来决定，以此来控制苯在塔顶馏分中的纯度。

(3) 由于联苯产量较小，用联苯塔的再沸器蒸汽流量来控制塔的液位。

11.3 整厂控制系统的特性

前面已经讨论了应用物料再循环和热集成的原因和背景，它们在现代石化企业中已经得到广泛应用。从工艺角度上讲，引入物料再循环可以提高整体反应转换率，而使用热集成可以降低能耗。但是从控制设计的角度上看，它们却增加了单元装置间的耦合程度，改变了系统的动态特性，特别是造成了过程扰动在装置间的传播等问题，从而使得控制任务变得更加困难。本节将具体分析引入物料再循环和热集成对过程的稳态和动态响应特性的影响以及过程扰动的传播特性。

11.3.1 再循环带来的稳态响应特性——雪崩效应

现在具体分析前面 11.2.1 小节中提到的反应-分离-再循环工厂的例子。图 11.11 中分别标明了该例子中控制阀门和测量仪表所在的位置。

在此重复一下工厂的基本情况。这个工厂由一个反应器，一个精馏塔和一个物料再循环组成。恒温反应器中的化学反应 $A \rightarrow P$ 是一阶不可逆的。反应器进料流 F_0 中只含有反应物 A。反应器中 P 的产量为 $P = k \cdot M \cdot z$，其中各符号同式(11-1)。

由于反应是不彻底的，反应器的出料流中同时含有 A 和 P。精馏塔对 A 和 P 进行了分离。塔顶馏分(主要含有 A)被再循环送回反应器中。塔底馏分(主要含有 P)是产品。A 和 P 在过程中都是液态的。由于控制反应器的温度 T_R 以及精馏塔的压力 P 与下面将要讨论的“雪崩效应”无关，暂且假设它们都被较好地控制在设定值上。

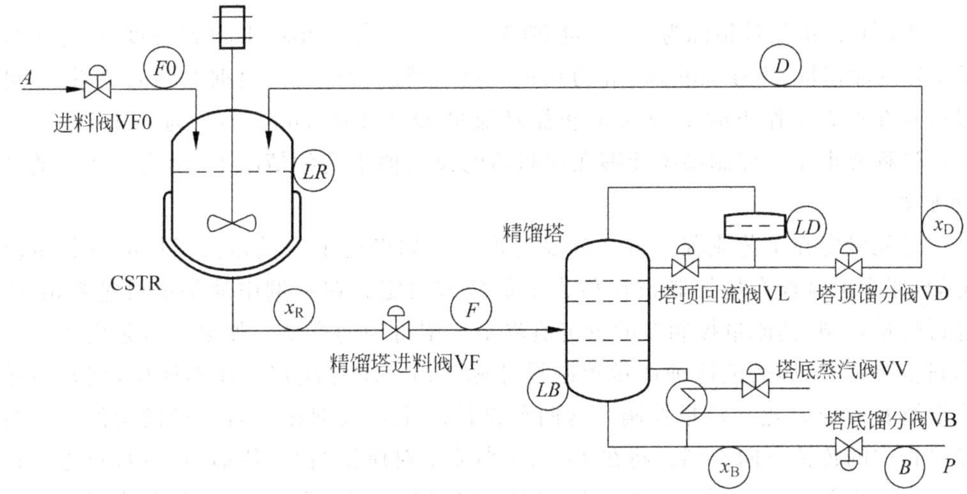

图11.11 反应-分离-再循环工厂的控制阀门和测量仪表

整个工厂有6个控制自由度：

VF0：反应器补充进料阀

VF：精馏塔进料阀

VD：塔顶馏分阀

VL：塔顶回流阀

VB：塔底馏分阀

VV：塔底蒸汽阀

和10个测量仪表：

$F0$：反应器补充进料流量

F：精馏塔进料流量

B：精馏塔塔底产品流量

D：精馏塔塔顶再循环流量

z：反应器中A的组分

x_D：精馏塔塔顶馏分中A的组分

x_B：精馏塔塔底馏分中A的组分

LR：反应器液位

LD：冷凝器回收罐液位

LB：精馏塔塔底液位

根据物料平衡关系，可以得到如上面讨论过的式(11-4)所示的关系式，且它们之间是互相独立的。

$$\left.\begin{aligned} F0 &= B \\ F &= D + B \\ Fz &= Dx_D + Bx_B \\ F_0 + Dx_D &= Fz + kMz \end{aligned}\right\} \tag{11-4}$$

工厂稳态的设计指标为：进料量 $F0$ 和产量 B 均为 100mol/h，产品纯度 x_B 为 0.1，反应器的滞留量 M 为 300mol，x_D 为 0.9。反应常数 k 为 0.5。根据上面的关系式，可以得到在稳态工作点时 z 为 0.6，再循环流量 D 为 166.7mol/h，F 为 266.7mol/h。生产过程要求整厂控制系统能够在控制器的设定值不变的情况下，承受±20%的产量扰动。

首先确定在工艺流程的哪一处设定产量。如果这个产量是由工厂的进料量决定的，那么把这种产量控制设计称为由供应方决定。在本例中就是说对进料流 F_0 进行流量控制，其流量控制器的设定值就是希望得到的产量。如果产量是由工厂的出料量决定的，那么把这种产量控制设计称为由需求方决定。在本例中，就是对精馏塔塔底馏分 B 进行流量控制。这两种设计的主要区别在于当产量设定值变化时在过程中的传播方向不同。将在 11.3.4 小节中对所谓"扰动传播"这一特点进行讨论。本章中关于反应-分离-再循环工厂的整厂控制设计都是假设产量是由供应方决定的，也就是说用进料阀 VF0 对 F_0 进行流量控制（也可以认为 VF0 被用于上游装置的控制回路中了）。下面从不同的控制方案出发来分析再循环对整厂控制系统的影响。

1. 整厂控制设计方案 1（常规控制方案）

按照基于单元装置的控制系统设计方法，对精馏塔采取常规的双组分控制方案，也就是用塔顶馏分阀 VD 来控制冷凝器的液位 LD，用塔底馏分阀 VB 来控制精馏塔液位 LB，用塔顶回流阀 VL 来控制塔顶馏分组分 x_D，用塔底蒸汽阀 VV 来控制产品组分 x_B。对于反应器液位（也就是滞留量 M），用精馏塔进料阀 VF 来控制。图 11.12 表示了这种常规控制系统的设计方案。

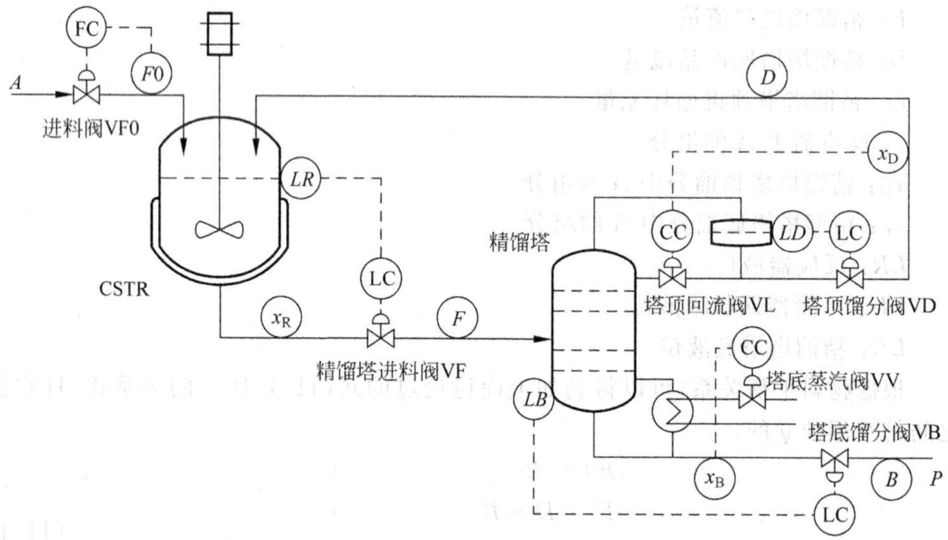

图 11.12　反应-分离-再循环工厂的常规控制方案

下面分析这个控制结构存在着什么问题。首先把进料量 $F0$，也即产量提高 20%，即为 110mol/h。根据式(11-4)，可以计算得到再循环流量 D 的稳态值约为 413.3mol/h，比原先稳态值增加了 148%！精馏塔的进料流量 F 也变为 533.3mol/h，比原先稳态值增加了 100%！也就是说，一个 20%的产量扰动在再循环流量中被放大了 7.4 倍，在精馏塔进料流(相当于负荷)中被放大了 5 倍。

这种由于物料再循环的存在而造成整个工厂某些过程变量对扰动非常敏感的现象很像雪球滚下山的情况，故被 Luyben[45] 称之为“雪崩效应”。由于存在雪崩效应，再循环设备和精馏塔的工作负担被大大加重了。

2. 整厂控制设计方案 2(Luyben 方案)

为了避免出现再循环回路中的雪崩效应，Luyben[41] 提出了一个简单的解决办法，就是在整个再循环回路中的某处进行流量控制以避免雪崩效应的出现。需要指出的是 Luyben 提到的回路是指包括再循环的整个物流闭合回路，即包括从反应器到精馏塔的顺流部分和从精馏塔到反应器的回流部分。控制设计师可以在回路中的任一处**进行流量控制**。本例中选择对精馏塔的进料流量进行流量控制。如图 11.13 所示，精馏塔的进料流量 F 由一个流量控制器控制，它的设定值为 266.7mol/h，也就是其稳态工作点的设计值。

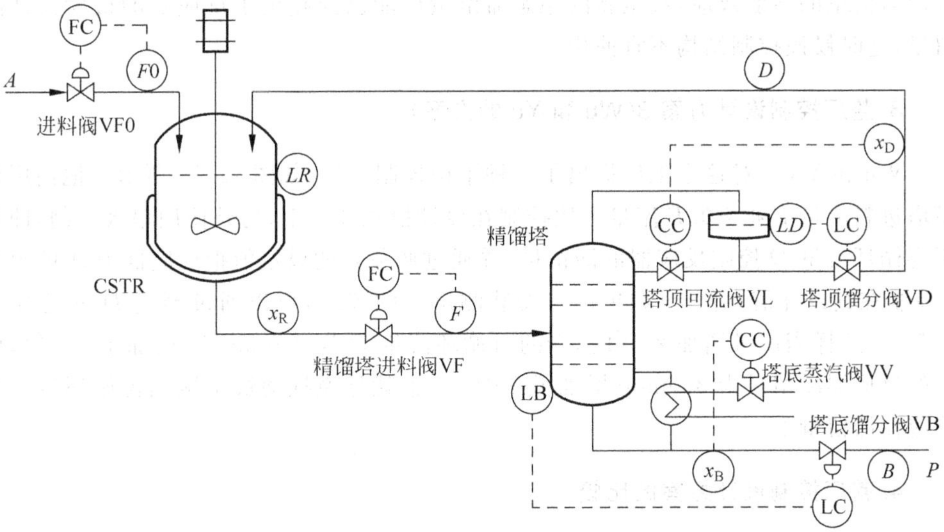

图 11.13 反应-分离-再循环工厂的 Luyben 控制方案

这样的改动带来的直接影响是失去了一个控制自由度，因此不得不让反应器液位自由浮动。现在来看一下产量 B 与反应器滞留量 M 间的关系，从式(11-4)可以推导出

$$B=\frac{F\cdot k\cdot M\cdot x_D}{(1-x_B)\cdot F+(x_D-x_B)\cdot k\cdot M} \tag{11-5}$$

式(11-5)的推导过程留作习题 11.3。当 F, x_D, x_B 被控制在设定值时，产量 B 是滞留量 M 的函数。也就是说，产量 B 现在可以通过反应器滞留量 M(也就是反应器液位)来间接控制。换句话讲，不同的反应器滞留量(也即液位设定值)决定了不同的产量。

现在来分析这个控制方案中是否存在雪崩现象。可以验证，当产量增加到 110mol/h 后，再循环流量 D 的稳态值为 $266.7-120=146.7$mol/h，其变化为 $\frac{146.7-166.7}{166.7}=-12\%$。由于 20%的产量扰动并没有被放大，因此在再循环回路中没有出现雪崩现象。

那么方案 2 为此付出的代价是什么呢？可以从式(11-4)中计算得到这时反应器的滞留量 M 的稳态值变为了 400mol，比原先稳态值增加了 33%，也就是 20%产量扰动在反应器滞留量上被放大了 1.67 倍。从本质上讲 Luyben 的控制结构是把产量扰动从再循环流量转移到了反应器滞留量中！值得一提的是，Luyben 的控制方案在对产量扰动的动态响应上要优于传统控制方案，因为其方案允许反应器液位浮动，从而对进料扰动起到了缓冲作用。

需要指出的是，Luyben 的控制结构要求反应器有较大的最大设计滞留量。当反应器比较小时，反应器滞留量液位对产量扰动的灵敏度会大大增加，从而出现有关液位滞留量的雪崩效应，甚至新的稳态滞留量可能已经超出了反应器的最大设计滞留量，这时候该控制结构不宜使用。

3. 整厂控制设计方案 3(Wu 和 Yu 的方案)

Wu 和 Yu[46] 对这个工厂提出了一种平衡控制结构，如图 11.14 所示。他们用精馏塔进料流量 F 把 $F0/F$ 流量之比控制在设计值 0.375 上，另外使用串级控制，即利用再循环流量 D 控制反应器的滞留量，并通过调节它的设定值把反应器中 A 的组分 z 控制在其设计值 0.6 上(如果没有安装测量 z 的仪表，可以通过测量 D/F 之比来代替)。这样当产量增加 20%时，新的再循环流量 D 为 200mol/h(增加了 20%)，而新的反应器滞留量为 360mol(增加了 20%)。也就是说扰动被平摊到再循环流量和反应器滞留量上。

4. 整厂控制设计方案的比较

Luyben 和 Yu 的控制方案有一个共同特点，就是为了防止再循环回路中出现雪崩现象，反应器的滞留量是随着产量变化而变化的。从反应器的效率角度考虑，这样的设计是不经济的。我们知道，反应器中转换率会随着滞留量的减少而下降。因此从工艺角度出发，希望反应器在稳态工作点下尽可能运行在其最大设计滞留量处。为了支持+20%的产量扰动，在 Luyben 的方案中反应器的最大设计滞留量为 400mol，在 Wu 和 Yu 的方案中反应器的最大设计滞留量为 360mol。因此，当工厂运行在稳态工作点上时，由于反应器的实际滞留量为 300mol，此时两种方案中反应

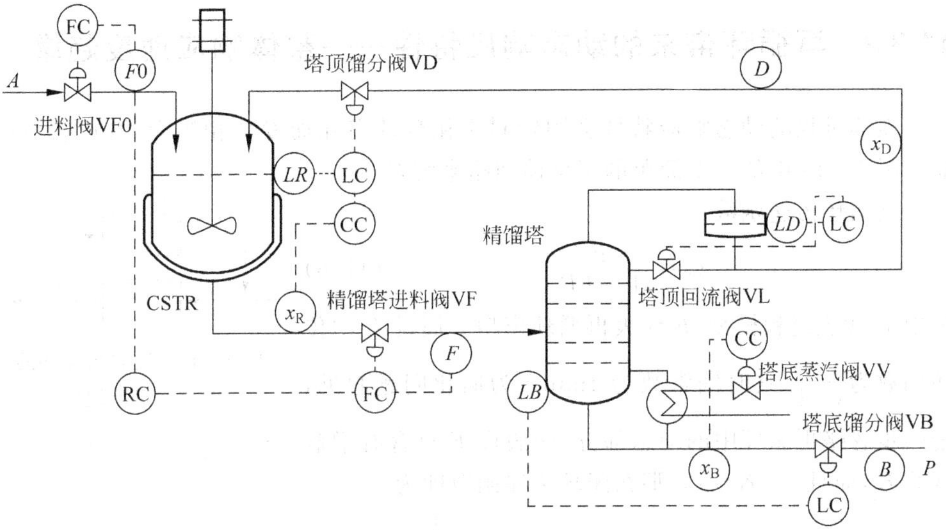

图 11.14　反应-分离-再循环工厂的 Wu 和 Yu 控制方案

器的设计容积只分别用了约 75%和 83%！这样就造成了资源上的浪费。

由上可见，整厂控制中的雪崩效应并不能够通过控制系统加以彻底解决。不同的整厂控制结构只是将扰动按照不同方案分配到过程变量中。Larsson[47]等学者指出，解决雪崩效应的最终方法是改变工艺设计，即在本例中增加反应器在稳态工作点时的滞留量。我们已经知道，Luyben 的方案实际上需要反应器的最大滞留量为 400mol。如果使用 400mol 作为正常运行下的滞留量，但仍然采用常规控制方案，那么可以得到：精馏塔进料组分 z 为 0.45，再循环流量 D 为 77.8mol/h，精馏塔进料流 F 为 177.8mol/h。当产量增加 20%时，得到新的精馏塔进料组分 z 为 0.54，新的再循环流量 D 为 146.7mol/h(Luyben 方案中的稳态值)，新精馏塔进料流量 F 为 266.7mol/h(Luyben 方案中的稳态值)。尽管再循环流量 D 增加了 68.9mol/h(将近 89%)，新的再循环流量仍然远低于设计流量 300mol/h。因此当反应器的有效容积从 300mol 增加到 420mol 后，完全可以继续使用常规控制结构。在增大了反应器投资代价后，在采用常规控制方案时获得的好处包括：反应器一直工作在最大滞留量处；在正常工作点下减少了精馏塔负荷，也可以避免在再循环回路中的雪崩现象。

通过 Luyben，Yu 和 Larsson 等学者对不同整厂控制方案的分析，我们发现雪崩效应的出现从本质上讲是过程设计问题，而不是控制设计问题。避免雪崩效应的最佳方法是工艺人员充分考虑不同工作点的工厂运行数据，合理设计设备参数，从而在根本上解决扰动在再循环回路中的放大问题。当然，如果由于某些其他原因致使工艺设计方案不能改变或者出现了新的工作点，那么控制工程师就需要找到合理的整厂控制方案来尽可能缓解雪崩效应。Luyben 和 Yu 的方案就是很好的例子。

11.3.2 再循环带来的动态响应特性——整体响应速度趋缓

连续过程的动态响应特性会因物料再循环的存在而发生相当大的改变。可以通过图 11.15 中的一个简单的正反馈回路来解释。

其闭环传递函数为

$$G=\frac{P}{1-FP} \tag{11-6}$$

其中 P 代表过程模型，F 代表再循环模型。假设 P 的传递函数为 $\frac{1}{s+1}$，其时间常数为 1min。为简化问题起见，进一步忽略再循环中的动态部分，即假设 F 只含有增益常数 K，而且 $0<K<1$。那么闭环传递函数即为

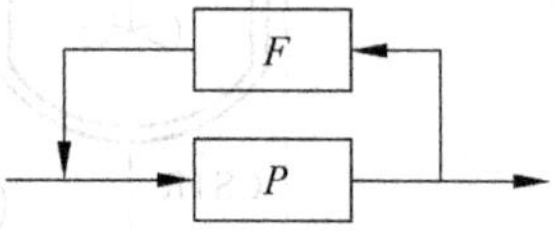

图 11.15 物料再循环的正反馈模型

$$G=\frac{\frac{1}{1-K}}{\frac{1}{1-K}s+1} \tag{11-7}$$

当 K 接近于 1 时，闭合回路的增益和时间常数均趋向无穷大。比如当 K 为 0.95 时，闭合回路的时间常数为 20min。

这个结果告诉我们，尽管工厂中的单元装置可能有较快的动态响应(有利于控制效果)，但是在增加再循环回路后，整个闭环回路的响应时间会加长很多。也就是说，当一个过程扰动进入再循环回路后，控制系统需要很长的时间才能消除它的影响。例如在一个反应-分离-再循环工厂中，产量 F_0 对精馏塔的塔顶馏分组分 x_D 的扰动的响应时间要比没有再循环的工厂长得多。这样就自然增加了 x_D 的控制难度。

11.3.3 热集成对动态响应特性的影响——不稳定性与反向响应

热集成对工厂动态特性的影响与物料再循环基本相似。让我们进一步分析一下当工厂存在右半平面零点时，热集成对系统稳定性的影响。图 11.16 表示一个经常遇到的反应器热集成设计，其中放热反应器的出料流被用来加热反应器的进料

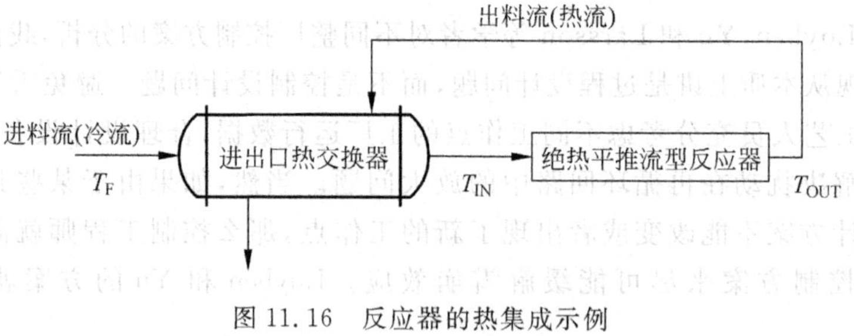

图 11.16 反应器的热集成示例

流。在热集成带来的正反馈时，反应器入口温度 T_{IN} 到出口温度 T_{OUT} 之间的传递函数可以简单表示为

$$G=\frac{P}{1-\varepsilon P} \tag{11-8}$$

其中 P 为 T_{IN} 到 T_{OUT} 之间的开环传递函数，并且 P 是稳定的；ε 为热交换器的静态增益(即热交换面积)。

假设 P 中存在右半平面零点，也就是说在 P 的阶跃响应中存在反向响应现象。让我们想象一下 P 的根轨迹图。当 ε 为 0 时 $1-\varepsilon P$ 的极点与 P 的极点相同。当 ε 向 $+\infty$ 增加时(即不断增加热交换面积)，$1-\varepsilon P$ 的极点也逐渐向 P 的零点靠近。由于 P 中存在右半平面零点，因此总存在某个 ε 值使得根轨迹穿越了虚轴，即闭环系统 G 失去了稳定性。也就是说，必须注意到热集成的出现可能使得原本稳定的系统变得不稳定。在这种情况下，必须使用控制器来保证系统的稳定，或者说要加入控制器使反应器的入口温度保持在设计值上。

11.3.4 过程扰动的传播特性

过程扰动大致分负载扰动和设定值变化两类。负载干扰指的是由于过程中某个涉及物料或者能量的变量发生变化使得某些过程变量偏离了稳态工作值。如果该过程变量是受控的，那么其控制回路的任务是消除过程扰动对这个过程变量的影响。以精馏塔冷凝器为例，假设用冷凝水来调节精馏塔的压力。当冷凝水温度升高时，其冷却作用下降，从而造成精馏塔压力的增加。这时控制器会加大冷凝水流量来增加其冷却作用，使得精馏塔压力回到设定值上。而设定值变化一般是指人为地根据运行的需要将过程变量从一个稳态工作值转移到另一个上。比如当精馏塔压力由于什么原因需要改变其设定值，此时，其控制回路会相应地调节冷凝水流量来改变精馏塔压力以到达新的设定值。让我们换一个角度来看，无论是就其新的稳态值而言，还是整个过渡过程而言，两类过程扰动影响实际上均被转移到了操作变量(冷凝水流量)的变化上。

如果这个操作变量位于几个单元装置之间，比如是进出的物料流量或者热流量，那么这个操作变量的变化就会被传播到其他装置中，从而造成其他过程变量的变化。这就是所谓的**过程扰动的传播**。显然，不同的控制回路匹配设计决定了不同的过程扰动传播途径。扰动传播可以大致分为单向和多向两类。单向传播指的是某个过程扰动总是从上游装置传播到下游装置中，或者是相反方向。多向传播指的是某个过程扰动既影响了上游装置也影响到下游装置。在设计控制回路时应该尽量保证扰动传播是单向的。

例如，图 11.17 中的两个生产装置间有一个缓冲罐，如果用出料流 F_C 来控制缓冲罐液位，进料流 F_B 来控制上游装置中的某个变量，那么来自上游装置的扰动就会

通过缓冲罐传递到下游装置中。反之，如果用进料流 F_B 来控制缓冲罐液位，出料流 F_C 来控制下游装置中的某个变量，那么来自下游装置的扰动就会通过缓冲罐来影响上游装置。在石油化工过程里可能有几十个操作变量位于单元装置之间，它们既可以被用来控制上游装置，也可以被用来控制下游装置，或者被设为固定值。因此针对这些操作变量的回路匹配设计往往是互相影响的。在考虑扰动的传播特性时有两个需要引起注意的主要问题。

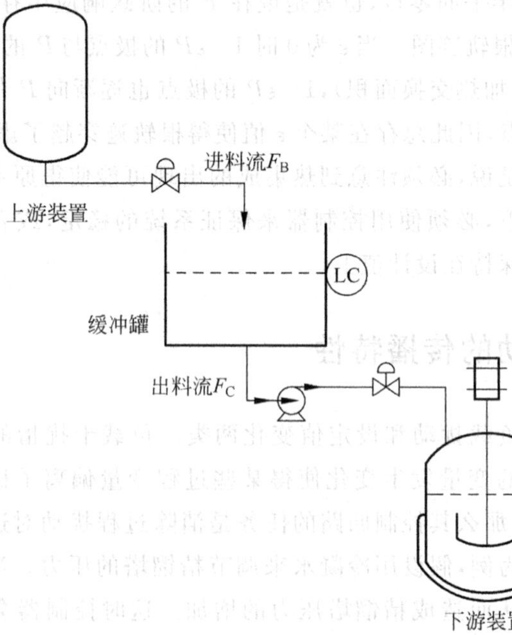

图 11.17 位于单元装置间的缓冲罐

1. 在整个生产流程中选择在何处确定产量

在一个生产流程中总可以找到一条从原材料到最终产品的主要物流路径(不包括再循环)。可以挑选在主要物流路径的入口、出口或者中间的某一处来控制产量(流量控制器的设定值)。如果这个产量是在入口处决定的，那么在整厂控制设计中，主要物流路径中的某个装置的液位应该尽可能由每个装置的出料流量来控制，这种液位控制设计称为**上游控制策略**；如果这个产量是在出口处决定的，那么在整厂控制设计中，主要物流路径中的某个装置的液位应该尽可能由每个装置的进料流量来控制，这种液位控制设计称为**下游控制策略**。如果这个产量是在路径中某一处决定的，那么其上游装置的液位应该由该装置的进料流量控制，其下游装置的液位应该由该装置的出料流量控制，这种液位控制设计称为**中游控制策略**。这些液位设计原则保证了产量扰动在过程中的传播是单向的。至于究竟应该采取那种控制策略(即在何处控制产量)，要根据具体生产过程而定。

2. 控制器的选择对扰动传播的影响

从图 11.17 中看到，因为缓冲罐的出口有一个泵，因而可以得到从进料流到缓冲罐液位的传递函数为

$$\frac{L}{F_{\mathrm{B}}}=\frac{1}{\rho As} \tag{11-9}$$

从出料流到缓冲罐液位的传递函数为

$$\frac{L}{F_{\mathrm{C}}}=-\frac{1}{\rho As} \tag{11-10}$$

其中 ρ 是密度，A 是缓冲罐的截面积，L 是液位，F_{B} 和 F_{C} 是质量流量。

假设其液位由出料流控制(如图 11.18 所示)，那么从进料流 F_{B} 到出料流 F_{C} 的传递函数为

$$\frac{F_{\mathrm{C}}}{F_{\mathrm{B}}}=\frac{1}{1+\frac{\rho A}{C}s} \tag{11-11}$$

其中 C 为控制器传递函数。这个传递函数描述了进料流干扰是如何影响出料流的。

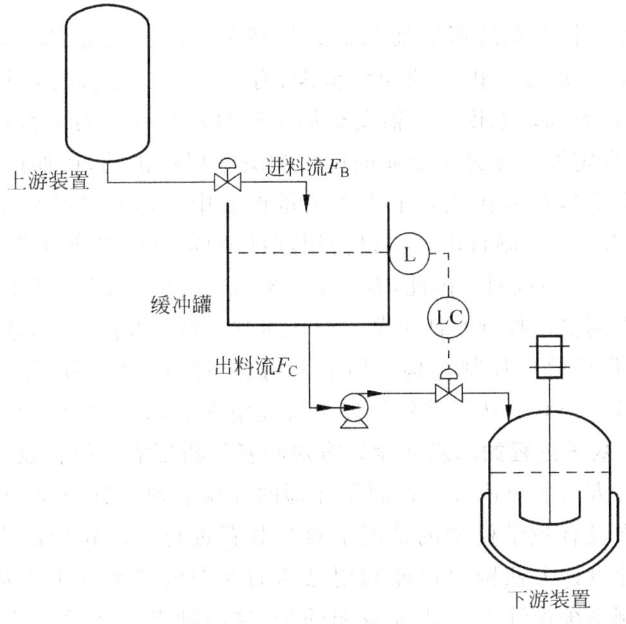

图 11.18　缓冲罐的液位控制设计对过程扰动传播的影响

如果选择 PI 控制器来控制液位，那么该传递函数为

$$\frac{F_{\mathrm{C}}}{F_{\mathrm{B}}}=\frac{K_{\mathrm{C}}s+K_{\mathrm{I}}}{\rho As^2+K_{\mathrm{C}}s+K_{\mathrm{I}}} \tag{11-12}$$

其中 K_{C} 和 K_{I} 分别是 PI 控制器的比例增益和积分增益。很显然这是一个稳态增益为 1 的二阶过程。当进料流中出现一个 10% 的阶跃扰动时，在液位随之增加的同时，控制器也会增加出料流流量。由于控制器积分环节的存在，液位最终必须回到

设定值。因此出料流流量必须在控制过程中的某些时刻大于进料流扰动，才能将多余的物料下放到下游装置中。也就是说，来自于上游装置的扰动被控制器放大了以后传递到下游装置中。另外如果传递函数的极点是一对复根，那么这个扰动还被加入了振荡特性。这些都是在整厂控制中不希望出现的现象。

如果使用比例控制，即均匀液位控制(averaging level control)，那么该传递函数变为

$$\frac{F_{\mathrm{C}}}{F_{\mathrm{B}}}=\frac{1}{1+\dfrac{\rho A}{K_{\mathrm{C}}}s} \tag{11-13}$$

其中 K_{C} 是比例增益的绝对值。这样，缓冲罐实际上起到了一阶低通滤波器的作用。也就是说，进料流中的高频扰动部分会被缓存罐吸收，不会传播到下游装置中去，而且出料流也不会出现超调现象。由此可见，当控制器的操作变量位于两个单元装置之间时，特别是当装置间缺少缓存罐时，要注意到上游装置的扰动在下游装置中被放大的问题，以及可能由控制器引入的高频响应特性。

11.4 整厂控制系统的一般设计过程

设计一个整厂控制系统所需要的信息包括全厂的工艺流程图及其稳态工作点数据、生产指标、已知过程扰动的变化范围、有关安全、稳定、高效和节能生产等要求，以及过程的静态和动态模型。需要根据生产目标来确定与之密切相关的被控变量(这些变量的设定值往往是由企业的优化和决策层提供的，比如产量指标，质量指标和安全指标等等)，然后在成百上千个测量设备中为这些被控变量确定合适的测量位置，再计算有多少控制自由度可以使用，最后确定对哪些变量进行多回路控制并且对这些回路进行变量配对。因此，需要用系统的方法来分步解决整厂控制设计问题。

前面已经提到整厂控制有四个基本组成步骤：确定被控变量，选择测量点，确定操作变量，以及设计整厂控制结构。如果采用多回路控制结构，需要进一步对测量值和操作变量进行配对。从目前整厂控制研究情况看，在每个设计步骤中都存在两种基本思路：即**基于过程的启发式设计方法和基于模型的数量化设计方法**。基于过程的启发式设计方法主要依赖于控制设计师的经验和对设计对象的了解，根据过程静态模型甚至在没有数学模型的情况下对多装置进行多回路控制系统设计。而基于模型的数量化设计方法则尽可能利用已知的动态模型来量化控制目标和约束条件从而优化控制系统设计[48]。需要说明的是，这两种思路并没有孰优孰劣之分，而且在很多情况下它们是互相支持和补充的。在某个步骤中采用哪种设计思路不仅与对过程信息具体掌握情况有关，比如是否有模型，模型是静态的还是动态的等，而且也与设计者的个人经验和偏爱有关。对过程越熟悉，过程模型越多，所设计出的控制系统结构就会越合理。另外，应该指出的是，不同的设计思路，甚至同一种设计思路，都可能产生多种控制结构设计方案。这说明了整厂控制设计是多解的，因为整厂设计从本质上讲是一种定性的优化分析。为了确定最优控制结构，我们推荐通过系统仿真来对设计方案进行量化分析比较，当然这必须是在完成具体控制器设计

和整定任务之后了。本节讨论采用 11.3 节中的反应-分离-再循环工厂作为示例，如图 11.19 所示。

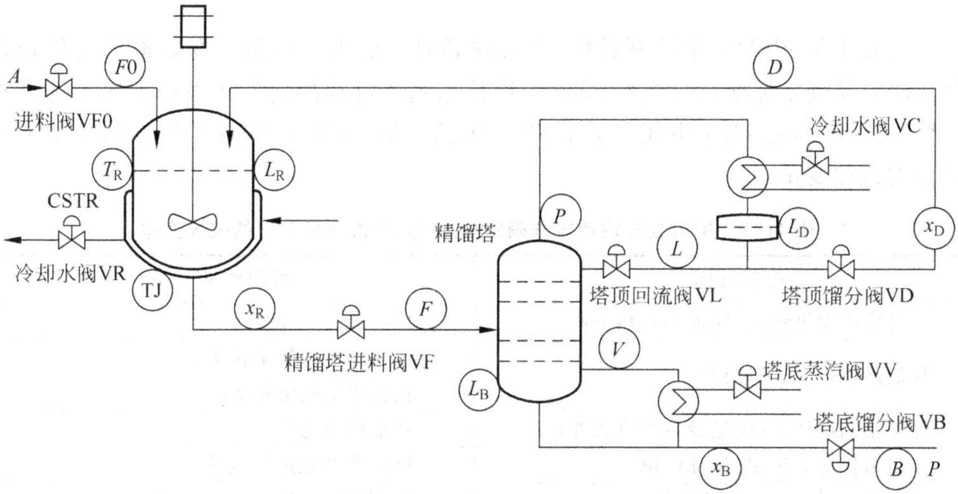

图 11.19　反应-分离-再循环工厂的操作变量和测量点

11.4.1　确定被控变量

被控变量指的是需要被控制在某个设定值的关键过程变量。引用 Shinnar[49] 和 Arbel[50] 在部分控制(partial control)中给出的定义，确定被控变量就是从成百上千个可测量的过程变量 Y 中挑选出一个子集 Y_C。控制系统通过调节操作变量 U 把 Y_C 控制在一组固定值上，使得整个工厂的稳态生产状况满足一系列安全和经济的控制目标 Y_{sp}。在选择被控变量 Y_C 时，需要回答下面两个重要的问题。

1. 如何得到整厂控制目标集 Y_{sp}

对于大部分石化企业来讲，工厂的整厂控制目标大致可以分为以下几类：

(1) 维持物料和能量在全厂范围内的动态平衡，防止物料或能量在系统内无限积累的情况出现(比如排除进料中不参加反应的杂质，有效地移去放热反应产生的热量等等)；

(2) 对所有的不稳定过程必须加以控制(比如控制缓存罐中的液位)；

(3) 保证生产在满足过程的操作要求和设备的约束条件下进行(比如保证精馏塔的压力不超过其设计约束值)；

(4) 达到产量和产品质量要求(比如保证某个产品的化学成分)；

(5) 优化工厂运行所产生的约束条件(比如最大化再循环回路中的流量，最小化精馏塔再沸器的能耗等)。

可以看出，前三个控制目标保证了工厂运行的安全性，后两个反映了需要实现的经济指标。必需指出，整厂控制目标集 Y_{sp} 是进行整厂控制系统设计的先决条件，一般在工艺设计阶段就应该提出，但需要控制设计师去加以总结和提炼。

2. 如何确定被控变量集 Y_C

相对于 Y_{sp} 中的每个控制目标，需要找到对应的被控变量。如果根据过程知识就比较容易确定那些被控变量，那么可以使用基于过程的启发式设计方法来选择被控变量。例如，表 11.1 中列出了 11.3 节中的反应-分离-再循环工厂控制要求及其对应的被控变量。

表 11.1 用启发式设计方法确定反应-分离-再循环工厂的被控变量

控制目标 Y_{sp}	被控变量 Y_C
维持反应温度恒定(保证动态热平衡)	反应器温度 T_R
控制液位(不稳定过程)	冷凝器回收罐液位 L_D 精馏塔塔底液位 L_B
控制精馏塔压力(满足设备约束条件)	精馏塔压力 P
产量由供应方决定(保证产量)	反应器补充进料流量 F_0
产品中 A 占 10%(保证质量)	精馏塔塔底馏分中 A 的组分 x_B
反应器滞留量最大化(优化运行)	反应器液位 L_R
剩余控制自由度	精馏塔塔顶馏分中 A 的组分 x_D

被控变量的设定值可以是一直固定不变的(如精馏塔压力 P)，也可能会随工作点的变化而变化(如反应器需要补充的进料流量 F_0)。

当控制变量 U 的数量小于被控变量 Y_C 的数量时，会缺少足够的控制自由度，也就是说无法用现有的控制变量把被控变量全部控制在设定值上。解决办法之一是改变过程的工艺设计以增加所需的控制自由度。另一种方法是采用 Arbel 等学者提出的"部分控制"设计方法[50]。后者是一种数量化的设计方法，即根据已知的过程扰动和静态模型，在 Y_C 中选出一组关键的变量加以控制。当这组变量被控制在设定值上时，Y_C 中的其余过程变量将会在控制目标所能接受的范围内浮动。在反应-分离-再循环工厂的例子中有 8 个控制自由度(参见图 11.19)，而根据控制目标只需要 7 个，因此不存在部分控制问题。

当控制变量 U 的数量大于被控变量 Y_C 的数量时，还需要为剩余的控制自由度选择被控变量，或者把它们固定在设计值上。在反应-分离-再循环工厂中还需要再选择 1 个被控变量。如果采用常规的精馏塔双组分控制方案，那么精馏塔塔顶馏分中 A 的组分 x_D 便成为自然的选择。

Skogestad[51] 等提出了一种基于过程稳态数学模型的自优化控制设计方法(self-optimizing control)来定量分析和选择被控变量。概括地讲，这种数量化设计方法试图找到这么一组被控变量，当它们被控制在设定值上时，对于已知的过程扰动及控制误差而言，过程的损失(比如运行费用)最小。由于篇幅所限在此仅给出将该方法应用于反应-分离-再循环工厂的设计实例。如读者有兴趣可以参考文献[51]。

在反应-分离-再循环工厂的例子中，启发式和数量化的设计方法在表 11.1 和

表 11.2 中给出了相同的被控变量 x_D。而在现实中控制$\frac{L}{F}$比控制 x_D 要容易得多，因为用于组分检测的分析仪通常是比较昂贵的，而且存在较大的纯迟延。

表 11.2　用数量化设计方法确定反应-分离-再循环工厂的被控变量

序号	自优化控制设计步骤	反应-分离-再循环工厂实例
1	确定控制自由度	除了精馏塔两个液位，有 4 个控制自由度(先不考虑工厂中反应器和冷凝器这两个热平衡)
2	确定优化目标	为了节能，最小化塔底回流量 V
3	确定已知的过程约束条件	反应器液位 L_R，产量 F_0，质量 x_B 代表了工艺约束，运行工作点等条件
4	通过优化计算得到稳态工作点	根据工厂的稳态模型得到优化后的塔底最优回流量工作点 V_{opt}
5	根据优化中得到的有效约束条件选择被控变量	反应器液位 L_R 最大，产量 F_0 给定，质量 x_B 最小，用去 3 个控制自由度
6	如果还剩有控制自由度，再选择一个被控变量	因为还剩一个控制自由度，可以选择控制 x_D，使在它保持在设定值上
7	选择过程扰动和控制误差	比如产量 F_0 变化 20%。x_D 的控制误差为 0.5%
8	根据过程扰动和控制误差计算新的稳态工作点	当 F_0 发生变化时，根据工厂的稳态模型得到新的塔底回流量工作点 V_d
9	计算损失	$V_d - V_{opt}$
10	选择其他可能的被控变量	比如 $F,L,D,\frac{L}{D},\frac{L}{F},\frac{L}{V}$ 等等
11	重复步骤 5 到 9	
12	选择最小的损失所对应的过程变量作为被控变量	x_D 或 $\frac{L}{F}$

11.4.2　选择测量点

一个被控变量的测量值可以从不同的测量点得到。工艺设计时，对于测量仪表的数量，位置和精度的选择需要综合考虑安装和使用成本与动态控制效果之间的关系。在整厂控制设计中，为被控变量选择测量点要注意以下几个方面[48]。

(1) 控制的可观性要求：例如在控制一个不稳定过程时，测量点应该能够显著反映过程中的不稳定性，而且其测量仪表的噪声应该很小。如果有线性状态空间模型，可以通过奇异值分析等数值化方法来确定最佳测量点。

(2) 控制的动态响应要求：应该选择充分接近操作变量的测量点以缩短控制器的反应时间。

(3) 考虑是否需要使用串级控制或软仪表来改进控制效果。

在反应-分离-再循环工厂的例子中，可以为塔顶馏分 D，塔顶回流 L 和塔底回流 V 处增加三个流量测量仪表，从而使得这三个流量可以被选来用于串级控制。

11.4.3 确定控制变量

在整厂控制设计中，控制变量就是在过程中存在的控制自由度，也就是阀门位置或者电子设备的电压电流或功率的输出。它们的数量和位置往往先由工艺流程设计决定。从图11.19中看出在反应-分离-再循环工厂中有8个控制自由度：

VF0：反应器补充进料阀

VF：精馏塔进料阀

VD：塔顶馏分阀

VL：塔顶回流阀

VB：塔底馏分阀

VV：塔底蒸汽阀

VR：反应器冷却水阀

VC：塔顶冷凝器冷却水阀

在确定控制变量的步骤中可能用到的数值化方法：通过线性动态模型，设计者可以从可控性角度出发来增加、删减或者移动控制变量（特别是当被控变量的数量大于控制变量的数量时）；基于过程的线性状态空间模型，也可以通过奇异值分析来排除较弱的控制变量。

11.4.4 设计整厂控制结构

整厂控制结构设计首先要回答的问题是：使用多回路控制结构还是多变量控制器？当系统存在较严重的耦合以及迟延现象时，多变量控制器能够取得较好的控制效果，因为它的内部模型能够对未来被控变量的变化进行准确的预测。例如，模型预测控制（MPC）就是一种在当代石化企业中广泛使用的多变量控制技术。

当过程的静态或者线性动态模型已经建立时，可以利用它们来帮助判断过程间的耦合程度。其中最简单的数量化设计方法就是使用相对增益矩阵（relatine gain array，RGA），用Λ表示（详见第7章解耦控制）。

$$\Lambda = K.*[\mathrm{inv}(K)]^{\mathrm{T}} \tag{11-14}$$

在控制结构设计中使用Λ应该注意到第7章里提到的以下原则。

如果Λ中的某个元素λ_{ij}：

(1) 等于1，那么基于控制变量u_j和被控变量y_i的回路不存在受到别的回路干扰的问题。

(2) 等于0，那么控制变量u_j不会直接影响控制变量y_i。

(3) 在0与1之间，那么这个控制回路配对会受到其他回路的影响。对于一个2×2系统，$\lambda_{ij}=0.5$表示关联最严重。

(4) 大于1，那么λ_{ij}值越大，耦合越严重。

(5) 小于0，那么由于闭环系统和开环系统的增益符号相反，会产生正反馈回路。

不作任何处理是不能选择这种配对的。

当在 RGA 的某一部分中观察到较强的过程耦合情况时，应该考虑对该子系统使用多变量控制。利用以上 RGA 原则还可以为多回路控制结构中的被控变量和控制变量找到合理的配对。需要注意的是，由于 RGA 只利用了模型的稳态增益矩阵，因此用它进行回路匹配时有以下的局限性：

(1) RGA 不能应用于不稳定系统。如果工厂中存在不稳定环节，可以先用单回路控制系统来稳定它，然后在该回路闭合的情况下计算 RGA。

(2) RGA 没有考虑模型的动态特性。因此基于 RGA 的配对与控制系统的动态表现无关。在动态响应十分重要的情况下，就需要考虑动态解耦。

(3) RGA 一般用于正方形系统，而现实系统中被控变量和控制变量的数量往往是不同的。

(4) RGA 不考虑其他辅助控制模块的存在与否，例如前馈控制，解耦控制等。

(5) RGA 不考虑过程扰动的存在。

其他基于线性动态模型的数量化多回路设计方法目前大多还处于研究阶段。由于篇幅所限，这里就不一一介绍了。有兴趣的读者可以参考 Larsson 和 Skogestad 的有关整厂控制近期研究成果的综述性论文[48]。

另外一类多回路控制结构设计是基于过程知识的启发式设计思想。其代表方法是 Luyben[44]的分步骤回路设计方法：

(1) 设计控制回路要移除反应中产生的多余热量以保证动态热平衡；

(2) 确定在何处控制产量并设计其控制回路；

(3) 设计与产品质量和有关过程安全要求的相关控制回路；

(4) 设计液位和气压控制回路；

(5) 检查是否所有没有参加反应、没有反应完的和反应中生成的物质都能够离开的系统，否则需要设计控制回路以避免物料在系统中的积累；

(6) 对剩余的控制自由度参照传统的单元装置控制系统进行设计，或者对剩余的控制自由度考虑优化操作。

现在，针对 11.3 节中反应-分离-再循环工厂中有 7 个控制目标和 8 个控制自由度的例子，用 Luyben 的分步骤回路设计方法来进行多回路控制设计：

(1) 反应器温度 T_R：很明显反应器冷却水阀 VR 是最有效的控制变量。为了减少冷却水温度扰动对控制性能的影响，可以在此使用串级控制回路：即用冷却水阀 VR 来控制反应器冷却罩的温度 T_J，以此作为副控制回路，而用 T_J 的设定值来控制反应器温度 T_R，这是主控回路。

(2) 由于产量由供应方决定，反应器补充进料阀 VF 用于反应器补充进料流 F_0 的流量控制。其设定值的变化决定了产量的变化。

(3) 由于产品中 A 需要占 10%以保证质量，精馏塔塔底馏分中 A 的组分 x_B 需要被控制在设定值 10%上。其控制变量是塔底蒸汽阀 VV。

(4) 有三个液位回路和一个气压控制回路要设计：

① 反应器液位 L_R 由精馏塔进料阀 VF 控制；

② 冷凝器回收罐液位 L_D 由塔顶馏分阀 VD 控制；

③ 精馏塔塔底液位 L_B 由塔底馏分阀 VB 控制；

④ 精馏塔塔顶气压 P 由塔顶冷凝器冷却水阀 VC 控制。

(5) 在系统中只存在两种物料 A 和 P。在稳态的任一时刻，有 90% 的进料 A 被转化为 P 后与剩余的 10% 未反应的 A 一起离开系统，因此没有出现物料在系统中的积累。假设在进料 A 中有 1% 的惰性物质 H。它既不参加反应，也不存在于精馏塔塔底馏分中。那么 H 将永远无法离开现在这个系统，从而造成液位的不断升高而最终迫使系统停止运行。应该在再循环回路中开出一条清洗流支线来为 H 离开这个系统建造一条通道。

(6) 现在还剩余一个控制自由度：塔顶回流阀 VL。已经讨论过精馏塔塔顶馏分中 A 的组分 x_D 通常被选择为对应的被控变量。

(7) 到此已经没有剩余的控制自由度来进行优化操作。如果不对 x_D 进行控制，那么可以利用塔顶回流阀 VL 进行单元装置的优化操作。比如，最大化 VL 可以增加 P 的产量。

(8) 检查整厂控制设计中是否存在雪崩现象。在本例中，为了避免雪崩现象，需要对上述设计方案稍加改动，即通过精馏塔进料阀 V_F 对精馏塔的进料流量 F 进行流量控制而不是控制反应器液位 L_R，这样就可以避免再循环回路中的雪崩现象。显然，此时反应器液位 L_R 现在是浮动的了，需要设置上下限报警来加以保护。

如果步骤(3)中的回路和步骤(6)的回路耦合情况比较严重，可以考虑对这个 2×2 系统使用多变量控制(当然会更注重 x_B 的控制效果。在必要的时候，也可采用对 x_B 的部分解耦控制策略)。这样就完成了对反应-分离-再循环工厂的整厂控制设计，如图 11.20 所示。下一步工作将是对每个控制器进行整定，当然，最好能创造条件进行动态仿真试验以观察控制效果和系统的耦合情况，然后加以修正完善。

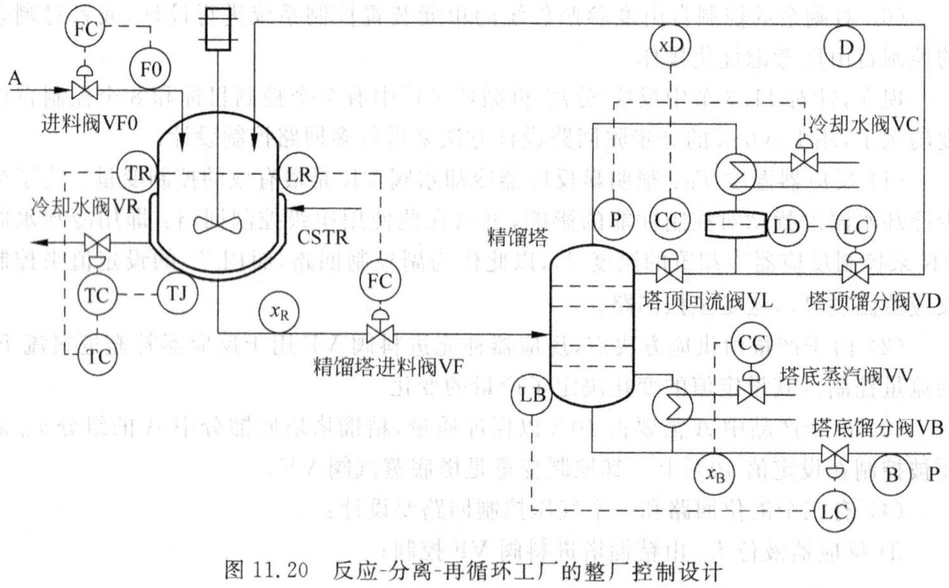

图 11.20 反应-分离-再循环工厂的整厂控制设计

11.5　小结

本章介绍了整厂控制这个在过程控制领域比较新的研究方向。由于现代化生产中经济效果和节约能源和资源的问题已经被提到十分重要的位置，因而在石化设计过程中提出了物料再循环、热集成以及减少中间缓存罐等新的工艺和相应的设计原则来适应紧迫的要求。但是这种变化却给控制带来了许多新的问题，所谓整厂控制就是顺应这种需要而提出的新概念和新的设计方法。整厂控制致力于使用系统化的方法来为整个生产流程设计新的控制系统，特别是那些单元装置间存在严重耦合的过程。本章先介绍了物料再循环、热集成的概念，并以整厂控制研究的一个典型工厂为例来加以剖析。然后着重分析了由物料再循环带来的过程稳态效应（雪崩效应）和动态效应（响应趋缓），热集成对动态响应特性的影响（不稳定性与反向响应）以及过程扰动的传播特性。最后结合一个典型的反应—分离—再循环工厂介绍了整厂控制的一般设计过程，包括四个基本组成步骤：确定被控变量，选择测量点，确定控制变量，以及设计整厂控制结构。如果采用多回路控制结构，那么变量匹配任务也是整厂控制结构设计的一部分。在每个步骤中介绍了启发性和数值化两种各有优势又相辅相成的设计思路。设计者在实现整厂控制设计中要充分利用自己的过程知识，并且尽可能地构建动态模型（线性和非线性的均可）来辅助设计。由于整厂控制技术还没有像 PID 和 MPC 那样成熟，并且还没有开发相应的商业化软件产品。为了得到最新的研究成果，建议读者不妨在控制期刊或因特网上跟踪一下在参考文献中提到的国内外学者所发表的最新成果，以使整厂控制能更快地进入实用阶段，这将会明显地提高产品质量、降低成本和节能降耗，满足现代化生产对控制提出的更高的要求。预计，整厂控制技术的出现将会使控制系统发生质的飞跃。

第12章 实时优化

12.1 生产过程中的实时最优化概述

在本书前面章节中，从动态过程的需求出发，研究了过程模型的建立、控制器的设计和整定等生产过程控制的各种问题，为解决实际生产过程的控制打下厚实的基础。但是人们并不仅仅满足于这一点，因为生产过程的控制解决的只是在给定的设定值下装置的平稳操作问题。即使是现在采用的一些先进控制，它集成了一定的局部优化功能，也只局限在适用于目标函数是线性时的一种卡边优化的功能。对于像反应过程最佳反应条件，加热炉的热效率最优，分馏过程的进塔原料的最佳过汽化率等具有非线性特性的最优化问题还无能为力。

实际上，过程工业生产装置的优秀设计都要通过流程模拟技术来进行设计的最优化，为此已经出现了很多基于稳态工艺模型的软件，如PROCESS，ASPEN-PLUS，HYSYS，PETROFINE等等。但一般来讲，工业装置的设计都是在某一设定的原料和公用工程条件下进行的，而在实际生产中原料和公用工程条件与原设计条件不符的情况每每发生。这样，在实际运行时就需要对原设计规定的工艺条件进行调整，以满足新的工况要求，否则就会引起能耗的上升或产品质量、回收率的下降；此外，工业装置随着生产时间的增加，必然会发生催化剂老化、换热器结垢、阀门磨损或黏滞、设备老化等情况，也需要适时调整相关的工艺条件；再者，现代化的工业生产要求实现整个装置，甚至整个工厂的经济效益最大，这就要求在给定的约束条件（如产品质量、设备处理能力、公用工程限制等）下，按照实时的生产数据，求出各有关工艺参数的最佳匹配来调整当前的生产运行状况。另外还要考虑生产方案适应原料、市场等企业外部条件的变化，实现企业的柔性生产。这些反映市场迫切需求的问题对流程工业生产过程的优化技术提出了挑战[52]。

目前已经有不少在稳态模型上离线寻优的成熟技术，它会给出各控制器的最优设定值，用以指导和调整生产操作，以取得明显效益。这种技术和设计优化技术类似，都是采用工艺专业的优化技术和软件来实现，只不过在设计优化时有更多的优化手段，例如可以通过改变工艺流程、工艺设备来实现。在生产过程中的离线寻优，主要是通过改变设定值优化操作条件来实现。在生产运行情况下，由于上述这些条件经常变化，此时就不能满足需要。在线闭环寻优是解决这个问题的唯一方法。在线指的是将优化系统和装置的控制系统视为一个整体，随时根据实时数据执行有关的控制与优化计算，闭环则指优化系统的计算结果应该自动传送到控制系统，控制系统则按照优化结果立即实施控制，一般称"在线闭环寻优"为"实时优化"(real-time optimization，RTO)或"在线优化"。

实时优化主要用于解决装置一级的过程优化问题，通常这些都是大型、非线性过程的优化，其主要功能为[26]：

(1) 定期自动更新关键工艺参数的设定值，使整个装置达到总体经济效益最大；

(2) 对于原料、公用工程以及设备等的变化及时作出响应，保证整个装置始终在最优工艺参数匹配下运行；

(3) 当产品、原料的价格等因素发生变化时，能及时计算，并调整相关工艺参数和产品产量，保证在变化的情况下，装置的总体经济效益最大；

(4) 随时监督设备性能；

(5) 早期识别操作中的问题。

实时优化的下层功能是动态控制系统。一般，通过实时优化得到的新的决策变量将直接传送给控制系统来执行，从而实现实时优化控制。

实时优化在流程工业综合自动化三层结构(即过程控制系统(PCS)，制造执行系统(MES)和经营计划系统(BPS))的总体框架中占有重要的位置，它的任务是期望长期保证生产装置能运行在最优状况，实现企业的总体优化目标。

图 12.1 描述了综合自动化中五级递阶功能结构，其中包括优化、控制、监视和数据采集等[26]。图 12.1 中每个方框的相对位置是一种概念性的划分，因为它们在功能的执行过程中可能是重叠的，也可能是不完全的，而且几个层次往往可能共用同一个计算平台。每一级活动的相对尺度也标在图中。过程数据(流量、温度、压力、成分等)和包含商业和财务信息的企业数据与所示方法相结合可以及时地做出决断。最高层(计划与调度)要使生产目标满足需求和约束，并强调应变能力和人为的决策。

第 5 级计划与调度部分，它们是经营计划系统涉及到的企业生产的部分，如在某石化企业通常都包括一个涉及其属下所有炼油厂的综合的计划与调度模型，在对此优化模型进行优化后得到企业的运营总目标、各炼油厂内部交换的价格、各炼油厂原油和产品的配送、生产目标，库存目标，最优操作条件，物流分配和各炼油厂的调和方案等。

第 4 级中，实时优化是用于协调各过程单元，并给出每个单元的设定值，它又被称为监督控制。

第 3b 级是对多变量控制或具有实际约束的过程给出设定值变化(如第 9 章中讨论的模型预测控制)。单回路或多回路控制等常规控制是在第 3a 级中完成的。

第 2 级是安全和环境/装置保护层，包括例如报警管理和紧急停车等活动。虽然软件能执行这些任务，但对工厂往往还要有一个分离的硬件安全系统。

第1级是过程测量与执行层，提供数据采集和在线分析以及执行功能，包括传感器校验。还有各层间的双向通信，即高层为低层设定目标，而低层将约束和性能等信息传到高层。

最高级（计划与调度）决策的时间尺度可能是以月计，而在较低级（例如，常规控制），影响过程的决策可能很频繁（即小于秒）。本章重点关注第4级。

在线实时优化显然比离线优化更及时和更为实用，但实现也远为复杂和困难。在线实时优化需要实时地决定优化策略，因此需要计算机和优化软件具有快速的计算能力。目前看来比较现实的和有效的仍是单元过程到装置的实时优化，至于全厂性乃至全公司范围内的实时优化还有待时日。虽然单元过程的作用是局部的，但对于一些在整个流程中有至关重要影响的关键单元过程，特别是一些反应过程，其作用直接影响到全局。这些过程的实时优化是具有主导性或支配性的，应该首先予以实施的。在综合自动化的整体系统中，单元过程的实时优化在实现全局优化中是一个起着承上启下作用的重要环节，通过该环节对本单元过程或装置寻求并制定满足优化目标的实现方案，并通过改变第3级控制系统的设定值来加以执行。另一方面，第5级的计划与调度通过该环节才能协调和实现全局优化目标。因而实时优化是沟通企业经营管理和实际生产操作之间联系的一个不可或缺的重要环节。

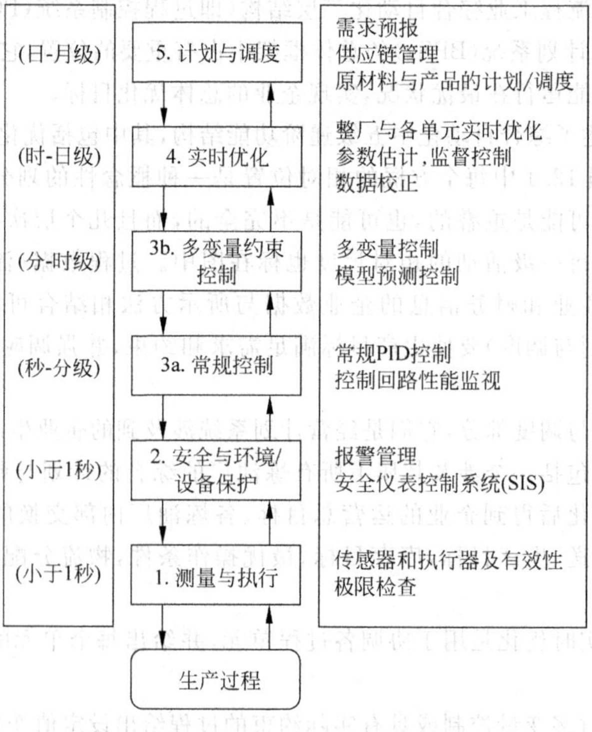

图12.1 综合自动化过程控制递阶结构

12.2　实时优化问题的描述

同离线过程优化一样，实时过程优化就是寻求一组使评价生产过程的目标函数达到最优，同时又满足各项生产约束要求的操作参数（称之为优化变量或决策变量）。当一个过程选择了实时优化，必须形成一个合适的问题表述，然后求解。

设 $\boldsymbol{x}=(x_1,x_2,\cdots,x_n)^{\mathrm{T}}$ 为 n 维欧氏空间中 E^n 内的一点，$f(\boldsymbol{x})$，$g_i(\boldsymbol{x})(i=1,2,\cdots,m)$，$h_j(\boldsymbol{x})(j=1,2,\cdots,l)$均为给定的 n 维函数。一般约束优化问题的提法是：在约束条件 $g_i(\boldsymbol{x})\geqslant 0(i=1,2,\cdots,m)$和 $h_j(\boldsymbol{x})=0(j=1,2,\cdots,l)$下，求向量 $\boldsymbol{x}$，使函数 $f(\boldsymbol{x})$极小（或极大），这时 $f(\boldsymbol{x})$称为目标函数，它可以是线性或非线性函数，其中 $g_i(\boldsymbol{x})\geqslant 0$ 为不等式约束条件，$h_j(\boldsymbol{x})=0$ 为等式约束条件，$\boldsymbol{x}=(x_1,x_2,\cdots,x_n)^{\mathrm{T}}$ 为优化变量或决策变量，则该实时优化问题可以描述为

$$\left.\begin{array}{ll}\min(\text{or max}) & f(\boldsymbol{x})\\ g_i(\boldsymbol{x})\geqslant 0 & i=1,2,\cdots,m\\ h_j(\boldsymbol{x})=0 & j=1,2,\cdots,l\end{array}\right\} \tag{12-1}$$

结合过程工业的具体情况，实时优化的主要问题有以下三个方面：

（1）过程优化目标，即需要最大化或最小化的目标函数，它包括成本和产品的价值，或与它们相关联的生产过程运行参数的函数，它一般涉及到经济效益，经常称之为经济目标函数。

（2）运行模型和约束，它包含稳态过程模型和对过程变量的所有约束。

（3）实现优化的方法，它包含优化方案、寻优算法和优化决策的实施。

12.2.1　过程优化目标

如上所说，这些目标函数一般是指过程的某项重要经济指标，或经简化后得到的一些关键操作指标，如原料消耗、产品产量、纯度、产物收率、能耗等。

把一个对实时优化目标的口头阐述转换为有意义的目标函数并非易事。口头阐述往往包含了多目标和含蓄的约束。为了得到基于运行利润的单目标函数，每个产品的数量和质量必须建立与公用工程的消耗和原材料的消耗间的关系。所选择的目标函数可能会依赖于工厂的配置和供需情况。

作为实时优化，经济效益最高是最为经常期望的过程优化目标。在单位时间内的运行经济效益通常可以表达为[26]

$$P=\sum_S F_S V_S-\sum_r F_r C_r-OC \tag{12-2}$$

其中，P 是运行利润/单位时间；

$\sum F_s V_s$ 是产品流量乘以各个单位产品价格之和；

$\sum F_r C_r$ 是原料流量乘以各个单位原料价格之和；

OC 是单位时间的操作费用。

当然这仅是一个简单情况，实际生产过程中，有着更为复杂的形式。考虑运行利润最大化的过程运行情况还可能包括[26]：

(1) 产品生产能力限制。在市场运作中，销售可能随产品的增加而增加，从而获取更大的利润，但却受到生产能力的限制，那么可以通过优化操作条件和产品的调度来增加市场所需产品的数量。

(2) 市场销售受限。这种情况会限制产品的生产量，此时，只能在当前的生产规模下通过提高效率实现优化来提高利润。例如，提高原料利用率和热效率通常可以降低制造成本(如能源和原材料)。

(3) 大规模生产。大规模生产单元有着很大的增加利润的潜力。单位产品成本的稍稍减少或产品收率的略微增加，都会使大规模生产的利润得到很大增长，例如石化生产行业中的大规模生产装置。

(4) 原材料和能源消耗量大。这些是影响工厂成本的主要因素，因而也提供了潜在的节省空间。例如，通过最小化燃料的消耗，燃料量和蒸汽的最佳分配等均可降低成本。

(5) 产品质量优于规范要求。如果产品质量明显高于用户的要求，这将引起过多的生产成本和过度的能源消耗。如果使生产的产品质量接近或略高于用户的要求(如杂质水平)则将会节省成本，但这个策略要求过程波动较小，需要有像预测控制这类的先进控制方法来保证。

(6) 有价值组分随废料流失或有害组分随废料排放。利用对工厂中气体和液体等废料流的化学分析，了解有价值的物料是否有流失，随废料排放的有害组分是否超标等现象，因而导致罚款甚至停产的处罚，极大地影响利润的获取。此时，采取对应措施就可挽回损失。例如调整加热炉中的空燃比以最小化未燃碳氢化合物的损失，且减少氮氧化物的排放就可以减少这类经济损失。

12.2.2 约束和运行模型

实时优化往往存在一些约束条件。约束存在于过程系统本身，也存在于过程系统的设备中等。约束条件又分为等式约束和不等式约束。流程工业过程中通常从热力学、动力学得到的物料衡算式、能量衡算式、动量等都属于等式约束。而一般的安全条件，例如过程操作时的压力上限、温度上限等则属于不等式约束。等式约束式又称为过程系统的状态方程，它是过程优化问题能否成功求解的关键。

一般情况下还会受到其他的约束，例如[26]：

(1) 操作条件：过程变量由于阀门的范围(0%～100%开度)而必须受到某些限制和环境的限制(如炉膛火焰的约束)。

(2) 供料和产品量：供料泵或产品泵有最大容许的容量；销售受到市场投放量

的限制等。

(3) 储存和库存的能力：在低(高)需求时期内不能使储存罐溢出(抽空)。

(4) 产品杂质：一个可销售的产品不能含有大于产品质量规定的污染量和杂质量。

通常建立过程优化问题的运行模型有两个途径[53]：

(1) 机理分析建模：通过内在机理分析，按照质量、能量、动量等守恒定律，通过理论推导得出生产过程的数学模型。机理分析建模在机理简单清楚、数据准确的情况下，可以获得精度很高的模型(如简单机械运动、电路、天体运动等)。在装置上不能或很难进行实验时，或待建模型的装置不存在时，机理建模是唯一可行的途径。操作优化传统上比较多地采用机理分析建模，例如，人们经常采用基于机理分析模型的商品化流程模拟软件来开发操作优化的运行模型。应该指出，这种建模方法，往往存在着有些生产过程机理尚不清楚，或者过程过于复杂等原因很难建立，限制了机理建模方法的应用。

(2) 实验建模：实验建模方法是工程中常用的方法。由于过程的输入输出一般可以测量，而过程的动态特性必然表现在这些输入输出数据中，利用相应的算法对所获输入输出数据进行分析以获得被控对象数学模型的过程，这种建模也称作辨识建模。从工程应用来看，实验建模方法有一定的优越性。因为无须深入了解过程机理，只需借助于成熟的数学方法，设计合理的实验来获得过程信息，建立模型。但是用实验建模方法得到的模型难于检验其准确性，而且所得模型参数没有物理意义，不利于分析过程中各种因素变化时产生的影响。

考虑到两种建模方法各自的优缺点，采用两者结合的方法被提了出来。例如，在采用实验建模方法时，结合机理分析建模是非常有帮助的。因为通过机理分析，即使只有定性的分析结果，对帮助实验建模时确定模型结构、参数范围、判别辨识模型的优劣和确定控制方案等方面都是非常有帮助的。因此两种建模方法的有机结合是获取高质量模型的重要途径。

人工神经网络系统理论在许多领域获得了成功的应用，为认识和改造现实世界翻开了崭新的一页。神经网络之所以能引起控制界特别是关注非线性系统人们的兴趣，在于：①神经网络具有逼近任何非线性函数的能力；②神经网络自身的结构和其多入多出的特点，使其易用于多变量系统的辨识和控制，且与其他逼近方法相比更为经济；③神经网络具有自学习和自适应的特性；④可实现在线或离线计算，使之满足某种控制要求，且灵活性大。而在非线性系统控制领域，至今为止，只能对某一类非线性系统采用线性化技术、或采用相平面、描述函数法等非线性方法进行控制系统的分析和设计，还没有对非线性系统的控制进行综合设计的通用性强的方法。神经网络的出现顺应了这一需求。神经网络以自身的特性表明了它有望在非线性系统的控制中起到如传递函数在线性系统中所起的作用一样。采用人工神经网络来建模也应归属实验建模方法，类似人工神经网络这种实验建模思路的许多新的尝试也在不断进行中。

12.2.3 实现优化的方法

实现实时优化的通常方案是基于稳态运行模型，采用上述优化目标函数以及优化方法。实时优化不同于离线寻优之处主要是在线实时采集生产数据，优化计算结果直接输给控制系统这两个方面。因此实时优化对数据采集的质量、优化模型的精度与复杂程度、优化计算的效率与可靠性都提出了更苛刻的要求。

图 12.2 是典型实时优化系统的主要构成[54]。为在线运行需要，首先要判断生产过程是否处于稳态，因为实时优化的模型是稳态的，只有在稳态时优化结果才有效。此外采集生产数据需要进行校正，以保证其满足过程的各类平衡条件。为实现实时优化需要几个步骤，包括数据采集和校正（或调理），确定过程是否处于稳态，更新模型参数（如果必要）以适合于当前的运行状况，计算出关键控制回路里新的（最优的）设定值，并传送到先进控制系统加以执行。

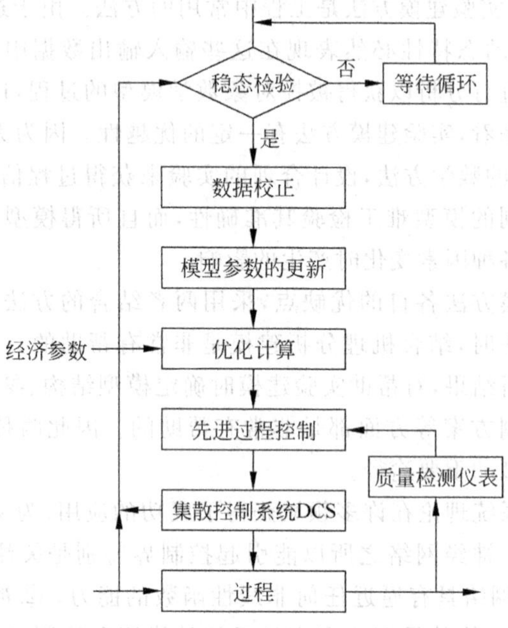

图 12.2　典型实时优化系统的主要构成

首先优化系统接受来自装置的、作为判据的测量数据，判断装置是否处于稳态，假如不是稳态，则进入等待状态，过一定时间后再重新开始。如果确认是处于稳态，则进入下一步数据核实阶段，系统接收装置的测量数据和原料、产品、公用工程价格以及各自的上下限数据，进行测量数据核实，将数据分为“坏”的、不合理的和合理的三类，分别予以不同处理，在数据核实阶段，主要任务是探测过失误差。经核实后的数据需进行数据校正，根据使实际装置的测量数据和模型计算值的差值间平方和最小的原则来进行数据校正，使经校正后的测量数据具有一致性，满足装置的物料和能量平衡关系。接下来要进行装置的稳态流程模拟，首先要对构成装置模型的有关参数进行估值，对于实时优化来说，最为重要的是装置的模型参数应当与装置的实际生产情况相符。因为参数估值的好坏，直接影响到装置模型是否能准确、模拟实际生产过程的可靠程度直接影响到优化结果的正确性，故其重要性是不言而喻的。

一般来说，优化系统会利用回归技术来刷新模型参数以使其与当前生产数据相适配。典型的模型参数有热交换器传热系数，反应器性能参数和加热炉效率等。这些参数出现在工厂中每个单元的物质和能量平衡和反映物理性质的基本方程中。尽管模型参数的不确定性或含有噪声生产数据会使性能下降，但这些更新的参数将会对工厂的变化和工厂装置的老化进行补偿。在完成参数估计后，应收集与当前生产约束有关的信息、控制状态的数据、供料、产品和公用工程的经济值以及其他操作成本等。当然，负责计划与调度的部门应按期更新经济值。然后，优化系统就可以计算出最优设定值。在优化计算后，生产的稳态条件要重新检查。如果确定各个过程仍然处于同样的稳态，则新的设定值将直接传送到计算机控制系统去加以执行。接下来，过程控制计算机应重复诊断稳态的计算，重新开始优化计算，就这样周而复始地进行优化。如果新最优设定值与以前的值没有大的区别，优化计算结果就无需下传执行。

从图 12.2 可以看到，实时优化把优化计算的结果送到先进控制系统去加以实施，但对于被控生产过程比较简单、操作比较平稳的过程的情况，实时优化也可以把优化计算值直接送到常规控制系统。这种实时优化与常规控制系统的结合可以看作类似于串级控制，外环的实时优化回路的运作周期将比内回路慢得多。应该注意到如果这种连接设计得不好就有可能得到较差的性能，就像在串级控制系统中，内回路和外回路出现谐振时的糟糕情况一样。

可以想象到，上述典型实时优化实现方案对优化模型、优化算法、运行工况都比离线优化提出了更高的要求，这也就是实时优化难于获得普遍应用的原因。

12.3 优化算法

实时优化除了对优化速度有更高的要求外，其寻优算法主要还是采用通用的优化方法，当然，其计算速度应该满足实时优化的要求。

12.3.1 最优化方法概述

最优化方法是一门新兴的实用性很强的技术，它是研究在一定的条件下如何利用最小的代价，以获得最佳的效果。流程工业生产过程的各类优化问题在实际中普遍存在，且每一具体问题，通常总是与生产过程的经济效益密切相关。一般可根据工艺过程、模型建立过程和优化控制过程的具体目标提出“优化判据”，对各种方案进行评价，从而寻找出“最佳方案”。流程工业中经常使用的优化判据有投资最小、项目完成时间最短、成本最低、原材料消耗最低、能耗最低、设备折旧费用最低、对环境的污染程度最小、产值最高，利润最大以及装置运行的可靠性、稳定性、安全性最佳等等。另外，在实际工程应用中各种约束的存在都需要加以考虑。本节主要介绍流程工业中应用较多的约束优化的一些基本求解方法。[55,56]

正如在本节一开始所说：如果设 $\boldsymbol{x}=(x_1,x_1,\cdots,x_n)^{\mathrm{T}}$ 为 n 维欧氏空间中 E^n 内的一点，$f(\boldsymbol{x})$、$g_i(\boldsymbol{x})(i=1,2,\cdots,m)$、$h_j(\boldsymbol{x})(j=1,2,\cdots,l)$为给定的 n 维函数，约束优化问题是在约束条件：$g_i(\boldsymbol{x})\geqslant 0(i=1,2,\cdots,m)$和 $h_j(\boldsymbol{x})=0(j=1,2,\cdots,l)$下，求向量 $\boldsymbol{x}$，使目标函数 $f(\boldsymbol{x})$极小，它可以是线性或非线性函数，其中 $\boldsymbol{x}=(x_1,x_1,\cdots,x_n)^{\mathrm{T}}$ 为优化变量或决策变量，则该最优化问题如式(12-3)所示，即

$$\left.\begin{array}{ll}\min & f(\boldsymbol{x}) \\ g_i(\boldsymbol{x})\geqslant 0 & i=1,2,\cdots,m \\ h_j(\boldsymbol{x})=0 & j=1,2,\cdots,l\end{array}\right\}\tag{12-3}$$

虽然在某些特殊情况下，从等式约束中可以显式地解出选定的变量，并从问题中消去那些变量，使问题简化到只含有不等式约束，然而最常遇到的是等式约束只能是隐式，因而必须予以保留。根据式(12-3)所描述的性能指标和约束式为线性或者非线性两种形式，则可以将优化问题分为线性规划或非线性规划。特别的，当性能指标为二次型，而约束都是线性的问题，称为二次规划(quadratic programming，QP)问题

$$\left.\begin{array}{ll}\text{min.} & f(\boldsymbol{x})=\dfrac{1}{2}\boldsymbol{x}^{\mathrm{T}}\boldsymbol{Q}\boldsymbol{x}+\boldsymbol{c}^{\mathrm{T}}\boldsymbol{x} \\ \text{s. t.} & \boldsymbol{a}^{\mathrm{T}}\boldsymbol{x}\geqslant \boldsymbol{b} \\ & \boldsymbol{x}\geqslant 0\end{array}\right\}\tag{12-4}$$

其中 $\boldsymbol{Q}$ 是一个正定或半正定对称矩阵，$\boldsymbol{a}$，$\boldsymbol{b}$ 表示预先定义好的约束系数矩阵。

本节所介绍的优化问题将不包括这两种特殊情况：(1)变量限于只取整数值(属于非线性整数规划)；(2)约束中包含微分动态方程的形式(属于最优控制，动态最优化)。

12.3.2 线性规划

当 $f(\boldsymbol{x})$、$g_i(\boldsymbol{x})$、$h_j(\boldsymbol{x})$都是 $\boldsymbol{x}$ 的线性函数，则式(12-3)描述的优化问题称为线性规划(linear programming，LP)问题。这是一种最为普遍应用，也是最为成熟的一类优化问题。讨论该类线性规划问题的时候，为了方便，先考虑如下标准型的特殊形式问题，即

$$\left.\begin{array}{l}\min \boldsymbol{c}^{\mathrm{T}}\boldsymbol{x} \\ \text{s. t.}\quad \boldsymbol{A}\boldsymbol{x}=\boldsymbol{b},\quad \boldsymbol{x}\geqslant 0\end{array}\right\}\tag{12-5}$$

这里，变量 $\boldsymbol{x}$ 为 n 维实向量，$\boldsymbol{A}$ 为 $m\times n$ 常数矩阵，$\boldsymbol{b}$ 和 $\boldsymbol{c}$ 分别为 m 维及 n 维常数向量。以下所有的向量均为列向量，同维的两个向量 $\boldsymbol{x},\boldsymbol{y}$ 所对应的各分量当 $x_i\geqslant y_i$ 成立时，记为 $\boldsymbol{x}\geqslant\boldsymbol{y}$。需要强调的是，虽然实际应用中有各种线性规划问题，但它们都可以变换为如上标准形式，这为优化问题的求解带来很大的方便。如目标函数为求最大化问题可以通过对目标函数加上负号转化为如式(12-5)中的标准形式。若约束条件为不等式，可以通过在不等式左边加上一个新变量(不等式为 $\leqslant$ 时)或减去一个新变量(不等式为 $\geqslant$ 时)而转换为如式(12-5)中的标准形式，该新变量被称为**松弛变量**。

对于只含有两个变量的线性规划模型，可以用图解法获得。图解法不仅是解线性规划的一个简单、直观的方法，而且有益于理解线性规划的基本原理。

为了方便起见，现以两变量的线性规划例子来介绍线性规划问题的建模和求解方法和步骤。

例 12-1　某汽车厂生产大轿车和载重汽车两种型号的汽车，已知生产每辆汽车所用的钢材都是 2 吨/辆，该工厂每年供应的钢材为 1600 吨；工厂的生产能力是每 2.5 小时可以生产一辆载重汽车，每 5 小时可以生产一辆大轿车，工厂全年的有效工时为 2500 小时；已知供应给该厂大轿车用的坐椅可装配 400 辆。据市场调查，出售一辆大轿车可获利 4 千元，出售一辆载重汽车可获利 3 千元。问工厂应如何安排生产才能使工厂的获利最大[57]？

解　这是一个线性规划问题，现建立数学模型如下。

设 x_1 为生产大轿车的数量(辆)，x_2 为生产载重汽车的数量(辆)。全年的利润值 $f=4x_1+3x_2$(千元)。生产目标是使利润越大越好，所以这个函数称之为目标函数。约束条件是

原材料的限制	$2x_1+2x_2\leqslant 1600$
工时的限制	$5x_1+2.5x_2\leqslant 2500$
大轿车用坐椅的限制	$x_1\leqslant 400$
非负限制	$x_1\geqslant 0$；$x_2\geqslant 0$

于是这个例题可以用数学模型表达如下

目标函数　$\max f=4x_1+3x_2$

约束条件是

$$\begin{cases}2x_1+2x_2\leqslant 1600\\5x_1+2.5x_2\leqslant 2500\\x_1\leqslant 400\\x_1\geqslant 0\\x_2\geqslant 0\end{cases}$$

因为决策变量只有两个，即 x_1、x_2，所以只要在二维空间中，即平面直角坐标系中进行讨论，可以建立如图 12.3 所示的平面直角坐标系。

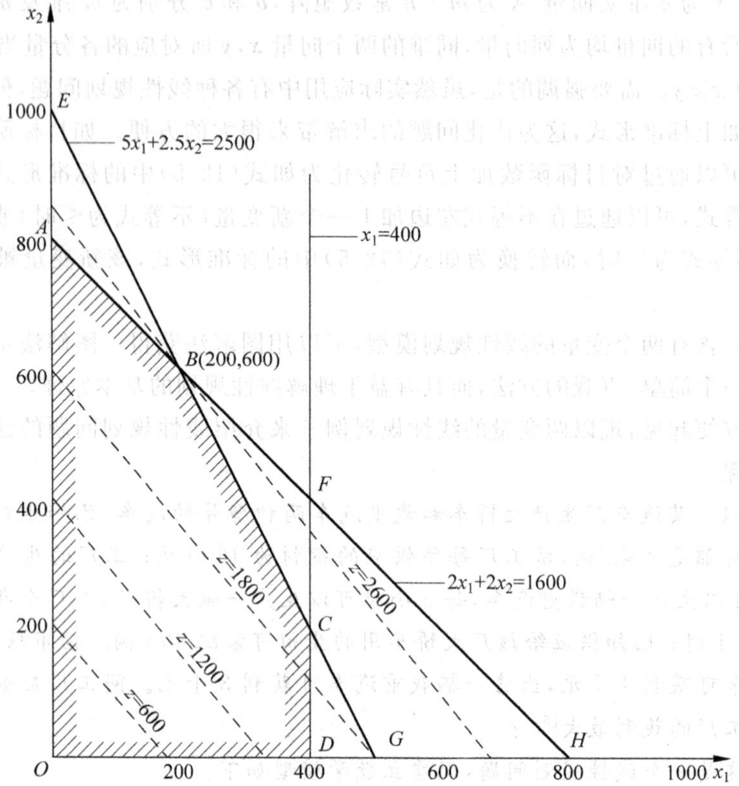

图 12.3 例 12-1 中的平面直角坐标系

$$\text{先分析约束条件}\begin{cases}2x_1+2x_2\leqslant 1600\\ 5x_1+2.5x_2\leqslant 2500\\ x_1\leqslant 400\\ x_1\geqslant 0\\ x_2\geqslant 0\end{cases}$$

(1) 由于 $x_1\geqslant 0$、$x_2\geqslant 0$，所以满足约束条件的点都落在第一象限内；

(2) 满足约束条件 $2x_1+2x_2\leqslant 1600$ 这个不等式的所有点，均位于直线 l_1：$2x_1+2x_2=1600$ 这条直线上以及该直线左下方的半平面内；

(3) 满足 $5x_1+2.5x_2\leqslant 2500$ 的所有点位于直线 l_2：$5x_1+2.5x_2=2500$ 上及直线 l_2 左下方的半平面内；

(4) 满足 $x_1\leqslant 400$ 的所有点位于 $x_1=400$ 的直线 l_3 上及直线 l_3 的左半平面内。

同时满足(1)(2)(3)(4)的点位于由坐标轴 x_1，x_2 及三条直线所围成的多边形 $OABCDO$ 的边界上或多边形内(如图 12.3 所示)。从图上可以看到，这是一个凸多边形，其满足约束条件的所有点的集合，称为该线性规划问题的可行解集合，或称为可行域。

再考虑问题的目标函数，由解析几何知识知道，如果把 f 看作参数，则 $f=4x_1+$

$3x_2$ 表示一组平行的直线族，这组直线族具有相同的斜率 $-\frac{4}{3}$。

从图 12.3 看出，随着 $f(\boldsymbol{x})$ 直线族的平行移动，离原点 O 越远时，f 值越大若对 x_1，x_2 没有什么限制的话，f 可以无限增大，而线性规划问题，对 x_1，x_2 的取值是有限制的，即要求 x_1、x_2 的一对值都满足约束条件，也就是说点(x_1, x_2)必须位于可行域——凸多边形 $OABCDO$ 的内部或边界上。因此问题是：一方面要使 f 的值尽可能地增大，另一方面，在直线族 $f=4x_1+3x_2$ 中要求得一条直线与可行解集有公共点。由图 12.3 看出，点 B 是同时满足上述两个要求的唯一点。点 B 是直线 l_1 与直线 l_2 的交点，所以解线性方程组

$$\begin{cases} 2x_1 + 2x_2 = 1600 \\ 5x_1 + 2.5x_2 = 2500 \end{cases}$$

得 B 点坐标为(200,600)，代入目标函数，得

$$f = 4 \times 200 + 3 \times 600 = 2600$$

即当该工厂安排生产大轿车 200 辆，载重汽车 600 辆时，能获得最大的利润为 2600 千元。■

由上面的例子可以看出，利用图解法求解两个变量的线性规划问题，一般可按以下步骤进行：

(1) 在平面直角坐标系中，求出可行域：可行域是各个约束条件所表示的半平面的公共部分；

(2) 求目标函数的最优值：将目标函数中的 f 看作参数，在 $f=c_1x_1+c_2x_2$ 所表示的直线族中，选取一条直线，使它和可行域有公共点，并且 f 取最大值(或最小值)。最后，求出这个公共点坐标，同时也就求出了最优解。

由于存在着最优解的可行域为凸多边形，目标函数 $f(\boldsymbol{x})$所表示的直线族和可行域的公共点往往仅在凸多边形的顶点上。当目标函数 $f(\boldsymbol{x})$所表示的直线族和能取得最优解的凸多边形的某一条边重合时，线性规划问题可能有无穷多个最优解，称为多重最优解。同时也看到，在有多重最优解的情形，最优值也可以在可行域的“顶点”(该凸多边形的某一条边的两顶点)处达到，即如果线性规划问题的最优解存在，则总是在凸多边形的某顶点上。这为线性规划问题的快速求解带来了方便。

图解法虽然是一种简便易行、非常直观的求解方法，由于实际问题的复杂性，所牵涉的变量、约束条件较多，一般无法使用图解法求解。一个系统地寻求线性规划问题的有效方法是单纯形方法及其改进算法，有大量的参考书和成熟算法可用，如参考文献[58]，这里就不再介绍了。

12.3.3　非线性规划算法

关于非线性规划的系统研究始于 20 世纪 40 年代后期，1951 年 Kuhn 和 Tucker 提出了著名的 K-T 条件[59]。此后，无论在理论基础还是在实用算法的研究方面非

线性规划算法都得到了较快的发展。到目前为止已经提出了相当多的算法用来解一般非线性规划问题。遗憾的是至今还没有一种具有显著优越性的公认的方法。

1. 非线性规划问题的提出

按广义来说，一般的非线性规划问题在于求服从于等式与(或)不等式约束的目标函数的一个极值。约束可以是线性的与(或)非线性的，如式(12-3)所示。

下面讨论一个可用图形说明的非线性规划问题的简单例子[60,61]。

例 12-2 非线性规划

$$\min f(x_1,x_2)=(x_1-1)^2+(x_2-2)^2$$
$$\text{s.t.}\quad x_1+x_2-2\leqslant 0$$

解 以 $x_1,x_2,f(\boldsymbol{x})$ 为坐标作图 12.4(a)，则 $f(x_1,x_2)=(x_1-1)^2+(x_2-2)^2$ 是以(1,2,0)为顶点开口向上的旋转抛物面，再加上约束条件，其可行域为半空间 $x_1+x_2-2\leqslant 0$，目标函数位于可行域内的点集，就是旋转抛物面被平面 $x_1+x_2-2=0$ 切下的那一部分曲面上的全部点集，见图 12.4(a)。但这种空间图形通常很难画，更不用说要从中找出最优解了。可以仿效线性规划的作图法把它们投影到平面 x_1Ox_2 上。首先令 $f(x)=z_0$，z_0 为常数，这样就得到了目标函数的一族以(1,2)为圆心的同心圆，再将其可行域也投影到平面 x_1Ox_2 上。因为实际上，由解析几何可知，可行域的边界面都是母线平行 $f(\boldsymbol{x})$ 轴的柱面，因此可行域边界面在平面 x_1Ox_2 上的投影也就是以约束方程在 x_1Ox_2 平面上围成的区域。对本例即为方程 $x_1+x_2-2=0$ 的左下平面，见图 12.4(b)。因此满足约束条件 $f(\boldsymbol{x})$ 的极小点就是可行域的边界面与 $f(\boldsymbol{x})$ 等值线相切的切点 $x^*=\left(\frac{1}{2},\frac{3}{2}\right)$。这样在图 12.4(b)上可清晰地表示出可行域、等值线(面)及极小点情况。■

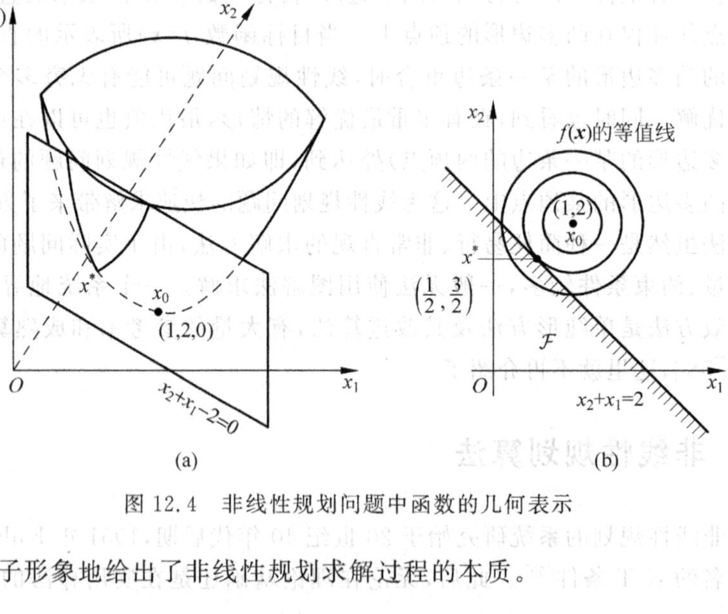

图 12.4 非线性规划问题中函数的几何表示

这个例子形象地给出了非线性规划求解过程的本质。

2. 非线性规划问题的最优性条件

对于线性规划问题的最优解一般总可在可行域的顶点中找到，而顶点的个数是有限的，这就为线性规划问题的快速求解带来了方便。

对于非线性规划问题，即使约束都是线性的，最优解也不一定在顶点位置。为了克服这一困难，当现有的点在边界上时，为了能够使迭代继续下去，不仅要求搜索方向具有使目标函数下降的性质，而且要求在这个方向上是可行的，这就给寻优工作带来了很大的困难。下面给出如何判别约束非线性的一个可行解为最优解的条件。

库恩-塔克(Kuhn-Tucker)条件是非线性规划领域中的重要理论成果之一，是确定某点是局部最优解的一阶必要条件。只要是最优点就必须满足这个条件。但一般说它并不是充分条件，因而满足这个条件的点不一定是最优点(但对于凸规划，它既是最优点存在的必要条件，同时也是充分条件)下面讨论两种约束情况下的K-T条件[60,61]：

(1) 只含有不等式约束

考虑

$$\begin{aligned} \min \quad & f(\boldsymbol{x}) \\ \text{s.t.} \quad & g_i(\boldsymbol{x}) \geqslant 0, \quad i = 1,2,\cdots,m \end{aligned}$$

设 $\boldsymbol{x}^*$ 是它的极小点，该点可能位于可行域的内部，也可能位于可行域的边界上。若为前者，这就属于无约束问题，$\boldsymbol{x}^*$ 必定满足条件 $\nabla f(\boldsymbol{x}^*)=0$；若为后者，情况就较为复杂，下面分几种情形来讨论：

① 设 $\boldsymbol{x}^*$ 位于一个约束条件形成的可行域边界上，即 $\boldsymbol{x}^*$ 只有一个起作用的约束，不失一般性，设 $\boldsymbol{x}^*$ 位于第一个约束条件形成的可行域边界上，即 $g_1(\boldsymbol{x}^*)=0$。若 $\boldsymbol{x}^*$ 是局部最优解，则必有和 $-\nabla f(\boldsymbol{x}^*)$ 与 $\nabla g_1(\boldsymbol{x}^*)$ 同处一条直线上，且方向相反。否则，必可在 $\boldsymbol{x}^*$ 点处找到一个方向 p，它与 $-\nabla f(\boldsymbol{x}^*)$ 的夹角都为锐角，即 $\boldsymbol{p}$ 是 $\boldsymbol{x}^*$ 点处的可行下降方向，这与局部最优解的假设不符合。故点 $\boldsymbol{x}^*$ 处不存在可行下降方向。

$-\nabla f(\boldsymbol{x}^*)$ 与 $\nabla g_1(\boldsymbol{x}^*)$ 同处一条直线上面的论述说明，在上述条件下，存在实数 $\gamma_1 \geqslant 0$，使

$$\nabla f(\boldsymbol{x}^*) - \gamma_1 \nabla g_1(\boldsymbol{x}^*) = 0$$

② 若 $\boldsymbol{x}^*$ 同时位于两个约束条件形成的边界面上，如 $g_1(\boldsymbol{x}^*)=0$ 和 $g_2(\boldsymbol{x}^*)=0$，此时 $\nabla f(\boldsymbol{x}^*)$ 必定位于 $\nabla g_1(\boldsymbol{x}^*)$ 和 $\nabla g_2(\boldsymbol{x}^*)$ 所形成的夹角之内。如若不然，$\boldsymbol{x}^*$ 必有可行下降方向，它就不会是极小点。由此可见，如果是极小点，而且该点的起作用的约束的梯度 $\nabla g_1(\boldsymbol{x}^*)$ 和 $\nabla g_2(\boldsymbol{x}^*)$ 线性无关，则可以将 $\nabla f(\boldsymbol{x}^*)$ 表示成 $\nabla g_1(\boldsymbol{x}^*)$ 和 $\nabla g_2(\boldsymbol{x}^*)$ 的正线性组合。也就是说，在这种情况下存在实数 $\gamma_1 \geqslant 0$ 和 $\gamma_2 \geqslant 0$，使得

$$\nabla f(\boldsymbol{x}^*) - \gamma_1 \nabla g_1(\boldsymbol{x}^*) - \gamma_2 \nabla g_2(\boldsymbol{x}^*) = 0$$

如此类推，可以得到

$$\left.\begin{aligned}&\nabla f(\boldsymbol{x}^*)-\sum_{i\in I(\boldsymbol{x}^*)}\gamma_i\nabla g_i(\boldsymbol{x}^*)=0\\&\gamma_i\geqslant 0\end{aligned}\right\}$$

$I(\boldsymbol{x}^*)$是点 $\boldsymbol{x}^*$ 处的起作用的下标集。

为了将不起作用的约束条件也包括进来，增加如下条件

$$\gamma_i\nabla g_i(\boldsymbol{x}^*)=0,\quad i=1,2,\cdots,m$$

可得

$$\left.\begin{aligned}&\nabla f(\boldsymbol{x}^*)-\sum_{i=1}^{m}\gamma_i\nabla g_i(\boldsymbol{x}^*)=0\\&\gamma_i g_i(\boldsymbol{x}^*)=0,\quad i=1,2,\cdots,m\\&\gamma_i\geqslant 0,\quad i=1,2,\cdots,m\end{aligned}\right\}$$

当$\nabla g_i(\boldsymbol{x}^*)=0$ 时，$\gamma_i\geqslant 0$ 可以不为零；当$\nabla g_i(\boldsymbol{x}^*)\neq 0$ 时，则必有 $\gamma_i=0$，此条件就是著名的库恩-塔克(K-T)条件。

(2) 同时含有等式约束和不等式约束

考虑式(12-3)所描述的同时含有等式约束和不等式约束的非线性规划问题，为了利用上述只含有不等式约束库恩-塔克(K-T)条件的公式，将等式约束 $h_j(\boldsymbol{x})=0$，用

$$\left.\begin{aligned}h_j(\boldsymbol{x})&\geqslant 0\\-h_j(\boldsymbol{x})&\geqslant 0\end{aligned}\right\}$$

来代替，这样就可以得到同时含有等式约束和不等式约束条件的库恩-塔克(K-T)条件如下：

设 $\boldsymbol{x}^*$ 是非线性规划(式(12-3))的极小点，而且与 $\boldsymbol{x}^*$ 点的各起作用的约束 $\nabla h_j(\boldsymbol{x}^*)(j=1,2,\cdots,l)$ 和$\nabla g_i(\boldsymbol{x}^*)(i=1,2,\cdots,m)$线性无关，则存在向量$\boldsymbol{\Lambda}^*=(\lambda_1,\lambda_2,\cdots,\lambda_l)$和$\boldsymbol{\Gamma}^*=(\gamma_1,\gamma_2,\cdots,\gamma_m)$使得下述条件成立

$$\left.\begin{aligned}&\nabla f(\boldsymbol{x}^*)-\sum_{i=1}^{m}\gamma_i\nabla g_i(\boldsymbol{x}^*)-\sum_{j=1}^{l}\lambda_j\nabla h_j(\boldsymbol{x}^*)=0\\&\gamma_i^* g_i(\boldsymbol{x}^*)=0,\quad i=1,2,\cdots,m\\&\gamma_i^*\geqslant 0,\quad i=1,2,\cdots,m\end{aligned}\right\}\qquad(12\text{-}6)$$

此条件称为 K-T 条件，把满足 K-T 条件的可行点称为 K-T 点，其中 $\lambda_1^*,\lambda_2^*\cdots,\lambda_m^*$ 和 $r_1^*,r_2^*\cdots,r_l^*$ 称为广义拉格朗日(Lagrange)乘子。

3. 非线性规划问题的求解——制约函数法

下面介绍一种求解非线性规划问题的方法——制约函数法。使用这种方法，可以将非线性规划问题的求解，转化为求解一系列无约束极值问题，因此这种方法也称为序列无约束最小化方法，简记为 SUMT(sequential unstrained minimization techniques)。常用的制约函数基本上有两类，一类为惩罚函数，一类为障碍函数。对应于这两种函数，SUMT 有外点法和内点法两种[60,61]。

(1) 外点法

考虑如下式所示的只具有不等式约束的非线性规划问题

$$\left.\begin{aligned}&\min f(\boldsymbol{x}) \qquad \boldsymbol{x} \in R \subset E^n\\&R = \{\boldsymbol{x} \mid g_i(\boldsymbol{x}) \geqslant 0, \quad i = 1,2,\cdots,m\}\end{aligned}\right\} \tag{12-7}$$

R 为可行域。

为了求其最优解,构造一个函数 $\psi(t)$

$$\psi(t) = \begin{cases} 0 & t \geqslant 0 \\ \infty & t < 0 \end{cases} \tag{12-8}$$

现把 $g_i(\boldsymbol{x})$ 视为 t,则当 $x\in R$ 时,$\psi(g_i(\boldsymbol{x}))=0(i=1,2,\cdots,m)$。当 $\boldsymbol{x}\notin R$ 时 $\psi(g_i(\boldsymbol{x}))=\infty(i=1,2,\cdots,m)$。再构造函数

$$\varphi(\boldsymbol{x}) = f(\boldsymbol{x}) + \sum_{i=1}^{m}\psi(g_i(\boldsymbol{x})) \tag{12-9}$$

现求解无约束问题 $\min\varphi(\boldsymbol{x})$,若该问题有解,假定其解为 $\boldsymbol{x}^*$,则由式(12-7)应有 $\psi(g_i(\boldsymbol{x}))=0$,这就是说 $\boldsymbol{x}^*\in R$。因而,$\boldsymbol{x}^*$ 不仅是式(12-9)的极小解,而且也是原问题式(12-7)的极小解。这样,就将有约束极值问题式(12-7)的求解转化成了求解无约束的极值问题。

但是上述函数 $\psi(t)$ 的函数性态不好,它在 $t=0$ 点处不连续,也没有导数,使不少无约束最优化的方法不连续。为了保证 $\psi(t)$ 在 $t=0$ 处对任意的 t 都连续并且导数存在,引入一个充分大的数 $M>0$,并将 $\psi(t)$ 修改为

$$\psi(t) = \begin{cases} 0 & t \geqslant 0 \\ t^2 & t < 0 \end{cases}$$

令

$$p(\boldsymbol{x},M) = f(\boldsymbol{x}) + M\sum_{i=1}^{m}\psi(g_i(\boldsymbol{x}))$$

或等价地

$$p(\boldsymbol{x},M) = f(\boldsymbol{x}) + M\sum_{i=1}^{m}[\min(0,g_i(\boldsymbol{x}))]^2$$

函数 $p(\boldsymbol{x},M)$ 称为惩罚函数,其中的第二项 $M\sum\limits_{i=1}^{m}\psi(g_i(\boldsymbol{x}))$ 称为惩罚项。外点法的迭代步骤如下:

① 取 $M_1>0$,允许误差 $\varepsilon>0$,并令 $k=1$;

② 求解无约束极值问题的最优解

$$\min_{x\in E^n} p(\boldsymbol{x},M) = p(\boldsymbol{x}^k,M_k)$$

其中

$$p(\boldsymbol{x}^k,M_k) = f(\boldsymbol{x}) + M_k\sum_{i=1}^{m}[\min(0,g_i(\boldsymbol{x}))]^2$$

③ 若对于某一个 $i(i=1,2,\cdots,m)$ 有 $-g_i(\boldsymbol{x}^k)\geqslant\varepsilon$,则取 $M_{k+1}>M_k$,令 $k=k+1$,

并转向第②步；否则，停止迭代，得：$\boldsymbol{x}_{\min}\approx\boldsymbol{x}^k$。

采用外点法求解带约束的非线性规划问题，不仅适合于含有不等式的约束条件，也可以适用于等式约束或者同时含有等式和不等式约束的优化问题求解，其惩罚函数可以选为 $p(\boldsymbol{x},M)=f(\boldsymbol{x})+M\sum_{i=1}^{m}[\min(0,g_i(\boldsymbol{x}))]^2+\sum_{j=1}^{l}(h(\boldsymbol{x}_j))^2$。另外，外点法求解中 $p(\boldsymbol{x},M)$是在整个 E 空间内进行优化，初始点可以任意选择，这给计算带来了很大的方便，而且外点法同时适用于非凸规划的最优化，惩罚函数的形式也可以灵活选择。

(2) 内点法

内点法和外点法不同，顾名思义，它要求在迭代过程中始终处于可行域内部进行，需要将初始点取在可行域内部，并且在可行域的边界上设置一道"障碍"，使得迭代点在靠近可行域的边界时，得到的目标函数值迅速增大，从而使得迭代点始终留在可行域的内部。与外点法相似，可以通过函数叠加的方法来构造新的目标函数，使得改造后的目标函数具有如下的性质：在可行域 R 的内部与边界面较远的地方，障碍函数与原来的目标函数 $f(\boldsymbol{x})$尽可能接近；而在接近边界面时可以具有任意大的值。

根据以上分析，可以将非线性规划式(12-7)转化为下述一系列无约束的极小化问题

$$\min_{x\in R_0}\bar{p}(\boldsymbol{x},r_k)$$

其中

$$\bar{p}(\boldsymbol{x}^k,r_k)=f(\boldsymbol{x})+r_k\sum_{i=1}^{m}\frac{1}{g_i(\boldsymbol{x})}\quad(r_k>0)\tag{12-10}$$

或

$$\left.\begin{aligned}&\bar{p}(\boldsymbol{x}^k,r_k)=f(\boldsymbol{x})+r_k\sum_{i=1}^{m}\lg(g_i(\boldsymbol{x}))\quad(r_k>0)\\&R_0=\{\boldsymbol{x}\mid g_i(\boldsymbol{x})>0,\ i=1,2,\cdots,m\}\end{aligned}\right\}\tag{12-11}$$

R_0 为可行域，即 R_0 是可行域 R 中所有严格内点(即不包括可行域边界上的点)的集合，$R_0\subset R$。

式(12-10)和式(12-11)的右端第二项称为障碍项。从这两个式子可以看出，当在 R_0 的边界上(至少有一个 $g_i(\boldsymbol{x})=0$)时，$\bar{p}(\boldsymbol{x},r_k)$就为正无穷大。

内点法的迭代步骤如下：

① 取 $r_1>0$，允许误差 $\varepsilon>0$；

② 找出一个可行域内的点 $\boldsymbol{x}^0\in R_0$，并令 $k=1$；

③ 构造障碍函数，障碍项可以采用倒数形式式(12-10)或者对数形式式(12-11)；

④ 以 $\boldsymbol{x}^{k-1}\in R_0$ 为初始点，对障碍函数进行无约束极小化(在 R_0 内部)，使

$$\min_{x\in R_0}\bar{p}(\boldsymbol{x},r_k)=\bar{p}(\boldsymbol{x}^k,r_k)$$

⑤ 检验是否满足收敛条件

$$r_k \sum_{i=1}^{m} \frac{1}{g_i(\boldsymbol{x}^k)} \leqslant \varepsilon$$

或者

$$r_k \left| \sum_{i=1}^{m} \lg(g_i(x^k)) \right| \leqslant \varepsilon$$

如果满足上述条件，则以 $\boldsymbol{x}^k$ 为原问题的近似极小解 $\boldsymbol{x}_{\min}$；否则，取 $r_{k+1} < r_k$，令 $k=k+1$，转向第 3 步继续进行迭代求解。

上面仅介绍了一种非线性规划方法——制约函数法，而非线性规划方法还有其他各种方法。对于约束极值问题，除了本节介绍的算法外，约束变尺度法、简约梯度法、梯度投影法、乘子罚函数法和起作用约束集法等都是很重要的方法。应该指出，当前基于线性规划和二次规划的序惯线性规划(SLP)与序惯二次规划(SQP)方法已经成为求解非线性规划的重要途径，得到了广泛的发展和应用。这两种方法是通过将非线性规划问题转化为一系列容易求解的线性规划或二次规划问题来简化非线性规划的优化求解。对非线性规划有兴趣的读者，可以阅读更为专门的参考文献[60～64]。下面讨论二次规划方法。

12.3.4　二次规划

若某非线性规划的目标函数为自变量 $\boldsymbol{x}$ 的二次函数，约束条件又全是线性的，则称这种规划为二次规划。凸的二次规划是具有不等式约束非线性规划问题中最简单的问题。实际上，许多优化问题属于二次规划问题，例如带有约束的最小二乘和一些最优控制问题。

类似于线性规划问题，二次规划(QP)问题是另一类能在有限步内得到解的最优化问题。应该注意到，这一类目标函数为二次，约束为线性的优化问题，虽然求解是迭代的，但可以像线性规划那样能够快速地得到优化解。

为了简化符号，二次规划问题可以描述为

$$\left.\begin{aligned} &\min f(\boldsymbol{x}) = \sum_{j=1}^{n} c_j x_j + \frac{1}{2}\sum_{j=1}^{n}\sum_{k=1}^{n} c_{jk} x_j x_k \\ &c_{jk} = c_{kj}, \quad j,k = 1,2,\cdots,n \\ &\sum_{j=1}^{n} a_{ij} x_j + b_i \geqslant 0, \quad i = 1,2,\cdots,m \\ &x_j \geqslant 0, \quad j = 1,2,\cdots,n \end{aligned}\right\} \tag{12-12}$$

式(12-12)的右端第二项为二次型，如果该二次型正定(或者半正定)，则目标函数是严格凸函数(或凸函数)；此外，二次规划的可行域为凸集。因而，上述规划属于凸规划。对于这类问题，库恩-塔克条件不但是极值点存在的必要条件，同时也是充分条件。将库恩-塔克条件应用于二次规划中，并用 y 代替所求解的库恩-塔克条件中的 Lagrange 乘子 γ,应用第一种约束情况(只含有不等式约束)处的 K-T 条件于式(12-12),则可以得到

$$c_j + \sum_{k=1}^{n} c_{jk} x_k - \sum_{i=1}^{m} a_{ij} y_{n+i} - y_j = 0 \quad j = 1,2,\cdots,n \tag{12-13}$$

在式(12-12)的不等式约束条件中引入松弛变量,使不等式约束条件转化为等式约束

$$\sum_{j=1}^{n} a_{ij} x_j - x_{n+i} + b_i = 0 \qquad i = 1,2,\cdots,m \tag{12-14}$$

再将 K-T 条件中的第二个条件应用于上述的二次规划,并考虑到引入了松弛变量将不等式约束转化为了等式约束,则有

$$x_i y_i = 0$$

同时还必须满足

$$x_i \geqslant 0 \qquad i = 1,2,\cdots,n+m$$

$$y_i \geqslant 0 \qquad i = 1,2,\cdots,n+m$$

联立求解以上各式,则所得到的解即为原二次规划问题的最优解。

二次规划问题的求解有多种成熟算法,有兴趣的读者,可以阅读更为专门的参考文献[60,62,63]。

12.3.5 智能优化算法

优化算法的实质是一种搜索过程或者搜索规则,它是基于某种思想和机制,通过一定的途径来得到问题的解。就优化机制及其行为分析来看,目前工程中常用的优化算法主要可以按照以下几类来划分:经典算法、构造型算法、改进型算法、基于系统动态演化的算法和混合型算法。上几节中讨论的线性规划、非线性规划和二次规划就属于经典算法,经典算法主要用于求解函数优化问题。改进型算法又称为邻域搜索法,指从任意解出发,对其邻域进行不断搜索并对当前解进行不断替换以获得最优解的过程。根据搜索的行为,可以分为局部搜索法和启发式搜索法。局部搜索法完全依赖于邻域函数和初始解,若邻域函数设计或者初值选取不当,则算法最终的性能将会很差。自 20 世纪 80 年代以来,一些新颖的优化算法,如遗传算法、进化规划、模拟退火、禁忌搜索、微粒群算法以及差分进化法等,它们是模拟或揭示某些自然现象或进化过程中得到启示而形成的方法。由于这些算法独特的优点,引起了国内外学者的广泛关注并掀起了对该类方法研究的热潮。在优化领域,因为这些算法构造的直接性与包含了自然机理,因而被统称为智能优化算法。由于这些算法利用不同的搜索机制和寻优策略实现了对局部搜索算法的改进,从而获得了较好的全局优化的性能,这些优化算法对传统优化算法未能较好解决的复杂优化问题开辟了新的思路和途径。下面介绍几种常用的智能算法。

1. 遗传算法

遗传算法(genetic algorithm,GA)是 20 世纪 60 年代由 Holland 提出的模拟生

物在自然环境中的遗传和进化过程而形成的一种全局优化搜索算法[65~67]。应用它求解一般优化问题的基本思想是采纳生物进化中通过染色体间的选择、交叉和变异来完成整个自然过程进化的规律，将决策变量通过编码的方式模拟染色体中的遗传基因，模拟生物进化的搜索过程来求得最优解。该算法具有以下几个特点：①GA以决策变量的编码作为运算对象；②直接以适应度函数值作为搜索信息进行评价，并根据评价结果用选择算子来引导以后的搜索方向；③同时使用多个搜索点的搜索信息，从一代种群开始进行多点、多路径的搜索寻优，在各搜索点之间交换信息，可以有效地搜索整个解空间；④使用概率搜索技术，其选择、交叉和变异等运算都是以概率的方式进行的，增加了搜索过程的灵活性。由于具有以上特点，遗传算法已经在函数优化、生产调度问题、自动控制、机器人学和图像处理、机器学习等方面得到了广泛的应用。

GA 的基本实现中包含三种遗传算子：选择(复制)算子(selection operator)、交叉算子(crossover operator)、变异算子(mutation operator)。基本运行参数包括：种群大小、终止进化代数、交叉概率(一般选为 0.4～0.99)和变异概率(一般选为 0.0001～0.1)。基于生物进化的“优胜劣汰”原理，GA 通过选择、交叉和变异操作来实现群体的并行优化，作为一种通用的全局优化算法，基本遗传算法的主要运算过程可描述如下：个体编码：常用的编码方式方法有三种，二进制编码、浮点数编码和符号编码方法，应根据优化变量的要求来选定。

① 初始化：设置进化代数计算器，设置最大进化代数 T；随机生成 M 个个体作为初始种群 $P(0)$；

② 个体评价：计算群体 $P(i)$中各个个体的适应度；

③ 选择运算(复制运算)：根据适应度大小按一定方式执行选择运算(复制运算)；

④ 交叉运算：将交叉算子作用于群体；

⑤ 变异运算：将变异算子作用于群体；

⑥ 中止条件判断：群体 $P(i)$经过选择、交叉、变异后得到下一代群体 $P(i+1)$。若 $i>T$，则以进化过程中所得到的具有最大适应度的个体作为最优解输出，终止计算；若 $i\leqslant T$，则 $i\leftarrow i+1$，转回到步骤②继续。或者判断收敛准则是否满足，若满足则输出，若不满足则转回到步骤②继续。

大量研究表明：GA 存在易早熟、算法参数敏感、计算量大，全局优化速度慢等不足之处，欲取得良好的性能还需要依赖较大的种群并对算法作精心设计。为了改善算法性能，很多学者研究了关于改进遗传算法的新策略，取得较好的效果，在此不再赘述。

2. 模拟退火算法

模拟退火算法(simulated annealing，SA)的思想最早是由 Metropolis 等(1953年)提出的，1983 年 Kirkpatrick 等将其应用于组合优化问题中[68,69]。SA 算法是基于 Mente Carlo 迭代求解策略的一种随机寻优算法，其出发点是基于物理中固体物质的退火过程与一般组合优化问题之间的相似性，SA由某一较高初始温度开始，利用具有概率突变特性的Metropolis抽样策略在解空间中进行随机搜索，伴随温度的不断下降重复抽样过程，最终趋于问题的全局最优解。

固体在恒定温度下达到热平衡的过程可以用Monte Carlo方法进行模拟，Monte Carlo方法的特点是算法简单，但必须大量的采样才能得到比较精确的结果，因而计算量很大。

从物理系统倾向于能量较低的状态，而热运动又妨碍它准确落入最低态的物理图像出发，采样时着重取那些有重要贡献的状态，则可以较快地达到较好的结果。

1953年，Metropolis等提出重要性采样法。他们用下述方法产生固体的状态序列：

先给定以粒子相对位置表征的初始状态 S_i 作为固体的当前状态，该状态的能量是 $E(S_i)$。然后用摄动装置使随机选取的某个粒子的位移随机地产生一微小变化，得到一个新状态 S_j，新状态的能量是 $E(S_j)$。如果 $E(S_j)<E(S_i)$，则该新状态就作为"重要"状态。如果 $E(S_j)>E(S_i)$，则考虑到热运动的影响，该新状态是否为"重要"状态，要依据固体处于该状态的概率来判断。若概率 $p_r=\exp[-(E(S_j)-E(S_i))/kt]$ 大于[0,1)区间内的随机数，则仍旧接受新状态 S_j 为当前状态，若不成立则保留状态 S_i 为当前状态，其中 k 为Boltzmann常数。重复以上新状态的产生过程，在大量迁移(固体状态的变换称为迁移)后，系统趋于能量较低的平衡状态，固体状态的概率分布趋于某种正态分布，如Gibbs正则分布。同时也可以看到，这种重要性采样过程在高温下可接受与当前状态能差较大的新状态为重要状态，而在低温下只能接受与当前状态能差较小的新状态为重要状态，这与不同温度下热运动的影响完全一致，在温度趋于零时，就不能接受任一 $E(S_j)>E(S_i)$ 的新状态 S_j 了。这种接受新状态的准则称为Metropolis准则，相应的算法称为Metropolis算法，它的计算量显著减少。

1982年，Kirkpatrick等首先意识到固体退火过程与组合优化问题之间存在的类似性，Metropolis等对固体在恒定温度下达到热平衡过程的模拟也给他们以启迪：应该把Metropolis准则引入到优化过程中来。最终他们得到一种对Metropolis算法进行迭代的组合优化算法，这种算法模拟固体退火过程，称之为"模拟退火算法"(简称为SA算法)。

标准的SA算法的一般步骤可以描述如下：

① 给定一个初始温度 $t=t_0$，随机产生初始状态 $S=S_0$，并且令 $k=0$；

② 判断算法收敛条件是否满足。如果满足，则输出算法搜索结果；否则继续下一步；

③ 根据新状态产生函数 $G(S)$，产生一个新状态 $G(S_j)$；

④ 如果 $\min\{1,\exp[-(E(S_j)-E(S_i))/kt]\}\geqslant N(0,1)$，则接受这个新状态 S_j，其中：$E(S_i)$为状态 S_j 对应的目标函数值，否则保持当前状态不变，进行下一步判断抽样稳定准则是否满足；

⑤ 如果抽样稳定准则满足,进行退温函数 $t_{k+1}=T(t_k)$ 运算,令 $k=k+1$,返回步骤②;否则返回步骤③产生一个新状态 S_j。

从SA算法的结构可知,新状态产生函数 $G(S)$、退温函数 $T(t)$、抽样稳定准则和退火结束准则以及初始温度是SA算法的关键,直接影响到算法优化结果。

新状态产生函数设计新状态函数(邻域函数)的出发点应该是尽可能保证产生的候选解应遍布全部解空间。

退温函数,即温度的下降方式,用于在外环中修改温度值,目前最常用的温度更新函数为指数退温,即 $t_{k+1}=\lambda t_k$,其中 $0<\lambda<1$ 且其大小可以不断变化。

抽样稳定准则也称为内循环终止准则,用于决定在各温度下产生候选解的数目。常用的抽样稳定准则包括:

(1) 检验目标函数的均值是否稳定;

(2) 连续若干步的目标值变化较小;

(3) 按一定的步数抽样。

退火结束准则也称为外循环终止准则,即算法终止准则,用于判断算法收敛条件是否满足,决定算法是否结束。设置温度终值 t_e 是一种简单的方法。SA算法要求的收敛性理论中要求 t_e 趋于零,这显然是不实际的。通常的做法包括:

(1) 设置终值温度的阈值;

(2) 设置外循环迭代次数;

(3) 算法搜索到的最优值连续若干步保持不变;

(4) 检验系统熵是否稳定。

从原理上讲SA可以避免搜索过程陷于局部极小,并最终趋于问题的全局最优解。但是为了得到最优解,SA通常要求具有较高的初始温度,较慢的降温速度和低的终止温度以及各个温度足够多的抽样次数,因此SA算法的一个不足之处就是优化过程较长。针对SA算法收敛速度慢的不足引起了研究者的关注,到目前为止,已经提出了不少改进并有效的算法[67~70]。

3. 微粒群算法

微粒群算法(particle swarm optimization,PSO)最早是在1995年由美国社会心理学家James Kenny和电气工程师Russell Eberhart共同提出的[71]。PSO的最初版本是为了图形化模拟鸟群优美而不可预测的运动,人们通过对动物社会行为的观察,发现在群体中对信息的社会共享有利于在演化中获得优势,并以此作为开发PSO算法的基础。通过加入邻近的速度匹配,消除了不必要的变量,同时考虑了多维搜索以及根据距离的加速,形成了PSO的最初版本。之后Shi.等人引入了惯性权重 w 来更好的控制开发(eexploitation)和搜索(exploration),形成了当前的标准版本[72]。

PSO算法与其他进化算法相似,是基于群体的算法,根据对环境的适应度将群体中的个体转移到好的区域。但是它不像其他进化算法那样对个体使用进化算子,而是将每个个体看作 D 维搜索空间中的一个没有体积的微粒(点),在搜索空间中以一定的速度飞行,这个速度根据它本身的飞行经验以及同伴的飞行经验来进行动态调整。

第 i 个微粒表示为 $\boldsymbol{X}_i=(x_{i1}\quad x_{i2}\quad \cdots\quad x_{iD})$,它经历的最好位置(即最好适应度函数值的解)$\boldsymbol{P}_i=(p_{i1}\quad p_{i2}\quad \cdots\quad p_{iD})$也称为 $\boldsymbol{P}_{\text{best}}$。群体所有微粒经历过的最好位置的索引号用符号 g 表示,即 $\boldsymbol{P}_g$,微粒 i 的速度 $\boldsymbol{V}_i=(v_{i1}\quad v_{i2}\quad \cdots\quad v_{iD})$,对于每一代,其第 d 维($1\leqslant d\leqslant n$)根据如下的方程变化

$$\left.\begin{aligned} v_{id} &= wv_{id}+c_1\text{rand}()(p_{id}-x_{id})+c_2\text{rand}()(p_{gd}-x_{id}) \\ x_{id} &= x_{id}+v_{id} \end{aligned}\right\} \tag{12-15}$$

其中,w 为惯性权重,c_1 和 c_2 为加速度常数,通常在 0～2 之间。微粒的速度 $\boldsymbol{V}_i$ 被一个最大速度 $\boldsymbol{V}_{\max}$所限制,如果当前对微粒的加速度导致它在某维的速度 v_{id} 超过在该维的最大速度,则该维的速度 v_{id} 将被限制在该维的最大速度 $v_{\max,d}$。在式(12-15)中,第一部分表示微粒先前的速度;第二部分为个体的认知部分,表示微粒本身的思考。第三部分为群体的认知部分,即社会部分,表示微粒间的信息共享和相互合作。PSO 的这些心理学假设是无可争议的,在寻找一致的认知过程中,个体往往记住它们自身的信念,同时也考虑同事们的信念。当个体察觉同事的信念较好时,它将进行适应性调整。

标准的 PSO 算法流程如下:

① 微粒群的初始化(种群大小为 N)以及最大微粒速度 $\boldsymbol{V}_{\max}$;

② 对任意的 i,j,在$[\boldsymbol{X}_{\min},\boldsymbol{X}_{\max}]$上设置随机位置和速度;

③ 评价每一个微粒的适应度;

④ 对于每一个微粒,将其适应度函数值与其经历过的最好位置 $\boldsymbol{P}_{\text{best}}$ 进行比较,如果较好,则将其作为当前的最好位置 $\boldsymbol{P}_{\text{best}}$;

⑤ 对于每一个微粒,将其适应度函数值和全局所经历的最好位置 g_{best} 做比较,如果较好,则重新设置索引号;

⑥ 根据方程式(12-15)变化微粒的速度和位置,并与 $\boldsymbol{V}_{\max}$进行比较,选取合适的速度;

⑦ 如果未达到结束条件(常规为足够好的适应度函数值或达到一个设置的最大代数 $G_{\max}$),则返回②;否则结束运算。

PSO 算法有着它的实现简单的优点,但也存在着早熟等缺点,人们进行了许多改进的努力,提出了许多有效的改进算法。如带有惯性因子的改进 PSO 算法、基于 GA 的改进 PSO 算法、利用小环境思想所作的改进算法以及利用收敛性分析所做的改进算法等。

4. 差分进化算法

近年来,差分进化算法(differential evolution, DE)的研究一直十分活跃。它最初由 Storn 和 Price 提出,用于解决切比雪夫多项式问题,后来发现 DE 是解决复杂

优化问题的有效技术。在 1996 年的 IEEE 进化优化竞赛(ICEO)上，DE 被证明是最快的进化算法，仅落后于两种确定性方法，但确定性方法的应用范围有限。DE 是基于群体智能理论的优化算法，通过群体中个体间的合作与竞争产生的群体智能指导优化搜索[73~75]。

DE 算法在一定程度上是一种自适应、自组织、自学习的迭代寻优过程，采用实数编码、基于差分的变异操作和一对一的竞争生存策略，避免了复杂的遗传操作，同时它可以根据当前种群的个体间差异动态调整其搜索策略，具有较好的全局寻优能力和内在的隐并行性。

DE 算法的流程可描述如下：

① 初始化阶段。在问题的可行解空间随机初始化种群 $\boldsymbol{X}^0=[x_1^0,x_2^0,\cdots,x_M^0]$($M$ 为种群规模)，个体 $\boldsymbol{x}_i^0=[x_{i,1}^0,x_{i,2}^0,\cdots,x_{i,D}^0]$($D$ 为优化问题的维数)用于表征问题解。设定运行代数 $t=0$。

② 变异阶段。对当前种群每个个体分别进行交叉和变异来产生新的种群，然后对这两个种群进行一对一的择优选择，从而产生最终的新种群。其中，利用式(12-16)对每一个在 t 代的个体 x_i^t 实施变异操作得到与其相对应的变异个体 v_i^{t+1}，即

$$v_i^{t+1}=x_{r1}^t+F(x_{r2}^t-x_{r3}^t) \tag{12-16}$$

其中，$r1,r2,r3\in\{1,2,\cdots,M\}$互不相同且与 i 不同；x_{r1}^t 为父代基向量；$(x_{r2}^t-x_{r3}^t)$称作父代差分向量；F 为缩放比例因子。

③ 交叉阶段。利用式(12-17)对 x_i^t 和由式(12-16)生成的变异个体 v_i^{t+1} 实施交叉操作生成试验个体 u_i^{t+1}，即

$$u_{i,j}^{t+1}=\begin{cases}v_{i,j}^{t+1}, & \text{如}(\mathrm{rand}(j)\leqslant CR)\text{ 或 } j=\mathrm{rand\_int}(i)\\ x_{i,j}^t, & \text{否则}\end{cases}\qquad j=1,2,\cdots,D \tag{12-17}$$

其中，$\mathrm{rand}(j)$为$[0,1]$之间的均匀分布随机数；CR 为范围在$[0,1]$之间的交叉概率；$\mathrm{rand_int}(i)$为$\{1,2,\cdots,D\}$之间的随机量。

④ 选择阶段。利用式(12-18)对试验个体 u_i^{t+1} 和 x_i^t 的目标函数进行比较，对于最小化问题选择目标函数低的个体作为新种群的个体 x_i^{t+1}，即

$$x_i^{t+1}=\begin{cases}u_i^{t+1}, & \text{如 } f(u_i^{t+1})<f(x_i^t)\\ x_i^t, & \text{否则}\end{cases} \tag{12-18}$$

其中 f 为目标函数。

⑤ 若满足终止准则，则输出最优个体及其目标值；否则，令 $t=t+1$，然后转向步骤②。

上述算法是最早版本的 DE，表示为 DE/rand/1/bin。根据各类问题上的应用经验，DE 发展出了 10 余种变形算法[76]。

通过对种群规模 M、缩放比例因子 F、交叉概率 CR 等参数的设定，可以使得 DE 算法在全局解空间的搜索和局部解空间的搜索达到一定平衡，从而一定程度上提高

算法性能。

DE的特点主要在于如下三方面[77]：

① 分散搜索，能在整个解空间进行全局搜索；

② 保优搜索，能保留每个个体的最优解；

③ 协同搜索，能利用个体局部信息和群体全局信息引导算法在有效区域内搜索。

对DE的改进主要有以下几个方面：①改进DE操作；②保持种群的多样性；③和其他算法结合；④采用多种群。

12.4 实时优化应用案例

12.4.1 乙醛生产过程的实时优化

采用乙烯催化氧化法（即韦克法）直接生成乙醛的生产过程是一个重要的石化生产过程，其反应过程如下：

该方法以氯化钯、氯化铜作为催化剂，乙烯和氧气进行氧化反应生成乙醛。总的反应式为

$$C_2H_4 + 0.5O_2 \xrightarrow{PdCl_2, CuCl_2} CH_3CHO$$

该氧化反应过程分为三步进行。

首先，乙烯被氯化钯氧化生成乙醛，并析出金属钯

$$C_2H_4 + PdCl_2 + H_2O \longleftrightarrow CH_3CHO + Pd + 2HCl$$

随后，金属钯被溶液中的氯化铜氧化

$$Pd + 2CuCl_2 \longrightarrow PdCl_2 + 2CuCl$$

在盐酸存在下，氧气将氯化亚铜氧化为氯化铜

$$2CuCl + \frac{1}{2}O_2 + 2HCl \longrightarrow 2CuCl_2 + 2H_2O$$

该方法的工艺流程如图12.5所示，乙醛的收率是生产过程中的一个最重要的生产指标，它反映了有多大部分的进料乙烯反应转化为乙醛，因此以乙醛收率为优化

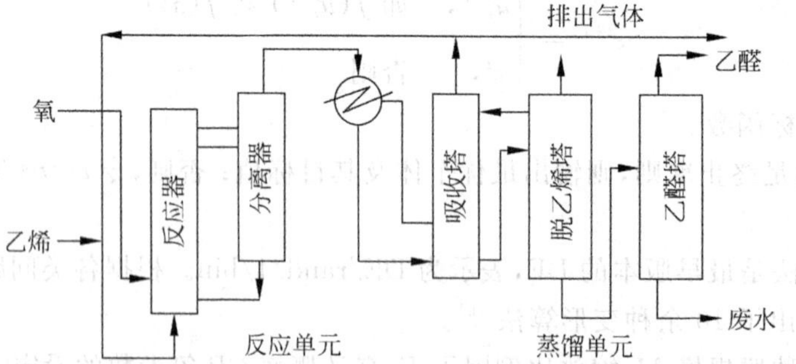

图12.5 乙醛装置工艺流程图

目标是直接且有效的选择[78~80]。

乙醛收率的计算是优化数学模型的重要组成部分，由于乙醛装置中精馏部分乙醛损失极小，且操作相对平稳，可以将乙醛收率简化为只针对反应单元进行（如图 12.6 所示）。根据某石化公司乙醛装置仪表和测量系统的具体情况，可将乙醛收率计算表示为如下算式

乙醛收率 = 生成乙醛所消耗的乙烯质量 / 乙烯进料质量流量

= (粗乙醛储罐乙醛质量流量 × 乙烯分子量 / 乙醛分子量) / 乙烯进料质量流量

= ((粗乙醛储罐乙醛体积流量 × 粗乙醛密度 × 粗乙醛中乙醛质量浓度)

× 乙烯分子量 / 乙醛分子量) / 乙烯进料质量流量

其中，粗乙醛储罐乙醛体积流量、乙烯进料质量流量都是在线实时测量的，粗乙醛的乙醛质量含量通过化验室离线分析得到。

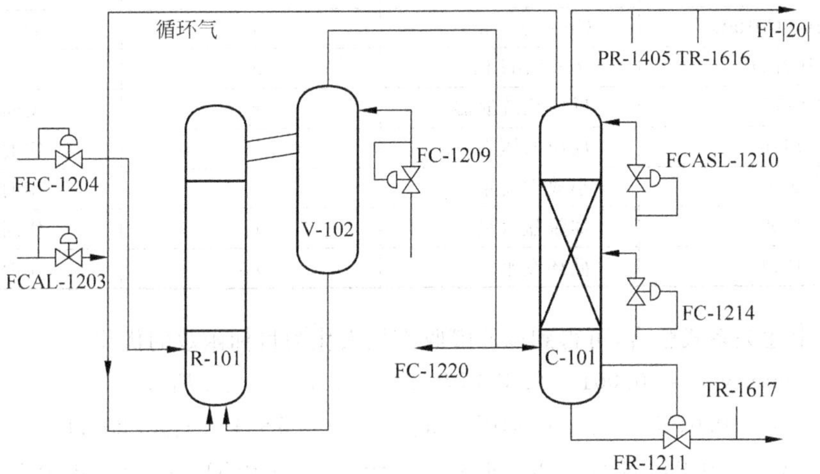

FCAL-1203-乙烯进料
FC-1214-脱盐水
FI-1201-废气流量
PR-1405-废气压力
FFC-1204-氧
FC-1209-脱盐水
FCASL-1210-进吸收塔新鲜水流量
FC-1220-冷凝水
FR-1211-粗乙醛流量
TR-1616-排出气体温度
TR-1617-粗乙醛温度

图 12.6 乙醛反应和吸收部分工艺流程图

因此，乙醛收率的计算式为

$$y_{\text{yield}} = 0.001 \times 0.6367764 y_{\text{f}} \times \rho_{\text{acc}} \times y_{\text{acc}} / F_{1203}$$

式中，y_{yield}为乙醛收率；y_{f} 为粗乙醛储罐进料体积流量；ρ_{acc}为粗乙醛密度；y_{acc}为粗乙醛中乙醛质量浓度；F_{1203}为乙烯进料质量流量。

粗乙醛密度 ρ_{acc}随粗乙醛的温度、压力和乙醛质量浓度变化，需要进行温压补偿。

粗乙醛储罐进料体积流量 y_{f} 与粗乙醛的乙醛质量含量 y_{acc}受反应单元的工艺操作参数影响，通过积累的大量历史数据进行回归分析，建立了它们的预测软测量模型

$$y_{\text{f}} = 0.0153 \times x_1 + 0.0105 \times x_2 + \cdots + 0.7894 \times x_{14} - 298.8$$

$$y_{acc}=0.049\times x_1-0.104\times x_2+\cdots+(-0.093)\times x_{14}-19.382$$

其中变量 $x_i(i=1,2,\cdots,14)$的物理意义如表 12.1 所示。

表 12.1 软测量辅助变量确定

位　　号	描　　述	代　　表	采样频率
FC-1206	循环气流量	x_1	实时
AI-1106	循环气乙烯含量	x_2	实时
AI-1102	循环气氧含量	x_3	实时
FC-1210	加工艺水量	x_4	实时
V102-SumCu	总 Cu 浓度	x_5	3h
V102-Pd	钯	x_6	3h
FI-1203	乙烯进料流量	x_7	实时
V102-CuRatio	Cu+/总 Cu	x_8	3h
V-102pH	V102-pH 值	x_9	3h
TI-1607	反应系统底温	x_{10}	实时
PC-1416	反应器压力	x_{11}	实时
FI-1201	小放空流量	x_{12}	实时
FC-1209	加脱盐水量	x_{13}	实时
FC-1214	循环废水	x_{14}	实时

将上述关系式整合,可得到以乙醛收率最大化为目标函数的优化

$$\max\ y_{yield}=0.001\times 0.6367764\times y_f\times \rho_{acc}\times y_{acc}/F_{1203}$$

$$y_f=0.0153\times x_1+0.0105\times x_2+\cdots+0.7894\times x_{14}-298.8$$

$$y_{acc}=0.049\times x_1-0.104\times x_2+\cdots+(-0.093)\times x_{14}-19.382$$

$$\rho_{acc}=-1.01\times(T_{1617}-29.3168)-2.68\times(y_{acc}-12)+955.59$$

$$x_i=rt(x_i),\quad i=1,2,3,7,9,10$$

约束条件为

$$x_{j\_\min}\leqslant x_j\leqslant x_{j\_\max}\quad j=4,5,6,8,11,12,13,14$$

式中,$rt(x_i)$指变量 x_i 的实时值;$x_{j_\max}$与 $x_{j_\min}$指 x_j 的上下限,它们由安全生产限制确定。

实时优化的实施架构如图 12.7 所示,包括实时数据采样、数据滤波与校正、稳态检测、模型校正、优化求解与输出处理等阶段,其中优化求解是采用非线性规划方法,具体细节可参考文献[78]。

该实时优化系统已在某石化股份有限公司的乙醛装置上投入使用,实施优化后可以提高收率 1%以上,每年可增加经济效益几百万元。

该实时优化系统采用机理分析建模和实验建模相结合的方法建立了优化模型,并进行模型的在线更新,采取实时优化与常规控制系统串级的典型优化结构形式,该系统已经在乙醛装置上获得了成功的应用。

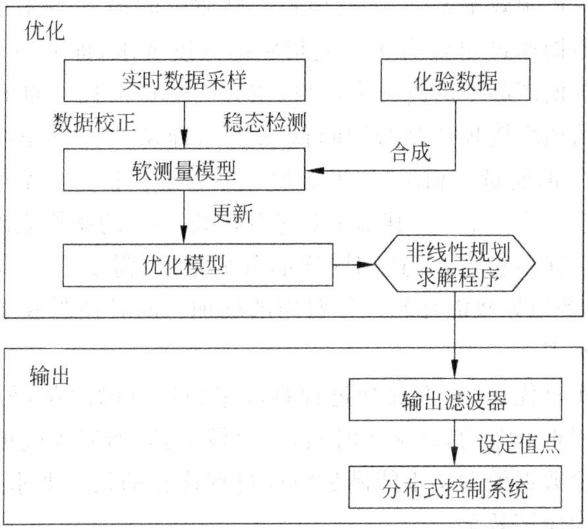

图 12.7 实时优化实施架构图

类似的方法在那些易于获得准确优化模型、生产过程较为平稳的场合也获得过一些成功的应用，但像乙烯、催化裂化等更为复杂的生产过程要获得现场应用就比较困难。为此，人们试图从其他途径开展实时优化方法的研究和应用，下面几节的应用案例将介绍这方面的工作。

12.4.2 集动态控制与稳态优化于一体的精馏过程实时优化

精馏过程是石化生产中的关键环节之一，对其控制直接关系到产品产量和节能降耗的水平，因而精馏过程的控制备受关注。常规的控制方法都是以控制温度这个间接变量来实现的。随着检测技术和计算技术的进步，在线分析仪表和软测量开始大量应用，对精馏塔实施直接以产品质量为被控变量的多变量预测控制等先进控制策略开始得到应用。在直接控制产品质量的基础上，进一步实现产品质量卡边优化，使高价值产品产率最大，同时也会使回流比降低，这意味着塔底再沸器消耗热量减少、能量消耗降低和操作费用（如冷却水、电力等消耗）的节约。在国内，在线仪表的使用较少，通常较多采用产品质量软测量来进行控制。然而对于精馏过程，由于产品纯度都相对较高，进料成分变化大，且生产负荷常常受到制约，使得产品质量的软测量精度难以达到产品质量控制和产品质量卡边控制的要求，即使采用在线分析仪，也常常难以达到精馏的测量要求，还必须最终依赖化验室离线化验结果来指导生产操作。同时，对于那种蒸发能力差异较小的混合物进行分离，需要更多的塔板数，导致塔内积蓄大，产品质量的过程动态特性呈现大迟延，增加了控制难度。有的精馏过程，其扰动和控制作用对产品质量影响的过渡过程时间长达十几个小时，即使现在广为成功应用的预测控制方法也难以满足控制的要求。

由于精馏过程控制效果差，一方面导致产品质量波动大，为保证产品质量合格，产品分离实际精馏操作设定要高于工艺指定的浓度要求，即使质量过高，这将增加高价值产品往低价值产品中的跑损率，也造成大的能量消耗。如 Humphrey 在文献[82]中给出某一精馏塔塔顶产品浓度降低 0.2%，即从 99.9%下降到 99.7%，那么可节约高达 13.5%的能量。相反，如果塔顶产品的工艺指定的浓度要求为 99.8%，而实际精馏操作设定为 99.9%，其结果是过程需要 10%的额外能源消耗。另外一方面由于塔的操作工况不稳定，为达到同样的分离精度，需要更大的回流比和再沸器加热热量，这将显著地导致能耗和操作费用的增加。同时控制效果差也使精馏过程的操作优化难以实现。

精馏过程的实时优化，一方面受过程难以平稳运行的限制，另一方面受到建立和应用优化模型困难的制约，其求解时间长、建模工具（如流程模拟软件）成本高等。然而其他基于实验数据模型又不能满足精馏过程优化的精度要求，因而传统的实时优化难以取得好的应用效果。

黄德先等在专利[81]中，针对实时优化问题中精馏过程不能平稳运行和不易建立精确模型的两大难题，提出了一种集动态控制与稳态优化于一体的实时优化方法。其基本思想是先从控制入手，提出一种新的控制方案，首先解决精馏过程的平稳运行问题，然后建立一种既满足优化精度而又易于计算的代理模型，最终解决了实时优化问题。

首先，专利[81]在深入分析精馏塔的物料平衡、组分平衡与其动态特性后，揭示了精馏过程中塔顶轻产品和塔底重产品抽出比率（以下称为轻重产品比率 η）和分离度（在工艺设备确定后，取决于塔顶和塔底温差和生产过程的平稳程度）是影响分馏产品质量和运行稳定的两个决定性因素的本质，进一步发现在满足分离度要求的前提下，轻重产品比率是唯一决定高价值产品的产量和其在低价值产品中的跑损以及能耗的一个重要参数，其不但反应灵敏，而且还包含了各种干扰因素，因而可以作为主要被控变量，也就是说只要控制住轻重产品比率，也就保证了产品质量平稳，就为实现实时优化打下了基础。

其次，专利[81]建立了精馏过程的严格机理模型，实现对实际过程的模拟。然后在此基础上进行训练并得到相应的神经网络模型，将之作为严格机理模型的代理模型。显然，采用代理模型既解决了采用严格机理模型求解时间长，又解决了采用实验数据模型精度不高的问题，从而为实现提高高价值产品产率与降低能耗为目标的优化创造了条件。具体实现方案如下。

1. 控制部分

引入轻重产品比率作为被控变量，轻重产品比率的控制目标由进料化验数据回归计算获得，并通过实际轻产品收率对其不断地进行误差校正。

由精馏塔物料平衡

$$F = D + B$$

$$Fx_F = Dx_D + Bx_B$$

其中 F、D、B 为进料流量、塔顶、塔底产品流量；x_F、x_D、x_B 为进料、塔顶、塔底产品中轻组分分率。则存在

$$D/B = (x_B - x_F)/(x_F - x_D)$$

因此，在运行中欲维持产品质量不变，维持 D/B 恒定是基本条件。

基于进料化验数据和对产品纯度的要求，可以初步计算理想的轻重产品比率值。对于多组分精馏塔，可根据塔顶塔底产品主要组成划分为两类组分，等效于双组分精馏塔来计算。

另外，考虑到现场流量仪表不可避免地存在着误差，计算出来的理想轻重产品比率值不能直接用于指导生产，需要用实际的轻重产品比率值进行校正。

由于塔顶塔底液位的变化会影响产品实时流量，因此要进行液位动态补偿计算，将液位变化补偿到产品流量上，得到真实的从塔内流出的流量，避免液位的波动而产生的产品积蓄而导致产品流量测量偏差。

在实际应用中在专利[81]中采用了精馏塔多变量预测控制方案，即以回流量和再沸器热负荷作为操作变量，以轻重产品比率、塔顶温度、塔底温度、回流比作为被控变量。通过测试建模，建立了回流量 R、再沸器热负荷 Q 与塔顶产品流量、塔底产品流量、塔顶温度、塔底温度的阶跃响应模型如下

$$\begin{bmatrix} D \\ B \\ T_{\text{top}} \\ T_{\text{bot}} \end{bmatrix} = f\left(G, \begin{bmatrix} R \\ Q \end{bmatrix}\right)$$

其中 f 为卷积运算；G 为阶跃响应模型；D、B 为塔顶、塔底产品流量；T_{top}、T_{bot} 为塔顶、塔底温度；R、Q 为回流量和再沸器热负荷。然后通过机理分析计算，建立过程的预测模型。回流比计算如下

$$r = R/D$$

其中 r 为回流比。

以此预测模型为基础，实时计算实际轻重产品比率、回流比并获取实时塔底温度值作为被控变量，进行多变量预测控制。为实现轻重产品比率、塔顶塔底温度、回流比这三类被控变量的协调控制，需要在控制策略上对各类变量分别对待。

(1) 对于轻重产品比率，可进行设定点控制，也可以以控制目标为基础，偏离的百分比作为控制限。对于温度和回流比，采用区域控制，保持回流比在一定的区域内是为了保证精馏塔有比较经济的分离度。

(2) 根据机理分析，各个变量在保证精馏过程平稳运行和产品合格两个方面具有不同的能力，因此需要根据它们的能力大小来设置不同的软优先级，在变量超限时根据软优先级进行调节。

(3) 预测控制的控制目标为各个变量的超限量加权计算值最小。软优先级通过设置各个变量的超限量加权计算的权值来实现。加权计算方法具有连续性，既

可以保证某一变量超限很大时对其进行主要调节，又可以实现几个变量都超限不大时的协调控制。权值越大，说明该变量控制超限的机会越小，即该变量软优先级越大。

2. 优化部分

首先在严格机理分析基础上建立优化模型，用其产生的数据来训练神经网络模型，并把此模型作为优化运行模型的代理模型。

应该说，采用严格机理分析下建立的优化模型（如采用流程模拟软件）对多种化工过程单元进行模拟仿真，可以在较大范围内保证对实际单元过程模拟的准确性，足以用来进行优化。但由于机理计算复杂，计算量比较大，难以在线使用。

如果使用流程模拟软件或其他机理分析模型提供反映生产过程大范围变化的输入输出数据，在此基础上进行统计模型的训练，可以获得既简单又可在线使用的代理模型。同时，使用流程模拟软件或其他机理分析模型的数据训练，相对实际过程数据，还可以克服实际过程中数据有噪声干扰，数据覆盖范围小，无法获得真正的稳态数据等弱点。

在实时优化中，以原料和产品的化验数据为基础，应用代理模型作为运行模型，采用遗传算法等智能优化算法，以保证产品质量，减小回流比，降低再沸器热负荷为目标，搜索更优的被控变量设定值（轻重产品比例、塔顶、塔底温度区域范围）。

专利[81]所提控制与优化方案的方框图见图 12.8，控制与优化程序流程图见图 12.9。

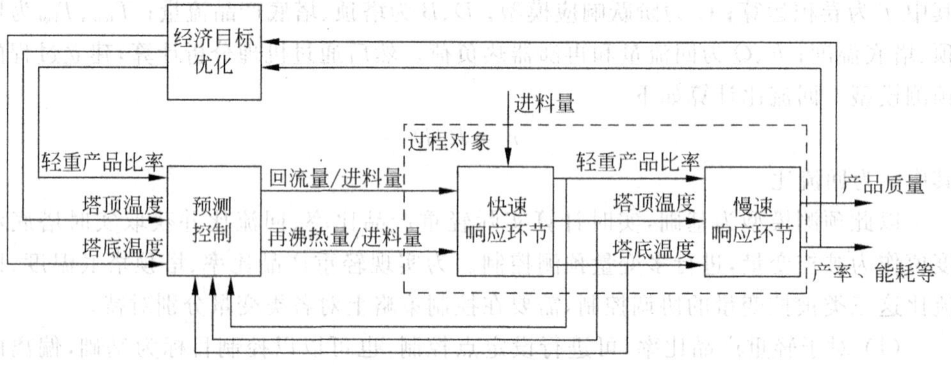

图 12.8　控制与优化方框图

该实时优化系统已在某石化股份有限公司的气分生产装置上获得成功应用，并已经连续运行四年，实现了脱丙烷塔、丙烯丙烷塔、脱乙烷塔和脱戊烷塔等的先进控制与实时优化，投用率达到 90%以上。在产品纯度、合格率、收率和能耗等方面有明显的提高（见表 12.2），在提高高价值产品和节能降耗方面所产生的年经济效益达 600 万元以上。

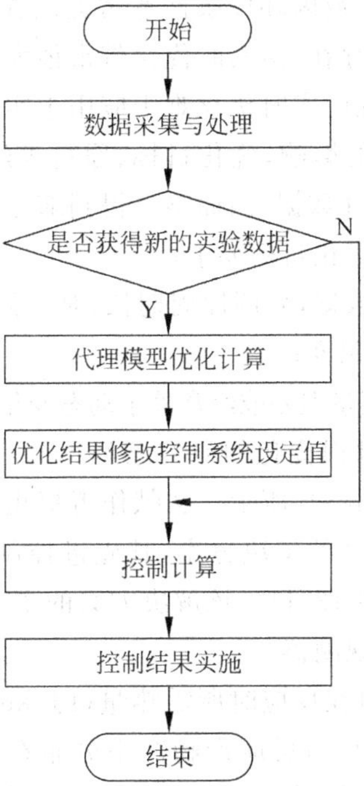

图 12.9　精馏塔控制与优化程序流程图

表　12.2

比较的产品内容	投入先进控制与优化前	投入先进控制与优化后
丙烷产品纯度	95%	99%
丙烯合格率	98.85%	99.3%
轻碳四合格率	98%	99.2%
丙烯收率	28.8%	30.5%
装置能量消耗	29.53 千克标油	23.7 千克标油

12.4.3　FCCU 反应再生过程的实时优化

催化裂化装置(FCCU)是用来将重质油加工成为轻质油——液态烃、汽油、柴油，是石油加工过程中数量多、效益大的一个重要生产装置。其中反应再生部分是 FCCU 的“龙头”，它影响着整个 FCCU 的运行情况。本小节主要讨论反应再生过程的优化问题。

随着原料、市场需求、操作条件等的变化，生产过程中各种变量受限状况也随之而不同，所要求的最优产率分布也会发生变化。当原料和操作条件变化后，在所有变量不超限的情况下，如果能迅速找到最优产率分布以及与之相对应的反应深度，并将此反应深度保持平稳运行，则潜在的效益将会很大。长期以来 FCCU 的离线优化和在线优化一直是人们关注的热点问题，但由于反应再生过程机理复杂难以建立精确的优化模型、主要工艺参数因环境条件恶劣无法在线检测、原料变化激烈、反应深度变化频繁等多种因素的存在，给实时优化带来很大的困难。

经过分析，发现采用传统的实时优化难于应用于实际生产过程的主要原因是：

(1) 受到市场经济环境的影响，优化目标、原料等经常处于变化的情况下，很难得到原料性质和催化剂的活性数据，因而难以得到随之而变的优化模型；

(2) 模型精度难于满足优化目标要求；

(3) 需要等待稳态实测数据，故调优周期长，对于频繁变化的反应过程难以快速调整和准确维持优化的反应深度；

(4) 实测过程数据由于测量误差或经常处于动态变化中而难以满足物料和热平衡。

多年来，关于反应再生过程优化的研究已经得到不少成果，其中具有代表性的成果如文献[53]，专利[83]和[84]所示。文献作者提出了一整套新的 FCCU 反再部分先进控制与实时优化相结合的解决方案，其先进控制与实时优化系统如图 12.10 所示，实时优化实施架构见图 12.11。该解决方案的主要组成有：

(1) 反应深度(反应热)观测器

用宏观反应热(单位进料在反应时所需热量(kJ/kg))衡量裂解反应过程的反应深度。因为宏观反应热的大小与反应产物产率分布在原料性质和催化剂类型一定时是对应的，宏观反应热对各种影响反应深度的因素响应迅速。原料性质不变时维持反应热一定，就可使反应深度稳定；原料性质变化时，则调整反应热可以达到优化值(调优)。文献[84]提出把反应深度作为控制变量的反应过程控制方案。

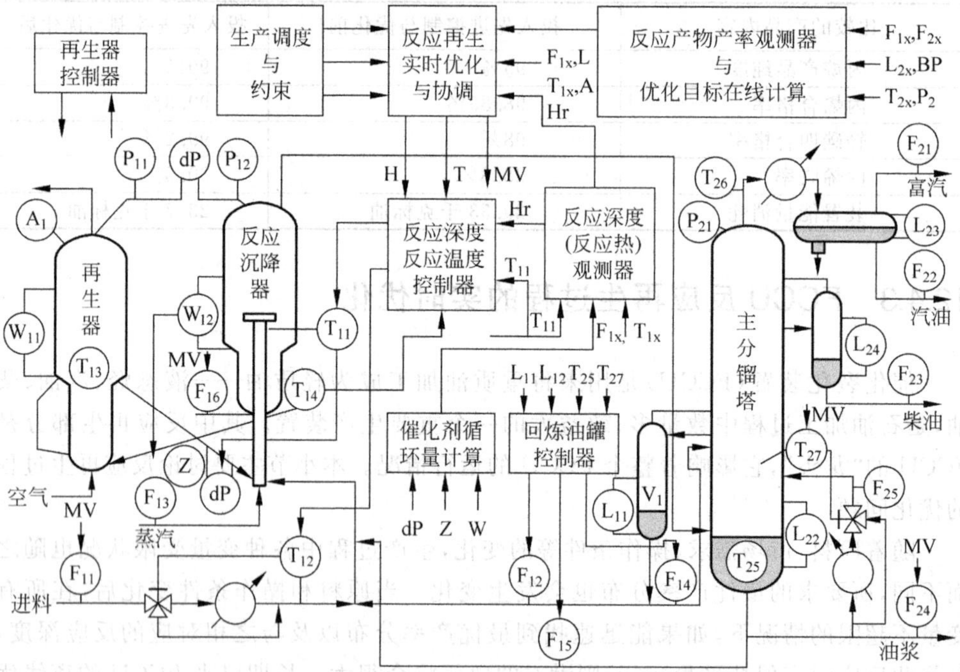

图 12.10 FCCU 反再部分先进控制与实时优化系统

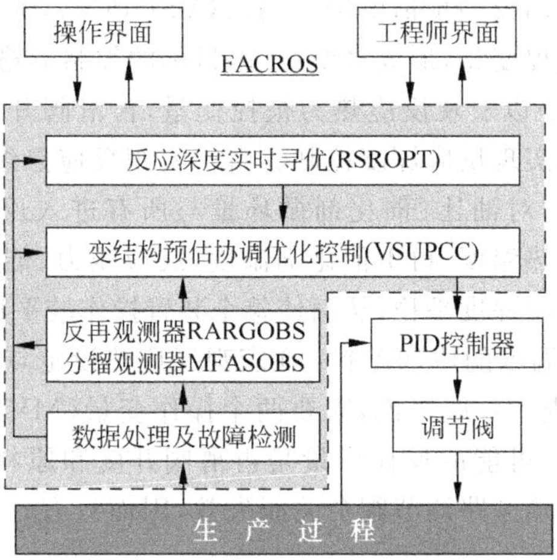

图 12.11　实时优化实施架构图

(2) 各反应产物产率观测器与优化目标的在线实时计算

该方案新颖的基本思路在于利用控制中常用的反馈概念解决实时优化时难以取得的准确优化模型及在线计算等难点，即把装置中的实测变量反馈回来计算出反应产物产率，这样就无需事先得到原料性质的数据，同时也避免了用模型预测的误差。

对于 FCCU，主分馏塔顶油气分离罐抽出的富气和汽油流量，侧线汽提塔抽出的柴油流量，塔底抽出的油浆流量，均有实测数据，为在线实时计算反应产物流量(产率)提供了条件，但这些测量信息与反应器出口(主分馏塔入口)各产物流量在实际操作运行状态下并不等同，需要用主分馏塔及相关设备的动态数学模型进行计算，从物理概念上，主要考虑的因素有：

① 塔器中物料积蓄量(液位变化)的修正；以塔顶回流罐抽出汽油流量为例，液位变化时，流入分离罐(塔顶馏出)的汽油流量与实测抽出汽油流量是不相等的，需通过动态数学模型和液位测量信号，计算出塔顶汽油馏出流量，再考虑塔内积蓄量的变化，才能算出塔入口汽油流量。采用其他产品流量计算主分馏塔入口相应流量也类似；

② 沸点范围修正：各反应产物产率应是基于标准沸点范围(质量指标)下的流量，如一般汽油初馏点是 30℃，终馏(干)点是 205℃；但分馏塔运行时常偏离这一范围，因此，必须对沸点的范围进行修正，也就是需要去除分馏塔操作状态的影响。这里的关键是实时确定各油品的沸点范围，根据其与标准沸点之差，对计算所得流量进行修正；

③ 迟延时间修正：计算中需考虑物料传送过程中时间迟延的修正。

在各反应产物产率计算的基础上，就可根据需要计算反应深度的优化目标。

(3) 反应再生部分多变量预估协调控制

FCCU 反再部分是公认的互相关联影响密切、操作控制要求高的多变量、多目标的生产过程，采用变结构模型预估协调控制器(VSUPCC)，充分利用所有信息、实现状态变量反馈、适应过程变化，形成多变量、多目标的控制策略，具体内容如下：

① 反应深度控制：以宏观反应热为被控变量，再滑阀开度为操作变量，通过改变再生催化剂循环量，实现反应深度控制。由于宏观反应热综合了影响反应深度的各种因素：包括催化剂对油比(催化剂循环量与所有进入反应器的原料油流量之比)、反应温度、原料预热温度、再生催化剂温度、反应压力、催化剂活性等。因此，维持反应热平稳，可使反应深度平稳，从而使整个装置操作较平稳。

② 反应热与反应温度的协调控制：在宏观反应热设定点控制下，仍需要将反应温度控制在一定范围内。一般来说，需要两个操作变量(MV)才能将两个被控变量均维持在其设定值上。可能的操作变量是再滑阀开度和原料预热温度。但后者调节范围有限，经常因换热旁路调节阀全关而失效，因而只有一个操作变量，需对两个被控变量进行协调。

协调的办法是：对反应温度实施浮动区域控制。当反应温度处于浮动区域内，且与上下限距离较远时，只对反应热进行控制；若反应温度与上下限距离较近时，则按偏离中心值的程度对反应温度加权。当反应温度超出浮动区域时，只对反应温度进行控制。应该特别注意，反应温度的上下限不应超出规定的上下限值，以保证正常裂化和运行的安全。

(4) 反应深度的在线实时优化

在上述条件具备后就可以进行反应深度的实时优化，当原料性质和操作条件发生变化后，应立即进行计算，给出新的反应热(深度)的优化值，并使之迅速调整到和维持这一优化值，这是对反应深度实时优化的要求。它需要解决以下问题：

① 优化目标的在线实时计算

反应深度的优化目标有多种，需按生产调度要求设定。各种目标均基于反应产物产率，乘以不同的加权系数，得到不同的优化目标，举例如表 12.3 所示。

表 12.3 FCCU 反应再生优化目标举例

序号	目　标	说　明
1	经济效益最高	对所有产品产率按出厂比价加权
2	(液态烃＋汽油＋柴油)产率最高	对括号内产率的加权系数为 1，其余为零
3	(汽油＋柴油)产率最高	对括号内产率的加权系数为 1，其余为零
4	汽油产率最高	只对汽油加权，其余为零
5	柴油产率最高	只对柴油加权，其余为零

② 优化方法与特点

寻优逻辑：改变宏观反应热设定值，检测优化目标值的变化，若二者变化方向一致，则增加反应热设定；若二者变化方向相反，则减小反应热设定值；直到本系统判断不再需要调优为止，并维持在优化状态下运行。出现约束时朝脱离约束方向调优；出现工况变化后等待工况正常后再调优。寻优逻辑的特点是：

判断目标变化时设有动态补偿，可在动态变化状态下寻优，提高了目标优化下判断的准确性，为缩短寻优周期创造了条件。

根据目标和反应热的相对变化来寻优，因而对产率和宏观反应热在线实时计算时的绝对准确性要求不高，便于在工业环境下实现优化。

本次优化目标达到后，维持平稳运行；在需要时自行启动优化功能。

由于宏观反应热控制系统响应迅速，调整设定值后可在一分钟内达到新的设定值，加上目标计算基于动态数学模型，使快速调优成为可能。

寻优过程的启动，有以下几种方式：

本系统第一次运行时，立即开始优化过程。

本系统自行判断原料性质变化后，自动启动寻优过程。

前次寻优停止后达到预先规定的暂停时间后自行启动寻优。

操作员通过操作面板上的“ON/OFF”开关，可随时启动寻优。

③ 约束与工况判断

本系统考虑以下约束：反应压力约束、主分馏塔顶压力约束、反应温度约束、再生温度约束、烟气氧含量约束、工程师不允许投用、宏观反应热未投入控制、产率在线观测计算未运行，如果处于约束状态则给出约束信息。

当出现以下情况时暂停寻优：过程变量(含在线计算值)有故障、原料中掺渣比变化、提升管上下喷嘴进料比变化、回炼比变化、原料性质明显变化；待工况正常或平稳后，自动启动寻优。

此优化技术已经在近十个生产装置上得到应用，每个生产装置的年经济效益均在千万元以上，文献[85]介绍了该方法在目前亚洲最大的重油催化裂化装置(年处理能力350万吨)的应用结果，现场测试、标定结果表明液收提高了0.7%以上，同时考虑到生产方案、设备仪表、价格核算等因素，该套装置的综合效益约为2400万元/年。

12.5 小结

复杂流程工业过程的实时优化是一个数十年来该领域许多科技工作者所期望解决的难题，即使在未来一段时间内也是一个挑战性的课题。本章中仅介绍了三个案例。第一个案例是一个采用比较标准的实时优化方法的实时优化应用，其采用机理分析建模和实验建模相结合的方法建立了优化模型，并进行模型的在线更新，采取实时优化与常规控制系统串级的典型优化结构形式，实现了乙醛装置乙醛收率最大化为目标函数的优化。这种标准方法在那些易于获得准确优化模型、生产过程较为平稳的场合能够得到成功应用，但对于更为复杂的流程工业过程，由于获取较为准确模型的困难、原料及操作条件多变和生产过程难以平稳等因素，使直接依赖优化模型在线应用获取优化操作点这种模式难以取得长期使用效果。另外一种思路是：针对标准实时优化所遇到的各种问题，在基于深入剖析应用过程的工艺机理的基础上，分析应用过程影响实时优化实现的主要问题，综合生产工艺技术、信息技术、先进控制技术、人工智能技术、优化技术等技术，有针对性地解决实时优化中关键瓶颈问题，实现综合解决方案，最终达到实时优化的目标。案例二和案例三就是这种思路的体现。它们均是通过基于工艺机理分析、采用先进控制技术、直接改变反映生产过程的关键指标、从而达到优化目的。例如案例二中提出的轻重产品比率这一参数，它既是决定高价值产品的产量及其在低价值产品中的跑损，又涉及生产中能量耗损的一个关键参数，又例如案例三中采用宏观反应热衡量裂解反应过程的反应深度的平稳，再将控制中的反馈思想引入实时优化，通过引入反映产品产率、产品质量、能耗物耗、环保等反映经济收益和社会效益的测量变量或化验数据，实现在线优化，从而避免了标准实时优化问题中通常需要获取准确的优化模型和需要事先得到物性数据以及在线计算等难点问题。

在线优化方面的案例和实现实时优化的途径还有很多，诸如统计调优、相关积分调优等。文献[86]提出一种相关积分调优方法，把调优变量与目标函数作为动力学系统处理，而将调优变量作为均值可控的随机过程，并在目标函数中，加入了动态扰动项。导出的相关积分算法中，只需通过调优变量及目标函数随时间动态变化的观测值，即可对过程进行优化操作而无需过程的机理或统计模型，在实际应用中取得了不错的应用效果。

复杂流程工业过程的实时优化问题是伴随着工业过程发展而提出的一个难点也是热点问题，是一个有着重大经济效益和社会效益的应用研究问题，也是一个值得深入探讨的领域。显然在这个领域里挑战与机遇并存。

第三篇小结

本篇主要讨论20世纪80年代发展起来的先进控制技术。先进控制是以整个装置为对象，把主要被控变量和操作变量全部纳入控制系统，因而具有良好的解耦性和跟踪性，所实现的整体控制既保证了整个装置的稳定运行，又可以实现卡边优化生产的目标。可以说，先进控制技术是一种把基于现代控制理论的最优控制技术、建模技术和基于经典控制理论的反馈控制技术进行完美结合的一门新的应用技术，在工业生产中已经获得了广泛应用。但是这种控制的研究与应用时间并不长，还没有一个大家公认的定义，因而本篇仅介绍了推理控制、预测控制、间歇控制、整厂控制以及实时最优化等内容，其中推理控制是涉及那种主要被控量不能测量时的控制方法，此方法是软测量技术的一种延伸，实际上目前软测量的应用更广泛于推理控制；预测控制则是在先进控制中提出最早，且应用最广泛的，自20世纪70年代提出以来，已经在全球各类工业过程中有了数千实例的应用，且工业应用的趋势不减，其预测的理念更是被推广到其他各个领域；至于间歇控制，它是一类间歇过程，由于它适应于小批量、多品种、多规格、高质量生产的要求，被广泛应用于生化产品和药物、特殊化学品，以及复合材料等广泛的生产领域，越来越受到重视。间歇过程控制，不仅需要按连续生产过程的要求来进行控制，还必须按批量生产过程的特点来进行控制，例如顺序控制，逻辑控制等；还有整厂控制，这是一个比较新的问题，以前讨论的是多变量系统的控制，而基于整个生产流程的控制系统问题并没有引起工业界和学术界的足够重视，考虑到越来越多的石化企业采用了物料再循环来提高产品品质和收率，还有采用热集成来降低能耗，这些措施的引入则加强了装置间的密切关联，在全厂生产过程中从下游装置到上游装置的物料再循环以及装置间热交换将会产生过程扰动在装置之间传播的现象，给控制带来了很多新的问题，因此，整厂控制就应运而生，整厂控制这一章揭示了工艺上采取物料再循环和热集成等措施后从控制角度来看将会出现响应速度趋缓和雪崩效应等现象，并讨论如何解决这些控制难题；最后讨论了实时最优化问题，这实际上是个优化问题，但它是先进控制发展的必然趋势，因为要实现实时最优化，如果不与先进控制相结合是无法实现的，同样，如果要充分发挥先进控制的作用，没有最优化给出不断变化的最优工作点也无法达到先进控制的目标。这就是为什么把这一章放在本篇讨论的原因。这里讨论了优化问题的描述、建模、优化算法，同时给出了几个不同类型的实时最优化案例，以便加深对实时最优化问题的理解和认识。

应该说，先进控制，尤其是与最优化的结合，还是一个有待研究和发展的方向，我们将关注其研究的新成果，使得本篇成为一个动态更新的一篇。

思考题与习题

第8章

8.1　在图8.2所示推理控制系统中，模型$\hat{G}_{ps}(s)$静态增益的正误差和负误差对系统输出的影响是不对称的。若所有模型均具有正的静态增益，则当$K_{ps}<\hat{K}_{pc}$时，有可能引起系统不稳定。试从概念上加以解释。

8.2　已知2×2系统的传递函数矩阵$\boldsymbol{G}(s)$如式(8-13)，当$\tau_{11}>\tau_{12}$，$\tau_{22}\leqslant\tau_{21}$，且$\tau_{11}-\tau_{12}>\tau_{21}-\tau_{22}$，试采用将$\boldsymbol{G}(s)$的列与列进行交换的方法设计多变量推理控制器$\boldsymbol{G}_{iv}(s)$，并求系统在设定值变化下的输出响应。

8.3　在2×2多变量推理控制系统中，为什么滤波阵一般取对角阵？为什么设计控制器$\boldsymbol{G}_{iv}(s)=\boldsymbol{F}(s)\boldsymbol{\theta}(s)\hat{\boldsymbol{G}}(s)\boldsymbol{D}(s)$而不取$\boldsymbol{G}_{iv}(s)=\boldsymbol{\theta}(s)\hat{\boldsymbol{G}}(s)\boldsymbol{D}(s)\boldsymbol{F}(s)$？

第9章

9.1　利用多步预测控制算法，可以求得控制向量$\Delta\boldsymbol{u}=[\Delta u(k),\Delta u(k+1),\cdots,\Delta u(k+L-1)]^{\mathrm{T}}$，一般情况下，只执行$\Delta\boldsymbol{u}$中的第一项，即$\Delta u(k)$，试问在对同一对象进行控制时，多步预测与单步预测控制所求得的$\Delta\boldsymbol{u}$是否相同？控制结果一样吗？

9.2　在DMC动态矩阵算法中，预测步长P和控制步长L有不同选择。假设有三种情况：①$P=L=1$；②$P=L>1$；③$P\neq L$。如果在同一对象上分别加以实施，请讨论它们的控制效果。

9.3　在用状态空间表示法分析预测控制机理时，需要将预测卷积模型转换为状态方程，试从单位阶跃响应序列$a_1,a_2,\cdots,a_N$和脉冲响应序列$h_1,h_2,\cdots,h_N$分别推出预测控制算法的状态空间表达式。

9.4　已知某对象的脉冲响应序列为(0.15,0.25,0.2,0.18,0.15,0.08)，在预测步长为3，控制步长为2，$y_{sp}=y_r=10$的情况下，利用动态控制矩阵控制算法进行控制。假设已知对象实际输出$y(k)=9.0$，$y(k+1)=9.5$，且$u(k-1)=u(k-2)=\cdots=u(k-6)$，试求出第一、第二步控制向量。

9.5　如何理解基于状态空间模型的状态反馈预测控制方法是结合了预测控制和状态反馈控制的优点，它如何克服了基于输入输出模型的预测控制方法的局限性？

9.6　对于如下式描述的多输入多输出系统

$$\boldsymbol{X}(k+1)=\boldsymbol{AX}(k)+\boldsymbol{Bu}(k)$$

$$\boldsymbol{Y}(k)=\boldsymbol{CX}(k)$$

其中，$\boldsymbol{X}\in R^n$，$\boldsymbol{Y}\in R^r$，$\boldsymbol{u}\in R^m$，$\boldsymbol{A}\in R^{n\times n}$，$\boldsymbol{B}\in R^{n\times m}$，$\boldsymbol{C}\in R^{r\times n}$。不失一般性，设矩阵$\boldsymbol{C}$是

行满秩的，即 rank $\boldsymbol{C}=r$，并以行向量形式表示为 $\boldsymbol{C}=[\boldsymbol{c}_1^{\mathrm{T}},\boldsymbol{c}_2^{\mathrm{T}},\cdots,\boldsymbol{c}_r^{\mathrm{T}}]^{\mathrm{T}}$。

试推导出基于以上离散状态空间模型的状态反馈单值预估控制算法(对于单值预估算法，只取未来某个采样时刻的预估值，最优控制的实质是使预估输出等于给定值)。

第 10 章

10.1 间歇过程的定义是什么？与连续生产过程相比，间歇生产过程的主要特点有哪些？

10.2 阐述间歇过程控制系统的主要控制功能。

10.3 间歇过程生产模型中过程控制层由哪几部分构成？并说明各部分的功能。

10.4 简述间歇过程顺序逻辑的主要表达方式和特点。

10.5 简述间歇过程先进控制的主要方法和特点，试说明它们与连续过程先进控制的本质区别。

10.6 考虑如下一个间歇过程，其包括一个带有两个液位指示器的化学储液罐，一个加热器，进料泵 P_1 和出料泵 P_2，进料阀 V_1 和出料阀 V_2。过程的操作步骤为：

(1) 开始按钮 S，启动批次。

(2) 打开进料阀，启动进料泵，直到液体达到高限 L_1。

(3) 加热液体直到温度超过 T_{H}。加热可以从液位超过 L_0 时就开始。

(4) 打开出料阀，启动出料泵，直到液体达到低限 L_0。

(5) 关闭所有阀门，返回第(1)步，等待新批次的开始。

试画出该间歇过程的信息流图、顺序逻辑图和梯形逻辑图。

第 11 章

11.1 根据图 11.4，推导式(11-2)，即 $\gamma=\dfrac{kM}{F_0+kM}$。

11.2 根据图 11.5，推导出再循环流量 D 的表达式为 $D=\dfrac{F_0^2}{kM-F_0}$。

11.3 根据图 11.13，推导式(11-6)，即 $B=\dfrac{FkMx_{\mathrm{D}}}{(1-x_{\mathrm{B}})F+(x_{\mathrm{D}}-x_{\mathrm{B}})kM}$。

11.4 根据图 11.12 中反应-分离-再循环工厂的常规控制方案，当产量比设计工作点减少 20%时，计算再循环流量 D 的新的稳态值。

11.5 对图 11.13 中反应-分离-再循环工厂的 Luyben 控制方案，当产量增加了 20%后，求证反应器滞留量 M 的新的稳态值为 400mol。

11.6 根据图 11.14 中反应-分离-再循环工厂的 Wu 和 Yu 控制方案，当产量增加了20%后,求证 x_D 的稳态值仍然是90%。

11.7 图11.10描述了HDA工厂设计一种整厂控制方案。建议根据11.4节中介绍的整厂控制设计步骤,采用基于过程知识的启发式设计思想来推导出这种设计方案。并且解释你的设计是如何防止再循环回路中雪崩现象出现的。

第12章

12.1 一个用燃油加热的再沸油加热炉,其热效率与许多因素有关,但主要受到进入炉膛的空气量与燃油流量之比(即空/燃比)的影响,试从加热炉物理过程来分析在热效率与空/燃比之间是否存在最优点。

12.2 一个炼油厂用两种原料进行生产,产量见下表。因为设备和存储量的限制,生产的汽油、煤油及燃料油必须限制在表中所示的范围里。假设处理1#原油的利润是7.00元/桶,处理2#原油的利润为4.9元/桶。用作图法找出两种原油日处理量的近似优化值。

	产量/(体积的%)		
产品	1#原油	2#原油	最大允许产量桶/天
汽油	70	31	15000
煤油	6	9	2400
燃料油	24	60	12 000

12.3 一个特殊化工设备生产两种产品 A 桶和 B 桶。产品 A 和 B 利用同样的原料;A 要用120kg/桶,而 B 要用100kg/桶。原料供应的上限是9000kg/天。另一个约束是库存空间(总计 40m^2,A 和 B 均需要 0.5m^2/桶)。另外,生产时间限于7h/天。A 和 B 生产量分别为20桶/h和10桶/h。假设 A 的每桶利润为10元,B 的每桶利润为14元,试找到最大化利润下生产水平。

12.4 一个连续流动的生物恒化器的动态模型有下述形式

$$\dot{X} = 0.063C(t) - Dx(t)$$

$$\dot{C} = 0.9S(t)[X(t) - C(t)] - 0.7C(t) - DC(t)$$

$$\dot{S} = -0.9S(t)[X(t) - C(t)] + D[10 - S(t)]$$

其中 X 是生物量浓度,S 是基质浓度,C 是代谢中间体浓度。稀释率 D 是独立变量,它是流量除以恒化器的体积。

请用计算机编程来优化稀释率 D,使生物量稳态生产率 f 最大化,其中 $f=DX$。

12.5 可逆反应,$A \rightleftharpoons B$,发生在如题图12.1所示的绝热连续搅拌反应器中,其前向和反向反应率可以表为

$$r_1 = k_1 C_A$$

$$r_2 = k_2 C_B$$

其中反应率常数由下面公式

$$k_1 = 3.0 \times 10^6 \exp(-5000/T)$$

$$k_2 = 6.0 \times 10^6 \exp(-5500/T)$$

每个反应率常数单位是 h^{-1}，T 是绝对温度。利用 MATLAB 优化工具或 Excel 去最大化 B 的稳态生产率，以确定温度 T(K) 和流量 F_B(L/h) 的最优值。它们的允许值是 $0 \leqslant F_B \leqslant 200$ 和 $300 \leqslant T \leqslant 500$。

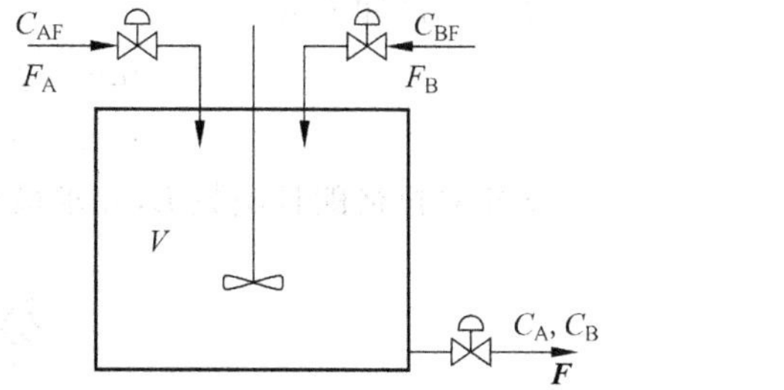

题图 12.1

可用信息：

(1) 反应器是完全混合的。

(2) 流体体积 V，利用溢流(没有在图中表示)维持常数。

(3) 下面的变量维持在所指定的数值：

$$V = 200\text{L} \quad F_A = 150\text{L/h} \quad C_{AF} = 0.3\text{mol A/L}$$
$$C_{BF} = 0.3\text{mol B/L}$$

12.6 给出约束和目标函数的图示，求解下面线性规划问题。

$$\begin{aligned} \max \quad & x_1 + 2x_2 \\ \text{s.t.} \quad & -x_1 + 3x_2 < 10 \\ & x_1 + x_2 \leqslant 6 \\ & x_1 - x_2 \leqslant 2 \\ & x_1 + 3x_2 \geqslant 6 \\ & 2x_1 + x_2 \geqslant 4 \\ & x_1 \geqslant 0 \qquad x_2 \geqslant 0 \end{aligned}$$

12.7 如下方程是一个已经通过添加松弛变量转化成标准规范形式的 LP 问题，这个问题有一个基本可行解(设初始非量变量 $x_1 = x_2 = 0$)。

$$-2x_1 + 2x_2 + x_3 = 3$$
$$5x_1 + 2x_2 + x_4 = 11$$
$$x_1 + x_2 + x_5 = 4$$
$$4x_1 + 2x_2 + f = 0$$

其中 f 是目标函数，并取其最小。

请回答下列问题：

(1) 如何选择非量变量使其增大以改进目标函数？

(2) 在(1)中指定变量的极限是多少？

(3) 指定在初始单纯形表中哪一行和哪一列为主元项？

12.8 使用拉格朗日乘子算法求解下面的问题。找到原点和曲线间的最大和最小距离，曲线方程如下：

$$5x_1^2 + 6x_1x_2 + 5x_2^2 = 8$$

提示：目标函数为原点到曲线的距离 $\sqrt{x_1^2 + x_2^2}$。

12.9 已知方程

$$\min \quad f = x_1^2 + x_2^2 + 4x_1x_2$$

$$\text{s.t.} \quad x_1 + x_2 = 8$$

试建立拉格朗日函数 L，并求最小值所必要的条件，然后求解这个最优化问题。

参考文献

[1] Brosilow C, and Tong M. Inferential control of processes: 2. structure and dynamics of inferential control systems. AIChE Journal,1978,24(3): 492～500

[2] Mesarović M D. The control of multivariable systems. New York, London: Cambridge, Mass.; John Wiley & Sons. Inc.; The Technology Press of M. I. T. 1960

[3] Parrish J R, Brosilow C B. Inferential Control Applied to Industrial Autoclaves. IFAC Real Time Digital Control Applications, Guadalajara, Mexico, 1983

[4] Takamatsu T, Shioya, So Okada Y. Application of Adaptive/Inferential Control System for Operation of Polymerization Reactors, Ind. Eng. Chem. Process Des. Dev. ,1986,25(3): 821～828

[5] Wright J D et al. Inferential control of an exothermic packed bed tubular reactor. 1977 Joint Automatic Control Conference. 1977, IEEE, New York, NY, USA: San Francisco, CA, USA. 1516～1522.

[6] 李海青，黄志尧. 软测量技术原理及应用. 北京：化学工业出版社，2000

[7] Richalet J et al. Model predictive heuristic control: Applications to industrial processes. Automatica,1978,14(5): 413～428

[8] Cutler C R, Ramaker B L. Dynamic matrix control—A computer control algorithm. 1980 Joint Automatic Control Conference,1980: p. WP5-B/6 pp. |806.

[9] Rouhani R, Mehra R K. Model algorithmic control (MAC): basic theoretical properties. Automatica,1982,18(4): 401～414

[10] Bruijn P M, Bootsma L J, Verbruggen H B. In: Digital Computer Applications to Process Control. Proceedings of the 6th IFAC/IFIPConference. Oxford, UK: Pergamon, 1980. 315～320

[11] Garcia C E, Morari M. Internal model control: 1. a unifying review and some new results. Industrial & Engineering Chemistry Process Design and Development, 1982, 21 (2): 308～323

[12] 李嗣福. 一种改进的模型算法控制. 信息与控制，1988,17(1): 15～20

[13] 丛松波，袁璞. 基于状态方程的预估控制技术. 工业过程模型化与控制，1989,1(2): 159～165

[14] 袁璞，左信，郑海涛. 状态反馈预估控制. 自动化学报，1993,19(5): 569～577

[15] Mehra R K et al. Model algorithmic control: theoretical results on robustness. In: Proceedings of the 1979 Joint Automatic Control Conference. New York, NY, USA: AIChE, 1979. 387～392

[16] Mehra R K, Rouhani R. Theoretical considerations on model algorithmic control for nonminimum phase systems. 1980 Joint Automatic Control Conference. San Francisco, CA; United States; 13～15 Aug. 1980

[17] 淳于怀太，钟晶. 纯滞后对象的 DMC 预报控制. 化工自动化及仪表，1988,15(6): 22～27

[18] 张明,王诗宓. 基于预测偏差的模型算法控制. 清华大学学报,1990,30(1):89~95
[19] 黄德先等. 预估控制策略在大纯滞后过程的应用. 化工自动化及仪表,1995,22(6):10~15
[20] Garcia C E, Prett D M, Morari M. Model predictive control: theory and practice-a survey. Automatica,1989,25(3):335~348
[21] Zhang W Y et al. Adaptive state feedback predictive control and expert control for a delayed coking furnace. Chinese Journal of Chemical Engineering,2008,16(4):590~598
[22] Clarke D W, Mohtadi C, Tuffs P S. Generalized predictive control: 1. The basic algorithm. Automatica,1987,23(2):137~148
[23] 孙德祥,袁璞. 一种通用的预估控制算法. 工业过程模型化及控制,1994,6:105~111
[24] Dekeyser R M C, Vandevelde P G A, Dumortier F A G. A comparative-study of self-adaptive long-range predictive control methods. Automatica,1988,24(2):149~163
[25] 席裕庚,许晓鸣,张钟俊. 预测控制的研究现状和多层智能预测控制. 控制理论与应用,1989,6(2):1~7
[26] Seborg D E, Edgar T F., Mellichamp D A 著,王京春,王凌,金以慧译. 过程的动态特性与控制. 第二版. 北京:电子工业出版社,2006
[27] 王树青. 工业过程控制工程. 北京:化学工业出版社,2003
[28] 宋建成. 间歇过程计算机集成控制系统. 北京:化学工业出版社,1999
[29] 王锦标. 计算机控制系统. 第二版. 北京:清华大学出版社,2008
[30] Balakrishnan K S, Edgar T F. Model-based control in rapid thermal processing. Thin Solid Films,2000,365(2):322~333
[31] Chen D, Seborg D E. PI/PID controller design based on direct synthesis and disturbance rejection. Industrial & Engineering Chemistry Research,2002,41(19):4807~4822
[32] 王树青,张学鹏,陈良. 半导体生产过程的 Run-to-Run 控制技术综述. 浙江大学学报(工学版),2008,42(8):1393~1398
[33] Chang Z, Hao D, Baras J S. Performance evaluation of run-to-run control methods in semiconductor processes. Proceedings of 2003 IEEE Conference on Control Applications, 2003,2:841~848
[34] Bode C A, Ko B S, Edgar T F. Run-to-run control and performance monitoring of overlay in semiconductor manufacturing. control engineering practice,2004,12(7):893~900
[35] 孙明轩,黄宝健. 迭代学习控制. 北京:国防工业出版社,1999
[36] 徐一新. 间歇过程的自适应迭代学习控制研究. 硕士论文,北京:清华大学,2009
[37] Lee J H, Lee K S, Kim W C. Model-based iterative learning control with a quadratic criterion for time-varying linear systems. Automatica,2000,36(5):641~657
[38] Lee J M et al. Integrated wiring system for construction equipment. IEEE/ASME Transactions on Mechatronics,1999,4(2):187~195
[39] Xiong Z H, Zhang J. Product quality trajectory tracking in batch processes using iterative learning control based on time-varying perturbation models. Industrial & Engineering Chemistry Research,2003,42(26):6802~6814
[40] 何霆等. 车间生产调度问题研究. 机械工程学报,2000,36(5):97~102
[41] Luyben W L. Dynamics and control of recycle systems: 1. Simple open-loop and closed-loop systems. Industrial & Engineering Chemistry Research,1993,32(3):466~475
[42] Foss A S. Critique of chemical process-control theory. AIChE Journal, 1973, 19(2): 209~214

[43] Bequette B W. Process Control：Modeling，Design and Simulation. New Jersey：Prentice Hall，2003

[44] Luyben W L，Tyreus B D，Luyben M L. Plantwide Process Control. New York：McGraw-Hill，Inc. ，1999

[45] Luyben W L. Snowball effects in reactor/separator processes with recycle. Industrial & Engineering Chemistry Research，1994，33(2)：299～305

[46] Wu K-L，Yu C-C. Reactor/separator processes with recycle：1. Candidate control structure for operability. Computers & Chemical Engineering，1996，20(11)：1291～1316

[47] Larsson T et al. Control structure selection for reactor，separator，and recycle processes. Industrial & Engineering Chemistry Research，2003，42(6)：1225～1234

[48] Larsson T，Skogestad S. Plantwide control—A review and a new design procedure. Modeling Identification and Control，2000，21(4)：209～240

[49] Shinnar R. Chemical Reactor Modelling for Purpose of Controller Design. Chemical Engineering Communications，1981，9(1-6)：73～99

[50] Arbel A，Rinard I H，Shinnar R. Dynamics and control of fluidized catalytic crackers. 3. Designing the control system：Choice of manipulated and measured variables for partial control. Industrial & Engineering Chemistry Research，1996，35(7)：2215～2233

[51] Skogestad S. Near-optimal operation by self-optimizing control：From process control to marathon running and business systems. Computers & Chemical Engineering，2004，29(1)：127～137

[52] 陆恩锡，张慧娟. 化工过程模拟及相关高新技术(Ⅳ)化工过程实时优化. 化工进展，2000，19(3)：64～67

[53] 黄德先等. 化工过程先进控制. 北京：化学工业出版社，2006

[54] 杨友麒，项曙光. 化工过程模拟与优化. 北京：化学工业出版社，2006

[55] 何小荣. 化工过程优化. 北京：清华大学出版社，2003

[56] Edgar T F，Himmelblau D M，Lasdon L S著，张卫东等译. 化工过程优化. 北京：化学工业出版社，2006

[57] 宁宣熙. 运筹学实用教程. 北京：科学出版社，2007

[58] Bertsimas D，Tsitsiklis J N. Introduction to Linear Optimization. Belmont，Massachusetts，USA：Athena Scientific. 1997

[59] Kuhn H W，Tucker A W. Nonlinear Programming. Proceedings of the Second Berkeley Symposium on Mathematical Statistics and Probability，Neyman J，Editor. Berkeley，Calif. ：University of California Press：Statistical Laboratory of the University of California，Berkeley. 1950，481～492

[60] Wismer D A，Chattergy R. Introduction to nonlinear optimization：a problem solving approach. New York：North-Holland. 1978

[61] 何坚勇. 运筹学基础. 北京：清华大学出版社，2008

[62] 李维铮，郭耀煌. 运筹学. 北京：清华大学出版社，1982

[63] 陈宝林. 最优化理论与算法. 北京：清华大学出版社，1989

[64] 沈荣芳. 运筹学高等教程. 北京：高等教育出版社，2008

[65] Holland J H. Adaptation in Natural and Artificial Systems. Ann Arbor，Michigan：University of Michigan Press. 1975

[66] 刘勇，康立山，陈毓屏. 非数值并行算法(第二册)遗传算法. 北京：科学出版社，1998

[67] 王凌. 智能优化算法及其应用. 北京：清华大学出版社，2001

[68] Kirkpatrick S, Gelatt C D, Vecchi M P. Optimization by simulated annealing. Science, 1983, 220(4598)：671～680

[69] Metropolis N et al. Equations of state calculations by fast comuting machines. The Journal of Chemical Physics, 1953, 21(6)：1089～1091

[70] 康立山，谢云，罗祖华. 非数值并行算法(第一册)模拟退火算法. 北京：科学出版社，1994

[71] Kennedy J, Eberhart R. Particle swarm optimization. Proceedings of ICNN'95—International Conference on Neural Networks. 1995, IEEE, New York, NY, USA：Perth, WA, Australia. 1942～1948

[72] Shi Y, Eberhart R. A modified particle swarm optimizer. IEEE International Conference on Evolutionary Computation. 1998, IEEE, 345 E 47TH ST, NEW YORK, NY 10017 USA：Anchorage, AK, USA. 69～73

[73] Storn R, Price K. Minimizing the real functions of the ICEC'96 contest by differential evolution. Proc of IEEE Int Conf on Evolutionary Computation. Nagoya, 1996：842～844

[74] Storn R, Price K. Differential evolution—A simple and efficient heuristic for global optimization over continuous spaces. Journal of Global Optimization, 1997, 11(4)：341～359

[75] Storn R. System design by constraint adaptation and differential evolution. IEEE Transactions on Evolutionary Computation, 1999, 3(1)：22～34

[76] Price K, Storn R. Differential evolution homepage (Web site of Price and Storm). 2001. http://www. ICSI. Berkeley. edu/～storn/code. html

[77] 钱斌，复杂生产过程基于混合差分进化的调度理论与方法研究：[博士学位论文]. 北京：清华大学，2008

[78] Shao Z, Wang J, Qian J. Real-time Optimization of Acetaldehyde Production Process. Dev. Chem. Eng. Mineral Process, 2005, 13(3/4)：249～258

[79] 王金林等. 乙醛生产过程中的软测量实现. 化工自动化及仪表，2004，31(1)：56～59

[80] 张仲广，邵之江，王金林. 乙烯一步氧化法制乙醛过程的实时优化方法. 东南大学学报(自然科学版)，2003，33(增刊)：17～20

[81] 黄德先等. 精馏塔的一种自动控制和优化方法. 中国，发明专利，ZL200510086612. 8，2005-10-14

[82] Humphrey J L, Seibert A F. Separation technologies：an opportunity for energy saving. Chemical Engineering Progress, 1992, 88(3)：32～41

[83] 袁璞等. 催化裂化装置裂化反应深度的实时优化控制方法. 中国发明专利，ZL97100141. 3，1997-01-09

[84] 袁璞等. 催化裂化反应深度的观测与控制方法. 中国发明专利，CN1060490A(公开号)，1992-04-22

[85] 王强，刘勇，刘俊峰. 先进控制与实时优化技术在催化裂化装置上的应用. 石油化工自动化，2006(6)：23～29

[86] 王建. 相关积分法酮苯脱蜡装置蜡收率在线优化控制系统. 中国发明专利，CN1414070A(公开号)，2003-04-30

第四篇　过程计算机控制系统

第13章 数字控制系统

随着大规模集成电路技术以及计算机技术的发展，大量的数字芯片、微处理器、计算机开始应用于过程控制系统。从最简单的显示、记录仪表，到复杂的控制器、执行机构，几乎所有的现代化仪器、仪表都离不开数字芯片。对于集散控制系统、现场总线系统更是以计算机为基础构成的大型成套控制系统，其中所有运算都是通过数字系统完成的。可以说我们现在已经处于一个完全数字化的控制时代。

当然强调数字控制系统并不是说模拟系统已经不复存在了。恰恰相反，在数字系统广泛应用的今天，模拟系统也更为重要了。因为任何一次仪表、执行机构最终都是以模拟形式出现的。所以说模拟系统还是过程控制系统的基础，数字控制系统只是在模拟系统的基础上大幅度地提高了整体系统的控制效果和控制水平。

数字系统的发展经历了一个相对漫长的过程。从早期的逻辑电路，到小规模集成电路，再到大规模集成电路，最终发展到计算机控制系统。显然，计算机控制系统也受到数字系统发展的影响，计算机控制系统也经历了从单板机系统、单片机系统以及专用计算机和通用计算机等多个阶段。对于中小装置，通常用单板机或单片机系统就可以满足要求；至于大型装置或现代化高的企业往往采用 DCS 来完成基本控制功能。

尽管目前的任何一块仪表都含有数字芯片，数字单元已经在控制系统中无处不在了，但本章不会讨论数字单元本身，而是讨论数字控制系统的构成，其各个环节的特点及与传统控制系统的区别和联系等。本章首先介绍数字控制系统的基本组成；然后介绍从连续系统到数字系统过渡所涉及的相关基础知识，但这部分知识仅仅是简单介绍，详细学习可以参考其他相关教材；第三部分详细介绍数字控制算法以及与连续控制算法的对比；最后介绍与数字控制系统相关的接口和人机界面的有关知识。

13.1 数字控制系统的组成

如图 13.1 所示，简单数字控制系统的结构与连续控制系统的结构十分相似，其主要区别在于数字控制系统多了两个将数字信号与模拟信号进行连接的环节，也就是在连续变量与数字变量之间进行转换的环节。如图 13.1(b)所示，数字控制系统的控制器多了一个模拟信号到数字信号的变换器(即 A/D)，以及一个数字信号到模拟信号的变换器(即 D/A)。对于任何一个数字控制系统这两个环节总是成对出现的。A/D 变换器的主要功能是实现将模拟信号或者说连续变量按照一定的采样周期在每个采样时刻进行采样，并把采样得到的数据保存至下一个采样时刻，从而形成离散信号或者数字变量。D/A 变换器的主要功能是将控制器或者其他仪表所处理的离散信号或者数字变量按照同样的采样周期在每个采样时刻转换成为模拟信号或者连续变量，并把转换后的模拟数据保存至下一个采样时刻。

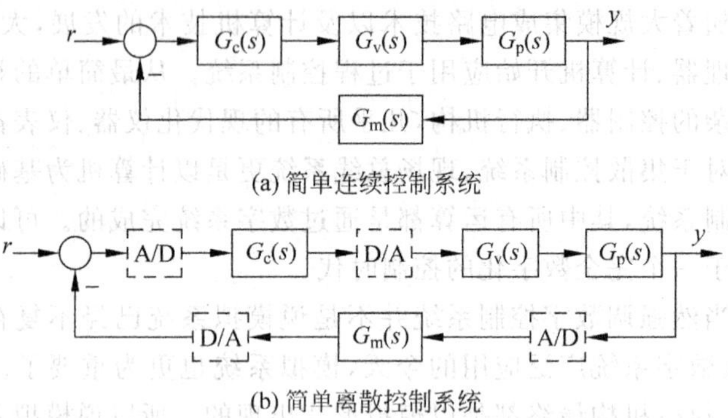

图 13.1 简单控制系统框图——连续与离散形式的对比

图 13.1(b)中采用虚线框的两个是在不同的数字控制系统中可能采用的模块。如果在控制系统采用了数字式测量变送仪表，例如现场总线仪表，那么对于被测量信号的处理就存在多种可能性。如果测量变送仪表是数字仪表，则被测信号是在仪表内部经过 D/A 变换成为数字信号，那么测量仪表可以直接输出数字信号；如果测量变送仪表是模拟仪表然后外加一个数字模块，则被测信号在仪表内部是模拟信号，在传输时才被转换为数字信号进行输出，因此在测量变送环节的前后都有可能存在 A/D 或 D/A 模块。同样，如果测量变送仪表和控制器都是数字仪表，则它们之间可以减少一对 A/D 和 D/A，从而使得数字式测量仪表和控制器共同构成一个纯数字系统，最终通过控制器端的 D/A 直接输出模拟信号。

图 13.2 给出了连续变量 y 的采样结果与原数值对比的结果，曲线 y 表示连续变量 y 的实际值，折线 y_d 则表示经过 A/D 采样后采用零阶保持器对采样信号进行保持后变量 y 的数值。两次采样之间的间隔即采样时间。

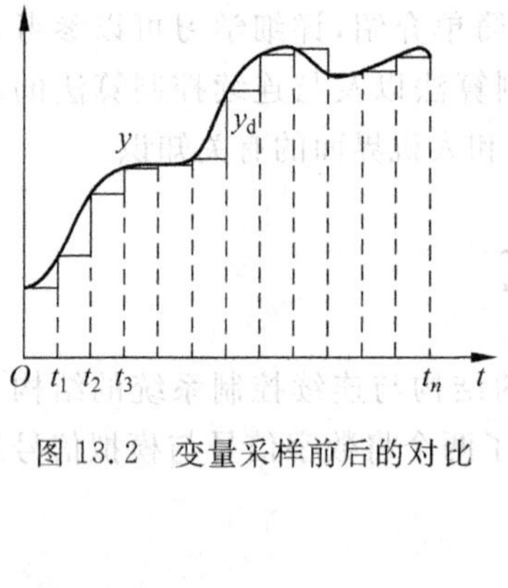

图 13.2 变量采样前后的对比

从上面的分析可以看出，数字系统与原来的连续系统最本质的区别是对于同一个变量，只有在采样时刻采样值才与实际值一致，其他时刻采样值与实际值一般不相等。也正是由于这个原因，才导致数字控制系统与连续控制系统在基本理论和基本方法上都有了一些本质的区别。

13.2 数字控制系统的理论分析基础知识

数字系统由于仅在采样时刻的数值才与连续系统的数值完全相等，那么数字系统是否能够完全反应连续系统的情况，或者说数字系统是否是连续系统的真实再现呢？要回答这个问题，就涉及到与数字系统相关的一些基础理论知识。完备的相关知识可以从控制理论、信号处理等相关课程内获得，本节仅介绍其中最重要的和最基础的一些知识。

13.2.1 采样定理

采样定理(Nyquist-Shannon sampling theorem)是连续系统与离散系统或者说与数字系统之间的一个桥梁，它是由 Nyquist H. (Harry Nyquist)和 Shannon C. E. (Claude Elwood Shannon)分别于 1928 年和 1949 年提出的。采样定理指出，在一定的条件下一个连续的时间信号完全可由该信号在等时间间隔点的样本值来表示，并且可以用这些样本值把该信号全部恢复出来。由此可知，只要数字系统满足一定的条件，它与原连续系统是完全等价的。因此采样定理也就成为数字系统的一个基本原理。

采样定理的内容为：若连续信号 $x(t)$是有限带宽的，其频谱的最高频率为 f_x。对 $x(t)$以采样时间 T_s 间隔进行等间隔采样，获得采样结果 $x(nT_s)$。若保证采样频率 $f_s=1/T_s\geqslant 2f_x$，那么，可由 $x(nT_s)$完全恢复 $x(t)$，即 $x(nT_s)$保留了 $x(t)$中的全部信息。

根据采样定理只要信号的采样频率 f_s 不小于信号最高频率的两倍，那么就可以根据采样信号完全无失真地恢复原信号。显然，要满足采样定理，必须满足两个条件，首先是被采样信号是有限带宽的。否则如果信号的带宽为无限带宽，则不可能找到其两倍频率的采样系统。其次就是要保证两倍频率关系的采样频率。

采样定理所描述的是一种理想采样情况下的数字系统与连续系统之间的等价关系。而对于任何实际系统应用采样定理时，都要进行适当地近似。首先，任何实际系统的频率成分都是十分复杂的，一般都是无限带宽的。因此要实现等价的数字系统就必须对原系统进行适当的滤波，除去与控制目标或者应用目标无关的高频成分，而以滤波后的最高频率为系统的截止频率，并以此频率为基准确定采样频率，从而使得采样后的数字系统能够较为准确地反映原系统的特征。第二，采样定理所说的采样信号是理想采样，即在采样点的采样数据与原系统完全相等。但对于实际的采样系统，采样值本身也是不可能与原系统的真实值完全相等的。它也是在一定精度下的近似值。所以在实际应用采样系统时，是对原系统在一定精度下的等价系统。

13.2.2 离散系统的理论分析方法

如同连续系统的分析是采用拉普拉斯变换类似，对于离散系统一般是采用 z 变换进行理论分析的。z 变换可以看作是连续信号经冲激采样后的拉普拉斯变换，因此对于任意连续信号 $y(t)$，其冲激采样序列可以表示为

$$y_s(t) = y(t) \cdot \delta_{T_s}(t) = \sum_{n=0}^{\infty} y(nT_s)\delta(t - nT_s) \tag{13-1}$$

其中 T_s 为采样时间。对上式进行拉普拉斯变换，得到

$$Y_s(s) = \int_0^{\infty} y_s(t)e^{-st}dt = \int_0^{\infty} \left[\sum_{n=0}^{\infty} y(nT_s)\delta(t - nT_s)\right]e^{-st}dt \tag{13-2}$$

将积分与求和的次序对调，并利用冲激函数的采样特性，可以得到采样信号的拉普拉斯变换

$$Y_s(s) = \sum_{n=0}^{\infty} y(nT_s)e^{-snT_s} \tag{13-3}$$

如果引入一个新的复变量 z，令

$$z = e^{sT_s}$$

或记为

$$s = \frac{1}{T_s}\ln z$$

则式(13-3)可以写成复变量 z 的函数式(13-4)，即离散信号 $y(nT_s)$ 的 z 变换表达式。

$$Y(z) = \sum_{n=0}^{\infty} y(nT_s)z^{-n} \tag{13-4}$$

一般情况下，令 $T_s=1$，则式(13-4)可以记为

$$Y(z) = \sum_{n=0}^{\infty} y(n)z^{-n}, \quad z = e^s \tag{13-5}$$

可以像应用拉普拉斯变换一样使用 z 变换，采用差分方程来表达离散时间的传递函数。当离散序列 $x(n)$、$y(n)$ 的 z 变换存在，且收敛域具有重叠部分，则 z 变换具有如下性质，其中 $\mathcal{Z}[\cdot]$ 表示对括号内的离散序列进行 z 变换。这种变换具有如下性质：

(1) 线性：如果 $\mathcal{Z}[x(n)] = X(z)$，$\mathcal{Z}[y(n)] = Y(z)$，则 $\mathcal{Z}[ax(n) + by(n)] = aX(z) + bY(z)$，$a,b$ 为任意常数；

(2) 位移性：如果 $\mathcal{Z}[x(n)] = X(z)$，则 $\mathcal{Z}[x(n-m)] = z^{-m}X(z)$；

(3) 序列线性加权（$\mathcal{Z}$ 域积分）：如果 $\mathcal{Z}[x(n)] = X(z)$，则 $\mathcal{Z}[nx(n)] = -z\frac{d}{dz}X(z)$；

(4) 序列指数加权（$\mathcal{Z}$ 域尺度变换）：如果 $\mathcal{Z}[x(n)] = X(z)$，则 $\mathcal{Z}[a^n x(n)] = X(z/a)$，其中 a 为非零常数，且变换后的收敛域扩大 $|a|$ 倍；

(5) 初值定理：如果 $X(z) = \mathcal{Z}[x(n)] = \sum_{n=0}^{\infty} x(n)z^{-n}$，则 $x(0) = \lim_{z\to\infty} X(z)$；

(6) 终值定理：如果 $X(z) = \mathcal{Z}[x(n)] = \sum_{n=0}^{\infty} x(n)z^{-n}$，则 $\lim_{z\to\infty} X(n) = \lim_{z\to 1}[(z-1)X(z)]$；

(7) 时域卷积定理：如果$\mathcal{Z}[x(n)]=X(z)$，$\mathcal{Z}[y(n)]=Y(z)$，则$\mathcal{Z}[x(n)*y(n)]=X(z)Y(z)$；

(8) 序列相乘（$\mathcal{Z}$域卷积定理）：如果$\mathcal{Z}[x(n)]=X(z)$，$\mathcal{Z}[h(n)]=H(z)$，则

$$\mathcal{Z}[x(n)h(n)]=\frac{1}{2\pi \mathrm{j}}\oint_{C_1} X\left(\frac{z}{v}\right)H(v)v^{-1}\mathrm{d}v$$

或者：

$$\mathcal{Z}[x(n)h(n)]=\frac{1}{2\pi \mathrm{j}}\oint_{C_2} X(v)H\left(\frac{z}{v}\right)H(v)v^{-1}\mathrm{d}v$$

其中C_1，C_2分别为$X\left(\frac{z}{v}\right)$与$H(v)$或者$X(v)$与$H\left(\frac{z}{v}\right)$收敛域重叠部分内逆时针旋转的围线。

离散过程的输入输出关系可以采用一个高阶差分方程进行描述

$$\begin{aligned}&a_0y(k)+a_1y(k-1)+\cdots+a_my(k-m)\\&=b_0u(k)+b_1u(k-1)+\cdots+b_nu(k-n)\end{aligned}\tag{13-6}$$

其中$\{a_i\}$和$\{b_i\}$是常系数集，n和m是正整数，$u(k)$是输入，$y(k)$是输出。对公式两边进行z变换，有

$$\begin{aligned}&a_0Y(z)+a_1z^{-1}Y(z)+\cdots+a_mz^{-m}Y(z)\\&=b_0U(z)+b_1z^{-1}U(z)+\cdots+b_nz^{-n}U(z)\end{aligned}\tag{13-7}$$

重新排列式(13-7)可给出传递函数的形式

$$Y(z)=\frac{b_0+b_1z^{-1}+\cdots+b_nz^{-n}}{a_0+a_1z^{-1}+\cdots+a_mz^{-m}}U(z)\tag{13-8}$$

令

$$G(z)=\frac{b_0+b_1z^{-1}+\cdots+b_nz^{-n}}{a_0+a_1z^{-1}+\cdots+a_mz^{-m}}\tag{13-9}$$

$G(z)$则为离散过程的传递函数。

对大多数过程，b_0为零，表明输入不会即刻影响输出。可以通过分子和分母均除以a_0而使得分母的第一个系数等于1，从而使得$G(z)$的稳态增益可以通过设置$z=1$而得到。

$G(z)$的动态特性可以类似连续系统那样用零、极点来表征。为此，必须让式(13-9)乘以z^n/z^m，而先将$G(z)$变换为z的正幂，得到一个修改过的多项式，$B'(z)/A'(z)$。$G(z)$的稳定性取决于极点，即特征方程$A'(z)=0$的根；$A'(z)$被称为特征多项式。在复数z平面上的单位圆被定义为一个半径为$|z|=1$的圆。单位圆是$G(z)$稳定与不稳定区的分界线。一个在单位圆外的极点是不稳定的。$G(z)$的零点就是$B'(z)=0$的根，在离散系统分析过程中，通常把时间迟延假定是采样周期T_s的整数倍N。时间迟延使得$A'(z)$有N个根，它们均落在原点，这样可以将之表达为z^N。按定义，$G(z)$的阶次是$P+N$，其中P是极点数。

$G(z)$的稳定性可以由其特征方程根是否在单位圆内来判断。为了进行稳定性测试，写出传递函数$G(z)$分母以z的正指数表示的公式

$$A'(z)=z^mA(z)=a_mz^m+a_{m-1}z^{m-1}+\cdots+a_1z+a_0=0\tag{13-10}$$

特征多项式 $A'(z)$ 的全部根可以由求根程序求得。如果任意一个根落在单位圆外，那么此离散传递函数是不稳定的。

13.2.3 连续控制系统到数字控制系统的转换

数字系统信号的输入是按一定时间间隔进行的，而生产过程中的各种参数除开关量（如连锁、继电器和按钮等只有开和关两种状态）和脉冲量（如涡轮流量计的脉冲输出）外，大部分是模拟量，如温度、压力、液位和流量等。因为数字计算机处理的都是数字量，所以必须确定单位数字量所对应的模拟量大小，即所谓信号的数字化问题。信号的采样周期实质上是时间的数字化问题，信号采集就要解决模拟量数字化的有关问题。

为提高信号的信噪比和可靠性，并为计算机的运算做准备，还必须对输入信号进行数字滤波和数据处理。

从硬件设计考虑，希望模拟量的数字化尽量粗些，采样周期尽可能长些，这样可以降低对 A/D 和 D/A 精度和速度以及 CPU 计算速度的要求，但这样将使控制误差大、控制品质变坏，甚至导致系统不稳定。反之，从控制性能考虑，希望模拟量数字化尽量细些，采样周期尽可能短些，使数字控制系统更接近连续的模拟系统。为此，必须从技术和经济指标综合考虑信号采集的速度和信号数字化的精度这两个问题。采样时间太短，不仅增加计算机 CPU 不必要的计算负担，而且要求 A/D 转换速度高，又增加成本。由于检测仪表精度的限制，过分追求 A/D 转换精度变得毫无意义。可以这样说，到目前为止对采样周期和 A/D 位数的选择尚没有充分的理论根据和简单有效的方法。

1. 采样周期

采样周期 T_s 是两次采样之间的时间间隔。根据前面的采样定理，对一个具有有限频谱（$-\omega_{max}<\omega<\omega_{max}$）的连续信号进行采样，采样频率必须大于或等于信号所含最高频率的两倍（$\omega_s\geqslant 2\omega_{max}$），即 $T_s\leqslant T/2$，其中 T 为信号所含周期分量的最短周期，则以 T_s 对信号采样所得的一连串数值可以完全复现原来的信号。采样定理虽然为确定采样周期奠定了理论基础，但实际应用有一定困难，要确定连续信号中包括噪声在内的最高有效频率不是轻而易举的事情。实践证明，在过程控制系统中由于各种原因采样周期必须比上述理论所得的数值小好几倍才能满足要求。

鉴于理论计算采样周期 T_s 的方法繁琐，不便于工程应用，目前大多采用实验加分析的办法确定。表 13.1 可作为过程控制系统采样周期选择的参考。如表所示，根据被控对象的物理特性选择 T_s。例如，温度对象响应慢、迟延大，T_s 就选得长些；流量对象响应快，T_s 可选得短些。此外，加给对象的扰动（或噪声）大小和频率也是影响 T_s 的主要因素。如果扰动、噪声较小时，T_s 可取得长些，但是 T_s 应远小于扰动信号的周期。当然，从系统控制品质来看，T_s 短控制品质高。如以超调量作为系统的主要性能指标，T_s 可取大些；如果希望系统的调节时间短些，则 T_s 应取小些。在使用 PID 控制算式的场合，应与 T_I 和 T_D 参数的整定一起统一考虑 T_s 的大小。总之，最后应通过实验测试确定最合适的采样时间。

表 13.1 数字系统采样周期

控制回路	采样周期	说明
流量	1～2	变化较快，因此采用较小的采样周期
压力	3～5	压力变化往往与流量、液位等相关、相对流量变化较慢
液位	3～5	液位变化往往与流量的积累相关，因此也相对较慢
温度	15～20	或取纯迟延时间；温度变化一般与物体热容量相关，因此变化十分缓慢
成分	15～20	成分的变化需要一定时间的充分混合或反应，因此变化也相对较慢

2. 模拟量的数字化

由于计算机只能处理数字量，因此数字系统必须将输入的模拟量转换成二进制代码。转换工作由 A/D 转换器完成，在转换过程中要求模拟量与二进制代码之间有对应的单值关系。

设模拟量为 y_n，则相应的二进制代码 y'_n 可表示为

$$y'_n = \frac{y_n}{K_m q} \tag{13-11}$$

式中，K_m 为变送器输入量程与输出量程之比。q 为量化单位，由下式定义

$$q \overset{\text{def}}{=} \frac{M}{2^N} \tag{13-12}$$

其中 M 为模拟量电信号的全量程，N 为 A/D 的位数。

下面举例说明。设温度变送器量程为 0～100℃，其相应的输出为 0～10mA，试求温度 50℃时相应的六位二进制代码。

由式(13-12)得

$$q = \frac{M}{2^N} = \frac{10}{2^6} = \frac{10}{64}\text{mA}$$

而

$$K_m = \frac{100-0}{10-0} = 10℃/\text{mA}$$

以 q、K_m 及 $y_n = 50℃$ 代入式(13-11)，可计算相应的六位二进制代码为

$$y'_n = \frac{y_n}{K_m q} = \frac{50}{10\times 10/64} = 32_{(10)} = 100\,000_{(2)}$$

q 值的大小与 A/D 转换器的精度有关。A/D 转换器的精度分绝对精度和相对精度两种。绝对精度是指对应于一个给定的数字量 A/D 转换器的误差，其大小用实际模拟量输入值与理论值之差度量。而相对误差是指绝对误差与输入模拟量全量程之比。相对误差通常用百分数表示，有时也用最低有效值的位数(least significant bit,LSB)即 q 值来表示。例如,对于 8 位的 0~5V 的 A/D 转换器,相对百分误差为 0.39%,q 值为 19.5mV。一般来说,位数 N 越多,其相对误差越小。

A/D 转换器的精度一般应高于测量变送装置的精度,取百分误差为 0.01%~0.1%,位数 $N=10\sim13$ 是一个合适值。此时 $q=M/2^{10}\sim M/2^{13}$。

3. 数据采集

数字系统要采集大量数据,包括数字量和模拟量。数据采集方式有两种:当模入点数不多时,可通过输入指令把所需数据逐点读入;当模入点数较多时,可利用数据通道直接把一批数据送到内存指定的缓冲区,不必使每个数据都通过中断和输入指令,以节省机时。

13.2.4 数字滤波

为了抑制进入数字系统的信号中可能侵入的各种频率的扰动,通常在模入部件的入口处设置模拟 RC 滤波器。这种滤波器能有效地抑制高频扰动,但对低频扰动滤波效果不佳。而数字滤波对此类扰动(包括周期性和脉冲性扰动)却是一种有效的方法。

所谓数字滤波就是通过一定的计算程序对采样信号进行平滑加工,消除或削减各种扰动和噪声以提高信号的有效性。与模拟 RC 滤波器相比有下列优点:数字滤波不增加任何硬设备,只需在程序进入数据处理和控制算法之前,附加一段数字滤波程序;数字滤波稳定性高;不存在阻抗匹配问题,可供多个通道共用;且不像模拟滤波器受电容容量的影响,只能对高频扰动进行滤波;使用灵活、方便,可视需要选择不同滤波方法或改变滤波器参数。正因为上述这些优点,数字滤波在计算机控制系统中得到广泛应用。下面介绍几种常用的数字滤波方法。

1. 程序判断滤波

随机干扰、误检测或者变送器可靠性不良引起采样信号大幅度跳码,导致计算机系统误动作。对这类干扰,可采用程序判断滤波除去错误信号。

程序判断滤波根据滤波方法的不同,可分为限幅滤波和限速滤波两种。

(1) 限幅滤波

限幅滤波就是把两次相邻的采样值进行相减,其增量(以绝对值表示)与两次采样允许的最大差值 Δy 比较,如果小于或等于 Δy,则取本次采样值;如果大于 Δy,则仍取上次采样值作为本次采样值,可表为

$$|y(k)-y(k-1)|\begin{cases}\leqslant \Delta y, & \text{则 } y(k)=y(k)\\ >\Delta y, & \text{则 } y(k)=y(k-1)\end{cases} \tag{13-13}$$

式中,$y(k)$为第 k 次采样值;$y(k-1)$为第$(k-1)$次采样值。

Δy 是一个可选择的常数,正确选择该值是应用本法的关键。Δy 值视被控量的

变化速度而定。例如温度变化速度一般总比压力或流量参数变化缓慢，因此可根据该参数在两次采样间隔时间内可能的最大变化范围来决定 Δy 值，即

$$\Delta y = v_{\mathrm{m}} T_{\mathrm{s}} \tag{13-14}$$

式中，v_{m} 为参数可能的最大变化速度。

(2) 限速滤波

若顺序采样时刻 t_1、t_2、t_3 采集参数分别为 y_1、y_2、y_3，当

$$|y_2 - y_1| \begin{cases} \leqslant \Delta y\text{，则 } y_2 \text{ 输入计算机} \\ > \Delta y\text{，则 } y_2 \text{ 不采用，但保留，继续采样一次，得 } y_3 \end{cases} \tag{13-15}$$

$$|y_3 - y_2| \begin{cases} \leqslant \Delta y\text{，则 } y_3 \text{ 输入计算机} \\ > \Delta y\text{，则取 } \dfrac{y_2 + y_3}{2} \text{ 输入计算机} \end{cases} \tag{13-16}$$

这种方法既照顾采样的实时性，又照顾采样值变化的连续性。

程序判断滤波可用于如温度、液位等变化比较缓慢的参数。

2. 递推平均滤波(算术平均滤波)

某些过程参数如流量、压力或沸腾状液位等，其变送器的输出总是在某一数值上下波动，如图 13.3 所示。图中黑点表示各采样时刻读入的数值。显然，这类信号会导致控制算式输出紊乱，调节阀动作频繁，影响使用寿命，降低系统的控制品质。为此，采用递推平均滤波，以其算术平均值为计算机的输入信号，即

$$\bar{y}(k) = \frac{1}{N}\sum_{i=0}^{N-1} y(k-i) \tag{13-17}$$

式中，$\bar{y}(k)$为第 k 次采样的 N 项递推平均值；$y(k-i)$为往前递推第 i 次的采样值；N 为递推平均项数。

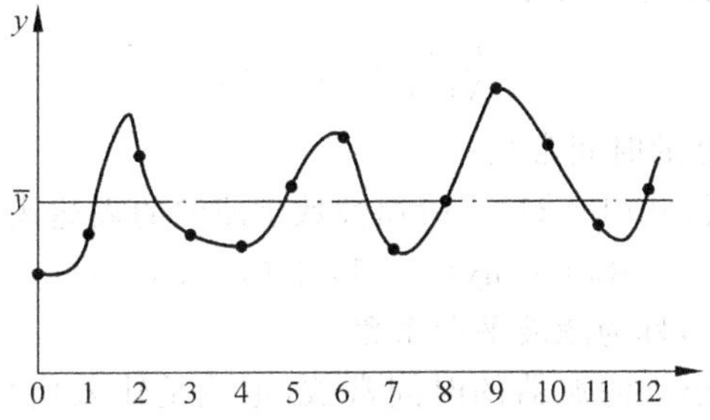

图 13.3 输入信号的算术平均值

这种方法适用于带周期性噪声的采样信号的平滑加工。N 值的大小决定了采样平均值的平滑度和反应的灵敏度。N 值增大，信号平滑度提高，但对信号变化反应的灵敏度降低，占用机时长。实际上可根据不同 N 值下递推平均的输出响应来决定 N 值。通常，流量取 12 项采样信号平均，压力取 4 项平均，而温度一般比较平稳，可少取几项甚至不加以平均。

本法的缺点是，N 值较大时，采样占用机时过长，不利于提高计算机效率。此外，对偶然出现的脉冲扰动，信号失真度较大。

3. 加权递推平均滤波(滑动平均值法)

式(13-17)所示的 N 项递推平均值，其计算结果对 N 次采样值的比重是均等的。为了提高滤波效果，可先将各采样值取不同的比例然后相加，这就是加权递推平均滤波。N 项加权平均值为

$$\overline{y}(k) = \frac{1}{N}\sum_{i=0}^{N-1} C_i y(k-i) \tag{13-18}$$

式中，$C_0, C_1, \cdots, C_{N-1}$ 均为加权系数，应满足

$$\sum_{i=0}^{N-1} C_i = 1 \tag{13-19}$$

C_i 值根据具体情况而定，一般采样次数愈靠后，取值愈大，这样可增加新采样值在平均值中的比重。

本方法适用于纯迟延较大的对象。如果采用 4 项加权递推平均滤波，加权系数可按下式计算

$$C_0 : C_1 : C_2 : C_3 = \frac{1}{R} : \frac{e^{-\tau}}{R} : \frac{e^{-2\tau}}{R} : \frac{e^{-3\tau}}{R} \tag{13-20}$$

式中，$R=1+e^{-\tau}+e^{-2}\tau+e^{-3\tau}$，$\tau$ 为被控对象的纯迟延时间。

4. 一阶惯性滤波

上述几种滤波方法基本属于静态滤波，适用于响应过程较快的参数，如压力、流量等。为提高滤波效果，对于慢变化过程，可采用动态滤波方法，如一阶惯性滤波方法。

一阶惯性环节的传递函数为

$$\frac{Y(s)}{X(s)} = \frac{1}{T_f s + 1} \tag{13-21}$$

式中，T_f 为惯性滤波器的时间常数。

通过差分变换可得式(13-21)一阶惯性数字滤波的表达式为

$$y(k) = \alpha y(k-1) + (1-\alpha)x(k) \tag{13-22}$$

式中，$\alpha = T_f/(T_f+T_s)$，称为滤波平滑系数。

通常采样周期远小于滤波器的时间常数，也就是输入信号的频率快，而滤波器的时间常数相对较大，这是一般惯性滤波器的特点。

当 $T_s \ll T_f$ 时，$\alpha \approx 1$，则采样信号偶然跳变引起的影响小，对信号响应迟缓。因此，应根据实际情况，选择 α 值。

13.2.5 数据处理

数据处理一般包括以下几个具体内容。

1. 读入数据

根据被测参数的性质和大小，对信号进行分类，各类模入量按照规定的各自采样周期送入计算机内存。当模入采用一个 A/D 而用多点切换开关采样时为使各回路和数据读入工作正确，在编制模入程序时，有必要检验单位时间内读入计算机的数据数目是否超出允许值，即

$$\frac{a_1}{T_{s1}}+\frac{a_2}{T_{s2}}+\cdots+\frac{a_n}{T_{sn}}\leqslant\frac{1}{t_s} \tag{13-23}$$

式中，$T_{s1},T_{s2},\cdots,T_{sn}$ 分别为各类模入量的采样周期；$a_1,a_2,\cdots,a_n$ 分别为各类模入量的数目；t_s 为完成一次 A/D 转换占用的时间。

各模入量的采样周期应按大周期套小周期的方式安排，如图 13.4 所示。其中 $T_{s1}<T_{s2}<\cdots<T_{sn}$。

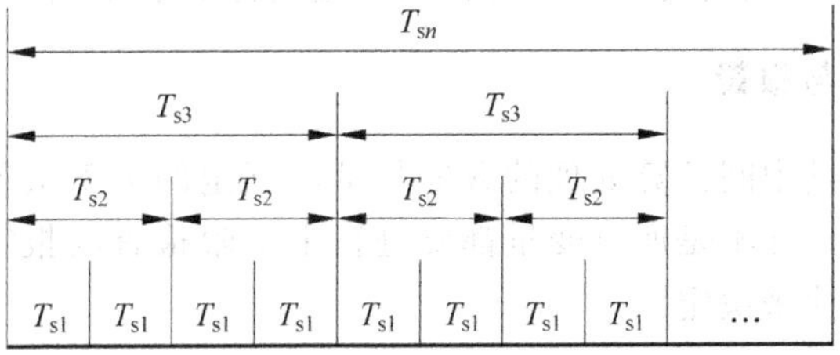

图 13.4　各类模入量采样周期的安排

2. 有效性检查

一般通过检查模入数据量程溢出或信号低于仪表零位，判断系统模入部件(如变送器、输入线路等)的故障。一旦出现模入数据溢出或读入信号为负值，则表明模入部件故障，读入数据无效，应进行报警处理。可在报警灯或显示器上显示故障标志和故障点号，向操作人员提示。

3. 线性化处理

采样信号与它代表的过程参数往往存在非线性关系必须进行线性化处理。例如对代表流量的差压变送器输出信号的开方处理；代表温度的各类热电偶输出热电动势的分段折线线性化处理等；此外，还可同时进行流量的温度、压力补偿以及热电偶冷端温度补偿的处理等。

4. 数字滤波

采用 13.2.3 小节中的各种数字滤波方法来去除混入信号的各种干扰。此外，还可采用屏蔽、接地等方法提高输入装置的共模抑制比，以削弱由信号传输线混入的扰动。

5. 工程量化

指把模拟量输入的数码转换成对应的过程参数的工程单位值以及工程中所需的其他单位的换算。例如气体流量换算成标准状态下的流量等。

6. 计算处理

采用间接测量方法通过测量其他参数，按照一定算式求出被测参数的真实值。如精馏塔内回流 L_i 就要通过计算处理获得其数据，如下式所示

$$L_i = L\left(1 + \frac{c_p}{\lambda}\Delta T\right) \tag{13-24}$$

式中，L 为精馏塔外回流；ΔT 为塔顶气相温度与回流温度之差；c_p 为液体比热容；λ 为液体的气化潜热。

此外，还可根据不同的特殊要求对输入数据进行如累加、平均等计算处理。

7. 上下限检查与报警

读入数据或经过中间计算处理的数据与某一预定的上下限值进行比较，如果超出规定范围则报警。并不是所有变量都要进行上下限检查与报警，这要视该变量在生产过程中的重要性来决定。

13.3 数字控制算法

PID 控制是仪表过程控制系统应用最广泛的一种控制规律。由于 PID 技术最成熟，技术人员和操作人员比较熟悉，它不要求确切地知道被控对象的数学模型，但控制效果好，因而在数字控制系统中仍然得到广泛的应用。即使对比较复杂的系统，如串级控制等，也还以 PID 算式为基础。实践证明，这种控制算式能适应许多工业生产过程[1]。

13.3.1 PID 控制算式

在模拟控制系统中 PID 控制规律的表达式为

$$u(t) = K_C\left[e(t) + \frac{1}{T_I}\int_0^t e(t)\,dt + T_D\frac{de(t)}{dt}\right] \tag{13-25}$$

式中，K_C、T_I、T_D 分别为模拟控制器的比例增益、积分时间、微分时间，T_s 是采样周期。

数字控制系统是时间离散控制系统。要实现式(13-25)的控制，就要对其离散化，令

$$\left.\begin{aligned}\int_0^t e(t)\,dt &\approx T_s\sum_{i=0}^{k} e(i)\\ \frac{de(t)}{dt} &\approx \frac{e(k)-e(k-1)}{T_s}\end{aligned}\right\} \tag{13-26}$$

式中，T_s 为采样周期。

由式(13-25)和式(13-26)可得位置型 PID 控制算式为

$$u(k)=K_C\left\{e(k)+\frac{T_s}{T_I}\sum_{i=0}^{k}e(i)+\frac{T_D}{T_s}[e(k)-e(k-1)]\right\} \tag{13-27}$$

或

$$u(k)=K_Ce(k)+K_I\sum_{i=0}^{k}e(i)+K_D[e(k)-e(k-1)] \tag{13-28}$$

式中，$u(k)$是第 k 次采样时刻计算机的输出；$K_I=K_CT_s/T_I$ 称为积分系数；$K_D=K_CT_D/T_s$ 称为微分系数。

由式(13-27)、式(13-28)可看出，$\sum\limits_{i=0}^{k}e(i)$项不仅使计算繁琐，而且占用很大内存，使用也不方便。目前增量型 PID 控制算式有比较广泛的应用，在这种情况下计算机的输出是增量 $\Delta u(k)$。

$$\begin{aligned}\Delta u(k)&=u(k)-u(k-1)\\&=K_C\left\{[e(k)-e(k-1)]+\frac{T_s}{T_I}e(k)+\frac{T_D}{T_s}[e(k)-2e(k-1)+e(k-2)]\right\}\end{aligned} \tag{13-29}$$

或

$$\Delta u(k)=K_C[e(k)-e(k-1)]+K_Ie(k)+K_D[e(k)-2e(k-1)+e(k-2)] \tag{13-30}$$

除上述两种控制算式外，还有一种速度型 PID 控制算式。令增量算式除以采样周期即得

$$\begin{aligned}v(k)&=\frac{\Delta u(k)}{T_s}\\&=K_C\left\{\frac{1}{T_s}[e(k)-e(k-1)]+\frac{1}{T_I}e(k)+\frac{T_D}{T_s^2}[e(k)-2e(k-1)+e(k-2)]\right\}\end{aligned} \tag{13-31}$$

以上位置、增量、速度型 PID 算式的一个共同点是比例、积分和微分作用彼此独立，互不相关。这就便于操作人员直观理解和检查各参数(K_C、T_I 和 T_D)对控制效果的影响。通常为编程方便，人们更愿意采用简单的控制算式。只要将式(13-30)改写为

$$\Delta u(k)=(K_C+K_I+K_D)e(k)-(K_C+2K_D)e(k-1)+K_De(k-2)$$

并令

$$A=K_C+K_I+K_D;\quad B=K_C+2K_D;\quad C=K_D,$$

则

$$\Delta u(k)=Ae(k)-Be(k-1)+Ce(k-2) \tag{13-32}$$

此时 A、B 和 C 三个动态参数为中间变量。式(13-32)已看不出比例、积分和微分作用，它只反映各次采样偏差对控制作用的影响。为此，有人把它称为偏差系数控制

算式。

究竟选择哪一种控制算式，一方面要考虑执行器型式，另一方面要考虑应用时的方便。

从执行器类型看，采用位置型控制算式的计算机输出可直接与数字式调节阀连接，其他型式的调节阀必须经过 D/A 转换，将输出化为模拟量，并通过保持电路将其保持到下一采样周期输出信号的到来。增量型控制算式计算机系统适用于步进电机或多圈电位器这种执行器。速度控制算式的输出必须采用积分式执行器。

从应用方面考虑，增量型控制算式因为输出是增量，手动/自动切换时冲击比较小。另外，即使偏差长期存在，输出 $\Delta u(k)$ 一次次积累，最终可使执行器到达极限位置，但只要偏差 $e(k)$ 换向，$\Delta u(k)$ 也立即变号，从而使输出脱离饱和状态，这就消除了发生积分饱和的危险。

另外，增量型控制算式只输出增量，计算机误动作时造成的影响比较小。由于以上这些优点，使增量型 PID 控制算式在数字控制系统中获得最广泛的应用。图 13.5 为带有系统输出鉴别子程序的增量型 PID 控制算式程序框图。

13.3.2 PID 控制算式的改进

为适应不同被控对象和系统的要求，改善系统控制品质，可在标准 PID 控制算法基础上作某些改进，形成非标准的 PID 控制算式，如不完全微分算式，带不灵敏区的 PID 算式，积分分离算式以及微分先行算式等等。下面分别予以说明。

1. 不完全微分 PID 算式

上述标准的 PID 算式的缺点是：对具有高频扰动的生产过程，微分作用响应过于灵敏，容易引起控制过程振荡，降低调节品质。尤其在数字控制系统中，计算机对每个控制回路输出时间是短暂的，而驱动执行器动作却需要一定时间。如果输出较大，在短暂时间内执行器达不到应有的开度，会使输出失真。为克服这一弱点，同时又要使微分作用有效，可以参照模拟调节器，在 PID 调节器输出串联一阶惯性环节，如图 13.6 所示。

这就是不完全微分 PID 调节器，其中

$$G_f(s) = \frac{1}{T_f s + 1} \tag{13-33}$$

$$u'(t) = K_C\left[e(t) + \frac{1}{T_I}\int_0^t e(t)\,dt + T_D\frac{de(t)}{dt}\right]$$

$$T_f\frac{du(t)}{dt} + u(t) = u'(t)$$

所以

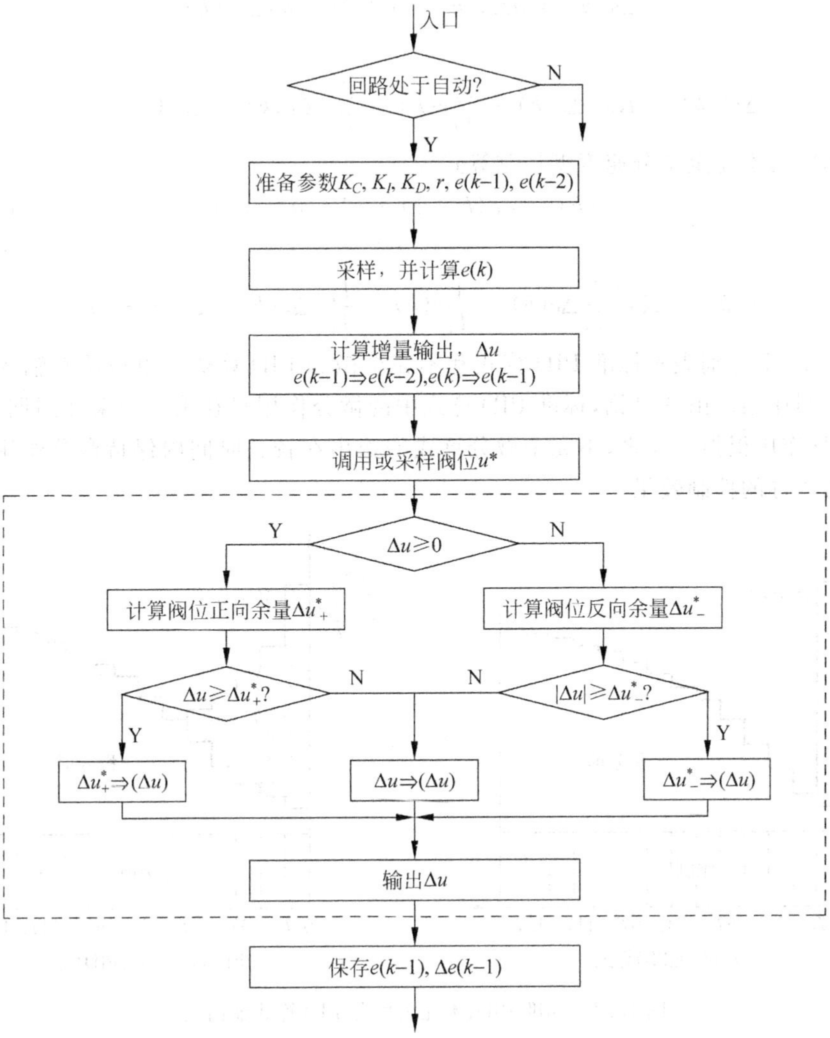

图 13.5　增量型 PID 控制算式程序框图

$$T_f \frac{du(t)}{dt} + u(t) = K_C\left[e(t) + \frac{1}{T_I}\int_0^t e(t)dt + T_D\frac{de(t)}{dt}\right] \tag{13-34}$$

式(13-34)离散化，可得不完全微分位置型控制算式

$$u(k) = au(k-1) + (1-a)u'(k) \tag{13-35}$$

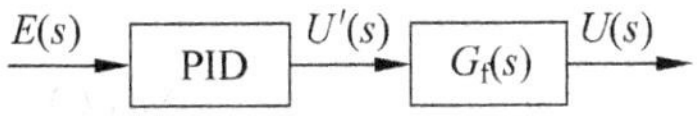

图 13.6　不完全微分 PID 调节器

式中，$a = T_f/(T_s + T_f)$，

$$u'(k) = K_C\left\{e(k) + \frac{T_s}{T_I}\sum_{i=0}^{k}e(i) + \frac{T_D}{T_s}[e(k) - e(k-1)]\right\}$$

与标准 PID 算式一样，不完全微分也有增量型控制算式，即

$$\Delta u(k)=a\Delta u(k-1)+(1-a)\Delta u'(k) \tag{13-36}$$

式中

$$\Delta u'(k)=K_C\left\{\Delta e(k)+\frac{T_s}{T_I}e(k)+\frac{T_D}{T_s}[\Delta e(k)-\Delta e(k-1)]\right\}$$

相应的不完全微分速度型控制算式为

$$v(k)=av(k-1)+(1-a)v'(k) \tag{13-37}$$

式中

$$v'(k)=K_C\left\{\frac{1}{T_s}\Delta e(k)+\frac{1}{T_I}e(k)+\frac{T_D}{T_s^2}[\Delta e(k)-\Delta e(k-1)]\right\}$$

图 13.7 分别表示标准 PID 算式和不完全微分 PID 算式在单位阶跃输入时，输出的控制作用。由图可见，标准 PID 算式中的微分作用只在第一个采样周期里起作用，而且作用很强。反之，不完全微分算式的输出在较长时间内保持微分作用，因而可获得较好的控制效果。

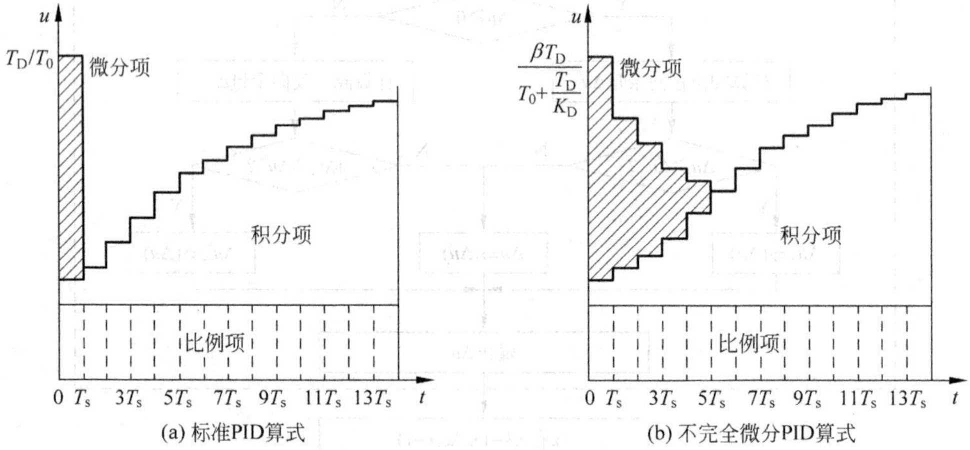

图 13.7 标准 PID、不完全微分 PID 算式输出响应

2. 带不灵敏区的 PID 算式

某些过程控制系统如液位系统，并不要求液位准确控制在给定值，允许在规定范围内变化。在这种情况下，为避免调节阀频繁动作及因此所引起的系统振荡，可采用带不灵敏区的 PID 算式，即

$$\Delta u(k)=\begin{cases}\Delta u(k), & 当\ |e(k)|>B\\ 0, & 当\ |e(k)|\leqslant B\end{cases} \tag{13-38}$$

式中，B 为不灵敏区宽度，其数值根据被控对象由实验确定。B 值太小，调节阀动作频繁；B 值太大，系统迟缓。$B=0$ 则为标准 PID 算式。

式(13-38)表明，当偏差绝对值$|e(k)|\leqslant B$ 时，输出增量为零。当$|e(k)|>B$ 时，则输出 $\Delta u(k)$为 $e(k)$经 PID 运算后的结果。

3. 积分分离的 PID 算式

采用标准 PID 算式的数字系统，当开工、停工或给定值大幅度升降时，由于短时间内出现的大偏差，加上系统本身的迟延，在积分项作用下，将引起系统过量的超调和不停的振荡。为此，可采取积分分离对策。也就是在被控量开始跟踪，系统偏差较大时，暂时取消积分作用，一旦被控量接近新给定值，偏差小于某一设定值 A 时，再投入积分作用。积分分离的控制算式为

$$|e(k)|\begin{cases}>A, & \text{取消积分作用}\\ \leqslant A, & \text{引入积分作用}\end{cases} \tag{13-39}$$

值得注意的是，为保证引入积分作用后系统的稳定性不变，在投入积分作用的同时，比例增益 K_C 应作相应变化（K_C 应减小），这可以在 PID 算式编程时予以考虑。图 13.8 给出了具有积分分离 PID 算式的阶跃响应与标准 PID 算式响应曲线之间的对比。

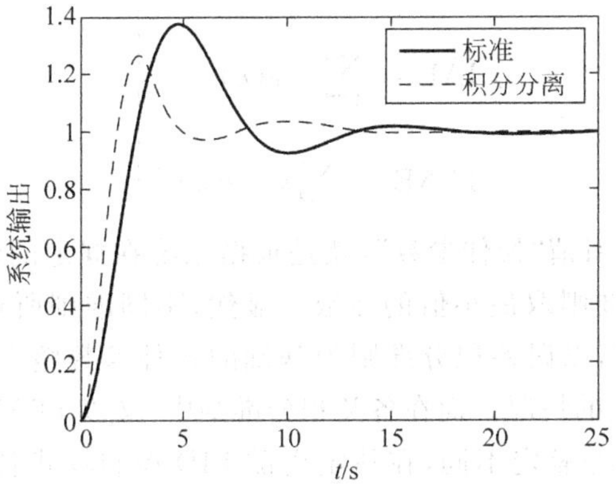

图 13.8　具有积分分离 PID 算式的控制效果

4. 微分先行 PID 算式

为了避免给定值升降给控制系统带来的冲击（超调量过大，调节阀动作剧烈），可采用微分先行的 PID 控制方案。它和标准 PID 控制不同之处在于：只对被控量 $y(t)$ 微分，不对偏差微分，也就是说对给定值 $r(t)$ 无微分作用。

因为偏差 $e(k)$ 是给定值 $r(t)$ 与被控量 $y(k)$ 之差，故

$$e(k) = r(k) - y(k) \tag{13-40}$$

因此，增量型 PID 控制算式的微分动作项为

$$\begin{aligned}&K_D e(k) - 2e(k-1) + e(k-2)\\ &= K_D r(k) - 2r(k-1) + r(k-2) - K_D y(k) - 2y(k-1) + y(k-2)\end{aligned}$$

由给定值变化及被控量变化组成。如果只对被控量进行微分，那么式(13-30)的增量型 PID 算式变为

$$\Delta u(k) = K_C e(k) - e(k-1) + K_I e(k) + K_D y(k) - 2y(k-1) + y(k-2) \tag{13-41}$$

13.3.3 数字式 PID 调节参数的整定

与模拟 PID 控制器参数整定相同，离散 PID 控制算式参数整定就是选择算式中 K_C、T_I 和 T_D 的值，使数字系统输出响应 $y(t)$ 满足某种选定的准则。用于参数整定的准则可分为两类：

（1）简单近似准则，如系统输出响应的超调量、衰减比、上升时间和调节时间等准则。其中 4/1 衰减比通常被认为是“最佳”的综合准则，它既保证系统的稳定性又照顾系统的快速性。

（2）精确准则，如各类误差的积分准则。对于离散系统可提出如下各种积分准则

$$\left.\begin{aligned} \text{ISE} &= \sum_{k=0}^{\infty} e^2(k) \\ \text{IAE} &= \sum_{k=0}^{\infty} |e(k)| \\ \text{ITAE} &= \sum_{k=0}^{\infty} k\,|e(k)| \end{aligned}\right\} \tag{13-42}$$

PID 控制算式的所谓“最佳参数”，就是根据系统在规定的输入下的输出响应能使式(13-42)中某一准则取最小值的参数。显然，不同准则所得的最佳参数值也不同。经对比研究表明，以误差积分准则为基础的各种参数整定方法较好，尤其对被控对象 τ/T 比值较大的情况。而在各类积分准则中，又以 ITAE 为最佳。

与模拟控制器参数整定不同，在整定离散 PID 控制算式各参数的同时，必须考虑采样周期 T_s 的影响。这是因为数字系统的控制品质不仅取决于对象的动态特性和 PID 算式的整定参数（K_C、T_I 和 T_D），而且与采样周期 T_s 的大小有关。鉴于 T_s 的选择原则已在上一节讨论过，这里仅就目前工程上流行的若干参数整定方法加以说明。

1. 扩充临界比例带法

这是一种基于系统临界振荡参数的闭环整定法。这种方法实质上是模拟控制器中采用的稳定边界法的推广，用来整定离散 PID 算式中的 T_s、K_C、T_I 和 T_D 参数。具体步骤如下：

（1）选择一个足够短的采样周期 T_{smin}。一般说，T_{smin} 应小于对象纯迟延时间 τ 的 1/10。

（2）令数字系统为纯比例控制，逐渐加大比例增益 K_C（缩小比例带 δ），使系统出现等幅振荡，此时的比例增益为临界比例增益 K_{cr}（对应临界比例带 δ_{cr}），振荡周期称为临界振荡周期 T_{cr}。

（3）选择控制度。控制度就是以模拟控制器为基础，定量衡量数字系统与模拟

控制器对同一对象的控制效果。控制效果的评价函数通常采用 $\min\int_0^\infty e^2(t)\mathrm{d}t$(最小误差平方面积),那么

$$\text{控制度} \xlongequal{\text{def}} \frac{\left[\min\int_0^\infty e^2(t)\mathrm{d}t\right]_{\mathrm{D}}}{\left[\min\int_0^\infty e^2(t)\mathrm{d}t\right]_{\mathrm{A}}} = \frac{\min(\mathrm{ISE})_{\mathrm{D}}}{\min(\mathrm{ISE})_{\mathrm{A}}} \tag{13-43}$$

式中下标 D 和 A 分别表示数字控制和模拟控制器控制。

如前所述,采样周期 T_s 的长短会影响系统的控制品质,同样是最佳整定,数字系统的控制品质要低于模拟系统的控制品质,即控制度总是大于 1,且控制度越大,相应的数字系统控制品质越差。如控制度为 1.05 时,表示数字系统与模拟控制系统效果相当,控制度为 2.00 表明数字控制效果比模拟控制差一倍。从提高数字系统控制品质出发,控制度可选得小些,但就系统的稳定性看,控制度宜选大些。

(4) 根据选定的控制度,查表 13.2,并计算 T_s、K_C、T_I 和 T_D 的值。

(5) 按求得的参数值让数字系统运行,并观察控制效果。如果系统稳定性差(表现为振荡现象),可适当加大控制度,重复(4),直到获得满意的控制效果。

表 13.2　扩充临界比例带法 PID 参数计算公式

控制度	控制规律	T_s/T_{cr}	K_C/K_{cr}	T_I/T_{cr}	T_D/T_{cr}
1.05	PI	0.03	0.55	0.88	—
	PID	0.14	0.63	0.49	0.14
1.20	PI	0.05	0.49	0.91	—
	PID	0.043	0.47	0.47	0.16
1.50	PI	0.14	0.42	0.99	—
	PID	0.09	0.34	0.43	0.20
2.00	PI	0.22	0.36	1.05	—
	PID	0.16	0.27	0.40	0.22
模拟控制器	PI	—	0.57	0.83	—
	PID	—	0.70	0.50	0.13

上述一般的扩充临界比例带法,可以确定 PID 控制算式的 T_s、K_C、T_I 和 T_D 四个参数。为了减少在线整定参数的数目,P D Roberts 提出一种简化扩充临界比例带法。该法以扩充临界比例带法为基础,人为规定以下约束条件,令 $T_s=0.1T_{cr}$,并根据模拟控制器 Z-N 整定公式,取 $T_I=0.5T_{cr}$;$T_D=0.125T_{cr}$ 代入式(13-29),整理后增量型 PID 控制算式变为

$$\Delta u(k) = K_C[2.45e(k) - 3.5e(k-1) + 1.25e(k-2)] \tag{13-44}$$

这样,式(13-29)四个参数的整定便简化为仅对式(13-44)一个参数 K_C 的整定。改变 K_C,观察控制效果,直到满意为止。

2. 扩充响应曲线法

鉴于在大部分数字过程控制系统中各控制回路的时间常数比采样周期大得多,

因而可以把模拟控制器动态特性参数整定方法推广应用来整定离散 PID 算式参数。只要用一个纯迟延环节等效数字系统中的采样-保持器，并引入等效纯迟延时间的概念，那么所有基于对象响应曲线的模拟控制器参数整定方法，如齐格勒-尼科尔斯(Z-N)、科恩-库恩(C-C)以及基于误差积分的参数整定公式，均可直接用来计算离散 PID 算式中 K_C、T_I 和 T_D 等参数值。注意，公式中被控对象的纯迟延时间 τ 要用等效纯迟延时间 τ_e 代替。此处 τ_e 定义为对象的 τ 与采样周期的一半之和，即

$$\tau_e \stackrel{\text{def}}{=} \tau + \frac{T_s}{2} \tag{13-45}$$

其中 $T_s/2$ 是考虑了数字系统中采样-保持器环节引入 $\omega T_s/2$ 的相角滞后。

扩充响应曲线法是一种开环整定方法。与模拟控制器动态特性参数法类似，预先测得广义对象的阶跃响应曲线，并以带纯迟延 τ 和时间常数 T 的一阶惯性环节近似，然后从曲线求得 τ 和 T，最后根据 τ、T 和 T/τ 的值，查表 13.3，即可求得 PID 控制算式的 T_s、K_C、T_I 和 T_D。

表 13.3 扩充响应曲线法 PID 参数计算公式

控制度	调节规律	T_s/τ	$K_C/T/\tau$	T_I/τ	T_D/τ
1.05	PI	0.10	0.84	3.40	—
	PID	0.05	1.15	2.00	0.45
1.20	PI	0.20	0.73	3.60	—
	PID	0.16	1.00	1.90	0.55
1.50	PI	0.50	0.68	3.90	—
	PID	0.34	0.85	1.62	0.65
2.00	PI	0.80	0.57	4.20	—
	PID	0.60	0.60	1.50	0.82
模拟控制器	PI	—	0.90	3.30	—
	PID	—	1.20	2.00	0.40

应当指出，第 3 章中有关控制器参数自整定原理同样适用于数字系统 PID 算式中参数整定。事实上，只有应用了计算机以后，控制器参数的自整定才成为可能。当今 DCS 系统一般都配备参数自整定功能。

13.4 数字系统与连续系统的接口

由于最终的执行机构大多是连续过程，例如阀门的执行机构，它所能够接受的信号是连续的电压信号或者电流信号；本节主要讨论具有连续特性的执行机构的情况。如图 13.1(b)所示，任何数字系统的输出都最终要转换为连续信号与连续对象进行连接，从而实现数字系统的功能。本节将主要讨论数字系统的结果如何再反馈给连续系统，也即数字系统的结果输出问题，以及数字系统与人之间的信息交换问题。

13.4.1 数据输出

数字系统的结果输出，如果是仍然传递给数字系统，则可以直接采用数据总线进行传送，或者根据一定的传输协议，通过普通的线缆进行数据的交换。如果将结果传递给连续系统，或者说数字控制器将控制量输出，用于执行机构的控制。那么就需要进行数字信号到模拟信号的转换，即 D/A 转换。

D/A 转换已经是十分成熟的技术，不需要过多的介绍。在使用过程中只需要注意影响 D/A 转换精度的一些因素就可以了。

(1) 分辨率：D/A 转换器的分辨率定义为基准电压 V_{REF} 与 2^n 之比值，其中 n 为 D/A 转换器的位数，如 8、12、16 位等。如果基准电压 V_{REF} 等于 5V，那么 8 位 D/A 的分辨率为 19.60mV，12 位的分辨率为 1.22mV。这就是与输入二进制数最低有效位 LSB 相当的模拟输出电压，简称 LSB。

(2) 稳定时间：是指输入二进制数变化量是满刻度时，输出达到离终值±1/2LSB 时所需的时间。对于输出是电流的 D/A 转换器来说，稳定时间约几微秒。而输出是电压的 D/A 转换器，其稳定时间主要取决于运算放大器的响应时间。对于过程控制而言，这个指标基本上都没有问题。

(3) 转换精度：绝对精度是指输入满刻度数字量时，D/A 转换器的实际输出值与理论值之间的最大偏差；相对精度是指在满刻度已校准的情况下，整个转换范围内对应于任一输入数据的实际输出值与理论值之间的最大偏差。转换精度用最低有效位 LSB 的分数来表示，如±1/2 LSB、±1/4 LSB 等。

(4) 线性度：理想的 D/A 转换器的输入输出特性应是线性的。在满刻度范围内，实际特性与理想特性的最大偏移称为非线性度，用 LSB 的分数来表示，如±1/2 LSB、±1/4 LSB 等。

13.4.2 人机界面

数字系统与操作人员之间的信息交换，与传统的连续系统或者说模拟系统也是不同的。传统的连续系统是通过操作人员直接改变仪表或者控制器上的电阻值而实现参数调整的。由于模拟元器件的限制，模拟仪表和控制器可以调整的参数相对较少。而随着数字系统的出现，人机界面的概念被提出了。它完全改变了传统的操作人员与仪表、控制器之间的信息交换模式与概念，在个人计算机空前发展的现在，甚至形成了一个专门的学科。在过程控制中主要介绍的是数字控制系统与操作人员之间的信息交换，因此这里所说的人机界面也相对简单。

人机界面也可以简单分为两类设备，一类是输入设备，即提供给操作人员输入信息的设备；另外一类是输出设备，即数字系统输出信息给操作人员的设备。当然大多数情况下，两类设备可以是合二为一的。

常见的输入设备包括各类键盘、触摸屏幕和鼠标等。计算机通过输入接口程序可以不断地扫描输入设备，获得相应的命令代码，从而将操作人员的命令输入计算机系统。例如通过操作人员点动鼠标，可以方便地修改数字控制器的状态，使之处于自动状态或者手操状态；也可以通过键盘，方便地修改控制器的 PID 参数、量程参数；还可以通过触摸屏幕根据屏幕提示状态信息进行报警处理等。由于数字系统的出现，尤其是微型计算机的飞速发展，使得操作人员对于控制系统的操作可以十分灵活、方便。

常见的输出设备包括各种类型的屏幕、打印机、信号灯等。由于采用了计算机和各种类型的屏幕，数字系统的输出信息十分丰富。对于普通的数字仪表，通过一块小型液晶屏幕，可以将仪表的基本运行状态、运行参数以及控制参数显示出来。更为简单的仪表还可以采用简单的 7 段数码管或者 16 段数码管进行数据显示。显示器是目前最复杂的输出设备，也是人机交互的最主要的手段。对于过程控制中所使用的数字系统，显示器可以提供完整的流程图显示，各类参数画面显示，各类系统组态画面显示，各类参数曲线趋势显示，报警画面显示，操作指导画面显示，以及模拟传统仪表的表盘显示等。通过一台显示器可以将一个数字系统的几乎所有信息全部显示出来。那么，在有限的显示器屏幕范围内如何组织信息，使得操作人员能够方便地了解系统的运行情况，快速地进入他所希望了解的局部系统，操作需要调整的系统参数以及响应紧急情况下的故障处理等，这是人机界面中很重要的问题，当前是依靠组态软件来完成这项工作的。

对于现代化的流程企业，可以实现无纸办公及无纸生产管理。但对于目前大多数企业，一定形式和数量的各类报表是必不可少的。因此对于数字系统，打印机也就成为其必要的一种输出设备。而且考虑到企业管理的习惯和操作人员的操作习惯，某些企业和生产环节甚至还保留着传统的针式打印设备。

作为系统备份设备，输出设备还包括一定形式的存储设备，例如磁带机、刻录机等。作为生产过程的危险信号指示设备，对于关键控制系统报警时，系统还会与某些具有明显提示作用的警灯、警铃以及喇叭相连。

13.5 小结

本章介绍了数字控制系统的组成以及分析数字控制系统的基本理论，并详细给出了数字 PID 算法的各种形式，最后讨论了数字控制系统与模拟系统的接口问题。随着计算机技术的发展，数字系统已经深入到控制系统的各个环节。但具体的生产过程却仍然是一个连续的模拟系统。由于数字系统对于信号的处理是离散化的，与模拟系统之间存在着本质的差别，因此在构建以数字系统为主的控制系统时就必须考虑由此带来的种种问题，如采样问题、离散化所导致的稳定性问题等。当然，由于采用了数字系统，尤其是采用了计算机系统，使得我们对于问题的处理能力，无论是控制算法的计算能力，还是大量数据的处理能力，甚至是系统的人机接口能力都得到了极大的增强，也就为更好地构成过程控制系统提供了强有力的工具。

第14章 计算机控制系统

现代过程工业向着大型化和连续化的方向发展，生产过程也随之日趋复杂，对生态环境的影响也日益突出，这些都对控制系统提出了越来越高的要求。不仅如此，生产的安全性、可靠性和经济性都成为衡量当今自动控制水平的重要指标。因此，仅用传统的常规仪表已不能满足现代化企业的控制要求。由于计算机技术的飞速发展，为新的控制系统的应用提供了空前的发展空间。

当代计算机在运算速度、功能和存储量等方面已经十分惊人，即便是一台普通的个人计算机(PC)，其内存已经达到 2GB 以上，硬盘空间达到 500GB 以上，工作频率达到 2GHz 以上。在用户不多、计算量不是很大的情况下，运算速度、内存和硬盘这些在以往需要仔细考察的硬件指标，已经不是设计系统时需要着重考虑的因素了。而且随着软件技术和网络技术的发展，大量的应用软件、监控组态软件和人机接口软件为工业应用提供了人性化的友好环境。

在过程控制中，计算机控制系统已经是必不可少的重要工具。当然，考虑到行业和领域的不同，计算机控制系统的应用情况差别很大。对于某些行业，例如石油、化工、发电和冶金等行业，已经离不开计算机控制系统。当今直接数字控制(direct digital control，DDC)系统、集散控制系统(distributed control system，DCS)、可编程逻辑控制器(programmable logic controller，PLC)和现场总线控制系统(fieldbus control system，FCS)等得到了广泛的应用。

20 世纪 50 年代计算机才用于生产过程闭环控制。计算机控制系统的基本组成分为 4 个部分：

① 过程控制单元。这是系统的核心，具有连续控制、逻辑控制、顺序控制、通信、系统协调、诊断和维护功能。

② 过程接口单元。这是控制计算机有别于一般计算机的主要设备，主要由 AI(analog input)、AO(analog output)、DI(digital input)和 DO(digital output)模板或模块组成，它是计算机与生产过程联系的唯一途径，用于采集数据和发送命令。

③ 人机接口单元。这是操作员与计算机联系的通道，通过 CRT 或

LCD的操作画面、过程数据、参数曲线和趋势图等，监视生产过程，并可以用操作画面和键盘直接干预生产过程，例如启停电机和阀门，改变控制系统的参数。

④ 外部设备接口。主要是计算机控制系统为其他设备提供的数据交换接口，用于连接通信设备或者其他特殊设备。

上述4个部分只是计算机控制系统的基本组成，如需实现更复杂的控制功能，还可以在此基础上加以扩充。

从20世纪50年代至今，由于计算机技术的飞速发展，用于生产过程的计算机控制系统也相应有了很大的变化。对于一个企业，计算机的应用已经深入到企业管理和生产的各个环节。目前人们普遍认为一个企业可以通过如下3个层次的划分和5个应用系统的实施来涵盖其所有的管理和生产行为，即企业资源规划层(enterprise resource planning，ERP)、制造执行层(manufacturing execution system，MES)和过程控制层(process control system，PCS)，如图14.1所示。

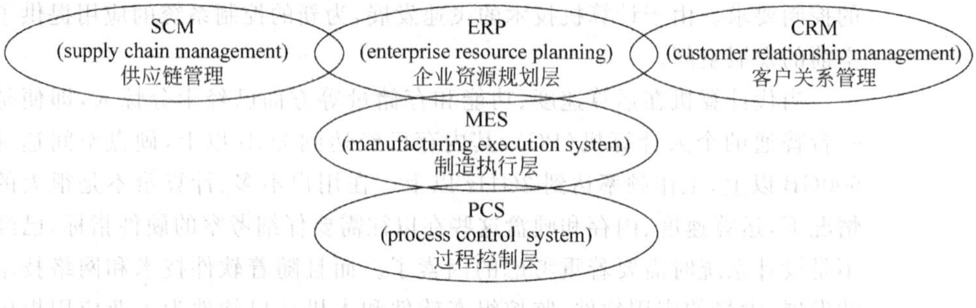

图14.1 企业系统集成的三层结构

企业资源规划层主要完成企业的运营管理，包括人员、资源和财务的管理，它向外扩展可以包括供应商和客户关系等管理。制造执行层主要完成生产过程的管理与优化，包括生产计划、生产调度、设备管理和实验室信息系统等。过程控制层主要包括生产过程的控制系统，如DDC、DCS、FCS以及相关的先进控制系统，其中MES层起到承上启下的作用，即通过此层将生产过程与经营管理连接起来，实现生产与管理的综合集成以及信息流、物质流和资金流的集成，以利于管理层进行整体的管理与决策。

(1) 过程控制层(process control system，PCS)

通过传统模拟控制器或现代数字控制器以及计算机控制系统(DDC、DCS、FCS)对生产过程进行控制。过程控制层除了进行常规PID控制外，还能灵活方便地实现各类例如前馈、解耦等先进控制算法，这是计算机系统优于模拟控制器之处。另外，除了控制用的数据外，还需要对整个生产过程的数据进行处理，以便向操作人员提供生产信息，使之掌握生产运行情况，便于对现场进行分析和监视。

(2) 制造执行层(manufacturing execution system，MES)

该层是企业资源规划层与过程控制层之间的过渡，是生产管理的重要环节。制造执行层强调的是执行，将企业的计划、策略落实于生产的各个环节。该层主要通过各类应用管理软件实现所需功能，例如生产操作优化、生产计划与调度、成本核算与监督、生产过程的故障诊断和预报维修等。所以，MES 层的主要任务是：在保证生产过程处于高质量的控制水平基础上实现以经济效益为目标的生产操作优化；实现从当前生产现状出发的生产短期计划和动态实时调度以保证生产过程处于最优状态；根据当前生产过程中成本的计算结果来判断成本实现中的问题和瓶颈，提供给有关人员去加以处理，以控制成本达到预期要求；采用故障的早期预测和设备的预先维修来提高生产过程的安全性和最优生产运行的周期等等，因而此层是实现优化运行、优化控制与优化管理的关键层。

(3) 企业资源规划层(enterprise resource planning，ERP)

企业资源规划层主要完成企业的运营管理，包括人员、资源和财务的管理，它向外扩展可以包括供应商和客户关系管理，从而构成了多个企业间的供应链管理(supply chain management，SCM)、客户关系管理(customer relationship management，CRM)和电子商务(electronic commerce)等。该层所要完成的任务是根据企业的运行目标，进行企业的人、财、物的管理，以及通过对客户关系的管理和对供应商的管理，使得企业处于以计算机管理系统为辅助的有效的管理模式之下。通过企业资源规划层可以使得企业管理者能够根据市场的信息进行供需分析和预测，并按利润高、材料省、能耗小和操作弹性大等相互制约的多个性能指标进行企业生产的多目标优化决策，供决策者参考和选择。

在过程控制层中，根据系统结构可以将计算机控制系统分为以下 4 类：

(1) 单机控制系统。该系统由主机单元、过程接口单元、人机接口单元及外部设备单元组成，适用于小型装置，实现简单控制回路。

(2) 多机控制系统。该系统由多个单机控制系统通过网络构成控制层，再增加监控层，构成两级计算机控制系统，适用于中型装置，或者多个小型装置连接在一起的生产过程。由于生产过程复杂，不仅采用简单控制回路，而且还需采用复杂控制回路。控制层各台计算机采用分布式结构，完成各自数据采集和控制功能。监控层各台计算机主要用于协调和监控生产过程，进行人机交互。

(3) 集散控制系统(distributed control system，DCS)。随着工业生产的发展，单机和多机控制系统都不能满足要求。为此，20 世纪 70 年代中期，出现集散控制系统(DCS)，采用分散控制和集中管理的设计思想、分而自治和综合协调的设计原则，保证 DCS 有较好的可靠性和适应性、灵活性和扩展性、友好性和新颖性。DCS 自问世以来，得到普遍的应用。目前，DCS 已经成为工业自动化的主流系统，世界上已有多个公司推出不同系列的产品，在系统结构、硬件、软件和通信网络等方面各具特色。DCS 的基本构成是控制站、工程师站、操作员站和通信网络，通过网络组成分布式系统。

(4) 现场总线控制系统(fieldbus control system，FCS)。现场总线分布于生产现场，将分散于生产装置的现场仪表或现场设备连接起来，从而构成彻底分散的控制系统。现场总线的节点是现场仪表，相对于 DCS 而言，将控制站的输入、输出、运算和控制功能分散到现场仪表中，直接在现场总线上构成分散的控制回路。

限于篇幅，本章只介绍 3 种典型的计算机控制系统：直接数字控制系统(DDC)、集散控制系统(DCS)和现场总线控制系统(FCS)。

14.1 直接数字控制系统

直接数字控制系统(direct digital control，DDC)的基本硬件是主机、CRT 或 LCD、键盘和鼠标、模拟量输入(AI)板卡、数字量输入(DI)板卡、模拟量输出(AO)板卡和数字量输出(DO)板卡等，基本软件是系统软件、应用软件和实时数据库等。本节叙述直接数字控制系统(DDC)的原理、组成和应用[1]。

14.1.1 直接数字控制系统的原理

DDC 计算机的输入和输出均为数字量，首先将来自传感器或变送器的被控量信号(4～20mA DC)经过模拟量输入(AI)通道转换成数字量送给计算机，再用软件实现 PID 控制算法，然后数字控制量经过模拟量输出(AO)通道转换成模拟量信号(4～20mA DC)送给执行器(电动或气动调节阀)，构成闭环控制回路，如图 14.2 所示。

由于计算机运算速度快，可以分时处理多个控制回路，不仅可以实现简单控制回路，而且可以实现复杂控制回路，例如前馈控制、串级控制、选择性控制、迟延补偿控制和解耦控制等。直接数字控制系统一般用于小型或中型生产装置的控制。

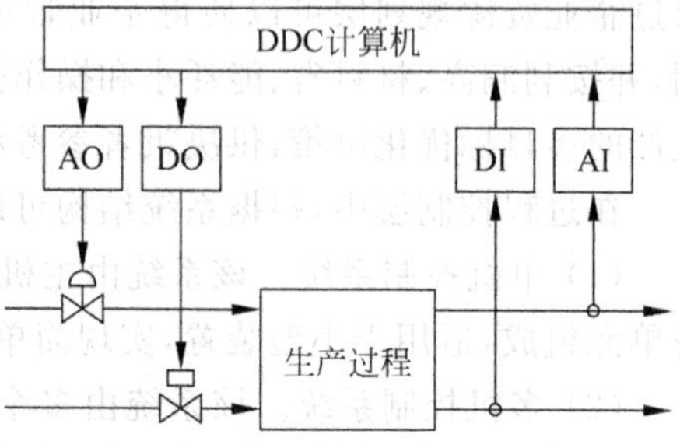

图 14.2 DDC 系统的原理图

14.1.2 直接数字控制系统的组成

直接数字控制系统(DDC)由被控对象、检测仪表(传感器或变送器)、执行器(电动或气动调节阀)和工业控制机组成，如图 14.3 所示。工业控制机由主机、过程输入输出设备、人机接口和外部设备组成。过程输入输出设备包括 AI、DI、AO 和 DO 板卡等，AI、DI 板卡把来自检测仪表的反映过程参数和状态的信号转换为数字信号送往主机，AO、DO 板卡把主机输出的数字控制信号转换为适应各种执行器的信号。人机接口设备供操作人员对生产过程进行监视和操作，包括 CRT 或 LCD、键盘和鼠标、报警和显示设备、打印机等。

直接数字控制系统(DDC)的核心是工业控制机。随着计算机技术的发展，工业控制机经历了一个不断发展的过程。目前，主要是以工业个人计算机(industry personal computer IPC)为基础，并有相应的各类 I/O 接口和外部设备接口，如图 14.3 所示。一般的 IPC 除了有必备的主板、内存、硬盘、CRT 或 LCD 等以外，还有专用键盘、专用显示器和过程输入输出设备，包括 AI、DI、AO 和 DO 板卡等。由于 IPC 的工作环境比较恶劣，所以要对硬盘、CRT 或 LCD、键盘和机箱等进行防尘和防震处理。

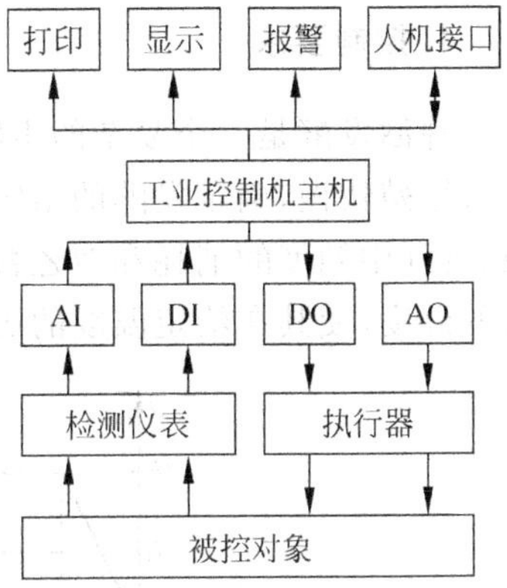

图 14.3　DDC 系统的组成

直接数字控制系统(DDC)的过程输入输出设备分为两类，一类是与主机一体的 I/O 板卡，另一类是独立的 I/O 数据采集单元，通过串行总线(RS-232、RS-422、RS-485)与主机通信。AI 板卡的信号类型有 4～20mA DC、1～5V DC、毫伏、热电阻和热电偶等，输入方式有单端或差动输入。DI 板卡的信号类型有开关、按钮等触点。AO 板卡的信号类型有 4～20mA DC、1～5V DC 等。DO 板卡的信号类型有继电器触点、有源开关元件等。

直接数字控制系统(DDC)的主机一般选用 Windows 操作系统，另外再配置相应的应用软件。尽管 Windows 不是实时操作系统，由于 IPC 的运算速度快，足以抵消 Windows 操作系统的非实时性影响。应用软件包括监控组态软件和实时数据库，保证系统有十分友好的人机界面，便于 I/O 数据点的建立、控制回路的组态、操作画面的绘制、打印报表的生成、报警信息的发布等。

直接数字控制系统(DDC)的硬件结构有模板式和模块式两种，其安装方式又可以分为盒式、台式和柜式三种。

盒式(box)是将主控单元、输入输出单元和操作显示单元集于一体，盒正面是 LCD 显示器和薄膜式键盘。盒式结构体积小，重量轻，可以直接安装于生产设备上，便于现场操作监视，适用于小型数据采集和控制系统。

台式(desk)是将主控单元和输入输出单元集中于一个机箱内，再将该机箱以及显示器、键盘、鼠标、打印机置于操作台或终端桌上。台式结构体积大、部件多，适用于中型数据采集和控制系统。

柜式(panel)是将主控单元集中于主机箱内，输入输出单元集中于 I/O 机箱内，或将这两个单元集中于一个机箱内，这些机箱适用于盘式或机柜式安装，另外再将显示器、键盘、鼠标、打印机置于操作台或终端桌上。柜式结构体积较大，部件较多，适用于大型数据采集系统或者规模相对大一些的控制系统。

14.1.3　直接数字控制系统的应用

直接数字控制(DDC)系统的使用十分灵活和便捷，可以容易地组成和修改控制回路，构成各种简单或复杂的控制系统。目前 DDC 系统已经广泛应用，下面列举啤酒发酵过程的应用实例[2]。

1. 控制要求

啤酒发酵是一个复杂的生物化学反应过程，在发酵期间，根据酵母的活动能力，生长繁殖快慢，确定发酵的给定温度曲线，如图 14.4 所示。为了使酵母的繁殖和衰减、麦汁中糖度的消耗和双乙酰等杂质含量达到最佳状况，必须严格控制发酵各阶段的温度，使其在给定温度的±0.5℃范围内。

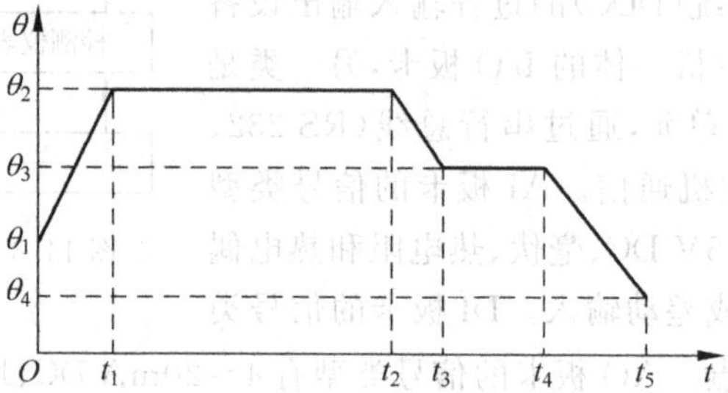

图 14.4 发酵温度曲线

2. 系统组成

该DDC系统是根据发酵液的温度控制冷却剂（淡酒精）的流量，控制原理如图 14.5 所示。系统设计时要考虑以下几个方面。

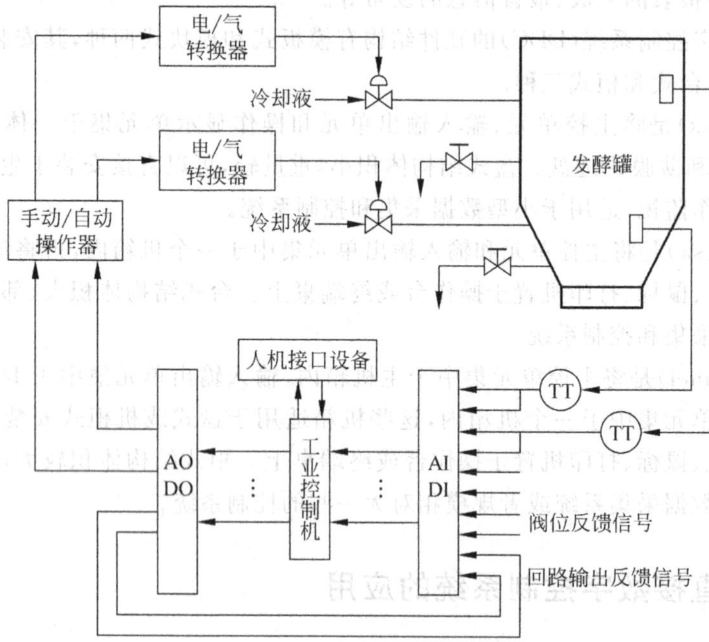

图 14.5 发酵温度 DDC 系统图

(1) 被控对象的特性。被控对象的输入量是冷却液流量,输出量是发酵温度。由于对象的输入与输出之间的惯性和迟延时间比较长,应依据大惯性和大迟延的对象特性来设计控制回路。

(2) 检测仪表及调节阀。按照工艺要求选择发酵罐中部温度为被控量,温度测量选铜电阻温度变送器,并带上下限温度报警节点。调节阀选用气动调节阀。

(3) 控制规律。为适应温度给定值为预定的曲线,如图 14.4 所示,恒温段采用 PI 控制算式,升温、降温段采用 PID 控制算式。考虑到被控对象大惯性和大迟延的特点,选用带 Smith 预估补偿的控制算法。

(4) 计算机硬件。从性能价格比考虑,主机选用工业控制机(IPC),并配置相应的 AI、DI、AO 和 DO 板卡。为提高可靠性,关键部件采用冷后备方式,并采用手动/自动操作器,在软件支持下对各部件进行故障诊断和报警等。

(5) 计算机软件。除了配置 IPC 所需的 Windows 系统软件外,还需配置相应的应用软件。应用软件的主要功能如下:

① 过程接口功能,包括过程数据采集、滤波、校验、变换、报警等。

② 过程控制功能,包括常规 PID 控制,构成简单和复杂的控制回路。

③ 人机接口功能,包括操作画面绘制、数据显示和报表生成。

3. 系统硬件

啤酒发酵温度 DDC 系统如图 14.5 所示,主要组成如下:

(1) 工业控制机。其任务是 I/O 数据处理、校验和存储,执行控制算法和输出控制量,信号报警和处理,等等。

(2) 测量温度。测温元件为铜电阻,再经变送器(TT)输出 4~20mA DC 信号以及温度上下限报警接点信号。

(3) AI/DI 板卡。将来自变送器(TT)的模拟信号转换成计算机能接收的数字信号,将来自开关或触点的状态信号转换成计算机能接收的数字信号。

(4) AO/DO 板卡。将来自 PID 控制器的数字信号转换为 4~20mA DC 的电流信号,将来自逻辑控制器的状态信号(0 或 1)转换为物理开关或触点信号。

(5) 调节阀。来自 AO 板卡的 4~20mA DC 的电流信号经电/气转换器变为气压信号去驱动调节阀,从而调节冷却剂流量,达到控制发酵温度的目的。其中手动/自动操作器用于后备操作。

(6) 人机接口设备。其中 CRT 或 LCD 提供操作显示画面、进行人机对话,另外还有键盘和鼠标等。打印机打印生产报表、参数报表和报警信息等。

(7) 电源。为系统提供不间断电源,保证发酵过程正常工作。

4. 控制算法

针对被控对象的特性,本系统采用以下两种控制算法。

(1) PID 控制算法加特殊处理

控制回路如图 14.6 所示,特点是在 PID 控制算法的基础上附加以下的特殊处理:

① 在保温段,采用 PI 控制算法。

② 在升、降温段,采用 PID 控制算法。

③ 为了减小对象迟延特性的影响,在给定温度曲线转折处作特殊处理,即由保温段转至降温段时提前开调节阀,而在降温段转至保温段时提前关调节阀。其目的是使温度转折时平滑过渡。

④ 对控制量 $\Delta u(k)$ 进行限幅,即对调节阀的阀位进行限幅。

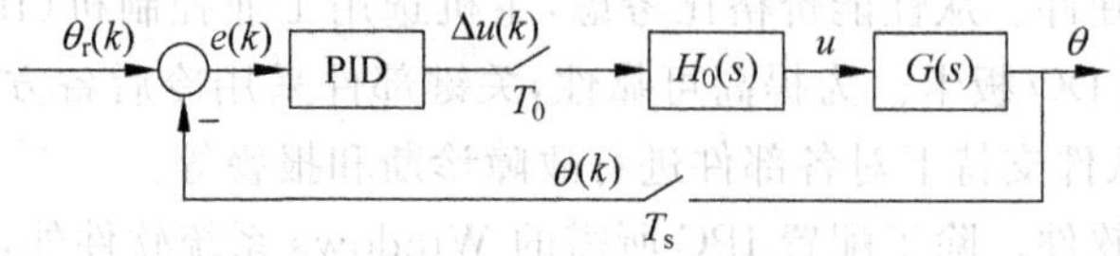

图 14.6 发酵温度的常规控制回路

(2) Smith 补偿控制算式

在 PID 控制算法的基础上附加 Smith 补偿器,如图 14.7 所示。

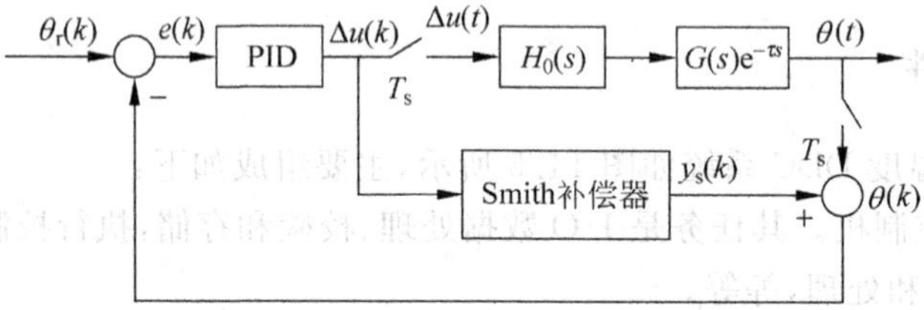

图 14.7 发酵温度的 Smith 补偿控制回路

用户可以根据情况选择上述两种发酵温度控制算法之一。控制软件还应包括 PID 参数整定、预置给定温度曲线、控制回路组态、故障诊断等。

5. 控制效果

实际运行证明啤酒发酵温度的 DDC 系统获得明显的技术和经济效益:

(1) 可准确控制啤酒发酵工艺过程。

(2) 提高了啤酒质量,如双乙酰含量明显下降,从而使口感更好。

(3) 节省设备投资。一个具有 28 个发酵罐 84 个控制点的啤酒厂可以采用一套 DDC 系统,比 84 套常规仪表控制系统大大节省投资费用。

14.2 集散控制系统

集散控制系统(DCS)是 20 世纪 70 年代中期发展起来的计算机控制系统,它综合了计算机技术、控制技术、网络技术和图形显示技术等技术手段,形成了以微处理器为核心的计算机系统。它不仅具有传统的控制功能和集中化的信息管理和操作显示功能，而且还有大规模数据采集、处理的功能以及较强的数据通信能力，为实现高等过程控制和生产管理提供了先进的工具和手段，至今仍然是大型生产过程尤其是流程工业中主要的控制系统。

目前，世界上有多种DCS产品，广泛应用于石油、化工、发电、冶金、轻工、制药和建材等工业的自动化系统中，成为生产过程控制领域的主流系统。

DCS不仅具有连续控制、逻辑控制、顺序控制和批量控制等常规控制功能，而且具有高等控制、优化控制和监控管理功能。本节叙述集散控制系统(DDC)系统的组成、特点、功能和应用[1,3]。

14.2.1 集散控制系统的组成

集散控制系统以多台分散的控制计算机为基础，集成了多台操作、监控和管理计算机，通过网络构成层次化的体系结构，从下至上依次为直接控制层和操作监控层，另外可以向上扩展生产管理层和决策管理层。DCS体系结构如图14.8所示，主要组成如下。

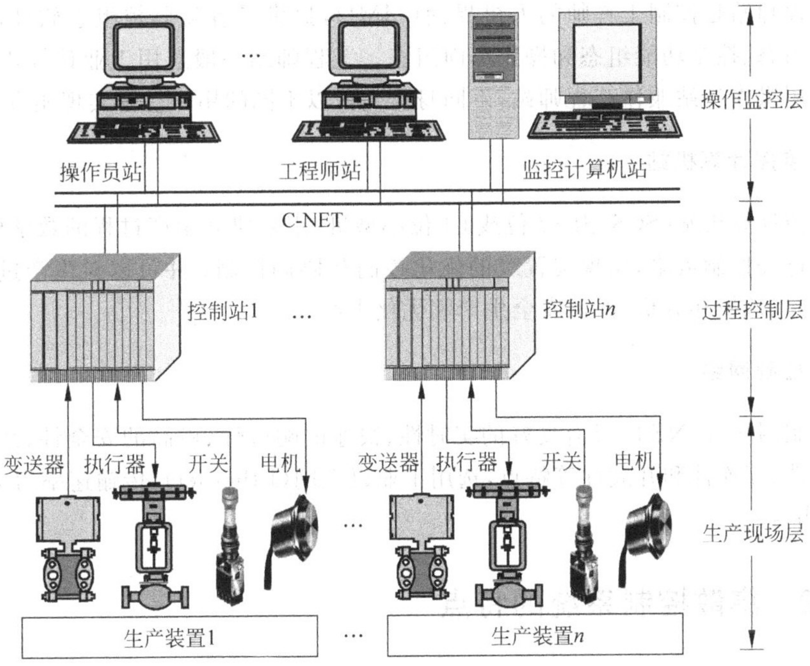

图14.8 DCS体系结构图

1. 控制站

控制站(CS)是DCS的基础，直接与生产过程的传感器、变送器和执行器连接，具有信号输入、输出、运算、控制和通信功能。控制站硬件主要由输入输出单元

(IOU)、主控单元(MCU)和电源三部分组成。

输入输出单元(IOU)是控制站的基础,直接与生产过程的输入输出信号连接,由各种类型的模拟量输入(AI)、数字量输入(DI)、模拟量输出(AO)、数字量输出(DO)、脉冲量输入(PI)和串行接口(SI)模板或模块组成。

主控单元(MCU)是控制站的核心,由控制处理器、输入输出接口处理器、通信处理器和冗余处理器板卡或模块组成。两个 MCU 互为冗余,即 MCU1 和 MCU2 互为备用,其中一个处于正常工作状态,另一个处于热备用状态,并具有自动诊断和自动切换的功能。

2. 操作员站

操作员站是工艺操作员的人机界面(MMI),提供了各类操作监视画面,用于对生产过程进行操作、监视和管理。操作员站一般选用工业计算机(IPC),由主机设备和外部设备组成。其中主机设备有主机、CRT 或 LCD、键盘、鼠标和通信板卡等,外部设备有打印机、专用键盘和辅助操作台等。

3. 工程师站

工程师站是控制工程师的人机界面(MMI),提供了各类监控组态软件,用于系统设备组态、控制功能组态和操作画面组态。工程师站一般选用工业计算机(IPC),也可以用操作员站兼作工程师站,不同身份人员以不同的用户登录实现相应功能。

4. 监控计算机站

监控计算机站(SCS)为 32 位或 64 位小型机,用来建立生产过程的数学模型,实现高等过程控制策略,实现装置级的优化控制和协调控制;并可以对生产过程进行故障诊断、预报和分析,保证安全生产和优化生产。

5. 控制网络

控制网络(C-NET)具有良好的实时性、快速的响应性、极高的安全性、恶劣环境的适应性、互连性和开放性等特点,选用工业以太网(Ethernet),传输速率为 10/100/1000Mb/s。

14.2.2 集散控制系统的特点

DCS 自问世以来,一直处于上升发展状态,并广泛应用于工业控制的各个领域。究其原因是 DCS 有以下一系列特点。

1. 分散性和集中性

采用分散控制和集中管理的设计思想、分而自治和综合协调的设计原则。生产过程的控制采用分散结构，而生产过程的信息则集中于实时数据库，利用通信网络供系统所有设备共享。其优点是系统的危险分散，提高了系统的可靠性。

2. 灵活性和扩展性

硬件采用积木式结构，控制站及其 I/O 模板或模块可以按需要配置，操作员站、工程师站和监控计算机站也可以按需要配置，用户可以灵活配置成小、中、大各类系统。另外，还可根据企业的财力或生产要求，逐步扩展系统。

3. 可靠性和适应性

DCS 采用了一系列冗余技术，如控制站主机、I/O 板、通信网络和电源等均可双重化，而且采用热备份工作方式，自动检查故障，一旦出现故障立即自动切换，提高了系统的可靠性。DCS 采用高性能的电子器件、先进的制造工艺和各项抗干扰技术，可使 DCS 能够适应恶劣的工作环境。

4. 友好性和新颖性

DCS 为操作人员提供了友好的人机界面，对生产过程进行操作和监视。在彩色 CRT 或 LCD 上，以 2 维或 3 维图形画面显示生产过程，采用动态画面、工业电视、合成语音等多媒体技术，图文并茂，形象直观，使操作人员有身临其境之感。

14.2.3　集散控制系统的功能

DCS 的功能集中体现在控制站、操作员站、工程师站、监控计算机站和控制网络。

1. 控制站的功能

控制站的功能包括信号输入、输出、运算、控制和通信。

控制站的信号输入、输出功能包括模拟量输入(AI)、数字量输入(DI)、模拟量输出(AO)和数字量输出(DO)，并以输入、输出功能块的形式呈现在用户面前，供用户组成控制回路。例如图 14.9 中的 AI 功能块(PT123)和 AO 功能块(PV123)。

控制站的控制功能包括连续控制、逻辑控制和顺序控制。其中常用的连续控制有 PID 控制算法，并以 PID 控制功能块的形式呈现在用户面前，以 PID 控制功能块为核心，可以组成简单控制、前馈控制、串级控制、选择性控制、迟延补偿控制和解耦控制回路等。例如图 14.9 中的 PID 功能块(PC123)。

控制站的运算功能包括代数运算、信号选择、数据选择、数值限制、报警检查、计算公式和传递函数等，并以运算功能块的形式呈现在用户面前，供用户组成控制回路。例如前馈控制回路中的前馈补偿器和 Smith 补偿控制回路中的 Smith 补偿器就是运算功能块。

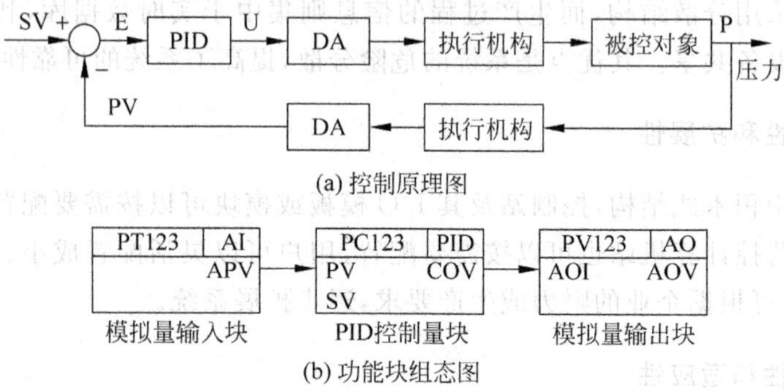

图 14.9　DCS 单回路 PID 控制组态图

2. 操作员站的功能

操作员站的功能是为用户提供操作监视画面，如图 14.10 所示，供工艺操作员对生产过程进行操作、监视和管理。

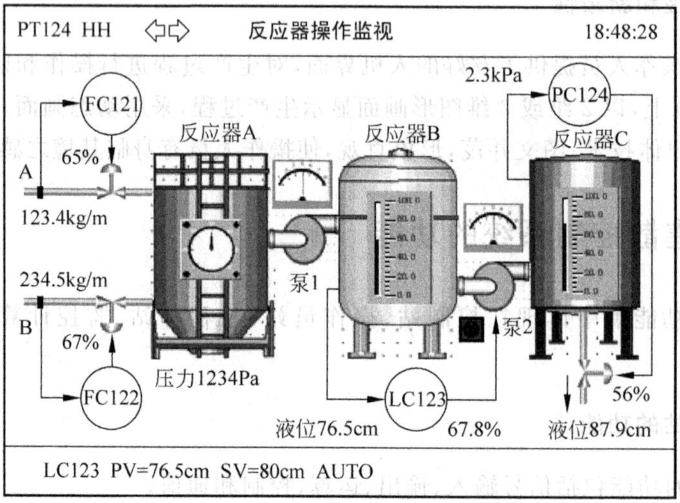

图 14.10　DCS 操作监视画面

操作员站的操作监视画面一般分为通用画面、专用画面和管理画面 3 类。其中通用画面有总貌画面、组画面、点画面、趋势画面和报警画面等，专用画面有主控系统画面、数据采集系统画面、操作指导画面和控制回路画面等，管理画面有操作员操作记录、过程点报警记录、系统设备状态记录、系统设备错误记录、事故追忆记录、系统设备状态和功能块汇总画面等。

3. 工程师站的功能

工程师站（ES）的功能是系统设备组态、控制功能组态和操作画面组态。

系统设备组态的功能是建立网络、登记设备、定义系统信息和分配系统功能，从而将一个物理的 DCS 系统构成一个逻辑的 DCS 系统，便于系统管理、查询、诊断和维护。

控制功能组态的功能是建立输入(AI、AO)功能块、输出(AO、DO)功能块、运算功能块、连续控制功能块、逻辑控制功能块和顺序控制功能块，并将这些功能块构成控制回路，形成控制组态文件再下装到控制站运行，达到控制目的。例如图 14.9 所示的单回路 PID 控制功能块组态图。

操作画面组态的功能是绘制各类画面，再下装到操作员站运行，供工艺操作员对生产过程进行操作、监视和管理，为用户提供图文并茂、形象直观的友好操作环境。例如图 14.10 所示的反应器操作监视画面。

14.2.4 集散控制系统的应用

集散控制系统在工业中得到广泛的应用，对于大型装置而言，可以说 DCS 已经成为设备不可分割的一部分。本小节只是试图通过一个实际的例子来说明 DCS 的应用情况。在常减压炼油装置中，为了保证减压塔原料的入口温度，在原料进入减压塔之前，先通过一个加热炉对其进行加热。为了适应大处理量的需求，加热炉一般采用一根总管输入，然后分成多支路进行加热，最后再汇总到总管输出。采用这样的设计可以充分利用炉膛内热量均匀加热原料，提高加热炉的热效率。加热炉的控制系统主要有流量控制、温度控制、燃料和送风的控制，如图 14.11 所示。

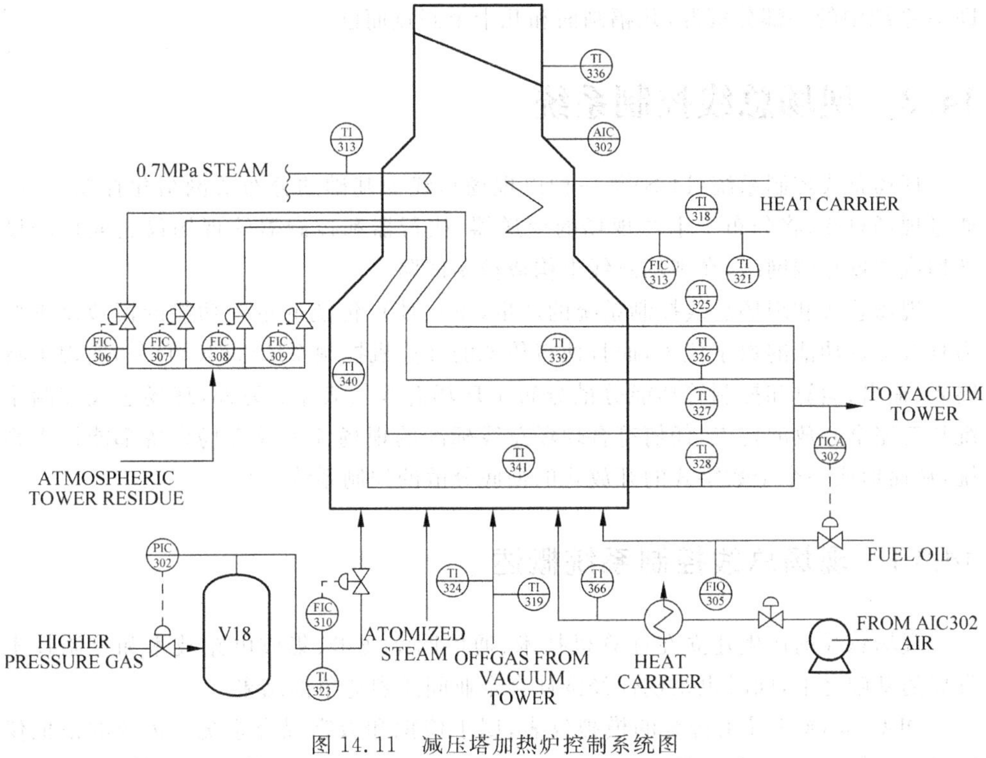

图 14.11 减压塔加热炉控制系统图

减压塔加热炉控制采用DCS,应用设计的主要内容有DCS设备的配置、输入输出(AI、AO、DI、DO)点的设计、控制回路的设计、操作画面的设计。根据输入输出点的类型及数量确定控制站中I/O板卡的配置,另外还需配置操作员站和工程师站。表14.1列出控制回路及对应的PID控制器。

表14.1 某减压塔加热炉PID控制器汇总

回路名称	控制器位号	功能描述
支路流量	FIC306、FIC307、FIC308、FIC309	分别控制每条支路的流量
总管温度	TICA302	根据减压塔原料入口温度控制加热炉出口温度
高压燃气压力	PIC302	控制高压燃料气体储罐的压力
高压燃气流量	FIC310	控制高压燃料气体的进气量,从而调节燃烧情况
烟道风量	AIC302	控制烟道的排气量

对于大型装置,一般都包括一个主设备和多个辅助设备,例如上述减压塔加热炉通常是作为减压塔的一个辅助设备,因此在设计DCS系统时,通常是一套DCS系统控制一套大型装置,甚至多套大型装置。目前,一套DCS系统通常可以拥有上千个PID回路,上万个测点和上千个输出量。而对于一台加热炉,一般只有如表14.1所示的10余个回路,几十个输入输出量。因此,一般像加热炉这样的设备仅仅占用DCS系统中的一部分资源,几幅画面和几十个测点而已。

14.3 现场总线控制系统

现场总线控制系统(FCS)是一种以现场总线为基础的分布式网络化控制系统。通过现场总线,将分布于生产现场的变送器、执行器和控制器等现场仪表或现场设备构成现场总线网络,在现场总线上构成控制回路。

现场总线和现场总线控制系统的产生,不仅使得传统的单一功能的模拟仪表变为具有综合功能的数字仪表,而且使得传统的计算机控制系统(DDC,DCS)实现了将输入、输出、运算和控制等功能分散分布于现场总线仪表中;另外,现场总线控制系统具有完全开放的特点,任何符合现场总线标准的现场仪表或现场设备都能接入系统,从而形成一个全数字式的开放式的彻底分散的控制系统[4~7]。

14.3.1 现场总线控制系统概述

现场总线的产生建立在计算机技术、通信网络技术、集成电路技术和控制技术发展的基础之上,同时也是现代经济社会企业间激烈竞争的结果。

DDC和DCS采用传统的模拟仪表,属于模拟和数字混合系统。传统的模拟仪表是一台仪表,一对传输线,单向传输一个信号。这种一对一结构造成接线庞杂,工程周期长，安装费用高，调试和维护困难。模拟仪表传输模拟信号，容易受干扰。尽管模拟仪表采取了统一的信号标准（如 4～20mA DC），可是大部分技术参数仍由制造厂自定，致使不同厂家的同类仪表无法互换。这就导致用户依赖制造厂，无法使用性能价格比最优的仪表，甚至出现个别制造商垄断市场的现象。同时，市场的竞争越来越激烈，传统的模拟仪表制约了 DCS 的发展，系统成本较高难以适应用户的需求。

由于计算机技术、通信网络技术、集成电路技术和控制技术的发展，人们于 20 世纪 80 年代开始研究现场总线标准，并研发相应的现场仪表或现场设备。通过现场总线构造分布式的彻底分散的数字控制系统，使系统危险彻底分散，提高了系统的可靠性，减少了庞杂的接线。

早在 20 世纪 80 年代中期，人们就开始研究制定现场总线标准。但由于各大公司从自身利益考虑，无法统一现场总线标准。目前世界上有多种现场总线标准，分别由多个企业集团、国家和国际性组织颁布。每种现场总线都有各自的特点，在某些应用领域显示了自己的优势，具有较强的生命力和较大的市场。国际电工委员会（IEC）公布的 IEC61158 现场总线标准有 FF-H1、FF-HSE、PROFIBUS、PROFINET、ControlNet、P-NET、Swift Net、World FIP、Inter bus 等。另外还有 CAN、LON、HART、ASI 和 Device Net 等现场总线。

现场总线标准不仅规定了通信协议，而且规定了控制协议；既可以共享现场总线节点（现场仪表或现场设备）内部的数据，也可以共享现场总线节点内部的功能块（FB），以便在现场总线上组成控制回路。现场总线区别于一般的通信总线，不仅是一种通信技术，而且是一种控制技术[8～10]。

14.3.2　现场总线控制系统的组成

FCS 变革了 DCS 直接控制层的控制站和生产现场层的模拟仪表，形成现场控制层，保留了 DCS 的操作监控层，另外可以向上扩展生产管理层和决策管理层。FCS 体系结构如图 14.12 所示，主要组成如下[1]。

1. 现场控制层

现场控制层是 FCS 的基础，主要现场仪表有信号传感器、变送器和执行器，这些现场仪表不仅具有信号输入和输出功能，而且具有运算、控制和通信功能。现场总线接口（FBI）下接现场总线、上接控制网络（C-NET）。

2. 操作员站

操作员站是工艺操作员的人机界面（MMI），提供了各类操作监视画面，用于对生产过程进行操作、监视和管理。操作员站一般选用工业计算机（IPC），主机设备有主机、外存储器、CRT 或 LCD、键盘、鼠标和通信板卡等，外部设备有打印机、专用键盘和辅助操作台。

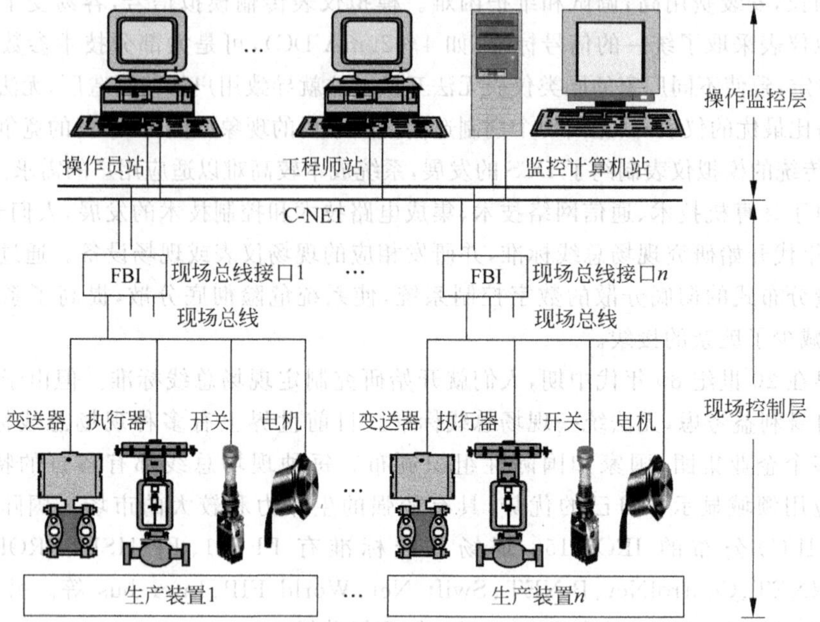

图 14.12 FCS 体系结构图

3. 工程师站

工程师站是控制工程师的人机界面，提供了各类监控组态软件，用于系统设备组态、控制功能组态和操作画面组态。工程师站一般选用工业计算机(IPC)，也可以用操作员站兼作工程师站，不同身份人员以不同的用户登录，实现相应的功能。

4. 监控计算机站

监控计算机站(SCS)为高档 IPC 或小型机，用来建立生产过程的数学模型，实现高等过程控制策略，实现装置级的优化控制和协调控制，并可以对生产过程进行故障诊断、预报和分析。

5. 控制网络

控制网络(C-NET)具有良好的实时性、快速的响应性、极高的安全性、恶劣环境的适应性、互连性和开放性等特点，选用工业以太网(Ethernet)，传输速率为 10/100/1000Mb/s。

14.3.3 现场总线控制系统的特点

现场总线的传输介质一般用双绞线，可以通过总线供电，也可以选用光缆或无线方式。现场总线的传输速率因类型而异，低速为几十 Kbps，中速为几百 Kbps，高速为几 Mbps。现场总线的拓扑结构一般采用总线型、树形和环型。FCS 主要有以下特点。

1. 系统的全数字化

FCS 从下至上实现了全数字化信号传输，现场控制层的传感器、变送器和执行器通过现场总线互连，用现场总线构成分布式控制网络，网络信息传输数字化，从而彻底改变了 DCS 生产现场层传统模拟仪表的模拟信号传输方式。

2. 结构的彻底分散

FCS 的输入、输出、运算和控制分散于生产现场的现场仪表或现场设备中，相当于把 DCS 控制站的功能化整为零、分散地分配给现场仪表或现场设备。从而在现场总线上构成分散的控制回路，实现了彻底的分散控制。

3. 开放性和互操作性

FCS 采用国际公认的现场总线标准，不同制造商的现场总线仪表或设备遵循国际标准，设备之间既可以互连或互换，也可以统一组态，共享功能块及数据，具有良好的开放性和互操作性，实现了现场仪表或设备的"即接即用"。

4. 可靠性和适应性

FCS 的现场仪表或设备采用高性能的集成电路芯片和专用的微处理器，具有较强的抗干扰能力，可靠性高，满足现场安装的要求，适应十分恶劣的工作环境。

5. 经济性和维护性

FCS 的现场仪表或设备接线简单，每条总线上可以接多台设备，用接线器或集线器更为方便。既减少了接线工作量，也节省电缆、端子、线盒和桥架等。现场总线仪表或设备具有自校验、自诊断和远程维护功能，维护简单方便。

14.3.4　现场总线控制系统的功能

FCS 的操作监控层的功能同 DCS，不再重复。现场控制层是 FCS 的基础，由现场总线、现场总线仪表、现场总线辅助设备和现场总线接口组成。现场控制层有信号输入、输出、运算、控制和通信功能，在现场总线上组成控制回路，构造分布式网络自动化系统。

1. 现场总线仪表的功能

常用的现场总线仪表有变送器和执行器，其外观和传统的模拟仪表一样，只是在传统的模拟仪表的基础上增加了与现场总线有关的硬件和软件。现场总线仪表有信号输入、输出、运算、控制和通信功能，并提供相应的输入、输出、运算和控制功能块，可以在现场总线上组成控制回路。

(1) 现场总线变送器

现场总线变送器是在传统的模拟变送器基础上改进而成，就其硬件来说，除了保留原有的仪表圆卡功能外，增加了总线圆卡，如图 14.13 所示。

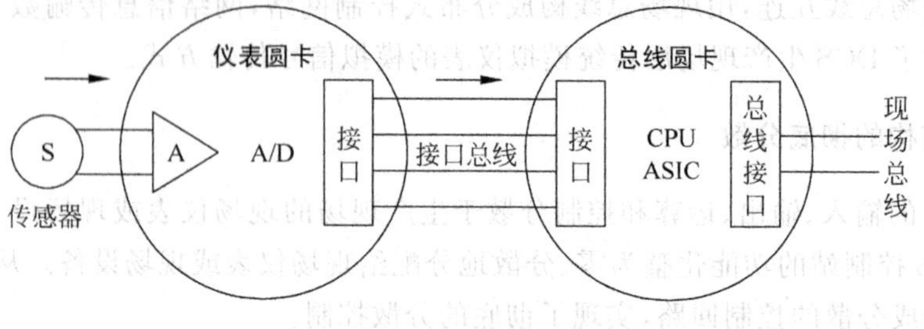

图 14.13　现场总线变送器的硬件结构

仪表圆卡的功能是传感器信号放大和转换，并通过接口总线与总线圆卡交换信息。其硬件结构类似于原仪表圆卡，另外增加了 A/D 转换以及接口电路。

总线圆卡的功能是实现现场总线协议（如 FF-H1，HART），与仪表圆卡交换信息，通过总线接口与现场总线通信。其硬件结构采用 CPU、专用集成电路芯片（application specific integrated circuit，ASIC）、总线接口电路以及与仪表圆卡交换信息的接口电路。

(2) 现场总线执行器

现场总线执行器是在传统的模拟执行器基础上改进而成，就其硬件来说，除了保留原有的仪表圆卡功能外，增加了总线圆卡，如图 14.14 所示。

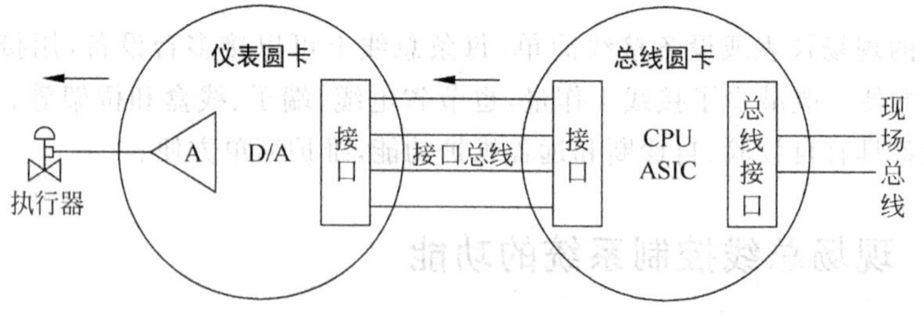

图 14.14　现场总线执行器的硬件结构

仪表圆卡的功能是信号转换和驱动，并通过接口总线与总线圆卡交换信息。其硬件结构类似于原仪表圆卡，另外增加了 D/A 转换以及接口电路。

总线圆卡的功能同现场总线变送器，不再重复。

现场总线仪表为用户提供了变换块、资源块和功能块，供用户组态，构成所需的控制回路。

资源块（resource block）表达了现场总线仪表或设备的硬件对象及其相关运行

参数，描述了设备的特性，如设备类型、版本、制造商、硬件类型、存储器大小等。资源块无输入和输出参数，因而不能用于控制回路的组态。

变换块(transducer block)描述了现场总线仪表或设备的 I/O 特性，如传感器和执行器的特性。变换块从传感器硬件读取数据或给执行器硬件发命令，使功能块与传感器、执行器隔离开来，并为功能块应用提供接口。变换块无输入和输出参数，因而不能用于控制回路的组态。

功能块(function block)类似于 DCS 控制站中的各种输入、输出、控制和运算功能块。人们将现场总线仪表或设备的输入、输出、控制和运算功能模型化为功能块，并规定了它们各自的输入、输出、算法、参数、事件和块图。功能块有输入和输出参数，因而能够用于控制回路的组态。如图 14.15 所示，液位变送器中有模拟量输入功能块 LT321，调节阀中有 PID 控制功能块 LC321 和模拟量输出功能块 LV321，对这 3 个功能块组态可以构成液位单回路控制系统。

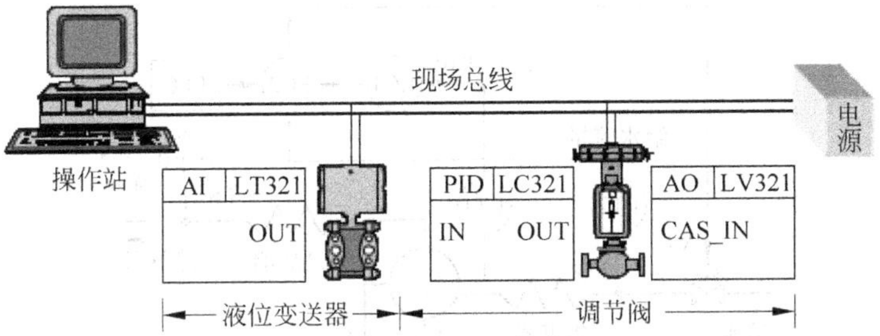

图 14.15　现场总线仪表的功能块

2. 现场总线辅助设备的功能

现场总线辅助设备有总线电源、电源阻抗调理器、本质安全栅、终端器和中继器。

① 总线电源：用来为现场总线或现场仪表供电。

② 电源阻抗调理器：对数字信号呈现高阻抗，防止数字信号被总线电源短路。

③ 本质安全栅：它是安全场所与危险场所的隔离器，符合本质安全防爆标准。

④ 终端器：用在现场总线的首端和末端，每段总线必须有 2 个终端器。终端器可以防止传输信号失真和总线两端产生信号波反射。

⑤ 中继器：用来延长现场总线段。例如，FF-H1 总线段上的任意 2 台设备之间最多可以使用 4 台中继器。也就是说，FF-H1 总线段上 2 台设备间的最大距离是 9500m(A 型屏蔽双绞线)。

3. 现场总线接口的功能

现场总线接口有两种结构形式，一种是总线网卡，另一种是总线交换器。

总线网卡插入操作站，例如工业计算机，该网卡内部与计算机的 CPU 总线连接，外部与现场总线连接。此时工业计算机兼做操作员站或工程师站。

总线网卡插入 DCS 控制站，即插入控制站的输入输出(AI，AO，DI，DO)机箱内，这是FCS和DCS集成方式之一。

总线交换器是一台独立的设备，对下提供多个现场总线接口，对上提供控制网络接口，如图14.12中的FBI。

14.3.5 现场总线控制系统的应用

FCS应用于石油、化工、发电、冶金、轻工、制药和建材等过程工业的自动化系统，现以某锅炉汽包水位三冲量控制为例介绍FCS的应用。

某锅炉汽包水位三冲量控制系统，主被控量为汽包水位(LT1)、副被控量为给水流量(FT2)，由于汽包水位有假水位现象，而引入蒸汽流量(FT3)作为前馈量。其控制原理如图14.16所示，现场总线仪表及功能块构成如图14.17所示，控制回路的功能块组态连线如图14.18所示。

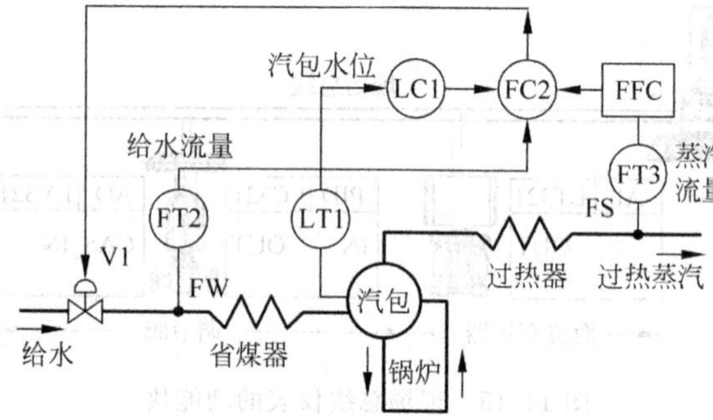

图14.16 锅炉汽包水位三冲量控制原理

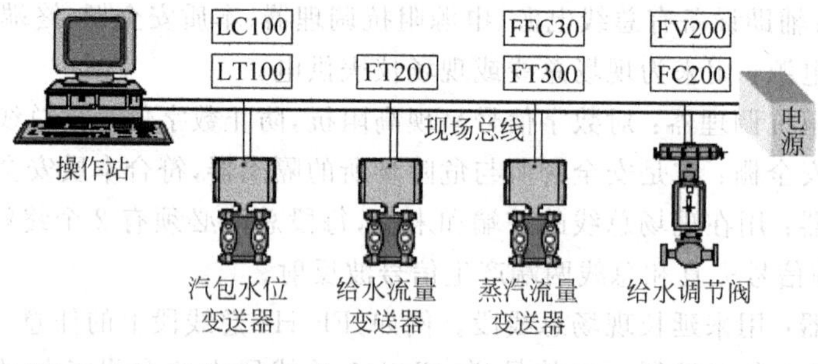

图14.17 锅炉汽包水位三冲量控制的现场总线仪表及功能块

某锅炉汽包水位三冲量控制系统由汽包水位变送器、给水流量变送器、蒸汽流量变送器和给水调节阀这4台现场总线仪表组成。汽包水位变送器中有AI功能块LT100和PID控制功能块LC100，分别对应原理图中LT1和LC1。给水流量变送器中有AI功能块FT200，对应原理图中FT2。蒸汽流量变送器中有AI功能块FT300和前馈补偿运算块FFC30，分别对应原理图中FT3和FFC。给水调节阀中有PID控制功能块FC200和AO功能块FV200，分别对应原理图中FC2和控制量

V1。用这 4 台现场总线仪表中的功能块组态形成的锅炉汽包水位三冲量控制回路如图 14.17 所示。从图中可以看出，该控制系统完全体现了现场总线的主要特点，比如现场控制层的传感器、变送器和执行器通过现场总线实现全数字化信号传输；输入、输出、运算和控制模块完全分散于生产现场的现场仪表中，实现了彻底的分散控制；现场仪表具有较强的抗干扰能力，可靠性高；现场仪表接线简单，一条总线上挂接 4 台仪表，既减少了接线工作量，也节省电缆、端子、线盒和桥架等辅助设备。

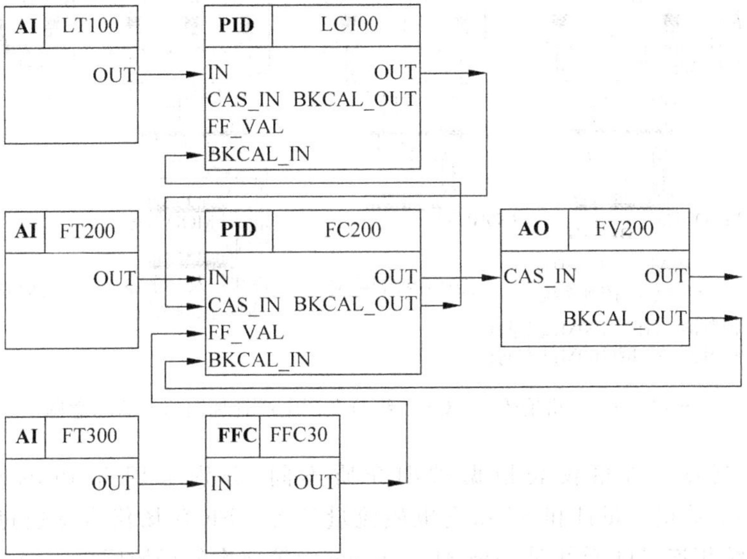

图 14.18　锅炉汽包水位三冲量控制回路的功能块组态连线

下面再给出一个相对宏观的例子[11]。某铅冶炼厂的计算机控制系统按图 14.19 所示框图形成全厂控制系统网络与生产管理网络的互联，其中 ISA 炉及余热锅炉采用现场总线系统进行控制，由工程师站，操作站，控制器及 I/O 接口、网络部分、打印机组成。

ISA 炉余热锅炉现场总线控制系统为铅系统控制中心，其监控范围包括 ISA 炉余热锅炉、ISA 炉收尘系统、铅鼓风机房、铅循环水、柴油间、给水净化站及高位水池等流程。FCS 采用 EMERSON 公司 DeltaV 系统，现场总线为 FF 协议，总线接口卡为 H1 卡，包括 15 条支路。同时，为与风机所带的 PLC 通信方便，带有 PROFIBUS DP 通信卡。考虑到可靠性，FCS 系统控制器冗余，通信网络冗余，电源模块冗余。工程师站及操作站的操作系统是 Windows XP，监控软件由 DeltaV 集成，为 FIX 软件。工程师站软件包括组态、工程、操作和通信等软件包。操作员站软件包括操作和通信软件组。DeltaV 系统内置有设备管理。软件 AMS 支持对基金会现场总线 FF 及 Hart 设备的组态，修改量程和远程诊断，并带 OPC 及 PID 回路自整定软件。FF 现场仪表的压力、差压变送器采用 EMERSON 公司的 3051S 系列，温度变送器采用 3244 系列和 848T 8 路温度变送器，控制阀门采用配套 FisherDVC500 系列数字

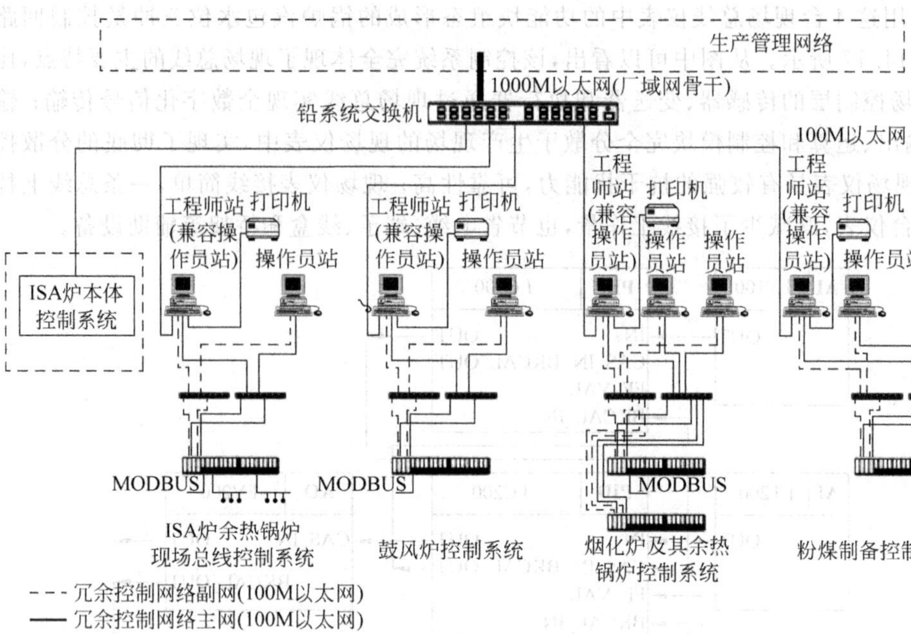

图 14.19 某铅冶炼厂 FCS 系统与全厂生产管理网络互联示意图

式阀门控制器。流量仪表根据被测介质不同，分别采用有 Probar 流量计、Micromotion 质量流量计和 87 系列电磁流量计等。FF 现场仪表是通过 H1 卡与 DeltaV 系统相连，H1 总线是一种 31.25Kbps 中等速率的局域网。一台 H1 卡可最多连接 32 台 FF 总线仪表，H1 分为 2 条支路与 FF 仪表相接。这样，每条支路可接 16 台仪表。采用屏蔽双绞线，每条支路最大长度可达到 1900m。典型的 H1 支路连接见图 14.20。现场总线接线盒采用 MTL 公司的接线盒，后在现场补充了部分 P+F 公司的总线接线盒。

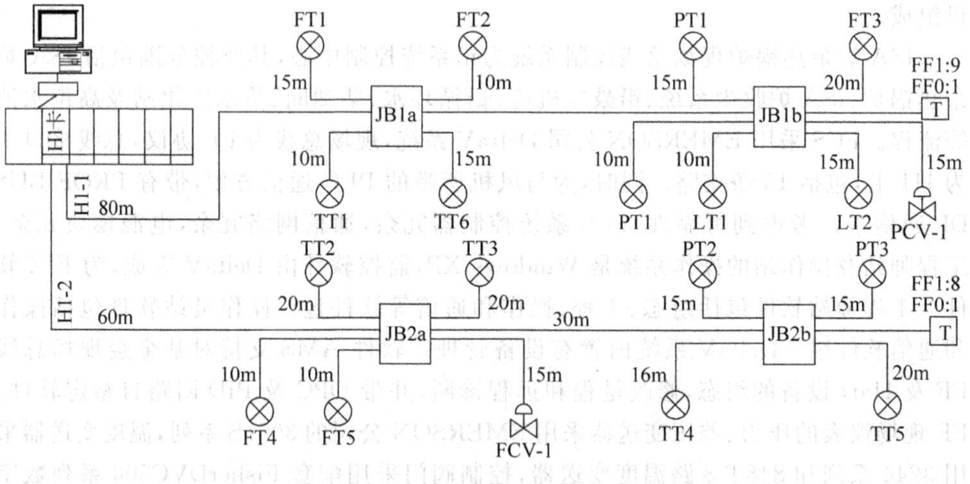

图 14.20 ISA 炉余热锅炉区域控制系统图

14.4 小结

本章讨论了计算机控制系统，分别介绍了 DDC、DCS 和 FCS 的形成、发展、功能和系统结构等。本章内容可以说是第 13 章内容的工程实现。由于工业对象的需要不同，技术发展水平不同，以及所处年代的不同，DDC、DCS 和 FCS 分别扮演着不同的角色。概括地说，DDC 适合小型工业对象，构建灵活方便。DCS 经历了多个发展阶段，技术先进成熟，系统稳定可靠，可以适应大型复杂工业对象的需求，是各类大型企业生产装置必不可少的控制系统。随着技术的不断进步，DCS 已经逐步向生产过程控制与管理，以及企业生产经营与管理方面发展，并出现了多系统集成的综合解决案例。FCS 的出现是 DCS 的技术进步，FCS 变革了 DCS 的传统模拟仪表和控制站，把 DCS 控制站的功能化整为零、分散地分配给现场仪表或现场设备，从而在现场总线上构成分散的控制回路，实现了彻底的分散控制和全数字化系统。

第15章 控制系统中的计算机网络

在数字系统出现，尤其是基于数字技术的控制器、传感器得到广泛应用之后，如何能够更有效地利用数字系统的优势，充分发挥数字仪表、数字控制器的功能，成为人们日益关心的一个问题。

计算机网络的出现为解决这个问题提供了一个良好的机遇。本章将从应用的角度，阐述流程行业企业中计算机网络的体系结构，说明网络在过程控制中的作用，介绍工业以太网和OPC协议在过程控制中的应用，最后给出如何在一个现代化的企业中构建适当的计算机网络以适应生产控制、生产管理以及企业管理的要求的例子。

15.1 计算机网络的体系结构

对于一个现代的大型流程企业，计算机网络以及在其上运行的应用系统已经是必不可少的了。从概念方面看，如第14章所述，一个大型企业的综合自动化系统应该包含如图15.1所示的三个层次，五个部分。第一层是过程控制层，它是企业生产运行的保证，包含与生产装置及生产过程密切相关的各类底层控制系统。第二层是制造执行层，它是企业正常生产的保证，包含与生产管理密切相关的所有系统。第三层主要是资源规划层，它包含与企业管理及运营相关的所有系统，与供需链管理以及客户关系管理一起构成了第三层。

图15.1 企业信息系统集成的三层结构

从物理模型看，不同的企业所构成的网络系统千差万别。例如我国典型的流程企业中国石油化工、中国石油天然气等公司，都是我国的超大型企业，其下属生产企业有几十家，遍布全国各地。企业包含有从勘探分公司、采掘分公司、炼油化工分公司、销售分公司、储运分公司等有关石油、天然气的全流程的生产与销售机构。因此对于这样的大型企业所构成的网络就必须采用广域网，网络传输介质与设备涉及到光纤、卫星、微波等多种类型，而且可能会涵盖时间跨度为近几十年之内的多代网络设备与传输技术。当然对于一般规模的企业则无需考虑如此复杂、一般只需构建一个具有一定规模的局域网就可以满足企业需求了[5,12]。

从计算机网络的服务对象及功能看，企业中的计算机网络可以分为三类。第一类是最为常见的企业管理网络，或者说企业内部的办公网络，是一个为企业管理运行服务的、挂接各类企业管理系统的计算机网络，它链接了企业的各个运行管理部门和企业营销、后勤等各个职能部门。它的早期形态是以企业办公自动化系统和财务系统形式出现的，也是技术上门槛最低的一个网络系统，是互联网在企业内部的一个局部实现。随着计算机网络技术的发展以及企业信息化建设的不断推进，ERP 层和 MES 层的应用系统也先后挂接到管理网络，为企业的运行管理提供服务。从技术角度看，管理网络是采用基于 TCP/IP 网络协议的总线型网络系统。读者可以从相关的参考书中获得具体技术细节，这里不再赘述。

第二类是生产管理网络，主要链接的是与生产过程管理密切相关的应用系统。从技术角度看，与管理网络类似，所采用的仍然是 TCP/IP 网络协议的总线型网络系统。为了生产安全，生产管理网络通常是与企业管理网络物理隔绝的，或者至少是通过网关等设备进行隔离的。生产管理网络的应用系统包括生产过程的监控系统，优化生产操作系统，以及生产计划与调度、生产统计、质量管理以及设备动态管理和故障诊断与预警系统等。可以看到，生产管理网络所链接的系统都是直接与企业的生产相关的，无论是哪个系统出现故障，都会直接导致生产过程不能正常进行。MES 层和 PCS 层的部分系统是在这个网络上运行的。生产管理网络运行的虽然是对生产过程进行管理的系统，但仍然是不允许直接操作生产设备和工艺的系统。

第三类网络是与生产过程密不可分的控制网络。所谓控制网络是指这样一类网络，企业的生产装置及设备的测量、控制系统都在这个网络中，控制系统的各个组成部分之间的信号传递、信息交换均通过此网络完成，控制系统的控制目标也需通过此网络才能够完成。也就是说，该网络是控制系统的有机组成部分，它必须满足控制系统对于实时性、安全性和确定性等方面的要求[9]。

从技术角度看，企业管理网络和生产管理网络基本上采用的是目前互联网所使用的成熟的网络技术，一般都是基于 TCP/IP 协议的以太网。早期的系统采用过一些其他的网络协议，如 ATM 等。对于大型企业，由于其覆盖全国、甚至联系到全球，因此其企业管理网和生产管理网可能涉及多种通信方式，比如卫星通信、微波通信和无线电台等，因而网络协议也可能涉及到多种协议。而对于控制网络则由于与生产密切相关，对网络的安全性、实时性等均有特殊要求，因此目前研究的热点仍是工业以太网和现场总线，软件方面则以OPC协议和中间件等技术应用最为广泛。考虑到现场总线技术已经在前面一章给予介绍，而中间件技术更偏重于软件技术本身，因此，本章将主要介绍工业以太网和与过程控制联系密切的OPC协议等相关内容。

15.2 工业以太网

如前所述，控制网络与普通的计算机网络由于应用的环境与要求不同，从而存在着较大的差别。下面从可以选择的两种控制网络——以太网和现场总线入手来进行比较。首先，控制网络是应用于工业生产现场，生产过程所产生的各类电磁干扰，对于普通的计算机网络影响较大，使得网络性能下降，尤其对于采用TCP/IP网络协议的以太网。另外，普通环境下的网络设备，如接插件、集线器、交换机和传输介质等，还不能适应工业现场恶劣的环境。第二，以太网所采用的协议CSDA/CD，即"带冲突检测的载波监听多路访问"，不能保证网络传输的确定性，一般来说以太网并不具有实时性，在负荷很重时网络的传输效率很低，普通以太网一般的传输时延为2～30ms，这一速度在某些工业场合是不可接受的。CSMA/CD访问协议的工作过程是，在某节点要发送报文时，该节点首先监听网络，如网络忙，则等到其空闲为止，否则将立即发送；如果两个或更多的节点监听到网络空闲并同时发送报文时，它们发送的报文将在网络上发生冲突。因此，每个节点在发送时，还必须继续监听网络。当检测到两个或更多个报文之间出现碰撞时，节点立即停止发送，并等待一段时间后重新发送。节点通信发生冲突后，等待重发的时间长度是随机的，这个时间将由标准二进制指数补偿算法确定，重发时间在0～$(2i-1)$个时间片中随机选择（i代表被节点检测到的碰撞事件次数），一个时间片为重发循环所需的最小时间。但是，在10次碰撞发生后，该间距将被冻结在最大时间片（即1023）上，16次碰撞后，控制器将停止发送并向节点微处理器回报失败信息。正是由于CSMA/CD的这种工作原理，造成数据传输有可能经历不可预见的延时，甚至长时间无法发送。而且，以太网的整个传输体系没有有效的措施及时发现某一节点故障而加以隔离，从而有可能使故障节点占用总线而导致其他节点数据通信失败。以太网数据冲突概率随着数据通信的增加而呈指数级的增长。如果网络中没有太多的数据通信，那么冲突的概率会很低。实际应用表明，当通信负荷在25%以下时，可以保证通信畅通，当通信负荷在5%左右时，网络上碰撞的概率几乎为零。第三，普通的以太网相关的设备不能保证本质安全，对于流程行业中的大部分生产过程是不适用的。另外，以太网的供电方式也不能满足现场仪表和控制器的要求。因此，这样的以太网难以满足工业应用。

现场总线是专门为现场仪表和控制器设计的一种控制网络，提供了标准的网络协议、电源供给方案以及适合工业现场的安全性设计。采用现场总线可以将现场仪表、控制器等构成控制系统网络，实现分布式控制系统。但多年以来，现场总线一直没有能够实现统一的标准，从而限制了其进一步的发展。国际电工委员会(IEC)于2000 年 1 月 4 日公布的国际标准 IEC61158 包含 8 种现场总线类型，它们具有各自的特点，适合不同的企业应用背景，拥有不同的国际组织、企业和国家的支持。在可以预见的未来，还看不出这 8 种现场总线类型具有统一的可能。

对于当前的以太网，由于其迅猛的发展，其传输速率已经从较早的 10Mb/s 到现在的 1GMb/s，甚至是更高，以及以此为基础的丰富的应用系统和设备，得到人们的青睐，因而提出将以太网迅速推向工业界的要求。将普通以太网进行适当改造以适应复杂的工业环境要求的一种网络被称之为工业以太网，它相对现场总线有以下技术优势：

(1) 网络技术成熟，使用方便，技术门槛相对较低：以太网技术已经有 30 多年的历史，得到全世界众多厂家的支持，在军事、工业、民用领域得到了广泛应用。技术上非常成熟，使用方便。

(2) 具有统一的标准，开放性好：可以实现不同厂家之间的产品互联，是一种开放式标准网络。

(3) 通信速率高，传播速度快：以太网的通信速率目前已经由早期的 10Mb/s 提高到 1000Mb/s。

(4) 可扩展性好，允许多种设备接入：以太网可以方便地构建从本地网络直至广域网络，为跨国公司实现全球性的统一管理系统提供保证；同时，以太网允许多种接入设备，可以方便地实现远程访问、诊断和维护。

(5) 支持冗余连接配置，数据可达性强：数据有多条通路可达目的地。

(6) 系统容量大，不会因为系统扩大出现不可预料的故障，有成熟可靠的系统安全体系。

(7) 投资成本低：包括初期投资、培训费用及维护费用相对其他类型的网络较为低廉。

(8) 线路采用变压器双端隔离或光纤，抗干扰性强。

由于以太网是为信息通信而设计的，用于工业控制存在着实时性、确定性以及抗干扰等问题，当与已有的现场总线仪表连接时还存在着供电等问题。针对这些迫切需要解决的问题，目前已经有一些成功的解决方案，从而构成目前所谓的工业以太网的一些基本特征[10]。实时性及确定性的问题可以通过以下途径予以解决。

(1) 不断提高以太网速率：近年来以太网骨干网的速率已经超过 1000Mb/s，目前已有几十 Gb 每秒的实验网络系统，并在逐步商业化。因此网络的数据传输时间大大缩短，大大提高了响应时间，进而改善了系统的实时性及不确定性。从另外一个角度看，通常工业生产过程没有大量的实时数据需要传输，因此工业以太网的负荷相对其传输速率而言可以说是微乎其微的。

(2) 采用交换机以太网技术：由于共享式以太网工作站点争抢信道而产生冲突碰撞影响了系统的实时性和不确定性，采用交换机以太网技术可以得到改善。交换型的以太网,因为采用了交换机,交换机各端口之间同时可以形成多个数据通道,每个端口可连一个网段,网段之间的数据交换具有独立的数据通道,端口之间帧的输入和输出不再受CSMA/CD介质访问控制协议的约束。交换机每个端口上,所接网段之间是独立的、被隔离的,在需要网段间进行信息通信时,可以建立信息信道,经过交换机的隔离,可大大减小冲突发生的概率,改善实时性和不确定性。交换机VLAN技术的普遍采用,使交换系统能够分配给控制信息点专用的通道和带宽,从而保证在网络繁忙的时候,控制系统仍有足够宽裕的带宽。

(3) 采用上层协议,提高网络的实时性:主-从通信方式已经广泛应用于工业现场仪表。在工业以太网中引入主-从通信管理,可以对网络节点的数据通信进行有效控制,从根本上避免数据冲突。以太网之所以灵活,很重要的一个原因,就是它没有定义任何上层协议。通过上层协议,可以实现主-从通信方式,这一点并不受到链路层协议的制约。CSMA/CD的实质是竞争,但竞争只是在多个站试图同时发送数据的时候才会发生。如果在应用层中实现一个主站轮询、从站响应的机制,那就不会有竞争发生,"对等的"以太网自然就成了一个主从网络了。主-从通信方式中,只有主-从-主的通信才是可能的,从站间的直接通信是不可能的。

(4) 尽可能将控制网络与管理网络分割开来使用,以避免实时数据与非实时数据的碰撞,使工业控制站点之间的以太网为独立网段,从而改善实时性和不确定性。

以太网的供电问题,多年来一直是以太网的一个缺陷。特别是随着IP电话、IP摄像机、无线接入点(access point,AP)、ENC(ethernet control system)等系统的应用,更提出以太网在传输数据的同时,传送部分能量,以满足小型网络设备用电的需求,从而解决小型网络设备供电的无序状态和居高不下的电源布线成本。2003年6月IEEE批准了802.3af标准,它明确规定了远程系统中的电力检测和控制事项,以太网供电(power-over-Ethernet,PoE)有了明确的国际标准。该标准对路由器、交换机和集线器通过以太网电缆向IP电话、安全系统以及无线LAN接入点等设备供电的方式进行了规定。目前3COM、华为、DLINK等公司都有符合802.3af标准的交换机产品。IEEE 802.3af标准的核心是在满足IEEE 802.3标准的同时,由交换机向网络终端设备提供48V或24V电源,至此工业以太网的供电问题得到了很好的解决。

以太网的安全性问题不是网络本身的问题,也不是网络协议的问题。与其他控制网络一样,以太网仅仅是一种网络形式,TCP/IP协议也仅仅是一种开放式通信协议。安全问题不属于网络形式和TCP/IP协议范畴的问题。但要应用以太网,尤其是将其应用于生产系统,那么网络的安全性就显得十分重要了。网络安全性的本质问题是在网络上传输的应用层信息的安全,要保证它不被非法修改和使用。保障信息及传输的安全一般是通过两种方式:专有独立通道和信息加密。以太网的虚拟专用网交换技术现已成为一种最基本的网络专用通道技术,其技术已经非常成熟并广泛使用。以太网可以很方便地将需要的通道隔离出来。以太网的信息加密是TCP/IP之上的应用信息处理方法。信息在发出之前进行加密处理,信息在使用之前再进行解密处理。现在基本上都采用公开的加密方法,秘密不靠加密方法保证,而是靠密码。信息安全的最后关键是持有重要密码的人,他保管使用密码的过程、方式,是通信系统安全的核心。

综上所述,通过对于现有的以太网技术进行改进,完全可以避免以太网在实时性、确定性以及抗干扰等方面的问题;通过新的工业标准的制定,可以拓展以太网的功能,今后也可能会成为一种新的控制网络[7]。

从市场角度看,美国权威调查机构ARC(Automation Research Company)的一份报告显示,2004年全球工业以太网市场规模约为1.244亿美元,预计未来5年这一市场将急剧扩大,平均每年的增长率将达约50%,至2011年全球市场总量有望超过9.55亿美元。今后以太网不仅将继续垄断商业计算机网络通信和工业控制系统的上层网络通信市场,也必将领导未来现场总线的发展,Ethernet和TCP/IP可能成为器件总线和现场总线的基础协议。美国VDC(Venture Development Corp.)调查报告也指出,以太网在工业控制领域中的应用将越来越广泛,市场占有率的增长也越来越快,将从2000年的11%增加到2005年的32%。

15.3 OPC技术

计算机网络为各类设备的互联以及各类应用系统之间的数据交换提供了硬件基础。但大量的来自不同厂商和系统的设备及应用系统都各自有着自己的数据格式与通信规范,例如不同厂商的DCS。如何能够使得这样繁杂的设备与应用系统之间相互能够进行信息与数据的交换,是一个十分棘手的而且必须解决的问题。同时,由于生产规模的扩大和过程复杂程度的提高,工业控制软件设计也面临着巨大的挑战,即要集成数量和种类不断增多的现场信息。在传统的控制系统中,智能设备之间及智能设备与控制系统软件之间的信息共享是通过驱动程序来实现的,不同厂家的设备又使用不同的驱动程序,迫使工业控制软件中包含了越来越多的底层通信模块。另外,由于相对特定应用的驱动程序一般不支持硬件特点的变化,这样使得工业控制软硬件的升级和维护极其不便。还有,在同一时刻,两个客户一般不能对同一个设备进行数据读写,因为它们拥有不同的、相互独立的驱动程序。同时对同一个设备进行操作,可能会引起存取冲突,甚至导致系统崩溃。

设想假如能够定义一个统一的接口标准,使得所有的数据及通信规范都遵循,这样就可以保证任何两台设备或者任何两个系统之间的数据交换成为可能。目前,一种基于微软公司组件对象模型(component object model,COM)技术的工业自动化软件的接口应运而生,它就是在OLE(object linking and embedding)基础上开发出来的一种为过程控制专用的接口,称之为OPC(OLE for process control)。它是一种应用软件与现场设备之间的数据存取规范,能够很好地解决从不同数据源获取数据。目前在工业界已经得到广泛的应用[13,14]。

15.3.1 组件技术

OPC 作为过程控制中一个标准软件接口，在实现时一般采用组件技术。组件是可复用的软件模块，可以给操作系统、应用程序以及其他组件提供服务。组件技术是面向对象技术的一个发展。虽然从理论上说，面向对象技术能够支持软件的复用和集成，但在实际的软件设计开发中，面向对象技术只能实现源代码级的复用，而不是支持软件模块的复用。所以组件技术要解决的首要问题是复用性，也即组件应具有通用的特性，它所提供的功能应被多种系统使用。可以说推动组件技术发展的最大动力是软件复用功能，软件复用就是利用已有的软件成分来构建新的软件。

组件技术解决的另一个重要问题是互操作性，即不同来源的组件能相互协调、通信，共同完成更复杂的功能。组件的复用性和互操作性是相辅相成的。组件技术主要有以下几个优点：

(1) 组件技术可实现应用程序的快速开发(图 15.2)，减少软件开发的时间和费用。应用程序的大部分可利用已有的组件构建，减少了开发的工作量，可以缩短开发周期，降低开发成本。购买组件费用与传统的软件开发成本相比，是微不足道的。

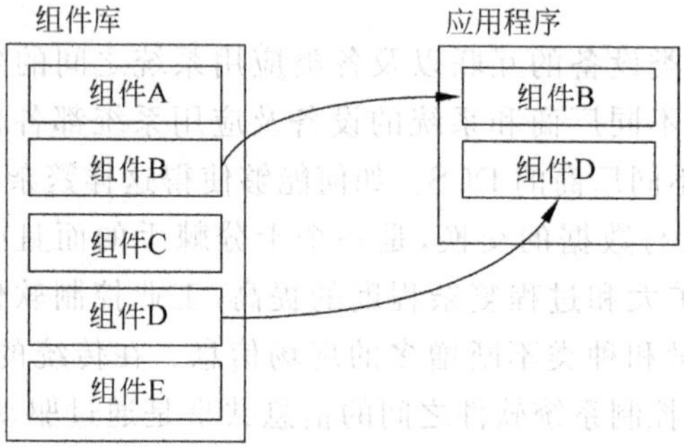

图 15.2 基于组件技术的应用程序开发

(2) 组件技术易于实现应用程序定制，满足不同用户的不同需求。一般情况下，根据需求替换、修改程序使用的一个或多个组件，就可以实现应用定制。

(3) 基于组件的应用程序的升级和维护更方便和灵活。对基于组件应用程序的修改，通常是通过修改组件来实现的。当对应用程序进行升级或维护时，只需将一些组件用其新的版本替换即可，不再需要对整个应用程序进行全方位的修改。

(4) 使用组件技术，可简化应用程序向分布式应用程序的转化过程。

目前，比较有影响的组件技术标准有 Microsoft 公司的 COM/DCOM(component object model/distributed component object model，组件对象模型/分布式组件对象模型)，OMG(object management group，对象管理组)的 CORBA(common object request broker architecture，公共对象请求代理体系结构)和 Sun 公司的 JavaBeans。其中，COM/DCOM 的应用最为广泛。

15.3.2 组件对象模型(COM)

按照组件化的程序设计思想，复杂的应用程序被设计成一些小的、功能单一的组件模块，这些组件模块可以运行在同一台机器上，也可以运行在不同的机器上。为了实现这样的应用软件，组件模块和组件模块之间需要一些极为细致的规范，只有组件模块遵守了这些共同的规范，然后系统才能正常运行[15~17]。

为此，OMG 和 Microsoft 分别提出了 CORBA 和 COM 标准，CORBA 标准主要应用于 UNIX 操作系统平台上，而 COM 标准则主要应用于 Microsoft Windows 操作系统平台上。

COM 是关于如何建立组件以及如何通过组件构建应用程序的一个标准，是为了使应用程序更易于定制、更为灵活。COM 为 Windows 系统和应用程序提供了统一的、可扩充的、面向对象的通信协议。COM 在分布式计算领域中的扩展称为 DCOM，它提供了网络透明功能，能够支持在局域网、广域网甚至 Internet 上不同计算机对象之间的通信。使用 DCOM，应用程序就可以在位置上达到分布性，从而满足客户和应用的需求。相对早期的客户及组件之间的通信方式——DDE(dynamic data exchange，动态数据交换)而言，COM 更小、更快、也更加健壮和灵活。

在 COM 标准中，一个组件程序也被称为一个模块，它可以是一个动态连接库(DLL)，被称为进程内组件(in-of-process component)；也可以是一个可执行程序(EXE)，被称为进程外组件(out-of-process component)。

COM 既提供了组件之间进行交互的规范，也提供了实现交互的环境，因为组件对象之间交互的规范不依赖于任何特定的语言，所以 COM 也可以是不同语言协作开发的一种标准。

COM 标准包括规范和实现两大部分，规范部分定义了组件和组件之间通信的机制，即二进制的接口标准，这些规范不依赖于任何特定的语言和操作系统，只要按照该规范，任何语言都可以使用；COM 标准的实现部分是 COM 库，COM 库为 COM 规范的具体实现提供了一些核心服务。COM 还实现了三个典型的操作系统组件结构：统一数据传输、持久存储(或称结构化存储)和智能命名。

COM 实现的是对象化的客户/服务器(Client/Server，C/S)结构。COM 定义了两种基本的服务器：进程内服务器(本地机上的动态链接库)和进程外服务器(本地机上的可执行文件)。DCOM 中还有远程服务器(远程计算机上的动态链接库或可执行文件)。但无论服务器是什么类型，客户端都是以相同的方法创建对象。

15.3.3 OPC 规范

OPC 规范是一个工业标准，是在 Microsoft 公司的合作下，由全世界在自动化领域中处于领先地位的软、硬件提供商协作制定的。OPC 标准早期是由 Fisher-Rosemount、Rockwell 软件公司、Opto 22、Intellution 和 Intuitive Technology 等公司组成的“特别工作组”开发出一个基本的、可运行的 OPC 规范。第一阶段的标准在 1996 年 8 月发布，1997 年 2 月 Microsoft 公司推出 DCOM 技术，OPC 基金会对 OPC 规范又进行了进一步的修改，增加了数据访问等标准，从而使其成为一个目前被广泛采用的工业标准。OPC 基金会的会员单位在世界范围内超过 270 个，包括了世界上几乎全部的工业自动化软、硬件提供商。ABB、霍尼韦尔（Honeywell）、西门子（Siemens）、横河（Yokogawa）、艾斯本（Aspen）等国际著名公司都是这个组织的成员。符合 OPC 规范的软、硬件已被广泛的应用，给工业自动化领域带来了勃勃生机。

OPC 是一个基于 COM 技术的接口标准，为工业自动化软件面向对象的开发提供了统一的标准，提高了工业自动化软件与硬件，以及软件之间的互操作。OPC 提供了一种从不同数据源（包括硬件设备和应用软件）获得数据的标准方法。该方法定义了应用 Microsoft 操作系统在基于 PC 的客户机之间交换自动化实时数据的方法。采用这项标准后，硬件开发商将取代软件开发商为自己的硬件产品开发统一的 OPC 接口程序，而软件开发者可免除开发各种驱动程序的繁重工作，充分发挥自己的特长，把更多的精力投入到其核心产品的开发上。这样不但可避免开发的重复性，也提高了系统的开放性和可互操作性。

OPC 采用客户/服务器结构，一个 OPC 客户程序同多个厂商提供的 OPC 服务器连接，并通过 OPC 服务器，从不同的数据源存取数据（见图 15.3）。

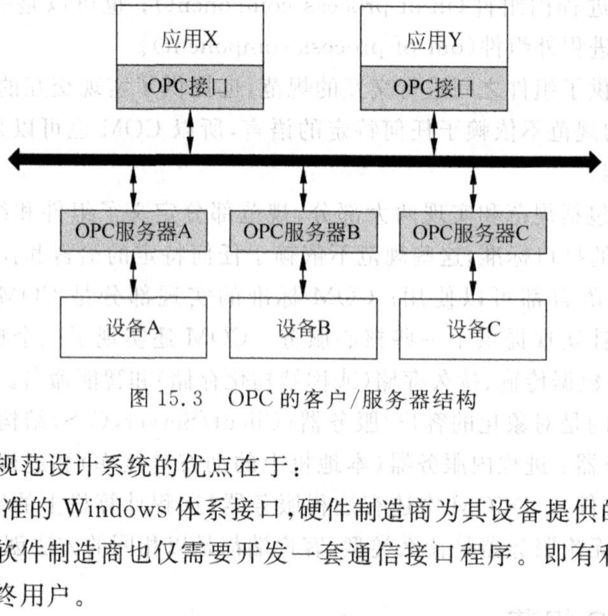

图 15.3 OPC 的客户/服务器结构

采用 OPC 规范设计系统的优点在于：

(1) 采用标准的 Windows 体系接口，硬件制造商为其设备提供的接口程序的数量减少到一个，软件制造商也仅需要开发一套通信接口程序。即有利于软硬件开发商，更有利于最终用户。

(2) OPC 规范以 OLE/DCOM 为技术基础，而 OLE/DCOM 支持 TCP/IP 等网络协议，因此可以将各个子系统从物理上分开，分布于网络的不同节点上。

(3) OPC 按照面向对象的原则，将一个应用程序（OPC 服务器）作为一个对象封装起来，只将接口方法暴露在外面，客户以统一的方式去调用这个方法，从而保证软件对客户的透明性，使得用户完全从低层开发中脱离出来。

(4) OPC 实现了远程调用，使得应用程序的分布与系统硬件的分布无关，便于系统硬件配置，使得系统的应用范围更广。

(5) 采用 OPC 规范，便于系统的组态，将系统复杂性大大简化，可以大大缩短软件开发周期，提高软件运行的可靠性和稳定性，便于系统的升级与维护。

(6) OPC 规范了接口函数，不管现场设备以何种形式存在，客户都以统一的方式去访问，从而实现系统的开放性，易于实现与其他系统的接口。

OPC 规范包括一整套接口、属性和方法的标准集，提供给用户用于过程控制和工业自动化应用。Microsoft 的 OLE/COM 技术定义了各种不同的软件部件如何交互使用和分享数据，从而使得 OPC 能够提供通用接口用于各种过程控制设备之间的通信，不论过程中采用什么软件和设备。

OPC 技术规范定义了一组接口规范，包括 OPC 自动化接口(automation interface)和 OPC 自定义接口(custom interface)。OPC 服务器通常支持两种类型的访问接口，它们分别为不同的编程语言环境提供访问机制。自动化接口通常是为基于脚本编程语言而定义的标准接口，可以使用 Visual Basic、Delphi、PowerBuilder 等编程语言开发 OPC 服务器的客户应用。同时，自定义接口也是专门为 C++等高级编程语言而制定的标准接口。OPC 技术规范定义的是 OPC 服务器程序和客户机程序进行通信的接口或通信的方法，已发布的 OPC 规范主要有数据存取、报警与事件处理、历史数据存取以及批处理等服务器规范。下面分别加以介绍。

1. OPC 数据存取(data access)服务器

OPC 数据存取服务器由服务器(server)、组(group)和项(item)等对象组成。服务器对象维护有关服务器的信息，并且作为组对象的包容器。组对象维护自身信息，并提供包容、管理项对象的机制。组对象给客户端提供组织数据的方法。有两种类型的组对象：公有的和私有的。公有的组对象可以被多个客户端共享，私有的组对象只能被一个客户使用。在每个组对象中，客户端可以定义一个或多个项对象(图 15.4)。

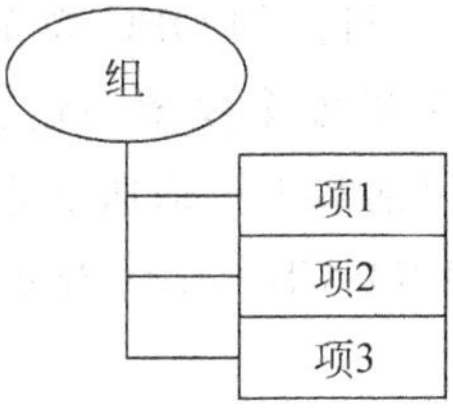

图 15.4　组与项的关系

在服务器中，项对象代表与数据源的连接。从自定义接口的角度，客户端并不把项作为对象操作，因此，没有给项对象定义外部接口。组对象包容项对象(可简单理解成项在组里面定义)，所有对项对象的操作都是通过组对象进行的。每个项对象有值、质量和时间标签。项对象并不是数据源，只是与数据源的连接。项对象可以被看作是数据的地址，而不能被认为是真实的数据源。

2. OPC 报警与事件处理(alarm and event handling)服务器

OPC 报警与事件处理服务器提供一种机制：当发生指定事件或达到报警条件

时，客户端可以得到通知。报警与事件处理服务器还提供服务，允许客户端测试服务器支持哪些事件和条件，以及获得其当前状态。报警与事件处理服务器的主要接口 IOPCEventServer 为客户端提供方法，使之能够：(1)测试 OPC 服务器支持的事件类型；(2)注册特定的事件，使得当这些事件发生时，OPC 客户端能得到通知，而且还能通过服务器定义这些事件的子集；(3)存取和操作 OPC 服务器实现的情况。作为对 IOPCEventServer 的补充，报警与事件处理服务器还提供一些可选接口，用来浏览服务器实现的情况，或者管理公有组。

3. OPC 历史数据存取(historical data access)服务器

为了集成不同应用，历史信息可以被看作是某种类型的数据。目前 OPC 规范支持的历史数据存取服务器有：(1)简单趋势数据服务器。这种服务器只简单存储和提供原始数据，数据类型与 OPC 数据存取服务器提供的相同，一般是[时间，值，质量]的三元组形式；(2)复合数据压缩和分析服务器。这种服务器除原始数据外，还提供压缩数据功能，同时具有数据统计和分析功能，如平均值、最小值和最大值等。服务器支持数据刷新并记录刷新历史。在保存真实历史数据的同时，服务器还保存注释。

4. OPC 批处理(batch)服务器

OPC 批处理服务器提供从数据源存取一批数据的方法。实现批处理服务器时，可利用不同的数据源。实现的服务器可以是一个独立的 OPC 服务器，数据源是其他数据存取服务器；也可以是在已有的批处理服务器的基础上建立起来的。与批处理服务器相连的客户端是一些简单的应用程序，它们可能只是需要一批数据，也可能需要一些具有复杂格式的数据用来显示或发布。

目前的 OPC 规范中，还包括了安全规范。OPC 的安全参考模型与 Windows NT 的安全模型一致。OPC 规范中规定，实现安全机制，需要在现有的 OPC 服务器(包括数据存取服务器，报警与事件处理服务器等)的对象中，添加 IOPCSecurityNT 和 IOPCSecurityPrivate 接口。

15.3.4 OPC 的特点及其应用领域

OPC 技术的应用对工业控制系统的影响是基础性和革命性的，主要表现在以下几个方面：

首先，OPC 解决了设备驱动程序开发中的异构问题。随着计算机技术的不断发展，用户需求的不断提高，以 DCS(集散控制系统)为主体的工业控制系统功能日趋强大，结构日益复杂，规模也越来越大，一套大型工业控制系统往往选用了几家甚至十几家不同公司的控制设备或系统集成为一个大的系统。但由于缺乏统一的标准，开发商必须对系统的每一种设备都编写相应的驱动程序。而且，当硬件设备升级、修改时，驱动程序也必须跟随修改。同时，一个系统中如果运行不同公司的控制软件，也存在着互相冲突的风险。

有了OPC后，由于有了统一的接口标准，硬件厂商只需提供一套符合OPC技术的程序，软件开发人员也只需编写一个接口，而用户可以方便地进行设备的选型和功能的扩充，只要它们提供了OPC支持，所有的数据交换都通过OPC接口进行，而不论连接的控制系统或设备是哪个具体厂商提供。

其次，OPC解决了现场总线系统中异构网段之间数据交换的问题。现场总线系统仍然存在多种总线并存的局面，因此系统集成和异构控制网段之间的数据交换面临许多困难。有了OPC作为异构网段集成的中间件，只要每个总线段提供各自的OPC服务器，任一OPC客户端软件都可以通过一致的OPC接口访问这些OPC服务器，从而获取各个总线段的数据，并可以很好地实现异构总线段之间的数据交互。而且，当其中某个总线的协议版本做了升级，也只需对相对应总线的程序作升级修改。

第三，OPC可作为访问专有数据库的中间件。实际应用中，许多控制软件都采用专有的实时数据库或历史数据库，这些数据库由控制软件的开发商自主开发。对这类数据库的访问不像访问通用数据库那么容易，只能通过调用开发商提供的API函数或其他特殊的方式。然而不同开发商提供的API函数是不一样的，这就带来和硬件驱动器开发类似的问题：要访问不同监控软件的专有数据库，必须编写不同的代码，这显然十分繁琐。采用OPC则能有效地解决这个问题，只要专有数据库的开发商在提供数据库的同时也能提供一个访问该数据库的OPC服务器，那么当用户要访问时也只需按照OPC规范的要求编写OPC客户端程序而无需了解该专有数据库特定的接口要求。

第四，OPC便于集成不同的数据，为控制系统向管理系统升级提供了方便。当前控制系统的趋势之一就是网络化，控制系统内部采用网络技术，控制系统与控制系统之间也用网络连接，组成更大的系统，而且，有时整个控制系统与企业的管理系统也用网络连接，控制系统只是整个企业网的一个子网。在实现这样的企业网络过程中，OPC也将发挥重要作用。在企业的信息集成，包括现场设备与监控系统之间、监控系统内部各组件之间、监控系统与企业管理系统之间以及监控系统与Internet之间的信息集成，OPC作为连接件，按一套标准的COM对象、方法和属性，提供了方便的信息流通和交换。无论是管理系统还是控制系统，无论是PLC还是DCS，或者是FCS，都可以通过OPC快速可靠的彼此交换信息，即OPC是整个企业网络的数据接口规范。因而，OPC提升了控制系统的功能，增强了网络的功能，提高了企业管理的水平。

最后，OPC使控制软件能够与硬件分别设计、生产和发展，并有利于独立的第三方软件供应商的产生与发展，从而形成新的社会分工，有更多的竞争机制，为社会提供更多更好的产品。

OPC技术在工业控制领域应用的主要方面包括：

(1) 数据采集。现在众多硬件厂商提供的产品均带有标准的OPC接口，OPC实现了应用程序和工业控制设备之间高效、灵活的数据读写，可以编制符合标准 OPC 接口的客户端应用软件完成数据的采集任务。

(2) 历史数据访问。OPC 提供了读取存储在过程数据存档文件、数据库或远程终端设备中的历史数据以及对其操作、编辑的方法。

(3) 报警和事件处理。OPC 提供了 OPC 服务器发生异常时，以及 OPC 服务器设定事件到来时向 OPC 客户发送通知的一种机制，通过使用 OPC 技术，能够更好地捕捉控制过程中的各种报警和事件并给予相应的处理。

(4) 数据冗余技术。工控软件开发中，冗余技术是一项最为重要的技术，它是系统长期稳定工作的保障。OPC 技术的使用可以更加方便地实现软件冗余，而且具有较好的开放性和可互操作性。

(5) 远程数据访问。借助 Microsoft 的 DCOM(分散式组件对象模型)技术，OPC 实现了高性能的远程数据访问能力，从而使得工业控制软件之间的数据交换更加方便。

15.4 现代企业网络结构

以下将以一个典型的具有现代企业网络的石化企业为例说明对于一个现代化的流程企业所应该具有的网络结构与应用系统。

从逻辑结构看，该企业仍然应该具有如图 15.1 所示的三层结构。PCS 层的应用系统相对简单，主要应该包含所有生产装置的 DCS 系统，大型旋转设备的 PLC 系统，其他仪表、控制、监视等生产过程系统，以及建立在底层生产控制系统之上的先进控制系统等，如图 15.5 所示。由于各个 DCS 厂家、PLC 厂家以及其他设备的生产厂商的系统相互之间是不透明的，因此需要采用实时数据库将底层的生产数据集中采集与存储，从而为生产管理与企业运行提供信息。而数据的采集与存储就需要 OPC 及中间件等技术的保证。

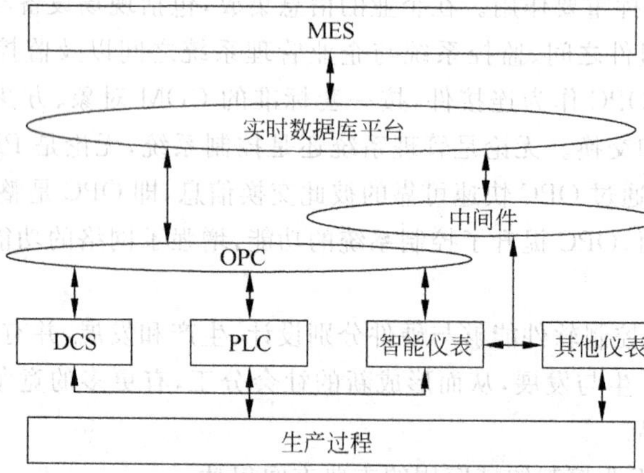

图 15.5 PCS 层应用系统及数据库之间的关系

MES 层包含了大部分的生产管理系统，主要功能是实现以生产综合指标为目标的生产过程的优化管理、优化计划和优化运行。其中优化管理应包括设备集成管理（设备动态管理及其预测维护）、库存管理、计量管理、质量管理；优化计划应包括生产排产优化、生产动态调度和公用工程调度；优化运行则应包括生产车间管理、成本核算与控制、生产监控和生产车间管理。MES 层是企业生产过程正常运行的保证，它下面连接着 PCS 层，通过实时数据库获取了大量的生产过程数据，通过本层系统的处理并结合通过关系数据库获得的 ERP 层的目标数据，给出已进行的生产调整指令和生产状况的评价，直接指导生产，并进一步为企业决策提供依据。鉴于本章主要内容不是讨论企业信息化建模问题，因此各个子系统的详细内容不再赘述。系统的逻辑结构如图 15.6 所示。

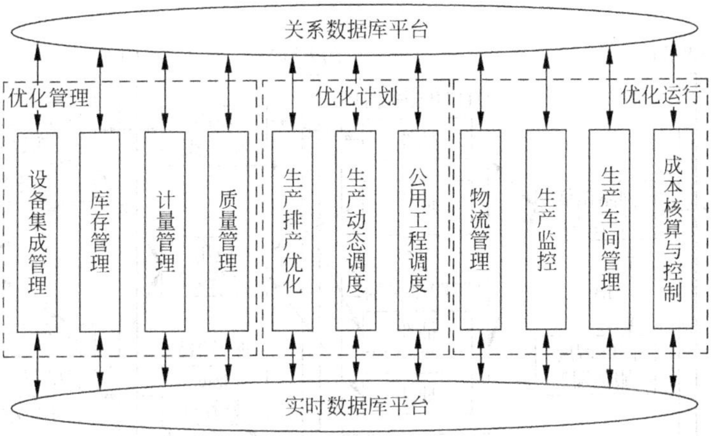

图 15.6　MES 层应用系统及数据库之间的关系

ERP 层主要是实施以财务分析决策为核心的整体资源优化，它将为整个企业制定出总的运作框架，给出整个企业的利润计划、生产计划、物流计划和人才计划。其中利润计划由财务子系统来实现；生产计划则包括生产优化计划子系统和厂际互供计划子系统；人才计划包括人力资源子系统以及绩效管理子系统；物流计划包括物资供应子系统和产品销售子系统。同时作为企业的最顶层系统，ERP 中还应该包括与供需链相关的有关系统，如客户关系管理以及企业门户系统等，如图 15.7 所示。

从网络系统的逻辑结构看，企业所必须具有的应用系统如图 15.8 所示，软件系统应该包含这样几个部分：实时数据库系统、关系数据库系统、安全管理、网络均衡、门户系统、应用服务器、中间件、数据备份系统等；硬件系统包括各类服务器、交换机、存储设备、接入设备等。

以上给出了一个典型的流程企业的网络系统结构，但针对一个具体企业还要根据企业的特点，综合考虑企业的需求设计相关的网络系统及应用系统。不同企业之间也是千差万别的。虽然在概念层次上，在体系结构上，不同企业间的网络结构等是互可借鉴的，但在具体的信息系统设计、具体的网络结构设计、具体的网络系统实

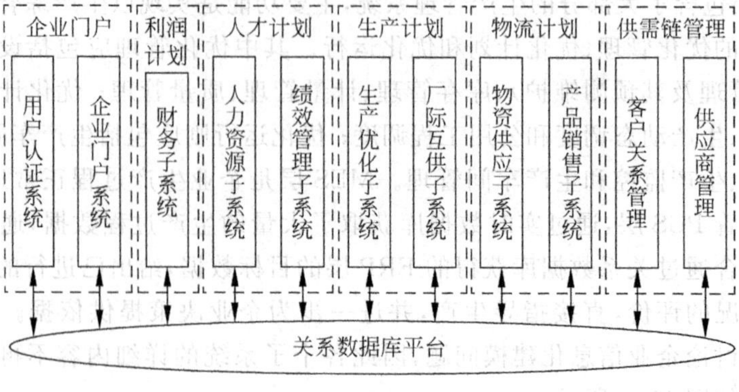

图 15.7 ERP 层应用系统及关系数据库之间的关系

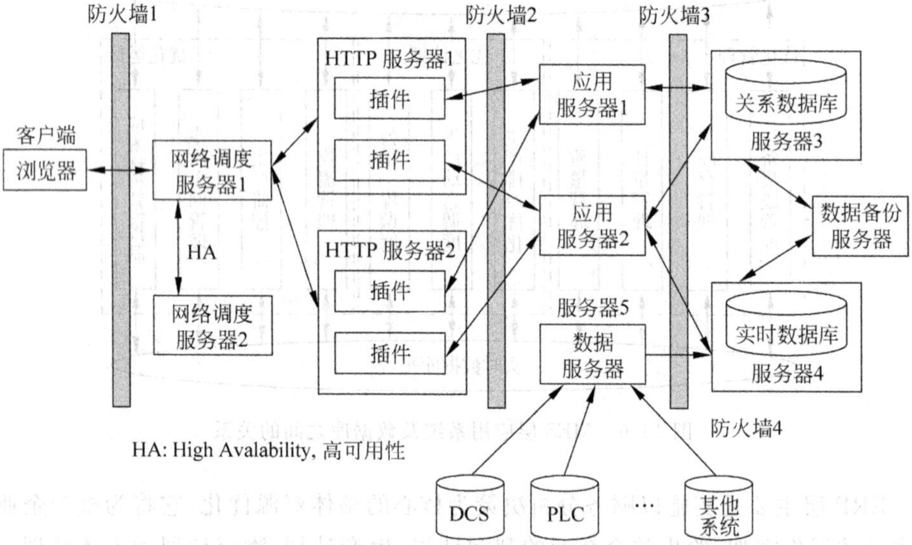

图 15.8 企业应用软件系统及硬件系统之间的关系

施、应用软件配置、管理流程的规划等方面，都应该是各具特色的。本节只是给读者一个企业中应用计算机网络，尤其是在生产过程中网络应用的概念。实际应用中，由于计算机技术的发展，网络技术的发展，软件技术的发展，以及相关的控制设备、仪表与企业的决策等，都直接影响一个企业的计算机网络应用。因此，企业对于计算机网络的应用应该还是从企业的实际出发，以满足工作需求为目标，设计一个适合的网络，而不是盲目追求先进的网络。这样更能够保护投资，促进企业发展。

15.5 小结

计算机网络的概念随着计算机技术及网络技术的飞速发展在不断丰富，其内涵也在不断拓展，要想在短短一章中较为清晰地介绍计算机网络是比较困难的。因此本章的重点是企业中计算机网络体系结构的构建，而没有涉及计算机网络的具体技术细节。感兴趣的读者可以从相关的教材及研究文献中获得相关知识。工业以太网是目前研究和应用的一个热点，虽然从技术角度看还没有形成定型和统一的技术标准，但可以预见它在控制领域一定会有广阔的应用前景，也希望读者能够持续地关注这个方面。OPC 协议是近几年在过程控制领域逐步得到认可的一种软件技术，它的出现为不同厂家的不同产品的互通互联提供了技术保障，适当地了解 OPC 的技术细节，可以在应用过程中更好地发挥其作用。最后的实例是为读者提供一个应用参考，以便了解在进行企业计算机网络设计的过程中需要考虑哪些问题和如何考虑问题。

控制中所涉及的计算机网络技术在不断发展，如前面介绍的现场总线与本章所介绍的工业以太网就是一对相互竞争和相互促进的技术标准；又如在管理网络中已经普遍应用的中间件技术，在控制网络中还没有被提出，但部分概念接近的产品和应用已经出现了，它可能为设备层或者说仪表层的不同厂家、不同产品的互通互联提供技术可能性；再如遥操作和基于网络的控制问题，理论方面已经开展了多年的研究工作，虽然还没有适当的产品与应用，但可以相信在不久的将来它们也将是过程控制中十分重要的技术问题。

第四篇小结

随着计算机技术的不断发展，及其在工业界的普遍应用，数字技术在过程控制系统中的应用也越来越广泛和深入。数字技术已经不仅仅是在数字仪表、数字控制器和DCS、FCS等系统中应用，也不仅仅在底层的控制系统中应用，并且不再是一个可有可无的配角，而是应用到企业生产过程中的几乎全部系统。应用于实时生产过程的控制，应用于生产过程的制造执行系统，应用于企业的资源管理和经营决策系统。可以说一个现代化的企业已经完全离不开数字技术和计算机技术了。

本篇内容限于篇幅，主要讨论了连续系统离散化所涉及的基本理论和分析方法，介绍了数字控制系统的组成与算法，以及以数字技术和计算机技术为基础的DDC、DCS和FCS等系统的形成、发展、功能和系统结构，同时讨论了广泛应用于过程控制系统的OPC协议，最后介绍了现代化流程企业中计算机网络体系结构，重点讨论了工业以太网相关技术。

数字技术在控制系统中的应用，是伴随着计算机技术的飞速发展，且是应用需求与技术发展之间博弈的结果。比如，早期的数字控制系统应用就存在采样定理所揭示的频率关系与实际可获得的采样频率之间的矛盾，而当今的数字控制系统却往往因为大量的采样数据来不及处理或者根本也不需要处理，而导致海量数据冗余；早期的数字仪表、控制器等设备在使用过程中需要仔细考虑其计算速度、存储容量、通信能力、显示能力等等，而今的DCS、FCS等系统几乎提供了无限的存储容量、超强的计算能力和炫目的信息显示，从而使得对于一般的简单控制系统而言，这些系统几乎是无所不能。然而，随着先进控制技术的提出，生产管理系统的逐步应用，生产过程的卡边控制与优化控制的提出，以及随着现代仿真技术逐步应用于实际生产过程，即便是当今最先进的DCS系统，也几乎不能满足日益提高的控制需求。

计算机网络在生产过程中的应用情况也是应用需求与技术发展之间博弈的结果。早期的控制系统全部是单回路控制系统，回路间完全没有数据与信息的交换，也不存在控制网络。由于现代化流程工业对自动化程度与精度的更高要求，以及网络技术的飞速发展，使得DCS系统、FCS系统以及工业以太网逐渐得到大规模应用，从而使得原本只在办公系统中应用的、与生产状况完全脱节的各类管理系统，有条件与生产管理系统相融合，实现实时数据的大范围异地传输和利用，从而使得像中国石油和中国石化这样的世界级的集团公司可以实现扁平化的管理；使得原本只能依靠单回路和串级控制实现的生产过程控制，逐步走向大量生产过程信息集中显示，多回路、多变量控制系统大规模应用，以及包括质量控制系统、实验室信息管理系统、公用工程管理系统等制造执行层中诸多系统的充分应用，从而提高了生产管理水平与生产效率，降低了生产能耗和成本。而随着各种应用系统，尤其是与生产过程控制实时相关的系统的应用，对于网络的可靠性、通信速率等也提出了更高的要求。同时，为了全面管理生产，对于网络的接入形式也提出了更高的要求，不仅普通的工业以太网、现场总线需要能够集成在一起构成生产控制网络，传统的 485 协议、模拟信号以及采用微波、卫星等形式进行远传的信号也需要进入网络。同时，也正是由于现代企业生产网络及系统的复杂性，对于以实现系统互联为目标的软件中间件技术的需求也就成为必然。

通过本篇的介绍，只能向读者展示数字技术当前在过程控制领域中的应用，所涉及的相关知识与技术也只能是对过去已经出现与成熟的技术进行一个总结，对未来的发展趋势给予一定的预测。随着计算机和网络技术的高速发展，数字技术的应用一定会发生巨大的变化。因此，读者需要不断地参考更多的相关文献，以获得更为及时和全面的了解。

思考题与习题

第 13 章

13.1 采样周期 T_s 和数字滤波方法的选择对 DDC 系统有什么意义？

13.2 当模拟量全量程为－10～＋10V，试求 12 位 A/D 转换器的转换结果。－2V 和＋5V 对应的二进制数各为多少？可能的转换误差是多少伏？

13.3 当模拟量全量程为－10～＋10V，采用 12 位 A/D 转换器，整数－712 和＋1514 对应的电压为多少？确定 8 位和 12 位 A/D 转换器可能的转换误差是多少？

13.4 对于规定的输入模拟量范围 0～5V，为使误差小于 0.0001V，求所需 D/A 转换器的位数？

13.5 位置型 PID 算式和增量型 PID 算式有什么区别？它们各有什么优缺点？

13.6 已知模拟控制器的传递函数 $G_c(s)=\dfrac{1+0.17s}{0.085s}$。欲用数字 PID 算式实现，试分别写出相应的位置型和增量型 PID 算式。设采样周期 $T_s=0.2\text{s}$。

13.7 已知 $G_{c1}(s)=\dfrac{1+0.15s}{0.05s}$，$G_{c2}(s)=18+2s$，$T_s=1\text{s}$。试分别写出与$G_{c1}(s)$、$G_{c2}(s)$对应的增量型 PID 算式。

13.8 试编写能实现积分分离的 PID 算式程序。

13.9 DDC 系统如题图 13.1 所示。$G_c(z)$采用 PI 和 PID 控制算式，采样时间 T_s 取 2min，(1)根据等效纯迟延概念，利用模拟控制器科恩－库恩参数整定公式分别整定数字 PI 和 PID 算式中的参数 K_C、T_I 或 T_D。(2)采用扩充响应曲线法，控制度选取 1.2，分别求取数字 PI 和 PID 算式的整定参数。

13.10 对题图 13.1 系统，试采用扩充临界比例带法整定 PID 控制器的整定参数。

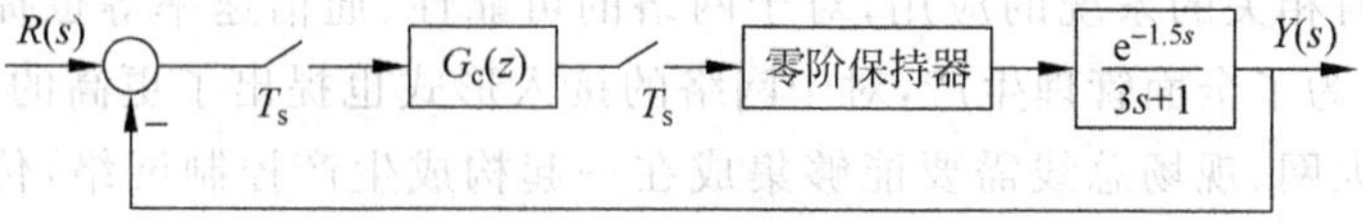

题图 13.1 控制系统方框图

第 14 章

14.1 DDC 系统与模拟调节系统比较有哪些特点？

14.2 题图 14.1 所示闪蒸罐有四个控制回路，试设计一个 DDC 系统方框图，并指出各组成部分的名称。

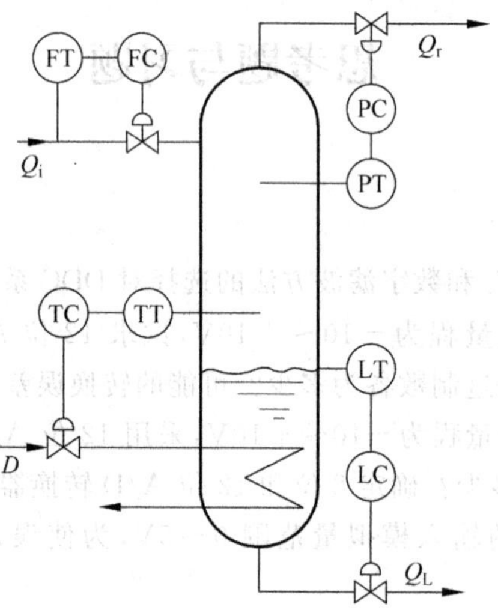

题图 14.1 闪蒸罐控制系统

14.3 概述集散控制系统(DCS)的设计思想、系统结构及其功能。讨论 DCS 系统的优点及其存在的问题。

14.4 概述现场总线控制系统(FCS)的设计思想、系统结构及其功能。

14.5 现场总线控制系统(FCS)相对集散控制系统(DCS)有哪些不同？试讨论 FCS 的优越性。

第 15 章

15.1 试说明现代流程行业企业中，计算机网络的体系结构，说明各个组成部分的功能。

15.2　企业的计算机网络涉及到多种协议，从而形成了多种网络并存的情况，如以太网、工业以太网和现场总线等，请说明这几种网络所采用的协议是什么，各具有什么特点？试说明工业以太网相对于现场总线有什么优势和不足？

15.3　请简述OPC是一种什么样的协议，具有技术上的什么特点？主要应用于什么场合？

15.4　在设计和构造企业计算机网络体系时，各个功能子系统通过什么平台进行互联？不同子系统的互联采用同样的平台进行互联吗？

15.5　请简单说明防火墙软件在企业网络中的作用。

参考文献

[1] 王锦标. 计算机控制系统. 北京：清华大学出版社，2004

[2] 杨德礼. 微型计算机在过程控制中的应用. 北京：科学技术文献出版社，1988

[3] 董景辰. 国产DCS系统发展的新阶段. 仪表技术与传感器网，2007，6～27

[4] 冯冬芹，黄文君. 工业通讯网络与系统集成. 北京：科学出版社，2005

[5] 葛运旺. 计算机控制网络. 武汉：武汉理工大学出版社，2005

[6] 阳宪惠. 郭海涛. 企业信息集成与工控系统的网络化. 电气时代，2003(6)，34～37

[7] 陈在平，岳有军. 现场总线及工业控制网络技术. 北京：电子工业出版社，2008

[8] 夏继强. 工业现场总线技术的新进展. 北京航空航天大学学报，2004，30(4)，358～362

[9] 魏庆福. 现场总线技术的发展与工业以太网综述. 工业控制计算机，2002. 15(1)，1～4

[10] 阳宪惠，郭海涛. 现场总线技术及其应用. 北京：清华大学出版社，1999

[11] 蔡幼忠. 曲靖冶炼厂现场总线控制系统的设计及应用. 中国仪器仪表，2007，5，58～61

[12] 刘建昌，周玮，王明顺. 计算机控制网络. 北京：清华大学出版社，2006

[13] 魏峻. 软件中间件技术现状与展望. 新技术新工艺，2007(7)，5～13

[14] 周之英. 现代软件工程. 北京：科学出版社，2001

[15] http://hi.baidu.com/ella_qing/blog/item/de73eef8d66c7d0dd9f9fd3e.html 组件简介，2007，6～29

[16] http://hi.baidu.com/huangwen2003/blog/item/55bd83c278a13e52b219a840.html 组件详细介绍，2008，11～22

[17] Rogersom D. COM技术内幕. 北京：清华大学出版社，1999

第五篇　典型装置的控制系统

第16章 精馏塔的自动控制

精馏操作是炼油、化工等生产过程中的一个十分重要且广泛应用的环节。精馏塔的控制直接影响到工厂的产品质量、产量以及原材料和能量的消耗，因此精馏塔的自动控制长期以来一直受到人们的高度重视。

精馏塔是一个多输入多输出的对象，它由很多级塔板组成，内在机理复杂，对控制作用响应缓慢，参数间相互关联严重，而控制要求又大多较高。这些都给自动控制带来一定困难。同时各类精馏塔工艺结构特点又千差万别，这就更需要深入分析工艺特性，结合具体塔的特点，进行自动控制方案的设计和研究。

本章将首先简要介绍精馏过程的精馏原理和精馏装置的组成，再分析精馏过程的操作要求和影响精馏过程的因素，在此基础上，讨论精馏塔自动控制的基本方案。这些基本控制方案，是目前工业生产中最常使用的控制方案，它们也是构成复杂控制和最优控制系统的基础。

16.1 精馏过程及其工艺操作目标

精馏操作是利用混合液中各组分具有不同的挥发度，即在同一温度下各组分的蒸汽分压互不相同这一物理性质，从而实现液体混合物的分离。精馏操作是在精馏塔中完成的。

简单说，精馏操作就是迫使混合物的气、液两相在塔体中作逆向流动，在互相接触的过程中，液相中的轻组分逐渐转入气相，而气相中的重组分则逐渐进入液相。精馏过程本质上是一种传质过程，其中当然也伴随着传热。

溶液中组分的数目可以是两个或两个以上。实际工业生产中，只有两个组分的溶液不多，大量需要分离的溶液往往是多组分溶液。多组分溶液的精馏在基本原理方面和两组分溶液的精馏是一样的。本节只讨论较为简单的两组分溶液的精馏，着重说明精馏的基本原理。

16.1.1 精馏原理

众所熟知，在恒定压力下，单组分液体在沸腾时虽然继续加热，其温度却保持不变。这就是说单组分液体的沸点是恒定的。可是对于两组分的理想溶液来说,在恒定压力下,沸腾时溶液的温度却是可变的。可以用汽-液平衡测定仪来测定汽-液平衡数据[1],表 16.1 便是用不同浓度的苯-甲苯溶液在常压下所测得的一系列汽-液平衡数据。表中,设 x_A 为相平衡时液相中苯组分的浓度(摩尔分数); x_B 为相平衡时液相中甲苯组分的浓度(摩尔分数); y_A 为相平衡时气相中苯组分的浓度(摩尔分数); y_B 为相平衡时气相中甲苯组分的浓度(摩尔分数)。通常对两组分溶液来说,浓度 x 或 y 如不注明是哪一个组分时,一般是指易挥发组分的含量。

表 16.1 苯-甲苯汽-液平衡数据(在常压下)

液相浓度		气相浓度		溶液温度/℃
x_A	x_B	y_A	y_B	
0.0	1.0	0.0	1.0	110.7
0.107	0.893	0.219	0.781	105.9
0.207	0.793	0.381	0.619	101.9
0.303	0.697	0.509	0.491	98.4
0.393	0.607	0.609	0.391	95.4
0.486	0.514	0.696	0.304	92.6
0.578	0.422	0.769	0.231	90.0
0.673	0.327	0.835	0.165	87.5
0.773	0.267	0.893	0.107	85.1
0.875	0.125	0.945	0.055	82.8
1.0	0.0	1.0	0.0	80.2

由表 16.1 可看出:在恒定压力下,溶液气-液平衡的温度与其组分有关。高沸点组分的浓度越高(在苯-甲苯溶液中,甲苯是高沸点组分),溶液平衡温度越高。与纯物质的气-液平衡相比较,溶液气-液平衡的一个特点是:在平衡状态下,气相浓度与液相浓度是不相同的。一般情况下,气相中低沸点组分的浓度高于它在液相中的数值。对于纯组分的气-液相平衡,把恒定压力下的平衡温度称为该压力下的沸点或冷凝点。但对于处在相平衡下的溶液,则把平衡温度(例如表 16.1 中的 101.9℃),称为在该压力下气相浓度 $y=0.381$ 的露点温度,或液相浓度 $x=0.207$ 的泡点温度。对于同一浓度的气相和液相来说,露点温度和泡点温度一般是不相等的,前者比后者高。若以温度为纵坐标,液相或气相中苯的浓度为横坐标,将表 16.1 的数据绘成曲线,则可得图 16.1 所示的温度-浓度图(t-x-y 图)。不同的多组分溶液有不同的温度-浓度图[1]。

在图 16.1 中,曲线 1 表示在一定压力下,溶液浓度与泡点的关系,称为液相线,线上每一点均代表饱和液体。曲线 2 表示溶液浓度与露点的关系,称为气相线,线上每一点均代表饱和蒸汽。这两条线把相图划分为三个区域,液相线 1 以下的区域是液相区;气相线 2 以上,溶液全部汽化,称为过热蒸汽区;两线之间为气、液两相共存区,溶液处于任一点 E 时,都可以分为相互平衡的气、液两相,即分为液相 F 和气相 G。

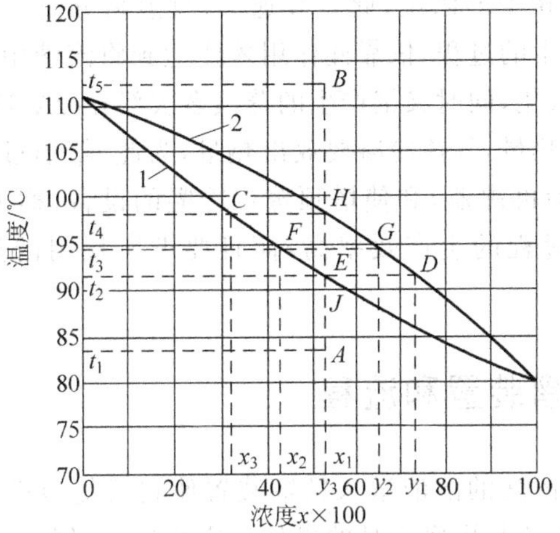

图 16.1　苯、甲苯溶液的温度-浓度图

应用温度-浓度图，不仅可以求取任一温度的气、液相平衡浓度，或者求取两相平衡时的温度，而且借助温度-浓度图还可以清楚地了解精馏原理。

设在 1 个标准大气压下，由图 16.1 可看出：将浓度为 x_1、温度为 t_1（图中 A 点）的溶液加热，当达到泡点温度 t_2 时（J 点）液体开始沸腾，所产生的蒸汽浓度为 y_1（D 点），y_1 与 x_1 平衡，而且 $y_1>x_1$。如继续加热，且不从物系中取走物料，当温度升高到 t_3 时（E 点），则在共存的气、液两相中，液相的浓度为 x_2（F 点），气相的浓度为与 x_2 成平衡的 y_2（G 点），且 $y_2>x_2$。若再继续升高温度达 t_4 时（H 点），液相完全汽化，而在液相消失之前，其浓度为 x_3（C 点），液相完全汽化成蒸汽后，则气相浓度 y_3 与溶液的最初浓度 x_1 相同。倘再加热到 t_5（B 点），蒸汽成为过热蒸汽，随着温度升高，浓度保持不变仍为 $y_3(=x_1)$。自 J 点向上至 H 的这一阶段，是使溶液汽化的过程，称为部分汽化过程。若继续加热到 H 点或 H 点以上，则称为全部汽化过程。显然，只有用部分汽化的方法，才能从溶液中分离出具有不同浓度的蒸汽，而且其中所含易挥发组分（苯）较多，也即部分汽化能起一定的分离作用。而完全汽化则不能使溶液的浓度改变，它不起分离作用。

反之，也可从溶液的蒸汽（B 点）出发，进行冷凝。此过程恰与上述汽化过程相反，即冷却达露点 H 时，开始冷凝出液相，浓度为 x_3（C 点）。继续冷至 E 点，则共存的气、液两相浓度分别为 y_2（G 点）和 x_2（F 点），溶液中气量减少。再冷至 J 点则气相终于全部消失，此冷凝液浓度 x_1 就是原汽相（B 点）浓度。从 H 至 J 点的冷凝过程称为部分冷凝过程；冷却至 J 或 J 点以下的过程则为完全冷凝过程。同样，只有部分冷凝的方法，才能从混合蒸汽中分出具有浓度较低的液体，所余气相得到了增浓。所以，部分冷凝也能起一定的分离作用，而完全冷凝则不能起任何分离作用。

由上述讨论可见，部分汽化或部分冷凝之所以能起到部分分离作用，其基本依据仍然是溶液中两组分的挥发性能之间的差异。在相互平衡的汽相中，易挥发组分浓度总是大于它在液相中的浓度，此差异愈大，就愈易分离。部分汽化与部分冷凝是精馏装置中反复发生的过程，依靠此作用才能达到将溶液中两组分加以分离的目的。所以，多次部分汽化，同时又把产生的蒸汽多次部分冷凝是精馏的基础。

溶液汽化要吸收热量，气体冷凝要放出热量，为此，精馏过程必须具备使塔釜液加热汽化的设备（称为再沸器）和使塔顶蒸汽冷凝的设备（称为冷凝器）。所以在生产中，不仅希望精馏过程的生产效率高，而且要求所耗用的热量及冷量要尽可能的少。

16.1.2 连续精馏装置和流程

精馏就是将一定浓度的溶液送入精馏装置使它反复地进行部分汽化和部分冷凝，从而得到预期的塔顶与塔底产品的操作。完成这一操作过程的相应设备除精馏塔本体外，还有再沸器、冷凝器、回流罐和回流泵等辅助设备。目前，工业上一般所采用的连续精馏装置的流程如图 16.2 所示。

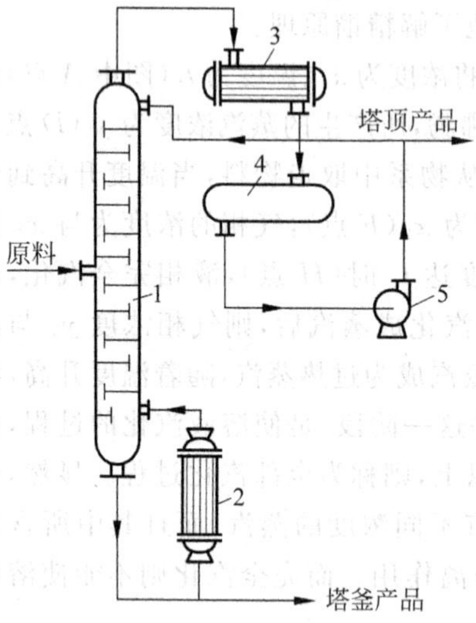

图 16.2 连续精馏塔的流程

1—精馏塔；2—再沸器；3—冷凝器；4—回流罐；5—回流泵

原料 F 从精馏塔中段某一块塔板上进入，这块塔板就称为进料板。进料板把全塔分为两段，进料板以上部分称为精馏段；进料板以下部分称为提馏段。进入塔内的溶液，由于各组分的沸点不同，沸点低的组分（易挥发组分）较易汽化而往上走；沸点高的组分（难挥发组分）则更多地随液体往下流，与塔内上升蒸汽在各层塔板上充分接触，在逆流作用下进行传质和传热。下流的液体到达塔釜后，一部分被连续地引出成为塔底产品 B；另一部分则在再沸器中被载热体加热汽化后又返回塔中。塔内上升的蒸汽依次经过所有的塔板，使蒸汽中易挥发组分逐渐增浓，上升到塔顶的蒸汽在冷凝器中被冷凝成为液体，经回流罐和回流泵后，一部分成为塔顶产品 D 连续引出，另一部分则引回到顶部的塔板上，作为塔内冷却液，称为回流量 L。

在连续精馏过程中，原料液 F 连续不断地进入塔内，塔顶产品 D 和塔釜产品 B 也连续不断地分别从塔顶和塔釜取走，当操作达到稳定时，每层塔板上液体和蒸汽的浓度均保持不变，而且原料 F、塔顶产品 D 和塔釜产品 B 的浓度和流量也都保持定值。

精馏过程可以在常压下进行也可以在高于或低于大气压下进行。当所分离的溶液在常压下是气相时，则必须在加压下进行精馏；而分离高沸点的溶液，则常常在减压（真空）下进行精馏。

16.1.3　精馏塔的基本型式

精馏塔是实现精馏操作的最重要的设备，通过精馏塔使气、液两相在塔内充分接触，进行传质和传热，最终使混合物中易挥发组分和难挥发组分得到分离。下面主要介绍目前工业生产中应用比较多的筛板塔和浮阀塔。

1. 筛板塔

筛板塔的构造，参见图 16.3，它是在圆形塔壳内水平安装一层层塔板，塔板上开有许多均匀分布的小孔，形如筛孔，所以塔板又称筛板。液体从上一层塔板沿溢流管流下，依靠溢流管上沿高出塔板的高度来保持塔板上一定的液层厚度。溢流管下端浸入下一层塔板的圆槽中，形成液封，以免蒸汽从溢流管上升。上升的蒸汽只能从塔板上筛孔穿过液层，以便与液体充分接触进行传质和传热。

在正常操作时，筛板上积有一层液体，蒸汽从筛板小孔上升，以细小的汽泡通过这层液体鼓泡而出，产生一层泡沫，构成了好像大量细小喷泉的景象见图 16.4。此泡沫层是筛板上进行传质、传热作用的主要区域，在这里，液体被蒸汽加热，放出所含的低沸点易挥发组分，与此同时，上升蒸汽本身则被冷却，把所含的高沸点难挥发组分转移到液体中。因此，经过足够多的筛板分离之后，即可使高沸点组分与低沸点组分分开，在塔顶获得易挥发组分产品，在塔底获得难挥发组分产品。

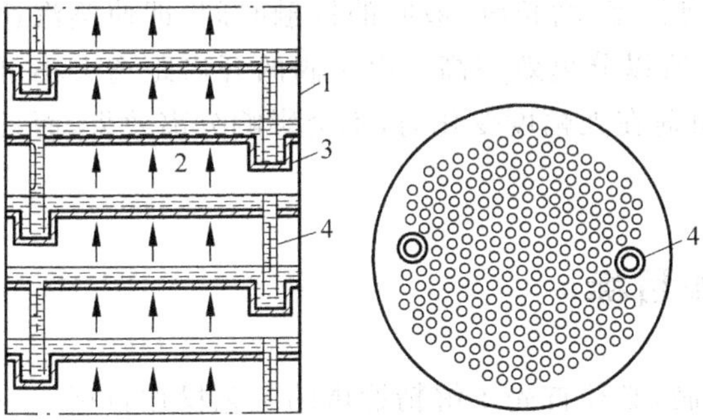

图 16.3　筛板塔构造简图

1—塔壳；2—筛板；3—圆槽；4—溢流管

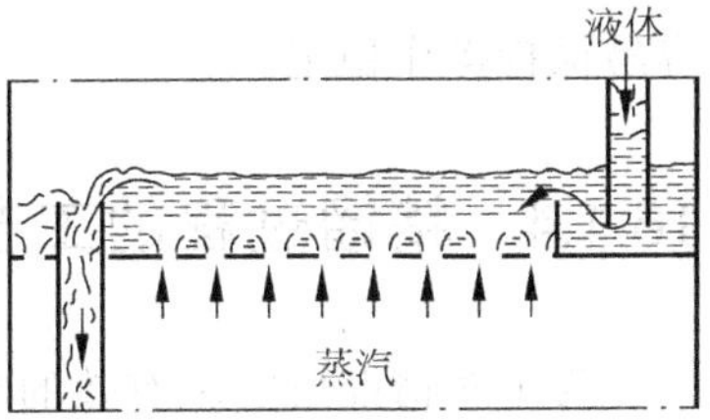

图 16.4　筛板上汽液两相接触情况图

筛板塔的分离效率与蒸汽速度、筛板上的液层高度、筛孔数目及其孔径大小有关。但对于结构已经确定的筛板来说，其分离效率主要决定于上升蒸汽速度的大小。蒸汽速度愈大愈有利于形成泡沫，强化气、液两相间的传质和传热过程，同时也使塔的处理量增加。但是蒸汽速度不能过大，否则就会使雾沫夹带量增加，反而使塔的分离效率下降。严重时，甚至会造成“液泛”(下层塔板上的液体涌至上层塔板上的现象)，破坏塔的正常操作。但是，蒸汽速度也不能太小，否则就会发生“泄漏”

(塔板上的液体从筛孔中流入下层塔板的现象),塔的分离效率就会骤然下降。所以塔内的蒸汽速度只能限制在一定的范围内,这是筛板塔的一个主要缺点。

筛板塔的优点是:构造比较简单,在一定的负荷范围内,效率比较高,清理和修理都比较容易和简单。

2. 浮阀塔

为了克服筛板塔操作范围小的缺点,便提出了浮阀塔。

浮阀塔的构造如图 16.5 所示,在带有溢流管的塔板上开有许多大孔,每孔中装有一个可动的阀片,称为浮阀。它可以在一定范围内自由升降,一般可升降 7～8mm。这样在不同的蒸汽负荷下,浮阀塔可以自动调节蒸汽通路的面积,因而操作范围具有较大的适应性。

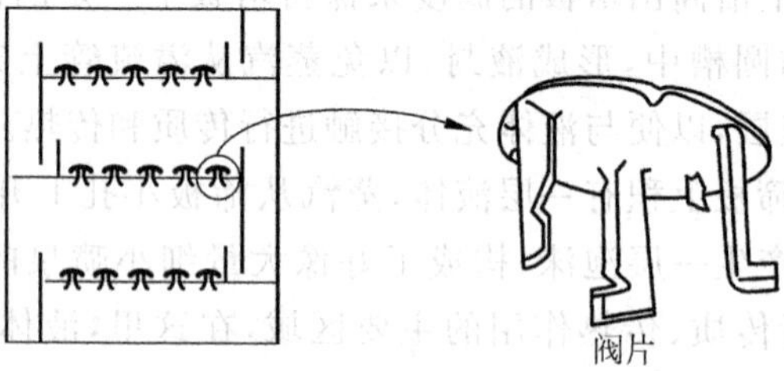

图 16.5 浮阀塔构造简图

精馏过程中,塔内上升蒸汽克服塔板上浮阀的重量,从阀的边缘以水平方向喷入塔板上的液体层中,这可以改善鼓泡状态,增长汽、液间的接触时间,即使蒸汽速度较大时,也不会发生雾沫夹带现象,所以分离效率高。由于阀的开启距离大小可以随蒸汽速度大小而改变,所以蒸汽负荷在大幅度变化时,不会影响分离效果,而且容易保持操作稳定。

16.1.4 精馏过程的工艺操作目标

为了对精馏塔实施有效的自动控制,必须首先了解精馏塔的工艺操作目标。一般来说,精馏塔的工艺操作目标,应该在满足产品质量合格的前提下,使总的收益最大或总的成本最小。因此,精馏塔的控制要求,应该从质量指标(产品纯度)、产品产量和能量消耗三个方面进行综合考虑。

1. 质量指标

精馏操作的目的是将混合液中各组分分离为产品,因此产品的质量指标必须符合规定的要求。也就是说,塔顶或塔底产品之一应该保证达到规定的纯度,而另一产品也应保证在规定的范围内。

在二元组分精馏中,情况较简单,质量指标就是使塔顶产品中轻组分纯度符合技术要求或塔底产品中重组分纯度符合技术要求。

在多元组分精馏中，情况较复杂，一般仅控制关键组分。所谓关键组分，是指对产品质量影响较大的组分。从塔顶分离出挥发度较大的关键组分称为轻关键组分，从塔底分离出挥发度较小的关键组分称为重关键组分。以石油裂解气分离中的脱乙烷塔为例，它的目的是把来自脱甲烷塔底部产品作为进料加以分离，将乙烷和更轻的组分从顶部分离出，比乙烷重的组分从底部分离出。这时，显然乙烷是轻关键组分，丙烯则是重关键组分。因此，对多元组分的分离可简化为对二元关键组分的分离，这就大大地简化了精馏操作。

在精馏操作中，产品质量应该控制到刚好能满足规格上的要求，即处于“卡边”生产。生产超过规格的产品是一种浪费，因为它的售价不会更高，只徒然增大能耗，降低产量而已。

2. 产品产量和能量消耗

精馏塔的另两个重要控制目标是产品的产量和能量消耗。精馏塔的任务，不仅要保证产品质量，还要有一定的产量。另外，分离混合液也需要消耗一定的能量，这主要是再沸器的加热量和冷凝器的冷却量消耗。此外，塔的附属设备及管线也要散失一部分热量和冷量。从定性的分析可知，要使分离所得的产品纯度愈高，产品产量愈大，则所消耗的能量愈多。

产品的产量通常用该产品的回收率来表示。回收率的定义是：进料中每单位产品组分所能得到的可售产品的数量。数学上，组分 i 的回收率定义为[2]

$$R_i = \frac{P}{Fz_i} \tag{16-1}$$

式中，P 为产品产量，F 为进料流量，z_i 为进料中组分 i 的浓度。

式(16-1)中并不包含产品质量规格，对于保质产品，回收率只应用于产品，而不用于产品的组分。

产品回收率、产品纯度及能量消耗三者之间的定量关系可以用图 16.6 中的曲线来说明。这是对于某一精馏塔按分离 50%两组分混合液作出的曲线图，纵坐标是回收率，横坐标是产品纯度(按纯度的对数值刻度)，图中的曲线表示每单位进料所消耗能量的等值线(用塔内上升蒸气量 V 与进料量 F 之比 V/F 来表示)。曲线表明，在一定的能耗 V/F 情况下，随着产品纯度的提高，会使产品的回收率迅速下降。纯度愈高，这个倾向愈明显。

此外，从图 16.6 可知，在一定的产品纯度要求下，随着 V/F 从小到大逐步增加，刚开始可以显著提高产品的回收率。然而，当 V/F 增加到一定程度以后，再进一步增加 V/F 所得的效果就不显著了。例如，由图 16.6 可看出，在 98%的纯度下，当 V/F 从 2 增至 4 时，产品回收率从 14%增到 88%，增加了 74%；当 V/F 再从 4 增加到 6 时，则产品回收率仅从 88%增加到 96.5%，只增加了 8.5%。

以上说明了，在精馏操作中，主要产品的质量指标，刚好达到质量规格的情况是期望的，低于要求的纯度将使产品不合格，而超过纯度要求会降低产量。然而，在一定的纯度要求下，提高产品的回收率，必然要增加能量消耗。可是单位产量的能耗最低并不等于单位产量的成本最低，因为决定成本的不仅是能耗，还有原料的成本。由此可见，在精馏操作中，质量指标、产品回收率和能量消耗均是要控制的目标。其中质量指标是必要条件，在质量指标一定的前提下，在控制过程中应使产品产量尽量高一些，同时能量消耗尽可能低一些。至于在质量指标一定的前提下，使单位产品产量的能量消耗最低或使单位产品产量的成本最低以及使综合经济效益最大等，均是属于不同目标函数的最优控制问题。

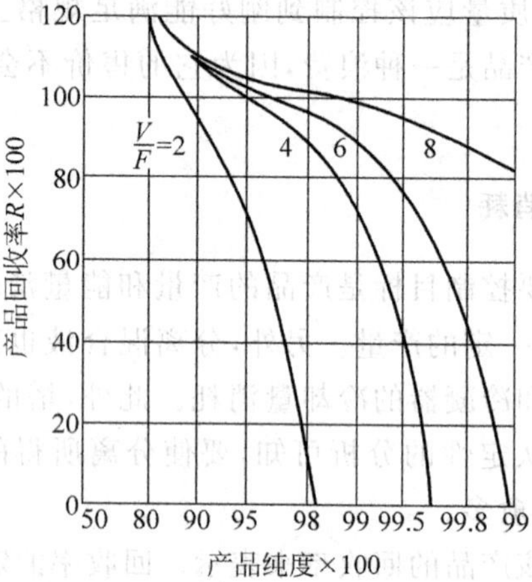

图 16.6 产品纯度、产品回收率和能量消耗的关系图

16.2 精馏过程的静态特性

影响精馏过程的因素是多方面的。和其他单元操作一样，精馏也是在一定的物料平衡和能量平衡的基础上进行操作的。一切因素均通过物料平衡和能量平衡影响塔的正常操作。影响物料平衡的因素是进料量和进料组分的变化、塔顶采出量或塔底采出量的变化。影响能量平衡的因素主要是进料温度（单相进料时）或热焓（两相进料时）的变化、再沸器加热量和冷凝器冷却量的变化，此外还有环境温度的变化等。物料平衡和能量平衡之间是相互影响的，因此要了解这些因素对精馏过程的影响，必须分析精馏塔的静态特性。所谓静态特性就是以物料平衡和能量平衡为基础来确定稳态下精馏塔各参数之间的定量关系。下面以二元精馏塔为例，分析其静态特性。

16.2.1 全塔物料平衡

稳态时，进塔的物料必须等于出塔的物料，所以总的物料平衡关系为

$$F = D + B \tag{16-2}$$

轻组分的物料平衡关系为

$$Fz = Dy + Bx \tag{16-3}$$

式中，F、D、B 分别为进料量、塔顶采出量和塔底采出量，z、y、x 分别为进料、塔顶采出物和塔底采出物中轻组分的浓度。

联立方程式(16-2)和式(16-3)可得

$$\left.\begin{aligned}\frac{D}{F} &= \frac{z-x}{y-x}\\ \frac{B}{F} &= \frac{y-z}{y-x}\end{aligned}\right\} \tag{16-4}$$

从上述关系式中，可以明显看出进料 F 在产品中的分配量(D/F 或 B/F)是决定塔顶和塔底产品中轻组分浓度 x 和 y 的主要因素。D/F 改变了，y 和 x 都可以改变。另外，进料组分浓度 z 也是一个影响 y 和 x 的重要因素。

16.2.2　内部物料平衡

为简化起见，以二元精馏塔及塔顶和塔底产品均是液相为例，如图 16.7 所示。在恒分子流假设的前提下，分析塔内各项物料平衡关系时，假定：

(1) 在精馏段内，通过各层塔板的上升蒸汽流量 V_r 均相等；

(2) 在提馏段内，通过各层塔板的上升蒸汽流量 V_s 均相等，$V_s = V$(V 为再沸器内蒸汽量)；

(3) 在精馏段内，通过各层塔板的下流液体流量 L_r 均相等，L_r 称为内回流，当回流温度等于塔顶温度时，内回流 L_r 等于外回流 L；

(4) 在提馏段内，通过各层塔板的下流液体流量 L_s 均相等；

(5) 回流罐和塔底液位不变；

(6) 塔压也保持不变。

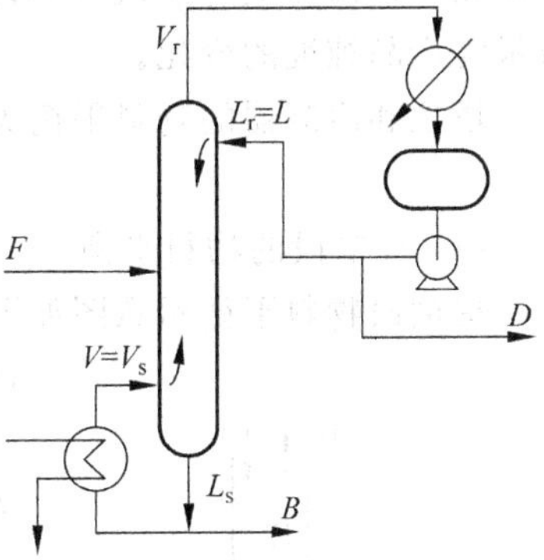

图 16.7　二元精馏塔各项物料情况

在以上这些条件下，有下述平衡关系。

(1) 加料板的物料平衡

$$F + L + V = L_s + V_r \tag{16-5}$$

对于液相泡点进料

$$L_s = F + L,\quad V = V_r$$

对于气相露点进料

$$V_r = F + V,\quad L = L_s$$

对于其他情况下进料，则需依据热量平衡关系作相应的考虑。

(2) 精馏段的物料平衡

精馏段物料平衡示意图如图 16.8 所示。对精馏段内任一塔板 i 以上作物料平衡计算，轻组分的物料平衡关系式为

$$V_r y_{i+1} = L_r x_i + D y \tag{16-6}$$

式中，y_{i+1} 为自下方第 $i+1$ 层塔板来的汽相中轻组分浓度，x_i 为塔板 i 上液相中轻组分浓度。

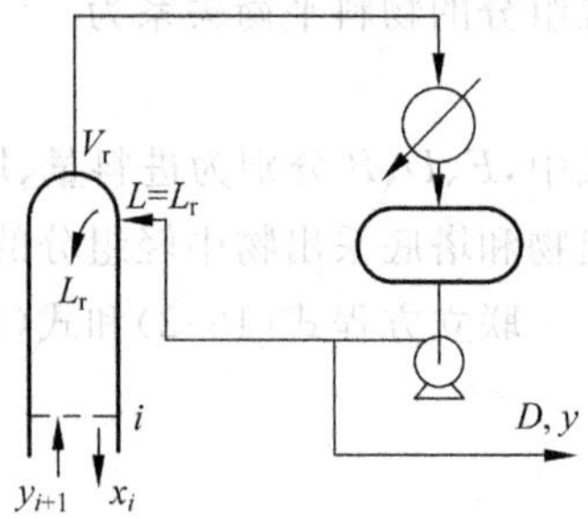

图 16.8 精馏段的物料平衡

式(16-6)可改写为

$$y_{i+1} = \frac{L_r}{V_r} x_i + \frac{D}{V_r} y \tag{16-7}$$

式(16-7)表明了精馏段内任一塔板的气相浓度与汽液比 L_r/V_r 和 D/V_r 之间的关系。改变汽液比必将使塔板上浓度发生变化。然而，汽液比除了决定于再沸器上升蒸汽量 V_r 以外，还决定于回流量 L_r 与塔顶采出量 D，通常将回流量与采出量之比称为回流比 R，即

$$R = \frac{L}{D} \tag{16-8}$$

当 $D=0$ 时称为全回流。由此可知，要改变精馏塔的操作工艺，应操作精馏塔的回流比和再沸器上升蒸汽量，通过内部平衡关系，使每块塔板上的浓度改变，从而导致最终产品纯度的变化。

塔顶和冷凝器的物料平衡关系为

$$D = V_r - L \tag{16-9}$$

(3) 提馏段的物料平衡

提馏段物料平衡示意图如图 16.9 所示。对提馏段内任一塔板 j 以下作物料平衡计算，轻组分的物料平衡关系式

$$V_s y_j = L_s x_{j-1} - Bx \tag{16-10}$$

式中，y_j 为塔板 j 上气相中的轻组分浓度，x_{j-1} 是从第 $j-1$ 块塔板流下的液相中轻组分浓度。

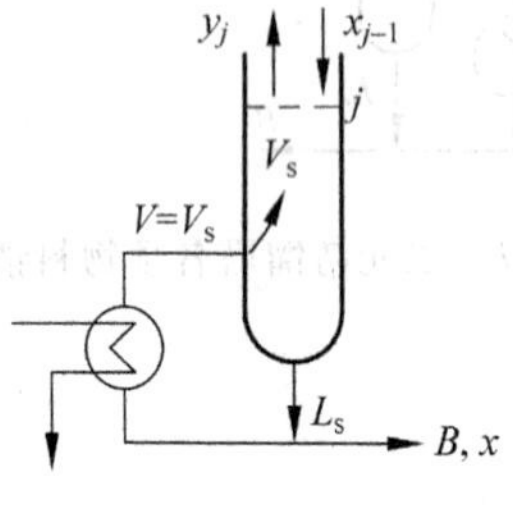

图 16.9 提馏段的物料平衡

式(16-10)亦可改写为

$$y_j = \frac{L_s}{V_s} x_{j-1} - \frac{B}{V_s} x \tag{16-11}$$

式(16-11)同样表明了在提馏段内任一塔板上的气相浓度与汽液比的关系。同样，要使塔的操作工况改变，应操作塔的回流比和再沸器上升蒸汽量，从而通过内部平衡关系最终改变产品的纯度。

塔底和再沸器的物料平衡关系为

$$B = L_s - V \tag{16-12}$$

16.2.3　理论塔板和塔板效率

对塔板上所发生的两相传递过程进行完整的数学描述，除必须进行物料衡算和热量衡算之外，还必须写出表征过程特征的传质速率方程式与传热速率方程式。但是，塔板上所发生的传递过程是十分复杂的，它涉及到进入塔板的气、液两相的流量、组成、两相接触面积及混合情况等许多因素。也就是说，培板上两相的传质与传热速率不仅取决于物系的性质、塔板上的操作条件，而且与塔板的结构有关，很难用简单的方程加以表示。

为避免这一困难，引入了理论塔板的概念。所谓理论塔板是一个气-液两相皆充分混合而且传质与传热过程的阻力皆为零的理想化塔板。因此，不论进入理论塔板的气-液两相组成如何，在塔板上充分混合并进行传质与传热的最终结果总是使离开塔板的气-液两相在传质与传热两个方面都达到平衡状态：两相温度相同，组成互相平衡。这样，表达塔板上传递过程的特征方程式可简化为

泡点方程　$$t_n=\varphi(x_n) \tag{16-13}$$

相平衡方程　$$y_n=f(x_n) \tag{16-14}$$

当然，一个实际塔板不同于一个理论塔板，理论塔板相对应的汽、液平衡仅是一个理想的极限情况，实际分馏过程都达不到理想的汽、液平衡状态。为表达实际塔板与理论塔板的差异，引入塔板效率的概念是一种简化该问题的传统方法。塔板效率的定义如下

$$E=\frac{y_n-y_{n-1}}{y_n^*-y_{n-1}} \tag{16-15}$$

式中，y_n^* 为与离开第 n 塔板液相组成 x_n 成平衡的气相组成，E 也称为气相的默弗里塔板效率。

式(16-15)分母表示气相经过一块理论塔板后组成的增浓程度，分子则为实际的增浓程度，理论塔板概念的引入，可将复杂的精馏问题分解为两个问题，然后分步解决。对于具体的分离计算任务，所需理论塔板的数目只决定于物系的相平衡及两相的流量比，而与物系的其他性质、两相的接触情况以及塔板的结构型式等复杂因素无关。这样在解决具体精馏问题时，便可以在塔板结构型式尚未确定之前方便地求出所需理论塔板数，事先了解分离任务的难易程度。然后，根据分离任务的难易，选择适当的塔型和操作条件，并根据具体塔型和操作条件确定塔板效率及所需实际塔板数。

16.2.4　能量平衡与分离度

在稳态时，进入塔的(通过传热和进料带入的)所有能量必然与离开塔的(通过

传热和产品带出的)能量相平衡。这种平衡可以用数学形式表示成

$$Q_H + FH_F = Q_C + DH_D + BH_B \tag{16-16}$$

式中,Q_H 为再沸器加热量,Q_C 为冷凝器冷却量,H_F、H_D 和 H_B 分别为进料、塔顶和塔底产品的热焓。在式(16-16)中,假定热损失可以忽略不计。

式(16-16)并未表示出塔内的能量关系对产品纯度的直接影响。然而,式(16-16)中每一项都影响塔内上升蒸汽量 V,而 V 与产品纯度的关系可以通过下面的讨论得出。

在二元精馏中,全回流时的芬斯克(Fenske)方程为[3]

$$\frac{y(1-x)}{x(1-y)} = \alpha^n \tag{16-17}$$

式中,α 为平均相对挥发度;n 为理论塔板数。

由式(16-17)可知,在全回流时,二元精馏塔两端产品纯度间的分离关系 $\frac{y(1-x)}{x(1-y)}$ 取决于 α 和 n。为了使式(16-17)也能推广到全回流以外的情况,定义分离度 S 为

$$S = \frac{y(1-x)}{x(1-y)} \tag{16-18}$$

在部分回流时,影响塔分离度 S 的因素很多,可以表示为如下的函数关系

$$S = f(\alpha, n, V/F, z, E, n_F)$$

式中,E 为塔板效率;n_F 为进料板位置;其他符号同前。

对于一个确定的塔,α、n、E 和 n_F 是一定的或变化不大,同时进料浓度 z 的变化对 S 的影响与 V/F 对 S 的影响相比要小得多,可以忽略。于是上式可简化为

$$S = f(V/F)$$

该式表明 V/F 一定,则分离关系 $y(1-x)/x(1-y)$ 就被确定。并可进一步近似表达为

$$\frac{V}{F} = \beta \ln S \tag{16-19}$$

式中,β 定义为塔的特性因子,对任意给定的塔,β 可以用 V/F 除以分离度 S 的自然对数求得。

把式(16-18)代入式(16-19),可得

$$\frac{V}{F} = \beta \ln \frac{y(1-x)}{x(1-y)} \tag{16-20}$$

式(16-20)含有 V/F 项,它表示精馏塔的能量关系。因而由式(16-4)和式(16-20)可知,只要保持 D/F 和 V/F 一定(或者 F 一定时,保持 D 及 V 一定)这个塔的分离结果 x、y 就完全确定了。当然这些关系成立的前提条件是分馏过程工作在平稳状态下,如果由于扰动或控制效果不佳时,分馏过程不平稳,如塔内上升蒸汽量和下流液体(内回流)呈不稳定状态时,塔板效率将降低,为达到平稳操作时同样水平的分离度就需要更大的 V/F,消耗更多的能量。

16.3 精馏过程的动态特性

前面讨论的内容涉及精馏过程的静特性，主要是讨论各种参数对塔操作的静态影响。然而在实际运行中，精馏塔经常处于动态过程，此时这些参数对塔操作的影响就会发生变化。因此在设计控制方案时必须考虑其动态影响，使之能使控制系统及时克服各参数对塔操作的影响。由于精馏塔是一个多变量、时变和非线性的对象，各变量之间又存在相互关联，因此定量分析动态影响，建立其数学模型已成为一项十分必要而又相当复杂的专门课题，在此仅对二元精馏塔的建模和分析进行简单介绍。

16.3.1 二元精馏塔的动态特性

图 16.10 为二元系板式精馏塔的简图，它是一个广泛应用于化工等生产过程的单元设备。把再沸器当成一个理想板，共有 n 个理想板，板序由上往下数第 m 板为进料板，进料板以上为精馏段，进料板以下为提馏段。为建立该二元系板式精馏塔的运动方程，提出如下简化假定：

(1) 轻、重两个组分的摩尔汽化潜热相等，即 1mol 气相冷凝所放出的热可使 1mol 液相气化，于是，塔内气、液相流量沿精馏段和提馏段是不变的；

(2) 塔板上气相滞留量与液相相比可以忽略，不考虑塔气相的动态过程；

(3) 每个塔板上液相滞留量恒定；

(4) 传质只在塔板上进行，塔板上气、液两相是完全混合的；

(5) 塔板为理想板，即离开塔板的气、液两相处于平衡状态；

(6) 塔内操作压力恒定；

(7) 塔体保温良好，热损失可忽略不计，塔壁和塔板的热容亦忽略不计；

(8) 冷凝器为全冷器，冷凝液体不过冷，处于泡点状态，再沸器相当于一块理想板，此时，精馏段内回流量 L_r 等于塔顶外回流量 L。在以上简化假定的基础上只考虑各个塔板以及冷凝器和再沸器的液相组分衡算。

令 F、z 为进料流量(kmol/h)和进料中轻组分的摩尔分率(%)，q 为进料中液相所占的摩尔分率(简称液化率，$q=1$ 为饱和液相进料，$q=0$ 为饱和气相进料)；

D、L、x_D 为塔顶产品流量(kmol/h)、塔顶产品回流量(kmol/h)和塔底产品轻组分摩尔分率(%)，M_D 为再沸器液体滞留量(kmol)；

B、V、x_B 为塔底产品流量(kmol/h)、再沸器上升蒸汽量(kmol/h)和塔底产品轻组分摩尔分率(%)，M_B 为再沸器液体滞留量(kmol)；

L_r、V_r 为精馏段液、气相流量(kmol/h)，M_i 为精馏段任一塔板上液体滞留量(kmol)；

L_s、V_s 为提馏段液、气相流量(kmol/h)，M_j 为提馏段任一塔板上液体滞留量

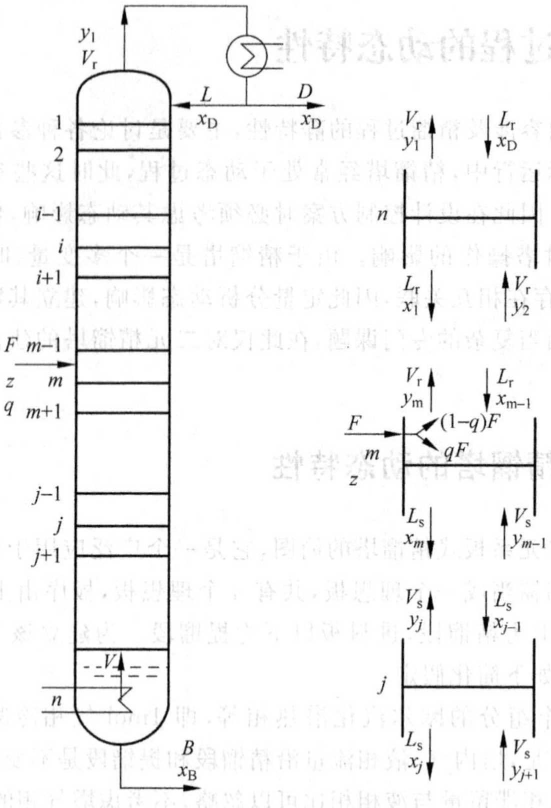

图 16.10 二元系板式精馏塔

(kmol)；

即可从上至下分别列写出相应的组分衡算式。

物料衡算
$$\frac{dM_D}{dt}=V_r-L-D \tag{16-21}$$

组分衡算
$$\frac{d(M_D x_D)}{dt}=V_r y_1-Lx_D-Dx_D \tag{16-22}$$

塔顶第 1 板的组分衡算

$$M_1\frac{dx_1}{dt}=L_r x_D+V_r y_2-L_r x_1-V_r y_1 \tag{16-23}$$

精馏段第 i 板的组分衡算

$$M_i\frac{dx_i}{dt}=L_r x_{i-1}+V_r y_{i+1}-L_r x_i-V_r y_i \tag{16-24}$$

加料板的组分衡算

$$M_m\frac{dx_m}{dt}=L_r x_{m-1}+V_s y_{m+1}+Fz-L_s x_m-V_r y_m \tag{16-25}$$

提馏段第 j 板的组分衡算

$$M_j \frac{\mathrm{d}x_j}{\mathrm{d}t} = L_s x_{j-1} + V_s y_{j+1} - L_s x_j - V_s y_j \tag{16-26}$$

再沸器和塔釜

物料衡算
$$\frac{\mathrm{d}M_B}{\mathrm{d}t} = L_s - V_s - B \tag{16-27}$$

组分衡算
$$\frac{\mathrm{d}(M_B x_B)}{\mathrm{d}t} = L_s x_{n-1} - B x_B - V_s y_n \tag{16-28}$$

补充的静态方程式有相平衡关系式以及进料板的物料衡算。

进料板的物料衡算式即将精馏段和提馏段的气、液相流量联系起来

$$L_s = L_r + qF \tag{16-29}$$

$$V_r = V_s + (1-q)F \tag{16-30}$$

由冷凝器为全冷器(处于泡点状态)的假设知

$$L_r = L \tag{16-31}$$

同理也可以假设

$$V_s = V \tag{16-32}$$

相平衡关系则将离开任一塔的气-液相组成联系起来，如采用相对挥发度来表示相平衡关系，则有

$$y_i = \frac{\alpha x_i}{1 + (\alpha - 1)x_i} \tag{16-33}$$

如采用多项式表示二元相平衡关系，则有

$$y_i = \sum_{l=1}^{n} \alpha_l x^l \tag{16-34}$$

依据单元操作的物理、化学原理所建立的机理动态模型大多数是非线性的，为了便于应用线性系统理论，可将其线性化。线性化的一般方法是：在稳态点($t=0$时)附近，将方程式按泰勒级数展开，并忽略二阶以后的各项，即可得到线性方程式，写成矩阵形式如下

$$\dot{\boldsymbol{x}} = \boldsymbol{A}\boldsymbol{x} + \boldsymbol{B}\boldsymbol{u} + \boldsymbol{C}\boldsymbol{d} \tag{16-35}$$

式中

$$\dot{\boldsymbol{x}} = \left(\frac{\mathrm{d}h_D}{\mathrm{d}t}, \frac{\mathrm{d}x_D}{\mathrm{d}t}, \frac{\mathrm{d}x_1}{\mathrm{d}t}, \frac{\mathrm{d}x_2}{\mathrm{d}t}, \cdots, \frac{\mathrm{d}x_{n-1}}{\mathrm{d}t}, \frac{\mathrm{d}x_B}{\mathrm{d}t}, \frac{\mathrm{d}h_B}{\mathrm{d}t}\right)^{\mathrm{T}}$$

$$\boldsymbol{x} = (h_D, x_D, x_1, x_2, \cdots, x_{n-1}, x_B, h_B)^{\mathrm{T}}$$

$$\boldsymbol{u} = (L, D, V, B)^{\mathrm{T}}$$

$$\boldsymbol{d} = (F, Z, q)^{\mathrm{T}}$$

令 $k_i = \left(\frac{\partial y_i}{\partial x_i}\right)_s, i = 1, 2, \cdots, n-1, k_n = \left(\frac{\partial y_n}{\partial x_B}\right)_s, a_D = -\frac{\bar{V}_r(\bar{y}_1 - \bar{x}_D)A_D}{\bar{M}_D^2}$,

$a_B = \frac{[\bar{V}_s(\bar{y}_n - \bar{x}_B) - \bar{L}_s(\bar{x}_{n-1} - \bar{x}_B)]A_B}{\bar{M}_B^2}, A_B = \left(\frac{\mathrm{d}M_B}{\mathrm{d}H_B}\right)_S, A_D = \left(\frac{\mathrm{d}M_D}{\mathrm{d}H_D}\right)_S$，则模型线性化结果为

$$
\boldsymbol{A}=\begin{bmatrix}
0 & 0 & 0 & 0 & 0 & 0 & 0 & 0 & 0\\
a_D & -\bar{V}_{\mathrm{r}}/\bar{M}_{\mathrm{D}} & k_1\bar{V}_{\mathrm{r}}/\bar{M}_{\mathrm{D}} & 0 & 0 & 0 & 0 & 0 & 0\\
0 & \bar{L}_{\mathrm{r}}/M_1 & -(\bar{L}_{\mathrm{r}}+k_1\bar{V}_{\mathrm{r}})/M_1 & k_2\bar{V}_{\mathrm{r}}/M_1 & 0 & 0 & 0 & 0 & 0\\
 & & \vdots & \vdots & \vdots & & & & \\
 & & \bar{L}_{\mathrm{r}}/M_i & -(\bar{L}_{\mathrm{r}}+k_i\bar{V}_{\mathrm{r}})/M_i & k_{i+1}\bar{V}_{\mathrm{r}}/M_i & 0 & 0 & 0 & 0\\
 & & & \vdots & \vdots & \vdots & & & \\
 & & & \bar{L}_{\mathrm{r}}/M_m & -(\bar{L}_{\mathrm{s}}+k_m\bar{V}_{\mathrm{r}})/M_m & k_{m+1}\bar{V}_{\mathrm{s}}/M_m & & & \\
 & & & & \vdots & \vdots & \vdots & & \\
 & & & & \bar{L}_{\mathrm{s}}/M_j & -(\bar{L}_{\mathrm{s}}+k_j\bar{V}_{\mathrm{s}})/M_j & k_{j+1}\bar{V}_{\mathrm{s}}/M_j & & \\
 & & & & & \vdots & \vdots & & \\
 & & & & & \bar{L}_{\mathrm{s}}/M_{n-1} & -(\bar{L}_{\mathrm{s}}+k_{n-1}\bar{V}_{\mathrm{s}})/M_{n-1} & k_n\bar{V}_{\mathrm{s}}/M_{n-1} & \\
 & & & & & & \bar{L}_{\mathrm{s}}/M_{\mathrm{B}} & -(\bar{L}_{\mathrm{s}}+k_n\bar{V}_{\mathrm{s}}-\bar{V}_{\mathrm{s}})/M_{\mathrm{B}} & a_{\mathrm{B}}\\
0 & 0 & 0 & 0 & 0 & 0 & 0 & 0 & 0
\end{bmatrix}
$$

$$
\boldsymbol{B}=\begin{bmatrix}
-1/A_{\mathrm{D}} & -1/A_{\mathrm{D}} & -1/A_{\mathrm{D}} & 0\\
0 & 0 & (\bar{y}_1-\bar{x}_{\mathrm{D}})/\overline{M}_{\mathrm{D}} & 0\\
(\bar{x}_{\mathrm{D}}-\bar{x}_1)/M_1 & 0 & (\bar{y}_2-\bar{y}_1)/M_1 & 0\\
\vdots & \vdots & \vdots & \vdots\\
(\bar{x}_{i-1}-\bar{x}_j)/M_i & 0 & (\bar{y}_{i+1}-\bar{y}_i)/M_i & 0\\
\vdots & \vdots & \vdots & \vdots\\
(\bar{x}_{m-1}-\bar{x}_m)/M_m & 0 & (\bar{y}_{m+1}-\bar{y}_m)/M_m & 0\\
\vdots & \vdots & \vdots & \vdots\\
(\bar{x}_{j-1}-\bar{x}_j)/M_j & 0 & (\bar{y}_{j+1}-\bar{y}_j)/M_j & 0\\
\vdots & \vdots & \vdots & \vdots\\
(\bar{x}_{n-2}-\bar{x}_{n-1})/M_{n-1} & 0 & (\bar{y}_n-\bar{y}_{n-1})/M_{n-1} & 0\\
(\bar{x}_{n-1}-\bar{x}_{\mathrm{B}})/\overline{M}_{\mathrm{B}} & 0 & -(\bar{y}_n-\bar{y}_{\mathrm{B}})/\overline{M}_{\mathrm{B}} & 0\\
1/A_{\mathrm{B}} & 0 & -1/A_{\mathrm{B}} & -1/A_{\mathrm{B}}
\end{bmatrix}
$$

$$
\boldsymbol{C}=\begin{bmatrix}
(1-\bar{q})/A_{\mathrm{D}} & 0 & -\overline{F}/A_{\mathrm{D}}\\
(1-\bar{q})(\bar{y}_1-\bar{x}_{\mathrm{D}})/\overline{M}_{\mathrm{D}} & 0 & -\overline{F}(\bar{y}_1-\bar{x}_{\mathrm{D}})/M_{\mathrm{D}}\\
(1-\bar{q})(\bar{y}_2-\bar{y}_1)/M_1 & 0 & -\overline{F}(\bar{y}_2-\bar{y}_1)/M_1\\
\vdots & \vdots & \vdots\\
(1-\bar{q})(\bar{y}_{i+1}-\bar{y}_i)/M_i & 0 & -\overline{F}(\bar{y}_{i+1}-\bar{y}_i)/M_i\\
\vdots & \vdots & \vdots\\
-[\bar{q}\,\bar{x}_m-\overline{Z}+(1-\bar{q})\,\bar{y}_m]/M_m & \overline{F}/M_m & \overline{F}(\bar{y}_m-\bar{x}_m)/M_m\\
\vdots & \vdots & \vdots\\
\bar{q}(\bar{x}_{j-1}-\bar{x}_j)/M_j & 0 & \overline{F}(\bar{x}_{j-1}-\bar{x}_j)/M_j\\
\vdots & \vdots & \vdots\\
\bar{q}(\bar{x}_{n-2}-\bar{x}_{n-1})/M_{n-1} & 0 & \overline{F}(\bar{x}_{n-2}-\bar{x}_{n-1})/M_{n-1}\\
\bar{q}(\bar{x}_{n-1}-\bar{x}_{\mathrm{B}})/\overline{M}_{\mathrm{B}} & 0 & \overline{F}(\bar{x}_{n-1}-\bar{x}_{\mathrm{B}})/\overline{M}_{\mathrm{B}}\\
\bar{q}/A_{\mathrm{D}} & 0 & \overline{F}/A_{\mathrm{D}}
\end{bmatrix}
$$

在式(16-35)中，将 L、D、V 和 B 作为操作变量，F、Z 和 q 作为扰动变量，而把 $\boldsymbol{x}$ 作为状态变量，输出变量可以从状态变量中选择或导出作为要控制的被控变量。精馏段与提馏段的质量指标、回流罐与塔釜的液位往往是要控制的目标。

由于简化假定中假设两个组分的摩尔汽化潜热近似相等，所以仅仅考虑了物料平衡关系。若两个组分的摩尔汽化潜热不能够假设为近似相等，则需要考虑能量平衡关系。此时，精馏塔系统更加复杂。下面将简单讲述多元物系精馏塔的模型建立问题，将引入能量平衡关系式。

16.3.2 多元精馏塔的动态特性

为建立多元系板式精馏塔的运动方程，作如下假定：

(1) 塔板为理想板，即离开塔板的汽、液两相处于平衡状态；

(2) 塔板上气相滞留量与液相相比可忽略，不考虑塔气相的动态过程；

(3) 塔板上气、液两相是完全混合的；

(4) 塔内操作压力恒定；

(5) 塔体保温良好，热损失可忽略不计，塔壁和塔板的热容亦忽略不计。

设该塔有 n 个理想板，c 个组分，对每个理想板均可列出一组动态方程式，现以第 j 板为例(参见图 16.11)，将有关衡算式及补充方程式分别予以列写。

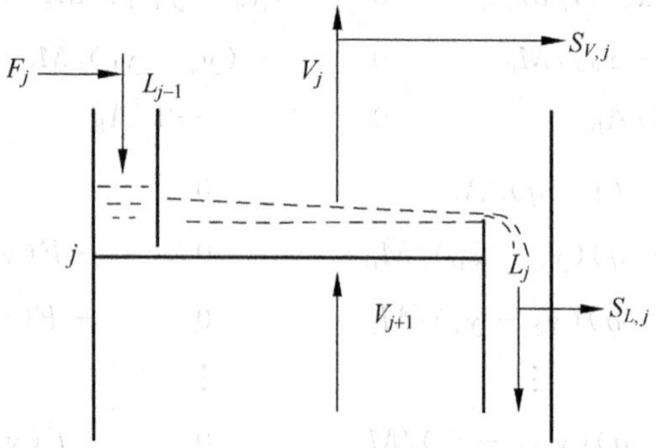

图 16.11　第 j 块精馏塔板

j 板液相物料衡算

$$\frac{\mathrm{d}M_j}{\mathrm{d}t} = L_{j-1} + V_{j+1} + F_j - L_j - V_j - S_{V,j} - S_{L,j} \tag{16-36}$$

j 板液相组分衡算

$$\frac{\mathrm{d}(M_j x_{i,j})}{\mathrm{d}t} = L_{j-1} x_{i,j-1} + V_{j+1} y_{i,j+1} + F_j z_{i,j} - (L_j + S_{L,j}) x_{i,j} - (V_j + S_{V,j}) y_{i,j}, \quad i = 1,2,\cdots,c-1 \tag{16-37}$$

j 板热衡算

$$\frac{\mathrm{d}(M_j h_j)}{\mathrm{d}t} = L_{j-1} h_{j-1} + V_{j+1} H_{j+1} + F_j h_{F,j} - (L_j h_j + S_{L,j}) h_j - (V_j + S_{V,j}) H_j \tag{16-38}$$

j 板气液平衡关系

$$y_{i,j} = K_{i,j} x_{i,j}, \quad i = 1,2,\cdots,c \tag{16-39}$$

j 板泡点方程

$$\sum_{i=1}^{m} y_{i,j} = 1 \tag{16-40}$$

j 板溢流关系式

$$M_j = A_T \rho_j (h_W + C_W L^{\frac{2}{3}}) \tag{16-41}$$

对于相平衡常数及热焓，可用多项式表述

$$K_{i,j} = a_{i,j} + b_{i,j} T_j + C_{i,j} T_j^2 + d_{i,j} T_j^3 \tag{16-42}$$

$$h_j = A_0 + A_1 T_j + A_2 T_j^2 + A_3 T_j^3 \tag{16-43}$$

$$H_j = B_0 + B_1 T_j + B_2 T_j^2 + B_3 T_j^3 \tag{16-44}$$

$$h_{F,j} = A_{F,0} + A_{F,1} T_{F,j} + A_{F,2} T_{F,j}^2 + A_{F,3} T_{F,j}^3 \tag{16-45}$$

以上各式中，M 为塔板上液相滞留量(以摩尔计)；L 为液相摩尔流量；V 为气相摩尔流量；F 为进料摩尔流量；S_V 为气相侧线出料摩尔流量；S_L 为液相侧线出料摩尔流量；x 为液相摩尔流分率；y 为气相摩尔流分率；z 为进料摩尔流分率；h 为液相热焓；H 为气相热焓；h_F 为进料热焓；A_T 为塔板截面积(扣除降液管所占部分)；ρ 为液相密度；h_W 为溢流堰高；C_W 为常数；T_j 为 j 板温度；$T_{F,j}$ 为 j 板进料温度；i 为组分序，总数为 c；j 为塔板序(自上而下)，总数为 n。

对于具体的多元分馏塔，可以给出完整模型描述。也可以同 16.3.1 小节中二元精馏塔一样进行线性化，并写成标准的状态空间描述形式。在近几十年里，人们建立的精馏塔的动态数学模型都是以“平衡级”假设为基础的，其主要假设为：

(1) 离开塔板的气相与液相处于相平衡状态；

(2) 离开塔板的气相与液相处于热平衡状态(有相同温度)；

(3) 塔内的压力恒定，处于机械平衡状态。

而在实际塔中，每层塔板的气、液两相是不能达到真正的相平衡和热平衡的，一般都采用板效率加以修正。在二元混合物的分离中，“平衡-效率”法应用效果良好。但是，在多元混合物的分离中，板效率不是恒定的，相平衡的假设也是不成立的，而且，塔板上的气相和液相各有各的温度，热平衡的假设也是不成立的。

1985 年 Krishnamurthy and Talor 提出的非平衡级模型[4]完全抛弃了平衡级模型中“相平衡”和“热平衡”的假设，使用完整的传热传质理论，更准确地预测了塔板上浓度和温度的分布，形成了非平衡级模型建立方法，限于篇幅，在此不再介绍。

16.3.3 操作条件变化对分馏效果的影响

通过以上模型建立分析，可以了解到影响精馏过程的主要因素，概括如下：

(1) 进料量；

(2) 进料浓度；

(3) 进料温度和进料状态(可以用液化率 q 来度量)；

(4) 再沸器的加热量；

(5) 冷凝器的冷却量(在上述模型建立过程作了冷凝器为全冷器的简化假设，冷凝液体不过冷，处于泡点状态，是假定了冷却量不变化，实际中冷却量的变化是一个主要的扰动因素之一，会影响到回流物料的温度，从而影响全塔操作)；

(6) 回流量；

(7) 塔顶采出量；

(8) 塔底采出量；

(9) 塔压的影响(在上述模型建立过程中作了塔压恒定的简化假设,实际中塔压的变化也是一个主要的扰动因素之一,会影响到全塔操作,所以塔压控制是一个精馏过程的重要控制回路)。

上述各种干扰中,有些是可控制的,有些是不可控制的。一般情况下,进料量是不可控制的,例如,分离裂解气的乙烯塔,它的进料量受到前一工序的影响。当然,有些情况下进料流量也可以控制,例如,炼油厂中初馏塔的原油流量可以进行定值控制。

进料浓度的变动是无法控制的,它是由上一工序所决定,但一般说来变化是缓慢的。

进料温度和进料状态的变化,对塔的操作影响较大。为了维持塔操作的能量平衡和稳定运行,在单相进料时,可以采用进料温度控制,以便克服这种扰动。在两相进料时,则可设法控制热焓恒定(即 q 值一定)以克服扰动。

对于冷凝器的冷却量和再沸器的加热量,一般都用定值控制系统来加以稳定。当采用空气冷却器时,大气条件可严重影响塔的稳定运行,为了克服环境温度对塔操作的影响,可以采用内回流控制方案,详见后述。

总之,从前面对塔的静态特性和内部平衡关系的分析,不难看到,为了克服塔的主要扰动,可采用以下参数作为控制手段,即操作变量:

(1) 塔顶采出量；

(2) 塔底采出量；

(3) 回流量；

(4) 再沸器加热量；

(5) 冷凝器冷却量。

上述(1)(2)是通过影响全塔的物料平衡和塔的内部平衡,从而起到控制作用。后三个量直接改变塔的能量平衡关系和改变塔内汽液比,从而起到控制产品质量的作用。一般(5)采用独立的控制回路进行控制,保证回流温度恒定。根据不同的控制方案,上述(1)～(4)作为操作变量和由塔顶与塔底两端质量指标、回流罐与塔釜液位作为被控制变量来组成控制回路实现精馏塔的全塔控制。

16.3.4 动态特性和动态影响分析

本节仅从定性的角度从几个侧面分析塔的动态影响。

1. 上升蒸汽和回流的影响

在精馏塔内,上升蒸汽流量变化的响应是相当快的。由于上升蒸汽只需克服塔板上极薄覆盖的液相阻力，而塔内气相蓄存量的变化在塔压控制一定时可忽略不计，因此上升蒸汽量的变化几秒钟内就可影响到塔顶。

然而，从塔板下流的液相却有相当大的迟延。这是因为回流量增加时，首先要使积存在塔板上的液相蓄存量增加，然后在这增加的液体静压头的作用下，才使离开塔板的液相速度增加，因此对回流量变化的响应存在着迟延。

由此可见，除顶部塔板外，要使塔的任何一点的汽液比发生变化，用再沸器的加热量作为操作手段比用回流量的响应要快。

2. 组分滞后的影响

无论是改变再沸器加热量引起上升蒸汽变化还是由于回流的变化，均是通过对每块塔板上组分之间的平衡施加影响，最终才引起顶部产品或底部产品组分浓度的变化。由于组分要达到静态平衡需要较长时间，因此尽管上升蒸汽量变化可以很快影响到塔顶组分浓度，但要使塔顶组分浓度变化并达到一个新的平衡仍需花费相当长的时间。回流变化情况也是类似的，只是花费的时间更多。这就是说，塔板上的组分平衡要等到影响组分的液相或气相流量稳定相当时间后才能建立。

组分滞后随着塔板上液相蓄存量的增加而增加，因而随塔板数的增加而增加，也随回流比的增加而增加，因为回流比的增加，意味着塔板上蓄液量的增加。由于再沸器加热量的增加引起上升蒸汽量增加，将会改善汽、液接触，从而使组分迟延减少。

3. 回流罐蓄液量和塔釜蓄液量引起的滞后影响

由式(16-9)可知，回流量 L 总是等于塔顶气相流量 V_r 和塔顶采出量 D 之差。因此，恒定 V_r 时，控制 D 实质上就是改变了回流量 L。

然而，回流罐有一定的蓄液量，从 D 的变化到 L 的变化会产生滞后。液位变化引起蓄液量变化也会严重影响 L 和 D 之间的关系。为此要使 V_r、L 和 D 的关系式成立，回流罐液位必须严格保持一定，这样在采用改变 D(或 D/F)来控制塔顶产品质量的方案中，才能在 V_r 不变时使回流量 L 及时跟踪采出量 D 的变化，否则将引起迟延，影响控制品质。

塔釜也有与回流罐类似的蓄液量引起的迟延影响，塔釜液位变化引起蓄液量变化，从而引起 V 和 B 的变化。要使 L_s、V 和 B 间的关系式(16-12)成立，塔釜液位必须严格保持一定。这样在采用改变 B 来控制塔底产品质量的方案中，才能在 L_s 不变时使再沸器加热量所引起的上升蒸汽量 V 及时跟踪塔底采出量 B 的变化。否则将引起迟延，影响控制品质。由于塔底截面积通常要比回流罐的截面积小得多，从而由塔釜蓄液量引起的迟延要比回流罐所引起的迟延小。

由式(16-35)可以看出，当 L 变化时，对于上下浓度差$(\bar{x}_{i-1}-\bar{x}_i)$较大的塔板，影响大且响应快；当 V 变化时，对于上下浓度差$(\bar{y}_{j+1}-\bar{y}_j)$较大的塔板，影响大且响应快。总之，凡是上下浓度差越大的塔板，对应的温度曲线上温度变化速度也越快，响应也越快，该塔板即为灵敏板，这就是设计控制方案时采用灵敏板作为被控变量的依据。

总之，在设计或选择精馏塔控制方案时，应当考虑上述动态影响的因素。

16.4 精馏塔质量指标的选取

精馏塔最直接的质量指标是产品纯度。过去由于检测上的困难，难以直接按产品纯度进行控制。现在随着分析仪表的发展，特别是工业色谱仪的在线应用，已逐渐出现直接按产品纯度来控制的方案。然而，这种方案目前仍受到两方面条件的制约，一是测量过程迟延很大，反应缓慢，二是分析仪表的可靠性较差，因此，它们的应用仍然是很有限的。

最常用的间接质量指标是温度。因为对于一个二元组分精馏塔来说，在一定压力下，温度与产品纯度之间存在着单值的函数关系。因此，如果压力恒定，则塔板温度就间接反映了浓度。对于多元精馏塔来说，虽然情况比较复杂，但仍然可以看作在压力恒定条件下，塔板温度改变能间接反映浓度的变化。

采用温度作为被控的质量指标时，选择塔内哪一点的温度或几点温度作为质量指标，这是颇为关键的事。常用的有如下几种方案。

16.4.1 灵敏板的温度控制

一般认为塔顶或塔底的温度似乎最能代表塔顶或塔底的产品质量。其实，当分离的产品较纯时，在邻近塔顶或塔底的各板之间，温度差已经很小，这时，塔顶或塔底温度变化 0.5℃，可能已超出产品质量的容许范围。因而，对温度检测仪表的灵敏度和控制精度都提出了很高的要求，但实际上却很难满足。解决这一问题的方法是在塔顶或塔底与进料板之间选择灵敏板的温度作为间接质量指标。

当塔的操作经受扰动或承受控制作用时，塔内各板的浓度都将发生变化，各塔板的温度也将同时变化，但变化程度各不相同，当达到新的稳态后，温度变化最大的那块塔板即称为灵敏板。

灵敏板位置可以通过逐板计算或静态模型仿真计算，依据不同操作工况下各塔板温度分布曲线比较得出。但是，塔板效率不易估准，所以最后还需根据实际情况，予以确定。

16.4.2 温差控制

在精密精馏时，产品纯度要求很高，而且塔顶、塔底产品的沸点差又不大时，可采用温差控制。

采用温差作为衡量质量指标的参数，是为了消除压力波动对产品质量的影响。因为，在精馏塔控制系统中虽设置了压力定值控制，但压力也总会有些微小波动而引起浓度变化，这对一般产品纯度要求不太高的精馏塔是可以忽略不计的。但如果是精密精馏，产品纯度要求很高，微小的压力波动足以影响质量，就不能再忽略了。也就是说，精密精馏时若用温度作质量指标就不能很好地代表产品的质量，温度的变化可能是产品纯度和压力双方都变化的结果，为此应该考虑补偿或消除压力微小波动的影响。

在选择温差信号时，如果塔顶采出量为主要产品，宜将一个检测点放在塔顶(或稍下一些)，即温度变化较小的位置；另一个检测点放在灵敏板附近，即浓度和温度变化较大的位置，然后取上述两测点的温度差 ΔT 作为被控变量。这里，塔顶温度实际上起参比作用，压力变化对两点温度都有相同影响，相减之后其压力波动的影响几乎相抵消。

在石油化工和炼油生产中，温差控制已应用于苯-甲苯、甲苯-二甲苯、乙烯-乙烷和丙烯-丙烷等精密精馏塔。要应用得好，关键在于选点正确，温差设定值合理(不能过大)以及工况稳定。

16.4.3 双温差控制

当精密精馏塔的塔板数、回流比、进料组分和进料塔板位置确定之后，那么该塔的运行特性将是图 16.12 所示的曲线，塔顶和塔底组分之间的关系就被固定下来[5]。

从图 16.12 可以看出，如果塔底轻关键组分越多，则塔顶纯度就越高，反之亦然。然而，固定一端产品的纯度，另一端产品的纯度也就固定。图中的“O”、“X”、“Y”是不同的操作点。对于给定的操作条件，精馏塔两端的产品都达到较好的分离，显然“X”是期望的操作点。

与运行特性曲线相对应的塔板温度分布曲线如图 16.13 所示。运行特性曲线上的点“X”对应温度分布图上 X 线。从 X 曲线可以看出，由塔顶向下，塔板间的温度变化较小，曲线急剧下降，到接近进料塔板时，温度变化速度增加，直至接近塔底时，温度变化速度又减慢。然而，曲线 O 所代表的操作点“O”的情况就不同，由于塔顶含有较多的重组分，使全塔温度偏高，而精馏段的温度增大更为明显，其中又有一块塔板温度增加最快，称此块塔板为精馏段的灵敏板，而从进料板以下的温度变化较小，并趋近于塔底温度，因此它比 X 线操作可得到更纯的塔底产品。曲线 Y 与曲线 O 的情况正好相反，灵敏板在提馏段，它可得到更纯的塔顶产品。

以上表明，如果塔顶重组分增加，会引起精馏段灵敏板温度较大变化；反之，如果塔底轻组分增加，则会引起提馏段灵敏板温度较大的变化。相对地，在靠近塔底或塔顶处的温度变化较小。将温度变化最小的塔板相应地分别称为精馏段参照板和提馏段参照板。如果能分别将塔顶、塔底两个参照板与两个灵敏板之间的温度梯度控制稳定，就能达到质量控制的目的，这就是双温差控制方法的基础。

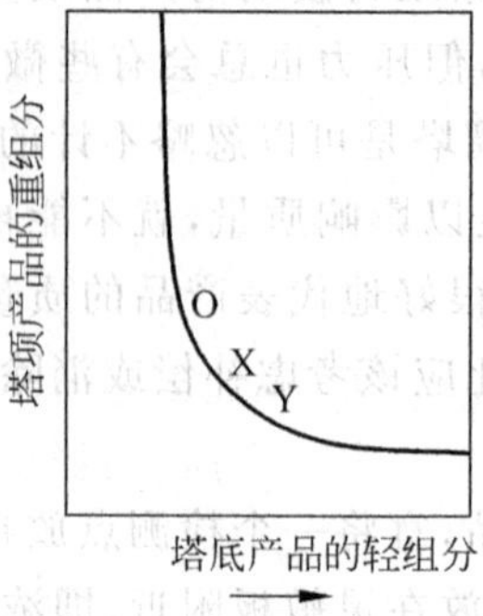

图 16.12 精馏塔操作曲线

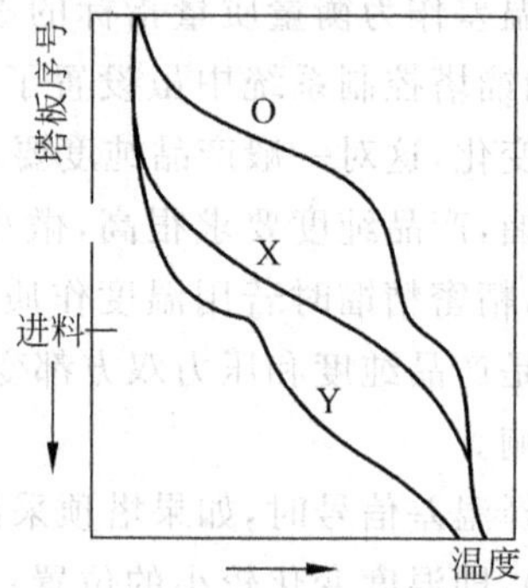

图 16.13 精馏塔温度分布曲线图

双温差控制方案如图 16.14 所示，设 T_{11}、T_{12} 分别为精馏段参照板和灵敏板的温度；T_{21}、T_{22} 分别为提馏段灵敏板和参照板的温度，构成精馏段的温差 $\Delta T_1 = T_{12} - T_{11}$；提馏段的温差 $\Delta T_2 = T_{22} - T_{21}$，将这两个温差的差值 $\Delta T_d = \Delta T_1 - \Delta T_2$ 作为控制指标。从实际应用情况来看，只要合理选择灵敏板和参照板位置，可使塔两端达到最大分离度。

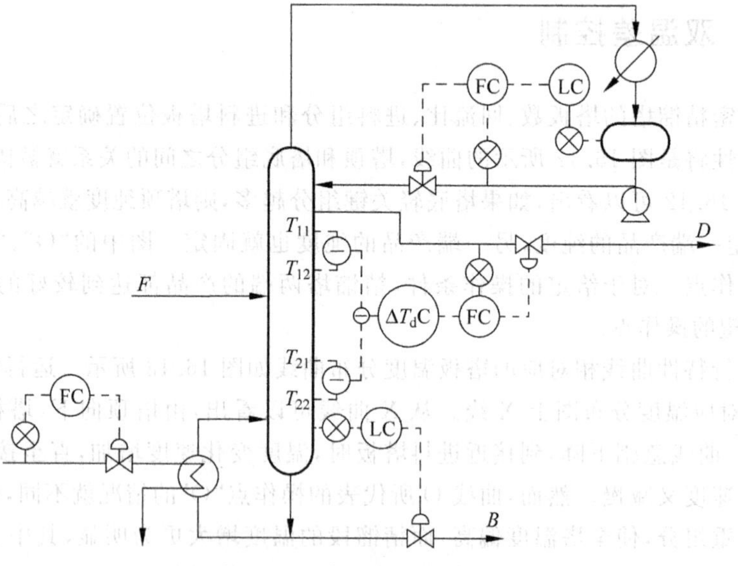

图 16.14 双温差控制

16.5 精馏塔的基本控制方案

精馏塔的控制目标是使塔顶和塔底的产品满足规定的质量要求。为使问题简化，这里仅讨论塔顶和塔底产品均为液相时的基本控制方式。

对于有两个液相产品的精馏塔来说，质量指标控制可以有两种情况：一种是严格控制一端产品的质量，另一端产品质量控制在一定的范围内。再一种方法是两端产品的质量均需严格控制。常见的控制方案主要有以下几种。

16.5.1 按精馏段指标控制

当塔顶采出液为主要产品时，往往按精馏段指标进行控制。

这时，取精馏段某点浓度或温度作为被控变量，而以回流量 L、塔顶采出量 D 或再沸器上升蒸汽量 V 作为控制变量。可以组成单回路控制方式，也可以组成串级控制方式。后一种方式虽较复杂，但可迅速有效地克服进入副环的扰动，并可降低对调节阀特性的要求，在需作精密控制时采用。

按精馏段指标控制，对塔顶产品的纯度 y 有所保证，当扰动不很大时，塔底产品纯度 x 的变动也不大，可由静态特性分析来确定出它的变化范围。采用这种控制方案时，在 L、D、V 和 B 四者之中，选择一个作为控制产品质量的手段，选择另一个保持流量恒定，其余两个变量则按回流罐和再沸器的物料平衡关系由液位控制器加以控制。

常用的控制方案可分两类。

(1) 依据精馏段指标控制回流量 L，保持再沸器加热量 V 为定值。

这种控制方案(如图 16.15 所示)的优点是控制作用迟延小，反应迅速，所以对克服进入精馏段的扰动和保证塔顶产品是有利的，这是精馏塔控制中最常用的方案。可是在该方案中，L 受温度控制器控制，回流量的波动对于精馏塔平稳操作是不利的。所以在控制器参数整定时，采用比例加积分的控制规律即可，不必加微分。此外，再沸器加热量维持一定而且应足够大，以便塔在最大负荷时仍能保证产品的质量指标。

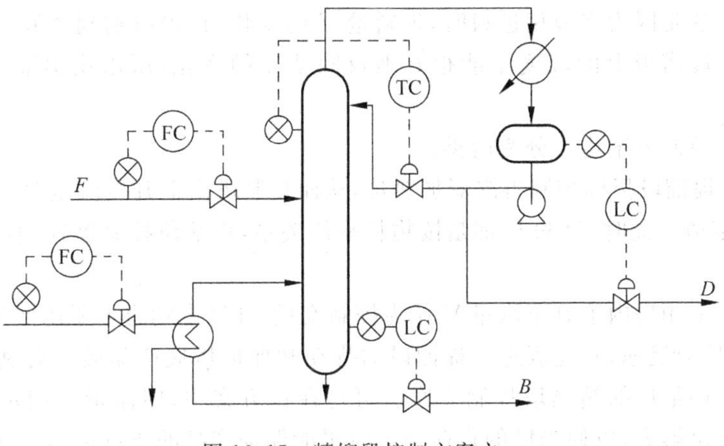

图 16.15 精馏段控制方案之一

(2) 依据精馏段指标控制塔顶采出量 D，保持再沸器加热量 V 为定值。

该控制方案(如图 16.16 所示)的优点是有利于精馏塔的平稳运行，对于回流比较大的情况下，控制 D 要比控制 L 灵敏。此外还有一个优点，当塔顶产品质量不合格时,如采用有积分动作的控制器,则塔顶采出量 D 会自动暂时中断,进行全回流,这样可保证得到的产品是合格的。

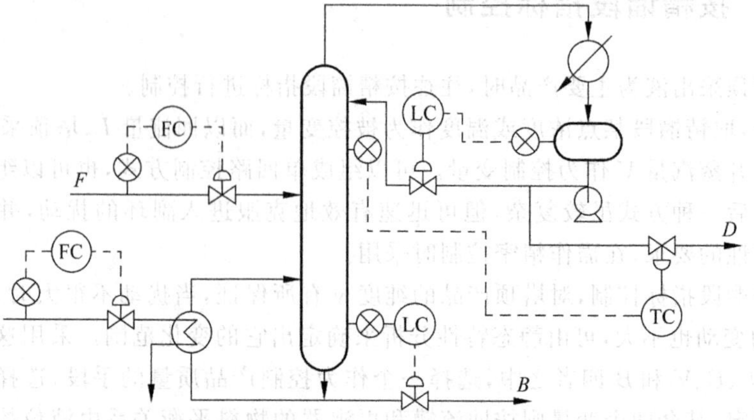

图 16.16 精馏段控制方案之二

然而该方案温度控制回路迟延较大,反应较慢,从采出量 D 的改变到温度变化,要间接地通过回流罐液位控制回路来实现,特别是回流罐容积较大时,反应更慢,给控制带来了困难。此外,同样要求再沸器加热量需足够大,以保证在最大负荷时的产品质量。

16.5.2 按提馏段指标控制

当塔釜液为主要产品时,常常按提馏段指标控制。如果是液相进料,也常采用这类方案。这是因为在液相进料时,进料量 F 的变化,首先影响到塔底产品浓度 x,塔顶或精馏段塔板上的温度不能很好地反映浓度的变化,所以用提馏段控制比较及时。

常用的控制方案也可分为两类。

(1) 按提馏段指标控制再沸器加热量,从而控制塔内上升蒸汽量 V,同时保持回流量 L 为定值。此时,D 和 B 都是按物料平衡关系,由液位控制器控制,如图 16.17 所示。

该方案采用塔内上升蒸汽量 V 作为控制变量,在动态响应上要比回流量 L 控制的迟延小,反应迅速,对克服进入提馏段的扰动和保证塔底产品质量有利,所以该方案是目前应用最广的精馏塔控制方案。可是在该方案中,回流量采用定值控制,而且回流量应足够大,以便当塔的负荷最大时仍能保证产品的质量指标。

(2) 按提馏段指标控制塔底采出量 B,同时保持回流量 L 为定值。此时,D 是按回流罐的液位来控制,再沸器蒸汽量由塔釜液位来控制,如图 16.18 所示。

该控制方案正像前面所述的,按精馏段温度来控制 D 的方案那样,有其独特的优点和一定的弱点。优点是当塔底采出量 B 较少时,运行比较平衡;当采出量 B 不

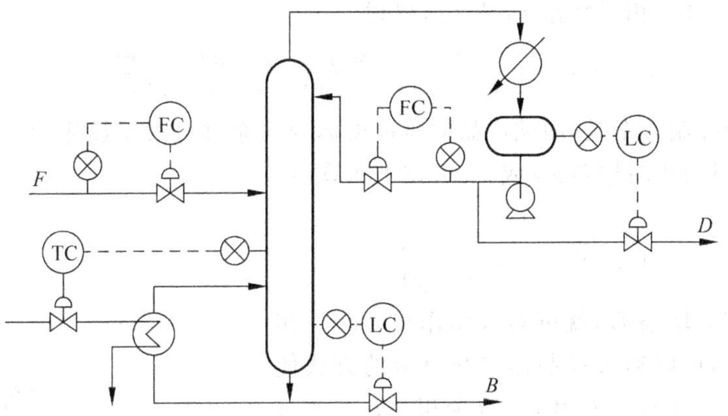

图 16.17　提馏段控制方案之一

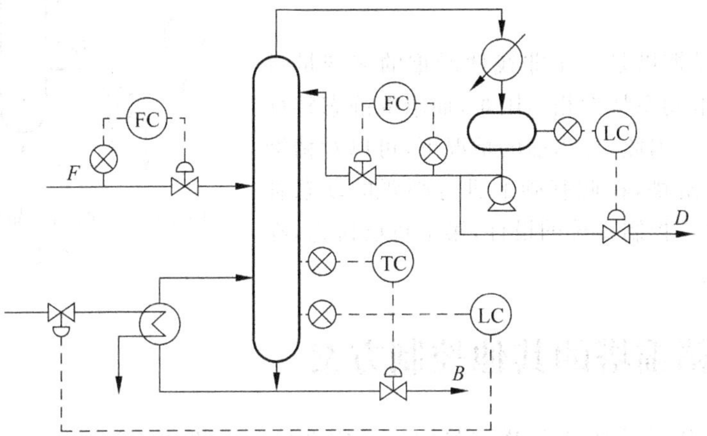

图 16.18　提馏段控制方案之二

符合质量要求时，会自行暂停出料。缺点是迟延较大且液位控制回路存在反向特性。此外，同样要求回流量应足够大，以保证在最大负荷时的产品质量。

16.5.3　按塔顶塔底两端质量指标控制

当塔顶和塔底产品均需达到规定的质量指标时，就需要设置塔顶和塔底两端产品的质量控制系统。

图 16.19 是一种塔顶和塔底产品质量都需要控制的产品质量控制方案。它们均以温度作为间接质量指标，以塔顶的回流量控制塔顶温度；以塔底的再沸器加热量控制塔底温度。然而，由精馏操作的内在机理可知，当改变回流量时，不仅影响塔顶温度的变化，同时也引起塔底温度的变化。同样，控制塔底再沸器加热量时，也将影响到塔顶温度的变化。所以塔顶和塔底两个控制系统之间存在着严重的关联。

对于上述二元精馏塔的两个质量控制回路之间的关联程度分析，可根据式(16-4)

和式(16-20)计算相对增益 λ_{yL} 或 λ_{xv}，得到

$$\lambda_{yL}=\lambda_{xV}=\frac{(z-x)y(1-y)+\beta(y-x)^2}{(z-x)y(1-y)+(y-z)x(1-x)} \tag{16-46}$$

另一种控制方案是，两端产品的质量指标分别通过再沸器加热量和塔顶采出量来控制，此时的相对增益 λ_{yD} 或 λ_{xV} 可按下式算出

$$\lambda_{yD}=\lambda_{xV}=\frac{1}{1+\dfrac{(y-z)x(1-x)}{(z-x)y(1-y)}} \tag{16-47}$$

求出相对增益后，就可对方案作出抉择。相关不严重时，可以通过控制器参数整定的方法使相关回路的工作频率拉开，以减少相关；或通过被控变量与控制变量间的正确匹配以减少相关。对于相对增益远大于 1 的回路则必须采用解耦控制系统。

然而，精馏塔是一个非线性严重的多变量过程，准确求取动态特性相当困难，而求取静态特性则比较容易。因此，在当前的情况下，可以对精馏塔实施静态解耦，在此基础上进行必要的动态补偿。关于解耦控制系统的设计，第 7 章已讨论，在此不再重复。

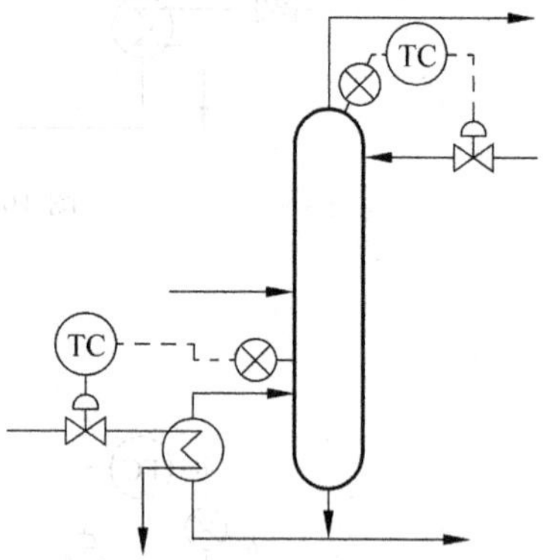

图 16.19　两端产品质量控制方案之一

16.6　精馏塔的其他控制方案

由前面分析可知，精馏塔的稳定运行完全取决于塔内汽液比，因此保持塔内汽相流量和内回流量与进料流量之比恒定，就可以达到稳定操作的目的。精馏塔的内回流控制和进料热焓控制就是为实现这一目的而设置的。

16.6.1　内回流控制

通常，外部回流温度与塔顶部塔板温度相等，这时外回流就等于内回流，可以用外回流定值控制的方法，保持内回流恒定。然而，在实际操作中，通常外回流温度低于顶部塔板温度。例如在采用风冷式冷却器冷凝塔顶蒸汽时，环境温度的变化会明显地影响到回流液的温度。于是外回流虽然流量不变，但温度的变化却会引起内回流的波动，从而破坏了塔的平稳运行。因此，在这种情况下，最好是直接进行内回流定值控制。然而在实际生产中，内回流是无法直接测量的。为了实现内回流定值控制，必须设法计算或估计出内回流。下面给出一种简单的计算方法。

外回流是塔顶气相出塔经冷却器冷凝后，从塔外送回顶部塔板上的液体。因此当外回流的温度低于顶部塔板温度时，在顶部塔板上，除了正常的轻组分汽化和重

组分冷凝的传质过程外，还有一个把外回流加热到与顶部塔板温度相等的传热过程。加热外回流所需要的热量是由进入顶部塔板的蒸汽部分冷凝所放出的潜热提供的。于是内回流 L_r 就等于外回流 L 与这部分冷凝液流量 l 之和[6]，即

$$L_r = L + l \tag{16-48}$$

此外，从热量平衡关系可知，部分蒸汽冷凝所放出的潜热，等于外回流液由原来的温度升高到顶部塔板温度所需的热量，即

$$l\lambda = Lc(T_V - T_L) \tag{16-49}$$

式中，L 为外回流流量；L_r 为内回流流量；l 为部分冷凝液流量；λ 为冷凝液的汽化潜热；c 为外回流液的比热容；T_V 为塔顶蒸汽温度；T_L 为外回流液温度。令

$$\Delta T = T_V - T_L \tag{16-50}$$

将式(16-48)及式(16-49)代入式(16-50)就得到内回流计算公式

$$L_r = L\left(1 + \frac{c}{\lambda}\Delta T\right) \tag{16-51}$$

式(16-51)表明，当外回流温度 T_L 等于塔顶蒸汽温度 T_V 时，外回流与内回流相等；当 T_V 和 T_L 之差 ΔT 一定时，外回流与内回流成一定的比值关系。当 ΔT 变化时，为实现内回流定值控制，需要按式(16-51)进行实时计算，计算所需的数据只包括一些物性常数和易于测量的量。图 16.20 表示式(16-51)实现的内回流控制系统。

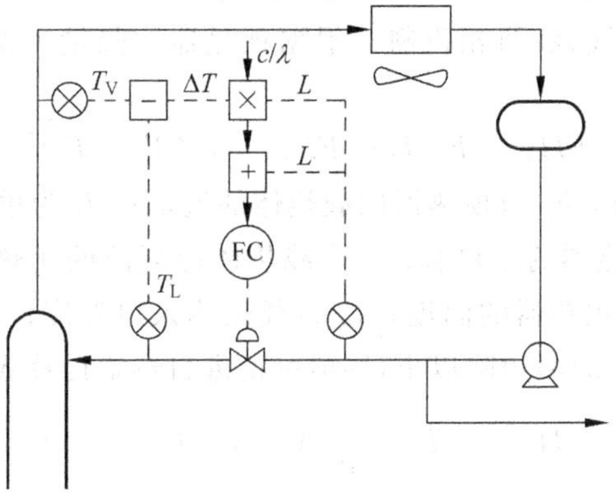

图 16.20　内回流控制系统

16.6.2　进料热焓控制

热焓是指单位质量的物料所储存的热量。热焓控制是保持物料热焓为定值或按一定规律而变化的操作。

对于气-液两相进料，需要采用热焓控制，这是因为具有气-液两相状态的进料，虽然料液的温度为定值，但它所具有的热量，可因汽液比不同而相差悬殊。

目前还缺乏直接测量热焓的仪表，但是热焓可以通过热量平衡关系间接得到，即预热器内载热体放出的热量等于进料所取得的热量，从而间接计算出进料的热焓。

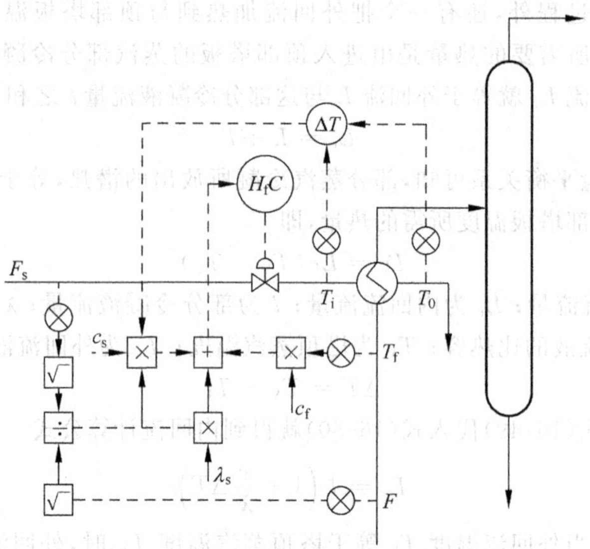

图 16.21 两相进料的热焓控制图

图 16.21 所示是进料热焓的控制方案，设载热体进入预热器之前为气相，通过预热器之后被完全冷凝成液相。而被加热物料(进料)在进入预热器之前为液相，但经预热器之后则已变成气、液两相进料。根据预热器的热量平衡关系计算进料热焓，计算公式如下

$$FH_f = Fc_fT_f + F_s[\lambda_s + c_s(T_i - T_o)] \tag{16-52}$$

式中，F 为进料的流量；F_s 为预热器内载热体的流量；H_f 为单位进料带入精馏塔的热焓；c_f 为进料入预热器的比热容；c_s 为载热体冷凝液的比热容；λ_s 为载热体的汽化潜热；T_f 为进料入预热器的温度；T_i 为载热体入口温度；T_o 为载热体出口冷凝液的温度。将式(16-52)两边除以 F，移项可得进料热焓计算式

$$H_f = c_fT_f + \frac{F_s}{F}[\lambda_s + c_s(T_i - T_o)] \tag{16-53}$$

式(16-53)中，c_f、c_s 和 λ_s 为物性数据，而 F、F_s、T_f、T_i 和 T_o 可以直接测量得到，因此按式(16-53)进行实时计算，如图 16.21 所示，即可对精馏塔的进料进行热焓定值控制。

16.6.3 精馏塔的节能控制

现在，世界各国均十分重视节约能源。尤其在工业生产过程中，节能已被普遍列为重点研究的课题。据统计，在典型的石油化工厂中，全厂能量约有 40%消耗在精馏过程上，因此精馏塔的节能控制更显得迫切和重要。长期以来，人们作了大量的研究工作，提出了一系列新型控制系统和控制方法，以期尽量节省和合理使用能量，提高经济效益。在本节中，主要举例介绍几种节能控制方法。

1. 产品质量指标的“卡边”控制

在一般精馏操作中，操作人员为了防止生产出不合格的产品，总是习惯于超高质量产品的操作。然而，提高分离度就意味着加大回流比，增加再沸器上升蒸汽量，这种操作方式既浪费了能量又降低了回收率。因此，为了保证产品质量合格，提高产品产量，降低能耗，应该将保守的“过度分离”操作转变为严格控制产品质量指标的“卡边”生产，这就需要降低回流比。

降低回流比是节能的有效途径，但降低回流比需十分慎重，因回流比对产品质量影响很大。图 16.22 表示某典型的脱异丁烷塔塔顶采出物中，杂质正丁烷含量与回流比的关系。质量指标规定产品中含正丁烷 4%，但实际操作总是过度分离，生产含 1.2%正丁烷的塔顶产品。这是由于产品中杂质含量与回流比之间的非线性关系。当回流比为 8∶1 时，回流比每减少半个单位，产品中杂质含量只增加 0.2%；而在回流比为理想值 4∶1 时，回流比每减少半个单位就会使产品杂质增加 1.8%。由此可见，降低回流比会大大增加操作难度。这时最好采用先进的控制系统，配以测量直接质量指标的在线工业分析仪，将产品组分浓度的信息去修正控制变量，可有效地降低回流比和过高的分离度，从而达到节约能量，提高产品产量的目的。

2. 采用前馈控制方案

在精馏塔的基本控制方案中，回流量或再沸器加热量的控制设置为定值控制系统，且设定值需足够大，使进料量波动最大时精馏塔的分离操作仍能保证产品质量的要求。这种控制方式必然造成能源的浪费。如果引入前馈控制就可以克服进料扰动的影响。前馈-反馈控制方案之一如图 16.23 所示。

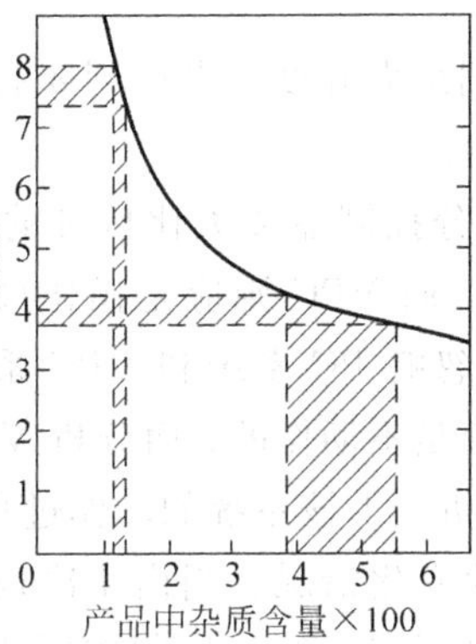

图 16.22　回流比对产品质量的影响

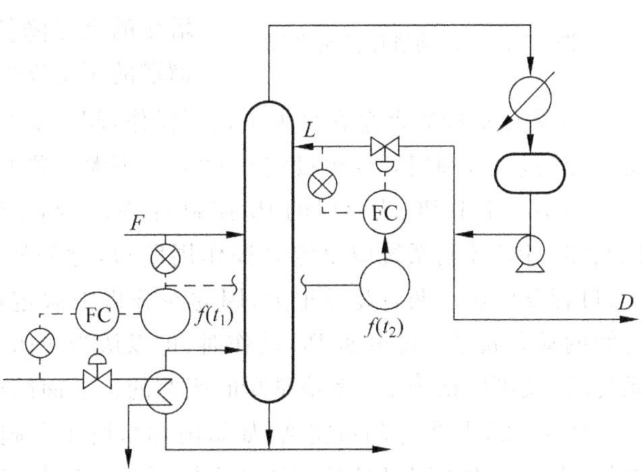

图 16.23　精馏塔的前馈-反馈控制方案

图中 $f(t_1)$、$f(t_2)$ 表示前馈补偿环节。前馈控制的静态数学模型，主要由式(16-4)和式(16-20)导出，从这两式可以看出，只要保证 D/F 和 V/F 的比值恒定，即可达到前馈补偿的控制作用。例如，当进料量增加时，只要按比例增加再沸器加热蒸汽和回流量便可基本维持塔顶或塔底的产品组分不变。为了提高前馈补偿的精度，可以引入动态补偿环节。一般均采用简单的超前滞后环节作为前馈的动态补偿环节。实践表明，前馈-反馈控制用于精馏塔，可以收到降低能耗的效果。

3. 浮动塔压控制方案

精馏塔一般都在恒定的塔压下操作。然而从节约能量或经济观点考虑，恒定塔压未必合理；尤其在冷凝器为风冷或水冷两种情况更是如此。由于相对挥发度一般都随塔压的降低而提高，而相对挥发度愈高，就愈容易分离。因此降低塔压可以大大减少分离混合物所需的能量。如果将恒定塔压控制改成浮动塔压控制，以使冷凝器总保持在最大负荷下操作，就可以收到显著的节能效果。显然塔压降低的最大限度决定于冷凝器的最大冷却能力。

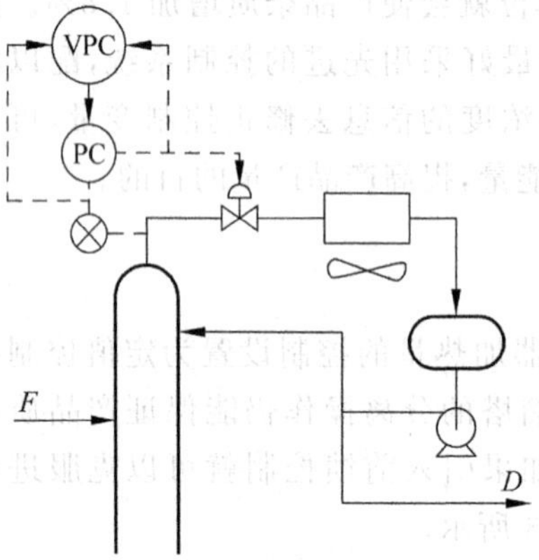

图 16.24 浮动塔压控制方案

图 16.24 所示是精馏塔浮动塔压控制方案[7]。该方案的主要特点是在原压力控制系统 PC 基础上，增加了一个具有纯积分作用的阀位控制器 VPC，它的功能是缓慢地调整压力控制器的设定值，从而在下述两个方面改善塔的操作。

① 不管冷凝器的冷剂情况如何变化（如遇暴雨、降温等），VPC 可以保护塔压免受其突然变化的影响。塔压只是缓慢变化，最后仍浮动到冷剂可能提供的最低压力点。这样就避免了塔压的突然降低所导致的塔内液泛，保证了精馏塔的正常操作。

② 为保证冷凝器总在最大负荷下操作，阀门应开启到最大开度。考虑到要有一定的控制余量，阀门开度可设定在 90%或更大一些的数值。

图 16.24 中 PC 为一般的 PI 控制器，VPC 则是纯积分控制器或大比例带的 PI 控制器。PC 控制系统应整定到操作周期短，过程反应快，而 VPC 则应是操作周期长，过程反应慢。两者相差很大，因此在分析中假定可以忽略 PC 系统和 VPC 系统之间的动态联系。即分析 PC 动作时，可以认为 VPC 系统是不动作的；而分析 VPC 系统时，又可以认为 PC 系统是瞬时跟踪的。下面简单分析一下该系统的动作过程。

图 16.25 是当冷却量突增（如暴雨）时，塔压和阀位的变化情况。当由于冷剂量增加，引起压力下降，PC 控制器动作把调节阀关小，其开度小于 90%，控制作用使压力迅速回升到原来设定值，这时过程受压力定值控制，过渡过程很快就能完成。然后，阀位控制器缓慢降低压力控制器的设定值，直到阀门开度等于 90%，塔压由 p_0 降到 p 的新稳态值，从而实现了浮动塔压操作。VPC 控制器的外部积分反馈是为防止当 PC 手动设定时，引起 VPC 积分饱和而设置的。

在昼夜24小时内温度变化引起塔压浮动的情况如图16.26所示。对于空冷式冷凝器，塔压浮动操作的优点特别明显，据报导环境温度每降低1℃，分离丙烷和异丁烷所需要的能量就能减少1.26%。由此带来可观的经济效益。

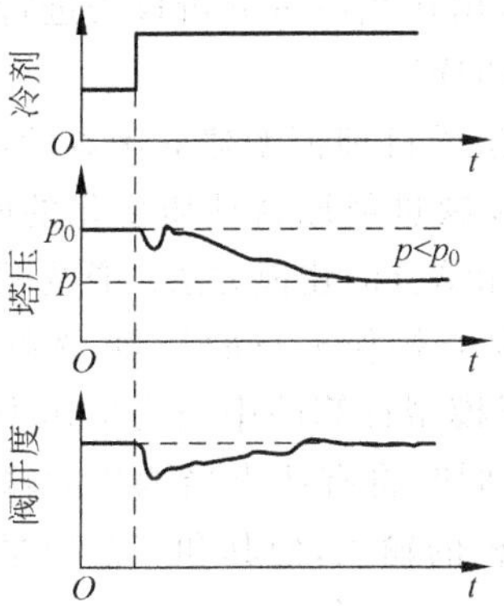

图16.25 冷剂突增时塔压以及阀门开度变化情况

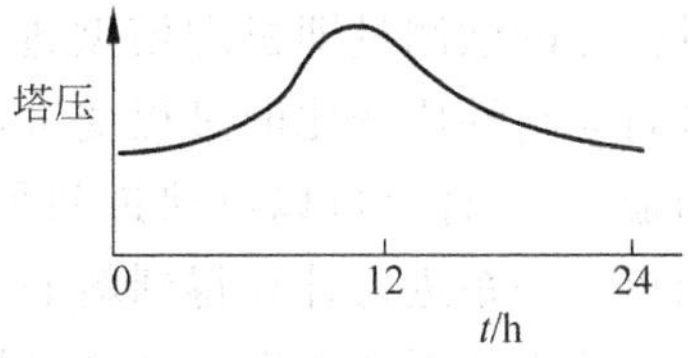

图16.26 一昼夜塔压浮动情况

以上讨论的节能控制方案，仅仅列举了几种基本控制手段。从更为深入、更为广泛的角度出发，应该从建立精馏塔的数学模型和优化运行参数入手，使精馏塔保持在最优工况下运行。甚至于可以通过整个塔系热、冷量的优化分配和使用，来达到更高级的节能目的。

16.6.4 基于软测量的产品质量直接闭环控制

化工生产过程中，分馏产品的质量控制一般是人工采样，实验室分析化验，数小时后反馈到生产单位，指导工艺操作。再者就是使用在线质量分析仪检测获得，但这类仪表因测量迟延，价格昂贵和维护量大等因素，很少直接用于闭环控制。20世纪80年代从质量变量和过程变量关系中获得质量模型，作为一种在线质量测量手段的软测量技术，在产品质量控制中得到成功的应用，成为提高产品收率、质量，降低能耗的有效方法。下面介绍我们研发的SMART(scalable multivariable advanced robust control technology)控制软件在某炼油厂原油蒸馏装置的常压塔产品质量指标的直接控制中的应用实例[8]。

由于原油蒸馏装置运行具有很强的耦合作用，应用常规控制难以达到较好的控制效果，特别是由于国内原油紧缺，目前国内炼油厂越来越多的加工进口原油，因而加工的原油品种繁杂，多变，使得原油蒸馏装置的控制更加困难，因而，采用软测量技术和以预测控制技术为核心的先进控制技术来提高装置的运行水平、改进控制效果及实现卡边优化是发展之必然。下面分别予以讨论。

1. 产品质量指标的软测量

在没有在线质量分析仪表的情况下，对作为被控变量的产品质量指标采用软测量仪表进行在线实时计算，再用实验室化验数据进行校正是实现产品质量指标直接闭环控制的关键。在已有在线质量分析仪表时（如倾点仪、黏度仪等），为减小在线质量分析仪表的测量迟延和避免在线质量分析仪表出现故障而使先进控制停运，故采用软测量仪表进行产品质量的在线实时计算，用在线质量分析仪表进行校正也是提高控制质量和提高先进控制投运率的一种好的选择。

考虑到基于严格机理分析模型的软测量方法受机理模型建立困难的制约，而统计方法的软测量模型则适用工作范围小、难以反映进料原料性质变化的问题，我们采用如图 16.27 所示基于机理和基于统计数据相结合的建模方法。首先建立产品质量指标的软测量即机理模型进行软测量，然后结合操作人员的经验，选择能够反映进料原料性质变化的过程变量，以及将机理分析模型计算的中间变量作为统计模型的输入，这样就可以反映进料原料性质的变化，同时将有些直接测量的输入变量按照机理关系进行计算得到新的变量作为统计建模的输入，使其和产品质量之间具有更宽范围的近似线性关系，以提高软测量模型的泛化能力[9]。

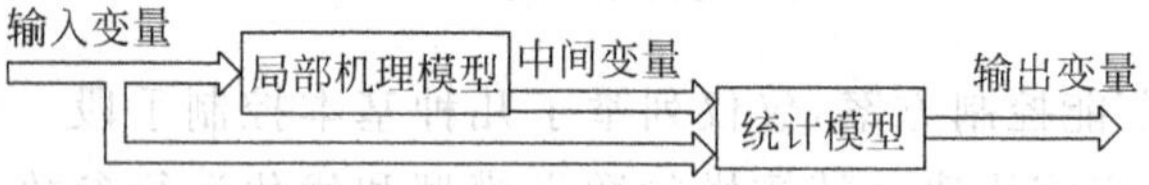

图 16.27　机理建模和统计建模相结合的软测量模型结构

2. 控制策略

针对该装置的状况，先进控制系统用两个多变量预估控制器，即初馏、常压塔多变量控制器和减压塔多变量控制器。限于篇幅限制，仅介绍如图 16.28 所示常压塔部分的控制。该部分的控制目标为：

① 平稳装置运行，安全连续生产，减少产品质量波动，保证产品质量，实现产品质量的在线直接控制。

② 实现产品质量卡边优化控制，提高常压轻油收率，特别是高价值的常一线航空煤油的收率，并减少能耗、提高装置处理量。

③ 实现过程设备约束运行，减少装置瓶颈效应。

为实现上述先进控制目标，该控制策略应能实现以下几个主要功能：①针对化工工业过程工艺机理复杂、迟延大、变量间关联严重的困难，用基于模型辨识器获得的生产过程的多变量动态数学模型，采用集先进的最优控制技术和行之有效的实时反馈校正技术之优点于一体的预测控制技术，研发出高效、实用的多变量预估控制器；并针对模型不确定性或工况不确定等过程控制中的特殊问题，增强了多变量预估控制的鲁棒性和适应性；②利用运筹技术解决多变量约束控制问题，实现被控变量的最小能耗、最大处理量和有价值产品的最大收率的多变量优化决策技术。

3. 多变量控制器的设计

该控制器有 9 个操作变量：

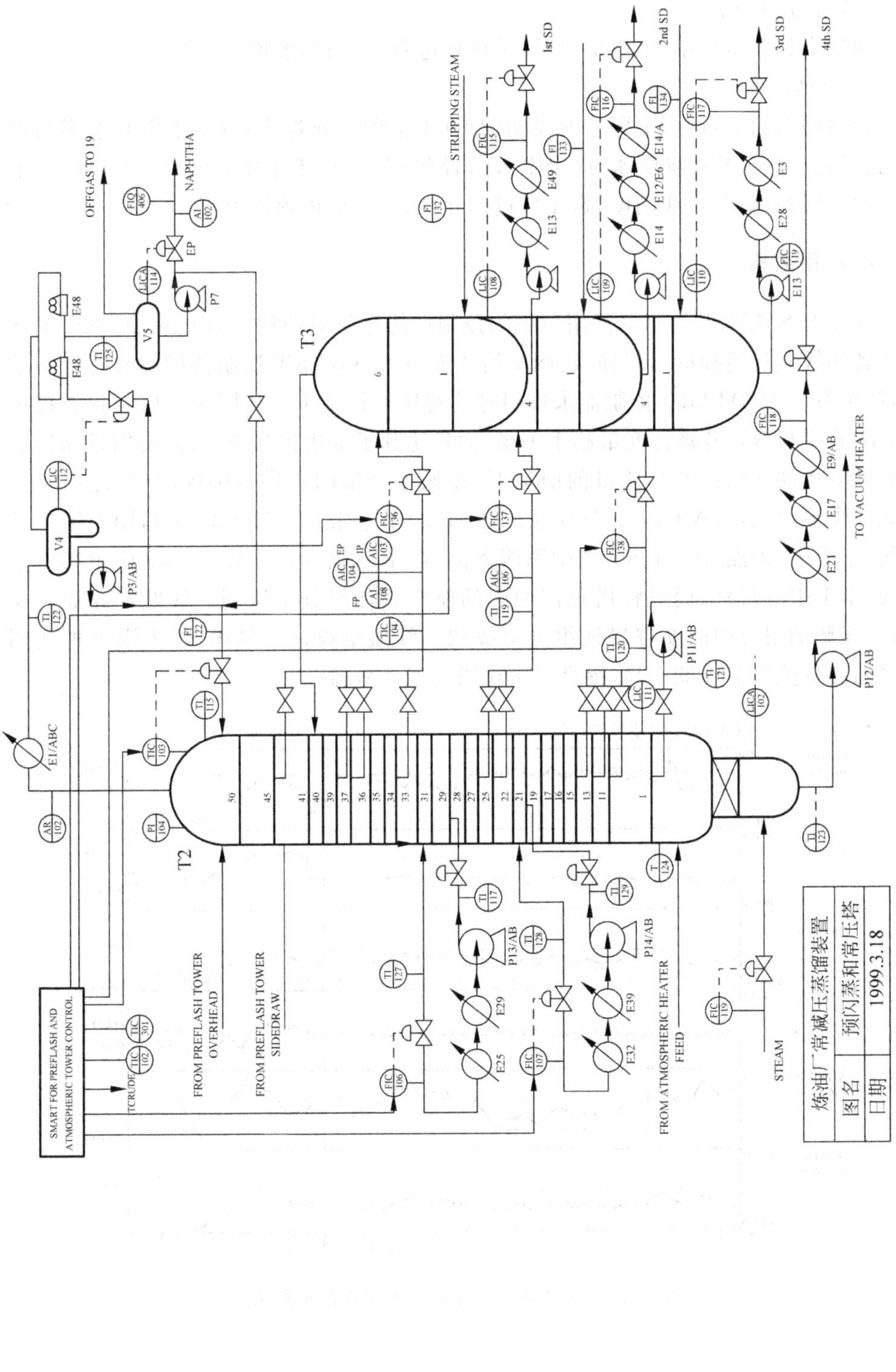

图 16.28 常压塔工艺流程与先进控制示意图

初馏塔顶温度，常压塔顶温度，常压炉温度，常压一线抽出量(优化目标：卡上限，提高收率)，常压二线抽出量(优化目标：卡上限，提高收率)，常压三线抽出量，常压一中流量，常压二中流量，常压三中流量等。

3个干扰变量：

初馏塔到常压塔第33层塔盘量，常压塔进料量，初馏塔顶压力等。

11个被控变量：

初馏塔汽油干点(卡上限)，航煤初馏点(卡下限)，航煤干点(卡上限)，航煤闪点(优化目标：卡下限)，航煤冰点(卡上限)，轻柴95%点(卡上限)，轻柴90%点(卡上限)，常三线黏度，常三线闪度，常压塔过汽化率，常压塔塔顶压力等。

4. 应用效果

为了对SMART控制器投用前后的控制性能进行对照比较，图16.29给出了常压塔各侧线质量指标的运行曲线，图中箭头左方为SMART控制器投用时的运行结果，箭头右方为SMART控制器未投用时的对比运行结果。从图中可以看到在投用SMART控制器后各被控变量趋于平稳，而且达到了卡边控制的目标，特别是高价值产品航空煤油在保证产品质量的前提下，在操作变量的容许范围内，尽可能地实现了航空煤油初馏点(AIC1001，图中第二条曲线)卡下限、干点(AIC1041，图中第三条曲线)卡上限、闪点(AIC1081，图中第四条曲线)卡下限、冰点(JETFRZ，图中第六条曲线)卡上限的目标，通过将塔顶汽油中的航空煤油组分下压到一线航空煤油产品中，二线柴油组分中的航空煤油组分上拨到一线航空煤油产品中，最大限度地达到了多出高价值航空煤油产品，提高了常压塔的经济效益。

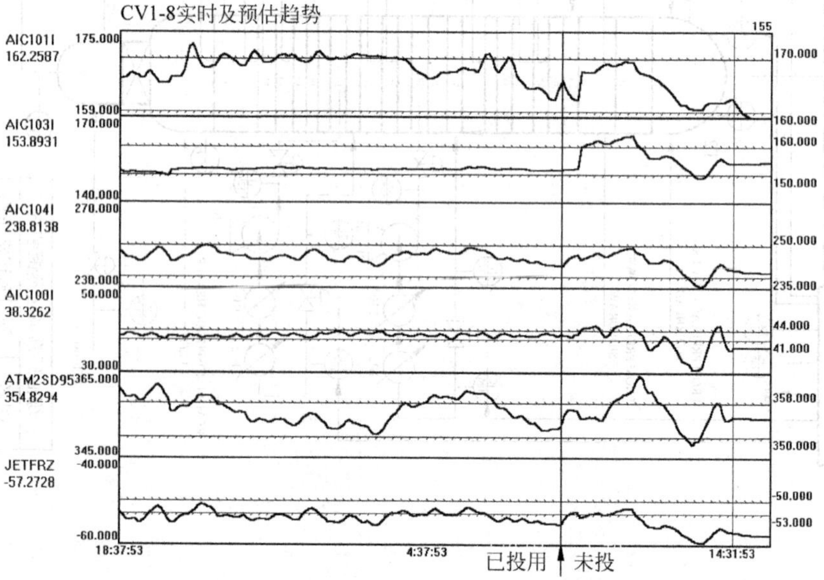

图16.29 常压塔工艺流程与先进控制示意图

16.7　小结

随着石油化学工业的迅速发展,生产规模不断扩大,经济效益逐步提高。为了在生产合格产品的前提下,尽可能降低能耗,提高生产率,一方面要依靠改进工艺流程,改进工艺设备;另一方面就要依靠提高自动化水平。对于精馏塔,目前已经从传统的参数稳定控制发展到以提高设备效率和取得更大经济收益的控制。为提高精馏塔控制水平,还可以从以下两个方面着手:①在深入研究精馏塔机理模型的基础上,建立精馏塔的优化操作模型,使精馏塔在最佳状态下运行;②在单塔优化运行的基础上,再扩大到整个塔系的优化,以实现总体优化。

第17章 发酵过程的自动控制

17.1 发酵过程

17.1.1 发酵原理

发酵是微生物在一定培养环境中生长并形成代谢产物的过程。现代发酵工程是指利用微生物的生长繁殖和代谢活动来大量生产人们所需产品的工程技术体系，是化学工程与生物技术相结合的产物，是生物技术的重要分支，也是生物加工与生物制造实现产业化的核心技术。

工业发酵是微生物群体活动的动态过程，此过程依靠伴随能量转换而发生的电子流动、伴随异化和同化作用而发生的物质流动以及伴随不同水平上的代谢调节而发生的信息流动这三种流动来维系。发酵原理的核心内容就是微生物复杂系统运行的自然规律，称之为发酵学三假说，整个发酵工程的原理就是以这三个假说为中心展开的[10]。

1. 发酵学第一假说——代谢能支撑假说

能直接推动生命活动的能量形式叫做代谢能。微生物细胞依靠自身的能量转换机制，把化学能或光能持续地转化成代谢能，并直接用来支撑其自身的生命活动。

工业发酵必须由活的微生物细胞来支撑，而微生物细胞的生命活动则必须依靠代谢能来支撑。因此，微生物细胞自身必须具备与能源物质相对应的能量形式转换机制，并具备把能源物质提供的能量形式持续不断地转化成代谢能的能力，最终实现代谢能对微生物细胞生命活动的支撑。

2. 发酵学第二假说——代谢网络假说

代谢网络是由代谢途径与输送系统整合、协调而形成的横跨微生物细胞内外的可调节的、无尺度的网络，代谢网络作为一个整体来承担微生物细胞的物质代谢和能量代谢。

代谢网络假说描述了代谢网络的存在方式和代谢的双重功能，对物质在微生物细胞内有序流动的现象做出了解释。

3. 发酵学第三假说——细胞经济假说

微生物细胞是个远离平衡状态的不平衡的开放体系，是在物竞天择的基础上形成的细胞经济体系。细胞经济体系是微生物细胞生存的保障体系，它为细胞的适应性、经济性和代谢的持续性提供保障。细胞经济假说阐述了微生物细胞为了生存和竞争而进行自身调整的保障机制。

这三个假说相互支持，相互制约，相互补充。能量代谢需要借助代谢网络来实现，代谢网络的运行需要代谢能的支撑，能量代谢和物质代谢相互交叉，并且都受细胞经济规律的规范和制约。工业发酵正是建立在对代谢能支撑、代谢网络和细胞经济这三个基本假说的深刻研究的基础上的。

17.1.2　发酵过程及其特点

现代工业发酵多采用液体发酵的方式，微生物通常悬浮在培养基中，通过输送空气和搅拌等操作给发酵过程供氧并驱散二氧化碳。由于发酵液的混合较均匀，发酵反应器密封，容易避免杂菌污染，发酵热也容易通过夹套冷却等方式移走，发酵的规模可以达到非常大的程度，通常发酵罐体积可达几百立方米。

好气发酵的发酵罐通常采用具有较大高径比的带有机械搅拌的罐体，为了实现较好的混合，在一根搅拌轴上通常需安装几个搅拌桨。Rushton 涡轮搅拌桨、弯叶涡轮搅拌桨和箭叶搅拌桨是传统的搅拌桨形式，近年来倾向采用大盘面比的轴向流搅拌桨，或与涡轮桨共用，以提高搅拌效果。发酵罐底部设有空气管以导入空气，其形式可为一开口管，也可做成环形的分布器。此外，发酵罐须配有用于排气、接种、取样、补料、调节 pH 值、消泡剂、放料等功能的管道，发酵罐和各管道的阀门配置应便于任一部分均可单独灭菌。由于发酵是放热反应，发酵中需不断将发酵热移走，小型发酵罐可采用夹套，大型发酵罐则需采用内置蛇管。为了对发酵过程进行监控，发酵罐还装有各种传感器，对温度、pH 值、溶氧、空气流量、尾气氧和二氧化碳、罐压、发酵液体积(或重量)等参数进行测量。

在发酵过程中，需要维持一定的培养条件，如温度、空气、搅拌、pH 值、溶氧和营养物质浓度等，给所培养的微生物提供适宜的环境和营养，从而提高发酵的效率。为了维持一定的 pH 值需要加碱时，可加入氨水或通入氨气，既可调节 pH 值，又可作为氮源使用。发酵中由于微生物的代谢，往往会产生大量泡沫，如不加控制，不但影响通气，而且会导致大量泡沫从排气管道溢出而造成损失，也容易引起杂菌污染，可以在发酵罐中安装机械消泡装置，或者通过调整空气流量和罐压来消除泡沫，而添加油脂或合成消泡剂是最有效的消泡手段。图 17.1 显示了发酵罐的物料流[11]。

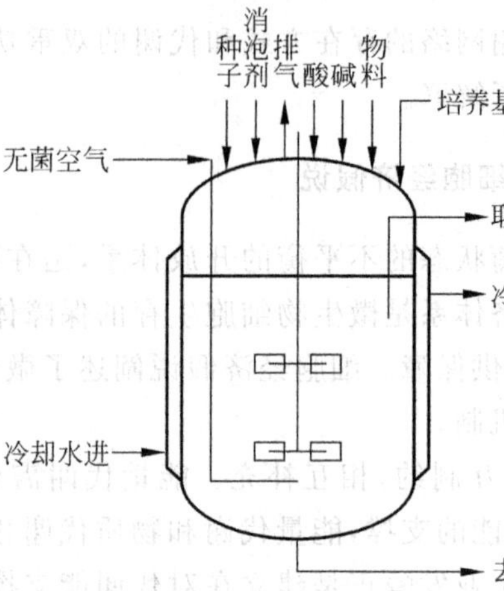

图 17.1 发酵罐的物料流

发酵和其他化学工业反应的最大区别在于它是生物体所进行的反应，其主要特点如下[12]：

(1) 发酵过程一般来说都是在常温常压下进行的生物化学反应，反应安全，操作和反应条件温和，但反应速率比较慢，因而目的产物的转化率也比较低。

(2) 发酵所用的原料通常以淀粉、糖蜜或其他农副产品为主，只要加入少量的有机和无机氮源就可进行反应。

(3) 发酵过程中对杂菌污染的防治至关重要。如果污染了杂菌，生产上就要遭到巨大的经济损失，因而维持无菌条件是发酵成败的关键。

和传统的发酵工艺相比，现代发酵工程除了上述的发酵特征之外更有其优越性：除了使用微生物外，还可以用动植物细胞和酶，也可以用人工构建的“工程菌”来进行反应；反应设备也不只是常规的发酵罐，而是以各种各样的生物反应器而代之，连续化程度高，使发酵水平在原有基础上有所提高和创新。

17.1.3 发酵过程的数学模型

在发酵过程中，微生物细胞从培养基中摄取碳水化合物，然后将其分解合成细胞成分并同时生成能量。细胞合成过程中的化学能量以 ATP（adenosine triphosphate，三磷酸腺甙）的形式储存，通过对 ATP 水解释放能量用来进行化学反应、能量输送等。将培养基中的营养成分分解生成 ATP 的过程称为异化（catabolism）过程，利用 ATP 水解生成的能量将低分子化合物合成复杂的高分子细胞构成成分的过程则称为同化（anabolism）过程，如图 17.2 所示[13]，图中 ADP 代表二磷酸腺甙（adenosine diphosphate）。

下面以葡萄糖为碳源时的有氧发酵为例简要介绍发酵过程的数学模型[13]。

该发酵过程最主要的酵解途径是 EMP（embden-meyerhof-parnas）的糖酵解途径，其化学方程式可以描述如下

$$C_6H_{12}O_6 + 2ADP + 2NAD^+ + 2H_3PO_4 \longrightarrow$$
$$2CH_3(CO)COOH + 2ATP + 2NADH + 2H^+ + 2H_2O \tag{17-1}$$

在有氧条件下，EMP 途径中生成的 NADH 一起进入三羧酸循环（TCA）和呼吸链，生成 ATP

$$NADH + 2H^+ + 0.5O_2 + 3ADP + 3H_3PO_4 \longrightarrow NAD^+ + 3ATP + 4H_2O \tag{17-2}$$

由 EMP 糖酵解途径生成的丙酮酸脱羧形成乙酰辅酶 A，经过 TCA 循环和呼吸链的作用，最终完全氧化生成 ATP、CO_2 和水

$$CH_3(CO)COOH + 2.5O_2 + 15ADP + 15H_3PO_4 \longrightarrow 3CO_2 + 15ATP + 44H_2O \tag{17-3}$$

最终葡萄糖被完全氧化成 CO_2 和水，同时生成 38mol ATP。

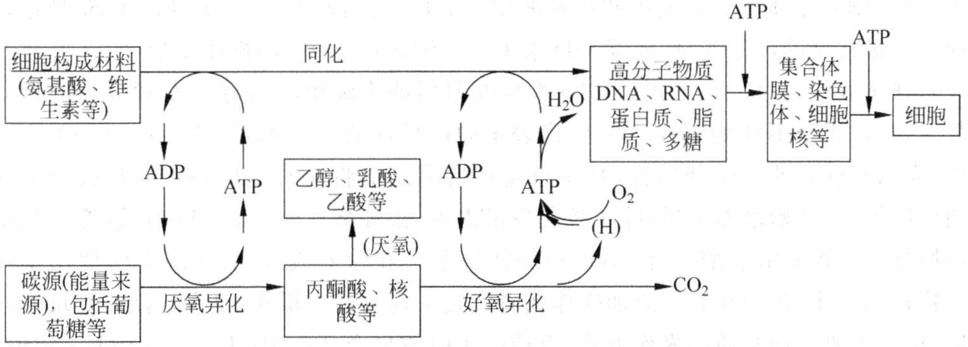

图 17.2 细胞的生物合成过程

从过程控制的角度来讲，上述化学方程式并不适用，发酵过程的数学模型才是发酵过程控制的基础。在发酵过程中，存在着成百上千个与生物酶相关联的反应，如果将这成百上千个反应全部进行数学解析，既没有可能也没有任何实际意义。实用上，在不失去整体反应特征的前提下，用统合（lumping）的形式对最重要、最能体现过程特征的反应进行归纳总结，建立的数学模型更具有意义。

通常情况下，描述发酵过程的典型的基本数学模型可以通过发酵罐中各种物质（菌体、限制性基质、代谢产物、氧气等）的物质平衡式进行计算[13]

（单位时间内目的物质的）变化量

=（单位时间内目的物质的）流入量 − 流出量 + 生成量

或

（单位时间单位体积内目的物质的）变化量

=（单位时间单位体积内目的物质的）传质量 − 消耗量

假定流加液中菌体和代谢产物的浓度为 0，根据各物质的物料平衡，以各物质的浓度为过程的状态变量，可得如下微分方程[13]：

$$\frac{dX}{dt} = \mu_X(S, P_1, P_2, \cdots, P_n)X - \frac{F}{V}X \tag{17-4}$$

$$\frac{dS}{dt} = -Q_S(S,P_1,P_2,\cdots,P_n)X + \frac{F}{V}(S_f - S) \tag{17-5}$$

$$\frac{dP_i}{dt} = \mu_{P_i}(S,P_1,P_2,\cdots,P_n)X - \frac{F}{V}P_i \quad i = 1,2,\cdots,n \tag{17-6}$$

$$\frac{dC_L}{dt} = -Q_{O_2}(S,P_1,P_2,\cdots,P_n)X + K_{1a}(C_L^* - C_L) \tag{17-7}$$

$$\frac{dV}{dt} = F - F_O \tag{17-8}$$

其中，X、S、P_i、C_L 和 V 是过程的状态变量，分别表示菌体、限制性基质、第 i 个代谢产物、溶解氧的浓度和发酵液的体积；μ、Q_S、μ_{P_i} 和 Q_{O_2} 分别表示菌体、基质、第 i 个代谢产物以及氧气的比增殖、比消费、比生产和比消耗的速率；C_L^* 是溶解在发酵液相中的 O_2 饱和浓度，K_{1a} 是发酵反应器的氧气体积传质系数；S_f 是基质的流加浓度，F 和 F_O 则是基质的流加速率和从发酵罐中抽取发酵液的速率。F、F_O 和 S_f 是过程的 3 个最常见的操作变量，温度、pH 和 C_L 是发酵过程隐含的操作变量。

状态方程式(17-4)至式(17-8)即是以葡萄糖为碳源时的有氧发酵过程的基本数学模型，式中不同的 F、F_O 和 V 代表不同的反应器运行形式：$F=F_O=0$(V=定值)表示间歇式的反应器运行，其特点是在接菌之前将所有基质和培养基成分加入到反应器中，开始培养之后，除了控制发酵温度、添加酸或碱控制 pH 值、改变通气量或搅拌速率控制溶氧浓度外，不再添加任何基质和营养成分，反应终了时取出全部产物；$F\neq 0$ 且 $F_O=0$ 表示流加操作或者说是半连续式的操作，是在接菌开始培养之后，按照需要添加基质的操作方式，反应终了时取出全部产物；$F=F_O\neq 0$(V=定值)表示连续式操作，是在接菌开始培养并达到期望的状态之后，不断连续地添加基质或营养成分，同时从反应器中抽取出等体积的反应产物和细胞，反应器中的各种物质的浓度均处于恒定不变状态的操作方式。

17.2 发酵过程的控制

发酵过程控制实质上包含了两个方面的内容：一是如何改变微生物细胞自身的遗传组成和生理特性，称为细胞的“内部控制”；二是对包含营养成分、细胞体及代谢产物在内的细胞生长的物理、化学环境条件的控制，称为“外部控制”，本章研究的范围是“外部控制”。所以这里所说的发酵过程控制就是把发酵过程的某些状态变量控制在某一期望的恒定水平上或者时间轨线上。发酵过程的控制与其最优运行条件往往是紧密相关的，生产中经常会将某些变量控制在最优的运行条件下，以提高发酵过程的生产水平。

17.2.1 发酵过程控制的目标

根据发酵过程的实际情况和需要，其控制的目标是多种多样的。一般来说，主要有三个最基本的目标[13]：

(1) 浓度。它是指目的产物的最终浓度或总活性，这是发酵产品质量的一个标志。由于发酵过程反应转化率较低，因此提高浓度可以减少下游分离精制过程的负担，降低整个过程的生产费用。

(2) 生产强度或生产效率。它是指目的产物在单位时间内单位反应器体积下的产量，是生产效率的具体体现。

(3) 转化率。它是指基质或者说反应底物向目的产物转化的比例，这涉及到原料使用效率的问题。在使用昂贵的起始反应底物或者反应底物对环境形成严重污染的发酵过程中，原料的转化效率至关重要，通常要求接近 100%。

一般情况下，这三项指标是不可能通过控制在某种操作条件下同时取得最大的。提高某一项指标，往往需要以牺牲其他指标为代价，这就需要对发酵过程做整体的性能评价。

17.2.2　发酵过程控制的特点

与传统的过程控制相比，发酵过程的控制主要有如下特点：

(1) 发酵过程的动力学模型参数随发酵时间或发酵批次动态变化，过程呈现强烈的时变性和非线性特征，对于某些发酵过程甚至无法准确了解其中的生物化学反应，无法用数学模型来对动力学特性进行定量的描述。

(2) 菌体生长与产物的形成往往不同步，即形成产物的过程与菌体生长的过程并不总是保持一致。发酵过程通常包含菌体繁殖阶段和产物分泌阶段。在菌体生长达到一定程度后，产物才开始大量分泌。如果菌体浓度过低，则产物分泌自然较少，但菌体浓度过高，反过来也会抑制产物分泌。因此，对于菌体生长阶段的控制和产物形成阶段的控制需要分别进行，并且这两个阶段又相互影响和制约。

(3) 发酵反应的不可逆性造成了控制的困难，某些操作条件的变化可能造成整个反应产物性质的改变。

(4) 发酵过程中绝大多数生物状态变量是很难在线测量的，尽管近年来生物电极和传感器技术的飞速发展使得某些生物状态变量的在线测量成为可能，但其实际应用依然受到测量噪声、稳定性、苛刻的操作维护条件、价格等因素的制约。一些极为重要的作为控制对象的生物化学参数，只能采用离线化验分析的方法得到，无法满足现场实时控制的需要。

(5) 由于发酵过程涉及到许多物理过程和化学反应，其相互之间的作用和影响使得发酵过程的响应速率慢、在线测量带有大时间迟延的特征。

17.2.3　发酵过程的基本控制系统

实现发酵过程的控制，首先需要确立过程的目标函数，确定过程的状态变量、操作变量和可测量变量，建立模型来描述这些变量随时间变化的关系，模型可以是机理模型、黑箱模型或混合模型，最后通过计算机实施在线自动检测和控制，选择和确定一种有效的控制算法来实现发酵过程的控制。

如前所述，发酵过程控制的最终目标是目的产物浓度、生产效率和转化率。然而，这三个目标往往是不能直接获得的，而是通过某些显示发酵过程状态及其特征的参数所反映出来的，这些参数就是过程的状态变量，它们与操作条件也就是操作变量之间存在着某种对应的因果关系，通过控制操作变量可以将发酵过程的某些重要的状态变量控制在某一期望的恒定水平上或者时间轨线上，进而实现对最终目标的控制。

发酵过程的控制通常是围绕着如下五个重要的发酵罐参数进行控制[13]，其控制流程图大致如图 17.3 所示。

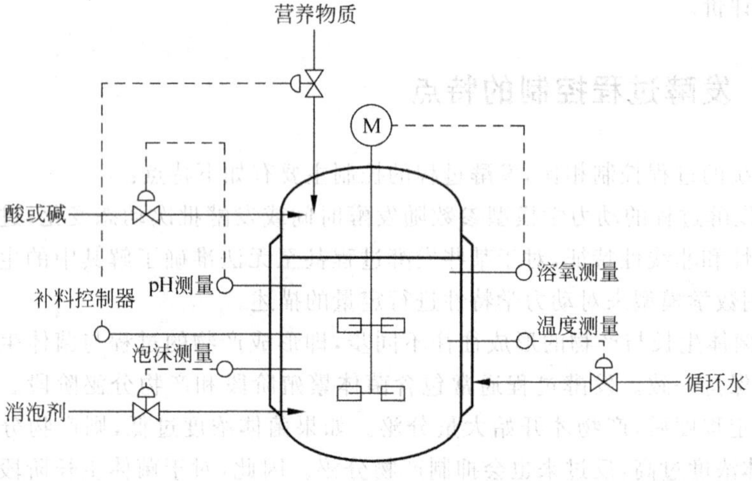

图 17.3 发酵过程控制流程图

1. 发酵温度

对于特定的微生物，都有一个最适宜的生长温度，在该温度下生物酶具有最佳活力。因此，微生物发酵过程中的发酵温度是一个很重要的微生物生长环境参数，必须严格地加以控制。影响发酵温度的最主要的因素是微生物发酵产生的热量，此外电机搅拌热，冷却水本身的温度变化以及周围环境温度的变化等也会影响发酵温度。对于小型的发酵罐，温度控制通常采用以发酵温度为被控参数，冷却水流量为控制参数的 PID 单回路控制方案。对于大型的发酵罐系统，则采用发酵温度为主回路，以冷却水系统为副回路的串级控制方案。

2. 发酵过程 pH 值

pH 值是表征微生物生长及产物合成的另一个重要参数，也是反映微生物代谢活动的综合指标。在发酵过程中，pH 是动态变化的，这与微生物的代谢活动及培养基的性质密切相关。一方面，微生物通过代谢活动分泌乳酸、乙酸、柠檬酸等有机酸或分泌一些碱性物质，从而导致发酵环境的 pH 变化；另一方面，微生物发酵过程中也会利用培养基中的生理酸性盐或生理碱性盐从而引起发酵环境的 pH 变化。不适宜的 pH 会严重影响微生物代谢的进行和代谢产物的合成。在工业生产上，控制 pH 值通常从改变基础培养基的配方组分角度考虑，若发酵液 pH 值偏低，则通过加氨水的方法，使其 pH 值回升；若 pH 值偏高，可适当增加糖的补加量来调整。pH 对象特性具有时变性、不确定性、较大的迟延等特点，由于这种复杂性，从机理入手建立模型是相当困难的，采用常规控制几乎不可能，可以采用智能模糊控制、自适应控制等先进控制方式来获得较满意的控制效果。

3. 溶解氧(DO)浓度

在好氧型发酵过程中，氧是微生物生长必需的原料。由于氧在水中的溶解度很低，所以在好氧微生物发酵过程中溶解氧往往最容易成为限制因素。若供氧不足，将会抑制微生物的生长和代谢的进行。为此，在发酵过程中，要保持一定的溶氧浓度。而判断溶氧是否足够的最简便有效的办法是在线监测发酵液中 DO 的浓度，最常用的测定溶氧的方法是基于极谱原理的电流型测氧覆膜电极法，在实际生产中就是在发酵罐内安装溶氧电极进行溶氧测定。

影响溶解氧浓度的因素很多，除了供给的空气量、搅拌转速、发酵罐压力、罐温等可测参数的影响外，基质浓度、产物浓度等不可测参数对其也有影响。溶解氧浓度不仅影响微生物生长和代谢，反过来微生物细胞的生长和代谢过程中消耗氧的状况也会对 DO 的高低造成影响。当培养基养分丰富，微生物对于营养的利用需要消耗更多的氧时，会导致 DO 值下降；反之，培养基养分缺乏，微生物的摄氧率也会随之降低，则 DO 值会逐渐上升。因此，发酵过程中对基质养分补充时的非平稳波动，往往也会造成发酵液中 DO 的振荡。

由此可见，发酵过程中溶解氧的对象特性很难通过系统辨识方法获得，传统的控制方法难以得到理想的控制效果。目前，发酵罐溶解氧浓度的控制主要通过采用调节搅拌转速或者调节供给的空气量来实现，一般需要引入人工智能的方法，采用专家系统进行控制。

4. 消泡控制

在发酵前期，由于加入全部液料，搅拌电机全速开动，空气通入量达到最大，微生物生长旺盛，这时候，发酵液会产生大量泡沫，稍有不慎，就可能会产生液泛现象，极易造成杂菌污染。发酵过程中泡沫的多少与通气和搅拌的剧烈程度以及培养基的成分有关，基质的起泡能力随成分的品种、产地、加工、储藏条件而有所不同，且与配比有关。此外，发酵液的性质随菌体的代谢活动不断变化，也是泡沫消长的重要因素。

泡沫的控制方法可分为机械消泡和化学消泡两大类。在工业发酵过程中，通常采用添加消泡剂的方式减少泡沫，防止发酵液上浮。消泡控制一般采用双位式控制方法，当发酵液液面达到一定的高度时，自动打开消泡剂的阀门；当液面降回到正常时，自动关闭消泡剂阀门。在消泡控制中，过程响应较慢，所以控制回路中应加入时间迟延，防止加入过量的消泡剂。

5. 补料控制

在发酵过程中，通常需要不断地补充营养物质以维持微生物的生长，使之按事先优化的生长轨迹生长，以获得高产的微生物代谢产物。但是由于微生物和代谢状况无法实时在线测量，且发酵过程中有许多不确定因素，使得补料控制极为困难。一般的发酵工业生产过程是根据实验室大量的试验研究结果得出的补料轨线来指导补料，发酵工艺技术人员按照离线的试验数据根据实际情况给出补料速率。这种补料方法往往不能确保发酵过程沿着所需的优化轨线生长，不能获得最好的代谢产物。为了解决这一难题，反馈控制补料方式应运而生，可以根据营养物摄取或需求量、比生长速率、尾气成分分析、细胞形态学等因素来控制补料。如何控制好中间补料仍是发酵控制中有待解决的难题，大量的研究工作都集中于发酵过程的补料控制，有关情况将在下面的章节中进一步加以讨论。

17.3 发酵控制系统中的几个问题

17.3.1 质量指标的软测量

从控制的角度来看，控制方法和控制策略是以控制参数的准确测量为前提。要实现发酵过程的控制，必须准确实时地检测到发酵过程中重要的生物化学参数。目前，发酵过程中能够实现自动检测的参数，主要集中在一些有成熟的仪器仪表可以直接进行测量的物理参数上，而其他一些极为重要的作为被控变量的生物化学参数，则只能采用离线化验分析的方法得到。离线化验的迟延性很大，无法满足现场实时控制的需要，因此发酵过程关键参数的测量是控制中的一个关键问题，而采用软测量(soft sensing)技术对这些参数进行在线估计，是解决这一问题的有效途径。将软测量技术应用到发酵过程控制中，对关键变量进行在线估计也是当前学术界和工程界一个的研究热点。

正如第 8 章讨论过的，软测量技术其基本思路是根据某种最优化准则，选择一组既与不可测的主导变量(primary variable)有着密切联系且又容易测量的变量，即辅助变量(subsidiary variable)，通过构造辅助变量与主导变量之间的某种数学关系，利用计算机工具实现对主导变量的最优估计。建立软测量模型的步骤主要包括辅助变量的选择、数据预处理、主导变量与辅助变量之间的时序匹配、软测量模型的建立以及软测量模型的在线校正等五个环节，建立软测量模型的方法则可以分为机理建模方法、基于回归分析的建模方法、基于状态估计的建模方法、基于神经网络的建模方法以及混合建模方法等[14]，这些方法在发酵过程控制中都得到了较好的应用效果，这里就不再赘述。

下面以混合软测量模型在酵母发酵生产谷胱甘肽(glutathione，GSH)过程中实现在线测量生物量浓度[15]为例，简要介绍在发酵过程中应用软测量建模的方法。此混合模型的建立分为两步，首先通过机理分析得到一组描述该发酵过程的机理模型，然后用支持向量机(support vector machine，SVM)建立部分模型，最终得到混合的软测量模型。

酵母生长动力学模型描述如下

$$\frac{\mathrm{d}X(t)}{\mathrm{d}t}=[b_1r_1(t)+b_2r_2(t)+b_3r_3(t)]X(t)-\frac{F(t)}{V(t)}X(t) \tag{17-9}$$

$$\frac{\mathrm{d}S(t)}{\mathrm{d}t}=-[r_1(t)+r_2(t)]X(t)+\frac{F(t)}{V(t)}[S_\mathrm{f}-S(t)] \tag{17-10}$$

$$\frac{\mathrm{d}P(t)}{\mathrm{d}t}=[d_2r_2(t)-r_3(t)]X(t)-\frac{F(t)}{V(t)}P(t) \tag{17-11}$$

$$\frac{\mathrm{d}V(t)}{\mathrm{d}t}=F(t) \tag{17-12}$$

反应速率可采用酶动力学的机理模型 Monod 模型来描述，即

$$r_X(t)=\frac{\mu_X}{1+K_X/X(t)},\quad r_P(t)=\frac{\mu_P}{1+K_P/P(t)} \tag{17-13}$$

式中，

$$\left.\begin{aligned}&r_X(t)=b_1r_1(t)+b_2r_2(t)+b_3r_3(t),\\&r_P(t)=d_2r_2(t)-r_3(t)\\&\frac{r_X(t)}{Y_{X/S}}+\frac{r_P(t)}{Y_{P/S}}+m_S=r_1(t)+r_2(t)\end{aligned}\right\} \tag{17-14}$$

其中 X 为细胞浓度，S 为发酵液中营养物质浓度，S_f 为营养液中营养物质浓度，P 为产物浓度，F 为营养液流加速率，V 为发酵液体积，r_i 为反应途径 i 的速度，r_X 为细胞生成速度，r_P 为产物生成速度，m_S 为维持系数，$Y_{X/S}$ 为对底物的细胞得率，$Y_{P/S}$ 为对底物的产物得率，μ_P 为产物生成比速率，μ_X 为细胞生长比速率，K_X 为细胞饱和常数，K_P 为产物饱和常数。选定细胞浓度 $X(t)$、底物浓度 $S(t)$ 和产物浓度 $P(t)$ 为待测变量，流加速率 $F(t)$ 为控制变量，b_1、b_2、b_3、d_2 为反应方程式系数。可以看到，机理模型中共包含 4 个微分方程，因此需要可测的辅助变量数目也是 4 个。机理模型中状态变量总数共 9 个，参数共 4 个，常数共 8 个。

通过机理分析可知，V 可以计算得到，而溶氧浓度、CO_2 溶解浓度和搅拌功率能够反映出生物发酵过程的一些特征，因此将它们补充进软测量模型，作为可测的辅助变量，这样状态变量总数扩充为 12 个。溶氧浓度 C_L、二氧化碳溶解浓度 CO_2 以及搅拌功率 P_G 与细胞浓度、底物浓度、产物浓度和发酵液体积的支持向量回归模型为

$$\left.\begin{aligned}&C_\mathrm{L}(k)=\mathbf{svm}_{C_\mathrm{L}}(X(k),S(k),P(k),V(k))\\&\mathrm{CO}_2(k)=\mathbf{svm}_{\mathrm{CO}_2}(X(k),S(k),P(k),V(k))\\&P_\mathrm{G}(k)=\mathbf{svm}_{P_\mathrm{G}}(X(k),S(k),P(k),V(k))\end{aligned}\right\} \tag{17-15}$$

将机理模型式(17-9)～式(17-12)按步长进行离散化处理，并令

$$\left.\begin{aligned}&\begin{cases}\boldsymbol{x}_{\mathrm{M}}(k)=[X(k),S(k),P(k),V(k)]^{\mathrm{T}}\\ \boldsymbol{x}_{\mathrm{H}}(k)=[C_{\mathrm{L}}(k),CO_2(k),P_{\mathrm{G}}(k),r_1(k),r_2(k),r_3(k),r_X(k),r_P(k)]^{\mathrm{T}}\\ \boldsymbol{x}_{\mathrm{S}}(k)=[V(k),C_{\mathrm{L}}(k),CO_2(k),P_{\mathrm{G}}(k)]^{\mathrm{T}}\end{cases}\\ &\boldsymbol{u}(k)=F(k)\\ &\boldsymbol{\theta}(k)=[b_1,b_2,b_3,d_2]^{\mathrm{T}}\end{aligned}\right\}\tag{17-16}$$

其中，$\boldsymbol{x}_{\mathrm{M}}$、$\boldsymbol{x}_{\mathrm{H}}$、$\boldsymbol{x}_{\mathrm{S}}$ 和 $\boldsymbol{u}$ 分别表示自由状态向量、相关状态向量、可观状态向量和控制向量，状态向量为 $\boldsymbol{x}=[\boldsymbol{x}_{\mathrm{M}}^{\mathrm{T}}\boldsymbol{x}_{\mathrm{H}}^{\mathrm{T}}]^{\mathrm{T}}$。

整个混合的软测量模型可以表示为

$$\begin{aligned}\boldsymbol{x}_{\mathrm{M}}(k+1)&=\boldsymbol{x}_{\mathrm{M}}(k)+\boldsymbol{sf}(\boldsymbol{x}(k),\boldsymbol{u}(k),\boldsymbol{\theta}(k),\boldsymbol{w}(k+1),k)\\ &=\boldsymbol{x}_{\mathrm{M}}(k)+\boldsymbol{s}\begin{bmatrix}x_1(k)[\theta_1x_8(k)+\theta_2x_9(k)+\theta_3x_{10}(k)-u(k)/x_4(k)]\\ -x_2(k)[x_8(k)+x_9(k)+u(k)/x_4(k)]+\rho_{\mathrm{F}}u(k)/x_4(k)\\ x_1(k)[\theta_4x_9(k)-x_{10}(k)]-u(k)x_3(k)/x_4(k)\\ u(k)\end{bmatrix}\\ &\quad+\boldsymbol{w}(k+1)\end{aligned}\tag{17-17}$$

$$\boldsymbol{g}(x(k),k)=\begin{bmatrix}x_{11}(k)-\mu_X/(1+K_X/x_1(k))\\ x_{12}(k)-\mu_P/(1+K_X/x_3(k))\\ x_{11}(k)-\theta_1x_8(k)-\theta_2x_9(k)-\theta_3x_{10}(k)\\ x_{12}(k)-\theta_4x_9(k)+x_{10}(k)\\ x_8(k)+x_9(k)-x_{11}(k)/Y_{X/S}-x_{12}(k)/Y_{P/S}-m_S\\ \mathrm{svm}_{C_L}(x_1(k),x_2(k),x_3(k),x_4(k))-x_5(k)\\ \mathrm{svm}_{CO2}(x_1(k),x_2(k),x_3(k),x_4(k))-x_6(k)\\ \mathrm{svm}_{P_G}(x_1(k),x_2(k),x_3(k),x_4(k))-x_7(k)\end{bmatrix}=\boldsymbol{0}\tag{17-18}$$

$$\boldsymbol{y}(k)=\boldsymbol{x}_{\mathrm{S}}(k)+\boldsymbol{v}(k)\tag{17-19}$$

式(17-17)～式(17-19)分别为混合软测量模型的状态方程、守恒方程和输出方程，其中 $\boldsymbol{w}$、$\boldsymbol{v}$ 为噪声序列。该模型能够保证细胞浓度 $X(t)$、底物浓度 $S(t)$ 和产物浓度 $P(t)$ 在理论上唯一确定。

图 17.4 给出了该混合软测量模型中细胞浓度 $X(t)$ 的输出结果与通过发酵仿真模型得到的原始仿真数据的比较，其中图(a)是在实验数据完整的情况下进行实验的结果，图(b)是在实验数据不完整的情况下进行的实验结果，实验结果表明该混合软测量模型具有良好的建模精度，可以用作被控变量的实时在线测量值。图中实线为原始仿真数据，“°”为混合软测量模型输出结果。

17.3.2 发酵过程的补料控制

补料是指在发酵过程中，间歇或连续地补加含有营养成分的新鲜培养基。合适

的补料工艺能够有效地控制微生物的中间代谢，使之向着有利于产物积累的方向发展。由于微生物及其代谢状况无法实时在线测量，且发酵过程中有许多不确定因素，使得补料控制极为困难。早期的补料方式完全是凭经验进行的开环补料控制，即发酵到一定时间，经验性地添加一定量营养物，因而无法保证发酵朝最优的预定方向进行。如果能利用发酵反应器内的营养物浓度、产物浓度以及细胞浓度等有关参数的实时在线检测值对补料流量进行反馈控制，对于控制中间代谢、提高发酵产量具有重要的意义，是整个补料发酵生产中的关键。下面以基于人工神经网络和模糊控制的酵母流加发酵过程反馈控制[13]为例进行简要介绍。

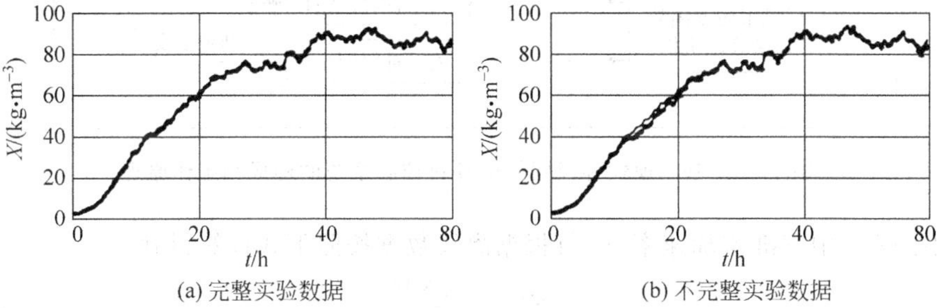

图 17.4　混合软测量模型输出结果[15]

由于酵母菌在好氧培养中存在着 Crabtree 效应，即酵母的呼吸活力对游离的葡萄糖十分敏感，当葡萄糖浓度达到一定值时会对发酵产生阻遏作用，此外基质浓度过高也会使代谢转向生成酒精的方向，因此为获得最大酵母得率，不能用恒速流加的方法，必须根据发酵过程的需要间隔地加入营养物质葡萄糖。在酵母流加培养过程中，可以利用生物量浓度测定仪在线测量过程中的酒精浓度，利用溶氧电极测定发酵液的溶氧浓度，再以这两个状态变量作为反馈控制指标，通过一套模糊人工神经网络控制系统来确定葡萄糖流加速率的大小，最大限度地提高酵母菌产量和产率。该模糊人工神经网络控制系统将人工神经网络和模糊控制相结合，利用人工神经网络的自学习能力和模式识别能力来自动调整和修改模糊控制器的控制参数，以缩短和减少模糊控制器的调整和修改所需要的时间和人力，从而提高模糊控制器的实用能力。

酵母流加培养过程中溶氧浓度和酒精浓度是可测的状态变量，它们的变化模式可以大致分成以下几类，其中溶氧浓度为振荡或者非振荡两种情况，酒精浓度为增加、不变或者减少等三种情况。将两者结合在一起，可以得到 6 种不同的变化模式，每一模式分别对应于某一特定的过程状态。例如，如果溶氧浓度为振荡、酒精浓度为增加的情况，说明当前基质流加速率的变化量太大，过程持续地处在基质瞬时匮乏和瞬时过量的“不良”控制状态；而如果溶氧浓度为非振荡，酒精浓度为不变或者减少的情况，则说明过程当前处于基质既不匮乏又不过量的“良好”状态。根据这些模式可以设置模糊规则和模糊隶属度函数来实现模糊控制。为了提高模糊控制的性能，还可以进一步利用人工神经网络来识别和判断出溶氧浓度和酒精浓度的变化模式,并利用模式识别的结果,根据一定的规则对模糊控制器的隶属度函数进行自动调节和修正,从而达到改善和提高模糊控制性能的目的。该模糊人工神经网络控制系统的构成和工作原理如图 17.5 所示。

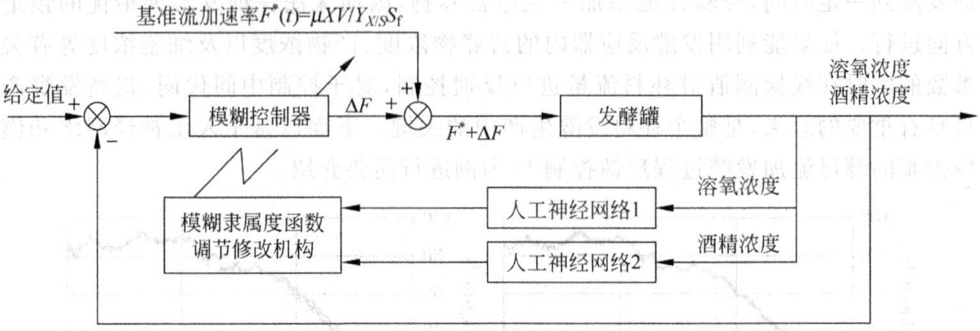

图 17.5 基于模糊神经网络的补料控制系统的构成和工作原理

图 17.5 中基准流加速率 F^* 可根据离线数据按照下式计算得到

$$F^* = \frac{\mu XV}{Y_{X/S}S_f} \tag{17-20}$$

其中,假定菌体的得率 $Y_{X/S}$ 和基质流加浓度 S_f 为已知参数,菌体浓度 X、比增殖速率 μ 和发酵液体积 V 每小时计算测定一次,而酒精浓度和溶氧浓度的在线测定间隔为 5 分钟。于是,葡萄糖的总流加速率 F 为 F^* 与模糊控制器的输出 ΔF 之和,即 $F=F^*+\Delta F$。可测的状态变量溶氧浓度和酒精浓度,一方面共同作为反馈指标用来调节模糊反馈控制器的输出;另一方面,它们的时间序列数据不断输入到两个已经训练好的人工神经网络中进行模式识别,并根据模式识别的结果,由模糊隶属度函数调节修改机构按照式(17-21)和表 17.1 的方法,对梯形隶属度函数的两个端点 $f_{\min}$ 和 $f_{\max}$ 进行自动调节和更新,即

$$\left.\begin{aligned} f_{\min}(k+1) &= (1+\delta a)f_{\min}(k) \\ f_{\max}(k+1) &= (1+\delta b)f_{\max}(k) \end{aligned}\right\} \tag{17-21}$$

表 17.1 模糊隶属度函数调整参数(a,b)的取值及其变化

调整参数(a,b)取值的变化		溶氧浓度	
		振荡	非振荡
酒精浓度	增加	(+1,−1)	(−1,0)
	不变	(+1,0)	(0,0)
	减少	(+1,+1)	(0,0)

式(17-21)中,k 表示模糊隶属度函数进行更新和调整的时间间隔(一般为 20min);δ 为更新步长,通常为一个很小的数值(如 $\delta=0.05$);调整参数 a 和 b 则是表示 $f_{\min}$ 和 $f_{\max}$ 更新方向的参数,参数的取值如表 17.1 所示。根据模式识别的结果,a 和 b 在 +1,0 和 −1 三个值之间发生改变,其物理意义在于:

① 如果溶氧浓度出现振荡,与此同时酒精浓度在增加,则说明基质流加速率的变化量过大,因此需要加大 f_{min} 同时减小 f_{max},即($a=+1,b=-1$);

② 如果溶氧浓度出现振荡,与此同时酒精浓度在减少,则说明基质流加速率变化的整个区域偏低,需要同时加大 f_{min} 和 f_{max},即($a=+1,b=+1$);

③ 如果溶氧浓度为非振荡,而酒精浓度为不变或减少,则说明此时的基质流加速率变化量的模糊隶属度函数设定正确,符合控制的要求,因此同时保持 f_{min} 和 f_{max} 不变,即($a=0,b=0$)。

这样,模糊反馈控制器的隶属度函数就可以根据过程的模式变化而不断地更新和调整,使模糊反馈控制器与现时的发酵环境相适应,进而提高和改善整个控制系统的性能。

控制系统中两个作为模式识别器的人工神经网络对于过程模式变化的识别精度直接关系到模糊控制器的在线调节,因而对于控制性能有着直接的影响。本例中,选择了一个 131×4×2 的 3 层人工神经网络进行溶氧浓度的模式识别,一个 251×4×3 的 3 层人工神经网络进行酒精浓度的模式识别,选取 1440 套不同的溶氧浓度数据和 1500 套不同的酒精浓度数据利用 BP 算法对这两个神经网络进行学习和训练,保证了对酒精浓度的正确识别率为 90.2%,溶氧浓度的正确识别率为 98.7%,满足了在线状态模式识别和模糊控制器在线调节和修正的要求。

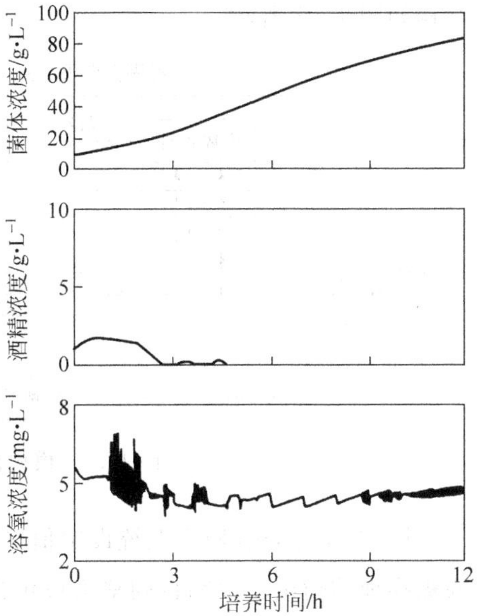

图 17.6 模糊神经网络控制系统的控制效果

图 17.6 给出了此模糊神经网络控制系统的控制效果[13]。从图中可以看到,菌体浓度在整个培养过程中平稳上升,培养结束时达到了 85g/L 左右,比相同条件下采用常规模糊控制时得到的 73g/L 提高了约 15%;而发酵液中的溶氧浓度处于振荡状态的情形被大大缓解,在培养 3 小时以后基本平稳保持在 5mg/L 的水平上;代谢副产物酒精虽然在培养初期有所积累,但是在培养 3 小时以后酒精浓度基本平稳保持在接近于 0 的水平上。

当然,也可以利用其他控制方法来替代本例中的模糊人工神经网络控制部分,形成其他控制方案,例如利用专家控制系统、神经网络解耦控制等。

17.3.3 pH 值的非线性控制

如前所述,发酵过程中的 pH 对象特性具有时变性、非线性、不确定性、大迟延等特点。由于这种复杂性，从机理入手建立模型是相当困难的。对于 pH 这样的系统，如果采用传统的 PID 控制，同一组控制参数很难兼顾发酵过程不同阶段的控制要求，控制效果较差。Smith 预估补偿法是传统 PID 控制中解决纯迟延问题的一种有效方法，但其前提是被控对象的数学模型要精确，而这在 pH 控制中很难做到。与传统 PID 控制相比，模糊控制的鲁棒性较好，对纯迟延及被控对象参数的变化不敏感，对于模型未知、大迟延的非线性对象可以得到较满意的控制效果，因而在发酵过程的 pH 值控制中获得到了较多的应用。为此，本节将以模糊自调整 PI 控制器[16]为例简要介绍发酵过程 pH 值的非线性控制。

模糊自调整 PI 控制器的基本原理是将模糊控制与常规 PI 控制相结合，利用模糊推理判断的思想，根据不同的偏差和偏差的变化率对 PI 控制器的参数 K_C 和 T_I 进行在线自整定，以获得较好的控制效果。

此模糊自调整 PI 控制器由自适应 PI 控制器和模糊自调整机制两部分组成，其结构如图 17.7 所示。

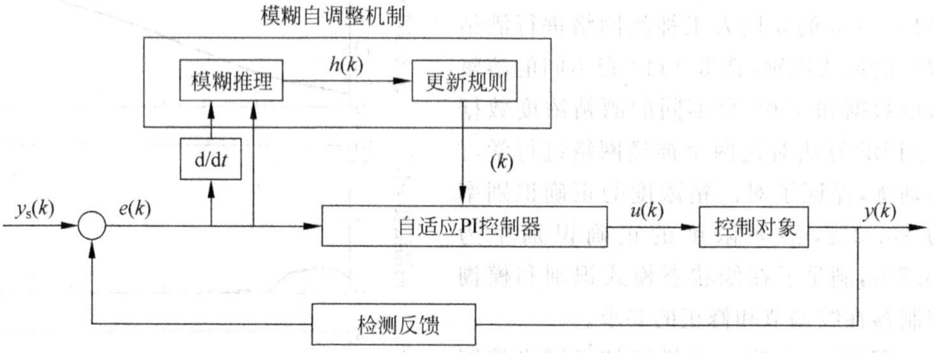

图 17.7　模糊自调整 PI 控制器结构图

图 17.7 中，$y_s(k)$为系统设定值，$y(k)$为系统输出，$u(k)$为控制器输出，$h(k)$为模糊推理的输出。模糊自调整模块包含有两个输入：偏差 $e(k)=y_s(k)-y(k)$，及其偏差变化率 $\Delta e(k)=[e(k)-e(k-1)]/T_s$，$T_s$ 为采样时间，一个输出参数 $\alpha(k)$用于在线整定 PI 控制器的比例增益 K_C 和积分时间 T_I。

模糊自调整机制由模糊推理和更新规则两个模块组成，模糊推理模块采用“二输入、单输出”的形式，将系统偏差 e 和偏差变化率 Δe 作为输入，输出参数 $h(k)$，更新规则模块利用 $h(k)$来更新整定参数 $\alpha(k)$。模糊推理模块的输入和输出变量的模糊子集设为“负大、负中、负小、零、正小、正中、正大”七级，并将各变量的隶属度函数取为三角形隶属度函数曲线分布，得出各模糊子集的隶属度函数曲线。根据各模糊子集的隶属度赋值表和输出变量的模糊控制规则，应用模糊合成推理算法求出模糊集合并进行解模糊化，从而得到输出变量 $h(k)$。

于是更新模块利用 $h(k)$根据下式更新整定参数 $\alpha(k)$

$$\left.\begin{aligned}\alpha(k+1) &= \alpha(k)+\gamma h(k)\left[1-\alpha(k)\right] & \alpha(k)\geqslant 0.5\\ \alpha(k+1) &= \alpha(k)+\gamma h(k)\alpha(k) & \alpha(k)<0.5\end{aligned}\right\}\qquad(17\text{-}22)$$

其中，γ 是一个正的常数。则 PI 控制器的参数 K_C 和 T_I 就可以依据下式进行调整

$$K_C=\alpha K_{C0},\quad T_I=\frac{\alpha T_{I0}}{1+5\alpha},\quad 0.05\leqslant\alpha\leqslant 0.99\qquad(17\text{-}23)$$

式中，K_{C0} 为控制器最大的经验增益常数，T_{I0} 为时间常数。

PI 控制器的输出可以表示为

$$u(k)=K_C\left[e(k)+\frac{\Delta T}{T_I}\sum_{j=1}^{k}e(j)\right]\qquad(17\text{-}24)$$

图 17.8 给出了在反应器容积为 2L 的某发酵仿真实验中使用该模糊自调整 PI 控制器的控制效果，仿真实验结果表明，发酵液中的 pH 值能够稳定在设定值 pH＝6 附近，控制精度满足过程要求的±0.05 以内。

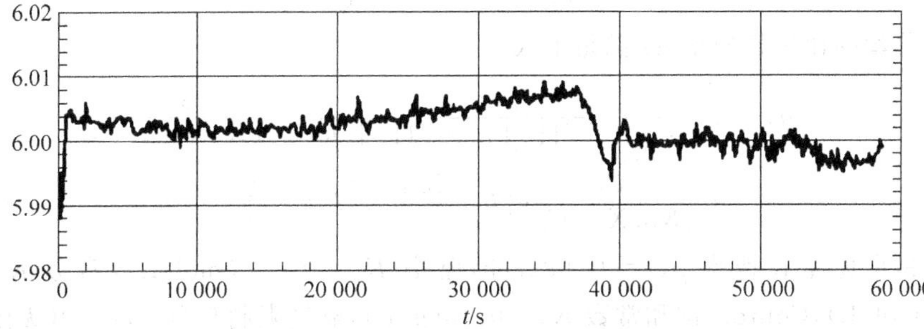

图 17.8　模糊自调整 PI 控制器仿真实验结果

17.4　先进控制在发酵过程中的应用

正如第 10 章间歇过程控制中所论述的，目前在间歇过程中采用先进控制策略的案例较多，主要的先进控制方法有：自适应控制，如 PID 参数自整定自适应控制、模型参考自适应控制等；模型预测控制，如模型预测控制、基于特定非线性模型的预测控制等；智能控制，如模糊控制、人工神经网络控制等；Run-to-Run 控制，迭代学习控制(iterative learning control，ILC)等。这些策略的应用使得发酵过程呈现的非线性、时变性以及建模困难等问题得到较好的解决，极大地提高了发酵过程的控制水平。

由于流加式补料(fed-batch)发酵在整个发酵过程中占有重要的地位，其过程基本特性是将反应菌体一次性地加入，在反应过程中间歇或连续地补加反应物料，直到产物或细胞生成量达到一定要求后才一次性地卸出。从控制的角度来看，流加式补料发酵的控制是发酵控制中最具有挑战性的问题，主要原因在于，获得其过程精确的数学模型是十分困难的，而且每一批次之间过程的初始条件以及模型的参数都是变化的，对于相同的输入每一批次的输出都不相同。因此，本节将以模型预测控

制以及迭代学习控制两种先进策略为例来介绍对流加式补料发酵过程的优化控制。

17.4.1 模型预测控制

青霉素是一种典型的流加式补料发酵产品，其发酵过程的机理非常复杂，具有高度的非线性和时变性，并且是一个物理上不可逆的过程。

设青霉素发酵液中菌丝浓度为 X，基质浓度为 S，青霉素浓度为 P，溶解氧浓度为 C_L，二氧化碳浓度为 CO_2，表征 pH 值的氢离子浓度为$[H^+]$，发酵温度为 T，发酵液体积为 V，热产率为 Q_{rxn}，这 9 个变量为过程的状态变量。该发酵过程的模型可以从发酵机理得到，由下面一系列状态方程来描述[17]。

(1) 菌丝生长方程为

$$\frac{dX}{dt}=\mu_X X-\frac{X}{V}\frac{dV}{dt} \tag{17-25}$$

其中，菌丝的比生长速率 μ_X 满足下式

$$\mu_X=\left[\frac{\mu_{X_0}}{1+[K_1/[H^+]]+[[H^+]/K_2]}\right]\frac{S}{(K_X X+S)} \cdot \frac{C_L}{(K_{OX}X+C_L)}\left[k_g e^{-\frac{E_g}{RT}}\right]-\left[k_d e^{-\frac{E_d}{RT}}\right] \tag{17-26}$$

其中，最大比生长速率 $\mu_{X_0}=0.092c/h$，常数 $K_1=10^{-10}(mol/L)$，常数 $K_2=7\times 10^{-5}(mol/L)$，Contois 饱和常数 $K_X=0.15(g/L)$，氧气限制常数 $K_{OX}=0$（无限制时）或 2×10^{-2}（有限制时），Arrhenius 生长常数 $k_g=7\times 10^3$，生长活化能 $E_g=5100(cal/mol)$，Arrhenius 细胞死亡常数 $k_d=10^{33}$，细胞死亡活化能 $E_d=50\,000(cal/mol)$，理想气体常数 $R=8.314(J/mol\cdot K)$。

(2) 氢离子浓度变化方程为

$$\frac{d[H^+]}{dt}=\gamma\left(\mu_X X-\frac{FX}{V}\right)+\left[\frac{-B+\sqrt{B^2+4\times 10^{-14}}}{2}-[H^+]\right]\frac{1}{\Delta t} \tag{17-27}$$

其中，$F(L/h)$为基质流加流量，均衡常数 $\gamma=10^{-5}(mol/g)$，B 满足下式

$$B=\frac{[10^{-14}/[H^+]-[H^+]]V-C_{a/b}(F_a+F_b)\Delta t}{V+(F_a+F_b)\Delta t} \tag{17-28}$$

其中，F_a 和 F_b 分别代表酸液和碱液 NH_4OH 的流加流量(L/h)，并且各自溶液的浓度均为 $C_{a/b}=3(mol/L)$。

(3) 青霉素浓度变化方程为

$$\frac{dP}{dt}=\mu_P X-KP-\frac{P}{V}\frac{dV}{dt} \tag{17-29}$$

其中，青霉素水解率常数 $K=0.04(1/h)$，青霉素的比生长速率 μ_P 满足下式

$$\mu_P=\mu_{P_0}\frac{S}{(K_P+S+S^2/K_I)}\frac{(C_L)^p}{(K_{OP}X+(C_L)^p)} \tag{17-30}$$

其中，青霉素产率特定值 $\mu_{P_0}=0.005(1/\mathrm{h})$，抑制常数 $K_P=0.0002(\mathrm{g/L})$，产物抑制常数 $K_I=0.10(\mathrm{g/L})$，氧气限制常数 $K_{OP}=0$(无限制时)或 5×10^{-4}(有限制时)，常数 $p=3$。

(4) 基质浓度变化方程为

$$\frac{\mathrm{d}S}{\mathrm{d}t}=-\frac{\mu_X}{Y_{X/S}}X-\frac{\mu_P}{Y_{P/S}}X-m_SX+\frac{FS_f}{V}-\frac{S}{V}\frac{\mathrm{d}V}{\mathrm{d}t} \tag{17-31}$$

其中，产率常数 $Y_{X/S}=0.45(\mathrm{g/g})$，产率常数 $Y_{P/S}=0.90(\mathrm{g/g})$，基质维持系数 $m_S=0.014(1/\mathrm{h})$，基质流加浓度 $S_f=600(\mathrm{g/L})$。

(5) 溶解氧浓度变化方程为

$$\frac{\mathrm{d}C_L}{\mathrm{d}t}=-\frac{\mu_X}{Y_{X/O}}X-\frac{\mu_P}{Y_{P/O}}X-m_OX+K_{la}(C_L^*-C_L)-\frac{C_L}{V}\frac{\mathrm{d}V}{\mathrm{d}t} \tag{17-32}$$

其中，产率常数 $Y_{X/O}=0.04(\mathrm{g/g})$，产率常数 $Y_{P/O}=0.20(\mathrm{g/g})$，氧气维持系数 $m_O=0.467(1/\mathrm{h})$，饱和时溶解氧浓度 $C_L^*=1.16(\mathrm{g/L})$，K_{la}是氧气体积传质系数，为发酵罐搅拌电机功率 P_G 和氧气输入流量 f_g 的函数：

$$K_{la}=\alpha\sqrt{f_g}\left(\frac{P_G}{V}\right)^{\beta} \tag{17-33}$$

其中，常数 $\alpha=70$，$\beta=0.4$。

(6) 发酵液体积变化方程为

$$\frac{\mathrm{d}V}{\mathrm{d}t}=F+F_{a/b}-F_{loss} \tag{17-34}$$

其中，$F_{a/b}$代表酸液和碱液输入的综合影响，F_{loss}满足下式

$$F_{loss}=V\lambda\left(\mathrm{e}^{5((T-T_o)/T_v-T_o)}-1\right) \tag{17-35}$$

其中，常数 $\lambda=2.5\times10^{-4}/\mathrm{h}$，$T_o$ 和 T_v 分别代表发酵液的冰点和沸点，这里假设与水的冰点、沸点相同。

(7) 体积热产率方程为

$$\frac{\mathrm{d}Q_{rxn}}{\mathrm{d}t}=r_{q1}\frac{\mathrm{d}X}{\mathrm{d}t}V+r_{q2}XV \tag{17-36}$$

其中，热量生成产率 $r_{q1}=60(\mathrm{cal/g})$，热量生成常数 $r_{q2}=1.6783\times10^{-4}(\mathrm{cal/g\ h})$。

(8) 发酵温度变化方程为

$$\frac{\mathrm{d}T}{\mathrm{d}t}=\frac{F}{S_f}(T_f-T)+\frac{1}{V\rho C_P}\times\left[Q_{rxn}-\frac{a(F_C)^{b+1}}{F_C+a(F_C)^b/2\rho_C C_{PC}}\right] \tag{17-37}$$

其中，基质流加温度 $T_f=298(\mathrm{K})$，发酵液热容密度 $\rho C_P=1/1500(1/℃)$，F_C 为冷却水流量(L/h)，冷却水热容密度 $\rho_C C_{PC}=1/2000(1/℃)$，冷却/加热水热传导系数 $a=1000(\mathrm{cal/h}\ ℃)$，常数 $b=0.60$。

(9) 二氧化碳浓度变化方程为

$$\frac{\mathrm{d}CO_2}{\mathrm{d}t}=\alpha_1\frac{\mathrm{d}X}{\mathrm{d}t}+\alpha_2X+\alpha_3 \tag{17-38}$$

其中，常数 $\alpha_1=0.143(\mathrm{mmol/g})$，$\alpha_2=4\times10^{-7}(\mathrm{mmol/g\ h})$，$\alpha_3=10^{-4}(\mathrm{mmol/h})$。

过程模型的初始条件如表 17.2 所示。

表 17.2 此发酵过程的初始条件

变量名	数值	变量名	数值
基质浓度 S/(g/L)	15	发酵液体积 V(L)	100
溶解氧浓度 C_L(等于饱和时溶解氧浓度 $C_L{}^*$)(g/L)	1.16	二氧化碳浓度 CO_2 (mmol/L)	0.5
菌丝浓度 X/(g/L)	0.1	氢离子浓度$[H^+]$(mol/L)	$10^{-5.1}$
青霉素浓度 P/(g/L)	0	发酵温度 T(K)	297
发热量 Q_{rxn}/cal	0		

将上述方程描述的青霉素发酵过程的机理模型写成离散的标准形式，即

$$\boldsymbol{x}(k+1)=f(\boldsymbol{x}(k),\boldsymbol{u}(k),\boldsymbol{d}(k)),\quad \boldsymbol{x}(0)=\boldsymbol{x}_0 \tag{17-39}$$

式中，$\boldsymbol{x}(k)$、$\boldsymbol{u}(k)$、$\boldsymbol{d}(k)$分别代表状态变量、控制变量和扰动，状态变量即前面所述的9个变量，控制变量由冷却水流量 F_C、酸液流加流量 F_a 和碱液流加流量 F_b 组成，扰动假定为白噪声。则模型预测控制的目标就是求解下面的优化问题

$$\left.\begin{aligned}&\min \sum_{i=1}^{N_p}\boldsymbol{x}^T(i)\boldsymbol{Q}\boldsymbol{x}(i)+\sum_{i=1}^{N_c}\boldsymbol{u}^T(i)\boldsymbol{R}\boldsymbol{u}(i)\\&\text{s.t. } \boldsymbol{E}\boldsymbol{x}+\boldsymbol{F}\boldsymbol{u}\leqslant\boldsymbol{\Psi}\end{aligned}\right\} \tag{17-40}$$

其中，N_p 为预测时域，N_c 为控制时域，相应维数的矩阵 $\boldsymbol{E}$、$\boldsymbol{F}$、$\boldsymbol{\Psi}$ 用来构成优化问题的约束，$\boldsymbol{Q}$ 和 $\boldsymbol{R}$ 为加权矩阵。

由于青霉素发酵具有高度的非线性和开环不稳定的特性，求解式(17-40)的优化问题通常会遇到病态，导致常微分方程的求解失效，使得该 MPC 方法难以有效地跟踪设定点变化。为了克服这一问题以获得更好的控制性能，文献[17]发现将青霉素浓度的倒数作为评价函数中的一项，就可使模型预测控制求解的优化问题变为如式(17-41)所示，则此方程有优化解

$$\left.\begin{aligned}&\min \boldsymbol{Q}\sum_{i=1}^{N_p}1/P(i)+\boldsymbol{R}\sum_{i=1}^{N_c}\Delta\boldsymbol{u}^T(i)\Delta\boldsymbol{u}(i)\\&\text{s.t. } u_a,u_b\leqslant 0.1\end{aligned}\right\} \tag{17-41}$$

其中，u_a 和 u_b 分别代表酸液和碱液的流加输入，受到信号约束。

MPC 通过在每一步中利用非线性模型进行预测并最小化评价函数来获得合适的控制信号，该优化问题可以通过二次规划方法来求解。这里假设优化问题中所包含的参数都是可以获得的，不可实时测量的参数可以通过软测量等其他方法进行估计得到。

在本例中，采样间隔为 0.05h，预测时域为 12h，控制时域为 9h，加权参数取为 $Q=0.001$、$R=10$，控制器信号约束为 $0.0\leqslant u_{a,b}(k)\leqslant 0.1$。

图 17.9 中的(a)～(d)分别给出了青霉素浓度、冷却水流量、酸液流加流量和碱液流加流量的变化曲线[17]。

青霉素发酵过程控制的目的是使青霉素浓度平稳上升，本例与文献[18]采用的 PID 控制效果相比，文献[18]中的控制输入信号通常会在短时间内出现很大的超限

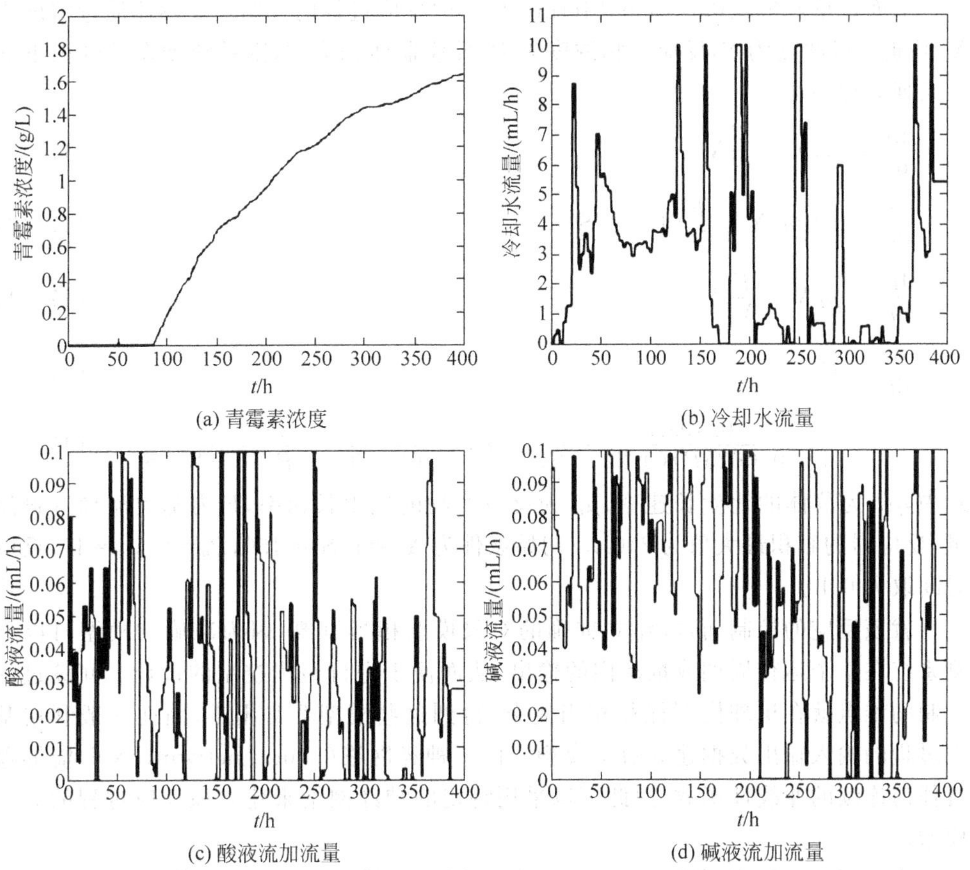

图 17.9 MPC 控制效果

尖峰，而本例的控制信号波动更容易接受，满足控制信号的约束条件，并且作为最终目标的青霉素浓度也比文献[18]中的高 25%，表现出了很好的控制效果。

17.4.2 迭代学习控制

在流加式补料发酵过程中，通常都是在半间歇模式下运行，一般酸液、碱液、营养液等进料流量均可用作系统的输入，这是一个简单的优化控制问题，但是在确定间歇过程的最优运行策略方面仍然有不少困难，主要原因是间歇反应过程往往是非线性动态系统。

如第 10 章所述，迭代学习控制具有学习能力，在重复运行的控制过程中能够不断地进行自我修正和自我完善，以获得高精度、高性能的控制效果。迭代学习控制要求系统具有可重复性，而流加式补料发酵过程每一批次从开始发酵到发酵结束具有相同的过程，因此采用迭代学习控制来对流加式补料发酵过程进行控制能获得对期望指标的较好的跟踪性能。

下面讨论乙醇发酵(ethanol fermentation)反应过程的控制。设菌体质量浓度为 X,基质质量浓度为 S,反应产物浓度为 P,反应器体积为 V,则系统动态特性由下面一系列方程描述[19]

$$\frac{\mathrm{d}X}{\mathrm{d}t}=\mu_X X-\frac{F}{V}X \tag{17-42}$$

$$\frac{\mathrm{d}S}{\mathrm{d}t}=-10\mu_X X+\frac{F}{V}(150-S) \tag{17-43}$$

$$\frac{\mathrm{d}P}{\mathrm{d}t}=\mu_P X-\frac{F}{V}P \tag{17-44}$$

$$\frac{\mathrm{d}V}{\mathrm{d}t}=F \tag{17-45}$$

$$\mu_X=\frac{0.408S}{(1+0.0625P)(0.22+S)},\quad \mu_P=\frac{S}{(1+0.014P)(0.44+S)} \tag{17-46}$$

式中,μ_X 为菌体的比生长速率、μ_P 为反应产物的比生长速率,F 为基质流加进料流量,反应器的容积最大值为200L。初始条件为 $X_0=1,S_0=150,P_0=0,V_0=10$,反应时间取为63h。

就该反应的控制而言,建立准确的对象模型相当重要,因为准确的模型可以预测系统在整个运行周期或批次内的输出,从而便于进行最优控制的设计。间歇过程控制的难点就在机理模型往往相当复杂,得到这些模型非常困难,因而一般利用基于过程的输入输出数据建立数学模型。由于神经网络(neural network,NN)能够逼近任何连续的非线性函数,因此可以采用特定的神经网络来建立该反应过程的数学模型。

许多间歇过程都可以看作是一种仿射非线性系统,采用如下的数学模型来描述

$$\left.\begin{aligned}\dot{x}_k&=f(x_k)+g(x_k)u_k,\quad x_k(0)=x_{k0}\\ y_k&=x_k\end{aligned}\right\} \tag{17-47}$$

该系统的离散模型描述为

$$\begin{aligned}y_k(t+1)=&f(y_k(t),\cdots,y_k(t-n+1))\\&+g(y_k(t),\cdots,y_k(t-n+1))u_k(t)\end{aligned} \tag{17-48}$$

其中 n 是系统的阶数。

文献[19]提出了控制仿射前向神经网络(control-affine feedforward neural network,CAFNN)来对该发酵过程进行建模,如图17.10所示。

CAFNN网络的输出为

$$\hat{y}_k(t+1)=\boldsymbol{W}^0(t)^{\mathrm{T}}\hat{\boldsymbol{F}}(\boldsymbol{\chi}_k(t))=\hat{f}(\boldsymbol{\chi}_k(t))+\hat{g}(\boldsymbol{\chi}_k(t))u_k(t) \tag{17-49}$$

其中 $\boldsymbol{\chi}_k(t)=[y_k(t),\cdots,y_k(t-n+1)]^{\mathrm{T}}$,$\boldsymbol{W}^0(t)=[1,u_k(t)]^{\mathrm{T}}$,$\hat{\boldsymbol{F}}(\boldsymbol{\chi}_k(t))=[\hat{f}(\boldsymbol{\chi}_k(t)),\hat{g}(\boldsymbol{\chi}_k(t))]^{\mathrm{T}}$,$\hat{f}$ 和 $\hat{g}$ 是内层前向网络的输出,且有

$$\hat{\boldsymbol{F}}(\boldsymbol{\chi}(t))=\sum_{m=1}^{n_h}\left(w_{jm}^2\cdot a\left(\sum_{l=1}^{n_I}w_{ml}^1x_l(t)+\mu_m^1\right)\right)+\mu_j^2,\quad j=1,2 \tag{17-50}$$

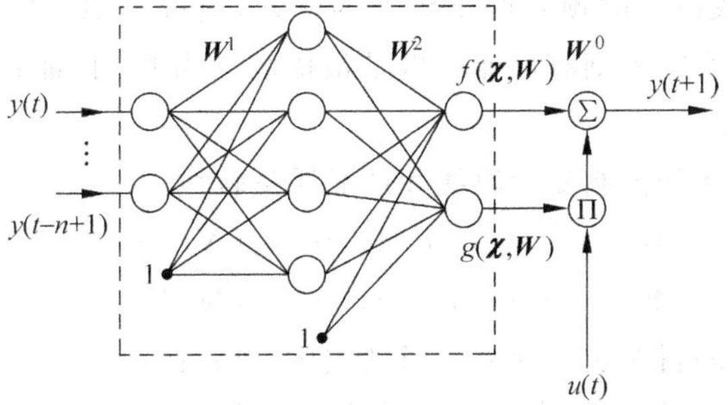

图 17.10　控制仿射前向神经网络结构

假设机理模型式(17-42)～式(17-46)是未知的，在此用 CAFNN 模型来建立输出 $y=P$(反应产物浓度)和输入 u 之间的非线性关系。CAFNN 模型描述为

$$y(k+1)=\hat{f}(y(k),y(k-1),y(k-2))$$
$$+\hat{g}(y(k),y(k-1),y(k-2))u(t) \tag{17-51}$$

在建模中，从机理模型中仿真产生了 52 个批次的不同进料策略下得到的输入输出数据集，将该数据集分为 30 组训练数据和 20 组测试数据，以及 2 组检验数据。经过大量的仿真试验，确定了 CAFNN 模型取为 3 个输入节点、10 个隐层节点，即 3-10-2-1。CAFNN 训练好之后，在两个校验数据上对 CAFNN 模型的预测进行了长周期预测值的测试，结果如图 17.11 所示。可见 CAFNN 模型预测性能较好，能够反映产品质量的动态变化趋势。

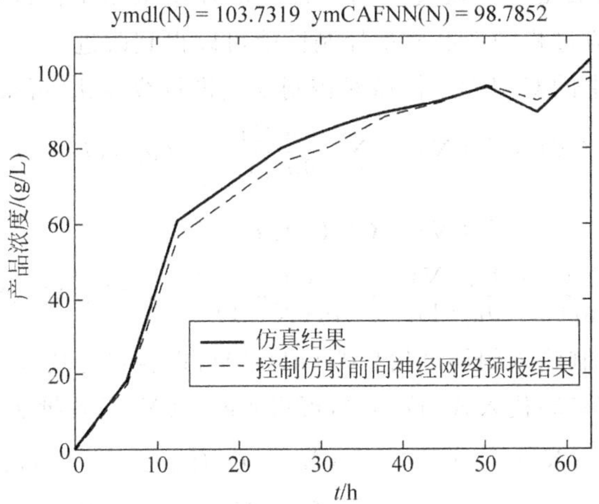

图 17.11　CAFNN 模型在不可观批次数据上的产品浓度预测值

CAFNN 由于其特殊的网络结构，控制信号的梯度信息可以用递推的方式解析地计算得到，从而可以得到一个简单有效的最优控制策略。然而，神经网络模型毕竟只是间歇过程的一个近似模型，模型与过程之间的不匹配或者未知扰动仍然存

在，因而有可能导致模型的预测产生较大的误差，通过 CAFNN 模型计算出来的最优控制策略应用到实际中则有可能不再是最优的。为此，下面采用迭代学习控制来加以克服。

定义第 k 个批次的控制变量轨线和产品质量轨线为

$$\left.\begin{aligned} \boldsymbol{U}_k &= [u_k(0), u_k(1), \cdots, u_k(N-1)]^{\mathrm{T}} \\ \boldsymbol{Y}_k &= [y_k(1), y_k(2), \cdots, y_k(N)]^{\mathrm{T}} \end{aligned}\right\} \tag{17-52}$$

迭代学习控制的目标就是采用一个基于模型的迭代学习控制方法来找到下一批次基质流加进料流量 $\boldsymbol{U}_{k+1}$，使得反应终点时刻产品质量 $y_{k+1}(N)$ 渐近收敛到期望值 $y_d(N)$。若考虑在第 k 个批次结束之后使用修正的预测误差来更新第 $(k+1)$ 个批次的控制策略，则可以采用如下的二次型目标函数

$$J_{k+1} = \min_{\Delta \boldsymbol{U}_{k+1}} \frac{1}{2}[\tilde{\boldsymbol{e}}_{k+1}^T(N)\boldsymbol{Q}\tilde{\boldsymbol{e}}_{k+1}(N) + \Delta \boldsymbol{U}_{k+1}^{\mathrm{T}}\boldsymbol{R}\Delta \boldsymbol{U}_{k+1}] \tag{17-53}$$

其中 $\Delta \boldsymbol{U}_{k+1} = \boldsymbol{U}_{k+1} - \boldsymbol{U}_k$ 为相邻两个批次的控制输入序列的变化值，$\boldsymbol{Q}$ 是对产品质量控制误差的权重，$\boldsymbol{R}$ 是对控制作用的权重，$\tilde{e}_{k+1}(N)$ 为修正后的模型跟踪误差，且有

$$\left.\begin{aligned} \tilde{\boldsymbol{e}}_{k+1}(N) &= y_d(N) - \tilde{y}_{k+1}(N) \\ \tilde{y}_{k+1}(N) &= \hat{y}_{k+1}(N) + \varepsilon_k(N) \\ \varepsilon_k(N) &= y_k(N) - \hat{y}_k(N) \end{aligned}\right\} \tag{17-54}$$

由于控制信号的梯度信息可以直接迭代计算出来，所以 CAFNN 的线性化模型能很容易地解析得到，进而将该模型用于迭代学习控制当中，得到迭代学习律，使得下一个批次的控制策略可以通过从当前批次的控制策略中修改得到。随着批次的不断增加，间歇反应过程的产品质量控制性能可以得到改进。

将式(17-49)中的 CAFNN 模型对控制变量进行线性化，可得到下式

$$\begin{aligned} \hat{y}_{k+1}(N) &= \hat{y}_k(N) + \sum_{i=0}^{N-1} \left.\frac{\partial y(N)}{\partial u(i)}\right|_{u_k(i)} (u_{k+1}(i) - u_k(i)) \\ &= \hat{y}_k(N) + \boldsymbol{G}^{\mathrm{T}}(\boldsymbol{U}_k)\Delta \boldsymbol{U}_{k+1} \end{aligned} \tag{17-55}$$

其中 $\boldsymbol{G}^{\mathrm{T}}(\boldsymbol{U}_k) = \left[\frac{\partial y_k(N)}{\partial u_k(0)} \ \frac{\partial y_k(N)}{\partial u_k(1)} \ \cdots \ \frac{\partial y_k(N)}{\partial u_k(N-1)}\right]$。根据 CAFNN 网络的特殊结构式(17-49)，关于控制输入的梯度信息 $\partial J(uk(i))$ 可以直接迭代计算得到。

进而，将式(17-55)代入式(17-54)，可得到 $\tilde{e}_{k+1}(N)$ 沿着批次 k 的递推关系

$$\begin{aligned} \tilde{e}_{k+1}(N) &= y_d(N) + \hat{y}_k(N) + \boldsymbol{G}^{\mathrm{T}}(\boldsymbol{U}_k)\Delta \boldsymbol{U}_{k+1} + \varepsilon_k(N) \\ &= \tilde{e}_k(N) + \boldsymbol{G}^{\mathrm{T}}(\boldsymbol{U}_k)\Delta \boldsymbol{U}_{k+1} - \Delta\varepsilon_k(N) \\ &= e_k(N) + \boldsymbol{G}^{\mathrm{T}}(\boldsymbol{U}_k)\Delta \boldsymbol{U}_{k+1} \end{aligned} \tag{17-56}$$

其中 $\Delta\varepsilon_k(N) = \varepsilon_k(N) - \varepsilon_{k-1}(N)$，$e_k(N) = y_d(N) - y_k(N)$ 是终点时刻输出值的跟踪误差。

由目标函数式(17-53)中 $\partial J / \partial \boldsymbol{U}_{k+1} = 0$，可计算得到迭代学习控制律为

$$\Delta \boldsymbol{U}_{k+1} = \boldsymbol{K}_k e_k(N) \tag{17-57}$$

其中 $\boldsymbol{K}_k = [\boldsymbol{G}(\boldsymbol{U}_k)\boldsymbol{Q}\boldsymbol{G}^{\mathrm{T}}(\boldsymbol{U}_k) + \boldsymbol{R}]^{-1}\boldsymbol{G}(\boldsymbol{U}_k)\boldsymbol{Q}$。

对于迭代学习控制，其参数设置为 $\boldsymbol{Q} = \boldsymbol{I}_{10}$ 及 $\boldsymbol{R} = 0.01\boldsymbol{I}_{10}$。期望的输出值 $y_d(N)$ 取为 103.53。为了检验本章提出的控制算法的效果，首先通过求解基于 CAFNN 模型的最优化问题，得到最终产品浓度的最优值，其中采用序贯二次规划(SQP)方法求解非线性最优化问题。由于 CAFNN 存在模型不匹配，该值为 95.05，离目标值还差 8.2%。在此采用基于 CAFNN 的控制策略作为迭代学习控制(ILC)方法的第一个批次输入，如图 17.12 所示。

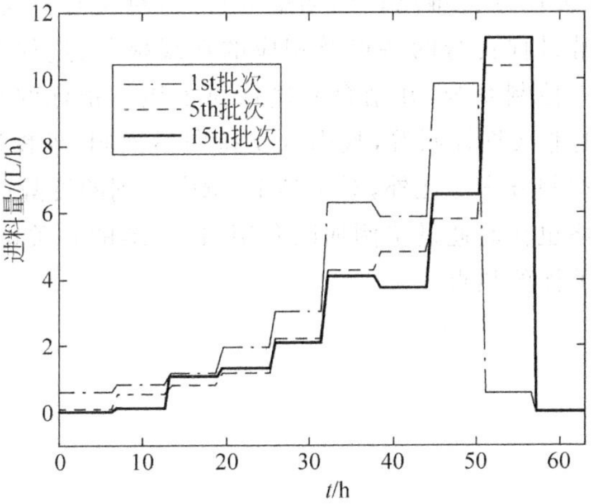

图 17.12　迭代学习控制下基质流加进料流量 $\boldsymbol{U}_k$ 的收敛轨迹

图 17.12 显示了进料流量 $\boldsymbol{U}_k$ 在迭代学习控制(ILC)下第 1、5 和 15 个批次下的变化情况。图 17.13 显示了在本章提出的 ILC 控制策略下，反应终点时刻产品浓度的跟踪误差 $e_k(N)$ 的均方误差。可以看出大约在第 6 个批次之后 $e_k(N)$ 得到改进并且逐渐地收敛，也就是说终点产品质量渐近地收敛到期望值。需要指出的是，由于进料流量受到了限制，所以 $e_k(N)$ 会有一些波动。

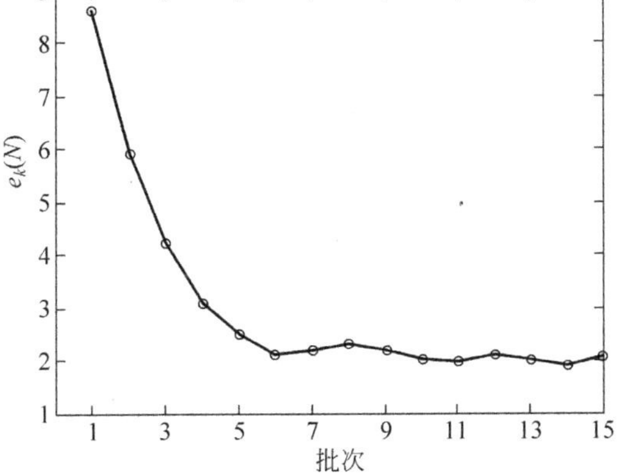

图 17.13　迭代学习控制下 $e_k(N)$ 的均方误差

17.5 小结

近几十年来，发酵过程技术已经成为食品工业、医药工业、能源工业等国民经济行业的关键技术之一，如何对发酵过程进行较好的控制，既关系到能否充分发挥微生物的生产能力，又影响到下游处理的难易程度，对于整个发酵过程具有举足轻重的意义。但是，与一般的物理、化学过程相比，发酵过程具有高度的非线性、强烈的时变性、状态变量和被控变量难以在线测量等特点，对实时在线控制具有很大的挑战性。本章结合发酵过程自身的特点及相应的在线检测、过程控制的特有模式，介绍了发酵过程的基本控制系统，并结合实例探讨了质量指标的软测量、发酵过程的补料控制及 pH 值的非线性控制等，且引入支持向量回归、模糊逻辑推理、人工神经网络等技术的先进控制方案。此外，对于第 10 章中提到的发酵过程模型预测控制及迭代学习控制等策略也在此通过实例加以介绍，这些新的和关键性的理论与技术是目前发酵过程控制关注的热点。

第五篇小结

本篇是在讨论了简单控制系统、复杂控制系统、先进控制系统和过程计算机控制系统后才写的，其目的是在了解和掌握了控制系统的基本概念、理论和方法以及过程控制计算机的有关知识后，通过讨论对两个典型的过程装置——精馏过程和发酵过程的控制，来加深对前面几章内容的理解，更重要的是学习如何从过程的动态和静态特性出发，分析和掌握过程对控制的需求，然后确定采用什么控制系统，经过比较研究，研究其控制的效果，然后再加以改进。通过本篇可以深刻理解控制系统的构架不是一成不变的，必须根据对实际过程本身进行深入的分析，才可能设计出简单而有效的控制系统。可以说，在研究过程控制中强调应对过程本身的物理化学等过程进行深入透彻的了解和掌握是怎么也不会过分的。

本篇首先从具体工艺过程的静态特性和动态特性出发，了解过程控制的难易程度，对控制提出的要求以及分析过程中的被控变量、操作变量和干扰变量，从而将前面学到的思路和知识融会贯通，来分析和规划各自的基本控制系统。

在分析基本控制系统的控制性能后，根据过程的特定要求，应该进一步研究新的控制方法和策略。例如在精馏过程中采用的内回流控制、进料热焓控制、精馏塔的节能控制以及基于软测量的产品质量直接闭环控制等；又例如在发酵过程中则除了讨论了 pH 非线性控制外，还对发酵过程中一个很重要又难控的补料过程进行了研究，根据补料过程的特点和难点，讨论了采用基于模糊神经网络的控制、基于模型预测控制以及基于迭代学习控制等的三种补料控制系统。从中可以看到，在控制系统的分析与设计中，可以有很多选择，也可以提出新的更有效的控制方案。总之，在控制理论应用到实际的过程中有很大的灵活性，也存在着很大的创新空间。

思考题与习题

第 16 章

16.1　为什么在精馏塔中可以把原料溶液分成以易挥发组分为主的塔顶产品和以难挥发组分为主的塔釜产品？

16.2　为什么从塔顶出来的蒸汽经冷凝后又要有一部分返回塔内？

16.3　为什么从塔底出来的液体除了一部分引出作为塔釜产品外，有一部分需要在再沸器里汽化后返回塔内？

16.4　影响精馏操作的因素有哪些？它们对精馏塔操作有什么影响？

16.5 回流比的大小对精馏运行有什么影响？

16.6 什么是灵敏板？为什么要用灵敏板控制塔温？

16.7 在什么情况下采用温差控制？又在什么情况下采用双温差控制？

16.8 什么是精馏段温控和提馏段温控？二者各有什么特点？

16.9 如何对精馏塔两端质量指标控制方案进行相关分析？什么情况下需要采用解耦控制系统？

16.10 什么是精馏塔的内回流控制系统？它适用于什么场合？

16.11 什么是精馏塔的热焓控制系统？它适用于什么场合？

16.12 精馏塔采用节能控制方案有什么意义？举例说明采用节能控制后的经济效益。

16.13 对一常压二元精馏塔分离含苯 0.3(摩尔分数，以下同)的苯-甲苯混合液，全塔理论塔板数为 10(含塔釜)，假设实际塔板的塔板效率为 1，第 8 层塔板为进料板，塔顶冷凝器采用全凝器。试利用式(16-35)建立该精馏塔的动态数学模型，并进行仿真。分别用 PI 控制器通过调节 D 和 B 对回流罐和塔釜液位进行控制(给定值为 50%)，然后分别探讨操作变量 L、V，干扰变量 F、Z 对塔顶、塔底轻组分含量的影响过程。

取全塔苯和甲苯的平均相对挥发度 α 为 2.32，在正常运行状态下的各稳态工作点为

$$\begin{aligned}\bar{\boldsymbol{x}}&=(\bar{h}_D,\bar{x}_D,\bar{x}_1,\bar{x}_2,\cdots,\bar{x}_{n-1},\bar{x}_B,\bar{h}_B)^T\\&=[0.5,0.990,0.9763,0.9467,0.8862,0.7755,0.6098,0.4221,0.2643,\\&\quad 0.1603,0.0881,0.0448,0.5]^T\end{aligned}$$

$$\bar{\boldsymbol{n}}=(\bar{L},\bar{D},\bar{V},\bar{B})^T=[50.2,2.7,48.9,7.3]^T$$

$$\bar{\boldsymbol{d}}=(\bar{F},\bar{Z},\bar{q})^T=[10,0.3,0.6]^T$$

$$\begin{aligned}\bar{\boldsymbol{M}}_i&=(M_1,M_2,\cdots,M_{n-1})^T\\&=[0.3095,0.3078,0.3044,0.2982,0.2889,0.2784,0.2695,0.2637,\\&\quad 0.2596]^T\end{aligned}$$

$$\bar{M}_D=10.36,\quad A_D=20.72$$

$$\bar{M}_B=8.49,\quad A_B=16.98$$

$$\begin{aligned}(\bar{y}_1,\bar{y}_2,\cdots,\bar{y}_n)^T=[&0.9900,0.9770,0.9488,0.8912,0.7860,0.6288,0.4508,\\&0.3013,0.1776,0.0945]\end{aligned}$$

16.14 在习题 16.13 的基础上，设计 L-XD、V-XB 两 PID 控制回路，组成全塔控制系统，探讨塔顶、塔底轻组分含量设定变化的调节过程和扰动 F、Z 对塔顶、塔底轻组分含量的影响(并对 F、Z 扰动进行前馈控制)。

16.15 在习题 16.13 的基础上，设计 L-XD、V-XB 双入双出预测控制器，组成全塔控制系统，探讨塔顶、塔底轻组分含量给定变化的调节过程和扰动 F、Z 对塔顶、塔底轻组分含量的影响，并与习题 16.14 中的 PID 控制方案进行控制效果对比。(建议采用 MATLAB 自带的 MPC 工具箱设计该预测控制系器，并对 F、Z 扰动进行

前馈控制。)

第 17 章

17.1 与其他化学工业反应相比,发酵过程最主要的特点有哪些?

17.2 与传统的过程控制相比,发酵过程的控制有哪些特点?

17.3 发酵过程控制的主要控制参数有哪些?影响各控制参数的因素以及采用的基本控制方案有哪些?

17.4 发酵反应器的操作形式有哪些?各种操作的特点是什么?

17.5 某发酵过程采取计量罐的方法进行补糖。计量罐内装有高低液位探头,当糖液充入计量罐到达一定高度时,高液位糖满信号为 1;糖液低于一定高度时,低液位糖空信号为 1。计量罐通过气动开关阀 V_1 和电磁阀 E_1 控制糖液进入计量罐,V_2 和 E_2 控制糖液流出。计算机通过控制各阀门动作实现对发酵罐补料。补料流程如下:在补料前应先判断该发酵罐是否开始发酵,判别条件为发酵启停开关是否打开(=1),若已开,将补料开关设为 1,发出补糖指令,打开进料阀门,向计量罐充入糖液。根据充入糖液时间长短来判断是否向计量罐充入糖液,若超过设定时间计量罐糖满信号还没有为 1,那么说明进料有故障,发出报警信号。如果进料正常,糖满信号=1 后,开出料阀门,将糖液加入发酵罐。如果打开出料阀门一段设定时间后,糖空信号仍不为 1,说明出料有故障,发出报警信号。如果出料正常,糖液放完后关闭出料阀门,等待下一个补糖周期。请根据上述内容,设计补糖控制程序框图。

17.6 本章讨论过三种补料控制系统,试分别对它们进行分析,并说明它们各自的优缺点。

参考文献

[1] 天津大学基本有机化工教研室. 基本有机化学工程(中册). 北京:人民出版社,1977

[2] Shinskey F G. Distillation control. New York: McGraw-Hill,1977

[3] Shinskey F G 著,方崇智译. 过程控制系统. 第二版. 北京:化学工业出版社,1982

[4] Krishnamurthy R and Taylor R. A nonequilibrium stage model of multicomponent separation processes: 1. Model description and method of solution. AIChE Journal,1985,31(3):449~456

[5] Boyd D M. Fractionation column control. Chemical Engineering Progress,1975,71(6):55~60

[6] 蒋慰孙,俞金寿. 过程控制工程. 北京:烃加工出版社,1988.

[7] 沈承林等. "精馏塔先进控制方案"技术座谈总结. 炼油化工自动化,1980(5):1~13.

[8] 黄德先等. 化工过程先进控制. 北京:化学工业出版社,2006

[9] 吕文祥,黄德先,金以慧. 常压蒸馏产品质量软测量改进方法及应用. 控制工程,2004,11(4):296~299

[10] 张星元. 发酵原理. 北京:科学出版社,2005

[11] 叶勤. 发酵过程原理. 北京：化学工业出版社，2005
[12] 余龙江. 发酵工程原理与技术应用. 北京：化学工业出版社，2006
[13] 史仲平，潘丰. 发酵过程解析、控制与检测技术. 北京：化学工业出版社，2005
[14] 王建林，于涛. 发酵过程生物量软测量技术的研究进展. 现代化工，2005，25(6)：22～25
[15] 于涛. 基于混合模型的软测量方法研究及其在发酵过程中的应用. 博士论文，北京：北京化工大学，2006
[16] Babuska R，et al. Fuzzy self-tuning PI control of pH in fermentation. Engineering Applications of Artificial Intelligence，2002，15(1)：3～15
[17] Ashoori A，et al. Optimal control of a nonlinear fed-batch fermentation process using model predictive approach. Journal of Process Control，2009，19(7)：1162～1173
[18] Birol G，Undey C，Cinar A. A modular simulation package for fed-batch fermentation：penicillin production. Computers & Chemical Engineering，2002，26(11)：1553～1565.
[19] Xiong Z，et al. Batch-to-batch control of fed-batch processes using control-affine feedforward neural network. Neural Computing & Applications，2008，17(4)：425～432

第六篇　控制系统的设计与实现

第18章 控制系统的设计

18.1 概述

生产过程的基本建设分三个大阶段，即计划阶段、设计阶段和建设阶段。

计划阶段包括计划研究、初步可行性研究和详细可行性研究。设计阶段包括设计任务指令、初步设计(或基础设计)、施工设计(或工程设计)，这一阶段是以可行性研究报告为依据，对厂址选择、全厂规模、设计进度和各化工产品的工艺设计要求等下发指令，一般称"设计任务书"，然后进入初步设计。初步设计是重要的工程设计基础，是施工设计的基本根据，通常在此阶段要分设工艺设计组、工程设计组和管理后勤总务等工作小组。工艺设计组的工作包括化工工艺设计、有关工艺计算、工程设计的工艺条件、环境及三废综合治理等，还包括原材料采购计划、工艺条件编制、培训和运转计划以及安全评估等生产准备工作。工程设计组一般又分为若干专业组，如工厂布置总图、运输、机械、电气、仪表和控制系统、土建、公用工程、项目概算等专业组。管理后勤总务组负责与初步设计有关的一些管理项目。初步设计被审批后进行施工设计，全部施工图设计资料作为下一步施工建设的依据。建设阶段包括编报基建计划、订货和施工准备、施工、生产准备、试车、试产、竣工验收等，并在投产后进行回访、考核、工程总结[1]。

从上可知，过程控制系统的设计是整个基本建设中的一个部分。应该注意到，在当前大型企业中，如果生产过程没有配备必要的仪器、仪表和相应的控制系统，整个企业将会瘫痪，无法进行生产。因而可以说，过程控制系统的设计是整个设计工作中不可或缺的重要组成部分。

过程控制系统是表征在生产过程中自动调节控制量以使被控量接近设定值或保持在设定范围内的一种自动控制系统。它的主要任务是保持过程一直处于期望的运行工况，既安全又经济，且满足生态环境和产品质量的要求。应当看到，为适应当前生产对控制的要求愈来愈高的趋势，必须充分将高新技术应用到生产过程的控制中。因此可以说，过程控制是控制理论、工艺知识、电子技术、计算机技术、信息技术、图像技术和仪器仪表等理论与方法相结合而构成的一门综合性非常强的应用科学。

通常在实施过程控制系统之前必须首先对控制系统进行设计，以保证控制系统能够完全满足工艺生产的要求，而避免建成后返工。

一般而言，过程控制系统的设计是指在了解、掌握生产过程对象特性和工艺生产对控制要求的基础上，通过分析综合，制定控制目标，确定控制方案、设计控制系统，继而进行控制系统的工程设计、并指导工程施工以及现场调试等，最终实现生产过程的控制。

工业生产对过程控制的要求是多方面的，一般可以归纳为三项要求，即安全性、稳定性和经济性，如在石化行业里常说的“安、稳、长、满、优”。安全性是指在整个生产过程中，确保人身和设备的安全，这是最重要的也是最基本的要求。通常是采用参数越限报警、事故报警和连锁保护等措施加以保证，控制系统具有良好的稳定性也是安全性的重要保障条件。近来，由于工业企业向高度连续化和大型化的方向发展，为进一步提高运行的安全性提出了增加在线故障预测和诊断、设计容错控制等新的系统。稳定性的要求是指系统具有跟踪负荷需求、抑制外部扰动，保持生产过程长期稳定运行的能力。众所周知，工业生产环境不是固定不变的，例如原料成分改变、进料量不同以及进料温度、压力等状态的变化，反应器中催化剂活性的衰减，换热器传热面玷污，还有因原料供给、市场销售量的起落等导致的生产负荷的变化，这些因素会或多或少地影响生产过程的平稳性，有时甚至会导致控制系统的不稳定。当然，对简单控制系统稳定性的判断方法已很成熟，但对大型、复杂大系统稳定性的分析就困难得多。“长、满、优”是指长周期、满负荷、优化运行，是保证经济性的要求。经济性是指通过自动控制系统的应用，提高自动控制水平，同时添加优化和先进控制，旨在生产同样质量和数量产品所消耗的能量和原材料最少，进而不断提高生产效率和人员效率。近年来，随着市场竞争加剧和世界能源的匮乏，经济性已受到前所未有的重视。生产过程局部或整体最优化问题已经提上议事日程，成为急需解决的迫切任务。同时环保性要求也被提到了极其重要的地位，工厂必须遵守包括将气体、液体和固体在达到环保规范后排放至工厂区域之外等要求。因而当前安全、环保成为优先保障的目标，HSE(health，safety and environment)已经成为设计中所遵循的重要理念。

在上述控制系统目标明确之后，就可以着手设计控制系统了。控制系统的设计包括三个主要步骤：

(1) 设计被控变量、操作变量和被测变量；

(2) 设计控制策略和控制结构；

(3) 给出控制器的设定值。

选择被控变量、操作变量和被测变量的原则将在 18.4 节中讨论。但需要提及的是，被控变量通常是能在线测量的。如果它们不能在线测量，例如产品的化学成分，就需要通过其他能够测量的温度、压力和或流量等变量来进行估计。这部分内容已在第 8 章中讨论过，即采用推理控制(软测量)来完成。过程中如果能够在线测量其他变量，有时是有好处的，特别是重要的干扰变量的测量，它可以为前馈控制奠定基础,这也在第 6 章中讨论过。

最为广泛使用的过程控制策略是单回路控制,它们大约能解决 80%的被控变量的控制问题。但随着设备的复杂化、大型化,多回路控制已经渗透到许多控制系统中。一个多回路控制系统往往包括多个 PI 或者 PID 控制器,各个控制器之间随着各种不同的控制要求加以连接,组成不同结构的多回路系统。多回路控制设计的关键是确定一个适当的控制结构,即找出恰当的被控变量和操作变量的配对。这个重要问题在第二篇各章中进行过讨论。实践证明,传统的多回路控制结构对于大多数控制问题都是很有效的。但是,也有一些其他类型的过程控制问题,特别在控制要求更高、控制目标涉及更多方面要求的时,多回路控制系统也难以奏效,此时采用先进控制策略可能是唯一有效的措施。

本章将介绍工艺过程对过程控制的各种影响,过程控制的自由度分析,并在此基础上,讨论控制目标的制定,被控变量、操作变量和被测变量等的选择,以及控制方案的确定等单回路控制系统设计的问题。本章还将讨论先进控制系统的设计问题,安全仪表控制系统(SIS)以及间歇控制系统的设计问题。显然与单回路控制系统设计不同,后面讨论的是复杂的多变量控制系统,是从仪器仪表系统出发来研究控制系统的安全性,以及由顺序控制、逻辑控制与连续控制系统相结合的间歇控制系统等的设计问题。这些都涉及到当前自动控制系统提出的高质量控制、高安全性和批量生产系统控制设计中的新问题。至于那些与控制系统的工程设计和实施等工程化设计有关的内容本章将不予以论述,读者可参考有关设计手册[2~4]。

18.2　工艺设计对过程控制的影响

过程控制系统的设计不能独立于工艺设计,它是工艺设计中众多环节的一个部分,它依赖于工艺专业向自控专业提供的设计条件,包括图纸(如带控制点的工艺流程图和设备平面(剖面)布置图)和自控设计条件表等。因此,在传统的设计方法中,装置设计已经开始,而且主要的设备可能已经订货,而控制系统设计才刚刚开始。这个过程有很严重的局限性,因为装置的设计决定了过程的动态特性,以及装置的可操作性。在极端情况下,尽管装置的过程设计用稳态的观点看可能显得很满意,但实际上装置可能是不可控的[5,6]。

一个更合理的过程应该是早在工艺和设备具体设计前就应该分析工艺过程、设备选型与安装、测量仪表选型与安装位置、控制装置的选型与安装位置等设计因素对过程的动态特性和运行的影响。设想,在整个设计的初步阶段,就进行基于动态流程模拟来研究所设计过程的运行性能,并对工艺过程进行反复修改,直到设计出既能满足工艺要求,又便于操作和控制的工艺过程,这应该是设计工作的一个发展方向。显然,工艺设计与控制设计的交互过程对于现代工厂的设计是十分重要的,现代工厂为节能降耗,趋向于物料和能量高度的集成和更为严格的控制性能指标。正如 Hughart 和 Kominek 所指出的:“控制系统工程师对于一个项目可以做出主要贡献，这在于他们可以提醒项目团队工艺设计会怎样影响过程动态特性和控制结构。”[7]了解工艺设计对过程控制的影响并参与工艺设计的改进是有助于设计一个好的控制系统。下面举几个例子来加以说明。

众所周知，发电厂中送给汽轮机的蒸汽温度和蒸汽压力是重要的被控变量，它们决定了电厂的发电能力。现在仅讨论其中的蒸汽温度控制问题。由于蒸汽温度的高低直接影响到汽轮机效率，一般情况下主汽温度每降低 5℃，发电效率相对降低 0.125%左右。因而对气温变化幅度要求很严格，例如在 600MW 的机组中一般蒸汽温度的变化范围是 545±5℃。以前在工艺设计中，常常采用传统的面式减温器来控制过热器出口蒸汽温度，如图 18.1(a)所示。多年的实践表明无论采用什么控制方案，根本不可能满足要求。究其原因，是由于面式减温器的热容量太大，传热太慢。假如蒸汽温度因某种原因升高，则首先要求加大进入减温器的冷却水，通过导热，使蛇形管管壁温度下降，然后经过传热才能冷却减温器内的蒸汽，使蒸汽温度下降。在这个过程中至少有两个储热容积：蛇形金属管管壁和减温器内蒸汽容积。所以，当温度发生波动时，改变冷却液流量根本来不及消除扰动的影响，而使温度超限。通过工艺和控制工程师的长期争论和分析研究后，才一致认为问题出在面式减温器，最后决定改变工艺结构，重新设计减温器，即在一级过热器出口处撤销面式减温器，改用喷水减温器，如图 18.1(b)所示，然后用一个温度串级控制系统，实施结果表明这个改进解决了这个长期困扰的难题。显然，从一个长周期的导热和对流传热过程改变为即时的冷水和蒸汽的混合过程，孰快孰慢是再清楚不过了。这是一个设备设计与控制设计交互协商进行的十分典型的例子。

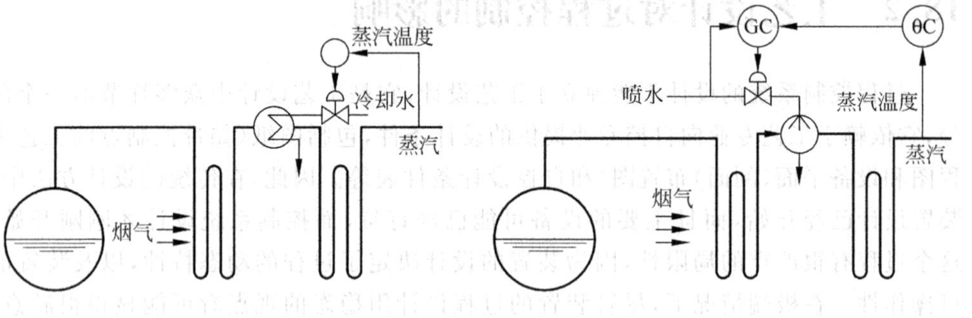

(a) 利用面式减温器控制气温　　(b) 利用喷水减温器控制汽温

图 18.1　过热器出口蒸汽温度控制的示意图

为了更深入了解工艺设计对过程控制的影响，下面再讨论一个与工艺更新有关的例子。

由于燃料的匮乏，通过热集成或者两个甚至多个塔之间的热耦合，以降低蒸馏塔的能量成本的技术引起了人们极大的兴趣，并已在设计中得到了广泛的应用。但是热集成技术的兴起却给生产过程的平稳运行和控制带来了更多的困难。如芳烃装置是石化企业的一个能源消耗大户，其中年处理能力 40 万吨的二甲苯精馏塔塔底两个并联的重沸炉的能耗每年超过 5×10^{9} MJ，即消耗了近 10 万吨的燃料油。为了降低装置能耗，在工艺上采用二甲苯塔提压使塔的温位提高从而利用二甲苯塔物料带出的大量高温位热能，分别给该装置群中其他塔提供热源，使热能能够得到较为充分的回收。这项措施在工艺上是先进、优化的，但却给装置的运行和控制带来难度，即任何一个影响装置或二甲苯热平衡的因素，都会影响到整个系统[8]。因而这类装置的控制受到人们的关注。

图 18.2(a)是一个没有热集成的蒸馏塔结构，(b)是一个采用热集成来节省能源的蒸馏塔结构。图 18.2(b)所示热集成系统是通过把塔 1 的顶蒸汽作为塔 2 的再沸器的加热介质，从而降低能源成本。但是，这样构造蒸馏塔的控制由于下面两个原因变得更加困难。第一，过程的相互作用更强，因为第一个塔的塔顶输出会影响第二个塔；第二，热集成结构对于第二个塔减少了一个操作变量，因为第二个塔的再沸器再也不能单独操作了。但是这个不足可以通过对第二个塔引入一个采用其他热介质的可调再沸器(trim reboiler)解决，或者通过使用先进控制策略来改善。可调再沸器与主再沸器并行使用，就有一个独立的可以操作的加热介质。因此，增加一个可调再沸器即可重新获得由于热集成而失去的一个控制自由度。

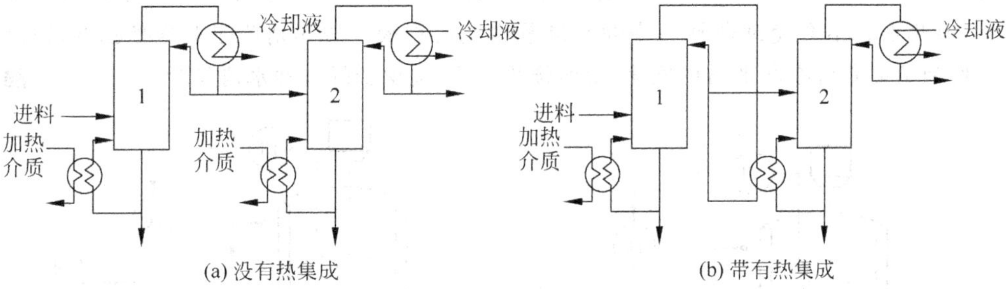

图 18.2　两种蒸馏塔的结构

另外一个例子是：一种填料床反应器热集成方案如图 18.3(b)所示，传统的设计方案在图 18.3(a)中给出。如果化学反应是放热反应，可以通过在热交换器中采用热的产品蒸汽加热冷的进料的方式降低能耗成本。但是，这样的反应器结构与图 18.2(b)中的热集成蒸馏塔系统具有同样的不足，即减少了一个操作变量，且增加了不希望出现的动态相互作用。特别是，这样的进料-产品热交换器引入了正反馈，以及由于过程中温度的波动传给了进料流而易引起的温度失控。因此，反应率和因反应而产生的热量均会持续增加或降低。与前面的蒸馏塔例子类似，这样的问题也可以通过在进料-产品热交换器之后增加一个可调热交换器(采用另外独立的加热介质供热)。这样，就可以再重新获得因热集成作用而失去的控制自由度。

例 18-1　一个带有夹套的批量反应器，有两种温度控制系统如图 18.4 中所示。试讨论两种方案各自的优势。

解　图 18.4(a)中的结构有严重的不足，因为冷却液循环流量会变化，因此冷却回路中相应的时间延迟也会变化。正如文献[9]所指出的，当时间迟延随操作变量

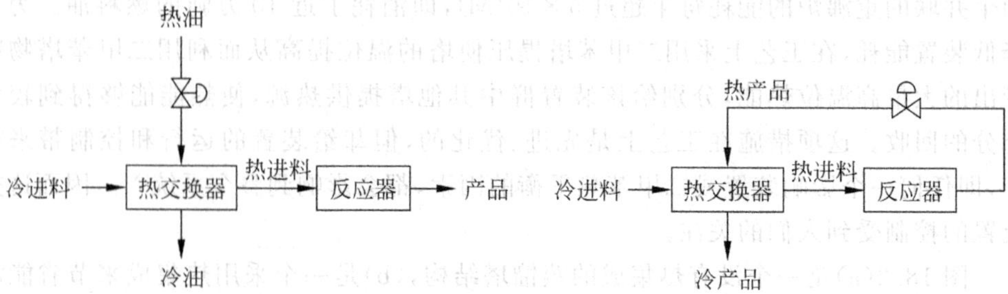

(a) 带有传统进料预热的反应器　　(b) 带有进料-产品热交换器的反应器

图 18.3　两种反应器进料加热系统结构

变化时，将导致非线性的振荡出现。如果反应器的温度增加，控制器将增加冷却水的流量，那么将引起时间迟延的减小和温度的迅速下降。如果反应器的温度太低，控制器将减小冷却水流量，也就使得时间迟延增加，产生一个较慢的响应。这样的非线性过程会趋向于重复进行。

文献[9]还指出其控制问题可以通过改变一个简单的设备设计得到解决，即如图 18.4(b)所示。如果增加一个再循环泵，再循环率和过程时间迟延便可以保持常数，因此也就不会受到新鲜的冷却水流量增减的影响。进而消除了非线性振荡，同时也增加了夹套内冷却水循环流量，增加传热效率，减少新鲜冷却水消耗量。■

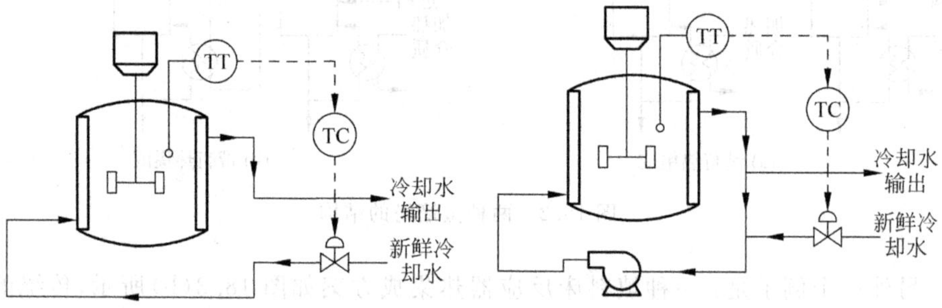

(a) 原始的温度控制方案　　(b) 带有冷却循环泵的温度控制方案

图 18.4　两种批量过程反应器的温度控制方案

图 18.5 是一个典型的分馏塔底控制方案，通过调节塔底产品抽出量来控制塔底产品成分，通过调节外置再沸器加热蒸汽调节阀改变再沸器返塔的热量调节塔底汽化量来控制塔底液位。通常稀烃分馏塔有如下工艺参数：塔径 5m，塔底烯烃产品液位高度 1m，塔底烯烃产品比重为 0.51，因此塔底烯烃产品滞液量约为 10 000kg，通常塔底产品抽出量为 200kg/h。该塔底产品抽出量到塔底产品成分这一动态过程的时间常数(即为塔底产品在塔底的平均滞留时间)为 50h。实际上，如此大的平均滞留时间对于工艺过程是有益的，一方面塔底产品往往作为下一个工序的进料，大的中间缓冲能力有利于平缓对下个工序进料的扰动影响，有利于连续生产的安全运行；另一方面更大的平均滞留时间有利于减少塔底产品夹带轻产品，提高分离效果。

工艺设计时往往要求平均滞留时间不小于一个下限值。但如此之慢的动态过程将会给塔底产品质量控制带来困难[7]。

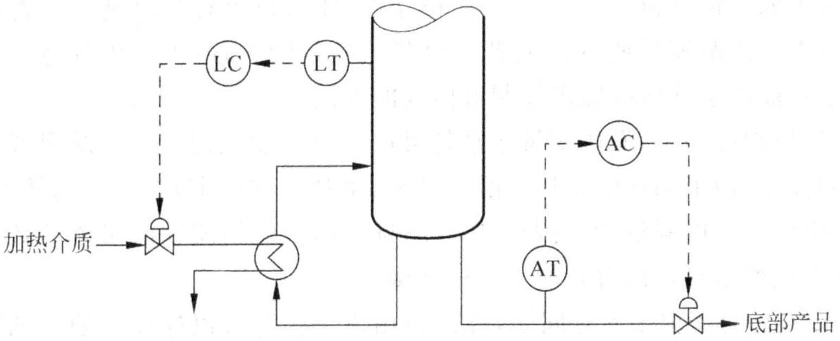

图 18.5　典型的分馏塔底控制方案

由前面的讨论可知，工艺过程不考虑控制系统的要求而单独设计，其最终结果将对仪表和控制系统的设计产生很大的影响，往往需要设计采用其他特殊的工艺手段或特殊的控制来加以弥补，造成不必要的人力和资源的浪费。因而工艺过程与仪表、控制系统的联合、交互设计是今后设计的必然趋势。

18.3　过程控制中的自由度

自由度的重要概念在第 1 章曾做过介绍，它是与建模联系在一起的。自由度 N_F 是必须确定以便决定剩余的过程变量。如果可以获得过程的动态模型，N_F 可以用第 1 章中介绍的关系式确定

$$N_F = N_V - N_E \tag{18-1}$$

其中 N_V 是过程变量的总数，N_E 是独立方程数。

在过程控制应用中，确定能够独立进行控制的过程变量的最大数目是十分重要的，也就是确定控制自由度，N_{FC}。

控制自由度 N_{FC} 是可以用来独立进行控制的过程变量的数目。

为了能够更明确地区分 N_F 和 N_{FC}，将模型自由度称为 N_F，将控制自由度称为 N_{FC}。请注意 N_F 和 N_{FC} 有如下方程所示的关系

$$N_F = N_{FC} + N_D \tag{18-2}$$

其中 N_D 是干扰变量的数目(是由外部定义的，即不可以作为该单元操作的输入变量)。一般的干扰变量包括环境温度和进料条件，后者是由上游过程决定的。方程式(18-2)可以解释为将模型自由度分解为可以操作的输入(控制自由度 N_{FC})和扰动输入 N_D。

18.3.1　控制自由度的计算

我们已经注意到如果可以获得过程的物理模型，那么可以通过式(18-1)和

式(18-2)计算得到 N_{FC}。但是对于复杂过程，物理模型可能不能得到，因此 N_F 就不能通过式(18-1)获得。但是即便得到一个非稳态模型，从式(18-1)计算 N_F 也可能导致错误，因为如果模型包含几百个变量和方程，那么很容易写出过多或者过少的方程，这是由于可能漏掉某些方程或者写出某些冗余的方程(可以由其他方程导出)。因此，有学者提出了其他的确定控制自由度的方法[10~13]。

在过程控制应用中，操作变量通常是可以通过控制阀门、泵、压缩机或者输送带等(对于固体原料)来调整的流量。能量输入，例如电加热器功率、泵的转速，在某些控制应用中也是可以调整的。因此，N_{FC} 是与可调整的物流和能量流的数量密切相关的。这些观察结果可以得到如下一般规则。

一般规则：对于很多实际问题，控制自由度 N_{FC} 与可以操作的独立的物流和能量流的数量相等。

请注意：可操作的物流和能量流必须是独立的这一点十分重要。例如，如果一个过程流被分流了，或者两个过程流合并为第三个流，那么是不可能独立地调整所有三个流量的。在下图中给出了三个过程流不能作为独立操作量的分流或合并的两个例子。

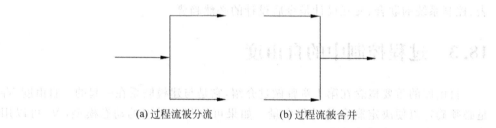

(a) 过程流被分流　　(b) 过程流被合并

例 18-2　图 18.6 给出了一个带有一种进料和两种产品的蒸馏塔。试确定控制自由度 N_{FC}，并确定在典型控制问题中可以操作和控制的过程变量。

解　对于一个典型的蒸馏塔，有 5 个可以操作的变量：产品流量 B 和 D，回流液流量 R，冷却流量 q_c 和加热介质流量 q_h。因此根据一般规则，$N_{FC}=5$。这个结果也

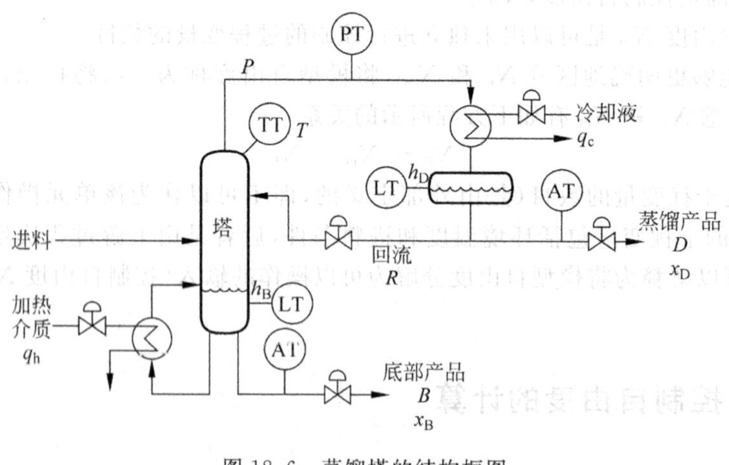

图 18.6　蒸馏塔的结构框图

可以通过式(18-1)和式(18-2)获得，但是需要做相当的努力建立必要的动态模型。5 个输出变量可以选择为被控变量：x_D，x_B，h_B，h_D 和 R。但是对于很多蒸馏塔控制问题，不是所有的输出变量都是能够控制的。同样，如果不能够在线测量产品的成分，接近塔顶和塔底的塔盘温度常常被用作一个代替的指标[14]。当然，也可以采用软测量方法根据温度和流量等可测量变量估计成分(参看第 8 章)。■

上述一般规则是使用简单，且适用面广，但也有一些特殊情况是不能使用的。例如，如果一个操作变量不能对任何一个被控变量产生稳态影响(即稳态增益是零)，那么 N_{FC} 应该减小 1。这种情况将在下面例 18-3 中进行分析。

例 18-3　图 18.7 中的混合系统有一个旁路流，允许输入流 w_2 的一部分 fw_2 可以通过旁路不流经搅拌釜。建议通过控制阀门调整 fw_2 从而达到控制产品成分 x 的目的。试分析这种控制方案的可行性，要考虑系统的稳态和动态特性。在分析中，假设 x_1 是主要的扰动，x_2，w_1 和 w_2 是常数。釜中的液体容量的变化可以忽略，因为 $w_2 \ll w_1$，且在短暂的暂态影响后进出搅拌釜的物流仍是进出平衡的。

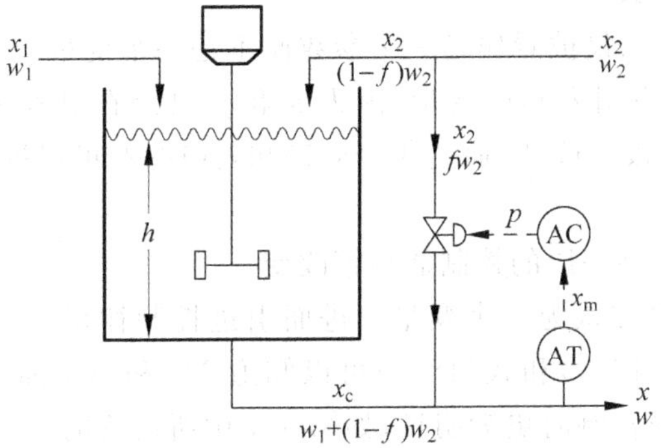

图 18.7　带有旁路的混合系统

解　所建议的控制方案的动态特性是比较好的，因为产品的成分 x 对于旁路流量的响应比较快。为了评价稳态特性，考虑整个系统的成分平衡关系如下

$$w_1 \bar{x}_1 + w_2 x_2 = w \bar{x} \tag{18-3}$$

其中 $\bar{x}_1$，$\bar{x}$ 为系统处于稳态时输入流 w_1 和输出流 w 所含有的成分。从式(18-3)可以求解出被控变量 $\bar{x}$

$$\bar{x} = \frac{w_1 \bar{x}_1 + w_2 x_2}{w} \tag{18-4}$$

因此，$\bar{x}$ 取决于干扰变量 x_1 和四个常数(w_1，w_2，x_2 和 w)。但是它与旁路流量 fw_2 无关。因此，不能通过调整 f 补偿 x_1 的持续扰动。由于这个原因，所建议的控制方案是不可行的。■

由于 f 没有出现在式(18-4)中，x 和 f 之间的稳态增益是 0。因此，尽管旁路流量是可以调整的，但它没有为控制系统提供新的控制自由度。但是，如果 w_2 也是可以调整的，那么通过同时操作 f 和 w_2 可以完成对于产品成分的完美控制，克服由于

仅通过操作 w_2 控制通道大的容量滞后所带来的控制不及时的问题，实现动态、稳态性能俱佳的改进控制效果。

18.3.2 反馈控制与控制自由度

下面考虑在反馈控制系统中控制自由度的影响。通常，增加一个反馈控制器（例如，PI 或者 PID）则用掉了一个控制自由度，因为控制器的输出需要一个操作变量。但是，如果控制器的设定值是由上层（监控层）控制系统连续给定的，那么 N_F 和 N_{FC} 都不变。为了分析这一点，考虑如下一个采用标准 PI 控制器的反馈控制率

$$u(t) = K_C\left[e(t) + \frac{1}{T_I}\int_0^t e(\tau)\mathrm{d}\tau\right] \tag{18-5}$$

其中 $e(t) = y_{sp}(t) - y(t)$，y_{sp} 是设定值。讨论以下两种情况。

(1) 设定值是常数

在这种情况下，y_{sp} 仅被看作是一个参数而不是一个变量。引入了控制律虽然增加了一个方程，但没有引入新的变量，因为 u 和 y 已经在过程模型中包含了。因此 N_E 增加了 1，但 N_V 没有改变，通过式(18-1)和式(18-2)可以推出 N_F 和 N_{FC} 都减小了 1。

(2) 设定值由更高一层的控制器频繁改变

这时设定值可以被认为一个变量。进而引进控制律增加了一个方程和一个新的变量 y_{sp}。通过式(18-1)和式(18-2)可以知道 N_F 和 N_{FC} 都没有变化。这个结论的重要性在采用串级控制时更为明显，如第 5 章中所讨论的。

仍以前面图 18.6 所示蒸馏塔的控制为例。

如果先假定塔顶产品质量是可测的，则可以采用塔顶产品质量直接控制方案。由于产品质量要求经常不变，其控制回路的产品质量指标设定值是个常数，这属于情况 1，即 N_F 和 N_{FC} 都减小了 1。此时一个控制自由度（回流管线上的调节阀）被用来实现对塔顶抽出产品的质量这个被控变量的控制。

如果假定用回流管线上的调节阀这个操作变量去控制塔顶温度 T 而不是塔顶抽出产品的质量，则是用控制塔顶温度来间接地影响塔顶产品质量，此时由于各种扰动和操作条件的变化都会影响到塔顶抽出产品的质量，需要由上一级的先进控制器视产品质量的情况来调整该温度控制器的设定值。在这种情况下，温度设定值可以被认为一个变量，则属于第二种情况，其 N_F 和 N_{FC} 都没有变化。这也说明该塔顶产品质量的控制还没有最终解决，需要由上一级或人工来调整底层温度控制器的设定值，但这却是目前蒸馏塔的常用的控制形式。当然，如果对于多个操作变量安置多个控制作用的话，那么就需要注意各个控制作用之间不能是互不相容的。

18.4　被控变量、操作变量和测量变量的选择

进行控制系统设计，把过程变量分类为输入变量或者输出变量是比较方便的。输出变量（或者输出）一般是指那些与输出流体相关或者是与过程容器内条件相关的（例如成分、温度、液位和流量）过程变量。重要的输出变量应该进行测量。可惜的是，通常没有足够的自由度去控制所有的被测变量。因此，只能选择其中一个子集作为被控变量。幸运的是，对于多数拥有大量过程变量的复杂过程，过程仅用少量被控变量和操作变量就可以得到控制，这个概念被称为部分控制[15]。

根据定义，输入变量（或者输入）是指那些影响输出变量的物理变量。在分析控制系统时，为方便起见，把输入变量分为操作变量和干扰变量。操作变量是指那些可以调整的变量，典型的操作变量是流量。干扰变量是由外部环境或装置上下游的需求（往往比本装置优先级更高）来决定的，不能人为地加以改变，因而不能用来作为操作变量。常见的干扰变量包括过程的进料情况和周围的温度等。通常输入变量与输入流有关（例如进料组成和进料流量），或者与环境条件（例如周围的温度、装置的负荷）有关。但是，如果流量是一个可以操作的变量，那么一个流出过程的流体的流量也可以是"输入变量"（从控制的观点看）。例如，一个炼油厂常压塔的塔底液位是通过到减压加热炉的常底渣油的流量进行控制，就是这种情况。

一般的控制问题可以表述如图 18.8 所示。通常，至少需要被控变量数目与操作变量数目一样。但有时这个要求不能满足，因此需要进行控制系统的特殊设计。有以下几个原因说明有时不可能控制所有的输出变量[16]：

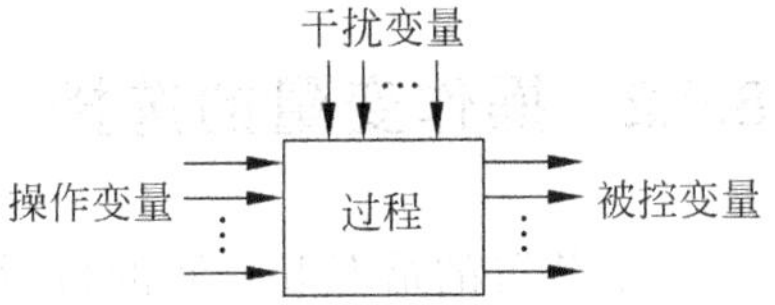

图 18.8　一个控制问题的一般表述

（1）测量所有的输出是不可能的或者是不经济的，特别是成分；

（2）可能没有足够的操作变量（参考 18.3 节中讨论的自由度问题）；

（3）潜在的控制回路可能是不实际的，因为动态特性的缓慢，对于可用操作变量的敏感性太低，或者与其他控制回路耦合等。

总之，被控变量是在线测量的，其测量结果用于反馈控制。但是有时也可能需要对不能在线测量的变量进行控制，此时可以利用过程模型（软传感器）根据其他相关变量的测量结果来估计这个变量的值。

18.4.1　被控变量的选择

考虑到装置和控制目标，有很多关于从可用的输出变量中选择被控变量的建议准则[16,17]。

准则 1　所有没有自平衡能力的变量需要控制。在第 1 章中，一个没有自平衡

能力的变量被定义为输出变量，其对于如呈现阶跃型扰动的响应是一个无界的响应。一个常见的例子是排水管上一个带有泵的水箱液位。没有自平衡能力的变量必须受控，以便保证被控过程的稳定。

准则 2 所选择的输出变量必须保持在仪器和操作条件限制之内(例如温度、压力和成分)。限制条件来源于安全、环境和操作等方面的工艺、设备等的要求。

准则 3 选择那些可以直接反映产品质量(例如成分、折射率、熔融指数)或者对于产品质量有较强影响的变量(例如温度、压力)作为输出变量。

准则 4 选择那些与其他被控变量有较强耦合作用的变量。为下游设备提供蒸汽的蒸汽锅炉顶部的压力就是一个很好的例子，如果供气压力没有很好地控制，那么它对于下游设备将是一个显著的扰动。

准则 5 选择那些具有理想的动态和静态特性的变量作为输出变量。因此，选择那些具有大的测量时间迟延或者对于操作变量不敏感的变量作为输出变量是不明智的。

除了准则 1，其他准则均不是必须遵守的。而且，对于一些特殊情况，这些准则可能还相互矛盾而导致冲突，此时必须根据具体情况来加以解决。例如，如果一个输出变量由于安全原因必须保持在某个区间范围内(准则 2)，而同时另一个输出变量又与其他输出变量有严重的耦合(准则 4)，由于准则 2 涉及安全原因，所以要首先考虑。因此，要选择第一个输出变量作为被控变量。

18.4.2 操作变量的选择

基于装置的情况和控制的目标，有很多关于从输入变量中选择操作变量的建议准则[16,17]：

准则 6 选择对于被控变量有较大影响的输入。对于传统的控制系统(例如一些 PID 控制器)，希望每个操作变量仅对一个唯一的被控变量有显著的快速的影响。因此，相应的稳态增益就需要比较大，时间常数要比较小。理想情况下，操作变量对于其他的被控变量的影响应该是可以忽视的(即，这些稳态增益应该是近似为零的)。

另一个重要的方面是每个操作变量应该具有相当大的调整范围。例如，如果一个蒸馏塔的稳态回流比是 5，那么将很容易通过操作回流量而不是蒸发量来控制回流储罐中的液位，因为由于蒸汽流量对回流罐液位的大范围扰动(5 倍大)可以得到控制。但是，这样的选择对于产品成分的影响必须在做最终决定时予以考虑。

准则 7 选择能够快速影响被控变量的输入。对于多回路控制，总是希望每个操作变量对于所对应的被控变量有很快的影响。因此，任何时间迟延和时间常数相对于主要过程时间常数都应该很小。

准则 8 操作变量应该直接影响被控变量而不是间接影响。遵从这条准则通常会得到具有满意的静态和动态特性的控制回路。例如，考虑这样一个出口流体温度控制问题，该流体是被管式换热器内的蒸汽加热的。应该选择进入换热器的过程蒸汽进行控制，而不是选择从换热器流出的冷凝流体，因为蒸汽流量对于蒸汽压力和换热器的效率有更直接的影响。

准则 9 避免扰动循环。正如 Newell 和 Lee 在文献[16]指出的，最好不要操作一个入口蒸汽或者一个循环蒸汽，因为扰动可能被向前传播或者循环进入过程。这个问题可以通过操作公用蒸汽来吸收扰动，或者是操作能够使得扰动直接传递到下游的出口蒸汽，使得出口蒸汽的变化对于下游过程单元没有影响。

请注意，这些准则也可能是相互矛盾的。例如，在比较两个对于同一个被控变量有控制作用的输入时，可能一个输入有较大的稳态增益（准则 6），但具有较慢的动态特性（准则 7）。在这种情况下，就应该对于两个候选者的静态特性和动态特性进行折中考虑，从而选择一个合适的输入。

18.4.3 测量变量的选择

安全有效地运行过程装置要求对关键过程变量进行在线测量。显然，被控变量需要测量。对其他的输出变量进行测量可以提供更多的信息给装置操作人员，或者提供给基于模型的控制策略，例如推理控制。也希望能够测量操作变量，因为它们能够为控制器整定和控制回路故障诊断提供有用信息，这部分将在 18.5 节中进行讨论。另外，测量干扰变量也是必需的，因为它可以为前馈控制策略提供偏差信息（参看第 6 章）。在选择测量变量中也有若干建议准则。

准则 10 可靠准确的测量是良好控制系统的基础。Hughart 和 Kominek[7] 以及 Hougen[17] 都给出了充分的理由说明不恰当的测量是造成较差控制效果的主要因素。文献[7]还引用了他们观察蒸馏塔控制过程中遇到的常见的测量问题：孔板流量计在没有充分直管路的情况下使用；分析仪的采样管路太长，因而具有较大的纯迟延；温度探头放置于不敏感的区域，液体的流量测量工作在沸点或者沸点附近，这样可能导致液体在孔板附件产生闪蒸现象等。他们指出这些问题在过程设计阶段可以很容易地解决，但在过程运行阶段如果要改进一个测点的位置就变得十分困难了。

准则 11 选择具有足够敏感度的测点。作为一个例子，考虑蒸馏塔产品成分控制问题。如果产品成分不能在线测量，通常是选择一个接近蒸馏塔末端的塔板温度作为间接控制指标。但是对于高纯度分离，温度测点的位置就变得十分重要。如果选择了一个塔末端附近的塔板，此时塔板的温度趋于不敏感，因为塔板的成分可能在塔板温度产生很小变化时，发生显著的变化。又例如，假设塔顶塔板的蒸汽的杂质含量归一后的值是 20ppm，进料成分变化会导致杂质水平发生显著的变化（例如从 20ppm 变化至 40ppm），但可能使温度仅产生一个可以忽略的变化。与之相反，如果把温度测点移到接近进料塔板的位置，那么对于温度的敏感度是有改进的，但从塔的任何一端引入的扰动（例如冷凝器或者再沸器）就不能很快地得到检测。

准则 12 选择具有最小时间迟延和最小时间常数的测点。减少动态迟延和时间迟延与通过过程测量改进闭环稳定性和响应特性是相关的。Hughart 和 Kominek[7]观察了带有分析仪的蒸馏塔，采样位置是在塔的下游 200ft。这个位置给系统引入了显著的时间迟延，导致该蒸馏塔很难控制，特别是这个时间迟延还随塔底流量变化而变化，成为一个变时间迟延的控制难题。

18.5 控制系统设计问题

下面将扼要介绍几个与控制系统设计相关的重要问题[5]。

为了分析控制策略的设计，考虑图 18.6 中给出的板式蒸馏塔的例子。假设主要控制目标是同时控制塔顶和塔底两种产品的成分 x_D 和 x_B。但是，回流罐中的液位 h_D 和塔釜液位 h_B 必须保持在上下限之间。同样，塔内压力 P 也必须控制。进一步假设有 5 个过程变量是可以操作的：产品流量 D 和 B，回流量 R，冷凝器的冷凝液流量和再沸器的加热介质流量 q_c 和 q_h。假设进料量是上游过程的输出流量，不能用作操作变量。

(1) x_D 和 x_B 需要在线测量吗？在线成分测量通常是困难、昂贵的，甚至是不可能的。作为替代，可以测量塔顶和塔底附近塔盘的温度，并加以控制，而不是直接控制 x_D 和 x_B。在这个间接测量过程中，希望如果塔盘温度（同时包括塔内压力）能够得到严格控制，那么未测量的两个产品成分也能够保持在其设定值附近。这个假设对于分离两种成分混合物的蒸馏塔是成立的，但对于多种成分的混合物分离则是不一定成立的。另一种方案如第 8 章中所讨论的，是对未测量成分采用推理控制，进行估计。

(2) 选择控制策略。一个重要的决定是传统的多回路控制策略是否能够提供满意的控制效果。如果不能，就要采用先进控制策略。这个决定应该首先取决于控制目标和被控对象的静态和动态特性。这个问题已经在第二篇中讨论过了。

(3) 被控变量和操作变量匹配。假设采用了多回路控制策略，被控变量和操作变量都是 n 个。下一个步骤就是确定如何匹配被控变量和操作变量。对于图 18.6 中的蒸馏塔，考虑到动态特性，把蒸馏塔一端的被控变量与同一端的操作变量进行匹配是有道理的（准则 7）。因此，x_B 应该与 B 或者 q_h 进行匹配，而不是与 R 或者 D 进行匹配。但是 B 和 q_h 中究竟应该选择哪一个作为操作变量，并不十分明显。同样地，使用 R 或者 D 中哪个来控制 x_D 就更好一些呢？这些问题在第 7 章中已经讨论过。

现在通过如下几个过程的控制问题来进一步说明前几节中介绍的准则。

例 18-4 图 18.9 给出的一个夹套式连续搅拌釜反应器(CSTR)中反应物 A 转化为 B 的反应是一个放热反应，这个系统能够通过图中所标的 10 个变量来描述，它们分别是：h、T、C_A、C_{Ai}、T_i、F_i、F_o、F_c、T_c 和 T_{co}，其中 C_{Ai}、T_i、T_{co} 是由外部决定的，可视为扰动。该反应过程涉及四个方程，假设液体密度恒定。

解 总的物料衡算式

$$A\frac{\mathrm{d}h}{\mathrm{d}t}=F_i-F_o \tag{18-6}$$

反应物 A 的组分衡算式

$$A\frac{\mathrm{d}}{\mathrm{d}t}(hC_A)=F_iC_{Ai}-F_oC_A-Ahr(C_A,T) \tag{18-7}$$

反应器内的热量衡算式

$$A\rho c_p\frac{\mathrm{d}}{\mathrm{d}t}(hT)=F_i\rho c_pT_i-F_o\rho c_pT-Ahr(C_A,T)(-\Delta H)-UA_s(T-T_c) \tag{18-8}$$

夹套内冷剂的热量衡算式

$$\rho_cV_cc_p\frac{\mathrm{d}T_c}{\mathrm{d}t}=F_cc_{p_c}T_{co}-F_cc_{p_c}T_c+UA_s(T-T_c) \tag{18-9}$$

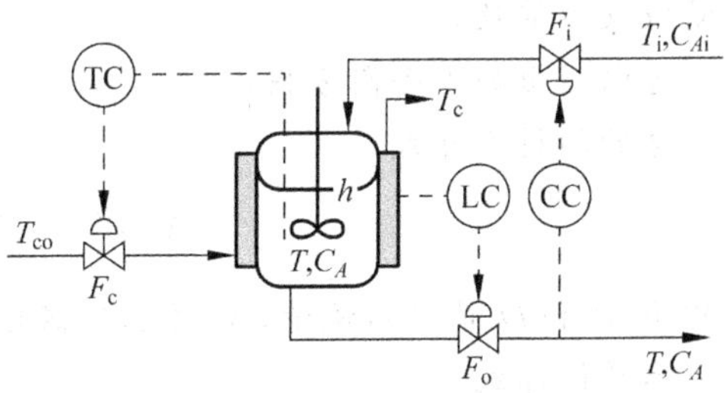

图 18.9　CSTR 的控制方案图

式中 A 是反应器的截面积；h 是反应器液位高度；A_s 是反应器内流体与夹套内的冷剂的换热面积；U 是反应器内流体与夹套内的冷剂的总传热系数；C_{Ai} 和 C_A 分别是反应器入口流体和反应器内反应物 A 的浓度；T_i 和 T 分别是反应器进料和反应器内反应物的温度；F_i 和 F_o 分别是反应器流入和流出的物料的体积流量；ρ、ρ_c 分别是反应器内流体密度和冷剂密度；F_c 是冷剂的质量流量；T_{co} 和 T_c 分别是夹套冷剂进口和夹套内冷剂的温度；V_c 是夹套内冷剂的体积；r 是反应速度常数；ΔH 是反应热；c_p 和 c_{p_c} 分别是反应混合物和冷剂的比热容。则

自由度　　$N_F=N_V-N_E=10-4=6$，

控制自由度　$N_{FC}=N_F-N_D=6-3=3$

对该反应器可以根据准则 3 选择 C_A 作为一个被控制变量，因为它直接影响产品质量；选择 T 作为另外一个被控制变量，因为它涉及到反应器的安全（准则 2）并与被控制变量 C_A 互相影响且影响着反应进程的快慢（准则 4）；最后根据准则 1 选择 h 作为一个被控制变量，因为它是一个没有自平衡能力的变量，必须被控制。

反应器进料的体积流量 F_i；应该被选作一个操作变量，这是因为它直接迅速地影响着反应过程（准则 6、7 和 8），被用作控制出口产品中反应物 A 的浓度；基于同样的理由，冷剂的质量流量 F_c 是被用作控制反应温度 T，反应器流出的物料的体积流量 F_o 被用来控制 h。其控制方案见图 18.9。■

例 18-5　图 18.10 中的蒸发器被用来提纯溶解于挥发性溶剂中的单一溶质。请设计如下两种情况下的控制方案：

(a) 产品纯度 x_B（通常用摩尔分率单位衡量）在线测量；

(b) 产品纯度 x_B 不能在线测量。

解 为获得合理的蒸发器的动态模型，做如下假设(对于更详细的蒸发器模型的讨论，请参考文献[18]：

(1) 由于蒸发器中的溶液处于剧烈的沸腾状态，因此液体是充分混合的。

(2) 与液体的积蓄热相比，蒸汽的积蓄热可以忽略，因此气相的动态特性可以忽略。

(3) 进料和底部的流体具有一个恒定的摩尔密度 $c(\mathrm{mol/m^3})$ 和恒定的热容 c_{pl}。

(4) 蒸汽和液体处于热平衡状态。

(5) 热损失和溶解热可以忽略。

(6) 因为成分的变化很小，溶液的平均分子量假设为常数。

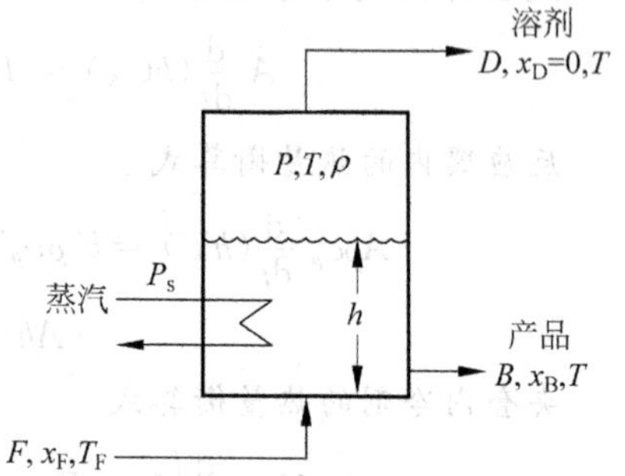

图 18.10 蒸发器的示意图

可以写出如下平衡方程：

总的物料衡算式

$$A_c \frac{\mathrm{d}h}{\mathrm{d}t} = F - B - D \tag{18-10}$$

其中 F, B 和 D 是摩尔流量，A_c 是蒸发器横截面面积，h 是蒸发器中溶液液位。

溶质衡算式

$$A_c \frac{\mathrm{d}}{\mathrm{d}t}(hx_B) = Fx_F - Bx_B \tag{18-11}$$

式中，x_B 和 x_F 代表摩尔分率。

热量衡算式

$$Ac_{pl} \frac{\mathrm{d}}{\mathrm{d}t}(hT) = Fc_{pl}T_F - Bc_{pl}T - Dc_{pv}T - \Delta H_v E + UA_s(T_s - T) \tag{18-12}$$

式中，c_{pl} 为液体比热容，c_{pv} 为气体比热容，A_s 为传热面积，U 为总传热系数，ΔH_v 为汽化潜热，E 为蒸发速率(mol/h)，T_s 为加热蒸汽温度。

式(18-12)中各流体的基准温度被消去。对于一般操作，流体的显热变化与蒸汽冷凝和溶剂汽化相关的潜热相比是很小的。因此，蒸汽冷凝的热量主要被用于溶剂的汽化。所以，式(18-12)中的微分项就比较小，这个方程就可以近似为

$$0 = UA_s(T_s - T) - \Delta H_v E \tag{18-13}$$

从而可求解出蒸发速率 E 为

$$E = \frac{UA_s(T_s - T)}{\Delta H_v} \tag{18-14}$$

蒸汽的物料衡算式

$$\frac{1}{M}\frac{\mathrm{d}(\rho V)}{\mathrm{d}t} = E - D \tag{18-15}$$

其中 ρ 是蒸汽质量密度，V 是蒸汽体积，M 是溶液的分子量。

气体的状态方程

蒸汽密度 ρ 与压力 P 和温度 T 有如下关系

$$\rho = \varphi_1(P, T) \tag{18-16}$$

蒸汽压力关系

蒸发器中的压力 P 与液态溶液的蒸汽压力 P_{vap} 是相等的，它们都与温度相关。这种与温度的关系可以表示为 $P_{vap}=\varphi_2(T)$。因为 $P=P_{vap}$，可以得到

$$P = \varphi_2(T) \tag{18-17}$$

体积关系

由图 18.10 可知，液位和蒸汽空间的体积 V 都是变化的，且这两个变量有如下关系

$$V_0 = V + Ah \tag{18-18}$$

其中 V_0 是蒸发器的总体积。

热力学关系

如果蒸汽是饱和的，蒸汽压力和温度之间的关系可以从有关溶液的蒸汽力压力数据表中查得，也可以由数据表中的数据用非线性回归方法得到以下关系式

$$P_s = \varphi_3(T_s) \tag{18-19}$$

因此，简化的蒸发器动态模型包括 8 个方程：式(18-10)，式(18-11)和式(18-14)～式(18-19)，以及 14 个变量：$h, F, B, D, x_F, x_B, T, T_F, T_s, E, \rho, V, P$ 和 P_s。所以，$N_F=6$。但是，进料条件(F, T_F 和 x_F)通常是由上游单元的操作决定的，所以应该被看作是干扰变量。进而，控制自由度由式(18-2)给出，$N_{FC}=6-3=3$。

情况(a)：产品纯度 x_B 可以在线测量

首先选择被控变量。由于有三个可用的控制自由度，所以三个被控变量可以通过调整三个操作变量进行控制。因为该过程的主要控制目标是获得具有某种纯度的产品，所以产品的摩尔分率 x_B 是首要的被控变量(准则 3)。液位 h 也应该得到控制，因为它不具有自平衡能力(准则 1)。蒸发器压力 P 也应该得到控制，因为它对于蒸发器的操作产生主要影响(准则 2)。因此，三个被控变量分别被选择为 x_B, h 和 P。

下一步选择三个操作变量。因为前面已经假设进料条件不能调整，显然操作变量只能是 B, D 和 P_s。由于产品流量 B 对于 h 有显著的影响，但对于 P 和 x_B 的影响却相对较小，因此，有理由采用 B 控制 h(准则 6)。蒸汽流量 D 对于 P 有直接和快速的影响，而对于 h 和 x_B 却没有直接的影响。因此，P 应该与 D 匹配(准则 6)。这样就只剩下 P_s 和 x_B 作为一对组成控制回路。这种配对是物理上有意义的，因为最直接的调节 x_B 的方法是通过调整蒸汽压力从而影响溶液的蒸发量(准则 8)。

最后，考虑应该测量哪个过程变量。显然，应该测量三个被控变量 x_B, h 和 P。同样也要测量三个操作变量，B, D 和 P_s，因为这些信息对于控制器整定和故障诊断十分有用。如果有大的频繁的进料干扰，对于干扰变量 F 和 x_F 的测量可以用于前馈控制策略，前馈控制策略对反馈控制策略具有很好的补偿作用。不一定需要对 T_F 进行测量，因为进料液体的显热变化相对于在蒸发器中的热流量通常是比较小的。

图 18.11 给出了在情况(a)下蒸发器的控制框图。

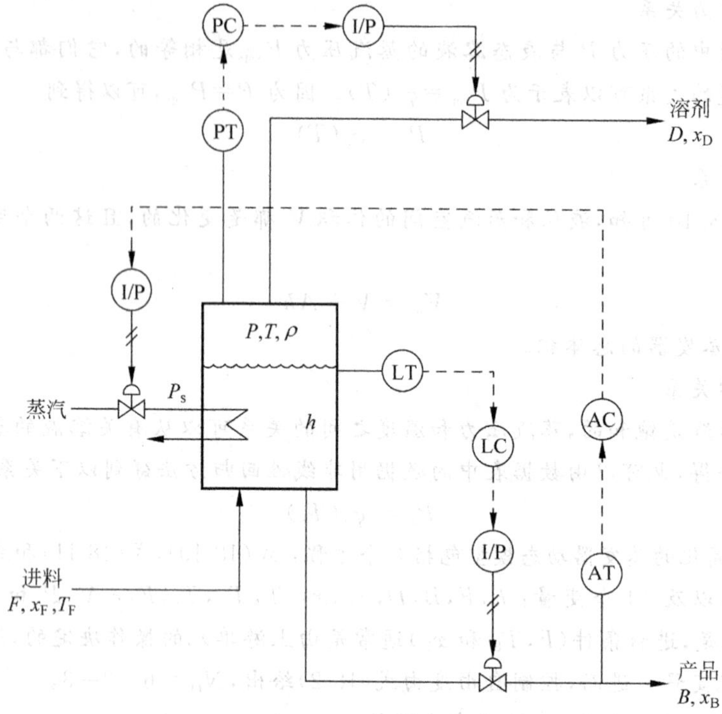

图 18.11　情况(a)时的蒸发器控制策略

情况(b)：产品的成分不能在线测量

被控变量与情况(a)中一样，但是因为其中被控变量 x_B 不能在线测量，采用反馈控制是不可能的。但是，根据稳态情况下的方程式(18-11)，可以提出一个简单的前馈控制策略[19]

$$0=\overline{F}\,\overline{x}_F-\overline{B}\,\overline{x}_B \tag{18-20}$$

其中变量上方的横线代表正常工况下的稳态值。整理后得到

$$\overline{B}=\overline{F}\,\frac{\overline{x}_F}{\overline{x}_B} \tag{18-21}$$

式(18-21)给出了前馈控制器的基本形式。把 $\overline{B}$ 和 $\overline{F}$ 用实际的流量 $B(t)$ 和 $F(t)$ 代替，然后把正常工况下的稳态值 $\overline{x}_B$ 用其设定值 x_{Bsp} 代替，则得到

$$B=F\,\frac{\overline{x}_F}{x_{Bsp}} \tag{18-22}$$

因此，操作变量 B 是根据测量的干扰变量 F，设定值 x_{Bsp} 和正常工况下的进料成分 $\overline{x}_F$ 进行调节的。

操作变量与情况(a)是一样的：D, B 和 P_s。底部流量 B 在前馈控制策略式(18-22)中已经使用了。显然，P 和 D 的匹配仍然是需要的，原因同情况(a)。这样只能通过调整 P_s 影响蒸发器的蒸发速率，从而调整 h。图 18.12 给出了在情况(b)下蒸发器的控制框图。

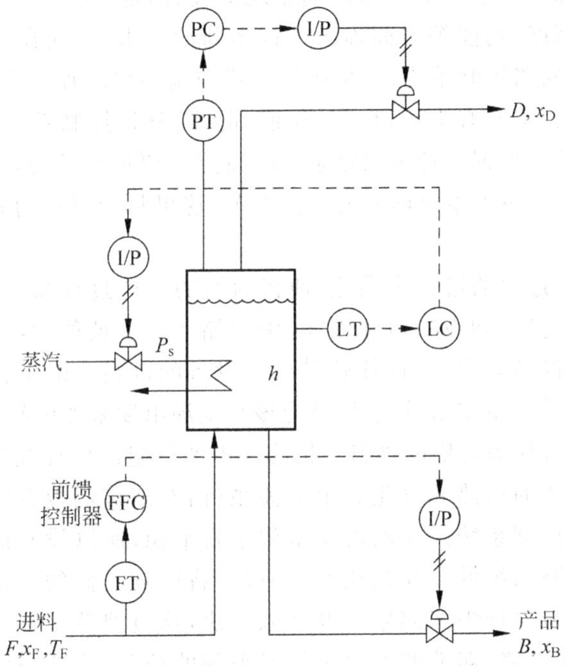

图 18.12　情况(b)时的蒸发器控制策略

这个控制策略有两点不足。第一，它是基于这样的假设，即不可测量的进料成分是已知常数。如果进料成分发生变化，实际产品成分将会偏离期望值，并且由于该控制策略没有产品质量反馈控制，任何扰动都会影响产品成分，无法像情况(a)那样使成分保持在设定值附近。第二，前馈控制技术是基于静态的。因此，如果不增加动态补偿，那么它可能在动态过程下发生偏离。尽管如此，这个控制策略对不能在线测量的产品成分情况下还是提供了一个简单、间接控制的方法。■

上面对例 18-4 图 18.9 中的夹套式连续搅拌釜反应器(CSTR)和例 18-5 图 18.10 中的蒸发器的控制方案进行了讨论。可以看到，控制系统的设计最终归结为对过程进行控制自由度的分析、合理选择操作变量和被控变量、进行配对，并设计出多个单回路控制系统来使被控过程的主要被控变量得到控制，并期望工作在优化状态附近。但是，这种控制系统的设计有两个困难问题一直困扰着控制工程师们，一是如何来配对，二是如何来克服各个回路之间的耦合影响。这些问题影响着所设计的控制系统的投用率和投用效果，严重时会导致所设计的控制系统无法使用。第 7 章解耦控制系统是致力于解决这些问题所采取的控制策略，还有像 Rosenbrock 在 1969 年提出的逆奈奎斯特阵列法是一种更为实际的工程解决方法，将频域法推广到多变量系统的设计中去，利用对角优势的概念来解决配对和解耦问题，易于工程实现，把一个多变量问题转化为能应用人们所熟知的经典方法的单变量系统的设计问题[20]。

以上讨论的都是简单的单回路控制系统的设计，随着生产过程的不断发展，对过程控制系统的精度、功能等方面提出了许多新的要求，因而在单回路控制的基础上，又发展出了多回路控制系统，它是在单回路控制中再增加计算环节、控制环节或其他环节而形成的，主要有串级、均匀、比值、前馈、分程控制系统等，它们的设计在单回路设计的基础上根据各种多回路系统的特点需要加以补充，其中串级、比值、前馈控制的详细内容可参考本书前面的有关章节，这里只介绍均匀和分程控制的设计问题。

随着连续生产过程的进一步强化，使得前后的生产过程联系得更紧密了，为了节约不必要的设备投资和设备占地面积，中间储罐不是被革除，就是尽量设法减少其容积，这样前一设备的出料，往往就是后一设备的进料。由于客观上存在着这样紧密的联系，在设计自动控制系统时，就应该从全局出发来考虑问题。图 18.13 中甲精馏塔的出料，直接作为乙塔的进料。精馏塔甲的塔釜液位往往是一个重要的控制参数，因为它与塔釜的传热和汽化有很大关系（内有液位隔板者除外），影响分离效果，为此装有液位控制系统。而乙塔又希望进料平稳，所以设有流量控制系统。显而易见，这两个控制系统的工作是相互矛盾的，将影响它们的正常工作。为了解决这一矛盾，以往就是靠加中间储罐的办法来解决，这就浪费了资源。如果从自动化方案的设计上去找出路，那就要着眼于物料平衡的控制，让这一供求矛盾的过程限制在一定条件下逐渐变化，以同时满足前后两塔的控制要求。就图 18.13 这个具体例子来说，均匀控制设计方案就是让甲塔的液位不要跟踪设定值，而是在一个允许的限度内波动，这样甲塔的输出流量就会缓慢的变化，而不致引起乙塔输入流量的大幅波动。所以，从控制系统的结构来看，均匀控制很像简单的液位和压力控制系统的组合，有时又像一个液位与流量或压力与流量的串级控制系统。但实际上均匀控制不是指系统的结构而言，而是指控制的目的而言，它是为了使前后设备（或容器）在物料供求从相互制约变为均匀协调，统筹兼顾[21]。

至于分程控制，以图 18.14 所示的釜式间歇反应器的温度控制为例来讨论。反应器在一开始就需要加热升温，到反应逐渐加剧时，反应过程从需要加热到本身自行放热，此时又需要冷却降温，即不同工况需要加热、冷却等不同的控制手段。可见

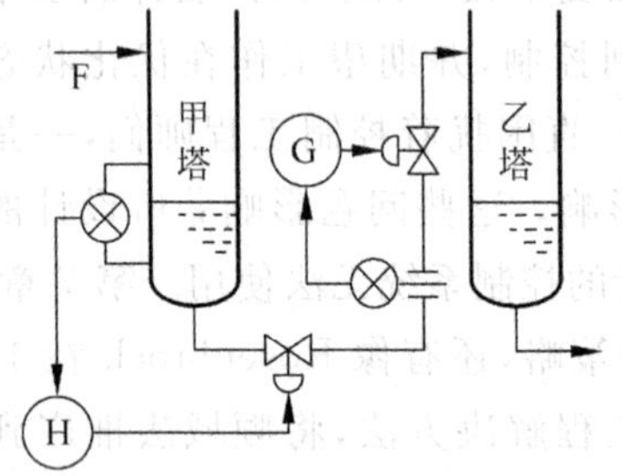

图 18.13　前后精馏塔物料供求关系

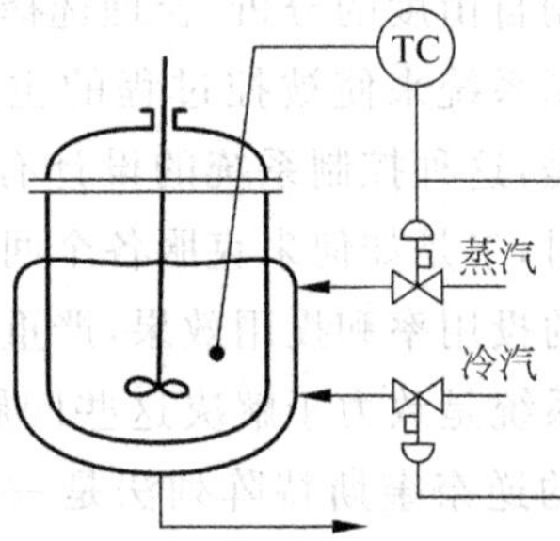

图 18.14　釜式反应器的温度分程控制

此系统中有一个被控变量，一个控制通道，却需要两个操作变量，只是不同的工况采用不同的操作变量。分程控制系统就是用来处理这种特殊情况的控制系统。在该例中蒸汽阀和冷却水阀两个控制阀由同一个温度控制器操作，这就需要两个阀门分程工作。其设计主要涉及两个调节阀的“气开”、“气关”的选择和分程区间的确定等。其中阀门的“气开”和“气关”选择同样是需要保证组成负反馈系统以及根据安全和工艺合理性来决定；分程区间的确定则是把控制器输出从 0～100％的区间分成两个阶段，例如，0～50％区间的控制器输出信号给蒸汽加热阀，50％～100％的控制器输出给冷水冷却阀，以保证反应器开始加温时蒸汽加热阀动作，冷却阀关闭；在需要冷却时冷水阀动作，而加热阀关闭，从而保证反应器的温度在各种情况下都能跟踪设定值。

对于一个调节阀的流量调节范围不能够满足要求时，可能需要通过采用两个(甚至多个)调节阀来扩大流量可调范围，使得一个控制回路能在大流量和小流量下都能够获得更精确的控制，此时也可以采用上述的分程控制系统来实现(见图 18.15，其中 A 阀是大口径阀，B 阀是小口径阀)[21]。

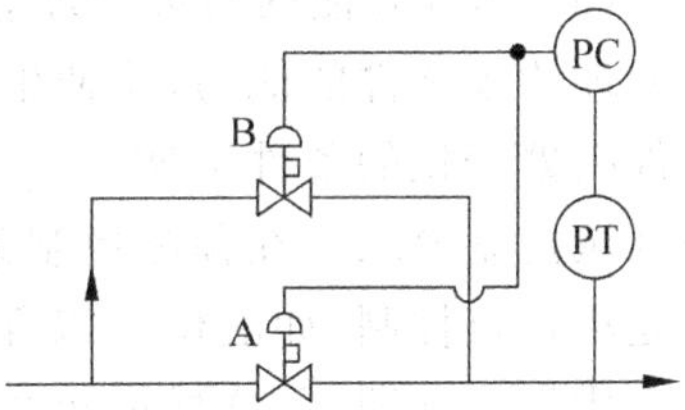

图 18.15　扩大调节阀调节范围的分程控制

18.6　先进控制系统的设计

前面几节介绍了一般控制系统的设计问题，应该说这类控制系统解决了大部分的工业控制问题，得到广泛而有效的应用。然而随着生产向着大型化、连续化、集成化发展，将会出现上节所提到的一般控制系统设计中变量间的匹配和回路间的耦合这两个难题。所幸的是，现代控制理论日臻成熟和控制计算机的问世，为过程控制摆脱困境提供了强有力的支持。先进控制就是在这种背景下应运而生的，它是以现代控制理论为基础，是基于数学模型、借助于计算机工具的一种控制策略。由于先进控制技术突破了常规的单参数 PID 控制模式，着重于装置的整体控制，即以整个装置为对象，因而其易于处理多输入多输出，耦合、约束、前馈补偿、大滞后等问题，并能够采用区域控制策略，从而把主要被控度量和操作度量全部纳入控制系统，具有良好的解耦和跟踪性能。整体控制既保证了整个装置的稳定运行，又能够使多余的调节能力用于卡边优化目标，实现一定程度的在线实时优化功能，同时，还能比较容易地处理上面提到的两个难题[22]。

下面以预测控制为例来讨论这类先进控制系统的特点和设计问题。与单回路控制系统相比较，预测控制系统的特点有：

(1) 能够对生产过程进行整体控制。不同于常规 PID 控制系统，其不管过程变量之间存在多大的相关性，仍将它们分割成一个个独立的 PID 控制回路，而先进控制系统则基于多变量模型能够将整个生产过程作为一个整体来进行控制。使所有的操作变量都能够得到利用，所有的被控变量都能够得到控制，也无须在设计时面对紧密耦合的生产过程进行操作变量与被控变量的配对，且前馈补偿、解耦都自然地包括在基于模型的预测控制策略的处理范围内。

(2) 处理"胖"系统和"瘦"系统等非常规系统。在流程工业生产过程，非常规系统是最常见的，所谓"胖"系统，即可用的操作变量多于要被控制的变量。由于操作变量多于被控变量，在满足控制目标的前提下，利用控制自由度还大于零的条件，就可以应用多余的操作变量对生产过程进行优化。所谓"瘦"系统，即可用的操作变量少于要被控制的变量。此时，则可以根据预测控制策略按一定优化原则协调各被控变量，以满足过程的质量和安全等方面的高要求，使系统处于卡边操作状况。

(3) 具有方便的约束处理能力和易于实现区域控制策略。预测控制策略所具有的处理约束条件的能力，将使生产装置的操作被控制在原料、产品产率、工艺和设备条件频繁变化的条件下使一切变量不超限的状态，保证生产安全，满足给定点控制与区域控制要求。在预测控制策略，对于一些被控制变量往往可以采用区域控制而不是给定点控制，如液位可以保持在一定的变化范围，产品质量只要求大于或小于某一质量指标即可，这样就可以扩大控制系统的可行解范围，相应地提高系统的鲁棒稳定性。此外，也使系统能够控制"瘦"系统，并促使"瘦"系统转换为"胖"系统，进一步能够在保障被控变量不超限的前提下，还可以利用剩余的操作手段满足经济目标优化功能(详见下面第(4)点)，使被控变量稳定在期望的优化点上，进一步实现生产过程的运行优化。

(4) 经济目标优化。首先利用控制自由度(独立操作变量)满足系统的动态控制目标，在控制自由度有剩余的情况下，再利用剩余的自由度进行优化，可以利用线性的或二次的目标函数作为经济控制目标优化策略，使装置或操作单元运行在最优状况下，如产率或产量最大、能耗最小、经济效益最高等。但是这些目标往往是互相矛盾的，如产量增大往往能耗也增大；常减压装置的航煤产率增大往往使柴油产率降低等等。因而需按原料、市场、价格等各方面的具体情况制定最优目标。

世界上不存在免费的午餐，先进控制系统的设计除了遵循前面一般设计准则外，还有一些需要特殊考虑和设计的问题。由于先进控制是一门涉及多学科多领域的技术，因此先进控制系统的设计比常规 PID 控制要复杂得多，而且目前还远远达不到常规控制系统设计那样成熟。一般说来，先进控制系统的设计需要在深入了解具体装置的工艺流程、特点的基础上，进行可行性研究，需求分析与功能设计，再进行详细设计。在应用实施时还需要进行装置测试和实验建模，或通过机理分析建模并经过装置的观测数据进行验证，在得到装置的模型后，设计人员才能给出最后的控制器设计和参数设置，并进行现场实施和投运，最终完成设计工作。

先进控制系统的设计可以分为几个阶段：①可行性研究；②功能设计；③详细设计；④现场投运、验收并最终完善详细设计。

18.6.1 可行性研究

可行性研究是先进控制系统设计的第一步，也是影响最终实施成功与否的关键一环。可行性研究主要任务是确定技术实施的必要性与可行性，要在全面分析与规划的基础上进行经济效益分析，并提交可行性分析报告。可行性研究的步骤如下。

1. 现场数据收集

现场数据收集主要是收集操作数据以及各种装置流程图，并同现场操作人员就一些运行与控制策略进行讨论，以最大限度地获取一线的经验知识和数据，这些经验知识对系统的设计具有重要的价值。尤其对一些特殊装置的限制条件要进行仔细的研究与讨论，针对其特殊的限制进行相应的控制策略的设计。

2. 数据分析

对收集到的现场数据以及操作参数进行统计分析，计算相应产生的经济效益，同时也确定是否需要对现有设备进行维修，或需要额外增加相关仪表或仪器。

3. 系统实施条件的确定

首先，确定影响经济效益的主要因素，例如生产能力的增长，产品回收率的提升，收益的提高，运转周期的加长，能耗的降低以及绿色生产的保证等。其次，工程的基础结构必须明确，必须具备先进控制的实施平台，如 DCS 等控制系统和一些必要的检测设备。

4. 典型数据需求

可行性研究中需要的典型数据主要包括：装置资料、操作数据和经济数据。其中装置资料主要指装置的控制图以及装置目前存在的瓶颈等问题，操作数据即一定时间段的每一股进料的操作日志，还包括操作策略和对象等。经济数据是指与经济效益有关的数据，比如原料的价格、产品的价值、能量（如各种气体、蒸汽、燃料油等）损耗以及工程账目的计算方法等。

5. 效益估计

以投运之前的装置正常稳定运行的某月（或几个月）的数据为基准，评估装置运行状况与装置原设计指标（或最大实际运行能力等）的差距，比较产量、质量、能耗、系统平稳性以及掌握存在的装置瓶颈等，以此为基础初步估计应用先进控制可能产生的效益。

6. 效益获取途径

先进控制的效益可通过多种途径获取，下面两种手段通常用于改善系统运行平稳率等来提高装置的工艺操作极限等，以获取效益：设定值靠近设置的操作极限，如图 18.16 所示；通过优化提高设置的操作极限，如图 18.17 所示。

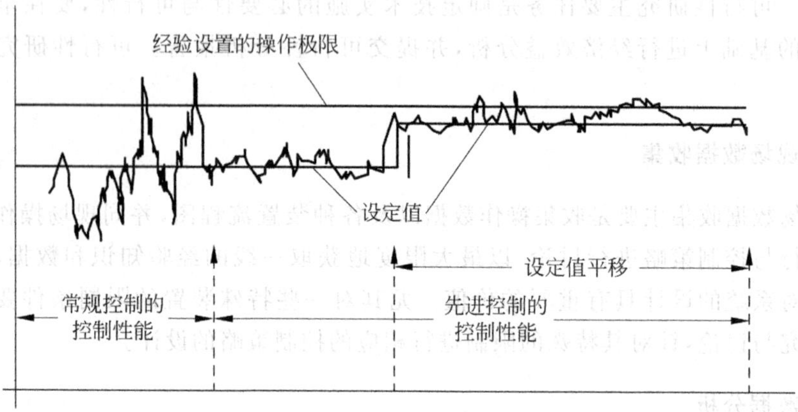

图 18.16 设定值靠近操作极限

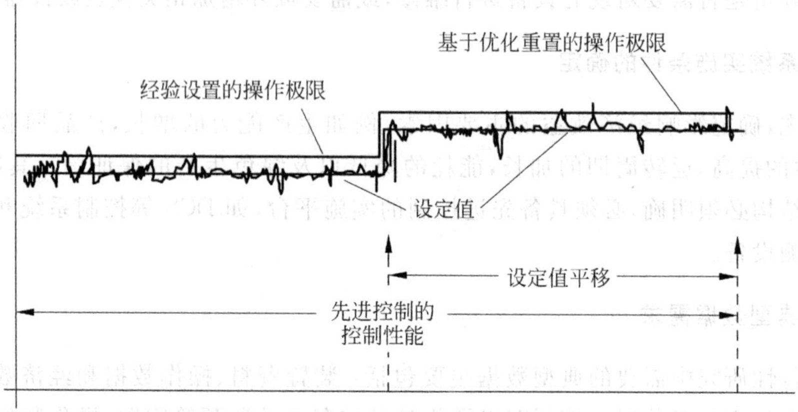

图 18.17 优化后提高了设置的操作极限

需要注意的是，多变量预测控制不一定都能减小被控变量与设置操作极限的差值，主要是由于被控变量自身还存在界限，另外还和具体的优化算法有关。对于多变量预测控制的应用问题，一个比较好的方法是使用稳态增益矩阵，其中增益矩阵可以通过稳态仿真或阶跃测试得到。

7. 可行性报告

针对现场征集到的操作数据以及相应的统计分析，形成可行性报告。

18.6.2 功能设计

功能设计是初步确定先进控制的策略。根据可行性报告，分析得到对先进控制系统的需求，进行初步的控制功能设计与规划，并最终形成正式的功能设计报告（或称之为初步设计报告），此报告将是系统实施的主要功能依据。

1. 现场数据收集

首先进一步收集各种装置流程图以及操作数据。如果有必要，可以进行初步的阶跃测试，以获取装置的动态特性。就操作策略以及控制对象等问题继续深入现场进行深入的分析探讨，尤其是一些装置的特殊限制问题，以寻找最优的控制方案。

2. 数据分析

与可行性研究阶段相比，功能设计阶段的数据分析更详细、更全面，对相应所需仪器的考虑也更加完备。

3. 形成功能设计报告

与可行性研究阶段形成的初步报告相比，功能设计阶段的报告涉及到更多的内容，确定了控制相关的问题，提出相应的控制策略，提出可交付使用的详细控制方案以及有关费用问题。然后与现场人员交流，听取必要的修改意见或建议，形成正式的功能设计报告。

18.6.3 详细设计

详细设计阶段将设计与完善先进控制策略以及工程的初步实施计划。详细设计阶段一般都是以与现场人员开会为序幕展开的，会上将最终确定项目组组成人员，并针对项目建立一系列的标准，包括各种位号命名的协定、一些示意性的格式以及软件的标准等。

1. 确定最终的详细控制方案、策略

详细设计阶段将确定最终的详细控制方案、策略。主要包括以下内容：

(1) 针对不同的过程对象设计详细的控制策略，并选择合适的软件工具。

(2) 如果必要的话，要对一些软件进行功能扩展设计(二次开发)，主要考虑到不同的过程需要的软件功能也有所差异，这样可以进一步完善控制策略。

(3) 开发 DCS 控制图形界面显示。图形界面将会更直观地将信息显示出来，使得控制更加贴近实际并易于操作。

(4) 对没有在线仪表检测的工艺控制变量或目标进行组态计算，或者采用软测量建模。

(5) 对过程对象进行阶跃测试，以获得过程的输入输出对应数据，为建立先进控制所需模型做准备；若采用机理分析建模方式，本步和下一步工作均无需进行专门的装置测试，但要通过了解工艺过程原理和有关工艺装置参数，并根据有关装置测量数据进行模型的建立、验证和修正，并建立最终的模型矩阵。

(6) 对通过阶跃测试得到的输入输出对应数据进行系统辨识,并从中选择最终的模型矩阵。

(7) 根据求得的模型矩阵,设计多变量预测控制器。

(8) 首先在设计室或在现场对上述多变量预测控制器进行离线测试。

(9) 阶段性总结和阶段性报告。阶段性报告主要是对所进行的工作的总结,同时对下一阶段的工作进行合理安排,对工作计划作相应的修改。同步准备文档,比如操作工指导、工程师手册等。

2. 控制软件进行系统整合

首先安装控制程序,同时需要在 DCS 上实现先进控制,并解决与原来常规控制系统的双向无扰切换与安全保护功能等问题(如利用 watchdog 功能对先进控制软件与 DCS 的 PID 控制问题的通信故障、先进控制软件停运等进行保护)。正常运行后,以真实数据进行控制性能校验,测试图形界面的显示正确性,最后对控制策略进行开环测验,以验证控制策略的优劣。

3. 控制软件示范

在静态测试条件下,对控制软件进行性能示范,以展示软件的运行功能。对适当的控制行为进行验证,从中校正任何辨识方面的问题。

18.6.4 试运行阶段

试运行阶段是系统设计与现场实施相互交叉的阶段。就先进控制的实施而言,此阶段应该对现场人员进行必要的培训,不仅让他们掌握现场的操作,也使他们具备一定的理论知识。同时验证此先进控制系统设计的正确性、有效性。从设计的角度出发,通过现场实施,可以得到系统实现中的反馈信息,发现设计中存在的问题,并加以改正,例如被控变量的调节和控制区间设置,控制器整定参数的修订,约束的设定,软测量计算的修正,以及模型的修正等,最终完成整个系统的设计工作。

18.7 安全仪表系统的设计

近年来,安全、环保等问题越来越受到重视,因而在工业过程设计中的各个方面都更要考虑安全问题,图 18.18 给出了现代化工厂过程安全依赖于多保护层的一个典型的结构[5]。每一个保护层都包括一组设备和/或人的操作。保护层是按照当装置发生故障时所采取的操作的顺序给出的。在最内层,过程设计自身提供了第一层保护,工艺过程本质安全设计是近年来的工艺过程设计所追求的一个目标,Trevor Kletz 在 1978 年就指出“消除事故的最佳方法,是通过在设计中消除或降低危险程度以取代外加的安全装置,从而降低事故发生的可能性和严重性”[23]。

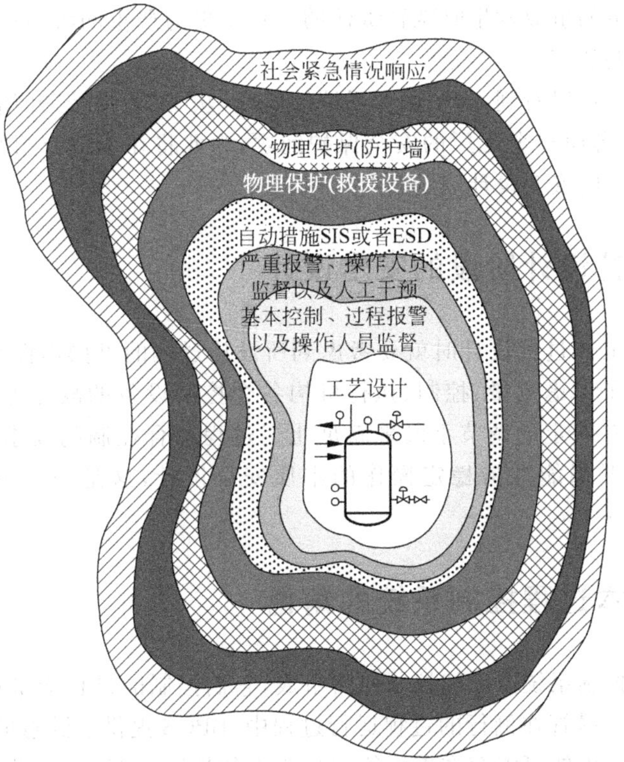

图 18.18 现代化学工厂的典型保护层

随后的两层是由基本过程控制系统(basic process control system,BPCS),以及报警和运行监控或干预两层组成的。产生一个报警意味着有一个测量环节超出了其特定的测量范围并且需要进行检查。

第四层是安全仪表系统(safety instrumented system,SIS),是广泛应用于石油化工等流程工业、由仪表构成的一类安全相关系统[24],也称之为安全连锁系统,是一种自动安全保护系统,它是保证正常生产和人身、设备安全的必不可少的措施,已发展成为工业自动化的重要组成部分。根据不同的应用场合分别称之为 ESD(紧急停车系统,用于紧急停车场合)、F&GS(用于火灾、气体报警和保护)、BMS(用于危险场合的燃烧控制)等。在过程自身和 BPCS 层不能处理所出现的紧急情况时,SIS 能够自动采取正确的操作。例如,如果化学反应器的温度产生高温报警,SIS 能够自动地关闭反应物供给泵。减压设备可以在产生超压力的情况下,通过排出气体或者蒸汽提供物理的保护,例如安全膜和减压阀。

过程单元周围设有安全屏障和用于储存泄漏液体的存储罐,当出现极其严重的事故时,就会启动最后一种手段——社会紧急情况响应,则是用来利用安全屏障和储存泄漏液体的存储罐处理紧急情况,并通知社会公众。

多层保护系统的功能可以总结如下:"在设计完备和操作良好的化学过程中,大多数故障可以被限制在第一或者第二保护层内。中间层是防止严重事故的,最外一层是在极其严重的事故发生时减轻责任的。对于更为严重的潜在危险，甚至更多层的保护也是必要的。”[25]

从图 18.18 可以看到，为了确保系统的安全，从“工艺设计”开始一直到“社会紧急响应”都需要考虑整个工厂的安全保护问题，为此将在本节介绍与控制系统有关的第一到第四层的安全设计问题。

18.7.1 工艺设计阶段的安全设计

在第一层工艺过程设计时就要考虑到所设计过程的可操作性和出现控制失灵的可能性。除了考虑测量、控制、执行机构各个控制设备的故障外，还应包括工艺设计时必需留有一定的调节手段来满足化工过程综合控制的要求，从而保证在不确定扰动因素下仍能维持稳定操作的本质安全设计，这是一个重要的期望设计目标。

18.7.2 基本过程控制系统的角色

基本过程控制系统由反馈控制回路组成，它们控制的过程变量包括温度、流量、液位和压力等。尽管在例行的过程运行过程中，BPCS 提供了满意的控制效果，但在非正常情况下它仍然可能存在着不能满足要求的情况。例如，如果一个控制器输出饱和了(达到了最大或者最小值)，被控变量可能超出其允许区域。同样地，控制回路中的某个部分失效或者发生了传感器、控制阀或者数据通信的故障，都能导致过程运行进入一个不能接受的区域。因而在设计基本过程控制系统时就要考虑到选择和设计的控制系统具有安全性：如合理地选择执行器的“气开”与“气关”类型、调节器的正反作用，合理地应用分程控制、选择控制等特殊控制系统，尽可能地保障过程运行安全。

18.7.3 过程报警

第二和第三层保护层是依赖于唤起操作人员对非正常情况警觉的过程报警。图 18.19 给出了一个报警系统的方框图。当一个被测变量超出其设定的高限或者低限时，系统会自动产生报警信号。当一个或者多个报警开关被触发后，系统依据预先编程的逻辑采取正确而恰当的报警动作。在有报警产生时，逻辑模块启动最终控

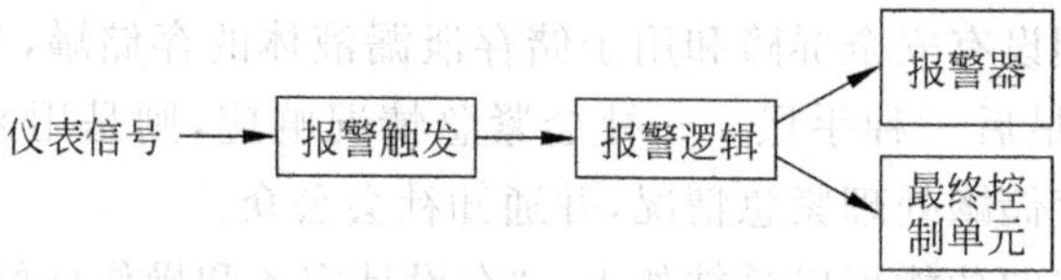

图 18.19 一个报警系统的通用方框图

制器件或者报警器，报警器可以是可见的视觉信号或者能够听到的声音信号，比如喇叭声或者蜂鸣声。例如，有个反应器的温度超过了其高限，那么计算机屏幕上会出现有闪烁的区域，并且用颜色区分报警的级别(例如，黄色表示不是十分严重的情况，而红色表示危险情况)。报警在操作员采取动作之前会持续，直到操作员按压"停止"按钮或"停止"键。如果报警预示着可能的灾难情况，则 SIS 会自动启动一套正确的动作以防止灾难的发生。在计算机控制系统中，广泛使用两类报警，警告区域表示较小的偏离正常值，危险区域则表示有大的更为严重的偏离。

Connelly 提出了如下的过程报警分类系统[26]：

第一类报警：设备状态报警。指示设备状态，例如一个泵是否开启，或者一个电机是否在运转。

第二类报警：测量异常报警。表示测量值超出了规定的区域。

第三类报警：设有报警系统自己的传感器报警开关。它是被过程触发的而不是被传感器信号触发的。这类报警是用于那些不需要知道实际值，而只需要知道它是否超过(或者低于)一个设定值的过程变量。

图 18.20 给出了典型的第二类和第三类报警的结构。在第二类报警系统中，流量传感器/变送器(FT)信号传送到流量控制器(FC)和流量开关(FSL 指"流量-开关-低")。当测量信号低于给定的低限时，流量开关发出报警信号，从而触发控制室内的报警器(FAL 指"流量-报警-低")。不同的是，图 18.20(b)中给出的第三类报警系统流量开关是自启动的，因此不需要来自于流量控制回路的流量传感器/变送器的信号。

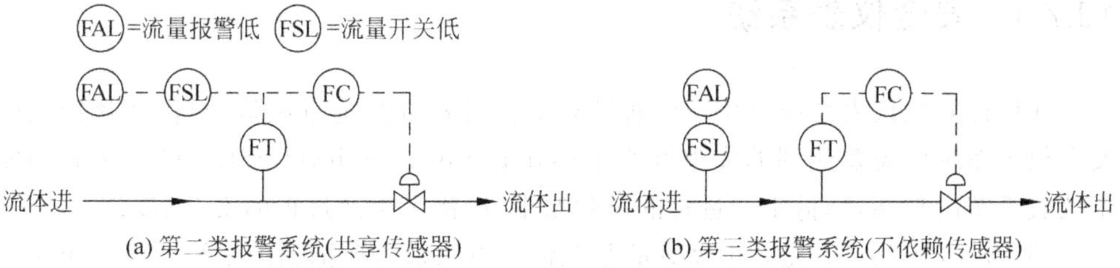

图 18.20　两类流量报警结构

第三类报警也可用来指示自动停车系统被"触发"了。它们被广泛地应用于自动仪表盘上[27]。

第四类报警：自身带有传感器的报警开关。作为正常传感器故障时的后备设备。

第五类报警：安全仪表系统。这是一个十分重要而且广泛应用的系统；将在 18.7.4 节"安全仪表系统"中介绍。

可以尝试对大量的过程变量给出严格的报警区域，但是这样做就必须忍受由其所引起的不必要的大量的报警。进一步，太多的报警与过少的报警一样是有害的，其原因是多种多样的。首先，频繁的"令人厌烦的报警"会导致装置操作人员对于重要报警的反应能力降低。其次，当真正的紧急情况发生时，大量的次要报警会导致问题的根源难以判断。第三，报警之间的相互关系也需要考虑。因此，设计适当的报警管理系统是一个具有挑战性的任务[26]。近年来也有通过智能分析实现抑制无效报警和向操作人员提供有价值的咨询信息、以便操作人员能注意重要的报警信息和快速实施纠正动作的报警管理系统(IAMS)的尝试，例如IAMS中的综合报警管理系统(CAMS)，就有如下功能：

(1) 实现自动报警抑制，自动识别以下类型的扰动报警，并且通过DCS来抑制其重复报警。例如，抑制由于不正确的报警迟延设定产生的长时间持续HI/LO报警、由于不正确的PID设定产生的振动HI/LO报警、由于超过量程产生的输入超出范围报警，以及变送器异常产生的输入超出范围报警等。

(2) 自动报警再通知，自动并且定期发出重要报警，以引起操作人员的注意。例如长时间持续的真实HI/LO报警和由于断路产生的长时间持续的输入超出范围报警。

(3) 自动报警预测。HH(超高高限)/LL(超低低限)报警通常会触发连锁程序，从而引起紧急停车，使生产受到很大损失。因而在过程即将达到报警限前进行自动预测，并及时向操作人员发送报警，以便采取措施防止过程的HH/LL状态的发生就十分重要。

(4) 动态报警设定。当操作条件改变时，比如级别改变、负荷改变时，可以通过此系统及时调整报警阈值。

18.7.4 安全仪表系统

在设计安全仪表系统(SIS)时，通过对受控过程进行定量风险分析，选择恰当的安全仪表系统所需要达到的完整性水平(safety integrity level, SIL)，设计正确的安全仪表系统的功能，降低生产过程的风险水平，以满足生产过程的安全需求。

图18.18中的SIS是在BPCS的紧急情况下采取必要措施的系统。当一个关键过程变量超出其所允许的操作区域所规定的极限报警限，那么SIS就会自动启动。它的启动将导致一系列剧烈的动作，例如，启动或者停止一个泵，或者停止一个过程单元的运行，甚至对一个生产装置或一个工厂进行紧急停车。因此，它只是作为最后的操作手段，以防止对人身或设备的伤害。

SIS的功能与BPCS互相独立是十分重要的；否则，在BPCS不工作时，紧急保护也不起作用了(例如，由于故障或者停电等原因)。因此，SIS必须在物理上与BPCS分开[25]，并且有自己的传感器和执行器。有时，还需要采用冗余的传感器和执行器[28]。例如，对于关键变量的测量可能需要采用三重冗余传感器，而SIS将基于三个测量值的中间值采取动作。这种策略避免了由于单一传感器故障而导致SIS失效的情况。SIS也有一套单独的报警系统，从而使得操作员可以在BPCS不工作时也能够得知SIS是否采取了行动(例如，打开了紧急冷却泵)。

SIS设计为当报警系统发出有潜在危急情况时将自动响应。其目标是使得过程保持安全状况。自动响应是通过连锁、自动停车和启动系统来实现的。

图18.21给出了两种简单的连锁系统。对于液体储存系统(如图18.21(a)所示),液体的液位必须保持在一个最低值之上,以避免由于出现气蚀现象而损坏抽出泵。如果液位低于设定的最小值,液位低开关(LSL)触发一个液位低报警信号报警,同时启动一个电磁开关,关闭抽出泵。对于图18.18(b)中的气体储存系统,由电磁开关操作的阀门通常是关闭的。但是如果储存罐中的碳氢化合物气体压力超出设定值,高压开关(PSH)激活一个高压报警信号报警,同时启动一个电磁开关,使得阀门全开,从而降低罐中的压力。对于连锁和其他安全系统,如果要求有测量信号,则可以使用变送器代替开关,而且变送器也更可靠。

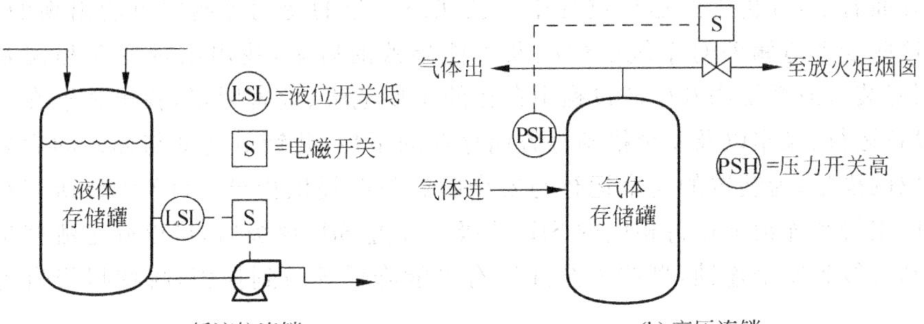

图18.21　两种连锁结构

另外一种常用的互锁结构是在控制器和控制阀门之间安放一个电磁开关。当报警被触发时,开关打开,把气动调节阀门的气动执行机构膜室内的空气放掉,进而使得气动调节阀门处于预先设计的气开或者气关位置,进而保障了生产过程安全。连锁系统传统上是作为"硬系统"而独立于控制硬件的(如采用继电器)。目前利用计算机或者可编程逻辑控制器(PLC)实现的连锁逻辑软件已经替代了传统的连锁系统了。

如果存在一个潜在的十分严重的危险情况,那么SIS系统将自动地停止或者启动设备。例如,如果一个泵过热或者润滑剂压力下降,那么它将被停止(或者断开)。同样地,如果一个放热反应开始"失控",它可能需要快速加入降温材料,从而阻止反应。但是对于某些紧急情况,正确的响应是自动启动设备,而不是停止设备。例如,正常的设备意外地停车了,那么可能启动备用发电机或者冷却水泵。

随着国际功能安全标准IEC61508和IEC61511的提出和不断地普及,合理设计出符合规范要求的安全仪表系统SIS已迫不及待。如何严格遵循标准所提出的各项原则和要求,对SIS的安全完整性水平SIL进行准确评估,保证SIS在运行时能够达到要求的安全水平,这已成为SIS系统设计的重要问题[24]。

SIS由传感器、逻辑运算器、最终执行元件及相应软件等组成。通过传感器对过程变量进行检测,这些检测信号根据安全连锁的要求在逻辑运算器中进行处理,一旦过程变量达到预定条件,则将输出正确的信号到最终执行元件,使被控制过程转入安全状态,从而达到使装置能够安全停车并处于安全模式,避免灾难发生及对环境造成恶劣影响,保护人身安全的目的。SIL 是用来描述安全仪表系统安全综合评价的完整性等级或可靠性等级,指在规定的条件及时间内,安全系统成功实现所要求的安全功能的概率。SIL 越高,安全系统实现所要求的安全功能失败的可能性就越低。国际标准 IEC61511 中对 SIL 共分为 1,2,3 和 4 四个级别,最高是 SIL4,最低是 SIL1。SIL 的划分与危险与可操作性分析(HAZOP)的研究有着密切的联系,HAZOP 的研究结果为 SIS 的设置提供坚实的基础。SIL 评级前应先进行 HAZOP 研究,它是以系统工程为基础的一种可用于定性分析或定量评价系统化的危险性评价方法,用于解决危险识别与安全操作两方面的问题,探明生产装置和工艺过程中的危险及其原因,寻求必要对策。通过从工艺流程、状态及参数、操作顺序、安全措施等方面着手,分析生产运行过程中工艺状态参数的变动控制中可能出现的偏差,以及这些变动与偏差对系统的影响及可能导致的后果,找出出现变动和偏差的原因,明确装置或系统内及生产过程中存在的主要危险、危害因素,找出装置在工艺设计、设备运行、操作以及安全措施等方面存在的不足,并针对变动与偏差的后果提出应采取的措施,为装置的安全运行与安全隐患整改提供指导。HAZOP 研究对装置所有的报警和连锁都进行相应的 SIL 评级。经过 SIL 评级后,可以确定哪些报警需要提高等级到安全连锁,哪些安全连锁有可能降低等级到报警,哪些报警有可能被取消。

在 IEC61508 规范中,推荐的 SIL 的确定方法有定量法、风险图定性法、危险事件严重性矩阵图定性法等。可以根据不同的情况采用不同的方法。定性法是根据应用经验通过查各种图表的方式考虑事故的发生概率和事故危害程度来确定需要设计的安全仪表系统所需要达到的 SIL 水平。定量法则通过分析获得各种数据,最终用这些数据计算出所需要的 SIL。

系统的 SIL 确定后,根据装置的具体特点、危险性及危害性等因素以安全仪表功能的可靠性指标(如安全失效概率)为科学依据来确定安全 PLC 的结构(二重化,三重化,四重化等)、现场仪表(传感器、逻辑运算器、最终执行元件)的安全控制方案和安全冗余的设计。

18.8 间歇过程控制系统的设计

18.8.1 间歇过程控制系统的体系结构

间歇过程是一种批次生产模式,此过程具有显著的生产特点:生产操作按配方所规定的顺序执行,现场驱动设备的开关量较多,工艺条件变化比较显著,对一些参数的控制有特殊的要求,根据生产不同的产品设备可以进行柔性连接以及产品为批量输出等,使得间歇过程呈现设备投资少、生产柔性好、产品多批量、多品种等优点。采用间歇生产流程能使企业面对激烈的市场竞争,能迅速推出新产品以占领市场;

另一方面柔性的设备连接又可以降低成本、减少企业的投资风险。

早在 1979 年,欧洲化工行业的测量和控制标准化委员会就成立了专门的委员会,试图制定有关间歇过程控制的标准问题,到了 1988 年,美国仪器仪表学会 ISA 成立了一个新的间歇标准委员会-SP88,制定了间歇控制的标准。SP88 规定了间歇过程必须遵守的模型和术语,从系统的设计和硬件的分配上都进行"分层"设计,并且得到了工业界的认可(详见第 10 章 10.1.3 小节)。间歇过程控制系统负责处理第 10 章 10.2 节中生产线(链/线)的控制问题。它的控制系统设计是按照模块化批处理自动化(modular batch automation,MBA)的思想进行的。对于由软件来实现的间歇过程控制系统也可以像硬件设备那样根据产品工艺要求,像搭积木那样进行柔性组装。到目前为止,很多国际著名过程控制系统的制造商推出了基于 SP88 标准的间歇控制软件。如 Honeywell 公司运行在 TPS 系统上的 TPB 软件、SIEMENS 公司运行在 PCS7 系统上的 batch 控制模块、Rokewell 自动化公司的 RsbizWare Batch 软件等,这些软件在实际生产中得到了应用[29]。这些软件的设计都具有如图 18.22 所示的 MBA 模块化结构层次。

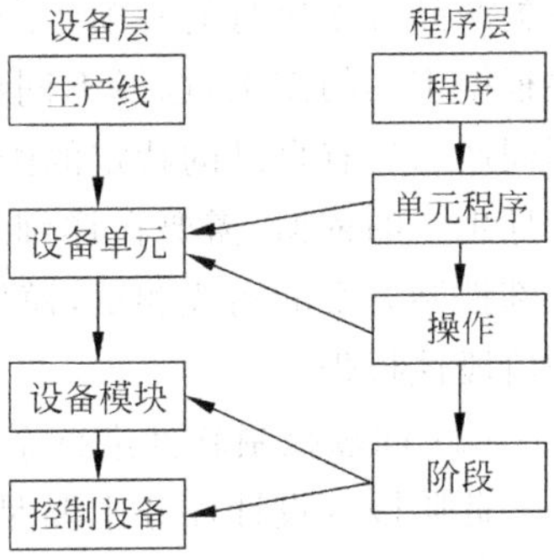

图 18.22 SP88 定义的设备模型和程序模型

设备单元模型从顶向下可以划分为生产线(process cell)、设备单元层(unit)、设备模块层(equipment module)和控制设备层(control equipment),与之相对应的软件程序层可以划分为程序层(procedure,一个整体策略和配方)、单元程序层(unit procedure,由一系列的 operation 组成,定义在控制配方层的生产顺序)、操作层(operation,由一系列 phase 组成,定义在 unit 内的过程顺序)和阶段层(phase,最小的控制元素,用来驱动控制模块 CM(control module),此模块可以发出指令,直接指挥阀门、电动机等执行器,或者修改各控制器的设定值)。另外用户也可以通过自己编写的程序来执行对控制设备的操作。

18.8.2 间歇过程控制系统的设计问题

间歇过程控制系统的设计也可以分为:(1)可行性研究;(2)功能设计;(3)详细设计;(4)现场投运和验收等四个阶段。其中可行性研究、功能设计和现场投运和验收这三个阶段的要求和内容与前面 18.6 节讨论的内容基本相同,这里不再赘述。只是在详细设计阶段,由于间歇过程控制系统的某些特殊性与 18.6 节中的内容有所区别,下面进行讨论。

详细设计阶段将设计与完善间歇控制策略以及工程的初步实施计划。在此设计阶段将建立一系列的标准,包括各种位号命名的协定、一些示意性的格式,确定 DCS 控制图形界面显示以及软件的标准等。

(1) 确定最终的详细控制方案、策略

主要内容有：针对不同的过程对象设计详细的控制策略，并选择合适的软件工具；对一些软件进行功能扩展设计(二次开发)以适应不同过程的需要；进行设备层和程序层的模型设计，完成控制设备的详细设计；在程序层(procedure)制订一个批次所要进行的一系列的过程活动的详细策略，定义一组规定时序的单元程序(unit procedure)；在单元程序层分解该单元设备为连续生产所需要一组规定时序操作(operation)；在操作层进一步分解出一组规定时序的阶段(phase)；对阶段层这个负责控制设备模块的最小的控制元素，设计具体的设备模块的操作步骤，以驱动控制设备，这部分的设计与一般的逻辑控制、顺序控制设计方法相同。特别应当指出的是，间歇过程设计区别于其他系统的是：需要设计间歇过程配方管理，即具体规定某一类产品必须执行的各项生产活动及其次序，以及相应的控制要求。因为间歇过程要根据市场的需求，选择不同的生产时序、原料配方、操作参数以生产不同的产品。不同产品均有自己的特定的配方和操作工序，因而配方管理是间歇过程不可或缺的指导生产的依据，需要在详细设计阶段予以设计。最后，将在设计室或在现场进行全部控制方案的离线测试，模块测试，以修正和完善此阶段的设计，完成阶段性总结和阶段性报告。

(2) 间歇控制软件进行系统整合

此阶段的设计任务主要是在各个层次进行软件的整合。当各个层次完成各自的功能软件后，需要由上层对下层的程序进行整合，以达到按时序协调地完成全部控制要求。例如，在 phase 层，在完成最小控制单元顺序控制程序后，再完成控制模块的顺序操作设计，然后再由操作层把这些最小控制单元的顺序控制程序加以整合成为一个一个设备模块的操作程序，以完成设备功能组件的操作。单元程序层再把各个操作层设备模块的过程顺序操作程序加以整合成为整个设备的生产顺序控制程序，能够完成一个独立设备单元的控制任务。最后，程序层再将各个设备单元的生产顺序控制程序组合成为整个生产线的整体控制策略，并通过配方管理来实现不同产品的的控制配方，以实现不同批次产品的生产。这种按层次、按要求把顺序控制、逻辑控制、参数定值控制以及配方管理等各种控制功能软件进行系统整合的设计是间歇控制系统设计中所特有的十分重要的一环。最后还要对整个程序进行开环的集成测试，调试和改进完善。

(3) 控制软件示范

对各种控制软件进行性能示范，以展示软件的运行功能和整合的效果，并对出现的控制行为进行验证和完善。

更具体的设计和实现内容可以参见本书第 10 章和文献[30]中的有关内容。

18.9 小结

本章讨论了控制系统设计过程中一些重要问题。控制系统的设计质量是决定过程控制性能的一个主要因素。因此，在过程设计阶段就考虑过程动态特性和过程控制问题是十分必要的。如果忽略这些重要问题，就可能导致装置十分难以控制或者根本不能操作。控制系统设计受到可以使用的控制自由度（NFC）的严重影响。在控制系统设计过程中，被控变量、操作变量和测量变量的选择是关键的一步，选择的原则应该参照 18.4 节中给出的各项准则。后面几节分别讨论常规控制系统、先进控制系统、安全仪表系统和间歇过程控制系统的具体设计问题，其中先进控制、安全仪表和间歇控制等系统的设计是近年来提出的新问题，还处于探讨研究阶段，随着控制理论和方法的不断发展，一定会逐渐成熟。

第19章 系统监控技术

对产品质量的追求在人类从事生产活动后就开始了。从古时的小作坊到现代的大型企业，产品质量一直是决定企业成败的关键因素之一。人们日常生活中耳熟能详的老字号诸如全聚德烤鸭和张小泉剪刀，无一不是以其信得过的质量得以绵延数百年而不衰。在实现质量管理的过程中，人们早就意识到产品质量的高低直接取决于它的制造过程水平的高低。在小作坊时代，由于产品质量与制作者的手艺密切相关，因此严格的学徒制度就成为质量控制的一种间接手段。学徒们只有通过严格培训和残酷竞争才能够成为行业中的佼佼者，而大量拥有这些佼佼者也就成为老字号产品质量的保证。在现代企业中，因为个体手艺的重要性已经逐渐由精密设备及其控制系统所代替，所以关于复杂制造过程的质量控制也有了新的内涵。例如在食品和制药工业中，对于某些制造过程的细节和指标，各国政府都有明确的规定以保证食品和药品的基本安全和有效性。人们经常提到的 ISO 9001 质量认证标准也是国际标准化组织为促进企业优化其生产过程质量控制的一种手段。它们的核心内容就是在生产过程中采用先进的过程监控技术来保证过程的正常运行和产品的质量，也就是说，生产过程的质量控制通常由过程监控技术(process monitoring)来实现。

一般而言，生产过程中的某些变量需要运行在一定的范围以内。这些变量可能是被反馈或者前馈控制的，也可能不是，但是它们都直接或者间接地反映了产品质量，企业效益，以及工厂的安全运行状况等。检测这些变量是否运行在规定的限制范围之间，并且通过对超出范围的数据进行分析来判断是否出现异常的过程操作(包括设备故障，仪表失灵以及异常的过程扰动)是监控技术的重点内容。

传统的监控技术主要是对监测值和其上下限进行比较来判断是否需要报警。在现代的集散控制系统(distributed control system，DCS)中，很容易对质量和安全相关的过程变量进行采样。一旦其测量值超出了规定范围，DCS 会立即发出警报通知现场的操作工程师。对于无法直接测量的过程变量，也可以采用软仪表技术来间接计算得到。在本章的 19.1 节中将具体介绍一些基于限值检查的传统监控技术。

随着对过程变量的监控要求越来越高，且对有关质量参数的采样也越来越容易实现，统计过程控制(statistical process control，SPC)和统计质量控制(statistical quality control，SQC)等技术在现代企业中得到广泛使用。统计过程控制是通过比较过程的当前数据和历史数据来判断是否有异常的过程操作。通常先采集历史数据并用适当的统计方法来计算出各个参数允许的变化范围，然后就可以在实时监控中把这些变化范围作为过程变量的控制限。统计过程控制中经常使用的分析工具包括直方图(histogram)，查验表(check sheets)，排列图法(pareto charts)，因果图(cause and effect diagrams)，缺点集中图(defect concentration diagrams)，散布图(scatter diagrams)和控制图(control charts)等[31]。在本章的19.2节中将会介绍几种最常用的基于控制图的统计过程控制方法以及从控制图引申出的过程能力指数和在许多企业中应用的6-Sigma质量管理方法。

统计质量控制经常和统计过程控制互换使用，但有时候它专指利用统计技术来分析成品及其组成元件中出现的残次率情况，从而保证产品的残次率达到用户要求。统计质量控制中经常使用的分析工具包括逐批检验抽样计划(lot acceptance sampling plans)和跳批检验抽样计划(skip-lot acceptance sampling plans)。由于本章侧重于讨论异常过程操作的监测方法，所以不在此对各种检验抽样计划进行介绍、比较和评价。有兴趣的读者可以参考文献[32]。

统计过程控制技术和本书前面章节介绍的自动控制技术是互补的。自动控制是通过前馈和反馈控制技术来实时地自动地进行过程校正，以使生产过程运行在期望的状况，而统计过程控制更像一种开环的监控技术。它需要通过操作工程师的后续分析来判断是否需要对过程进行调整。显然，将两者结合起来使用将可以提高生产过程的质量。在本章的19.3节中，将简要介绍一些针对单个控制回路运行性能的监控方法。

19.1 传统的监控技术

最简单也是最常用的传统监控方法是检查当前的测量值是否位于规定的上下限之间。经常使用的限值类型包括以下三种。

19.1.1 测量值的上下限

出于安全、环保、设备、产量和质量等等运行目标和约束条件的考虑，需要设定某些过程变量的上限和下限。举例而言，一个精馏塔压力的上限可能取决于安全生产的要求，一个混合器进料组分的下限可能取决于出料组分的要求。一个化学反应器温度可能同时需要上下限：其上限取决于构建材料的允许工作条件，而其下限则是为了确保吸热反应能够正常进行。有时会为同一个变量设置不同级别的报警限值。例如当一个连续搅拌反应器中的液位下降到15%时，DCS会发出一个下限警告，操作工程师应该开始对这个液位重点监视。当液位继续下降到5%时，DCS会发出一个下下限警告，这时操作工程师要立即采取措施，将液位恢复到正常水平。同时为了避免液体溢出，也为反应器设定了85%的报警上限和95%的上上限。

19.1.2 测量值幅度变化的上限

测量值的幅度变化定义为相邻两个采样时刻的测量值变化的绝对值。有时候通过热力学平衡原理以及过程的动态特性，可以计算出某个过程变量的理论变化上限。例如，一个批处理反应器的温度变化不可能超过1℃/s。假设其温度的采样时间为2s，那么当幅度变化超过2℃时，可以认为测量中出现了噪声尖峰或者其他的异常情况，例如传感器故障等。

19.1.3 采样波动的下限

即使是在正常的操作条件下，测量值也会有一定的波动。这些波动来自于测量噪声、传递噪声以及过程变量本身的变化，这些是不可避免的。当测量值波动的幅值过于小时，也表明了过程出现了异常情况，比如传感器掉线了。对于 N 个采样数据，其样本波动可以用样本标准方差(sample standard deviation)来表示

$$s=\sqrt{\frac{1}{N-1}\sum_{i=1}^{N}(x_i-\bar{x})^2} \tag{19-1}$$

其中 x_i 是第 i 个测量样本，$\bar{x}$ 是 N 个样本的均值

$$\bar{x}=\frac{1}{N}\sum_{i=1}^{N}x_i \tag{19-2}$$

举一个简单的例子[33]。图19.1表示一个流量传感器的一段历史数据，其中包含了三个尖峰噪音和一段传感器故障。由于设定了测量值幅度变化的上限和采样波动的下限，尖峰噪音和传感器故障分别被辨识了出来。

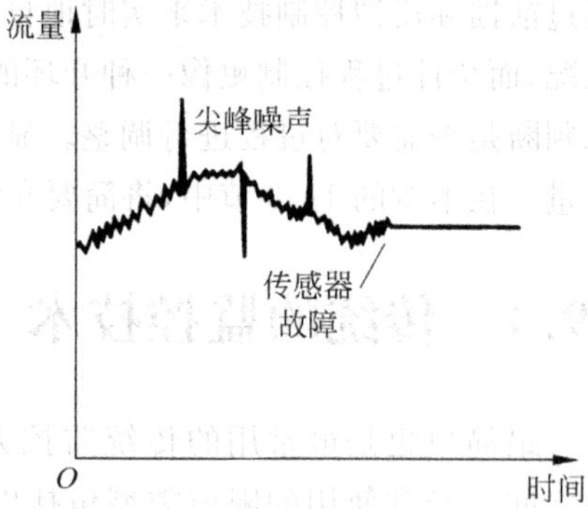

图19.1 流量测量值

19.2 基于统计分析的过程监控技术

虽然质量管理的概念存在了很多个世纪，但是将统计技术引入质量管理还是近一百年的事。随着统计方法在物理和生物领域中的成功应用，在20世纪20年代，统计方法开始进入质量控制领域。第一个里程碑式的贡献来自于美国贝尔电话实验室的Walter Shewhart。早在1924年Shewhart就在一份备忘录中描述了控制图的基本框架。在1931年出版的 *Economic Control of Quality of Manufactured Product* 一书中，Shewhart正式提出了 $\bar{x}$ 控制图，从而标志了统计过程控制的诞生。

对统计过程控制的历史有兴趣的读者可以阅读参考文献[34]。

根据被控制图监测的质量变量的数量，在本节中把控制图分为两类进行介绍。它们分别是单变量质量控制图（univariate control chart）和多变量质量控制图（multivariate control chart）。在介绍了质量控制图之后，还会特别介绍有关过程能力指数的定义及其 6-Sigma 质量管理方法。

19.2.1　单变量质量控制图

在 20 世纪 20 年代，Shewhart 首先提出了控制图的广义概念。假设需要监测的质量特征是一个随机变量 x。根据统计学定义，其均值为 $\mu=E(x)$，标准方差为 $\sigma=\sqrt{E\{(x-\mu)^2\}}$，其中算符 E 表示取期望值。Shewhart 控制图的横坐标是采样时刻，纵坐标是 x，这样每个 x 采样值都可以在图中直接画出。控制图另外包含三条水平直线。它们分别代表控制目标 T，上控制限 UCL 和下控制限 LCL。它们都是均值 μ 和标准方差 σ 的函数

$$\left.\begin{aligned}T &= \mu\\ UCL &= \mu+k\sigma\\ LCL &= \mu-k\sigma\end{aligned}\right\}\tag{19-3}$$

其中 k 是一个正实数，表示控制限与控制目标之间的距离为 k 个标准方差。

控制图的使用方法如下：假设正常的过程运行中，随机变量 x 表现的应该是一种围绕其均值的随机波动，那么所有在上下控制限之间的样本都表示过程在当时处于"受控"(in control)状态。对于单个样本稍微超出控制限的情况不必特别关注，因为它很可能是由随机波动偶尔产生的合理例外。但是当处于控制限之外的样本连续出现时或者当样本超出控制限幅度较大时，过程中很可能出现了非随机的变化而导致过程处于"失控"状态(out of control)。这时操作工程师需要进一步分析来确定失控原因，比如是否有传感器故障，生产过程变化以及人为操作失误等情况发生。

常数 k 在实际应用中通常选为 3。分析如下：假设随机变量 x 服从均值为 μ，标准方差为 σ 的正态分布(normal distribution)，那么某个样本出现在 $\mu\pm k\sigma$ 范围内的概率为

$$P=\int_{\mu-k\sigma}^{\mu+k\sigma} f(x)\,\mathrm{d}x\tag{19-4}$$

其中 $f(x)$是正态分布的概率密度函数

$$f(x)=\frac{1}{\sigma\sqrt{2\pi}}\mathrm{e}^{\frac{(x-\mu)^2}{2\sigma^2}}\tag{19-5}$$

根据式(19-4)和式(19-5)可以计算出在各种不同方差下样本出现的概率。如图 19.2 所示[33]，样本出现在 $\mu\pm\sigma$ 范围内的概率为 0.6827，出现在 $\mu\pm 2\sigma$ 范围内的概率为 0.9545，出现在 $\mu\pm 3\sigma$ 范围内的概率为 0.9973。

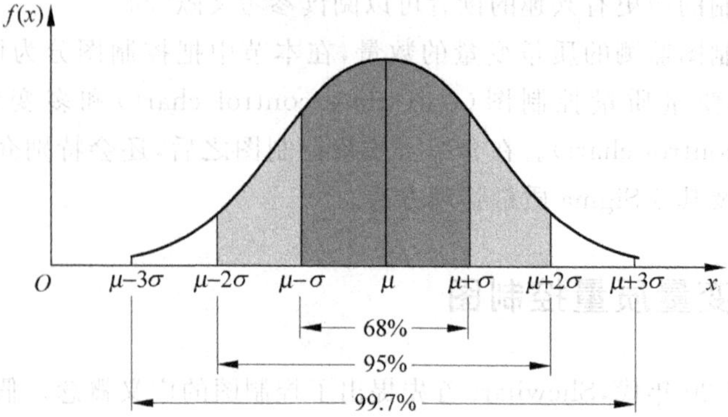

图 19.2 样本出现在 $\mu \pm k\sigma$ 范围内的概率图

当 k 取 3 时，由于 $P=0.9973$，我们期待在过程处于正常运行时，每 1000 个样本中出现 3 个超出控制限的样本。在控制图中，这三个样本会触发“失控”状态的报警。但是从统计角度讲，这样的报警属于误报警，因为操作工程师在分析后不会发现任何过程异常情况。当 k 选为 1 时，由于 $P=0.6827$，即使过程处于正常运行下，处于所谓“失控”状态的样本的概率也有将近三分之一。这样一来，误报警率就大大增加了。当然，k 也不能选得过大，从而使得监测功能形同虚设。需要指出的是，如果随机变量 x 服从其他类型的概率分布，样本出现在 $\mu \pm k\sigma$ 范围内的概率仍然可以用式(19-4)得到，而 $f(x)$ 就是相应于该分布的概率密度函数。在实际应用中，$k=3$ 基本上对常见的概率分布都适用，其相应的控制限也被称为 3σ 控制限。

1. $\bar{x}$ 控制图

下面介绍由 Shewhart 提出的第一个单变量质量控制图：$\bar{x}$ 控制图。假设需要监测的质量特征由一个服从正态分布的随机变量 x 描述。它的统计意义上的均值为 μ_x，标准方差为 σ_x。在每个采样时刻，随机抽取 $n(n \geqslant 2)$ 个样本。这 n 个样本构成了一个子群体(subgroup)。该子群体的样本均值 $\bar{x}$ 为

$$\bar{x} = \frac{1}{n}\sum_{j=1}^{N} x_j \tag{19-6}$$

这里 $\bar{x}$ 也是一个随机变量。Shewhart 为 $\bar{x}$ 设计了一个控制图，称为 $\bar{x}$ 控制图。根据前面描述的控制图定义，$\bar{x}$ 控制图的纵坐标为 $\bar{x}$ 的测量值。控制目标 T，上控制线 UCL 和下控制线 LCL 分别为

$$\left.\begin{aligned} T &= \mu_{\bar{x}} \\ UCL &= \mu_{\bar{x}} + k\sigma_{\bar{x}} \\ LCL &= \mu_{\bar{x}} - k\sigma_{\bar{x}} \end{aligned}\right\} \tag{19-7}$$

其中 $\mu_{\bar{x}}$ 是 $\bar{x}$ 的均值，$\sigma_{\bar{x}}$ 是 $\bar{x}$ 的标准方差，k 一般选为 3。由于 $\bar{x}$ 的统计意义上的均值 $\mu_{\bar{x}}$ 和标准方差 $\sigma_{\bar{x}}$ 在通常情况下都是未知的，需要根据历史采样数据来进行估计。下面来讨论如何获得 $\mu_{\bar{x}}$ 和 $\sigma_{\bar{x}}$ 的无偏估计 $\hat{\mu}$ 和 $\hat{\sigma}_{\bar{x}}$。

假设有个 N 采样时刻的历史数据，即 N 个子群体，每个子群体包含 n 个样本，而且这些历史数据都是在过程处于"受控"状态下得到的。根据统计原理，均值 $\mu_{\bar{x}}$ 的无偏估计 $\hat{\mu}_{\bar{x}}$ 就是$\bar{x}$的样本均值

$$\hat{\mu}_{\bar{x}} = \bar{\bar{x}} = \frac{1}{N}\sum_{i=1}^{N} \bar{x}_i \tag{19-8}$$

其中$\bar{x}_i$ 是第 i 个采样时刻的$\bar{x}$（式(19-6)）。

标准方差 $\sigma_{\bar{x}}$ 的无偏估计 $\hat{\sigma}_{\bar{x}}$ 的计算要相对复杂一些。首先对于每个子群体中的样本而言，其样本标准方差为

$$s = \sqrt{\frac{1}{n-1}\sum_{j=1}^{n}(x_j - \bar{x})^2} \tag{19-9}$$

这样，N 个子群体的平均样本标准方差为

$$\bar{s} = \frac{1}{N}\sum_{i=1}^{N} s_i \tag{19-10}$$

其中 s_i 是第 i 个采样时刻的 s（式(19-9)）。根据统计原理，随机变量 x 的标准方差 σ_x 的无偏估计 $\hat{\sigma}_x$ 与$\bar{s}$之间的关系为

$$\hat{\sigma}_x = \frac{\bar{s}}{c_4} \tag{19-11}$$

其中 c_4 是一个与 n 有关的常数，参见表 19.1。

表 19.1　控制图常数表[36]

n	c_4	n	c_4
2	0.7979	8	0.9650
3	0.8862	9	0.9693
4	0.9213	10	0.9727
5	0.9400	15	0.9823
6	0.9515	20	0.9869
7	0.9594	25	0.9896

根据统计原理，$\hat{\sigma}_x$ 和标准方差 $\sigma_{\bar{x}}$ 的无偏估计 $\hat{\sigma}_{\bar{x}}$ 之间的关系为

$$\hat{\sigma}_{\bar{x}} = \frac{\hat{\sigma}_x}{\sqrt{n}} \tag{19-12}$$

将式(19-11)代入式(19-12)可以得到

$$\hat{\sigma}_{\bar{x}} = \frac{\bar{s}}{c_4\sqrt{4}} \tag{19-13}$$

将式(19-8)和式(19-13)的计算结果带入式(19-7)，就得到了$\bar{x}$控制图的控制目标 T，上控制线 UCL 和下控制线 LCL。

在使用$\bar{x}$控制图的实际操作中，需要注意以下几个问题：

(1) 在计算控制限时，如何确定样本数量 N 和子群体大小 n？

N 和 n 的取值直接影响到$\bar{x}$的均值和标准方差的估计精度。Shewhart 推荐

N应该不小于25，n应该不小于4。

（2）什么时候需要重新计算极限值？

在利用历史数据计算控制图的极限值时，要求当时的过程是受控的。当控制图完成后，可以把这些历史数据放入图中来校验。如果出现了有样本在控制限附近或者超出了控制限，需要进一步判断是否需要放弃这些样本。如果当时出现了传感器故障或者数据误报等原因，应该在去掉这些样本后重新计算控制图，否则计算得到的控制限会偏大，从而造成漏报警。如果没有发现异常，应该保留这些样本，否则计算得到的控制限会偏小，从而造成不必要的误报警。在实时监控中，除非当过程运行出现重大变化时，我们不主张频繁地更新$\bar{x}$控制图。

（3）除了利用 3σ 控制限报警之外，有无其他报警原则？

著名的西电规则（Western Electric Rule）就是一个利用测量值的变化模式来试图辨别其他非随机现象的例子。它的规则是：

① 当有 1 个测量值超过 3σ；

② 或者在 3 个连续测量值中有 2 个超过 2σ；

③ 或者在 5 个连续测量值中有 4 个超过 1σ，而且位于 T 的同一侧；

④ 或者有 8 个连续测量值位于 T 的同一侧。

如果出现上述情况时，过程应处于"失控"状态。与 Shewhart 的 3σ 失控检测标准（任何测量值超过 3σ）相比，西电规则能够更早检测出更多的过程异常情况，但是它的误报警率也会高许多。

我们把两个超出控制限的测量值之间的采样数量的平均值称为平均运行长度（average run length，ARL）。ARL 可以表示为$\frac{1}{1-P}$，其中 P 是概率，可以由式（19-4）得到。对于正常运行的过程，采用 Shewhart 的 3σ 失控检测标准时，其 ARL 为

$$ARL=\frac{1}{1-P}=\frac{1}{1-0.9973}=370 \tag{19-14}$$

而采用西电规则时其 ARL 为 92 个采样时刻（具体计算参见[37]），表明采用西电规则时会检测出更多的异常情况。

2. s 控制图

我们知道，对于每个子群体，其样本标准方差 s 也是一个随机变量（见式（19-9））。对于 s 的控制图被称为 s 控制图，其中

$$\left.\begin{aligned}T&=\mu_s=\bar{s}\\UCL&=\mu_s+k\sigma_s=\bar{s}+k\,\frac{\bar{s}\,(1-c_4^2)}{c_4}\\LCL&=\mu_s-k\sigma_s=\bar{s}-k\,\frac{\bar{s}\,(1-c_4^2)}{c_4}\end{aligned}\right\} \tag{19-15}$$

根据统计学原理，对 σ_s 的无偏估计为 $\hat{\sigma}_s=\hat{\sigma}_x\sqrt{1-c_4^2}$，而对 μ_s 的无偏估计为平均样本标准方差$\bar{s}$（见式（19-10））。根据式（19-11）得到 $\hat{\sigma}_s=\frac{\bar{s}\sqrt{1-c_4^2}}{c_4}$。

通过 s 控制图，可以了解子群体的样本波动情况。$\bar{x}$ 控制图和 s 控制图经常被放在一起使用。$\bar{x}$ 控制图被用于监控过程的平均运行性能而 s 控制图被用于监控质量指标的波动情况。$\bar{x}$ 控制图和 s 控制图都假设随机变量 x 是服从正态分布的。需要指出的是，随机变量 $\bar{x}$ 也是服从正态分布的，但是随机变量 s 并不是。

例 19-1　现在通过一个实例来设计 $\bar{x}$ 控制图和 s 控制图。某制药厂生产一种针剂，其质量合格的要求为 A 物质的含量在 49.9 和 50.1 毫克之间。为利用 Shewhart 控制图进行质量监测，在过程正常运行时连续对 30 个批次的产品进行采样。每次采样时，随机选取 4 瓶针剂组成一个子群体。表 19.2 中记载了每个子群体的样本数据以及它们的样本均值 $\bar{x}$ 和样本标准方差 s。请画出 $\bar{x}$ 控制图和 s 控制图的 3σ 控制限。

表 19.2　例 19-1 中所用数据

采样序列	A 含量($n=4$)				$\bar{x}$	s
1	50.04	50.03	49.95	50.02	50.01	0.0408
2	50.05	50.06	50.07	50.01	50.0475	0.0263
3	50.05	49.98	50.06	49.96	50.0125	0.0499
4	50.15	50.10	50.04	50.04	50.0825	0.0532
5	49.97	50.05	49.91	50.01	49.985	0.0597
6	50.01	50.05	50.00	50.00	50.015	0.0238
7	50.01	50.04	49.97	50.04	50.015	0.0332
8	49.99	49.98	50.06	50.00	50.0075	0.0359
9	50.05	50.02	50.03	49.98	50.02	0.0294
10	50.07	49.96	50.02	49.99	50.01	0.0469
11	49.97	50.05	49.95	50.04	50.0025	0.0499
12	50.10	50.02	50.00	49.90	50.005	0.0823
13	50.01	49.98	49.98	49.89	49.965	0.052
14	49.98	50.02	49.95	49.98	49.9825	0.0287
15	49.89	49.94	50.02	49.99	49.96	0.0572
16	50.03	49.95	49.97	49.89	49.96	0.0577
17	50.01	49.99	50.02	50.01	50.0075	0.0126
18	49.92	50.04	49.99	50.01	49.99	0.051
19	50.01	49.91	49.99	50.08	49.9975	0.0699
20	50.01	49.94	50.05	49.98	49.995	0.0465
21	49.97	50.02	49.99	49.98	49.99	0.0216
22	50.02	49.99	49.99	50.01	50.0025	0.015
23	50.04	49.95	50.02	49.99	50	0.0392
24	49.99	49.90	49.91	49.95	49.9375	0.0411
25	50.03	50.07	50.04	49.98	50.03	0.0374
26	49.99	50.03	49.97	49.99	49.995	0.0252
27	50.06	50.01	49.94	49.96	49.9925	0.0538
28	49.95	49.96	49.94	50.04	49.9725	0.0457
29	49.99	49.94	49.91	49.99	49.9575	0.0395
30	50.02	50.03	49.98	50.05	50.02	0.0294

根据上表中的数据，可以计算出 $\hat{\mu}_{\bar{x}}=49.9989$；$\bar{s}=0.0418$。因为 n 等于 4，所以 $c_4=0.9213$，$\hat{\sigma}_x=0.044$，$\hat{\sigma}_{\bar{x}}=0.022$。最后得到 $\bar{x}$ 控制图的 3σ 控制限 $T=44.9989$，

$UCL=50.0670, LCL=49.9308$。s 控制图的 3σ 控制限为 $T=0.0418, UCL=0.0948, LCL=0$，如图 19.3 所示。

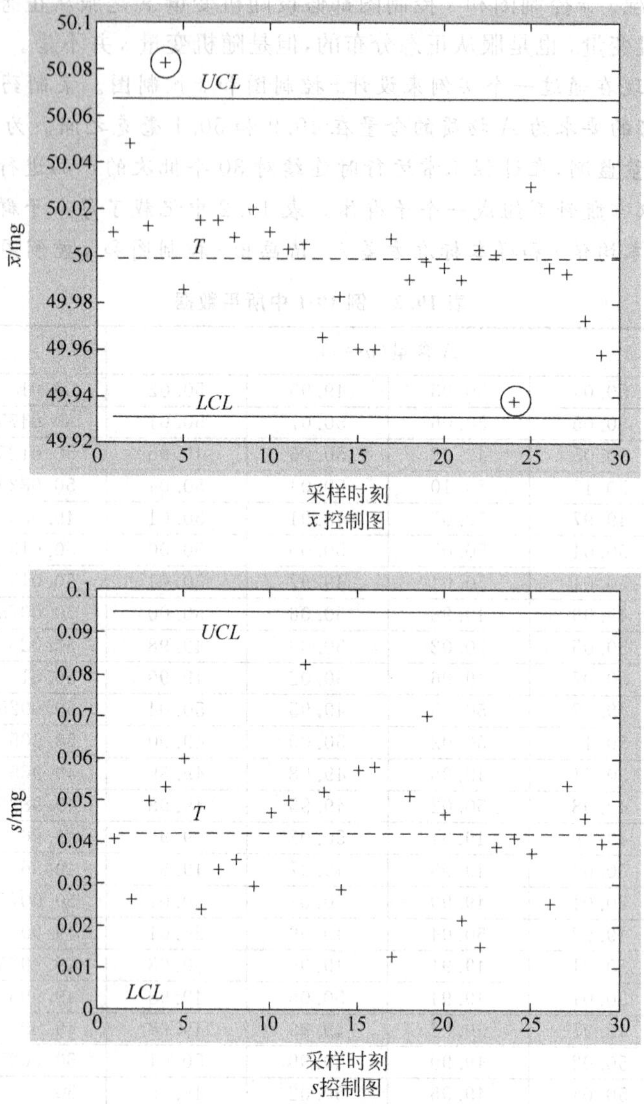

图 19.3　例 19-1 的 $\bar{x}$ 控制图和 s 控制图　■

为了检验用这群样本所设计的控制限是否代表了正常的过程运行，把 30 个样本均值 $\bar{x}$ 和样本标准方差 s 放入相应的控制图中。在 $\bar{x}$ 控制图中第 4 个样本均值位于 3σ 上控制限之上，而第 24 个样本均值很接近于 3σ 下控制限。进一步分析这两个样本子群体，发现在第 4 个子群体中有一个样本为 50.15 毫克，远大于 UCL，而在第 24 个子群体中有两个样本低于 LCL。是否需要放弃这两个子群体而重新计算 $\bar{x}$ 控制图取决于进一步调查当时的运行情况。如果没有发现任何异常，那么就应该保留这两个样本子群体及控制限。否则去掉这两个子群体后所新计算的控制限会比真实的控制限小，从而造成更多的误报警。s 控制图表明从过程波动的角度看，所有的历史数据都是在受控状态下得到的。

3. 个体控制图

假设 μ_x 和 σ_x 是未知的。当 $n=1$，由于 s 不存在，无法使用式(19-7)和(19-15)来计算 $\bar{x}$ 控制图和 s 控制图的控制限。下面介绍一个直接为随机变量 x 设计的控制图，称为个体控制图(individual control chart)。用相邻两个样本的变化量来描述过程的波动情况。

$$MR_i = | x_i - x_{i-1} | \tag{19-16}$$

因此，个体控制图的纵坐标为 MR。根据统计原理，可以推导出

$$\left.\begin{aligned} T &= \mu_x = \bar{x} \\ UCL &= \mu_x + k\sigma_x = \bar{x} + k\frac{\overline{MR}}{1.128} \\ LCL &= \mu_x - k\sigma_x = \bar{x} - k\frac{\overline{MR}}{1.128} \end{aligned}\right\} \tag{19-17}$$

其中 $\bar{x}$ 和 $\overline{MR}$ 可以由一组受控状态下的历史数据估计得到。假设样本数量为 N，则 $\bar{x} = \frac{1}{N}\sum_{i=1}^{N} x_i$，$\overline{MR} = \frac{1}{N-1}\sum_{i=2}^{N} MR_i$。对具体推导过程有兴趣的读者可以参考文献[31]。

需要指出的是，上面介绍使用三种 Shewhart 控制图不适于监测小幅度的非随机过程变化。因为当随机变量的均值出现小幅度漂移时，3σ 的控制限很可能无法探测到这个异常变化，而又不能够取控制限为 σ 或者 1.5σ，因为这样做会使得误报警率太高。下面介绍两种能够监测小幅度过程异常扰动的控制图：累积和控制图和指数加权移动平均控制图。它们与 Shewhart 控制图相比的主要缺点是不如 Shewhart 控制图来得直观，而且发现问题的速度要慢一些。

4. 累积和控制图

在累计和控制图中(cumulative sum，CUSUM)，仍然假设需要监测的质量特征由一个服从正态分布的随机变量 x 描述。它的均值为 μ_x，标准方差为 σ_x。在每个采样时刻，随机抽取 $n(n\geqslant 1)$ 个样本，其样本均值为 $\bar{x}$（参见式(19-6)）。控制图的横坐标仍然是采样时刻，其纵坐标为累积和 C_i，它的定义如下：在第 i 个采样时刻

$$C_i = \sum_{j=1}^{i} (\bar{x}_j - \mu_{\bar{x}}) \tag{19-18}$$

也就是说，累计和描述的是在从采样开始到当前采样时刻内所有的样本均值相对于其均值的偏差量的总和。当 $\mu_{\bar{x}}$ 未知时，可以通过式(19-8)根据历史数据来进行估计。在正常的过程运行中，C_i 是在 0 值左右波动。但是当 μ_x 出现小幅非随机变化时（例如，当传感器由于维护不当被加载了一个固定误差时会造成 μ_x 的漂移），C_i 会

在控制图中向上或者向下偏移。在实际应用中，定义 C_i 在上下两个方向上波动为 C_i^+ 和 C_i^- 两个迭代函数

$$\left.\begin{aligned} C_i^+ &= \max(0, C_{i-1}^+ + (\bar{x}_i - \mu_{\bar{x}}) - K) \\ C_i^- &= \max(0, C_{i-1}^- - (\bar{x}_i - \mu_{\bar{x}}) - K) \end{aligned}\right\} \tag{19-19}$$

C_0^+ 或者 C_0^- 为 0。在通常情况下，当想监测的 $\bar{x}$ 漂移量为 σ 时，K 可以取 0.5δ。累积和控制图只有一个上报警限 h，它一般可以取 $\sigma_{\bar{x}}$ 的 4 到 5 倍[31]。当 C_i^+ 或者 C_i^- 超出 h 时，过程就"失控"了。报警后 C_i^+ 和 C_i^- 被重置为 0。表 19.3[34] 中表示了不同 δ 和 h 值所对应的平均运行长度 ARL。从表中可以看出，当 δ 增加时，平均运行长度在减小，因此累积和控制图能够更快地检测到过程变化。

表 19.3 累积和控制图的平均运行长度

δ(通常用 $\sigma_{\bar{x}}$ 的倍数表达)	当 $h=4\sigma_{\bar{x}}$ 时的 ARL	当 $h=5\sigma_{\bar{x}}$ 时的 ARL
0	168.0	465.0
0.25	74.2	139.0
0.5	26.6	38.0
0.75	13.3	17.0
1	8.38	10.4
2	3.34	4.01
3	2.19	2.57

5. 指数加权移动平均控制图

在 Shewhart 控制图中，通过比较当前的样本均值 $\bar{x}$ 是否超出控制限来判断过程是否正常运行。当用 $\bar{x}$ 的指数加权移动平均值 z 来替代 $\bar{x}$ 时，过去的 $\bar{x}$ 测量值也被用于当前的决策中。定义在第 i 个采样时刻

$$z_i = \lambda \bar{x}_i + (1-\lambda) z_{i-1} \quad (\text{当 } i = 0 \text{ 时}, z_0 = \mu_{\bar{x}}) \tag{19-20}$$

那么使用 z 作为随机变量的控制图就称为指数加权移动平均控制图(exponentially weighted moving average，EWMA)。参数 $\lambda(0\leqslant\lambda\leqslant1)$ 决定了 z 对于过去测量值的依赖性。λ 越大，过去的测量值越大，对于决策的影响力就越小。$\lambda=1$ 时，指数加权移动平均控制图就是 Shewhart 控制图。

指数加权移动平均控制图的控制限为

$$\left.\begin{aligned} T &= \mu_{\bar{x}} \\ UCL &= \mu_{\bar{x}} + k\sigma_{\bar{x}}\sqrt{\frac{\lambda}{2-\lambda}} \\ LCL &= \mu_{\bar{x}} - k\sigma_{\bar{x}}\sqrt{\frac{\lambda}{2-\lambda}} \end{aligned}\right\} \tag{19-21}$$

其中对 $\mu_{\bar{x}}$ 和 $\sigma_{\bar{x}}$ 的估计可以从式(19-8)和式(19-13)得到。

通过引入 λ，指数加权移动平均值 z 对过程均值的较小漂移或者缓慢漂移变得比较敏感，因此这个控制图经常和累积和控制图一起被用来检测小幅度的非随机干扰。λ 通常可以取 0.2 到 0.3 之间，具体方法参考文献[38]。假设 $\lambda=0.25$，当 $\bar{x}$ 的漂

移量 δ 为 0 时，它的平均运行时间为 493(即千分之二的误报警率)，当 δ 为 1 个 $\sigma_{\bar{x}}$ 时，平均运行时间为 11(即异常发生 11 个采样时刻后即可以判断出异常)。

例 19-2　下面继续使用例 19-1 中的制药过程来比较 $\bar{x}$ 控制图，累积和控制图以及指数加权移动平均控制图对小幅质量漂移的检测能力(如图 19.4 所示)。假设有一段 40 个连续采样的样本群体(这里没有给出)，而且已知在第 10 个采样时刻后，A 物质含量出现了一个持续的 0.02mg 的漂移。在 $\bar{x}$ 控制图中采用例 19-1 中得到的 3σ 控制限。在 CUSUM 累积和控制图中，假设想要检测的漂移量 δ 为例 19-1 中得到的 $\hat{\sigma}_{\bar{x}}$，即 0.022mg，控制限 h 为 5 倍的 $\hat{\sigma}_{\bar{x}}$，即 0.11mg。在 EWMA 指数加权移动平均控制图中，使用 $\lambda=0.25$，其控制限可以通过把例 19-1 中得到的 $\hat{\mu}_{\bar{x}}$ 和 $\hat{\sigma}_{\bar{x}}$ 代入式(19-21)得到。

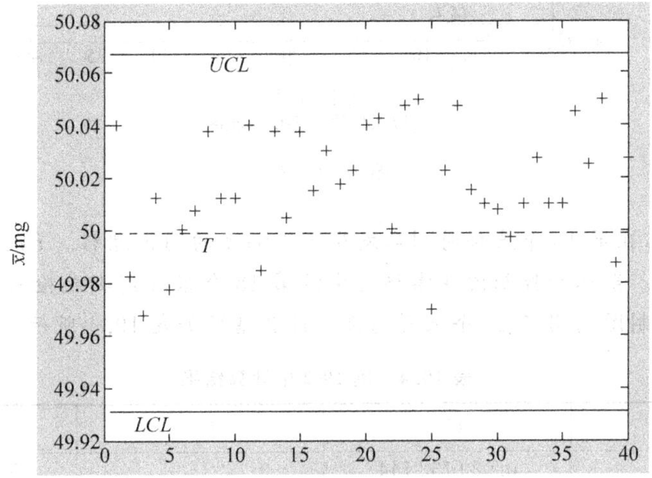

采样时刻
$\bar{x}$ 控制图

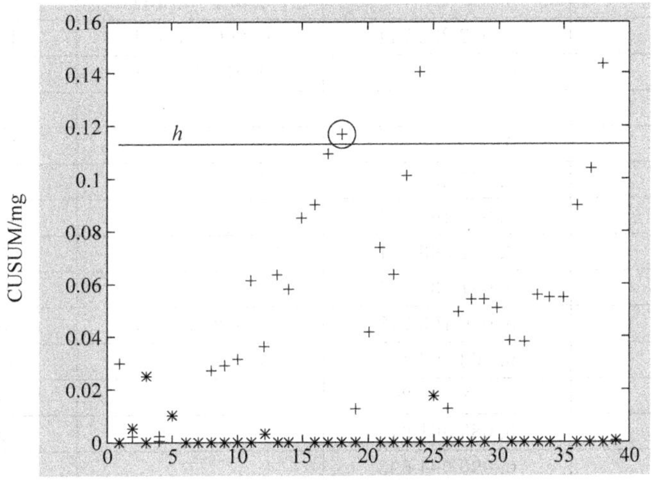

采样时刻
累积和控制图
(图中“+”为 c_i^+ 数据点，“*”为 c_i^- 数据点)

图 19.4　例 19-2 中的 $\bar{x}$ 控制图、累积和控制图和指数加权移动平均控制图

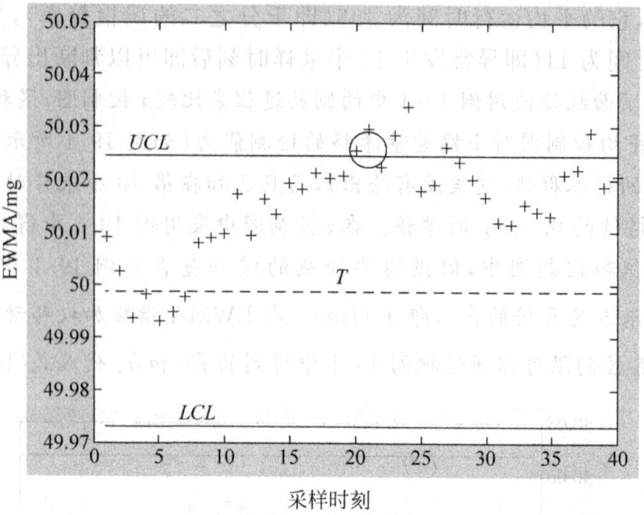

指数加权移动平均控制图

图 19.4（续）

在本例中，在第 10 个采样时刻后发生了小幅度的均值漂移。$\bar{x}$ 控制图没能够检测到这个漂移。累积和控制图在漂移发生后第 18 个采样周期就检测到了。指数加权移动平均控制图则用了 20 个采样周期。计算结果如表 19.4 所示。

表 19.4　例 19-2 中计算结果

$\bar{x}$	C_i^+	C_i^-	EWMA
50.04	0.029 732 744	0	50.009 187 5
49.9825	0.001 965 487	0.005 066 077	50.002 515 63
49.9675	0	0.025 132 154	49.993 761 72
50.0125	0.002 232 744	0.000 198 231	49.998 446 29
49.9775	0	0.010 264 308	49.993 209 72
50	0	0	49.994 907 29
50.0075	0	0	49.998 055 47
50.0375	0.027 232 744	0	50.007 916 6
50.0125	0.029 465 487	0	50.009 062 45
50.125	0.031 698 231	0	50.009 921 84
50.04	0.061 430 975	0	50.017 441 38
49.985	0.036 163 718	0.002 566 077	50.009 331 03
50.375	0.063 396 462	0	50.016 373 28
50.005	0.058 129 205	0	50.013 529 96
50.0375	0.085 361 949	0	50.019 522 47
50.015	0.090 094 693	0	50.018 391 85
50.03	0.109 827 436	0	50.021 293 89
50.0175	0	0	50.020 345 42
50.0225	0.012 232 744	0	50.020 884 06

续表

$\bar{x}$	C_i^+	C_i^-	EWMA
50.04	0.041 965 487	0	50.025 663 05
50.0425	0.074 198 231	0	50.029 872 28
50	0.063 930 975	0	50.022 404 21
50.0475	0.101 163 718	0	50.028 678 16
50.05	0	0	50.034 008 62
49.97	0	0.017 566 077	50.018 006 47
50.0225	0.012 232 744	0	50.019 129 85
50.0475	0.049 465 487	0	50.026 222 39
50.015	0.054 198 231	0	50.023 416 79
50.01	0.053 930 975	0	50.020 062 59
50.0075	0.051 163 718	0	50.016 921 94
49.9975	0.038 396 462	0	50.012 066 46
5.01	0.038 129 205	0	50.011 549 84
50.0275	0.055 361 949	0	50.015 537 38
50.01	0.055 094 693	0	50.014 153 04
50.01	0.054 827 436	0	50.013 114 78
50.045	0.089 560 18	0	50.021 086 08
50.025	0.104 292 924	0	50.022 064 56
50.05	0	0	50.029 048 42
49.9785	0	0.000 066 1	50
50.0275	0.017 232 744	0	50.020 870 99

■

19.2.2　多变量统计技术

在实际生产环境中，经常需要同时监测多个质量变量，而且它们之间存在着一定的相关程度。在前面小节中介绍的各种控制图都是针对单个随机变量而言的单变量统计技术。在多变量的监测环境下，Shewhart 等控制图不能够有效监测到异常的过程操作。图 19.5 对单变量和多变量统计过程控制技术进行了比较[33]，描述了四种不同区域的情况。

图 19.5 说明把单变量统计技术用于多变量监测问题会造成误报警和漏报警的情况。变量的相关程度越高，出现误报警和漏报警的概率就越大。下面简要介绍两种常用的多变量统计过程控制技术。

1. Hotelling 的 T^2 控制图

1947 年 Hotelling 为控制图引入了一个称为 T^2 标量统计量来描述多个随机变

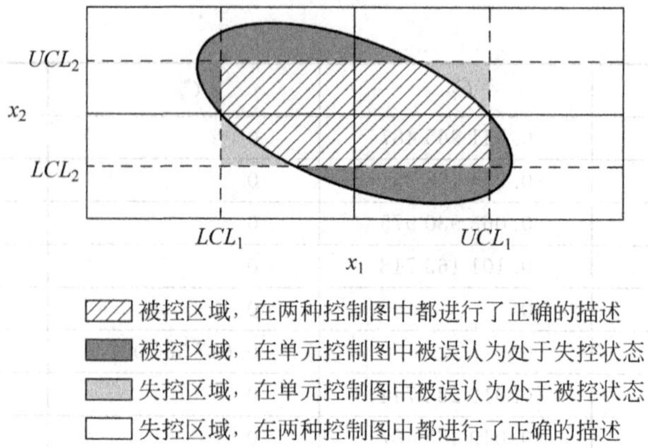

图 19.5　变量 x_1 和 x_2 的单元和双元置信区间

量的测量值与均值的综合距离。假设要同时监控 p 个服从正态分布的随机变量 $x_1,x_2,\cdots,x_p$。在任一采样时刻，对每个变量取 n 个样本，那么其样本均值为向量 $\bar{\boldsymbol{X}}=[\bar{x}_1\ \ \bar{x}_2\ \ \cdots\ \ \bar{x}_p]$，那么 T^2 统计量为

$$T^2=n(\bar{\boldsymbol{X}}-\boldsymbol{\mu}_x)^{\mathrm{T}}\boldsymbol{S}^{-1}(\bar{\boldsymbol{X}}-\boldsymbol{\mu}_x) \tag{19-22}$$

其中 $\boldsymbol{\mu}_x=[\mu_1\ \ \mu_2\ \ \cdots\ \ \mu_p]$ 是每个随机变量的均值，$\boldsymbol{S}$ 是 $\bar{\boldsymbol{X}}$ 的协方差矩阵。协方差矩阵 $\boldsymbol{S}$ 的逆被用来对每个距离 $x_i-\mu_i$ 进行调幅。如果 $\boldsymbol{\mu}_x$ 和 $\boldsymbol{S}$ 是未知的，它们可以通过历史数据来估计。假设有 N 个在正常运行下的连续采样数据集（一般 $N\gg p$），$\boldsymbol{\mu}_x$ 和 $\boldsymbol{S}$ 可以通过下面的公式获得

$$\boldsymbol{\mu}_x=\frac{1}{N}\sum_{k=1}^{N}[\bar{x}_1(k)\ \ \bar{x}_2(k)\ \ \cdots\ \ \bar{x}_p(k)] \tag{19-23}$$

$$S_{i,j}=\frac{1}{N}\sum_{k=1}^{N}(\bar{x}_i(k)-\bar{\bar{x}}_i)^{\mathrm{T}}(\bar{x}_j(k)-\bar{\bar{x}}_j) \tag{19-24}$$

$S_{i,j}$ 是 $\boldsymbol{S}$ 矩阵中对应于 (i,j) 的元素，其中 $(i=1,\cdots,p,j=1,\cdots,p)$。

T^2 控制图只有上控制限 UCL。当测量值超出控制限时，多变量过程处于“失控”状态。UCL 控制限的计算如下

$$UCL=\frac{(N^2-1)p}{N(N-p)}F_{\alpha(pN-p)} \tag{19-25}$$

其中 $F_{\alpha(pN-p)}$ 是分母自由度为 $N-p$，分子自由度为 p 的 F 分布（F distribution）上 α 百分率点。α 是可调参数，一般可以选 0.01（99%置信度）到 0.1（90%置信度）之间。对应于不同 α,p,N 的 $F_{\alpha(p,N-p)}$ 一般从统计学课本中的相关表格中得到，有兴趣的读者可以参考文献[36]。

让我们用一个例子来说明采用 Hotelling 的 T^2 控制图对一个多变量系统进行监测的情况。

例 19-3　假设需要监控两个相关的质量变量为 x 和 y。由于过程的物理限制，在每个采样时刻只能获得一个 x 样本和一个 y 样本（$n=1$）。假设有 20 个历史正常操作数据，如表 19.5 所示。

表 19.5　例 19-3 中的数据

采样序列	x	y	采样序列	x	y
1	13	123	11	5	115
2	13	122	12	18	128
3	10	118	13	16	125
4	8	118	14	10	119
5	8	120	15	13	123
6	7	115	16	12	123
7	4	115	17	10	121
8	9	120	18	12	122
9	15	123	19	10	121
10	7	116	20	10	119

先计算出 T^2 控制图和个体控制图所需的参数。因为 N 为 20，p 为 2，如取 $\alpha=0.01$，则得到 $F=6.01$。根据式(19-25)，T^2 控制图的 UCL 控制限为 13.32。根据式(19-23)和式(19-24)，变量 x 和 y 的均值分别为 10.5 和 120.3，协方差矩阵 $\boldsymbol{S}$ 为

$$\boldsymbol{S}=\begin{bmatrix}12.7895 & 11.8947\\ 11.8947 & 12.3263\end{bmatrix}$$

变量 x 个体控制图的 UCL 为 19，下限为 2。变量 y 个体控制图的 UCL 为 128.7，下限为 111.9。

然后通过表 19.6 所示一组新的采样数据来检测是否有过程失控情况。首先根据式(19-22)可以计算 T^2 统计量，如表 19.7 所示，画出 T^2 控制图，如图 19.6 所示。然后直接在 x 和 y 的个体控制图中画出 x 和 y 的采样值。

表 19.6　例 19-3 中的新采样数据

采样序列	x	y	采样序列	x	y
1	8	118	6	18	126
2	14	126	7	17	124
3	3	113	8	5	121
4	15	125	9	4	114
5	3	113	10	16	125

表 19.7　例 19-3 中 T^2 统计量计算值

T^2	x	y	T^2	x	y
0.489 182	8	118	5.685 151	18	126
5.687 756	14	126	7.655 946	17	124
4.481 572	3	113	29.12 498	5	121
1.793 059	15	125	3.354 845	4	114
4.481 572	3	113	2.501 659	16	125

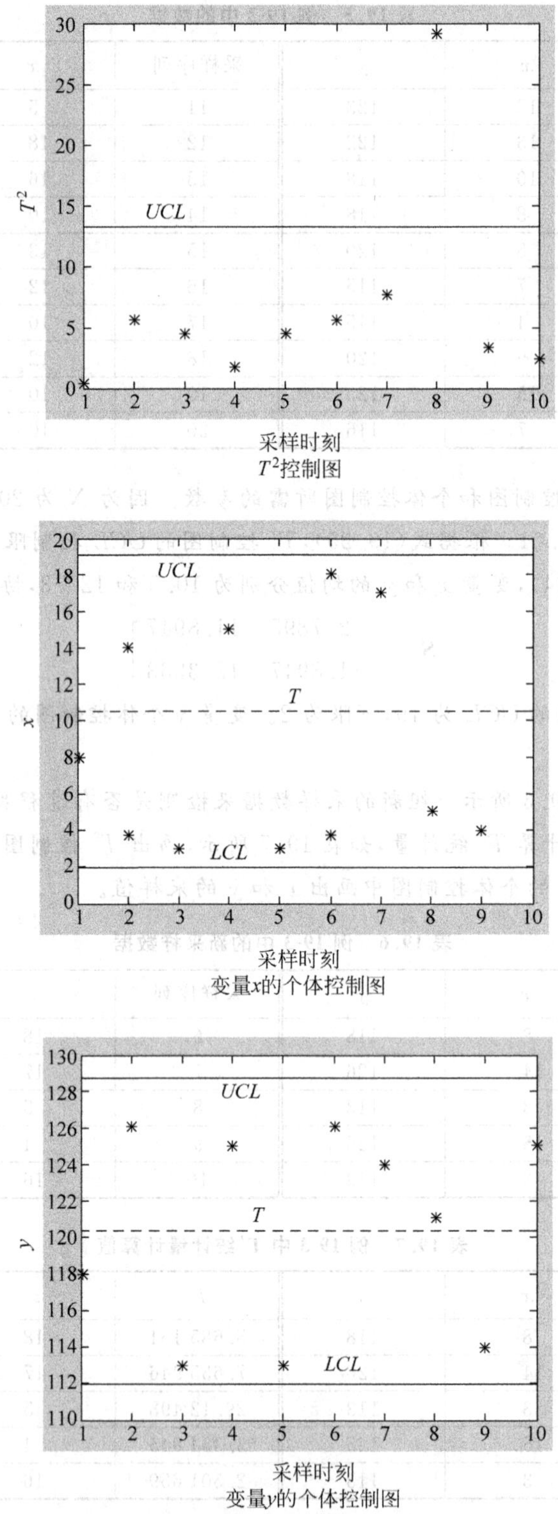

图 19.6 例 19-3 中的 T^2 控制图以及变量 x 和变量 y 的个体控制图

比较三个控制图发现，T^2 控制图在第 8 个采样时刻检测到一个过程异常情况，而两个个体控制图却均显示正常。■

随着监控技术的广泛应用，Hotelling 的 T^2 统计量成为最流行的多变量统计过程控制技术。但是，它也有自身的缺点，其中最大的问题是当过程运行出现“失控”后，无法知道到底是哪个或者哪几个质量变量出现了问题。因此通常做法是要同时用单变量控制图单独监测每个变量。当 T^2 控制图中的“失控”状态是由单个变量造成时，针对该变量的控制图往往也会出现“失控”状态。

2. 主元分析法

当需要监测的变量较多（比如大于 10 个时）而且相关度较高时，协方差矩阵 $\boldsymbol{S}$ 可能是病态的，因此 T^2 控制图的准确度会大大降低。这时可以尝试使用主元分析法（principle component analysis，PCA）来降低监测变量数而且去除其相关性。首先把 p 个可测质量变量标准化，即把每个变量减去其均值再除以其标准方差，得到一个比较的基准，然后采用主元分析法得到几个主元变量，它们是 p 个变量的线性组合，它们之间是几乎独立的，而且它们代表了测量数据中绝大部分的变化情况。这样就可以用单变量控制图来对这些主元变量进行监控。当然，使用主元变量仍然有不易辨识故障源头的问题，因为主元变量都是抽象的。有时候不得不再用主元变量的线性组合来近似原始的质量变量。具体有关如何使用主元分析法，有兴趣的读者可以参考文献[31]。

另外，上一小节提到的单变量 EWMA 控制图也可以被推广到多变量环境中，称为多变量 EWMA 控制图。如果需要，读者可以参考文献[31]。

19.2.3　扩展的统计过程控制技术

1. 过程能力指数

过程能力指数（process capability indices）用于监测产品质量是否在统计意义上满足用户的要求。假设对于一个随机变量 x，无论它服从什么分布，都要求它在正常运行时处于在上规定限（upper specification limit，USL）和下规定限（lower specification limit，LSL）之间。定义过程能力指数 C_p 为

$$C_{\mathrm{p}} = \frac{USL - LSL}{6\sigma} \tag{19-26}$$

其中 σ 是 x 的标准方差。如果 USL，LSL 正好和 3σ 控制限相等，那么在过程正常运行时，$C_p=1$。通常希望 C_p 的值大于 1，例如 $C_p=2$，这就意味着 x 的标准方差 σ 不能大于 $\frac{USL-LSL}{12}$。如果 σ 的当前值大于这个数时，需要采取措施来降低 σ。通常的做法是：改进控制系统来降低变量的波动幅度，或减少设定值和负载干扰，或改进操作方法和提高过程工程师的操作水平等。

另外一种常用的过程能力指数是 C_{pk}

$$C_{pk}=\frac{\min(USL-\bar{x},\bar{x}-LSL)}{3\sigma} \tag{19-27}$$

它反映了过程的平均性能和波动情况 σ。C_{pk} 对于 C_p 的优势在于当 $\bar{x}$ 发生漂移时，C_p 不会有变化而 C_{pk} 会下降，从而帮助发现漂移现象。通常也希望 C_{pk} 至少为 1。当 $C_p>1$ 而 $C_{pk}<1$ 时，应该改进过程运行让 x 的均值尽可能接近 $\frac{USL-LSL}{2}$。

2. 6-Sigma 质量管理方法

6-Sigma 质量管理方法是近年来为制造工业广泛采用的一种综合性质量管理方法。它起源于 Bill Smith 等 Motorola 工程师在 1986 年提出的一种对传统的 3σ 质量监测方法的改进策略。因为在复杂的生产过程中，一个产品的诞生往往经过几十甚至几百个生产环节。即使每个环节的生产质量都满足 3σ 标准(见图 19.2)，那么经过 100 个环节以后，成品合格率也只有 $0.9973^{100}=76.3\%$。因此对于复杂过程而言，仅仅在每个生产环节使用 3σ 质量监测手段是不够的。

假设所有的随机质量变量都服从正态分布 $N(\mu,\sigma^2)$，6-Sigma 质量管理要求从基本上将每个生产环节做到 $\min(USL-\mu,\mu-LSL)\geqslant 6\sigma$。这样设计的理由是：根据正态分布的特性，测量值远离其均值的可能性是微乎其微的。这样符合在采用 6-Sigma 质量管理的生产环节中，正如图 19.7 所示[33]，即使均值出现了 1.5σ 的漂移，如图 19.7 的右半部分所示，产品出现缺陷的概率在该环节仍然只有百万分之三点四。从控制的角度讲，6-Sigma 要求 σ 被控制在不大于 $\frac{\min(USL-\mu,\mu-LSL)}{6}$。当 μ 被准确控制在 $\frac{USL+LSL}{2}$ 时，6-Sigma 要求 σ 被控制在不大于 $\frac{USL-LSL}{12}$，相当于要求 $C_p\geqslant 2.0$。

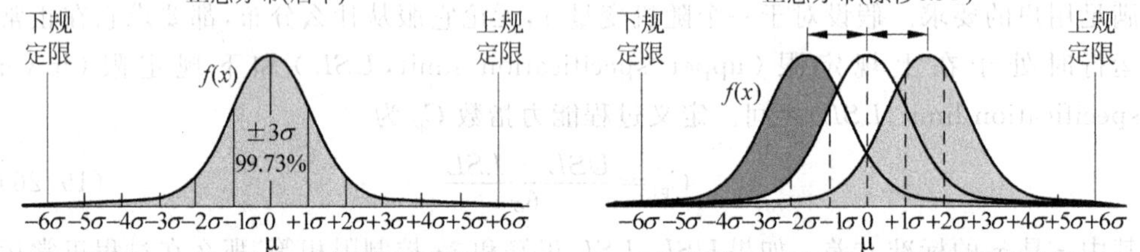

规定限	百分比	缺陷率(每百万件)
$\pm1\sigma$	68.27	317 300
$\pm2\sigma$	95.45	45 500
$\pm3\sigma$	99.73	2700
$\pm4\sigma$	99.9937	63
$\pm5\sigma$	99.999943	0.57
$\pm6\sigma$	99.9999998	0.002

规定限	百分比	缺陷率(每百万件)
$\pm1\sigma$	30.23	697 700
$\pm2\sigma$	69.13	308 700
$\pm3\sigma$	93.32	66 810
$\pm4\sigma$	99.3790	6210
$\pm5\sigma$	99.97670	233
$\pm6\sigma$	99.999660	3.4

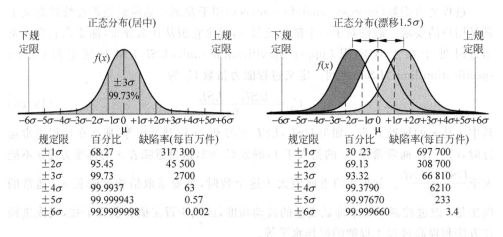

图 19.7　6-Sigma 概念图

19.3　控制性能的监控

控制性能的监控(control performance monitoring,CPM)是指对已有控制系统的性能进行在线监视。从现场控制系统运行情况来看,根据调查,随着时间的推移,许多运行中的控制器回路并没有达到预先设计的性能。其原因包括控制器整定的问题(比如随着过程的变化控制器参数已经不再合适),控制执行器劳损的问题(比如控制阀门出现黏滞问题)以及传感器频繁失效问题等。对于大型企业的生产过程,一个操作工程师需要维护成百个控制回路,这不是一件容易的事,因此一个有效的过程控制性能监控手段是很必要的,它能够帮助操作工程师迅速判断控制回路的运行性能是否达标,而且对未达标的现象也能进行诊断。

一个单回路控制系统的运行情况可以由一些统计变量和确定性变量来描述。

所采用的统计变量大致有:

(1) 服务时间比:传感器,执行器,控制器处于自动模式的服务时间比。当该数据较小时,说明传感器和执行器经常在维修状态,而控制器经常处于手动状态,需要进一步调查原因。

(2) 控制偏差:设定值和受控变量的测量均值之差。当该数据不接近 0 时,回路存在稳态偏差,需要检查控制器参数是否合理(比如 PID 控制器的积分控制太弱)或者执行器的范围过小造成饱和。

(3) 过程稳态增益:(受控变量的测量均值－受控变量的稳态值)除以(控制器输出的均值－控制器输出的稳态值)。当该数据发生漂移变化时,需要找出引起过程特性持续向单方向变化的原因,例如调查执行器的劳损,催化剂的失效以及热交换器的结垢等等。

(4) 受控变量的标准方差:它体现了受控变量的波动情况,可以用 6-Sigma 的监测方法。

(5) 控制器输出的均值:控制器输出范围一般为 0～100%,因此希望它的均值在稳态时尽可能地接近 50%,至少不应该过于接近 0 或者 100%。

(6) 控制性能指数(control performance index):受控变量的测量值的方差(variance)与其基准值(benchmark)的比。在没有设定值变化的情况下,当该数据持续大于 1 时,回路的控制效果比获取基准值时变差了。

(7) 回路中相关报警频率:对报警频率高的回路需要加以重点监控。

确定性的性能指标大致包括:

(1) 超调量(overshoot):在设定值出现阶跃变化时受控变量的超调幅度和比例。当该数据较大时,回路的鲁棒性较差。

(2) 上升时间(rise time)和过程结束时间(settling time)之比:当该数据小于 25%时,控制器可能过于保守,可以考虑增加 PID 的积分环节的增益。

(3) 一些积分误差准则(比如 ISE,IAE,ITSE,ITAE):与其基准值相比,如果该数据变大，则回路的控制效果变差了。

近年来，越来越多的控制系统软件，特别是对集散控制系统，提供了上述控制回路的性能监控功能。有兴趣的读者可以参考一些主要的 DCS 生产商的有关控制软件产品介绍。目前尚待解决的技术难题是如何进一步提供辅助诊断功能来帮助操作工程师找到运行性能差的原因，还有如何实现多变量控制器的性能监控等均是尚待进一步研究的问题。

19.4 小结

系统监控技术是现代企业生产质量的保证，也是节能降耗、减少环境污染的有力工具，因而系统监控成为当前研究的热点。本章主要讨论了采用几种常用的统计过程控制技术来监测过程运行性能和产品质量指标。Shewhart 控制图适用于监测单变量的平均性能和波动情况。累积和控制图和指数加权移动平均控制图适用于监测小幅的均值漂移。多变量统计控制技术（包括 T^2 控制图和主元分析法）则用于需要同时监控多个质量变量的复杂过程。过程能力指数和 6-Sigma 质量标准也经常被用来监测和改进操作过程及其控制系统。

第20章 过程控制系统的实现艺术

20.1 概述

过程控制的发展是与理论和工具的发展紧密相关的，控制理论、优化理论等的发展为过程控制的水平提高奠定了理论基础，仪表、计算机、网络、软件技术的发展为新的理论在过程控制中的应用和深化创造了条件，这两方面的发展水平决定了过程控制系统的发展进程。当然，过程控制系统不仅包含了建立过程模型、设计控制系统，在实际应用中采用相关理论进行分析综合，而且还需要不断更新软硬件技术使系统得到技术上的飞跃。应该指出，过程控制系统从其分析、设计、综合到实现的整个过程中充满着灵活的构思与技巧，其实它就是一种实现艺术。这个理论联系实际的过程依赖于对生产过程的洞察、探索以及经验。可以毫不夸张地说，忽略了控制系统的实现艺术，可能使得非常完美的控制理论和系统只是纸上谈兵，难以产生实际使用价值。正因为在此过程中处处表现了这种实现艺术，很难用简单的语言来进行描述。本章仅就工艺过程和控制系统相关性、控制系统设计与安全可靠性、控制系统设计与过程优化、控制系统的实现等几个方面来加以阐述，希望能对实现艺术有所了解。

20.2 工艺过程和控制系统的集成设计

传统上，控制系统的设计往往是在工艺流程设计完成后进行，工艺工程师是采用基于稳态模型(通常应用稳态流程模拟软件或专用的工艺计算软件)的稳态设计方法，确定工艺路线与工艺设计，计算操作参数和设备结构参数。控制工程师们面对的是一个已经定型的生产过程设计，其任务就是要为该生产装置设计出满意的控制系统，使生产过程能够在工艺设计给出的优化工作点上保持稳定的运行。由于以下种种原因可能导致设计出来的控制系统不能满意，甚至是失败[39]。

(1) 所设计的生产装置不具有充分的操作手段；

(2) 装置各单元之间存在着很强的不可忽略的耦合；

(3) 工艺设计所提供的调节手段或调节能力，不能够克服所有外部扰动；

(4) 时间迟延过大或过程的增益过大或过小，常规的控制系统难以奏效；

(5) 装置内具有内在的不稳定环节。

因此，工艺工程师和控制工程师之间一定程度的合作和协调是非常需要的，特别是近年来对能量和物料充分利用的需求使生产工艺更为复杂，各单元之间、各装置之间的联系更为紧密，仅仅从工艺设计最优出发设计的生产装置可能是不利于运行的，甚至是不可能正常运行的。不但经济性不易得到保证，甚至生产安全性也受到了严重的影响。

因而工艺过程和控制系统的综合设计是一条改进生产过程设计及其控制系统设计的重要途径。工艺设计时，应该考虑到最佳的尺寸及工艺要求，但是由于工艺设计人员并不完全了解控制的方法和手段，所以实际系统往往达不到设计的最优点，或者要花费很大的代价才能达到这一最优工作点。如果能在工艺设计的同时考虑到控制的实施方案及效果，就可以在工艺设计阶段消除那些可能会导致控制困难的因素，保证获得平稳的被控过程。这种工艺与控制整体考虑的方法正在受到人们的关注[40]。

人们很早就意识到进行过程控制与工艺设计一体化研究的优势，在早期的化工系统工程研究中对此方面的问题已经有了初步的数学描述，过程控制界也提出了在过程设计时就要考虑过程动态可操作性的思路。但是由于过程控制与工艺集成设计需要求解大规模的混合整数动态优化问题，而过程本身的复杂性导致其求解非常困难。在计算机运算速度没有获得明显提高以前，对其求解基本没有可能。20 世纪 90 年代中期后，随着计算机运算速度的极大提高，优化算法也得到进一步的发展，为工艺过程和控制系统的集成设计创造了条件，过程控制与工艺设计一体化研究，特别是过程控制与工艺集成优化，日益受到重视，并获得了较大发展[41]。

首先人们容易想到的一个主要方法就是进行过程动态性能的仿真研究，以确定所设计的过程是否容易操作，是否能够得到满意的控制性能。生产装置设计中采用动态流程模拟技术通过试差(trial and error，或称之为尝试)的方法来改进工艺过程设计的动态可操作性。这种基于动态仿真的设计方法，可以提高所设计生产过程的安全平稳运行的水平。另外，通过对所设计过程的动态建模，进行可控性分析，对不同设计方案的可控性进行比较，最终选择其中最好的设计方案，也是改进传统设计方法的一个途径。

工艺过程和控制系统的集成设计是 20 世纪 90 年代开始发展起来的一种新兴的设计方法，该方法对过程的经济性能和控制性能进行综合考虑，采用优化技术寻找出具有良好控制性能而又同时达到经济指标的最优的设计方法。在设计过程中，考虑一个以经济性能指标为基础的目标函数，纳入可能的外部扰动，用动态模型描述系统在干扰条件下的动态行为，通过动态优化的方法获得在满足所有设计和操作约束条件下的经济最优系统。自 20 世纪 90 年代以来，有不少工艺过程和控制系统的集成设计的成功报道，下面选择一些来供大家分析研究。

Brengel 和 Seider 提出了基于模型预测控制算法的协同设计和控制优化的方法，并将此方法用于发酵过程中。该方法通过对每一个候选设计，除了估价经济性外，还利用模型预测控制算法进行若干扰动下闭环控制响应的仿真，来估价其可控性[42]。

Luben 和 Flouda 提出了一种在数学规划中引入开环稳态可控性度量的过程设计方法，转换设计的超结构到多目标混合整数非线性优化问题，一个基于割平面的多目标优化算法被用来进行不同的过程设计和控制设计目标间的最优折中。该方法已被用于一个高度热集成的二组分精馏单元的设计，解决了不同控制组态的多目标优化问题[43,44]。

Yi 和 Luyben 针对复杂的反应分馏过程，通过考虑一些工艺参数和设备结构参数对工艺设计和控制方案设计的影响，进行工艺过程和控制系统结构的优化选择，期望能够在稳态工艺设计阶段同时考虑工艺设计和可控性的优化[45~47]。

Bansal 等人通过通用的严格机理分析建立的动态模型研究双效分馏过程的设计和控制的互相作用关系，过程的设计和控制系统同时优化设计的系统比通过分步式设计的系统更经济[48]。

Chawankul 等人讨论了如何使用内模控制(internal model control，IMC)方法将系统的控制和精馏过程同时设计，较传统的分离设计有明显改进[49]。

Meal 等人[50]于 2006 年发表的论文中提出了基于博弈论的综合考虑经济性、可控性、安全性/或产品质量、柔性等多目标优化设计方法，是同时考虑多个优化目标的一个尝试。

近年来本质安全设计受到了人们的重视。本质安全特性是一个综合的指标，通常是由过程的稳定性、柔性和可控性等多个过程特性，以及可操作性、经济性等多目标因素综合平衡协调而科学量化得到的。因而，工业过程设计除了考虑经济性外，还要考虑如何使设计出的过程系统本质上具有维持其稳定运行、不易发生事故的安全性能，提出基于本质安全思想的设计方法是人们仍将努力追求的目标之一。

工艺过程和控制系统的集成设计需要过程工艺技术、控制技术、优化技术的综合应用，其实现过程也需要新的视角和创新的思路，不仅仅是技术问题，还需要高超的艺术。

20.3　控制系统设计与安全可靠性

在 18 章中介绍了专门解决安全问题的安全仪表系统，实际上在一般控制系统的设计中，优秀的控制系统设计也应兼顾到安全可靠性，有助于生产过程的安全。到目前为止，在这方面已经有关不少成功的应用实践，其中不乏高超的艺术。本节将在介绍几个相关的应用案例中探讨兼顾安全可靠性的有关控制系统的设计。

20.3.1 选择性控制系统

通常的自动控制系统都是在生产过程处于正常工况时发挥作用的，一旦遇到不正常工况，往往要首先退出自动控制而切换为手动，待工况基本恢复后再重新投入自动控制状态。这样，一方面加重了操作人员的负担，另一方面也存在着安全隐患。如果设计的控制系统既能在正常工艺状况下发挥控制作用，又能在非正常工况下仍然起到自动安全保护的控制作用，并使生产过程尽快恢复到正常工况，自动返回到自动控制状态，这种能够在正常和非正常两种工况下都能够运行的控制系统正是解决上述问题所需要的。显然它有别于第18章中介绍的安全仪表系统。在安全仪表系统里，当生产过程工况超出一定范围时，该系统会采取一系列相应的措施，如报警、自动到手动、连锁动作等，从而使生产过程处于相对安全的状态。特别需要指出，这种措施是以使生产停车，造成较大的经济损失为代价的，是在紧急情况下采取的强迫措施。而选择性控制系统不是通过连锁保护甚至停车来进行安全防护，它是在出现异常情况时能自动地切换到一种新控制系统，取代原来的控制系统而对生产过程进行控制。当工况恢复时，又能自动地切换到原来的控制系统。在这种系统中，首先要对工况是否正常进行判断，然后在两个控制系统中进行选择。因此，称这种控制系统为选择性控制系统，有时也称为超驰控制。它是兼顾安全可靠性中最常用的一种控制系统，能够十分有效地控制那些容易出现异常的运行工况。

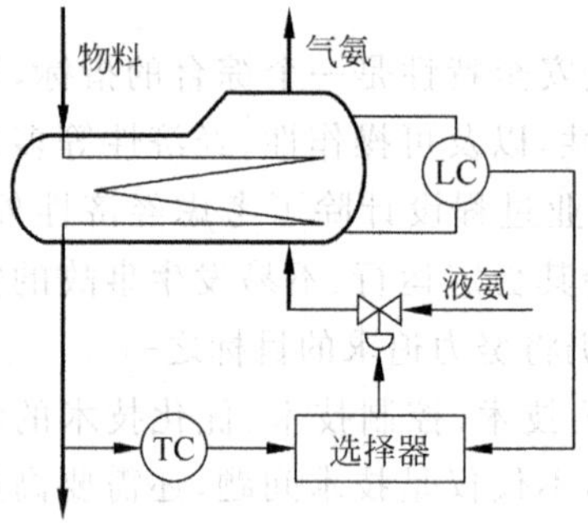

图 20.1 一个氨冷器的选择性控制方案

图20.1所示的是一个液氨蒸发器超驰控制系统。液氨蒸发器是一个制冷设备，它是用液态氨气化时需要吸收大量热量来冷却物料，使其温度维持在设定值附近。但液氨蒸发器运行中有一个特别的要求，即蒸发器需要有足够的汽化空间来保证良好的汽化条件以避免出口氨气中带有液氨。如果液氨被带进氨气管道将会造成压缩机损坏的重大事故，甚至被迫停车，这是设计控制系统时必须要考虑的因素。显然，在正常情况下冷却剂液氨量控制阀应由温度控制器TC的输出来加以控制，这样可以保证被冷却物料的温度保持在设定值。一旦负荷出现大幅度上升，而冷却量来不及增加时，被冷却物料的温度将会升高，此时就要增加液氨的进入量，期望更多的液氨汽化来降低汽化空间的温度，从而降低物料的温度。但由于传热能力的限制，被冷却物料的温度不能很快降到设定值，PID控制器的控制作用会继续增加液氨的进入量，而液氨又来不及蒸发，致使其液位一直上升，导致蒸发空间继续减小，进一步降低传热量，控制器势必指令继续加大液氨供应量，此时就可能出现液氨进入气氨管道的现象，这是必须避免的。此时采用选择控制系统就是一种正确的选择。该系统除了有温度控制器TC外，还采

用了另外一个与温度控制器并列的“取代控制器”，其测量信号是换热器中液氨的液位，因而它是一个液位控制器。这两个控制器的输出同时接入低值选择器，用选中的输出去指挥液氨的调节阀。若调节阀是气开式，在正常工况下液位控制器的输出应该调整到比正常输出高得多的信号以使其在正常工况下不被选择器选中。如果出现高液位时，液位控制器将输出低信号，从而选择器会选液位控制器代替温度控制器，将其输出送至液氨调节阀使其关闭。在液位脱离险区恢复正常时，液位控制器又有很高的输出，经选择器又将控制任务归还给温度控制器。可以看到，选择性控制比连锁保护处理更为妥当，因为前者能够扩大自动控制的工作范围，保证生产过程的安全连续生产，也减少了操作人员的劳动强度。因而选择性控制系统可以应用于许多需要安全保护的场合，合理地使用可以大大提高控制系统的使用水平，更详细的介绍请参见文献[21]。

20.3.2　压缩机的防喘振控制

离心式压缩机在运行过程中，可能会出现这样一种现象，即当负荷低于某一程度时，气体的排送会出现强烈的振荡，随之机身也会剧烈振动，并带动出口管道和厂房振动，压缩机会发出周期性间断的吼响声，这就是压缩机的“喘振”现象。如不及时采取措施，将使压缩机遭到严重破坏，压缩机是严禁工作在这种喘振状态的。

下面以图 20.2 所示为离心压缩机的特性曲线来分析产生喘振现象的原因。离心压缩机的特性曲线显示压缩机压缩比（压缩机出口压力 P_2 与入口压力 P_1 之比）与进口体积流量 Q 间的关系。图中 n 是离心式压缩机的转速。由图可知每条曲线（即在每种转速下）都有一个 P_2/P_1 值最高的点，连接最高点的实线是一条表征产生喘振的极限曲线。实线的左侧为喘振区，实线的右侧为稳定区，即为压缩机正常运行区。若压缩机的工作点在正常运行区，此时流量减少会提高压缩比 P_2/P_1，流量增大会降低压缩比 P_2/P_1，该流量过程具有负反馈特性。若压缩机的工作点在喘振区，此时流量减少会降低压缩比 P_2/P_1，流量增大会增加压缩比 P_2/P_1，该流量过程具有正反馈特性。一旦进入该区域，流量和压缩比会迅速交替下降。例如开始正常流量为 Q_A，工作在正常运行区，由于有某种扰动，使流量（负荷）减少并跨过 Q_P，使压缩机吸入流量 $Q<Q_P$，即进入喘振区，此时会出现恶性循环，出口压力会突降，低于管网压力，瞬时会发生气体倒流，同时管网压力也下降，一旦管网压力与压缩机出口压力相等，压缩机又输送气体到管网，重新将倒流的气体送出去。

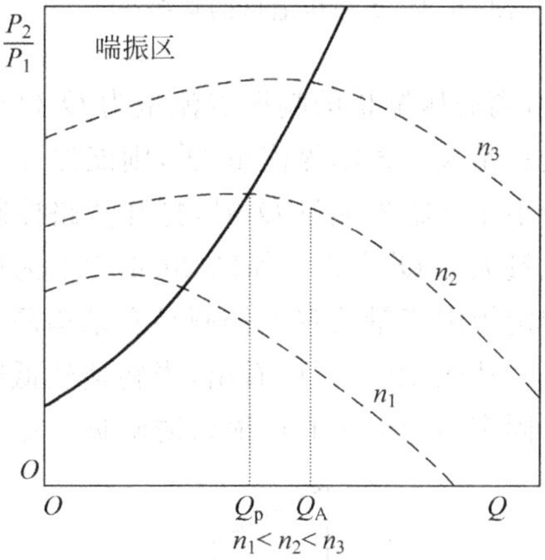

图 20.2　离心压缩机的特性曲线

由于要求的流量小于 Q_P，压缩机的工作点会再次进入喘振区，上述现象重复进行，即发生喘振。

喘振是离心压缩机的固有特性。离心压缩机的喘振点与被压缩机介质的特性、转速等有关。实际应用时，需要注意压缩机的喘振极限曲线，考虑安全余量。

喘振线方程可近似用抛物线方程描述为

$$\frac{P_2}{P_1}=a+b\frac{Q_1^2}{\theta_1} \tag{20-1}$$

式中，下标1和2表示入口或出口参数；P、Q、θ 分别表示压力、流量和温度；a、b 是压缩机系数，由压缩机厂商提供。喘振线可用图20.3表示。

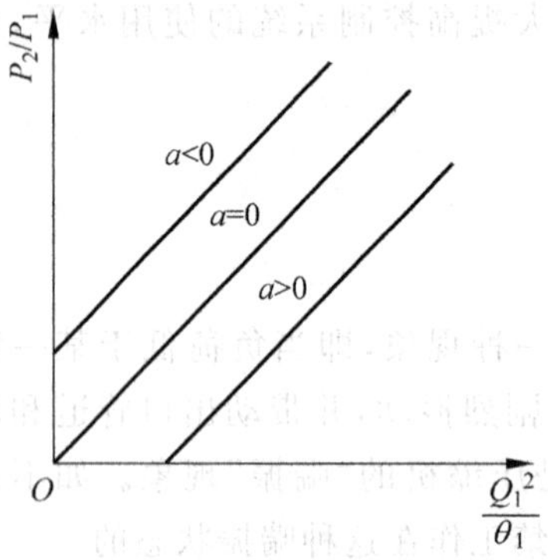

图20.3 离心压缩机的喘振线

由上可知，防止离心式压缩机发生喘振，只需要工作转速下的吸入流量大于喘振点的流量 Q_P。因此，当所需的流量小于喘振点的流量时，例如生产负荷下降时，可供选择的常用的方案是将出口的流量旁路返回到入口，或将部分出口气体放空，以增加入口流量，满足大于喘振点流量的控制要求。

一般防止离心式压缩机发生喘振的控制方案有两种：固定极限流量（最小流量）法和可变极限流量法。

(1) 固定极限流量防喘振控制

该控制方案的控制策略是假设在最大转速下，离心压缩机的喘振点流量为 Q'_P（已经考虑安全余量），如果能够使压缩机入口流量总是大于该临界流量 Q'_P，则能保证离心压缩机不发生喘振。控制方案是当入口流量小于该临界流量 Q'_P 时，打开旁路控制阀，使出口的部分气体返回到入口，直到入口流量大于 Q'_P 为止。如图20.4所示为固定极限流量防喘振控制系统的结构示意图，固定极限流量防喘振控制具有结构简单、系统可靠性高、投资少等优点。

从图20.5可以看出，当转速较低时，流量的安全余量较大，能量浪费较大，适用于固定转速的离心压缩机防喘振控制。

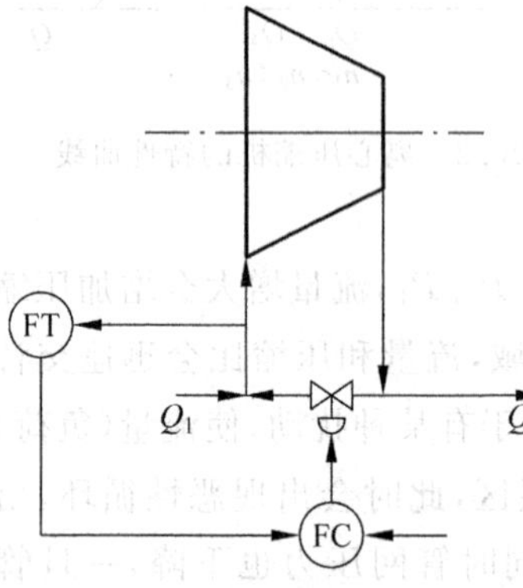

图20.4 固定流量极限防喘振控制

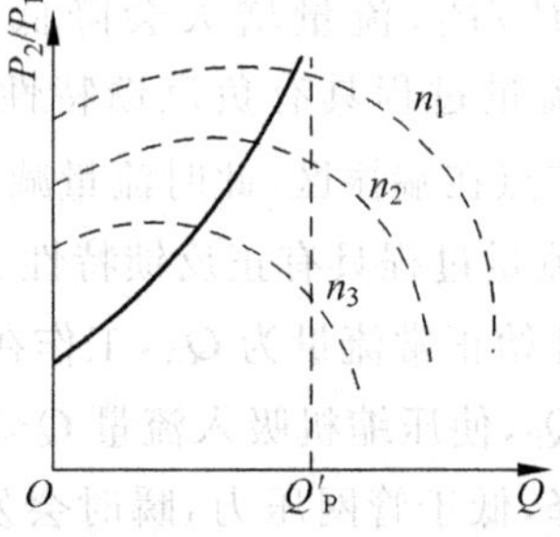

图20.5 固定极限流量防喘振控制特性曲线图

(2) 可变极限流量防喘振控制

为减少压缩机的不必要的能量消耗，该控制方案根据不同的转速，采用不同的喘振点流量（考虑安全余量）作为控制依据。由于极限流量（喘振点流量）变化，因此，称为可变极限流量的防喘振控制。该控制系统是随动控制系统，其实质是随着转速不同，采取不同的极限流量，在不同转速下，减小固定极限流量防喘振控制随着转速降低而不断增大的安全余量而带来的能量消耗。此方面的具体内容可以参见文献[21]。

20.3.3 延迟焦化炉异常工况下的超驰控制

延迟焦化炉是延迟焦化装置的核心设备，确保焦化炉的平稳安全运行是延迟焦化装置实现安全、长周期运转的关键。重质渣油通过焦化炉被加热至 500℃左右的高温，由于重质渣油密度大、黏度高、临界反应温度低，尽管延迟焦化炉的作用任务就是要把重质渣油的结焦推迟到后续的焦化塔内进行，但在焦化炉的辐射炉管的部分结焦仍是不可避免的。为防止炉管短期结焦，必须使油料在炉管内具有较高的线速，同时要提供均匀的热场。通常采用在加热炉辐射段注水或注水蒸汽的措施来提高流速和改善流体的传热性（国内焦化炉注水量一般为处理量的 1%～2%），但由于水的汽化潜热大，注水量占处理量的百分比每增加 1%，延迟焦化装置单位处理量的能耗就要增加约 42MJ/t。采用注蒸汽的手段有利于减轻加热炉的热负荷[51]。

由于采用注蒸汽手段更好，某厂焦化炉在改造后将对流段入口注水改为注蒸汽[51]。但是改造后，由于注入蒸汽的流量较小，一般为 60kg/h 左右，以及蒸汽管路系统设计的问题，注入焦化炉的蒸汽（图 20.6 中标有 FI5331C1. PV 的曲线）有时在管道内会出现阻塞，蒸汽凝结为水。当控制器觉察到注汽量异常并试图调整至正常值时，由于控制阀（气关阀）死区的存在（图 20.6 中标有 FC5331C1. OP 的曲线），蒸汽流量开始并没有增大，当阀位变化超出死区后，大量凝结的水和蒸汽注入炉管，在极短的时间内达到满量程，从而导致注汽量突增。凝结的水汽化和蒸汽升温以及进料停留时间的减少造成出口温度（图 20.6 中标有 TC5340C. PV 的曲线）急剧下降至约 460℃。

另一方面，突然大量注入的蒸汽凝结水使管内介质流动状态发生显著变化。由于汽化的水蒸汽（水分子远小于重质渣油的分子）在管内占据了大量的体积，炉管内压力上升，使进料量减少，同时激烈的喘动使传热系数增加，而进料停留时间的减少也使反应吸热有所减少。这样，炉出口温度下降到一定程度又迅速上升，大大超出工艺指标。

对这样一个幅值大且变化快的反向响应扰动，PID 自动控制会导致出口温度进一步大幅超温。图 20.6 中标有 FI5338C. PV 的曲线所示为燃料量，可见在注汽量突增后，PID 控制器处于自动控制状态，出口温度急速下降导致燃料量在不到两分钟的时间内即达到最大满量程，当出口温度开始上升时，再降低燃料量已经来不及，只能

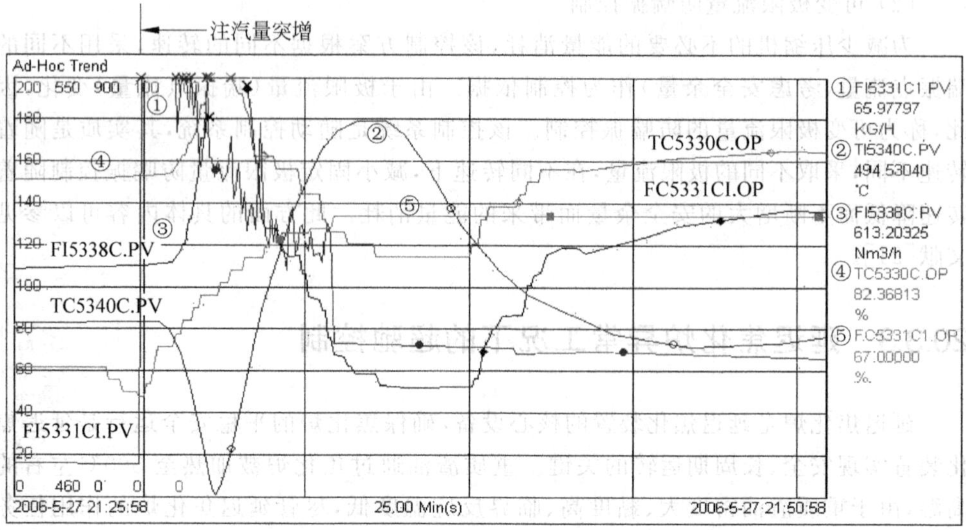

图 20.6 注汽量突增后出口温度 PID 控制下的响应

(注：汽量为 FI5331C1. PV；出口温度为 TC5340C. PV；燃气量为 FI5338C. PV；燃气调节阀位开度为 TC5330C. OP；蒸汽控制阀位为 FC5331C1. OP)

切为手动控制，此时出口温度已高达 540℃，必然造成炉管短期内结焦速度迅速增加。为此蒸汽注入控制系统一直不能投自动，只能由操作人员加强盯表，发生蒸汽突然增加后，将出口温度改手动调整。

通过分析历史操作数据，发现当炉管内注汽量突增后，造成炉管内流体流动阻力增加，进料阀后压力增加，进料量减少。同时对流段出口温度、炉管壁温等变量也有所降低。从工况监测的及时性来考虑，可以选择注汽量、进料阀后压力和进料量来判断注汽量的变化，因为这些参数的变化是快速的，即在一分钟内就有明显的变化。因此，根据过程的动态特性，可以监视在一分钟内如下参数的变化：

(1) 注汽量增加大于预定阈值；

(2) 相应进料阀后压力增加大于预定阈值；

(3) 相应进料量减少大于预定阈值。

当同时满足上述三个条件时，预计将有注汽量突增的事件发生，应立即采取措施避免出口温度超温。因而我们采用了如图 20.7 所示的注汽量突增的事件的监视方案。

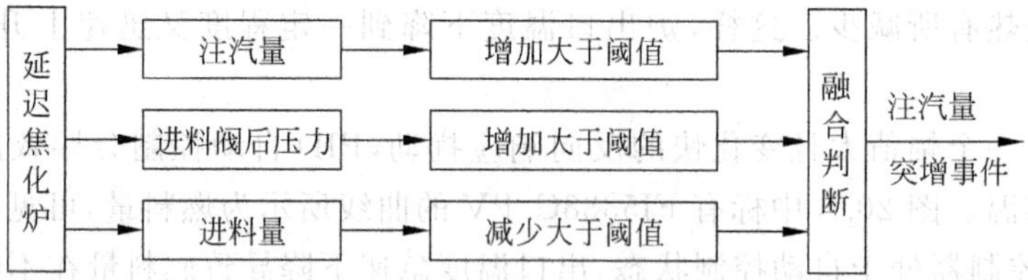

图 20.7 注汽量突增的监控

当注汽量突增事件发生后，应当降低燃料量，但要关闭多少，那么首先就要计算出使出口温度维持不变的燃料气流量设定值，并把此值作为应该设置的燃料量。在文献[51,52]中提出了基于机理分析和专家经验的专家控制的超驰控制器，在判断出注汽量突增异常工况发生后，及时给出合适的超前补偿，抑制了炉出口温度的大幅超温，减轻了操作人员的负担，为焦化装置的安全和长周期运行奠定了基础。结合文献[52]中提出的自适应状态空间反馈预测控制，得到了一种如图 20.8 所示的焦化炉出口温度的整体控制策略，可在正常工况和注汽量突增异常工况下对焦化炉实施超驰控制，图中所画切换开关就是一个选择控制器。所提出的控制方法提高了正常工况下出口温度的控制效果，在异常工况下避免炉出口温度超温，提高了控制器的投运率，平稳了炉出口温度，减少短期结焦，减轻了操作员负担，有助于焦化炉的安全、平稳和经济运行。图 20.9 为注汽量突增后，采用基于热平衡的专家智能控制方法，炉出口温度的调节曲线。炉出口温度最大为 505℃，在出现注汽量突增后最高温度仅超出温度设定值 5℃，有力地避免了焦化炉的结焦速度迅速增加。

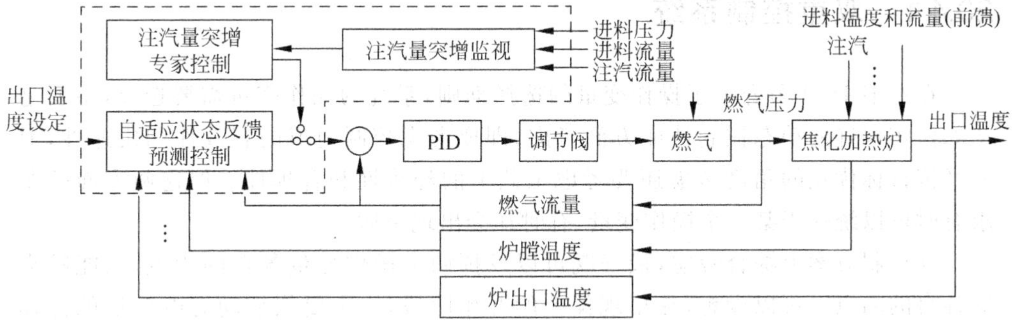

图 20.8　焦化炉出口温度的整体控制策略

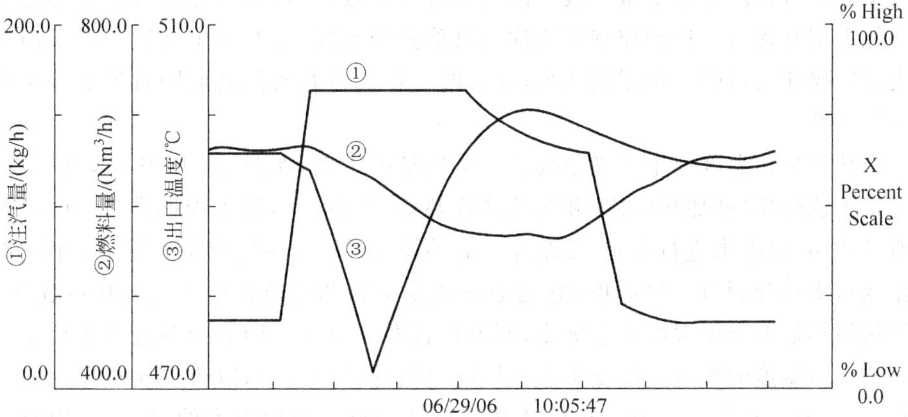

图 20.9　出现注汽量突增后的控制效果

类似的案例还有很多，限于篇幅仅介绍了几例，它们反映了通过合理的设计使控制系统既能在正常工艺状况下发挥控制作用，又能在非正常工况下仍然起到自动安全保护控制的作用,使生产过程尽快恢复到正常工况,自动返回到自动控制状态,能够妥善地处理异常工况时的控制问题,提高生产过程的安全性。

从以上这些案例中可以看到一点,它们都是从过程的实际情况出发,采用了非常巧妙的思路和技巧,对过程中的不安全环节进行了有效的控制而不影响正常的生产运作。

20.4 控制系统设计与经济目标优化

控制系统的设计中,除了控制器系统本身的优化设计外,控制系统设计也是可以兼顾到经济目标优化,或与稳态经济目标优化功能有机集成,在实现动态过程的高质量控制性能外,还能够实现一定程度的经济目标优化。这方面也有许多巧妙的应用实践,本节将在介绍几个应用案例中加以阐述。

20.4.1 双重控制系统

在本书 18.4 节介绍了操作变量的选择准则,系统的操作变量需要选择,主要是从如何实现好的动态控制性能方面考虑,即要考虑控制通道的有效性和快速性,但从经济目标优化的角度考虑还要考虑工艺上的经济性和合理性。但这两方面的要求有时可以统一于某一个操作变量,有时却会出现矛盾。

在控制方案上综合考虑,最好既可以发挥两类操作变量各自的优点,又能够克服各自的弱点。可以设想,在出现偏差的开始阶段,应主要依靠动态响应快的操作变量来消除偏差;但并不以此为满足,接着逐渐调节工艺上合理又经济的操作变量,并使动态响应快的操作变量平缓地回复到合适的数值,这样的控制肯定在动态和静态性能上都有提高。这种控制系统称为双重控制系统,是对一个被控变量采用两个或更多的操作变量的一种控制系统,其目的是在进行有效控制的同时还能兼顾到系统的经济性。

换热器出口温度双重控制系统是一个典型的示例,如图 20.10 所示,其中,被控变量是工艺介质(被加热流体)和热载体换热后的温度 θ_o,温度控制器 TC 由温度设定值 θ_r 与 θ_o 之差来进行控制,系统中操作变量有两个,一是旁路流量 u_1,用它作为操作变量来单独调节出口温度,它是通过改变旁路和换热器中工艺介质的比例,由于经过换热器的介质温度不会突变,调温过程非常迅速。调节旁路流量来控制工艺介质的出口温度的机理是改变工艺介质通过换热器的流量,以改变换热器内的传热系数,进而改变整个工艺介质单位传热量以达到调节出口温度的目的,平均温差的改变也是加强调节作用的。但从经济的合理性上分析这种控制方案是不合适的,因为它是以牺牲一部分换热器的换热能力作为调节温度的手段。另外一个可选的操作变量 u_2 是载热体流量,它在工艺上更合适。用它作为操作变量来单独调节出口温度,是通过改变平均温差和传热系数来实现传热量的改变,从而调节被加热介质的出口温度。此方案的优点是工艺上合理，有利于节省能源，是最为常用的一种，但缺点是调节迟延大。

双重控制系统的目标就是采用这两个操作变量来同时控制出口温度。在温度出现偏差的初始阶段主要靠动态响应快的旁路流量来消除偏差，然后逐渐过渡到用工艺比较合理的热载体流量来控制，并让动态效应快的操作变量平缓慢地回复到合适的数值，这个数值由阀位控制器（VPC）的设定值 SP 来设定，使旁路流量保持较小的流量，这个值视快速克服偏差所需要的旁路流量调节量而定，与过程经常出现的扰动幅值大小有关。

该双重控制系统能够实现“急时治标，缓时治本”的控制效果，兼顾了工艺操作的经济性和动态控制的快速性两方面的要求。

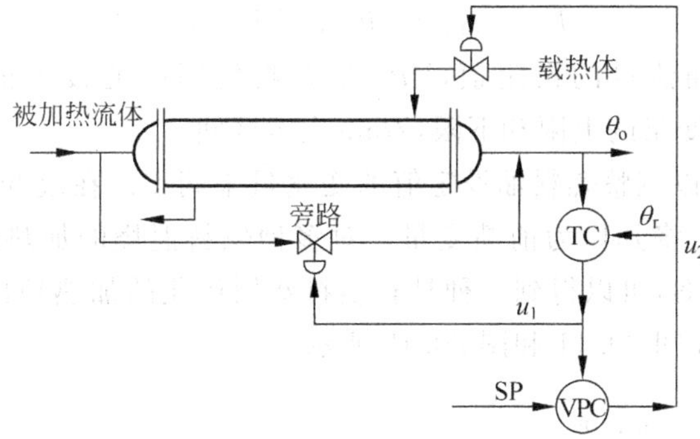

图 20.10　换热器出口温度的双重控制系统

20.4.2　加热炉多燃料系统的控制

多种燃料混烧的加热炉是一类较普遍采用的加热炉，由于它有多余的控制自由度，在保证出口温度控制质量的前提下，还可以达到一定的经济目标优化。加热炉一般利用燃料气和燃料油两种燃料。由于燃料气价格便宜且不宜存储，烧不完时还要通过放火炬烧掉，既浪费能源，又增加了 CO_2 和有害气体的排放量。因此在可能的情况下，应当尽量多烧燃料气，以达到燃烧费用的优化[53]。

若加热炉燃料气不作为燃料气管网压力的控制手段，且有一定的调节范围，则可以采用燃料气作为操作变量，控制出口温度。在现场加热炉操作中，操作工一般将燃油流量设定好，然后用燃料气调节出口温度，存在的问题是燃油流量设置偏大，或者燃料气调节能力不够时增大燃料油，但扰动消除后，又没有及时地降低燃料油，这样造成的燃料油消耗增加。

为了降低燃油消耗量，借鉴双重控制系统中对操作变量设置阀位控制器的思想，对燃料气采用理想阀位区间控制。

所谓的燃料气理想阀位区间控制，是指对燃料气设置理想阀位区间，调节燃料油的量，使燃料气尽量在理想阀位区间内。理想阀位区间一般设置较高，从而使燃料油的消耗量降低，但仍保证燃料气有一定的调节能力。具体地说，若燃料气的阀位低于区间下限，则降低燃料油使燃料气增加，直至燃料油达到下限或燃料气进入理想区间；若燃料气的阀位高于区间上限，则增加燃料油使燃料气降低，以保证燃料气对扰动有一定的调节裕度。燃料气理想阀位区间控制表示为

If $VP_{\text{fg}} < VP_{\text{fg,ZoneLowLim}}$

$$F_{\text{s,fo}} = F_{\text{s,fo}} - \Delta F_{\text{s,fo}}$$

Else If $VP_{\text{fg}} > VP_{\text{fg,ZoneHiLim}}$

$$F_{\text{s,fo}} = F_{\text{s,fo}} + \Delta F_{\text{s,fo}}$$

Else

$F_{\text{s,fo}}$不变

$$F_{\text{s,fo,LowLim}} \leqslant F_{\text{s,fo}} \leqslant F_{\text{s,fo,HiLim}}$$

其中，$F_{\text{s,fo}}$是燃料油流量的设定值，VP_{fg}是燃料气回路的设定值，下标 HiLim 和 LowLim 分别表示变量的上限和下限，Zone 表示区间。

优化的速度可以调整燃料油设定值的变化量来调整。在改变燃料油时，为减小对出口温度的波动，将其作为前馈变量。对多种燃料混烧的加热炉，结合加热炉状态反馈预测控制方案，可以得到一种具有燃料费用优化的加热炉出口温度控制方案和控制系统框图，如图 20.11 和图 20.12 所示。

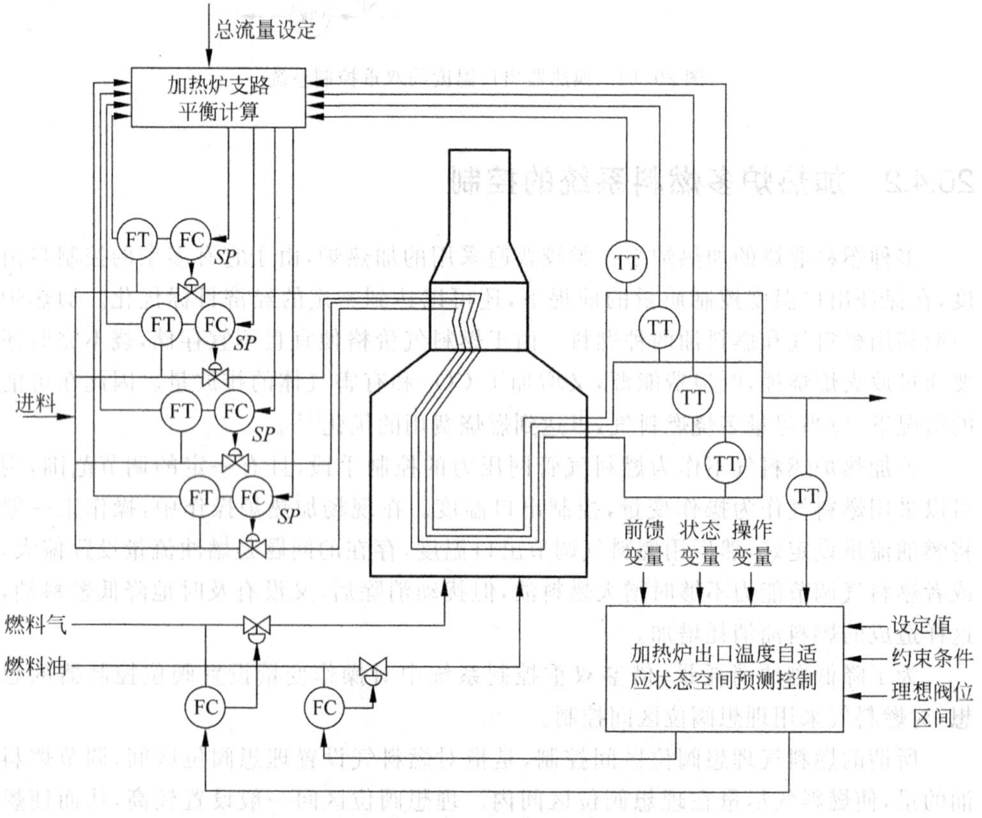

图 20.11　多支路多燃料管式加热炉出口温度的控制方案

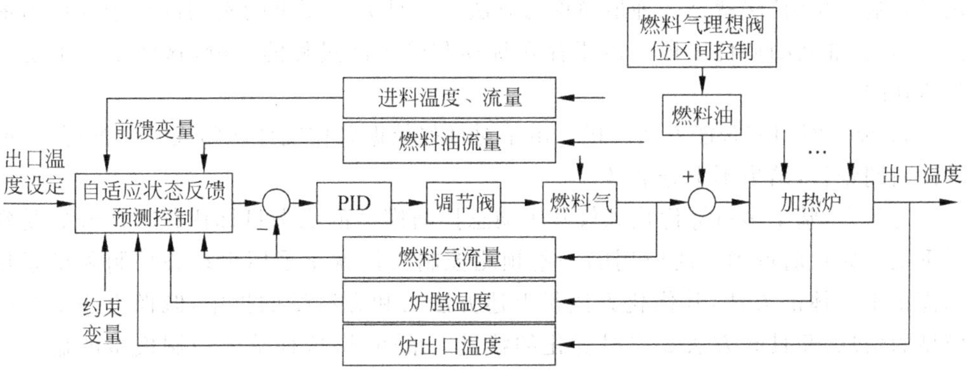

图 20.12 具有燃料费用优化的加热炉出口温度的控制系统框图

对于文献[53]中的应用案例，由于塔底重沸热的不稳定，使塔内负荷大幅波动，严重降低了塔板效率，使整塔的分离能力降低，为保证产品质量只能提高回流比，增加了回流量和重沸热负荷，增大了能耗成本。同时，由于此单元的两个重沸炉耗能极大(年耗标准燃油近 10 万吨)，其燃料气用量直接影响到全厂瓦斯管网的压力波动。因此，在全厂的生产调度上，将此重沸炉作为稳定瓦斯管网压力的主要手段，特别是要克服每天晚上延迟焦化装置除焦操作对瓦斯管网压力造成的巨大扰动。

因而该应用案例的控制系统设计中在保障瓦斯管网压力维持在要求的压力范围限内，要少使用燃料油，多使用燃料气，同时又要保证燃料气的使用量能使整个分馏装置卡边优化，达到既要保证瓦斯管网压力平稳，满足全厂安全平稳操作，又要烧掉瓦斯气，最大限度地减少燃料油消耗和环境污染。为达到此目标，将前述控制方案中通过改变燃料油流量来保证燃料气调节阀阀位在期望的理想区间内改为保证瓦斯管网压力维持在要求的压力范围限内即可。

20.4.3 集动态控制与稳态经济目标优化于一体的控制策略

过程优化的目的是使装置或操作单元运行在最优状况下，如产率或产量最大、能耗最小、经济效益最高。这些目标往往又是互相矛盾的，如产量增大往往能耗也增大；常减压装置的航煤产率增大往往使柴油产率降低。因而需按原料、市场、价格等各方面的具体情况制定最优目标，按原料性质、运行状况(扰动)的变动，即时寻优(实时优化)，并通过先进控制系统来实现[22]。经常使用的寻优方法有以下三类：

① 基于机理模型的寻优方法。目前大多采用这种方法寻优。它是最早和最普遍获得使用的、而且能最大限度获取经济效益的有效方法。这种寻优方法的主要问题是需采用长时间内过程变量的平均值作为稳态值去寻优，因而寻优周期长、寻优结果难以适应实时变化，并且对于复杂的生产过程建立机理模型也是一项艰巨的任务。

② 自寻优方法。典型的方法是在线根据优化目标函数的变化趋势进行滚动优

化，如“瞎子爬山”法就是一种最简单的方法。这种方法要求能实测或易于计算出最优指标，有准确的调优手段。由于存在扰动和受中间过程的影响，这两个要求是不易达到的。

③ 统计回归或智能方法寻优。由于对过程数据要作统计回归或判断推理，一般寻优周期较长，结果不十分准确。

近年来，基于多目标优化和仅基于动态控制模型的稳态目标优化方法开始受到了重视。如目前得到广泛应用的一些预测控制软件就是采用集动态控制和稳态目标优化于一体的方法，其优化方法是上述方法①和方法②的折中，既像方法①利用模型的信息，又具有方法②实时优化的特点。很明显，这种基于控制模型的稳态目标优化方法降低了对模型的要求，使其在动态控制的基础上不需增加额外代价，即可获得方法①所能获得效益的大部分。

在预测控制策略中，对于一些被控变量往往可以采用区域控制而不是给定点控制，如液位可以保持在一定的变化范围，产品质量只要求大于或小于某一质量指标即可，这样，就扩大了控制系统的可行解范围，相应地提高系统的鲁棒稳定性。此外，也使系统能够控制“瘦”系统，并促使“瘦”系统转换为“胖”系统，使得在保障一些被控变量不超过区域限制的前提下，利用剩余的操作手段来满足经济目标优化功能，使被控变量稳定在期望的优化点上，进一步实现生产过程的操作优化。

通常采用的优化目标函数为

$$\begin{aligned}\min J = &\sum_i b_i CV_i + \sum_i a_i (CV_i - CV_{oi})^2 \\ &+ \sum_j b_j MV_j + \sum_j a_j (MV_j - MV_{oj})^2\end{aligned}$$

式中，b_i 为 CV 的线性系数；b_j 为 MV 的线性系数；a_i 为 CV 的二次项系数；a_j 为 MV 的二次项系数；CV_i 为被控变量；MV_j 为操作变量；CV_{oi} 为 CV 的目标设定值；MV_{oj} 为 MV 的目标设定值。

利用线性的或二次的目标函数作为经济控制目标优化策略，其优化的经济控制目标可以在线修改。这种作为动态的而不是静态的解决方案，使得优化器具有更好的性能，在生产中能取得更大的效益。

12.4 节实时优化应用案例中的 12.4.2 小节和 12.4.3 小节是针对具体装置特点的集动态控制与稳态经济目标优化于一体的控制策略，它们均是通过基于工艺机理分析、采用先进控制技术、直接改变反映生产过程的关键指标、从而达到优化目的。例如在 12.4.2 小节中提出的轻重产品比率这一参数，它既是决定高价值产品的产量及其在低价值产品中的跑损，又涉及生产中能量耗损的一个关键参数，又例如 12.4.3 小节中采用宏观反应热衡量裂解反应过程的反应深度的平稳，再将控制中的反馈思想引入实时优化，通过引入反映产品产率、产品质量、能耗物耗、环保等反映经济收益和社会效益的测量变量或化验数据，实现在线优化，从而避免了标准实时优化问题中通常需要获取准确的优化模型和需要事先得到物性数据以及在线计算等难点问题。

兼顾动态控制和稳态经济目标优化的案例还有很多，限于篇幅上面仅介绍了几例，通过它们反映了通过合理的设计能够实现集动态控制和经济目标优化于一体的优化控制目标。

20.5　控制系统的易用性

易用性(usability)通常是交互式 IT 产品/系统所采用的重要质量指标，即指易理解性、易学习性和易操作性，是评价一个产品设计的重要标准之一。控制系统是一类特殊的 IT 产品，其易用性也是一个重要问题，关系到控制系统能否成功应用于实际生产过程并能长期发挥其作用。当然控制系统的易用性首先是建立在控制系统采用了合适的技术和优化的系统方案的基础上，体现出从分析、设计过程中的创造性工作成果。至于控制系统(控制软件)的易用性不像控制方法和控制方案的设计那样有章可依，而是需要设计人员的经验、技巧和灵感。易用性好的控制系统(控制软件)的实现需要设计和实施人员在设计、综合和实施过程的不断地改进和完善，且贯穿着整个控制系统的生命周期，和产品化或工程化过程紧密相关。以下是一些易用性改进经常涉及的方面。

(1) 控制系统的实施方案。控制系统的实施方案是一个非常重要的问题，涉及如何根据所要控制的生产过程的具体情况来灵活地实现安全高效、经济实用、性能满意的控制系统。如在组成前馈-串级加热炉出口温度控制系统时，若将进口热量作为一个综合的前馈控制干扰量，就会使前馈补偿器结构简单，而且更重要的是该前馈补偿控制模型随加热炉的负荷变化而变化，这将消除负荷变化中的非线性。另外一个例子是在 12.4.2 小节揭示了精馏过程中塔顶轻产品和塔底重产品抽出的轻重产品比率 η 和分离度是影响分馏产品质量和运行稳定的两个决定性因素的本质，并以轻重产品比例、回流量/进料量、再沸热量/进料量等为操作变量的设计使得外环实现对内环控制回路控制参数的自适应修正，内环的扰动影响能够获得准确且快速的抑制。

(2) 控制系统的人机界面。就是需要友好的人机界面，让使用者能方便地操作。在过程控制领域里，尤其需要配有各种清晰的操作显示界面，且含有不断更新的操作参数供监视，还有易于比较分析的各类参数动态变化的趋势图或趋势曲线等等。另外，一些操作员或现场工程师需要进行的操作或参数调整的易用性也是一个必须考虑的问题，如先进控制对快速性和稳定性性能指标的调整采用“特性比”(即采用先进控制后一个被控变量的过渡过程时间长度和开环响应的过渡过程时间长度之比)，此“特性比”成为操作人员或现场工程师能直观理解和方便调节的参数。

(3) 控制系统的启停和无扰动切换。这是操作人员最关心的功能，因为在运行过程中可能发生各种扰动或事故，控制系统的启停不仅要方便，而且更重要的是不能影响生产过程的运行，即能无扰切换。例如，在基本控制系统基础上实施的先进控制系统，在其启停时一定要做到不影响基本的控制系统，所以往往需要“一键操作”,即操作一个按钮或一个键就能十分顺畅地将先进控制系统无扰动地切入或撤出。

(4) 过程仿真系统。这是近几十年来发展起来的。20 世纪 80 年代静态仿真系统(如化工领域中的流程模拟)的出现使工艺设计受益匪浅,继而产生动态仿真系统,它在操作工培训中起到不可估量的效果。近年来出现了整个运行系统的仿真,在这个系统中可以进行各种运作方案的分析比较,然后确定一种合理的方案到实际生产中去加以实施,例如“桌面炼油或虚拟炼油”,就可以在整个装置或炼油全流程的仿真过程中研究不同产品操作方案,包括产品收率、各种废料的排放、控制方案的效果以及运行后的经济效益等等,从而获得满意的运行方案。显然,一些复杂的控制系统也需要事先通过这个仿真系统进行验证然后才能进入实际运行,例如在先进控制系统实施时,设计良好的控制对象的动态仿真调试系统,可以高度模拟实际生产过程和 DCS 控制系统环境,经过动态仿真调试系统测试的先进控制系统可以无须任何改变直接切入实际控制中,减少了投用时的许多现场工作,同时也大大降低了没有经过与现场真实环境相同的仿真系统的调试而直接投用的风险。

(5) 通用控制与专用控制的选择。这个问题主要涉及到先进控制策略和软件的选取,对于一些采用通用先进控制策略和软件能够较好解决的控制过程就应该优先选择。但对于一些通用先进控制策略和软件不能够较好解决的生产过程还应该采用专用控制策略和软件。这些专用控制策略和软件,是针对这一类生产过程的特殊性,结合生产过程的机理分析和操作经验开发出来的。显然,这类专用控制策略和软件无论在缩短研发过程,或是易于实施方面都有其优势,是一种值得关注的方向。

(6)“智能化”实用先进控制算法及软件。为解决软件使用的“智能化”,以及解决系统抗扰动能力(鲁棒性)与控制精度之间的矛盾,通过设计控制算法时引入人工智能方法(如通过机理分析提炼出规则和知识或引入专家知识),以解决提高投运率的这一众人关心的问题,使先进控制系统能像 PID 算法那样被企业乐于接受,使先进控制推广应用中难以长久运行的瓶颈得到改善。

涉及提高控制系统的易用性的方面很多,随着新的技术不断涌现,也给控制系统的易用性提供了更多的手段,需要我们在实践中多思考、多总结,不断学习和使用新的技术,发挥聪明才智,使控制理论与方法能够更多、更快、更好地应用于生产过程。

20.6 小结

过程控制系统的实现艺术是一个很广泛、内容很丰富的话题,很难给出一个全面的阐述。本章主要是从工艺过程和控制系统集成设计、兼顾安全可靠性的控制系统设计、实现过程优化的控制系统设计和控制系统的易用性等方面介绍了过程控制系统实现过程中如何应用经验、技巧和灵感,来实现高水平的控制系统。控制系统的实现除了依赖控制理论和控制设备的合理应用,在很大的程度上也取决于实现者的创造性工作，但这一部分的工作往往要花费实现者的大量精力和心血，也给每一个优秀的控制系统作品打上了实现者智慧的烙印。这也是一个通过仿真的控制系统案例和真正成功应用到实际生产过程中的控制系统所付出的代价不可同日而语的原因，也是科技成果要转化为生产力所要付出的艰辛，往往需要一批致力于过程控制的科技工作者，来填补科技成果转化到实际应用之间的鸿沟，来推动过程控制技术的发展和应用。

第六篇小结

第六篇是本书最后一篇，主要涉及过程控制中的系统设计、系统监控和系统实现艺术。这些内容在一般过程控制书中较少涉及，因为它们自身就可以作为一个专题来研究和讨论。考虑到过程控制的完整性，我们在最后一篇讨论了这些内容。

从控制系统的设计来说，它有相应的一整套设计要求、规范与手册，如果需要可以直接查阅。我们只是讨论设计中的一些关键问题，例如过程自由度的计算和应用、各类变量的选择原则、控制变量与操作变量的匹配、系统间耦合，以及涉及多输入多输出、耦合、约束、前馈补偿、大迟延、经济目标优化等的先进控制系统设计，最后还讨论了安全仪表系统和间歇过程控制设计中的一些特殊问题，使读者能对过程控制系统设计中的核心问题有较深入的了解，便于掌握设计要领。

至于控制系统的监控技术，应该说传统的监控技术已经很成熟，但是它只能就事论事，给出越限报警等信号，也只是知其然不知其所以然。因而如何能够通过海量运行数据的处理来深化系统的监控还是一个比较新的问题。基于统计分析理论的现代监控技术虽然在 20 世纪 30 年代已经被提出，但目前它还没有真正用于实际生产过程，仅在故障诊断领域或质量检测中有些应用。然而，当前生产事故不断并造成重大人身和财产损失的现象，引起了对生产安全性的高度重视，采用现代监控技术提高安全性已经是迫不及待的问题了。本篇第 19 章讨论了基于统计分析下单变量和多变量的各种控制图，不但可以发现系统运行中出现的异常情况，还可揭示是哪个变量出现故障，给系统监视提供了较多的信息。另外，还介绍了过程能力指数和 6-Sigma 质量管理方法以及过程控制性能的监控等。

本篇最后讨论了控制系统的实现艺术，这是一个从我们研究工作实际中提炼出来的问题，应该说这就是理论联系实际中的问题。因为一个完美的理论和方法，如果要想得以实现，必须要经过一个艺术加工过程，否则只能是纸上谈兵。第 20 章从工艺过程和控制系统的集成设计、控制系统设计的安全可靠性、控制系统设计与经济目标优化以及控制系统的易用性等四个方面来进行讨论。无论哪个方面都体现了实现者对工艺过程的认识和理解，涉及到他们应用自身掌握的经验、技巧和灵感来实现高水平的控制系统的能力，这就是一种实现艺术。我们写的最后一章的目的是想抛砖引玉，希望大家共同来探讨这个“实现艺术”，以尽快缩小理论与应用之间的鸿沟。

思考题与习题

第 18 章

18.1　一个搅拌混合系统如题图 18.1 所示，有一个旁路管道。控制目标是控制输出液中的关键组分 x_4。主要干扰变量是此关键组分 x_4 在进料中的质量分率 x_1 和 x_2。利用下面给出的信息，考虑到系统的稳态和动态特性来讨论哪个流量应该选为操作变量：①进料流量 w_2；②旁路分量 f；③流出量 w_4。可用信息：

(1) 容器充分混合；

(2) 因为成分变化很小，可以假设物理性质是常数；

(3) 由于液位变化很小，不需要控制液位 h；

(4) 旁路泵所引起的迟延可忽略。

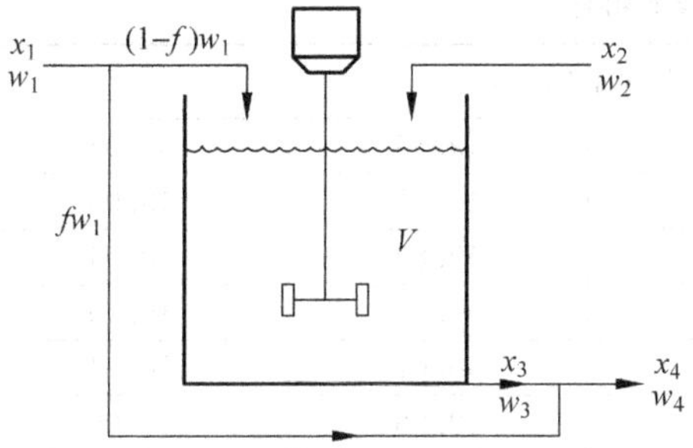

题图　18.1

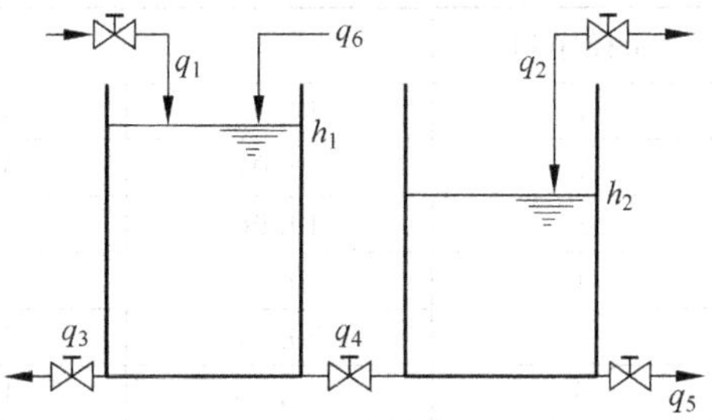

题图　18.2

18.2　考虑题图 18.2 中的液体存储系统。只有体积流量 q_1 和 q_2 可以操作。试确定模型的自由度 N_F 和控制自由度 N_{FC}。

18.3　如题图 18.1 所示搅拌混合系统，假设其进料流量 w_2 和旁路流量 f 是可以操作的。试确定模型的自由度 N_F 和控制自由度 N_{FC}。

18.4　气液分离器(闪蒸)如题图 18.3 所示，其液体进料中含有碳氢混合物。由

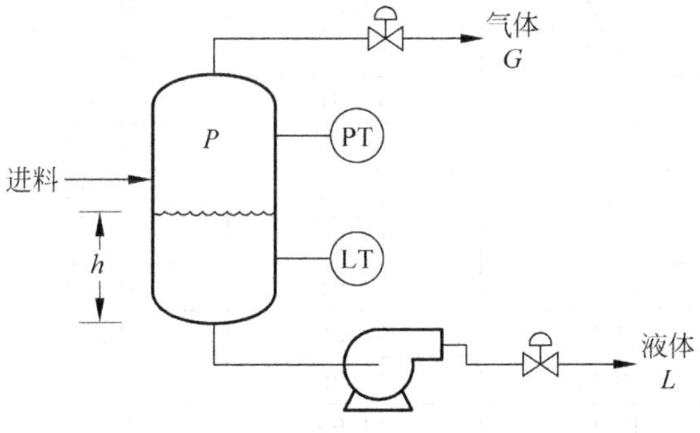

题图　18.3

于容器内压力明显低于进料压力，所以部分进料液体闪蒸成为气态。碳氢化合物是可燃的，具有一定程度危险性。试讨论过程的安全性问题，并给出一种报警 SIS 策略。

第 19 章

19.1 随机变量 x 服从均值为 μ，标准方差为 σ 的正态分布，那么 $k=2$ 时，某个样本出现在 $\mu \pm k\sigma$ 范围之外的概率是多少？

19.2 根据进一步分析，我们决定去掉例 19-1 中的第 4 个和第 24 个样本子群体。试用剩余数据，重新创建 $\bar{x}$ 控制图和 s 控制图。

19.3 对于例 19-1 中的制药过程，有一段新的 30 个连续采样的样本群体如题表 19.1 所示。画出它们的 $\bar{x}$ 控制图，累积和控制图以及指数加权移动平均控制图。判断质量是否在哪个方向上出现了漂移。

题表 19.1 样本群体

采样序列	A 含量($n=4$)			
1	49.92	50.03	49.95	50.04
2	50.01	50.10	49.97	49.93
3	49.96	50.04	49.89	50.04
4	50.03	49.96	50.00	49.95
5	50.04	50.05	50.01	50.04
6	49.95	49.99	49.98	50.00
7	50.02	50.00	49.98	50.13
8	49.96	49.95	50.05	50.04
9	50.01	50.12	50.04	49.99
10	49.89	50.06	49.95	50.02
11	50.03	49.93	50.04	49.95
12	50.07	49.91	50.02	49.93
13	49.97	49.95	49.99	49.97
14	49.93	49.98	50.00	49.91
15	49.96	49.97	49.93	49.96
16	49.90	49.99	50.00	50.00
17	50.03	50.01	50.04	50.00
18	50.06	50.05	50.02	50.05
19	49.96	49.93	50.05	49.95
20	49.97	49.96	49.92	49.99
21	50.02	49.91	49.90	50.04
22	49.93	49.98	49.88	49.98
23	49.99	49.99	50.07	49.99
24	49.97	49.99	49.96	50.11
25	50.02	49.92	49.97	49.98

续表

采样序列	A 含量($n=4$)			
26	49.95	49.99	49.94	49.99
27	49.93	49.96	49.98	49.96
28	49.98	49.95	49.92	49.97
29	49.91	50.03	50.07	49.97
30	49.99	49.97	50.00	50.01

19.4 用你最熟悉的计算机编程语言(比如 C++,Java 或者 MATLAB),编写下面的函数：

(1) 给定 k 和一组历史采样数据,其行数为 N(样本数量),列数为 n(子群体大小),返回 $\bar{x}$ 和 S 控制图的 T,UCL 和 LCL。当 $n=1$ 时,返回个体控制图的 T,UCL 和 LCL。

(2) 给定 $\mu_{\bar{x}}$,$\sigma_{\bar{x}}$,δ 和一组采样数据,其行数为 N(样本数量),列数为 n(子群体大小),画出累积和控制图。

(3) 给定 $\mu_{\bar{x}}$,$\sigma_{\bar{x}}$,λ 和一组采样数据,其行数为 N(样本数量),列数为 n(子群体大小),画出指数加权移动平均控制图。

(4) 给定 μ_{x},S,UCL 和一组采样数据,其行数为 N(样本数量),列数为 n(子群体大小),画出 T^2 控制图。

并且用例 19-1,例 19-2 和例 19-3 中的数据加以验证。

19.5 例 19-1 中药品质量的上规定限 USL 为 50.1mg,下规定限 LSL 为49.9mg,计算其过程能力指数 C_p 和 C_{pk}。为了使该生产过程满足 6-Sigma 质量管理要求,其样本均值的标准方差 $\sigma_{\bar{x}}$ 应该至少为多少?

19.6 最小方差控制(minimum variance control)设计了一种理论上的控制器。当未知随机过程扰动出现时,这个控制器能够使受控变量的随机波动最小。将理想的最小方差与实际方差进行比较,可以定性判断控制回路的性能。检索一篇关于最小方差控制(minimum variance control)的近期论文,简要描述它的研究侧重点和相关结论。

第 20 章

20.1 应用科学中最重要的一点是理论结合实际,阅读了本章后,请阐述一下你对实现艺术的理解。

20.2 工艺过程和控制系统的集成设计是过程控制中的一种必然的发展趋势,但目前只能看到一些案例,还难以形成一种规范的设计方法,试分析在这种集成设计中存在什么问题使得其进展十分缓慢?

20.3 众所周知,控制系统的安全性往往是被放在第一位的,从本章中的三个考虑了安全可靠性的例子里,你能总结出这种系统的设计规律吗?

20.4 我们知道，系统优化能带来很大的经济效益，其中有离线优化、在线优化等等。试分析本章所介绍的集动态控制与稳态优化于一体的控制策略，从中你得出什么有益的结论。

20.5 20.5节讨论了一些似乎是很实际琐碎的技术，你对它们有什么看法？

参考文献

[1] 韩科冰，李叙凤，王文华．化工工程设计．北京：学苑出版社，1997

[2] 王子才．控制系统设计手册．北京：国防工业出版社，1993

[3] 王树青，乐嘉谦．自动化与仪表工程师手册．北京：化学工业出版社，2010

[4] 《石油化工仪表自动化培训教材》编写组．安全仪表控制系统(SIS)．北京：中国石化出版社，2009

[5] Seborg D E, Edgar T F and Mellichamp D A 著，王京春等译．过程的动态特性与控制(Process Dynamics and Control)．第二版．北京：电子工业出版社，2006

[6] Shinskey F G 著，萧德云等译．过程控制系统——应用、设计与整定．第三版．北京：清华大学出版社，2004

[7] Hughart J L and Kominek K W. Designing distillation unit for controllability. Instrum. Technol., 1977, 24(5): 71～75

[8] 朱留琴．30万 t/a 芳烃抽提装置工艺概述．江苏化工，1998，26(2)：36～40

[9] Shinskey F G. Process control systems—application, design and tuning. New York: McGraw-Hill, 1996

[10] Hanson D N, Duffin J H and Somervile G F. Computation of multistage separation processes. New York: Reinhold Pub. Corp., 1962

[11] Ponton J W. Degrees of freedom analysis in-process control. Chemical Engineering Science, 1994, 49(13): 2089～2095

[12] Luyben W L. Design and control degrees of freedom. Industrial & Engineering Chemistry Research, 1996, 35(7): 2204～2214.

[13] Larsson T and Skogestad S. Plantwide control—A review and a new design procedure. Modeling Identification and Control, 2000, 21(4): 209～240

[14] LuybenW L. Practical distillation control. New York: Van Nostrand Reinhold, 1992

[15] Kothare M V, et al. On defining the partial control problem: Concepts and examples. Aiche Journal, 2000, 46(12): 2456～2474

[16] Newell R B and Lee P L. Applied process control. Brookvale, NSW, Australia: Prentice-Hall of Australia, 1989

[17] Hougen J O. Measurement and control applications. second ed. NC: ISA, Research Triangle Park, 1979

[18] Newell R B and Fisher D G. Model development, reduction, and experimental evaluation for an evaporator. Industrial & Engineering Chemistry Process Design and Development, 1972, 11(2): 213～220

[19] Findley M E. Selection of control mesurements in AIChEMI Modular Instruction, ed. Edgar T F. Vol. 4., New York: AIChE, 1983

[20] Rosenbrock H H. Design of multivariable system using the inverse Nyquist array. Proc

IEE,1969,118:1929～1936

[21] 蒋慰孙,俞金寿. 过程控制工程. 第二版. 北京:中石化出版社,2004

[22] 黄德先等. 化工过程先进控制. 北京:化学工业出版社,2006

[23] 吴宗之等. 基于本质安全理论的安全管理体系研究. 中国安全科学学报,2007,17(7):54～58

[24] 阳宪惠,郭海涛. 安全仪表系统的功能安全. 北京:清华大学出版社,2007

[25] AIChE Center for chemical process safety. Guidelines for safe Automation of chemical process. NEW YORK: AIChE,1993

[26] Connelly C S. Lack of planning in alarm system configuration is,in Essence,Planning to fail. ISA Trans. ,1997,36(3):219～225

[27] Connell B. Process instrumentation applications manual. New York: McGraw-Hill,1996

[28] Englund,S M and Grinwis D J. Provide the right redundancy for control-systems. Chemical Engineering Progress,1992,88(10):36～44

[29] 李秀改,黄德先. 成品催化剂间歇控制系统设计和实现. 化工自动化及仪表,2006,33(1):43～46

[30] Erickson K T and Hedrick J L. Plantwide process control. New York: John Wiley & Sons Inc. ,1999

[31] Montgomery D C. Introduction to statistical quality control. New York: John Wiley,2005

[32] Schilling E G. Acceptance Sampling in Quality Control. New York: Marcel Dekker,1982

[33] Seborg D E,Edgar T F and Mellichamp D A. Process Dynamics and Control. 2nd ed. New York: John Wiley & Sons,2004

[34] Juran J M. Early SQC: A Historical Supplement. Quality Progress,1997,30(9):73～81

[35] Montgomery D C,Runger G C. Applied statistics and probability for engineers. 3rd ed. New York: John Wiley,2001

[36] Ryan T P. Statistical Methods for Quality Improvement. 2nd ed. New York: John Wiley & Sons,2000

[37] Champ C W and Woodall W H. Exact Results for Shewhart Control Charts with Supplementary Runs Rules. Technometrics,1987,29:393～399

[38] Lucas J M and Saccucci M S. Exponentially weighted moving average control schemes: Properties and enhancements. Technometrics,1990,32:1～29

[39] Stephanopoulos G. Chemical process control: An introduction to theory and practice. Englewood Cliffs,New Jersey 07362: Prentice-Hall,Inc. 1984

[40] 金以慧,王诗宓,王桂增. 过程控制的发展与展望. 控制理论与应用,1997,14(2):145～151

[41] 罗雄麟,许锋. 过程控制与工艺设计一体化. 北京:科学出版社,2008

[42] Brengel D D and Seider W D. Coordinated design and control optimization of nonlinear processes. Computers & Chemical Engineering,1992,16(9):861～886

[43] Luyben M L and Floudas C A. Analyzing the interaction of design and control. 2. Reactor separator recycle system. Computers & Chemical Engineering,1994,18(10):971～994

[44] Luyben M L and Floudas C A. Analyzing the interaction of design and control. 1. A multiobjective framework and application to binary distillation synthesis. Computers & Chemical Engineering,1994,18(10):933～969

[45] Yi C K and Luyben W L. Design and control of coupled reactor/column systems . 3. A reactor/stripper with two columns and recycle. Computers & Chemical Engineering,1997,

21(1)：69～86

[46] Yi C K and Luyben W L. Design and control of coupled reactor/column systems . 2. More complex coupled reactor/column systems. Computers & Chemical Engineering，1997，21(1)：47～67

[47] Yi C K and Luyben W L. Design and control of coupled reactor/column systems . 1. A binary coupled reactor/rectifier system. Computers & Chemical Engineering，1997，21(1)：25～46

[48] Bansal V，et al. The interactions of design and control：double-effect distillation. Journal of Process Control，2000，10(2～3)：219～227

[49] Chawankul N，Budman H and Douglas P L. The integration of design and control：IMC control and robustness. Computers & Chemical Engineering，2005，29(2)：261～271

[50] Meel A，Seider W D and Soroush M. Game theoretic approach to multiobjective designs：Focus on inherent safety. AIChE Journal，2006，52(1)：228～246

[51] 张伟勇等．炉管注汽量突增对焦化加热炉的影响及对策．计算机与应用化学，2007，24(4)：461～464

[52] Zhang W Y，et al. Adaptive state feedback predictive control and expert control for a delayed coking furnace. Chinese Journal of Chemical Engineering，2008，16(4)：590～598

[53] 吕文祥等．甲苯精馏装置先进控制与节能优化应用．化工学报，2009，60(1)：193～198

习题答案

（只包含需要计算的习题答案，凡属思考、讨论等或用计算机仿真、演示的题解在此均略）

第1章

1.5 （1）$F\frac{dH}{dt}+\left(\frac{R_2+R_3}{R_2R_3}\right)H=Q_1$ （2）$G(s)=\frac{H(s)}{Q_1(s)}=\frac{\frac{R_2+R_3}{R_2R_3}}{F\frac{R_2+R_3}{R_2R_3}s+1}$

1.6 $\frac{VM}{RT}\frac{d\Delta p}{dt}+\frac{1}{R_1}\Delta p=-\Delta Q_2$

（其中 M 是气体千克分子质量，R 为气体常数，T 为绝对气体温度。）

1.7 $5\frac{d\theta}{dt}+\theta=5.4D+0.8\theta_B$

$\frac{\theta(s)}{D(s)}=\frac{5.4}{5s+1}$，$\frac{\theta(s)}{\theta_B(s)}=\frac{0.8}{5s+1}$

1.8 $G(s)=\frac{2.81s+1}{11.14s^2+7.75s+1}$

1.9 $T=RC=RF=100\text{s}$

1.10 $k=\frac{\Delta h}{\Delta\mu}=\frac{k_\mu}{k_o}=1\text{cm}/\%$

1.11 （2）$\tau=20\text{s}, T=230\text{s}$ （3）$K=\frac{19.6-0}{20}=1\text{cm}/\%, \varepsilon=K/T=1/230$

1.12 $G(s)=\frac{2e^{-5s}}{(24.6s+1)(7s+1)}$

1.13 $G(s)=\frac{50}{(6.7s+1)(9.2s+1)}$

1.14 （2）$\tau=20\text{s}, T=220\text{s}, K=\frac{18-0}{20}=0.9\text{cm}/\%$

第2章

2.3 $\delta=50\%$

2.4

（2）在比例带 $\delta=40\%$ 下

当 $\Delta Q_d(s)=56\text{cm}^3/\text{s}$ $\Delta h=e(\infty)=0.542\text{cm}$

当 $\Delta r=0.5\text{mA}$ $\Delta h=e(\infty)=-0.162\text{cm}$

(3) 在比例带 $\delta=120\%$ 下

当 $\Delta Q_d(s)=56\text{cm}^3/\text{s}$ $\Delta h=e(\infty)=0.988\text{cm}$

当 $\Delta r=0.5\text{mA}$ $\Delta h=e(\infty)-0.294\text{cm}$

2.5 $\Delta D=50\%\Rightarrow e(\infty)=\Delta Dk=0.1125\text{MPa}<0.2\text{MPa}$ 满足控控制要求。

第3章

3.3 (1) $\varphi=0.75, m=0.221, \delta=1.028\tau^{-1}T_a$

$\varphi=0.90, m=0.336, \delta=0.831\tau^{-1}T_a$

(2) $\varphi=0.75, m=0.221, \delta=0.584$

$\varphi=0.90, m=0.366, \delta=0.9$

3.5 $\delta=\dfrac{1}{K_C}=0.3667, T_I=0.2452, T_D=0.0366$

3.6 (1) $K=2.8, T=1, \tau=0.35$

(2) 动态特性参数法 $\begin{cases}\delta=1/K_C=1.0552\\ T_I=0.6792\end{cases}$；稳定边界法 $\begin{cases}\delta=2.2\delta_{cr}=0.7077\\ T_I=0.85T_{cr}=0.6176\end{cases}$

3.7 (1) $K=\dfrac{1.35-0.65}{5}=0.14, T=40, \tau=15$

(2) $\delta=\dfrac{1}{K_C}=0.0362, T_I=32.9082, T_D=5.1628$

3.8 $\delta=1.67\delta_{cr}=50.1\%, T_I=0.50T_{cr}=30s, T_D=0.125T_{cr}=7.5$

3.9 $\delta=4.6246, T_I=8.7269$

3.10 $\delta=\delta_{cr}=2$

3.11 对图(a) $\delta=6.7065, T_I=8.4438$

对图(b) $\delta=0.8078, T_I=1.2078, T_D=0.3020$

3.12 (1) $T_{cr}=0.889, \delta_{cr}=0.0667$；

(2) $\delta=2.2\delta_{cr}=0.147, T_I=0.85, T_{cr}=0.756$

3.13 (1) $\delta_{cr}=0.5, T_{cr}=2\pi/\omega_{cr}=\pi$；(2) $\delta=0.835, T_I=\pi/2, T_D=\pi/8$

3.14 (1) $\delta=1/K_C=271.2167, T_I=66.0294$；(2) 需要增大 δ

3.15 $\delta=1/K_C=0.7084, T_I=1.9479$

3.16 (1) $\delta=1/K_c=0.194$

(2) $e(\infty)=0.0177\text{MPa}$

(3) $\Delta P=0.0883\text{MPa}<0.1\text{MPa}$ 满足要求。

第4章

4.13 $C_{max}=32.5$

4.14 $C_{max}=13.7$

4.15 $C_{max}=3.85$

4.16 $D_g=25mm$

4.17 $D_g=20mm$

4.18 $D_g=200mm$

4.19 $C_n=133.98$

第5章

5.5 (1) $K_{c2}=\frac{1}{2}K_{cr}=12.1$,

$K_{c1}=\frac{1}{2.2}K_{cr}=9.89, T_1=0.85T_{cr}=9.86$

(2) D_2 下主参数余差：$\Delta y(\infty)=0.0069$；

D_1 下主参数的余差：$\Delta y(\infty)=0.091$

(3) D_2 下主参数余差：$\Delta y((\infty)=0.156$；

D_1 下主参数的余差：$\Delta y(\infty)=0.156$

5.6 (2) $\alpha=1$

第6章

6.3 $G_{ff}(s)=-\frac{G_d(s)}{G_p(s)}=-\frac{5(2s+3)}{s+1}$

6.4 稳定条件是：$0<K_c<7.5192$

6.5 未经动态前馈补偿时，被控量响应的累积面积是：2

采用补偿环节进行动态前馈补偿后，被控量响应的累积面积是：0.5

6.6 $G_{ff}=\frac{-G_{pD}(s)[1+G_{c2}(s)G_{p2}(s)K_{m2}]}{G_{c2}(s)G_{p2}(s)G_{p1}(s)}$

第7章

7.1 $\boldsymbol{\Lambda}=\begin{bmatrix}\frac{A-A_1}{A_2-A_1} & \frac{A_2-A}{A_2-A_1}\\ \frac{A_2-A}{A_2-A_1} & \frac{A-A_1}{A_2-A_1}\end{bmatrix}$

7.2 $\boldsymbol{\Lambda}=\boldsymbol{K}(\boldsymbol{K}^{-1})^{T}=\begin{bmatrix}0.617 & -0.458 & 0.841\\ 0 & 1 & 0\\ 0.383 & 0.4583 & 0.1587\end{bmatrix}$

应该用 μ_3 控制 y_1，μ_2 控制 y_2，μ_1 控制 y_3。

7.3 $\boldsymbol{\Lambda}=\boldsymbol{K}(\boldsymbol{K}^{-1})^{\mathrm{T}}=\dfrac{1}{AD-BC}\begin{bmatrix} AD & -BC \\ -BC & AD \end{bmatrix}$

物理常数确定后的相对增益为：$\boldsymbol{\Lambda}=\begin{bmatrix} 2 & -1 \\ -1 & 2 \end{bmatrix}$

7.4 为纯比控制器时，比例带应增至原来的 1.22 倍。

为 PI 控制器时，积分时间增至原来的 1.85 倍，比例带增加到 1.5625 倍。

7.5 $\lambda_{11\mathrm{d}}=\dfrac{\left(\dfrac{\partial A}{\partial \mu_A}\right)_{\mu_2}}{\left(\dfrac{\partial A}{\partial \mu_A}\right)_{\mathrm{Q}}}=\dfrac{\dfrac{A_1-A_2}{(1+\mu_A)^2}}{\dfrac{A_1-A_2}{(1+\mu_A)^2}}=1$

可见总流量成分不再受 μ_2 的影响，达到部分解耦的目的。

7.6 因流量为主要参数，故将压力信号引入流量控制系统作为部分解耦控制器：$\lambda_{\mathrm{hd}}=\dfrac{\left.\dfrac{\partial h}{\partial \mu_{\mathrm{h}}}\right|_{\mu_1}}{\left.\dfrac{\partial h}{\partial \mu_{\mathrm{h}}}\right|_{p_1}}=1$，可知部分解耦成功。

第 8 章

8.2 系统在设定值扰动下的输出响应为：

$$\begin{bmatrix} y_1(s) \\ y_2(s) \end{bmatrix}=\begin{bmatrix} \mathrm{e}^{-\tau_{12}s} & 0 \\ 0 & \mathrm{e}^{-(\tau_{21}+d)s} \end{bmatrix}\begin{bmatrix} r_1(s) \\ r_2(s) \end{bmatrix}。$$

第 9 章

9.4 第一控制向量为$\begin{bmatrix} 4.9827 \\ -5.1769 \end{bmatrix}$；第二步控制向量为$\begin{bmatrix} -4.6062 \\ 0.3554 \end{bmatrix}$。

第 11 章

11.4 当产量比设计工作点减少 20% 时，再循环流量的新稳态值为 $D=72.38\mathrm{mol/h}$，比原先稳态值减少了约 56.6%。

第 12 章

12.2 近似优化值为 1＃原油日处理量为 15 200 桶，2＃原油日处理量为 14 000 桶。

12.3　最大化利润下生产水平为：A：20 桶/天，B：60 桶/天。

12.6　最大值在(2,4)时取到，$\max x_1+2x_2=10$。

12.7　(1) 列出初始单纯形表后，可按最小检验数准则选 x_1。

(2) x_1 增加的极限为 $\frac{11}{5}$。

(3) 指定初始单纯形表中第二行、第一列为主元项。

12.8　原点和曲线间的最大距离为 2，最小距离为 1。

12.9　最小值为 $f(4,4)=96$。

第 13 章

13.2　12 位 A/D 转换器的转换结果以及 −2V 和 +5V 对应的二进制数分别为：

$$y'_n=\frac{y_n}{K_mq}=\frac{y_n}{\frac{20}{M}\times\frac{M}{2^N}}=\frac{y_n}{20}2^N=204.8\times\frac{y_n}{V}$$

$$y_n=-2V\Rightarrow y'_n=-409.6\approx-410=100110011010$$

$$y_n=+5V\Rightarrow y'_n=1024=010000000000$$

可能的转换误差是：$\frac{q}{2}=\frac{M}{2^{N+1}}=1.2\text{mV}$

13.3　整数 −712 和 +1514 对应的电压分别为：$y'_n=-712\Rightarrow y_n=-3.4766\text{V}$，$y'_n=1514\Rightarrow y_n=7.3926\text{V}$

8 位和 12 位 A/D 转换器转换误差分别是：19.2mV 和 1.2mV。

13.4　D/A 转换器的位数是：15 位。

13.6　位置型：$u(k)=2e(k)+2.352\sum_{i=0}^{k}e(i)$

增量型：$\Delta u(k)=u(k)-u(k-1)=2(e(k)-e(k-1))+2.352e(k)$

13.7　$G_{c1}(s)$的增量型算式为：$\Delta u(k)=23e(k)-3e(k-1)$

$G_{c2}(s)$的增量型算式为：$\Delta u(k)=20e(k)-22e(k-1)+2e(k-1)$

13.9

(1) PI 算式为：$K_C=0.606, T_I=0.797\text{min}$

PID 算式为：$K_C=1.35, T_I=2.8409\text{min}, T_D=0.37\text{min}$

(2) PI 算式为：$K_C=0.365, T_I=5.4\text{min}$

PID 算式为：$K_C=0.222, T_I=2.85\text{min}, T_D=0.825$

13.10　$K_C=1.739, T_I=2.35, T_D=0.8$。

第 18 章

18.2　$N_f=3, N_{fc}=2$。

18.3 $N_f=5, N_{fc}=2$。

第19章

19.1 概率是：1－0.9545＝0.0455，即4.55％。

19.2 $\bar{x}$ 控制图的参数为：$T=44.9981, UCL=50.0656, LCL=49.9306$。

s 控制图的参数为：$T=0.04145, UCL=0.09393, LCL=0$。

19.3 存在漂移为：－0.02。

19.5 $C_p=(50.1-49.9)/6/0.022=1.52$，

C_{pk} 为：$\min(50.1-49.9989, 0.9989-49.9)/3/0.022=1.50$

样本均值的标准方差 $\hat{\sigma}_{\bar{x}}$ 不大于 $\frac{\min(USL-\mu, \mu-LSL)}{6}$，即0.0165。

《全国高等学校自动化专业系列教材》丛书书目

教材类型	编　　号	教材名称	主编/主审	主编单位	备注
本科生教材					
控制理论与工程	Auto-2-(1+2)-V01	自动控制原理(研究型)	吴麒、王诗宓	清华大学	
	Auto-2-1-V01	自动控制原理(研究型)	王建辉、顾树生/杨自厚	东北大学	
	Auto-2-1-V02	自动控制原理(应用型)	张爱民/黄永宣	西安交通大学	
	Auto-2-2-V01	现代控制理论(研究型)	张嗣瀛、高立群	东北大学	
	Auto-2-2-V02	现代控制理论(应用型)	谢克明、李国勇/郑大钟	太原理工大学	
	Auto-2-3-V01	控制理论 CAI 教程	吴晓蓓、徐志良/施颂椒	南京理工大学	
	Auto-2-4-V01	控制系统计算机辅助设计	薛定宇/张晓华	东北大学	
	Auto-2-5-V01	工程控制基础	田作华、陈学中/施颂椒	上海交通大学	
	Auto-2-6-V01	控制系统设计	王广雄、何朕/陈新海	哈尔滨工业大学	
	Auto-2-8-V01	控制系统分析与设计	廖晓钟、刘向东/胡佑德	北京理工大学	
	Auto-2-9-V01	控制论导引	万百五、韩崇昭、蔡远利	西安交通大学	
	Auto-2-10-V01	控制数学问题的MATLAB 求解	薛定宇、陈阳泉/张庆灵	东北大学	
控制系统与技术	Auto-3-1-V01	计算机控制系统(面向过程控制)	王锦标/徐用懋	清华大学	
	Auto-3-1-V02	计算机控制系统(面向自动控制)	高金源、夏洁/张宇河	北京航空航天大学	
	Auto-3-2-V01	电力电子技术基础	洪乃刚/陈坚	安徽工业大学	
	Auto-3-3-V01	电机与运动控制系统	杨耕、罗应立/陈伯时	清华大学、华北电力大学	
	Auto-3-4-V01	电机与拖动	刘锦波、张承慧/陈伯时	山东大学	
	Auto-3-5-V01	运动控制系统	阮毅、陈维钧/陈伯时	上海大学	
	Auto-3-6-V01	运动体控制系统	史震、姚绪梁/谈振藩	哈尔滨工程大学	
	Auto-3-7-V01	过程控制系统(研究型)	金以慧、王京春、黄德先	清华大学	
	Auto-3-7-V02	过程控制系统(应用型)	郑辑光、韩九强/韩崇昭	西安交通大学	
	Auto-3-8-V01	系统建模与仿真	吴重光、夏涛/吕崇德	北京化工大学	
	Auto-3-8-V01	系统建模与仿真	张晓华/薛定宇	哈尔滨工业大学	
	Auto-3-9-V01	传感器与检测技术	王俊杰/王家祯	清华大学	
	Auto-3-9-V02	传感器与检测技术	周杏鹏、孙永荣/韩九强	东南大学	
	Auto-3-10-V01	嵌入式控制系统	孙鹤旭、林涛/袁著祉	河北工业大学	
	Auto-3-13-V01	现代测控技术与系统	韩九强、张新曼/田作华	西安交通大学	
	Auto-3-14-V01	建筑智能化系统	章云、许锦标/胥布工	广东工业大学	
	Auto-3-15-V01	智能交通系统概论	张毅、姚丹亚/史其信	清华大学	
	Auto-3-16-V01	智能现代物流技术	柴跃廷、申金升/吴耀华	清华大学	

续表

教材类型	编号	教材名称	主编/主审	主编单位	备注
本科生教材					
信号处理与分析	Auto-5-1-V01	信号与系统	王文渊/阎平凡	清华大学	
	Auto-5-2-V01	信号分析与处理	徐科军/胡广书	合肥工业大学	
	Auto-5-3-V01	数字信号处理	郑南宁/马远良	西安交通大学	
计算机与网络	Auto-6-1-V01	单片机原理与接口技术	黄勤/杨天怡	重庆大学	
	Auto-6-2-V01	计算机网络	张曾科、阳宪惠/吴秋峰	清华大学	
	Auto-6-4-V01	嵌入式系统设计	慕春棣/汤志忠	清华大学	
	Auto-6-5-V01	数字多媒体基础与应用	戴琼海、丁贵广/林闯	清华大学	
软件基础与工程	Auto-7-1-V01	软件工程基础	金尊和/肖创柏	杭州电子科技大学	
	Auto-7-2-V01	应用软件系统分析与设计	周纯杰、何顶新/卢炎生	华中科技大学	
实验课程	Auto-8-1-V01	自动控制原理实验教程	程鹏、孙丹/王诗宓	北京航空航天大学	
	Auto-8-3-V01	运动控制实验教程	綦慧、杨玉珍/杨耕	北京工业大学	
	Auto-8-4-V01	过程控制实验教程	李国勇、何小刚/谢克明	太原理工大学	
	Auto-8-5-V01	检测技术实验教程	周杏鹏、仇国富/韩九强	东南大学	
研究生教材					
	Auto(*)-1-1-V01	系统与控制中的近代数学基础	程代展/冯德兴	中科院系统所	
	Auto(*)-2-1-V01	最优控制	钟宜生/秦化淑	清华大学	
	Auto(*)-2-2-V01	智能控制基础	韦巍、何衍/王耀南	浙江大学	
	Auto(*)-2-3-V01	线性系统理论	郑大钟	清华大学	
	Auto(*)-2-4-V01	非线性系统理论	方勇纯/袁著祉	南开大学	
	Auto(*)-2-6-V01	模式识别	张长水/边肇祺	清华大学	
	Auto(*)-2-7-V01	系统辨识理论及应用	萧德云/方崇智	清华大学	
	Auto(*)-2-8-V01	自适应控制理论及应用	柴天佑、岳恒/吴宏鑫	东北大学	
	Auto(*)-3-1-V01	多源信息融合理论与应用	潘泉、程咏梅/韩崇昭	西北工业大学	
	Auto(*)-4-1-V01	供应链协调及动态分析	李平、杨春节/桂卫华	浙江大学	